Fauna von Deutschland

Begründet von Paul Brohmer
Fortgeführt von Wolfgang Tischler
und Matthias Schaefer

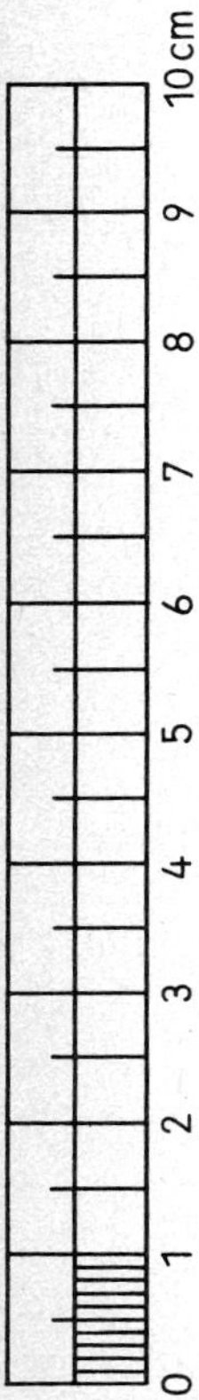

Zu beachten: Kursivzahlen im Text in eckigen Klammern bedeuten Abbildungs-Hinweise! ± = mehr oder weniger. ♂ = Männchen, ♀ = Weibchen.

PAUL BROHMER

Fauna von Deutschland

Ein Bestimmungsbuch unserer heimischen Tierwelt

16., neugestaltete und erweiterte Auflage
93. bis 100. Tausend

von

Prof. Dr. MATTHIAS SCHAEFER
II. Zoologisches Institut der Universität Göttingen
Abteilung Ökologie

Unter Mitarbeit von
Prof. Dr. H. Bohlken (Kiel),
K. Harz (Steinsfeld bei Ansbach), Dr. B. Hauser (Genf),
Prof. Dr. K. Heinze (Berlin), Prof. Dr. R. Kändler (Stuttgart), Dr. A. Kleinschmidt (Wolfenbüttel),
Dr. A. Pape (Kiel), Dr. H. Reichstein (Kiel),
Dr. K. Sattler (London), Prof. Dr. E. Schmidt (Bonn),
Dr. F. Sick (Kiel), Prof. Dr. W. Tischler (Kiel)

Mit 1995 Abbildungen im Text und auf 9 Tafeln

QUELLE & MEYER · HEIDELBERG

CIP-Kurztitelaufnahme der Deutschen Bibliothek

Brohmer, Paul:
Fauna von Deutschland: e. Bestimmungsbuch unserer heim. Tierwelt / Paul Brohmer. - 16., neugestaltete u. erw. Aufl., 93.-100. Tsd. / von Matthias Schaefer. Unter Mitarb. von H. Bohlken … -
Heidelberg: Quelle und Meyer, 1984.
ISBN 3-494-00043-3
NE: Schaefer, Matthias [Bearb.]

Printed in Germany, Satz und Druck: Zechnersche Buchdruckerei, Speyer.

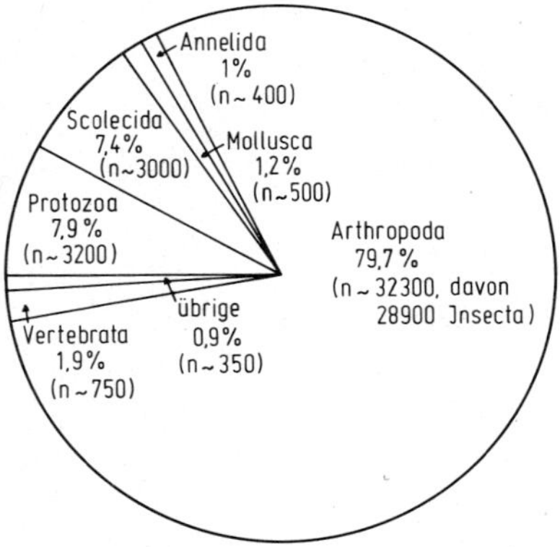

Gruppenanteile in % und absolute Artenzahlen (= n) der in Deutschland vorkommenden Tiere

Inhaltsverzeichnis

Systematische Übersicht

Aus dem Vorwort zur 9. Auflage

Die vorliegende neunte Auflage der „Fauna von Deutschland" kann man cum grano salis als Jubiläumsausgabe bezeichnen: Das Buch lebt bei seinem jetzigen Erscheinen fast genau ein halbes Jahrhundert! Die erste Auflage erschien kurz vor Ausbruch des ersten Weltkrieges Mitte Juli 1914. Damals war es ein Wagnis, ein solches Bestimmungswerk der heimischen Tierwelt zu schaffen, zumal es kein Vorbild gab, denn erst im Laufe dieser fünf Jahrzehnte ist unserem Beispiel mehrfach gefolgt worden. In jener Zeit konnte diese Aufgabe nur von einem jungen Manne gelöst werden, dem noch gar nicht alle Schwierigkeiten sowie die Hindernisse und die vorhandenen Unzulänglichkeiten bewußt geworden waren und der sich über alle Einwände und sonstige Steine des Anstoßes lächelnd hinwegsetzte. Eine Mitarbeiterschaft fand sich bald zusammen, z. T. junge Fachzoologen, z. T. zoologisch geschulte Lehrer, denn die Arbeit, die zu bewältigen war, ist nicht nur eine fachwissenschaftliche, sondern auch eine pädagogische, galt es doch, aus der oft schwer übersehbaren Fülle von Tierarten das auszuwählen, was in der Forschung, im Unterricht und im Wirtschaftsleben eine Rolle spielt, galt es, leicht zu bewältigende Bestimmungswege zu finden, und daneben stand die Aufgabe, den angehenden Zoologen in die Grundzüge der Systematik unseres Faches einzuführen. Aus der Verschiedenheit des Mitarbeiterstabes ergab sich, daß manchmal mehr der eine, manchmal mehr der andere Gesichtspunkt bei Auswahl und Bestimmungsverfahren betont wurde, und die Aufgabe des Herausgebers war es, auszugleichen und zu glätten, und ich gestehe, daß es mir nicht immer so gelungen ist, wie es mir als Ideal vorschwebte. Trotzdem wurde das Buch damals allgemein begrüßt.

In allen folgenden Auflagen setzten Herausgeber und Mitarbeiter ihre Tätigkeiten fort, um zu verbessern, was für wünschenswert gehalten wurde. Keine Auflage war ein unveränderter Abdruck der vorigen.

Die „Fauna" soll ein Taschenbuch bleiben, damit sie bequem auf Exkursionen und Wanderungen mitgenommen oder auch als Reisebegleiter dienen kann. Daher mußte der Raum so weit wie nur möglich begrenzt werden. Ein Mittel dazu ist die Anwendung von Kleindruck. Dazu ist zu bemerken, daß die Teilung zwischen Normal- und Kleindruck nicht immer so vollzogen werden konnte, daß die für die Bestimmung unbedingt notwendigen Merkmale normal gesetzt wurden, und daß der Kleindruck entweder nur bestätigende Angaben oder tiergeographische Feststellungen und ökologische Daten enthält, nein, manchmal bringt auch der Kleindruck wichtige Bestimmungsmerkmale. – Ein zweites Mittel zur Raumersparnis führten wir bei der Illustrierung durch. Zunächst ließen wir unter den Abbildungen die Abkürzung „Fig." weg, denn es ist selbstverständlich, daß es sich bei der Bebilderung um „Figuren" handelt. Diese Abkürzung fiel auch im Text weg, wenn auf Figuren verwiesen wurde, aber die Abbildungszahl wurde in eckige Klammern und kursiv gesetzt. Nach kurzem Gebrauch wird man sich an diese neue Maßnahme gewöhnt haben. Schließlich vermieden wir große Zahlen, indem wir die Abbildungen für jede Gruppe für sich zählten. Das sind an und für sich Kleinigkeiten, die aber insgesamt dazu beitragen, das Buch handlich zu lassen.

Kiel, im Dezember 1963 *Prof. Dr. Paul Brohmer*

Vorwort zur 16. Auflage

Welche Ziele hat der „Brohmer“ als handliches Bestimmungsbuch „Fauna von Deutschland“? (1) Es soll der Benutzer in die Lage versetzt werden, die vielfältigen Formen der heimischen Fauna so einfach und soweit wie möglich eindeutig zu bestimmen. Dies ist besonders wichtig, da von Studenten und faunistisch Interessierten häufig Bildwerke benutzt werden, die für die Gruppen der Wirbellosen (z. B. Insekten) stark auswählen. (2) Die Bearbeitung muß so umfassend und wissenschaftlich modern sein, daß man – auch über das umfangreiche Register – taxonomische Bezeichnungen richtig einordnen kann. (3) Das Buch soll im Aufbau seiner Tabellen für Bestimmungsübungen an Universitäten (aber auch Schulen) geeignet sein.

Herr Prof. Dr. W. Tischler hat den „Brohmer“ für die vergangenen 6 Auflagen herausgegeben und gestaltet und mich gebeten, ab der 16. Auflage diese Aufgabe zu übernehmen. In der vorliegenden Ausgabe sind die Bestimmungstabellen der Tierstämme, Protozoen, Eintagsfliegen, Steinfliegen, Köcherfliegen, Amphibien und Reptilien völlig neu bearbeitet und auf den heutigen Stand gebracht. Viele weitere Beiträge enthalten Verbesserungen und taxonomische Änderungen. Bei den Protozoen wurden auch die marinen Formen berücksichtigt, so daß nun die gesamte deutsche Meeresfauna in dem Buch behandelt ist. Für einige Insektengruppen (Eintagsfliegen, Libellen, Steinfliegen, Dipteren, Köcherfliegen) sind Tabellen zur Bestimmung der Larven mit aufgenommen. Nach der Bundesartenschutzverordnung von 1980 sind viele heimische Tiere (vor allem Wirbeltiere und Insekten) in der Bundesrepublik Deutschland besonders geschützt; auf diese Arten wird am Anfang oder Ende der jeweiligen Bearbeitungen hingewiesen. Die Zeichnungen der neuen Beiträge wurden von Frau D. Olimart (Kiel), R. Grüneberg und C. Fischer (beide Göttingen) angefertigt. Im Juni 1982 starb unser langjähriger Mitarbeiter Prof. Dr. J. Illies; wir werden ihm ein ehrendes Andenken bewahren.

Göttingen, im Januar 1984 *Matthias Schaefer*

Aus dem Vorwort zur 13. Auflage

Professor Dr. Paul Brohmer starb in seinem 80. Lebensjahr am 30. 1. 1965. Es war ihm 1964 noch vergönnt gewesen, die 9. Auflage der von ihm begründeten „Fauna von Deutschland“ zu erleben. Er hatte mich gebeten, spätere Auflagen herauszugeben, von denen die gegenwärtige nun die 4. unter meiner Regie ist. Seinem Wunsch entsprechend ließ ich von Mal zu Mal, wo immer es möglich war, didaktische Gesichtspunkte stärker in den Vordergrund treten, darüber hinaus wurden mehr und mehr die Meerestiere mit einbezogen. Wichtiger als Wissenschaft zu vermitteln schien mir auf jeden Fall eine „Fauna“ zu sein, die zur Wissenschaft hinführt. Diesem Prinzip folgt auch die 13. Auflage.

Kiel, im Januar 1977 *Wolfgang Tischler*

Verzeichnis oft gebrauchter Abkürzungen und Fachausdrücke

(von diesen die jeweils benötigten sowie weitere außerdem als Vorspann bei der jeweiligen Tiergruppe)

1 A, 2 A usw. (an. ax) = Analis, Analader (Längsadern beim Hinterrand des Insektenflügels).
Abd, Abdomen, Abdominal- = Hinterleib.
Ant, Antenne = Fühler.
apical = am Ende gelegen.
b = breit.
B = Bauchflosse der Fische.
Br = Brustflosse der Fische.

C = Costa = Randader des Insektenflügels.
Ceph, Cephalothorax = verschmolzenes Kopf-Bruststück bei Spinnentieren und Krebsen.
Cerci = paarige Anhänge am Ende des Hinterleibs von Insekten.
Ch = Chelicere = Mundwerkzeug der Spinnentiere.
Cx = Coxa = Hüfte (oberster Beinabschnitt bei Gliederfüßern).
Cu = Cubitus = Längsader im Insektenflügel.

D = Diskalzelle, Discoidalzelle = Mittelzelle auf Insektenflügel.
distal = nach außen gelegen.
dorsal = nach dem Rücken zu gelegen.
dorsoventral = von oben nach unten.

E = Elytren = Flügeldecken der Käfer.
Epipleuren = nach unten gerichtete Seitenränder der E.
Epithel = Deckgewebe.

-f = -förmig.
F = Fühler.
Fe = Femur = Schenkel des Beins der Gliederfüßer.
Fl, Flg. -fl = Flügel.
Flgld = Flügeldecken (versteifte Vorderflügel bei Insekten).

G = Gehäuse.
Gl, gl, Glied. gliedr. = Glieder, gliedrig.

h = hoch.
h = Humeralquerader (vordere Querader am Rand des Insektenflügels).
H = Halsschild der Insekten s. auch Pronotum.
H, Ht, -ht = Hinter.
Habitus = Aussehen, Erscheinungsbild.
Hfl, Hflg, Htflg = Hinterflügel.

KT = Kiefertaster = Anhänge am Unterkiefer der Insekten.

l = lang.
Labium = Unterlippe (z. B. der Insekten).
Labrum = Oberlippe (z. B. der Insekten).
lateral = seitlich.

M = Media = Mittellängsader im Insektenflügel.
Mandibel = Oberkiefer (obere Kauladen) der Gliederfüßer.
Maxille = Unterkiefer (untere Kauladen) der Gliederfüßer.
Meso- = Mittel-.
Mesonotum = Mittelrücken (Rückenplatte des 2. Brustrings der Insekten).
Mesothorax = 2. Brustring der Insekten.
Meta- = Hinter-
Metanotum = Hinterrücken (Rückenplatte des 3. Brustrings der Insekten).
Metatarsus = oberstes Fuß- oder Tarsalglied bei Gliederfüßern s. Tarsus.
Metathorax = 3. Brustring der Insekten.
Mt = Mittel-.
Mt = Metatarsus (s. dort).

Nodus = Querader in Mitte des Vorderrands des Insektenflügels.

O = Ober-.
Ocellen (Ozellen) = Stirn-, Punkt-, Scheitelaugen zwischen den großen Seitenaugen der Insekten.
Oesophagus = Speiseröhre.

Palpus, Palpen = Taster (Anhänge an Mundwerkzeugen bei Gliederfüßern; Gliedmaßenpaar hinter Cheliceren bei Spinnentieren).
Patella = Knie des Beins bei Spinnentieren.
Pharynx = Schlund.
Plankton = die im Wasser treibenden Lebewesen.
Pleura = Seitenplatten der Körperringe bei Gliederfüßern.
Pronotum = Halsschild (Rückenplatte des 1. Brustrings der Insekten).
Prosternum = Bauchplatte des 1. Brustrings der Insekten.
Prothorax = Hals = 1. Brustring der Insekten.
Pt = Patella (s. dort).
Pt = Pterostigma = Randmal (dunkler Fleck nahe am Ende des Insektenflügels, z. B. bei Libellen).

R = Radius oder Radialader = Längsader im Insektenflügel.
R = Rückenflosse der Fische.
Rs = Radialsektor = vom Radius abzweigende Längsadergruppe im Flügel der Insekten.

S = Schwanzflosse der Fische.
Sc = Subcosta = Längsader im Insektenflügel.
Sch = Schale der Weichtiere und Krebse
Sch, Sl = Schildchen auf der Mittelbrust der Insekten = Scutellum.
Schiene = Tibia (Teil des Beins der Gliederfüßer zwischen Schenkel und Fuß).
Scutellum s. Sch (Schildchen).
Segment = Körperabschnitt.
Sl = Seitenlinie der Fische.
s.l. = sensu lato (im weiten Sinne).
Statocyste = Gleichgewichtsorgan.

Sternum, Sterna = Bauchplatte(n) bei Gliederfüßern
syn. = Synonym (anderer Name für das gleiche Tier.
Ta = Tarsus, Tarsen, Tarsalglieder = Fuß, Fußglieder (letzte Beinabschnitte bei Gliederfüßern).
Tegulae = Deckschuppen an Flügelbasis bei Hautflüglern u. Schmetterlingen.
Tergit, Tergite, Tergum, Terga = Rükkenplatte(n) bei Gliederfüßern.
terminal = am Ende.
Th = Thorax = Brustabschnitt bei Gliederfüßern (zwischen Kopf und Hinterleib).
Thoracal- = zum Thorax gehörend.
Ti = Tibia = Schiene (Abschnitt des Beins bei Gliederfüßern, oberhalb der Tarsen (s. diese).
Tr = Trochanter = Schenkelring (2. Glied des Beins der Spinnentiere und Insekten).
U = Unter-.
V, Vd = Vorder-.
Vflg, Vdfl = Vorderflügel.
ventral = bauchwärts.

Beachte ferner: [ ] = Kursivzahl im Text in eckigen Klammern sind Abbildungshinweise.

Zahl durch Semikolon getrennt vor Gattungsnamen = Artenzahl in Deutschland, z.B. 22; Carabus heißt, daß die Laufkäfergattung Carabus im Gebiet mit 22 Arten vertreten ist.

Tierstämme

Vorbemerkungen: Die Abbildungen sind meist nur Beispiele für die betreffenden, z. T. formenreichen Gruppen.

1. Einzellig (selten Kolonien aus mehreren Zellen bildend, z. B. [*16*] S. 8), nackt od. von Hüllen bzw. Schalen umgeben. Fast immer unter 1 mm. Freilebend im Wasser od. in feuchten Medien, od. parasitisch in Tieren u. Pflanzen [*1–5*] . . . . Urtiere, **Protozoa** S. 5

Mit Einzellern zu verwechseln sind einige wasserlebende Vielzeller: **Rotatoria** (Wimperapparat am Kopf; Kauapparat mit Zähnen [*30*]); **Gastrotricha** (Flaschenförmig, mit paarigen ventralen Wimpernbändern, auffällig bestachelt od. beschuppt [*33*]) evtl. weitere **Scolecida**, s. Nr. **7** u. S. 39

— Körper vielzellig, meist größer als 1 mm *2*

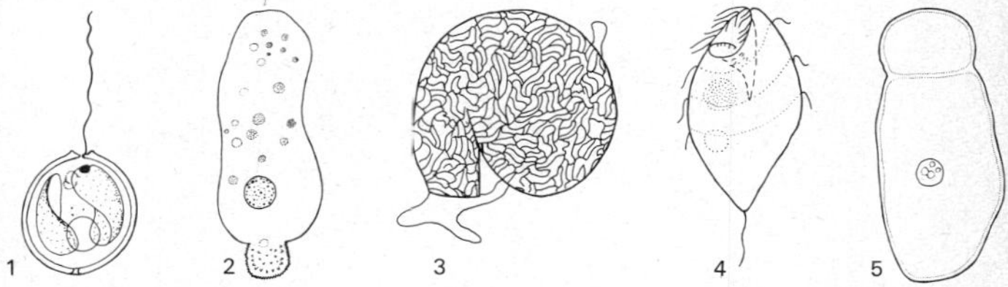

2. Körper lateralsymmetrisch (mit 2 gleichen Seiten), drehrund, sackförmig od. walzenförmig *3*

— Körper ± radiärsymmetrisch *8*

— Gestalt unsymmetrisch, oft flächig od. krustenförmig. Einzeltiere od. Tierstöcke. Im Wasser *9*

3. Körper mit Innenskelett, dessen Hauptbestandteil die Wirbelsäule ist; meist mit 2 Extremitätenpaaren. Körper meist groß. Gestalt: Fische [*6*], Schwanzlurche [*7*], Froschlurche [*8*], Kaulquappen [*9*], Echsen, Schlangen, Vögel [*10*], Säuger [*11*] Wirbeltiere, **Vertebrata** S. 409

Körper blattförmig, ohne paarige Flossen. Bis 5 cm. Im Meer: **Acrania** S. 409

— Körper ohne od. mit andersartigem Innenskelett, oft mit Außenskelett. Gestalt anders *4*

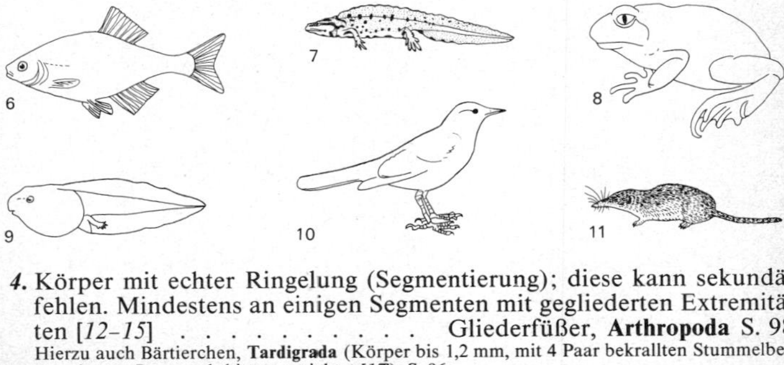

4. Körper mit echter Ringelung (Segmentierung); diese kann sekundär fehlen. Mindestens an einigen Segmenten mit gegliederten Extremitäten [*12–15*] . . . . Gliederfüßer, **Arthropoda** S. 98

Hierzu auch Bärtierchen, **Tardigrada** (Körper bis 1,2 mm, mit 4 Paar bekrallten Stummelbeinen; letztes Paar nach hinten gerichtet [*17*]), S. 96.

— Körper mit Ringelung, ohne deutliche Extremitäten [*16, 18*] . *5*

Bei vielen Borstenwürmern **(Polychaeta)** mit Seitenlappen (Parapodien [*3*], S. 86).

— Körper ungegliedert, bisweilen Tierketten bildend *6*

5. Gliederung des Körpers ± gleichmäßig über die gesamte Länge, häufig mit Seitenlappen (Parapodien) und/oder Borsten. Habitus nicht wie [*19*] oder [*1*] S. 97 . . . . Ringelwürmer, **Annelida** S. 86

Wenn nur wenige (bis 14) Segmente, meist Insektenlarven [*16*], S. 162. Wenn 8 dachziegelförmig übergreifende Kalkschalen, Käferschnecken, **Placophora** S. 60.

Hierzu außerdem einige **Scolecida** (S. 39), Sondermerkmale: Körper vorn mit Scolex [*28*], od. mit hakenbewehrtem od. dörnchentragendem Rüssel [*31*], od. mit Rüssel u. Stacheln an der Basis (Larve der **Nematomorpha** S. 40), od. mit Stachelkränzchen [*33*], od. Kutikula bewimpert [*18*] S. 42, od. Vdende ähnlich [*39–47*] S. 54–56.

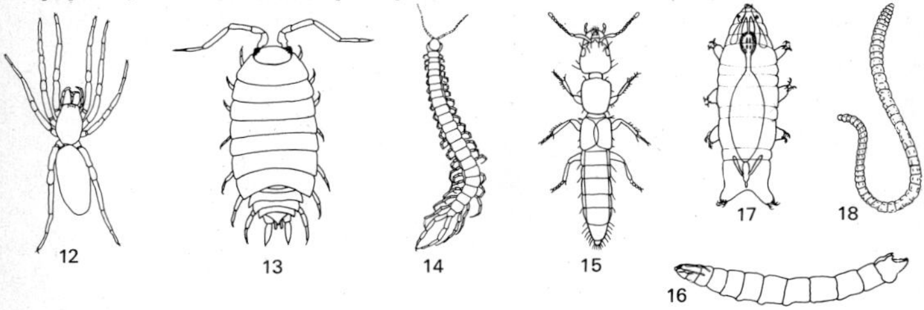

— Körper zungenförmig, geringelt, mit 2 Paar Klammerhaken in der Umgebung des Mundes [*1*] S. 97 Zungenwürmer, **Pentastomida** S. 97

— Körper vorn mit unten offenem Rüssel, Rumpf mit ringförmig angeordneten Papillen, hinten mit 2 Borstenkränzen [*19*]
Igelwürmer, **Echiurida**

Nur **Echiurus echiurus** (Pall.), Quappe [*19*] (8–14 cm), in Röhren im Sand, Nordsee.

6. Körper mit 1 od. 2 Kalkschalen [*21, 22*], diese manchmal fehlend. Wenn ohne Schale, Kopf mit Fühlern [*20*]. Körperhaut meist schleimig. Ohne Gliedmaßen . . . . Weichtiere, **Mollusca** S. 58

Hierzu auch Kl. **Cephalopoda,** Tintenfische, mit 8 saugnapfbesetzten Fangarmen am Kopf, im Meer. 9 Arten, neben Fangarmen meist 2 Fangtentakel am Kopf; z. B. **Sepia officinalis** L., Tintenfisch (bis 60 cm, Rumpf gedrungen), Nordsee, kalkige Schale (Schulp) oft angespült. **Loligo forbesi** Steenstr., Kalmar (bis 70 cm, Rumpf spitzkonisch), auch Ostsee.

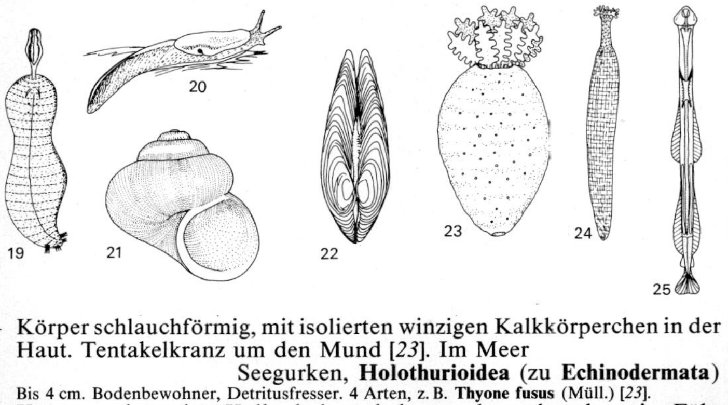

— Körper schlauchförmig, mit isolierten winzigen Kalkkörperchen in der Haut. Tentakelkranz um den Mund [*23*]. Im Meer
Seegurken, **Holothurioidea** (zu **Echinodermata**)

Bis 4 cm. Bodenbewohner, Detritusfresser. 4 Arten, z. B. **Thyone fusus** (Müll.) [*23*].

— Körper anders, ohne Kalkschalen od. -körperchen, ohne derartige Fühler *7*

7. Körper walzenförmig, in dickeren hinteren Rumpf u. schlanken vorderen Rüssel gegliedert. Mund von Tentakelkranz od. -membran umgeben [*24*]. Im Meer . . . . **Sipunculida**
Detritusfresser, in Röhren. 1–25 cm. 4 Arten, z. B. **Sipunculus nudus** L. [*24*].
— Körper schlank, am Vorderende mit Greifkiefer aus starken Borsten, mit Seiten- u. Schwanzflossen [*25*]. Im Meer
Pfeilwürmer, **Chaetognatha**
Räuber, im Plankton. Nur 2; **Sagitta** Quoy et G., z. B. **S. elegans** Verr. [*25*] (Bis 30 mm).
— Körper anders [*26–35*] . . . . Niedere Würmer, **Scolecida** S. 39
Wenn Körper vorn mit bewimperten Tentakeln [*41*] od. mit papillenartigen Ein- und Ausstromöffnungen [*43*] s. Nr. **10**.

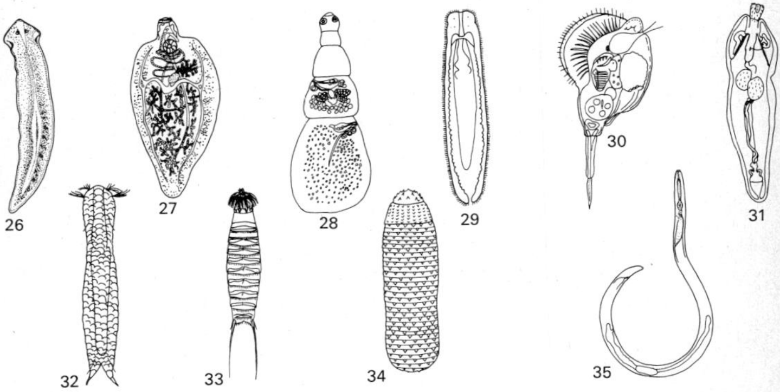

8. Körper zart, weich, häufig ± durchscheinend. Gestalt schlauch-, kugel-, glocken- od. schirmartig, oft mit - unbewimperten - Tentakeln [*36, 37*] . . . . Hohltiere, **Coelenterata** S. 30
Ähnlich manche **Kamptozoa** u. **Tentaculata** (s. Nr. **10**), aber Tentakel bewimpert.
— Körper hart, nie durchscheinend, kugel-, halbkugel- od. eiförmig od. mit mindestens 5 Armen [*38, 39*]
Stachelhäuter, **Echinodermata** S. 406
9. Freilebend *10*
— In od. auf Tieren. Parasitisch . . . . manche **Crustacea** S. 136
10. Krustenförmig, höckerig od. geweihähnlich. Oberfläche dicht mit Poren. Im weichen Körper Skelettnadeln und/oder Spongiolinfasern [*40*] . . . . Schwämme, **Porifera** S. 28
— Meist ± flächige Tierstöcke, deren Einzeltiere mit bewimperten Fangarmen (Tentakeln) auf kreis- od. hufeisenförmigen Trägern [*41, 42*]
Kelchtiere, **Kamptozoa** u. Kranzfühler, **Tentaculata** S. 35
Bei **Kamptozoa** - im Gegensatz zu **Tentaculata** - Tentakeln nicht einziehbar. Im Meer. 4 Arten, z. B. **Pedicellina cernua** (Pall.) [*42*] (Kelch bis 0,5 mm).
— Einzeltiere od. Tierstöcke mit unbewimperten Fangarmen. Körper ± schlauchförmig, ohne Ein- u. Ausstromöffnung [*36*]
Hohltiere, **Coelenterata** S. 30
— Einzeltiere od. Tierstöcke mit gallertartigem, zähem Mantel. Jedes Tier mit papillenartigen Ein- u. Ausstromöffnungen [*43*]
Manteltiere, **Tunicata** S. 408

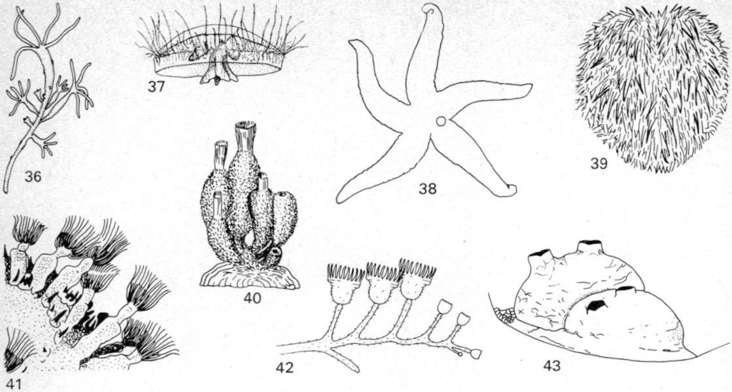
36
37
38
39
40
41
42
43

Stamm: **Protozoa,** Urtiere

Einzellig od. Zellkolonien; nackt, häufig mit Zellhülle (Pellicula), auch mit Gehäuse od. Schale. Fortbewegung durch fadenförmige, schwingende Fortsätze - als Geißeln (Flagellen) lang, meist länger als Zellkörper, als Wimpern (Cilien) meist viel kürzer als Körper -, durch Scheinfüßchen (Pseudopodien; finger-, faden- od. netzförmige Fortsätze) od. gleitend ohne Formveränderung. Tiere sind meist nur lebend bestimmbar. Etwa 3200 Arten in Deutschland.

1. Körper mit 1–8 (selten bei manchen Parasiten mehr) Geißeln (z. B. [*4, 8, 12, 18, 20, 39*]) . . . . . 1. Klasse Geißeltierchen, **Flagellata** S. 6

— Körper mit zahlreichen Wimpern (z. B. [*1*]), diese häufig ungleich (z. B. [*144*]) *2*

— Körper ohne Geißeln od. Wimpern *3*

2. Auf gesamter Oberfläche gleichmäßig bewimpert [*1*]. Kommensalen im Enddarm von Amphibien, selten Fischen od. Reptilien
2. Klasse **Opalinida**

Nur **Opalinidae,** z. B. **Opalina** Purk. et Val. (Körper abgeflacht), im Grasfrosch **O. ranarum** (Ehr.) [*1*] (Bis 600 µm); **Cepedea** Metc. (Zylindrisch), **C. dimidiata** (St.) (Bis 300 µm) in Wasserfröschen u. Kröten.

— Ungleich bewimpert; wenn gleichmäßig bewimpert, nicht im Darm niederer Wirbeltiere . . 4. Klasse Wimpertierchen, **Ciliata** S. 17

3. Mit schlanken, am Ende knopfartig verdickten [*160*], seltener zugespitzten [*154*], röhrenartigen Fortsätzen. Fast immer festsitzend
Ord. **Suctoria** (zu **Ciliata**) S. 25

— Ohne od. mit andersartigen Fortsätzen (Pseudopodien, Skelett) *4*

4. Körper nackt, ohne od. mit Hüllen (z. B. [*52, 66*]), auch mit radiärsymmetrischem Innenskelett (z. B. [*78*]). Mit Pseudopodien [*52–54, 78*]
3. Klasse Wurzelfüßer, **Rhizopoda** S. 10

Ähnlich manche Flagellata, aber mit Plastiden, z. B. **Rhizochrysis** Pasch. (zu **Chrysomonadina**), in Aquarien **R. major** Naum. (Bis 15 µm).

— Anders; ohne Pseudopodien, unbeweglich od. mit gleitender, sehr selten amöboider Bewegung. Endoparasiten *5*

5. Sporen ohne Polfaden
5. Klasse Sporentiere, **Sporozoa (Apicomplexa)** S. 26

— Sporen mit 1–4 Polkapseln, in diesen ein ausstülpbarer Polfaden spiralig aufgerollt [*2*]. In Fischen, Oligochaeten u. Sipunculiden
7. Klasse Scheinsporentiere, **Myxospora**

Beispiele: **Myxobolus** Bütschli (Sporen mit 1–2 Polkapseln, ohne Fortsätze, ± ellipsoid [*2*]), häufig **M. pfeifferi** Thél. (Spore [*2*]), in Muslken u. Organen der Barbe (Beulenkrankheit). **Henneguya** Thél. (Spore ähnlich, aber mit langem Fortsatz), Gewebeparasiten, häufig auf Kiemen, z. B. **H. psorospermica** Thél. auf Hecht u. Flußbarsch. **Myxosoma cerebralis** Hof. bewirkt die Drehkrankheit von Forelle u. Bachsaibling.

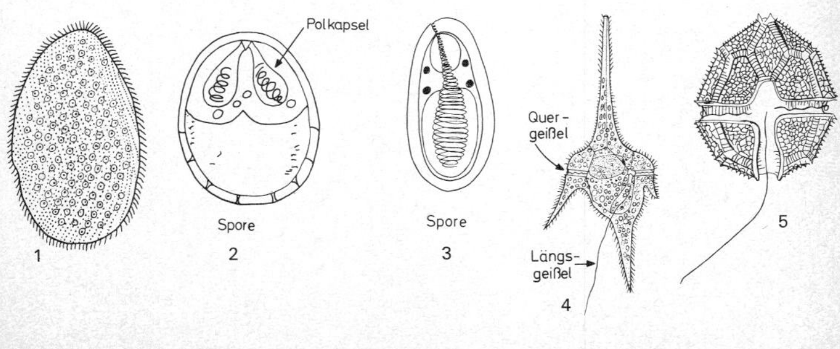

— Sporen ohne Polkapseln, mit Vakuole, darin ein Polfaden [*3*] (nur ausgestülpt erkennbar). Winzige intrazelluläre Parasiten bei Arthropoden u. Fischen . . . . . . 6. Klasse Kleinsporentiere, **Microspora**
In Fischen z. B. **Glugea** Thél., verursacht Cysten, z. B. **G. anomala** (Mon.) am Stichling. Bei Arthropoden wichtig **Nosema** Naeg., **N. bombycis** Naeg. Erreger der Fleckenkrankheit bei Seidenspinnerraupen, **N. apis** Zand. der „Bienenruhr" bei der Honigbiene.

Klasse: **Flagellata (Mastigophora),** Geißeltierchen

Körper mit 1 od. mehreren Geißeln (Flagellen), diese dienen als Fortbewegungsorgane, auch als Schleppgeißel [*41*] od. undulierende Membran [*37*] ausgebildet. Ernährungsweise autotroph bei „Phytoflagellata" mit grünen, gelben od. braunen Plastiden od. heterotroph bei den farblosen „Zooflagellata"; auch gemischte Ernährungsweise (Mixotrophie) möglich. Bei manchen Arten auch amöboide od. unbewegliche Stadien, bisweilen völliger Geißelverlust (z. B. parasitische Dinoflagellata), hier nicht berücksichtigt. **System:** Ordnungen 1. **Chrysomonadina,** 2. **Silicoflagellata,** 3. **Haptomonadina,** 4. **Heterochloridina,** 5. **Cryptomonadina,** 6. **Euglenoidina,** 7. **Chloromonadina,** 8. **Dinoflagellata,** 9. **Phytomonadina,** 10. **Protomonadina,** 11. **Diplomonadina,** 12. **Polymastigina** (1.–9. **Phytoflagellata,** auch mit verwandten, durch Plastidenverlust entstandenen Arten; 10.–12. **Zooflagellata**). Zum Erkennen der Geißel oft Zusatz von Jod-Jodkalium-Lösung nötig. Etwa 600 Arten, vor allem im Süßwasser, weniger im Meer.

1. Parasitisch, symbiontisch od. als Kommensalen in Tieren . . ***18***
— Freilebend ***2***
2. Körper mit 1 Längs- u. 1 Querfurche, darin je 1 Geißel [*4, 5*]. Selten Querfurche reduziert (z. B. wie [*6*]) . . . Ord. **Dinoflagellata** ***3***
— Körper anders, ohne Querfurche ***4***
3. Körper mit starken Panzerplatten, die als starres Skelett ausgebildet sind, seltener mit einheitlicher Zellulosemembran
Mehrere Familien, darunter **Peridiniidae,** artenreich im Meer u. Süßwasser, wichtig **Ceratium** Schr. (Mit hornartigen Fortsätzen [*4*]), z. B. **C. hirundinella** (Müll.) [*4*] (Bis 400 μm), limnisch u. **C. tripos** (Müll.) (Bis 300 μm), marin. **Peridinium** Ehr. (Gestalt wie [*5*]), im Süßwasser z. B. **P. bipes** St. [*5*] (Bis 60 μm).
— Körper nackt, ohne Zellulosemembran

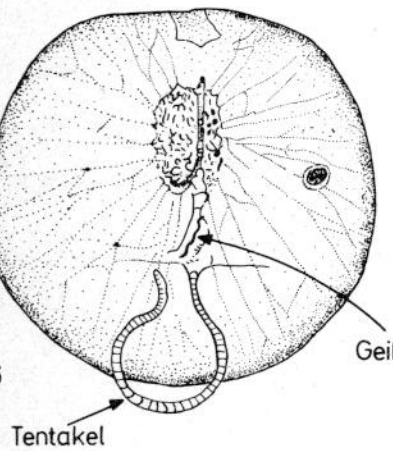

6

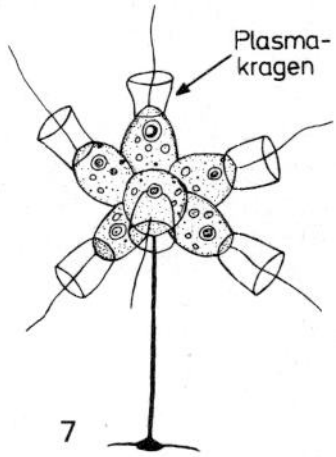

7

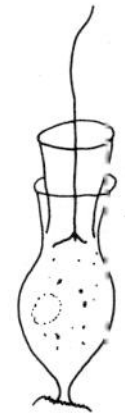
8

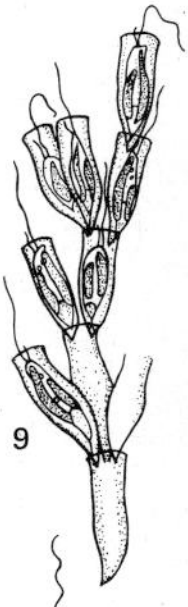
9

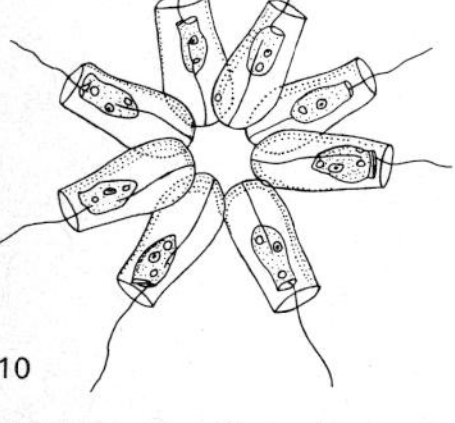
10

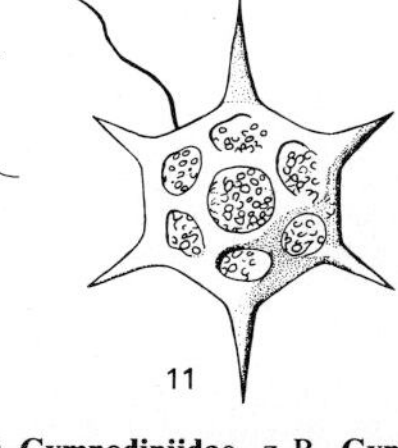
11

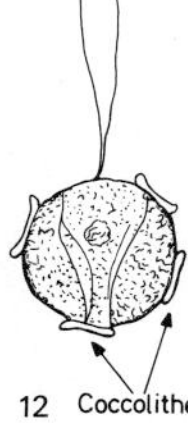

12

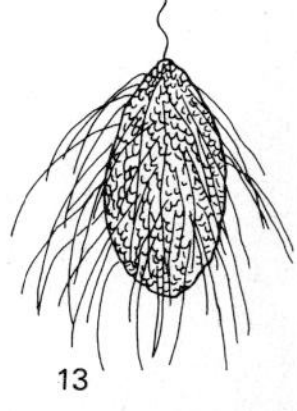
13

Mehrere Familien, darunter **Gymnodiniidae,** z. B. **Gymnodinium** St., im Süßwasser häufig **G. fuscum** St. (Bis 100 μm); im Meeresplankton oft massenhaft **Noctiluca scintillans** Mac. (= **mi-**

liaris Sur.) [*6*] (Etwa kugelig, ohne Querfurche. Mit Tentakel. Bis 1200 µm), mit Leuchtvermögen.

4. Körper vorn mit 1 od. 2 Plasmakragen [*7*], mit 1 Geißel Ord. **Protomonadina,** Unterord. **Craspedomonadina** (= **Choanoflagellata**)

Ohne Plastiden. Im Süßwasser. **Phalansteriidae** (Gesamter Körper, auch Kragen, in Gallertmasse. Koloniebildend), nur **Phalansterium** Cienk., z. B. **P. digitatum** (St.) (Einzelzelle bis 20 µm). Gesamter Körper nicht in Gallertmasse: **Codosigidae** (Ohne Gehäuse), z. B. **Codosiga** Cl., häufig **C. botrys** (Ehr.) [*7*] (1–mehrere Zellen auf einfachem Stiel. Zelle bis 30 µm); **Sphaeroeca** Laut. (Zellkolonie in Gallertmasse, Plasmakragen frei), häufig **S. volvox** Laut. (Einzelzelle bis 10 µm). Einige **Bicoecidae** (Mit Gehäuse), z. B. **Salpingoeca** Cl., artenreich, häufig **S. frequentissima** (Zach.) [*8*] (Bis 10 µm).

— Körper ohne derartigen Kragen *5*

5. Mit starrem Gehäuse, das vom Zellkörper stellenweise absteht *6*

— Körper ohne derartiges Gehäuse *7*

6. Mit 2 ungleichlangen Geißeln. Mit Plastiden einige **Chrysomonadina**

Verbreitet manche **Ochromonadidae,** darunter **Dynobryon** Ehr. (Habitus [*9*]), festsitzend od. frei, häufig koloniebildend, viele Arten, v. a. im Süßwasser, häufig im Plankton **D. sertularia** Ehr. [*9*] (Einzelzelle bis 45 µm).
Hierher auch einige **Phytomonadina** (Mit 2 gleichlangen Geißeln).

— Mit 1 Geißel. Mit Plastiden . einige **Euglenidae (Euglenoidina)**

Z. B. **Trachelomonas** s. Nr. 7

— Mit 1 Geißel. Ohne Plastiden . . . . . . einige **Protomonadina**

Meiste **Bicoecidae,** z. B. **Bicoeca** Cl., im Süßwasserplankton **B. socialis** (Laut.) [*10*] (Einzelzelle bis 10 µm), koloniebildend.

7. Körper mit 1 zusammenhängenden Innenskelett aus Kieselsäure. Im Meeresplankton . . . . Ord. **Silicoflagellata**

Wenige Arten, z. B. **Distephanus** (= **Dictyocha**) **speculum** (Ehr.) [*11*] (Gelbbraun. Bis 30 µm). **Ebria tripartita** (Schum.) (Farblos. Bis 30 µm).

— Körper außen mit Kalkplättchen (Coccolithen [*12*]) bedeckt. Meist im Meeresplankton Ord. **Haptomonadina,** Unterord. **Coccolithophorina**

Wenige Arten, z. B. **Gephyrocapsa** (= **Pontosphaera**) **huxleyi** (Loh.) [*12*] (Bis 10 µm). Im Süßwasser z. B. **Hymenomonas roseola** St. (Bis 50 µm).

— Körper mit Panzer od. starrer Hülle, diese häufig skulpturiert

Mit 1 Geißel. Vor allem im Süßwasser. Einige **Chromulinidae (Chrysomonadina)** (Mit gelben bis braunen Plastiden), wichtig **Chrysococcus** Kl. (Schale ± rund, ohne Kieselplättchen), z. B. **C. rufescens** Kl. (Bis 10 µm); **Mallomonas** Perty (Mit Hülle von Kieselplättchen, diese z. T. mit langen Nadeln [*13*]), z. B. **M. acaroides** Perty [*13*] (Bis 45 µm). – Einige **Euglenidae (Euglenoidina), Trachelomonas** Ehr. (Mit grünen Plastiden. Gehäuse oft braun, mit Skulptur), artenreich, z. B. **T. hispida** (Perty) [*14*] (20–40 µm). – Hierher auch einige **Phytomonadina** (Mit 2 Geißeln).

— Körper mit zarter (selten dickerer, gelatinöser) farbloser Hülle, ohne Skulptur *8*

8. In Kolonien, festsitzend od. freilebend *9*

— Nicht in Kolonien, einzeln *10*

9. Ohne Plastiden, Einzeltiere mit 2 Geißeln

a) Geißeln gleichlang: viele **Amphimonadidae (Haptomonadina),** im Süßwasser z. B. **Rhipidodendron** St. (Zellen in Gallertröhren, diese seitlich miteinander verwachsen), verbreitet **R. splendidum** St. (Zelle um 10 µm). b) Geißeln ungleich lang: einige **Ochromonadidae (Chrysomonadina),** z. B. **Anthophysa vegetans** (Müll.) [*15*] (Zellen bis 10 µm), im Süßwasser.

— Mit gelben od. braunen Plastiden . . . einige **Chrysomonadina**

Meist im Süßwasser. a) Mit 2 ungleich langen Geißeln: manche **Ochromonadidae,** z. B. **Uroglena** Ehr. (Zellen in Gallertmasse, auf Gallertsträngen), häufig **U. volvox** Ehr. (Zellen bis 20 µm). b) Mit 2 gleich langen Geißeln: viele **Syncryptidae,** z. B. **Synura** Ehr. (Zellen nicht in Gallerte), häufig **S. uvella** Ehr. [*16*] (Zellen bis 40 µm).

— Mit grünen Plastiden . . . . . . **Volvocidae (Phytomonadina)**

Meist Süßwasser. **Gonium** Müll. (Kolonie flach, tafelförmig), z. B. **G. pectorale** Ehr. (Zellen bis 15 µm). Bei übr. Gattungen Kolonie kugelig bis elliptisch, darunter **Volvox** L. (Aus mindestens 500 Zellen, Kolonie bis 800 µm), in stehenden, pflanzenreichen Gewässern, häufig **V. aureus** Ehr. (Zellen eiförmig, mit Plasmaverbindungen, bis 8 µm), **V. globator** L. (Zellen sternförmig, bis 5 µm); **Pandorina morum** (Müll.) [*17*] (Aus 4–32 Zellen, diese gleich groß, ± rund, nahe beieinander liegend, bis 17 µm); **Eudorina** Ehr. (Ähnlich, aber aus 16–64 Zellen, diese voneinander getrennt), häufig **E. elegans** Ehr. (Kolonie bis 200 µm).

10. Mit 4 od. mehr Geißeln (bisweilen z. T. als Schleppgeißeln) . . *11*

— Mit 3 Geißeln (z. T. auch als Schleppgeißeln) Ord. **Haptomonadina**

Mit gelben od. braunen Plastiden, mit 2 gleichlangen Geißeln u. 1 geißelähnlichen Faden (Haptonema) [*18*], z. B. **Prymnesium parvum** Cart. [*18*] (Bis 8 µm), Brackwasser, mit für Fische tödlichem Toxin. – Auch 1 seltene Art der **Carteriidae** s. Nr. **11**

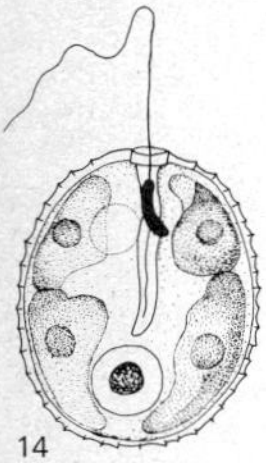
14

15

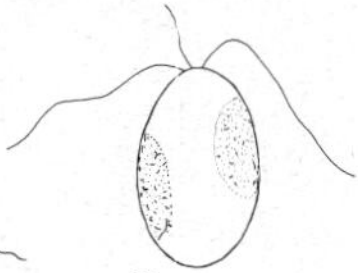
18

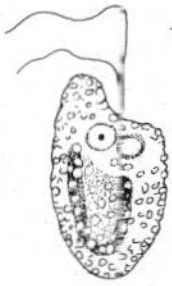
19

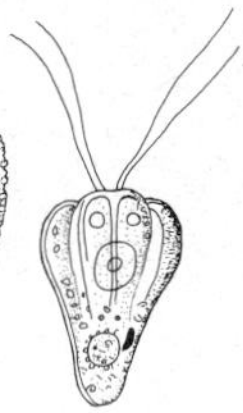
20

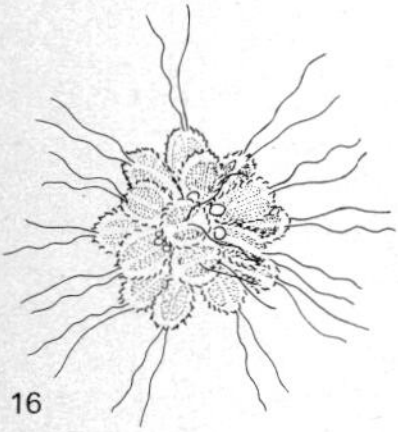
16

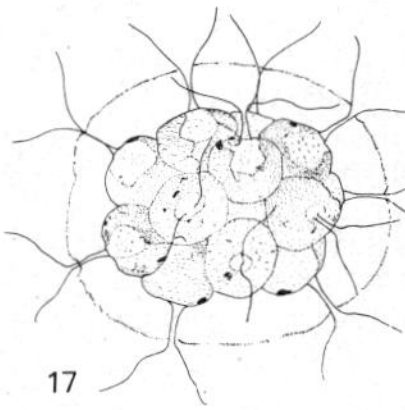
17

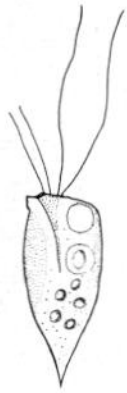
21

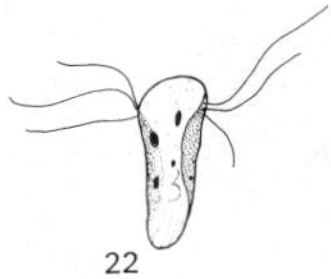
22

— Mit 2 gleichlangen, nach vorn gerichteten Geißeln *13*

— Mit 1 langen u. 1 viel kürzeren, nach vorn gerichteten Geißel

Manche **Ochromonadidae** (Kurze Geißel oft schwer zu sehen), meist Süßwasser, wichtige Gattungen **Ochromonas** Wyss. (Gestalt [*19*]. Gefärbt), z. B. **O. fragilis** Dofl. [*19*] (Bis 20 µm). **Spumella** Cienk. (= **Monas** Müll.) (Ähnlich, aber ungefärbt), z. B. **S. vivipara** (Ehr.) – Hierher auch die **Heterochloridina** u. einige **Euglenoidina.**

— Mit 1 nach vorn u. 1 nach hinten gerichteten Geißel (meist als Schleppgeißel) *14*

— Mit 1 nach vorn gerichteten Geißel *16*

11. Mit grünen Plastiden (selten reduziert) . . einige **Phytomonadina**

Wichtig **Carteriidae,** artenreich im Süßwasser u. Meer **Pyramimonas** Schm. (Körper pyramiden- od. herzförmig), im Süßwasser z. B. **P. tetrarhynchus** Schm. [*20*] (Bis 30 µm); **Carteria** Dies. (Gestalt ähnlich **Chlamydomonas** [*24*]), häufig im Süßwasser **C. cordiformis** (Cart.) (Bis 25 µm).

— Ohne Plastiden *12*

12. Mit 4–6 Geißeln, nahe beieinander inserierend . . **Tetramitidae**

(Protomonadina), häufig in verschmutztem Wasser, darunter **Tetramitus** Perty, z. B. **T. rostratus** Perty [*21*] (Bis 30 µm).

— Mit 4–8 in mindestens 2 getrennten Gruppen entspringenden Geißeln. Körper als Doppelindividuum [*22*] . . . . Ord. **Diplomonadina**

In fauligem Wasser, viele Arten, z. B. **Trigonomonas compressa** Kl. [*22*] (Bis 35 µm).

13. Vorderende durch Furche schief abgestutzt, häufig zu Schlund eingesenkt [*23*]. Mit od. ohne Plastiden

Cryptomonadidae (Cryptomonadina)

Im Süßwasser u. Meer. Viele Gattungen, sehr artenreich **Chlamydomonas** Ehr. (Gestalt wie [*24*], grün, auch rot. Mit zarter Hülle), gemein **C. reinhardi** Dang. [*24*] (Bis 22 µm), verursacht Grünfärbung kleiner Wasseransammlungen; **C. nivalis** Wille bedingt - neben anderen Arten - roten Schnee; **Polytoma** Ehr. (Ähnlich, aber farblos), z. B. **P. uvella** Ehr. (Bis 25 µm), Süßwasser; **Chlorogonium** Ehr. (Grün. Körper spindelförmig), z. B. **C. elongatum** (Dang.) [*25*] (Bis 45 µm); **Haematococcus** Ag. (Mit dicker, gallertiger Hülle, diese von Plasmafäden durchzogen. Grün, auch rot), z. B. **H. pluvialis** Flot. [*26*] (Bis 30 µm), Tümpel u. Pfützen grünlich od. rot färbend. - Hierher auch manche **Euglenoidina** u. **Chrysomonadina.**

14. Ungefärbt *15*

— Mit Plastiden . . . . Ord. **Chloromonadina**

Maigrün. Z. B. **Vacuolaria** Cienk., im Schlamm von Süßgewässern **V. virescens** Cienk. [*27*] (150 µm). - Hierher auch einige **Cryptomonadina** (Nicht maigrün).

15. Vorn mit Mundöffnung . . . viele **Anisonemidae (Euglenoidina)**

Beispiele: **Anisonema** Duj. (Mit langer Schleppgeißel, diese in Furche [*28*]), z. B. **A. truncatum** St. [*28*] (Bis 60 µm), im Süßwasser. **Entosiphon** St. (Mund mit vorstülpbarer Röhre), z. B. **E. sulcatum** (Duj.) [*29*] (Bis 25 µm), im Süßwasser.

— Vorn fast immer ohne Mundöffnung . . . viele **Protomonadina**

Meist in verschmutztem Wasser. **Cercomonadidae** (Meist amöboid beweglich), z. B. **Cercomonas** Duj., häufig **C. longicauda** Duj. (10–20 µm). **Bodonidae** (Nicht amöboid beweglich, ± rundlich, mit Kinetoplast an Geißelbasis), z. B. **Bodo** Ehr., auch in Kot, z. B. **B. caudatus** Duj. [*30*] (Bis 22 µm) im Menschenkot.

16. Mit Pseudopodien ähnlich Amöben
Mastigamoebidae (Protomonadina)

Farblos. Darunter **Mastigamoeba** Schulze (Mit relativ wenigen Lobopodien [*31*]), artenreich im Schlamm stehender Gewässer, z. B. **M. aspera** Schulze [*31*] (100 µm).

— Ohne Pseudopodien *17*

17. Geißel aus Kanal od. Furche entspringend . viele **Euglenoidina**

Meist Süßwasser. a) Mit Plastiden, grün od. rot gefärbt: **Euglenidae,** viele Gattungen, darunter **Euglena** Ehr. (Langgestreckt, biegsam, meist kontraktil), artenreich, bei Massenvermehrung Wasser grün färbend, häufig **E. viridis** Ehr. [*32*] (Bis 60 µm), manche Arten rot, z. B. **E. sanguinea** Ehr. (Bis 120 µm); **Phacus** Duj. (Starr, flach), artenreich, häufig **P. longicauda** (Ehr.) [*33*] (Bis 115 µm).

b) Ohne Plastiden: **Astasiidae,** mehrere Gattungen, darunter **Urceolus** Mer. (Flaschenförmig. Geißelkanal vorn trichterförmig), z. B. **U. cyclostomus** (St.) [*34*] (Bis 50 µm); **Astasia** Duj. (Wie **Euglena,** gesamte Geißel schwingend), z. B. **A. ocellata** Khawk. (Bis 65 µm); **Peranema** Duj. (Gestalt wie [*35*], Geißel nur an Spitze schwingend), häufig **P. trichophorum** (Ehr.) [*35*] (Bis 70 µm).

— Geißel nicht aus Kanal entspringend
Chromulinidae (Chrysomonadina)

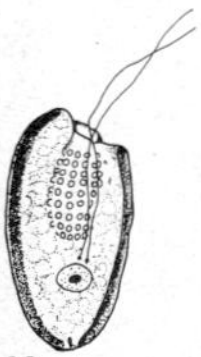
23

24

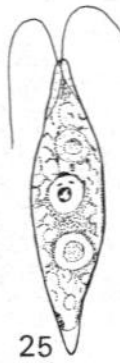
25

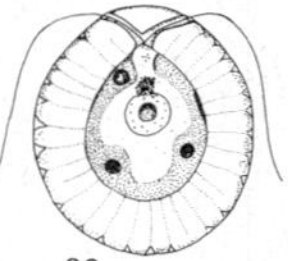
26

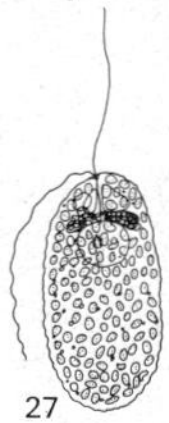
27

28

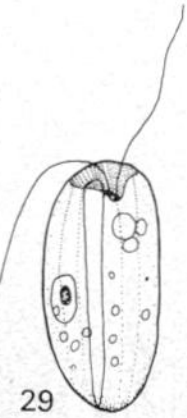
29

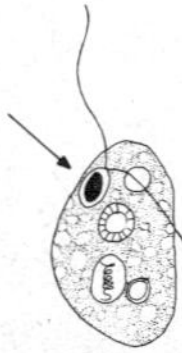
30

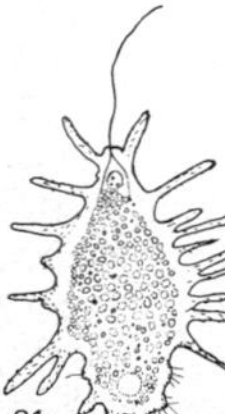
31

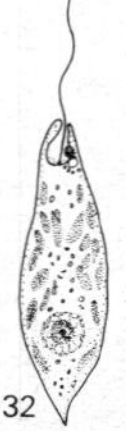
32

33

Beispiele: **Chromulina** Cienk. (Körper sphärisch od. oval. Gelb bis braun), artenreich, bei massenhaftem Auftreten Wasser braun färbend, häufig **C. rosanoffi** Bütschli [*36*] (Bis 10 µm); **Oicomonas** Kent (Ähnlich, aber farblos), in fauligem Wasser, auch in Kot, z. B. **O. termo** (Ehr.) (Bis 10 µm).

18. Mit 1–2 (selten mehr) Geißeln, auch als Schleppgeißeln . . . *19*

— Mit 3 od. mehr Geißeln *21*

19. Mit einer aus einem Kanal entspringenden Geißel (wie [*32*]) . *17*

— Anders . . . . Ord. **Protomonadina** *20*

20. Mit 1 Geißel, auch als undulierende Membran [*37*] **Trypanosomidae**

Parasiten. Viele Gattungen, z. B. **Trypanosoma** Gr. (Mit 1 Geißel u. am Körper entlanglaufender undulierender Membran [*37*]), artenreich, in Wirbeltieren, mit Wirtswechsel, im Blut von Wirbeltieren undulierende Membran bis Hinterende, im Darm von blutsaugenden Wirbellosen bis etwa Körpermitte reichend, z. B. **T. theileri** Lav. (Bis 120 µm) in Rindern (Überträger: Tabaniden), **T. melophagium** (Flu) (Bis 60 µm) in Schafen (Überträger: Schafausfliege); **Leptomonas** Kent. (Mit 1 nach vorn gerichteten Geißel, ohne undulierende Membran), meist im Darm von Insekten, z. B. **L. ctenocephali** (Fanth.) (Um 20 µm), im Enddarm des Hundeflohs.

— Mit 2 Geißeln . . . . weitere Familien

Beispiele: **Ichthyobodo necator** (Henn.) (= **Costia necatrix**) **(Monadidae)** (Freilebende Form wie [*38a*]. Bis 15 µm), auch ektoparasitisch an Fischen (Festsitzende Form [*38b*]). Wichtige **Bodonidae Proteromonas lacertae** (Gr.) (Ähnlich **Bodo** [*30*]. Um 20 µm), im Enddarm von Eidechsen (Lacerta); **Trypanoplasma** Lav. et Mesn. (Mit 1 Geißel u. 1 undulierenden Membran), **T. borreli** Lav. et Mesn. (Um 20 µm), im Blut zahlreicher Süßwasserfische.

21. Tiere als Doppelindividuen ausgebildet. Mit 4 od. 3 Paar Geißeln. Meist Parasiten . . . . Ord. **Diplomonadina**

Nur **Distomatidae.** Beispiele: **Lamblia** Blanch. (Mit Saugscheibe. Habitus [*39*]), im Darm – meist Dünndarm – von Wirbeltieren, z. B. **L. intestinalis** (Lambl.) (Bis 20 µm), beim Menschen. **Hexamita** Duj. (= **Octomitus** v. Prow.) (Mit 6 Geißeln vorn, 2 hinten [*40*]), artenreich, z. B. **H. muris** (Gr.) [*40*], im Darm von Ratten u. Mäusen.

— Nicht als Doppelindividuen gebaut. Parasiten Ord. **Polymastigina**

Mehrere Familien, darunter Trichomonadidae (4–6 Geißeln, eine davon nach hinten gerichtet, mit undulierender Membran), wichtig **Tritrichomonas** Kof. (3 nach vorn gerichtete Geißeln, hinten Achsenstab herausragend), z. B. **T. muris** (Gr.) (Bis 20 µm), im Darm von Ratten u. Mäusen; **Trichomonas** Don. (Ähnlich, aber mit 4 nach vorn gerichteten Geißeln), beim Menschen **T. hominis** Dav. im Darm, **T. elongata** St. im Mund, **T. vaginalis** Don. [*41*] in der Scheide (Alle um 50 µm). **Chilomastigidae** (3 nach vorn gerichtete Geißeln, 1 Schleppgeißel in Mundbucht [*42*]), nur **Chilomastix** Al., **C. mesnili** (Wen.) [*42*] (Um 20 µm) im Darm des Menschen. **Hypermastigidae** (Mit zahlreichen Geißeln), **Lophomonas** St. im Enddarm von Schaben, z. B. **L. blattarum** St. [*43*] (Bis 30 µm).

Klasse: **Rhizopoda,** Wurzelfüßer

Körperplasma nackt, nicht von einer festen Membran umgeben. Fortbewegung u. Nahrungsaufnahme durch plasmatische Fortsätze (Scheinfüßchen, Pseudopodien) von unterschiedlicher Gestalt: breite Lobopodien [*52*], fadenförmige, zugespitzte u. hyaline Filopodien [*53*]; Axopodien [*78*] mit stärker lichtbrechendem Achsenstab; meist netzartig ausgebildete Retikulopodien (Rhizopodien, reticulose Pseudopodien) [*54*], für die „Körnchenströmung" (Bewegung lichtbrechender Körnchen) charakteristisch ist. **Amoebina, Testacea, Heliozoa** vor allem limnisch (Amoebina, Testacea auch terrestrisch), **Foraminifera, Radiolaria** ausschließlich marin. Ca. 900 Arten.

1. Körper von einer starren Schale umgeben. Ohne Axopodien [*52, 66*] *2*

— Zellkörper ± kugelig, in 2 konzentrische Schichten gegliedert, mit radiär angeordneten Axopodien [*78*], oft mit Skelett *3*

— Zellkörper nackt, ohne Schale od. Skelett. Meist mit Lobopodien, seltener mit Filopodien . . . 1. Ord. Nackte Amöben, **Amoebina** S. 11

Wenn mit Retikulopodien, s. **Testacea** S. 12.

2. Schale einfach, seltener durch eine innere Falte unterteilt [*52, 59*]. Mit Lobopodien od. Filopodien. Im Süßwasser, selten im Brackwasser 2. Ord. Beschalte Amöben, **Testacea** S. 12

— Schale gekammert (z. B. [*68, 73*]), seltener einfach. Mit Retikulopodien. Marin . . . . 3. Ord. Porentierchen, **Foraminifera** S. 14

Auch einige **Testacea** (S. 12) mit Retikulopodien, aber limnisch.

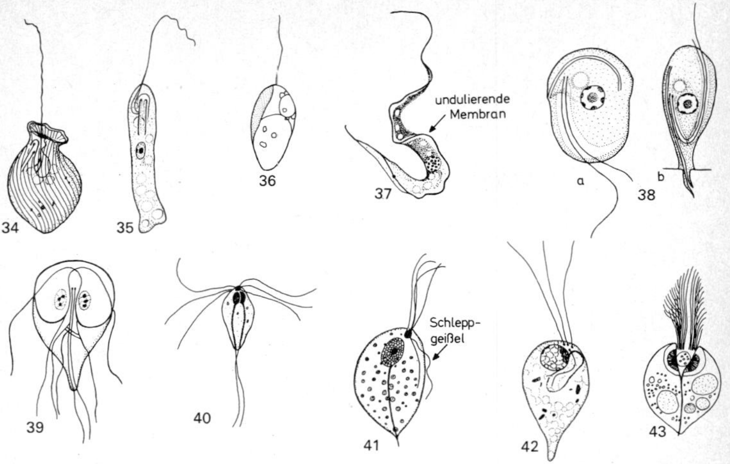

3. Körper zwischen den 2 konzentrischen Schichten ohne trennende Kapsel. Im Süßwasser, selten Brackwasser, Meerwasser
4. Ord. Sonnentierchen, **Heliozoa** S. 15
— Körper meist mit Zentralkapsel zwischen innerer u. äußerer Schicht [*85*], oft mit vielgestaltigem Skelett. Marin
5. Ord. Strahlentierchen, **Radiolaria** S. 16

1. Ord. **Amoebina,** Nackte Amöben

Körper nackt, in ein äußeres homogenes Ektoplasma u. ein inneres, körniges Endoplasma gegliedert [*45*]. Gestalt sehr veränderlich; Bestimmungsschlüssel gilt für sich bewegende Individuen. Hierher auch die „zellulären Schleimpilze“ (**Acraseae** der Myxomycetes) mit durch Aggregation der Zellen gebildeten Pseudoplasmodien u. Sporenträgern.

1. Freilebend, im Süßwasser, Boden, seltener im Meer *2*
— Parasiten od. Kommensalen im Innern von Tieren
Wichtig **Endamoebidae,** artenreich **Entamoeba** Cas. et Barb. (Meist um 10–30 μm), mit kugeligen Cysten im Kot, beim Menschen **E. histolytica** Schaud. [*44*] Erreger der Amöbenruhr, **E. coli** (Lösch) Kommensal u. Parasit im Darm, **E. gingivalis** (Gr.) in Zahnbelägen; beim Kaninchen **E. cuniculi** Br., bei Ratten u. Mäusen **E. muris** (Gr.); bei Wirbellosen **Endamoeba** Leidy, z. B. **E. blattae** (Bütschli) (Bis 150 μm), im Darm von Küchenschaben. Fakultativ parasitisch auch manche **Vahlkampfiidae** u. **Hartmannellidae,** s. Nr. **3,** als Erreger von Encephalitis.

2. Körper bei Bewegung mit zylindrischem Querschnitt, verzweigt od. unverzweigt, nicht abgeflacht *3*
— Körper ± abgeflacht *4*

3. Mit mehreren langen, der Bewegung dienenden Pseudopodien
Amoebidae
a) Am Vorderende mit langen, hinten mit quastenförmigen Pseudopodien [*45*] (Körper gleicht „ausgerissenen Pflanzen“): **Polychaos** Schaeff., z. B. **P. fasciculatum** (Pen.) [*45*] (Um 140 μm). b) Anders: **Amoeba** Bory St. Vinc. (Mit 1 Kern), **Chaos** L. (Mit vielen Kernen), häufig **A. proteus** Leidy [*46*] (Ca. 500 μm).
— Mit einem Pseudopodium am Vorderende („Limax-Typ“) [*47, 48*]
a) Pseudopodium keilförmig: viele Arten der **Vahlkampfiidae** (z. B. **Vahlkampfia** Chat. et Lal., **Naegleria** Alex.) u. **Hartmannellidae,** sehr häufig **N. gruberi** (Schard.) [*47*] (Um 15 μm), manche **N.**-Arten pathogen. b) Pseudopodien kurze Plasmaausbrüche [*48*]: **Pelomyxidae** (Körper ± oval), nur **Pelomyxa** Gr., z. B. **P. palustris** Gr. [*48*] (Bis 2000 μm). **Trichamoeba** From. **(Amoebidae)** (Körper länglich bis keulenförmig), z. B. **T. villosa** (Wall.) (Bis 500 μm).

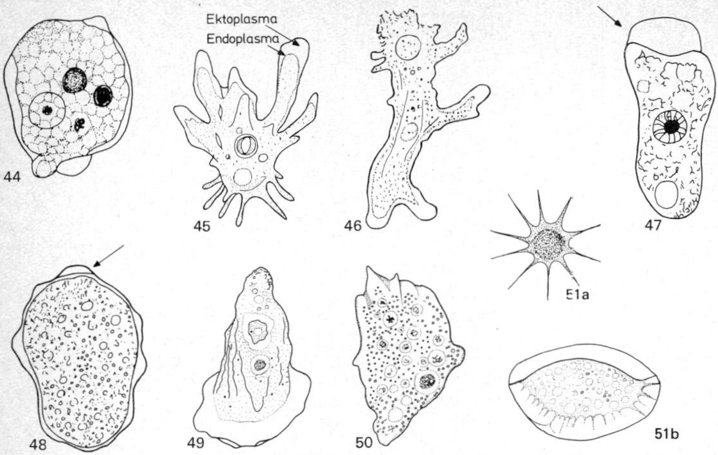

4. Mit flexibler, formbeständiger Hülle [*52*] . . einige **Testacea** S. 12

— Ektoplasma sehr zäh, pellikulaartig, bei Bewegung nur geringe Formänderung des Plasmaleibs [*49*] . . . . **Thecamoebidae**

Wichtige Gattung **Thecamoeba** From., z. B. **T. terricola** (Gr.) [*49*] (Bis 200 µm).

— Ektoplasma außen nicht pellikulaartig derb, bei Bewegung Pseudopodien, Plasmaausbrüche od. starke Formveränderung

Mehrere Familien, darunter **Paramoebidae (Mayorellidae),** artenreich im Süßwasser **Mayorella** Schaeff., z. B. **M. penardi** Page [*50*] (Um 100 µm); artenreich im Salzwasser **Paramoeba** Schaud. **Hyalodiscidae** (Gestalt wie [*51*]), nur **Hyalodiscus rubicundus** Hertw. et. Less. (20–70 µm. Braunrötlich).

2. Ord. **Testacea,** Beschalte Amöben, Thekamöben

Körper mit Schale aus organischer Substanz; dieser können (endogen) vom Körper gebildete, meist aus Kieselsäure bestehende Plättchen (Idiosomen) eingelagert oder (exogen) Fremdkörper (Xenosomen) aufgelagert sein. Schale mit Öffnung (Pseudostom), aus der Pseudopodien austreten, diese als Lobopodien [*52*], Filopodien [*53*], selten Reticulopodien [*54*]. Meist limnisch, auch terrestrisch, häufig in feuchten Sphagnen, selten marin.

1. Schale kappenförmig, mit großer Öffnung, ohne deutliches Pseudostom [*52*]. Mit Lobopodien . . . . **Cochliopodiidae**

Cochliopodium Hertw. et Less. (Schale ohne Fremdkörper), z. B. **C. vestitum** (Arch.) [*52*] (60 µm). **Gocevia** Valk. (Mit Fremdkörper), z. B. **G. binucleata** Saed. (40 µm).

— Schale mit 1 Pseudostom (z. B. [*55*]) *3*

— Schale mit 2 sich gegenüber liegenden od. mehreren Öffnungen *2*

2. Schale oval, oft abgeflacht, mit 2 Öffnungen . . **Amphitremidae**

Mit Filopodien. Nur **Amphitrema** Arch., Hochmoore, z. B. **A. flavum** Arch. [*53*] (50–75 µm).

— Schale ± rund bis eckig, mit 2–5 Öffnungen . **Microcometesidae**

Mit Retikulopodien. 3 Gattungen, darunter **Microcometes** Cienk. (3–5 Öffnungen), z. B. **M. paludosa** Cienk. [*54*] (Bis 20 µm). **Diplophrys** Bark. (Schale gleichmäßig rund, hyalin), z. B. **D. archeri** Bark. (68–20 µm).

3. Schale mit größeren Schuppen (als Idiosomen), die sich teilweise überdecken [*55*]. Mit Filopodien . . . . **Euglyphidae**

Meist in Moosen. a) Pseudostom seitlich verschoben, Schale dadurch bilateralsymmetrisch: **Trinema** Duj., häufig **T. enchelys** Ehr. (40–100 µm). b) Pseudostom genau endständig [*55*]: viele Gattungen, darunter **Assulina** Ehr. (Pseudostom ohne Kragen, gezähnelt, Schale stark komprimiert), häufig **A. seminulum** Ehr. (60–90 µm); **Euglypha** Duj. (Pseudostom ohne Kragen, mit gezähnelten Schuppen besetzt, Schale rund od. wenig komprimiert [*55*]), artenreich, sehr häufig **E. ciliata** Ehr. [*55*] (50–100 µm).

— Schale mit rechteckigen, an den Ecken abgerundeten (u. dadurch hexagonalen) Platten [*56*]. Mit Filopodien . . . . . . **Paulinellidae**

Nur **Paulinella chromatophora** Laut. [*56*] (20–50 µm), mit 2 wurstförmigen, symbiontischen Blaualgen (Synechococcus).

— Schale mit quadratischen Platten. Mit Lobopodien einige **Nebelidae**

Paraquadrula irregularis (Arch.) (Mit Kalkplatten. 35–45 µm); **Quadrulella** Cock. (= **Quadrula**) (Mit Kieselplättchen), z. B. **Q. symmetrica** (Schulze) [*57*] (70–120 µm).

— Schale nicht mit derartigen Plättchen *4*

4. Schale bilateralsymmetrisch. Pseudostom exzentrisch, nicht in der Körperachse liegend (z. B. [*58, 59*]) *5*

— Schale mit mindestens 2 Symmetrieebenen, häufig radiärsymmetrisch. Pseudostom rund, länglich od. dreieckig *6*

5. Schalenform retortenartig, wie [*58*]. Mit Filopodien **Cyphoderiidae**

Campascus Leidy (Mit Xenosomen), z. B. **C. triqueter** Pen. (90–120 µm); **Cyphoderia** Schlumb. (Ohne Xenosomen), z. B. **C. ampulla** (Ehr.) [*58*] (100–180 µm).

— Schale nicht retortenartig . . . . . . Arten mehrerer Familien

Beispiele: **Lesquereusia** Schlumb. **(Nebelidae)** (Schale spiralig eingerollt, mit tubusartigem Hals), z. B. **L. spiralis** (Ehr.) (100–150 µm). Viele Arten der **Centropyxidae** (Mit Lobopodien), häufig **Plagiopyxis** Pen. (Pseudostom sichelförmig), z. B. **P. callida** Pen. (55–135 µm), Teil von **Centropyxis** St. (Pseudostom nicht sichelförmig), viele Arten terrestrisch, z. B. **C. aerophila** Defl. [*59*] (Bis 100 µm).

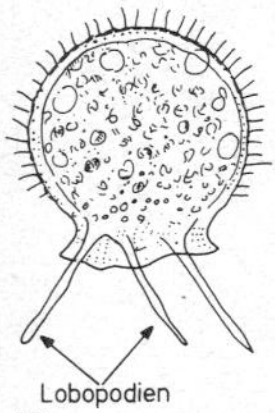

52

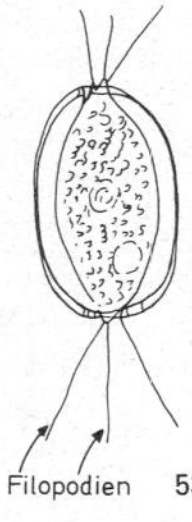

53

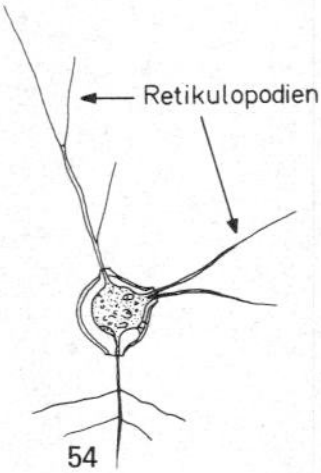

54

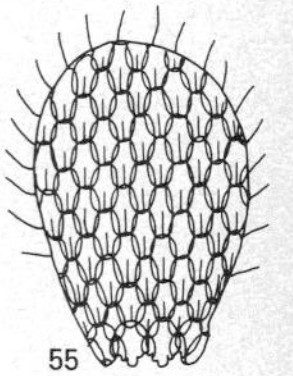
55

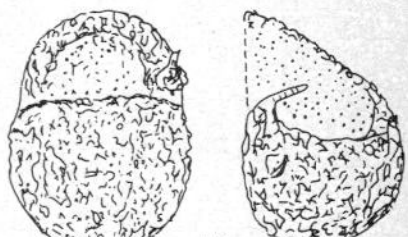
59

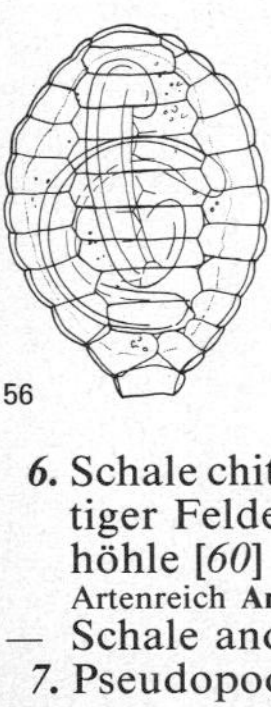
56

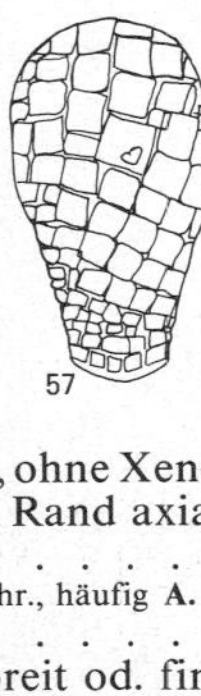
57

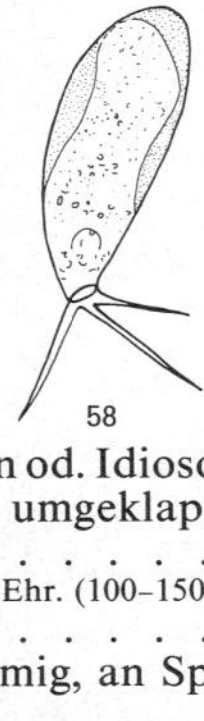
58

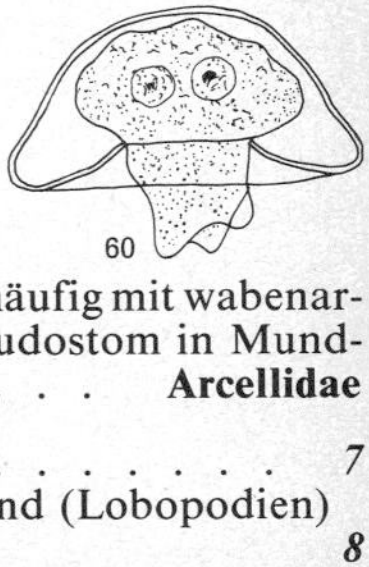
60

6. Schale chitinoid, ohne Xenosomen od. Idiosomen, häufig mit wabenartiger Felderung. Rand axialwärts umgeklappt, Pseudostom in Mundhöhle [*60*] . . . . **Arcellidae**

Artenreich **Arcella** Ehr., häufig **A. vulgaris** Ehr. (100–150 µm) [*60*].

— Schale anders *7*

7. Pseudopodien breit od. fingerförmig, an Spitze rund (Lobopodien) *8*

— Pseudopodien fingerförmig, aber zugespitzt („Retikulolobopodien") Unterord. **Reticulolobosa**

Beispiel: **Phryganella** Pen. (Schale mit Xenosomen), z. B. **P. paradoxa** (Bis 50 µm).

— Pseudopodien fadenförmig (Filopodien od. Retikulopodien) . *10*

8. Schale als biegsame od. halbstarre Membran . **Microcoryciidae**

Mehrere Gattungen, z. B. **Pseudochlamys arcelloides** Pen. [*61*] (60 µm); **Diplochlamys** Gr. (Schale doppelt, äußere Schicht mit Xenosomen), z. B. **D. timida** Pen. (50–100 µm).

— Schale chitinoid, meist mit Idiosomen u./od. Xenosomen . . *9*

9. Schalenbedeckung nur exogen, Pseudostom rund, 3- od. 4-lappig. Wenn Schale ohne Xenosomen, dann im Querschnitt polygonal **Difflugiidae**

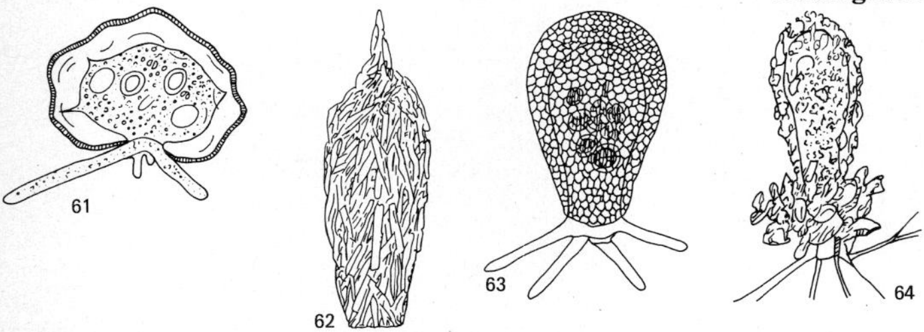

Sexangularia Defl. (Schale im Querschnitt polygonal), z. B. **S. polyedra** Defl. (70 µm); **Pontigulasia** Rhumbl. (Schale 2kammerig), z. B. **P. compressa** Rhumbl. (110–140 µm); **Cucurbitella mespiliformis** Pen. (Schale 1kammerig, an Mündung mit durch Ringfurche abgesetztem Kragen. 140 µm); **Difflugia** Lecl. (Schale 1kammerig, ohne derartigen Kragen), artenreich, sehr groß **D. pyriformis** Perty (Bis 500 µm); häufig z. B. **D. acuminata** Ehr. (150–400 µm) [*62*]. Außerdem einige **Centropyxidae: Trigonopyxis arcula** (Leidy) (Pseudostom dreieckig. 100–150 µm); Arten von **Centropyxis** (s. Nr. **5**) (Pseudostom rund. Schale ± scheibenförmig), z. B. **C. arcelloides** Pen. (80–110 µm).

— Schalenbedeckung fehlend od. nur Idiosomen; wenn mit Xenosomen, Pseudostom spaltenförmig od. elliptisch. Schale oft seitlich zusammengedrückt . . . . **Nebelidae**

Beispiele: **Hyalosphenia** St. (Schale ohne Idiosomen od. Xenosomen, ± stark komprimiert), z. B. **H. papilio** Leidy (90–130 µm); **Nebela** Leidy (Schale ± flaschenförmig, mit Idiosomen), artenreich, häufig **N. collaris** Leidy (100–180 µm) [*63*].

10. Mit Filopodien (ohne innere Körnchenströmung) . . **Gromiidae**

Viele Gattungen, Beispiele: **Gromia fluvialis** Duj. (Schale 2schichtig. 100 µm); **Clypeolina marginata** Pen. (Schale zusammengedrückt, mit Kiel. 80–140 µm); **Pseudodifflugia** Schlumb. (Schalenform wie **Difflugia** [*63*]), z. B. **P. fascicularis** Pen. (30–40 µm) [*64*]; **Chlamydophrys** Cienk. (In Körpermitte Schicht stark lichtbrechender Körnchen), z. B. **C. stercorea** Cienk. (30–40 µm).

— Mit Retikulopodien (Im Innern mit Körnchenströmung)
Allogromiidae u. **Microgromiidae** (zu Foraminifera S. 14)

3. Ord. **Foraminifera,** Porentierchen

Mit meist vielkammeriger Schale aus Tektin, Opal, Kalk od. aus Fremdkörpern (meist Sand). Kammern durch Öffnungen verbunden. Mit Retikulopodien. Fast ausschließlich marin, auf Meeresgrund od. auf Algen, selten im Plankton; vor allem in der Nordsee. Hier nur Beispiele häufiger u./od. typischer Formen.

1. Schale häutig, ohne Fremdkörper. Ohne Poren. Meist limnisch **Allogromiidae** u. **Microgromiidae**

Viele Gattungen, z. B. **Microgromia** Saed. (Schale auf Unterlage aufliegend. Pseudostom mit Septum), **M. haeckeliana** Saed. (Bis 20 µm), oft koloniebildend.

— Schale aus Fremdkörpern („agglutiniert"), einkammerig

Beispiele: **Astrorhiza limicola** Sand. [*65*] (5–13 mm); **Cyclogyra involvens** (Reuss) [*66*] (0,5–1,5 mm).

— Schale aus Kalk, porzellanartig od. ± hyalin, dann mit Poren *2*

2. Schale einkammerig

Beispiel: **Lagena gracillima** (Seg.) [*67*] (Bis 0,5 mm).

— Schale mehrkammerig *3*

3. Kammern perlschnurartig angeordnet
Beispiel: **Reophax nodulosus** Br. [*68*] (0,5–25 mm).

— Schale in 2 od. 3 Reihen vom Kammern angeordnet
Beispiele: **Bulimia** (= **Fursenkoina**) **fusiformis** Will. [*69*] (Um 0,3 mm); **Eggerella scabra** Will. [*70*] (Um 0,6 mm).

— Schale ± spiralig um eine lange Achse gewunden
Beispiel: **Quinqueloculina seminula** (L.) [*71*] (Bis 1,3 mm).

— Schale ± spiralig um eine kurze Achse gedreht
Beispiele: **Nonion depressulum** (Walk. et Jac.) [*72*] (Bis 0,3 mm); **Elphidium** (= **Cribrononion**) **incertum** (Will.) [*73*] (Um 0,4 mm); **Planorbulina mediterranensis** d'Ord. [*74*] (Bis 0,5 mm); **Ammonia beccarii** (L.) [*75*] (Bis 0,4 mm); **Cibicides lobatulus** (Walk. et Jac.) [*76*] (Bis 0,8 mm). Im Plankton in der südlichen Nordsee juvenile **Globigerina pachyderma** (Ehr.) [*77*] (Bis 1 mm), ältere Exemplare im Sediment.

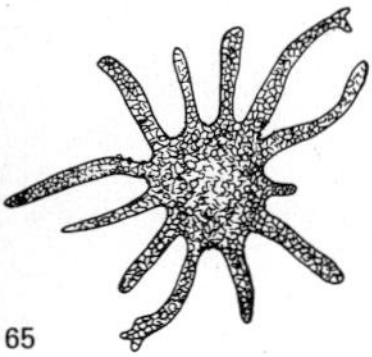
65

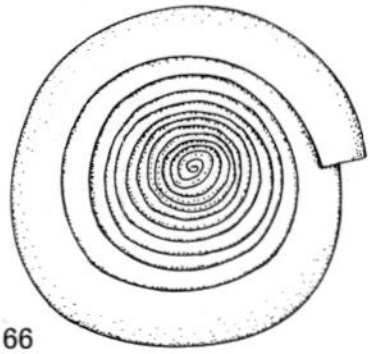
66

67

68

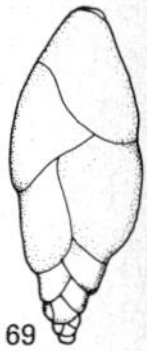
69

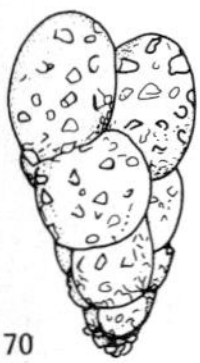
70

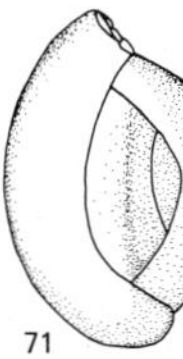
71

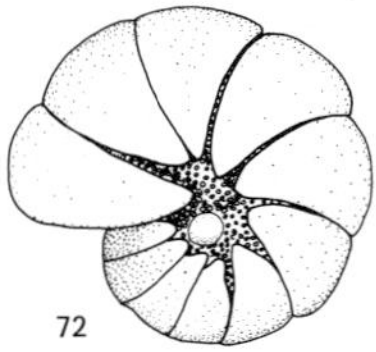
72

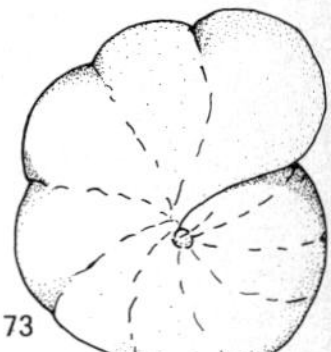
73

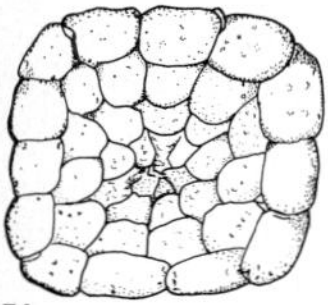
74

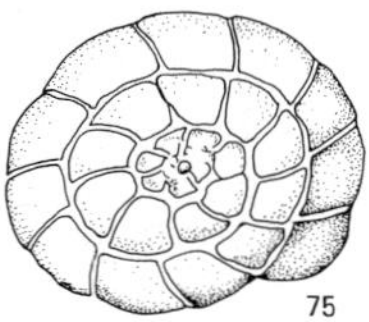
75

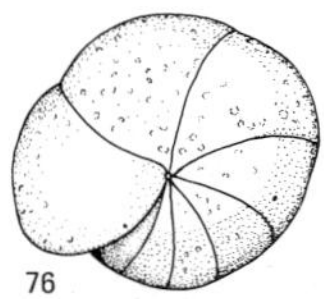
76

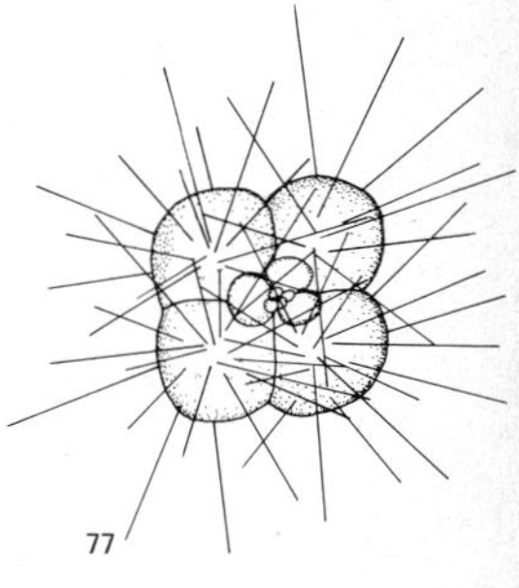
77

4. Ord. **Heliozoa,** Sonnentierchen

Körper kugelig, häufig gegliedert in eine innere (Markschicht) u. äußere Schicht (Rindenschicht) mit großen Vakuolen; mit strahlig abstehenden, ziemlich starren Scheinfüßchen, die einen verfestigten Achsenstab haben (Axopodien). Bewegung rollend. Körper nackt od. mit Schleimhülle, die Skelettelemente – wenn als Eigenbildung „Spiculae" (meist aus Kieselsäure) – enthalten kann. Meist limnisch, selten marin. **System:** Unterord. **Centrohelidia** (Mit Zentralkorn, an dem Achsenfäden endigen), **Actinophrydia** (Ohne Zentralkorn u. Hülle), **Rotosphaeridia** (Ohne Zentralkorn, mit Skelett). Von den **Heliozoa** s. str. werden häufig die Ord. **Desmothoraca** u. **Pseudoheliozoa** (Pseudopodien ohne Achsenfaden. Ohne gleichmäßig rollende Bewegung) abgetrennt.

1. Körper nackt [*79*], ohne deutliche Schleimhülle od. Skelett, manchmal mit dünner Schleimhülle *2*

— Mit dicker Schleimhülle [*78*], ohne Skelett . . **Astrodisculus** Gr.

Z. B. **A. radians** Gr. (Um 30 µm) [*78*]. – Außerdem selten **Chlamygaster sterni** Rain. (Mit Zentralkorn. Um 20 µm); **Nuclearia caulescens** Pen. (Mit Stiel. 20 µm).

— Außen mit Skelettbildungen (diese z. T. klein, körnchenartig) . *3*

2. Mit 1 zentralem Kern, meist ohne scharfe Grenze zwischen Mark- u. Rindenschicht . . . . **Actinophrys** Ehr.

Im Süßwasser, häufig **A. sol** Ehr. [*79*] (40–90 µm). – Ähnlich auch die marine Art **Actinolophus pedunculatus** Schulze (Gestielt. 35 µm).

— Mit zahlreichen Kernen, meist scharfe Grenze zwischen Mark- u. Rindenschicht . . . . **Actinosphaerium** St.

Häufig **A. eichhorni** (Ehr.) (30–1000 µm).

3. Schale gestielt, zusammenhängende Hülle mit vielen Öffnungen *4*

— Skelett anders, Körper ungestielt *5*

4. Schale ± bräunlich, mit großen Öffnungen . **Clathrulina** Cienk.

Stiel lang, hohl, häufiger nur **C. elegans** Cienk. [*80*] (30–90 µm).

— Schale farblos, mit vielen kleinen Öffnungen **Hedriocystis** Hertw. et Less.

Stiel kurz, massiv, häufiger nur **H. pellucida** Hertw. et Less. (Um 20 µm).

5. Körper mit Hülle, in die Skelett lose eingebettet ist *6*

— Hülle mit dicht gelagerten, verkitteten Skelettelementen . . . *9*

6. Hülle mit Körnchen. Meist 4–6 Axopodien **Artodiscus saltans** Pen.

Im Süßwasser. – Hierher auch **Gymnosphaera albida** Sass. (Weiß. Mit vielen Axopodien. Bis 140 µm), marin.

— Hülle mit ± stäbchenartigen Skelettelementen (Spiculae) . . *7*

7. Spiculae radiär angeordnet *8*

— Spiculae nicht regelmäßig radiär angeordnet, vielfach an Axopodien hinaufziehend . . . . **Raphidiophrys** Arch.

Viele Arten. Koloniebildend z. B. **R. viridis** Arch. (Kolonie bis 200 µm), mit Zoochlorellen; einzelnlebend z. B. **R. pallida** Schulze (Um 50 µm).

8. Spiculae fein, pseudochitinartig, fransenartig aus Hülle austretend **Heterophrys** Arch.

Im Süßwasser z. B. **H. myriopoda** Arch. (50 µm), oft mit Zoochlorellen; marin **H. marina** Hertw. et Less. (30 µm).

— Spiculae dick, häufig trichter- od. plattenartig verbreitert **Raphidocystis** Pen.

Mehrere Arten, häufig **R. glutinosa** Pen. (12 µm). Hierher auch **Belonocystis tubistella** Rain. (Ohne Zentralkorn. Um 15 µm).

9. Panzer aus 2 Sorten von Spiculae: tangentialen Schuppen u. radiären Stacheln [*81*] . . . . **Acanthocystis** Cart.

Artenreich, häufig **A. turfacea** Cart. [*81*] (Bis um 150 µm). Hierher auch **Rabdiophrys** Rain. (Ohne Zentralkorn), z. B. **R. anulifera** Rain. (Bis 35 µm).

— Panzer aus hohlen, kugeligen Perlen . . **Pompholyxophrys** Arch.

Z. B. **P. punica** Arch. (Bis 40 µm), in Moortümpeln.

— Panzer aus runden od. ovalen Schuppen . . . **Pinaciophora** Gr.

Häufig nur **P. fluviatilis** Gr. (Um 50 µm).

— Panzer aus Fremdkörpern (v. a. Sandkörnern, Diatomeenschalen) *10*

10. Körper mit großer, gelber Ölkugel. 35 µm **Elaeorhanis cincta** Gr.

— Körper ohne Ölkugel . . . . **Lithocolla** Schulze

Häufig nur **L. globosa** Schulze (30–40 µm) [*82*].

5. Ord. **Radiolaria,** Strahlentierchen

Körper ± kugelig, mit „Zentralkapsel" [*85*] im Innern (diese kann fehlen) u. meist Skelettelementen aus Kieselsäure od. Strontiumsulfat **(Acantharia),** wie Nadeln, Stacheln, gitterartig durchbrochene

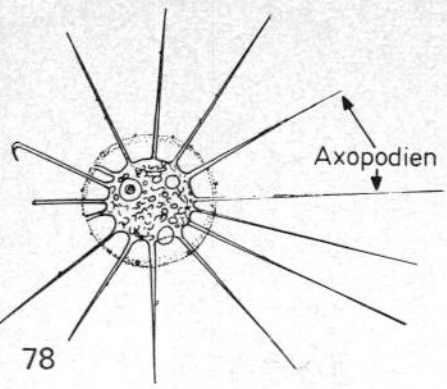

78

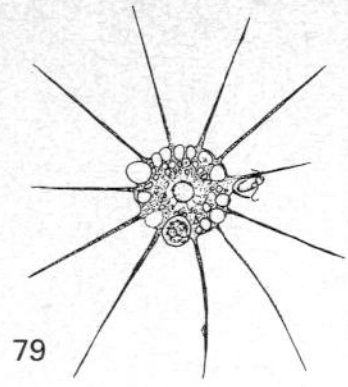

79

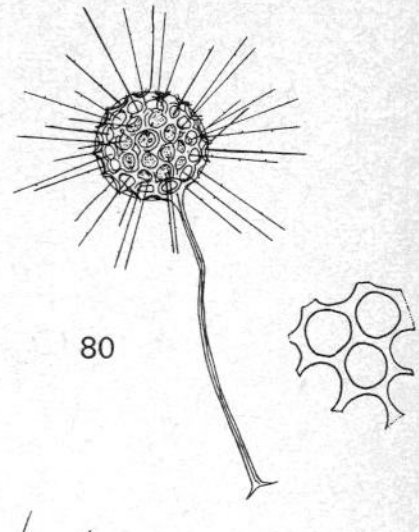

80

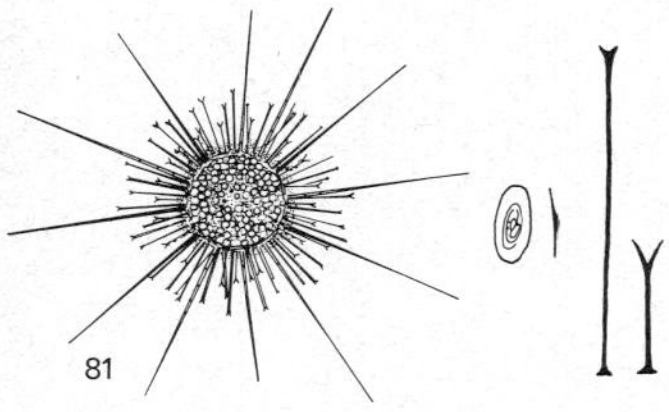

81

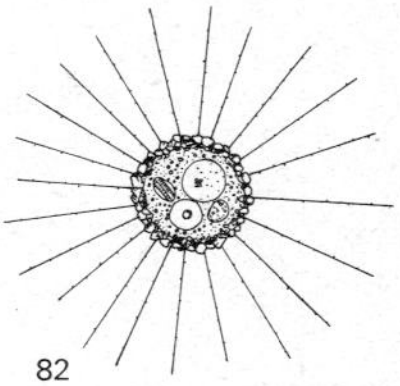

82

Kugel u. a. Mit Axopodien od. feinen Filopodien, auch Retikulopodien. Pelagisch, nur Nordsee. Hier nur wenige Beispiele.

1. Skelett aus 20 radiär angeordneten Stacheln Unterord. **Acantharia**
Beispiele: **Acanthometra pellucida** Müll. (Bis 240 µm) [*83*]; **Acanthochiasma rubescens** Kr. (Bis 350 µm) [*84*].

— Skelett anders *2*

2. Zentralkapsel mit vielen feinen Poren (diese schwer sichtbar). Skelett kann fehlen . . . . . . Unterord. **Peripylea** (= **Spumellaria**)
a) Koloniebildend, in Gallerte, ohne Skelett: **Collozoum inerme** Müll. (Um 1,5 cm). b) Einzelnlebend, meist mit Skelett: z. B. **Echinomma leptodermum** Jörg. (Bis 100 µm) [*85*].

— Zentralkapsel mit 1 Öffnung als Porenfeld. Skelett ring-, helm- od. käfigförmig . . . . Unterord. **Monopylea** (= **Nassellaria**)
Beispiel: **Lithomelissa setosa** Jörg. (Bis 100 µm) [*86*].

— Zentralkapsel mit 3 Öffnungen (1 Haupt-, 2 Nebenöffnungen), vor der Hauptöffnung eine bräunliche Pigmentmasse („Phaeodium") Unterord. **Tripylea** (= **Phaeodaria**)
Beispiele: **Protocystis xiphodon** (Haeck.) (Um 100 µm) [*87*]; **Challengerion diodon** Haeck. (Bis 85 µm) [*88*].

Klasse: **Ciliata (Ciliophora),** Wimpertierchen

Bewegung durch Wimpern (Cilien), diese können reduziert sein; bei manchen Arten Cirren (= büschelförmige Verklebung von Cilien [*144*]), Membranellen (= flächenhafte Verklebung von Cilien [*138, 144*]) od. Pektinellen (= kurze Reihen dicht stehender, nicht verklebter, meist langer Cilien [*92*]). Mundöffnung (Cytostom) an der Oberfläche od. in eine ± tiefe Tasche verlagert (Mundhöhlung = Peristom). Kerndualismus (Makronukleus u. Mikronukleus). Nahrungsaufnahme als Schlinger (meist Räuber) od. Strudler (Nahrung meist Bakterien, Algen). Auch Kommensalen od. Parasiten an od. in Tieren. Limnisch, marin, auch terrestrisch. Etwa 1400 Arten. Meiste Gattungen sowohl im Meer als auch im Süßwasser, Beispiele vor allem aus dem Bereich der Süßwasser-Arten.

1. Körper vollkommen unbewimpert, mit Saugtentakeln [*160*]. Meist sessil . . . . 6. Ord. Sauginfusorien, **Suctoria** S. 25

— Nur am Vorderende mit Cilien (od. nur Cirren, Membranellen). Meist sessil, wenn vagil, hinten mit Wimperschopf od. im Darm von Säugern *2*

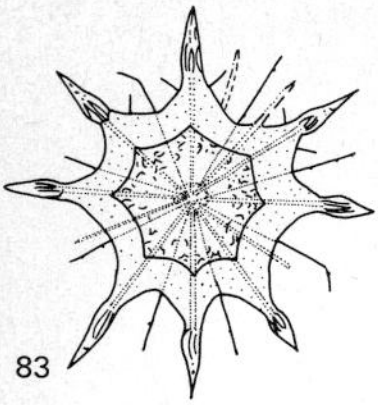

83

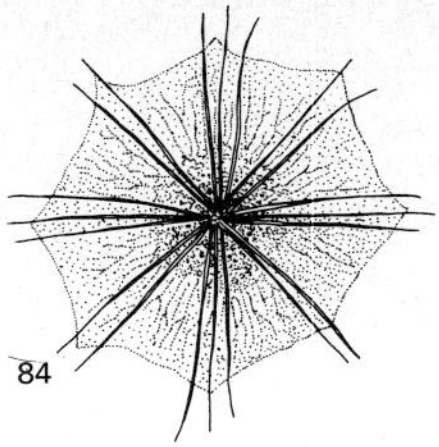

84

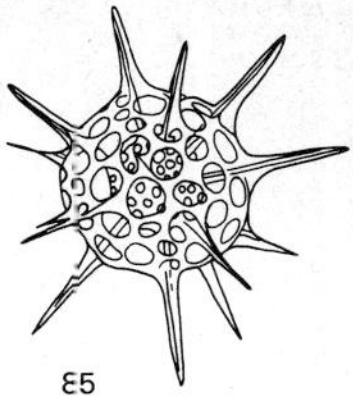

85

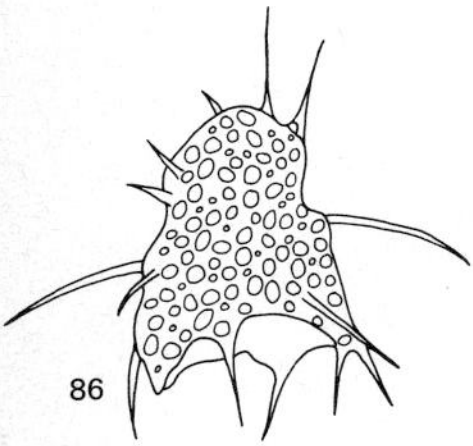

86

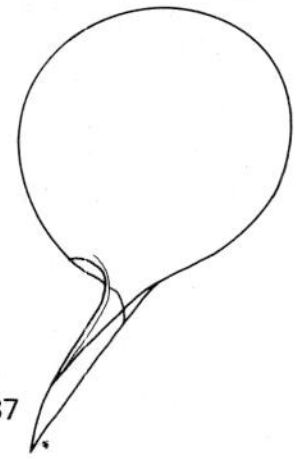

87

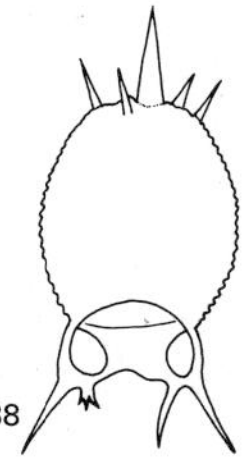

88

— Mit vollständiger Bewimperung od. Cilien (auch als Cirren) auf Ventralseite beschränkt. Wenn Wimpern fehlen, freischwimmend, ohne Wimperschopf hinten, nicht im Darm von Säugern *3*

2. Mundzone mit unbeweglicher, trichterförmiger od. spiraliger Membran, diese innen bewimpert, manchmal mit Borsten 3. Ord. **Chonotricha**

Epizoisch auf Krebsen. Nur **Spirochonidae,** im Süßwasser **Spirochona gemmipara** St. [*89*] (80–120 µm) an Kiemenblättchen des Bachflohkrebses.

— Vorderende mit cirrusartigen Wimperschöpfen. Pellicula panzerartig verstärkt, häufig mit dornartigen Fortsätzen. Im Darm von Säugern 4. Ord. **Entodiniomorpha** S. 23

— Vorderende mit linksgewundener, in die Mundhöhle führender Wimperspirale. Körper ± becher- bis glockenförmig. Sessil, auch vagil, dann mit hinterem Ciliengürtel . . . . . 2. Ord. **Peritricha** S. 21

3. Körper fast immer einheitlich bewimpert, selten mit kleiner, zum Munde führender Membranellenzone 1. Ord. **Holotricha** S. 18

Wenn mit reduzierter od. uneinheitlicher Bewimperung, Habitus wie [*92, 103, 104, 105*].

— Körper mit vollständiger od. reduzierter Bewimperung. Mundhöhle auffällig bewimpert, meist als rechtsgewundene, bis zum Munde führende Membranellenzone ausgebildet 5. Ord. **Spirotricha** S. 23

1. Ord. **Holotricha**

1. Endoparastiten od. Endokommensalen (auch an Kiemen)

Familien mehrerer Unterordnungen. Beispiele: **Balantidiidae** (zu **Trichostomata**) (Habitus [*90*]), nur **Balantidium** Clap. et Lachm., artenreich, **B. coli** (Malmst.) [*90*] (30–150 µm) bei Schwein u. Mensch. **Buetschliidae** (zu **Gymnostomata**) (Gleichmäßig bewimpert, vorn mit kleiner Mundöffnung), im Darm von Säugern, meist Huftieren, z. B. **Buetschlia** Schub., häufig **B. parva** Schub. (Bis 50 µm). **Ichthyophthiriidae** (zu **Hymenostomata**) (Ähnlich, aber an Kiemen von Fischen), verbreitet im Süßwasser **Ichthyophthirius multifiliis** Fouqu. (Bis 800 µm). Außerdem weitere Unterordnungen.

— Freilebend, höchstens Ektokommensalen *2*

2. Mund unmittelbar an der Körperoberfläche, sehr selten in Mundhöhlung, ohne besondere Cilien-Organellen. Nahrungsaufnahme als Schlinger . . . . Unterord. **Gymnostomata** *3*

— Mund in Mundhöhlung (= Peristom), diese mit besonderen Cilien-Organellen. Strudler Unterord. **Trichostomata** u. **Hymenostomata** *11*

3. Körper mit Panzer aus 4 Plättchengürteln [*91*] . . . **Colepidae**
Wichtig **Coleps** Nitzsch, häufig **C. hirtus** Nitzsch [91] (60 µm).

— Körper ohne derartigen Panzer *4*

89
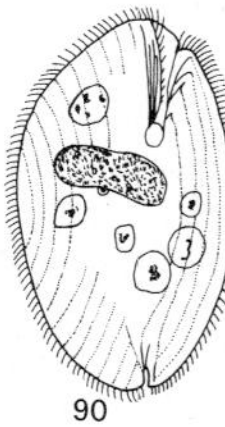
90
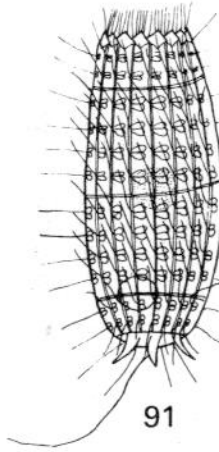
91
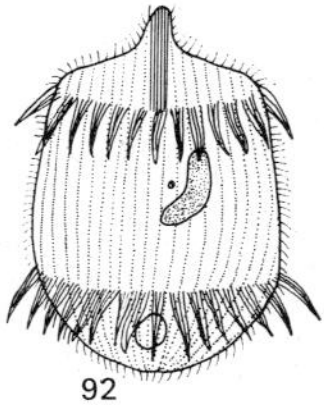
92
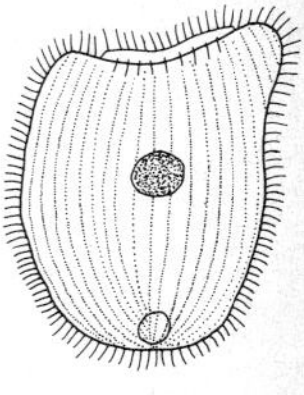
93

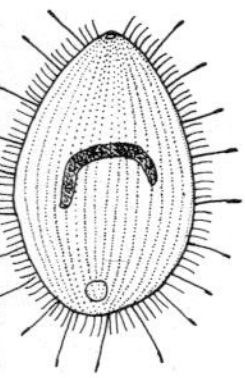
94
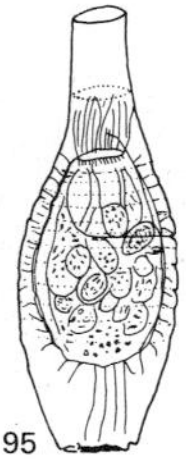
95
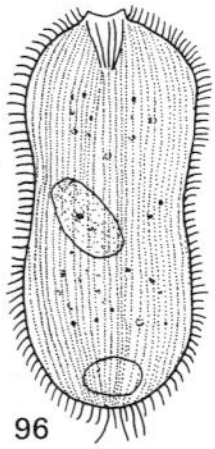
96
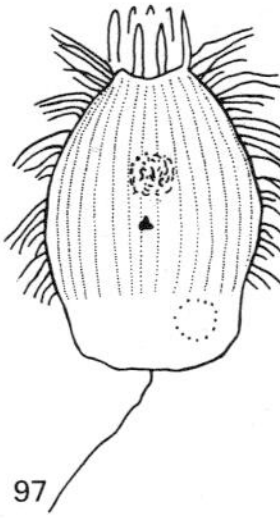
97
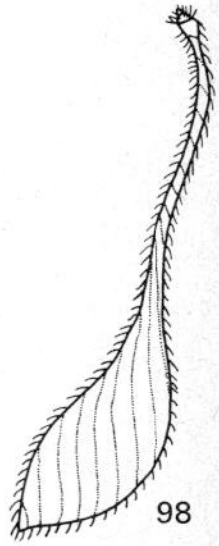
98

4. Mund auf einem Kegel am Vorderende. Körper mit Kranz von Cirren od. Pektinellen . . . . **Didiniidae**
Wichtige Gattg. **Didinium** St., häufig **D. nasutum** (Müll.) [*92*] (Bis 150 µm).

— Mund spaltförmig, von ± deutlichem Wulst umgeben **Spathidiidae**
Viele Gattg., artenreich **Spathidium** Duj., z. B. **S. faurei** Kahl [*93*] (70 µm).

— Mund anders, ohne od. mit im Querschnitt rundem Schlundwulst *5*

5. Mund am Vorderende *6*

— Mund seitlich, an der zusammengedrückten Schmalkante . . *8*

— Mund auf der vord. Hälfte der abgeflachten Ventralseite . . . *9*

6. Mit radial angeordneten, einziehbaren Tentakeln **Actinobolinidae**
Wichtig nur **Actinobolina** Str., im Plankton **A. vorax** Weinr. [*94*] (60–200 µm).

— Körper ohne Tentakel *7*

7. Mit pseudochitinigem, flaschenförmigem Gehäuse **Metacystidae**
Z. B. **Vasicola** Tat. (Körper eiförmig), häufig **V. ciliata** Tat. [*95*] (Um 100 µm).

— Ohne Gehäuse . . **Enchelyidae (= Holophryidae)** u. weit. Familien
Viele Gattungen. Auswahl: **Prorodon** Ehr. (Mund spaltförmig, Schlund mit Reuse aus Doppelstäbchen), häufig **P. teres** Ehr. [*96*] (130–250 µm); **Urotricha** Clap. et Lach. (Hinterende ohne Cilien, mit 1–mehreren langen Schwanzcilien), z. B. **U. farcta** Clap. et. Lach. [*97*] (20–30 µm); **Lacrymaria** Ehr. (Nahe Vorderende Ringfurche, dadurch „Kopfabschnitt" abgesetzt), charakteristisch **L. olor** Müll. [*98*] (Bis 1200 µm).

8. Mund rund, am Ende eines Saumes aus Trichocysten (stäbchenförmigen Bildungen des Ektoplasmas) . . . . **Tracheliidae**
Vorderkörper ± rüsselförmig. Beispiel: **Trachelius** Ehr. (Hinterende rund), z. B. **T. ovum** Ehr. [*99*] (Bis 400 µm).

— Mund spaltförmig, auf konkaver Seite des Vorderkörpers **Loxodidae**
Einige Gattungen, z. B. **Loxodes** Ehr., häufig **L. rostrum** (Müll.) [*100*] (150–250 µm).

— Mund spaltförmig, vorn auf konvexer Seite . . . **Amphileptidae**
Beispiel: **Amphileptus** Ehr., häufig **A. trachelioides** (Zach.) [*101*] (Bis 800 µm).

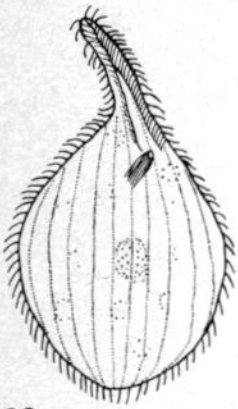
99
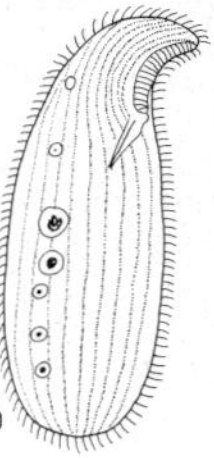
100
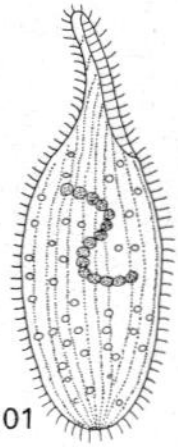
101
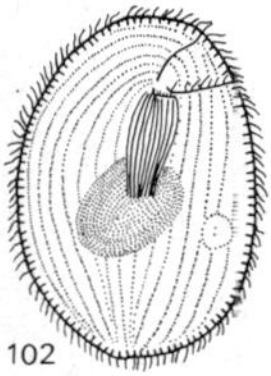
102
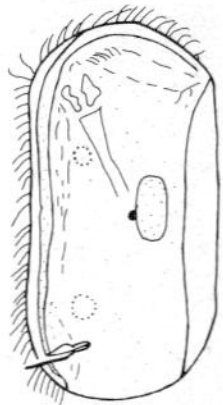
103

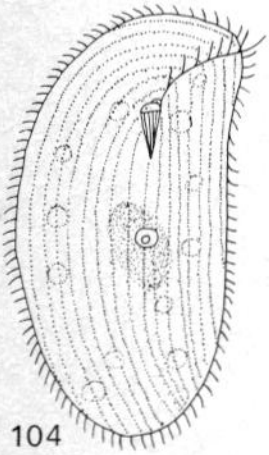
104
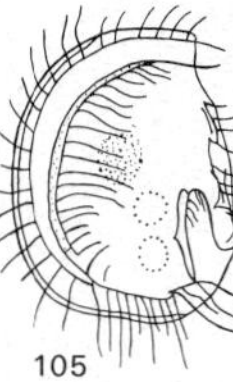
105
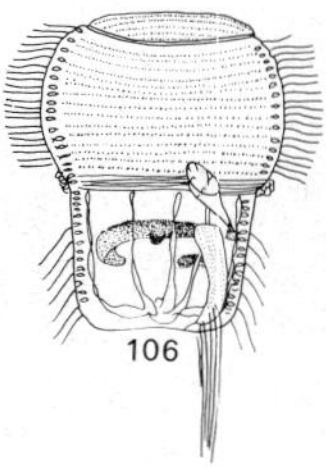
106
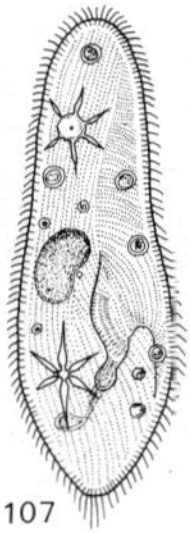
107
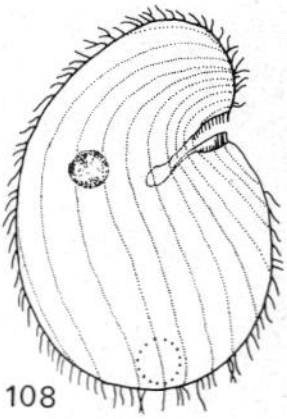
108

9. Bewimperung vollständig . . . . **Nassulidae**
Wenige Gattungen, artenreich **Nassula** Ehr., z. B. **N. ornata** Ehr. [*102*] (Bis 250 µm).

— Körper dorsal ohne Bewimperung *10*

10. Körper hinten mit „Griffel“ aus Wimpern . . . . . **Dysteriidae**
Beispiel: **Dysteria** Huxl., vorwiegend marin, häufig **D. monostyla** Ehr. [*103*] (80–100 µm).

— Körper hinten ohne derartigen Griffel . . . **Chlamydodontidae**
Artenreich **Chilodonella** Str. häufig **C. cucullulus** (Müll.) [*104*] (Bis 300 µm).

11. In becher- od. röhrenartigen Gallertgehäusen . . . . **Marynidae**
Z. B. **Maryna rottalensis** Baum. (Um 150 µm).

— Nicht in derartigen Gallertgehäusen *12*

12. Wimperbänder auf dem Körper spiralig . . . . . **Trimyemidae**
3–4 Querspiralen, 1 Schwanzcilie, im Süßwasser **Trimyema compressum** Lack. (25–50 µm). Ähnlich 2 weit. Familien.

— Wenige Cilien in 2–9 Reihen. Körper gepanzert **Microthoracidae**
Artenreich **Microthorax** Eng., z. B. **M. ungulatus** Pen. [*105*] (20–25 µm).

— Körper mit 3 Cilienzonen, hinten Schopf von Cilien **Urocentridae**
Nur **Urocentrum turbo** (Müll.) [*106*] (50–80 µm).

— Bewimperung anders *13*

13. Körper zigarren- bis pantoffelförmig, mit muldenförmiger Depression vom Vorderende bis zum Mundvorraum (etwa in Körpermitte), daran anschließend trichterförmige Mundhöhlung . . . **Parameciidae**
Nur **Paramecium** Hill, artenreich, z. B. **P. caudatum** Ehr. [*107*] (Bis 300 µm), **P. bursaria** Ehr. (Hinten breit abgerundet, nicht verjüngt. Bis 150 µm), mit Zoochlorellen.

— Ohne derartige Depression, Mundhöhlung tunnelförmig eingesenkt u. zum Mund trichterartig verjüngt. Habitus [*108*] . . . **Colpodidae**
Artenreich **Colpoda** Müll., z. B. **C. cucullus** Müll. [*108*] (60–80 µm).

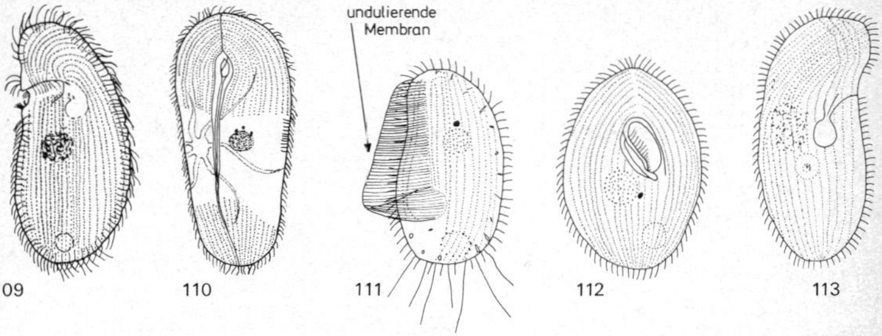

109 110 111 112 113

— Mit zur Mundhöhlung ziehenden Querrinne . . . **Plagiopylidae**
Beispiel: **Plagiopyla** St., z. B. **P. nasuta** St. [*109*] (80–180 µm)

— Mundregion od. Habitus anders . . . . . . weitere Familien
Auswahl: **Frontoniidae** (Mit Längsnaht in Pellikula von Mundöffnung nach vorn u. hinten), z. B. **Frontonia** Ehr., häufig **F. leucas** Ehr. [*110*] (150–600 µm). **Pleuronematidae** (Meist mit deutlicher segelartiger undulierender Membran wie [*111*], z. B. **Pleuronema** Duj., **P. coronatum** [*111*] (45–140 µm). Sehr umfangreiche Fam. **Tetrahymenidae,** typische Gattungen: **Glaucoma** Ehr. (Habitus [*112*]), z. B. **G. scintillans** Ehr. [*112*] (40–75 µm); **Colpidium** St. (Habitus [*113*]), z. B. **Colpidium colpoda** (Ehr.) [*113*] (90–120 µm); **Uronema** (Duj.) (Eiförmig, mit langer Schwanzcilie. Habitus [*114*]), z. B. **U. marinum** Duj. [114] (30–50 µm); **Lembadion** Perty (Mundhöhlung nimmt ⁴⁄₅ der Körperlänge ein. Habitus [*115*]), z. B. **L. bullinum** Perty [*115*] (120–200 µm).

2. Ord. **Peritricha**

1. Freischwimmend. Mit aboralem Wimpernkranz Unterord. **Mobilia**
Unterseite mit Haftring, der zeitweises Festheften am Substrat ermöglicht. Nur **Urcellariidae,** auf Tieren (Hydren, Planarien, Fischen, Amphibien), mehrere Gattungen, z. B. **Trichodina** Ehr., **T. pediculus** (Müll.) [*116*] (Bis 100 µm) auf Hydra.

— Freischwimmend, hinten mit gallertigem Faden od. Büschel starrer kurzer Borsten . . . . . . **Astylozoonidae** (Unterord. **Sessilia**)
Wenige Gattungen, darunter **Astylozoon** Eng., z. B. **A. fallax** Eng. [*117*] (Bis 70 µm).

— Festsitzend, meist mit Stiel . . . . übrige **Sessilia** *2*

2. Mit Gehäuse. Vorderende nicht halsartig ausgezogen *3*

— Ohne Gehäuse; selten mit Gehäuse, dann Vorderkörper halsartig *4*

3. Tiere aus Gehäuse frei herausragend . . . . . . **Vaginicolidae**
Auswahl: **Platycola** Kent (Gehäuse mit Breitseite angeheftet), z. B. **P. coelochila** Stokes (Bis 150 µm); bei übrigen Gattungen Gehäuse aufrechtstehend, **Cothurnia** Ehr. (Gehäuse ohne Deckel, mit Stiel), z. B. **C. annulata** Stokes [*118*] (Um 80 µm); **Vaginicola** Ehr. (Gehäuse ohne Deckel, ohne Stiel), häufig **V. subcrystallina** Somm. (Bis 340 µm); **Pyxicola** Kent (Gehäuse mit Deckel, dieser seitlich vorn am Tier [*119*], **P. ligiae** (Cuén.) [*119*] (Um 60 µm) auf Kiemen von Ligia.

— Nur Peristomfeld aus Gehäuse herausragend [*120*] **Lagenophryidae**
Wichtig **Lagenophrys** St., auf Süßwasserkrebsen, z. B. **L. vaginicola** St. [*120*] (50 µm).

4. Körper vorn in langen, kontraktilen Hals ausgezogen **Ophrydiidae**
Nur **Ophrydium** Kent, z. B. **O. versatile** (Müll.) (400–500 µm), Kolonien in Gallertmasse, bis 15 cm Durchmesser, mit Zoochlorellen.

— Körper vorn ohne Hals *5*

5. Ohne deutlichen Stiel, höchstens hinten verjüngt . **Scyphidiidae**
Meist auf Tieren, z. B. **Scyphidia** Duj., **S. haemopis** Nenn. [*121*] (80 µm), auf Pferdeegel.

— Mit deutlichem Stiel, dieser starr, ohne Muskeln . . . **Epistylidae**

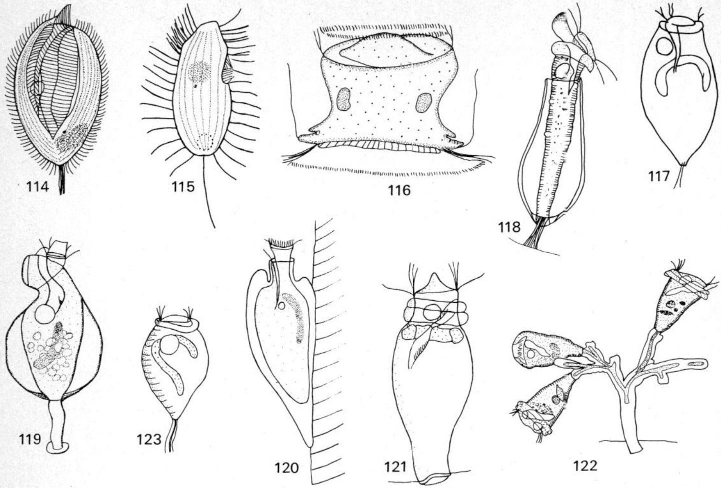

Meist auf Tieren, auch koloniebildend, z. B. **Epistylis** Ehr., häufig **E. plicatilis** Ehr. (100 µm).

— Mit deutlichem Stiel, dieser kontraktil, mit Muskeln *6*

6. Stiel sich zickzack-förmig kontrahierend . . . . **Zoothamniidae**
Einige Gattungen, meist auf Tieren, häufig koloniebildend, z. B. **Zoothamnium** Bory St. Vinc., häufig **Z. ramosissimum** Somm. (50–75 µm) [*122*], auch auf Arthropoden.

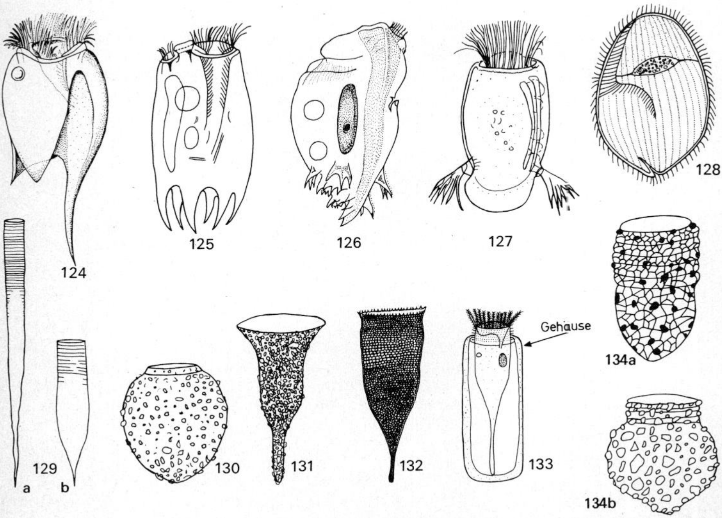

— Stiel sich zu einer Spirale kontrahierend . . . . . **Vorticellidae**
Vorticella L. (Solitär. Stiel unverzweigt), artenreich, häufig **V. microstoma** Ehr. (35–80 µm) [*123*]; **Carchesium** Ehr. (Koloniebildend. Stielmuskel an Verzweigungsstellen unterbrochen), häufig **C. polypinum** (L.) (80–140 µm).

4. Ord. **Entodiniomorpha**

Endokommensalen od. Endoparasiten bei Säugern (Auch zu Ord. **Spirotricha** gestellt).

1. Im Magen von Paarhufern (u. a. Rind, Schaf) . **Ophryoscolecidae**
Verbreitete Gattungen: **Entodinium** St. (Ohne Skelett, vorn nur 1 Cirrenzone), **Diplodinium** Schub. (Ohne Skelett, vorn mit 2 Cirrenreihen), **Ophryoscolex** Schub. (Mit Skelett, etwa in Körpermitte mit fast den Körper umgreifender Cirrenreihe). Beispiele: **E. caudatum** St. [*124*] (Etwa 50 µm), häufig bei Rind, Schaf; **D. dentatum** (St.) [*125*] (100–200 µm), häufig im Rind; **O. purkinjei** St. [*126*] (160–200 µm), beim Rind.

— Im Magen von Unpaarhufern (Pferd) . . . . . **Cycloposthiidae**
(u. weitere Familien), artenreich **Cycloposthium** Bundle, z. B. **C. bipalmatum** (Fior.) [*127*] (65–115 µm).

5. Ord. **Spirotricha**

1. Endoparasiten od. Endokommensalen, auch an Kiemen
Einige Familien der Unterord. **Heterotricha,** z. B. **Nyctotheridae** (Habitus [*128*]), Darmparasiten, artenreich **Nyctotherus** Leidy, z. B. **N. ovalis** Leidy [*128*] (90–130 µm) bei Schaben, **N. cordiformis** St. (Größe variabel) in Fröschen, Kröten.

— Freilebend, höchstens Ektokommensalen *2*

2. Mit gallert- od. pseudochitinartigem Gehäuse
Unterord. **Tintinnina**
Überwiegend marin, im Plankton. Mehrere Familien, Beispiele häufiger Arten der Nordsee, z. T. auch Ostsee **Helicostomella subulata** (Ehr.) (Gehäuse wie [*129 a, b*]), **Stenosemella** (= **Tintinnopsis**) **ventricosa** (Clap. et Lach.) [*130*], **Tintinnopsis campanula** (Ehr.) [*131*], **Favella denticulata** (Ehr.) [*132*]. Im Süßwasser verbreitet **Tintinnidium fluviatile** St. [*133*] (Bis um 300 µm) u. Arten von **Tintinnopsis** St., z. B. **T. lacustris** Entz [*134*] (Bis 80 µm).

— Ohne Gehäuse *3*

3. Körper abgeflacht, mit scharfer Rückenkante. Mit langen Wimpern, ohne Cirren. Peristom mit 8 Membranellen
Unterord. **Ctenostomata**
Pellicula starr, panzerartig. Im Faulschlamm. 3 Familien, typisch **Discomorphidae** (Hinterende glatt, vorn mit langem Dorn [*135*], nur **Discomorphella pectinata** (Lev.) [*135*] (70–90 µm). Unter **Epalxidae** artenreicher **Epalxella** Corl. (Hintere Fortsätze z. T. stumpf. Habitus [*136*]), z. B. **E. antiquorum** (Pen.) [*136*] (Um 80 µm); **Saprodinium** Laut. (Hint. Fortsätze mit Dornen), z. B. **S. dentatum** Laut. [*137*] (60–80 µm).

— Körper abgeflacht, ventral ausschließlich Cirren. Adorale Zone groß, oft mit großem Peristomfeld . . . . Unterord. **Hypotricha** *4*

— Nicht abgeflacht. Adorale Zone spiralig, darin cilienfreies Peristomfeld. Bewimperung reduziert, ohne Cirren Unterord. **Oligotricha**
2 Familien, z. B. **Halteriidae,** typisch **Halteria** Duj. (Mit äquatorialem Kranz langer Borsten [*138*]), häufig **H. grandinella** (Müll.) [*138*] (20–40 µm); artenreich außerdem **Strombidium** Clap. et Lach. (Habitus [*139*]), z. B. **S. viride** St. [*139*] (40–80 µm), mit Zoochlorellen.

— Körper anders, oft mit einheitlicher Bewimperung, ohne Cirren. Peristomfeld meist bewimpert . . . . Unterord. **Heterotricha** *6*
Wenn mit Cirren, Gestalt wie [*152*], **Caenomorpha** s. Nr. **11**

4. Mit mind. 2 vollständigen Reihen von Randcirren . **Oxytrichidae**
Viele Gattungen. Auswahl:
a) Bauchcirren in Reihen, keine weiteren Bauchcirren: **Urostyla** Ehr. (4–10 Bauchreihen, 1 ausgeprägte Transversalreihe), z. B. **U. grandis** Ehr. [*140*] (300–400 µm); **Uroleptus** Ehr. (0–4 Bauchreihen, keine Transversalcirren), z. B. **U. muscorum** Kahl [*141*] (85–180 µm), im Moos; **Kerona polyporum** Ehr. (6 schräge Bauchreihen. 130–200 µm), auf Hydra.
b) Bauchcirren in Reihen, dazu weitere Bauchcirren: **Gastrostyla** Eng. (1 schräge Bauchreihe, 5 Transversalcirren), z. B. **G. pulchra** (Per.) [*142*] (170–250 µm).
c) Bauchcirren nicht in Reihen, einzeln od. in Gruppen: **Oxytricha** Bory de Vinc. (Cirren wie

[*143*]), z. B. **O. saprobia** Kahl [*143*] (100 μm); **Stylonychia** Ehr. (Cirren wie [*144*], Randreihen hinten unterbrochen, starre lange Schwanzcirren), häufig **S. mytilus** Ehr. [*144*] (100–300 μm).

— Ohne Längsreihen von Randcirren, Cirren in Gruppen *5*

5. Gestalt wie [*145*]. Mit wenig Cirren . . . . **Aspidiscidae**

Wichtig nur **Aspidisca** Ehr., häufig **A. costata** (Duj.) [*145*] (25–40 μm).

— Gestalt anders. Mit größerer Zahl von Cirren . . . . **Euplotidae**

Artenreich **Euplotes** Ehr. (Cirren wie [*146*]), z. B. **E. patella** (Müll.) [*146*] (150 μm).

6. Peristom mit trichterartiger Vertiefung [*147*] . . . **Bursariidae**

Häufig **Bursaria truncatella** (Müll.) [*147*] (500–1000 μm).

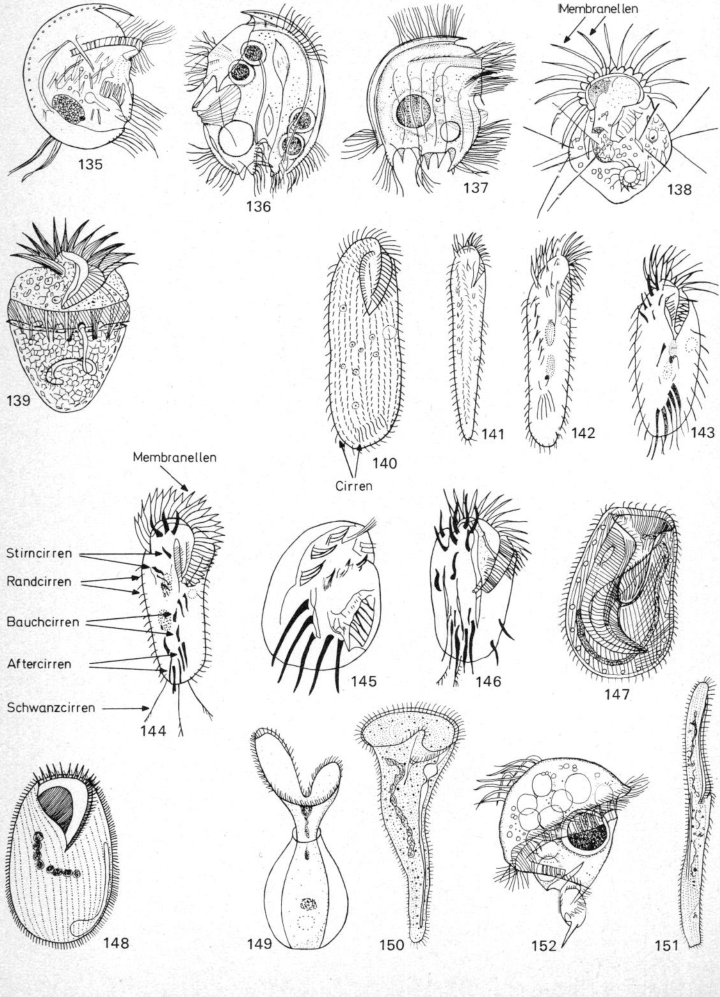

— Peristom nicht in derartiger trichterförmiger Vertiefung . . . *7*

7. Vorn mit großem Peristomfeld, darum die adorale Zone mit ½ bis 1 Spiralwindung *8*

— Vorderregion des Körpers anders *10*

8. Peristomfeld unbewimpert, am Rande mit großer undulierender Membran . . . . **Condylostomatidae**

Wichtig **Condylostoma** Bory St. Vinc., z. B. **C. vorticella** Ehr. [*148*] (100–200 μm).

— Peristomfeld ohne randständige undulierende Membran, bewimpert *9*

9. Peristomfeld in 2 flügelartige Teile ausgezogen . . **Folliculinidae**

Mit flaschenförmigem, pseudochitinigem Gehäuse. Mehrere Gattungen, z. B. **Folliculina** Lam., häufig **F. boltoni** Kent [*149*] (200 μm).

— Peristomfeld nicht flügelartig . . . . **Stentoridae**

Ohne od. mit gallertigem Gehäuse. Wichtig **Stentor** Ok., z. B. **S. polymorphus** (Müll.) [*150*] (1–2 mm), mit Zoochlorellen; **S. coeruleus** Ehr. (1–2 mm), blaugrün.

10. Nur auf Bauchseite Cilien. Nur marin . . . . . . **Peritromidae**

2 Gattungen, z. B. **Peritromus** St., häufig **P. emmae** St. (Um 100 μm).

— Körper vollständig bewimpert od. nur dorsale Cirrenreihen . . *11*

11. Adorale Zone zum größten Teil ventral längs des Körpers verlaufend, kurz vor Mundöffnung nach rechts biegend [*151*] **Spirostomidae**

Mehrere Gattungen, darunter im Süßwasser **Spirostomum** Ehr. (Wurmförmig, kontraktil), häufig **S. ambiguum** Ehr. (1–3 mm) [*151*].

— Adorale Zone auf Bauchseite schräg nach hinten rechts verlaufend od. in Schraubenlinien um Körper . . . . **Metopidae**

Einige Gattungen, z. B. **Caenomorpha** Perty (Habitus [*152*], Bewimperung reduziert), z. B. **C. uniserialis** Lev. [*152*] (50–100 μm).

6. Ord. **Suctoria**, Sauginfusorien

Festsitzend, selten freilebend, meist epizoisch. Mit Tentakeln, die zum Aussaugen von Beutetieren dienen. Selten parasitisch, dann ohne Tentakeln. Fortpflanzung durch Knospung. Larven mit Cilien. Ca. 60 Arten im Meer u. Süßwasser.

1. Körper asymmetrisch od. verzweigt, auch wurm- od. scheibenförmig. Ohne Gehäuse *2*

— Körper ± symmetrisch, nicht wurm- od. scheibenförmig . . . *4*

2. Körper mit 1–mehr. Rüsseln, darauf Tentakeln **Ophryodendridae**

Im Meer, artenreich **Ophryodendron** Clap. et Lach., z. B. **O. abietinum** Clap. et Lach. [*153*] (Bis 840 μm).

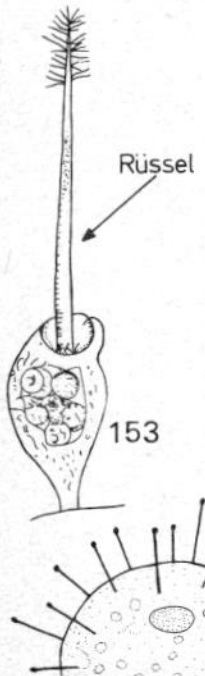

153

154

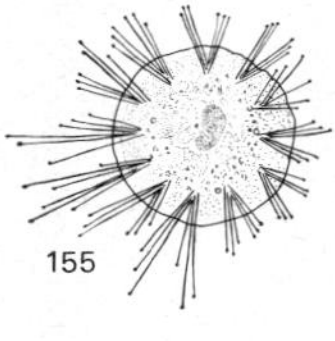

155

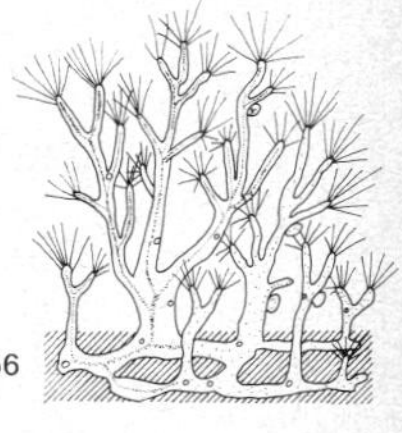

156

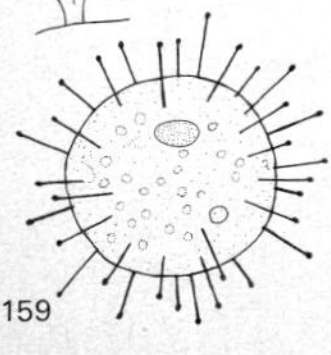

159

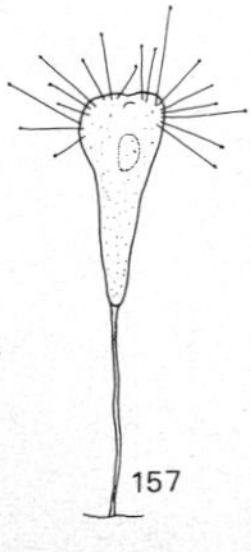

157

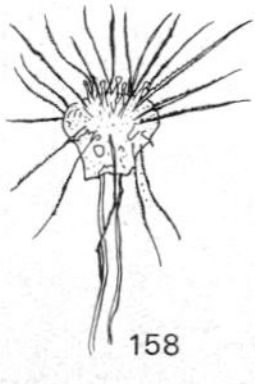

158

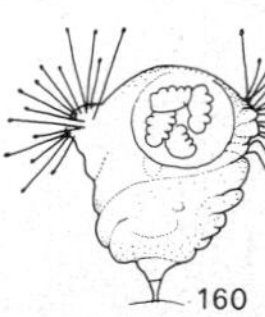

160

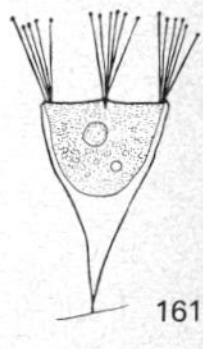

161

— Körper mit verzweigten od. unverzweigten Fortsätzen, darauf als Fortsetzung Tentakel. Im Süßwasser. Ektozoisch . **Dendrocometidae**
Dendrocometes St. (Fortsätze verzweigt), z. B. **D. paradoxus** St. [*154*] (50 µm) auf Kiemen von Gammarus; **Stylocometes digitatus** Clap. et Lach. (Fortsätze unverzweigt. Bis 100 µm), auf Kiemen von Wasserassel.

— Ohne Rüssel od. Fortsätze, wenn mit Fortsätzen, Tentakel anders *3*

3. Körper ± wurmförmig. Im Meer . . . . . . **Rhabdophryidae**
Artenreich **Rhabdophrya** Chat. et Coll., z. B. **R. trimorpha** Chat. et Coll. (150 µm).

— Körper scheibenförmig, flach. Im Süßwasser . . **Heliophryidae**
Nur **Heliophrya** Daed. et Tell., z. B. **H. rotunda** (Hentsch.) [*155*] (30–85 µm).

— Körper anders. Meist Süßwasser **Dendrosomatidae** u. **Trichophryidae**
Beispiele: **Dendrosoma** Ehr., z. B. **D. radians** Ehr. [*156*] (Kolonie um 2 mm hoch); artenreich **Tokophrya** Bütschli, z. B. **T. lemnarum** (St.) [*157*] (Um 100 µm).

4. Mit 2 verschiedenen Tentakeltypen [*158*]. Im Meer **Ephelotidae**
Mit Stiel. Artenreich **Ephelota** Wr., häufig **E. gemmipara** Hertw. [*158*] (Bis 250 µm).

— Anders *5*

5. Körper sphärisch bis elliptisch. Ohne Gehäuse. Mit od. ohne Stiel
Mehrere Familien, wichtig **Podophryidae,** z. B. **Sphaerophrya** Clap. et Lach. (Wie [*159*]. Ohne Stiel), häufiger **S. soliformis** Laut. [*159*] (Bis 50 µm); artenreich **Podophrya** Ehr. (Ähnlich, aber mit Stiel), z. B. **P. fixa** (Müll.) (50 µm).

— Körper mit Gehäuse, dieses häufig ± becherartig
Mehrere Familien, artenreich im Meer u. Süßwasser **Acineta** Ehr. **(Acinetidae)** (Wie [*160*]), z. B. **A. tuberosa** Ehr. [*160*] (Bis 60 µm), im Süßwasser; häufig **Metacineta mystacina** (Ehr.) **(Podophryidae)** [*161*] (80 µm).

Klasse: **Sporozoa (Apicomplexa),** Sporentierchen

Parasiten. Mit Generationswechsel: Gamogonie (geschlechtliche Fortpflanzung der „Gamonten" durch Gameten) führt zur Zygote (mit Hülle als „Sporocyste" od. „Oocyste"), dann Sporogonie, führt zu Sporozoiten, die meist in festen Kapseln („Sporen") eingeschlossen sind; bei manchen Gruppen danach noch Schizogonie (Sporozoiten werden zu „Schizonten", diese erzeugen Merozoiten, die Gamonten od. wieder Schizonten werden). Früher wurden auch **Microspora** u. **Myxospora** zu Sporozoa gerechnet. Mit diesen Gruppen ca. 300 Arten.

1. Parasiten in Wirbellosen *2*

— Intrazelluläre Parasiten in Wirbeltieren *3*

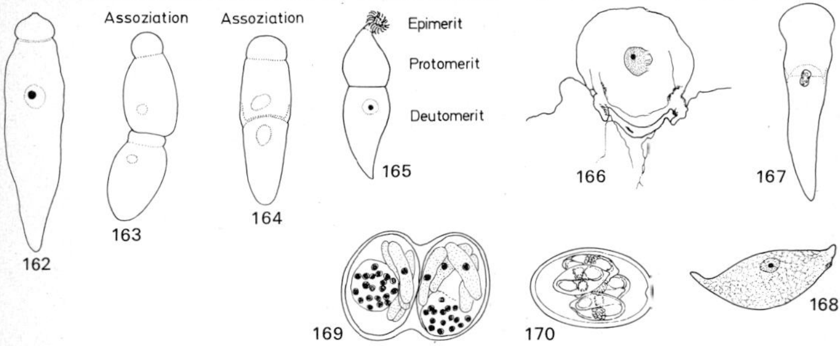

162 163 164 165 166 167 168 169 170

2. Extrazellulär im Darmlumen od. in der Leibeshöhle Unterord. **Eugregarinina,** Ord. **Gregarinida**
Sporocyste mit 8 Sporozoiten. In Anneliden u. Arthropoden. Viele Familien. Mit gleitender Bewegung. Beispiele: a) Zellkörper des Gamonten in Protomerit (meist mit Epimerit) u. Deutomerit unterteilt [*165*]: **Stenophora** Labbé bei Diplopoden, z. B. **S. juli** (Fr.) [*162*]; **Gregarina** Duf. bei Käfern u. Orthopteren, z. B. **G. ovata** Duf. [*163*] in Forficula, **G. blattarum** Sieb. in Schaben, **G. acridiorum** (Lég.) in Heuschrecken; **Didymophyes** St. in Scarabaeiden, z. B. **D. paradoxa** St. [*164*]; **Actinocephalus echinatus** Wellm. [*165*] bei Laufkäfern; **Coleorhynchus heros** (Schn.) [*166*]

(Mit breitem Saugnapf an Darmwand festsitzend), bei Nepa; **Bothriopsides histrio** (Schn.) [*167*] in Larven von Dytisciden.
b) Körper nicht unterteilt: **Monocystis** St., meist in Samenblasen von Regenwürmern, z. B. **M. agilis** St. [*168*].
Auch einige **Coccidida** (Unterord. **Protococcidina**), in Polychaeten.

— Intrazellulär . . . . Unterord. **Schizogregarinina (Gregarinida)**
Sporocyste mit 8 Sporozoiten, z. B. **Lipocystis polyspora** Gr. im Fettkörper von Panorpa communis. – Hierher auch einige **Coccidida** (Oocyste anders).

3. In roten u./od. weißen Blutkörperchen (in Phase der Schizogonie)
Viele **Haemosporidea** (Ord. **Coccidida**), Übertragung durch Mücken, z. B. **Plasmodium** March. et Cel., häufig bei Vögeln **P. relictum** Gr. et Fel. Außerdem Ord. **Piroplasmida** (Übertragung durch Zecken).

— In anderen Geweben
Ord. **Toxoplasmida** (Oocyste mit 2 Sporen zu je 4 Sporozoiten [*169*]), z. B. **Toxoplasma gondii** Nic. et Manc., verursacht Toxoplasmose. Weitere **Coccidida**, z. B. **Eimeria** Schn. (Oocyste [*170*], im Kaninchen **E. stiedai** (Lind.).

Literatur

Bick, H. u. a. Das Zooplankton der Binnengewässer, 1. Teil. Die Binnengewässer XXVI. Stuttgart, 1972. – Bick, H. Ciliated Protozoa. Genf, 1972. – Bourrelly, P. Les algues d'eau douce, Tome I–III. Paris, 1966–1970. – Corliss, J. O. The ciliated Protozoa. 2nd ed. Oxford, 1979. – Doflein, F., Reichenow, E. Lehrbuch der Protozoenkunde, 6. Aufl. Jena, 1953. – Gabel, B. Die Foraminiferen der Nordsee. Hamburg, 1971. – Geus, A. Sporentierchen, Sporozoa. Die Gregarinida. Tierwelt Deutschlands, Teil 57. Jena, 1969. – Göke, G. Meeresprotozoen. Stuttgart, 1963. – Grell, K. G. Protozoology. Berlin, 1973. – Grospietsch, Th. Wechseltierchen (Rhizopoden). Stuttgart, 1958. – Harnisch, O. Rhizopoda. In: Brohmer, Ehrmann, Ulmer, Tierwelt Mitteleuropas, Bd. I, Lief. 1b. Leipzig, 1959. – Huber-Pestalozzi, G. Das Phytoplankton des Süßwassers. Die Binnengewässer XVI, Teil 1–5. Stuttgart, 1938–1968. – Jörgensen, E. u. a. Protozoa. In: Grimpe, Wagler, Tierwelt der Nord- und Ostsee, Bd IIa–h. Leipzig, 1928–1934. – Kahl, A. Wimpertiere oder Ciliata. Tierwelt Deutschlands, Teil 18, 21, 25, 30. Jena, 1930–1935. – Kudo, R. R. Protozoology, 5th ed. Springfield, 1977. – Murray, J. W. British nearshore foraminiferids. Synopses British fauna 16. London, 1979. – Page, F. C. An illustrated key to freshwater and soil amoebae. Freshwater Biol. Ass. 34. Amblesi-de, 1976. – Palmer, J. N. The Protozoa. Introduction to protozoology. St. Louis, 1980. – Pankow, H. Algenflora der Ostsee II. Plankton. Jena, 1976. – Pascher, A. Die Süßwasserflora Deutschlands, Heft 1–4. Jena, 1913–1927. – Pennak, R. W. Freshwater invertebrates of the United States, 2nd ed. New York, 1978. – Rainer, H. Sonnentierchen, Heliozoa. Tierwelt Deutschlands, Teil 57. Jena, 1969. – Schoenichen, W. Einfachste Lebensformen des Tier- und Pflanzenreiches, Bd. I.II, 5. Aufl. 1925, 1927. – Streble, H., Krauter, D. Das Leben im Wassertropfen. Stuttgart, 1973. – Ward, H. B., Whipple, G. C. Freshwater biology, 2nd ed. New York, 1959.

Stamm: **Porifera**, Schwämme

Tierstöcke von krustenförmiger, höckriger oder buschartig verzweigter Gestalt, die Gegenstände im Wasser überziehen oder ihnen aufsitzen. Farbe bleich, bräunlich oder durch Algen grünlich. Weichkörper durch Hartgebilde aus Kalknadeln, Kieselnadeln oder/und hornartige Spongiolinsubstanz gestützt. Hauptöffnungen der Schwammkörper = Oscula. Geschlechtliche Fortpflanzung mit freischwimmenden Larven, ungeschlechtliche durch äußere oder besonders bei Süßwasserschwämmen auch durch innere Knospen (**Gemmulae** = **G**), die Trockenzeiten überdauern können.

1. Im Süßwasser *2*

— Im Meerwasser, zuweilen auch am Strand angespült *5*

2. Buschartig verzweigt, bei starker Strömung auch mehr klumpig [*1*]. G gleichmäßig im Schwammkörper verteilt, ohne Porusrohr, ihre Kieselkörper stiftförmig [*1a*]. Sehr häufig. **Spongilla lacustris L.**

— In der Regel krustenförmig bis klumpig [*2*], höchstens mit kurzen Fortsätzen *3*

3. Krusten von weicher Konsistenz. G mit Porusrohr. Hauptmenge der G am Grunde des Schwamms als dichte Schicht.
Spongilla fragilis Leidy

Ähnlich die seltene **Heteromeyenia baileyi** Bwk., ihre G haben nicht stiftförmige Kieselkörper wie Spongilla, sondern garnspulenartige (= Amphidisken [*2a*]).

— Überzüge von harter Konsistenz, G ohne Porusrohr, mit Amphidisken *4*

4. Skelettnadeln glatt oder rauh. Scheiben der Amphidisken eingeschnitten gezähnt . . . . **Ephydatia** Lamour

2 Arten, häufiger **E. fluviatilis** L. [2]

— Skelettnadeln scharf zugespitzt mit starken Dornen. Scheiben der Amphidisken ganzrandig . . . . . **Trochospongilla horrida** Wltn.

5. In Muschelschalen oder Kalkstein bohrend [*3*]
Bohrschwamm, **Cliona celata** Grant

— Nicht in hartem Substrat bohrend *6*

6. Dünner, weißlich-gelblicher, schleimiger Überzug auf Steinen, Tangen, Muscheln. Mikroskopisch betrachtet: Netz aus verzweigten Spongiolinfasern, aber ohne Nadeln. Nord- u. Ostsee.
Gallertschwamm, **Halisarca dujardini** John.

— Spongiolinnetz mit Kieselnadeln verknüpft, daher Konsistenz zäher und fester *7*

— Graue bis orangerote, elastische Knollen mit samtartiger Oberfläche. Mit Kieselnadeln, aber ohne Spongiolinfasern. Umwächst Schneckenschale, in denen Einsiedlerkrebs sitzt.
Korkschwamm, **Ficulina** (= **Suberites**) **ficus** L.

— Skelett aus Kalknadeln, Körper vielgestaltig. Kalkschwämme.

Fügt man einen Tropfen conc. Salzsäure auf ein Stückchen Kalkschwamm, so erfolgt Aufbrausen durch CO_2 -Entwicklung.
Leucosolenia Bow. und **Sycon** Ris.

7. Geweihartig verzweigt mit fingerförmigen Ästen. Bis 20 cm hoch. Nordsee, auf Steinen und Molluskenschalen [*4*].
Chalina oculata Pall.

— Schwammkörper ± gestreckt [*5*]. Oberfläche rauh. Spongiolinfasernetz gut entwickelt, getrocknet bei Lupenbetrachtung grobmaschig. Auf Tangen und Seegras . . . . **Haliclona limbata** Mont.

— Schwammkörper mehr klumpig und weniger rauh [*6*]. Spongiolinfasernetz sehr feinmaschig. Auf Algen, Pfählen, Muscheln; häufig.
Meerbrot, **Halichondria panicea** Pall.

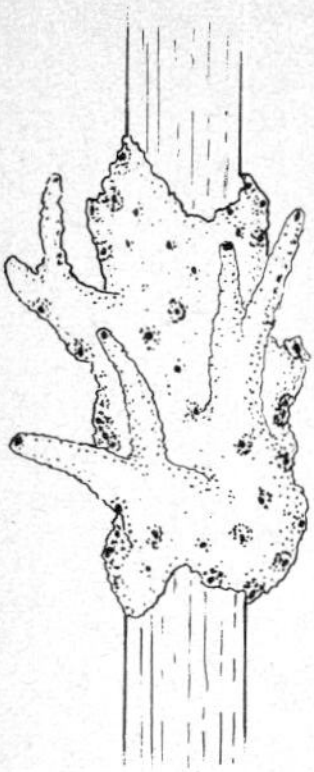

1

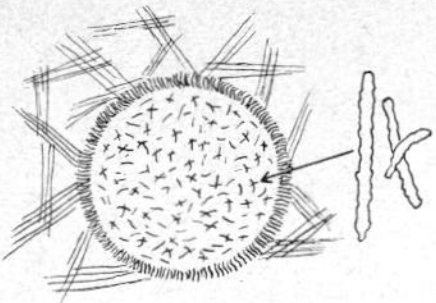

1a

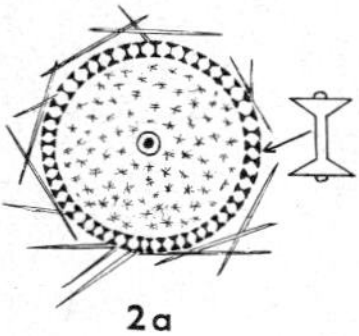

2a

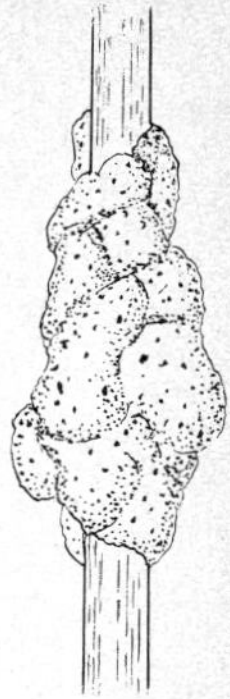

2

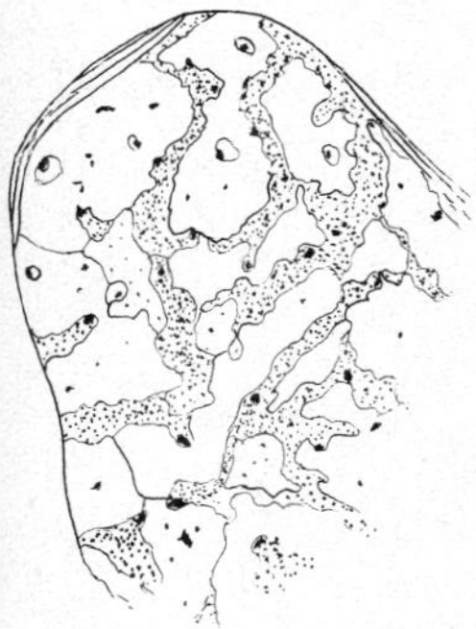

3

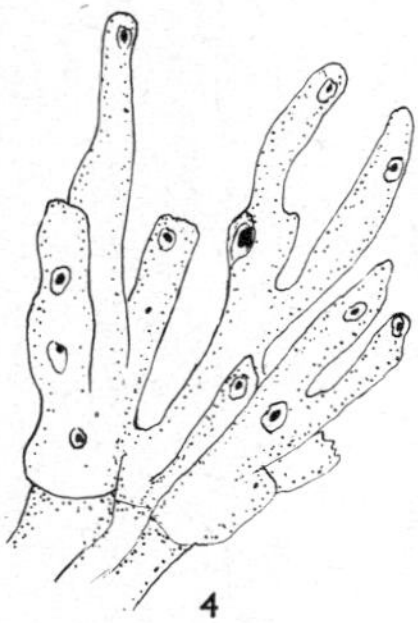

4

5

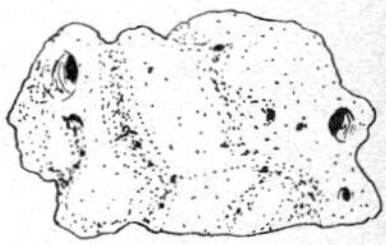

6

Literatur

Arndt, W. Porifera. In: Dahl, Tierwelt Deutschlands, Jena 1928 und in: Grimpe/Wagler, Tierwelt Nord- u. Ostsee. Leipzig 1934

Stamm: **Coelenterata,** Hohltiere

Mit zweischichtigem, meist radiärsymmetrischem, hohlem Körper. Lebensform als festsitzender Polyp [*1–3*] oder als (meist) freischwimmende, ± glockenförmige Meduse [*5–8*] (Qualle). In vielen Fällen wechseln Polyp und Meduse durch Generationswechsel ab. 1. Unterstamm: **Cnidaria**, Nesseltiere mit den 3 Klassen der **Hydrozoa, Scyphozoa** und **Anthozoa.** Viele Zellen der Außenschicht enthalten Nesselkapseln. 2. Unterstamm: **Ctenophora**, Rippenquallen, von denen hier nur **Pleurobrachia** (mit 2 langen Tentakeln) aufgeführt wird; einer anderen Art, der Melonenqualle (**Beroe cucumis** F.) fehlen die Tentakel. Rippenquallen besitzen 8 Reihen von Wimperplättchen sowie Klebzellen zum Beutefang, doch haben sie keine Nesselkapseln.

1. Im Süß- oder Brackwasser (nur Hydrozoen) *2*

— Im Meerwasser *4*

2. Medusenform, Glocke bis ca. 2 cm, mit vielen Tentakeln. Meist in Flüssen . . . . **Craspedacusta sowerbyi** Lank.
(der dazu gehörende Polyp bis 2 mm l. u. ohne Tentakel)

— Polypenform (festsitzend, doch Fortbewegung bei Hydren möglich) *3*

3. Verzweigte Kolonien: **Cordylophora caspia** Pall. (Tentakel unregelmäßig am Polypenköpfchen [*1a* u. *b*]) u. **Perigonimus megas** Kinne (Tentakel kranzförmig am oberen Ende des Polypenköpfchens [2])

— Einzeltiere, höchstens mit Seitenknospen: **Chlorohydra viridissima** Pall. (Körper durch eingelagerte Algen grün) u. **Hydra** L.
(4 Arten vom Typ **H. attenuata** Pall [*3a*] u. 2 Arten mit abgesetztem Stiel vom Typ **H. oligactis** P. Sch. [*3b*]; Körper verschieden gefärbt, selten grün).

4. Freischwimmende Medusenform *5*

— Festsitzend. Polypenform oder becherartige Meduse *6*

5. Körper mit Reihen von Wimperplättchen.
Rippenquallen, **Ctenophora**
häufig: Seestachelbeere, **Pleurobrachia pileus** Müll. (kugelig bis eiförmig, durchsichtig, bis 2 cm h [*4*])

— Glockenrand von zusammenhängender Hautfalte (Velum) umgeben. Zahlreiche Gattg. u. Arten der Hydromedusen, zu **Hydrozoa**

— Glockenrand lappig unterteilt . . . . . . Quallen, zu **Scyphozoa**
Blumenkohlqualle, **Rhizostoma octopus** L. (ohne Tentakel, Mundarme an der Basis verwachsen [*5*]); Kompaßqualle, **Chrysaora hysoscella** L. (lange Tentakel entspringen am Schirmrand, 4 lange Mundlappen, Schirm mit charakteristischer Strichzeichnung [*6*]); Ohrenqualle, **Aurelia aurita** L. (viele kurze Randtentakel, Schirm mit fein verzweigten Radiärkanälen, Geschlechtsorgane in 4 Ringen [*7*]); Nesselquallen, **Cyanea capillata** L. (Schirm gelbbraun) u. **C. lamarckii** Per. et Les. (Schirm blau) (Tentakel entspringen nicht am Schirmrand, sondern hängen von der Unterseite des Schirms [*8*]).

6. Körper becherartig, Glockenrand in 8 kurze Arme ausgezogen, an deren Enden warzenartige Tentakel sitzen.
Becherquallen, **Stauromedusae,** zu **Scyphozoa**
Craterolophus tethys Cl. (bis 3 cm h, Arme gleich weit voneinander entfernt [*9*]); bei **Lucernaria quadricornis** Müll. u. **Haliclystus octoradiatus** Cl. stehen Arme paarweise beisammen.

— Polypenform *7*

7. Klumpige Kolonie, deren 6–8 mm hohe Einzelpolypen gefiederte Tentakel haben [10] . . . . Lederkoralle, **Alcyonium digitatum** L.
(zu Blumenpolypen, **Anthozoa**)

— Einzellebende große Polypen, über 1 cm hoch u. ohne Basalgeflecht (**Anthozoa**) *8*

— Koloniebildend oder einzellebend. Polypen unter 1 cm hoch oder wenn größer, dann mit Basalgeflecht. Hydroidpolypen, zu **Hydrozoa** *11*

8. Körper mit Fußscheibe; höchstens 3–4mal so lang wie breit . *9*

— Körper ohne Fußscheibe; wurmförmig verlängert, bis 10mal so lang wie breit (ca. 15 cm h), ... Zylinderrose, **Cerianthus lloydii** Gos.

9. Mundscheibe gelappt, von über 400 feinen Tentakeln umgeben [*11*] Körper ca. 15 cm h . . . . Seenelke, **Metridium senile** L.
ferner **Cereus pedunculatus** Penn. (mit nicht gelappter Mundscheibe, innere Tentakel länger als äußere)

— Mundscheibe mit höchstens 200 Tentakeln *10*

10. Körper dick, plump, kaum höher als breit . . . . Seerosen
Tealia felina L. (Tentakel blasig, Körper mit Warzen, bis 6 cm h [*12*]); **Actinia equina** L. (Tentakel schlanker, Körper glatt, bis 4 cm h [*13*])

— Körper schlank, Tentakel lang und überhängend
Actinothoë anguicoma Price (ohne Warzen [*14*], grau bis gelblich mit zarten Längsstreifen, Körper bis 12 cm h); **A. viduata** Müll. kleiner, (mit grünen Längsstreifen); **Sagartia troglodytes** Price (Körper mit Saugwarzen)

11. Polypenkörper (PK) ohne umhüllendes Skelett (Athecata) . . *12*

— PK mit Skelettülle (= Theke) (Thecata) *13*

12. Ungeknöpfte Tentakel entspringen unregelmäßig am PK. **Clavidae**
Cordylophora caspia Pall. (aufrechte büschelige Kolonie [*1*], s. auch Nr. *3* der Tab.); **Clava multicornis** Forsk. [*15*] (Kolonien niedrig, häufig an Tangen, auch an Brückenpfählen)

— Ungeknöpfte Tentakel in 2 Kreisen am PK . . . . . **Tubulariidae**
Häufig **Tubularia larynx** Ell. [*16*], rotgefärbt, bis 7 cm h.

— Tentakel bilden nur einen Kreis, PK ± zugespitzt. Kolonie überzieht mit Periderm aus Stacheln u. Dörnchen (= Stützpolypen) Schneckengehäuse.
Hydractinia echinata Flem. [*17*], zu **Bougainvilliidae**

— andere Merkmale: weitere Gattungen und Familien

13. PK in glockenförmigen Theken, diese mit geringeltem Stiel. **Campanulariidae**
8; **Laomedea** Lamk. (Kolonie aufrecht u. regelmäßig verzweigt, z. B. **L. loveni** All. [*18*]); 3; **Campanularia** Lamk. (Kolonien niedrig oder wenn aufrecht, dann unregelmäßig verzweigt)

— PK in flaschenförmigen Theken, die zweireihig an entgegengesetzten Seiten des Stamms und der Äste stehen. . . . . . . **Sertulariidae**
mehrere Gattg. u. Arten, darunter Seemoos, **Sertularia cupressina** L. [*19*], oft am Strand angespült.

— andere Merkmale: weitere Familien

Literatur

Barrett, J. u. Yonge, C. Pocket guide to the sea shore. Collins, London 1970. – Dahl: Die Tierwelt Deutschlands, Jena 1928 (Broch, H. Hydrozoen; Krumbach, Th. Scyphozoen; Pax, F. Anthozoa; Krumbach, Th. Ctenophoren). – Grimpe u. Wagler: Die Tierwelt der Nord- u. Ostsee, Leipzig. (Broch, 1928, Hydrozoa; Krumbach, 1930, Scyphozoen; Pax, 1936, Anthozoa; Krumbach, 1926, Ctenophoren).

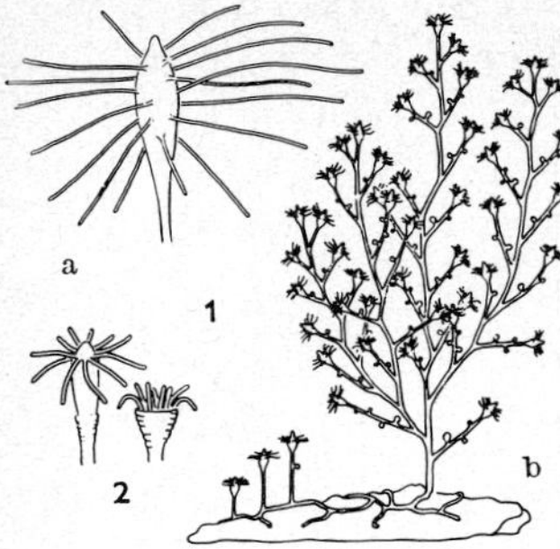

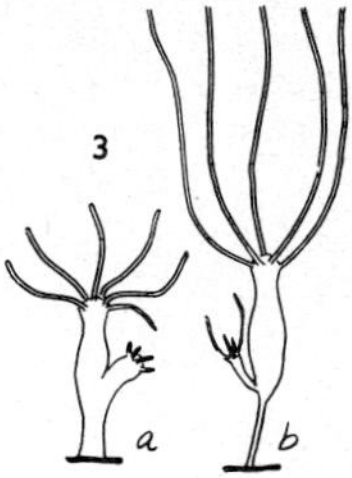

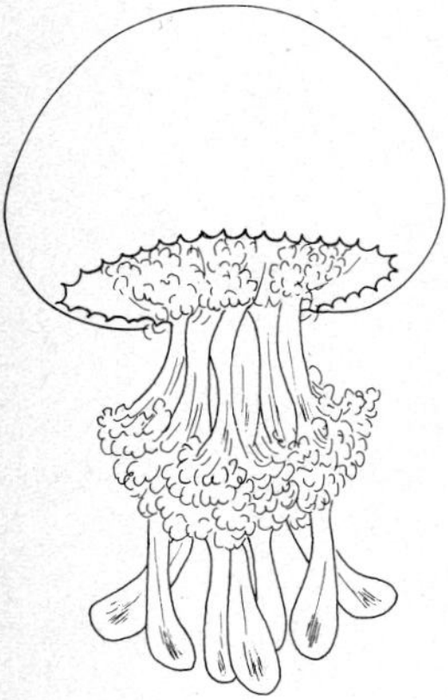

5

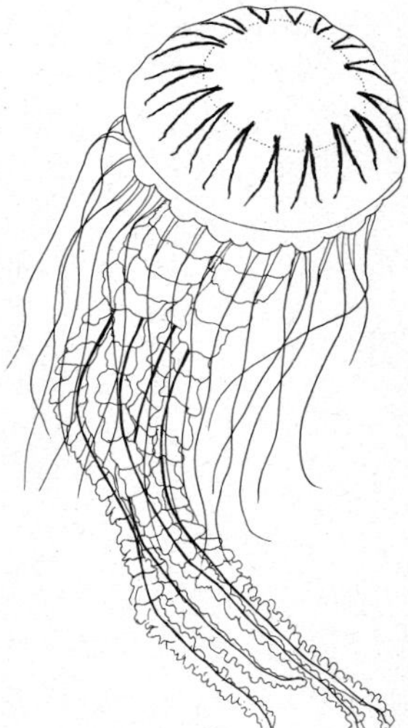

6

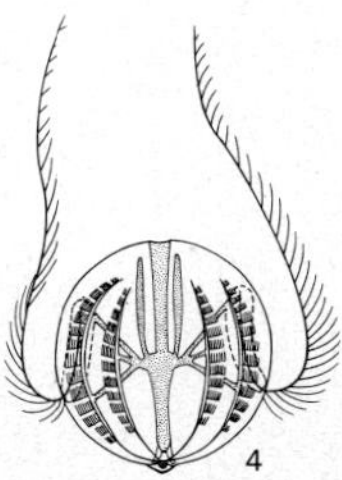

4

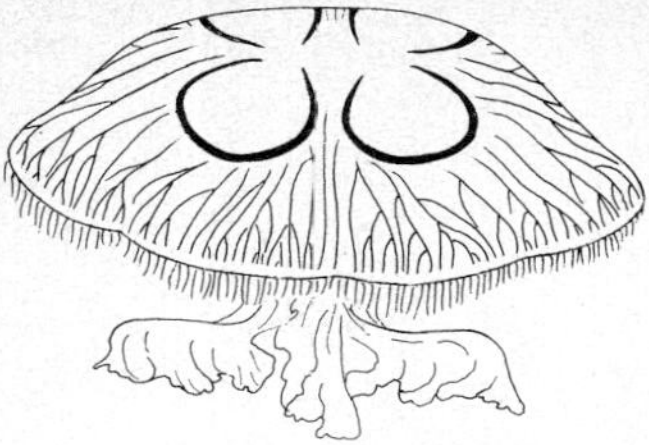

7

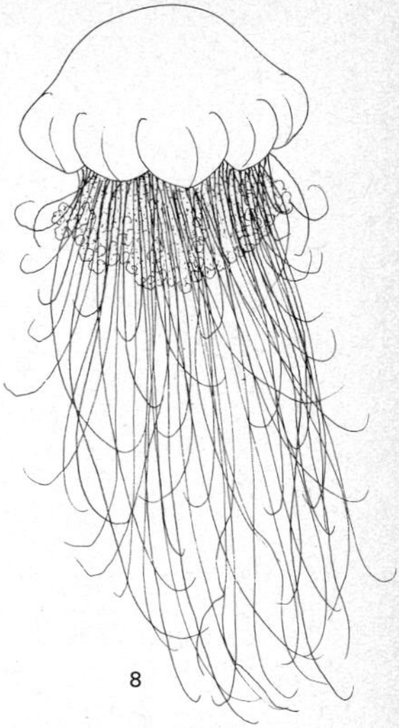

8

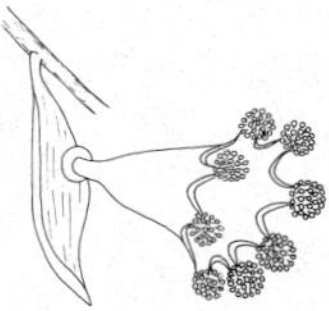

9

11

10

12

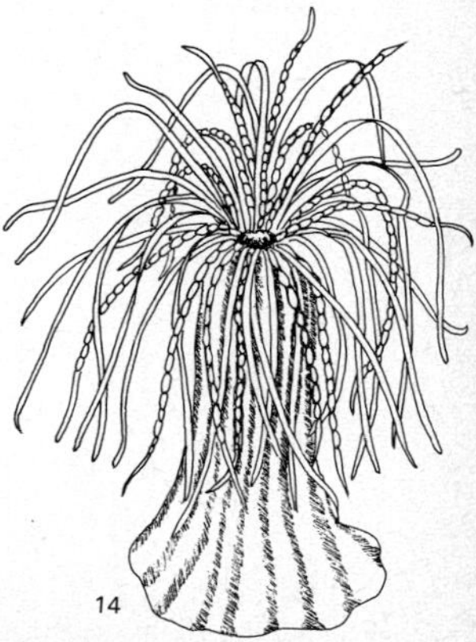

14

13

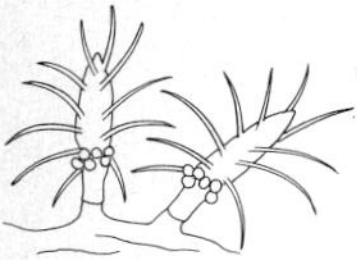

15

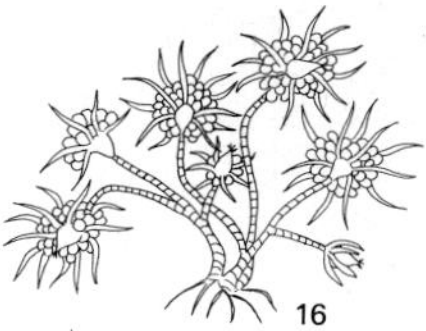

16

17

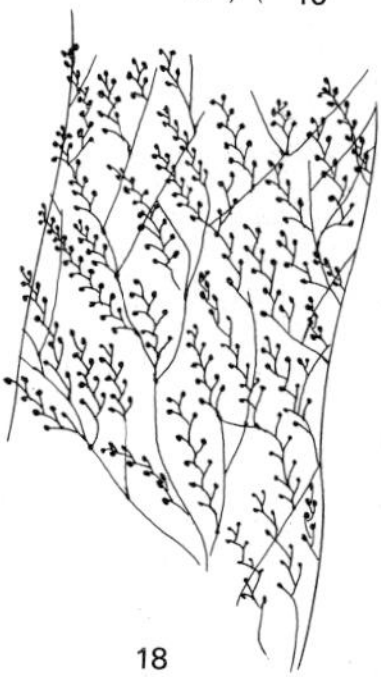

18

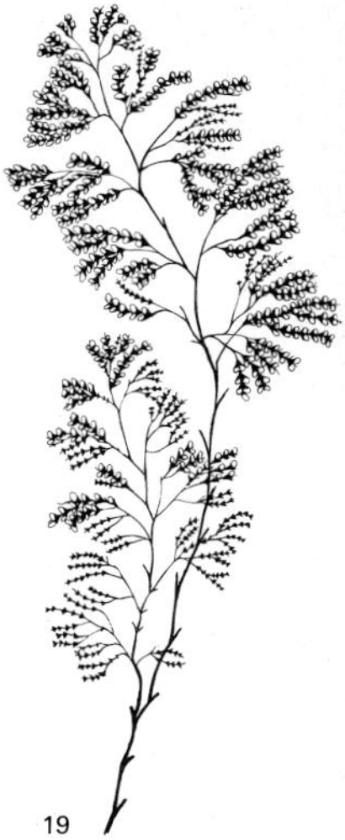

19

Stamm: **Tentaculata**, Kranzfühler
Klasse: **Bryozoa**, Moostierchen

Die **Tentaculata** (mit einem den Mund umgebenden Tentakelkranz) enthalten 2 weitere, in Mitteleuropa nicht vertretene Klassen (**Phoronidea, Brachiopoda**). Bryozoa koloniebildend, festsitzend auf verschiedenen Substraten in Gewässern (Steinen, Holz, Pflanzen, Molluskenschalen); nur **Monobryozoon ambulans** Rem. einzelnlebend, bei Helgoland. Einzeltiere (= Zooide) können den weichhäutigen Vorderkörper samt Tentakelkrone u. Darmschleife (= Polypid) in die hintere Körperregion (= Cystid) zurückziehen [*3*], die eine chitinöse Kutikula erzeugt (diese oft verkalkt od. gallertig). Strudler, fressen kleine Plankter. After liegt außerhalb der Tentakelkrone. Apertur = Öffnung auf Frontalseite des Cystids zum Durchtritt des Polypids [*9*], oft mit Deckel (Operculum). Abwandlungen der typischen Zooide: Avicularien = zangentragende Wehrtiere [*16*, *17*]; Vibracularien = Tiere mit langer Borste auf Operculum [*16*]. Süßwasserarten bilden Dauerstadien (Statoblasten); sessile Statoblasten (ohne Schwimmring) bleiben in Kolonie, Schwimmstatoblasten mit Schwimmgürtel aus lufthaltigen Chitinzellen treiben nach Zerfall der Kolonie auf Wasseroberfläche. System: Unterkl. **Phylactolaemata** limnisch, Unterkl. **Gymnolaemata** meist marin (mit Ord. **Ctenostomata, Cheilostomata, Stenostomata = Cyclostomata**). Zahl vor Gattungsnamen = Artenzahl in Mitteleuropa. Ca. 70 Arten. Die den Bryozoa äußerlich ähnlichen **Kamptozoa** mit kelchförmigen Zooiden haben ihren After innerhalb der Tentakelkrone, diese nicht einziehbar. – Von Schwämmen sind massige Bryozoenkolonien – mit der Lupe – durch die regelmäßige Felderung (der Cystide od. Aperturen, z.B. [*9*]) unterschieden.

1. Wand der Cystide unverkalkt, Kolonie chitinös od. gallertig. Im Süßwasser od. (selten) Brackwasser. ***2***

— Ebenso, aber marin (Nordsee, oft auch Ostsee). **Ctenostomata** ***5***

— Wand der Cystide ± verkalkt. Marin (Nordsee, oft auch Ostsee) ***8***

2. Zooide nicht od. unvollständig durch Scheidewände getrennt; wenn dies nicht zu erkennen, Kolonie massig (z.B. [*5*]). Tentakel hufeisenförmig angeordnet [*3*] . . . . **Phylactolaemata** ***3***

— Zooide vollständig durch Scheidewände getrennt. Tentakel kreisförmig angeordnet [*1*]. Cystide durchsichtig bis bräunlich

Wenige **Ctenostomata**. Kolonie ohne Stamm. a) Cystide zylindrisch, mit wurzelart. Ausläufern. Kolonie feinen weißlichen Rasen bildend: **Nolellidae,** nur **Victorella pavida** Sav., Brackwasser. b) Cystide keulig. Kolonie fein baumartig verzweigt: **Paludicellidae,** nur **Paludicella articulata** Ehr., auch Brackwasser. Wenn Kolonie mit Stamm (z.B. [*10*]) od. Cystide kästchenförmig [*9*], s. ***5***.

– Ebenso, aber Cystidröhren chitinös, dunkelbraun, mit Fremdkörpern inkrustiert. Kolonien hirschgeweihartig verzweigt [*1*] . . **Fredericellidae** (zu **Phylactolaemata**) Nur **Fredericella sultana** (Blum) [*1*], Statoblasten sitzend, nierenförmig [*2*].

3. Kolonien aus hirschgeweihartig verzweigten od. zu Klumpen verklebten Cystidröhren bestehend [*3*, *5*], diese chitinös od. gallertig, bisweilen mit Fremdkörpern inkrustiert . . . . . **Plumatellidae**

Statoblasten nicht nierenförmig. a) Wand der Cystidröhren völlig hyalin, glasklar. Kolonie kriechend, ohne aufrechte Zweige. Statoblasten fast immer mit Schwimmring: **Hyaliniella punctata** (Hanc.), verstreut. b) Wand der Cystidröhren ± chitinös. Kolonie mindestens mit aufrechten Zweigenden [*3*]. Meist beide Statoblastenformen: 5; **Plumatella** Lam. Statoblasten kurzoval [*4*] (Länge: Breite etwa 1,3:1). **P. repens** (L.) (Kolonie hirschgeweihartig verzweigt, Cystide lang, ± frei) [*3*], sehr häufig. **P. fungosa** (Pall.) (Ebenso, aber Kolonie massig [*5*], ohne freie Äste, bis 15 cm, Cystide zu Klumpen verklebt) [*5*], häufig. Bei 3 weiteren Arten Statoblasten etwa 2mal (bis 3mal) so lang wie breit, häufiger nur **P. emarginata** Allm., vorwiegend in Fließgewässern.

— Kolonie sack- od. bandartig [*6*], gallertig. Polypide in gemeinsamen Hohlraum zurückziehbar ***4***

4. Kolonie ungelappt, wurmförmig [*6*] (wie Schneckenlaich). Statoblasten mit 2 Reihen bedornter Fortsätze [*7*] . . . . **Cristatellidae**

Nur **Cristatella mucedo** Cuv. [*6*] (Bis 10 cm). Junge Kolonien langsam kriechend.

— Kolonie gelappt od. sackartig. Statoblasten anders . **Lophopodidae**

a) Kolonien rosettenförmig, zu vielen auf gemeinsamer Gallertausscheidung sitzend (bis kindskopfgroß). Statoblasten mit Schwimmring u. Fortsätzen mit Doppelha-

1

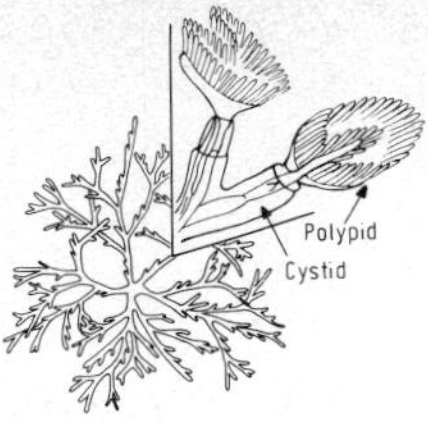

3

5

2

4

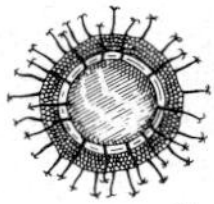

7

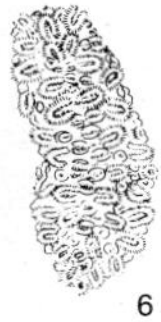

6

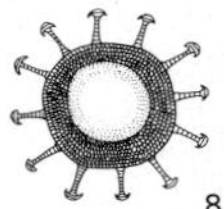

8

ken [*8*]: **Pectinatella magnifica** Leidy, selten. b) Kolonie aufrecht, sackartig bis fingerhandschuhähnlich gelappt. Statoblasten mit Schwimmring, beiderseits zugespitzt, ohne Fortsätze: **Lophopus crystallinus** (Pall.), selten.

5. Cystide kästchenförmig, fest miteinander verwachsen. Kolonie fleischig-chitinös (z. B. [*9*]) ***6***

— Cystide zylindrisch bis birnförmig, frei, nur an der Basis mit anderen Cystiden od. Stamm verwachsen (z. B. [*10*]) ***7***

6. Kolonie weißlich bis braungelb, ohne Borsten . . . . **Alcyonidiidae**

Nur 4; **Alcyonidium** Lam. a) Kolonie aufrecht, keulenförmig bis unregelmäßig gelappt [*9*], ohne Papillen: **A. gelatinosum** (L.) (Bis 10 cm) [*9*]. b) Kolonie krustenförmig od. nur teilweise aufrecht: **A. polyoum** (Hass.) (Ohne Papillen). **A. hirsutum** (Flem.) (Mit dicht stehenden, kleinen, konischen Papillen). **A. parasiticum** (Flem.) (Mit fadenförmigen Papillen. Mit Lehm inkrustiert).

— Kolonie rotbraun, Oberfläche mit chitin. Borsten . . **Flustrellidae**

Nur **Flustrella hispida** (F.) (Bis 5 cm), häufig.

7. Stamm der Kolonie gleichmäßig dick, strauchartig od. netzig

a) Stamm strauchartig verzweigt. Meiste Zooide in Gruppen, zylindrisch od. schmal oval [*10*]: **Vesiculariidae,** nur 2; **Bowerbankia** Farre, häufig nur **B. imbricata** (Adams) [*10*]. b) Stamm netzartig. Zooide einzeln, flaschenförmig, seitlich mit kleinen spitzen Fortsätzen: **Buskiidae,** nur **Buskia nitens** Ald.

— Stamm dünn, an Scheidewänden aufgetrieben; von dort 2 Zweige in rechtem Winkel entspringend . . . . **Valkeriidae**

Farrella repens (Farre) (Zooide einzelnstehend, gestielt). **Valkeria uva** (L.) (Zooide in Gruppen, ungestielt). In den Wänden der Röhren von Lanice conchilega minierend: **Hypophorella expansa** Ehl.

8. Cystide lang schmal zylindrisch, basal zugespitzt. Apertur rund od. oval [*11*], ohne Operculum . . . . **Stenostomata** ***9***

— Cystide anders, fast immer kästchen-, füllhorn- od. eiförmig. Apertur quer spaltenförmig, mit Operculum [*13, 16, 17*] **Cheilostomata** ***10***

9. Kolonie von basalen Zooiden an aufrecht wachsend. . . **Crisiidae**

Nur 2; **Crisia** Lam. (u. 2 weit. Gattg.), häufig **C. eburnea** (L.) (Bis 1,5 cm) [*11*].

— Kolonie mindestens im basalen Teil kriechend . . . **Tubuliporidae**

Nur 4; **Tubulipora** Lam., z.B. **T. liliacea** (Pall.). – Außerdem **Berenicea patina** (Lam.) (**Diastoporidae**) (Sondermerkmal: Kolonie abgeplattet, schneckenförmig).

10. Frontalwand der Cystide mit ± großem, membranösem (nicht verkalktem) „Aperturfeld" [*13, 16*] ***11***

— Frontalwand der Cystide (außer Apertur) völlig verkalkt [*17*] . ***13***

11. Kolonie krustenförmig auf Substrat ausgebreitet, teilweise in Zooidblöcke aufgelöst, selten z.T. aufrecht . . . . . . **Membraniporidae**

Nur 8; **Membranipora** Blainv. a) Cystide rechteckig [*12*]: **M. membranacea** (L.), **auf Algen, sehr häufig.** b) Cystide abgerundet [*13*]: Sehr häufig **M. (Electra) pilosa** (L.) (Ohne Avicularien. Rand des Aperturfeldes mit 6—13 Kalkborsten [*13*]). **M. (E.) crustulenta** (Pall.) (Ohne Avicularien, Aperturfeld ohne Borsten), im Brackwasser.

— Kolonie aufrecht vom Substrat abstehend; wenn Äste kriechend, diese aus einfachen od. doppelten Zooidreihen bestehend ***12***

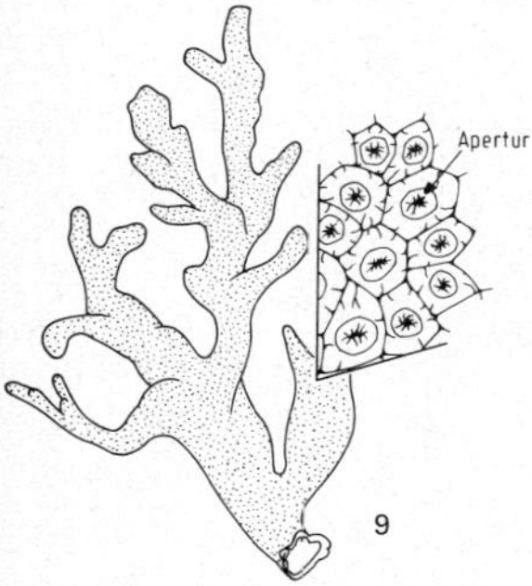

9

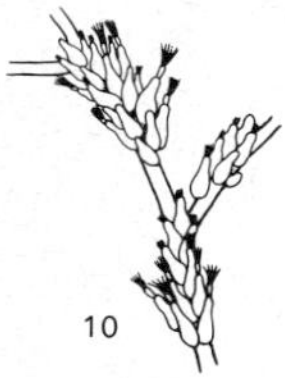
10

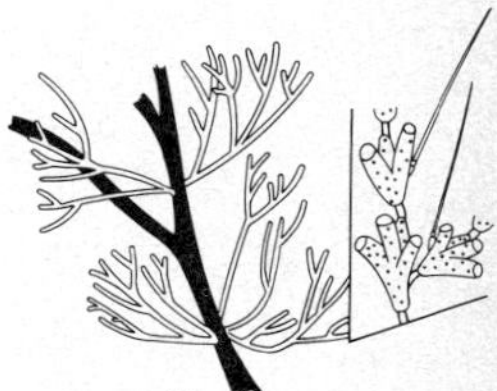
11

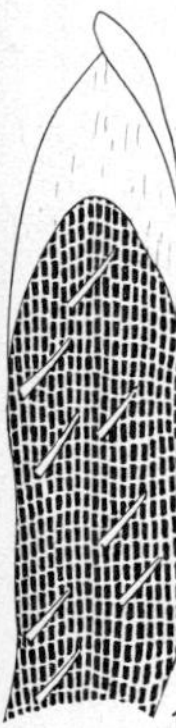
12

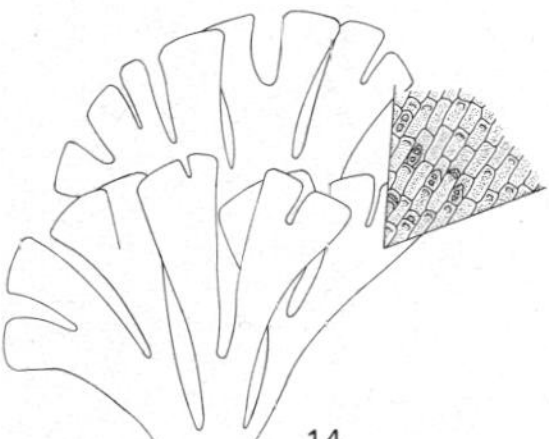
14

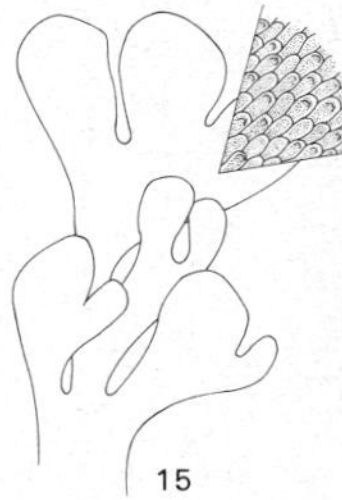
15

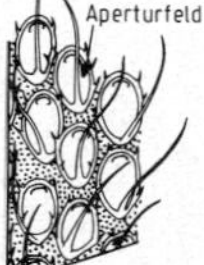

13

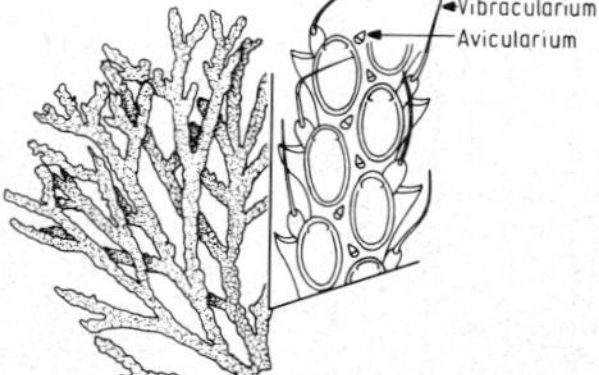

16

17

12. Kolonieäste aus Reihen von einzelnen od. paarigen Zooiden

Zooide an Basalseite zusammengewachsen (Aperturen nach entgegengesetzten Seiten gerichtet). Ohne Avicularien. a) Kolonie 1reihig: **Aeteidae,** nur **Aetea truncata** (Landsb.) (Cystide langgestreckt, zylindrisch, mit kriech. Basalteil). **Scruparia chelata** (L.) (**Scrupariidae**) (Cystide füllhornartig). b) Kolonie mit 2reihigen Ästen: **Eucratea loricata** (L.) (**Scrupariidae**).

— Kolonieäste 2reihig [*16*] bis (selten) 12reihig, einschichtig

Zooide an Seiten zusammengewachsen [*16*] (Aperturen derselben Richtung zugewandt). Mit Avicularien. a) Avicularien sitzend: **Scrupocellariidae,** 3 Gattg., im oberen Litoral nur 3; **Scrupocellaria** Ben. (Borsten der Vibracularien ungezähnt), häufig z.B. **S. scruposa** (L.) [*16*]. b) Avicularien auf beweglichem Stiel, vogelkopfähnlich: **Bicellariidae,** 2 Gattg., häufig nur 4; **Bugula** Ok. (Cystide abgerundet rechteckig), häufig **B. flabellata** (Thoms.).

— Kolonie blattförmig, 1–2schichtig . . . . **Flustridae**

Ohne Avicularien. a) Kolonie aus 1 Schicht von Zooiden bestehend: **Carbasea carbasea** (Ell. et Sol.). b) Kolonie 2schichtig: 2; **Flustra** L., **F. (Semiflustra) securifrons** (Pall.) (Lappen der Kolonie schmal, am Ende abgestutzt [*14*]). **F. foliacea** (L.) (Lappen breit, am Ende abgerundet [*15*]), beide Arten häufig.

13. Kolonie krustenförmig auf Substrat ausgebreitet. Frontalwand der Cystide mit kalkigen, durch Querfalten od. Poren getrennten Rippen . . . . . . **Cribrilinidae**
a) Zwischen Rippen Querspalten: 2; **Membraniporella** Smitt, z.B. **M. nitida.** b) Zwischen Rippen Poren [*17*]: 2; **Cribrilina** Gray, häufig **C. punctata** (Hass.) [*17*].

— Kolonie krustenförmig od. ± aufrecht. Cystide ohne Rippen . . . . 4 Familien
10 Gattg., oft in größerer Tiefe, im Flachwasser häufig z. B. **Lepralia (Cryptosula) pallasiana** (Moll) (**Smittinidae**) (Cystide gerundet. Apertur länger als breit, etwas unterhalb der Mitte verengt).

Literatur

Borg, F., Moostierchen oder Bryozoen (Ectoprocten), in: Dahl, Tierwelt Deutschlands, Teil 17. Jena, 1930. – Marcus, E., Bryozoa, in: Grimpe u. Wagler, Tierwelt der Nord- und Ostsee. Bd. VIIc. Leipzig, 1926. – Prenant, M., Bobin, G., Bryozoaires. I. Entoproctes, Phylactolémes, Ctenostomes, in: Faune de France, 60. Paris, 1956.— Ryland, J. S. u. Hayward P. J. British Anascan Bryozoans. British Ascophoran Bryozoans. Synopses of the British fauna 10, 14. London, 1977. 1979. —Wiebach, F., Bryozoa, in: Brohmer, Ehrmann, Ulmer, Tierwelt Mitteleuropas, Bd. I, Lief. 8. Leipzig, 1960.

Scolecida, Niedere Würmer

Sammelgruppe nicht in Segmente gegliederter Würmer. Meist nur lebende (und nur adulte) Tiere bestimmbar. **Abkürzungen**: **l = lang, b = breit, h = hoch, Vd = Vorder-, Mt = Mittel-, Ht = Hinter-, O = Ober-, U = Unter-,** Längenangaben für lebende Tiere. Zahl vor Gattungsnamen = Artenzahl in Mitteleuropa.

System: Stamm **Plathelminthes** mit 1. Kl. **Turbellaria,** 2. Kl. **Trematoda,** 3. Kl. **Cestoda**; Stamm **Nemertini**; Stamm **Nemathelminthes** (= **Aschelminthes**) mit 1. Kl. **Rotatoria**, 2. Kl. **Acanthocephala,** 3. Kl. **Gastrotricha,** 4. Kl. **Nematoda,** 5. Kl. **Nematomorpha,** 6. Kl. **Kinorhyncha,** 7. Kl. **Priapulida.**

1. Körper am Vdende, am Bauch od. auf gesamter Oberfläche mit Wimpern, mit deren Hilfe das Tier schwimmt od. gleitet ***2***

Manche Rotatoria ohne Wimpern, dann Kauapparat (Mastax) im Pharynx typisch ([*6*] S. 49).

— Ohne Wimpern, Bewegung schlängelnd od. kriechend ***5***

2. Körper ± auf gesamter Oberfläche bewimpert (mind. auf Useite), ohne Schuppen, Stacheln, Haftröhrchen od. Fuß ***3***

— Körper am Vdende, bisweilen auch auf Useite mit Wimpern, übr. Körper ohne Wimpern. Htende mit „Fuß" ([*6*] S. 49) od. Haftröhrchen [*1, 2*], diese selten fehlend. Wenn Körper völlig ohne Wimpern, mit Kauapparat (Mastax) ([*6*] S. 49). Unter 3 mm ***4***

3. Mit fast körperlangem, ausstülpbarem Rüssel am Vdende ([*1*] S. 48). Körper meist über 10 mm l, meist drehrund, langgestreckt wurmförmig. Meist im Meer . . . . . . Schnurwürmer, **Nemertini** S. 48

— Mit kürzerem, meist ausstreckbarem Schlund (Pharynx [*2, 7*] S. 41), häufig auf Bauchseite. Körper 0,5–40 mm l; wenn über 10 mm, ± abgeplattet od. vierkantig, bei landlebenden Formen auch drehrund Strudelwürmer, **Turbellaria** S. 41

Ähnlich die in system. Stellung unsicheren **Gnathostomulida** (0,3–1 mm. Im Pharynx 1 Paar zangenartige, kutikularisierte Haken), im Sandlückensystem des Meeres.

4. Wimpern nur am Vdende, ± kranzförmig angeordnet (Räderorgan [*7b*] S. 49), kann fehlen. Vddarm mit Kauapparat (Mastax) aus Platten u. Stäben [*6*] S. 49). Htende meist mit Fuß. Rädertiere, **Rotatoria** S. 49

— Wimpern am Vdende u. an Bauchseite. Körper meist mit Stacheln od. Schuppen. Am Htende meist 2–4 Haftröhrchen. Vddarm ohne Mastax [*1, 2*] . . . . Bauchhärlinge, **Gastrotricha**

0,1–1,5 mm. Im Meer u. Süßwasser. Zwischen Pflanzen u. auf Boden, Strudler, Nahrung: Kleintiere, Algen, Bakterien, Detritus. a) Haftröhrchen nur am Htende [*1*]: Ord. **Chaetonotoidea,** im Süßwasser u. Meer, meist parthenogenetische Vermehrung, ca. 70 Arten, artenreich **Chaetonotus** Ehr., z.B. **Ch. maximus** Ehr. [*1*]. b) Haftröhrchen zahlreich, vorn, hinten, seitl. [*2*]: Ord. **Macrodasyoidea,** im Meer, Zwitter, ca. 20 Arten, z.B. **Macrodasys** Rem., **M. buddenbrocki** Rem. [*2*].

5. Körper abgeplattet. Vdende fast immer mit Saugnäpfen od. -gruben. Endoparasiten, selten Ektoparasiten ***6***

— Körper ± drehrund. Vdende ohne Saugnäpfe od. -gruben, höchstens mit Rüssel. Parasitisch od. freilebend ***7***

6. Körper ungegliedert, ± gedrungen (selten aus 2 Abschnitten), bis 40 mm l. Vdende mit 1 od. 2 hintereinander liegenden Saugnäpfen ([*27, 28*] S. 44), wenn ohne od. mit 2 nebeneinanderlieg. Saugnäpfen, Useite od. Htende mit Haftscheibe ([*23–25*] S. 44) Saugwürmer, **Trematoda** S. 43

— Körper meist langgestreckt, bandförmig, gegliedert, häufig über 40 mm l. Vdende mit kleinem Kopf (Scolex [*32–36a*] S. 46), oft mit 2 od. 4 Saugnäpfen od. -gruben. Wenn Körper kurz, ungegliedert, ohne Haftapparate an Useite od. Htende. Bandwürmer, **Cestoda** S. 45

7. Körper äußerlich mit Ringelung. [*3, 4*]. Im Meer ***8***

— Körper äußerlich ohne Ringelung; wenn Körper geringelt, anders als in [*3, 4*] ***9***

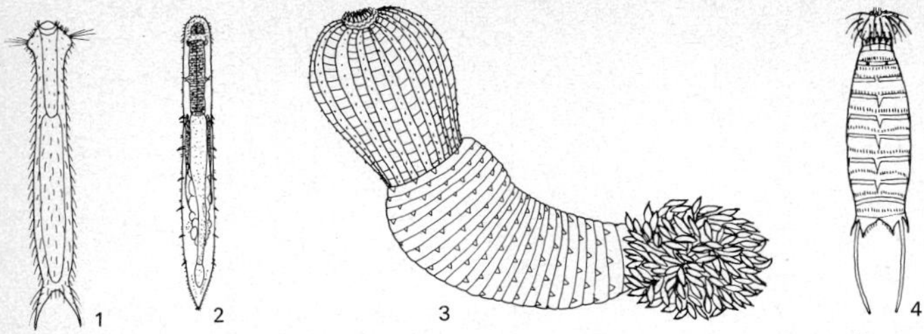

8. Körper vorn mit einziehbarem Rüssel, dieser mit Hakenreihen auf Längsrippen. Über 15 mm . . . . **Priapulida**

Auf Meeresgrund in Röhren od. Höhlen. Räuberisch. **Priapulus caudatus** Lam. [*3*] (Rüssel, wenn ausgestreckt, breiter als Rumpf. 30–80 mm); **Halicryptus spinulosus** Sieb. (Rüssel zylindrisch, nicht breiter als Rumpf. 15–50 mm).

— Ohne Rüssel. Körper mit Kopf u. 12 od. 13 Rumpfzonen; mit Platten, Stacheln, Borsten u. 2 Haftröhren. 0,5–1 mm [*4*]. . . **Kinorhyncha**

Am Boden u. zwischen Pflanzen kriechend. Nahrung: Algen, Detritus. Ca. 10 Arten, wichtige Gattg. **Echinoderes** Clap., z. B. **E. dujardini** Clap. [*4*]

9. Körper vorn mit einstülpbarem Rüssel, dieser mit Widerhaken besetzt. Endoparasiten . . . . Kratzer, **Acanthocephala** S. 53

— Ohne derartigen Rüssel. Freilebend od. parasitisch ***10***

10. Körper fadenartig, sehr dünn; annähernd 1000mal länger als breit. 15 cm bis 1,6 m . . . . Saitenwürmer, **Nematomorpha**

Gelb bis schwarzbraun. Darm oft reduziert, als Larven (diese geringelt, zylindrisch mit ausstülpbarem Rüssel u. Hakenkranz an Basis) parasitisch in Leibeshöhle von Wirbellosen, selten Wirbeltieren. Ca. 50 Arten. Fast ausschließlich im Süßwasser, hier U.Ord. **Gordioidea,** wichtige Gattg. **Gordionus** Müll. u. **Gordius** L., z. B. **Gordius aquaticus** L. (Bis 50 cm), Wirt: Gelbrandkäfer.

— Körper nicht lang fadenförmig, Relation Durchmesser/Länge größer. Wenn lang u. dünn, dann Körper weißlich u. mit vollständigem Darm Fadenwürmer, **Nematoda** S. 54

Literatur: s. **Plathelminthes** (S. 47), **Nemertini** (S. 48), **Nemathelminthes** (S. 57).

Stamm: **Plathelminthes,** Plattwürmer

1. Klasse: **Turbellaria,** Strudelwürmer

Körperoberfläche mit Wimpern. Darm geschlossen, von unterschiedlicher Gestalt, stab- [*22*] od. sackförmig [*20*] od. in 3 Ästen [*9*], kann fehlen [*1*]. Mundöffnung in Mittellinie der Bauchseite, meist in vorderer Hälfte; daran anschließend zum Darm hin muskulöser, meist ausstülpbarer Schlund (Pharynx) [*2, 9*]. Manche Arten koloniebildend (Ketten aus 2–18 Einzeltieren), z. B. [*17*]. Fortbewegung kriechend od. schwimmend mit Hilfe der Wimpern. Meist Räuber (Nahrung: Protozoen, Rotatorien, Würmer u. andere Kleintiere), selten Algen- od. Detritusfresser. Zwitter, Entwicklung direkt. Im Meer ca. 250, im Süßwasser u. auf dem Land ca. 150 Arten. Bestimmung nur lebend möglich. System: Ordnungen **Acoela, Catenulida, Macrostomida, Lecithoepitheliata, Prolecithophora** (= **Holocoela**), **Proseriata, Tricladida, Neorhabdocoela** (mit den Unterord. **Dalyellioida, Typhloplanoida, Kalyptorhynchia**).

1. Im Süßwasser ***2***

— Auf dem Land. Körperquerschnitt oft rund, mit flacher Kriechsohle

a) Beim Kriechen mit querliegendem, halbkreisförmig abgesetztem Vdende. Ockergelb mit dunklen Längsstreifen. Bis 35 cm: **Bipalium kewense** Mos. (**Tricladida**), in Gewächshäusern. b) Anders. Bis 14 mm: Mehrere Gattg., u. a. **Rhynchodemus** Leidy (**Tricladida**), z. B. **Rh. terrestris** (Müll.) (Nacktschneckenartig, Useite weißlich. Bis 12 mm), in feuchten Wald- u. Wiesenböden. Manche Süßwasserformen kommen auch in feuchtem Laub, Moos, Humus u. ä. vor (z. B. **Geocentrophora sphyrocephala** de Man [*19*]).

— Im Meer u. Brackwasser

Viele Arten v. a. der Ordnung **Acoela, Macrostomida, Proseriata** u. **Neorhabdocoela,** häufig im Sandlückensystem. Als Beispiele **Mecynostomum auritum** (Schultze) (Acoela) (1 mm) [*1*]; **Macrostomum curvituba** Luth. (Macrostomida) [*2*] (1,5 mm), nur im Brackwasser; **Monocelis lineata** (Müll.) (**Proseriata**) [*3*] (Bis 3 mm); **Procerodes litoralis** (Ström) (= **ulvae** Oerst.) (**Tricladida**) [*4*] (Bis 7 mm), im Brackwasser; **Provortex balticus** (Schultze) (**Dalyellioida**) [*5*] (1 mm); **Promesostoma marmoratum** (Schultze) (**Typhloplanoida**) [*6*] (2 mm); **Gyratrix hermaphroditus** Ehr. (**Kalyptorhynchia**) [*7*] (2 mm), auch im Süßwasser.

2. Körper ausgestreckt mindestens 6 mm (bis 40 mm) lang, abgeplattet, Umriß oval bis lanzettlich [*9*]. Meist braun, grau od. schwarz, selten weiß. Darm mit 3 Ästen [*9*] (einer nach vorn, zwei nach hinten), diese seitlich verzweigt . . . . **Tricladida** ***3***

— Körper ausgestreckt meist unter 6 mm lang, meist langoval bis fadenförmig. Querschnitt rund od. oval, meist farblos durchscheinend. Darm stab- bis sackförmig (z. B. [*17*]–[*22*]) ***9***

3. Körper milchweiß (bis hell ockerfarben), höchstens Darm in Körpermitte braun ***4***

— Körper bräunlich, grau od. schwarz ***5***

4. Vdende ohne Tentakel, Stirn vorn abgerundet. Augenabstand viel kleiner als die Entfernung der Augen vom Vdende [*8*]. 10–15 mm 2; **Phagocata** Leidy (= **Fonticola** Kom.) (**Planariidae**), z. B. **Ph. vitta** (Dug.) im Schlamm von Süßgewässern.

— Vdende mit stumpfen Tentakeln. Augenabstand größer als Entfernung der Augen vom Vdende [*9*]. 6–26 mm . . . . 3; **Dendrocoelum** Oerst. (**Dendrocoelidae**) Häufig nur **D. lacteum** (Müll.) (Bis 26 mm), auch im Brackwasser.

5. Vdende vierlappig [*10*]. Bis 35 mm. Braun, schwarz gefleckt
Bdellocephala punctata (Pall.) (**Dendrocoelidae**)

— Vdende nicht vierlappig, ohne od. mit 1 Paar Tentakeln ***6***

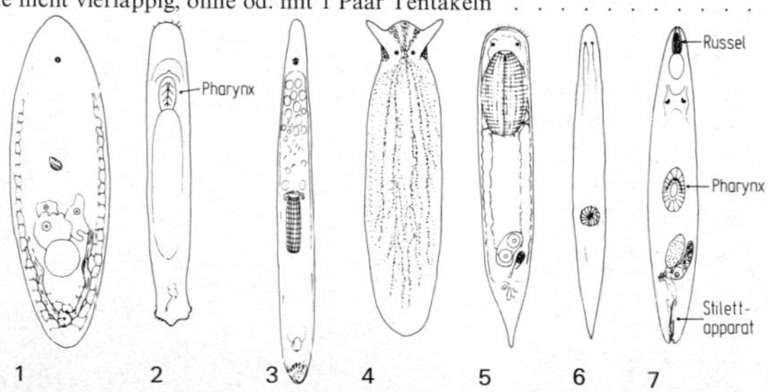

1 2 3 4 5 6 7

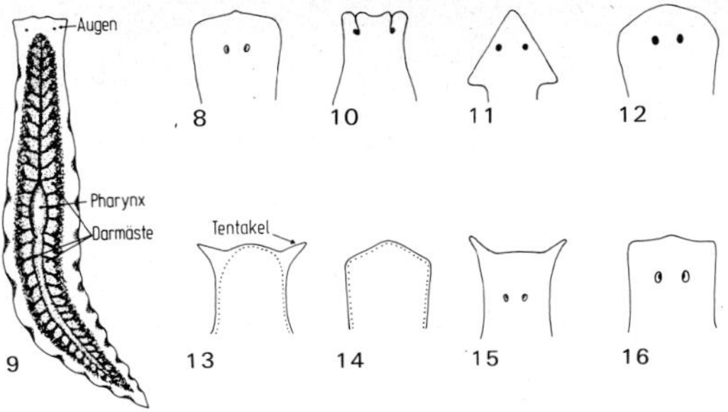

6. **Vdende ± dreieckig [*11, 12*]. Mit 2 (seltener 4) Augen . . 4; Dugesia** Git. **(Dugesiidae)**
a) Vdende zugespitzt, mit deutlich dreieckigen Öhrchen [*11*]: **D. gonocephala** (Dug.) (Bis 25 mm. ± einfarbig grau bis braun), häufig im Mittellauf von Fließgewässern. **D. tigrina** (Gir.) (Körper hell-dunkel gescheckt), nach Europa verschleppt, nur vegetative Vermehrung. b) Ecken des dreieckigen Vdendes abgerundet [*12*]: **D. lugubris** (Schm.) u. **D. polychroa** (Schm.) (Einfarbig braun bis schwarz. Bis 20 mm), Arten schwer unterscheidbar.

— Vdende mit Tentakeln [*13, 15*] od. einfach abgerundet bis abgestumpft [*14, 16*], wenn ± dreieckig, mit vielen Augen . . . . **Planariidae** ***7***

7. **Mit 2 (selten 4) Augen** ***8***

— Mit vielen feinen Randaugen, bei schwarzen Tieren schwer zu sehen . . . . 3; **Polycelis** Ehr.
P. felina (Dal.) (= **cornuta** Johns.) (Vdende mit langen, pfriemförmigen Tentakeln [*13*]. Bis 18 mm. Braun bis schwarz). **P. nigra** Ehr. u. **P. tenuis** Ij. (Vdende abgerundet [*14*]. Bis 12 mm. Grau bis schwarz), Arten schwer unterscheidbar.

8. Vdende mit pfriemförmigen Tentakeln [*15*]. Bis 16 mm. Grau bis schwarz. Meist in Quellen u. im Oberlauf von Fließgewässern . . . . **Crenobia alpina** (Dana)

— Vdende abgerundet [*16*]. Bis 13 mm. Braun bis schwarz. Auch im Brackwasser **Planaria torva** Müll.

9. Fast immer Tierketten aus 2 – mehr. Individuen [*17, 18*]. Pharynx ein Rohr am od. nahe dem Vdende, meist in Körperlängsrichtung [*17*]
Viele **Catenulida,** z. B. **Catenula** Ant. Dug. (Mit unpaarer Statocyste [*17*]), häufig **C. lemnae** Ant. Dug. (Einzeltier bis 0,5 mm. Drehrunde, feine weiße Fädchen); **Stenostomum** Schm. u. **Myostenostomum** Luth. (Ohne Statocyste. Mit Wimpergrübchen an Seiten des Vdendes), häufig **St. leucops** (Dug.) (Bis 1 mm). Außerdem **Microstomum** Schm. (**Macrostomida**) (Mit Wimpergrübchen u. Darmblindsack am Vdende), häufig **M. lineare** (Müll.) [*18*] (Bis 0,8 mm).

— Keine Tierketten bildend ***10***

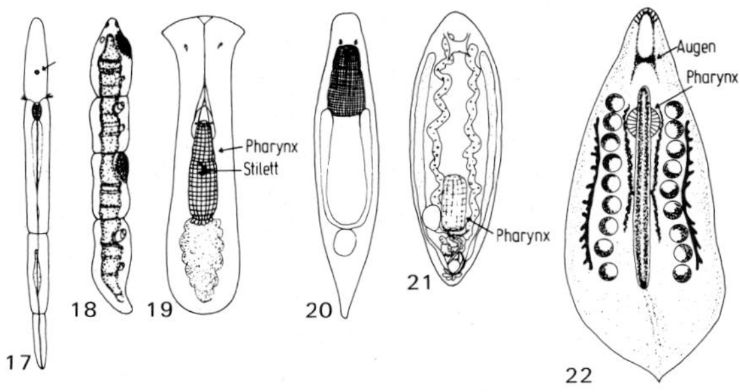

10. Pharynx am od. nahe dem Vdende, rohr- bis tonnenförmig, in Längsrichtung des Körpers [*19*, *20*]

a) Mit Stilett im männlichen Genitalkanal am Vdende [*19*]: **Lecithoepitheliata** mit **Prorhynchus stagnalis** Schultze (Stilett gerade. 6–7 mm) u. 2; **Geocentrophora** de Man (Stilett gebogen. 1,8–10 mm), z. B. **G. sphyrocephala** de Man [*19*] (Vdende oft fächerartig verbreitert). b) Ohne Stilett: **Plagiostomum lemani** (Pless) (**Prolecithophora**) (Rücken netzartig gemustert. 4–15 mm); 2; **Rhynchoscolex** Leidy (**Catenulida**) (Lang wurmförmig. Vdende rüsselartig verschmälert), z. B. **Rh. simplex** Leidy (2–6 mm); außerdem v. a. viele Gattg. der **Dalyellioida** (**Neorhabdocoela**), u. a. **Castrella** Fuhrm., **Dalyellia** Flem., **Microdalyellia** Gieysztor, **Phaenocora** Ehr., z. B. **M. armigera** (Schm.) [*20*] (Bis 2 mm).

— Pharynx am Vdende, Mund ein bewimperter Längsschlitz dicht hinter den Augen, diese manchmal undeutlich [*2*]

Macrostomum Schm. (**Macrostomida**), artenreich, z. B. **M. rostratum** (Papi) (Bis 1,6 mm).

— Pharynx etwa in Körpermitte, in Körperlängsrichtung nach hinten gerichtet [*21*]

Bothrioplana semperi Braun (**Proseriata**) (Vdende abgestutzt. Körper platt, bis 4,3 mm). **Opistomum** Schm. (**Typhloplanoida**) (Vdende gerundet bis zugespitzt. Körper drehrund, bis 4,5 mm), häufig **O. pallidum** Schm. [*21*].

— Pharynx senkrecht zur Körperlängsrichtung (erscheint als helles rundes Organ mir radiären Streifen [*22*]). Mundöffnung auf der Bauchseite $\pm$ in der Körpermitte

a. Mit unpaarer Statocyste nahe den Augen: **Otomesostoma auditivum** (Pless) (**Proseriata**) (Bis 5 mm).

b. Ohne Statocyste: viele **Neorhabdocoela**

1. Mit zapfenförmigem, umscheidetem Rüssel am Vdende [*7*]: **Kalyptorhynchia,** häufig **Gyratrix hermaphroditus** Ehr. (Htende mit chitinigem Stilettapparat. Bis 2 mm) [*7*].
2. Ohne umscheideten Rüssel: viele **Typhloplanoida.** Wichtige Gattg. **Castrada** Schm. (Ohne Augen. Meist über 1,2 mm), z. B. **C. intermedia** (Volz); **Typhloplana viridata** (Abildg.) (Ohne Augen. Unter 1,2 mm). Mit 2 Augen nahe der Körpermittellinie [*22*]: **Rhynchomesostoma rostratum** (Müll.) (Mit fingerförmigem, zusammenziehbarem Rüssel am Vdende. Bis 3,5 mm); 2; **Bothromesostoma** Br. (Ohne derartigen Rüssel. Bauchseite mit Blindsack vor dem Pharynx. Bis 7 mm), z. B. **B. personatum** (Schm.); 8; **Mesostoma** Ehr. (Ohne derart. Rüssel u. ventralen Hautblindsack. Bis 15 mm), **M. ehrenbergi** (Focke) [*22*] (Körper stark abgeplattet, blattartig durchsichtig). **M. tetragonum** (Müll.) (Querschnitt vierlappig), unter übr. Arten häufig **M. lingua** (Abildg.).

2. Klasse: **Trematoda,** Saugwürmer

Körper auf Bauchseite mit 1–2 Saugnäpfen u./od. Haftscheibe. Mundöffnung vorn, oft am Grund des Mundsaugnapfes [*27*]. Darm geschlossen. Parasiten auf der Haut, den Kiemen od. in inneren Organen von Wirbeltieren, selten an od. in Wirbellosen (Mollusken, Krebse). Nahrung: Körpersubstanz, Blut od. Darminhalt der Wirte. Zwitter. Entwicklung direkt (ohne Wirtswechsel, **Monogenea** u. **Aspidobothria**) od. indirekt (mit Generations- u. Wirtswechsel, **Digenea**), hierbei meist 1. Generation Wimperlarve (Miracidium), Keimschlauch (Sporocyste), 2. Generation Redie, 3. Generation Schwanzlarve (Cercarie), ausgewachsenes Tier. Nebenwirte der 1. u. 2. Generation Wirbellose, hier nur Hauptwirte (der Erwachsenen) angegeben. Etwa 60 Familien mit etwa 450 Arten.

1. Vdende stets mit Mundsaugnapf, meist weiterer Saugnapf auf Bauchseite in Körpermittellinie vorhanden. Bauchseite u. Htende ohne große Haftscheibe [*26–28*]. Endoparasiten . . . . . Ord. **Digenea** ***4***

— Vdende ohne Saugnapf (Mundöffnung kann in napfförmiger Vertiefung liegen!) od. mit 2 seitlichen Saugnäpfen. Bauchseite mit großer Haftscheibe [*23*] od. Htende mit abgesetzter Haftscheibe . . . ***2***

2. Bauchseite mit großer Haftscheibe, diese in viele Sauggruben geteilt. Vdende ohne Saugnäpfe [*23*] . . Ord. **Aspidobothria** (**Aspidogastra**)

Nur **Aspidogastridae,** in Fischen, Schildkröten, Mollusken, Krebsen, z. B. **Aspidogaster conchicola** v. Baer [*23*] (Bis 3 mm), in Süßwassermuscheln.

— Htende mit abgesetzter Haftscheibe [*24*, *25*]. Vdende ohne od. mit 2 seitlichen Saugnäpfen. Meist Ektoparasiten . Ord. **Monogenea**

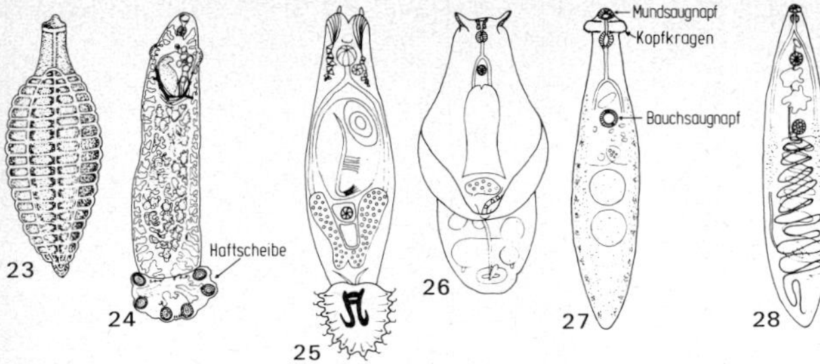

3. Hinterer Haftapparat mit 3 Paar becherförmigen Saugnäpfen. Vdende ohne paarige Saugnäpfe

2 Familien, **Polystomatidae** mit **Polystoma integerrimum** (Fröl.) [*24*] (9–11 mm) in der Harnblase von Fröschen.

— Haftapparat anders, Vdende manchmal mit paarigen Saugnäpfen

Viele Familien u. Arten, z. B. **Gyrodactylidae** (Haftapparat mit 1 Paar großen Haken u. 15–16 kleinen Randhäkchen, wie [*25*]), u. a. 3; **Gyrodactylus** v. Nordm., häufig **G. elegans** v. Nordm. [*25*] (0,5–0,8 mm), auf Kiemen von Fischen; **Discocotylidae** (Hinterer Haftapparat mit 3–4 Paar Saugklappen, diese mit Chitinverstärkungen), u. a. **Diplozoon paradoxum** v. Nordm. (2 Tiere über Kreuz verwachsen. 1 mm), auf Kiemen von Fischen.

4. Mundöffnung auf Bauchseite, etwa in Körpermitte . **Bucephalidae**

Häufig **Bucephalus polymorphus** v. Baer (1 mm), im Darm von Fischen.

— Mundöffnung am Körpervorderende, im vorderen Saugnapf, falls dieser vorhanden **5**

5. In Blutgefäßen (bei Fischen auch an Kiemen) od. Cysten im Gewebe

5 Familien, darunter **Troglotrematidae, Collyriclum faba** (Br.) (3–5 mm) unter der Haut von Vögeln, auch bei Hausgeflügel. Hierher auch **Astacotrema** (s. Nr. **8**).

— In anderen Körperorganen, z. B. Magen-Darm-Kanal (hier zuweilen in Cysten), Mundhöhle, Lunge, Galle, Eileiter, Auge **6**

6. Bauchsaugnapf fehlt

4 Familien, darunter **Notocotylidae** (Kutikula an Useite des Körpers u. vorn bestachelt), z. B. **Catatropis verrucosa** (Fröl.) (Bauchseite mit 3 Längsreihen von Drüsenwärzchen. 1–5 mm), im Darm von Entenvögeln, auch im Haushuhn.

— Bauchsaugnapf vorhanden, dahinter mit zusätzlichem Haftapparat (z. B. Haftlappen wie [*26*]), ohne Genitalsaugnapf

Mehrere Familien, u. a. **Strigeidae** (Körper in vord. u. hint. Abschnitt geteilt, vord. Abschnitt becher- od. trichterförmig), z. B. **Strigea** Abildg., **S. strigis** (Schr.) (2–6 mm), im Darm von Raubvögeln. **Diplostomatidae** (Ähnlich, aber vord. Körperabschnitt flach u. breit, pantoffelförmig [*26*]), z. B. **Alaria alata** (Gze.) [*26*] (3–6 mm), im Darm von Hund, Katze, Fuchs.

— Bauchsaugnapf vorhanden, dahinter ohne zusätzlichen Haftapparat, höchstens mit Genitalsaugnapf **7**

7. Am Vdende des Körpers ein ausgeprägter Kopfkragen mit Kragenstacheln (z. B. [*27*]) . . . . **Echinostomatidae**

Wichtige Gattungen im Darm von Vögeln u. Säugern: **Echinostoma** Dietz, z. B. **E. revolutum** (Fröl.) (10–22 mm) im Enddarm von Enten u. Hühnervögeln; **Echinochasmus** Dietz, z. B. **E. perfoliatus** (Ratz) [*27*] (2–4 mm) in Hund, Fuchs, Katze.

— Am Körpervorderende ohne derart. Kragen (Um Mundöffnung können Stacheln vorhanden sein) . . . . viele Familien (nur Auswahl) **8**

8. Im Flußkrebs . . **Astacotrema cirrigerum** (v. Baer) (**Allocreadiidae**)

1–3 mm. Encystiert in Muskulatur od. Bindegewebe, selten frei in Leibeshöhle.

— In Meeresfischen

a) Im Darm: wichtige Familie **Allocreadiidae,** z. B. **Podocotyle** Duj., häufig **P. atomon** (Rud.) (2–3,5 mm). b) Im Magen: **Hemiuridae** Rud., z. B. **Hemiurus communis** Odh. (2 mm).

— In Süßwasserfischen

a) Im Magen od. Darm: **Azygiidae** (Unbestachelt. Mundsaugnapf ohne Fortsatz), nur **Azygia lucii** (Müll.) (10–50 mm), in Raubfischen. Einige **Allocreadiidae** (Ähnlich, aber kleiner, bis 5 mm), z. B. **Sphaerostomum bramae** (Müll.) (1–4 mm). **Monorchiidae** mit **Asymphlodora tincae** (Mod.) (Körper bestachelt. 1,3 mm), in Cypriniden. **Bunoderidae** (Mundsaugnapf mit Kranz von 6 kurzen, muskulösen Fortsätzen), nur **Bunodera luciopercae** (Müll.) (–4,5 mm), in Fried- u. Raubfischen. b) In Harnblase u. Harngängen: **Phyllodistomum** Br., häufig **Ph. folium** (Olf.) (Bis 2 mm).

— In Amphibien

a) In der Mundhöhle von Fröschen: **Halipegidae,** nur **Halipegus ovocaudatus** (Vulp.) (Bis 13 mm). b) In Atemwegen: einige **Plagiorchiidae,** z. B. **Haplometra cylindracea** (Zed.) (4–20 mm), in Froschlurchen. c) Im Darm: **Diplodiscus subclavatus** (Gze.) (**Paramphistomidae**) (Bauchsaugnapf an Htende des Körpers. 6 mm); **Brachycoelium salamandrae** (Fröl.) (**Dicrocoeliidae**) (Kutikula bestachelt. Saugnäpfe einander genähert. Körper langgestreckt. 3–5 mm); **Opisthioglyphe** Looss (**Plagiorchiidae**) (Ähnlich, aber Körper eiförmig oval), z. B. **O. ranae** (Fröl.) (1,5–4,5 mm). Unter **Lecithodendriidae** häufig **Brandesia turgida** (Br.) (Körper ± kugelig. 2,5 mm), **Prosotocus confusus** (Looss) (Körper flach, breit, 1,4 × 1 mm). d) In Harnblase u. Harngängen: einige **Gorgoderidae,** z. B. **Gorgodera** Looss, häufig **G. cygnoides** (Zed.) (Bis 15 mm).

— In Reptilien

a) Im Magen-Darm-Kanal: **Leptophallus nigrovenosus** (Bell.) (**Dicrocoeliidae**) (1–2 mm), in Ringelnatter. Einige **Plagiorchiidae,** z. B. **Cercorchis** Lühe, häufig **C. nematoides** (Mühl.) (3–4 mm), in Ringelnatter. b) In Atemwegen: **Macrodera longicollis** (Abildg.) (**Plagiorchiidae**) (ca. 20 mm), in Lungensäcken der Ringelnatter.

— In Vögeln

a) Im Darm: in Landvögeln einige **Brachylaemidae,** z. B. **Brachylaemus commutatus** (Dies.) (Zungenförmig, am Ende des ersten Drittels etwas eingeschnürt. 3,5–7,5 mm), bei Hühnervögeln u. Tauben. Weitere Familien in Wasservögeln, z. B. **Leucochloridiidae,** häufig **Leucochloridium macrostomum** (Rud.) (Körper elliptisch, im Querschnitt oval. Bis 2 mm). Sporocysten bunt, in Schneckenfühlern. b) Im Eileiter: z. B. **Prosthogonimus** Lühe (**Plagiorchiidae**) häufig **P. pellucidus** (v. Linst.) (7–9 mm), im Huhn, manchmal im Ei, verursacht Windeier.

— In Säugern

a) Im Pansen von Huftieren: **Paramphistomum cervi** (Schrk.) (**Paramphistomidae**) (5–13 mm). b) In Leber u. Gallengängen: bei Huftieren verbreitet **Fasciolidae** mit **Fasciola hepatica** L., Großer Leberegel (Körper ± blattförmig, mit deutl. Kopfzapfen. Bis 50 mm); **Dicrocoelium dendriticum** (Rud.) Kleiner Leberegel [*28*] (**Dicrocoeliidae**) (Größte Breite hinter Körpermitte. 4–12 mm). Bei Raubtieren einige **Opisthorchiidae,** z. B. **Opisthorchis felineus** (Riv.) Katzenleberegel (7–12 mm), u. a. in Hund, Katze, Schwein.

3. Klasse: **Cestoda,** Bandwürmer

Körper besteht fast immer aus Kopf (Scolex) u. 3 bis über 4000 stark abgeflachten Gliedern (Proglottiden) mit jeweils 1 Geschlechtssystem [*34*]. Kopf meist mit Saugnäpfen [*36a*] od. Sauggruben [*32*], dazu vielfach Hakenkränze an muskulösem Polster (Rostellum [*36a*]) od. Rüssel. Endoparasiten im Darm, meist von Wirbeltieren; Nahrungsaufnahme über Körperoberfläche. Zwitter. Entwicklung indirekt, meist über Finne (flüssigkeitsgefüllte Blase, in die Kopfanlagen hineinhängen) in „Zwischenwirt", diese wird vom „Endwirt" aufgenommen (Wirtswechsel), und wächst zum geschlechtsreifen Bandwurm heran. Hier nur Endwirte genannt. 23 Familien mit etwa 450 Arten.

1. Körper ungegliedert, mit nur 1 Geschlechtssystem. In Fischen
Unterkl. **Cestodaria**

a) Mit Scolex (kurz trichterförmig od. lang zylindrisch): **Gyrocotylidae** mit 2 Arten in **Chimaera,** z. B. **Amphityches urna** Grube et Wagn. (20 mm). b) Scolex fehlt: **Amphilinidae,** nur **Amphilina foliacea** (Rud.) (5–20 mm), im Stör.

— Körper in Proglottiden gegliedert, mit vielen Geschlechtssätzen; wenn ungegliedert u. nur mit 1 Geschlechtssystem, Habitus wie [*29*, *30*]
Unterkl. **Eucestoda** ***2***

2. Scolex mit 2 flächenständigen Sauggruben (diese selten fehlend, dann in Fischen od. Oligochaeten od. Vdende wie [*31*]), ohne zusätzliche Rüssel ***3***

— Scolex mit 4 Sauggruben od. Saugnäpfen (selten undeutlich od. fehlend, dann in Vögel od. Säugern, Vdende nicht wie [*31*]), ohne zusätzliche Rüssel ***5***

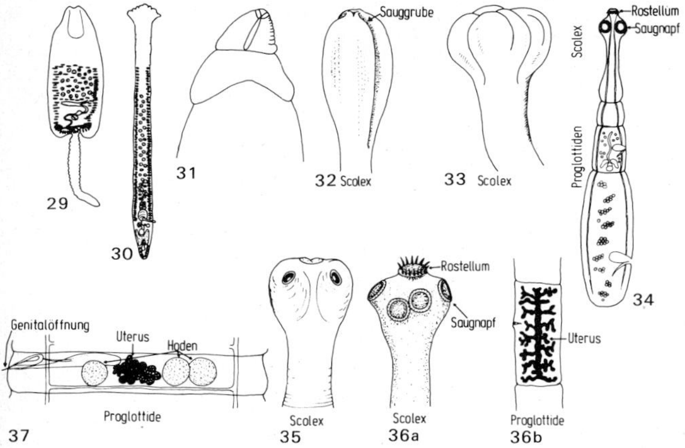

— Scolex mit 2 od. 4 Sauggruben, zusätzlich mit 4 bestachelten, zurückziehbaren Rüsseln . . . . Ord. **Tetrarhynchidea**

3 Fam., z. B. in Selachiern **Tentaculariidae** mit **Nybelinia lingualis** (Cuv.) (Bis 100 mm).

— Scolex mit 5 Saugnäpfen . . . . einige Arten von **Taenia** s. Nr. **8**

3. Scolex mit Rostellum u. langen dorsalen u. ventralen Haken. Hinterer Scolexabschnitt halsartig, bestachelt . . . . . . Ord. **Diphyllidea**

Nur **Echinobothrium** van Ben., z. B. **E. typus** van Ben. (5–6 mm), in Rochen.

— Ohne Rostellum u. Haken [*32*] ***4***

4. In Fischen od. Oligochaeten

5 Familien, dar. **Caryophyllaeidae** (Körper ungegliedert), in Süßwasseroligochaeten **Archigetes** Leuck. (Mit Schwanzanhang [*29*]), geschlechtsreif gewordene Larvenform, z. B. **A. appendiculatus** (Ratz.) [*29*] (Bis 4 mm); in Cypriniden häufig **Caryophyllaeus laticeps** (Pall.) [*30*] (Bis 40 mm), Larve in Oligochaeten ähnelt Archigetes. **Cyathocephalidae** (Scolex mit trichterförmigem Haftorgan, dieses aus den ± verschmolzenen Sauggruben entstanden), in Raubfischen **Cyathocephalus truncatus** (Pall.) (Bis 33 mm).

— In Reptilien, Vögeln od. Säugern . . . . **Diphyllobothriidae**

a) Äußere Gliederung fehlt od. nur im Vdteil: **Ligula intestinalis** (Gze.), Riemenwurm (Vdende: [*31*]. 10–100 cm), im Darm vieler Wasservögel. b) Äußere Gliederung deutlich, der inneren nicht entsprechend: **Schistocephalus solidus** (Müll.) (Bis 30 cm), in Vögeln. c) Äußere Gliederung deutlich, der inneren entsprechend: wichtige Gattg. **Diphyllobothrium** Cobb. z. B. **D. latum** (L.), Fischbandwurm (Scolex [*32*]. Bis 9 m), im Menschen, Hund, Fuchs, in der Katze u. anderen fischfressenden Raubtieren.

5. Scolex mit 4 ± gestielten Sauggruben . . . . . Ord. **Tetrabothridea**

Nur **Tetrabothriidae,** in Meeressäugern u. -vögeln, z. B. **Tetrabothrius** Rud., in Möwen **T. cylindraceus** (Rud.) (35–130 mm).

— Scolex mit 4 Saugnäpfen u. großem drüsigem Rostellum, darauf viele kleine Haken in geschlängelter Linie angeordnet . . Ord. **Aporidea**

Nur **Nematoparataeniidae** mit **Nematoparataenia southwelli** Fuhrm. (3 mm), im Schwan.

— Scolex mit 4 typischen, ungestielten Saugnäpfen [*36 a*], wenn mit Rostellum u. Haken, diese anders . . . . Ord. **Cyclophyllidea** ***6***

6. Scolex unbewaffnet (ohne Rostellum u. Haken)

a) In Amphibien: **Nematotaeniidae** (Körper zylindrisch), nur **Nematotaenia dispar** (Gze.) (5–22 cm). b) In Vögeln od. Säugern: **Mesocestoididae** (Genitalporus auf ventraler Fläche der Proglottiden), nur **Mesocestoides** Vaill., z. B. **M. lineatus** (Gze.) (30–250 cm) in Raubsäugern. **Anoplocephalidae** (Genitalporus randständig. Proglottiden meist viel breiter als l), einige Gattg. in Huftieren, im Pferd häufig **Anoplocephala** Blanch., z. B. **A. perfoliata** (Gze.) (3–8 cm), in Wiederkäuern häufig **Moniezia** Blanch., z. B. **M. expansa** (Rud.) (Scolex [*33*]. 1–6 m), in Hase u. Kaninchen häufig **Cittotaenia** Riehm, z. B. **C. denticulata** (Rud.) (40–50 cm).

— Scolex mit Rostellum u. Haken, selten reduziert, dann Scolex wie [*35*], mit 5. Saugnapf am Scheitel ***7***

7. Rostellum mit kleinen hammerförmigen (T-förmigen) Haken

Nur **Davaineidae,** in Vögeln u. Säugern, wichtige Gattg. **Davainea** Blanch. (Körper mit 4–19 Proglottiden), z. B. **D. proglottina** (Dav.) (0,5–3 mm); **Raillietina** Fuhrm. (Genitalöffnung einseitig od. unregelmäßig abwechselnd gelegen), im Haushuhn z. B. **R. tetragona** (Mol.) (Bis 25 cm).

— Haken anders, selten fehlend ***8***

8. Uterus ein medianer Längsstamm mit Seitenzweigen [*36 b*] **Taeniidae**

a) Körper aus 3–5 Gliedern bestehend [*34*]: 2; **Echinococcus** Rud., Blasenwurm, im Hund **E. granulosus** (Batsch) [*34*], Hundebandwurm (3–6 mm), Finnen oft große Blasen in inneren Organen vieler Säugetiere, auch des Menschen. b) Körper aus zahlreichen Gliedern bestehend: In Raubvögeln **Cladotaenia cylindracea** (Bl.) (8–30 cm); in Säugern Großgattg. 13; **Taenia** L., im Menschen **T. saginata** Gze., Rinderbandwurm (Scolex unbewaffnet, am Scheitel mit 5. rudimentärem Saugnapf [*35*]. 3–8 m), Finne im Rind als Zwischenwirt, **T. solium** L., Schweinebandwurm (Scolex bewaffnet [*36 a*]. 3–5 m), Finne im Schwein.

— Uterus anders, oft sack- od. netzförmig (z. B. [*37*]) ***9***

9. Meist 3 (selten 1–12) Hoden in jedem Glied [*37*] . **Hymenolepididae**

In Vögeln u. Säugern. Artenreiche Gattg. **Hymenolepis** Winl. (Glied mit 3 Hoden [*37*]), z. B. **H. diminuta** (Rud.) (10–60 cm), in Mäusen u. Ratten; **Aploparaksis** Cl. (Glied mit 1 Hoden), in Hausente u. Gans **A. furcigera** (Rud.) (10–35 mm).

— Meist viele Hoden in jedem Glied . . . . **Dilepididae**

In Vögeln u. Säugern, z. B. **Dipylidium caninum** (L.) (15–17 cm), in Raubsäugern, selten im Menschen; in Vögeln häufig **Choanotaenia** Raill., **Anomotaenia** Cohn u. **Dilepis** Weinl., z. B. **Ch. infundibulum** (Bloch) (5–23 cm), in Hühnervögeln. (Bei 2 weit., seltenen Familien in Wasservögeln fehlt weibl. Geschlechtsöffnung. Körper dick, kurzgliedrig od. mit seitlichen Anhängen).

Literatur

Ax, P., Ehlers, B., Ehlers, U., Faubel, A. u. a. Bearbeitung mariner Turbellaria in: Ax, Mikrofauna des Meeresbodens, Mainz, Wiesbaden, 1970–1980. – Karling, T. G. Turbellarian fauna of the Baltic proper. Fauna fennica 27. Helsinki, 1974. – Luther, A., Karling, T. G. Die Turbellarien Ostfennoscandiens. Fauna fennica 7, 11, 12, 16, 17. Helsinki, 1960–1963. – Reynoldson, T. B. A key to the British species of freshwater triclads (Turbellaria, Paludicola), 2nd ed. Freshwater Biol. Association 23, Ambleside, 1978. – Sprehn, C. Trematoda, Saugwürmer. Cestoidea, Bandwürmer, in: Brohmer, Ehrmann, Ulmer, Tierwelt Mitteleuropas, Bd. I, Lief. 3 b. Leipzig, 1960.

Stamm: **Nemertini,** Schnurwürmer

Körper meist langgestreckt, mit langem, ausstülpbarem Rüssel [*1*]. Körperoberfläche bewimpert. Meist getrenntgeschlechtlich. Darm mit After. Überwiegend Räuber. Auf u. im Boden, zwischen Pflanzen; meist im Meer. 7 Familien, ca. 40 Arten.

1. Im Meer, auch im Brackwasser ***2***

— Im Süßwasser. Mit 6–8 Augen . **Prostoma** Dug. (**Tetrastemmatidae**)

Häufig nur **P. graecense** (Böhm.) [*1*] (Weißlich bis bräunlich. 10 mm).

— Auf dem Land. 4 Augen . . . . **Geonemertes chalicophora** v. G.

(**Prosorhochmidae**) (Weiß, vorn rötlich. 12 mm), Gewächshäuser.

2. Körper flach, Htende mit Saugscheibe . . . . . **Malacobdellidae**

Nur **Malacobdella grossa** (Müll.) (30–40 mm), in Mantelhöhle von Muscheln.

— Körper anders, häufig ± drehrund, ohne Saugscheibe ***3***

3. Kopf ± spatelförmig, mit tiefen seitl., waagerecht gestellten Kopfspalten. Meist mit vielen Augen [*2*]. 40 mm–10 m . . . . **Lineidae**

Nur **Lineus** Sow. mit mehr. Arten, häufig **L. ruber** (Müll.) (Rotbraun bis grün. Bis 200 mm); sehr lang, bis 10 m **L. longissimus** (Gunn.) (Dunkelbraun bis schwarz).

— Kopf ohne od. mit flachen seitl. Furchen ***4***

4. Kopf mit vielen Augen [*3*] . . . . **Amphiporidae**

Artenreiche Gattg. **Amphiporus** Ehr., häufig **A. lactifloreus** (Johnst.) (Bis 100 mm).

— Kopf mit 4 Augen [*4*] (bisweilen 4 Doppelaugen) . **Tetrastemmatidae**

Mehr. Gattg., artenreich **Tetrastemma** Ehr., häufig **T. melanocephalum** (Johnst.) (Bis 50 mm), im Watt. Weitere Gattg. **Prostomatella** Friedr. u. **Nemertinella** Friedr., alle Arten über 10 mm. – Außerdem **Prosorhochmidae** (kleiner), wichtige Gattg. **Paroerstedia** Quatr. (5–10 mm), z.B. **P. wijnhoffi** Friedr.; 2; **Arenonemetes** Friedr. (1–3 mm), z.B. **A. microps** Friedr.

— Kopf ohne Augen ***5***

5. Körper mit 1 Paar Statocysten. 9–10 mm . . **Ototyphlonemertidae**

Nur **Ototyphlonemertes pallida** (Kef.), Sandlückensystem, Nordsee.

— Ohne Statocysten. Meist größer (mindestens 4 mm) ***6***

Wenn nur 1–3 mm: **Arenonemertes** s. Nr. **4**

6. Kopf spatelförmig, mit Kopffurchen . . . . **Tubulanidae**

Nur **Procarinia** Berg. u. **Carinia** Hubr., z.B. **P. remanei** Naw. (30–45 mm), Ostsee.

— Kopf ohne Kopffurchen . . . . **Cephalothricidae**

2; **Cephalothrix** Oerst., z.B. **C. linearis** (Rathke) (100–150 mm). **Procephalothrix kiliensis** Friedr., im Sandlückensystem, Ostsee. Außerdem **Nemertellopsis cephalotrichiformis** Friedr. (Kopf mit rötl. Binde. 40 mm).

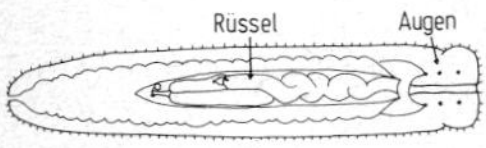

1

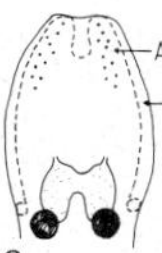

2

3

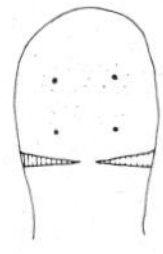

Literatur

Friedrich, H. Nemertini, in: Grimpe, Wagler, Tierwelt der Nord- u. Ostsee, Teil IVd. Leipzig, 1936. – Gerlach, S. Nemertinea, Schnurwürmer, in: Brohmer, Ehrmann, Ulmer, Tierwelt Mitteleuropas, Bd. 1, Lief. 7a. Leipzig, 1967.

Stamm: **Nemathelminthes,** Schlauchwürmer

1. Klasse: **Rotatoria,** Rädertiere

Vorderende (= Krone) mit Räderorgan [*7b*] (dient zur Fortbewegung u. Nahrungsaufnahme, kann reduziert sein), übriger Körper unbewimpert. Rumpf oft mit Panzer (verdickte Kutikula). Hinterende (= Fuß [*6*]) oft verschmälert u. abgesetzt, am Ende des Fußes meist Haftorgan (Zehen [*6*], Haftplatte od. Cilien). Darm mit muskulösem Pharynx, im Pharynx ein aus Platten u. Stäben zusammengesetzter Kauapparat (Mastax [*6*]). Meist räuberisch, manche Arten auch Detritus- od. Algenfresser. Getrenntgeschlechtlich, ♂♂ meist kleiner als ♀♀ u. reduziert (mit folg. Tabellen nicht bestimmbar), bei **Bdelloidea** fehlen ♂♂. Wechsel zwischen zweigeschlechtlicher Generation u. eingeschlechtlichen ♀♀, die Dauereier erzeugen (Heterogonie). Wasserlebend. System: Ordnungen **Seisonidea, Bdelloidea, Ploimida** (mit den meisten Familien), **Gnesiotrocha.** 23 Fam. mit ca. 600 Arten. Körperlänge 0,05–3 mm, meist um 1 mm. Bestimmung nur an lebenden Tieren möglich.

1. Im Süßwasser od. in feuchten Landlebensräumen (Moos, Boden, Pflanzenstreu) ***2***

— Im Meer

a) Körper langgestreckt, ohne Räderorgan. Fuß mit breiter Scheibe. Epizoisch auf Krebsen: **Seisonidea,** nur 2; **Seison** Grube, Nordsee, z. B. **S. annulatus** Claus [*1*]. b) Anders: viele Arten (meist **Ploimida**), auch – v. a. im Brackwasser – Arten aus Süßgewässern. Bestimmung der meisten Gattg. über Nr. **2.** Ein besonderer Lebensraum ist das Sandlückensystem (Arten hier nicht behandelt).

2. Freischwimmend, einzelnlebend ***4***

— Freischwimmend, in Kolonien . . **Conochilidae** (Ord. **Gnesiotrocha**)

Kolonien in Gallertgehäuse. Räderorgan hufeisenförmig. Nur 4; **Conochilus** Ehr.; häufig **C. hippocrepis** (Schr.) [*2*], einzelnlebend **C. natans** (Sel.). Auch **Lacinularia flosculosa** (s. Nr. **3**) gelegentlich freischwimmend.

— Festsitzend, einzeln od. in Kolonien . . weitere **Gnesiotrocha** ***3***

3. Vdende mit 3, 5 od. 7 Lappen (od. läng. Tentakeln) . **Collothecidae**

Mit Räderorgan. **Stephanoceros fimbriatus** (Goldf.) [*3*] (5 lange, zugespitzte Tentakel); **Collotheca** Harr. (= **Floscularia** Cuv.) (Lappen od. Tentakel abgerundet od. geknöpft [*4*]), artenreich, z. B. **C. ornata** (Ehr.).

— Vdende ohne od. mit vielen krausen Tentakeln . . . . **Atrochidae**

Ohne Räderorgan. **Cupelopagis vorax** (Leidy) (Fuß als ventrale Haftscheibe). **Atrochus tentaculatus** Wierz. (Fuß klein, in Schlammhülse), beide Arten selten.

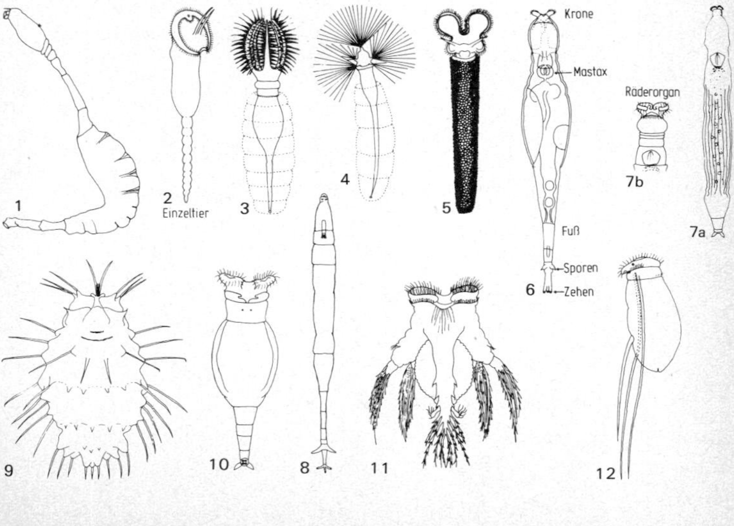

— Vdende mit 2 od. 4 runden Lappen od. scheibenförmig **Flosculariidae**
Mit Räderorgan. a) Krone 4lappig: 4; **Floscularia** Cuv. (= **Melicerta** Schr.), z. B. **F. ringens** (L.) [5]. b) Krone tief 2lappig: 2; **Limnias** Schr., z. B. **L. melicerta** Weisse. c) Krone herzförmig: **Lacinularia flosculosa** (Müll.) (Gallerthülle umgibt ganzen Fuß), selten freischwimmend; **Sinantherina** (**Megalotrocha**) **socialis** (L.) (Gallerthülle nur an Fußspitze). d) Krone scheibenförmig: **Beauchampia** (**Cephalosiphon**) **crucigera** (Dutr.) (Mit unpaarem, die Krone überragenden Rückentaster). **Ptygura** Ehr. (= **Oecistes** Ehr.) (Rückentaster kurz), artenreich, z. B. **P. velata** (Gosse).

4. Körper in Scheinsegmente gegliedert u. fernrohrartig einziehbar (z. B. [*6–9*]), Bewegung egelartig kriechend (dann Räderorgan eingezogen [*7 a*]) od. schwimmend. Fuß mit 2–4 Zehen, vorletztes Fußglied meist mit 2 Sporen [*6*] . . . . **Bdelloidea** ***5***

— Körper anders, nicht fernrohrartig einziehbar, oft mit Panzer. Bewegung nicht egelartig. Fuß mit 0–2 Zehen, oft fehlend
Ploimida u. wenige **Gnesiotrocha** *7*

5. Räderorgan eine ventral gestellte, bewimperte Scheibe, beim Kriechen nicht eingezogen [*6*] . . . . **Adinetidae**
Meist terrestrisch in Moos. **Adineta** Huds. et G. (Körper länglich, abgeflacht), artenreich, z. B. **A. vaga** (Dav.) [*6*]; 2; **Bradyscela** Br. (Körper kurz, nicht abgeflacht), z. B. **B. clauda** (Br.).

— Räderorgan eine kleine Scheibe in Mundgegend . . . **Philodinavidae**
Nur **Philodinavus paradoxus** (Murr.), besonders in Fließgewässern.

— Räderorgan mit 2 etwas gestielten Scheiben [*7 b*], beim Kriechen eingezogen [*7 a*], od. Scheiben rückgebildet ***6***

6. Magen mit protoplasmatischer Masse ausgefüllt. Nahrung als „Pillen" in Magenwand. Ausscheidungen ± kugelig . . . **Habrotrochidae**
Meist terrestrisch. Sehr artenreich **Habrotrocha** Br., z. B. **H. ligula** Br. [*7*].

— Magen mit Lumen, Nahrung nicht als Pillen. Ausscheidungen ungeformt . . . . **Philodinidae**
Häufig terrestrisch. a) Fuß ohne Zehen, mit Haftscheibe (kann 2 Stummel tragen!): **Mniobia** Br., artenreich, z. B. **M. tetraodon** (Ehr.). b) Fuß mit 3 Zehen, selten mit Haftscheibe: **Rotaria** Scop. (Rüssel fast immer mit 2 Augenflecken), meist im Wasser, artenreich, häufig **R. rotatoria** (Pall.) [*8*]; **Macrotrachela** Milne (Rüssel ohne Augenflecke), artenreich, z. B. **M. multispinosa** Thomps. [*9*]. c) Fuß mit 4 Zehen: 5; **Dissotrocha** Br. (Rumpf mit fester lederartiger Kutikula, mit wenigen Querfalten), z. B. **D. macrostyla** Ehr.; 8; **Pleuretra** Br. (Ähnlich, aber mit zahlreichen Querfalten), z. B. **P. brycei** (Web.); **Philodina** Ehr. (Kutikula glatt, dünn), meist im Wasser, häufig epizoisch, artenreich, z. B. **Ph. megalotrocha** Ehr. [*10*]. Ähnlich die epizoisch auf Wassertieren lebende **Embata parasitica** (Gigl.), aber Fuß lang, ca. halb so l wie übr. Körper.

7. Rumpf mit 6 breiten Flossen, diese mit Borsten besetzt. Oft in Salzwasser . . . . **Hexarthridae** (Ord. **Gnesiotrocha**)
Nur 4; **Hexarthra** Schm. (= **Pedalia** Barr.), pelagisch, z. B. **H. mira** (Huds.) [*11*].

— Rumpf mit 2 beweglichen Stacheln am Vdende u. 1 bewegl. Stachel am Htende [*12*] . . . . **Filiniidae** (Ord. **Gnesiotrocha**)
Nur 7; **Filinia** Bor. V. (= **Triarthra** Ehr.), pelagisch, z. B. **F. longiseta** (Ehr.) [*12*].

— Rumpf ohne Stacheln od. andersartig bestachelt ***8***

8. Ohne Fuß u. Zehen [*13–15, 17*]; wenn mit Fuß, dieser ohne Zehen, aber mit Wimperbüschel [*16*] ***9***

— Mit Fuß [*18–36*], dieser mit 2, 1 od. ohne Zehen, ohne Wimperbüschel. Bei manchen Arten Fuß beim Schwimmen eingezogen ***12***

9. Mit Panzer, dieser gemustert od. mit Leisten. Vdrand mit Stacheln [*13*] . . . . **Keratellidae**
Keratella Bor. V. (= **Anuraea** Ehr.) (Panzer dorsal gefeldert), artenreich, im Plankton häufig **K. quadrata** (Müll.) [*13*] (2 Endstachel od. -ecken), **K. cochlearis** (Gosse) (Mit 1 od. ohne Endstachel), weitere Arten z. T. ähnlich; **Notholca** Gosse (Panzer dorsal nur mit Längsstreifen), artenreich, z. B. **N. acuminata** (Ehr.).

— Mit Panzer, dieser glatt, mit Dornen am Vdende, zu ungleich langen Spießen ausgezogen. Htende mit langem Dorn . . . . **Kellicottia longispina** (**Keratellidae**)

— Ohne Panzer. Mit 4 Bündeln zu je 3 Stacheln [*14*] . . . . 6; **Polyarthra** (**Synchaetidae**)
Im Plankton, häufig **P. vulgaris** Carl. [*14*].

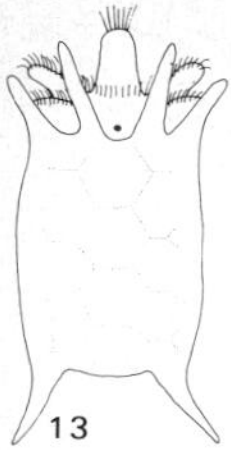
13
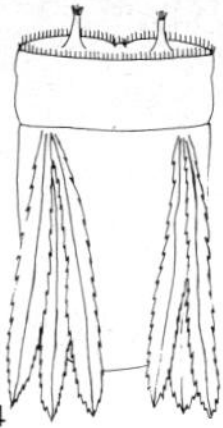
14
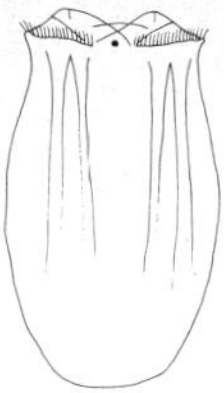
15

16
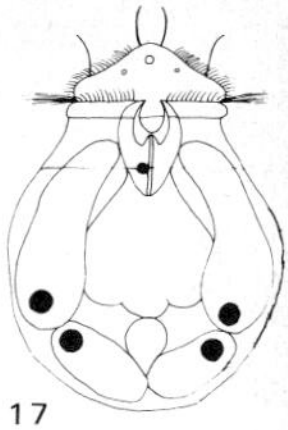
17

— Ohne od. mit glattem Panzer, ohne od. mit andersart. Stacheln . ***10***

10. Körper 0,3–0,5 mm, ungepanzert. Habitus [*15*] 6; **Asplanchna** Gosse (**Asplanchnidae**)

Häufig im Plankton **A. priodonta** Gosse [*15*], in stark saproben Kleingewässern **A. brightwelli** Gosse.

— Körper unter 0,3 mm l, Habitus anders, gepanzert od. ungepanzert ***11***

11. Körper mit Panzer. Mit 2 symmetrisch angeordneten Augen **Testudinellidae** (Ord. **Gnesiotrocha**)

Testudinella Bor. V. (Mit Fuß, Fußende mit Wimperbüschel), artenreich, z. B. **T. patina** (Herm.) [*16*]; 2; **Pompholyx** Gosse (Ohne Fuß), häufig **P. sulcata** (Huds.).

— Mit od. ohne Panzer. Wenn 2 Augen, diese nicht symmetrisch

a) Magen mit intensiv gefärbten, grünen od. braunen Blindsäcken, die die Leibeshöhle erfüllen [*17*]: 4; **Ascomorpha** Perty (**Gastropodidae**), z. B. **A. ecaudis** Perty [*17*]. b) Magen einfach sackförmig: einige **Trichocercidae, Elosa woralli** Lord (Mit 2 asymmetrisch angeordneten Augen); **Ascomorphella** (= **Hertwigia**) **volvocicola** (Pl.) (Mit 1 Auge), parasitisch an u. in Volvox. Außerdem **Anuraeopsis fissa** (Gosse) (**Keratellidae**) (Mit 1 Augenfleck), im Plankton.

12. Fuß mit 2 gleichen od. fast gleichen Zehen (kleinere Zehe mindestens $^1/_3$ so lang wie die größere) [*19–36*] ***17***

— Fuß mit 1 Zehe [*18*] (diese bisweilen stachelartig), od. mit 2 sehr ungleichen od. ohne Zehen ***13***

13. Fuß u. Rumpf von heller Gallerthülle umgeben. 0 od. 2 Augen **Conochilus** (Gestalt wie [*2*]), s. Nr. **2**; **Collotheca** (Gestalt wie [*4*]), s. Nr. **3.**

— Fuß u. Rumpf ohne Gallerthülle, selten der Rumpf mit Gallerthülle, dann mit 1 Auge u. Gestalt nicht wie [*2*], od. [*4*] ***14***

14. Vdende scheibenartig erweitert . . . . **Microcodinidae**

Nur **Microcodon clavus** Ehr. (Bunt gefärbt), bes. in Moorgewässern.

— Vdende nicht erweitert, ebenso b od. schmaler als Rumpf . . . ***15***

15. Zehe lang, nadelartig [*18*]. Rumpf ± zylindrisch . . **Trichocercidae**

Trichocerca Lam. (Oft mit Rückenkamm), artenreich, z. B. **T. bicristata** (Gosse) [*18*].

— Zehe viel kürzer als Rumpf. Panzer abgeplattet ***16***

16. Panzer seitl. abgeplattet. Magen mit Blindsäcken . . **Gastropodidae**

Magen ± bunt. 3; **Gastropus** Imh., z. B. **G. hyptopus** (Ehr.).

— Panzer dorsoventral abgeplattet. Magen einfach . . . . **Lecane** s. Nr. **23**

18
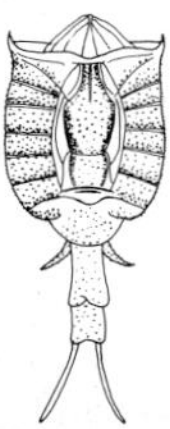
19

20

21

22

23

24

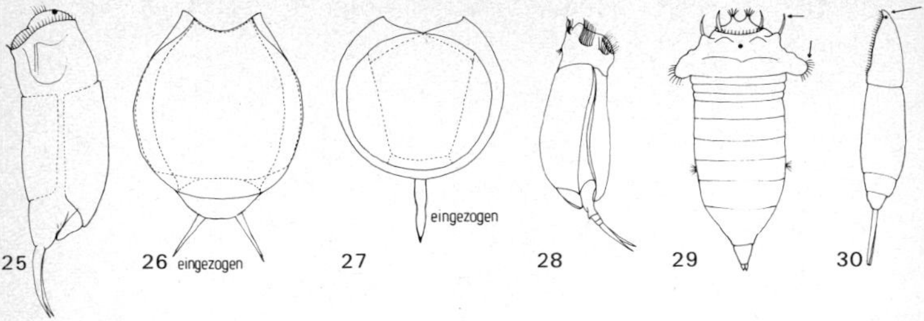

17. Rumpf mit Panzer ***18***

— Rumpf ohne Panzer, weich, biegsam, höchst. teilweise gepanzert . ***24***

18. Kopf, Fuß u. Rumpf getrennt dick gepanzert [*19*] . . **Trichotriidae**

3; **Trichotria** Bor. V. (= **Dinocharis** Ehr.) (Panzer ohne lange Rückenstacheln [*19*]), z. B. **T. tetractis** (Ehr.) [*19*], in Moortümpeln; 3; **Macrochaetus** Perty (Panzer mit langen Rückenstacheln), z. B. **M. subquadratus** Perty.

— Körper anders gepanzert ***19***

19. Mit 2 (bis 4) Augenflecken seitl. im Räderorgan [*21*] . **Colurellidae**

a) Panzer aus 2 muschelartigen Platten bestehend, mit ventralem Spalt [*20*]: **Colurella** Bor. V., artenreich, z. B. **C. colurus** (Ehr.) [*20*]. b) Panzer ohne Spalt: **Squatinella** Bor. V. (Vorn mit großer Kopfhaube, verhindert Einziehen des Räderorgans), artenreich, z. B. **S. rostrum** (Schm.); **Lepadella** Bor. V. (= **Metopidia** Ehr.) (Vorn mit kleiner Haube, Räderorgan einziehbar), artenreich, z. B. **L. patella** (Müll.) [*21*].

— Mit 1 Augenfleck am Gehirn [*23*] od. ohne Augenfleck ***20***

20. Räderorgan mit 2 keulenförmigen Tentakeln . . . . 4; **Ploesoma** (**Synchaetidae**) Häufig **P. hudsoni** (Imh.) [*22*] (Panzeroberfläche maschig), im Plankton.

— Räderorgan ohne derartige keulenförmige Tentakel ***21***

21. Panzer wenigstens am dorsalen Vdrand mit vorspringenden Stacheln, ohne dorsalen Längskamm. Rumpf symmetrisch . . **Brachionidae**

Brachionus Pall. (Mit Auge. Fuß meist nur geringelt, wurmartig bewegbar, nicht gegliedert), sehr artenreich, häufig **B. calyciflorus** Pall. [*23*], pelagisch; **Platyias quadricornis** (Ehr.) (Ohne Auge. Fuß gegliedert), am Boden von Gewässern.

— Panzer ohne Stacheln am Vdrand (höchstens Seitenecken vorgezogen), häufig mit Rückenkamm; wenn mit Stacheln, Rückenkamm vorhanden. Rumpf symmetrisch ***22***

— Panzer mit od. ohne Stacheln. Rumpf ± gekrümmt. Habitus [*18*] . . **Trichocerca** s. Nr. **15**

22. Panzer dorsal der Länge nach gespalten [*24*], daneben jederseits Längskiele. Vdrand fast stets mit Stacheln . . . . . . **Mytilinidae**

Mytilina Bor. V., artenreich, z. B. **M. mucronata** (Müll.) [*24*].

— Panzer ähnlich, aber ohne Stacheln u. derartige Längskämme **Diplois daviesiae** Gosse (**Euchlanidae**) (Ca. 0,5 mm. Panzer aus 3 Platten); **Cephalodella** Bor. V. (**Notommatidae**) (Unter 0,4 mm. Panzer aus 4 Platten [*25*]), z. B. **C. gibba** (Ehr.) [*25*], manche Arten ohne Rückenspalte.

— Panzer dorsal nicht gespalten ***23***

23. Fuß an der Ventralfläche des Panzers angeheftet, nur 1 freies Glied [*26, 27*] . . . . **Lecanidae**

Nur **Lecane** Nitzsch mit vielen Arten. Zehen getrennt: z. B. **L.** (= **Distyla**) **luna** (Müll.) [*26*]. Zehen verwachsen: z. B. **L.** (= **Monostyla**) **cornuta** (Müll.) [*27*].

— Fuß tritt hinten aus dem Panzer hervor, mit mindestens 2 freien Fußgliedern [*28*] . . . . **Euchlanidae**

4 Gattg., artenreich **Euchlanis** Ehr., z. B. **Eu. dilatata** Ehr. [*28*]. Außerdem **Gastropus** s. Nr. **16** (Panzer seitl. zusammengedrückt); 4; **Lophocharis** Ehr. (**Mytilinidae**) (Ohne Augen), z. B. **L. salpina** (Ehr.). **Scaridium longicaudum** (Müll.) (**Notommatidae**) (Fuß u. Zehe zusammen länger als Rumpf, letztes Fußglied so l wie Zehe).

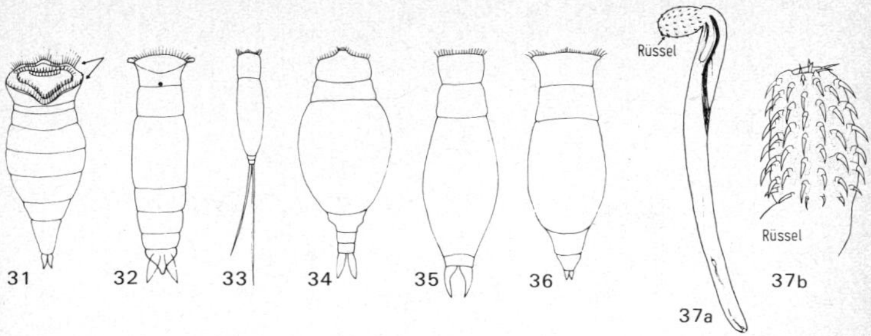

24. Räderorgan mit 4 steifen, nach vorn gerichteten Borsten. Mit Wimperohren [29] . . . . **Synchaetidae**
Synchaeta Ehr., sehr artenreich, im Pelagial z. B. **S. pectinata** Ehr. [29].
— Räderorgan ohne derartige Borsten ***25***
25. Räderorgan meist ein längsgerichtetes, von einem Haken überdachtes Wimperfeld [30] . . . . **Dicranophoridae**
Mehrere Gattg., häufig u. artenreich nur **Dicranophorus** Müll. u. **Encentrum** Ehr., z. B. **D. forcipatus** (Müll.) [30].
— Räderorgan mit Membranellenreihen [31] . . . . 5; **Epiphanes** Ehr. (**Epiphanidae**) Häufig **E. senta** (Müll.) [31], oft massenhaft in eutrophierten Kleingewässern.
— Räderorgan anders ***26***
26. Fuß nur ein kleiner Kegel ventral am sackförmigen Körper **Asplanchnopus multiceps** (Schr.) (**Asplanchnidae**)
— Fuß in Verlängerung des Rumpfes, meist größer
Mehrere Familien: **Epiphanidae, Proalidae, Lindiidae, Ituridae, Notommatidae** (mit vielen Gattungen) u. **Asplanchnidae.** Auswahl: **Rhinoglena frontalis** Ehr. (**Epiphanidae**) (Vdende mit bewimpertem beweglichem Rüssel, dieser mit 2 Augen); 4; **Itura** H. et M. (**Ituridae**) (3 od. 5 Augen. Magen mit grüner Wandung), z. B. **I. aurita** (Ehr.); **Proales** Gosse (**Proalidae**), artenreich, z. B. **P. fallaciosa** Wulf. [32]. Artenreiche Gattg. unter den **Notommatidae**: **Monommata** Bart. z. B. **M. longiseta** (Müll.) [33]; **Eosphora** Ehr., z. B. **E. najas** Ehr. [34]; **Resticula** H. et M., z. B. **R. melandocus** (Gosse) [35]; **Notommata** Ehr., z. B. **N. aurita** (Müll.) [36]; **Cephalodella** (s. Nr. **22**); ektoparasitisch an Oligochaeten **Drilophaga bucephalus** Vejd.

2. Klasse: **Acanthocephala,** Kratzer

Körper walzenförmig, Vdkörper als mit Widerhaken besetzter, einstülpbarer Rüssel ausgebildet [37]. Darm völlig reduziert. Parasiten im Darmkanal von Wirbeltieren, Larvenstadium (Acanthella) auch in Arthropoden. 7 Familien, ca. 50 Arten.

1. Rüsselhaken spiralig angeordnet . . . . Ord. **Archiacanthocephala**
In Landtieren. **Mediorhynchus micranthus** (Rud.) (**Giganthorhynchidae**) (Rüssel kegelförmig. Bis 35 mm), in Vögeln; 2; **Moniliformis** Trav. (**Moniliformidae**) (Rüssel länglich keulenförmig), in Nagetieren **M.** (= **Giganthorhynchus**) **moniliformis** (Brems.) (Körper durch Einschnürungen geringelt. Ca. 115 mm); **Macracanthorhynchus hirudinaceus** (Pall.) (**Oligacanthorhynchidae**), Riesenkratzer (Rüssel kugelig, vorn verbreitert. Bis 360 mm), in Säugern.
— Rüsselhaken in 3 Querreihen zu je 6 Haken . Ord. **Eoacanthocephala**
In Fischen. Nur **Neochinorhynchidae** mit 2; **Neochinorhynchus** Ham., z. B. **N. rutili** (Müll.) (Bis 10 mm).
— Rüsselhaken in alternierenden Längsreihen [37*b*] Ord. **Palaeoacanthocephala** ***2***
2. In Fischen (selten Amphibien)
Häufig **Echinorhynchidae** (Ohne Rumpfbestachelung): 2; **Pomphorhynchus** Mont. (Hals nahe Rüsselbasis kugelig erweitert), z. B. **P. laevis** (Zoega) (14 mm); 4; **Echinorhynchus** Zoega (Hals ohne kugelige Erweiterung. Rüssel zylindrisch, Haken gleich groß), häufig **E. salmonis** Müll.; **Acanthocephalus** Koelr. (Ähnl., aber Rüssel eiförmig, hint. Stacheln kleiner als vord.), in Süßwasserfischen z. B. **A. lucii** (Müll.) [37] (Bis 24 mm), in Amphibien häufig **A. ranae** (Schrk.) (Bis 60 mm).

— In Vögeln

Polymorphidae mit mehr. Gattg. In Wasservögeln z. B. 2; **Polymorphus** Lühe (Haut rötl. Rüssel zylindrisch-eiförmig), häufig **P. minutus** (Goeze) (Bis 10 mm); **Filicollis anatis** (Schrk.) (Rüssel des ♀ kugelig aufgetrieben. Bis 25 mm). In Landvögeln (auch Sumpf-, Strandvögeln) z. B. 5; **Centrorhynchus** Golv. (Körper langgestreckt, fadenförmig), z. B. **C. lancea** (Westr.) (Bis 20 mm).

4. Klasse: **Nematoda,** Fadenwürmer

Fadenförmig. Mundöffnung von 6–0 Lippen [*50*] umgeben, Mundhöhle [*39c*] oft mit kutikularisierten Zähnen od. Stacheln (z. B. [*41–43*]). Oesophagus an Mundhöhle anschließend, muskulös, schlauchartig, häufig mit Anschwellungen (Bulbi [*39a, 45a*]) u. mit Oesophagusdrüsen. Darm meist gerade Röhre. Vorn mit chemorezeptorischen „Seitenorganen" unterschiedlicher Gestalt [*39c*]. Getrenntgeschlechtlich (Unterschied ♂, ♀: [*39a, 39b*]), ♂♂ mit Spicula (Kutikulaspangen), bisweilen mit häutiger Bursa copulatrix [*49*]. Bakterienfresser, Pflanzenfresser (die vor allem Zellen aussaugen), Räuber od. Parasiten. Bei freilebenden Nematoden Beobachtung bei Wärmestarre (ca. 45°) unter Deckglas günstig. Viele Familien mit ca. 1700 Arten. Freilebende Arten meist 0,5–2 mm lang. System: Unterkl. **Secernentea** mit den Ordnungen 1. **Rhabditida,** 2. **Tylenchida,** 3. **Rhabdiasida,** 4. **Ascaridida,** 5. **Strongylida,** 6. **Spirurida**; Unterkl. **Adenophorea** mit 7. **Chromadorida,** 8. **Enoplida,** 9. **Dorylaimida,** 10. **Mermithida,** 11. **Trichosyringida,** 12. **Dioctophymatida.**

1. Freilebend im Meer, Süßwasser od. auf dem Land ***2***
— Parasitisch an od. in Pflanzen ***7***
— Parasitisch an od. in Tieren ***8***

2. Spindelförmig, mit wulstartig vorspring. Ringelung [*38*] . . . . Überfam. **Desmoscoloidea** (zu **Chromadorida**), meist marin, häufig z. B. **Desmoscolex minutus** Clap.
— Körper anders, fast immer fadenförmig ***3***

3. Über 50 mm (bis 800 mm) l. Im Boden od. Süßwasser . **Mermithida**

Nur Überfam. **Mermithoidea,** Larven parasitisch in Wirbellosen, z. B. **Mermis subnigrescens** Duj. in Heuschrecken.

— Kleiner, meist 0,5–2 mm l ***4***

4. Seitenorgane nicht od. nur schwer zu erkennen, porusartig, münden in Lippenhöhe [*45b, 46, 47*]. Oesophagus mit 2 Bulbi [*45a*], wenn nur mit 1 Bulbus, dann Einschnürung zwischen Vdabschnitt u. Endbulbus. Mundhöhle ohne od. mit Stachel, dieser dann an Basis meist verdickt [*45b, 46*] . . . . **Secernentea** ***7***
— Seitenorgane meist deutlich, spiralig, kreisrund, bläschenförmig, taschenartig od. ohrförmig [*39c–43*], nie auf den Lippen. Oesophagus ohne Bulbus od. mit 1 Endbulbus. Mundhöhle ohne od. mit Stachel, dieser dann hinten nicht verdickt . . . . **Adenophorea** ***5***

5. Seitenorgane spiralig, nierenförmig, rund od. bläschenförmig (z. B. [*39c, 40*]), manchmal fehlend. Mundhöhle ohne Stachel. Subventrale Oesophagusdrüsen münden nie in vord. Teil des Oesophagus **Chromadorida**

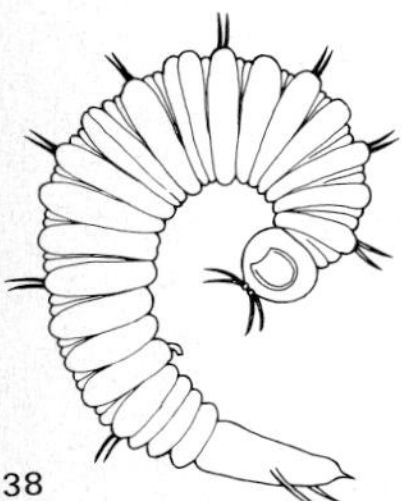

38

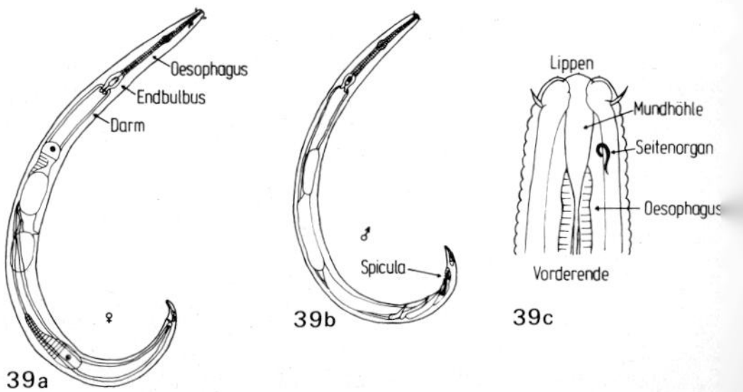

39a 39b 39c

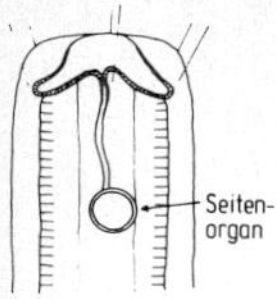

40

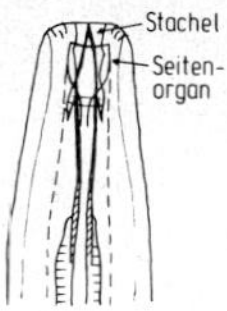

41

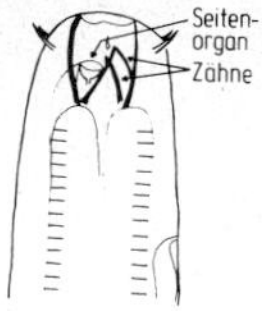

42

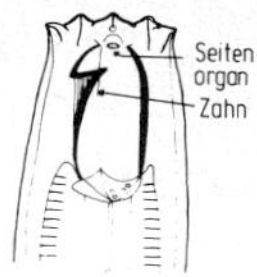

43

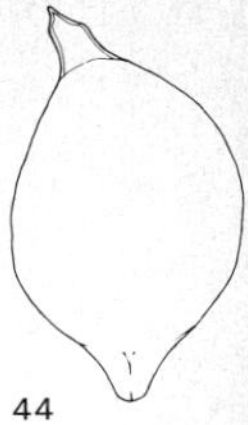
44

Meist im Meer. Mehrere Überfamilien, darunter **Plectoidea,** wichtige Gattg. z. B. **Plectus** Bast. (Oesophagus mit Bulbus. Seitenorgan nach hinten offene „Öse“, 1–3 Lippenbreiten vom Vdende entfernt [*39c*]), sehr häufig im Boden **P. granulosus** Bast. [*39*], im Moos **P. rhizophilus** de Man; **Wilsonema** Cobb. **Monhysteroidea,** z. B. **Monhystera** Bast. (Oesophagus ohne Endbulbus. Mundhöhle undeutlich, flach, Seitenorgan kreisrund [*40*]), im Süßwasser häufig **M. stagnalis** Bast. [*40*]. **Theristus** Bast. (Ebenso, aber Mundhöhle becherförmig). **Chromadoroidea,** häufig an Meeresküste **Microlaimus** de Man, **M. globiceps** in brackiger Erde; im Süßwasser häufig **Chromadorina** Fil., z. B. **Ch. viridis** (Linst.); am Land **Choanolaimus** de Man.

— Seitenorgane becherförmig, taschenförmig, verlängert od. (selten) porenartig. Subventrale Oesophagusdrüsen münden im vord. Teil des Oesophagus hinter Nervenring **6**

6. Mit deutlichem, hohlem Zahnstachel in Mundhöhle od. Stachel an subventraler Mundhöhlenwand. Mundhöhle meist eng . . **Dorylaimida**

Nur Überfam. **Dorylaimoidea,** wichtige artenreiche Gattg. **Dorylaimus** Duj., **Eudorylaimus** Andr. (Stachel zylindrisch, vorn schräg abgestutzt, mit Führungsring [*41*]), häufig **D. stagnalis** Duj. [*41*], im Süßwasser; im Boden z. B. **Tylencholaimus** de Man.

— Ohne derartigen Stachel. Mundhöhle ± weit . . . . . **Enoplida**

Meist im Meer u. Süßwasser. Überfam. **Enoploidea,** wichtige Gattg. **Oncholaimus** Duj. (Mundhöhle groß, mit 3 nach vorn gerichteten kräftigen Zähnen [*42*]), in brackigen Biotopen an Küste häufig **O. oxyuris** Ditl. Überfam. **Tripyloidea,** artenreiche Gattg. **Mononchus** Bast. (Mundhöhle groß, mit kutikularisiertem Zahn wie [*43*]), z. B. **M. papillatus** Bast. [*43*], im Boden; meist im Süßwasser **Tripyla** Bast., **Tobrilus** Bast.

7. Mundhöhle mit vorstoßbarem Stachel aus 3 verlöteten Längsstäben, Stachel häufig an Basis verdickt [*45b, 46*] . . . . . . **Tylenchida**

a) Öffnung der dorsalen Oesophagusdrüse im Lumen des Oesophagus nahe Stachelbasis: Überfam. **Tylenchoidea,** Beispiele für wichtig phytoparasitische Gatt.: In Wurzeln **Heterodera** Schm., Zystenälchen (Reife ♀♀ zu sackförmigen, hartwandigen Zysten aufgetrieben [*44*]), z. B. **H. rostochiensis** Woll. an Kartoffel, **H. schachtii** Schm. an Rüben, **H. avenae** Woll. an Hafer; **Pratylenchus** Fil., z. B. **P. pratensis** (de Man) [*46*], v. a. an Gramineen. In Knollen, Zwiebeln, Rhizomen **Ditylenchus destructor** Thorn. In Stengeln **D. dipsaci** (Kühn), Stengelälchen [*45*], u. a. an Getreide, Klee, Rüben, Kartoffel. In Blütenständen **Anguina tritici** (Steinb.), Weizenälchen, in dunkelfarbigen Gallen (Radekörnern) anstelle der Weizenkörner. Im Boden z. B. **Criconema** Hofm. et M. u. **Criconemoides** Tayl. (Körper dick, auffallend geringelt); **Tylenchus** Bast. b) Öffnung der dorsalen Ösophagusdrüse im Mittelbulbus: Überfam. **Aphelenchoidea,** phytoparasitisch im Blatt z. B. **Aphelenchoides** Fisch., **A. fragariae** (Ritz.) an Erdbeere. Parasitisch in Hummeln u. Wespen **Sphaerularia bombi** (Duf.).

— Mundhöhle ohne derartigen Stachel . . . . **Rhabditida**

Meist im Boden u. Süßwasser. Nur Überfam. **Rhabditoidea,** häufig Fäulnisbewohner, wichtige Gattg. im Boden **Rhabditis** Duj., z. B. **Rh. terricola** Duj. [*47*]; **Bunonema** Jäg. (Rücken mit 2 Warzenreihen), häufig in Moos z. B. **B. reticulatum** Richt.; **Diplogaster** Schultze; **Teratocephalus** de Man; **Acrobeles** v. Linst.; **Cephalobus** Bast. In gärendem Essig häufig **Turbatrix aceti** (Müll.), Essigälchen.

8. Parasiten od. Kommensalen in Wirbellosen ***7***

Außerdem **Mermithida** (s. Nr. **3**), einige **Spirurida** (s. Nr. **9**) u. **Ascaridida** (s. Nr. **12**).

— Parasiten in Wirbeltieren ***9***

9. Oesophagus ein kurzer kompakter Vdabschnitt u. ein anschließendes kapillares Rohr, mit perlschnurartig od. geldrollenartig hintereinanderliegenden Drüsenzellen. Körper haarförmig dünn, Htkörper oft dicker als Vdkörper . . . . **Trichosyringida**

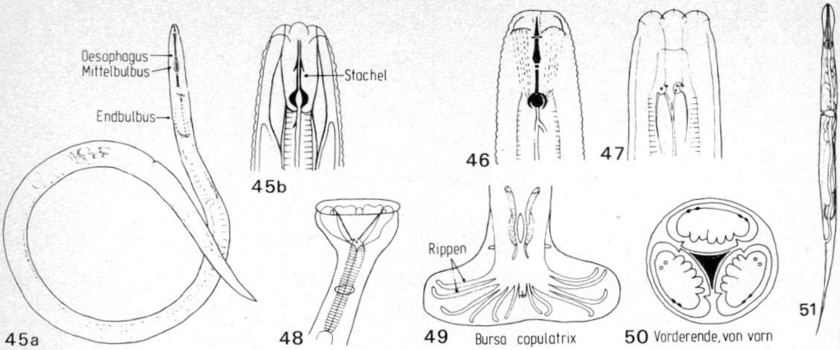

45a 45b 46 47 48 49 Bursa copulatrix 50 Vorderende, von vorn 51

Nur Überfam. **Trichuroidea.** Im Verdauungstrakt, Leber, subkutanem Bindegewebe von Vögeln u. Säugern, z. B. **Capillaria** Zed., Haarwürmer (Körper haarförmig, allmählich nach hinten verdickt), z. B. **C. aerophila** (Crepl.) (Bis 32 mm), Lungenwege von Hund, Fuchs, Katze. **Trichuris** Roed., Peitschenwürmer (Vdkörper dünn, Htkörper dick-walzenförmig), im Dickdarm **T. trichiura** (L.) (40–50 mm), bei Schwein, Mensch. **Trichinella spiralis** (Ow.) (Bis 4 mm), im Dünndarm von Säugern, Larve in Muskeln. (Trichine).

— Oesophagus aus 2 zylindrischen Abschnitten bestehend, dem kürzeren muskulösen Vdabschnitt u. dem längeren, oft breiteren drüsigen Htabschnitt; ohne Endbulbus. Wenn Abschnitte undeutlich, Körper oft extrem langgestreckt, fadenförmig . . . . **Spirurida**

4 Überfamilien. **Spiruroidea,** viele Arten in Verdauungs- u. Atemorganen, z. B. **Gongylonema pulchrum** Mol. (Bis 120 mm), Zunge, Speiseröhre von Säugern. **Filarioidea** (häufig extrem langgestreckt), viele Arten in Muskulatur, Bindegewebe, Leibeshöhle, Herz, Blutgefäßsystem, z. B. **Setaria cervi** (Rud.) (Bis 120 mm), Bauchhöhle von Wiederkäuern. **Camallanoidea** (Mundöffnung in Körperlängsrichtung verlängert, schlitzförmig. Mit großer Mundkapsel), z. B. **Camallanus lacustris** (Zoega) (Bis 15 mm), im Darm von Fischen. **Dracunculoidea** in Fischen, z. B. **Philometra opercularis** (Nyb.) (Bis 20 mm), unter Haut, Kiemendeckel, Brustflosse.

— Oesophagus anders, einteilig, mit Endbulbus od. flaschenförmig, od. zylindrisch. Körper nicht extrem langgestreckt ***10***

10. ♂ am Htende mit schüssel- bis glockenförmigem, muskulösem Kopulationssaugnapf ohne Rippen, ♀ mit After direkt am Htende **Dioctophymatida**

Nur Überfam. **Dioctophymatoidea,** im Verdauungstrakt u. Harnwegen von Vögeln u. Säugern, z. B. **Dioctophyma renale** (Goeze), Riesenpalisadenwurm (Bis 1000 mm), im Nierenbecken meist von Raubtieren.

— ♂ ohne derartigen Kopulationssaugnapf, ♀ mit After vor dem Htende. Wenn ♂ mit Bursa copulatrix, diese mit Rippen [*49*] ***11***

11. Mit dickwandiger, kugeliger, zylindrischer, trichter- od. ringförmiger Mundkapsel (z. B. [*48*]). Mundöffnung schlitzförmig. ♂ meist mit häutiger Bursa copulatrix [*49*] . . . . **Strongylida**

a) In Fischen: Überfam. **Cucullanoidea,** z. B. **Cucullanus** Müll., in Meeresfischen, häufig **C. cirratus** Müll. (Bis 19 mm); **Dacnitis truttae** (F.) (Bis 15 mm), in Süßwasserfischen. b) In Amphibien, Reptilien, Vögeln od. Säugern: Überfam. **Strongyloidea,** z. B. **Syngamus trachea** (Mont.), Rotwurm [*48*] (Bis 40 mm), in Luftröhre von Vögeln. – 2 weitere Überfamilien s. **12.**

— Mundkapsel klein od. fehlend. Mundöffnung nicht schlitzförmig . ***12***

12. Vdende oft mit 3 großen Lippen [*50*]. Oesophagus mit Bulbus, dieser mit Ventilklappen. Wenn Bulbus fehlt, Vdende mit 3 deutl. Lippen od. am Oesophagus vorn kurzer andersart. Abschnitt . . . . **Ascaridida**

Im Darmkanal. a) Größer (10–400 mm), meist im Magen od. Dünndarm: Überfam. **Ascaridoidea,** z. B. **Ascaris lumbricoides** L., Spulwurm (Bis 250 mm), im Menschen. b) Kleiner (fast immer unter 30 mm), häufiger im Dickdarm: **Oxyuroidea,** z. B. **Enterobius vermicularis** (L.), Madenwurm [*51*] (Bis 5 mm), im Menschen.

— Vdende ohne od. mit 3 (od. 6) kleinen Lippen, Bulbus u. andersartiger Vdabschnitt im Oesophagus fehlen. ♂ mit häutiger Bursa copulatrix, oft reduziert, wenn fehlend, Parasiten in oberen Luftwegen od. Stirnhöhlen von Raubtieren od. Walen . . . . **Strongylida**

a) Im Verdauungstrakt von Vögeln u. Säugern: Überfam. **Trichostrongyloidea,** Magenwürmer, z. B. **Trichostrongylus retortaeformis** (Zed.) (Bis 9 mm), im Dünndarm von Wiederkäuern u. Nagetieren. b) In Atem- u. Kreislaufsystemen von Säugetieren: Überfam. **Metastrongyloidea,** Lungenwürmer, z. B. **Metastrongylus elongatus** (Duj.) (Bis 50 mm), Bronchien, Luftröhre vom Schwein. – 2 weitere Überfamilien s. Nr. **11.**

— Vdende ohne od. mit 4 od. 6 einfachen od. 2 dreigelappten seitlichen Lippen. Oesophagus ohne Bulbus u. andersart. Vdabschnitt. ♂ ohne Bursa. Bis 19 mm . . . . **Rhabdiasida**

Nur Überfam. **Rhabdiasoidea,** wenige Arten. In Atemwegen von Amphibien, Reptilien (**Rhabdiasidae**) od. in Darmschleimhaut von Säugern (**Strongyloididae**), z. B. **Strongyloides papillosus** (Wedl), in Wiederkäuern u. Nagern.

Literatur

Donner, J. Rädertiere (Rotatorien). Stuttgart, 1956. – Donner, J. Ordnung Bdelloidea (Rotatoria, Rädertiere). Bestimmungsbücher zur Bodenfauna Europas 6. Berlin, 1965. – Goodey, T. Soil and freshwater nematodes. London, 1963. – Hartwich, G. Nematoda, Parasitische Rundwürmer von Wirbeltieren. I. Rhabditida u. Ascaridida, in: Dahl, Tierwelt Deutschlands, Teil 62. Jena, 1975. – Meyer, A., Sprehn, C. Acanthocephala, in: Brohmer, Ehrmann, Ulmer, Tierwelt Mitteleuropas, Bd. 1, Lief. 6. Leipzig, 1938, 1958. – Meyl, A. H. Fadenwürmer (Nematoden). Stuttgart, 1961. – Meyl, A. H. Freilebende Nematoden; Sprehn, C. Parasitische Nematoden, in: Brohmer, Ehrmann, Ulmer, Tierwelt Mitteleuropas, Bd. 1, Lief. 5a, 5b. Leipzig, 1960, 1961. – Remane, A. Rotatoria, in: Grimpe, Wagler, Tierwelt der Nord- u. Ostsee. Teil VIIe. Leipzig, 1929. – Schneider, W., Heintze, K. Würmer: Freilebende und pflanzenparasitische Nematoden. Saitenwürmer (Gordioidea), in: Dahl, Tierwelt Deutschlands, Teil 37, 39. Jena, 1939, 1941. – Voigt, M. Gastrotricha, in: Brohmer, Ehrmann, Ulmer, Tierwelt Mitteleuropas, Bd. 1, Lief. 4a. Leipzig, 1958. – Voigt, M., Koste, W. Rotatoria. Die Rädertiere Mitteleuropas. Bd. I, II. Berlin, Stuttgart, 1978.

Stamm: **Mollusca,** Weichtiere

Tiere mit weichem, nicht segmentierten, von einer Schleimhaut umkleideten Körper. Die Rückenseite trägt eine ± ausgedehnte Hautverdopplung, den Mantel, und dieser erzeugt eine einheitliche oder zweiklappige Schale als Außenskelett. In einigen Fällen ist die Schale vom Mantel überdeckt, reduziert oder ganz zurückgebildet. Die meisten Schnekkenschalen (Gehäuse) haben spiralige Windungen, die um eine Achse laufen [*1*]; an dieser schließen sie eng zusammen oder lassen einen kegelförmigen Hohlraum, den Nabel, zwischen sich frei, der von unten sichtbar ist [*9*]. Der Nabel kann sehr weit und offen sein oder ± eng (stichförmig, etwas bedeckt, geritzt). Liegt die Mündung des aufrechtstehenden, dem Betrachter zugewandten Gehäuses rechts von der Achse, so nennt man es rechtsgewunden [*1*], andernfalls ist es linksgewunden [*19-21*]. Für weitere zur Bestimmung notwendige Ausdrücke dient Abb. 1. Bei den Muscheln werden die beiden Schalenklappen oben durch ein Schloßband (Ligament) zusammengehalten. Den ältesten ± vorspringenden Teil einer Schale nennt man Wirbel, von dem aus das Wachstum konzentrisch weitergeht. Die aufeinander liegendenden Innenseiten der oberen Klappenränder haben meist (aber nicht immer) Zähne bzw Leisten, die ineinander greifen; sie bilden in ihrer Gesamtheit das Schloß. Die in Nähe des Wirbels befindlichen Zähne heißen Hauptzähne, die seitlich davon, oft nur als Leisten ausgebildeten Verzahnungen nennt man Seitenzähne. Auf der Innenseite der Schale sind oft als Eindrücke die Ansatzstellen der die Schalenklappen schließenden Muskeln sichtbar; bei vielen Arten ist ferner eine die beiden Muskeleindrücke verbindende, dem unteren Schalenrand parallel laufende „Mantellinie" erkennbar, die besonders bei Muscheln mit ausstreckbaren Siphonen im hinteren Teil stark eingebuchtet ist (Mantelbucht). Dadurch ist eine Orientierung der Schalen nach Vorder- und Hinterende möglich. Von den Meeresmollusken sind vor allem die an Meeresküsten, auf Fels-, Sand- und Schlickwatten lebenden sowie die auf den Strand angeworfenen Schalen aufgeführt; es fehlen z. B. die Nacktschnecken des Meeres. Die Bestimmung der Mollusken erfolgt hier nur nach den Schalen, da sie besonders vom Anfänger gesammelt und bei Kursen in Schule u. Hochschule benutzt werden. Schalenhaut oft von Brandung abgeschliffen.
Wichtige Abkürzungen: G = Gehäuse, Sch = Schale, h = hoch, b = breit, l = lang

Systematische Übersicht

-acea = Überfamilie; -idae = Familie; -eae = Unterfamilie

A. Schnecken

I. **Prosobranchia** (Vorderkiemer)
Patellacea (Helcion, Acmaea)
Trochidae (Gibbula)
Neritidae (Theodoxus)
Cyclophoracea (Cochlostoma, Viviparus)
Valvatidae (Valvata)
Littorinacea (Lacuna, Littorina, Pomatias)
Rissoacea (Hydrobia, Lartetia, Bythinella, Potamopyrgus, Marstoniopsis, Lithoglyphus, Bithynia, Rissoa, Cingula, Assiminea, Omalogyra, Acicula)
Cerithiacea (Turitella, Bittium, Triphora, Epitonium)

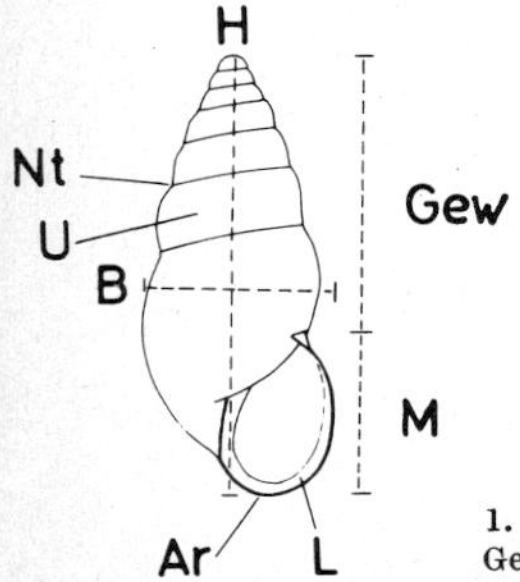

1

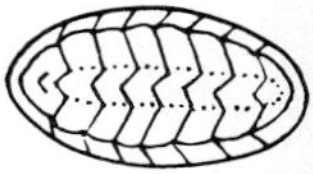
2

nat. Gr.

1. H = Höhe des Gehäuses; B = Breite des Gehäuses; Gew = Gewinde; M = Mündung; Ar = Außenrand; L = Lippe; Nt = Naht; U = Umgang

Calyptraeidae (Crepidula)
Aporrhaidae (Aporrhais)
Naticacea (Lunatia, Velutina)
Muricidae (Nucella)
Buccinacea (Buccinum, Neptunea, Nassarius)
Turridae (Bela)

II. Opisthobranchia (Hinterkiemer)
Tectibranchia (Akera, Retusa, Cylichna)
Sacoglossa (Alderia, Limapontia)

III. Pulmonata (Lungenschnecken)

a) Basommatophora
Ellobiidae (Carychium, Ovatella)
Physidae (Physa, Aplexa)
Lymnaeidae (Myxas, Lymnaea s. l.)
Planorbidae (s. S. 71)
Ancylidae (Ancylus)
Acroloxidae (Acroloxus)

b) Stylommatophora
Succineidae (Succinea)
Pupillacea (Azeka, Cochlicopa, Pyramidula, Pupillidae s. l. (s. S. 68), Vallonia Acanthinula, Spermodea, Chondrula, Jaminia, Zebrina, Ena)
Clausiliidae (Balea, Clausilia, Cochlodina, Lacinaria, Iphigena)
Ferussaciidae (Cecilioides)
Endodontidae (Punctum, Discus)
Arionidae (Arion)
Zonitacea (Vitrina, Eucobresia, Aegopis, Zonitoides, Nesovitrea, Oxychilus, Aegopinella, Vitrea, Daudebardia, Milax, Boettgerilla, Limax, Deroceras, Lehmannia, Euconulus)
Helicacea (s. S. 65)

B. Muscheln

I. Palaeotaxodonta
Nuculidae (Nucula)

II. Pteriomorpha
Mytilidae (Mytilus, Modiolus, Musculus)
Pectinidae (Chlamys)
Anomiidae (Anomia)
Ostreidae (Ostrea)

III. Eulamellibranchiata
Unionacea (Margaritifera, Unio, Anodonta, Pseudanodonta)
Sphaeriacea (Sphaerium, Pisidium)
Crassatellacea (Astarte)
Cardiacea: Cardiidae (Acanthocardia, Cerastoderma)
Mactracea (Mactra)
Solenacea (Phaxas, Ensis)
Tellinacea (Tellina, Spisula, Macoma, Donax, Scrobicularia, Abra)
Arcticacea (Arctica)
Veneracea (Chamelea, Timoclea, Venerupis, Dosinia, Petricola)
Myacea (Mya, Corbula)
Hiatellacea (Hiatella)
Pholadacea (Pholas, Barnea, Zirfea, Teredo)

1. Einheitliche Schale aus 8 Teilstücken, Tier mit Kriechsohle, 1–2 cm l. (2 Arten) . . . . Käferschnecken, **Placophora**
häufig **Lepidochiton cinereus** L. [2], in der Brandungszone an Felsen, Steinen u. Laminaria, im Wattenmeer auf Muschel- u. Schneckenschalen

— Ohne Schale (Nacktschnecken) oder Schale besteht aus einem einzigen Stück (schuhartig, mützenartig, walzig oder spiralig in einer Ebene bzw. in die Höhe gewunden) . . . . . . Schnecken, **Gastropoda**
Landschnecken S. 6(, **Süßwasserschnecken** S. 69, **Meeresschnecken** S. 73

— Körper mit zweiklappiger Schale, letztere mit Wirbel aus meist deutlich konzentrischen Zuwachsstreifen. . . . . Muscheln, **Bivalvia**
Süßwassermuscheln S. 77, **Meeresmuscheln** S. 79

Landschnecken

Acicula, Cochlostoma, Pomatias sind Prosobranchia, alle übrigen Pulmonata. Die auf Schlickboden u. brackigen Außendeichwiesen im Flutbereich der Meeresküste lebenden Gehäuseschnecken **Assiminea** (Prosobranchia) und **Ovatella** (Pulmonata) sind bei Meeresschnecken aufgeführt.

1. Tier ohne G. Hinter dem Kopf ein Mantelschild, in diesem rechts die Atemöffnung [*3*] . . . . Nacktschnecken ***2***

— Tier mit äußerer Schale . . . . Gehäuseschnecken ***4***

2. Atemloch vor der Mitte des Mantelschildes [*3*]. Rücken nicht gekielt **Arionidae (Arion)** S. 63

— Atemloch hinter der Mitte des Mantelschildes [*4*]. Rücken gekielt ***3***

3. Nur hinterer Teil des Rückens gekielt oder mit Andeutung eines Kiels **Limacidae** S. 63

— Rücken vom Ende des Mantelschildes ab der ganzen Länge nach gekielt **Milacidae (Milax** Gray**) und Parmacellidae (Boettgerilla** Simr.**)**

M. rusticus Mill. (rötlich grau mit schräg laufenden schwarzen Punktreihen. Mantelschild jederseits mit schwarzer Seitenbinde. 8–9 cm l); **M. budapestensis** Haz. (oberseits dunkler bis fast schwarz, Mantelschild ohne Binden. 6–7 cm l. Süddeutschland); **B. pallens** Simr. (schlank, wurmförmig, bleichgrau, Fühler schwarz, Sohle weißlich 4–4,5 cm l, 2–3 mm b. Im Boden)

4. G länglich, ei-, spindel- bis turmförmig, deutlich höher als b . . ***12***

— G ohr-, scheiben-, stumpfkegel bis kugelförmig, etwa so b oder breiter als h ***5***

5. G nimmt ca ⅓ bis ¼ der Körperlänge des nacktschneckenartigen Tiers ein. G durchscheinend, rötlich-gelblich bis bräunlich, letzter Umgang flach ohrförmig erweitert . . . . **Daudebardia** Hart.

D. rufa Drap. (Gewinde ⅓ der Schalenbreite), **D. brevipes** Drap. (Gew. ¼ der Schalenbreite [*5*]). Räuberisch; feuchte Stellen, Hügel- u. Bergländer Mittel- u. Süddeutschlands; selten.

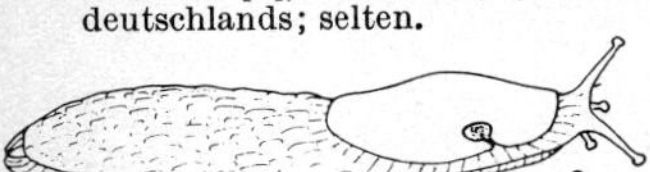
3

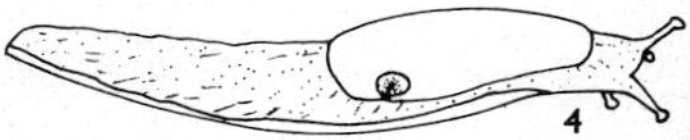
4

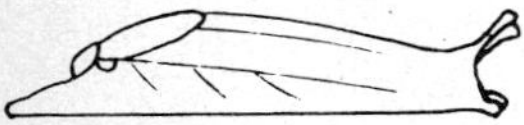
5a

nat. Gr. 17 mm l

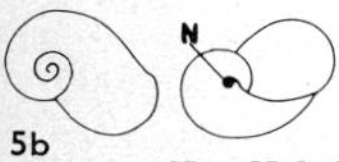

5b

N = Nabel;
nat. Gr. 4,5 mm b

6

nat. Gr. 5 mm b

7

nat. Gr. 6 mm b

8

nat. Gr. 3 mm b

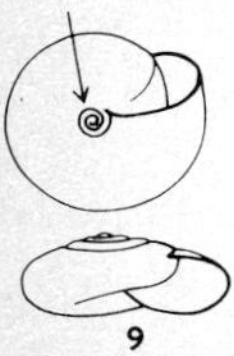
9

nat. Gr. 11 mm b

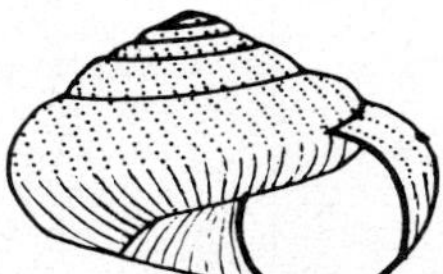
10

nat. Gr.

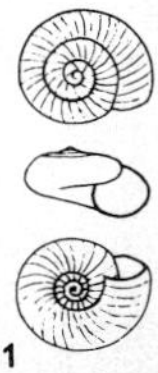
11

nat. Gr. 1,5 mm b

— G sehr zart, glashell, grünlich bis gelblich, gedrückt kugelig [*6*] oder ohrförmig [*7*] . . . . Glasschnecken, **Vitrinidae**

5 Gattg. mit 9 Arten. Fortpflanzung im Winter, einjährig. Häufig u. verbreitet: **Vitrina pellucida** Müll. (Gewinde mehr als Hälfte der Länge des G, Mündung so b wie übrige Schale. 4–5 mm l ([*6*]) und **Eucobresia diaphana** Drap. (Gew. fast die Hälfte der Gehäuselänge, Mündung viel breiter als übrige Schale. 6–7 mm l [*7*]). Übrige Arten sehr zerstreut und meist alpin.

— Tier und Gehäuse anders *6*

6. G unterseits stark glänzend, Oberseite matt, kugelig-konisch, ungenabelt, letzter Umgang etwas stumpfkantig. 3 mm b, 2,3 mm h [*8*] **Euconulus fulvus** Müll.

— G beiderseits stark glänzend, ziemlich dünnschalig u. flach, meist mit offenem Nabel [*9*] . . . . Glanzschnecken, **Zonitidae** S. 64

— **hierzu außerdem:** nur Unterseite glänzend, Oberseite matt u. mit Gitterstreifen fein gekörnt. G flach konisch, in Abständen mit gelben Wachtumszonen. 2–3 cm b [*10*]. Bayern u. Österreich. . . . . **Aegopis verticillus** Fér.

— G nicht auffällig glänzend oder falls doch durchscheinend u. glänzend, dann Mundsaum der ausgewachsenen Schale erweitert oder gelippt. *7*

7. G 1,5–3 mm b *8*

— G wenigstens 5 mm b *11*

8. G flach *9*

— G kugelig konisch *10*

9. Nicht über 1,5 mm b, sehr fein u. dicht rippenstreifig, hellbraun [*11*] **Punctum pygmaeum** Drap.

— 2–3 mm b, weißlich oder blaßhornfarben; Mündung fast kreisrund, meist mit ringsum erweitertem (oft weißem) Saum. . **Vallonia** Riss.

8 Arten, häufig u. verbreitet: **V. pulchella** Müll. (Schale glatt; feuchte Stellen) und **V. costata** Müll. (Schale mit radiären Hautrippen [*12*]; trockene Standorte)

10. Dunkelfarben, G sehr fein rippenstreifig [*13*] **Pyramidula rupestris** Drap.

— Dunkelfarben, aber G mit feinen häutigen Rippen, diese auf den Umgängen an der Peripherie zu Dörnchen ausgezogen [*14*] **Acanthinula aculeata** Müll.

— G hell hornfarben u. Rippen nicht in kleine Dörnchen verlängert. Im Küstengebiet . . . . **Spermodea lamellata** Jeffr.

11. G flach, gerippt, Nabel so b oder breiter als Mündung [*15*]. Breite des G 6–7 mm . . . . **Discus** Fitz.

D. rotundatus Müll. (Oberseite braunrot gefleckt, letzter Umgang stumpfkantig [*15*]); **D. ruderatus** Stud. (ungefleckt, letzter Umgang gerundet, Hoch- und Mittelgebirge); **D. perspectivus** Meg. (gefleckt, letzter Umgang scharf gekielt, Ostalpen, SO-Bayern, Sudeten)

12
nat. Gr. 2,5 mm b

13
nat. Gr. 2,5 mm b

14
nat. Gr. 2 mm b

15
nat. Gr. 7 mm h

16
nat. Gr.

17
nat. Gr.

18
nat. Gr. 7 mm h

19
nat. Gr. 10 mm h

20
nat. Gr. 17 mm h

21
nat. Gr. 16 mm h

— G mit konisch erhobenem Gewinde; wenn flacher, dann ungerippt oder gerippt, aber Nabel (wenn vorhanden) immer viel enger als Mündungsbreite [*37–52*] . . . . **Helicacea** S. 65

12. G eiförmig, kreiselförmig mit Gitterskulptur. Mündung fast kreisrund [*16*]. G 9–11 mm b, 14–15 mm h. . . . . . **Pomatias elegans** Müll.

— Anders ***13***

13. G spitz-eiförmig aus 3–4 schnell an Weite zunehmenden Umgängen, ungenabelt, dünnwandig, oft bernsteinfarben, ± durchsichtig. Mündung über die Hälfte der Gehäuselänge. Mundsaum scharfrandig.
Bernsteinschnecken, **Succineidae**

Mehrere Gattg. u. Arten. Häufig nur: **Succinea putris** L. (Mündung wenigstens ⅔ der Höhe des G [*17*]. 16–22 mm h. An Wasserpflanzen, auf Sumpfwiesen u. in Auwäldern). **S. oblonga** Drap. (Mündung etwas länger als halbe Höhe des G [*18*]. 7–8 mm h. An trockeneren Biotopen)

— Anders und Mündung nicht so hoch reichend ***14***

14. G linksgewunden, schlank turmförmig oder gestreckt spindelförmig, etwa 4mal so h wie b . . . . **Clausiliidae**

Balea perversa L. (letzter Umgang des G am breitesten, Mündung nur mit 1 Zahnhökker [*19*]); **Clausilia** s. l. (vor- od. drittletzter Umgang am breitesten, Mündung mit Falten, Lamellen u. einem Verschlußplättchen (Clausilium), oft auch mit Zähnchen. Die Großgattung wird meist in 9 Gattg. mit 27 Arten aufgeteilt, die schwer zu bestimmen sind. Häufig und verbreitet: **Cochlodina laminata** Mont. [*20*], Schale glatt, 15–17 mm h; ferner von gerippten Arten: **Laciniaria biplicata** Mont. [*21*] u. **Macrogastra ventricosa** Drap. (beide 16–18 mm h). **Clausilia bidentata** Str. feingerippt (10–11 mm), **Cl. pumila** Pfeif. mit groben Rippen (12–13 mm)

— G rechtsgewunden oder wenn linksgewunden, dann nur 2 mm h (2 Vertigo-Arten) oder wie Jaminia quadridens 10 mm h, aber walzig eiförmig u. mit 4 Zähnen im breiten Mundsaum [*24*] ***15***

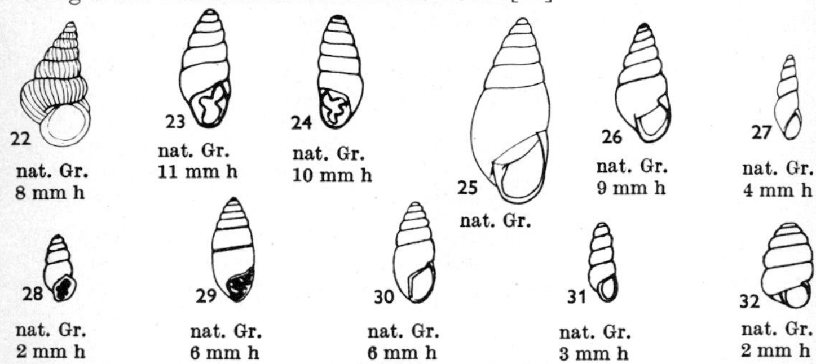

22 nat. Gr. 8 mm h; 23 nat. Gr. 11 mm h; 24 nat. Gr. 10 mm h; 25 nat. Gr.; 26 nat. Gr. 9 mm h; 27 nat. Gr. 4 mm h; 28 nat. Gr. 2 mm h; 29 nat. Gr. 6 mm h; 30 nat. Gr. 6 mm h; 31 nat. Gr. 3 mm h; 32 nat. Gr. 2 mm h

15. Spitzkegelförmig, regelmäßig feingerippt. Mündung rund, Mundsaum innen durch scharf abgesetzte Schwiele verdoppelt. Etwa 8 mm h. [22]
Cochlostoma septemspirale Raz.

— Anders ***16***

16. G mindestens 9 mm h, verlängert eiförmig; nur wenn linksgewunden, dann walzig-eiförmig . . . . **Enidae** ***17***

— G bis 8 mm h ***18***

17. Mündung mit Zähnen: **Chondrula tridens** Müll. (G rechtsgewunden, länglich eiförmig [*23*], 11 mm h); **Jaminia quadridens** Müll. (G. linksgewunden, walzig eiförmig [*24*], 10 mm h)

— Mündung ohne Zähne, G verlängert eiförmig: **Zebrina detrita** Müll. (kalkig weiß, zuweilen mit braunen Längsstreifen [*25*], 20–22 mm h, trockenwarme Kalkhänge); **Ena montana** Drap. (braun, Oberfläche fein gekörnelt, 14–18 mm h, Berg- u. Hügelland); **E. obscura** Müll. (braun, fein gestreift [*26*], 9 mm h, Wälder u. Gebüsche)

18. G durchsichtig oder milchig getrübt, schlank nadelförmig [*27*], Mündung schmal u. ohne Zahn, 4–4,5 mm h, im Boden
Blindschnecke, **Cecilioides acicula** Müll.

— G glasig durchscheinend, farblos bis weißlich, Mundsaum mit Zahnhöckern [*28*], ca 2 mm h. 2 Arten . . . . **Carychium** Müll.
häufig **C. minimum** Müll., an feuchten Stellen

— Andere Merkmale ***19***

19. G länglich eiförmig, glatt, glänzend, hornfarben, 5–7 mm h
Cochlicopidae
Azeka menkeana Pfeif. (Mündung mit Zähnen [*29*]); **Cochlicopa lubrica** Müll. (Mündg. ohne Zähne [*30*], Wälder u. Wiesen)

— G nadelförmig, glänzend, 3–4 mm h [*31*]. **Acicula** Hart. **(Aciculidæ)**

— G verlängert eiförmig od. walzenförmig, oft bienenkorbähnlich [*32* und *53–57*], matt oder glänzend, Mundsaum häufig durch Falten, Lamellen oder Zähne verengt (andere Merkmalskombinationen als bei Cochlicopidae u. Aciculidae) . . . . **Pupillidae** (s. l.) S. 68

Arionidae, Wegschnecken

1. Tier 12–15 cm l, schwarz, braun oder rot, grob gerunzelt, Körperschleim bei rötl. Tieren orange, bei dunklen farblos. Junge bis 3 cm l grünlichweiß mit dunklem Kopf, später bräunlich. Wälder, Heckenraine, Wiesen . . . . **Arion ater L.** (empiricorum)
Besteht aus 2 Unterarten, die sich nur anatomisch unterscheiden lassen.

— Tier bis höchstens 7 cm l, an den Seiten meist mit dunklen Binden . **2**

2. Ockergelb, rötlichgelb bis kaffeebraun . . . . **A. subfuscus Drap.**
5–7 cm. Mantelschild mit lyraförmiger Zeichnung; Seitenbinden fehlen od. sind unscharf begrenzt. Körperschleim orangegelb. Heiden, Misch- u. Nadelwälder.

— Grundfärbung grau (gelblichgrau, schiefergrau, braungrau) ***3***

3. Fußsohle nie deutlich gelb. **A. circumscriptus** Johnst.,
A. silvaticus Niels., **A. fasciatus** Niels.
Schwer unterscheidbare Artengruppe. 3–5 cm. Heller oder dunkler grau, dunkle Seitenbinden meist scharf abgesetzt; oft helle Rückenkiellinie. Wälder, Gebüsch.

— Fußsohle ganz oder zum Teil deutlich gelb ***4***

4. Dunkle Seitenbinde nach oben scharf, nach unten undeutlich abgesetzt . . . . Gartenschnecke, **A. hortensis** Fér.
3–5 cm. Schiefer- bis braungrau. Wiesen, Felder, Gärten, Auwälder.

— Blaß gelblichgrau, Binden undeutlich . . . . **A. intermedius** Norm.
1,5–2,5 cm. Rücken dunkler. Schleim goldgelb. Trockene Wälder, Ruderalstellen.

Limacidae, Egelschnecken

1. Mantelschild fast halb so lang wie Körper; Tier 20–25 mm l, grau bis braunschwarz. Ufer, feuchte Wiesen . . . **Deroceras laeve** Müll.

— Mantelschild etwa ⅓ der Körperlänge. Tier über 25 mm l . . . ***2***

2. Hinterer Teil des Tieres hell durchscheinend. Rötlichgrau mit dunklen Längsstreifen auf Mantel u. Körperseiten. 60–75 mm l. Unter Baumrinde in Wäldern, an Felsen u. Mauern.
Limax marginatus Müll.

— Hinterer Teil nicht durchscheinend ***3***

3. Kleinere Tiere, 30–65 mm l ***4***

— Größere Tiere, 80–150 mm l ***5***

4. Grundfarbe gelblichweiß, grau bis rötlichbraun (mit oder ohne dunkle Zeichnung), Schleim milchigweiß, 30–60 mm l
Ackerschnecken, **Deroceras** Mörch. (Agriolimax)
D. reticulatum Müll. (Körper meist mit dunkler netzartiger Zeichnung, Mantelschild mit dunklen Punkten und Flecken); **D. agreste** L. (dunkle Netzzeichnung fehlt meist, auch Mantelschild ungefleckt). Genaue Unterschiede beider Arten nur anatomisch möglich.

— Körper durchscheinend zitronengelb, zuweilen mit schwachen, dunklen Seitenbinden, Schleim gelb, 40–65 mm l. Wälder.
Limax tenellus Nils.

5. Sohle hell, Schleim gelb. Körper gelblich bis orange mit dunklem Netzwerk, Schild grau mit helleren Flecken. In Kellern.
Limax flavus L.

— Sohle einfarbig hell. Körper grau mit dunklen Längsbinden oder Fleckenreihen, Schild mit dunklen Flecken. Nähe menschlicher Siedlungen
L. maximus L.

— Sohle mit hellem Mittel- und dunklen Seitenfeldern. Körper meist dunkel mit hellem Kiel, aber auch schwarz oder grau mit Fleckenstreifen; Schild ungefleckt. Wälder. . . . . . . **L. cinereoniger** L.

Zonitidae, Glanzschnecken

Auswahl der häufigsten Arten, da alle nach einfachen Merkmalen kaum bestimmbar und viele zudem sehr selten sind. Zu dieser Familie gehören auch **Aegopis** (S. 61) und **Daudebardia** (S. 60).

1. G 2–4 mm b, glasig durchsichtig, grünlich bis weißlich, flach.
Vitrea Fitz.
4 Arten; häufig u. verbreitet in Wäldern **V. crystallina** Müll. (Nabel deutlich offen [*33*])

— G über 4 mm b, hell- bis dunkelbraun *2*

2. Gewinde etwas konisch erhoben, G ± deutlich dicht u. fein radiär gestreift, 5–6 mm b. Nasse Wiesen u. Ufer. . . . **Zonitoides nitidus** Müll.

— Gew. flach, G mit stärkerer deutlicher Radiärstreifung, bis 4,5 mm. [*34*]. Wälder und Wiesen . . . . **Nesovitrea hammonis** Str.

— Gew. flach, G glatt oder ohne deutliche Radiärstreifung, höchstens mit Zuwachsstreifen *3*

3. G sehr eng (stichförmig) genabelt, letzter Umgang wenig breiter als vorletzter [*35*]; 12–14 mm b; süd- u. mitteldeutsche Bergländer.
Oxychilus glaber Rssm.

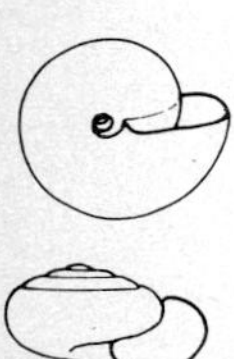
33 nat. Gr. 4 mm b

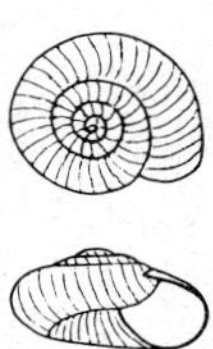
34 nat. Gr. 4 mm b

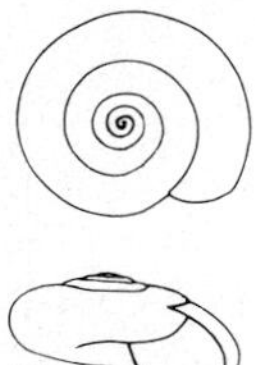
35 nat. Gr.

36 nat. Gr. 4 mm b

— G mit weitem Nabel [*36*] *4*

4. G bis 4,5 mm b, Gewinde leicht emporgewölbt, rötlich hornfarben, oben matter, unten stärker glänzend, häufig in Wäldern [*36*]
Aegopinella pura Ald.

— G mindestens 6 mm b, meist breiter (bis zu 15 mm) *5*

5. G schwach glänzend, Nabel durch den letzten Umgang beträchtlich erweitert

Aegopinella nitidula Drap. (8–9 mm b, Wälder Nord- und Mitteldeutschlands); **Ae. nitens** Mich. (9–10 mm b, vor allem süd- und mitteldeutsches Bergland)

— G stark glänzend, Nabel mäßig weit oder weit, aber nicht durch den letzten Umgang auffällig erweitert

Oxychilus alliarius Mill. (6–8 mm b, hellhornfarben; Wälder, Gärtnereien, Gewächshäuser; Tier riecht nach Knoblauch); **O. cellarius** Müll. ([*9*] 10–12 mm b, grünlich hornfarben, unten weißlich; Wälder, Höhlen, Keller); **O. draparnaudi** Beck (12–14 mm b, hell- bis dunkel hornfarben; Parks, Gärten, Ruderalstellen).

Helicacea

Bradybaena gehört zu Bradybaenidae, alle übrigen sind Helicidae. Haare bzw. Haarnarben bei alten Schalen oft unkenntlich.

1. Mündung innen dreibuchtig, aber ohne Zahn. Gewinde leicht eingesenkt. G dick, scheibenförmig, behaart bzw. mit Haarnarben. Nabel weit. 11–13 mm b [*37*]. Wälder besonders in Berg- u. Hügelländern. **Helicodonta obvoluta** Müll.

— G mit ± erhobenen Gewinde oder wenn flach, dann andere Merkmale bzw. Merkmalskombinationen *2*

2. Mündung durch 2 oder 3 zahnartige Höcker verengt *3*

— Mündung ohne oder nur mit 1 Zahn *4*

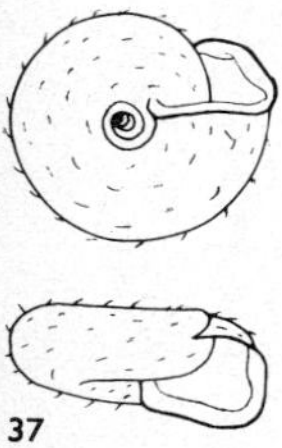
37
nat. Gr. 12 mm b

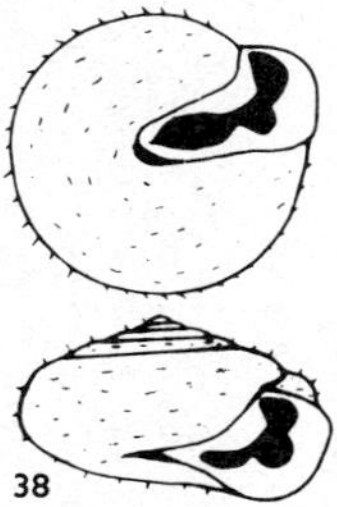
38
nat. Gr. 10,5 mm b

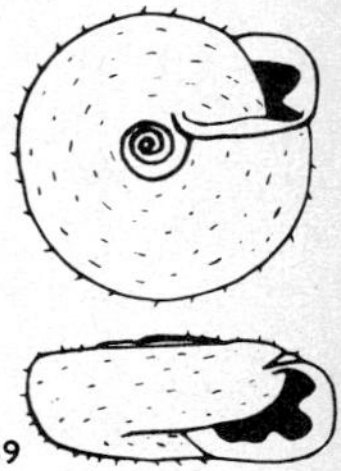
39
nat. Gr. 11 mm b

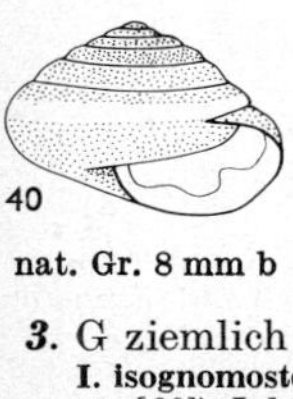
40
nat. Gr. 8 mm b

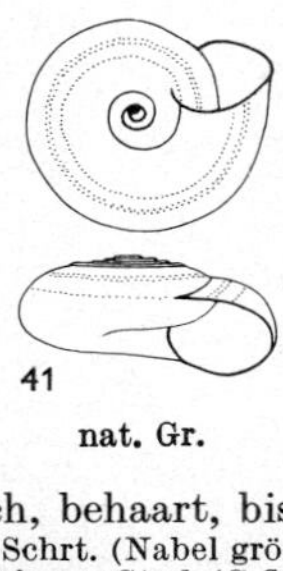
41
nat. Gr.

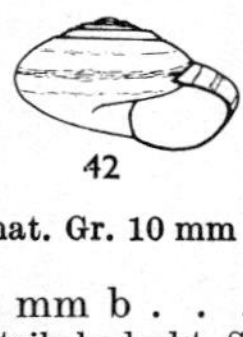
42
nat. Gr. 10 mm b

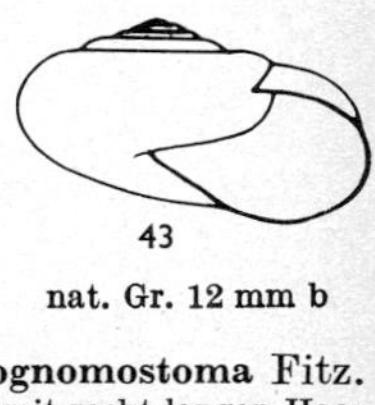
43
nat. Gr. 12 mm b

3. G ziemlich flach, behaart, bis 12 mm b . . . **Isognomostoma** Fitz.

I. isognomostoma Schrt. (Nabel größtenteils bedeckt, Schale mit recht langen Haaren [*38*]); **I. holosericeum** Stud. (G flacher, Nabel offen, G mit kurzen Haaren [*39*], vor allem in Gebirgswäldern)

— G kugelig-kreiselförmig, unbehaart, fein u. regelmäßig gestreift, letzter Umgang kantig, Nabel fast ganz bedeckt [*40*], 8–9 mm b. In Erlenbrüchen. . . . . **Perforatella bidentata** Gmel.

4. G kalkweiß bis gelblichweiß (bräunlich), oft dunkel gebändert, meist weit genabelt, scheibenförmig oder mit leicht erhobenem Gewinde; Mundsaum scharf u. meist weiß. Trockenrasen. **Helicelleae** (part.)

a) G fast scheibenförmig, 13–18 mm b: **Helicella itala** L. (G gelblichweiß, Durchmesser des Nabels etwa so b wie letzter Umgang gegenüber der ± ellipt. Mündung [*41*]); **H. obvia** Hart. (candicans) (G kreideweiß, Durchmesser des Nabels etwa ¾ so b wie letzter Umgang gegenüber der ± runden Mündung).

b) Gewinde erhöhter, G unter 12 mm b: **Candidula intersecta** Pair (letzter Umgang stumpfkantig, im Anfang und bei juvenilen Schalen gekielt, G rippenstreifig. NW-Deutschland, auch auf Kulturgelände [*42*]); außerdem 5 weitere Arten, bei denen letzter Umgang gerundet ist, vor allem **C. unifasciata** Poir.

c) Bei neuerdings lokal eingeschleppten **Cernuella neglecta** Drap. u. **C. virgata** D. C. ist G flach, aber Mundsaum braunrot

— G gedrückt kugelig, durchscheinend milchig- oder gelblichweiß. Mundsaum scharf u. innen rötlich. Oberfläche der Schale gestreift und unregelmäßig grubig gerunzelt. Nabel eng [*43*] . . . . **Monacha** Fitz,

M. cartusiana Müll. (10–12 mm b [*43*], SW-Deutschland); **M. cantiana** Mont. (16–18 mm b, Jadebusen)

— G nicht zugleich flach und weißlich oder wenn doch, dann Mundsaum nicht scharf und Schale ziemlich dick *5*

5. G über 3 cm h u. b, kugelig, gelblichbraun mit ± dunklen Spiralbändern . . . . **Helix** L.

Weinbergschnecke, **H. pomatia** L. (Schale rippenstreifig [*44*], bis ca 4 cm); **H. aspersa** Müll. (kleiner, Skulptur netzartig runzlich, außer den dunklen Bändern noch kleine gelbe Striemen u. Flecke. Aus Süd- und SW-Europa stellenweise nach Deutschland verschleppt)

— G nicht über 2,5 cm h oder b und andere Merkmale *6*

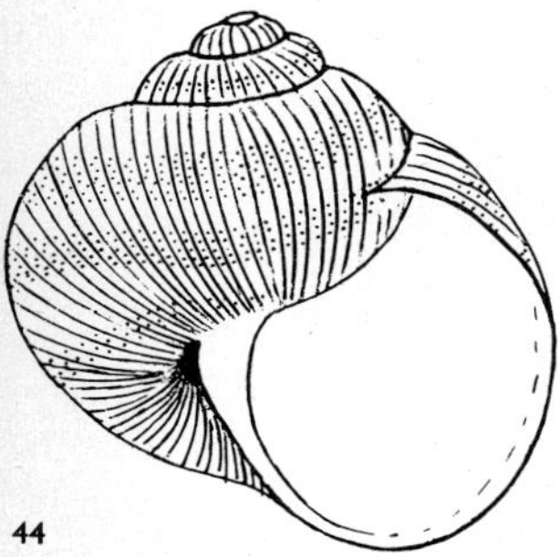

44

nat. Gr.

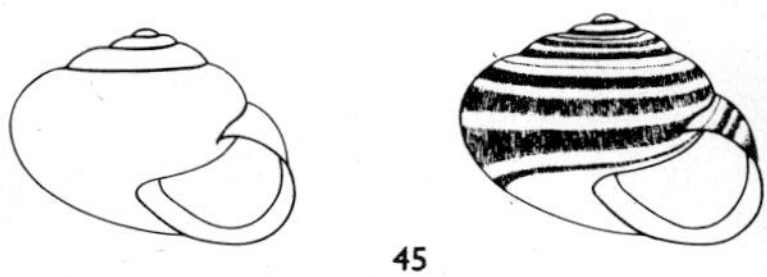

45

nat. Gr.

6. G kugelig ohne Nabel (jung etwas geritzt genabelt!), weißgelb, gelb, rosa bis braun oder mit 1–5 spiraligen dunklen Bändern, ca 2 cm b, Mundsaum deutlich erweitert [*45*] . . . . **Cepaea** Held

Schnirkelschnecken, häufig: **C. hortensis** Müll. (Mundsaum gelblichweiß [*45*], lichte Wälder u. Gebüsche) u. **C. nemoralis** L. (Mundsaum tief braun bis schwarz, Wälder, Hecken, Kulturgelände). 2 seltenere Arten im Süden (Mundsaum rötlichbraun)

— G mit Nabel, dieser zuweilen bedeckt, dann aber andere Merkmalskombinationen *7*

7. G kugelig, relativ dünnschalig, eng genabelt. 15–25 mm b, braun und etwas glänzend, mit dunklem Band an der Peripherie und strohgelben undurchsichtigen Flecken u. Striemen [*46*], Laubwälder, Wiesen

Arianta arbustorum L.

— G ziemlich flachgedrückt, dickschalig, weit genabelt, letzter Umgang scharf gekielt [*47*], 16–17 mm b. Wälder, Felsen, Mauern. **Helicigona lapicida** L.
— G flachgedrückt, dickschalig, weit genabelt, letzter Umgang gerundet [*48*], 16–25 mm b. Alpen. Felsenschnecken, 4; **Chilostoma** Fitz.
— Andere Merkmalskombinationen *8*
8. Nabel eng bzw. halb bedeckt [*49*] *9*
— Nabel weit [*50*] *12*
9. 13–14 mm b [*49*] . . . . **Perforatella incarnata** Müll.
verbreitet u. häufig in Wäldern u. Gebüsch
— Höchstens 10 mm b *10*

46
nat. Gr.

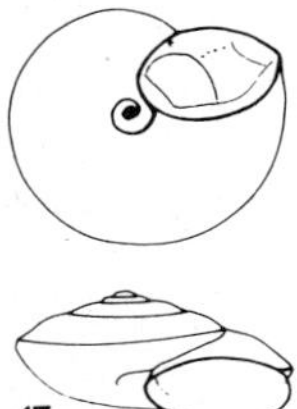

47
nat. Gr.

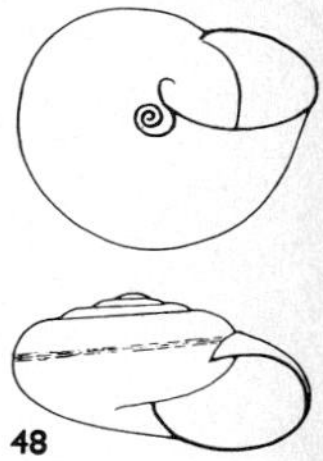

48
nat. Gr.

10. 6–6½ Umgänge. Mündung eng u. sichelförmig. Gebirgswälder. **Trichia edentula** Drap.
— 4–5½ Umgänge. Mündung gerundet *11*
11. Schale mit ziemlich langen gekrümmten Härchen, Mündung kaum breiter als h . . . . **Trichia plebeja** Drap.
bes. im süd- u. mitteldeutschen Berg- u. Hügelland, seltener Ebene, meist im Laubwald
— Schale mit kurzen, meist geraden Härchen. Mündung höher als b. **Perforatella rubiginosa** Schm.
bes. in Nord- u. Ostdeutschland; nasse Wiesen, Ufer, Erlenbrüche
12. G kugelig, 18–20 mm b [*50*]. **Bradybaena fruticum** Müll. (Eulota)
— G niedergedrückt oder wenig gewölbt, bis 15 mm b *13*
13. Mündung mit 1 deutl. Zahn auf dem verdickten Unterrand. Gebirgswälder . . . . **Trichia unidentata** Drap.
— Mündung ohne Zahn *14*

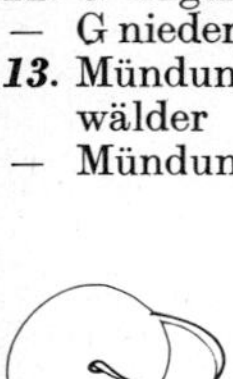

49
nat. Gr.

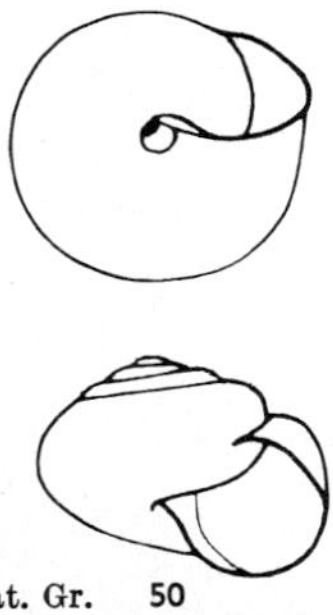

nat. Gr. 50

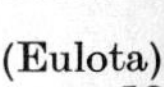

51
nat. Gr.

52
nat. Gr.

14. G höchstens 9 mm b. Schale mit feinen, gekrümmten Haaren oder Haarnarben [*51*] . . . . **Trichia hispida** L.
Wiesen, Ufer, Gebüsche, Kulturland häufig
— G 10–15 mm b, letzter Umgang oft mit hellem Peripherieband . . *15*
15. Gewinde leicht konisch erhöht [*52*] . . **Euomphalia strigella** Drap.
— Gewinde niedergedrückt, weniger gewölbt *16*
16. G zottig behaart, fast scheibenförmig, runzlig faltig gestreift.
Trichia villosa Stud.
— G ohne oder nur mit spärlichen Haaren, nur junge Schalen stärker behaart. Letzter Umgang mit ± deutlicher Kante: **Trichia striolata** Pfeif. (Schale kräftig, fein rippenstreifig, wenig glänzend); **Perforatella umbrosa** Pfeif. (Schale dünn, glänzend, gestreift und dazwischen fein wellig gekörnelt)

Pupillidae, Tönnchenschnecken

Werden von manchen Autoren in 4 Familien zerlegt, die der Tabelle in Klammern beigefügt sind.

1. Gehäuse 5–10 mm hoch *2*
— Gehäuse 1,5–4 mm hoch *4*
2. G walzen- oder bienenkorbförmig, mit gerundeter oder rundlich stumpfkonischer Spitze, 8–10 Umgänge, Mündung (auch jugendlicher Sch) mit 3 Falten (Orculidae) . . . . **Orcula** Charp.
3 Arten, häufiger nur **O. doliolum** Brug. (5 mm h u. 2,5 mm b [*53*])
— G verlängert eiförmig, Gewinde wenigstens im oberen Teil spitzkonisch, Mündung (erwachsener Sch) mit 6–8 Falten (Chondrinidae) *3*
3. G hell hornfarben, regelmäßig und fein rippenstreifig, 9 Umgänge. 7–8 mm h . . . . **Granaria** u. **Abida**
G. frumentum Drap. Mündung mit 8 Falten [*54a*], Nabel nur ritzförmig. Kalktrokkenrasen. Zwischenwirt des Lanzettegels); **A. secale** Drap. (Mündung mit 7 Falten, Nabel offen. Kalkgebirge)
— G rötlichbraun, 7–8 Umgänge, Mündung mit 6–7 Falten.
Chondrina Reich.
2 Arten, 6 mm h, Kalkgebirge, z. B. **Ch. avenacea** Brug. (unregelmäßig rippenstreifig, Mundsaum wenig erweitert [*54b*]

53 nat. Gr. 5 mm h — 54a nat. Gr. 7 mm h — 54b nat. Gr. 6 mm h — 55a nat. Gr. 3 mm h — 55b nat. Gr. 4 mm h — 56 nat. Gr. 2 mm h — 57 nat. Gr. 2 mm h

4. G 3–4 mm h (nur 2 seltene Pupilla-Arten, Gattung kenntlich durch hellen Wulst an Außenseite des letzten Umgangs, sind bis 2,5 mm h) *5*
— G 1,5–2,5 mm h (nur eine hochalpine Columella-Art, Gattung kenntlich am nicht erweiterten und ungezähnten Mundsaum, wird 3,5 mm h) (Vertiginidae) *7*
5. Letzter Umgang an der Außenseite direkt hinter der Mündung stark ansteigend, ungenabelt, Mündung zahnlos. SO-Bayern, Elsaß.
Pagodulina pagodula Desm. (Orculidae)
— Letzter Umgang nicht ansteigend, Nabel strichförmig, Mündung meist mit 1–3 Zähnen, selten zahnlos (Pupillidae) *6*

6. Außenseite des letzten Umgangs mit hellem Wulst, Mündung kürzer als ⅓ der Schalenhöhe . . . . **Pupilla** Flem.
4 Arten, häufig **P. muscorum** L. [*55a*]
— Ohne solchen Wulst, Mündung etwas über ⅓ der Schalenhöhe [*55b*] **Lauria cylindracea** D.C.
7. Mundsaum einfach, ungezähnt, Schale glatt [*32*]. **Columella edentula** Drap.
— Mundsaum erweitert, meist verstärkt und mit Zähnen (wenn ohne Zähne, dann Schale fein gerippt) *8*
8. G rechts gewunden, schlank zylindrisch, fein gestreift oder gerippt. Mündung zahnlos oder mit je 1 Zähnchen auf der Mündungswand u. tiefer nach innen . . . . **Truncatellina** Lowe
3 Arten, häufiger nur **T. cylindrica** Fér. [*56*] (Mündung ohne Zahn; trockenes Grasland)
— G links- oder rechtsgewunden, gedrungen eiförmig oder walzig eiförmig, glatt oder feingestreift, Mündung meist mit 3–9 Zähnen **Vertigo** Müll. *9*
9. G linksgewunden: **V. pusilla** Müll. (hell hornfarben, Mündung mit 6–8 Zähnen); **V. angustior** Jeff. (Rötlichbraun, 4–5 Zähne)
— G rechtsgewunden: 8 weitere **Vertigo**-Arten, z. B. **V. antivertigo** Drap. (Außenwand der Mündung stark eingebuchtet, glänzend kastanienbraun, 7–9 Zähne. Feuchte Wiesen, Ufer); **V. pygmaea** Drap. (Außenwand höchstens schwach eingebuchtet, Schale hornfarben, 5 Zähne [*5–7*])

Süßwasserschnecken

1. G mützenförmig, nicht spiralig gewunden, 5–7 mm l *2*
— G spiralig gewunden, anders als [*58*] u. [*59*] *3*
2. G rundlich elliptisch, hoch gewölbt [*58*] . . . . Flußnapfschnecke, **Ancylus fluviatilis** Müll.
— G länglich, stumpf rechteckig, flacher [*59*] . . . Teichnapfschnecke **Acroloxus lacustris** L.
3. G mit Musterzeichnung, halbeiförmig aus wenigen sich schnell erweiternden Umgängen, Mündung halbkreisförmig. **Theodoxus** Montf.
Th. fluviatilis L. (netzartige Zeichnung [*60*], in Flüssen, Brackwasser, Seeufern); im Donausystem statt dessen 2 andere Arten.
— Andere Merkmale *4*
4. G scheibenförmig, in einer Ebene spiralig aufgerollt *5*
— G schraubig aufgewunden *6*
5. Mündung nicht ganz rund, Oberrand etwas vorgezogen. **Planorbidae** S. 71

58
nat. Gr. 6 mm l

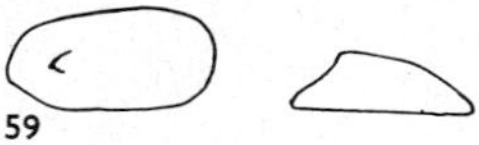
59
nat. Gr. 6 mm l

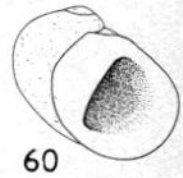
60
nat. Gr. 9 mm b

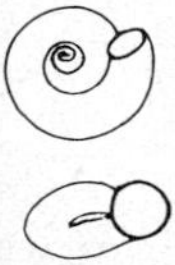
61
nat. Gr. 3 mm b

62
nat. Gr. 13 mm h

63
nat. Gr. 10 mm h

64
nat. Gr. 12 mm h

— Mündung rund, Ränder verbunden [*61*], ca 3 mm b. **Valvata cristata** Müll.

6. G rechtsgewunden *7*

— G linksgewunden . . . . **Physidae**

Aplexa hypnorum L. (G schlank, stark glänzend, 12–14 mm h [*62*]); **Physa fontinalis** L. (G eiförmig, Gewinde stumpf, 10–11 mm h [*63*]); **Ph. acuta** Drap. (G eiförmig mit scharf zugespitztem Gewinde, 10–14 mm h [*64*])

7. Mundsaum nicht zusammenhängend . . . . . **Lymnaeidae** S. 72

— Mundsaum zusammenhängend *8*

8. G 2,5–4 cm h . . . . Sumpfdeckelschnecken, **Viviparus** Montf.

V. contectus Müll. (Umgänge stark gewölbt u. stufig abgesetzt [*65*], im Stillwasser); **V. viviparus** L. (schlanker, Umgänge nicht auffallend stufig [*66*], im Fließwasser)

— G höchstens 1,5 cm h *9*

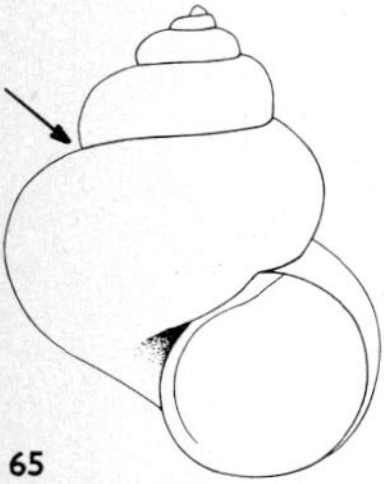
65
nat. Gr.

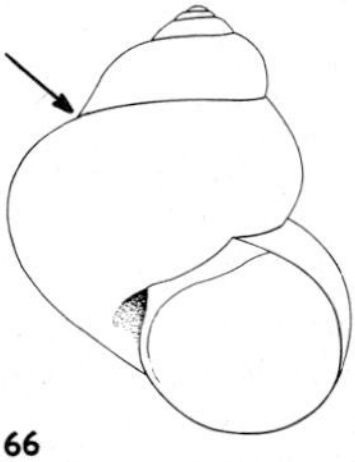
66
nat. Gr.

67
nat. Gr. 3 mm h

68
nat. Gr. 12 mm h

69
nat. Gr. 6 mm h

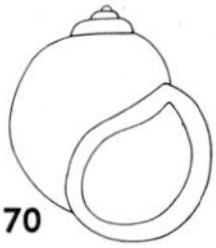
70
nat. Gr. 10 mm h

71
nat. Gr. 3 mm h

72
nat. Gr. 3 mm h

9. Mündung fast kreisrund: **Valvata pulchella** Stud. (G flach kreiselförmig, Gewinde wenig erhoben, Nabel weit, 3 mm h, 4–5 mm b, selten); **V. piscinalis** Müll. (G variabel, meist stärker erhoben, kugelig kreisförmig oder höher als b [*67*])

— Mündung ± oval, stets höher als b . . . . **Hydrobiidae** *10*

10. G 6–12 mm h (wenn nur 6 mm h, dann nicht unter 4 mm b) . . . *11*

— G 2–6 mm h (wenn 6 mm od. sogar höher, dann nie breiter als 3,5 mm *12*

11. G kegelförmig oder oval, Mündung ± elliptisch . . **Bithynia** Leach

B. tentaculata L. (schwach gewölbte Umgänge, Mündung oben zugespitzt. 10–14 mm h, 6–7 mm b [*68*]); **B. leachi** Shep. Umgänge stark abgesetzt, Mündung oben rund. 6–6,5 mm h, 4–5 mm b [*69*])

— G fast kugelig eiförmig. 8–11 mm h, 7–8 mm b [*70*]. Größere Flüsse und Kanäle . . . . **Lithoglyphus naticoides** Pfeif.

12. G walzig oder konisch eiförmig, seine Spitze (Apex) stumpf . . . *13*

— G spitz kegelförmig, Apex spitz *14*

13. G 2–3 mm h, Apex gleichmäßig gerundet [*71*] . . . **Bythinella** Moq.
6 Arten in Quellbächen der Mittelgebirge und Alpen

— G mit ziemlich spitzkonischem Gewinde, ca 3 mm h, Apex schief abgestutzt. Seen der norddeutschen Ebene. **Marstoniopsis steini** Mart.

14. Meist 2–3 mm h; unterirdische Gewässer, Höhlen, Quellen, Brunnen im Bergland [*72*]. Viele Arten. **Lartetia** Bourg. (Bythiospeum)

— Etwa 4–6 mm h, in Brack- u. Süßwasser. **Hydrobia** u. **Potamopyrgus** s. Tabelle Meeresschnecken Nr. 20, S. **77**

Planorbidae, Tellerschnecken

1. G groß, über 20 mm b, Umgänge gerundet, Mündung nierenförmig [*73*] Posthornschnecke, **Planorbarius corneus** L.

— G kleiner, höchstens 18 mm b *2*

2. G 10–17 mm b, äußerster Umgang mit Kiel . . . **Planorbis** Müll.
P. planorbis L. (Umgänge oben stark gewölbt, unten flacher, Kiel nahe der Unterseite [*74*]); **P. carinatus** Müll. (Umgänge oben und unten gleichmäßig flach gewölbt, Kiel in Mittellinie [*75*])

— G 3–10 mm b, meist unter 8 mm b *3*

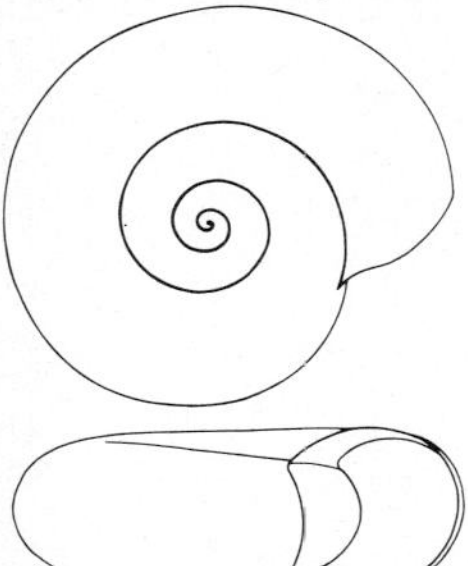

73
nat. Gr.

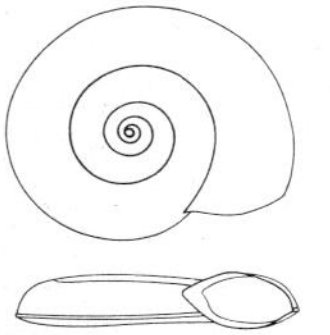

74
nat. Gr. 15 mm b

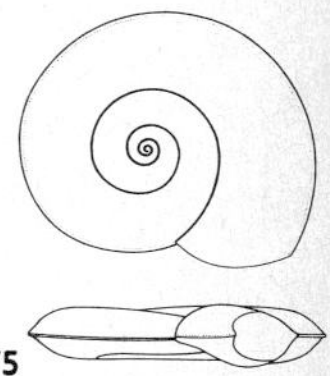

75
nat. Gr. 15 mm b

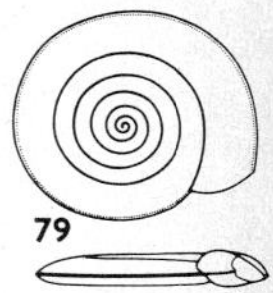

79
nat. Gr. 10 mm b

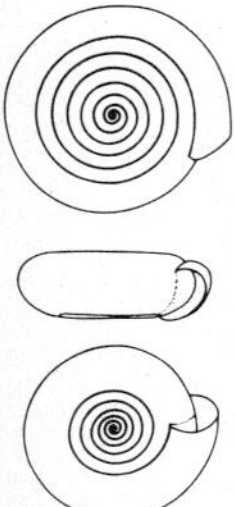

76
nat. Gr. 5 mm b

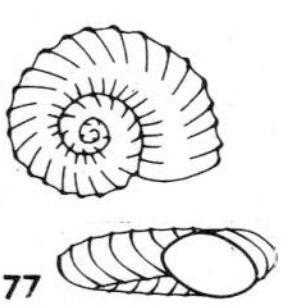

77
nat. Gr. 3 mm b

78a
nat. Gr. 6 mm b

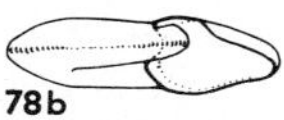

78b
nat. Gr. 5 mm b

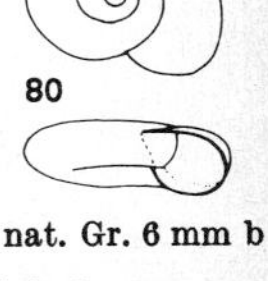

80
nat. Gr. 6 mm b

3. G dick scheibenförmig, 5–6 mm b, enge Windungen, Nabel trichterförmig, Mündung höher als b. [*76*] **Bathyomphalus contortus** L.

— G flach scheiben- oder linsenförmig. Umgänge und Mündung nicht höher als breit *4*

4. G mit 3 Umgängen, 2–3 mm b, Oberfläche mit häutigen Rippchen, fein gestreift oder glatt [*77*] . . . . **Armiger crista** L.
— G mit mehr als 3 Umgängen, 4–10 mm breit *5*
(Nur der seltene **Gyraulus riparius** Westld. hat gleiche Größe u. gleiche Zahl der Umgänge wie Armiger, aber Mündung ist nicht wie bei jenem herabgezogen)
5. G linsenförmig. Umgänge sehr gedrückt, sich ± übergreifend [*78*] *6*
— G scheibenförmig. Umgänge sich nicht oder kaum übergreifend [*79*] *7*
6. Mündung oberseits nicht weit vorgezogen. Letzter Umgang innen an 2–3 Stellen durch helle quergestellte Schmelzleisten verengt [*78a*] G 5–7 mm b . . . . **Segmentina nitida** Müll.
— Mündung oberseits bogig weit vorgezogen [*78b*]. G 4–5 mm breit. **Hippeutis complanatus** L.
7. G sehr dünn, Unterseite fast eben; 5–8 langsam zunehmende Umgänge, der letzte gerundet oder kantig, kaum erweitert **Anisus** Stud.
5 Arten, häufig **A. vortex** L. (Oberseite flach schüsselförmig, 9–10 mm b, mit scharfem fast basal liegendem Kiel [*79*]; ferner junge **Planorbis**, s. Nr. *2* der Tab.); **A. leucostomus** Müll. (ungekielt)
— G unterseits flach schüsselförmig; 4–4½ Umgänge, letzter bisweilen gekielt und an der Mündung erweitert . . . . . . **Gyraulus** Charp.
4 Arten, häufig **G. albus** Müll. (Oberfläche mit Gitterskulptur [*80*], ohne Glanz, grünlichweiß)

Lymnaeidae, Schlammschnecken

1. G fast kugelig, sehr zart und durchsichtig, hornfarben, meist ganz vom Mantel umhüllt, einem Schleimklumpen ähnlich. Letzter Umgang stark bauchig [*81*], 10–14 mm h, 8–12 mm b, selten. Mantelschnecke, **Myxas glutinosa** Müll.
— G nicht fast kugelrund, derber . . . . . . **Lymnaea** Lam . . *2*
2. Mündung meist viel höher als halbe G (Untergattung Radix) . . *6*
— Mündung etwa halb so hoch wie G oder noch niedriger *3*

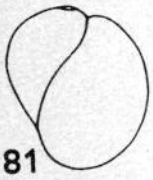
81
nat. Gr.

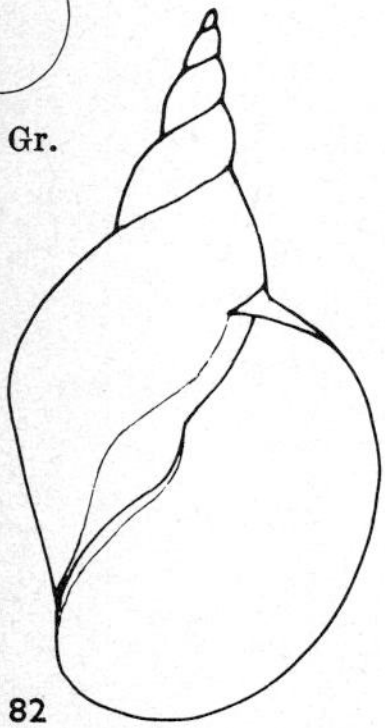
82
nat. Gr.

83a
nat. Gr.

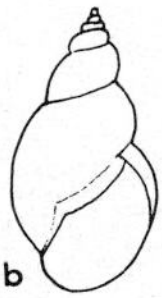
83b
nat. Gr.

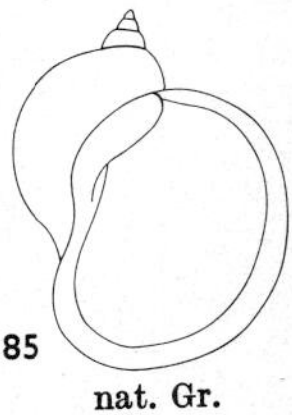
85
nat. Gr.

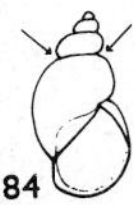
84
nat. Gr.

86a
nat. Gr.

86b
nat. Gr.

3. Letzter Umgang bauchig, Mündung etwa halb so h wie G (4,5–6 cm h). Konturlinie des Gewindes leicht konkav [*82*]. **Lymnaea stagnalis** L.
— Kleiner; letzter Umgang nicht derart bauchig. Konturlinie des Gewindes gerade oder leicht konvex (Untergattung Galba) *4*

4. G etwa 3mal so h wie b (15:5 mm). Mündung ⅓ der Höhe des G; Gräben, Sümpfe NW-Deutschl., fehlt im Süden [*83a*]. **L. glabra** Müll.
— G nur doppelt so h wie b. Mündung fast ½ der Höhe des G . . . *5*
5. G bis 30 mm h, 10 mm b, die einzelnen Umgänge mäßig gewölbt [*83b*] . . . . **L. palustris** Müll.
— G etwa 10 mm h, 5 mm b, die Umgänge stärker gewölbt, stufig gegeneinander abgesetzt [*84*]. Leberegelschnecke, . **L. truncatula** Müll.
6. G meist etwa so b wie h; letzter Umgang ohrförmig erweitert, aber Gewinde deutl. Mündung überragend, zugespitzt [*85*] **L. auricularia** L.
— G ± länglich eiförmig u. höher als b [*86a, b*] oder wenn so b wie h und letzter Umgang ohrförmig erweitert, dann Mündung so h wie das stumpf kegelförmige Gewinde bzw dieses noch überragend. Sehr veränderliche Art . . . . **L. peregra** Müll. (balthica, ovata)

Meeresschnecken

Ins Brackwasser dringen auch einige Schnecken des Süßwassers ein, daher u. U. noch Tabelle der Süßwasserschnecken zu Rate ziehen. Nacktschnecken im Meer sind nicht berücksichtigt; von ihnen leben auf Schlickboden der Außendeich-Salzwiese **Alderia modesta** Lov. (Körper mit 2–3 Reihen von Rückenanhängen [*87*], 10–15 mm l) und **Limapontia depressa** Ald. (keine Rückenanhänge, flach durchsichtig, 3,5 mm l). Gehäuseschnecken der Salzwiese im Flutbereich: **Assiminea** (amphibisch) und **Ovatella** (landlebend) in dieser Tabelle.

1. G (Schale) napfförmig *2*
— G von anderer Form *4*
2. Schale innen zur Hälfte mit querer Scheidewand [*88*] Pantoffelschnecke, **Crepidula fornicata** L.
— Schale ohne solche Scheidewand, Napfschnecken, **Patellacea** . *3*

87
nat. Gr.

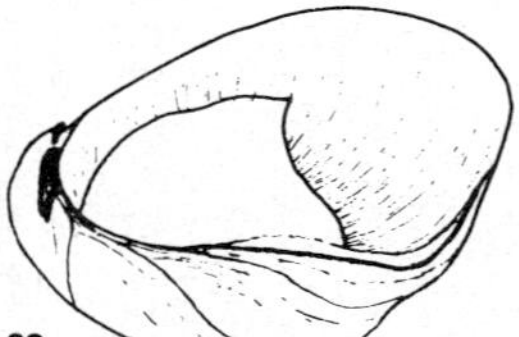
88
nat. Gr.

89
nat. Gr.

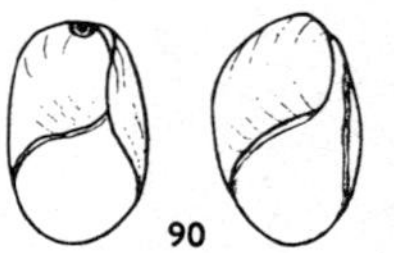
90
nat. Gr.

91
nat. Gr.
6 mm h

3. Schale zart, im Leben mit radiären blau irisierenden Streifen, bis 2 cm [*89*], auf Laminarien . . . . **Helcion pellucidus** L.
— Schale derb . . . . **Acmaea** Esch.
A. testudinalis Müll. (grau mit dunkelbrauner Fleckenzeichnung, bis 3 cm, Spitze wenig nach vorn gerückt); **A. virginea** Müll. (rosa, gelb oder weiß, rötlich gestrahlt, bis 1,5 cm, Spitze stärker nach vorn gerückt)
4. G ± ei–walzenförmig, Mündung fast oder ebenso h wie G *5*
— G nicht so bzw andere Merkmalskombination *6*
5. G weniger als doppelt so h wie b, ± eiförmig, sehr dünn, hellbraun, ca 14 mm h [*90*]. Kieler Bucht . . . . **Akera bullata** Müll.
— G etwa doppelt so h wie b, walzenförmig . . . . . . **Retusa** Brown
R. obtusa Mont. (Gewinde vortretend, Außenlippe reicht nicht bis zur Spitze [*91*], bis 7 mm h); **R. truncatula** Brug. (Gewinde mehr eingesenkt, Außenlippe reicht bis zur Spitze, bis 4 mm h)

— G etwa 2½ mal so h wie b, walzenförmig, Mündung unten erweitert und so h wie ganze G (8–11 mm), bei Helgoland.
Cylichna cylindracea Penn.

6. G langgestreckt, deutlich skulpturiert, etwa 3mal so h und höher als b *7*

— G kugelig, eiförmig oder konisch, höchstens 2,5mal so h wie b; wenn ± turmförmig (Rissoidae), dann meist nicht über 5 mm h (nur Rissoa membranacea bis 10 mm h) *8*

7. G linksgewunden, bis 8 mm h [*92*] . . . . **Triphora perversa** L.

— G rechtsgewunden: **Epitonium (Scala) clathrus L.** (G mit 9 kräftigen leistenartigen Rippen je Umgang [*93*], bis 35 mm h); **E. turtonis** Turt. (ähnlich, aber ca. 12 flachere Rippen je Umgang, bis 40 mm h); **Turritella communis** Lam. (Turmschnecke, G nur mit Spiralstreifen [*94*], bis 45 mm h); **Bittium reticulatum** D. C. (G mit netzartiger Skulptur [*95*], bis 12 mm h); beachte ferner junge **Aporrhais** (G mit groben knotenartigen vertikalen Erhebungen [*96a*])

92 nat. Gr. 8 mm h

93 nat. Gr.

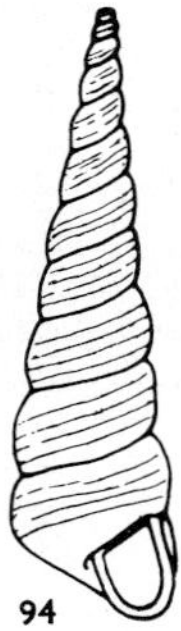

94 nat. Gr.

95 nat. Gr. 12 mm h

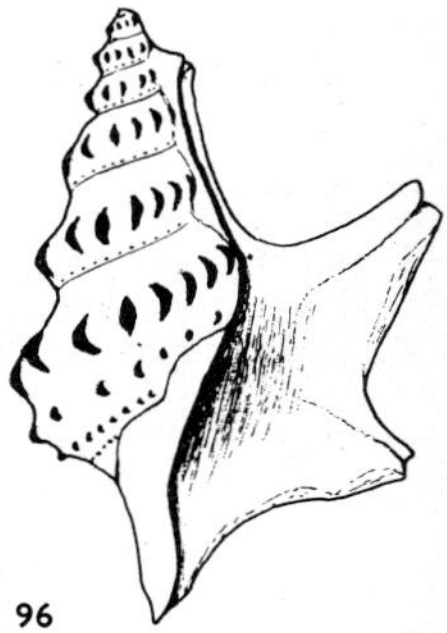

96 nat. Gr.

96a nat. Gr.

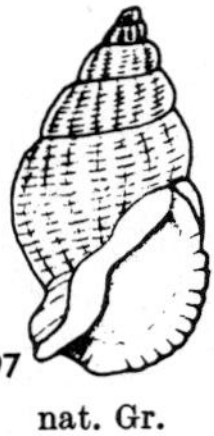

97 nat. Gr.

98 nat. Gr.

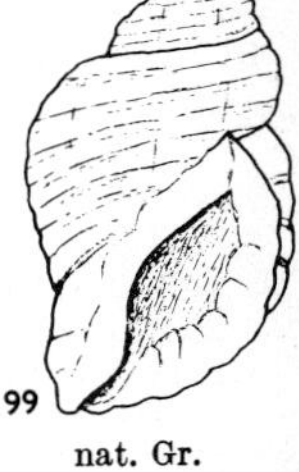

99 nat. Gr.

8. Mündung des G bei ausgewachsenen Schalen mit flügelartigen Fortsätzen [*96*] . . . . Pelikanfuß, **Aporrhais pespelicani** L.

— Mündung ohne solche Fortsätze *9*

9. An Basis der Mündung des G rinnenartige Vertiefung *10*

— G ohne solche Siphonalrinne *13*

10. Bis 4 cm h *11*

— G 5–20 cm h *12*

11. G stark gitterartig skulpturiert (Längsrippen u. Spiralfurchen). Siphonalrinne kurz. Umgänge nicht treppenartig abgesetzt. Netzreusenschnecken, **Nassarius reticulatus** L. [*97*] 2–3 cm h, nicht bei Helgoland); **N. incrassatus** Strom. (bis 1,5 cm, nur Helgoland)

— G mit starken Längsrippen, Umgänge treppenartig abgesetzt [*98*], bis 2 cm h . . . . Treppenschnecke, **Bela turricula** Mont.

— G nur mit Spiralfurchung, Umgänge nicht treppenartig abgesetzt [*99*], bis 4 cm h, nur Helgoland Felswatt.

Purpurschnecke, **Nucella lapillus** L. (Thais)

— Beachte ferner: junge **Neptunea** und **Buccinum** (Merkmale Nr. **12**) sowie junge **Aporrhais** (s. Nr. **7**, mit knotenartigen Längsrippen [*96 a*], aber nicht mit treppenartig abgesetzten Umgängen wie Lora!)

12. Skulptur besteht nur in feiner, nicht immer deutlicher Streifung. Umgänge relativ stark abgesetzt; lange Siphonalrinne [*100*]

Spindelschnecke, **Neptunea antiqua L.**

— Skulpturierung mit wellenförmigen Längsrippen und feiner Spiralfurchung; Siphonalrinne kurz [*101*].

Wellhornschnecke, **Buccinum undatum L.**

Ihre bis faustgroßen gelblichen Klumpen der Eikapseln findet man oft am Strand angespült [*101 a*]

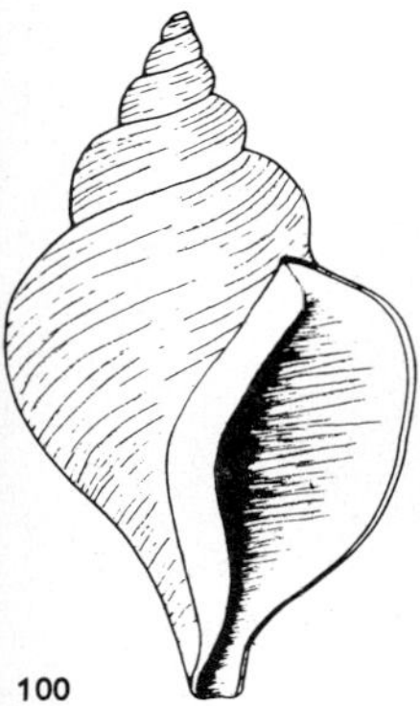

100

nat. Gr. bis 20 cm h

101

nat. Gr. bis 11 cm h

101a

nat. Gr.

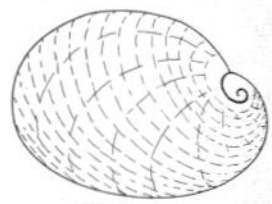

165

nat. Gr.

13. G durch erweiterten letzten Umgang, der weitgehend die übrigen Windungen umwächst, ohrförmig; kein Nabel; Schale dünn, mit dunkelbrauner Außenhaut, 15–25 mm; Helgoland, Kieler Bucht [*165*].

Velutina velutina Müll.

— G scheibenförmig, glänzend, 1–1,5 mm. **Omalogyra atomus** Phil.

— G anders. Wenn unterer Umgang stark erweitert (Lacuna pallidula), dann mit Nabel [*104*] ***14***

14. G von der Form eines umgekehrten Kreisels, mit $\pm$ marmorierter Zeichnung. . . . . Kreiselschnecken, **Trochidae**

Gibbula cineraria L. (Nabel offen, G mit stumpfer Spitze [*102*], Helgoländer Felswatt); **G. tumida** Mont. (Nabel verengt, G mit deutlicher Spitze und abgesetzten Windungen; Helgoland, tiefes Wasser)

— Anders ***15***

15. G spitz eiförmig, mit 1–3 deutlichen Zähnen am Innenrand der Mündung [*103*], 6–7 mm h. Salzwiesen im Flutbereich.
Ovatella myosotis Drap.

— Ohne Zähne (höchstens mit zahnartiger Falte) *16*

16. Mundsaum nicht zusammenhängend [*109*] *17*

— Mundsaum zusammenhängend [110] *18*

17. Nabel offen, setzt sich in länglicher Grube fort. . . . . **Lacuna** Turt.

L. pallidula D. C. (G breiter als h, 4–10 mm h [*104*]); **L. divaricata** F. (G deutlich höher als b, bis 14 mm h [*105*], Umgänge oft mit bräunlichem Spiralbändern)

— Nabel fehlt . . . . Strandschnecken, **Littorina** Fér.

L. obtusata L. (G so b oder breiter als h, bis 13 mm h [*106*]). Übrige Arten G kurz kegelförmig: **L. saxatilis** Oliv. (rudis) (deutlich gewölbte Umgänge mit vertiefter Naht, bis 11 mm h [*107*]); **L. neritoides** L. (blaugrau, etwas weniger gewölbte Umgänge, nur bis 6 mm h (*108*], Helgoland); **L. littorea** L. (ganz schwach oder kaum gewölbte Umgänge, oft mit dunklen Bändern, bis 20 mm h [*109*], häufigste Art)

102
nat. Gr.

103
nat. Gr. 7 mm h

104
nat. Gr.

105
nat. Gr.

107
nat. Gr.

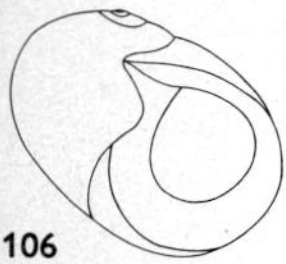
106
nat. Gr.

108
nat. Gr. 5 mm h

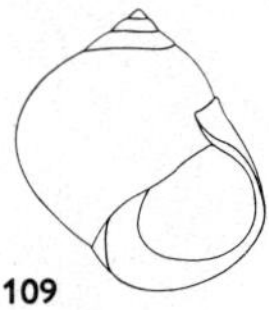
109
nat. Gr.

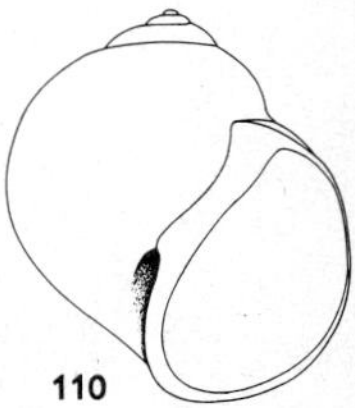
110
nat. Gr.

18. G rundlich; Nabel offen, höchstens von einer Schwiele etwas verdeckt
Nabelschnecken, **Naticidae. Lunatia** Gray

L. montagui Forb. (G mit gewölbten Anfangswindungen, ohne Fleckenzeichnungen, bis 10 mm h. Nabel mit feinem Nabelstrang, der als Schwiele endet); **L. nitida** Don. (G mit nur schwach gewölbten Anfangswindungen, mit Fleckenzeichnung, bis 18 mm h); **L. catena** D. C. (G mit gewölbten Anfangswindungen, mit Fleckenzeichnung, bis 30 mm h [*110*]). Durchbohren mit ihrer Radula Schnecken- und Muschelschalen.

— G kegelförmig bis turmförmig, meist unter 5 mm h (1 Art 10 mm h) Nabel fehlt (oder höchstens undeutlich vorhanden) *19*

19. G längs oder spiralig skulpturiert bzw. mit entsprechender Zeichnung. (Zuweilen allerdings glatt u. ohne Zeichnung, dann Verwechslung mit Hydrobien möglich) . . . . **Rissoidae**

Rissoa Desm. (Skulptur meist mit deutlichen Vertikalrippen. **R. membranacea** Adams 9–10 mm h [*111*], 3 weitere Arten höchstens 5 mm h); **Cingula striata** Mont. (Onoba) (nur mit feinen Spiralstreifen, 3 mm h [*112*])

— G glatt, weniger schlank, mehr kurz kegelförmig im Vergleich zu den Rissoiden *20*

20. G etwa $1\frac{1}{2}$ mal so h wie b, Endwindung etwas kantig [*113*], bis 7 mm h; amphibisch im Flutbereich von Salzwiesen.
Assiminea grayana Flem.

111
nat. Gr.
10 mm h

112
nat. Gr.
3 mm h

113
nat. Gr.
6 mm h

114
nat. Gr.
4,5 mm h

115
nat. Gr.
6 mm h

116
nat. Gr.
5 mm h

— G etwa doppelt so h wie b (Hydrobiidae). **Hydrobia** u. **Potamopyrgus**
H. stagnalis Bast. (ventrosa) (Umgänge stark gewölbt und voneinander abgesetzt. 4,5 mm h, 2,2 mm b [*114*]); **H. ulvae** Penn. (Wattschnecke, Umgänge nur schwach gewölbt. Bis 6 mm h, 3–3,5 mm b [*115*]): **P. jenkinsi** Smith (Wölbung der Umgänge zwischen denen der 2 Hydrobia-Arten in ihrer Ausprägung; die Umgänge können durch spiralige Kante schwach gekielt sein. 4–5 mm h, 2,5 mm b [*116*], in schwachem Brack- u. auch im Süßwasser)

Süßwassermuscheln

1. Schale dreieckig mit auffallender Kante. Wirbel am Vorderende des Schalenrandes [*117*]. Dreikantmuschel, **Dreissena polymorpha** Fall.
ähnlich **Congeria** s. Tab. Meeresmuscheln Nr. **5** (im Brackwasser)
— Sch gleichmäßig gewölbt, Wirbel nicht an ein Ende gerückt . . . *2*
2. Sch ± kugelförmig, höchstens 22 mm l . . . . . . **Pisidiidae** *3*
— Sch länglich, kaum unter 5 cm l **Margaritiferidae** u. **Unionidae** *4*

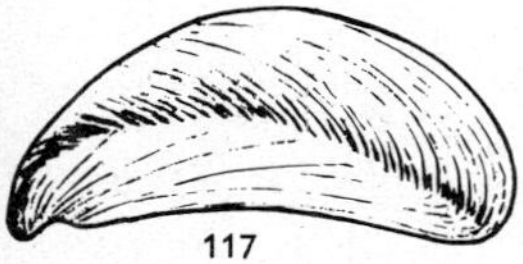
117
nat. Gr.

118
nat. Gr.

119
nat. Gr.

120
nat. Gr.

3. Wirbel stets deutlich hinter Mitte des Schalenrandes [*118*]. Sch (mit Ausnahme der ca 1 cm langen **P. amnicum** Müll.) höchstens 5 mm l; etwa 16 schwer bestimmbare Arten. Erbsenmuschel, **Pisidium** C. Pf.
— Wirbel ± mittelständig. Länge der Sch über 8 mm. **Sphaerium** Scop.
Sph. lacustre Müll. (Wirbel konisch erhöht [*119*], Sch ca 9 mm l); bei übrigen Arten ist der Wirbel breit gerundet [*120*]: **Sph. rivicola** Lam. (Sch 20–22 mm l, auf dem Wirbel gestreift. Besonders in Flüssen, nicht häufig); **Sph. solidum** Norm. (9–11 mm, Sch dickwandig, konzentrisch gerippt. In Strömung größerer Flüsse, sehr selten); **Sph. corneum** L. (Sch ca 12 mm l, dünnwandig, von der Mitte an konzentrisch gestreift [*120*]. Häufig in Still- u. Fließgewässern)
4. Innenseite des Schalenoberrandes (Schloßrand) ohne vorragende Zähne. Sch relativ dünn *5*
— Schloßrand mit vorragenden Zähnen. Sch kräftig *6*
5. Sch flach, Umriß spitz eiförmig, nach vorn verschmälert, nach hinten mehr zugespitzt [*121*], 7–8 cm l. In Flüssen und Seen.
Pseudanodonta complanata Ross.

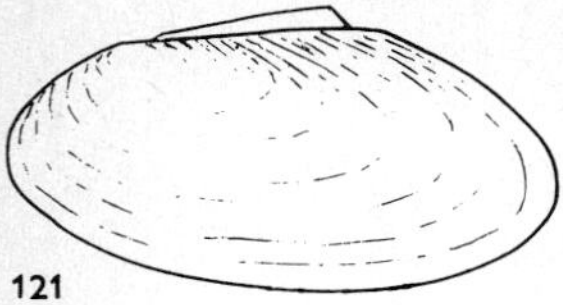

121

½ nat. Gr.

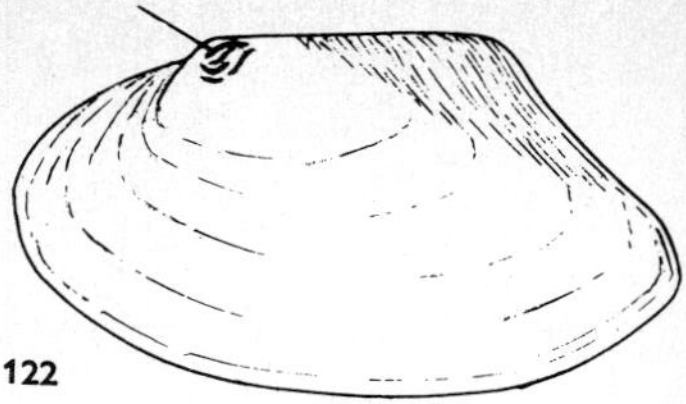

122

½ nat. Gr.

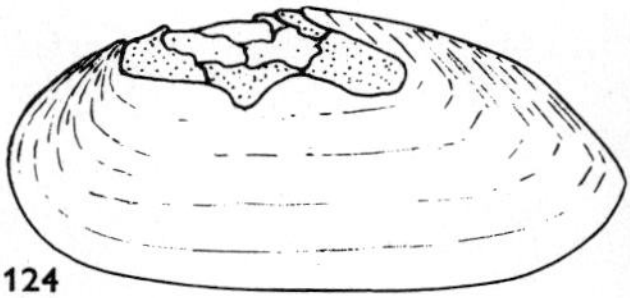

124

⅓ nat. Gr.

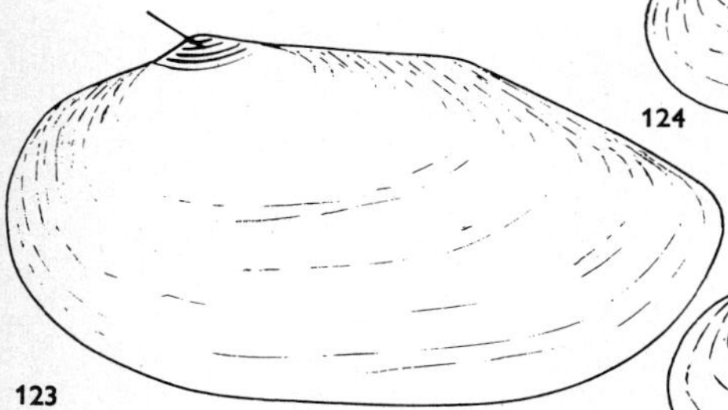

123

⅓ nat. Gr.

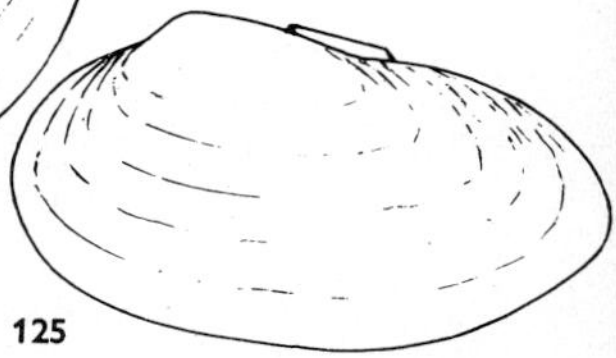

125

½ nat. Gr.

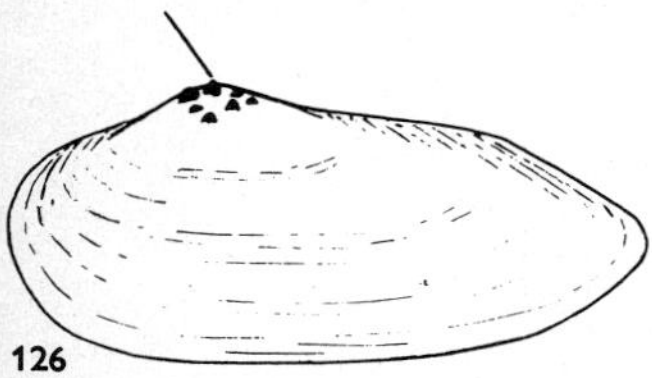

126

⅓ nat. Gr.

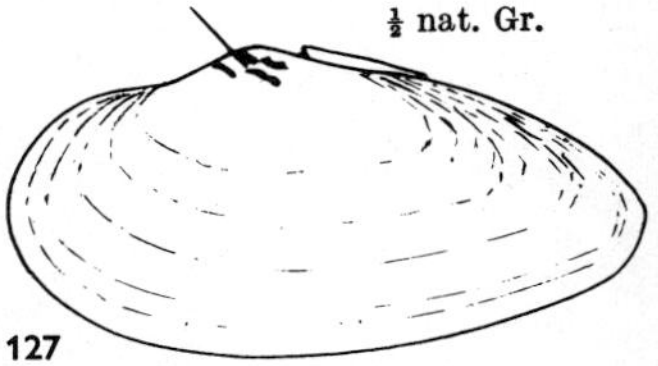

127

½ nat. Gr.

— Sch bauchig, vorn breit gerundet [*122*, *123*], bis 20 cm l.

Teichmuscheln, **Anodonta** Lam.

A. anatina L. (piscinalis) (Sch am unteren Rand der Innenseite deutlich verdickt. Wirbelskulptur: Fältchen, die Anwachsstreifen kreuzen u. am Ende winklig ansteigen [*122*]; **A. cygnea** L. (Sch. innen am Unterrand nicht verdickt. Wirbelskulptur: zu den Anwachsstreifen parallele elliptische Fältchen. Ober- u. Unterrand der Sch oft ± parallel [*123*]). Beide vorzugsweise in stehenden Gewässern.

6. Schloßrand nur mit vorragenden Zähnen, ohne lange Leisten. Wirbel ohne Höcker oder Runzeln, aber meist korrodiert [*124*]. Außenhaut der Sch schwarz, dick, nierenförmig, 12–15 cm l. Flußperlmuschel

Margaritifera margaritifera L.

sehr selten, (unter Naturschutz!), kalkarme Bäche

— Schloßrand außer hohen Zähnen mit langer scharfer Leiste. Wirbel meist mit deutlichen Runzeln oder Höckern. Sch bis 9 cm l.

Flußmuscheln, **Unio** Philip.

U. crassus Phil. (Bachmuschel, weniger als 2 mal so l wie b, Umriß oval, kurz ei–nierenförmig, dunkelbraun bis schwarz [*125*]); **U. pictorum** L. (Malermuschel, über 2 mal so l wie b, Wirbelskulptur mit einzelnen Höckern [*126*], Sch. meist olivgelblich, in Still- u. Fließgewässern) **U. tumidus** Phil. (ähnlich pictorum, aber Sch meist weniger langgestreckt, Wirbelskulptur mit groben Runzelfalten [*127*], Außenhaut meist grünlichbraun; Still- u. Fließgewässer)

Meeresmuscheln

Mit dünner Kalkschicht ausgekleidete Gänge im Holz sind durch den Schiffsbohrwurm (**Teredo navalis** L.) [*128*] hervorgerufen. Es ist eine wurmartig langestreckte Muschel mit winzigen reduzierten Schalen am Vorderende.

1. Schloß am oberen Rand der Sch mit vielen gleichartigen Zähnen [*129*], Sch ca 1 cm l, innen mit Perlmuttglanz. Nußmuscheln, **Nucula** Lam.
N. nucleus L. (matt); **N. nitida** Sow. (stark glänzend u. fein gegittert)

— Schloß aus wenigen ± verschieden geformten Zähnen oder ganz ohne solche ***2***

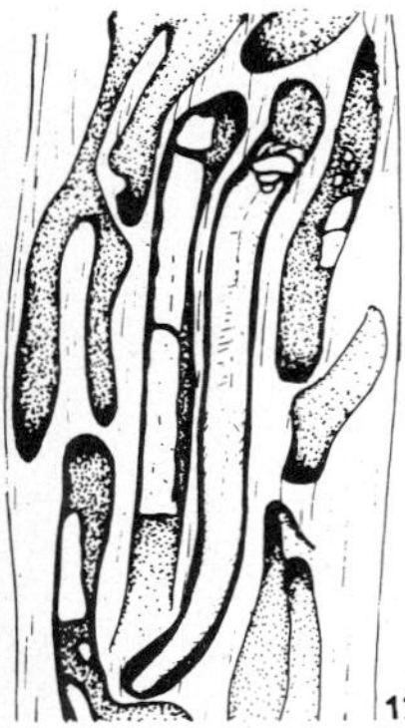

128

½ nat. Gr.

129

nat. Gr.

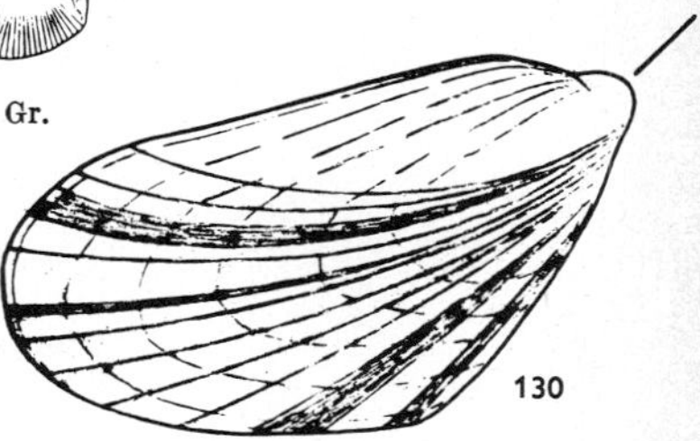

130

nat. Gr.

131

nat. Gr.

2. Schalenumriß deutlich langgestreckt oder wenigstens wie Abb. [*140*] u. [*141*] ***3***

— Umriß rundlich, ovaldreieckig oder wie [*156*] ***11***

3. Wirbel (ganz oder fast ganz) am Schalenende. Sch meist dunkel. ***4***

— Wirbel nicht derart weit an ein Ende der Sch gerückt. Sch± hell ***7***

4. Wirbel spitz, ganz am Ende des Schalenrandes [*130*] ***5***

— Wirbel rund, etwas hinter dem Ende des Schalenrandes [*132*] . . ***6***

5. Auf der Innenseite der Sch am Wirbel eine kleine quere Scheidewand u. löffelartiger Fortsatz. Braun mit hellen Flecken. Etwa 2 cm l. Nord-Ostseekanal . . . . **Congeria cochleata** Kickx

— Ohne Scheidewand u. ohne löffelartigen Fortsatz, bis 8 cm l [*130*].
Mießmuschel, **Mytilus edulis** L.

6. Sch größtenteils mit Radialskulptur; bis 3,5 cm l [*131*]. **Musculus** Röd.
3 Arten, Ostsee, häufig **M. discors** L.

— Sch ohne rippenartige Radialskulptur, bis 14 cm l [*132*]. Selten in der südlichen Nordsee im Sublitoral . . . . . **Modiolus modiolus** L.

7. Sch grob rippenartig skulpturiert *8*

— Sch glatt, geriefelt od. nur mit konzentr. Zuwachsstreifen . . *9*

8. Oberrand der Sch nach außen umgeschlagen (glatt.) Bohrmuscheln, **Pholadidae**

Zirfea crispata L. (über die Schalenmitte zieht auffällige Querfurche [*133*]); **Barnea candida** L. (ohne Querfurche, Vorder- und Hinterende gerundet [*134*]); **Pholas dactylus** L. (ohne Querfurche, Vorderende stark eingebuchtet u. sein nach außen umgeschlagener Schalenteil durch kleine Querleisten mit der Außenfläche der Sch verbunden; bohrt im Buntsandstein u. Kalkstein von Helgoland)

— Oberrand der Sch nicht nach außen umgeschlagen [*135*]. Schloß vorhanden . . . Amerikanische Bohrmuschel, **Petricola pholadiformis** Lam.

132

nat. Gr.

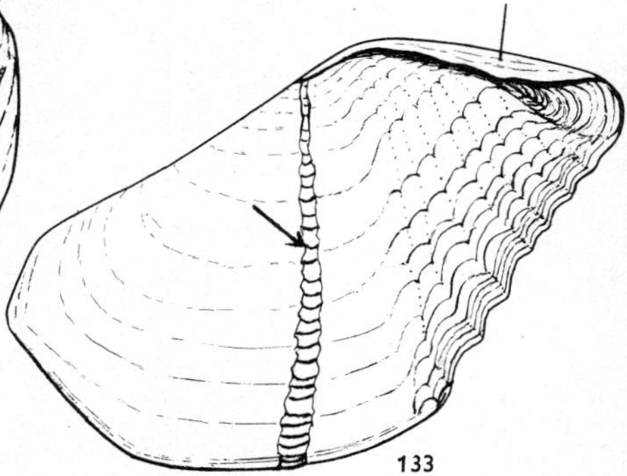

133

nat. Gr.

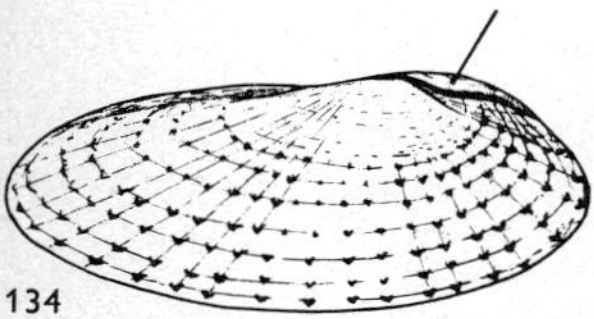

134

nat. Gr.

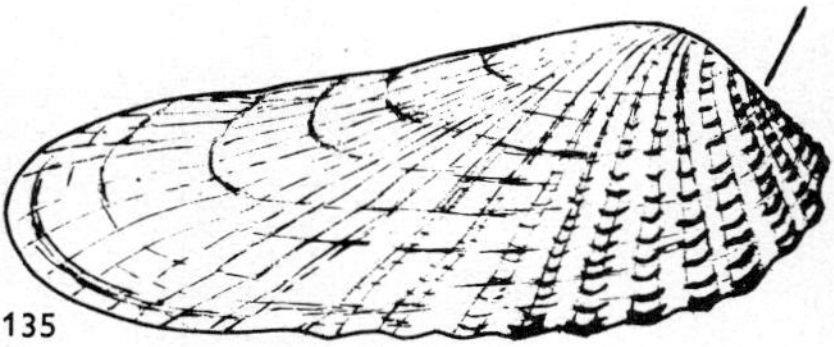

135

nat. Gr.

9. Sch mindestens 3mal so l wie b . . . Scheidenmuscheln, **Solenidae**

Phaxas pellucidus Penn. (Vorder- u. Hinterende abgerundet, Sch dünn bis 3 cm l [*136*]); **Ensis ensis** L. (Sch fest, wenig aber deutlich gebogen, die Enden abgestutzt, bis 16 cm l [*137*]); **E. siliqua** L. (Sch fest, gerade, Enden abgestutzt, bis 20 cm [*138*])

— Sch weniger als 2mal so lang wie breit. Linke Sch mit löffelartigem Fortsatz, rechte mit flacher Grube. Klaffmuscheln, ... **Mya** L.

M. arenaria L. (Hinterrand der Sch eiförmig [*139*]. Bis 12 cm l); **M. truncata** L. (Hinterrand der Sch ± senkrecht abgestutzt [*140*]. Bis 6 cm l)

— Sch etwa 2mal so lang wie breit *10*

10. Unterrand der Sch gekerbt [*141*].
Dreiecksmuschel, **Donax vittatus** D. C.
– Unterrand der Sch nicht gekerbt [*142*] **Hiatella (Saxicava) arctica** L.
Bohrt in Sand- u. Kalkstein Helgolands, in Ostsee bis Kieler Bucht
11. Zu beiden Seiten des Wirbels flügelartiger Fortsatz [*143*, *144*]
Kamm-Muscheln, **Chlamys** (Pecten)
Ch. opercularis L. (Fortsätze etwas ungleich, Sch mit 18–22 flachen Rippen [*143*]); **Ch. varia** L. (Fortsätze sehr ungleich, Sch mit 25–35 hohen Rippen [*144*])
– Sch ohne flügelartige Fortsätze am Wirbel ***12***

136
nat. Gr.

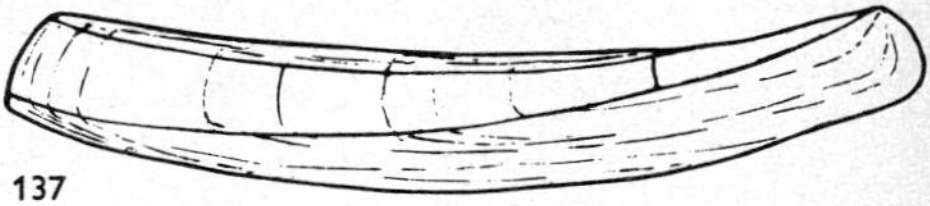
137
nat. Gr.

138
nat. Gr.

12. Sch mit unregelmäßigem ± rundlichem Umriß, wie [*145* u. *146*]
Ostrea L. und **Anomia** L.
Auster, **Ostrea edulis** L. (Sch. bis 10 cm, meist mit blättriger Skulptur, linke untere Sch stärker gewölbt als rechte obere u. innen mit 1 Muskeleindruck [*145*]); Sattelmuscheln, **Anomia** (2–5 cm, linke obere Sch stärker gewölbt als rechte untere und bei **A. ephippium** L. [*146*] innen mit 3 Muskeleindrücken, bei **A. squamula** L. u. **patelliformis** L. innen mit 2 Eindrücken); linke (häufiger gefundene) Sch ohne Loch.
– Sch mit regelmäßigem Außenrand ***13***

139
½ nat. Gr.

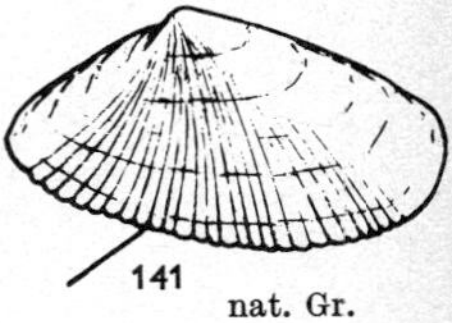
141
nat. Gr.

142
nat. Gr.

140
etwas unter nat. Gr.

13. Oft durch radiäre Rippen und Rillen skulpturiert. Unterer Rand der Sch ganz (Cardiidae) oder wenigstens an der Innenseite (Venusmuscheln) gekerbt *14*
— Unterer Schalenrand glatt *15*

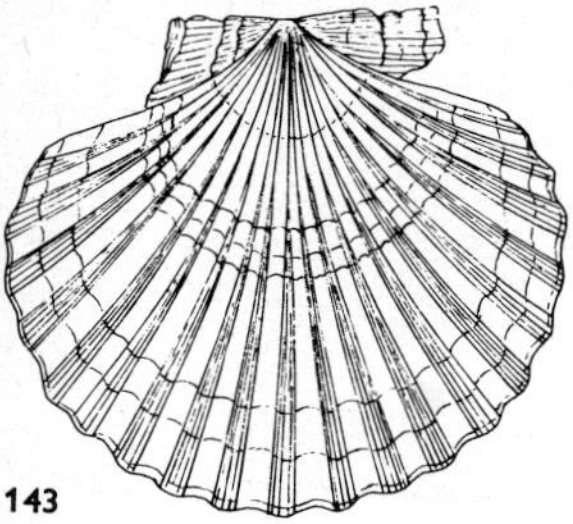

143

½ nat. Gr.

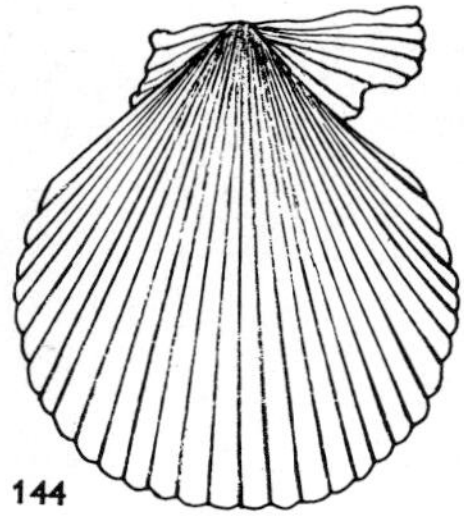

144

nat. Gr.

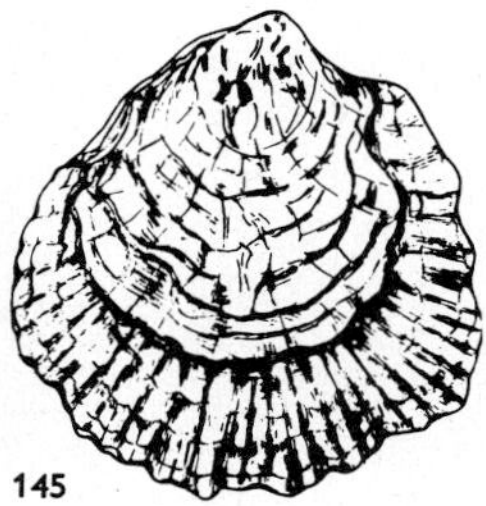

145

$\frac{1}{2}$–$\frac{1}{3}$ nat. Gr.

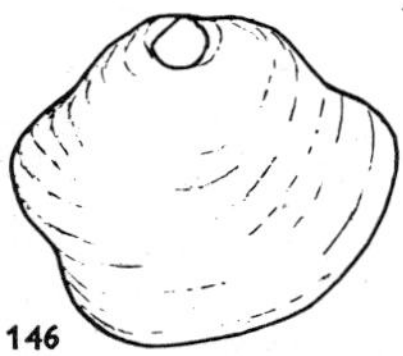

146

nat. Gr.

14. Sch stark bauchig, unterer Rand gekerbt, Mantelbucht fehlt.
Herzmuscheln, **Cardiidae**

Acanthocardia echinata L. (kleine Mittelleisten mit Stacheln auf den 18–20 Rippen; bis 6 cm; bei Helgoland). **Cerastoderma (Cardium) edule** L. (mit 24 flachen Rippen [*147*], bis 4 cm, häufigste Art). **Ce. fasciatum** Mont. (Sch mit 1 od. 2 konzentr. dunklen Bändern, Rippen sehr dicht, bis 1,5 cm [*148*]). **Ce. exiguum** Gmel. (ähnlich letzterer gerippt, aber Sch schief bis dreikantig, bis 1 cm)

— Sch flacher, nur Innenseite des Randes gekerbt, kleine Mantelbucht vorhanden Venusmuscheln, **Timoclea** Brown u. **Chamelea** Mörch.

T. ovata Penn. (rundlich oval, Sch mit Netzwerk aus radialer u. fein konzentrischer Streifung [*149*], bis 1,5 cm; Helgoland); **Ch. gallina L.** (Sch schief dreieckig gerundet mit vielen konzentrischen Rippen, strahliger Bänderzeichnung und etwas nach vorn gebogenem Wirbel [*150*], bis 3 cm); beide früher zur Gattung **Venus.**

15. Sch oval dreieckig, Vorderende gerundet, Hinterende etwas verlängert und abgestutzt. Rechte Schalenklappe greift mit ihrem Rand über die etwas kleinere linke. Bis 12 mm 1 [*151*]
Korbmuschel, **Corbula gibba** Ol.
— Andere Merkmale *16*
16. Schalenhaut braunschwarz (bis gelbbraun). Sch auf Innenseite ohne Mantelbucht. Merkmale zuweilen durch Brandung undeutlich *17*
— Sch hell oder farbig bzw bunt. Mantelbucht vorhanden [M: *156a*] *18*
17. Bis 12 cm groß, stark bauchig, Wirbel vor der Mitte [*152*]
Arctica (Cyprina) islandica L.

— Bis 4,5 cm, Sch ziemlich flach, rund bis ± dreieckig, meist stark konzentrisch gestreift . . . . **Astarte** Mont.

A. borealis Ch. (Sch fast rund, feiner konzentrisch gestreift [*153*], 4,5 cm); **A. elliptica** Brown (Sch oval dreieckig, hinterer Rand schräg abgestumpft; grobe konzentrische Streifung [*154*], 3 cm l); **A. montagui** Dill. (Sch hoch dreieckig, ihr Seitenrand unterhalb des Wirbels deutlich eingebuchtet; bis 2 cm l)

18. Schloß kräftig entwickelt mit (2–)3 dicht nebeneinander stehenden Hauptzähnen [*156a*] . . . . **Dosinia** und **Venerupis** Lam.

Dosinia Scop. (2 seltene Arten, z. B. **D. exoleta** L; Sch rund [*155*]);

Venerupis pullastra Mont. (Teppichmuschel, Sch abgerundet rechteckig bis fast rhombisch, Wirbel deutlich zur Seite gerückt [*156*])

— Schloß und Schalenumriß anders ***19***

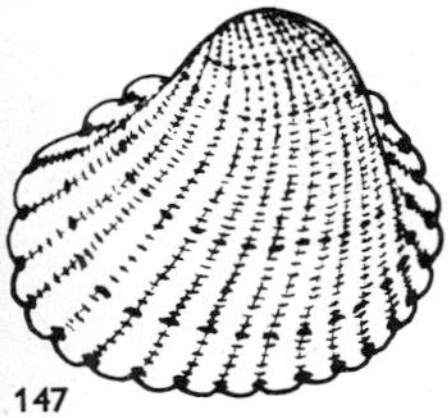
147
nat. Gr.

148
nat. Gr.

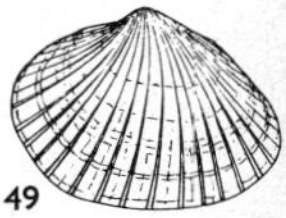
149
nat. Gr.

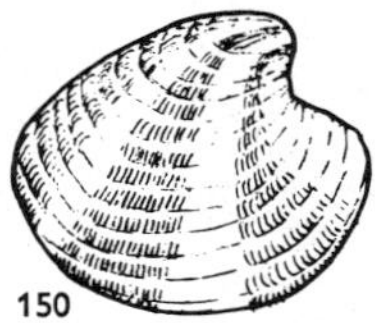
150
nat. Gr.

151
nat. Gr.

19. Schloßrand deutlich ausgeprägt. Unter dem Wirbel auf der Innenseite der Sch ein dreieckig vertieftes Feld (Bandgrube) [*157*], das nicht von Zahnerhöhungen eingefaßt ist ***20***

— Schloßrand sehr schmal u. schwach ausgeprägt. Unter dem Wirbel kleine Zähnchen (zwischen ihnen Vertiefung, die einer Bandgrube ähnlich sehen kann). Sch 2–3 cm l. (Plattmuscheln) ***23***

20. Schloß ohne Seitenzähne [*157*], Sch relativ dünn, bis 5 cm.
Große Pfeffermuschel, **Scrobicularia plana** D. C.

— Schloß mit Seitenzahnleisten ***21***

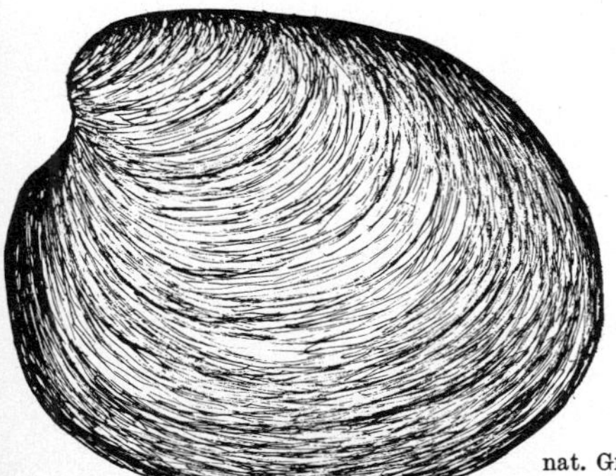
152
nat. Gr.
oft größer

153
nat. Gr. 4 cm l

154
nat. Gr. 3 cm l

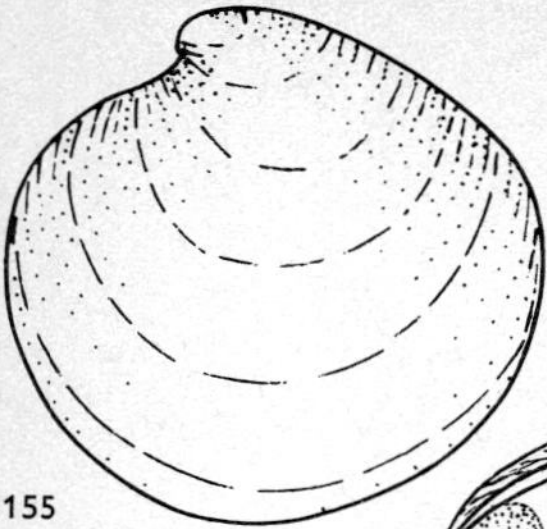

155

nat. Gr.

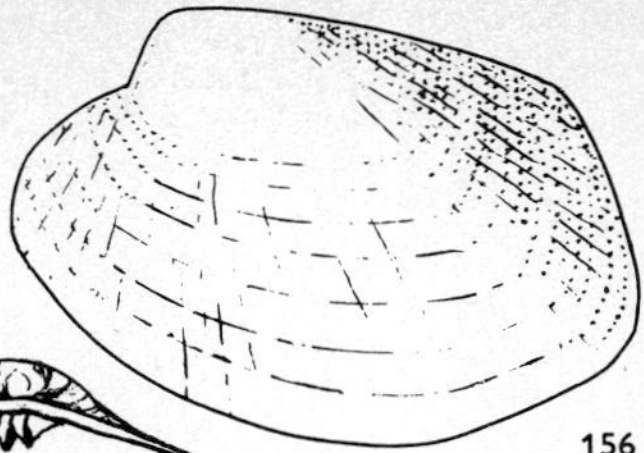

156

nat. Gr.

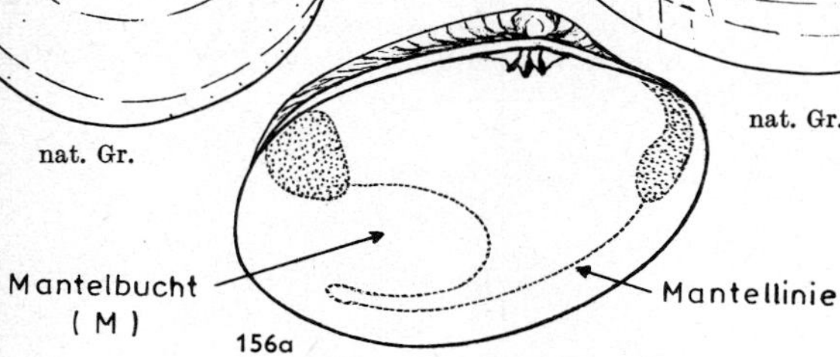

156a

nat. Gr.

21. Sch höchstens 2 cm, oval, weiß, sehr dünn und zerbrechlich. Kleine Pfeffermuscheln, **Abra** Lam.

Im Wattenmeer u. westlicher Ostsee häufig: **A. alba** Wood [*158*]

— Sch über 2 cm, kräftiger und gewölbter (Trogmuscheln) *22*

22. Seitenzähne sind glatte Leisten [*159*]. Sch bis 6 cm, mit radiären Strahlen . . . . *Mactra corallina* Mont.

— Gruben zwischen den Seitenzahnleisten gekerbt (geriefelt) [*160*]. Sch sehr fest, bis 6 cm l . . . . **Spisula** Gray

S. solida L. (Seitenränder der Sch nicht gekantet [*160*]); **S. subtruncata** D. C. (Schalenseiten kantig [*161*]

23. Sch relativ kräftig, Umriß wie [*162*] . . . . **Macoma** Leach

M. baltica L. (Sch ziemlich gewölbt, etwas schief dreieckig, Vorderende abgerundet, Hinterende verjüngt; Sch meist gefärbt. Nord- u. Ostsee); **M. calcarea** Chem. (ähnlich, aber flacher, immer kalkweiß, glanzlos. Ostsee)

— Sch dünn u. sehr flach, länglicher . . . . **Tellina** L.

T. tenuis D. C. [*163*] und **T. fabula** Gr. (rechte Klappe schräg gerippt [*164*])

158

nat. Gr.

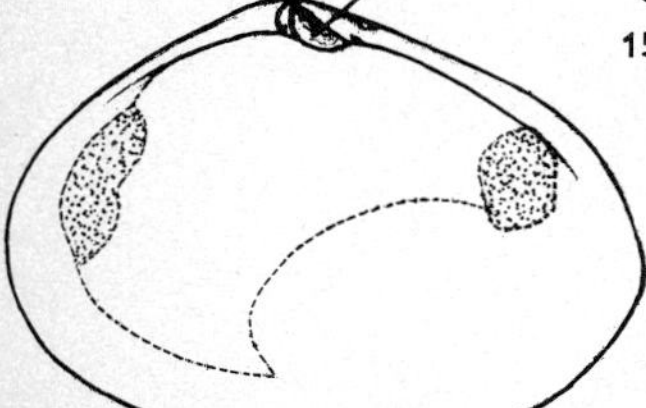

157

nat. Gr.

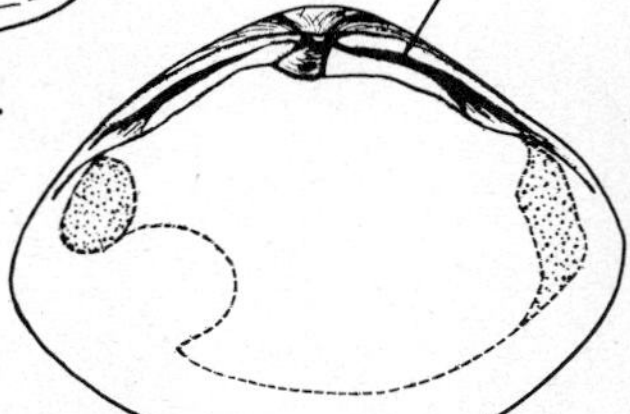

159

nat. Gr.

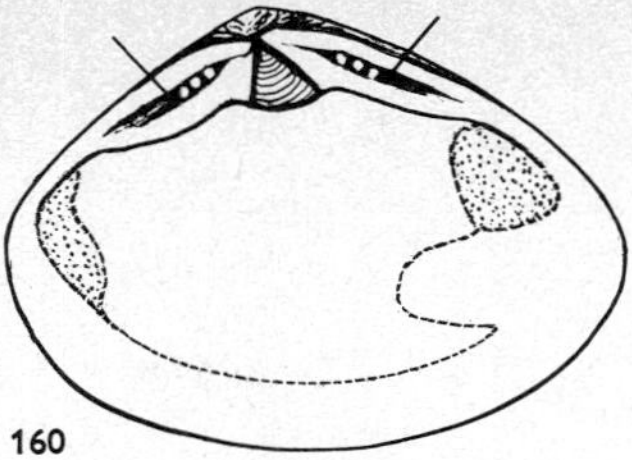

160

nat. Gr.

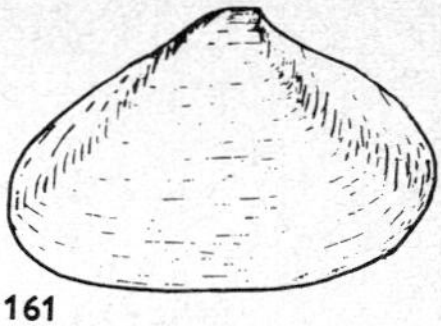

161

nat. Gr.

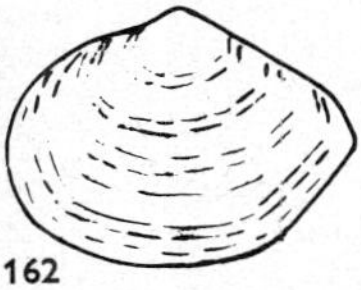

162

nat. Gr.

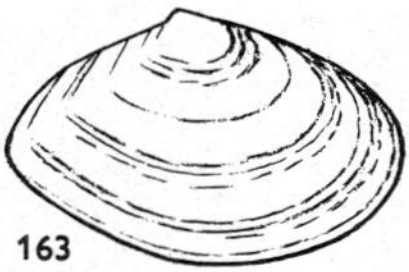

163

nat. Gr.

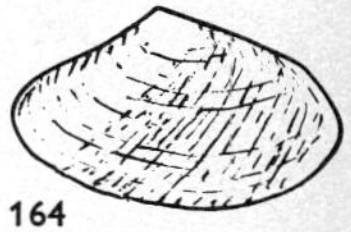

164

nat. Gr.

Im Gebiet der B. R. Deutschland besonders geschützt: Helix pomatia, Margaritifera margaritifera, alle Arten von **Anodonta** u. **Unio.**

Literatur

Ehrmann, P. Mollusca in: Tierwelt Mitteleuropas (Leipzig 1937), dazu Ergänzungen u. Berichtigungen von A. Zilch u. S. Jaeckel (Leipzig 1962) – Geyer, D. Unsere Land- u. Süßwasser-Mollusken. Stuttgart 1927 – Janus, H. Unsere Schnecken und Muscheln, Stuttgart 1968 – Jaeckel, S. (sen.) Mollusca, Weichtiere, in Stresemann: Exkursionsfauna von Deutschland. Berlin 1967 – Ziegelmeier, F. Die Muscheln der deutschen Meeresgebiete. Hamburg 1962 – Die Schnecken (Gastropoda, Prosobranchia) der deutschen Meeresgebiete und brackigen Küstengewässer. Hamburg 1966 — Kerney, M. u. Cameron, R. A field guide to land snails of Britain and North-west Europe. Collins, London 1979. – Lindner, G. Muscheln und Schnecken der Weltmeere. BLV Bestimmungsbuch. München/Wien/Zürich 1982.

Articulata, Gliedertiere

Stamm: **Annelida,** Ringelwürmer

Körper besteht aus dem Kopflappen (Prostomium) vor der Mundöffnung, hintereinanderliegenden, ± gleichartigen Segmenten u. der Afterzone (Pygidium). Bestimmung nur an adulten u. häufig nur an lebenden Tieren möglich, auf die sich auch Farb- u. Größenangaben beziehen. Betäubung mit 10%igem Alkohol, Tötung u. Fixierung in 4%igem Formalin, Konservierung in 75%igem Alkohol. **Abkürzungen: l = lang, b = breit, h = hoch, Vd = Vorder-, Mt = Mittel-, Ht = Hinter-, O = Ober-, U = Unter-, Segm = Segment(e).** Nur deutsche Arten berücksichtigt; Zahl vor Gattungsnamen = Artenzahl in Mitteleuropa. System: Kl. **Polychaeta,** dazu auch die Ord. **Archiannelida,** Kl. **Clitellata** mit den Ordnungen **Oligochaeta** u. **Hirudinea.**

1. Htende mit Haftscheibe od. Saugnapf (z. B. [*25, 31*]) ***2***

— Htende ohne Haftscheibe od. Saugnapf, höchst. mit Kiemennapf [*16*] ***3***

2. Segm in vordere kürzere u. längere hintere Ringel geteilt. Bis 12 mm. „Parasitisch" an Flußkrebsen
Fam. **Branchiobdellidae** (**Oligochaeta**) S 90

— Gleichmäßig geringelt. Nicht an Krebsen
Ord. **Hirudinea,** Egel S. 94

3. Segm mit Seitenlappen (Parapodien, z. B. [*3*]) u./od. Kiemenbüschel, wenn diese fehlen, Vdkörper mit Fortsätzen (aber nicht wie [*1*]). Fast ausschließl. marin . . Kl. **Polychaeta,** Borstenwürmer S. 86

Wenn mit Parapodien u. löffelförmigen Palpen, Körper bis 2 mm **Nerillidae** (**Archiannelida**), z. B. **Nerilla antennata** Schm.

— Segm ohne Seitenlappen, höchstens mit Borsten. Vdkörper ohne od. mit 1 Tentakel ([*18, 19*]). Körper fast immer über 3 mm, nicht bewimpert. Meist limnisch od. terrestrisch
Ord. **Oligochaeta,** Wenigborster S. 90

Sehr selten mit Kiemen an Segm (**Branchiura sowerbyi,** s. **Oligochaeta** Nr. **8**)

— Segm ohne Seitenlappen od. Kiemen. Kopfende mit 2 Fühlern [*1*] od. ohne Fühler, dann Körper unter 3 mm, ± bewimpert [*2*]. Marin, häufig im Sandlückensystem . . . . Ord. **Archiannelida**

Ca. 20 Arten. Wichtige Fam. **Polygordiidae** (Mit 2 Tentakeln. Habitus [*1*]), **Polygordius** Schneid. (Tentakel unbeweglich), z. B. **P. appendiculatus** Fraip. (20 mm); **Protodrilus** Hatsch. (Tentakel beweglich), z. B. **P. purpureus** Schneid. [*1*] (Bis 15 mm). **Dinophilidae** (Ohne Tentakel. Habitus [*2*]), z. B. **Dinophilus** Schm., häufig **D. gyrociliatus** Schm. [*2*]. (Bis 1,3 mm).

Klasse: **Polychaeta,** Borstenwürmer, Vielborster

Rumpfsegm meist mit Seitenlappen (= Parapodien [*3*]), häufig mit Kiemen oberhalb des Dorsalastes. Kopfregion häufig mit Anhängen [*4*] wie Antennen u. Palpen (diese in Nähe der Mundöffnung) als Sinnesorgane, Tentakelcirren (reduzierte Parapodien auf Segm hinter Mundöffnung), Tentakel (dienen der Nahrungsaufnahme [*10–15*]). Meist getrenntgeschlechtlich. Entwicklung über Trochophora-Larve. Kriechend od. grabend, seltener frei schwimmend, häufig in Röhren am Boden. Räuber, Pflanzen- od. Detritusfresser. Marin, einige Arten terrestrisch. Etwa 50 Familien mit ca. 150 Arten.

1. Rücken mit feinem Borstenfilz, Seiten mit irisierenden Borstenbündeln u. harten dunklen Borsten. Bis 4 cm b . . . . **Aphroditidae**

Nur **Aprodite aculeata** L., Seemaus [*5*] (Bis 22 cm l), auf Schlick, Nordsee.

— Gestalt anders, Körper schmaler ***2***

2. Mit Schuppen, die Rücken überdecken („Elytren")

a) Mit 12–18 Paar Elytren: **Polynoidae,** häufig **Lepidonotus squamatus** (L.) [*6*] (12 Paar Elytren. Bis 50 mm); mit 15 Paar Elytren, die Rücken nicht völlig bedecken: 7; **Harmothoe** Kinb. (Dorsale Borsten dicker als ventrale), z. B. **H. imbricata** (L.) (Bis 65 mm); **Gattyana cirrosa** (Pall.) (Dorsale Borsten dünner als ventrale). Bei weiteren Arten bedecken Elytren Rücken vollständig.
b) Mit zahlreichen Elytren (über 18): **Sigalionidae,** z. B. **Pholoe minuta** (F.) (Bis 25 mm).

— Ohne derartig angeordnete Rückenschuppen ***3***

3. Segm ± gleichartig u. mit deutl. Parapodien, diese mit Cirren. Prostomium mit manchmal kurzen Anhängern (meist Antennen u. Palpen): weitere Fam. der Ord. **Errantia,** vorwiegend U.Ord. **Nereimorpha** *4*

— Körper in ungleiche Abschnitte geteilt; wenn Segm gleichartig, dann diese nicht zugleich mit Parapodien u. Kopfanhängen Ord. **Sedentaria** *8*

4. Oseite der Segm dreifeldrig gegliedert. Körperquerschnitt ± vierkantig. Bis 200 mm . . . . **Nephthydidae**

Häufig nur 5; **Nephthys** Cuv., z. B. **N. hombergii** Sav., im Sand, Schlick.

— Anders *5*

5. Vdende mit verlängerten Anhängen *6*

— Vdende mit kurzen Anhängen

a) Körper mit Längsreihen von großen, kugeligen Papillen: **Sphaerodoridae, Sphaerodorum flavum** Oerst. (Segm mit je 2 Papillen. Bis 60 mm); 2; **Sphaerodoridium** Lütz. (Segm mit mind. 4 Papillen. Bis 15 mm), z. B. **S. balticum** (Reim.), Ostsee. b) Ohne derart. Papillen: **Glyceridae** (Kopf mit 4 kleinen Antennen, mit Rüssel), nur 4; **Glycera** Sav., häufig **G. alba** (Müll.) (Bis 75 mm), räuberisch. **Pilargiidae** (Kopf mit 1 medianen u. 2 seitl. Antennen u. 2 Paar Tentakelcirren), nur **Synelmis klatti** (Friedr.) (13 mm). (Außerden einige **Syllidae** s. Nr. **7**). – Hierher auch **Spintheridae** mit **Spinther arcticus** (Sars), einziger Vertreter der U.Ord. **Amphinomiformia,** (Sondermerkmal: Körper oval, bis 9 mm), auf Schwämmen.

6. Parapodien mit dorsalen u. ventralen zungenförm. Lappen [*3*]. Vdende mit 2 Antennen, 2 2gliedr. Palpen u. 4 Augen [*4*] . . . . **Nereidae**

Platynereis dumerili (Aud. et Edw.) (Längster Fühler bis 15. Segm reichend. Bis 90 Segm = 100 mm); 6; **Nereis** L. (Längster Fühler kürzer, höchstens bis 6. Segm reichend), häufig **N. virens** (Sars) (Bis 200 Segm = 900 mm. Grün bis blau), übrige Arten kleiner, z. B. **N. diversicolor** Müll. (Bis 120 Segm = 200 mm) u. **N. pelagica** L. [7] (Bis 100 Segm = 155 mm).

— Anders *7*

7. Dorsalcirren (u. Bauchcirren, wenn vorhanden) ± blattförmig. Parapodien meist einästig . . . . **Phyllodocidae**

a) Kopf mit 5 Tentakeln: **Notophyllum foliosum** (Sars) (Dorsalcirren breit nierenförmig. Bis 60 mm); **Eulalia viridis** (L.) (Dorsalcirren in Spitze auslaufend. Körper ± grün, bis 150 mm). **Eumida sanguinea** (Oerst.) (Ebenso, aber mehr gelblich bis bräunlich. Bis 65 mm). b) Kopf mit 4 Tentakeln: mehr. Gattg., dar. 5; **Eteone** Sav. (2 Paar Tentakelcirren am 1. Segm), z. B. **E. longa** (F.) (Bis 160 mm); 4; **Anaitides** Czern. (4 Paar Tentakelcirren an 3 vord. Segm), z. B. **A. maculata** (L.).

— Dorsal- u. Ventralcirren ± kugelig . . . . **Pisionidae**

Nur **Pisione remota** (South.) (Bis 26 mm), im Sandlückensystem.

— Parapodien an Basis stark verlängert, zweiästig, mit Flossensäumen **Tomopteridae**

Nur 2; **Tomopteris** Esch., im Plankton, z. B. **T. helgolandica** Greef (Bis 90 mm).

— Parapodien anders . . . . . . weitere (z. T. artenarme) Familien

a) Körper ± drehrund. Dorsalcirren häufig lang, fadenartig: **Syllidae** (Parapodien einästig), z. B. **Autolytus prolifer** (Müll.) (Bis 20 mm). **Hesionidae** (Parapodien meist zweiästig), z. B. **Nereimyra punctata** (Müll.) (Bis 25 mm); im Sandlückensystem **Hesionides arenaria** Friedr. (Bis 3 mm). b) Körper ± abgeplattet. Dorsalcirren nicht fadenartig: **Dorvilleidae** (Bis 25 mm), nur **Protodorvillea kefersteini** (McInt.). **Onuphidae** (Größer), nur **Onuphis conchylega** Sars.

8. Körper wurmförmig. Kopfregion ohne Anhänge. Parapodien reduziert, ohne od. mit wenig entwickelten Lappen . . U.Ord. **Drilomorpha** *9*

Mit 2 bis zahlreichen Tentakeln nur **Cirratulidae, Flabelligeridae** (s. Nr. **9**).

— Körper wurmförmig. Kopfregion mit 2 verlängerten Fangtentakeln. Mit deutlichen Parapodien . . . . U.Ord. **Spiomorpha** *10*

Ohne Tentakeln nur **Orbiniidae, Lumbrineridae, Goniadidae** (s. Nr. **10**)

— Nur Htende des Körpers wurmartig. Vdende mit zahlreichen Tentakeln (z. B. [*15*]) od. Tentakelkrone [*13*] od. mit zahlreichen fadenförmigen Tentakeln um Mundöffnung u. konzentrisch angeordneten Lamellenborsten [*10*] *11*

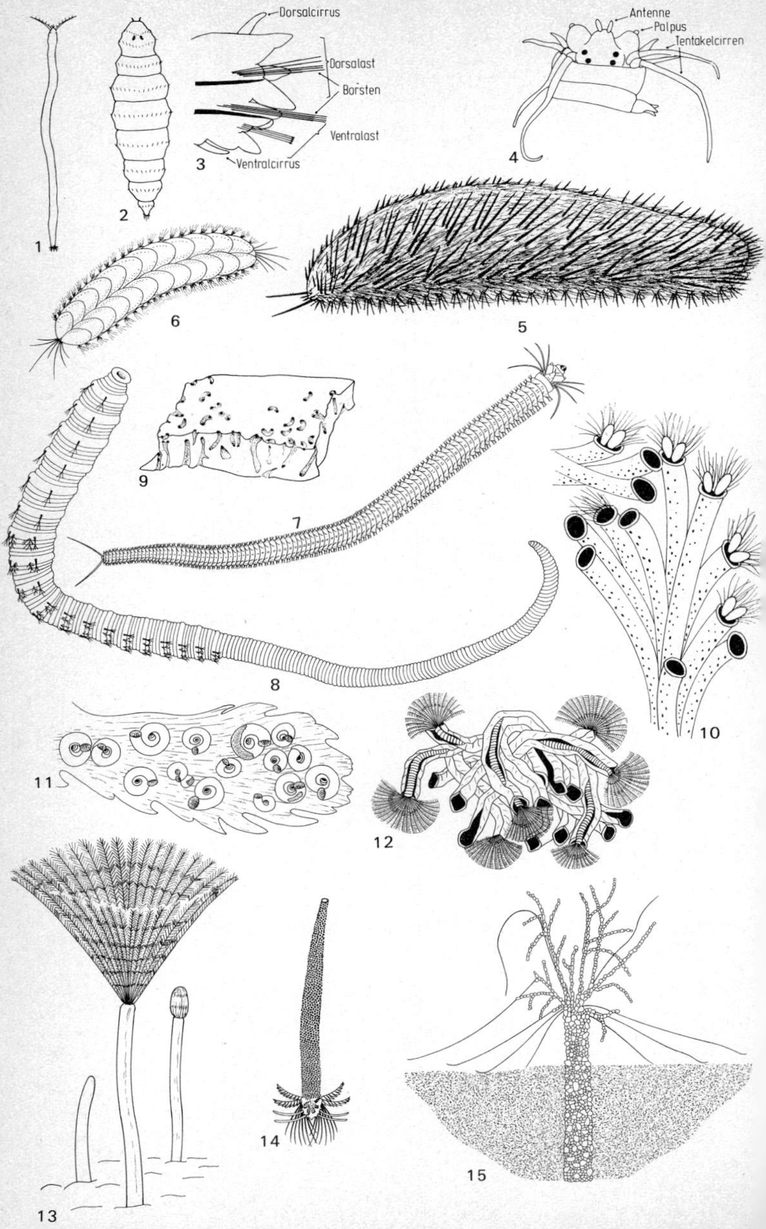

Dorsalcirrus
Dorsalast
Borsten
Ventralast
Ventralcirrus
Antenne
Palpus
Tentakelcirren
1
2
3
4
5
6
7
8
9
10
11
12
13
14
15

9. Körper in 3 Abschnitte gegliedert. Mittl. Segm mit büscheligen Kiemen. Segm sekundär geringelt [*8*] . . . . **Arenicolidae**

Nur **Arenicola marina** (L.), Wattwurm [*8*] (Bis 300 mm), Substratfresser, lebt in U-förmigem Gang, Kothäufchen im Watt auffallend.

— Körper in 2 Abschnitte gegliedert, regenwurmähnlich, ohne deutliche Anhänge, höchstens hinten mit Kiemen . . . . **Capitellidae**

Häufig **Capitella capitata** (F.) (Vdkörper mit 9 Segm. Bis 120 mm), Substratfresser; **Heteromastus filiformis** (Clap.) (Vdkörper mit 12 Segm. Vorn rot, hinten gelb. Bis 190 mm).

— Körper anders . . . . weitere Familien

Darunter **Opheliidae** (Körper meist mit Längsfurche), z. B. 2; **Ophelia** Sav., häufig **O. limacia** (Rathke) (Bis 55 mm). **Cirratulidae** (Ein vord. Segm mit 1 Paar od. vielen Tentakeln), z. B. **Cirratulus cirratulus** (Müll.) (Bis 300 mm). **Flabelligeridae** (Vdende mit 2 Tentakeln, Körper mit schleimabsondernden Papillen besetzt), z. B. **Pherusa plumosa** (Müll.) (Bis 60 mm). **Scalibregmidae** (Prostomium T-förmig od. vorn eingeschnitten), z. B. **Polyphysia crassa** (Oerst.) (Bis 40 mm). In Humus u. Streu von Laubwäldern **Parergodrilus heideri** Reis. (**Parergodrilidae**).

10. Körper nicht in Regionen geteilt. Parapodien 2ästig . . **Spionidae**

Viele Gattg., darunter 6; **Polydora** Bosc (5. Borstensegm abweichend gestaltet, mit dicken Borsten od. Haken), z. B. **P. ciliata** (Johnst.) bohrt in Molluskenschalen u. Hartsubstraten [*9*]. Bei übr. Gattg. 5. Borstensegm nicht abweichend gestaltet, häufig **Pygospio elegans** Clap. (Kiemen vom 11.–13. Borstensegm an. Körperende mit 4 Lappen. Bis 15 mm), in mit Schleim ausgekleideten senkrechten Gängen.

— Körper mit 2–3 Regionen, wenn nicht, dann Parapodien 1ästig

Mehrere Familien. Wichtig **Orbiniidae** (Vdende ohne Tentakeln. Parapodien nach hinten stärker auf Dorsalseite verschoben), häufig **Scoloplos armiger** (Müll.) (Kieme vom 11.–13. Borstensegm auf dem Rücken. Bis 120 mm). **Lumbrineridae** (zu **Nereimorpha**) (Vdende ohne Tentakeln. Parapodien nicht dorsal verschoben), nur 4; **Lumbrineris** Blainv., z. B. **L. fragilis** (Müll.) (Bis 380 mm). **Goniadidae** (zu **Nereimorpha**) (Vdende ohne Tentakel, aber mit Antennen. Prostomium geringelt), z. B. **Goniada maculata** Oerst. (Bis 100 mm).

11. Vdende mit Tentakelkrone, Tentakel gefiedert od. verzweigt U.Ord. **Serpulimorpha** ***12***

— Vdende mit zahlr. Tentakeln, diese nicht als Krone, ungefiedert od. -verzweigt. Ohne konzentrische Lamellenborsten U.Ord. **Terebellomorpha** ***13***

— Vdende mit Tentakelfäden um Mund u. konzentrisch angeordneten Lamellenborsten [*10*] . . . . . **Sabellariidae** (zu **Serpulimorpha**)

Nur 2; **Sabellaria** Sav., häufig **S. spinulosa** Leuck. (Bis 30 mm), in orgelpfeifenähnlichen, unregelmäßigen Röhren aus Sand.

12. Mit 1–2 Deckeln (Verschluß der Röhre), Röhre aus Kalk . **Serpulidae**

a) Körper asymmetrisch. Kalkröhre spiralig aufgerollt [*11*]: 4; **Spirorbis** Daud., häufig **Sp. spirobis** (L.) [*11*] (Bis 6,5 mm), mehr auf Braunalgen, **Sp. granulatus** (L.) (Bis 5 mm), mehr auf Hartsubstraten. b) Symmetrisch: häufig **Pomatoceros triqueter** (L.) [*12*] (Kalkröhre dreikantig, weiß. Bis 25 mm), auf Hartsubstraten.

— Ohne Deckel. Röhre membranös, biegsam, außen meist mit Fremdpartikeln beklebt . . . . **Sabellidae**

Mehrere Gattg., darunter **Fabricia sabella** (Ehr.) (Bis 8 mm. Augen am Vd- u. Htende), bildet Sekretröhren zwischen Algen usw.; **Sabella penicillus** L. [*13*] (100–375 mm. Beiderseitig 30–50 freie Kiemenfäden), Röhre ragt 10 cm über Bodenoberfläche.

13. Körper in 3 Regionen (3. = borstenloser Schwanz) . **Pectinariidae**

Nur 3; **Pectinaria** Sav., häufig **P. koreni** (Malmgr.) [*14*], Köcherwurm, in Gehäuse aus aneinandergeklebten Sandkörnern, mit Kopf nach unten im schlickigen Feinsand.

— Körper in 2 Regionen. Kiemen meist baumförmig verzweigt (selten fadenförmig od. fehlend). Tentakel nicht einziehbar . . **Terebellidae**

Mehrere Gattg., häufig **Lanice conchilega** (Pall.) [*15*] (Bis 300 mm), im Sand in inkrustierten Röhren, aus denen Vdende mit Fransenkrone herausragt, suchen mit langen Tastern Umgebung nach Nahrung ab.

— Körper in 2 Regionen geteilt, im übrigen andere Merkmale

Ampharetidae (Tentakel in Mund einziehbar), z. B. 2; **Ampharete** Malmgr., **A. finmarchica** (Sars) (Bis 50 mm). **Trichobranchidae** (Kiemen geringelt od. gefiedert), häufig **Terebellides stroemi** Sars (Bis 75 mm).

Ord. **Oligochaeta,** Wenigborster

Segm ohne Parapodien, ± gleichartig, meist mit Borsten [*16*], die mit Basis in Tierkörper stecken. Borsten meist jederseits in einer dorsalen u. ventralen Reihe, häufig in Bündeln. Zwitter, Eier in Kokons (vom Gürtel = Clitellum [*22*] gebildet). Entwicklung direkt. Fortbewegung kriechend, selten schwimmend. Detritusfresser, seltener Räuber, Aasfresser od. Parasiten. Im Süßwasser u. auf dem Land, seltener im Meer. Einige Arten in Warmhäuser eingeschleppt, hier nicht erwähnt. 9 Familien mit ca. 150 Arten.

1. An Land, meist im Boden od. in Bodenstreu ***14***

— Im Wasser, meist Süßwasser ***2***

2. Htende mit Saugnapf . . . . **Branchiobdellidae**

An Kiemen od. Außenseite von Flußkrebsen, aber nicht schmarotzend. Nur 4; **Branchiobdella** Od. (3–12 mm), z. B. **B. parasita** (Braun).

— Htende ohne Saugnapf, aber mit mehr. Afterkiemen [*17*]

Einige **Naididae. Aulophorus furcatus** (Ok.) (Afterkiemen fadenartig. 6–12 mm); 4; **Dero** Ok. (Afterkiemen kurz, lappenartig [*17*]. 6–32 mm), z. B. **D. digitata** (Müll.) (Kiemen [*17*]).

— Htende ohne Saugnapf od. Afterkiemen ***3***

3. Mit langen Haarborsten [*16*] (daneben auch andere Bosten), häufig Tierketten bildend ***4***

— Ohne lange Haarborsten ***12***

4. Haarborsten in den dorsalen u. ventralen Borstenbündeln. Mit bewimperter Kriechscheibe, dadurch gleit. Kriechen . **Aeolosomatidae**

6; **Aeolosoma** Ehr. (1–10 mm. Haut mit farbigen od. farblosen Ölkugeln) z. B. **A. niveum** Leyd.; **Hystricosoma chappuisi** Mich. (Bis 0,6 mm), an Flußkrebsen.

— Haarborsten nur in den dorsalen Borstenbündeln. Ohne bewimperte Kriechscheibe . Viele **Naididae,** einige **Tubificidae** (bei Nr. **8** u. **9**) ***5***

5. Vdende mit an der Basis scharf abgesetztem Tentakel [*18*] . . . . **Stylaria lacustris** (L.)
Mit Augen. Tierketten bis 18 mm, an Wasserpflanzen, Pfählen, auch Brackwasser.

— Vdende ohne Tentakel, wenn mit an der Basis allmählich in den Kopf übergehenden Tentakel [*19*], dann ohne Augen od. Gestalt anders ***6***

6. Dorsale Borstenbündel (wie auch ventrale) im 2. Segm beginnend. Ohne Augen . . . ***7***

— Dorsale Borstenbündel erst am 4.–6. Segm (hinter den ventralen) beginnend. Meist mit Augen ***10***

7. Klein (2–15 mm). Tierketten bildend . . . . 6; **Pristina** Ehr.
P. longiseta Ehr. [*19*] (Vdende mit 1 Tentakel. Haarborsten des 3. Segm stark verlängert), bei übr. Arten kein Tentakel, Haarborsten etwa gleich, z. B. **P. rosea** (Pig.).

— Körper über 15 mm l. Keine Tierketten bildend . . . . einige **Tubificidae** ***8***

8. Hintere Segm mit Rücken- u. Bauchkieme. Bis 185 mm. In Gewächshäusern, aus Asien nach Europa verschleppt . . . . **Branchiura sowerbyi** Bedd.

— Hint. Segm ohne derartige Kiemen ***9***

9. Haut mit ± undurchsichtigen Papillen. Bis 55 mm 3; **Peloscolex** Leidy. Im Meer **P. benedeni** (Ud.), im Süßwasser z. B. **P. ferox** (Eis.)

— Haut ohne Papillen. Haarborstenbündel mit je 2 am Ende geschlängelten Borsten [*16*]. Bis 35 mm. Im Brackwasser . . . . **Postiodrilus sondersi** Boldt

— Haut ohne Papillen. Haarborsten anders. 15–85 mm . . . . 7; **Tubifex** Lam.
An Segm 11 paariger Penis. Am Gewässerboden in Schlammröhren, Htende frei im Wasser, sich pendelnd bewegend. Häufig **T. tubifex** (Müll.) Außerdem einige Arten von **Ilyodrilus** Eis. u. **Rhyacodrilus** Bret. (Bei dieser Gattg. kein Penis vorhanden), z. B. **Rh. coccineus** (Vejd.), im Schlamm.

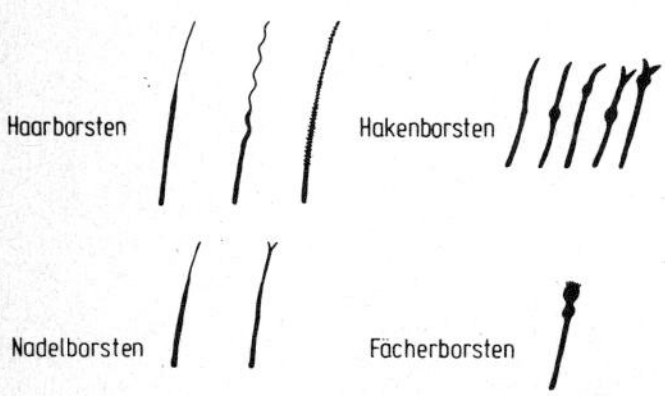

16

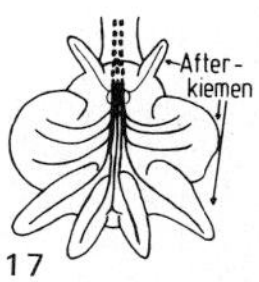

17

19

20

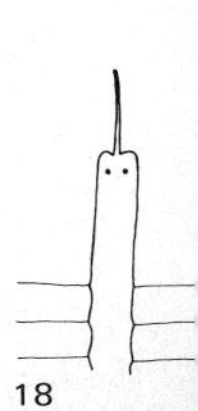

18

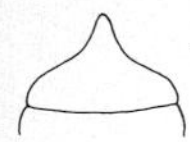

21

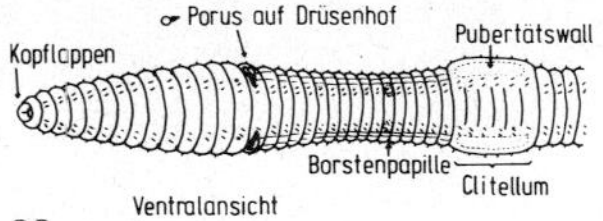

22

23

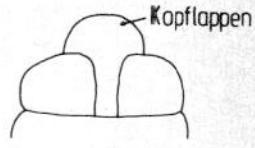

24

10. 3 Borstenbündel (an Segm 6–8) verlängert. Mit Rüssel . . . . . **Ripistes parasita** (Schm.)
Tierketten bis 7,5 mm, in hyalinen Schlammröhren.

— 1 Bostenbündel (an Segm 6) verlängert. Ohne Rüssel . . . . **Slavina appendiculata** (Ud.)
2–20 mm. In feiner Hülle aus Fremdkörpern, gern in Moortümpeln.

— Keine verlängerten Borstenbündel ***11***

11. Haarborsten zu 4–8 im Borstenbündel, einzellig gesägt od. gefiedert. 2–8 mm. Sich bei Störung spiralig einrollend. In Moortümpeln . . . . **Vejdovskyella comata** (Vejd.)

— Haarborsten je Bündel meist unter 4, glatt. Bis 12 mm . . . . 9; **Nais** Müll. s. l.
Häufig z. B. **N. variabilis** (Pig.), mehrere Arten auch im Brackwasser, häufig **N. elingius** Müll., zwischen Wasserpflanzen u. am Boden.

12. Rückenborsten am 3. (dann 3. Segm viel länger als 4.), 5. od. 6. od. weit hinten beginnend od. fehlend . . . . mehrere **Naididae** ***13***

— Rückenborsten am 2. Segm beginnend ***14***

13. Ohne Rückenborsten [*20*]. 1–25 mm . . . . 5; **Chaetogaster** v. Baer
Kommensal auf Süßwasserschnecken **Ch. limnaei** v. Baer, übrige Arten freilebende Räuber, z. B. **Ch. diaphanus** (Gruith.) [*20*] (Bis 25 mm. Durchsichtig), auch im Brackwasser, **Ch. diastrophus** (Gruith.) (Bis 5 mm. Mit langen Sinnesfortsätzen).

— Rückenborsten vorhanden, am 3. Segm beginnend . . . . . . 2; **Amphichaeta** Taub.
3. Segm viel länger als 4. Im Süßwasser **A. leydigii** Taub.

— Rückenborsten vorhanden, am 5. Segm beginnend. Ohne Augen . . . . 3; **Paranais** Czern.
Meist Brackwasser, z. B. **P. litoralis** (Müll.) (Bis 14 mm).

— Rückenborsten vorhanden, am 6. Segm beginnend. Mit Augen. **Uncinais uncinata** (Oerst.) (Rückenborsten doppelzinkige Haken [*16*]. Bis 18 mm); **Ophidonais serpentina** (Müll.) (Rückenborsten dicke gerade Nadelborsten [*16*]. Bis 36 mm).

— Rückenborsten vorhanden, ab 18.–20. Segm beginnend. Bis 20 mm **Haemonais waldvogeli** Br.

14. Meist über 2 mm dick. Ohne Rüssel. ♂ Poren als ± gut sichtbare, häufig drüsig umwallte Querschlitze auf dem 15. (seltener 14., 13. od. 12.) Segm. 8 Hakenborsten [*16*] von gleicher Form auf jedem Segm, eng gepaart, weit gepaart od. getrennt stehend ***15***
Aquatisch od. terrestrisch, wenn auf dem Land **Lumbricidae** S. 92

— Dünn, unter 2 mm dick, wenn dicker, mit Rüssel. ♂ Poren ± gut sichtbar, am 12. Segm od. davor (aber nicht vor dem 8.) ***16***
Aquatisch od. terrestrisch, wenn auf dem Land **Enchytraeidae** S. 92

15. Kopflappen vollkommen mit Mundsegm verwachsen [*21*] **Glossoscolecidae**
(= **Criodrilidae**). Nur **Criodrilus lacuum** Hoffm. (Bis 320 mm. Mtkörper im Querschnitt trapezförmig. Clitellum, wenn vorhanden, ab 16. Segm über 30–35 Segm), im Schlamm von Gewässern.

— Kopflappen seitl. vom Mundsegm getrennt [*23*, *24*] **Lumbricidae** S. 92

16. Körper fadenartig, bis 300 mm l, bis 1,5 mm b . . . **Haplotaxidae**
(= **Phreoryctidae**). Borsten einzelnstehend zu 4 od. 2 im Segm, nur **Haplotaxis** (= **Phreoryctes**) **gordioides** (Hart.), in kalten, meist unterirdischen Gewässern.

— Körper weniger fadenförmig. Borsten meist in Borstenbündeln. Im Segm mehr als 6 Bosten ***17***

17. Borstenbündel mit höchstens je 2 Borsten, Borsten einfach od. gabelspitzig. Über 25 mm. Gelblichrot bis braun . . **Lumbriculidae** ***18***

— Borstenbündel in vielen Segm (besonders ventral) mit über 2 Borsten, diese selten fehlend. Häufig kleiner u. anders gefärbt ***19***

18. Kopflappen mit langem Rüssel . . . . 2; **Rhynchelmis** Hoffm. In Kaltwasser, z. B. **Rh. limosella** Hoffm. (80–140 mm). In Höhlen außerdem **Guestphalinus wiardi** (Mich.) (50–65 mm).
— Kopflappen ohne Rüssel: **Stylodrilus heringianus** Clap. (Am 10. Segm ventral 2 starre, kegelförmige Anhänge. 25–40 mm); **Lumbriculus variegatus** Gr. (Ohne derart. Anhänge. 40–80 mm); in Höhlen **Trichodrilus lengersdorfi** Mich. (Bis 40 mm).

19. Rückengefäß nur im Vdkörper. Borsten einfachspitzig, selten doppelspitzig (dann Körper weißlich, bis 6 mm) . . . **Enchytraeidae** S. 92
— Rückengefäß fast im gesamten Körper. Mind. ventrale Borstenbündel mit gabelspitzigen Borsten. Rötlich . . . . . . einige **Tubificidae**
4; **Limnodrilus** Clap. (25–80 mm), im Süßwasser, z. B. **L. udekemianus** Clap.; hierher auch Arten von **Ilyodrilus** u. **Rhyacodrilus** (s. Nr. **9**). Mehrere Arten an Meeresküste, darunter **Tubifex costatus** (Clap.) (10–30 mm), im Grundwasser des Strandes z. B. **Spiridion insigne** Kn. (5–10 mm).

Fam. **Enchytraeidae**

Körper weißlich od. gelblich, selten rötlich. Vor allem an Land (wenn in folg. Tabelle nicht anders angegeben). Detritusfresser im Boden u. in Pflanzenstreu.

1. Ohne Borsten . . . . 6; **Achaeta** Vejd., z. B. **A. eiseni** (Vejd.) (Bis 10 mm)
— Mit Borsten *2*
2. Borsten s-förmig, mit knotenartiger Verdickung vor der Spitze [*16*] **Enchytraeina lutheri** v. Bül. (2 riesige ventrale Borsten in Segm 12), Geröllstrand, Ostsee. Bei übr. Gattg. keine Riesenborsten, 7; **Mesenchytraeus** Eis. (Meist über 10, bis 35 mm), häufig **M. armatus** (Lev.); 3; **Cernosvitoviella** Niels. et Chr. (2–7 mm), an Ostseeküste **C. immota** (Knöll.).
— Borsten S-förmig od. gerade, ohne knotenartige Verdickung an der Spitze [*16*] . . . *3*
3. Borsten S-förmig, mit einfacher Spitze *4*
— Borsten S-förmig, mit Doppelspitze **Propappus volki** Mich. (Bis 6 mm), im Wasser.
— Borsten gerade, höchstens basal etwas gebogen, mit einfacher Spitze *5*
4. Rückengefäß vor Clitellum beginnend . . . . 2; **Buchholzia** Mich. Häufig **B. appendiculata** (Buchh.) (Bis 15 mm); selten **Stercutus niveus** Mich.
— Rückengefäß im Bereich des Clitellums od. dahinter beginnend . . . mehrere Gattungen Im Binnenland im Boden v. a. **Cognettia** Niels. et Chr., in feuchten Böden häufig **C. sphagnetorum** (Vejd.) (Bis 25 mm), auch im Süßwasser. An Meeresküste u. a. viele Arten von **Lumbricillus** Oerst., häufig **L. lineatus** (Müll.) (Bis 13 mm).
5. Oesophagus mit plötzlicher Erweiterung in Mtdarm übergehend . . . 9; **Henlea** Mich. Im Binnenland im Boden, häufig z. B. **H. ventriculosa** (Ud.) (Bis 15 mm).
— Oesophagus allmählich in Mtdarm übergehend . . . . mehrere Gattungen 19; **Fridericia** Mich. (Borsten im Bündel ungleich, die kürzesten in der Mitte, paarweise angeordnet), meist terrestrisch, häufig z. B. **F. bisetosa** (Lev.) (Bis 20 mm). Bei übr. Gattg. Borsten im Bündel gleich l: 6; **Enchytraeus** Henle, meist terrestrisch, **E. albidus** Henle (Bis 35 mm) auch am Meeresstrand. Außerdem Arten von **Lumbricillus** u. **Enchytraeoides,** meist an Meeresküste, z. B. **L. pagenstecheri** (Ratz.) (Bis 25 mm).

Fam. **Lumbricidae,** Regenwürmer

Körper 2–30 cm l, drehrund. Für Bestimmung wichtige Merkmale [*22*]: ♂ Poren an Segm 13 od. 15, oft auf Drüsenhöfen; Clitellum häufig mit drüsigen Verdickungen (länglichen Pubertätswällen od. rundlichen Pubertätstuberkeln); manche Borsten auf Borstenpapillen. Kopflappen bei Numerierung der Segm nicht mitgezählt. Fast immer Landbewohner, graben Gänge im Boden od. leben in Pflanzenstreu u. a., fressen totes organisches Material. Tab. nur für geschlechtsreife Würmer!
Abkürzungen: Cl = Clitellum, PubWall = Pubertätswall, PubTuberkel = Pubertätstuberkel. Längenangabe in cm.

1. Kopflappen teilt das folgende (1.) Segm vollkommen [*23*] . . . *2*
— Kopflappen teilt das folgende Segm nicht vollständig [*24*] . . . *3*
2. Mit PubWällen. Cl an Segm 27 od. dahinter beginnend 9; **Lumbricus** L.
a) Cl an Segm 27–32 (26–32), PubWälle an Segm 28–31: **L. rubellus** Hoffm. (7–15 cm. Oben rotbraun bis violett). Ähnlich die seltene **Dendrobaena illyrica** (Cogn.), aber PubWälle an Segm 31–33, bis 4 cm l. b) Cl an Segm 28–32, PubWälle an Segm 28–31: **L. pusillus** Wess. (4–6 cm), selten. c) Cl an Segm 28–33, PubWälle an Segm 29–32: **L. castaneus** (Sav.) (3–5 cm. Oben braun bis violett, irisierend), in feuchten Böden häufig. d) Cl an Segm 32–37 (31–37), PubWälle an Segm 33–36. Htende ± abgeplattet: **L. terrestris** L. (9–30 cm. Oben vorn dunkel, hinten dunkle Längsstreifen), häufig. Ähnlich **L. badensis** (Mich.) (Cl an Segm 32–38. Ca. 15 cm. Braun), selten. e) Cl an Segm 34–39, PubWälle an Segm 35–38: **L. festivus** (Sav.) (5–10 cm. Oben rotbraun bis braun). – Außerdem einige weitere sehr seltene Arten in Süddeutschland.
— Ohne PubWälle, Cl an Segm 25–32. 3–6 cm. Selten **Eisenia eiseni** (Lev.)

3. ♂ Poren am 13. (selten 15.) Segm. Cl an Segm 23–26 (22–27), PubWälle an Segm 23–25. 3–5 cm. ± vierkantig **Eiseniella tetraedra** (Sav.), Gewässerufer.

— ♂ Poren am 15. Segm. PubWälle od. PubTuberkel an od. hinter Segm 25 beginnend. Körper nicht vierkantig *4*

4. Cl an Segm 29 od. 30 beginnend, über 6 Segm reichend, PubWälle 4 Segm umfassend. Bleichgrau, selt. bräunlich . . 2; **Octolasium** Oerl.
O. lacteum (Oerl.) (Cl an Segm 30–35, PubWälle an Segm 31–34 (31–33). 4–10 cm); **O. cyaneum** (Sav.) (Cl an Segm 29–34. PubWälle an Segm 30–33 (29–34). 6–18 mm).

— Andere Merkmalskombination
Allolobophora Eis. s. l., **Dendrobaena** Eis., **Eisenia** Malm *5*

5. Cl hinter Segm 30 beginnend
a) Cl an Segm 35–42 (33–44), PubWälle an Segm 36–41 (35–44): **A. icterica** (Sav.) (6–8 cm. Gelb bis grau), selten. b) Cl an Segm 33–37, PubTuberkel an Segm 35, 36 u. 37: **D. pygmaea** (Sav.) (Unter 2 cm. Rot), selten.

— Cl an Segm 22 (od. 21) beginnend (bis Segm 32 reichend), PubWälle an Segm 29–30. 3–8 cm. Im Wasser u. Uferschlamm . . . . **A. oculata** (Hoffm.)

— Cl zwischen Segm 24 (sehr selten 23) u. 29 beginnend *6*

6. Drüsenhöfe der ♂ Poren am Segm 15 auf Segm 14 u. 16 übergreifend
Arten von **Allolobophora**: a) Mit 3 Paar PubTuberkel auf Segm 31, 33, 35: **A. chlorotica** (Sav.) (Cl an Segm 29–37 (28–37). 5–7 cm. Grünlich, gelblich od. ohne Pigment), in feuchten Böden häufig. b) Mit 2 Paar PubTuberkel od. 1 Paar PubWällen: sehr häufig **A. caliginosa** (Sav.) (Cl an Segm 28–34 (27–35), PubTuberkel an Segm 31 u. 33 od. PubWälle an Segm 31–33 (31–34). Bauchborsten des 9.–11. Segm auf Papillen. 6–17 cm. Braun, gelblich od. grau); an sehr nassen Stellen, Gewässerufern **A. limicola** Mich. (Cl an Segm 29–35, PubWälle an Segm 33–34. Bauchborsten des 9. (12.) Segm auf Papillen. 9 cm. Vorn fleischfarben, hinten pigmentlos); seltener **A. jenensis** (Füll.) (Cl an Segm 25–32 (24–32), PubWälle an Segm 29–30. Bis 7,5 cm) u. **A. antipae** Mich. (Cl an Segm 27–33 (26–33), PubTuberkel auf Segm-Grenzen 30/31 u. 31/32 od. PubWälle an Segm 30–31. 2,5–6 mm).

— Drüsenhöfe der ♂ Poren groß (dann nur auf Segm 15 beschränkt) od. unscheinbar od. fehlend *7*

7. PubWälle hinter Segm 30 beginnend
a) Cl an Segm 28–35 (27–35), PubWälle an Segm 32–34: **A. longa** Ude (9–20 cm. Grau bis braun, irisierend). b) Cl an Segm 29–33 (27–34), PubWälle an Segm 31–33: **D. octaedra** (Sav.) (2,5–4 cm. Rotbraun bis kupferfarben, glänzend).

— PubWälle od. PubTuberkel an Segm 27 bis 30 beginnend . . . *8*

— PubWälle an Segm 25 od. 26 beginnend, wenn undeutlich, Cl weit vorn (an Segm 24) beginnend
a) Klein, 2–4 cm l: **A. parva** (Eis.) (Cl an Segm 24–30 (23–30), PubWälle an Segm 26–29 (25–30)), eingeschleppt. b) Groß, 6,5–18,5 cm l: **D. platyura** (Fitz.) (Cl an Segm 25–30 (24–30), PubWälle an Segm 26–29), Süddeutschland.

8. Mit 2 Paar PubTuberkel (können ± miteinander verschmelzen)
a) PubTuberkel auf benachbarten Segm: **D. rubida** (Sav.) (Oben ± blaßrot. Cl an Segm 27–31 (26–32), PubTuberkel an Segm 29 u. 30. ♂ Poren mit kleinen Drüsenhöfen. 5–6 cm); **E. veneta** (Rosa) (Violett bis dunkelrot. Cl an Segm 27–32 (24–33), PubTuberkel an Segm 30 u. 31. ♂ Poren mit großen Drüsenhöfen. 2,5–5 cm), selten. b) PubTuberkel an Segm 28 u. 30 (also durch 1 Segm getrennt: **A. cupulifera** Tétry (Cl an Segm 27–32 (27–33). Weißlich, vorn rosa bis bräunlich. 2–6 cm), außerdem **E. japonica** (Mich.) (Cl an Segm 24–31, PubTuberkel an Segm 27 u. 29. 4–13 cm), eingeschleppt.

— Mit 1 Paar PubWällen *9*

— Ohne PubTuberkel od. PubWälle. Cl an Segm 27–32 (27–33) **E. minuscula** (Rosa) (2–2,5 cm), selten. Bisweilen **D. tenuis** ohne PubWälle (s. Nr. **9**).

9. Bauchborsten des Segm 16 auf Papillen. Cl über 6 Segm reichend
D. subrubicunda (Eis.) (Cl an Segm 26–32 (24–32), PubWälle an Segm 28–30. Oben ± rot. 4–9 cm); **D. tenuis** (Eis.) (Cl an Segm 26–31, PubWälle an Segm 29–30 (29–31). Oben bräunlichrot. 2–8 cm), beide Arten häufig in Baumstubben.

— Bauchborsten (z. T. auch Rückenborsten) auf Papillen an anderen Segm, nicht auf Segm 16. Cl meist über mehr als 6 Segm reichend . . . *10*

10. PubWälle auf Segm 27 od. 28 beginnend

E. foetida Sav. (Cl an Segm 26–32 (24–32), PubWälle an Segm 28–30 (28–31). Rote bis braune Querbinde auf jedem Segm. 6–13 cm), häufig in Kulturland; **E. carolinensis** Mich. (Cl an Segm 24–31, PubWälle an Segm 27–29. ± rot. 3,5 cm), eingeschleppt; **A. handlirschi** Rosa (Cl an Segm 26–32 (23–34), PubWälle an Segm 28–31 (27–32). Bleich bis blaßrötlich. 6,5–10 cm), an Gewässerufern; auch **D. austriaca** (s. u.).

— PubWälle an Segm 29 od. 30 beginnend

A. rosea (Sav.) (Cl an Segm 26–32 (24–33), PubWälle an Segm 29–31 (30–31). Fleischfarben, ohne Pigment. 2,5–8 cm), häufig. **D. diomedea** (Cogn.) (Cl an Segm 25–33, PubWälle an Segm 29–31. Rot bis gelblich. 6–11 cm), selten. In Gewächshäusern außerdem **D. attemsi** (Mich.) (Cl an Segm 28–33 (28–34), PubWälle an Segm 30–32. 2–5 cm) u. **D. austriaca** (Mich.) (Cl an Segm 26–33, PubWälle an Segm 29–32 (28–30). Oben rot, zwischen Segm hell. 6,5–11 cm).

Ord. **Hirudinea,** Egel

Mit 33 Segm, diese meist sekundär geringelt, ohne Borsten. Am Htende Haftscheibe (aus 7 Segm gebildet), vorn Saugnapf an Bauchseite, in diesem Mundöffnung. Zwitter, Eiablage in Kokons, im Wasser od. in feuchter Erde. Bei manchen Glossiphoniidae Brutpflege. Ektoparasiten od. Räuber. Meist Wasserbewohner. System: **Rhynchobdellae** (Rüsselegel) mit **Glossiphoniidae, Ichthyobdellidae** (= **Piscicolidae**); **Pharyngobdellae** (Schlundegel) mit **Herpobdellidae**; **Gnathobdellae** (Kieferegel) mit **Hirudinidae, Haemadipsidae** (mit dem Landegel **Xerobdella lecomtei**).

1. Landlebend **Xerobdella lecomtei** v. Frau. (30–40 mm), am Alpensalamander, selten.

— Im Süßwasser, manchmal an feuchten Gewässerufern ***3***

— Im Meer, an Fischen . . . . viele **Ichthyobdellidae** ***2***

2. Vdende mit Augen

a) 4 Augen [*25*]: **Piscicola geometra** (s. Nr. **3**). b) 6 Augen, in einer Querreihe angeordnet: **Branchellion torpedinis** Sav. (Htkörper mit blattförm. Kiemenanhängen. 30–50 mm), selten. c) 6 Augen, zu je 2 hintereinander angeordnet: **Ottonia brunnea** (Joh.) (Mit großer Mundscheibe, wie [*25*]. 25 mm); 2; **Abranchus** Joh. (Ohne od. mit kaum abgesetzter Mundscheibe), **A. microstomus** Joh. (Fast unpigmentiert. 25 mm), **A. sexoculatus** (Malm) (Mit schwarzen Punkten in Querbändern. 10–15 mm).

— Ohne Augen

a) Groß, 100–200 mm: **Pontobdella muricata** (L.), Rochenegel. b) Klein, 20–70 mm: **Oxytonostoma typica** Malm (Oseite mit Warzen). Ohne Warzen 2; **Calobdella** Ben. et H. (Htkörper beiderseits mit Reihe pulsierender Bläschen), **C. nodulifera** Malm (Hint. Haftscheibe etwa 2mal so b wie Mundscheibe), **C. lophii** Ben. et H. (Hint. Haftscheibe 3–4mal so b wie Mundscheibe); **Platybdella anarrhinae** (Dies.) (Ohne pulsierende Bläschen).

3. Mundscheibe ± kreisförmig, deutlich vom Vdkörper abgesetzt. Parasitisch an Fischen . . . . einige **Ichthyobdellidae**

Piscicola geometra (L.), Gemeiner Fischegel [*25*] (Körper zylindrisch, langgestreckt [*25*]. Bis 100 mm), häufig; 2; **Cystobranchus** Dies. (Abgeplattet, nur etwa 5–6mal so l wie b. 15–40 mm), selten, **C. mamillatus** Malm (Ohne Augen), **C. respirans** (Trosch.) (Mundscheibe mit 4 Augen).

— Mundscheibe nicht od. wenig vom Vdkörper abgesetzt (dann verkehrtherzförmig). Nicht an Fischen ***4***

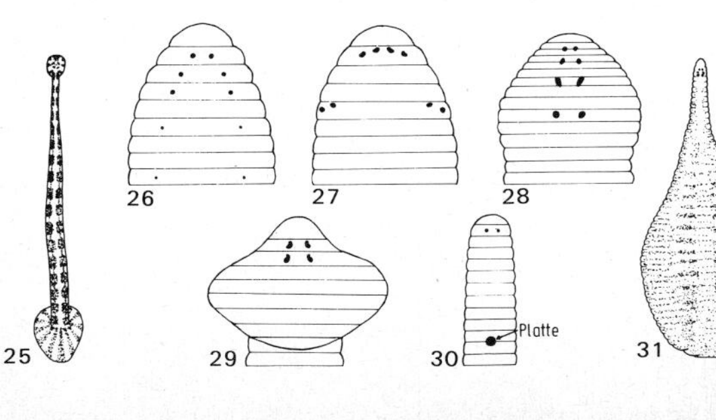

4. Vdende mit 10 Augen [*26*]. Körper 60–150 mm l . . . **Hirudinidae**

Haemopis sanguisuga (L.), Pferdeegel (Oseite bräunlich bis schwarz, nahezu einfarbig), Räuber; **Hirudo medicinalis** L., Medizinischer Blutegel (Oseite mit roten bis braunen Fleckenlängsreihen od. Längsbinden), Parasit an Säugetieren.

— Vdende mit 8 Augen, Anordnung wie [*27*], vorn Querreihe mit 4 Augen (selten zu 2 od. 3 reduziert), dahinter jederseits Querreihe von 2 Augen. Körper lang u. schmal. 30–60 mm . . . . **Herpobdellidae**

Nur 3; **Herpobdella** Blainv., Räuber, **H. lineata** (Müll.) (Jeder 5. Ring größer als übrige); **H. octoculata** (L.), Hundegel (Alle Körperringe gleich groß. ♂ u. ♀ Geschlechtsöffnung an Useite des Körpers durch 2–3 Ringe getrennt), sehr häufig, beide Arten in stehenden u. fließenden Gewässern; **H. testacea** (Sav.) (Ebenso, aber Geschlechtsöffnungen durch 4–5 Ringe getrennt), in Fließgewässern.

— Vdende mit 2–8 Augen; wenn mit 8 Augen, diese in 4 hintereinanderliegenden Paaren. Körper häufig breiter [*31*] . **Glossiphoniidae** ***5***

5. Mit 8 Augen in 4 hintereinanderlieg. Paaren [*28*] . . . . **Theromyzon tessulatum** (Müll.) Entenegel. Parasitisch an Wasservögeln. Oseite grünlich od. bräunlich, mit 4 Reihen gelber Flecken. 10–50 mm. Sehr selten; **Protoclepsis maculosa** (Rathke) (Färbung anders. 20–50 mm), an Enten.

— Mit 2–6 paarweise angeordneten Augen (manchmal verschmolzen) ***6***

6. Mundscheibe verkehrt-herzförmig vom Körper abgesetzt [*29*] **Hemiclepsis marginata** (Müll.) 25–30 mm. Parasitisch an Fischen u. Lurchen, seltener an Wirbellosen.

— Vdende ohne Mundscheibe ***7***

7. Körper glatt, ohne Warzen. 8–20 mm
a) Vdrücken mit brauner Platte [*30*]. 2 Augen: **Helobdella stagnalis** (L.) (Bis 12 mm), häufig, parasitisch an Schnecken u. Würmern. b) Vdrücken ohne braune Platte: **Glossiphonia heteroclita** (L.) [*31*] (6 Augen wie [*31*]. Meist unter 10 mm), an Schnecken, Würmern; Sehr selten **Batrachobdella paludosa** (Car.) (4 Augen), an Lurchen.

— Körper mit Warzen auf Oseite, mindestens am Htende. 10–35 mm
a) Mit 6 Augen: **Glossiphonia complanata** (L.) (Warzen rund, nur auf jedem 3. Ring. Körper hart), häufig an Würmern u. Schnecken; **Boreobdella verrucata** (Müll.) (Warzen spitz, nicht nur auf jedem 3. Ring. Körper weich), selten. b) Mit 2 Augen: 2; **Haementeria** Fil., selten. Parasiten an Wirbeltieren, **H. costata** (Müll.) (Rücken mit hellen Linien); **H. raboti** (Bl.) (Rücken dunkel).

Literatur

Autrum, H. Hirudinea, in: Brohmer, Ehrmann, Ulmer, Tierwelt Mitteleuropas. Bd. 1, Lief. 7b, Leipzig, 1958. – Graff, O. Die Regenwürmer Deutschlands. Hannover, 1953. – Hartmann-Schröder, G. Annelida, Borstenwürmer, Polychaeta, in: Dahl, Tierwelt Deutschlands, Teil 58. Jena, 1971. – Nielsen, C. O., Christensen, B. The Enchytraeidae, critical revision and taxonomy of European species. Aarhus, 1959–1963. – Ude, H., Johansson, N. Oligochaeta, Hirudinea, in: Dahl, Tierwelt Deutschlands, Teil 15. Jena, 1929. – Wilcke, D. E. Oligochaeta, in: Brohmer, Ehrmann, Ulmer, Tierwelt Mitteleuropas, Bd. 1, Lief. 7a, Leipzig, 1963

Stamm: **Tardigrada**, Bärtierchen

Zwischen 0,2–1,2 mm lange Tiere, die stammesgeschichtlich zwischen Anneliden und Arthropoden stehen und mit diesen Stämmen als Articulata zusammengefaßt werden können. Wenige Arten leben im Meer und Brackwasser, die meisten im Süßwasser, besonders in kleinen temporären Wasseransammlungen, die sich in Flechtenbewuchs, Moospolstern, Dachrinnen usw. bilden. Trockenperioden können sie jahrelang in „Anabiose" überdauern. Mit ihrem Mundstachel stechen sie vorwiegend pflanzliche Zellen an, doch werden auch lebende oder tote Rotatorien und Nematoden ausgesogen. Bärtierchen haben 4 Paar ungegliederte Stummelfüße und eine Kutikula, die kein Chitin enthält, sondern stark quellbare Eiweiße. Die ursprünglichen Arten besitzen Kopfanhänge, die auf die Kopftentakel der Anneliden hinweisen. In Deutschland etwa 60 Arten.

1. Mit fadenartigen Kopfanhängen (Cirren)[*1*] *2*

— Kopf ohne Cirren. Stummelfüße enden in 4 ± ungleichartigen Krallen (2 Paare) . . . . **Eutardigrada** *7*

2. Stummelfüße enden zehenartig mit abgesetzten Haftplättchen [*1*] oder ohne zehenartige Bildungen, aber mit langen, nebenhakenlosen Krallen. Kopf mit Mediancirrus (MC). . . . . . **Arthrotardigrada**

Hierzu die im Meer und Brackwasser lebenden Gattungen mit wenigen Arten: **Batillipes mirus** Richt. [*1*], **Bathyechiniscus, Tetrakentron, Halechiniscus, Actinarctus, Orzelliscus, Styraconyx**

— Stummelfüße enden mit Krallen, die (außer bei Archechiniscus) ohne Zehen der Extremität direkt ansitzen. Kopf ohne MC. **Echiniscoidea** *3*

3. Dorsale Kutikula nicht in transversale Platten gegliedert *4*

— Dorsale Kutikula verstärkt oder in transversale Platten gegliedert *5*

4. Mit langen Kopfcirren. An jedem Fuß 4 Krallen [*2*]. . . . . **Oreella** Murr.

— Mit kurzen Kopfcirren. 2 marine Arten: **Echiniscoides sigismundi** M. Sch. (an jedem Fuß mehr als 4, meist 6–9, selten bis 11 Krallen [*3*]; in der Enteromorphazone häufig); **Archechiniscus marci** Schz. (an jedem Fuß 4 Krallen, davon die mittleren auf Zehen)

5. Dorsale Kutikula verstärkt, aber ohne deutlich abgegrenzte Platten. **Parechiniscus chitonides** Cuén.

— Dorsale Kutikula aus deutlich abgegrenzten Platten [*4, 5*] *6*

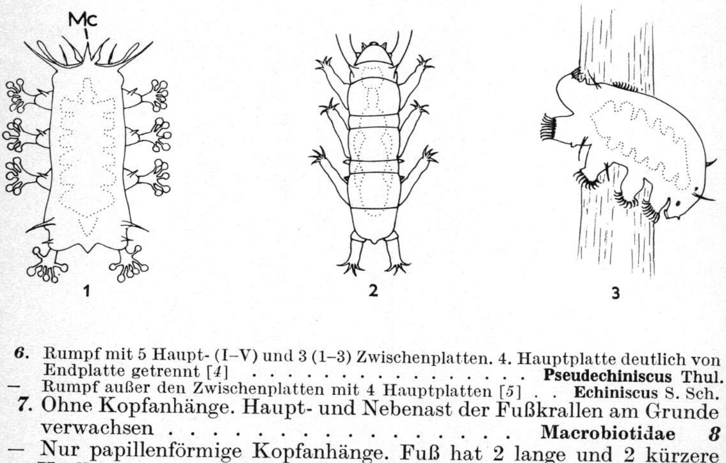

6. Rumpf mit 5 Haupt- (I–V) und 3 (1–3) Zwischenplatten. 4. Hauptplatte deutlich von Endplatte getrennt [*4*] . . . . **Pseudechiniscus** Thul.

— Rumpf außer den Zwischenplatten mit 4 Hauptplatten [*5*] . . **Echiniscus** S. Sch.

7. Ohne Kopfanhänge. Haupt- und Nebenast der Fußkrallen am Grunde verwachsen . . . . **Macrobiotidae** *8*

— Nur papillenförmige Kopfanhänge. Fuß hat 2 lange und 2 kürzere Krallen, letztere mit Haken; die Krallen am Grunde getrennt [*6*] **Arctiscidae: Milnesium tardigradum** Doy.

8. Fußkrallen etwa gleich groß, Hauptäste einander zugewandt, Nebenäste voneinander abgewandt [*7*] . . . . **Macrobiotus** S. Sch. [*8*]
— Krallen meist sehr verschieden groß, auch die Nebenäste zeigen in die gleiche Richtung [*9*] . . . . **Hypsibius** Ehrenbg.

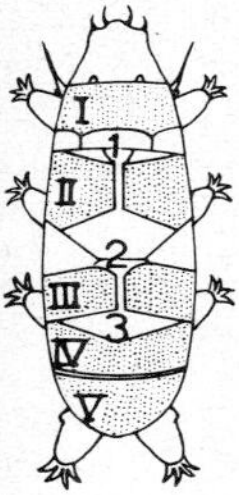

4

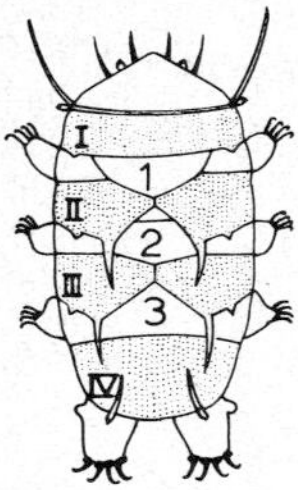

5

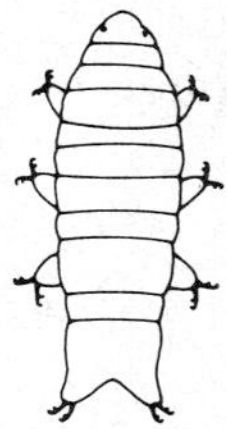
8

6

7

9

Literatur

Kaestner, A. Lehrbuch der speziellen Zoologie, Teil I, G. Fischer Jena (Stuttgart) 1955 – Marcus, E. Tardigrada, in: Tierreich, Lief. 66, Berlin 1936 – Rahm, G. Bärtierchen, in: Brohmer, Ehrmann, Ulmer, Tierwelt Mitteleuropas Bd. 3, Leipzig 1928.

Stamm: **Pentastómida (Linguatúlida)**, Zungenwürmer

Schlanke, zungenförmige Articulaten mit geringeltem Körper u. 2 Paar Klammerhaken in der Umgebung des ventralen kieferlosen Mundes. Endoparasitisch mit Wirtwechsel. Sind wahrscheinlich ebenso wie Tardigraden ein alter Stamm der Articulata

Linguátula serráta Fröhl. [*1*]. ♀ 8–13 cm, ♂ 2–3 cm. In Nasen- u. Stirnhöhle von Raubtieren (Hund, Wolf, Fuchs) u. ausnahmsweise von Huftieren. Die zunächst mit 4 „Stummelfüßen" versehenen Larven [*2*] besonders in Lunge u. Leber von Pflanzenfressern (Nager, Huftiere), ganz gelegentlich auch im Menschen. Wird in Deutschland kaum mehr gefunden, in Osteuropa noch häufiger. **Rheighárdia stérnæ** Dies., in Luftsäcken v. Möwen u. Seeschwalben; ♀ 3–5, ♂ 1 cm.

Literatur

Heymons, R. (1935) Pentastomida in: Bronn's Klassen u. Ordnungen d. Tierreiches. Bd. 5, IV, Abt. Buch 1. Osche, G. (1963) Z. Morph. Ökol. Tiere 52.

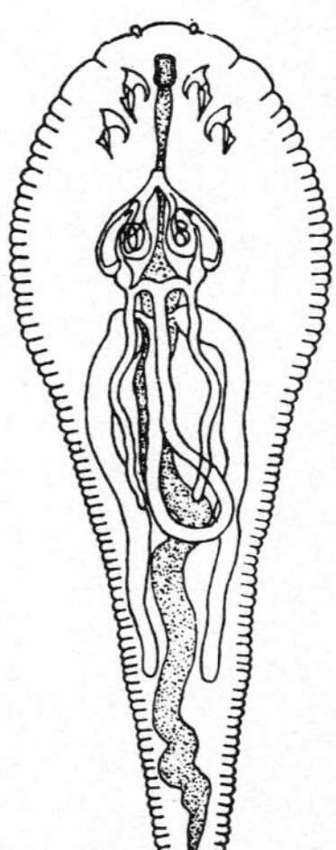
1

2

Stamm: **Arthropoda**, Gliederfüßer

Übersicht

1. Mit Flügeln od. Stummelflügeln . . . . . Insekten, **Hexapoda** S.162
— Ohne Flügel *2*
2. Mit gegliederten Beinen *3*
— Ohne Beine, wenn Beinstummel vorhanden, diese ungegliedert. *8*
3. Körper ganz od. teilweise in 2klappiger Schale [*4–6*, S. 137]. Freilebende Wassertiere
(Conchostraca, Cladocera, Ostracoda), Crustacea S. 136
— Körper anders, Land- oder Wassertiere *4*
4. Körper rückgebildet, röhrenförmig, mit 4 bis 5 großen Laufbeinpaaren, deren Durchmesser stellenweise fast so groß wie Körper breit. Körper vorn mit Rüssel, Cheliceren u. Taster. Hinterleib kurz, stielförmig, ungegliedert. Meerestiere
Asselspinnen, **Pantopoda** (zu **Chelicerata**)
Räuber, auf Hydrozoenstöcken, Schwämmen, Tang. 6 Familien mit 15 Arten, z. B. **Nymphonidae,** häufig **Nymphon** F., darunter **N. grossipes** F. (bis 9 mm).
— Körper nicht rückgebildet, Beine immer viel dünner als Körper *5*
5. Körper mit Kopf u. vielen ± gleichartigen Rumpfsegmenten, mit mindestens 6 (meist 9 bis weit über 100) gleichartigen Laufbeinpaaren [*1–3*, *6*, *10*, *16*, *17*, *20*, S. 157-161]. Landtiere
Tausendfüßer, **Myriopoda** S. 156
— Körper hinter Kopfregion selten gleichartig segmentiert, Rumpf mit Hinterleib, der keine od. abweichend gebaute Extremitäten trägt *6*
6. Körper mit deutlich abgesetztem Kopf [*1*, S. 162]. Brust mit 3 gleichartigen Beinpaaren (selten 1. Beinpaar umgebildet). Hinterleib ohne Beine, höchstens mit Beinstummeln [*39*, S. 167]
Insekten, **Hexapoda** S. 162
Körper gegliedert in Kopf, Brust (Thorax) u. Hinterleib (Abdomen). Kopf mit 1 Paar Fühler (Antennen) u. Mundgliedmaßen. Bein gegliedert in (von Basis zur Spitze): Coxa, Trochanter, Femur, Tibia, Tarsus, letzterer aus 1–5 Gliedern u. am Ende 1 oder 2 Krallen.
— Anders, wenn mit 3 Beinpaaren, kein deutlich abgesetzter Kopf *7*
7. Körper durch tiefen Einschnitt in Kopfbrust (Cephalothorax) u. Hinterleib geteilt [*1*, S. 101] od. Körper ungeteilt [*1*, S. 100; *3*, S. 124]. Kopfbrust nicht od. nur andeutungsweise segmentiert, mit Cheliceren, Taster u. 2 bis 4 Beinpaaren [*1a*, S. 101]
Spinnentiere, **Arachnida** S. 99
Die Taster können wie Fühler aussehen, setzen aber auf der Kopfunterseite nahe der Mundregion an.
— Körper anders gegliedert. Kopf ohne Cheliceren u. Taster, mit 2 Paar Fühlern (1 Paar oft reduziert) [*1*, S. 137]. Beintragender Körperabschnitt deutlich segmentiert, wenn Segmentierung durch Schale verdeckt, mit mehr als 4 Beinpaaren [*42*, S. 148].
Krebstiere, **Crustacea** S. 136
8. Körper festsitzend, mit Kalkplatten [*10*, *11*, S. 138]
(Cirripedia), Crustacea S. 136
— Körper ohne Kalkplatten *9*
9. Körper zweiseitig-symmetrisch . . (Insektenlarven), **Hexapoda** S.162
— Körper ± unregelmäßig gelappt
(parasitische Krebse), **Crustacea** S. 136

I. Chelicerata

Gliederfüßer ohne Flügel und Antennen. Kopf u. Brust zu einer Kopfbrust (Cephalothorax) verschmolzen, die außer den 2–8 Augen (diese sind selten völlig reduziert) 1 Paar Cheliceren, 1 Paar Taster (Palpen) und 4 (bei Milben mitunter weniger) Paar Beine trägt. Cheliceren höchstens 3gliedrig, enden meist in Schere. Palpen u. Beine meist gegliedert in Hüfte (Coxa), Schenkelring (Trochanter), Schenkel (Femur), Knie (Patella), Schiene (Tibia), Ferse (Metatarsus), die den Palpen fehlt, und den 1 – vielgliedr. Fuß (Tarsus), der 1–3 Krallen trägt. Der Hinterleib (Abdomen) hat keine Beine. Luftatmend (außer den marinen Klassen **Xiphosura**, Pfeilschwänze, mit **Limulus** **Müll.**, und **Pantopoda**, Asselspinnen, s. S. 98). Direkte Entwicklung mit bis zu 12 Häutungen. Jugendstadien meist nicht bestimmbar, die folgenden Tabellen gelten nur für ausgewachsene Tiere, Konservierung (außer Milben) in 75%igem Alkohol.

Abkürzungen: l = lang, b = breit, h = hoch, Vd = Vorder-, Mt = Mittel-, Ht = Hinter-, O = Ober-, U = Unter-, Ceph = Cephalothorax, Abd = Abdomen, Ch = Cheliceren, Cx = Coxa, Tr = Trochanter, Fe = Femur, Pt = Patella, Ti = Tibia, Mt = Metatarsus, Ta = Tarsus („1. Cx" bedeutet „Cx des 1. Laufbeinpaares"). Längenangabe für adulte Tiere ohne Cheliceren. **Nur deutsche Arten berücksichtigt; Zahl vor Gattungsnamen = Artenzahl.**

Klasse: **Arachnida**, Spinnentiere

1. Abd (Htleib) vom Ceph durch tiefen Einschnitt abgegliedert, hinten mit Spinnwarzen (Abb. S. 101) . 2. Ord. Spinnen, **Araneida** S. 101

— Zwischen Abd u. Ceph (Vdkörper) mit 1 verengtem Segment, Abd hinten mit langem gegliedertem Schwanzfaden. . Ord. **Palpigradida**
Nur **Koenenia austriaca** Hans. (1,5 mm), in Österreich, tief im Boden, selten.

— Abd eng mit Ceph verbunden, ohne Spinnwarzen u. Schwanzfaden *2*

2. Abd ± deutlich gegliedert (segmentiert) *3*

— Abd nicht deutlich segmentiert u. gegen den Ceph nicht deutlich abgesetzt (Abb. S. 127) . . . . . 4. Ord. Milben, **Acarina** S. 126

3. Palpen groß, mit Endschere (Abb. S. 100)
1. Ord. Pseudoskorpione, **Pseudoscorpionida** S. 99

— Palpen beinartig, ohne Schere am Ende. Beine meist lang (Abb. S. 124) . . . . 3. Ord. Weberknechte, **Opilionida** S. 123

1. Ord. **Pseudoscorpionida,** Pseudoskorpione

Cephalothorax ungegliedert, höchstens mit 1–2 Querfurchen, mit 0–4 Augen. Palpen groß, auf der Endschere mit Tasthaaren (bei adulten Tieren meist fester Scherenfinger mit 8, beweglicher mit 4, bei Jungtieren weniger); beweglicher Scherenfinger mit Ausmündung von Giftdrüsen. Abd gegliedert, mit 12 Segmenten. Getrenntgeschlechtig, treiben Brutpflege. Tiere laufen vor-, rück- u. seitwärts. Im Laub, Moos, Mulm, unter Rinde u. Steinen, in Vogelnestern u. Häusern. Leben räuberisch von Kleinarthropoden, diese werden mit der Tasterschere ergriffen. Manche Arten phoretisch an Arthropoden.

1. Rückenplatten des Abd halbiert [*1*]. Ta der Beine 1gliedr. . . . *2*

— Rückenplatten des Abd nicht halbiert [*2*, *3*]. Wenigstens 3. u. 4. Ta 2gliedr. *11*

2. Abd mit 10 sichtbaren Rückenplatten, wenn 11 sichtbar, dann Körper höchstens 1,1 mm l . . . . **Cheiridiidae**
Cheiridium museorum (Leach) (Abd mit 10 Rückenplatten. 1,4 mm), in Häusern. **Apocheiridium ferum** (Sim.) (Abd mit 11 Rückenplatten. 1,1 mm), unter Rinde.

— Abd mit 11 sichtbaren Rückenplatten [*1*, *2*, *3*]. 1,5–4,5 mm . . . *3*

3. Mit 2 Augen, diese mit Linse . . . . **Cheliferidae** *4*

— Ohne Augen, höchstens mit undeutlich begrenzten, helleren Augenflecken . . . . **Chernetidae** *5*

4. Ceph oben fein u. gleichmäßig granuliert, ohne größere borstentragende Körner. Krallen des 1. Beinpaares ohne Nebenzahn. 2,3–3 mm
Dactylochelifer latreillei (Leach) (1. Fe durch schrägen Gelenkspalt geteilt), in Augelände u. Dünen. **Withius piger** (Sim.) (= **subruber**) (1. Fe durch zur Längsachse senkrechten Gelenkspalt geteilt), in Getreidespeichern.

— Ceph oben gleichmäßig granuliert, vor allem an den Seiten mit größeren borstentragenden Körnern. Krallen des 1. Beinpaares mit Nebenzahn. 2,6–4,5 mm. Unter Rinde u. in Häusern . . . . **Chelifer cancroides** (L.)

5. Körper oben glänzend. Ceph kaum, Abd nicht granuliert, Ceph mit 1 Querfurche. 1,8–2,5 mm . . . . 2; **Lamprochernes** Tömösv. Häufig **L. nodosus** (Schrank), in Komposthaufen, Gewächshäusern, oft phoretisch an Fliegenbeinen.

— Körper nicht glänzend, deutl. granuliert, Ceph meist mit 2 Querfurchen [*1*] . . *6*

6. 4. Ta mit langer Tastborste, diese viel länger als Breite des Ta *7*

— 4. Ta ohne od. nur mit kurzer Borste *9*

7. Tastborste des 4. Ta kurz vor der Mitte des Gliedes. Hint. Querfurche des Ceph flacher als vord. 1,5–2 mm . . . . **Pselaphochernes scorpioides** (Herm.)

— Tastborste des 4. Ta hinter der Mitte des Gliedes. Beide Querfurchen des Ceph ungefähr gleich tief. 4 mm *8*

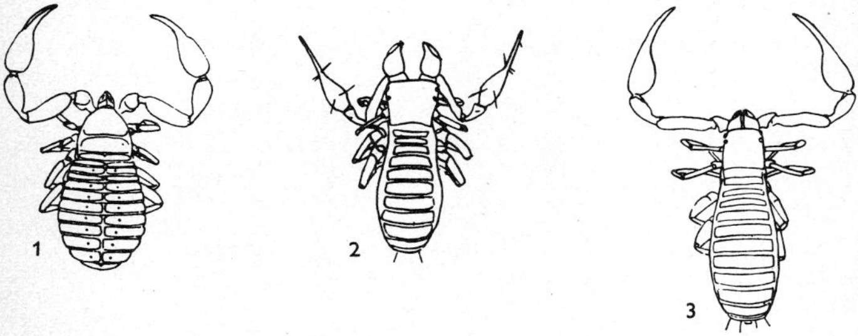

1 2 3

8. Borsten des Körpers leicht gekeult. In Maulwurfnestern **Lasiochernes pilosus** (Ell.)

— Borsten des Körpers nicht gekeult. Unter Rinde . **Dendrochernes cyrneus** (L. K.)

9. Fester Scherenfinger der Palpen mit deutlicher Endklaue *10*

— Fester Scherenfinger ohne Endklaue. 1,8–2,7 mm . . . . 4; **Chernes** Menge Häufig **C. cimicoides** (F.)

10. Letzte (11.) Rückenplatte des Abd mit 2 Tastborsten. 2–2,5 mm 2; **Dinocheirus** Chamb. (= **Toxochernes**), häufig nur **T. panzeri** (C. L. K.)

— **11. Rückenplatte ohne Tastborsten, wenn (bei 1 seltenen Art) mit 2 Tastborsten,** Körper 1,6–1,8 mm 1 . . . . 4; **Allochernes** Beier Häufig nur **A. wideri** (C. L. K.) [*1*] (2,2–2,5 mm).

11. Ceph vorn breiter als hinten [*2*]. 1. u. 2. Ta 1gliedr., 3. u. 4. Ta 2gliedr. . . . . **Chthoniidae**
Nur 5; **Chthonius** C. L. K.: **C. ischnocheles** (Herm.) = **rayi** L. K. (Ceph über Ch mit nach vorn vorragendem, kurzem, gezähntem Fortsatz. 1,6–2,5 mm), übrige Arten ohne diesen Fortsatz, häufiger nur **C. tetrachelatus** (Preyssl.) (1,3–1,9 mm).

— Ceph vorn nicht breiter als hinten [*3*]. Alle Ta 2gliedr. **Neobisiidae** *12*

12. Fester Scherenfinger mit 8, beweglicher mit 4 Becherhaaren (Tasthaaren). 2,2–3,6 (selten bis 4,5) mm . . . . 6; **Neobisium** Chamb. Häufig **N. muscorum** (Leach) = **carcinoides** (Herm.) [*3*]

— Fester Scherenfinger mit 7, beweglicher mit 3 Becherhaaren. 1,6–2,4 mm. In Torfmoos **Microbisium brevifemoratum** (Ell.)

Literatur

Beier, M. Ordnung Pseudoscorpionidea. Bestimmungsbücher zur Bodenfauna Europas, Lief. 1. Berlin 1963. – Kästner, A. Pseudocsorpiones, in: Brohmer, Ehrmann, Ulmer, Tierwelt Mitteleuropas, Bd. 3, Lief. 1. Leipzig, 1928 (hieraus Abb.). – Meinertz, K. Mosskorpioner og Mejere, in: Danmarks Fauna, Bd. 67. København, 1962. – Schenkel, E. Pseudoscorpionida, in: Dahl, Tierwelt Deutschlands, Lief. 8. Jena, 1928.

2. Ord. **Araneida**, Spinnen

Körper in zwei ungegliederte Abschnitte, Cephalothorax u. Abdomen geteilt. 6 od. 8 Augen in 2–4 Querreihen (selten reduziert): Augenquerreihe **procurv** = von oben gesehen an den Seiten nach vorn gebogen, **recurv** = nach hinten gebogen. Cheliceren 2gliedr., 2. Glied (Giftklaue) gegen Basalglied einschlagbar. Am Ende des Abdomens 2–4 Spinnwarzenpaare. Atmung meist durch 1 Paar Fächertracheen und eine unpaare Röhrentrachee. Getrenntgeschlechtig. Bei der Fortpflanzung ein für viele Arten charakteristisches Begattungsvorspiel (Tänze, Laute usw.), dann Einführen der Spitze des mit Samen gefüllten ♂ Tasters in die Receptacula seminis auf der Epigyne des ♀. Eiablage in Kokons. Direkte Entwicklung, 7–12 Häutungen, meist 1jährig. Bewohner der Bodenoberfläche, der Streu, der Vegetationsschicht (auch Baumwipfel) u. des Wassers (nur **Argyroneta aquatica**). Manche Spinnen (v. a. **Erigonidae** u. **Linyphiidae**) Luftsegler mittels ausgepreßter Spinnfäden („Altweibersommer"). Räuberisch. Nahrung: Arthropoden, vor allem Insekten, die außen verdaut und dann ausgesaugt werden. Jagen nach Beute (Tagjäger wie **Lycosidae, Salticidae** u. Nachtjäger wie **Clubionidae, Gnaphosidae**), lauern auf Blüten (z. B. **Thomisidae**), fesseln die Beute mit Klebfäden (**Sicariidae**), umwinden Beute mit Fäden aus Spinndrüsen (manche **Gnaphosidae**) od. bauen Netze zum Beutefang (Netzspinnen): Deckennetz mit Stolperfäden (**Agelenidae** [*53*]), Radnetz (**Araneidae, Uloboridae** [*45*, *46*]), Fußangel- od. Haubennetz (**Theridiidae** [*38*]), Baldachinnetz (**Linyphiidae** [*43*]), letztere 3 Netztypen mit Klebfäden. Cribellate Spinnen bebürsten Fäden mittels des Calamistrums mit haftenden, bläulich schimmernden Cribellumfäden. Bestimmung bis zur Art oft nur nach Genitalmerkmalen möglich (♀: meist dunkel chitinisierte Epigyne, ♂: Taster mit verdicktem, z. T. dunkel sklerotisiertem Ende als Kopulationsapparat), hier nicht berücksichtigt. Jugendstadien ohne ausgebildete Genitalorgane. In Deutschland 31 Familien in ca. 250 Gattungen mit ca. 800 Arten. Faunistik oft ungenügend bekannt. Vor kurzem wurde eine neue Familie (**Symphytognathidae**) mit **Mysmena jobi** Kraus in Deutschland nachgewiesen.

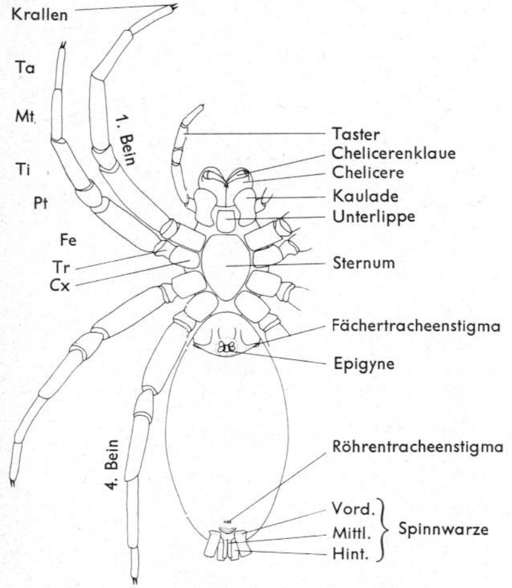

1a Unterseite ♀

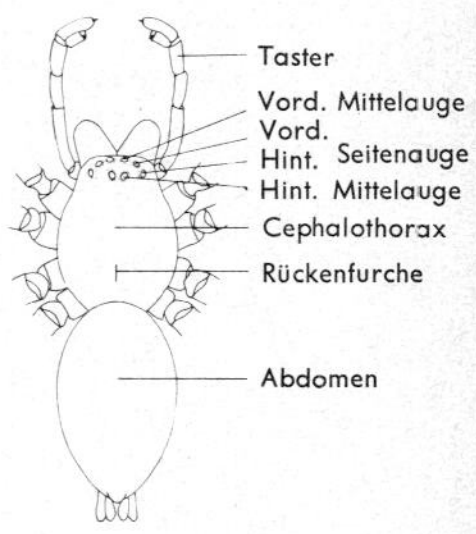

1b Oberseite ♂

1. Ch in Längsrichtung des Körpers nach vorn gerichtet, sehr massig, Chklauen in Ruhestellung parallel zur Körperlängsachse. Hint. Spinnwarzen mindestens 3gliedr. Dunkelbraun. 7–15 mm [*2*]

1. Fam. Vogelspinnen, Tapezierspinnen, **Atypidae**

In Kolonien, leben in geschlossenen, mit Gespinst ausgekleideten, senkrechten Erdröhren, das obere Ende frei auf dem Erdboden liegend. Reife ♂♂ vagabundierend. **Atypus piceus** (Sulz.) (hint. Spinnwarzen 3 gliedr., Sternum mit paarigen hellen Flecken). **A. affinis** Eichw. (ebenso, aber Sternum außerdem mit hellem unpaar. Mtfleck). **Proatypus muralis** (Bertk.) (hint. Spinnwarzen 4gliedr.); alle Arten an trockenwarmen Hängen od. in Kiefernwäldern.

— Ch meist senkrecht zur Längsrichtung des Körpers gerichtet, schlanker, Chklauen in Ruhestellung quer zur Körperlängsachse [*1a*]. Hint. Spinnwarzen nie mehr als 2gliedr. *2*

2. Cribellum (Spinnsieb; ovale, poröse Chitinplatte vor den Spinnwarzen auf der Useite des Abd [*3a*]) u. Calamistrum (Kräuselkamm; 1 od. 2 Längsreihen parallel stehender, gebogener Borsten am 4. Mt [*3b*]) vorhanden, wenn undeutlich, dann kurzhaarige Fläche vor Cribellum ausgebildet **(Cribellatae)** *3*

— Cribellum u. Calamistrum fehlen **(Ecribellatae)** *6*

3. Alle Augen dunkel, manchmal etwas aufgehellt *4*

— Alle Augen hell od. höchstens vord. Mtaugen dunkel *5*

Zur Beurteilung dieses Merkmals senkrecht in die Augen schauen.

4. Ceph vorn sehr b, gerade abgeschnitten. Augen in 3 Querreihen, 2 Vierecke bildend [*4*]. Cribellum durch Brücke längsgeteilt

28. Fam. **Eresidae**

Bauen ca. 10 cm langes Röhrennetz im Erdboden, mit Gespinstdach u. Fangfäden. Nur **Eresus cinnaberinus** (Oliv.) = **niger** (Pet.) (♀: schwarz, ♂: Ceph schwarz, Abd rot mit 4 schwarzen Flecken. 8–16 mm [*4*]), in Heidegebieten.

— Ceph nach vorn verschmälert [*5, 6*]. Augen in 2 Querreihen. Cribellum einteilig . . . . . 30. Fam. Kräuselradnetzspinnen, **Uloboridae**

Uloborus walckenaerius Latr. [*5*] (Abd langgestreckt. 3–8 mm), baut Radnetz ähnlich **Araneus,** aber Fangfäden cribellat, in warmem, unbedecktem Gelände. **Hyptiotes** (= **Uptiotes**) **paradoxus** (C. L. K.) [*6*] (Abd kurz, höckerig. 4–5mm), Netz dreieckig, in trockenwarmem Fichtenwald.

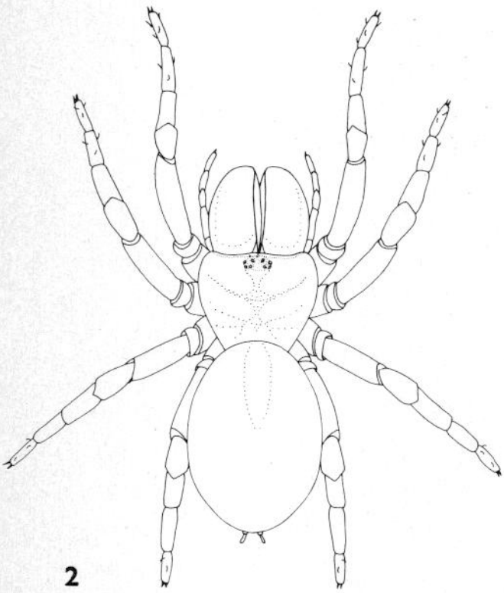
2

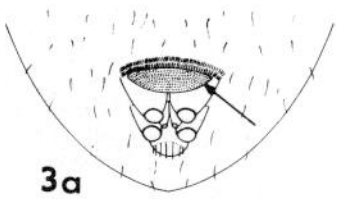
3a

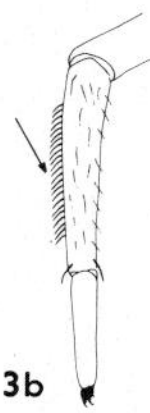
3b

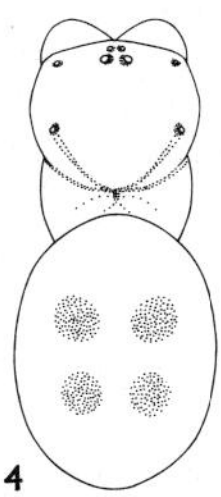
4

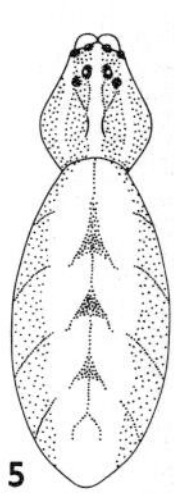
5

5. Vord. Mtaugen dunkel, übrige hell. Körper höchstens 5 mm l, meist viel kleiner. Cribellum meist ungeteilt. Vorherrsch. Habitus [*7*]

29. Fam. Kräuselspinnen, **Dictynidae** S. 121

— Alle Augen hell. Körper über 5 mm l, selten wenig kleiner. Cribellum durch Längsbrücke geteilt. Vorherrsch. Habitus [*8*]

31. Fam. Finsterspinnen, **Amaurobiidae** (=**Ciniflonidae**) S. 122

6. Mit 6 Augen. (♀ ohne Epigyne = **Haplogynae**) *7*

— Mit 8 Augen, vord. Mtaugen od. hint. Seitenaugen bisweilen sehr klein. (♀ meist mit Epigyne = **Entelegynae**) *9*

7. Ceph hinten viel höher als in der Augenregion [*9*]. Augen in 3 weit voneinander getrennten Paaren. Dicht hinter Fächertracheenstigmen kein weiteres Stigmenpaar. 3,5–5,5 mm
4. Fam. Speispinnen, **Sicariidae** (=**Scytodidae**)
Beschleichen Insekten u. fesseln sie mit Leimfäden aus den Giftdrüsen der Ch. Nur **Scytodes thoracica** (Latr.) [*9*], in Häusern an Wänden nahe der Decke.
— Ceph hinten nicht viel höher als vorn. Augen in einer geschlossenen Gruppe [*10*]. Dicht hinter Fächertracheenstigmen ein weiteres Stigmenpaar *8*
8. Körper schlank [*10*], über 4 mm (bis 15 mm). Augenreihen nicht so b wie der vord. Ceph. . . . 3. Fam. Walzenspinnen, **Dysderidae** S. 108

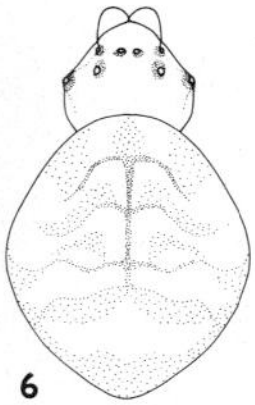
6

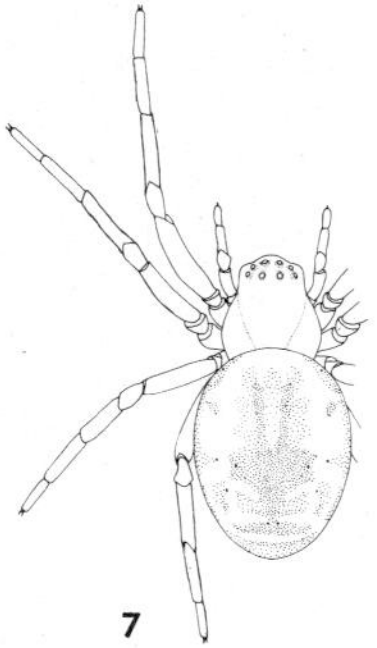
7

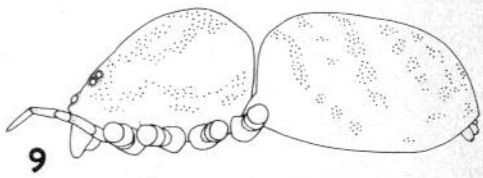
9

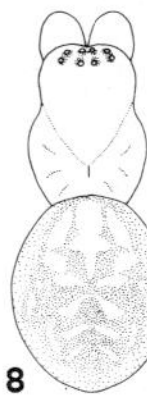
8

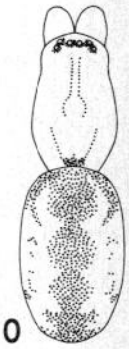
10

— Körper gedrungener, bis 2 mm. Augen fast die gesamte Breite des vord. Ceph einnehmend . . . . 2. Fam. **Oonopidae**
3 Gattg. mit 4 seltenen Arten, z. B. **Oonops domesticus** Dalm., in Häusern.
9. Ceph vorn gerade abgeschnitten. Augen in 3 Reihen, vord. Augen nach vorn gerichtet, vord. Mtaugen viel größer als vord. Seitenaugen, 2 sehr kleine (!) Augen in der 2. Reihe, 2 etwas größere in der 3. [*11*]. Mit Sprungvermögen . . 27. Fam. Springspinnen, **Salticidae** S. 120
— Anders *10*
10. Augen von vorn gesehen in 4 Querreihen, sehr unterschiedlich groß [*12*]. Beine lang bestachelt 19. Fam. Scharfaugenspinnen, **Oxyopidae**
Jagen nach Beute. Nur **Oxyopes ramosus** (Panz.) (rotbraun mit weißer Zeichnung. 6–10 mm), in Heidegebieten.
— Augen in 3 Querreihen [*13–16*] *11*
— Augen in 2 Querreihen od. zumindest nicht in 3 od. 4 deutlichen Querreihen z. B. [*1b*, *17*, *24*] *14*
11. Hint. Spinnwarzen viel länger als vord. [*22a*] **Textrix (Agelenidae)** S. 115
— Hint. Spinnwarzen nicht viel länger als vord. *12*
12. 3. Augenreihe viel breiter als 2.; Abstand zwischen den hint. Augen mehr als doppelt so groß wie der Abstand zu den entsprechenden Augen der 2. Querreihe [*13*, *14*]. Abd hinten allmählich zugespitzt. Ta mit 3 Krallen . . . . 17. Fam. Jagdspinnen, **Pisauridae**
Jagen in der Vegetation nach Beute, weben keine Netze. ♀♀ tragen Eikokon zwischen den Ch, er wird kurz vor dem Schlüpfen der Jungen aufgehängt u. bewacht. **Pisaura mirabilis** (Cl.) (rotbraun, helle Zeichnung wie [*13*]. 11–13 mm). **Dolomedes fimbriatus** (Cl.) (dunkelbraun, helle Zeichnung wie [*14*], Abd unten mit 4 hellen Längsstreifen. 12–18 mm), viel seltener **D. plantarius** (Cl.) (ähnl., Abd unten mit 2 hellen Längslinien), auf Wasserpflanzen.

— 3. Augenreihe meist kaum breiter als 2.; Abstand zwischen den hint. Augen erreicht meist nicht den doppelten Abstand zu den entsprechenden Augen der 2. Querreihe [*15*]. Abd hinten stumpfer . . . ***13***

13. Ta mit 3 Krallen [*22b*] (Mikroskop!). Augen der beiden hint. Querreihen ± quadratisch angeordnet [*15*], wenn trapezförmig, dann andere Zeichnung als in [*16*] 18. Fam. Wolfspinnen, **Lycosidae** S. 115

— Ta mit 2 Krallen, an Stelle der 3. Kralle ein Büschel Hafthaare [*27*]. Hint. 4 Augen trapezförmig angeordnet [*16*]
23. Fam. Kammspinnen, **Zoridae**

Jagen auf niedrigen Pflanzen nach Beute. Nur 4; **Zora** C. L. K. (4–6,5 mm): **Z. spinimana** (Sund.) (hell, Zeichnung wie [*16*]). **Z. nemoralis** (Bl.) (dunkler, helle Seitenbinden des Ceph schmaler). Übr. Arten ähnl., aber selten.

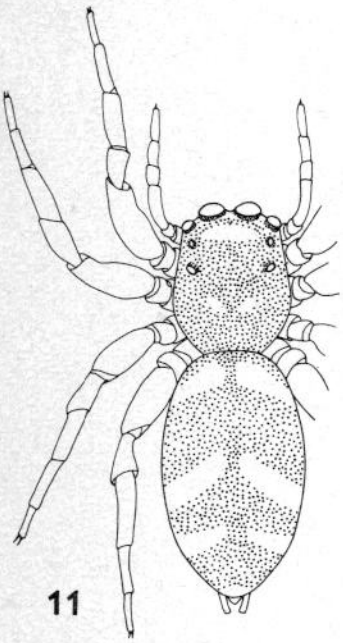
11

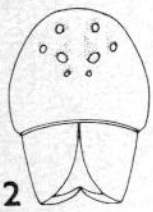
12

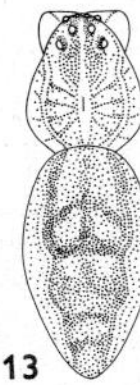
13

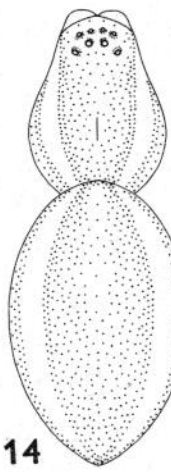
14

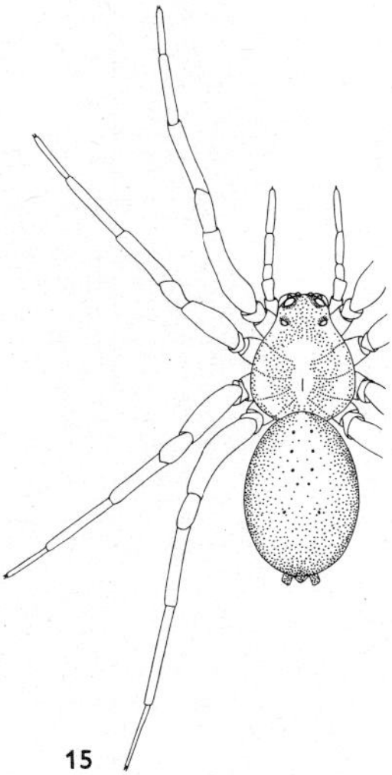
15

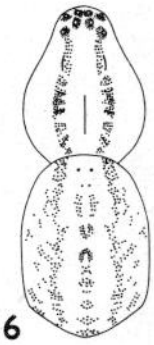
16

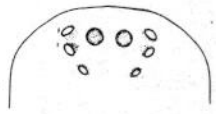
17

14. Vord. Mtaugen groß u. schwarz, an jeder Seite 3 helle Augen in flachem Bogen [*17*]. Vord. Spinnwarzen auf gemeinsamem Sockel, länger als die hinteren. 3,5–5 mm . . . . . . 6. Fam. **Zodarionidae**

Jagen nach Ameisen, Wohngespinst außen mit Fremdpartikeln bekleidet. Nur **Zodarion germanicum** (C. L. K.) (Ceph rotbraun, Abd oben schwarz).

— Vord. Mtaugen klein u. isoliert, die übrigen in 2 Gruppen zu je 3. Beine sehr lang [*18*]. . . . . . 5. Fam. Zitterspinnen, **Pholcidae**

Hängen im Netz, bei Störung schwingende Bewegung („Zittern"), tragen Eipaket in Ch. In Gebäuden. Nur 2; **Pholcus** Walck.: **P. phalangioides** (Fuesslin) (Sternum meist einfarbig. 8–12 mm). **P. opilionoides** (Schrank) (Sternum mit hellen Flecken. 4–5 mm).

— Anders ***15***

15. Ti u. Mt des 1. u. 2. Beinpaares innen mit einer Reihe langer, gekrümmter Stacheln, dazwischen kurze Stacheln [*19b*]. Abd kugelig, oben mit 1-2 Höckerpaaren [*19a*]. 2,5–4 mm
13. Fam. Stachelspinnen, **Mimetidae**

Weben nur wenige Fäden, Spinnenfresser. Nur 3; **Ero** C. L. K.: **E. furcata** (Vill.) (Abd mit 1 Höckerpaar [*19a*]). **E. aphana** (Walck.) u. **E. tuberculata** (De Geer) (Abd mit 2 Höckerpaaren).

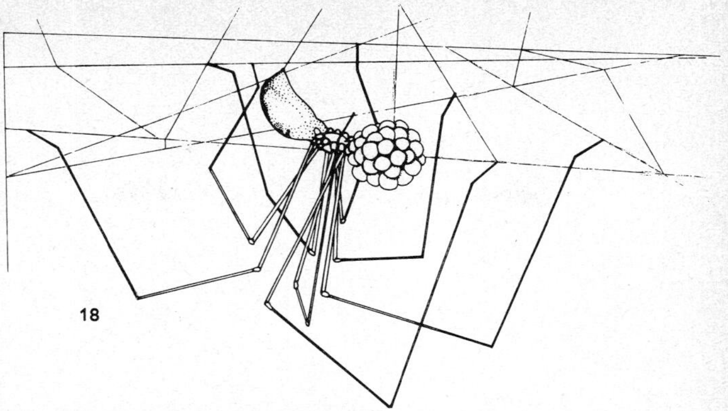

18

— Vord. 2 Beinpaare nicht derartig bestachelt ***16***

16. Spinnwarzen in einer geraden Querreihe [*20*] . . 15. Fam. **Hahniidae**

Weben unscheinbare Netze in der Bodenstreu. **Antistea elegans** (Bl.) (Vord. Mtaugen mindestens ebenso groß wie hint. Mtaugen. 2,3–3,5 mm). 7; **Hahnia** C. L. K. (Vord. Mtaugen deutl. kleiner als hint. Mtaugen. 1,2–3 mm), häufig **H. pusilla** C. L. K.

— Spinnwarzen nicht in einer geraden Querreihe ***17***

17. Unpaares Röhrentracheenstigma dicht hinter der Genitalfurche. 1. Mt mit 3 Paar sehr **kurzen** Stacheln, sonst nur fein behaart [*21*]. Im Wasser . . . . 16. Fam. Wasserspinnen, **Argyronetidae**

Leben ständig im Wasser, bauen zwischen Pflanzen eine Luftglocke, atmen atmosphär. Luft aus Luftblase um Abd, die regelmäßig an der Wasseroberfläche erneuert wird. Nur **Argyroneta aquatica** (Cl.) (einfarbig braun. 8–15 mm).

— Tracheenstigma in der Mitte der Useite des Abd od. kurz vor den Spinnwarzen. 1. Mt anders bestachelt u. behaart ***18***

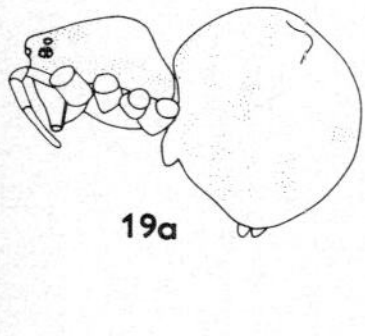

19a

21

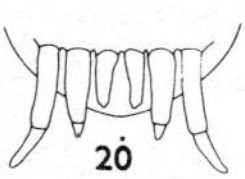

20

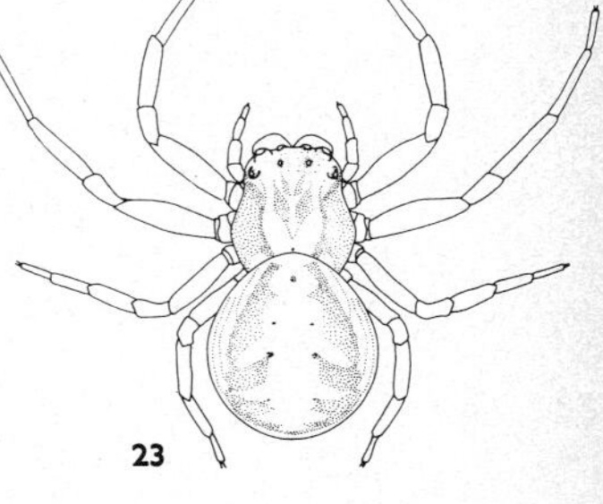

23

19b

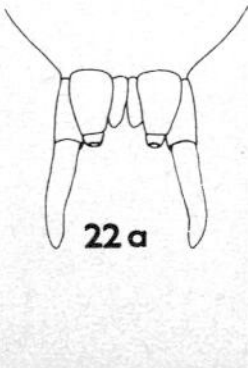

22a

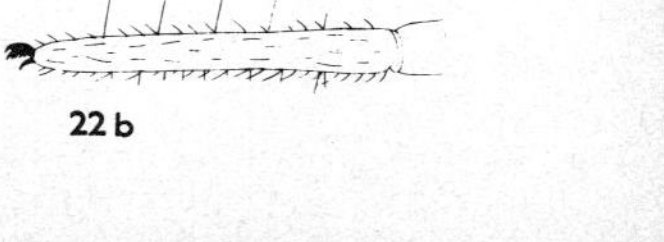

22b

18. Hint. Spinnwarzen deutl. länger als die vord., 2gliedr., Endglied mindestens halb so l wie Basalglied [*22a*]. Ta mit zur Spitze gleichmäßig an Länge zunehmenden Becherhaaren (Mikroskop!) [*22b*]. Habitusformen z.B. [*54, 55*] 14. Fam. Deckennetzspinnen, **Agelenidae** S. 114

— Hint. Spinnwarzen nicht deutl. 2gliedr., kürzer, selten wenig länger als die vord., Becherhaare auf Ta meist anders angeordnet . . . *19*

19. Beine seitwärts gerichtet (morphologische Vdseite nach oben gedreht) [*23–25*], meist 2. Beinpaar am längsten, wenn dies weniger deutl., Gestalt u. Augenstellung wie [*63, 64*]. Laufen vor-, rück- u. seitwärts *20*

— Beine nicht seitwärts gerichtet. Laufen nur vorwärts *22*

20. Vord. 2 Beinpaare viel länger als die beiden hint. Krabbenähnl. Habitus, Ceph vorn gerade abgestutzt [*23*]. Ta unterseits ohne Büschel von verdickten Hafthaaren
25. Fam. Krabbenspinnen, **Thomisidae** S. 119

— Beinpaare in der Länge nicht sehr unterschiedlich. Weniger krabbenähnl., Ceph vorn mehr gerundet [*24, 25*]. Dichte Büschel von verdickten spatelförmigen Hafthaaren wenigstens auf 1. u. 2. Ta . *21*

21. Vord. Seitenaugen größer als vord. Mtaugen. Grundfarbe grün
24. Fam. **Sparassidae**

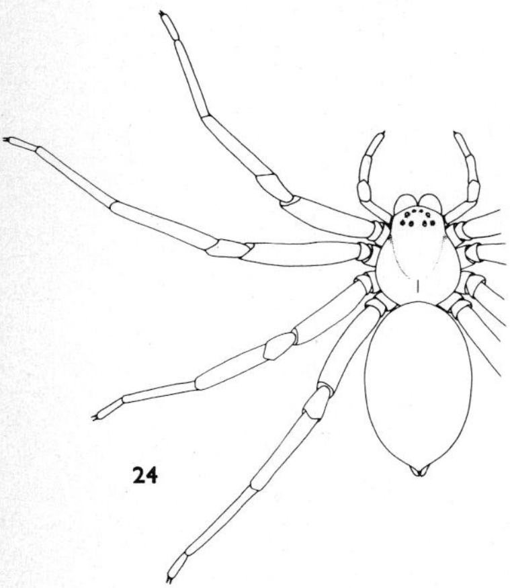

24

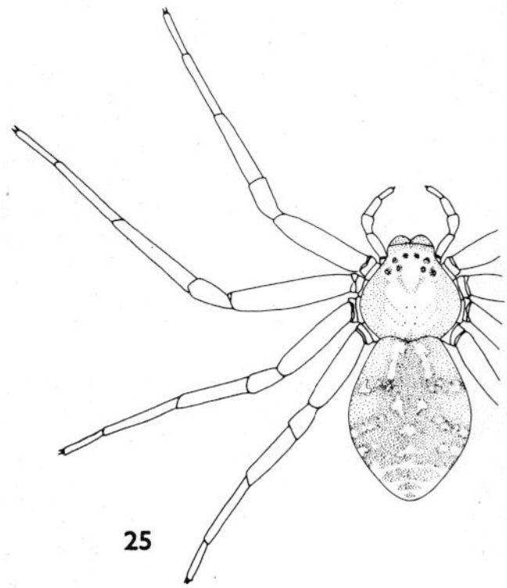

25

Jagen in Vegetation nach Beute. Nur **Micrommata rosea** (Cl.) = **viridissima** (DeGeer) [*24*] (♀ grün, ♂ grün, Abd mit 3 roten Längsstreifen, var. **ornata** (Walck.) mit roten Punkten. 8–12 mm).

— Vord. Seitenaugen höchstens so groß wie vord. Mtaugen, selten wenig größer. Färbung anders. Habitus [*25, 63, 64*]
26. Fam. Flachstreckerspinnen, **Philodromidae** S. 120

22. Ch stark entwickelt, sehr l, endwärts stark divergierend, schräg nach vorn gerichtet [*26*]. Ulippe mit glänzendem Endwulst [*33b*]. Habitus [*51, 52*] 12. Fam. Kieferspinnen, **Tetragnathidae** S. 113

— Ch anders, wenn divergierend, Habitus anders oder Ulippe ohne glänzenden Endwulst *23*

23. Ta mit 2 Krallen, diese können durch Büschel von Hafthaaren verdeckt sein [*27*]. Vord. Spinnwarzen l, zylindrisch bis konisch [*28*, *29*]. Vagante Spinnen *24*

— Ta mit 3 Krallen [*22b*] (Mikroskop! Endkralle schwer zu sehen!), nie mit Haftbüscheln. Vord. Spinnwarzen kurz, meist stärker konisch. Meist Netzspinnen *26*

24. Vord. Spinnwarzen zylindrisch u. deutl. voneinander getrennt, etwas länger als die hint. [*28*]. Kauladen unten querüber eingedellt [*1a*]. Hint. Mtaugen oft länglich, meist näher beisammen als vord. Mtaugen. Vorherrschender Habitus [*1a*, *1b*]
20. Fam. Glattbauchspinnen, **Gnaphosidae** (= **Drassodidae**) S. 117

— Vord. Spinnwarzen konisch, dicht nebeneinander stehend, gewöhnlich kürzer. Kauladen nicht eingedellt. Hint. Mtaugen immer rund, weiter voneinander entfernt als vord. Mtaugen *25*

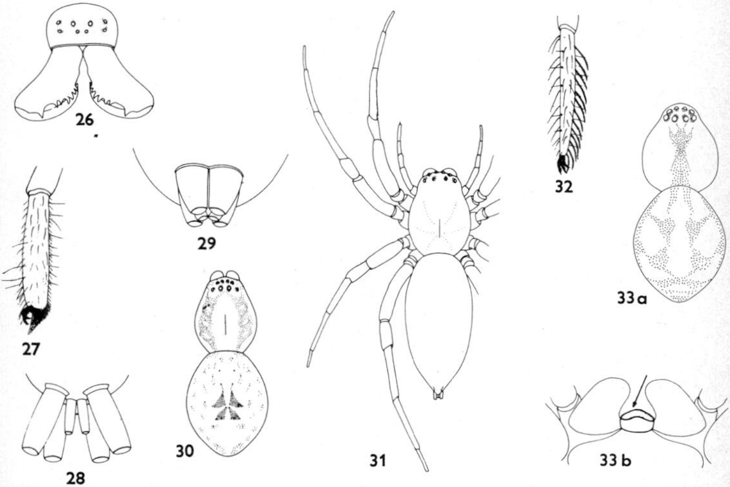

25. Unpaares Röhrentracheenstigma mitten auf Useite des Abd. Abd oben mit 2 Paar rautenförm. dunklen Flecken [*30*] (bei var. **obscura** (Sund.) ganz schwarz) . . . . 22. Fam. Zartspinnen, **Anyphaenidae**
Jagen nach Beute im Laubwerk der Bäume u. Sträucher. Nur **Anyphaena accentuata** (Walck.) (4,7–7,5 mm).

— Tracheenstigma auf Useite des Abd kurz vor den Spinnwarzen. Abdzeichnung, wenn vorhanden, anders. Vorherrschender Habitus [*31*]
21. Fam. Sackspinnen, Röhrenspinnen, **Clubionidae** S. 118

26. Ta mit zur Spitze gleichmäßig an Länge zunehmenden Becherhaaren [*22b*]
Agelenidae S. 114

— Ta ohne derartige Becherhaare *27*

27. 4. Ta unten mit größeren, sägerandartig eingekerbten Borsten besetzt [*32*]. Beine ohne Stacheln. Ulippe mit glänz. Endwulst [*33b*]. Körper hell mit schwarzer Zeichnung [*33a*] . . 8. Fam. **Nesticidae**
Bauen Haubennetze wie Theridiiden. Nur **Nesticus cellulanus** (Cl.) (4,5–5,5 mm), in feuchten Kellern, Höhlen.

— Ebenso (bei kleinen Arten Kerbung der Borsten schwer zu sehen!), aber Ulippe ohne glänz. Endwulst. Wenn Körper hell, dann andere schwarze Zeichnung
7. Fam. Kugelspinnen, Haubennetzspinnen, **Theridiidae** S. 109
— 4. Ta ohne derart. Borsten. Beine meist bestachelt. Ulippe mit glänz. Endwulst *28*

28. Entfernung Augen – Vdrand des Ceph kleiner als der doppelte Durchm. der vord. Mtaugen, wenn größer, dann Abd oben vorn mit 6–8 schwarzen Dornen od. Abd kugelig mit perlmutterartig hell-schwarzer Zeichnung. Ch ohne seitl. Stridulationsrillen, meist mit seitl. Condylus (Basalhöcker) [*47*]. Habitus [*47–50*]. Weben Radnetze [*45*, *46*]
11. Fam. Radnetzspinnen, **Araneidae** (= **Argiopidae**) S. 111
— Entfernung Augen – Vdrand des Ceph größer als der doppelte Durchm. der vord. Mtaugen, selten kleiner. Ch seitl. mit Stridulationsrillen [*34*] (Mikroskop!, manchmal reduziert), ohne seitl. Condylus. Abd anders. Weben Deckennetze [*43*] *29*

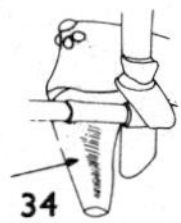
34

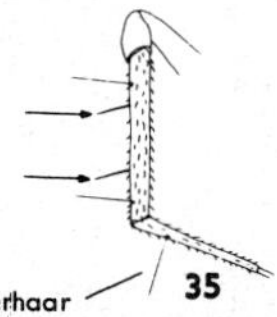

35

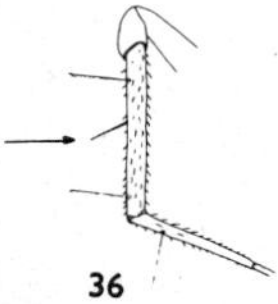
36

29. 4. Ti oben mit 2 Borsten [*35*], wenn nur 1, dann mit je 1 kurzen Borste auf 1. u. 2. Mt. Kauladen parallel. Oft größer (bis 7 mm). Unten oft mit dunkler Zeichnung, oben heller (Verkehrtfärbung). Habitus z. B. [*44*] . . . . 9. Fam. Baldachinspinnen, **Linyphiidae** S. 110
— 4. Ti oben mit 1 Borste [*36*], Mt ohne Borsten. Meist unter 2 mm, oft einfarbig dunkel
10. Fam. Zwergspinnen, **Erigonidae** (= **Micryphantidae**)
Weben meist unscheinbare kleine Deckennetze. In Bodenstreu u. Vegetation. Biologie wenig erforscht. Ca. 80 Gattg. mit ca. 160 Arten, darunter 7; **Erigone** Aud. (Ceph kastanienbraun, an den Seiten gezähnelt. 1,7–3,5 mm), z. B. **E. atra** (Bl.). Weitere häufige Gattg.: 6; **Oedothorax** Bertk., 9; **Diplocephalus** Bertk.

3. Fam. **Dysderidae**, Dunkelspinnen, Walzenspinnen

Dysderinae: am Tage in Wohngespinsten unter Steinen u. in Gebäuden, nachts zum Beutefang umherschweifend; **Segestriinae**: in Wohnröhren unter Rinde, in Felsritzen, dabei – an der Mündung sitzend – auf Beute lauernd.

1. Augen in einer kompakten Gruppe [*37*]. Ceph braunrot, Abd einfarbig hell (**Dysderinae**) *2*
— Augen in 3 getrennten Paaren. Abd mit Fleckenzeichnung [*10*] (**Segestriinae**) . . . . 2; **Segestria** Latr.
S. senoculata (L.) (braune Fleckenzeichnung des Abd wie [*10*]. 6,5–10 mm). **S. bavarica** C. L. K. (Fleckenzeichnung des Abd hinten durch helle Mtbinde in paarige Flecken geteilt. 7–14 mm).

2. Ulippe vorn halbkreisförmig ausgeschnitten. Ta mit 2 Krallen u. 1 Hafthaarbüschel. 6–16 mm . . . . 2; **Dysdera** Latr.
z. B. **D. erythrina** (Walck.)
— Ulippe nicht ausgeschnitten. Ta mit 3 Krallen 3; **Harpactea** Bristowe
a) Beine zweifarbig: Fe, Ti. Basis des Mt bräunl., übr. Glieder gelblich: **H. hombergi** (Scop.) (4,5–5,5 mm). b) Beine einfarbig: **H. rubicunda** (C. L. K.) (10–12 mm. Vord. 2 Beinpaare dunkler als hint.). **H. lepida** (C. L. K.) (5–6 mm. Beine gleich gefärbt.)

7. Fam. **Theridiidae**, Kugelspinnen, Haubennetzspinnen

Bauen Haubennetze [*38*] mit waagrechter Decke, von der Klebfäden nach unten zum Boden (Fußangeln!) od. allen Seiten ausgehen; so Fang laufender od. fliegender Insekten. Oft Brutpflege: ♀♀ füttern die Jungspinnen.

1. Vord. Mtaugen viel kleiner als übr. Augen, diese in 2 seitl. Dreiergruppen. **Theonoe (= Coressa) minutissima** (O. P.-C.) (Ta länger als Mt. 1,2–1,3 mm), in Sphagnum. **Pholcomma gibbum** (Westr.) (Ta kürzer als Mt. 1,4–2,0 mm).

— Augen anders *2*

2. Abd l, nach hinten zu breiter werdend [*39*]. 3. Beinpaar deutl. kürzer als die übrigen. 4,5–5,5 mm . . . . 2; **Episinus** Latr.

E. truncatus Latr. (Ceph einfarbig schwärzlich). **E. angulatus** (Bl.) (Ceph dunkel mit hellem Rand [*39*]).

— Gestalt anders *3*

37

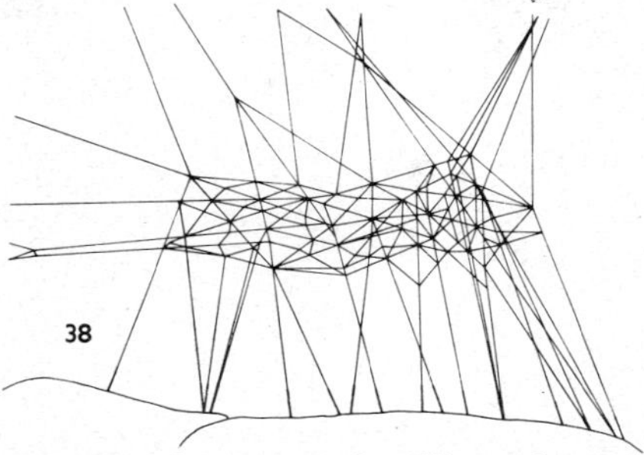

38

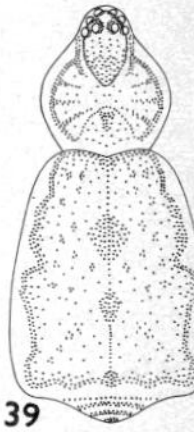

39

3. Ceph u. Ch dicht mit höckerigen, großen Warzen besetzt. Abd dunkelbraun, mit 3 Längsreihen heller Flecke. 2 mm **Crustulina guttata** (Wid.)

— Ceph u. Ch ohne Warzen, wenn mit (schwächer ausgeprägten) Warzen, dann größer u. Abd mit anderer Zeichnung *4*

4. Vord. Mtaugen deutl. größer u. meist weiter getrennt als hint. Mtaugen, Entfernung Augen – Vdrand des Ceph meist mindestens so groß wie Ch l. Abd oben vorn ohne weiße Randbinde *5*

— Vord. Mtaugen nicht größer als hint. Mtaugen, wenn größer, dann enger zusammenstehend als hint. Mtaugen od. Abd oben vorn mit weißer Randbinde [*42*]; Entfernung Augen-Vdrand des Ceph viel kürzer als Ch lang *6*

5. Abd nach hinten spitz auslaufend [*40*]. 2–3,5 mm 4; **Euryopis** Menge

Bauen keine Netze. a) Ceph gelbrot, Abd dunkel: **E. flavomaculata** (C. L.K.) (Abd oben mit vielen hellen Flecken [*40*]). **E. flava** Wiehle (Abd oben mit 4 hellen Flecken). b) Ceph u. Abd dunkel: **E. quinqueguttata** Thor. (Abd oben mit 5 hellen Flecken). **E. laeta** (Westr.) (Abd oben hinten hell).

— Abd hinten gerundet. 1,8–4 mm . . . . . . .8; **Dipoena** Thor.

Am häufigsten **D. tristis** (Hahn), auf jungen Kiefern, erbeutet Ameisen.

6. Sternum nicht zwischen die 4. Cx reichend. 4. Beinpaar länger als 1. 1,7–4 mm. Ceph braun, Abd einfarbig grau
6; **Robertus** O. P.-C.

Häufig **R. lividus** (Bl.).

— Sternum ± schmal nach hinten zwischen die 4. Cx verlängert, wenn nicht verlängert, größer u. Abd schwarz mit weißer Zeichnung. 4. Beinpaar höchstens so l wie 1. . . . . *7*

7. Abd oben braunschwarz mit heller Zeichnung: Binde am Vdrand, weiße mittl. Längslinie od. Fleckenpaare, variable Randzeichnung, z. B. [*42*] **Steatoda sensu lato** *8*

— Abdzeichnung anders, wenn ähnlich, dann vord. Randbinde fehlend

Achaearanea Strand, **Anelosimus** Sim., **Enoplognatha** Pav. u. **Theridion** Walck. mit 31 nach Farbmerkmalen nicht sicher bestimmbaren Arten.

a. Abd hell, oben mit deutl. gezackter dunkler mittl. Längsbinde: z. B. **An. vittatus** (C. L. K.) (3–4 mm).

b. Abd hell mit 2 Längsreihen von 4–5 schwarzen Punkten [*41*]: **E. ovata** (Cl.) = **redimita** (L.) (3,5–7 mm).

c. Abd hell mit 2 dunklen Längsstreifen, diese durch 3–4 helle Querbinden geteilt: **T. sisyphium** (Cl.) = **notatum** (L.) (2,5–5,5 mm) u. 1 weit. Art.

d. Abd oben mit heller gezackter, dunkel begrenzter mittl. Längsbinde: viele Arten, z. B. **T. varians** Hahn (2,5–3,5 mm).

e. Abd u. Ceph gelblichweiß, fast ohne Zeichnung. 1,7 mm: **T. pallens** Bl.

f. Abd anders: weitere Arten

8. Vord. Mtaugen viel größer als vord. Seitenaugen. 4–7 mm. **In Häusern, auch unter Rinde** . . . . **Steatoda bipunctata** (L.) [*42*]

— Vord. Mtaugen nicht od. nicht viel größer als vord. Seitenaugen *9*

9. Seitenaugen aneinanderstoßend . . . . .3; **Teutana** Sim. In Häusern. **T. castanea** (Cl.) (Abd oben mit weißen Längslinien. 5–7 mm). **T. grossa** (C. L. K.) (Abd oben mit einzelnen gerund. weißen Flecken. 5–10 mm). **T. triangulosa** (Walck.) (Abd oben mit Reihen heller Winkelflecken. 3,5–4 mm).

— Seitenaugen um mindestens ¼ des Augendurchmessers voneinander getrennt *10*

10. Ceph mit Punktgruben (Mikroskop!). Aus Mtaugen gebildetes Viereck länger als b. 4,5–5 mm. An stark besonnten Stellen . . . . **Asagena phalerata** (Panz.)

— Ceph ohne Punktgruben. Mtaugenviereck fast quadratisch. 5–7 mm. An sonnigen Stellen . . . . **Lithyphantes albomaculatus** (De Geer)

9. Fam. **Linyphiidae,** Baldachinspinnen

Weben meist Deckennetze [*43*], hängen mit Useite nach oben unter der Decke. Ca. 35 Gattg. mit ca. 125 Arten, teilweise schwer bestimmbar.

1. 1. Fe kürzer als Ceph, 1. Ti unten ohne Stacheln, 4. Mt ohne Becherhaar (vergl. [*35*]). Augen etwa gleich groß. Sternum eben. Alle Mt oben ohne Borsten, Becherhaar auf 1. Mt im basalen Viertel . . .8; **Meioneta** Hull, häufig **M. rurestris** (C. L. K.)

— ebenso, aber 1. u. 2. Mt oben mit Borste, Becherhaar auf 1. Mt im 2. Drittel 18; **Centromerus** Dahl, z.B. **C. silvaticus** (Bl.)

— andere Merkmalkombination *2*

2. 1. Fe kürzer als Ceph, od. wenn länger, 4. Mt mit Becherhaar . . . . Viele Gattg.

— 1. Fe mindestens so l wie Ceph. 4. Mt ohne Becherhaar *3*

3. Alle Mt ohne Borsten . . . . 8; **Bathyphantes** Menge, häufig **B. gracilis** (Bl.)

— Mt mit 1 – mehr. Borsten (auf 4. Mt manchmal fehlend). Hint. Mtaugen um weniger als ihren Durchm. (aber deutl. weiter als vord. Mtaugen) voneinander u. von den hint. Seitenaugen entfernt. Beinstacheln sehr l u. gerade 28; **Lepthyphantes** Menge, z.B. **L. tenuis** (Bl.)

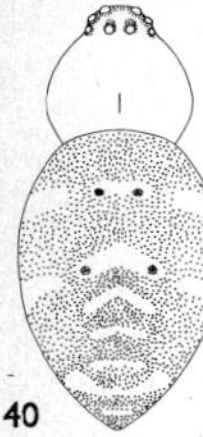
40

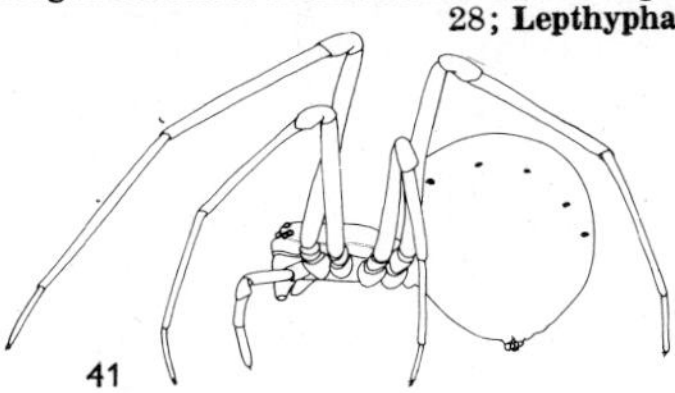
41

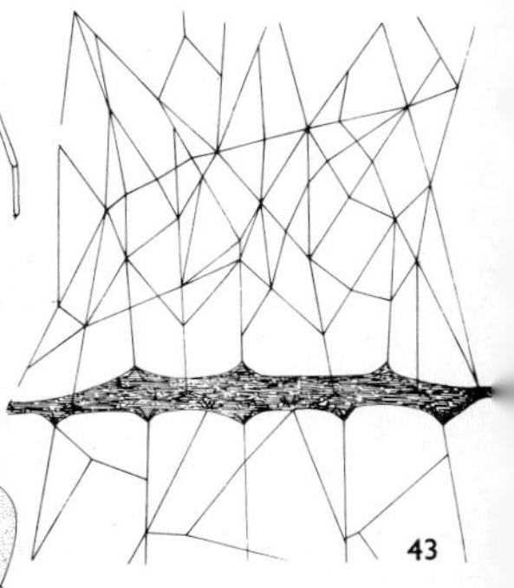
43

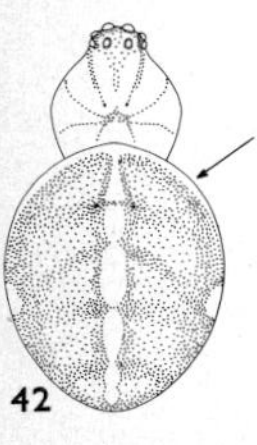
42

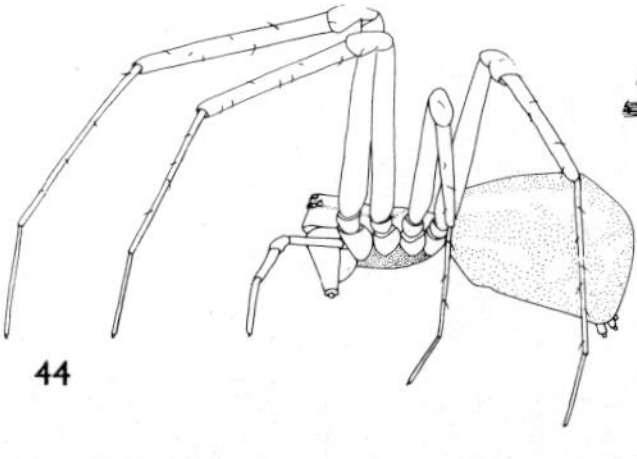
44

— Alle Mt mit mehr. Borsten [*44*]. Hint. Mtaugen um viel mehr als ihren Durchm. voneinander entfernt. Abd oben mit dunkler gezackter Mtbinde od. mit ausgedehnter blattartiger Zeichnung. Fe unten nicht mit vielen dunklen Flecken Großgattg. 10; **Linyphia Latr.**
Bauen auffällige Deckennetze [*43*], im Herbst oft in Massen. **L. triangularis** (Cl.) u. 1 weit. seltene Art (Ceph oben mit dunklem, vorn deutl. gegabeltem Mtstreifen [*44*]. 5–7 mm). **L. pusilla** Sund. (♀: Abd oben weiß, mit 3 unregelmäß. Längsstreifen, ♂: Abd dunkel mit 2 weißen Schulterflecken. 4 mm). **L. peltata** Wid. (Abd unten mit schildförm. heller Fläche. 3–4 mm), auf Fichten.
— Andere Merkmalkombination . . . . Weitere Gattungen

11. Fam. **Araneidae (Argiopidae)**, Radnetzspinnen

Bauen Radnetze [*45,46*], bestehend aus Rahmen, Radien, Klebfäden u. Nabe, häufig mit Signalfaden, der zu einem Schlupfwinkel (Retraite) führt, Tiere kopfüber auf der Nabe od. in der Retraite auf Beute lauernd. Meist höher in der Vegetation.

1. Abd oben quer gelb-schwarz gebändert (beim ♂ undeutl.). ♀ bis 15, ♂ bis 5 mm . . . . **Argiope bruennichi** (Scop.)
Netz mit weißer, von feinem Fadenwerk übersponnener Nabe, meist außerdem mit radiärem Zickzackstabiliment. ♀♀ fressen ♂♂ nach der Kopulation.
— Abdzeichnung anders *2*

45

46

2. Abdspitze weit über Spinnwarzen hinaus nach hinten reichend, dabei hinten konisch verjüngt [*47*] od. mit 3 Höckern. 3–7 mm 2; **Cyclosa** Menge
Netz mit radiärem, oft mit Fremdkörper behängtem Stabiliment. **C. conica** (Pall.) (Abd von oben gesehen hinten mit 1 konischen Auswuchs). **C. oculata** (Walck.) (Abd hinten mit 3 konischen Auswüchsen).
— Abd anders *3*
3. Entfernung Augen – Vdrand des Ceph viel größer als der 2fache Durchmesser der vord. Mtaugen *4*
— Entfernung Augen – Vdrand des Ceph höchstens so groß wie der doppelte Durchmesser der vord. Mtaugen *5*
4. Abd oval, oben vorn jederseits mit 3–4 schwarzen Dornen auf dunklen Erhöhungen, mit hellem Mtstreif. 3,5–5 mm **Cercidia prominens** (Westr.)
— Abd kugelig, ohne Dornen u. hellem Mtstreif, mit silbernen Perlmutterflecken. 1,5–2 mm . . . . . **Theridiosoma gemmosum** (L. K.)

5. Abd hell, mit dunkler Zeichnung wie [*48*]. 2,5–4 mm **Mangora acalypha** (Walck.)

— Abdzeichnung anders *6*

6. Kauladen $1\frac{1}{2}$ bis 2mal so l wie b . . . . 4; **Meta** C. L. K.

Netz mit offener Nabe [*46*]. a) Abd mit deutl. Blattzeichnung [*49*]: **M. segmentata** (Cl.) = **reticulata** (L.) (5–8 mm), im Herbst. **M. mengei** (Bl.) (3,5–5 mm), im Frühjahr u. Frühsommer. b) Abd fast einfarbig: **M. merianae** (Scop.) (4,5–8,5 mm), an Stellen hoher Luftfeuchte. **M. menardi** (Latr.) (10–13 mm), in Höhlen.

— Kauladen höchstens so l wie b *7*

47

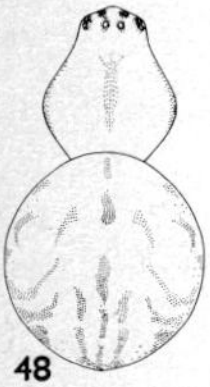
48

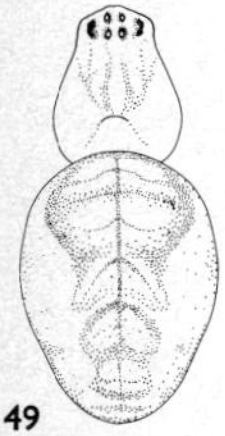
49

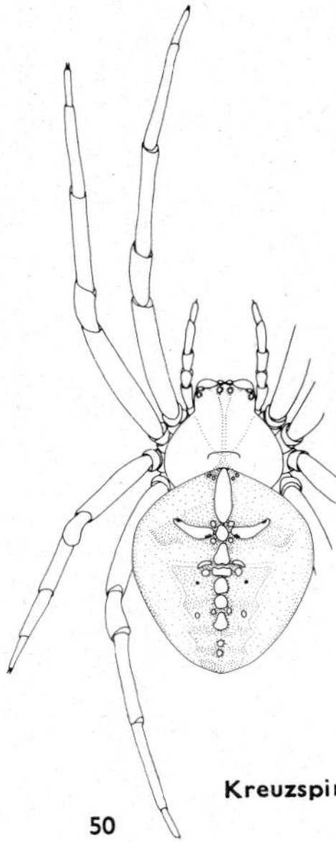
Kreuzspinne
50

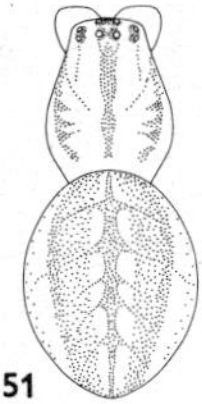
51

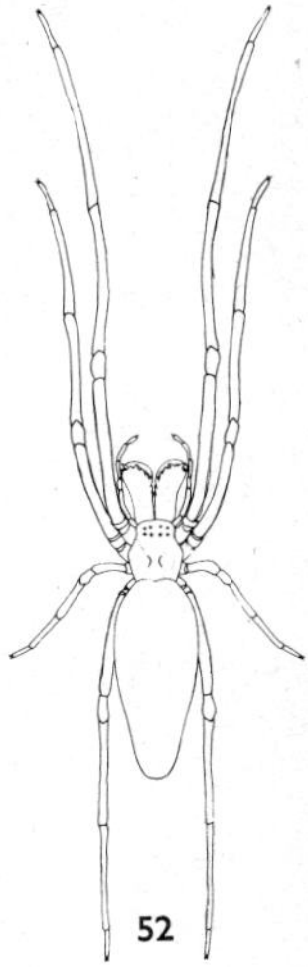
52

7. Abstand zwischen hint. Mtaugen fast so groß (selten halb so groß) wie Abstand der hint. Mtaugen zu den hint. Seitenaugen. Rückenfurche als breite Grube in Längsrichtung des Körpers 5; **Zygiella** F. O. P.-C.

Netz mit klebfadenfreiem Sektor, in dem Signalfaden verläuft. a) Sternum einfarbig dunkel: **Z. montana** (C. L. K.) (5–8 mm), im Gebirge. b) Sternum in der Mitte (selten ganz) hell: **Z. calophylla** (Walck.) = **atrica** (C.L.K.) (Abd oben hell, schmal dunkel gerandet, mit breiten, außen roten Schulterflecken. 3,5–5 mm). **Z. x-notata** (Cl.) = **litterata** (Oliv.) (ähnl., aber Abd ohne rote Zeichnung). **Z. stroemi** (Thor.) (Abd oben hell, seitl. und hinten breit dunkel gerandet. 3–4 mm). **Z. thorelli** (Auss.) (Abd oben dunkel mit hellen Flecken. 8–11 mm).

— Abstand zwischen hint. Mtaugen viel kleiner als Abstand der hint. Mtaugen zu hint. Seitenaugen. Rückenfurche auf Ceph quer zur Körperlängsrichtung [*50*] *8*

8. Abd glänzend, wenig behaart . . . . 6; **Singa** C. L. K.

a) Abd oben mit 2 dunklen Längsstreifen, diese durch 1 – mehr. Querstreifen ± geteilt: **S. hamata** (Cl.) (Weiße Querstreifen des Abd reichen bis zu den hellen Seitenstreifen. 3,5–6 mm). **S. nitidula** C. L. K. (Weiße Querstreifen reichen nicht bis zu hellen Seitenstreifen. 3,5–6 mm). b) Abd hell, wenn dunkel, dann ohne helle Querstreifen: **S. albovittata** (Westr.) (Ceph oben mit weißem Längsfleck. 2,5–3,5 mm). **S. pygmaea** (Sund.) (Ceph ohne weißen Fleck. Sternum dunkel. 2,5–4,5 mm). **S. heeri** (Hahn) (Ceph ohne weißen Fleck. Sternum hell. Abd hochgewölbt, mit dunkl. Zeichnung. 2–4 mm). **S. sanguinea** C. L. K. (ebenso, aber Abd flacher, rotgelb. 3–4 mm).

— Abd nicht glänzend, dichter mit Haaren besetzt, Sternum hell, schmal dunkel gerandet. Abd oben vorn mit hellem dreieckigem Querfleck, hinten dunkel. 2–4 mm . . . . **Zilla diodia** (Walck.)

— Abd nicht glänzend, dichter behaart. Sternum dunkel (manchmal mit hellem Mtfleck), wenn hell, dann andere Abdzeichnung. Meist über 4 (bis 15) mm. Netz [*45*] . . . . Großgattg. 27; **Araneus** Cl.

a. Abd oben mit 2 Höckern
1. Vord. Mtaugen deutl. größer als hint. Mtaugen
α. Sternum mit hellem mittl. Längsfleck: 3 Arten, häufiger nur **A. angulatus** Cl. (10–14 mm).
β. Sternum einfarbig: 2 Arten, z. B. **A. nordmanni** (Thor.) (7–9 mm).
2. Vord. Mtaugen etwa so groß wie hintere Mtaugen: **Gibbaranea** Arch.
α. Augenfeld von der Seite gesehen mit Ceph einen stumpfen Winkel bildend: 2 Arten, häufiger nur **G. bituberculata** (Walck.) (5 mm).
β. Augenfeld mit Ceph einen rechten Winkel bildend: **G. omoeda** (Thor.) (Abd vorn vor den Höckern steil abfallend. 7–9 mm). **G. gibbosa** (Walck.) (Abd vorn nicht so steil abfallend. 4,5–6 mm).

b. Abd ohne Höcker, breiter als l od. so b wie l: **Agalenatea redii** (Scop.) (Abd oben in der Mitte mit dunklem Fleck. 3,5–7 mm). **Atea sturmi** (Hahn) (Abd oben vorn mit 2 seitl. dunklen Flecken, zur Mitte bogig hell begrenzt. Sternum dunkler als Cx. 3–5 mm). **Atea triguttata** (F.) (ebenso, aber Sternum so hell wie Cx).

c. Abd ohne Höcker, länger als b, längsoval, an beiden Enden zugespitzt, Htende über Spinnwarzen ragend: **Aculepeira ceropegia** (Walck.) (6,5–14 mm).

d. Abd ohne Höcker, länger als b, oval
1. Abd einfarbig (meist grün), meist jederseits mit 2 Reihen schwarzer Punkte: **Araniella** Chamb., **A. cucurbitina** Cl. (Abd grün mit 4–5 Punktpaaren. 3,5–6 mm). **A. displicata** (Hentz) (Abd rot mit 3 Punktpaaren. 3,5–9 mm), ähnlich **A. opisthographa** Kulcz. **A. alpica** (L. K.) (Abd grün mit höchstens 3 Punktpaaren. 4,5–6 mm), ähnl. der seltene **A. inconspicua** (Sim.)
2. Abd oben mit dunkler Zeichnung, vorn in der Mitte mit dunklem, meist hell umrandetem Keilfleck: **Nuctenea** Sim.
α. **Ceph oben einfarbig: N. cornuta Cl. = foliata Fourcr. (4. Ti nur am Ende dunkel. 5–8,5 mm) ähnlich N. folium Schr. N. ocellata Cl. = patagiata Cl. (4. Ti außerdem mit dunklem Mtring. 6 mm).**
β. **Ceph oben mit hellen Streifen: N. sericata Cl. = sclopetaria Cl. (Grundfarbe graubraun. 8–14 mm). N. ixobola (Thor.) (Grundfarbe rotbraun. 9–15 mm).**
3. Abd oben in ganzer Länge mit heller, dunkel umrahmter Mtbinde: **Neoscona adiantum** (Walck.) (4–7 mm).
4. Abd oben vorn in der Mitte mit hellem, oft dunkel umrahmten Fleck od. Fleckenpaar (manchmal ganz hell): **A. diadematus** Cl. (Abdzeichnung wie [*50*]. 4,5–12 mm). **A. marmoreus** Cl. = **raji** Scop. (ähnl., aber größte Breite des Abd in der Mitte. 5–8 mm; bei var. **pyramidatus** Cl. Abd vorn hell, hinten mit dunkl. pyramidenförm. Mtfleck). **A. quadratus** Cl. = **reaumuri** Scop. (Abd grün, oben vorn außer heller Mtlinie mit 2 seitl. hellen Fleckenpaaren. 6–15 mm). **A. alsine** (Walck.) (Abd orange, oben vorn mit vielen hellen Flecken. 6–8,5 mm).
5. **Abd vorn in der Mitte dunkel, höchstens davor in voller Abdbreite hell gerandet: Nuctenea Sim., N. umbratica Cl. = sexpunctata L. (Dunkle Abdzeichnung schmal hell gerandet. 8–14 mm). N. silvicultrix (C. L. K.) (Dunkle Abdzeichnung breit hell gerandet. 6–9 mm).**

12. Fam. **Tetragnathidae,** Kieferspinnen

Alle Arten außer **Pachygnatha** weben speichenarme Radnetze mit offener Nabe (ähnl. **Meta** [*46*]).

1. Körper gedrungen. Abd oval [*51*]. Beine ohne Stacheln 3; **Pachygnatha** Sund.

P. degeeri Sund. (Ceph braunschwarz. 3–4 mm). **P. listeri** Sund. (Ceph rotgelb mit breitem, mittl., dunklem Längsband. 3–5 mm). **P. clercki** Sund. (Ceph fahlrot mit 1 mittl. u. 2 seitl. dunklen Längsbändern [*51*]. 4,5–6 mm).

— Körper gestreckt, Abd l u. schmal, Beine l, mit vielen Stacheln [*52*] ***2***

2. Abd über Spinnwarzen hinaus schwanzartig verlängert u. zugespitzt. 1. Beinpaar viel länger u. dicker als übrige. 9–12,5 mm
Eucta kaestneri Crome

— Anders 3

3. Vord. u. hint. Seitenaugen nicht weiter voneinander entfernt als vord. u. hint. Mtaugen . . . . 6; **Tetragnatha** Latr.

Ruhestellung [*52*]. a) Sternum dunkel mit hellem mittl. Längsstreifen: **T. extensa** (L.) (Abd oben hell mit grauer Strichzeichnung. 6–12 mm). **T. pinicola** L. K. (ähnl., aber Abd oben hinten mit 1–3 schwarzen Fleckenpaaren. 4,5–6 mm). b) Sternum einfarbig. Abd gedrungen. 4–6,5 mm: **T. obtusa** C. L. K. c) Sternum einfarbig. Abd langgestreckter [*52*]. 6–11 mm: 3 Arten, z.B. **T. montana** Sim.

— Vord. u. hint. Seitenaugen deutl. weiter voneinander entfernt als vord. u. hint. Mtaugen. 8–12 mm
Arundognatha (= **Eugnatha**) **striata** (L. K.)

14. Fam. **Agelenidae**, Deckennetzspinnen

Weben Deckennetze [*53*], bestehend aus einer Röhre, die sich an einem Ende trichterförmig erweitert; auf der Decke Stolperfäden.

1. Vord. Spinnwarzen länger als hint., eng nebeneinanderstehend, Basalglied gegen Ende sehr stark verjüngt. 5–10 mm 2; **Cybaeus** L. K.

C. tetricus (C. L. K.) (1. Bein länger als 4.). **C. angustiarum** L. K. (4. Bein länger als 1.)

— Vord. Spinnwarzen kürzer als hint., getrennt (vgl. z. B. [*22a*]) . . *2*

2. Endglied der hint. Spinnwarzen nicht viel kürzer, oft länger als das basale Glied, z. B. [*22a*] *3*

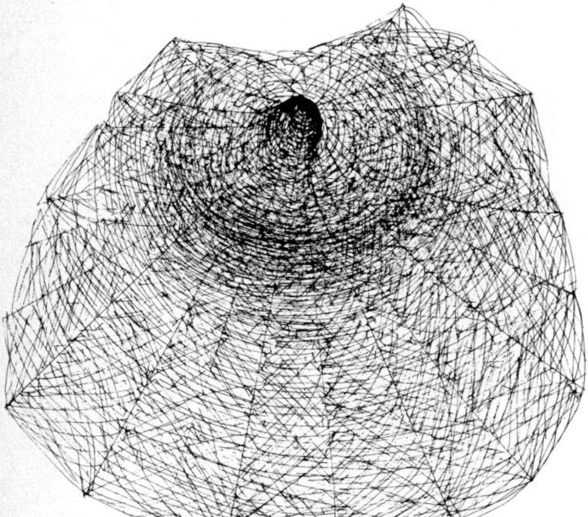

53

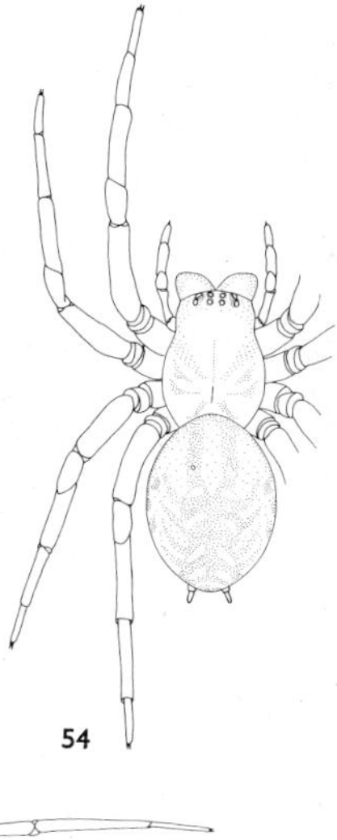

54

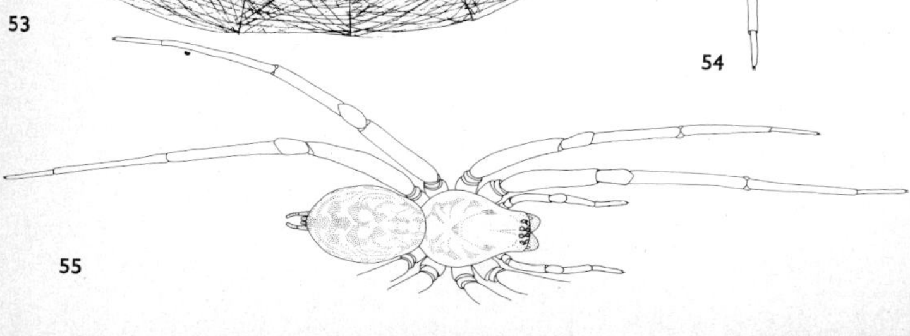

55

— Endglied der hint. Spinnwarzen viel kürzer als das basale Glied, oft nicht klar zu erkennen *6*

3. Hint. Augenreihe stark recurv. Hint. Mtaugen fast doppelt so groß wie vord. Mtaugen. 6–7 mm . . . . **Textrix denticulata** (Oliv.)
Äußerlich mit **Pardosa** (**Lycosidae**) zu verwechseln, aber Spinnwarzen viel länger.

— Beide Augenreihen stark procurv (hint. stärker als vord.), Augen etwa gleich groß. Endglied der hint. Spinnwarzen fast doppelt so l wie Basalglied . . . . 3; **Agelena** Walck.
A. labyrinthica (Cl.) (Useite des Abd hellgrau. 8–14 mm), häufig. **A. gracilens** C. L. K. (Useite des Abd mit braunem Mtstreif, dieser so b wie Epigyne. 5–10 mm).

— Augenreihen wenig gebogen. Endglied der hint. Spinnwarzen kürzer *4*

4. Körperform gedrungen. Ceph von oben gesehen vorn wenig verschmälert. Beine kurz [*54*]. Sternum einfarbig dunkel
4; **Coelotes** Bl. (= **Amaurobius** C. L. K.)
Häufig **C. terrestris** (Wid.) (Abdzeichnung wie [*54*]. 8–14 mm).

— Körperform nicht gedrungen. Ceph vorn verschmälert. Beine l [*55*]. Sternum dunkel mit hellen Flecken od. einfarbig hell *5*

5. Hint. Augenreihe von oben gesehen gerade od. schwach recurv. 2. Mt am Ende mit 5 Stacheln. 4,5–6,5 mm . **Histopona torpida** (C. L. K.)

— Hint. Augenreihe schwach procurv [*55*]. 2. Mt mit 3–4 od. über 5 Stacheln. Oft größer (bis 18 mm) . . . . 8; **Tegenaria** Latr.
a. 1. Ti mit 1 Paar Stacheln. 5–9 mm: **T. picta** Sim. (Beine ungefleckt). **T. campestris** C. L. K. (Beine gefleckt, Stacheln der 1. Ti in der Mitte). **T. silvestris** L. K. (Beine gefleckt. Stacheln der 1. Ti vor der Mitte).
b. 1. Ti mit mehr als 1 Paar Stacheln. Meist größer
1. 2. Mt mit 6–7 Endstacheln: 2 Arten, häufig **T. atrica** C. L. K. = **larva** Sim. (10–16 mm).
2. 2. Mt mit höchstens 4 Endstacheln: **T. ferruginea** (Panz.) (Beine gefleckt. Abd oben rötlich. 9–14 mm). **T. domestica** (Cl.) = **derhami** (Scop.) (Beine gefleckt. Abd oben grau. 6–12 mm), in Häusern. **T. agrestis** (Walck.) (Beine ungefleckt. 9–12 mm).

6. Unter 3,5 mm. Abd dunkel mit heller, gemusterter Mtbinde . . *7*

— 5–7 mm. Abd einfarbig grau . . . . **Cicurina cicurea** (F.)

7. 2 mm. Vord. Augenreihe von oben gesehen gerade
Tuberta maerens (O. P.-C.)

— 2,5–3,5 mm. Vord. Augenreihe recurv **Cryphoeca silvicola** (C. L. K.)

18. Fam. **Lycosidae**, Wolfspinnen

Jagen nach Beute. ♀♀ tragen Eikokon an den Spinnwarzen [*56*], Jungtiere halten sich eine Zeitlang auf Abd auf. Sicher nur nach Genitalmerkmalen zu bestimmen.

1. 1. Ti vorn mit schräger Längsreihe von 4–6 Stacheln. Körper fast schwarz, höchstens Mitte des Ceph u. Beine heller. 6–11 mm. Vorwiegend im Hochgebirge, selten im Mittelgebirge 3; **Acantholycosa** Dahl
Ähnlich ist **Pardosa nigra** (C. L. K.) mit 3–4 Stacheln an der 1. Ti.

— 1. Ti vorn mit 0–3 Stacheln, wenn mehr, Körper viel heller . . . *2*

2. 1. Augenreihe fast doppel so b wie 2. 8 mm
Tricca lutetiana (Sim.) = **Triccosta lucorum** (L. K.)

— 1. Augenreihe ungefähr so b wie 2. . . . . *3*

3. Ceph mit hellerem, zu den dunklen Seiten deutl. abgesetztem Mtband, wenn undeutl., mit V-förm. Zeichnung auf Ceph [*15, 57–59*] . . *5*

— Ceph ohne helleres Mtband, manchmal zur Mitte hin allmählich aufgehellt *4*

4. Ceph vorn stark verschmälert, wenig breiter als die Augenregion, oben dunkel. Beine hell, nur 1. Fe dunkel. 4 mm **Aulonia albimana** (Walck.)

— Ceph vorn wenig verschmälert, viel breiter als Augenregion. Färbung anders, Beine gefleckt od. geringelt . . . . . 9; **Arctosa** C. L. K.

Heute in 4 Gattg. aufgespalten, darunter 1 selt. Art zu **Hygrolycosa** (vgl. 6). **A. perita** (Latr.) (Ceph bunt rotschwarz. 6,5–9 mm), Sanddünen. **A. cinerea** (F.) (Ceph hellbraun. 12–17 mm), Sandufer. **A. leopardus** (Sund.) (Ceph dunkelbraun. 6–9 mm), bewachsene Ufer. Übr., z.T. ähnl. Arten seltener.

5. Helles Mtband des Ceph mit dunkler V-förm. oder Y-förmiger Zeichnung [*57*] (manchmal undeutlich)! . . . . 8; **Pirata** Sund.

An feuchten Stellen, in Hochmooren. Häufig: **P. piraticus** (Cl.) (Sternum ganz hell. 5,5–7,5 mm), ähnl. ist **P. moravicus** Buchar. **P. hygrophilus** Thor. (Sternum dunkler, mit hellem mittl. Längsstrich. 5,5–7,5 mm).

— Helles Mtband des Ceph vorn mit 2 dunklen Längsstreifen [*58*] 4; **Trochosa** C. L. K.

a) Abd oben vorn mit hellem längl. Spießfleck: **T. ruricola** (De Geer) (7–12 mm), feuchte Stellen. **T. terricola** Thor. (8–12 mm), trock. Stellen. b) Abd ohne hellen Spießfleck: **T. spinipalpis** (F. O. P.-C.) (8–11 mm), feuchte Stellen. **T. robusta** (Sim.) = **lapidicola** (Hahn) (9–20 mm), trock. Stellen.

— Helles Mtband auf Ceph ohne dunkle Zeichnung *6*

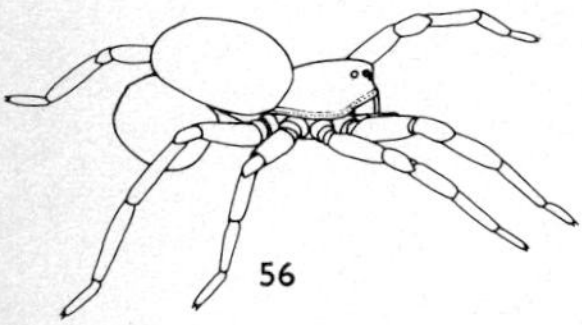

56

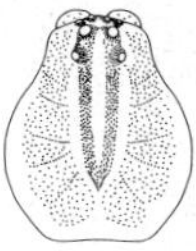

57

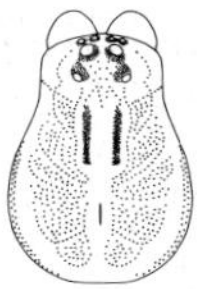

58

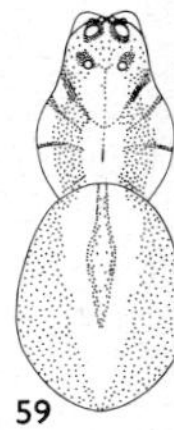

59

6. Ceph mit 1 hellem Mtband u. 2 hellen Seitenbändern, letztere breiter als die beiden dunklen Längsbänder. Sternum hell mit je 3 dunklen Flecken an den Seiten. Abd ohne Längsstreifen. 5–5,5 mm **Hygrolycosa rubrofasciata** (Ohl.)

— Färbung anders *7*

7. Seiten des Ceph vorn fast senkrecht abfallend (von vorn betrachten!), Augen fast die gesamte Cephbreite einnehmend [*15*]. 4–12 mm 27; **Pardosa** C. L. K.

a. Helles Mtband des Ceph schmal spindelförmig, vorn zugespitzt: **P. monticola** (Cl.) u. **P. palustris** (L.) = **tarsalis** (Thor.) an trock. Stellen, **P. purbeckensis** F. O. P.-C. auf Salzwiesen, **P. arenicola** (O. P.-C.) an kiesigem Meeresstrand. Übr. Arten seltener, meist Gebirgsarten.

b. Helles Mtband des Ceph fast gleichmäßig b bis zur Augenregion, gelblich: **P.** (= **Passiena**) **bifasciata** (C. L. K.).

c. Helles Mtband des Ceph fast gleichm. b, rötlich, nicht sehr deutl. abgehoben: **P. pullata** (Cl.) (Beine ungefleckt), ähnlich ist die Hochmoorart **P. sphagnicola** (Dahl). **P. prativaga** (L. K.) (Beine dunkel gefleckt).

d. Helles Mtband des Ceph in der Mitte quer eingeschnürt [*15*]: mehr. Arten, sehr häufig **P. amentata** (Cl.) = **saccata** (L.).

e. Helles Mtband nur im hint. Teil des Ceph deutlich: 3 Arten im Gebirge, oft an Gewässern, z.B. **P. wagleri** (Hahn).

f. Helles Mtband des Ceph nach vorn gleichmäßig verbreitert, weiß behaart: häufig nur **P. lugubris** (Walck.) = **chelata** O. F. Müll.

g. Helles Mtband des Ceph sehr b, breiter als die dunklen angrenzenden Seitenstreifen: **P. nigriceps** (Thor.).

— Seiten des Ceph vorn weniger steil abfallend, Augenfeld viel weniger b als Ceph [*59*] *8*

8. 1. Ta mit sehr langem Becherhaar in der basalen Hälfte (Mikroskop!), übr. Becherhaare viel kürzer. Abd meist mit Spießfleck [*59*]. Selten unter 7, bis 18 mm . . . 14; **Alopecosa** Sim. (= **Tarentula** Sund.)

a) Useite des Abd ± ausgedehnt schwarz: **A. inquilina** (Cl.) (12–18 mm). **A. fabrilis** (Cl.) (8,5–12 mm). 6 weitere selt. südl., östl. od. alpine Arten. b) Useite des Abd ganz hell: **A. trabalis** (Cl.) (Sternum mit sehr hellem Mtfleck. 11–15 mm). Bei übr. Arten Sternum einfarbig dunkel: **A. cursor** (Hahn) (Abd ohne Spießfleck, mit Fleckenzeichnung. 6 – 7 mm). **A. pulverulenta** (Cl.) (Spießfleck des Abd undeutl., in der Mitte heller als am Rand [*59*]. 7–10 mm). **A. accentuata** (Walck.) (Spießfleck gezackt, dahinter 2 dunkle Winkelflecke. 9–11 mm). **A. cuneata** (Cl.) (Spießfleck einfarbig dunkel, Ceph mit 3 hellen Längsbinden. 6,5–8 mm). **A. aculeata** (Cl.) (ähnl., aber Ceph mit 3 undeutl. Längsbinden).

— 1. Ta nur mit kurzen Becherhaaren in der Spitzenhälfte. Abd ohne Spießfleck. 5–7 mm . . . . 2; **Xerolycosa** Dahl
X. miniata (C. L. K.) (Helles Mtband des Ceph in der Mitte quer eingeschnürt).
X. nemoralis (Westr.) (Mtband des Ceph nicht eingeschnürt).

20. Fam. **Gnaphosidae (Drassodidae)**, Glattbauchspinnen

Nachtaktiv, jagen nach Beute. Tagsüber meist in Wohngespinsten unter Steinen, Blättern u. in ähnl. Verstecken.

1. Hint. Augenreihe stark recurv, viel breiter als vord. Augenreihe [*60*]. 5,5–16 mm . . 8; **Gnaphosa** Latr., z. B. **G. lucifaga** (Walck.)
— Augenstellung anders *2*
2. Hint. Augenreihe deutl. breiter als vord., wenn nicht deutl., dann vord. Mtaugen etwa doppelt so groß wie vord. Seitenaugen od. Abstand zwischen hint. Mtaugen viel kleiner als zwischen hint. Mtaugen u. hint. Seitenaugen *3*
— Hint. Augenreihe etwa so b wie vord., wenn etwas breiter, Abstand zwischen hint. Augen etwa gleich groß; vord. Augen etwa gleich groß *7*
3. Vord. Mtaugen viel größer als vord. Seitenaugen. Ceph vorn stark verengt. Oft in Häusern. 6–16 mm 4; **Scotophaeus** Sim. (= **Herpyllus** Hentz)
Häufig **S. scutulatus** (L. K.)
— Vord. Mtaugen höchstens so groß wie vord. Seitenaugen, selten wenig größer *4*
4. Abstand zwischen hint. Mtaugen etwas kleiner als zwischen hint. Mtaugen u. hint. Seitenaugen. Hint. Augenreihe recurv. Abd schwarz mit weißen Flecken. 6–8 mm . . . . 2; **Poecilochroa** Westr.
P. conspicua (L. K.) (Ceph schwarz). **P. variana** (C. L. K.) (Ceph rostrot).
— Abstand zwischen hint. Mtaugen viel kleiner als zu hint. Seitenaugen. Hint. Augenreihe ± procurv *5*
5. Hint. Augenreihe schwach procurv. Dunkelbraun, 1. u. 2. Fe dunkler, Abd oben mit 3 hellen Fleckenpaaren. 4,5–6 mm **Phaeocedus braccatus** (L. K.)
— Hint. Augenreihe stärker procurv [*1b*]. Färbung anders *6*
6. 4. Ti oben (außer den seitl. u. unteren) mit 0–1 Stacheln. 3–8,5 mm 9; **Haplodrassus** Chamb., häufiger **H. signifer** (C. L. K.) (5–8 mm).
— 4. Ti oben mit 2 Stacheln. 6,5–18 mm . . . . 7; **Drassodes** Westr.
Häufig **D. lapidosus** (Walck.) (10–18 mm).
7. Dunkelbraun, 3. u 4. Beine heller als 1. u. 2., Abd oben vorn mit weißer bogenförm. Randbinde, dahinter 2 Paar weiße Flecken. 5–6 mm 2; **Callilepis** Westr., häufiger **C. nocturna** (L.)
— Färbung anders, Abd ohne paarige weiße Flecken *8*
8. Hint. Augenreihe stark procurv. 6–8 mm **Boreoechemus (= Echemus) rhenanus** (Bertk.)
— Hint. Augenreihe gerade od. schwach recurv *9*
9. Ceph grau, dunkel gefleckt, Abd grau mit heller, schwarz gesäumter Mtbinde, hinten mit Reihe weißer Winkelstriche. Ch hinten an der Klaue mit gezähntem Kiel. 8–9 mm **Berlandina (= Pterotricha) cinerea** (Menge)

— Färbung anders. Ch hinten an Klaue mit 0–2 kleinen Zähnen 19; **Zelotes** Gist.

a) Ceph oben rotgelb mit schwarzer Randlinie: 2 Arten, häufig in Sandgebieten **Z. electus** (C. L. K.) (um 3 mm). b) Ceph (meist auch Abd) schwarz bis braun: übr. Arten, z.B. **Z. latreillei** (Sim.) (6,5–9,5 mm).

21. Fam. **Clubionidae**, Sackspinnen, Röhrenspinnen

Meist Nachttiere, jagen nach Beute, legen tagsüber Wohngespinste in Verstecken an.

1. Hint. Augenreihe recurv. Vord. Mtaugen etwas größer als vord. Seitenaugen. 1. u. 2. Mt unten ohne od. nur mit kurzen, zahnartigen Stacheln. Körper ohne Schuppenhaare. 5–7 mm . . . . **Ceto laticeps** (Can.)

— Augen anders. 1. u. 2. Mt unten mit 1–5 Paar längeren Stacheln, wenn ohne Stacheln, Körper mit metallisch schillernden Schuppenhaaren *2*

2. Ulippe viel länger als b, reicht über Mitte der Kauladen hinaus [*61a*] *3*

— Ulippe nicht od. wenig länger als b, reicht höchstens bis Mitte der Kauladen [*61b*] *4*

60

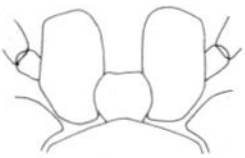
61b

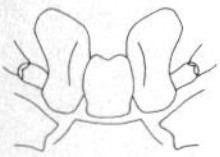
61a

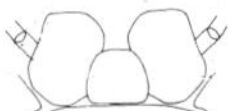
61c

62

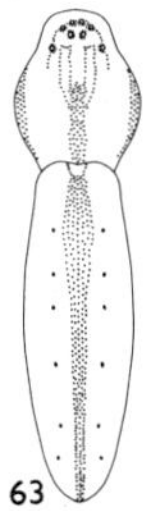
63

64

— Ulippe etwas länger als b, reicht über Mitte der kurzen Kauladen hinaus [*61c*]. Körper ameisenähnl., mit metallisch glänz. Schuppenhaaren *9*

3. Ceph mit deutl., strichförmiger Rückenfurche. Abstand zwischen hint. Mtaugen so groß wie zu hint. Seitenaugen od. größer. 4. Bein länger als 1. [*31*] . . . . 24; **Clubiona** Latr.

a. Abd oben vorn mit dunkler Mtbinde: **C. corticalis** (Walck.) (7,5–11 mm). **C. compta** C. L. K. (3,5–5 mm).

b. Abd ohne Zeichnung (selten Mtbinde angedeutet)

1. 3. Ti unten mit 2 Stacheln.

α. Ceph oben mit dunkler Randlinie: **C. pallidula** (Cl.) = **holosericea** (L.) (Ceph dunkelgelb, vorn schwarzbraun. 6,5–12 mm). **C. reclusa** O. P.-C. (Ceph gelbrot. 4–7 mm) u. 2 selt. Gebirgsarten.

β. Ceph ohne dunkle Randlinie: 11 Arten, darunter **C. phragmitis** C. L. K. (Ceph gelb bis braun, vorn stark gebräunt. ♀ 7,5–11, ♂ 5–10 mm), 3 weit. ähnl. Arten sind kleiner.

2. 3. Ti unten mit 1 Stachel: 7 Arten, darunter **C. brevipes** Bl. (Ceph u. Sternum braun. 4,5–6 mm).

— Ceph ohne Rückenfurche, nur mit breiter flacher Grube. Abstand zwischen hint. Mtaugen kleiner als zu hint. Seitenaugen. 4. Bein kürzer als 1. . . . . 8; **Cheiracanthium** C. L. K.

z.B. **Ch. punctorium** (Vill.) (7,5–15 mm), Biß beim Menschen mit Giftwirkung.

4. Sternum zwischen die 4. Cx ragend. Abd schwarz mit weißen Haarflecken. 2,5–3,5 mm 3; **Phrurolithus** C. L. K. (= **Micariosoma** Sim.)

Häufig **P. festivus** C. L. K.

— 4. Cx berühren sich *5*

5. Hint. Augenreihe procurv *6*

— Hint. Augenreihe gerade od. schwach recurv *8*

6. Hint. Mtaugen weiter voneinander entfernt als von hint. Seitenaugen. 1. Ti unten mit 7–10 Paar Stacheln . . . . 3; **Scotina** Menge

S. celans (Bl.) (Ceph dunkel mit gelben Mt- u. Seitenstreifen. 3,5 mm).

— Hint. Augen mit gleichem Abstand. 1. Ti unten mit 2 Paar Stacheln *7*

7. 1. u. 2. Mt unten mit 2 Paar Stacheln. 3,5–5,5 mm **Agroecina striata** (Kulcz.)

— 1. u. 2. Mt unten mit 3 Paar Stacheln, das an der Spitze gelegene Paar kürzer u. seitl. verschoben. 4–9 mm . . . . 5; **Agroeca** Westr.

Häufig **A. brunnea** (Bl.)

8. Vord. Augenreihe procurv. Vord. Mtaugen viel kleiner als vord. Seitenaugen. 3–4 mm . . . . **Apostenus fuscus** Westr.

— Vord. Augenreihe fast gerade, mit fast gleich großen Augen 2; **Liocranum** C. L. K.: **L. rupicola** (Walck.) (Ceph u. Abd oben mit Zeichnung. 6–8,5 mm). **L. rutilans** (Thor.) (Ceph einfarbig. 8–10 mm).

9. Hint. Augenreihe schwach procurv. **2–7,5 mm . 12; Micaria Westr.**

Ameisenähnl., laufen mit nach oben gerichtetem Abd. Häufig **M. pulicaria** (Sund.)

— Hint. Augenreihe recurv. 2–4 mm . . . **Micariolepis dives** (Luc.)

25. Fam. **Thomisidae**, Krabbenspinnen

Lauern auf Beute, manchmal der Umgebung (z.B. Blüten) gut angepaßt.

1. Seitenaugen jederseits auf stark konischem Vorsprung. Abd am Ende stark winklig erweitert [*62*]. 3–7 mm . . . **Thomisus onustus** Walck.

— Seitenaugen jederseits auf flachem Vorsprung. Abd am Ende winklig erweitert. 4–9 mm . . . . **Pistius truncatus** (Pall.)

— Abd hinten gerundet [*23*] *2*

2. Vord. u. hint. Seitenaugen jederseits auf gemeins. Hügel. ♂ 3–4, ♀ 7–11 mm **Misumena vatia** (Cl.) (Mtaugen bilden Quadrat). **Misumenops tricuspidatus** (F.) (Vord. Mtaugen enger zusammen als hint.).

— Vord. u. hint. Seitenaugen auf getrennten Hügeln [*23*] *3*

3. Hügel der hint. Seitenaugen viel größer als der der vord. Abd hint. keilartig zusammengedrückt. 3,5–6,5 mm **Tmarus piger** (Walck.)

— Hügel der vord. u. hint. Seitenaugen gleich groß. Körper stark abgeflacht. Braun. 4,5–5,5 mm. Unter Rinde **Coriarachne depressa** (C. L. K.)

— Hügel der hint. Seitenaugen kleiner als der der vord. [*23*]. Abd anders *4*

4. Körper einheitlich gelb bis grünlich (bleicht in Alkohol aus!), höchstens auf Ceph bisweilen braun gesäumter Mtstreif, Abd dicht weiß behaart. 5,5–6 mm . . . . **Heriaeus hirsutus** (Walck.)

— Ceph grün od. braun. Abd oben braun, mit weißer Begrenzung. 3–6 mm . . . . **Diaea dorsata** (F.)

— Ceph braun. Abd oben in der Mitte mit tief gelapptem, schwarzem, weiß begrenztem Fleck. 4–6 mm . . . . . **Synema globosum** (F.)

— Ceph braun mit heller Mtbinde. Abd oben dunkel gefleckt, in der Mitte heller [*23*] *5*

5. Mtaugenviereck breiter als l od. so b wie l. 1. Ti unten mit mind. 4 Paar Stacheln. Haare immer zugespitzt. ♂ 3–7, ♀ 5–10 mm 22; **Xysticus** C. L. K.

Häufig **X. cristatus** (Cl.) = **viaticus** (L.).

— Mtaugenviereck länger als b od. so l wie b. 1. Ti unten mit 2 Stachelpaaren. Mit zugespitzten u. spatelförmigen Haaren. ♂ 2–4, ♀ 3–4 (selten 6) mm . . . . . . 11; **Ozyptila** Sim., häufig **O. trux** (Bl.).

26. Fam. **Philodromidae**, Flachstreckerspinnen

Lebensweise ähnl. **Thomisidae**, aber mehr umherschweifende Jäger.

1. Hint. Augenreihe schwach recurv. Hint. Mtaugen voneinander weiter als von hint. Seitenaugen entfernt. Abd oval, meist mit dunkler Querzeichnung [*25*]
14; **Philodromus** Walck., häufig **P. aureolus** (Cl.) (4–6 mm).

— Hint. Augenreihe stark recurv. Hint. Mtaugen voneinander höchstens so weit entfernt wie von hint. Seitenaugen. Abd länglich, mit dunkler Längszeichnung [*63, 64*] *2*

2. Hint. Mtaugen stehen einander viel näher als zu hint. Seitenaugen. Abd sehr l, mit dunkl. Längsstreifen [*63*]. 8–10 mm 2; **Tibellus** Sim.
T. oblongus (Walck.) (Abd hinten mit 1 Fleckenpaar). **T. maritimus** (Menge) (Abd mit 2 Fleckenreihen [*63*]).

— Hint. Mtaugen stehen nicht od. wenig näher zueinander als zu hint. Seitenaugen. Abd weniger l, oben vorn in Mitte mit dunklem Lanzettfleck [*64*]. 4–9 mm . . . . .5; **Thanatus** C. L. K.
T. formicinus (Cl.) (Ceph hellbraun, mit mittl. hellem Längsstreifen).

27. Fam. **Salticidae**, Springspinnen

Mit Sprungvermögen. Jagen nach Beute, dabei optische Orientierung (gut entwickelte Augen!).

1. Körper schlank, ameisenähnl., Stiel zwischen Ceph u. Abd von oben sichtbar. 2. u. 3. Cx voneinander entfernt. 1. Fe u. Ti unverdickt. Abd dunkel mit weißen Querbinden **Myrmarachne joblotii** (Scop.) = **formicaria** (De Geer) (Ceph vorn schwarz, hinten braunrot. 3,3–6,2 mm). **Leptorchestes berolinensis** (C. L. K.) (Ceph dunkel. 4,8–7 mm). **Synageles venator** (Luc.) (Ceph dunkel. 3,5–4 mm). **S. hilarulus** (C. L. K.) (Ceph dunkel. 2–3,2 mm).

— Körper schlank, Abd etwa 3mal so l wie b. 2. u. 3. Cx voneinander entfernt. 1. Ti u. Fe stark verdickt. Abd oben hell mit dunklen Längsbinden od. -flecken. 4–6 mm. Geringes Sprungvermögen. Auf Küstendünen . . . . **Hyctia nivoyi** (Luc.)

— Körper gedrungener, Abdstiel von oben nicht sichtbar. Alle Cx sich fast berührend *2*

2. 3. Ti u. Pt zusammen länger od. wenigstens gleich l wie 4. Ti u. Pt, wenn etwas kürzer, 4. Mt mit 3 Stachelquirlen. *3*

— 3. Ti u. Pt deutl. kürzer als 4. Ti u. Pt. 4. Mt ohne 3 Stachelquirle *7*

3. Hint. Augenreihe 1,1–1,15mal so b wie vord. 3–6 mm 2; **Pellenes** Sim.
P. tripunctatus (Walck.) (Abd schwarz mit weißem Kreuz). **P. nigrociliatus** (L. K.) (Abd dunkel mit weißer mittl. Längsbinde u. 2 weißen seitl. Flecken).

— Hint. Augenreihe höchstens so b wie vord. Abd anders gezeichnet *4*

4. 1. u. 2. Ta unten mind. im letzten Viertel mit dichtem Büschel von Hafthaaren. Ceph u. Abd dunkel. 4–8 mm . . .2; **Aelurillus** Sim.
A. litera-v-insignitus (Cl.) (Ceph vorn mit weißer Zeichnung in Form eines W, Abd weiß gebändert). **A. festivus** (C. L. K.) (Ceph u. Abd fast einfarbig).

— 1. u. 2. Ta höchstens am Ende mit Hafthaarbüschel *5*

5. 1. Mt nur unten mit 2 Paar Stacheln. Ceph braun, ± kupfrig. 5–7 mm
3; **Evarcha** Sim.
E. falcata (Cl.) = **flammata** (Cl.) (Ceph vor Augen nicht weiß behaart). **E. arcuata** (Cl.) (Ceph. vor Augen dicht weiß behaart). **E. laetabunda** (C. L. K.) (Ceph vor Augen u. an den Seiten weiß behaart).

— 1. Mt mit mehr als 2 Stachelpaaren *6*

6. 3. u. 4. Mt mit je 3 Stachelquirlen. 5–9 mm . . . .**Philaeus chrysops** (Poda)

— 3. Mt mit 2, 4. Mt mit 3 Stachelquirlen. 5–8 mm **Carrhotus xanthogramma** (Walck.)

7. 1. Ti u. Mt unten ohne Stacheln. Abd schwarz mit weißen Binden od. Flecken . . . . .3; **Salticus** Latr.
S. olearii (Scop.) = **zebraneus** (C. L. K.) (3–4 mm. Abd ohne deutl. Querstreifung). **S. scenicus** (Cl.) (5–7 mm. Weiße Querstreifen sich in Mitte nicht berührend [*11*]). **S. cingulatus** (Panz.) (5–6 mm. Weiße Querstreifen sich in Mitte berührend).

— 1. Ti u. Mt unten mit großen Stacheln. Zeichnung anders *8*

8. 1. u. 2. Ta wenigstens in Endhälfte mit dichtem Hafthaarbüschel *9*
— 1. u. 2. Ta höchstens im letzten Viertel mit Büschel von Hafthaaren *11*
9. 4. Pt u. Ti zusammen fast doppelt so l wie 3. Pt u. Ti *10*
— 4. Pt u. Ti wenig länger als 3. Pt u. Ti . . . . **Aelurillus,** vgl. *4*
10. Ch ohne Zähne. Körper hell. 6 mm. Auf Dünen, im Osten **Yllenus arenarius** Sim.
— Ch mit 3 Zähnen dicht über Chklaue. Körper dunkel, Abd meist mit hellen Längsstreifen. 5–7,5 mm . . . . . . **Phlegra fasciata** (Hahn)
11. Hint. Augenreihe mindestens 1,2mal so b wie vord. *12*
— Augenviereck hinten etwa so b wie vorn, selten etwas breiter . *13*
12. 3. u. 4. Bein ohne Stacheln. 4–5 mm . . **Ballus chalybeius** (Walck.)
Sieht kleinen Rüsselkäfern (**Strophosomus**) ähnlich.
— 3. u. 4. Bein mit Stacheln. 3,5–4 mm . . **Bianor aurocinctus** (Ohl.)
13. 4. Ti etwa doppelt so l wie 3. Ti od. länger
3 ähnl. Gattg. a) Beide Krallen des 4. Ta mit großen Zähnchen: 2; **Sitticulus** Dahl. z. B. **S. saltator** (Sim.) (2,5–4 mm), auf Sanddünen. b) Nur 1 Kralle des 4. Ta mit großen Zähnchen: **Attulus cinereus** Westr. (3–5 mm), auf Sanddünen. 7; **Sitticus** Sim., häufig **S. truncorum** (L.) = **pubescens** (F.) (4–7 mm).
— 4. Ti höchstens 1,5mal so l wie 3., selten etwas länger *14*
14. Entfernung Augen – Vdrand des Ceph etwa so lang wie Durchmesser der vord. Mtaugen . . . . **Aelurillus,** vgl. *4*
— Entfernung Augen – Vdrand des Ceph viel kürzer als Durchmesser der vord. Mtaugen, wenn fast so l, dann kleiner u. andere Färbung *15*
15. Mittl. Augenreihe viel näher zur vord. als zur hint. stehend, Augenviereck (aus vord. u. hint. Augenreihe) etwa 2mal so l wie b . . . *16*
— Augenstellung anders *17*
16. 1. Ti etwa 2mal so l wie b. 4–7 mm **Pseudicius encarpatus** (Walck.)
— 1. Ti mindestens 2½mal so l wie b. 6–7,5 mm 2; **Dendryphantes** C. L. K., z. B. **D. hastatus** (Cl.).
17. Körper 6–10 mm l, länglich, Abd oben in Mitte mit ± heller Längszeichnung . . . . 3; **Marpissa** C. L. K.
Häufig **M. muscosa** (Cl.), unter Rinde.
— Unter 6 mm, wenn länger, Abd einfarbig dunkel *18*
18. 4. Ti ohne Stacheln
4; **Neon** Sim., häufiger **N. reticulatus** (Bl.) (2,5–3 mm).
— 4. Ti mit 1 Stachel. 2,5 mm . . **Chalcoscirtus infimus** (Sim.)
— 4. Ti mit mehreren Stacheln *19*
19. Mt mit vielen langen u. kräftigen Stacheln. 4. Ta mit 2, übrige Ta mit 1 Becherhaar. 2–6 mm
a) Am 4. Ta mindestens 1 Kralle mit kurzem Zähnchen: 2; **Pseudeuophrys** Dahl, häufig **P. callida** (Walck.). b) Am 4. Ta beide Krallen zahnlos: 4; **Euophrys** C. L. K., häufig **E. maculata** Wid. = **frontalis** (Walck.)
— Mt mit wenigen kurzen u. feinen Stacheln. Alle Ta mit 2 Becherhaaren 8; **Heliophanus** C. L. K., z.B. **H. cupreus** (Walck.) (4–6 mm).

29. Fam. **Dictynidae,** Kräuselspinnen

Weben kleine, unscheinbare Netze, meist in Vegetation od. Bodenstreu.
1. Beine mit einzelnen großen Stacheln. Bis 1,5 mm . . 2; **Altella** Sim.
z. B. **A. lucida** (Sim.)
— Beine ohne Stacheln. Meist über 1,5 (bis 5) mm *2*
2. Vord. Mtaugen höchstens halb so groß wie vord. Seitenaugen
Brommella falcigera (Balogh) u. 3; **Lathys** Sim., **L. humilis** (Bl.) (Abd mit dunkler Längszeichnung, an den Seiten weiße Flecke. 1,4–2,5 mm). . . . .
— Vord. Mtaugen fast so groß wie vord. Seitenaugen *3*
3. Vord. Mtaugen um viel mehr als ihren Durchmesser vom Vdrand des Ceph entfernt . . . . Großgattg. 11; **Dictyna** Sund.

a) Cribellum durch Längsbrücke geteilt: **D. walckenaeri** Roew. = **viridissima** (Walck.) (Abd oben grün. 3,5–5 mm). **D. flavescens** (Walck.) (Abd oben weißgrau. 2,5–4 mm). **D. latens** (F.)(Ceph u. Abd schwarz. 2–3,5 mm). b) Cribellum ungeteilt: **D. bicolor** Sim. (Abd oben dunkel, hinten mit weißem Längsband. 3 mm). Bei übr., z. T. sehr häufigen Arten Abd oben hell mit dunkler Zeichnung, z. B. **D. uncinata** Thor. [7] (2,5 – 3 mm).

— Vord. Mtaugen höchstens um wenig mehr als ihren Durchmesser vom Vdrand des Ceph entfernt. Abd dunkelbraun . . .2; **Argenna** Thor.
A. subnigra (O. P.-C.) (unter 2,5 mm). **A. patula** (Sim) (2,5–3,5 mm), Meeresküste.

31. Fam. **Amaurobiidae** (**Ciniflonidae**), Finsterspinnen

Im Bau u. Aussehen den Ageleniden ähnlich. Weben in Löchern u. Spalten eine Röhre, die nach außen in ein regelloses, dem Substrat aufliegendes Fadengeflecht übergeht.

1. 6–16 mm. Calamistrum 2reihig. Ulippe an Basis deutlich eingeschnürt . . . . .6; **Amaurobius** C. L. K. (= **Ciniflo** Bl.)
Häufig **A. ferox** (Walck.) (Abd oben vorn mit hellem Mtfleck [*8*]). **A. claustrarius** (**Hahn**) (**Abd oben vorn mit einfarbigem dunklem Mtfleck auf hellem Untergrund**). **A. fenestralis** (Stroem) u. **A. similis** (Bl.) (Dunkler vord. Mtfleck des Abd durch hellen Längsstreifen geteilt).

— Bis 5,5 mm. Calamistrum einreihig. Ulippe an Basis kaum eingeschnürt . . . . 3; **Titanoeca** Thor.
Häufiger nur **T. quadriguttata** (Hahn) = **obscura** (Walck.), unter Steinen.

In der B. R. Deutschland besonders geschützt: Arten der Großgattung **Araneus.**

Literatur

Bösenberg, W. Die Spinnen Deutschlands. Zoologica, Heft 35. Stuttgart, 1903. – Braendegård, J. Edderkopper I, II, in: Danmarks Fauna, Bd. 72, 80 Kopenhagen, 1966, 1972. – Bristowe, W. S. The world of spiders. London, 1958. – Dahl, F. u. M., E. Reimoser u. H. Wiehle Spinnentiere oder Arachnoidea (Araneae), in: Dahl, Tierwelt Deutschlands, Lief. 3, 5, 23, 33, 42, 44, 47, 49. Jena, 1926–1963. – Locket, G. H. u. A. F. Millidge. British spiders, Bd. I, II. London, 1951, 1953. – Locket, G. H., Millidge, A. F. u. P. Merrett. British spiders. Bd. III. London, 1974. – Miller, F. Pavouci-Araneida, in: Klíč zvířeny ČSSR, Bd. 4. Praha, 1971. – Roewer, C. F. Araneae, in. Brohmer, Ehrmann, Ulmer, Tierwelt Mitteleuropas, Bd. 3, Lief. 2. Leipzig, 1928. – Simon. E. Les Arachnides de France, Bd. 6. Synopsis général et catalogue, 5 Teile Paris. 1914–1937. – Tullgren, A. u. A. Holm. Svensk spindelfauna 3. Egentliga spindlar. Fam. 1–10. Stockholm, 1944–1947.

3. Ord. **Opilionida**, Weberknechte

Cephalothorax ungegliedert, oben mit Augenhügel. Palpen laufbeinartig. Beintarsen meist vielgliedrig. Abdomen gegliedert. Genitaldeckel (Bauchplatte des 2. Abdominalsegments) zwischen Laufbeincoxen vorgeschoben; ausgewachsene Tiere bei vielen Arten daran zu erkennen, daß Genitaldeckel bis zu den Laden der 2. Laufbeincoxen reicht [*4a*]. Getrenntgeschlechtig. Echte Begattung. Eiablage mittels Ovipositor [*3*]. Vorwiegend Bewohner des Bodens u. der Streu, viele Arten mit zunehmendem Alter auch in der Vegetation. Räuberisch u. saprophag.

1. Je 1 Stinkdrüsenöffnung seitl. auf schrägem, erhabenem Auswuchs des Ceph. Blind. Bis 2 mm. In Österreich . . . . 1. Fam. **Sironidae** mit **Siro duricorius** (Jos.)

— Stinkdrüsenöffnungen nicht auf einem Auswuchs. Mit Augen *2*

2. Palpen kräftig, bestachelt, ihr Ta mit langem Endhaken. Bis 2,5 mm. In Österreich 2. Fam. **Erebomastridae (Phalangodidae)** mit **Holoscotolemon unicolor** Roew.

— Palpen schlank, tasterartig [*3*], ihr Ta mit schwacher od. ohne Endkralle *3*

3. Ceph vor den Augen in 2 Fortsätze od. eine Kapuze verlängert, darunter die Ch u. Palpen. Habitus [*1*]. Haut warzig, oft mit Erde bedeckt. Träge Tiere . . . . 3. Fam. Brettkanker, **Trogulidae**

a. Körper gewölbt, vorne in 2 gerade, bedornte Fortsätze verlängert. 3,5 mm: **Anelasmocephalus cambridgei** (Westw.), selten.

b. Körper flach, vorne in Kapuze verlängert [*1*]. Über 5 mm: 3; **Trogulus** Latr., häufiger **T. tricarinatus** (L.) (5–7 mm).

— Ceph vorn gerundet, ohne solche Fortsätze, manchmal mit Dornen *4*

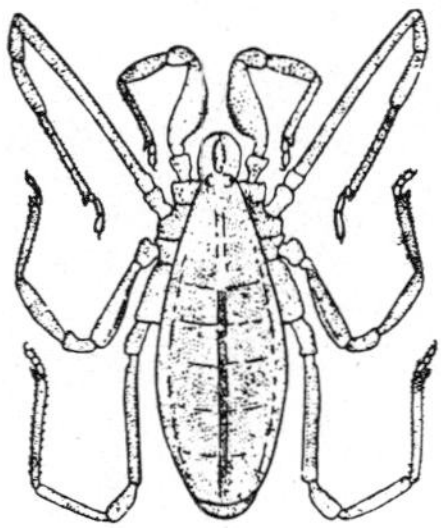

1

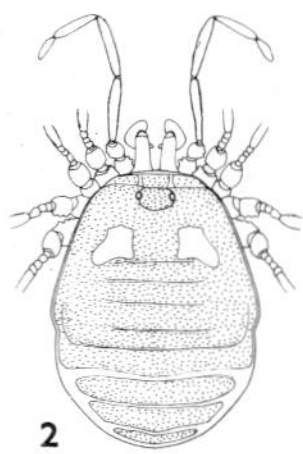

2

4. Ta (letztes Glied) der Palpen kürzer als Ti (vorletztes Glied), ohne od. nur mit winzigen Krallen *5*

— Ta der Palpen länger als Ti, stets mit deutl. Krallen *6*

5. Ch etwa so l. wie der Körper od. länger 5. Fam. Schneckenkanker, **Ischyropsalididae**

Fressen Arthropoden u. Schnecken. Nur 2; **Ischyropsalis** C. L. K., häufiger nur **I. hellwigi** (Panz.) (5–7,5 mm), im Gebirge.

— Ch sehr viel kürzer als der Körper [*2*] 4. Fam. Fadenkanker, **Nemastomatidae**

Nur Großgattg. 7; **Nemastoma** C. L. K. (2–4,5 mm)

a. Körper oben vorn mit 2 Silberflecken [*2*]: **Nemastoma lugubre** (Müll.) (Körper ohne Zweizack-Brückenzähnchen), sehr häufig; der ähnliche **N. bimaculatum** (F.) nur im Rheinland. **Mitostoma chrysomelas** (Herm.) (Körper oben mit Reihen von Zweizack-Brückenzähnchen, die zu Kielen zusammenfließen).

b. Körper einfarbig dunkel oder mit anderer Silberfleckenzeichnung. Abd oben ohne Dornenpaare: 3 Arten, darunter **Paranemastoma quadripunctatum** (Perty).

c. Körper einfarbig dunkel, auf Abd mit 5 Dornpaaren: **Histricostoma dentipalpe** (Auss.), alpin.

6. Krallen der Palpen kammartig gezähnt *7*

— Krallen der Palpen nicht gezähnt. Habitus z.B. [*3*] 7. Fam. **Phalangiidae** S. 124

7. Abd oben mit mindestens 2 Längsreihen großer Höcker 6. Fam. **Sclerosomatidae**

Nur **Astrobunus laevipes** (Can.) = **meadi** Thor. (2,5–4,5 mm), selten.

— Abd oben ohne große Höcker. Laden der Cx des 2. Beinpaares bilden eine Gerade . . . . 8. Fam. **Leiobunidae**

a. Wenigstens eine Cx vorn oder hinten mit einer Längsreihe kleiner Höcker 4; **Leiobunum** C.L.K. **L. rupestre** (Herbst) (Tr blaßgelb wie Cx. 4–7 mm). Bei übr. Arten Tr dunkel, gegen helle Cx kontrastierend: **L. limbatum** L.K. (2. Ti an Spitze weiß geringelt. 5–8 mm), Gebirge. **L. rotundum** (Latr.) (2. Ti an Spitze nicht weiß geringelt. Jedes Auge von breitem dunklem Ring umgeben. 3–7 mm). **L. blackwalli** Meade (ebenso, aber jedes Auge von hellem Ring umgeben. 3–6 mm).

b. Alle Cx ohne Höckerlängsreihen 2; **Nelima** Roew. (Augenhügel mit Zähnchen od. Körnchen besetzt), z. B. **N. silvatica** (Sim.) = **cretica** Roew. (2–4,5 mm).

Ähnlich **Nelima** ist **Amilenus aurantiacus** aus der Familie **Phalangiidae**, aber Augenhügel glatt, höchstens behaart.

— Abd ohne große Höcker. Laden der 2. Cx stehen zueinander gewinkelt, vgl. [*4a*] **Gyas** u. **Dicranopalpus (Phalangiidae)** S. 124

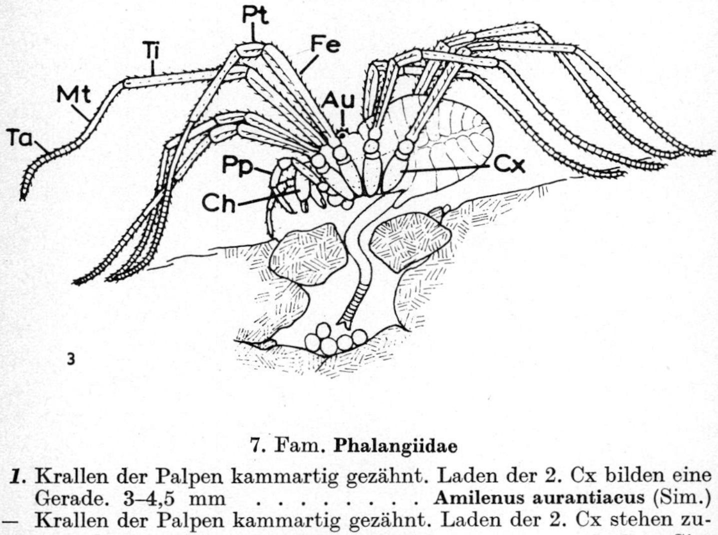

3

7. Fam. **Phalangiidae**

1. Krallen der Palpen kammartig gezähnt. Laden der 2. Cx bilden eine Gerade. 3–4,5 mm . . . . **Amilenus aurantiacus** (Sim.)

— Krallen der Palpen kammartig gezähnt. Laden der 2. Cx stehen zueinander gewinkelt, vgl. [*4a*]. 6,5–12,5 mm . . . . . 2; **Gyas** Sim.

Pt der Palpen ohne Anhang. Im Gebirge, v. a. Alpen, z. B. **G. titanus** Sim.
Hierher auch **Dicranopalpus gasteinensis** Dol. (5–7 mm. Pt der Palpen mit sehr langem Anhang), alpin.

— Krallen der Palpen nicht gezähnt *2*

2. Ch (zur Untersuchung an Basis abtrennen!) am 1. Glied unterseits mit Dorn [*5*], wenn undeutlich, dann zwischen den Cx liegender Genitaldeckel vorn ausgerandet [*4a, 4b*] *3*

— Ch ohne derartigen Dorn [*6, 7*] *7*

3. Ceph. oben vor Augenhügel mit borstentragenden Körnern od. großen Dornen *4*

— Ceph ohne derartige Körner oder Dornen . . . **Gyas.** u. **Dicranopalpus**, vgl. *1*

4. Fe (viertletztes Glied) der Palpen unten mit einfachen schwarzen Borsten *5*

— Fe der Palpen unten mit hohen, weißen, beborsteten Zapfen . . . *6*

5. Vdrand des Ceph rauh bekörnelt. 4–8 mm . . . . **Mitopus morio** F.
— Mitte des Vdrands mit 3(– 5) Dörnchen [*8*]
2; **Oligolophus** C. L. K. u. **Paroligolophus** Lohm.
a. Genitaldeckel an Spitze ausgerandet [*4a*, *4b*]. 3,5–6 mm: **P. agrestis** (Meade).
b. Genitaldeckel nicht ausgerandet: **O. hanseni** (Kraep.) (Mitte des Vdrandes mit 5 Dörnchen. 4–6 mm). **O. tridens** (C. L. K.) (Mitte des Vdrandes mit 3 Dörnchen. 4–6,5 mm).

6. Fe der Beine mit deutl. Zähnchenlängsreihen . . . 3; **Lacinius** Thor.
L. ephippiatus (C. L. K.) (Abd oben ohne Dörnchenquerreihen. 4–5,5 mm). **L. horridus** (Panz.) (Abd oben mit Dörnchenquerreihen. Die 3 Dornen in der Mitte des Vdrandes d. Ceph gleich l. 6,5–9 mm), ähnl. ist der selt. **L. dentiger** (C. L. K.), aber mittl. Dorn des Cephvdrandes größer als die seitl.
— Fe nur mit Haarlängsreihen. 6–11 mm . . . **Odiellus spinosus** (Bosc)

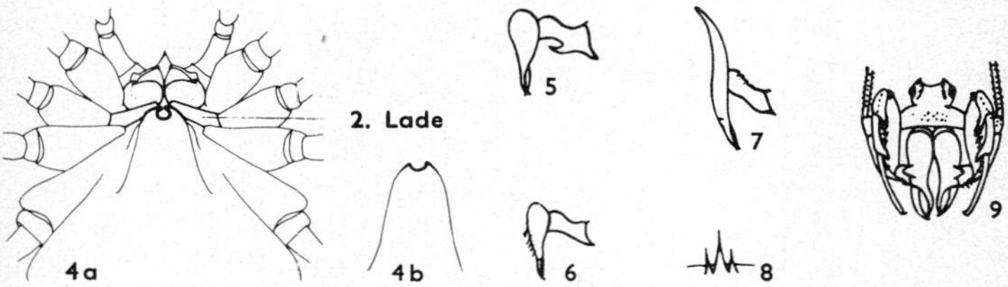

7. Mitte des Vdrandes d. Ceph mit 3 Dörnchen [*8*]. 3,5–6 mm
Lophopilio palpinalis (Herbst)
— Vdrand des Ceph ohne Dörnchen, höchstens mit kleinen, dann aber unregelmäßig stehenden Zähnchen *8*

8. Pt u. Ti der Palpen innen in je 1 deutl. Fortsatz ausgezogen [9]. 4–8 mm . . . . **Rilaena** Šilh. u. 2; **Platybunus** C. L. K.
Häufig **R. triangularis** (Herbst), übrige Arten nur im Gebirge.
— Pt u. Ti der Palpen ohne solche Fortsätze *9*

9. Zwischen Ch u. Vdrand des Ceph 2 spitze Zähnchen. Ch des ♂ oben meist mit Horn [7]. 3,5–9 mm. Überall häufig **Phalangium opilio** L.
— Zwischen Ch u. Vdrand des Ceph ohne Zähnchen. Ch ohne Horn [6].
3; **Opilio** Herbst
a. Beim ♂ Fe des Palpus mit kräftigen Dornen: **O. parietinus** (De Geer) (1. Fe lang, überall gleich dick, Augenhügel mit 2 Längsreihen von 7–10 Dornen. 3,5–8 mm). **O. saxatilis** (C. L. K.) (1. Fe kurz, am dicksten in der Mitte. Augenhügel mit 2 Längsreihen von 3–4 Dornen. 3,5–5 mm). Beide Arten häufig.
b. Beim ♂ Fe des Palpus ohne Dornen, höchstens mit kleinen Tuberkeln: **O. ravennae** Spoek (3,8–8 mm), sich in neuerer Zeit in der Kulturlandschaft ausbreitend.

In der B. R. Deutschland sind besonders geschützt: Trogulidae u. **Ischyropsalis hellwigi.**

Literatur

Kästner, A. Opiliones, in: Dahl, Tierwelt Deutschlands, Lief. 8. Jena 1928. – Martens, J. Weberknechte, Opilliones, in: Dahl, Tierwelt Deutschlands, Teil 64. Jena, 1978. – Meinertz, K. T. Mosskorpionier og Mejere, in: Danmarks Fauna. Bd. 67. København, 1962. – Roewer, C. F. Die Weberknechte der Erde. Jena, 1923. – Roewer, C. F. Opilliones, in: Brohmer, Ehrmann, Ulmer, Tierwelt Mitteleuropas, Bd. 3, Lief. 1. Leipzig, 1928 (hieraus Abb. 1, 9) – Šilhavý, V. Opillionidea, in: Fauna ČSR, Bd. 7, Prag, 1956 (hieraus Abb. 3). – Spoek, G. L. The Opilonida (Arachnida) of the Netherlands. Zool. Verhandel. 63, Leiden, 1963.

4. Ord. **Acarina,** Milben

Körper ohne tiefe Einschnitte, kann in Gnathosoma (mit Cheliceren u. Palpen), Propodosoma (Segmente mit 1. u. 2. Beinpaar) u. Hysterosoma (Segmente mit 3. u. 4. Beinpaar sowie Hinterleib) gegliedert sein [*9*]. Meist mit 4 Beinpaaren (Ausnahme u. a. Gallmilben mit 2), Larven mit 3 Beinpaaren. Laufbeine gegliedert in (von Basis zur Spitze) Coxa, Trochanter, Femur, Genu, Tibia, Tarsus. Tarsus mit 0–3 Krallen u. einem verschiedengestaltigen Empodium. Atmung durch Haut od. Röhrentracheen. Getrenntgeschlechtig. ♂♂ übertragen Sperma mit Penis, Gonopoden od. Spermatophoren. Entwicklung über 4 Stadien: Larve, Proto-, Deuto-, Tritonymphe (von den Nymphenstadien können 1 od. 2 unterdrückt sein). Land- u. Wasserbewohner. Ernährung als Räuber, Pflanzenfresser, Saprophage, Paraphage od. Parasiten. In Deutschland ca. 180 Familien mit ca. 2500 schwer bestimmbaren Arten. Folgende Tabellen sollen der ersten Übersicht dienen. Konservierung von Landmilben in Gemisch Alkohol 70% : Glycerin : Eisessig (87:5:8 Volumenteile), von Wassermilben in Glycerin : Eisessig : dest. Wasser (11:3:6); längere Aufbewahrung in gleichen Mischungen ohne Eisessig. Bestimmung nur mit Mikroskop möglich, dazu oft Aufhellung der Tiere notwendig (Behandlung mit 75%iger Milchsäure). Abb., wenn nicht anders angegeben, dorsal (Rückenansicht).

Systematische Übersicht

A. **Parasitiformes (= Anactinochaeta)**
 1. Unterord. **Mesostigmata**
 2. Unterord. **Metastigmata (= Ixodides),** Zecken
B. **Acariformes (= Actinochaeta)**
 3. Unterord. **Prostigmata (= Trombidiformes)**
 Dazu Wassermilben **(Hydrachnellae, Halacaroidea),** Gallmilben **(Tetrapodilina).**
 4. Unterord. **Astigmata** }
 5. Unterord. **Cryptostigmata (= Oribatei),** Hornmilben } **(=Sarcoptiformes)**

1. Gnathosoma auf Useite mit unpaarem, nach vorn gerichteten Fortsatz, dieser mit Reihen von widerhakenartigen Zähnen besetzt. Mit Stigmenpaar an 4. Cx auf einer siebartigen Platte. Auf 1. Ta oben Riechgrube (Hallersches Organ) [*1*]. Habitus [*1, 21, 22*]. Landbewohner
2. Unterord. Zecken, **Metastigmata (= Ixodides)** S. 129

— Gnathosoma ohne solchen Fortsatz. Stigmen anders od. fehlend. 1. Ta ohne Riechgrube ***2***

2. Cx der Beine vorspringend, oft frei beweglich [*2*]. Mit Stigmenpaar zwischen Rückenrand u. 2., 3. od. 4. Cx, oft verbunden mit röhrenförmiger Furche (Peritrema) [*2*]. Ta des Palpus innen mit 2-, 3- od. 4zinkiger Borste [*3*] (Selten bei endoparasitischen Formen fehlend). Körper mit sklerotisierten Schildern, meist gelb bis braun. Habitus z. B. [*2, 16–20*]. Landbewohner . . 1. Unterord. **Mesostigmata** S. 128

— Cx nicht vorspringend, in Bauchseite eingelassen [*9*]. Stigmen anders od. fehlend. Ta des Palpus ohne gezinkte Borste . . **(Acariformes)** ***3***

3. Im Meer, selten im Süßwasser. Palpen 3–4gld., 1. u. 2. Beinpaar nach vorn, 3. u. 4. Beinpaar nach hinten gerichtet. Körper mit 4 Rücken- u. 4 Bauchschildern [*4*] . . . . Meeresmilben, **Halacaroidea**

Nur **Halacaridae** mit ca. 40 Arten. Klettern u. kriechen auf dem Boden od. Pflanzen, können nicht schwimmen. Räuber z. B. **Halacarus** Gosse, häufig **H. basteri** (Johnst.) (1–1,3 mm). Pflanzenfresser z. B. **Rhombognathus** Trt., häufig **Rh. seahami** (Hodge) (0,5 mm). Einige Gattg. in ober- od. unterirdischen Süßgewässern (z. B. **Limnohalacarus** Walt.), z. T. als Kommensalen in Kiemenhöhlen von Flußkrebsen, häufiger **Porolohmannella violacea** (Kram.) (Bis 0,6 mm).

— Im Süßwasser. Palpen 5gld.; 2. u. 3. Beinpaar ± seitlich gerichtet. Körperpanzerung anders od. fehlend. Habitus z. B. [*5, 32–34*]
Süßwassermilben, **Hydrachnellae** S. 131

Einige **Oribatei (Hydrozetes** Berl.) ebenfalls im Süßwasser, meist an Pflanzen.

— Landbewohner ***4***

4. Wurmförmig, weichhäutig, mit nur 2 Beinpaaren [*6*]. Bis 0,2 mm. Auf Pflanzen, erzeugen oft Gallen . . . . . Gallmilben, **Tetrapodilina**

Nur **Eriophyidae** mit ca. 250 Arten. Wichtige Gattg. **Eriophyes** Sieb., **Aceria** Keif. Häufige Gallformen: Mantelgallen, immer mit einer Öffnung auf der Useite (z. B. von **E.laevis** (Nal.) auf Oseite von Erlenblättern [*7*]); Filzgallen (z. B. von **A. brevitarsa** (Fock.) auf Useite von Erlenblättern [*8*]).

— Körper anders. Keine Gallen erzeugend ***5***

5. Palpen 2gld., klein. Ta der Laufbeine mit 1 Kralle (diese selten gegabelt) auf einem Stiel (wenn ungestielt, wenigstens mit Haftläpp-

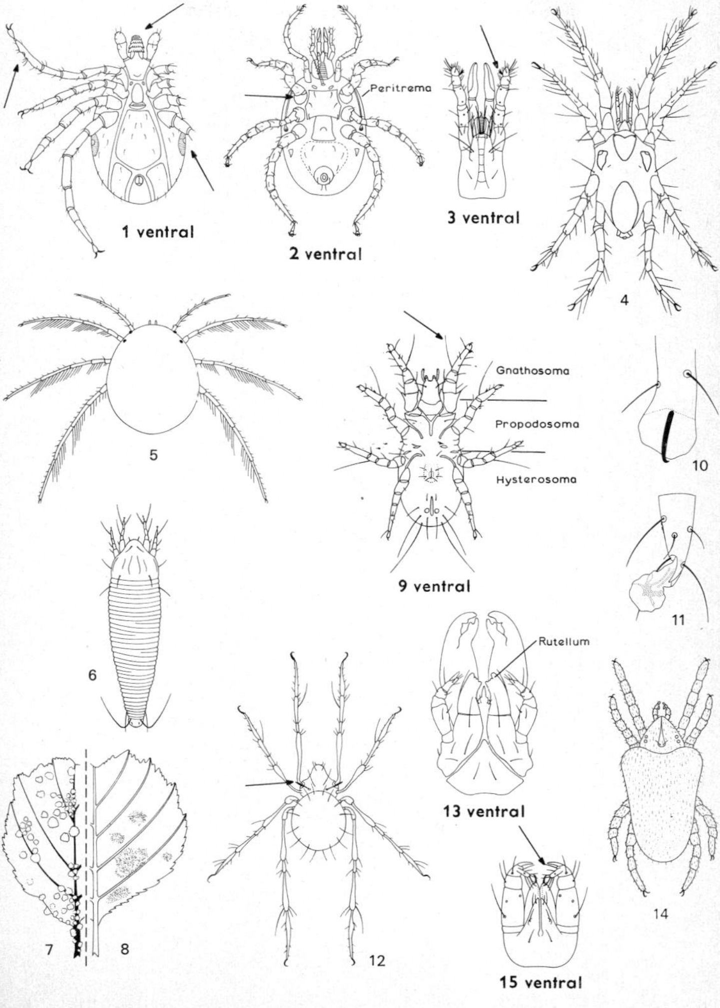

chen [*10*]) od. Ta mit einem gestielten saugnapfähnlichen Organ [*11*]. Propodosoma ohne Trichobothrien (lange, dünne Tasthaare). 1. u. 2. Ti dorsal meist mit langer peitschenförmiger Borste [*9*]. Körper weichhäutig, weißlich, farblos, oft mit rosaroten Gliedmaßen, nicht wurmförmig u. ohne teilweise übereinanderliegende Rückenplatten. Habitus z. B. [*9, 36–38*] . . . . . 4. Unterord. **Astigmata** S. 133

— Palpen 3–5gld., groß; wenn kleiner u. weniger Gld., Körper wurmförmig od. mit übereinanderlieg. Rückenplatten. Ta anders, selten mit saugnapfähnl. Organ. Propodosoma oft mit Trichobothrien [*12, 14*] ***6***

6. Körper meist mit kräftigem, hartem Chitinpanzer, gelb od. braun bis schwarz. Gnathosoma auf Useite mit paarigen „Rutella" (Kieferladen) [*13*]. Ch scherenförmig, mit Zähnen. Auf Propodosoma 2 borstenförmige, gefiederte od. keulige Trichobothrien („pseudostigmatische Organe") in becherartigen Gebilden („Pseudostigmata") [*12*], diese Organe sehr selten fehlend. Palpen einfach. 1. u. 2. Ti dorsal meist mit langer peitschenförmiger Borste. Habitus z. B. [*12, 39–41*]
5. Unterord. Hornmilben, **Cryptostigmata** (= **Oribatei**) S. 134

— Körper ± schwach sklerotisiert, oft rot. Gnathosoma selten mit Rutella. Ch selten scherenförmig. Trichobothrien auf Propodosoma ohne Pseudostigmata od. fehlend. Palpen einfach od. Ti mit dorsaler Endklaue, dann hängt Ta an Ventralseite der Ti [*15*]. 1. u. 2. Ti ohne lange Borste. Habitus z. B. [*14, 23–27*]
3. Unterord. **Prostigmata** S. 129

1. Unterord. **Mesostigmata**

Meist freilebend als Räuber im Boden od. Detritus, teilweise Parasiten von Wirbeltieren od. Wirbellosen. Bei Deutonymphen od. adulten ♀♀ oft Phoresie. 26 Familien mit ca. 800 Arten.

1. 1. Cx ± zylindrisch, weit auseinanderliegend, flankieren das Gnathosoma [*2*] ***2***

— 1. Cx ± platt, trapezförmig, meist eng beieinander . . **Uropodina**
Beine oft in Vertiefungen auf Bauchseite einklappbar. Deutonymphen oft phoretisch an Insekten, Anheften mittels eines Aftersekrets. Mehrere Familien, darunter **Uropodidae**, z. B. **Fuscuropoda marginata** (C.L.K.) [*16*] (Bis 1,2 mm), koprophag.

2. Ch groß, auf beweglichem Finger mit verzweigten Anhängen. Wenn Ch kleiner, Körperumriß ± kreisförmig [*17*] . . . **Antennophorina**
2 Fam., darunter **Antennophoridae** mit **Antennophorus** Hall. [*17*], Paraphagen bei Ameisen, z. B. **A.uhlmanni** Hall. (Bis 1,3 mm), hängt oft unter Kopf von Lasius.

— Ch ohne derartige Anhänge auf beweglichem Finger. Körperumriß nicht wie bei [*17*] . . . . **Gamasina *3***
Ähnlich sind einige weitere **Uropodina** u. die **Sejina** mit wenigen Arten.

3. Cx beweglich. Stigmen ventral mit röhrenförmigen Peritremata [*2*]
a. Beim ♂ 2. Beinpaar dicker als 1. u. mit Apophysen [*18*]. Rückenschild ungeteilt od. geteilt. Habitus ähnlich [*18*]. Bodenlebende Räuber. Wichtige Fam. u. a. **Parasitidae, Macrochelidae, Veigeiidae, Pachylaelapidae.** Viele Arten als Deutonymphe phoretisch an Insekten, z. B. **Parasitus coleoptratorum** L., Käfermilbe, an Käfern. Wichtige Gattg. **Eugamasus** Berl., **Macrocheles** Latr., **Pergamasus** Berl. [*18*], häufig **P.crassipes** (L.) (1 mm).
b. 2. Beinpaar des ♂ ähnlich dem 1.; Rückenschild ungeteilt
1. Rumpf stärker sklerotisiert, wenn schwächer, dann pelzartig dicht behaart. Habitus oft wie [*19*]. Mehrere Fam., darunter **Laelapidae,** neben bodenlebenden Räubern viele Parasiten, meist an Kleinsäugern u. in deren Nestern, z. B. **Laelaps** C. L. K. [*19*] (Rumpf dornig behaart. 0,5–1 mm), häufig bei Mäusen **L.agilis** C. L. K.; **Haemogamasus** Berl. (Rumpf pelzartig dicht behaart. 0,5–1,5 mm), häufiger **H.ambulans** (Thor.) bei Mäusen u. Maulwurf. Bei Ameisen z. B. **Gymnolaelaps** Berl. (Bis 1,2 mm), häufiger **G.myrmecophilus** (Berl.)

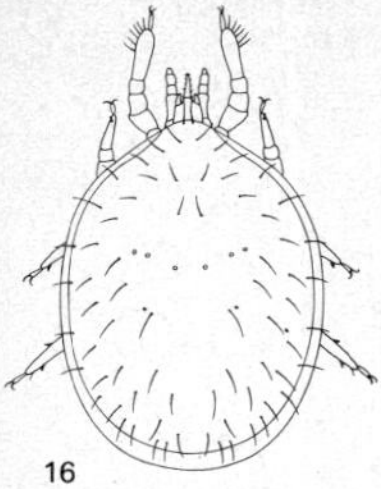

16

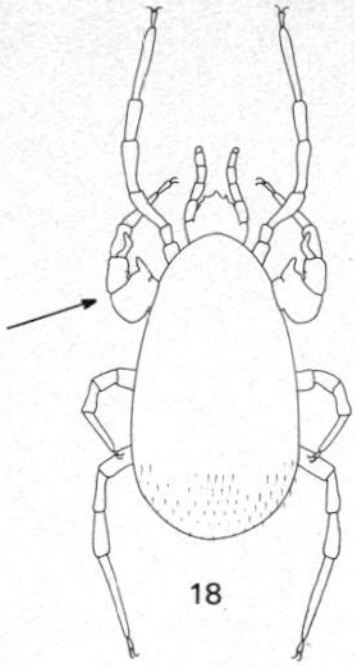

18

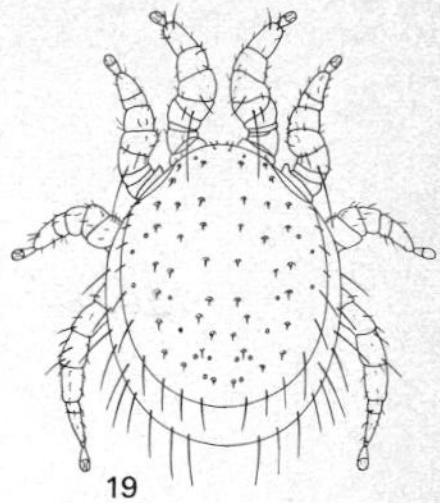

19

17

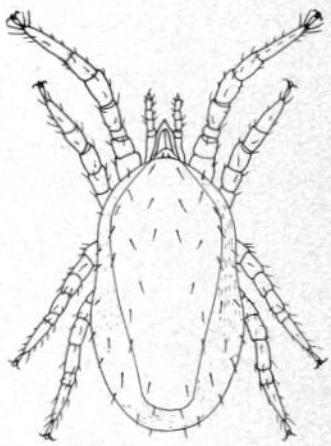

20

Auf Pflanzen **Phytoseiidae** z. B. **Typhlodromus** Scheut., auf Laubbäumen häufig **T.tiliarum** (Oud.) (0,4 mm), frißt Spinnmilben.

2. Rumpf schwach sklerotisiert, dünn behaart. Mehrere Fam., darunter **Dermanyssidae** (Rotbraun, mit Rückenschild, darum Haut fein geriefelt [*20*]), Parasiten auf Vögeln, nur **Dermanyssus** Dug., z. B. **D.gallinae** DeGeer [*20*] (Bis 1 mm), Vogelmilbe.

— Cx unbeweglich. Stigmen anders

Weitere Fam., u. a. **Spinturnicidae,** Ektoparasiten auf Fledermäusen.

2. Unterord. **Metastigmata (Ixodides)**, Zecken

Temporäre Ektoparasiten an Reptilien, Vögeln u. Säugetieren; bohren sich in Haut ein u. saugen Blut, lassen sich bei Sättigung fallen. 2 Fam. mit ca. 30 Arten.

1. Mit stark sklerotisiertem Rückenschild. Gnathosoma von oben sichtbar. Habitus z. B. [*1, 21*] . . . . **Ixodidae**

a. Analfurche im Bogen vor dem After [*1*]: Nur **Ixodes** Latr. mit vielen Arten, sehr häufig **I.ricinus** L., Holzbock (Bis 4 mm, vollgesogene ♀♀ bis 11 mm [*21*]).

b. Analfurche im Bogen hinter dem After: **Dermacentor** C. L. K. (Mit Augen seitlich am Schild), z. B. **D.marginatus** (Sulz.) (Bis 3 mm), auf Haustieren. **Haemaphysalis** C. L. K. (Ohne Augen), z. B. **H.concinna** C. L. K. (Bis 3 mm), meist an Säugern, die Larven u. Nymphen auch an Vögeln.

Weitere ähnl. Gattg. auf Reptilien, Vögeln u. Säugern selten eingeschleppt.

— Ohne Rückenschild. Gnathosoma von oben nicht sichtbar [*22*] Lederzecken, **Argasidae**

Nur **Argas** Latr., häufig **A.reflexus** (F.), Taubenzecke [*22*] (Bis 4 mm), in Taubenschlägen u. Hühnerställen.

3. Unterord. **Prostigmata**

Stigmenpaar zwischen od. über Ch od. fehlend. Landbewohner, die **Hydrachnellae** u. **Halacaroidea** im Wasser (s. S. 131 u. **126**). Räuber, Pflanzenfresser u. Parasiten. Außer Wasser- u. Gallmilben 31 Familien mit ca. 300 Arten.

1. Palpen groß, Ti des Palpus mit dorsaler Endkralle, Ta hängt an Ventralseite der Ti [*15*]; manchmal Endkralle der Ti klein . . ***2***

— Palpen anders *5*

2. Körper dicht behaart [*23*], oft rot *3*

— Körper mit wenigen Haaren, diese in Reihen angeordnet [*24*] . *4*

3. Beweglicher Scherenfinger der Ch lang, gerade

Häufig nur **Erythraeidae** [*23*] (Mit knochenförmiger „Crista metopica" [*23*], vorn u. hinten mit je 1 Trichobothrienpaar), räuberische Bodenbewohner. **Erythraeus** Latr. (Jederseits 2 Augen), z. B. **E.phalangioides** (DeGeer) [*23*] (Rotbraun. 2–3 mm). Übrige Gattg. jederseits mit 1 Auge, z. B. **Leptus** Latr., Larve von **L.phalangii** (DeGeer) oft parasitisch auf Weberknechten.

— Bewegl. Scherenfinger gebogen, kurz

Trombidiidae u. **Trombiculidae**

Räuberische Bodenbewohner. Larven parasitieren v. a. auf Insekten, aber auch auf Wirbeltieren. a) Ohne Augen: **Trombicula** Berl. s. l., hierher **Neotrombicula autumnalis** (Shaw), Erntemilbe (2 mm), als Larve blutsaugend an Warmblütern, auch am Menschen. b) Mit sitzenden Augen: z. B. **Microtrombidium** Hall., häufig **M.pusillum** (Herm.) [*14*] (1,2 mm). c) Mit gestielten Augen: **Allothrombium fuliginosum** (Herm.) (Körperhaare gefiedert. Bis 3 mm). **Trombidium** F. (Körperhaare keulig), häufig **T. holosericeum** (L.), Sammetmilbe (Bis 4 mm).

4. Mit starken Dornen auf Innenrand des 1. Beinpaares, wie eine Harke angeordnet . . . . **Caeculidae**

Nur **Microcaeculus austriacus** Franz (Bis 1,5 mm), an trockenen Stellen.

— Anders . . . . weitere Familien

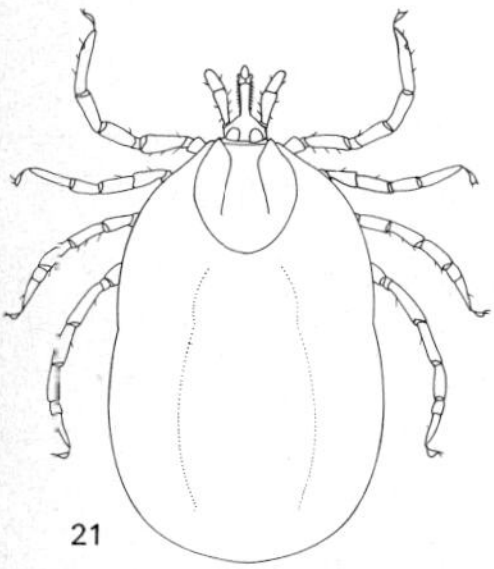

21

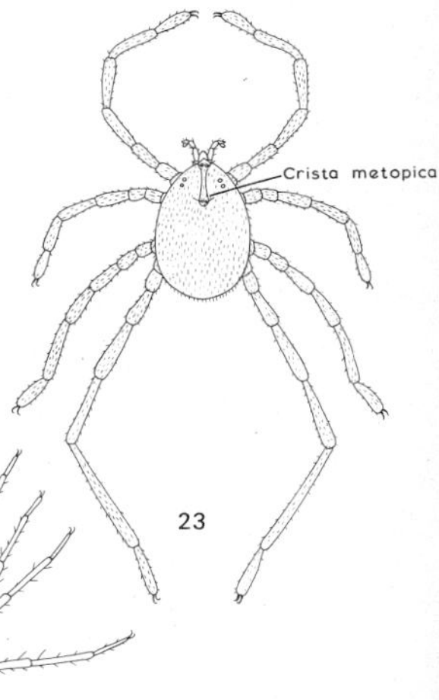

23

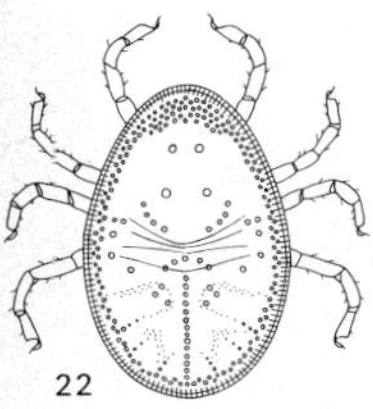

22

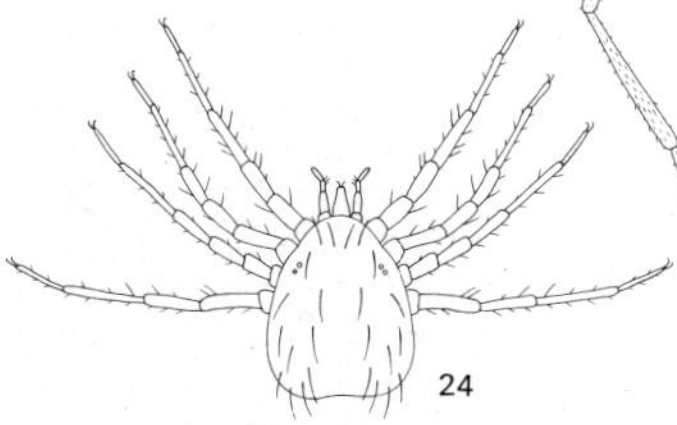

24

a. Gnathosoma nicht von Rückenfalte überdacht: Häufige Familien **Anystidae** (Ta des Palpus lang, über Ti ragend. Ch am Ende hakenförmig. Körper rot, 1–1,5 mm), schnell bewegliche Räuber auf Pflanzen, z. B. **Anystis baccarum** (L.) [*24*]. **Cheyletidae** (Palpen dick, zangenartig), z. B. **Cheyletus** Latr., häufig **Ch. eruditus** (Schr.) (Bis 0,8 mm), räuberisch bei Acariden.

b. Gnathosoma ± von vorspringender Rückenfalte überdacht [*25*]: **Tetranychidae,** Spinnmilben. Pflanzenparasiten, stechen Blattzellen an u. saugen sie aus, erzeugen Gespinste auf Blättern. Grün bis rot. **Bryobia** C. L. K. (Stirn mit 4lappigem, je 1 blattförm. Haar tragenden Fortsatz. 0,8 mm), häufig **B.graminum** (Schr.). **Tetranychus** Duf. s. l. (Habitus [*25*], Fortsatz nicht 4lappig. Bis 0,5 mm), z. B. **T.urticae** C. L. K. [*25*], auf vielen Pflanzen. **Panonychus** (= **Metatetranychus) ulmi** (C. L. K.), „Rote Spinne", schädlich an Obstbäumen.

5. Körper wurmförmig. In Haarfollikeln von Säugern . . . **Demodicidae**
Nur **Demodex** Ow., **D.folliculorum** (Sim.) (Bis 0,4 mm), Haarbalgmilbe des Menschen.

— Anders *6*

6. Gnathosoma klein mit winzigen Ch u. Palpen . . . . **Tarsonemina**
Meist mit Schildern auf Oseite. Bis 0,5 mm. **Pyemotidae, Scutacaridae** u. **Tarsonemidae.** An Insekten u. a. **Pyemotes** Amerl., z. B. **P.ventricosus** (Newp.), bei ♀♀ schwillt Abd mit Eiern an (Physogastrie), darauf ♂♂ parasitierend. **Acarapis woodi** (Rennie), Bienenmilbe, im Pelz od. Tracheen der Honigbiene, saugt Hämolymphe. An Pflanzen viele Arten von **Tarsonemus** Can.et Fan., **T.spirifex** March. verursacht Schraubenwuchs von Hafer. Häufig **Siteroptes graminum** (Reut.) [*26*], verursacht Weißährigkeit an Gräsern.

— Gnathosoma groß. Körper ohne Schilder *7*

7. 1. Ta mit rutenförmigen Sinnesborsten in einer Grube
Freilebende Räuber od. Pflanzenfresser. Wichtige Familien **Rhagidiidae** (Ch mit großer Schere) mit **Rhagidia** Thor., z. B. **Rh. terricola** (C. L. K.) (Bis 1,3 mm). **Eupodidae,** u. a. **Eupodes** C. L. K. (4. Fe stark verdickt, Sprungbein!), z. B. **Eu. hiemalis** C. L. K. (0,8 mm). **Linopodes** C. L. K. (1. Bein stark verlängert), z. B. **L.motatorius** (L.) (0,8 mm).

— 1. Ta ohne dieses Organ . . . . viele Familien
Freilebend z. B. **Bdellidae** u. **Cunaxidae** (Gnathosoma vorn in Schnauze ausgezogen [*27*]), räuberisch, häufig **Bdella longicornis** (L.) [*27*](Bis 1 mm). Ektoparasitisch z. B. **Myobiidae** (1. Beinpaar als Klammerorgan), **Myobia** Heyd., im Pelz von Kleinsäugern, z. B. **M.musculi** (Schr.) (Bis 0,4 mm), auf Hausmaus.

Hydrachnellae, Süßwassermilben

In stehenden u. fließenden Gewässern, subterrane Gruppen hier nicht berücksichtigt. Schwimmfähige Arten an Besatz der Beine mit Schwimmhaaren zu erkennen, solche Arten kommen nicht in stärker fließenden Gewässern vor. Larven fast immer parasitisch an Insekten (auch an land- u. luftlebenden!). Adulte fast immer räuberisch, seltener parasitisch od. aasfressend. 29 Fam. mit ca. 450 Arten.

1. Augen nahe Rückenmittellinie, an den Seiten einer Chitinleiste. Körper rot
a) Chitinleiste der Augenregion in Längsrichtung des Körpers: **Limnochares aquatica** (L.) (Bis 5 mm), nicht schwimmend, bildet außerhalb des Wassers einen formlosen Tropfen. b) Chitinleiste quer zur Körperlängsachse („Augenbrille"): **Eylais** Latr. (Bis 5 mm), schwimmend, 4. Beinpaar wird dabei nachgezogen, häufig **E.extendens** (Müll.).

— Augen an Körperseiten *2*

2. Genitalnäpfe [*32*] zahlreich, in der weichen Körperhaut. Körper rot
Einige Gattg. in Bächen, z.B. **Protzia** Piers., häufig **P. invalvaris** Piers. (1 mm).

— Genitalnäpfe zahlreich, mindestens 10, auf paarigen klappen- oder plattenartigen Chitinbildungen [*28*], wenn frei in Haut, Körper nicht rot *3*

— Genitalnäpfe in 2 Reihen zu je 3–5 am Innenrand der paarigen Genitalklappen [*29*] *4*

— Je 1 Genitalnapf am Vdrand der paarigen Genitalklappen, in der hinteren Hälfte je 1 Gruppe von 2–mehreren Genitalnäpfen [*30*]. Körper meist rot *5*

— Genitalnäpfe in 2 Gruppen zu je 3 (selten 2 od. 4) auf paarigen Klappen od. Platten [*31*] *6*

— Ohne Genitalnäpfe
Hydrovolzia placophora (Monti) (0,9 mm), in Quellen od. Bächen.

3. Körper groß, über 2 (bis 8) mm, einfarbig rot
a) Körper kugelig, oben meist mit paarigen Chitinschildern: **Hydrachna** Müll., z. B. **H. geographica** Müll. (8 mm), größte deutsche Wassermilbe. b) Körper ± abgeflacht, ohne od. mit unpaarem Chitinschild: sehr häufig in stehenden Gewässern **Hydrodroma despiciens** (Müll.) [*5*].

— Körper selten über 2 mm, dann ± bunt
a) Körper weich, ungepanzert. Parasiten in Kiemenhöhlen von Muscheln: **Unionicola** Hald., z. B. **U.intermedia** (Koen.) (1 mm). Frei schwimmend, 1. Beinpaar mit

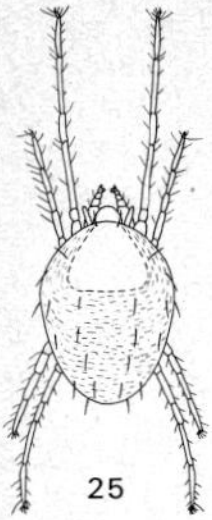
25

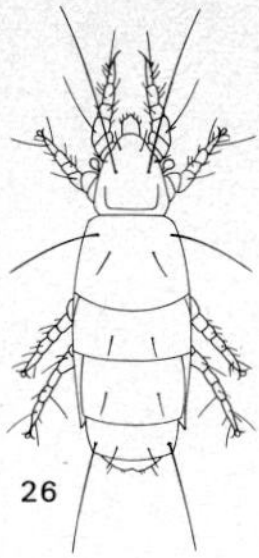
26

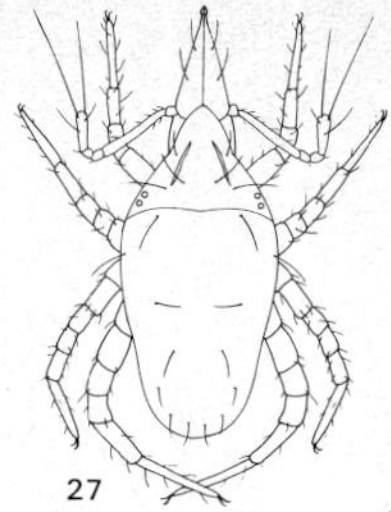
27

28

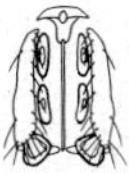
29

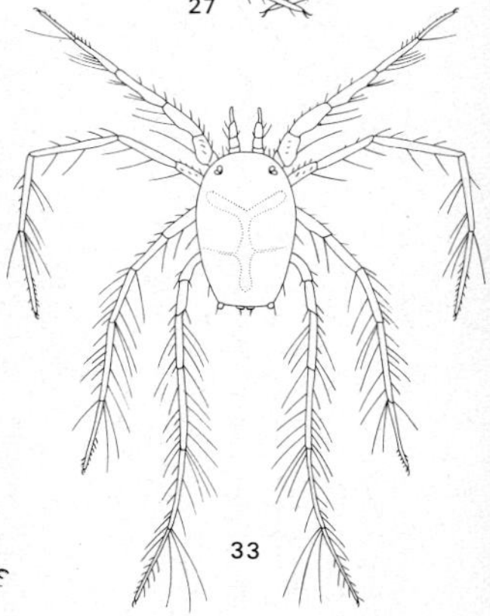
33

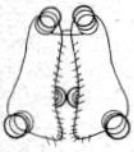
30

31

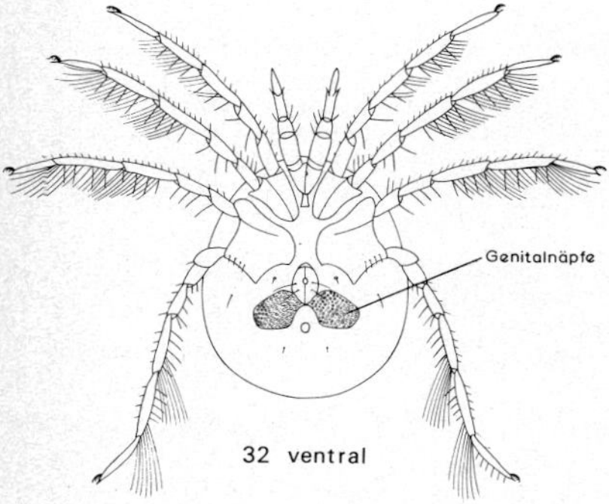

32 ventral

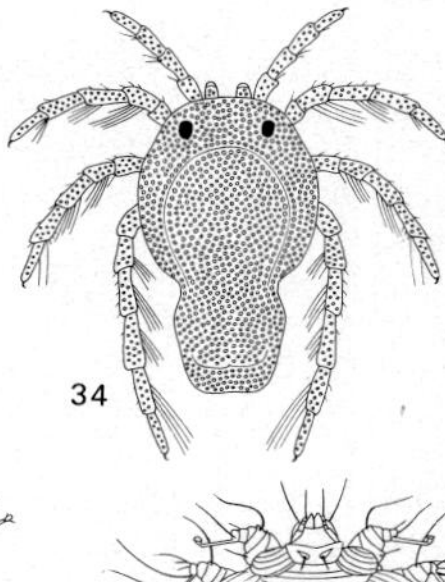
34

35

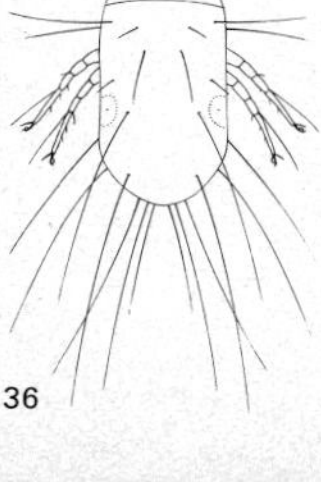
36

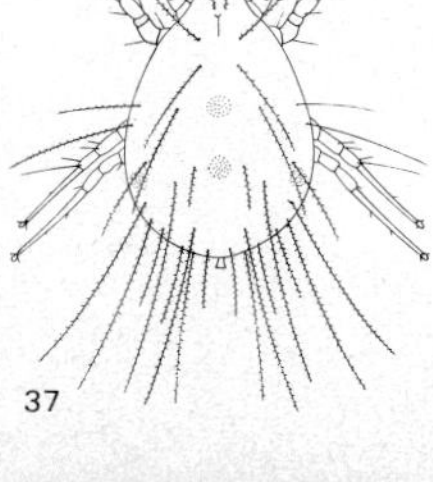
37

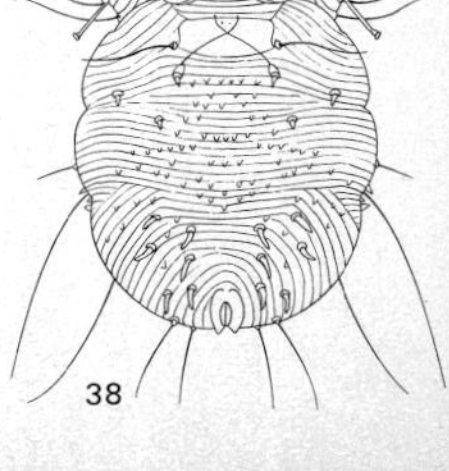
38

Paaren von langen Schwertborsten: **Neumania** Leb. u. weitere **Unionicola**-Arten, sehr häufig **U.crassipes** (Müll.) [*33*] (Bis 1,5 mm), im Plankton. Schwimmend, 1. Beinpaar ohne diese Borsten: **Piona** C. L. K. [*32*] u. **Forelia** Hall., erstere mit sehr häufigen Arten, z. B. **P. nodata** (Müll.) (0,9 mm). Nichtschwimmend: Häufig in Bächen **Feltria** Koen., z. B. **F.minuta** Koen. (0,4 mm). b) Körper gepanzert, hart u. spröde. Schwimmend: mehrere Gattg., häufig **Arrenurus** Dug. [*34*] (Körper porös gepanzert, mit Rückenbogen [*34*]. Bis 1,8 mm) mit ca. 70 Arten, z. B. **A.globator** (Müll.). Unter nichtschwimmenden Gattg. häufig in Bächen **Aturus** Kram., z. B. **A.scaber** Kram. (0,5 mm).

4. Schwimmend. In stehenden u. langsam fließenden Gewässern

a) Körper seitl. zusammengedrückt, höher als b: häufig **Frontipoda musculus** Müll. (Bis 1 mm). b) Körper so h wie b, walzenförmig, vorn u. hinten verjüngt: **Oxus** Kram., häufiger **O.ovalis** (Müll.) (Bis 1 mm). c) Körper anders, meist breiter als h: häufig **Lebertia** Neum. mit vielen Arten, z. B. **L. porosa** Thor. (Bis 2 mm).

— Nicht schwimmend. Meist in Quellen u. Bächen

a) Mit 6 Genitalnäpfen: häufig **Sperchon** Kram. (z. B. **S.glandulosus** Koen., bis 1,2 mm) u. weitere **Lebertia**-Arten. b) Mit 10 kleinen Genitalnäpfen: verbreitet **Torrenticola** Piers., z. B. **T.anomala** (C. L. K.) (Bis 0,8 mm).

5. Schwimmend. In stehenden Gewässern

Hydryphantes C. L. K. mit vielen Arten, z. B. **H.ruber** (DeGeer) (Bis 2 mm).

— Nicht schwimmend

Viele Gattg., z. B. **Euthyas truncata** (Neum.) (Bis 2,5 mm); **Thyas** C. L. K. in stehenden Gewässern u. Quellen, häufiger **Th. barbigera** Viets (Bis 1,6 mm).

6. Schwimmend

a) Die 2 Augen jeder Seite durch Hautzwischenraum getrennt: **Limnesia** C. L. K., einige Arten sehr häufig, z. B. **L.maculata** (Müll.) (Bis 2 mm). b) Seitenaugen verwachsen. Körper häutig: mehrere Gattg., u. a. **Tiphys** C. L. K., häufig **T. ornata** C. L. K. (1 mm). Ähnlich, aber Körper gepanzert: weitere Gattg., z. B. **Brachypoda** Leb., häufig **B.versicolor** (Müll.) (Körper flach, breit elliptisch. 0,6 mm). **Mideopsis** Neum., häufig **M.orbicularis** (Müll.) (Körper flach, scheibenförmig. 1 mm).)

— Nicht schwimmend

In Flüssen u. Seen häufig **Hygrobates** C. L. K., z. B. **H. longipalpis** (Herm.) (Bis 2,5 mm). In schnellfließenden Bächen u. Quellen häufig **Atractides** Neum., z. B. **A. nodipalpis** Thor. (0,5 mm).

4. Unterord. **Astigmata**

Ohne Stigmen. Meist Saprophage, Paraphage, seltener Räuber od. Parasiten. Deutonymphe fehlend od. völlig anders als übrige Stadien, als phoretische Wandernymphe od. widerstandsfähige Dauernymphe ausgebildet (Hypopus). 24 Familien mit ca. 250 Arten.

1. Freilebend, auch an abgestorbenen Tieren od. in Nestern . . . ***2***

— Auf Insekten, oft unter Elytren von Käfern

Z. B. **Canestriniidae,** häufig **Photia chrysocarabi** Coorem. (0,4 mm), auf Laufkäfern.

— Auf Vögeln (in Federn, Haut od. Lunge) ***4***

— Auf Säugetieren (in Fell od. Haut) ***5***

2. Palpen seitwärts gerichtet, mit 2 peitschenförmig. Borsten **Anoetidae**

In modernden Substraten, häufig **Anoetus** Duj., z.B. **A. julorum** (C. L. K.) (0,4 mm).

— Palpen anders ***3***

3. Zwischen Kralle u. Ta der Beine ein Paar sklerotisierter Stäbe [*35*] **Acaridae**

Viele Gattg.; **Acarus siro** L. (= **Tyroglyphus farinae** L.), Mehlmilbe [*9*] (Bis 0,6 mm), in Mehl, Haferflocken u. ä. **Rhizoglyphus echinopus** (Fum.et Rob.) (Bis 1,1 mm), im Boden, oft an Kartoffeln u. Blumenzwiebeln. **Tyrophagus casei** (Oud.), Käsemilbe (Bis 0,7 mm), auf Käse. **T.putrescentiae** (Schr.) [*36*] (Bis 0,45 mm), an fett- u. eiweißhaltiger Nahrung, sehr häufig.

— Tarsusspitze anders . . . . weitere Familien

Z. B. **Glycyphagidae,** häufig **Glycyphagus domesticus** (De Geer) [*37*] (Bis 0,75 mm), in Wohnungen u. Polsterfüllungen. **Carpoglyphidae,** häufig **Carpoglyphus lactis** (L.) (0,4 mm), an Trockenobst.

4. An u. in Federn. Wichtige Familien **Analgidae,** z. B. **Analges** Nitzsch., häufig **A. passerinus** (L.) (0,5 mm), auf Singvögeln. **Dermoglyphidae,** z. B. **Dermoglyphus** Megn., häufig **D. elongatus** (Megn.) (0,7 mm), auf Hausgeflügel u. Stubenvögeln.

— In Haut od. Lunge. Wichtige Familien **Epidermoptidae** u. **Knemidocoptidae,** z. B. **Knemidocoptes mutans** Rob. (Bis 0,45 mm), in Hornschildern der Beine von Hühnern („Kalkbeinigkeit").

5. Im Haarpelz. **Listrophoridae** u. **Myocoptidae**, z. B. **Listrophorus gibbus** Pag. (0,6 mm), auf Hasen. **Myocoptes musculinus** C. L. K. (0,3 mm), auf Hausmäusen, -ratten.
— In der Haut. **Sarcoptidae** (= **Acaridae**) (Körper kugelförmig [*38*]), z. B. **Sarcoptes scabiei** (De Geer) (= **Acarus siro** L.), Krätzmilbe [*38*] (Bis 0,4 mm), verursacht Krätze beim Menschen u. Räude beim Hund (als var. **canis** Gerl.). **Psoroptidae** (Körper oval od. langgestreckt), z. B. **Psoroptes equi** (Rasp.) (Bis 0,8 mm), verursacht Räude bei Pferd, Rind, Schaf, Kaninchen.

5. Unterord. **Cryptostigmata (Oribatei)**, Hornmilben

Stigmen an den Beinen od. den Pseudostigmata, oft fehlend. Fressen Pilze, Algen od. sind saprophag. Meist in Humus u. Boden, auch in feuchtem Moos, selten im Wasser. Ca. 60 Familien mit ca. 400 Arten.

1. Propodosoma unter Hysterosoma einklappbar [*39*], dabei werden Beine u. Mundteile eingezogen, so daß nur Chitinkugel übrigbleibt
Z. B. **Phthiracaridae** [*39*], häufig **Phthiracarus** Perty, z. B. **Ph.piger** (Scop.) (0,9 mm).
— Propodosoma u. Hysterosoma nicht gegeneinander einklappbar . *2*
2. Hysterosoma mit seitlichen, nach unten gebogenen Chitinanhängen, die Ansatzstelle der Beine bedecken (z. B. [*40*])
Häufig **Galumnidae** (Chitinanhänge groß, nach vorn u. hinten ausgezogen [*40*]), u. a. **Galumna** Heyd., z. B. **G.nervosa** (Berl.) (0,5 mm).
— Hysterosoma ohne derartige Anhänge *3*
3. Beine länger als Körper, wenn kürzer, dann wie eine Perlenkette gebildet (Jedes Glied kugelförmig geschwollen [*12*])
Wicht. Fam. **Damaeidae** (= **Belbidae**), Hysterosoma oft mit Schmutz bedeckt, häufig **Belba** Heyd. u. **Damaeus** C. L. K. mit vielen Arten, z. B. **D.clavipes** (Herm.) (1 mm).
— Beine anders *4*
4. Genital- u. Analöffnung auf Körperunterseite (jeweils durch paarige Platten bedeckt) nicht in gemeinsamer Ventralplatte liegend, klein, durch Querlinie getrennt: z. B. **Nanhermanniidae** mit **Nanhermannia** Berl., häufig **N.nana** (Nic.) (Bis 0,6 mm).
— Genital- u. Analplatten in Ventralplatte, groß, aneinanderstoßend, zusammen so l wie Htleib. a) Genital- u. Analplatten von schmalem, gemeinsamem Chitinrahmen umgeben: z. B. **Hypochthoniidae** (Hysterosoma mit 1–3 Querfurchen), häufig **Hypochthonius** C. L. K., z. B. **H.rufulus** C. L. K. (Bis 0,7 mm). **Camisiidae** (Hysterosoma ± rechteckig, flach, meist mit erhobenem Rand), häufig **Camisia** Heyd., z. B. **C. spinifer** (C. L. K.) (1 mm). b) Genital- u. Analplatten ohne Chitinrahmen: z. B. **Hermanniidae** mit **Hermannia** Nic., häufig **H.gibba** (C. L. K.) [*41*] (0,8 mm).
— Genital- u. Analplatten in Ventralplatte, klein, voneinander getrennt. a) Hysterosoma oben glatt od. schwach punktiert. Mit vorspringenden Schulterecken: u. a. **Oribatulidae,** häufig **Oribatula** Berl., z. B. **O.exilis** (Nic.) (0,4 mm). Ohne vorspringende Schulterecken: viele Fam., z. B. **Eremaeidae, Oppiidae,** häufig **Oppia** C. L. K., z. B. **O.ornata** (Oud.) (0,3 mm). **Hydrozetidae** (Im Wasser auf Pflanzen) mit **Hydrozetes** Berl., häufig **H.lacustris** (Mich.) (Bis 0,6 mm). b) Hysterosoma oben mit grober Skulptur od. deutlich punktiert: z. B. **Carabodidae,** häufig **Carabodes** C. L. K., in Moos z. B. **C.coriaceus** C. L. K. (Bis 0,7 mm).

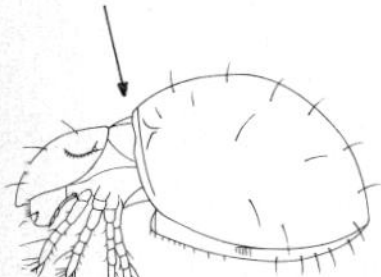
39

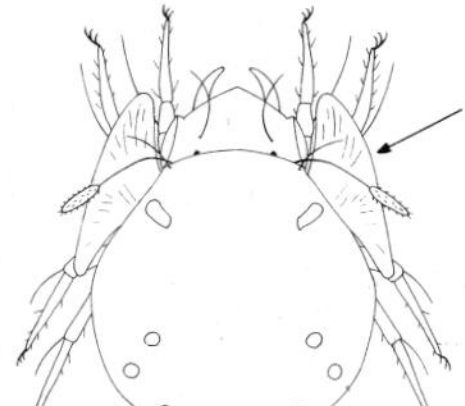
40

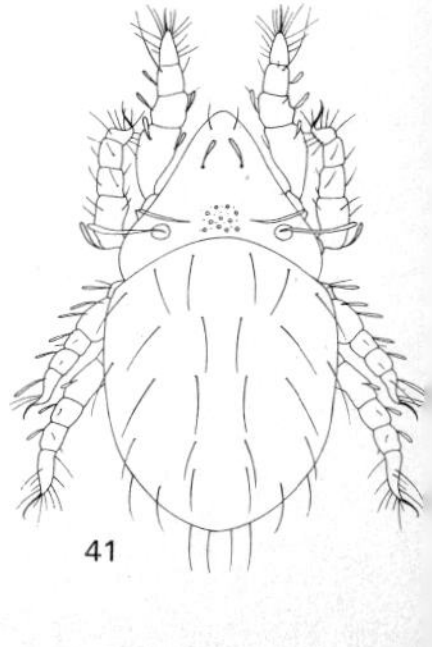
41

Literatur

Baker, E. W. u. Wharton, G. W. An introduction to acarology. New York, 1952. – Evans, G. O., Sheals, J. G., MacFarlane, D. The terrestrial Acari of the British isles, Vol. I. London, 1961. – Hirschmann, W. Milben. Acari. Stuttgart, 1966. – Karg, W. Die freilebende Gamasina (Gamasides), Raubmilben, in: Dahl, Tierwelt Deutschlands, Lief. 59. Jena, 1971. – Krantz, G. M. A manual of acarology. Corvallis, 1971. – Schweizer, J. u. Bader, C. Die Landmilben der Schweiz (Mittelland, Jura, Alpen). Parasitiformes, Trombidiformes. Denkschr. schweiz. naturf. Ges. 84. Zürich, 1961, 1963. – Thor, S. u. Willmann, C. Acarina (Allgemeine Einführung). Oribatei, in: Dahl, Tierwelt Deutschlands, Lief. 22. Jena, 1931. – Viets, K. Wassermilben oder Hydracarina, in: Dahl, Tierwelt Deutschlands, Lief. 31, 32. Jena 1936. – Vitzhum, H., Farkas, H., Viets, K., Sellnick, M., Schulze, P., Zumpt, F. Acari. Eriophyidae. Hydracarina. Oribatei. Ixodoidea – mit Ergänzungen u. Neubearbeitungen, in: Brohmer, Ehrmann, Ulmer, Tierwelt Mitteleuropas, Bd. III, Lief. 3, 4. Leipzig, 1928–1965. – Viele der Abb. sind – umgezeichnet – diesen Werken entnommen.

II. **Crustacea**, Krebstiere

Gliederfüßer mit 2 Paar Antennen (Fühlern) und Kiemen- oder Hautatmung, selten mit Trachealorganen. Körper deutlich segmentiert, in Kopf, Thorax und Abdomen (= Pleon) gegliedert [*1*]. Extremitäten können ausgebildet sein als Spaltbein (Stamm mit Außen- und Innenast [*2a*]), als Stabbein [*2b*] und als Blattbein aus dünnem Chitin [*2c*]. Kopf (oft nach vorn in ein Rostrum ausgezogen) mit 2 Antennen- und 3 Mundgliedmaßen-Segmenten (Mandibeln, 1. Maxillen, 2. Maxillen). Die Augen (Komplexaugenpaar und Naupliusauge) brauchen nicht alle vorhanden zu sein. 1 bis mehrere Thoraxsegmente können mit dem Kopf verschmelzen. Eine von Hinterrand des Kopfes ausgehende Schale kann den Körper ± umhüllen. Beine des Thorax dienen als Schwimm-, Schreit- oder Greifbeine, vordere (bis zu 3) Paare können zu Kieferfüßen (Maxillipeden) umgebildet sein. Abdomen nur bei **Malacostraca** mit Beinen (Pleopoden), hintere oft umgebildet zu Uropoden. Letztes extremitätenlosen Körpersegment (Telson) kann eine Schwanzgabel (Furca) tragen. Mit wenigen Ausnahmen getrenntgeschlechtig. Entwicklung direkt oder über Larvenstadien (z. B. Nauplius [*3*]). Ernähren sich v. a. als Filtrierer, aber auch als Pflanzen- und Aasfresser, Räuber oder saugende Parasiten. Meeres-, Süßwasser- und Landbewohner. Konservierung in 75%igem Alkohol.

Abkürzungen: l = lang, b = breit, h = hoch, Vd = Vorder-, Mt = Mittel-, Ht = Hinter-, O = Ober-, U = Unter-, Sch = Schale, Th = Thorax, Thoracal-, Abd = Abdomen, Abdominal-, Ant = Antennen. Längenangaben für adulte Tiere (ohne Furca oder Uropoden). Nur die deutschen Arten berücksichtigt; Zahl vor Gattungsnamen Artenzahl.

Systematische Übersicht

Anostraca	
Phyllopoda	1. Ord. **Notostraca**
	2. Ord. **Conchostraca**
	3. Ord. **Cladocera**
Ostracoda	
Copepoda	
Branchiura	
Cirripedia	1. Ord. **Thoracica**
	2. Ord. **Acrothoracica**
	3. Ord. **Rhizocephala**
Malacostraca	1. Ord. **Bathynellacea**
	2. Ord. **Decapoda**
	3. Ord. **Mysidacea**
	4. Ord. **Cumacea**
	5. Ord. **Tanaidacea**
	6. Ord. **Isopoda**
	7. Ord. **Amphipoda**

1. Körper seitlich zusammengedrückt, von zweiklappiger Sch umhüllt [*4, 5, 6*] ***2***

— Körper ohne oder mit andersartiger Sch ***4***

2. Körper völlig von der zweiklappigen Sch umschlossen (ähnlich den Muscheln) [*5, 6*]. Wenn Kopf teilweise freigelassen, dann Körper mit mindestens 10 Blattbeinpaaren ***3***

— Körper mit Ausnahme des Kopfes von der zweiklappigen Sch umschlossen [*4*], mit 4–6 Blattbeinpaaren Wasserflöhe, **Cladocera** S. 140

3. Körper mit etwa 10–30 Paar Blattbeinen. 5–17 mm, selten kleiner. Habitus [*5*] . . . . **Conchostraca**

Entwicklung über Nauplien. Meist am Grunde stehender ephemerer Süßgewässer. Fortbewegung durch Ruderschlag der 2. Ant. Filtrierer. Alle Arten selten.

a. Sch ohne Zuwachsringe, bedeckt nicht den Kopf, dieser mit langem Rostrum: **Lynceidae** mit **Lynceus brachyurus** O. F. Müll. (6 mm).

b. Sch mit Zuwachsringen, bedeckt den Kopf [*5*], dieser mit kurzem Rostrum. Sch ohne ausgeprägten Wirbel (Höcker), hinten viel niedriger als vorn [*5*]: **Limnadiidae** mit **Limnadia lenticularis** (L.) (Bis 17 mm). Sch mit deutlich hervortretendem Wirbel, hinten wenig niedriger als vorn: **Caenestheriidae** mit **Cyzicus tetracerus** Kryn. (Rostrumspitze ohne Stachel. Bis 12 mm). **Leptestheriidae** mit **Leptestheria dahalacensis** Rüpp. (Rostrumspitze mit Stachel. Bis 15 mm).

— Körper außer Mundgliedmaßen mit 2 Beinpaaren, diese keine Blattbeine. Unter 5 mm. Habitus [*6*] . Muschelkrebse, **Ostracoda** S. 145

4. Körper langgestreckt, ohne Sch, mit 11 Paar Blattbeinen. Kopf mit 2 gestielten Komplexaugen und unpaarem Naupliusauge. Habitus [*7*] Kiemenfüße, **Anostraca** S. 140

— Körper dorsoventral abgeflacht, mit schildförmiger Sch und etwa 40 Blattbeinpaaren. Habitus [*8*] . . . . **Notostraca**

Entwicklung über Nauplien. In ephemeren Süßgewässern ohne Fische. Schwimmen v. a. am Boden mit Rücken nach oben. Fressen Bodensedimente u. Tiere. Nur **Triopsidae. Lepidurus apus** (L.) (Telson zwischen Furca mit langer zungenförmiger Platte. Grünlichbraun. Sch 20–30 mm), Frühjahrsform, mit Siphonophanes grubei vergesellschaftet. **Triops cancriformis** Bosc (Telson ohne Platte. Bräunlich. Sch bis 35 mm), Sommerform, zusammen mit Branchipus schaefferi.

— Körper anders, ohne Blattbeine *5*

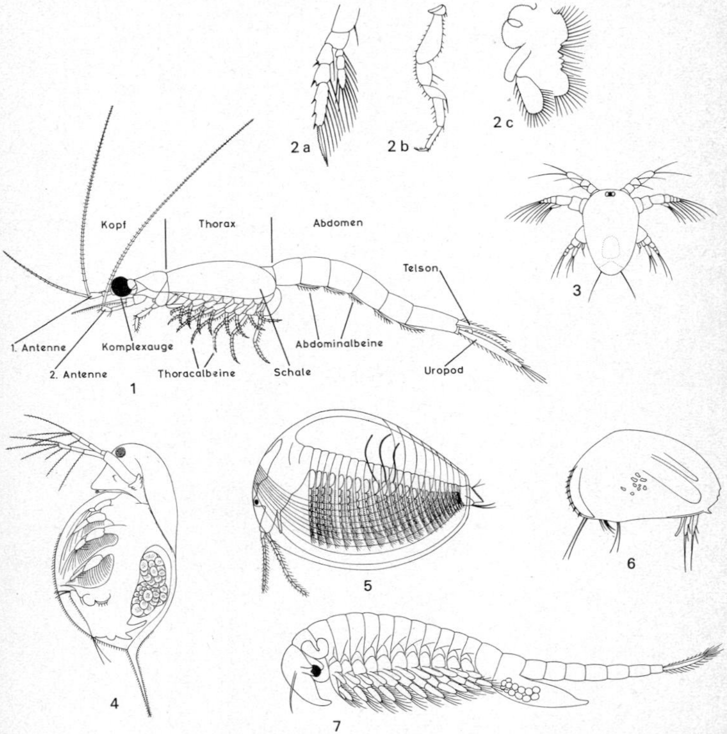

5. Körper mit Sch, diese klein, hängt auf dem Rücken [*28*]. 2. Ant sind zweiästige Ruderorgane mit langen Borsten . . . . . . einige Gattg. der **Cladocera,** s. S. 140

— Anders *6*

6. Körper dorsoventral abgeflacht, mit breitem Rückenschild, mit 1 Paar Komplexaugen u. unpaarem Naupliusauge. Th mit 4 Paar Spaltbeinen [*9*] . . . . Kiemenschwänze, Karpfenläuse, **Branchiura**

Temporäre Ektoparasiten auf Süßwasserfischen. Nur **Argulidae** mit 3; **Argulus** O. F. Müll., am häufigsten **A. foliaceus** (L.) (Die beiden Htlappen der Schwanzflosse breit abgerundet. Bis 8,5 mm).

— Anders **7**
7. Tiere festsitzend **8**
— Tiere freilebend **9**
8. Körper von Kalkplatten bedeckt. Th mit 6 Paar zweiästigen, vielgliedrigen Rankenbeinen [*10*]. . . . . **Thoracica**

a. Körper mit einem Stiel [*10*], dieser ohne Kalkplatten. Bis 50 mm: **Lepadidae**, Entenmuscheln, mit 3; **Lepas** L., z. B. **L. anatifera** L. [*10*], oft an Treibholz, in der Nordsee.

b. Körper ohne Stiel [*11*]. Bis 20 mm: **Verrucidae** (Basaler Teil des Kalkgehäuses aus 4 stark asymmetrischen Platten), nur **Verruca stroemia** (O. F. Müll.), Nordsee. **Balanidae**, Seepocken (Basaler Teil des Kalkgehäuses aus 6 symmetrischen Platten [*11*]), nur 3; **Balanus** Da Costa, z. B. **B. balanoides** (L.), in Nord- u. Ostsee.

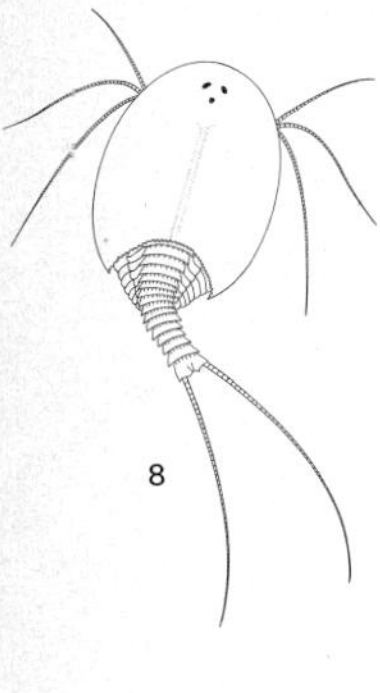
8

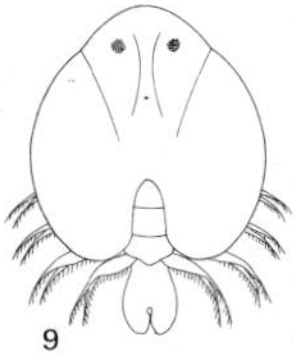
9

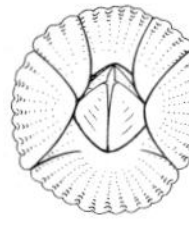
11

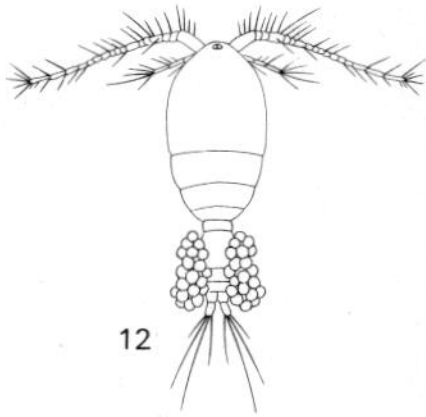
12

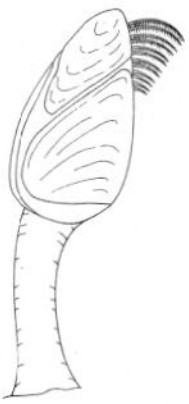
10

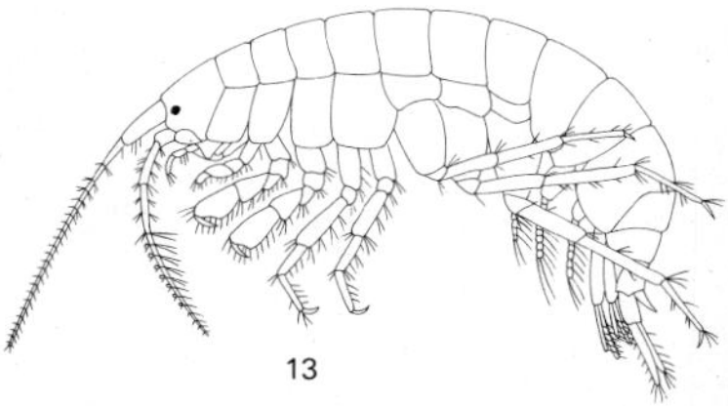
13

— Körper ohne Kalkplatten. Extremitäten reduziert od. völlig verschwunden. Körpergliederung oft nicht vorhanden

Hierher gehören einige parasitische Gruppen: **Acrothoracica** mit **Trypetesa lampas** (Hanc.), eingebohrt in Schalen von Buccinum undatum u. Neptunea antiqua. **Rhizocephala** (Körper im Wirtsinnern wurzelartig verzweigt, außen sackförmig) mit **Sacculina carcini** Thomp. an Carcinus maenas u. **Peltogaster paguris** Rathke an Eupagurus bernhardus. Einige **Copepoda** (Körper gegliedert od. ungegliedert, oft mit großen Greifhaken od. Hörnchen, s. S. 145) meist parasitisch an Fischen.

9. Körper ohne Sch, oft birnförmig [*12*]. Nur mit Naupliusauge. Th mit höchstens 5 freien Segmenten. Abd meist mit 5 Segmenten, ohne Gliedmaßen, am Ende mit Furca. Unter 5 mm
Ruderfüßer, **Copepoda** S. 145
— Körper ohne od. mit Sch. Mit Komplexaugen (können reduziert sein). Th mit 8, Abd mit 6 Segmenten (diese können z. T. verschmelzen). Abd ohne Furca (aber mit Uropoden!). Meist über 5 mm
Malacostraca ***10***
10. Körper ohne Sch, mit mindestens 6 freien Thsegmenten [*13*, *14*]. Augen, wenn vorhanden, ungestielt. ***11***
— Körper mit Sch [*15*, *16*], wenn diese mit dem Th verwachsen, dann von oben höchstens 5 freie Segmente erkennbar. Augen oft gestielt ***15***

11. Alle 8 Thsegmente frei, mit je 1 Spaltbeinpaar (Außenast 1gld., Innenast 4gld.). Augen fehlen. Bis 2 mm . . . . **Bathynellacea**
In unterirdischen Gewässern. Nur **Bathynellidae** mit **Bathynella natans** Vejd.
— Mindestens 1. Thsegment mit Kopf verwachsen. Thbeine einästig *12*

12. Körper meist seitlich zusammengedrückt. Habitus meist wie [*13*]. Abd mit 3 Paar zweiästigen befiederten Schwimmbeinen u. 3 Paar nach hinten gerichteten Sprungbeinen mit griffel- od. stachelförmigen, meist 1gld. Ästen . . . . . Flohkrebse, **Amphipoda** S. 153
— Abd mit andersartigen Beinen *13*

13. Körper stabförmig, hintere Thbeine zu Klammerbeinen umgebildet. Abd verkümmert [*58*] . . . . **Caprellidae (Amphipoda)** s. S. 153
— Körper meist dorsoventral abgeflacht, hintere Thbeine Schreit- od. Grabbeine, 6. Abdbeine zu Uropoden umgebildet [*14*] *14*

14. 1. Thsegment mit Kopf verschmolzen. 1.–5. Abdbeine flach, liegen der Useite des Abd an. Habitus [*14*] . . . . Asseln, **Isopoda** S. 150
— Erste beide Thsegmente mit Kopf verschmolzen. 1.–5. Abdbeine griffelförmig, ragen nach unten . . . . Scherenasseln, **Tanaidacea**
Marin, auf Schlickboden u. Pflanzen. Nur **Paratanaidae** mit **Heterotanais oerstedi** (Kröy.) (Bis 2 mm), spinnt mit Detritus od. Sand verfestigte Röhren.

15. Augen gestielt. Sch mit den ersten 2 od. 3 Thsegmenten verwachsen, den hinteren Segmenten lose aufliegend. Alle Thbeine 2ästige Spaltbeine. Habitus [*1*] . . . . **Mysidacea** S. 149
Ähnlich ist die Ord. **Euphausiacea** im marinen Plankton (aber Sch mit allen Thsegmenten verwachsen).
— Andere Merkmalskombination *16*

16. Augen gestielt, paarig. Sch mit allen Thsegmenten verwachsen. Habitus [*15*, *37–39*, *41*, *42*] . . . . . Zehnfüßer, **Decapoda** S. 147
— Augen ungestielt, unpaar. Sch mit den ersten 3 oder 4 Thsegmenten verwachsen. Habitus [*16*] . . . . **Cumacea**
Marin. Graben sich in Boden so ein, daß Vdkörper u. Abdende herausschauen.
a. Telson fehlt vollständig: **Bodotriidae**. 2; **Bodotria** Goods. (Hinter Sch von oben gesehen 4 freie Thsegmente), z. B. **B. scorpioides** (Mont.) (5–6 mm). Hinter Sch 5 freie Thsegmente: **Cumopsis goodsiri** (van Ben.) (Sch jederseits mit 2 Bogenfal-

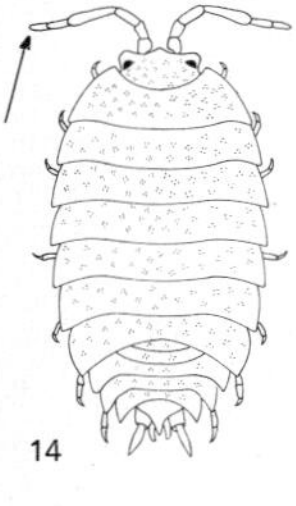
14

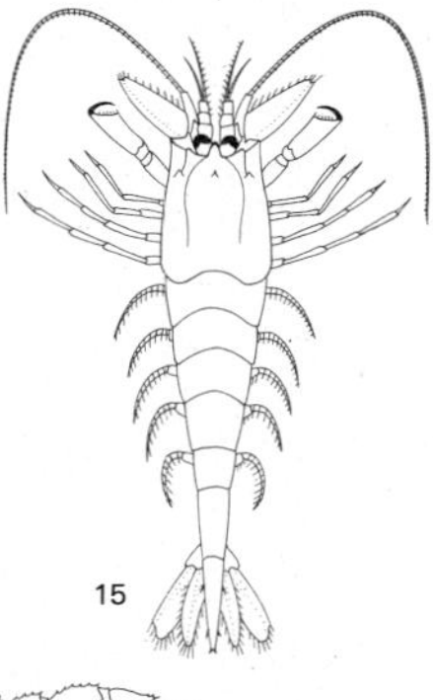
15

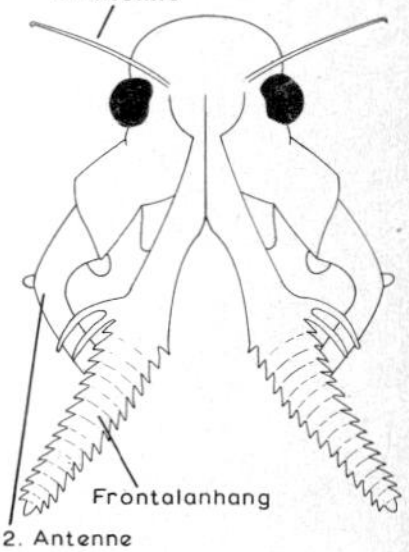

17

16

ten. 5 mm). **Iphinoë trispinosa** (Goods.) (Sch ohne Bogenfalten. 10 mm).

b. Telson klein, halbkreisförmig, unbedornt: **Pseudocumidae** mit 2; **Pseudocuma** Sars, z. B. **P. longicornis** (Bate) (4 mm).

c. Telson länger, gestreckt, mit Seiten- u. Enddornen: **Lampropidae** (Telson mit 3 kräftigen u. 2 kleinen Enddornen. 9 mm), nur **Lamprops fasciata** Sars. **Diastylidae** (Telson mit 2 Enddornen. Bis 20 mm), 4; **Diastylis** Say [*16*], häufig **D. rathkei** (Kröy.).

Außerdem wurden einige ähnliche Arten bei Helgoland gefunden.

Anostraca, Kiemenfüße

♂ mit stark entwickelten 2. Ant [*17*], mit denen es bei der Kopula das ♀ ergreift; an der Basis mit einem Frontalanhang. ♀ an den ersten 2 Abdsegmenten mit Brutsack [*7*]. Entwicklung über Nauplien. Schwimmen mit der Bauchseite nach oben (Lichtrückenreflex). Filtrierer. In periodischen, kleinen, fischlosen Süßwasseransammlungen. Eier können Austrocknen oder Gefrieren ertragen. Die meisten Arten selten.

1. Abd länger als Th, schlank. Furca kurz od. verkümmert. ♂ ohne Frontalanhänge . . . . **Branchinectidae**

Nur **Artemia salina** (L.), Salinenkrebs (Bis 15 mm). In salzhaltigen Binnengewässern, in unserem Gebiet nur parthenogenetisch.

— Abd (ohne Furca) so l od kürzer als Th [*7*], Abd mit Furca. ♂ mit Frontalanhängen ***2***

2. 2. Ant des ♂ 3gld., scherenförmig verästelt. Brutsack des ♀ zylindrisch, erreicht fast das Ende des Abd . . . . **Streptocephalidae**

Nur **Streptocephalus torvicornis** (Waga) = **auritus** Koch (Bis 40 mm), selten.

— 2. Ant des ♂ 2gld., nicht scherenförmig [*17*]. Brutsack des ♀ reicht nicht über das 6. Abdsegment hinaus [*7*] ***3***

3. Grundgld. der 2. Ant des ♂ untereinander u. mit Kopf verwachsen [*17*]. Frontalanhänge stabförmig, wenn bandförmig, an der Basis verschmolzen. Brutsack des ♀ klein, kurz, etwa so l wie h **Branchipodidae**

Branchipus schaefferi Fisch. = **stagnalis** (L.) (Frontalanhänge des ♂ fadenförmig, Brutsack des ♀ klein, nach unten bruchsackartig vorgewölbt. Bis 23 mm), in Sommertümpeln, oft zusammen mit Triops cancriformis. **Tanymastix stagnalis** (L.) = **lacunae** (Guérin) (Frontalanhänge des ♂ bandförmig, an Rändern mit kurzen Sinnespapillen [*17*]. Brutsack des ♀ an Seiten in je 1 Dorn ausgezogen. Bis 20 mm), Frühjahrsform ephemerer Gewässer.

— Grundgld. der 2. Ant des ♂ nicht verwachsen. Frontalanhänge breit bandförmig, an Basis getrennt. Brutsack des ♀ größer, länger als h [*7*] . . . . **Chirocephalidae**

Chirocephalus diaphanus Prev. (Frontalanhänge des ♂ schmal bandförmig, mit Sinnespapillen an Seitenrändern, die basalen 4 Fransen lang, fingerförmig. Brutsack des ♀ nach hinten einfach spitz ausgezogen [7]. Bis 35 mm), selten. **Siphonophanes** (= **Chirocephalus) grubei** (Dub.) (Frontalanhänge des ♂ breit bandförmig, an Seitenrändern mit längeren Sinnespapillen. Brutsack des ♀ am Htrand mit 3 abgerundeten Zipfeln, der mittlere länger als die seitlichen. Bis 30 mm), häufig, in Frühjahrtümpeln, zusammen mit Lepidurus apus.

Cladocera, Wasserflöhe

2. Ant stark entwickelt, dienen als Ruder. Abd läuft in 2 Endkrallen (Furcalkrallen) aus [*18*]. Schwimmen hüpfend durch rasches Schlagen der Ruderantennen (Viele Arten richten dabei das Vdende nach oben!). Eier als Subitaneier od. überwinternde Dauereier. Entwicklung direkt. Oft Zyklomorphose. Meist Filtrierer. Fast ausschließlich im Süßwasser. Längenangaben gelten für ♀♀ (♂♂ meist kleiner!).

1. Th mit Blattbeinen, die innerhalb der Sch liegen [*4*]. ***2***

— Th mit Stabbeinen, Sch hängt dem Körper dorsal an [*28*] . . . ***6***

2. Mit 6 Blattbeinpaaren, diese einander sehr ähnlich. Sch von Gallerthülle umgeben. 2. Ant des ♂ zweiästig, mit 5 Borsten, des ♀ einästig, mit 3 Borsten . . . . (Überfam. **Ctenopoda**) 2. Fam. **Holopedidae**

Nur **Holopedium gibberum** Zadd. (Bis 2,5 mm), in sauberen, kalkarmen Gewässern.

— Mit 6 einander sehr ähnlichen Blattbeinpaaren. Sch ohne Gallerthülle. 2. Ant 2ästig, mit mehr als 10 Borsten (Überfam. **Ctenopoda**) 1. Fam. **Sididae**

a) Außenast (= längerer Ast) der 2. Ant 3gld. (1. Gld. klein!). Kopf mit Rostrum: **Sida crystallina** (O. F. Müll.) [*18*] (3–4 mm). b) Außenast 2gld., Rostrum schwach od. fehlend: **Latona setifera** (O. F. Müll.) (1. Glied des Außenastes mit beborstetem Fortsatz, so 2. Ant scheinbar 3ästig. 2–3 mm). **Diaphanosoma brachyurum** (Liév.) (1. Glied des Außenastes ohne diesen Fortsatz. 1 mm). Alle Arten in Seen und Teichen weit verbreitet.

— Mit 5–6 verschieden gestalteten Blattbeinpaaren. Sch ohne Gallerthülle. 2. Ant am Außenast mit 3–5, am Innenast mit 4–5 Ruderborsten . . . . (Überfam. **Anomopoda**) *3*

3. Körper meist oval, seitlich abgeflacht, meist unter 1 mm. Kopf mit bogenförmigem Schalenrand, dieser verdeckt Ansatz der 1. u. 2. Ant. Beide Äste der 2. Ant 3gld. (Mikroskop!) [*24–27*] 6. Fam. **Chydoridae** S. 143

— Körper- und Kopfform anders. Oft über 1 mm. Außenast der 2. Ant 4gld. (1. Glied klein!), Innenast 3gld. *4*

4. Sinnesborsten der 1. Ant inserieren weit vor deren Ende [*19*]. 1. Ant rüsselförmig gebogen. Htrand der Sch meist mit Stachel. Körperform meist wie [*19*]. Bis 1,2 mm . . . . 4. Fam. **Bosminidae**

Nur 2; **Bosmina** Baird: **B. longirostris** (O. F. Müll.), meist wie [*19*] (Bis 0,7 mm), in Weihern u. Seenlitoral. **B. coregoni** Baird (Bis 1,2 mm), im Plankton größerer Seen.

— Sinnesborsten der 1. Ant inserieren an deren Ende. Körperform u. 1. Ant anders. Tiere oft größer *5*

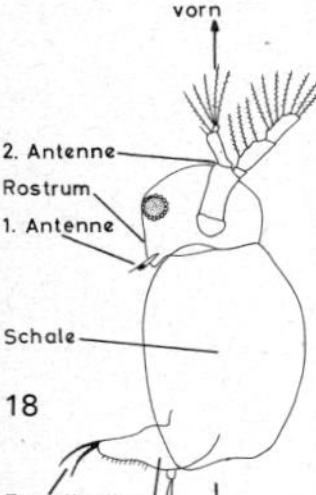

18

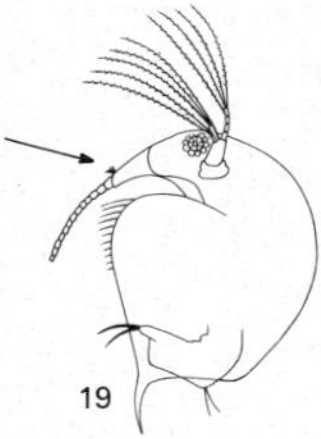

19

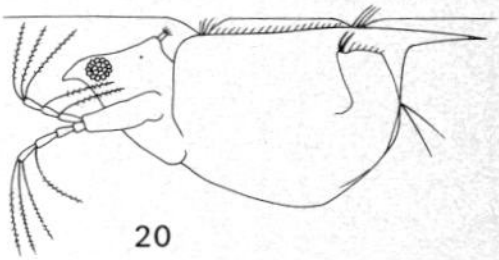

20

5. 1. Ant des ♀ kurz u. unbeweglich. Wenn länger u. beweglich (♀ von **Moina,** alle ♂♂), Komplexauge groß u. Htende der Sch mit Stachel od. mindestens zugespitzt. Bauch u. Htrand der Sch ohne lange Borsten. Vdende des Darms jederseits mit 1 Blindschlauch („Leberhörnchen"). Oft über 1 mm . . . . 3. Fam. **Daphniidae** S. 142

— 1. Ant von ♀ u. ♂ lang, beweglich [*23*]. Komplexauge meist kleiner. Sch ohne Stachel, selten hinten etwas zugespitzt, Bauch- u. Htrand der Sch oft mit langen Borsten. Vdende des Darms ohne Blindschläuche. Meist unter 1 mm . . . . 5. Fam. **Macrothricidae** S. 142

6. Th mit 4 Beinpaaren (Überfam. **Onychopoda**) 7. Fam. **Polyphemidae** S. 144

— Th mit 6 Beinpaaren (Überfam. **Haplopoda**) 8. Fam. **Leptodoridae**

Nur **Leptodora kindti** (Focke) (Glasartig durchsichtig. 10 mm), im Plankton größerer Gewässer, räuberisch.

3. Fam. **Daphniidae**

Teile der Sch bilden zu bestimmten Jahreszeiten am Dorsalrand ein dunkel pigmentiertes „Ephippium", das 1–2 Dauereier enthält u. auf dem Wasser schwimmt [*21*]. Nur ♀♀ bestimmbar.

1. Ventralränder der Sch gerade, laufen nach hinten in Stachel aus [*20*] 3; **Scapholeberis** Schoedl.

Vorwiegend in kleinen Gewässern, können mit der Ventralkante nach oben am Wasserspiegel entlangschwimmen. Sehr häufig **S. mucronata** (O. F. Müll.) [*20*] (1mm).

— Ventralränder der Sch gerundet, Stachel oft fehlend *2*

2. Kopf nach unten in einen Schnabel (Rostrum) verlängert [*21*] . *3*

— Kopf ohne Rostrum [*22*] *4*

3. Kopf groß, vom Rücken gesehen mit Kiel. Sch hinten meist mit Stachel. Ephippium mit 2 Eiern [*21*] . . 10; **Daphnia** O. F. Müll.

a) Postabdomen dorsal mit starker Einbuchtung, in der die Krallenreihe unterbrochen ist [*21*]: **D.magna** Strauss (Bis 6 mm), in Kleingewässern. b) Postabdomen dorsal ohne Einbuchtung. Bis 4 mm: 9 Arten. Sehr häufig **D. pulex** (De Geer) (3–4 mm), in Kleingewässern. **D. longispina** (O. F. Müll.) [*4*] (Bis 2,5 mm), auch im Plankton größerer Seen.

— Kopf klein, vom Rücken gesehen gerundet. Sch hinten höchstens mit Höcker. Ephippium mit 1 Ei . . . . . . 5; **Simocephalus** Schoedl.

In Pflanzenbeständen ausdauernder Gewässer. Häufig **S. exspinosus** (Koch) (Naupliusauge punktförmig. Bis 3,5 mm). **S.vetulus** (O. F. Müll.) (Naupliusauge langgestreckt bis rhomboid. Bis 3 mm). Übrige ähnliche Arten seltener.

4. Kopf groß. 1. Ant groß, beweglich. Naupliusauge fehlt. Ephippium mit 1 od. 2 Eiern . . . . 4; **Moina** Baird

Häufiger nur **M.rectirostris** (Leydig) (Bis 1,6 mm), in kleineren Gewässern.

— Kopf klein. 1. Ant klein, unbeweglich [*22*]. Naupliusauge vorhanden. Ephippium mit 1 Ei . . . . 8; **Ceriodaphnia** Dana

Sehr häufig **C. quadrangula** (O. F. Müll.) [*22*] (0,4–1,4 mm), im freien Wasser.

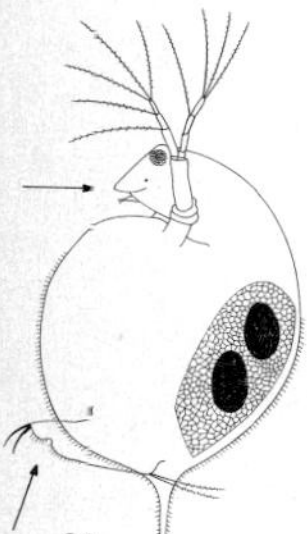
21

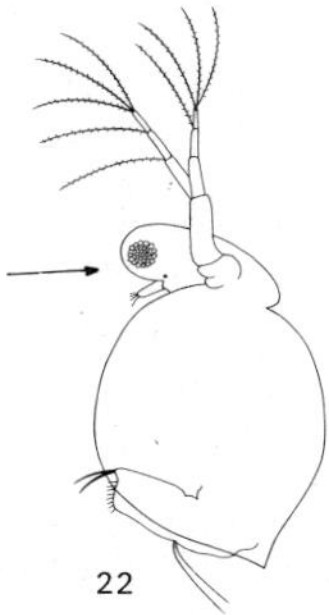
22

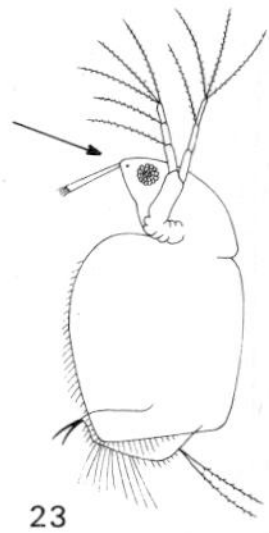
23

5. Fam. **Macrothricidae**

Dauereier werden von der ganzen Sch umhüllt (Primitivephippium). Vorwiegend in kleineren pflanzenreichen Gewässern am Boden, meist schlechte Schwimmer.

1. Sch am Ventral- u. Htrand mit langen, gefiederten Borsten besetzt. Bis 1 mm . . . . 3; **Ilyocryptus** Sars

Bodenbewohner, wühlen sich kreisend durch Schlamm. Häufig nur **I. sordidus** (Liév.).

— Sch anders beborstet *2*

2. Ohne Naupliusauge . . . . **Moina (Daphniidae)** s. S. 142

— Mit Naupliusauge (nahe der Insertion der 2. Ant) [*23*] *3*

3. Sch länger als hoch, Ventralrand fast gerade, mit kurzen breiten Borsten besetzt. Bis 1 mm . . **Lathonura rectirostris** (O. F. Müll.)

— Sch rundlich-viereckig, Ventral- u. Dorsalrand fast gerade, Sch mit längeren dünnen Borsten, diese am hinteren unteren Winkel der Sch sehr lang [*23*]. Bis 2 mm . **Acantholeberis curvirostris** (O. F. Müll.)
— Sch rundlich, anders beborstet. Bis 1 mm. *4*
4. Rückenrand der Sch hochgewölbt, über die ganze Länge gesägt. Bis 0,65 mm . . . . **Macrothrix laticornis** (Jur.)
— Sch am Rücken nicht gesägt. Mehrere Gattg. mit 5 seltenen Arten
Darunter 2 weitere Arten von **Macrothrix** Baird.

6. Fam. **Chydoridae**

Boden- u. Litoralbewohner, die sich hauptsächlich in Pflanzenbeständen aufhalten.
1. Postabdomen groß, seitlich abgeflacht, dorsal vor den Furcalkrallen mit tiefer Ausbuchtung [*24*]. Bis 6 mm . . 2; **Eurycercus** Baird
Häufig nur **E. lamellatus** O. F. Müll.
— Postabdomen kleiner. Bis 1,4 mm, meist unter 1 mm *2*
2. Postabdomen sehr lang, verschmälert sich dem Ende zu, dorsal ohne Einbuchtung vor Furcalkrallen. Bis 1,4 mm 3; **Camptocercus** Baird
Häufig nur **C. rectirostris** Schoedl.
— Postabdomen kürzer, Dorsalrand vor Furcalkrallen eingebuchtet *3*
3. Körper deutlich länger als hoch [*25*, *26*], meist seitlich stark abgeflacht. Sch ohne Zuwachsstreifen *4*
— Körper in Seitenansicht rundlich, etwa so l wie h [*27*], seitlich kaum abgeflacht. Wenn Körper oval, dann Sch mit Zuwachsstreifen . *14*
4. Sch am Htrand in ganzer Länge mit groben Zähnen besetzt. Bis 0,65 mm . . . . **Peracantha truncata** O. F. Müll.
— Sch am Htrand höchstens mit einigen Zähnen *5*
5. Kopf mit hohem Kiel [*25*]. Bis 1 mm . . **Acroperus harpae** Baird
— Kopf ohne Kiel *6*
6. Kopf groß, von vorn gesehen breiter als die Sch, mit breitem schaufelförmigem Rostrum. Bis 0,7 mm **Graptoleberis testudinaria** (Fisch.)
— Kopf von vorn gesehen nicht breiter als die Sch, Rostrum zugespitzt oder abgestumpft *7*
7. Htrand der Sch abgestutzt, höchstens halb so h wie die größte Höhe der Sch [*26*]. Sch am hinteren unteren Ende mit Zähnchen oder Kerben *8*
— Htrand der Sch gerundet, wenn abgestutzt, wenig niedriger als größte Höhe der Sch, oft ohne Zähnchen *10*
8. Unterer hinterer Winkel der Sch mit einem großen, nach hinten gerichteten Zahn. Bis 0,5 mm. Bodenseegebiet
Dunhevedia crassa King
— Unterer hinterer Rand der Sch mit mehreren kleinen Zähnchen *9*
9. Rostrum lang u. von vorn gesehen spitz. Naupliusauge kleiner als Komplexauge [*26*]. Bis 0,8 mm . . . . 5; **Pleuroxus** Baird
Einige Arten häufig, darunter **P. uncinatus** Baird [*26*].
— Rostrum kurz u. abgestumpft, wenn länger u. spitz, dann Naupliusauge so groß wie Komplexauge . . . . 4; **Alonella** Sars
Alle Arten häufig, z. B. **A. exigua** (Lillj.) (Bis 0,4 mm).
10. Furcalkrallen außer Basaldornen in der Mitte des konkaven Randes mit 1 oder 2 Dornen *11*
— Furcalkrallen unbewehrt, höchstens mit Basaldornen. *12*
11. Rostrum lang u. spitz. Postabdomen verjüngt sich zum Ende hin. Bis 0,6 mm. Selten . . . . **Kurzia latissima** (Kurz)
— Rostrum kurz u. stumpf. Postabdomen parallelseitig
2; **Alonopsis** Sars

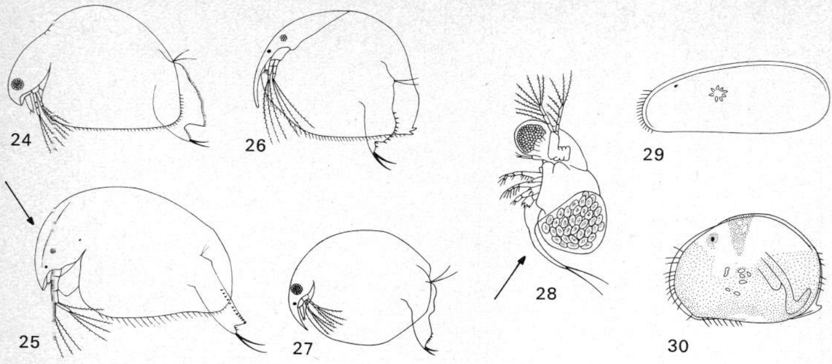

Häufig nur **A. elongata** (Sars) (Bis 1 mm).
Ähnlich ist **Acroperus** (s. Nr. **5**), wenn der Kopfkiel reduziert ist.

12. Rostrum lang, spitz u. nach hinten gebogen. Bis 0,55 mm. Recht selten . . . . **Rhynchotalona falcata** (Sars)
Wenn Rostrum nicht nach hinten gebogen [*26*], s. Nr. **9**

— Rostrum kurz u. abgestumpft. *13*

13. Naupliusauge so groß oder größer als Komplexauge. Ventralrand der Sch konvex oder abgerundet winklig gebogen . . 2; **Leydigia** Kurz
Häufiger nur **L. acanthocercoides** (Fisch.) (Bis 1,1 mm).

— Naupliusauge kleiner als Komplexauge, wenn etwa so groß, dann Ventralrand der Sch gerade. Bis 1 mm . . . . . 9; **Alona** Baird
Häufig z. B. **A. affinis** (Leydig).
Ähnlich ist auch die seltene **Oxyurella tenuicaudis** Sars.

14. Komplexauge fehlt. Sch meist mit einigen konzentrischen Zuwachsstreifen. Bis 0,5 mm . . . . **Monospilus dispar** Sars

— Komplex- und Naupliusauge vorhanden. Sch ohne Zuwachsstreifen *15*

15. Ventralrand der Sch mit Einschnitt, dahinter spitzer Zipfel. Bis 0,45 mm. Parasitisch auf Hydra . . . . **Anchistropus emarginatus** Sars

— Ventralrand der Sch ohne Einschnitt u. Zipfel [*27*]. Bis 0,9 mm.
6; **Chydorus** Leach, z. B. **Ch. sphaericus** (O. F. Müll.) [*27*], häufigster Wasserfloh.

7. Fam. **Polyphemidae**

Einige Arten marin. Leben räuberisch.

1. Kopf durch Kerbe vom Rumpf getrennt [*28*]. Sch rundlich . . *2*

— Kopf nicht durch Kerbe vom Rumpf getrennt. Sch lang, zipflich ausgezogen. Marin, im Plankton . . . . 2; **Evadne** Loven
Z. B. **E. nordmanni** Loven (Bis 1,1 mm).

2. Anhang des Abd kurz, höchstens so l wie die auf ihm sitzenden 2 Borsten. Abd zweizipfelig. Marin, im Plankton . 3; **Podon** Lillj.
Z. B. **P. polyphemoides** (Leuck.) (Bis 0,65 mm).

— Anhang des Abd lang [*28*], Abd zylindrisch od. rundlich *3*

3. Anhang des Abd kürzer als Körper [*28*]. Bis 2 mm. Im Litoral von Süßgewässern . . . . **Polyphemus pediculus** L.

— Anhang des Abd viel länger als Körper . 2; **Bythotrephes** Leydig
Häufig nur **B. longimanus** Leydig (Bis 3 mm), im Plankton von Süßgewässern.

Ostracoda, Muschelkrebse

Muschelähnlich. Meist am Grunde oder auf Pflanzen von Gewässern, können vielfach mit Hilfe der 2. Ant schwimmen. Filtrierer. Bestimmung der etwa 120 Arten schwierig (Hier nur ♀♀ berücksichtigt).

1. Sch keulenförmig, mehr als doppelt so l wie h, dünn, durchscheinend, weißlich-perlmutterglänzend, ohne Skulptur [*29*] . . **Darwinulidae**
Im Süßwasser. Nur **Darwinula stevensoni** (Br. et Rob.) (Bis 0,7 mm).

— Sch anders *2*

2. Sch glatt, ohne Gruben, Höcker oder Zähnchen (diese höchstens am Rand) [*6*], manchmal mit netzartigen Leisten *3*

— Sch meist derb, skulpturiert (flügel- od. stabförmige Anhänge, bucklige od. kegelförmige Vorwölbungen, Warzen od. Höcker), außerdem oft mit Gruben *4*

— Sch mindestens in der Mitte mit kleinen Gruben, ohne Skulptur *5*

3. Im Süßwasser . . . . **Cyprididae** *6*
Hierzu auch wenige Arten der **Cytheridae**

– Marin. Einige **Cytheridae** u. **Cyprididae,** letztere v. a. im Brackwasser, darunter **Heterocypris salina** (Br.) (Blaßgelb, dunkelbraun gebändert. 1,2 mm), in Pfützen.

4. Im Süßwasser. Einige **Cyprididae** u. **Cytheridae.**
a) Sch von oben gesehen an den Enden winklig oder gerundet: Häufig z. B. **Ilyocypris gibba** (Ram.) (1 mm). b) Sch mindestens an einem Ende kielartig abgeflacht u. zugespitzt: Häufig z. B. **Limnocythere inopinata** (Baird) (0,6 mm).

— Marin . . . . Viele Arten der **Cytheridae**
Meist in größeren Tiefen auf dem Meeresgrund. Dazu die Cyprinide **Cypridopsis aculeata** (Costa) (Sch mit dichter, kurzer, kräftiger Bedornung. 0,8 mm), in nichtaustrocknenden Küstenkleingewässern.

5. Im Süßwasser. Einige Arten der **Cyprididae** u. **Cytheridae,** darunter **Metacypris cordata** Br. et Rob. (Sch breit, braungrau, hinter Augen mit breiter schwarzer Binde. 0,6 mm).

– Marin. Viele Arten der **Cytheridae.** Wenige Arten der **Cyprididae** dringen in brackige Gewässer vor (z. B. **Cypridopsis** Br.).

6. Beide Augenbecher deutlich getrennt. Ventralseite der Sch abgeflacht, durch Leisten scharf begrenzt, hinten mit Sporn. Schwarz mit 4 gelblichen Flecken [*30*]: 2; **Notodromas** Lillj., häufig **N. monacha** (O. F. Müll.), schwimmt gut, kann auch mit Rücken nach unten an der Wasseroberfläche entlanggleiten.

– Augenbecher zu einem Auge verschmolzen. Wenn nicht verschmolzen, dann Sch u. Färbung anders: a) Sch weiß, glatt durchscheinend. Viele Gattg., am artenreichsten **Candona** Baird, z. B. **C. candida** (O. F. Müll.) (Bis 1,2 mm). b) Sch grünlich. Viele Gattg. (z. B. **Eucypris** Vavra), manche Arten über 2 mm l, z. B. **Cypris pubera** O. F. Müll. (Vdrand der Sch mit 9–10 schlanken Zähnen [*6*]). Viele Arten sind braun, gelblich oder rötlich gefärbt, z. B. **Cypria ophthalmica** (Jur.) (Sch farblos mit vielen kleinen dunkelbraunen Farbflecken. Bis 0,7 mm).

Copepoda, Ruderfüßer

Freilebende Arten bewegen sich mit Hilfe der stark entwickelten 1. Ant [*31*] ruckartig durch das Wasser. ♂♂ haben meist zu Greiforganen umgebildete 1. Ant [*32*]. ♀♀ legen Eier frei ab oder tragen sie in Eisäckchen am Körper [*12*, *31*]. Entwicklung über Nauplien. Filtrierer. Manche Gruppen parasitisch (ihre Jugendstadien dann freilebend). Etwa 180 Arten.

1. Freilebend. Körper wie [*31–33*]. Mit kauenden Mundwerkzeugen (mindestens einige gegliederte Äste zu erkennen!), 2. Ant nicht zu Greif- oder Haftorganen umgewandelt. *2*

— Im marinen Plankton. Ohne Mundgliedmaßen . Ord. **Monstrilloida**
Wenige Arten, z. B. **Cymbasoma rigidum** Thomps. (Bis 3 mm).

— Außen- oder Innenschmarotzer. Mundwerkzeuge meist saugend. 2. Ant meist zu Greiforganen umgebildet oder reduziert. *5*

2. Ant mindestens halb so l wie Körper, mit mehr als 17 Gld., bei den ♂♂, wenn überhaupt, nur eine Seite (meist rechts) zu Greiforganen umgebildet. Eier in unpaarem Eisack unter Abd [*31*]. Habitus [*31*]. Planktisch, schweben im Wasser . . . . . . Ord. **Calanoida** *3*

— 1. Ant kürzer als halber Körper, mit höchstens 17 Gld., bei den ♂♂ beiderseits zu Greiforganen umgebildet. Habitus anders [*32*, *33*] **4**

3. Im Meer- und Brackwasser

a) Th (hinter länglichem Kopfabschnitt) besteht aus 5 freien Segmenten. Letztes Thsegment an den Seiten gerundet: z. B. **Calanidae, Calanus finmarchicus** (Gunner) (Bis 4,5 mm). Ähnlich, aber letztes Thsegment an den Seiten mit Flügeln od. spitzem Fortsatz: z. B. **Centropagidae, Centropages typicus** Kröy. (Bis 2 mm). b) Th aus 4 freien Segmenten: mehrere Fam., z. B. **Acartiidae, Acartia bifilosa** (Giesbr.) (Bis 1,1 mm). Th aus 3 freien Segmenten: mehrere Fam., z. B. **Pseudocalanidae, Pseudocalanus elongatus** (Boeck) (Bis 1,6 mm).

— Im Süßwasser . . . . . **Diaptomidae** u. **Temoridae** mit 22 Arten

a) Vorletztes u. letztes Thsegment des ♀ jederseits in Flügel ausgezogen: **Mixodiaptomus laciniatus** (Lillj.) (Bis 2,2 mm), in Alpenseen. b) Nur letztes Thsegment flügelartig ausgezogen [*31*]: Sehr häufig z. B. **Eudiaptomus gracilis** Sars [*31*] (Bis 1,5 mm). c) Letztes Thsegment ohne Flügel: z. B. **Heterocope appendiculata** Sars (Bis 2,2 mm).

4. 1. Ant mit 8–17 Gld. Körper birnförmig, Kopf u. Th breiter als Abd, deutlich gegen dieses abgesetzt [*12*, *32*]. Meist über 1 mm. Eier in paarigen Eisäckchen an den Seiten des Abd [*12*] . . Ord. **Cyclopoida**

Im Meer u. Süßwasser, meist im Litoral. Schwimmen ruckartig-hüpfend. Viele Gattg., u. a. im Süßwasser häufig **Eucyclops serrulatus** (Fischer), **Cyclopidae** (1 mm); im Meer **Cyclopina gracilis** Claus, **Cyclopinidae** (Bis 0,7 mm).

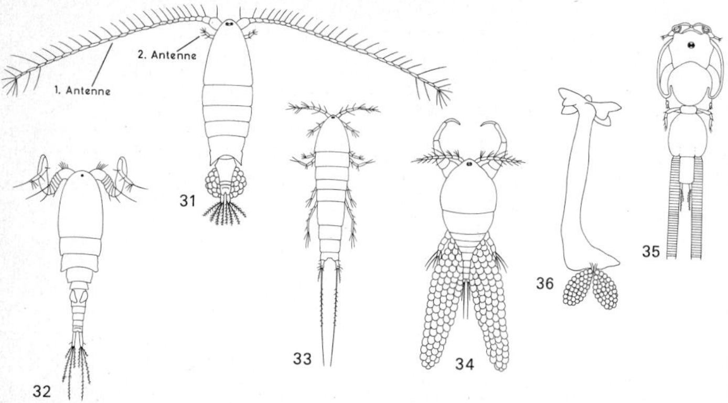

— 1. Ant mit höchstens 9 Gld. Kopf u. Th kaum breiter als Abd, ohne scharfe Grenze ineinander übergehend [*33*]. Eier in unpaarem od. paarigen Eisäcken unter Abd. Meist unter 1 mm Ord. **Harpacticoida**

Im Meer u. Süßwasser, auf Boden u. Pflanzen, nur selten schwimmend (Schlängeln). Viele Gattg. Im Süßwasser z. B. häufig **Canthocamptus staphylinus** (Jur.) [*33*] (Um 1 mm). **Bryocamptus pygmaeus** (Sars) (Bis 0,7 mm), in nassem Moos. Einige marine Fam. ähnlich den Cyclopoida, aber Körper dann dorsoventral abgeflacht, darunter sehr häufig **Idya furcata** (Baird) (Bis 1,5 mm).

5. Körper gegliedert, ± ähnlich den freilebenden Cyclopoida. 2. Ant zu Greifhaken umgebildet [*34*] . . . . parasitische **Cyclopoida** u. Ord. **Notodelphyoida**

Marin, Außenschmarotzer an Vertebraten, wenige Arten in Tunicaten. Im Süßwasser nur **Ergasilidae** an Fischen (auch in Kiemenhöhlen u. an Kiemen), am häufigsten **Ergasilus sieboldi** Nordm. [*34*] (Bis 1,5 mm).

— Körper meist schildförmig, selten langgestreckt. Th unvollständig segmentiert, mit Resten von Extremitäten [*35*]. Eisäcke oft stark verlängert . . . Ord. **Caligoida**

Meist marin an Fischen, im Süßwasser häufiger **Caligus rapax** Edw. [*35*] (Bis 7 mm).

— Körper fast ungegliedert, oft sackartig, vorn meist mit „Hörnchen". Thbeine fehlen meist völlig [*36*]. Oft nur durch Eisäcke als Krebse zu erkennen Ord. **Lernaeoida**

An Fischen. Im Meer z. B. **Lernaeocera branchialis** (L.) (Bis 4 cm), im Süßwasser z. B. **Achtheres percarum** Nordm. (Bis 5 mm). **Lernaea esocina** (Burm.) [*36*] (Bis 14 mm).

Decapoda, Zehnfüßer

Am Th 3 Paar Kieferfüße (als Mundwerkzeuge dienende umgebildete Thbeine) und 5 Paar Thbeine, vordere Paare meist mit Schere. Letztes Abdbeinpaar (Uropoden) bildet mit Telson Schwanzfächer [*39*] (bei Krabben reduziert). Entwicklung über Larvenstadien. Filtrierer u. Räuber. Längenangaben für Krabben gelten vom Vd- bis Htrand der Sch. Garnelen werden im Handel fälschlicherweise ,,Krabben" genannt.

1. Abd groß, seitlich zusammengedrückt. Alle Abdbeine große Schwimmbeine. Gestalt wie [*15, 37*] . . . . Garnelen, **Natantia** *2*

— Abd groß, dorsoventral abgeflacht [*39*] od. asymmetrisch [*38*] (dann in Schneckengehäuse), selten kleiner u. unter Vdkörper geklappt, dann mit Schwanzfächer. Abdbeine keine Schwimmbeine *8*

— Abd u. Abdbeine reduziert, unter Vdkörper geklappt, ohne Schwanzfächer. Gestalt [*41, 42*] . . . . Krabben, **Brachyura** *13*

2. Drittletztes Gld. des 2. Thbeines ungegliedert [*37*]. *3*

— Drittletztes Gld. des 2. Thbeines in sich sekundär gegliedert . . *5*

3. Rostrum dorsoventral abgeflacht, klein [*15*] . . . . . **Crangonidae**

Marin. 2. Thbein so l wie übrige. Sch mit 1 Rückendorn [*15*]: 2; **Crangon** F., sehr häufig **C. crangon** (L.), Nordseegarnele [*15*] (Bis 60 mm). 2. Thbein viel kürzer als übrige. Sch mit mehreren Rückendornen: 3; **Pontophilus** Leach, in flachem Wasser nur **P. trispinosus** Hailst. (Bis 27 mm).

— Rostrum seitlich zusammengedrückt, groß [*37*] *4*

4. Orand des Rostrums mit 20–25 kleinen beweglichen Stacheln **Atyidae**

Im Süßwasser. Nur **Atyaephyra desmaresti** (Mill.) (Bis 50 mm), in NW-Deutschland.

— Orand des Rostrums höchstens mit 12 großen Zähnen [*37*] **Palaemonidae**

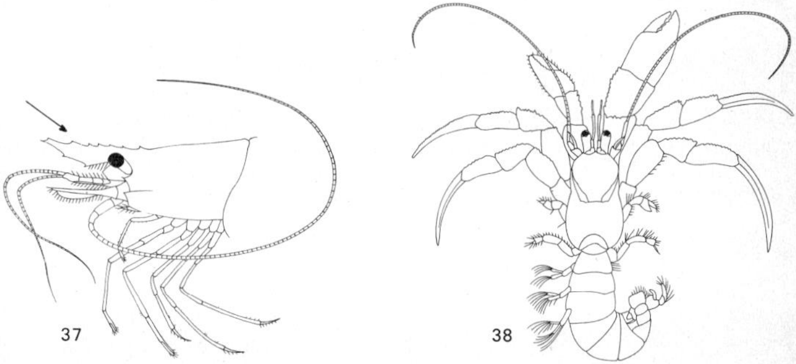

37 38

Meist marin. Schere des 2. Thbeines länger als das nächstangrenzende Gld.: 3; **Palaemon** F. (= **Leander** Desm.), z. B. **P. squilla** (L.) = **Leander adspersus** Rathke, Ostseegarnele (Bis 60 mm). Schere des 2. Thbeines kürzer als das nächstangrenzende Gld.: **Palaemonetes varians** (Leach) [*37*] (Bis 50 mm), auch in Flußmündungen.

5. Rostrum kurz, ungesägt, höchstens Spitze mit 2 kleinen Zähnen *6*

— Rostrum lang, mindestens auf Useite mit großen Zähnen . . . *7*

6. Augen von Vdrand der Sch teilweise bedeckt. Drittletztes Gld. des 2. Thbeines mit 5 sekundären Gliedern . . . . **Alpheidae**

Marin. Nur **Athanas nitescens** (Leach) (10–20 mm).

— Augen nicht von Sch bedeckt. Drittletztes Gld. des 2. Thbeines aus 20–50 sekundären Gliedern bestehend . . . . **Processidae**

Nordsee. Nur 2; **Processa** Leach (Bis 70 mm), in Küstennähe nur **P. edulis** (Risso).

7. 1. Thbein ohne oder mit mikroskopisch kleiner Schere. 2. Thbein mit kleiner Schere, beide Thbeine dünn . . . . **Pandalidae**
Marin. Häufiger nur 2; **Pandalus** Leach mit **P. montagui** Leach (um 70 mm), Nordsee.

— 1. u. 2. Thbein mit deutlicher Schere . . . . **Hippolytidae**
Marin. Orand des Rostrums mit höchstens 2 Zähnen: **Hippolyte varians** Leach (Bis 30 mm), nur Nordsee. Orand des Rostrums mit mehr als 2 Zähnen: in flacherem Wasser nur **Eualus** (= **Spirontocaris**) **gaimardi** (Milne-Edw.) (Bis 40 mm), Ostsee.

8. Abd symmetrisch *9*

— Abd asymmetrisch [*38*], steckt in leerer Schneckenschale **Paguridae**
Häufig nur **Eupagurus bernhardus** (L.), Einsiedlerkrebs [*38*] (Vdkörper bis 35 mm), Nordsee. Oft in Gehäusen von Buccinum. Scheren können Schale verschließen. Symbiose mit Hydractinia.

9. Erste 3 Thbeine mit Scheren [*39*] *10*

— Höchstens erste 2 Thbeine mit Scheren. *11*

10. Rostrum jederseits mit mindestens 3 großen Zähnen . **Nephropsidae**
Marin. Nur **Homarus gammarus** (L.) = **vulgaris** Milne-Edw., Hummer (Bis 400 mm), in Nordsee auf Fels- und Steinboden.

— Rostrum jederseits höchst. mit 1 großem Zahn
Flußkrebse, **Astacidae**
Süßwasser. Bis 120 mm. a) Rostrum oben in der Mitte mit Längsleiste, wenn undeutlich, Seiten der Sch unbedornt: 3; **Astacus** Pall., **A. astacus** (L.) = **fluviatilis** F., Edelkrebs [*39*] (Hinter jedem Auge je 2 hintereinanderliegende Leisten. Rostrum an Rändern der Basis nicht gezähnelt), in sauberen Flüssen, durch Krebspest bedroht. **A. leptodactylus** Esch., Sumpfkrebs (Ähnlich, aber Rostrum an Rändern der Basis gezähnelt), in Seen der Tiefebene. **A. torrentium** Schrank, Steinkrebs (Hinter den Augen je 1 Leiste), in Gebirgsbächen. b) Rostrum oben ohne Längsleiste, Seiten der Sch bedornt: **Orconectes limosus** (Raf.) = **Cambarus affinis** (Say), Amerikan. Flußkrebs, verträgt auch verschmutztes Wasser.

11. 5. (letztes) Thbein etwa so groß wie übrige . . . . **Callianassidae**
Marin. Rostrum deutlich: 2; **Upogebia** Leach, z. B. **U. stellata** (Mont.) (Bis 60 mm). Rostrum fast fehlend: **Callianassa stebbingi** Borr. (Bis 70 mm), gräbt Höhlen im Sand.

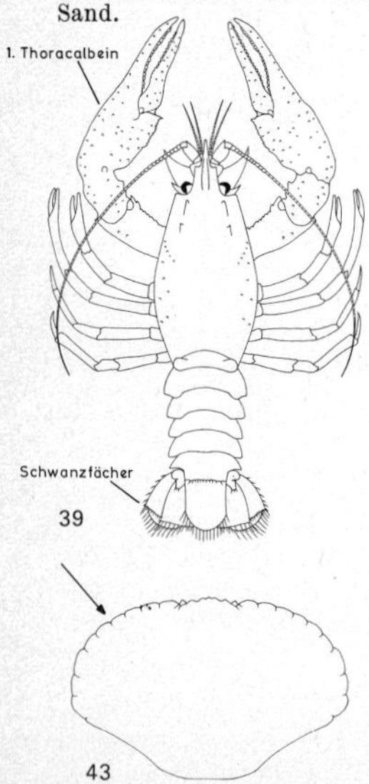

39

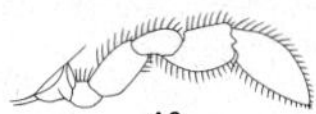
40

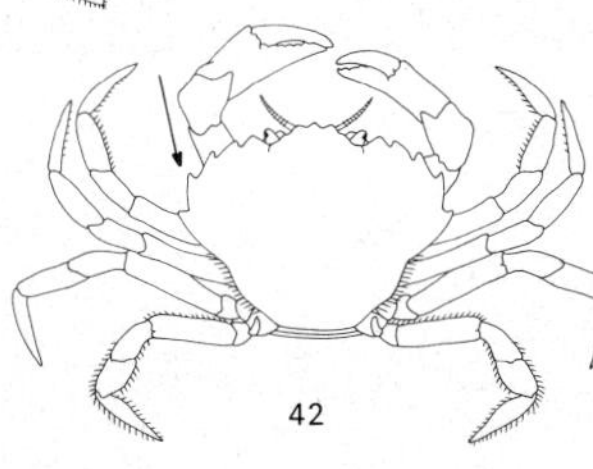
42

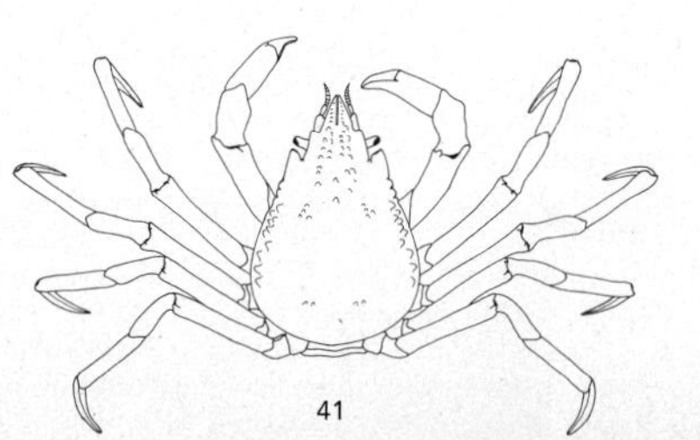
41

43

— 5. Thbein viel kleiner u. dünner als übr. (häufig im Kiemenraum) *12*
12. Rostrum deutlich zahnförmig vorspringend . . . . . **Galatheidae**
Nordsee bei Helgoland. Nur 4; **Galathea** F., z. B. **G. strigosa** (L.) (Bis 100 mm).
— Stirn kaum vorgezogen. Krabbenähnlich . . . . . . **Porcellanidae**
Marin. Nur **Porcellana longicornis** (L.) (Sch bis 10 mm).
13. Scheren ohne dichten Pelzbesatz *14*
— Scheren mit dichtem Pelzbesatz . . . . **Grapsidae**
Nur **Eriocheir sinensis** Milne-Edw., Chinesische Wollhandkrabbe (Bis 75 mm), in Flüssen der norddeutschen Tiefebene.
14. 4. und 5. (letztes) Thbein einander ähnlich *15*
— Endglieder des 5. Thbeines stark verbreitert (Schwimmbein) [*40*] Schwimmkrabben, **Portunidae**
Nordsee. Endgld. des 2.–4. Thbeines lanzettlich abgeflacht: **Portumnus latipes** (Penn.) (25 mm). Endgld. des 2.–4. Thbeines stachelartig: 5; **Macropipus** Prest. (= **Portunus** F.), häufig **M. holsatus** (F.) (Bis 40 mm).
15. 2. Ant länger als Sch . . . . **Corystidae**
Nordsee. Nur **Corystes cassivelaunus** (Penn.), Maskenkrabbe (Bis 30 mm).
— 2. Ant kürzer als Sch *16*
16. Rand der Sch durchlaufend lang gelb beborstet . . . **Atelecyclidae**
Nordsee. Nur **Thia scutellata** (F.) = **polita** Leach (Bis 22 mm).
— Rand der Sch nicht durchlaufend lang gelb beborstet *17*
17. Sch dreieckig, größte Breite nahe Htrand [*41*] . . . . . . **Majidae**
Marin. Sch mit hügelig aufgeblasenen Regionen, die jeweils in 1 spitzen Höcker auslaufen: **Macropodia rostrata** (L.) (Bis 18 mm). Sch mit stumpfen Höckern [*41*]: 2; **Hyas** Leach, häufig **H. araneus** (L.), Seespinne [*41*] (Bis 110 mm).
— Sch abgestutzt rhombisch, vorn u. hinten schmal . . . **Leucosiidae**
Nordsee. Nur 2; **Ebalia** Leach, z. B. **E. cranchi** Leach (Bis 11 mm).
— Sch rundlich gewölbt, Oseite u. Rand glatt . . . . **Pinnotheridae**
Nordsee. Nur **Pinnotheres pisum** (L.), Muschelwächter (Bis 18 mm), im Innern von Muscheln, lebt von Nahrungspartikeln an den Kiemenblättern.
— Sch anders *18*
18. Vdrand der Sch ungezähnt oder paarig gezähnt . . . . **Xanthidae**
Pilumnus hirtellus (L.) (Seitenrand der Sch mit 5 spitzen Zähnen. Bis 20 mm), nur Nordsee. **Rhithropanopeus** (= **Heteropanope**) **harrisi** (Gould) = **tridentatus** (Maitl.) (Seitenrand der Sch mit 4 stumpfen Zähnen. Bis 15 mm), im Nordostseekanal.
— Vdrand der Sch unpaar gezähnt [*42*, *43*] . . . . **Canceridae**
Marin. Sch vorn kräftig gezähnt: **Carcinus maenas** (L.), Strandkrabbe [*42*] (Stirn mit 3 kurzen abgerundeten Zähnen [*42*]. Bis 60 mm), sehr häufig. **Pirimela denticulata** (Mont.) (Mittlerer Stirnzahn viel kräftiger als seitliche. Bis 28 mm), nur Nordsee. Sch vorn gekerbt [*43*]: **Cancer pagurus** L., Taschenkrebs (Bis 150 mm), nur Nordsee.

Mysidacea

2. Ant besteht aus 3 Grundgliedern, der Antennenschuppe („Antschuppe" = Außenast) und dem Innenast. Letzte Abdbeine zu Uropoden umgebildet. Eier in Brutraum unter Th (= Marsupium). Entwicklung direkt. Meist am Boden, können mit Hilfe der Thbeine schwimmen. Filtrierer. Fast alle marinen Arten können in Flußmündungen eindringen. Nur Fam. **Mysidae.**

1. Telson am Ende ± tief eingeschnitten *2*
— Telson nicht eingeschnitten, entweder abgerundet od. abgestutzt *5*
2. Außenast der Uropoden am Außenrand nur bedornt, ohne lange Fiederborsten. 20 mm. Marin . . . . . **Gastrosaccus spinifer** (Goes)
— Außenast der Uropoden am Außenrand mit langen Fiederborsten *3*
3. Außenrand der Antschuppe höchstens im Spitzenteil mit Fiederborsten *4*
— Antschuppe am ganzen Außenrand mit Fiederborsten 2; **Mysis Latr.**
M. mixta (Lillj.) (Antschuppe vorn zugespitzt. Bis 30 mm), marin. **M. oculata relicta** (Lovèn) [*1*] (Antschuppe abgerundet. Bis 25 mm), Ostsee u. norddeutsche Seen.

4. Antschuppe fast an Spitze des Außenrandes mit Zahn 3; **Praunus** Leach

Marin. **P. inermis** Rathke (Antschuppe höchstens 1,5mal so l wie Antennenschaft. Bis 18 mm). **P. neglectus** (Sars) (Antschuppe etwa 5–6mal so l wie b, 2–3mal so l wie Antennenschaft. Bis 20 mm). **P. flexuosus** (O. F. Müll.) (Antschuppe etwa 7–8mal so l wie b, mindestens 3mal so l wie Antennenschaft. Bis 26 mm).

— Antschuppe etwa in der Mitte des Außenrandes mit Zahn, seine Entfernung zur Spitze mindestens ⅓ der Schuppenlänge 3; **Paramysis** Czern.

Marin. Häufiger **P. ornata** (Sars) (Bis 19 mm).

5. Telson kurz zungenförmig, jederseits mit zahnartigem Vorsprung. Bis 15 mm. Marin . . . . **Mesodopsis slabberi** (van Ben.)

— Telson anders *6*

6. Außenast der Uropoden am Außenrand in Spitzenteil mit Fiederborsten, im basalen Teil mit Dornen. 20 mm. Marin **Siriella armata** (Milne-Edw.)

— Außenast der Uropoden am Außenrand in ganzer Länge mit Fiederborsten. 18 mm. Marin . . . . **Neomysis vulgaris** (Thomps.)

Isopoda, Asseln

Erste 5 Abdbeine flächig ausgebildete Spaltbeine, liegen der Useite des Abd an; bei vielen landbewohnenden Asseln entweder erste beide od. alle Außenäste mit lungenartigen Einstülpungen (= Trachealsystemen). Bei lebenden Tieren wegen ihrer Luftfüllung als „weiße Körperchen" sichtbar (In Alkohol schwerer zu erkennen!). Letzte Abdbeine zu Uropoden umgebildet. ♀♀ tragen Eier im Marsupium. Entwicklung direkt. Nahrung meist abgestorbene Pflanzenteile od. Detritus, einige Arten Räuber. Die seltenen Arten der marinen Unterord. **Epicaridea** sind Parasiten bei Krebsen. Viele Arten synanthrop, die eingeschleppten, nur in Gewächshäusern od. Thermalquellen gefundenen Arten im folgenden nicht berücksichtigt.

1. Uropoden auf Useite des Abd nach innen geklappt, bedecken die Abdbeine vollständig wie Flügelfenster. Marin . . . . Unterord. **Valvifera** *2*

— Uropoden bilden Schwanzfächer, gelenken seitlich am 6. Abdsegment. Abdbeine sichtbar. Marin *3*

— Uropoden gelenken dicht nebeneinander in der Mitte des 6. Abdsegmentes [*45, 47*] Abdbeine sichtbar *6*

2. Körper zylindrisch . . . . **Arcturidae**

Nur **Astacilla longicornis** (Sow.) (Bis 27 mm), Nordsee in größerer Tiefe.

— Körper dorsoventral abgeflacht . . . . **Idoteidae**

a) Kopf jederseits in 2 Lappen ausgezogen. 50–80 mm: **Saduria** (= **Mesidotea**) **entomon** (L.), am Boden der Ostsee. b) Kopfseiten ohne Lappen [*44*]. Bis 30 mm: 6; **Idotea** F., im Meer- u. Brackwasser. **I. balthica** (Pall.) [*44*] (Telson hinten 3spitzig). **I. chelipes** (Pall.) = **viridis** (Slab.) (Telson hinten 1spitzig mit geraden bis konvexen Seiten). **I. granulosa** Rathke (ähnlich, aber Telson mit konkaven Seiten). Färbung: hell einfarbig, dunkel gefleckt od. gestreift. Übrige Arten z. T. ähnlich, aber selten.

3. Körper langgestreckt u. zylindrisch . . . . . Unterord. **Anthuridea**

Brackwasser, Ostsee. Nur **Anthuridae** mit **Cyathura carinata** (Kröy.) (Bis 27 mm).

— Körper dorsoventral abgeflacht bis (im Querschnitt) höchstens halbzylindrisch. Marin . . . . Unterord. **Flabellifera** *4*

4. Körper dorsoventral abgeflacht. Abd mit 5 freien Segmenten . *5*

— Körper halbzylindrisch, in Längsrichtung einrollbar. Abdsegmente verwachsen . . . . **Sphaeromatidae**

Im Litoral. Nur 2; **Sphaeroma** Latr. (Bis 11 mm), z. B. **S. hookeri** Leach.

5. Uropodenäste breit u. flach. Thbeine keine Klammerbeine. Freilebend . . . . **Cirolanidae**

Eurydice pulchra Leach (2. Ant reichen bis zum Ende des Th. Bis 7 mm), im Flachwasser. **Cirolana borealis** Lillj. (2. Ant reichen bis Mitte des Th. Bis 30 mm), in größerer Tiefe.

— Uropodenäste breit u. flach. Vordere Thbeine Klammerbeine **Aegidae**

Ektoparasiten auf Meeresfischen. Nur **Aega psora** (L.) (Bis 50 mm).

— Uropoden mit hakenförm. Außen- u. griffelförm. Innenast **Limnoriidae**

Bohren Gänge in untergetauchtem Holz. Nur **Limnoria lignorum** (Rathke), Bohrassel (Bis 5 mm), in Küstengewässern, aber auch an Treibholz.

6. Telson u. Abd zu einem Stück verschmolzen [*45*] Unterord. **Asellota** *7*

— Mit 5 freien Abdsegmenten, das 6. mit Telson verschmolzen [*47*]. Meist Landbewohner . . . . .Unterord. **Oniscoidea** *8*

7. Telson hinten abgestutzt u. zungenförmig ausgezogen [*45*], Seiten nicht gezähnelt; wenn abgerundet, Kopf ohne Augen. Uropoden lang **Asellidae**

Im Süßwasser. Bis 20 mm. Nur 5; **Asellus** Geoffr. St. Hil. Mit Augen: sehr häufig nur **A. aquaticus** (L.), Wasserassel [*45*], auch im Brackwasser. 2 augenlose Arten im Grundwasser, häufiger nur **A. cavaticus** Schiödte.

— Telson hinten abgerundet [*46*]; wenn etwas abgestutzt u. zungenförmig vorgezogen, an den Seiten gezähnelt. Mit Augen . **Janiridae**

Marin. **Janira maculosa** Leach (Uropoden mindestens so l wie Abd u. Telson. Bis 10 mm). **Jaera albifrons** Leach [*46*] (Uropoden sehr kurz, dicht nebeneinander, überragen Telson kaum. Bis 6 mm), sehr häufig in Gezeitenzone.

Bei 2 weit. Fam. des tiefen Meeresbodens Uropoden kurz, ihre Basis weit entfernt.

8. Geißel der 2. Ant besteht aus mindestens 3 Gld., wenn nur 2 od. 3 Gld., dann Endglied pinselartig beborstet [*49*]. Außenast der Uropoden griffelförmig. Ohne Trachealsysteme *9*

— Antgeißel 2–3gld., Endgld. nie pinselartig beborstet. Außenast der Uropoden abgeflacht. Mit oder ohne Trachealsysteme. *10*

9. Stirn ohne Seitenlappen [*47*] . . . . 1. Fam. **Ligiidae**

Vorwiegend amphibisch lebend. **Ligia oceanica** (L.) [*47*] (Außen- u. Innenast der Uropoden inserieren dicht nebeneinander. 15–30 mm), an felsigen, steinigen Meeres-

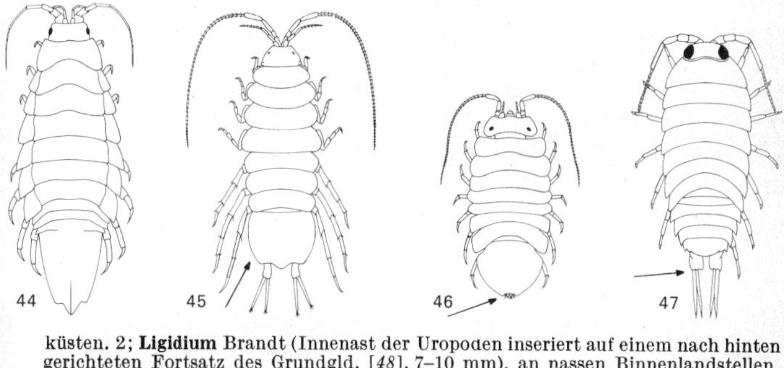

44 45 46 47

küsten. 2; **Ligidium** Brandt (Innenast der Uropoden inseriert auf einem nach hinten gerichteten Fortsatz des Grundgld. [*48*]. 7–10 mm), an nassen Binnenlandstellen, häufig nur **L.hypnorum** (Cuv.) [*48*].

Hierher auch der unpigm., augenlose **Mesoniscus alpicola** (Hell.) **(Mesoniscidae)**

— Stirn mit Seitenlappen über Ansatz der 2. Ant. [*49*] 2. Fam. **Trichoniscidae**

a. Rücken mit kräftigen Längswülsten: 2; **Haplophthalmus** Schöbl., häufiger **H. danicus** Budde-L. (4 mm), im Süden in Wäldern, im Norden synanthrop.

b. Rücken ohne Längswülste

1. Augen bestehen aus 3 Ommatidien. Oberfläche des Körpers ohne Höckerchen: 5; **Trichoniscus** Brandt, häufiger nur **T. pusillus** Brandt [*49*] (Bis 5 mm), in Wäldern; übrige Arten im Bergland od. synanthrop.
2. Augen bestehen aus 1 Ommatidium (Kann sich in Alkohol entfärben!). Oberfläche des Körpers glatt u. glänzend, dunkel: **Hyloniscus riparius** (Koch) (Bis 7 mm), im Süden freilebend, im Norden synanthrop. Oberfläche mit kleinen Höckern, weißlich bis schwach rötlich: **Trichoniscoides** Sars u. **Androniscus** Verh. mit 4 seltenen Arten, z. B. **A. roseus** (Koch) (Bis 4 mm).

10. Antgeißel scheinbar 1gld.. Weiß, ohne Augen 3. Fam. **Platyarthridae**

Nur **Platyarthrus hoffmanseggi** Brandt (3–5 mm), Einmieter in Ameisennestern.

— Antennengeißel deutlich 2 gld. [*14*]. Mit Augen. Mit 2–5 Paar geschlossenen Trachealsystemen („weiße Körper") ***11***

— Antgeißel 3gld. [*50*]. Mit Augen. Ohne Trachealsysteme 4. Fam. **Oniscidae**

a) Kopf mit großen Seitenlappen [*51*]. 14–18 mm: **Oniscus asellus** L., Mauerassel (Schwärzlich-braun, in Rückenmitte paar. helle Fleckenreihe, nahe Außenrand helle Längsbinde), sehr häufig. b) Kopf ohne Seitenlappen [*50*]. Bis 12 mm: 2; **Philoscia** Latr. (Oberfläche glatt), sehr häufig **P. muscorum** (Scop.) [*50*] (In Rückenmitte meist paar. dunkle Fleckenreihe). 2; **Lepidoniscus** Verh. (Oberfläche mit Schuppen), z. B. **L. minutus** (Koch), im Süden.

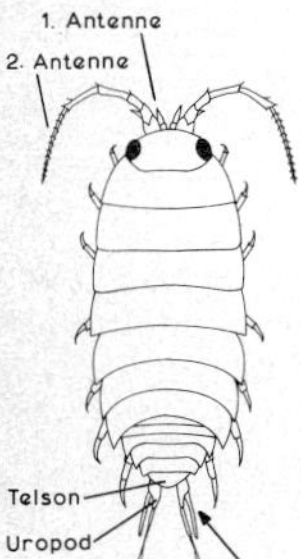

48

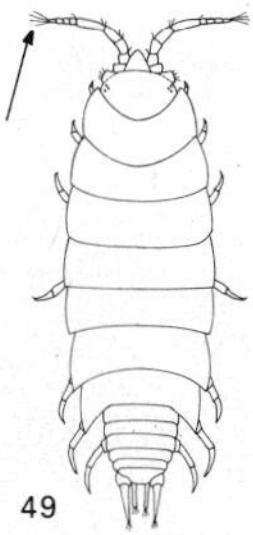
49

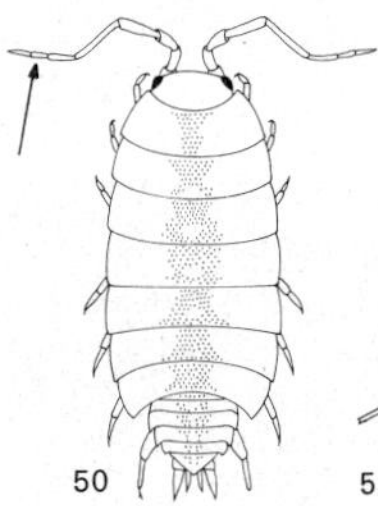
50

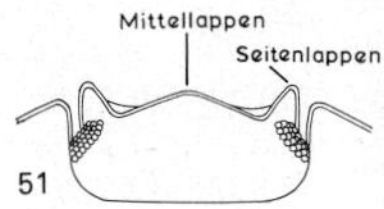

51

11. Außenäste der Uropoden plattenartig verbreitert, überragen Htrand des Telson nicht. Kugelvermögen 7. Fam. Rollasseln, **Armadillidiidae**

Auch die Ant werden in Kugel eingezogen [*52*]. Im Gegensatz zu Kugel der **Glomeridae** (Myriopoda) Seiten der Rückenplatten gewinkelt. Nur 6; **Armadillidium** Brandt. a) Auf den Stirnseiten neben Vdrand der Augen mit Doppellinie [*53*]: **A. pulchellum** (Zenk.) (Telson hinten breit gerundet. Bis 7 mm). **A. pictum** Brandt (Telson dreieckig, hinten schmal abgerundet. Bis 9 mm). b) Auf Stirnseiten neben Augen nur einfache Linie [*54*]: **A. opacum** (Koch) (Hinter Stirndreieck tiefe Grube, hinten von 2 abgerundeten Höckern begrenzt [*54*]. Bis 12 mm). **A. zenckeri** Brandt (Hinter Stirndreieck Querspalt, in der Mitte nach hinten grubig erweitert. Bis 10 mm), nur im Osten. **A. vulgare** (Latr.) (Hinter Stirndreieck keine Vertiefung. Bis 17 mm), häufigste Art, an trockenen Stellen. Eine weitere Art nur in Gewächshäusern.

— Außenäste der Uropoden nicht plattenartig, überragen Htrand des Telsons deutlich [*14*] ***12***

12. Stirn scharf spitzwinklig vorgezogen [*55*]. Oberfläche des Körpers glatt. Mit 5 Paar Trachealsystemen . . . . . 5. Fam. **Cylisticidae**

In langgestreckte Kugel einrollbar (Ant außerhalb der Kugel). Nur **Cylisticus convexus** (De Geer) (11–16 mm), meist synanthrop.

— Stirnmitte gerundet, wenn fast spitz [*14*], Körperoberfläche gekörnelt 6. Fam. **Porcellionidae** S. 153

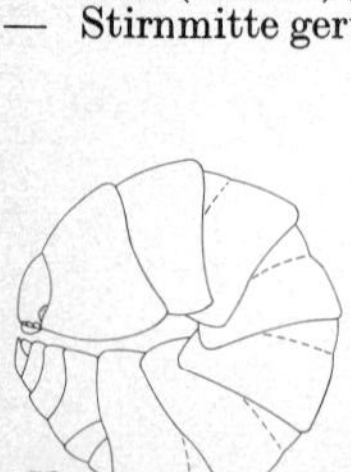
52

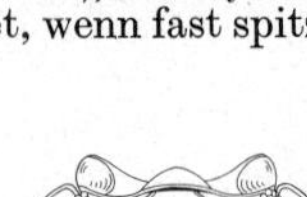
53

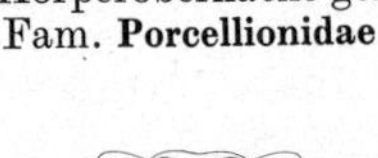
54

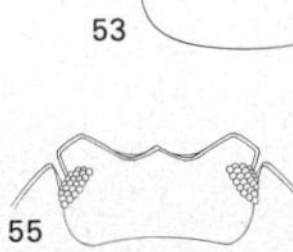
55

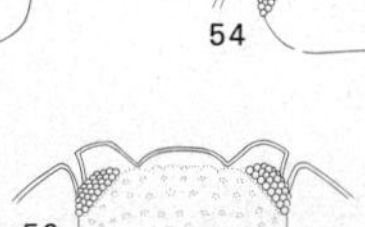
56

57

6. Fam. **Porcellionidae**

1. Mit 2 Paar Trachealsystemen an den ersten 2 Abdbeinpaaren . . . *2*

— Mit 5 Paar Trachealsystemen (an den ersten 5 Abdbeinpaaren, oft schwer erkennbar) *3*

2. Seitenlappen der Stirn klein. 1. freies Thsegment von oben gesehen mit gerundeten Htecken. Bis 11 mm . . . . **Metoponorthus pruinosus** (Brandt), meist synanthrop.

— Seitenlappen der Stirn weit hervorragend [*56*]. 1. freies Thsegment mit winkligen Htecken [*14*]. 13–22 mm . . . . 6; **Porcellio** Latr.

a. Kopf u. 1. freies Thsegment mit deutlicher Körnelung in Querreihen. Mtlappen der Stirn ± dreieckig [*14*]: **P. scaber** Latr., Kellerassel [*14*] (Telson am Ende schmal zugespitzt, oben rinnenförmig eingedrückt), sehr häufig. **P. dilatatus** Brandt (Telson zungenförmig gerundet, oben wenig eingedrückt), synanthrop. Mtlappen der Stirn ± trapezförmig [*56*]: **P. spinicornis** Say, an trockenen Stellen.

b. Kopf u. 1. freies Thsegment undeutlich gekörnelt, nie in Querreihen. Mtlappen der Stirn gerundet, stumpfwinklig: **P. laevis** Latr., synanthrop. Mtlappen der Stirn gerundet, bogenförmig: **P. monticola** Lereb. (Seiten des Kopfes kaum ½ so b wie Mtlappen), in SW-Deutschl. **P. montanus** Budde-L. (Seitenlappen des Kopfes etwa so b wie Mtlappen), im Bergland.

3. Htecken des 1. freien Thsegmentes von oben gesehen rechteckig od. gerundet, nicht nach hinten ausgezogen . . 2; **Protracheoniscus** Verh.
Häufiger nur **P. politus** (Koch), in S-Deutschl.

— Htecken des 1. freien Thsegmentes zipflig ausgezogen (wie [*14*]) . *4*

4. Telson endet hinten spitz. Außenast der Uropoden viel länger als Telson. Ohne Kugelvermögen. Bis 16 mm . 3; **Trachelipus** Budde-L.
Mtlappen der Stirn schwach entwickelt, stößt mit Seitenlappen in stumpfem, gerundetem Winkel zusammen [*57*]: **T. rathkii** (Brandt) (Porenfelder auf 2.–4. freiem Thsegment dicht am Außenrand, mind. 3mal so weit vom Ht- wie vom Außenrand entfernt), sehr häufig. **T. nodulosus** (Koch) (Diese Porenfelder nicht dicht am Außenrand, höchstens 2 mal so weit vom Ht- wie vom Außenrand entfernt), an trockenen Stellen, selten. Mtlappen des Kopfes gut entwickelt, stößt mit Seitenlappen in spitzem od. rechtem Winkel zusammen: **T. ratzeburgi** (Brandt), im Mittelgebirge.

— Telson hinten breit abgerundet. Außenast der Uropoden wenig länger als Telson. Zu Kugel einrollbar (Ant außerhalb!) . 2; **Porcellium** Dahl
Häufig nur **P. conspersum** (Koch) (Bis 9 mm), an feuchten Stellen. Eine 2. Art alpin.

Amphipoda, Flohkrebse

Mit 7 Thbeinpaaren, diese mit Coxalplatten. Erste beide Thbeine meist mit Schere (= Gnathopoden). Erste 3 Abdbeine als 2ästige Schwimmbeine, letzte 3 Abdbeine mit griffel- oder stachelförmigen Ästen als Sprungbeine (= Uropoden) [*59*]. Tragen Eier im Marsupium. Entwicklung direkt. Fressen Pflanzen, Tiere od. Detritus. Im Wasser, wenig Arten amphibisch. Etwa 300 Arten. Die marinen Familien, deren Arten nur unter 10 m Tiefe vorkommen, hier nicht berücksichtigt.

1. Körper stabförmig. Abd rückgebildet. Hintere Thbeine Klammerorgane [*58*] . . . . Unterord. **Laemodipodea**
Marin, meist im Litoral, auf Hydrozoen, Bryozoen, Pflanzen. Nur **Caprellidae.** Häufig **Caprella linearis** (L.), Gespenstkrebs [*58*] (Bis 20 mm).

— Körper anders. Abd nicht rückgebildet. *2*

2. Augen bedecken Kopf fast vollständig . . . . Unterord. **Hyperiidae**
Pelagisch im Meer, mitunter im Schirmbereich von Medusen. Nur **Hyperiidae.** Häufig **Hyperia galba** (Mont.) (Bis 20 mm).

— Augen lassen Großteil des Kopfes frei [*59*] Unterord. **Gammaridea** *3*

3. Telson hinten zweigeteilt (manchmal bis zur Basis), wenn nur flach ausgebuchtet, 1. Ant etwa so l wie 2. od. länger *4*

— Telson ungeteilt, zungenförmig, oval od. zugespitzt, wenn abgestumpft u. etwas ausgebuchtet, 1. Ant viel kürzer als 2. Ant. . *7*

4. Jedes Abdsegment oben in Mitte mit großem Zahn. 2. Gld. der 1. Ant etwa 1,5mal so lang wie 1. Gld. . . . . **Dexaminidae**
Marin. Häufig **Dexamine spinosa** (Mont.) (Bis 14 mm).

— Abdsegmente ohne Zahn, wenn gezähnt, 1. u. 2. Gld. der 1. Ant etwa gleich lang *5*

5. Kopf nach vorn in langes zugespitztes Rostrum verlängert, dieses bedeckt Grundgld. der Ant. Ohne Augen . . . . **Phoxocephalidae**
Marin, z. B. **Phoxocephalus holbolli** (Kröy.) (7 mm), gräbt im Meeresboden.

— Kopf nicht in Rostrum verlängert *6*

6. Basis des letzten Thbeines im Vergleich zu vorletztem stark verbreitert u. beborstet . . . . **Haustoriidae**
Graben im Boden. Im Meereslitoral kommen vor: a) Grundgld. der 1. Ant gegen übrige Gld. knieartig abgewinkelt: 6; **Bathyporeia** Lindstr., z. B. **B. pilosa** Lindstr. (7 mm). b) 1. Ant gerade: **Haustorius arenarius** (Slab.) (Ohne Augen. 11–13 mm), im Sand. 2; **Pontoporeia** Kröy. (Mit Augen. Bis 10 mm), z. B. **P. affinis** Lindstr., in der Ostsee u. am Grunde von Süßwasserseen (Glazialrelikt).

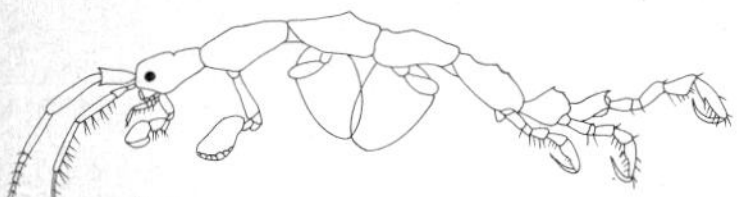
58

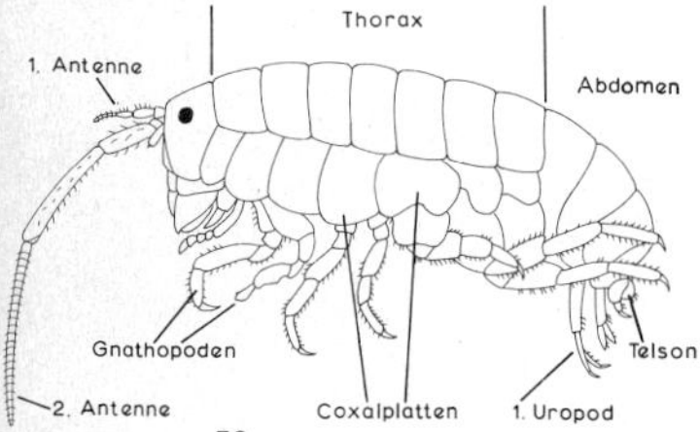

59

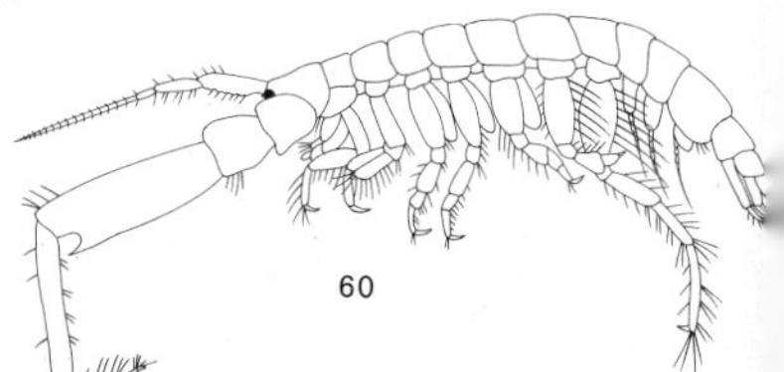
60

— Basis des letzten Thbeines nicht stark verbreitert [*13*] **Gammaridae**
a. Ohne Augen. Mehrere Gattg. aus Höhlen u. Grundwasser, am häufigsten 11; **Niphargus** Schiödte, darunter **N. aquilex** Schiödte (5–15 mm).
b. Mit Augen (Hier nur küstennahe Arten berücksichtigt)
1. Telson gestutzt, nicht gespalten, ± schwach eingebuchtet: 2; **Gammarellus** Herbst (Rücken gekielt. Bis 26 mm), im Meer, z. B. **G. homari** (F.). **Pallasea quadrispinosa** Sars (Rücken ungekielt. Einige Abdsegmente jederseits mit Rückendorn. Bis 21 mm), am Grunde von Süßwasserseen. **Synurella ambulans** (F. Müll.) (Rücken ungekielt u. ungezähnt. 7 mm), im Süßwasser.
2. Telson tief gespalten; hierher u. a. 8; **Gammarus** F. (heute in mehr. Gattg. aufgespalten) **G. roeselii** Gerv. (Hint. Körpersegmente oben in gekielten Zahn ausgezogen. Bis 20 mm), in Flüssen u. Bächen. Bei übr. Arten Körpersegmente ohne Zahn. Häufig in Bächen **G. pulex** (L.) (Bis 24 mm); in Seen **G. lacustris** Sars [*13*] (Bis 24 mm); im Brackwasser **G. duebeni** Lillj. (Bis 18 mm); in Meerwasser höheren u. niedrigeren Salzgehaltes **G. locusta** (L.) (Bis 20 mm).

7. Telson lang u. zugespitzt . . . . **Amphilochidae**
Marin. Häufig **Gitana sarsi** Boek (3 mm).

— Telson zungenförmig od. oval, etwa doppelt so l wie b *8*

— Telson kurz, etwa so l wie b oder kürzer, zugespitzt, abgestumpft oder ausgebuchtet *9*

8. 2.–4. Coxalplatte sehr groß, bilden großes Schild . . . . **Metopidae**
Marin. Am häufigsten **Metopa rubrovittata** Sars (4 mm).

— 2.–4. Coxalplatte normal entwickelt (vgl. [*13*]) . . . . **Calliopiidae**
Marin. Häufiger nur **Calliopius laeviusculus** (Kröy.) (8–10 mm).

9. 1. Ant höchstens so l wie Schaft (erste 4 Gld.) der 2. Ant, diese mit vielgld. Geißel (mindestens 10 Gld.) [*59*] . . . . **Talitridae**

Im Litoral u. auf dem feuchten Strand der Meeresküste. Mit Sprungvermögen. a) 1. Ant etwa so l wie Schaft der 2. Ant: **Hyale nilssoni** (Rathke) (6–8 mm), im flachen Wasser, Nordsee. b) 1. Ant viel kürzer als Schaft der 2. Ant [*59*]. Bis 15 mm. Am Strand: **Orchestia platensis** Kröy. (Außenast der 1. Uropoden nur am Ende bedornt). Bei übrigen Arten dieser Außenast auch am Rande bestachelt. Auf Geröll- oder Steinstrand: **O. gammarellus** (Pall.), nur Nordsee. Auf Sandstrand: **Talitrus saltator** (Mont.), Strandfloh [*59*] u. weniger häufig **Talorchestia deshayesii** (Aud.). Nur auf Süßwasserstrand: **O. cavimana** Heller.

— 1. Ant länger als Schaft der 2. Ant, wenn kürzer, Geißel der 2. Ant mit weniger als 10 Gld. Viele Arten in Wohnröhren ***10***

10. 3. Uropod mit sehr langem, verbreitertem Außenast. 3. Abdsegment mit großem Rückenzahn. 5–6 mm . . . . **Cheluridae**

Marin. Bohren Gänge in untergetauchtem Holz. Nur **Chelura terebrans** Phil.

— Andere Merkmale ***11***

11. Abd dorsoventral zusammengedrückt [*60*] . . . . . . **Corophiidae**

Bauen Röhren in den Sand. Im Flachwasser u. a. 7; **Corophium** Latr. (Bis 10 mm), häufig an Meeresküste **C. volutator** (Pall.) [*60*], im Süßwasser **C. curvispinum** Sars.

— Abd seitlich etwas zusammengedrückt . . einige marine Familien

Hier nur häufigere Flachwasserarten berücksichtigt. Bauen sich Röhren in den Sand oder in der Vegetation. a) Außenast der 3. Uropoden stumpf, mit hakenartig gebogenen Endstacheln: **Amphitoidae** mit **Amphitoë rubricata** (Mont.) (Bis 20 mm). b) Außenast der 3. Uropoden spitz zulaufend, leicht hakenartig gebogen: **Ischyroceridae**, z. B. **Jassa falcata** (Mont.) (Bis 11 mm). c) 3. Uropoden nicht hakenartig: **Aoridae** (1. Gnathopod stärker entwickelt als 2.), häufig **Microdentopus gryllotalpa** Costa (Bis 10 mm). **Photidae** (1. u. 2. Gnathopod gleich stark entwickelt), **Microprotopus maculatus** Norm. (3. Uropod 1ästig. Bis 3 mm), bei übrigen Arten 3. Uropod 2ästig, z. B. häufig **Leptocheirus pilosus** Zadd. (Bis 5 mm), auch im Brackwasser

In der B. R. Deutschland sind besonders geschützt: der Edelkrebs **Astacus astacus** u. der Steinkrebs **A. torrentium.**

Literatur

Balss, H., Klie, W., Krüger, P., Pesta, O., Zimmer, C. u. a. Crustacea, in: Grimpe u. Wagler, Tierwelt der Nord- und Ostsee. Bd. Xa-h. Leipzig, 1926–1936. – Christiansen, M. E. Decapoda Brachyura. Marine Invert. Scand. 2. Oslo, 1969. – Flössner, D., Gruner, H.-E., Klie, W., Pesta, O., Schellenberg, A. Krebstiere oder Crustacea, in: Dahl, Tierwelt Deutschlands, Lief. 9, 10, 24, 29, 34, 40, 51, 53, 60. Jena, 1928–1972. – Herbst, H. V. Blattfußkrebse. Stuttgart, 1962. – Kaestner, A. Lehrbuch der speziellen Zoologie. Bd. I, 2. Teil: Crustacea. Jena, 1967. – Kiefer, F. Ruderfußkrebse. Stuttgart, 1960. – Wagler, E. u. Wächtler, W. Crustacea u. Isopoda, in: Brohmer, Ehrmann, Ulmer, Tierwelt Mitteleuropas, Bd. 2, Lief. 2 a u. b. Leipzig, 1937. Viele der Abbildungen sind – umgezeichnet – diesen Werken entnommen.

III. Tracheata (Antennata)

Durch Luftröhren (Tracheen), selten nur durch die Haut atmende Gliederfüßer. Nur 1 Paar Fühler (bei Proturen fehlend). Gliedmaßen in der Regel einästig, nicht spaltfüßig. Landbewohner, jedoch teilweise wieder sekundär ins Wasser zurückgesiedelt.

1. Klasse: **Myriopoda**, Tausendfüßer

1. Fühler aus 4gliedr. Schaft, der doppelgabelig in 3 Geißeln endigt [*1*]. Erwachsene mit 9 oder 10 Beinpaaren (Junge schlüpfen mit 3 Beinpaaren) . . . . Wenigfüßer, **Pauropoda** S. 156

Bis 1,5 mm l zarte Tiere im feuchten Boden (Wald, Wiese, Feld)

— Fühler nicht derart gegliedert, ohne Gabeläste. Erwachsene mit mindestens 12 Beinpaaren *2*

2. Hinterende mit 2 kegelförmigen Zapfen (Spinngriffel) [*2*]. Bis 8 mm l, weiß . . . . Zwergfüßer, **Symphyla**

3 Familien mit vielen Arten, vor allem **Scolopendrellidae** (Rückenschilder hinten jederseits in dreieckigen Lappen ausgezogen; häufig **Symphylella vulgaris** Hans.) und **Scutigerellidae** (Rückenschilder hinten höchstens ausgebuchtet; häufig **Scutigerella immaculata** Newp.)

— Körperende ohne Spinngriffel *3*

3. Beine zu je 2 Paaren an jedem Körperring (außer bei den vordersten u. dem letzten). Fühler höchstens 8–9gliedr. . . . **Diplopoda** S. 156

— Körperringe nur mit 1 Beinpaar; Endbeinpaar abweichend, langgestreckt; Fühler mindestens 10gliedr. Hundertfüßer, **Chilopoda** S. 160

Wenigfüßer, **Pauropoda**

1. Rumpf mit 10 Rückenschildern (Tergiten). . . . **Brachypauropidae**

— Rumpf mit 6 Tergiten *2*

2. Kopf von Tergit völlig bedeckt . . . . **Eurypauropidae**

— Kopf frei vorragend *3*

3. Auf Kopf u. Tergiten kurze, lanzenförmige, fein behaarte Borsten **Scleropauropidae**

— Ohne derartige Borsten . . . . **Pauropidae** *4*

4. Basalglied der unteren 2geißl. Fühlergabel zylindrisch.
4; **Pauropus** Lubb. (häufig **P. huxleyi** Lubb.)

— Basalglied der unteren Fühlergabel ± keulenförmig
7; **Allopauropus** Silv. (incl. **Decapauropus** Rem.) u. 2; **Stylopauropus** Cook

Doppelfüßer, **Diplopoda**

Tabelle gilt nur für Erwachsene, bei Jungtieren ist Zahl der Rumpfringe u. Beine geringer.

1. Büschelförmig angeordnete Haare auf Rücken und Seiten [*3*]. Mit 13 Beinpaaren . . . . . Pinselfüßer, **Polyxenida, Polyxenidae**

Nur **Polyxenus lagurus** L. 2,5–3,2 mm; unter Rinde, Moos, Streu

— Ohne solche Haarbildungen. Wenigstens 17 Beinpaare *2*

2. Körper gedrungen, zur Kugel einrollbar. Weniger als 14 Rumpfringe, am vorletzten die Begattungsfüße (Gonopoden).
Rolltausendfüßer, **Glomerida** *3*

— Körper gestreckt; mindestens 19 Rumpfringe, am 7. die Gonopoden *4*

3. Oberseite rauh mit Höckern. Rückenschilder mit aufgebogenen Rändern [*4*]. 2–3 mm . . . **Trachysphaera (Gervaisia) costata** Latz.

— Oberseite glatt, ohne aufgebogene Ränder [*5*]

2; **Geoglomeris** Verh. (2,5–3 mm, weißlich, blind). **Glomeridella germanica** Verh. (4–5 mm, Alpen). 11; **Glomeris** (über 5 mm, mit Augen, Waldtiere. Wichtige Arten: **G. pustulata** Latr., schwarz, Ringkanten hell gesäumt, über dem Rücken 2 Reihen gelber Flecke. **G. hexasticha** Latz. mit 6 Längsreihen von Flecken auf dem Rücken. **G. marginata** Vill, ungefleckt, glänzend, einzige Glomeride NW-Deutschlands. **G. conspersa** Koch u. **G. undulata** Verh. mit unregelmäßigen Sprenkelflecken).

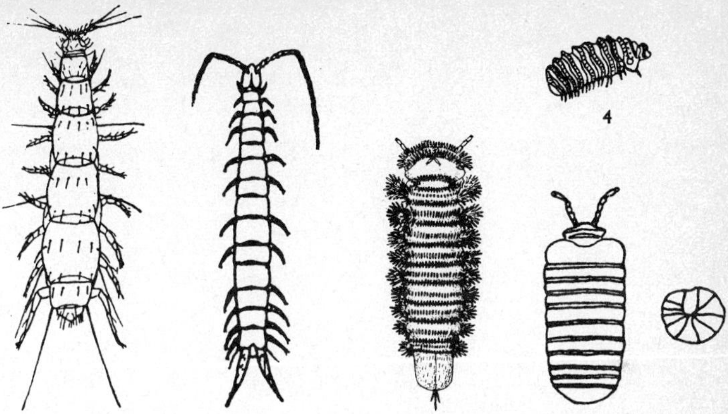

1 2 3 4 5

4. Rumpf mit 19–20 Ringen . . . . Bandfüßer, **Polydesmida** *5*
— Rumpf mit mehr als 25 Ringen *6*
5. Rückenschilder mit gezähnten Seitenflügeln [*6*], Körper abgeflacht **Polydesmidae**

Polydesmus superus Latz. (19 Segmente, 28–29 Beinpaare, 7–10 mm, Kulturland Waldränder, Erlenbrüche; and. Arten [*6*] (20 Segm., 30–31 Beinpaare): **P. germanicus** Verh. (höchstens 8 mm, weiß); sichere Bestimmung der 7 übrigen, nie weißen Polydesmus-Arten nur nach Gonopoden. Häufig u. verbreitet: **P. denticulatus** Koch u. **P. inconstans** Latz. (**coriaceus** Por.), ca. 10–16 mm, in Wald u. Feld. Größte Art: **P. complanatus** Por. (16–28 mm).

— Ohne gezähnte Seitenflügel, Körper drehrund 2 weitere Familien

Macrosternodesmus palicola Bröl. (19 Rumpfringe, weiß, 4 mm, synanthrop u. in Höhlen); **Ophiodesmus albonanus** Latz. (20 Ringe, Rückenschilder ohne Querfurche, gelblichweiß, 5 mm, Kulturland); **Oxidus (= Orthomorpha) gracilis** Koch (20 Ringe, Rückenschilder mit tiefer Querfurche, Rücken braun, Bauchseite heller, 16–23 mm, Gewächshäuser, Gärten); **Strongylosoma pallipes** Ol. (ähnlich voriger, doch Querfurche nur mäßig tief u. Rücken mit Doppelreihe heller Flecken; Flußufer, Wiesen, feuchte Wälder im östl. Deutschl.).

6. Rumpf mit scharfen Seitenkanten; nach oben gewölbt, nach unten abgeflacht (Querschnitt [*7*]). Kopf verschmälert, sehr klein. Saugfüßer, **Polyzoniida, Polyzoniidae**

Nur **Polyzonium germanicum** Brandt, 9–17 mm, 30–35 Segmente, Rücken orangegelb. In feuchtem Laub u. Humus.

— Kopf nicht kegelförmig zugespitzt. Querschnitt des Körpers rund *7*
7. Rumpf mit 28–30 Ringen . . Samenfüßer, **Chordeumatida** *8*
— Rumpf mit mehr als 32 Ringen . . . . Schnurfüßer, **Julida** *9*
8. Seiten der Körperringe von oben gesehen mit Buckeln oder Flügeln. Rückenschilder mit je 6 langen Borsten . . **Craspedosomatidae**

Mehrere Gattg. Verbreitet: **Craspedosoma rawlinsii** Leach (= simile) (15–20 mm, Erlenbrüche u. Hochmoore); **C. alemannicum** Verh. (bes. in Süd- u. Mitteldeutschland). Verwandt sind **Mastigophorophyllidae** (Borsten stachelartig, Färbung braun bis schwarz) u. **Haaseidae** (vorwiegend hell gefärbt).

— Seiten der Körperringe von oben gerade u. glatt **Chordeumatidae**

Melogona (Microchordeuma) voigti Verh. (grau, ca. 7 mm, Kulturfolger in Gärten usw.); **M. gallicum** Latz. (gelb, 8–9 mm, westl. des Rheins); **Chordeuma silvestre** Latz. (Kopf dunkler, 13–18 mm, Wälder); **Mycogona (Orthochordeuma) germanicum** Verh. (Kopf nicht dunkler, 13–16 mm, Wälder Mitteldeutschl.); ähnlich aber mehr südl. der Donau 2 Arten von **Orthochordeumella** Verh.

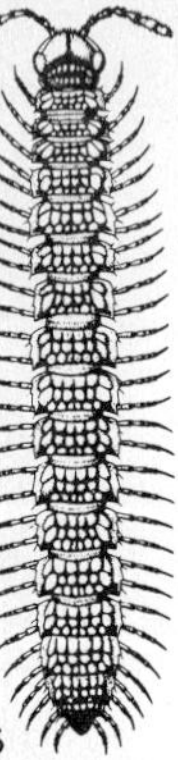

6

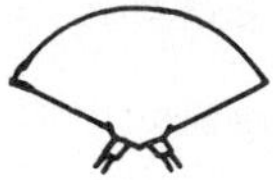

7

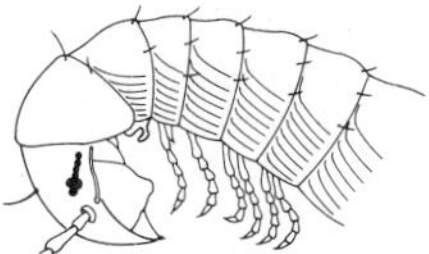

8

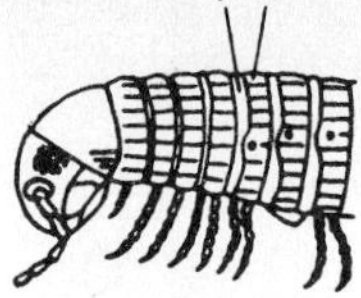

9

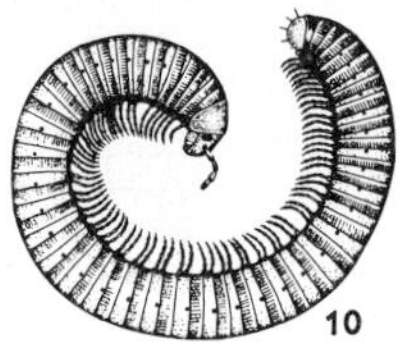

10

11 12 13 14 15

9. Rückenschilder oberseits furchenlos, nur seitl. gerieft [*8*] **Blaniulidae** ***10***

— Rückenschilder auch oben gefurcht [*9*, *10*] . . . . . **Julidae** ***12***

10. Ohne Augen . . . . **Blaniulus, Boreoiulus**

Bl. guttulatus Bosc. (ohne Scheitelfurche, Rumpf hell mit seitl. Längsreihe rotbrauner Flecke. Im Kulturgelände häufig); **B. tenuis** Bigl. (ähnlich, aber Prozonite [P:*9*] deutlich gefeldert u. Borsten des Hinterrandes der Metazonite [M:*9*] sehr kurz); **B. pallidus** Brade-Birks (grauweiß, mit Scheitelfurche, Hinterränder der Metazonite mit langen Borsten. Selten). Nur Blaniulus dunkelt in Alkohol stark nach!

— Augen in Form von Seiten-Ozellen vorhanden. ***11***

11. Jederseits vielreihiger dreieckiger Ozellenhaufen . . **Nemasoma**

N. (Isobates) varicorne Menge (6–10 mm, bes. unter Rinde)

— Ozellen in 1–2 Reihen angeordnet [*8*]. **Proteroiulus, Choneiulus, Nopoiulus**

P. fuscus Am Stein (Ozellen in einer sich nach vorn verdoppelnden Reihe [*8*]; Tier wird in Alkohol dunkel lilarot; schattenliebend, bes. in Hochmooren u. Brüchen, auch im Kulturgelände); **Ch. palmatus** Němec. (Ozellen meist nur in einer Reihe, die allerdings Tendenz zur Verdoppelung haben kann. Borsten an Hinterrändern der Rückenschilder lang, bis zur Hälfte des folgenden; Kulturland u. Gewächshäuser); **N. venustus** Mein. (Ozellen wie bei voriger Art, Borsten aber viel kürzer; Seitenfurchung sehr fein u. dicht; im offenen Gelände).

12. Die an den Seiten liegenden Poren der Wehrdrüsen ein Stück hinter der Naht der Metazonite (hinterer, breiterer Teil eines Doppelsegments [M:*9*]) ***13***

Poren an oder in der Naht der Metazonite [*10*]. ***17***

Zum Betrachten der Poren muß Alkoholmaterial zwischen Filtrierpapier etwas getrocknet werden!

13. Prozonite (vorderer, schmälerer Teil eines Doppelsegments [P:*9*]) mit Furchen oder Riefen ***14***

— Prozonite glatt, ohne Furchen oder Riefen ***15***

14. Prozonite mit deutlicher Querfurchung . . . . . **Tachypodoiulus**

Nur **T. niger** Leach (= albipes) (schwarzbraun mit hellen Beinen)

— Prozonite mit feiner Schrägstreifung. **Ommatoiulus (Schizophyllum)**

O. sabulosus L. (Rücken mit rötl.-gelber Doppellängsbinde; bes. auf sandigen u. warmen Böden, klettert sogar im Gesträuch); **O. rutilans** Koch (einfarbig schwarzbraun).

15. Furchung der Metazonite sehr undeutlich **Xestoiulus (Microiulus)**
Nur **X. laeticollis** Por. (9–14 mm; Ufer, Erlenbrüche)

— Furchung der Metazonite deutlich und regelmäßig *16*

16. 2. Beinpaar des ♂ an der Hüfte mit großem Fortsatz, ♀ (meist) über 50 Segmente (Körperringe) . . . . **Julus** u. **Pachypodoiulus**
J. scandinavius Latz. (einfarbig braun, 22–35 mm, in Wäldern häufig); **J. scanicus** Loh. (Rücken rötlichbraun mit dunklem Mittelstreifen; Havelgebiet u. Salzstellen Oldesloe; 17–27 mm); **Pachypodoiulus eurypus** Verh. (13–20 mm, Alpen).

— 2. Beinpaar des ♂ ohne solchen Fortsatz; 1. Beinpaar = hakenartiges Gebilde (Uncus) . . . . 2; **Ophyiulus** und 11; **Leptoiulus**
O. pilosus Newp. (= fallax) (♂: Uncus groß u. in Aufsicht divergierend, ♀ über 50 Segmente); **Leptoiulus** (♂: Uncus klein, in Aufsicht parallel, ♀ (meist) unter 50 Segmente; häufigste Art: **L. proximus** Něm., bes. in Wäldern).

17. Körperende unterseits mit kopfwärts gerichtetem Dorn [*11*] **Unciger**
Nur **U. foetidus** Koch (in Wäldern u. Feldern).

— Körperende unterseits ohne Dornfortsatz *18*

18. Körper (bei frischem Material) mit 1–2 hellen Längsbinden . . *26*

— Körper ohne helle Längsbinden.
Enantiulus (Metaleptophyllum) u. **Allajulus (Cylindroiulus)** *19*

19. Hinterende mit Präanalfortsatz (Schwänzchen) [*12–14*] . . . *20*

— Hinterende ohne Schwänzchen [*15*]. *23*

20. Schwänzchen kräftig, aber abgerundet, nicht zugespitzt [*12*]. Linsen der Einzelaugen (seitl. Ozellen) einzeln gewölbt, daher gegeneinander scharf abgesetzt *22*

— Schwänzchen zugespitzt [*13, 14*]. Augen jeder Seite bilden ± einheitliche Fläche, da Einzellinsen wenig getrennt sind. *21*

21. Schwänzchen leicht abwärts gebogen [*13*]. **Enantiulus nanus** Latz. (Körper 0,5–1 mm b); **Allajulus nitidus** Verh. (über 1 mm b)

— Schwänzchen gerade. **A. zinalensis** Faës (Süddeutschl., Alpen)

— Schwänzchen an Spitze etwas hochgebogen [*14*]. **A. occultus** Koch (9–13 mm l, verbreitet) u. **A. grödensis** Att. (15–27 mm l, Alpen).

22. Schwänzchen kurz u. dick [*12*]. Furchung der Metazonite sehr dicht. **A. punctatus** Leach (= silvarum), bes. in Wäldern.

— Schwänzchen schlanker. Furchung der Metazonite mäßig dicht. **A. luridus** Latz., **A. meinerti** Verh., **A. fulviceps** Latz. (Gebirge).

23. Augen jeder Seite bilden ± einheitl. Fläche. **A. latestriatus** Curt. (= frisius)
Halsschild mit 2–3 seitl. Furchenstrichen; 9–18 mm. Eine ähnliche, verwandte Art, **A. britannicus** Verh., bei uns in Gewächshäusern.

— Linsen der Ozellen jede mit eigener Wölbung, daher gegeneinander scharf abgesetzt *24*

24. Graugelb mit dunklem Rückenlängsband. **A. boleti** Koch (Bayern, Alpen)

— Körper ohne Rückenlängsband *25*

25. Rand der Analklappe (Körperende) mit 4–5 Borstenpaaren. Halsschild mit 6–10 feinen seitl. Furchenstrichen. Jederseits 37–45 unterscheidbare Ozellen. 20–35 mm. **A. londinensis** Leach (= teutonicus). Häufigste Art der Felder u. Gärten [*10*].

— Rand der Analklappe meist mit 6 Borstenpaaren. Halsschild mit 3–4 seitl. Furchenstrichen. Jederseits 30–35 unterscheidbare Ozellen. Höchstens 18 mm l. **A. truncorum** Silv. (synanthrop).

26. Hinterende mit spitzem Schwänzchen **Megaphyllum (Chromatoiulus)**
2 Arten, häufig **M. unilineatum** Koch (25–35 mm l, wärmeliebend)

— Schwänzchen fehlt oder ist sehr kurz u. abgerundet. Jederseits 20–25 gut unterscheidbare Ozellen. 7–10 mm l. **Brachyiulus pusillus** Leach

Hundertfüßer, **Chilopoda**

1. Körper gedrungen, 8 Rückenschilder (Tergite) sichtbar. Hochbeinig, Beine nach dem Hinterende des Körpers zu länger werdend. Spinnenasseln, **Scutigeromorpha, Scutigeridae**

Nur **Scutigera coleoptrata** Latz. (bis 24 mm [*16*], in Weinbergen SW-Deutschlands eingeschleppt, selten).

— Körper gestreckter, mindestens 15 Tergite sichtbar, Beine anders *2*

2. 15 Beinpaare (Jungtiere schlüpfen mit 7!) . **Lithobiomorpha** *3*

— Über 20 Beinpaare. Augen fehlen *6*

3. Jederseits 1 Ozellus (Einzelauge) . . . . . **Henicopidae, Lamyctes**

Nur **L. fulvicornis** Mein. (7–11 mm, gelbbraun. An Flußufern u. auf Feldern; parthenogenetisch).

Jederseits am Kopf 2–40 Ozellen . . Steinläufer, **Lithobiidae** *4*

4. An den Hüften der 3 letzten Beinpaare sind Mündungen der Coxaldrüsen verstreut od. in mehreren Reihen angeordnet **Eupolybothrus**

E. grossipes Koch (Rücken mit Längsreihen dunkler Flecken, 30–45 mm); **E. tridentinus** Fanz. (Ohne dunkle Längsbinden, 16–25 mm). Beide an felsigen Stellen Süddeutschlands u. in den Alpen.

— Mündungen der Coxaldrüsen in einer Reihe angeordnet 24; **Lithobius** [*17*] . *5*

5. Einige Tergite am Hinterrand jederseits in Fortsatz ausgezogen

(a) 7., 9., 11. u. 13. Tegit ausgezogen: **L. validus** Mein. (18–30 mm, Bayern, Alpen). (b) 11. u. 13. Tergit deutlich ausgezogen: **L. borealis** Mein. (10–12 mm, Rheinland, Österreich, selten). (c) 11. u. 13. Tergit mit nur angedeutetem Fortsatz: **L. mutabilis** Koch (Braun mit dunklerem Mittellängsstreifen, 10–16 mm, häufig außer in NW-Deutschl.). (d) 9., 11. u. 13. Tergit ausgezogen u. Basalglied der Kieferfüße am Vorderrand mit mehr als 2 Zähnchen (Tier von Unterseite betrachten!): **L. forficatus** L. (Endbeine mit einfacher Endkralle; häufigste Art, unter Steinen, Laub usw., bis 33 mm); **L. piceus** Koch (Endbeine mit End- u. Nebenkralle, Kopf viel dunkler als Rumpf; bis 21 mm). (e) 8 weitere Arten mit Tergiten wie d), aber Kieferfüße nur mit 2 Zähnchen.

— Kein Tergit in Fortsatz ausgezogen

(a) 18–22 Fühlerglieder, 6–10 mm: **L. aeruginosus** Koch (jederseits 4–6 Ozellen in einer Längsreihe); der häufige **L. crassipes** Koch u. der seltenere **L. curtipes** Koch jederseits mit 6–12 Ozellen in 2 Längsreihen. (b) Fühler hat mehr als 24 Glieder, Kopf jederseits mit 3 Ozellen: **L. microps** Mein. (6–9 mm, bes. im Kulturgelände). (c) Fühler mehr als 24 Glieder, jederseits mindestens 7 Ozellen: 3 Arten ohne, 4 Arten mit Nebenkrallen; unter letzteren **L. calcaratus** Koch (7–9 Ozellen, Fühler 39–50-gliedr., 11–14 mm) (trockenwarme Biotope) u. **L. erythrocephalus** Koch (9–14 Ozellen, Fühler 27–40gliedr., 9–16 mm).

6. 21 Beinpaare, Fühler 17gliedr. Riesenläufer, **Scolopendromorpha, Cryptopidae**

Cryptops hortensis Leach (hintere Kopfhälfte ohne Nähte; verbreitet); **C. parisi** Bröl. (hintere Kopfhälfte mit Nähten, selten). Beide in Laubwäldern.

— Über 30 Beinpaare, Fühler 14gliedr. Erdläufer, **Geophilomorpha** *7*

7. Körper nach vorn verschmälert mit kleinem Kopf. Krallenglied des Kieferfußpaares an Innenseite mit großem Zahn [*18*] . **Scolioplanidae**

Strigamia acuminata Leach (39–43 Beinpaare). 3 weitere Arten (darunter **St. maritima** Verh. in der Gezeitenzone Helgolands) haben 45 u. mehr Beinpaare.

— Körper nach vorn nicht auffallend verschmälert. Krallenglied des Kieferfußpaares ohne solchen Zahn, höchstens mit kleinen Zähnchen an der Basis [*19*]. *8*

8. 87–109 Beinpaare . . . . **Himantariidae, Haplophilus**

Nur **H. subterraneus** Mein. (70–80 mm; NW-Deutschland)

— Höchstens 80 Beinpaare . . . . **Geophilidae** u. **Schendylidae** *9*

9. Tergit des Kieferfußsegments auch hinten nicht breiter als der Kopf. Kieferfüße kräftig, ragen über den Kopf u. sind seitlich desselben vor

oben her in ganzer Länge sichtbar . . . . **Pachymerium**
Nur **P. ferrugineum** Koch (20–35 mm; an trockenen, sonnigen Biotopen, auch nahe der Meeresküste).

— Tergit des Kieferfußsegments am Hinterrand breiter als der Kopf. Endglieder der Kieferfüße von oben gesehen ziemlich verdeckt, oft nur ein Stück ihres Grundgliedes sichtbar ***10***

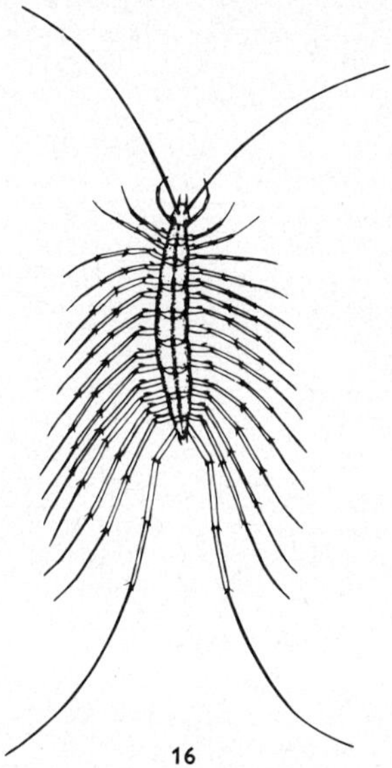

16

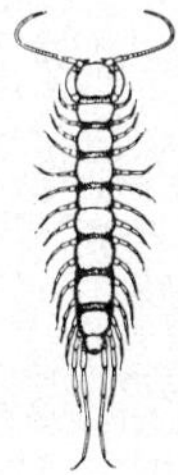

17

20

18

19

10. Letztes Beinpaar mit schlanken Gliedern . **Geophilus** (s. l.) [*20*] ***11***

— Letztes Beinpaar mit bauchigen Gliedern, stiftchenförmiges Endglied viel schmäler u. halb so lang wie das vorletzte, mit kaum sichtbarer Kralle . . . . **Schendylidae, Schendyla**
Nur **Sch. nemorensis** Koch (39–42 Beinpaare, 14–28 mm)

11. Endbeine ohne Kralle . . . . **Clinopodes flavidus** Koch

— Endbeine mit Kralle *12*

12. Mindestens 63 Beinpaare: **C. linearis** Koch (25–35 mm) u. **G. electricus L.** (35–45 mm)

— Höchstens 61 Beinpaare *13*

13. 37–41 Beinpaare. **Brachygeophilus truncorum** Mein. (15–18 mm, bes. Erlenbrüche)

— 42–61 Beinpaare: (a) Hintere Maxillen mit kurzer, kegelförmiger Endkralle: **G. glacialis** Verh. u. **G. insculptus** Att., beide bes. in Alpenländern. (b) Hintere Maxillen mit langer spitzer Endkralle: **Necrophloeophagus longicornis** Leach (Kopf viel länger als breit, 3. Fühlerglied 2mal so lang wie breit; häufigste Art der Felder). Bei **G. carpophagus** Leach (über 3 cm l) u. **G. proximus** Leach (unter 3 cm) Kopf fast ebenso lang wie breit u. 3. Fühlerglied nicht viel länger als breit.

Literatur: Eason, E.: Centipedes of the British Isles. London, New York 1964. - Hoffman, R.: Classification of the Diplopoda. Genf 1979. - Schubart, O.: Diplopoda. In Dahl: Die Tierwelt Deutschlands, Teil 28, Jena 1934. - Verhoeff, K.: Myriopoda. In Brohmer, Ehrmann, Ulmer: Die Tierwelt Mitteleuropas, Bd. 2, Leipzig 1937 (Ergänzungsteil 1964 von Schubart).

2. Klasse: **Insecta, Hexapoda,** Insekten

Schlüssel der Ordnungen

1. Mit 1 oder 2 Flügelpaaren (Flügeldecken der Käfer und Ohrwürmer sind Flügel) ***2***

— Flügellos oder nur mit Stummelflügeln ***17***

2. Flügel ganz schmal mit Fransensaum. Fußende bläschenförmig mit undeutl. Krallen [*1*]. 1–2 (selten bis 5) mm lange Tiere.
Fransenflügler, Blasenfüße, **Thysanoptera** S. 216

— Vorderflügel rückgebildet, Hinterflügel groß faltbar [*2*]. 2–4 mm.
♂der Fächerflügler, **Strepsiptera** S. 300

— Hinterflügel rückgebildet. Tarsen (Füße) 1gliedr. mit einer Kralle [*3*]. 0,5–2 mm
♂ von Schildläusen, zu **Rhynchota** S. 219

— Aussehen und Merkmale anders als Abbildungen 1–3 . . . . . . ***3***

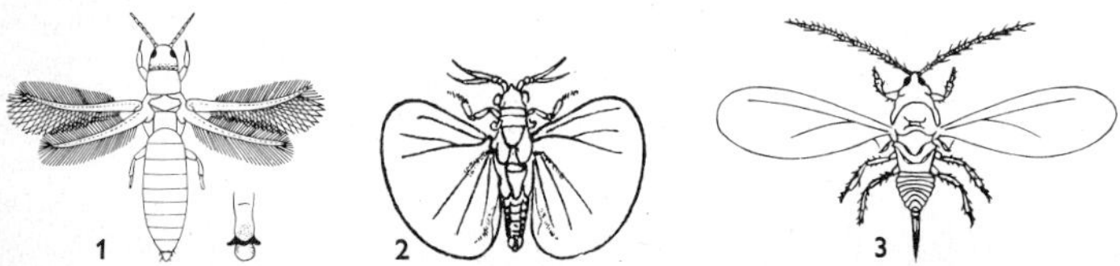

3. Oberflügel in ± hornige (manchmal verkürzte) Flügeldecken umgewandelt, die nicht von Adern (Tracheen) durchzogen sind, aber skulpturiert sein können. Mundwerkzeuge beißend (d. h paarige Ober- und Unterkiefer, letztere sowie Unterlippe mit kleinen Tastern [4a]) ***4***

— Alle Flügel ± dünnhäutig. Wenn aber Ober- (Vorder)flügel ganz oder teils derber erscheinen als Unter-(Hinter)flügel, dann werden sie von Adern durchzogen od. Mundwerkzeuge sind in unpaaren (manchmal kurzen) Rüssel verwandelt, der am Ende keine geglied. Taster hat ***5***

4. Hinterleibsende ohne Zangen [*4*]. . . . . . Käfer, **Coleoptera**, S. 257

— Körper endet mit Zangen [*5*].. . . . Ohrwürmer, **Dermaptera** S. 208

5. Mundwerkzeuge beißend. Oberflügel meist derber als Unterflügel. Ferner folgende Sondermerkmale: Kopf vom Halsschild ± stark überdeckt u. Körper abgeflacht [*6*], Schaben, **Blattodea** S. 196; Vorderbeine in Fangbeine umgebildet [*7*], Fangschrecken, **Mantodea** S. 198; Vorderbeine zu Grabbeinen umgebildet [*8*], Maulwurfsgrille (Saltatoria), Schenkel der Hinterbeine verdickt [*9*], Heuschrecken u. Grillen, **Saltatoria** S. 198. Die 3 Ordnungen werden mit den Ohrwürmern zusammengefaßt als: . . . . Geradflügler, **Orthopteria** S. 196

— Aussehen nicht wie Abb. [*6–9*], andere Merkmalskombination; Mundwerkzeuge beißend, saugend oder reduziert ***6***

6. Vdflügel wenigstens doppelt so großflächig wie Htflügel (letztere können fehlen). Körperende mit 2–3 fadenfg. Anhängen [*10*].
Eintagsfliegen, **Ephemeroptera** S. 178

— Anders oder jedenfalls nicht beide Merkmale zusammen ***7***

7. Tarsen (Füße) 1–3gliedrig ***8***

— Tarsen 4–5gliedrig ***12***

8. Stechrüssel vorhanden (meist mit gegliederter, selten mit kurzer ungegliederter Rüsselscheide) [*11, 11a*]. Schnabelkerfe, **Rhynchota**, S. 219

– Kein Stechrüssel. Mundwerkzeuge reduziert oder beißend mit zahnartigen Kiefern *9*

9. Fühler kürzer als der Kopf. Flügel eng netzadrig [*12*]. Libellen, **Odonata** S. 184

– Fühler länger als der Kopf. Flügel netz- oder wenigadrig *10*

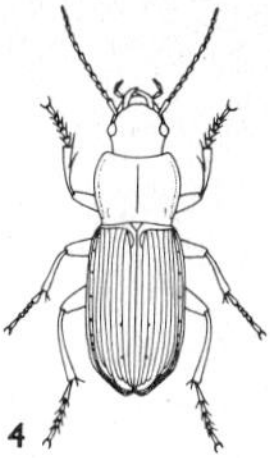

4

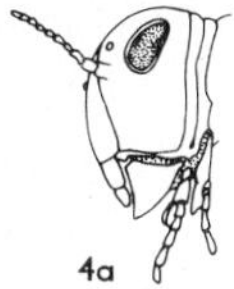

4a

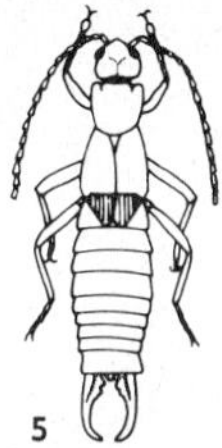

5

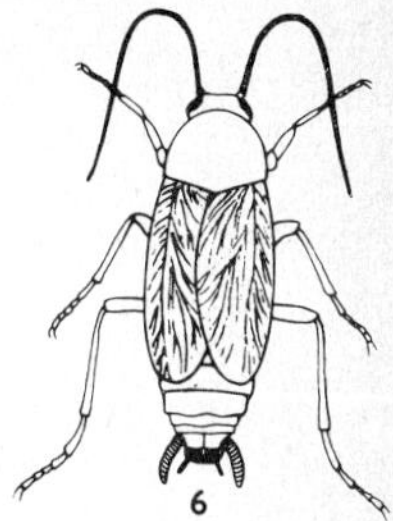

6

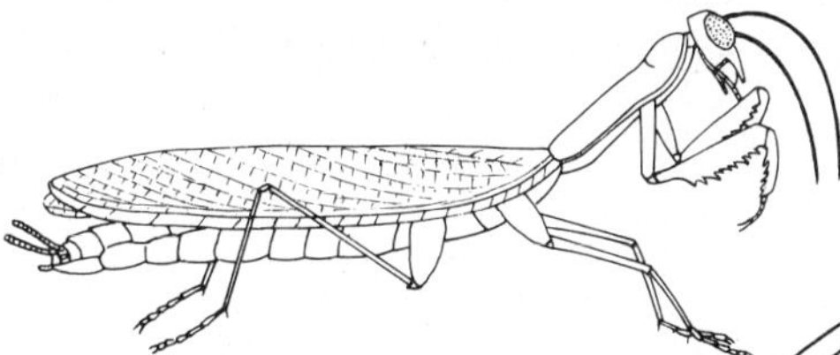

7

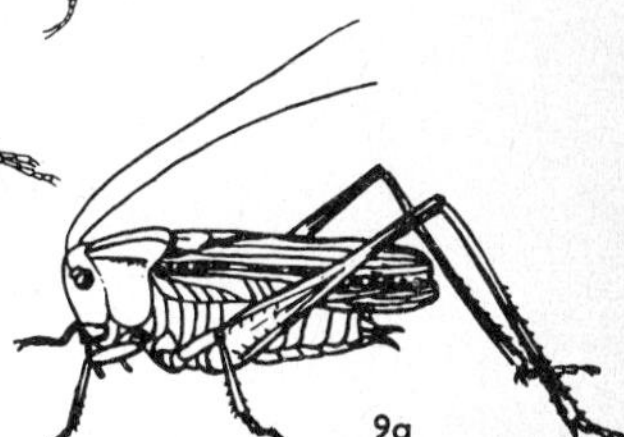

9a

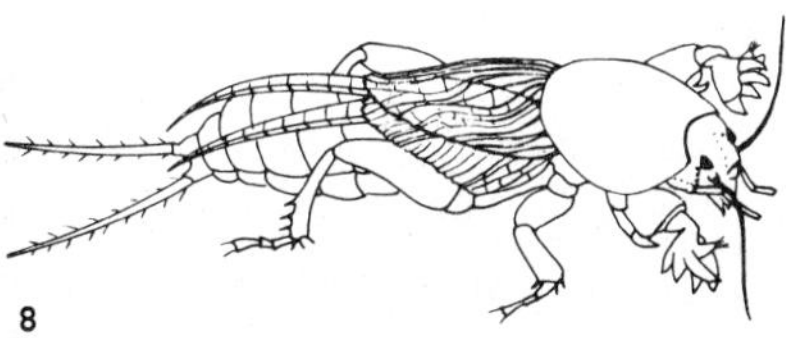

8

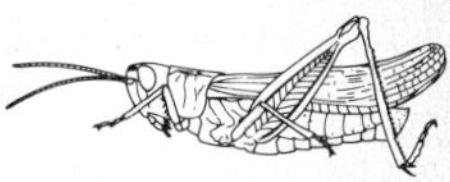

9b

10. Htflügel so breit od. breiter als Vdflügel (oder wenn schmaler, dann Vdflügel ohne Flügelrandmal u. mit vielen Adern) [*13*] Stein- oder Uferfliegen, **Plecoptera** S. 191

– Htflügel schmaler als Vorderflügel *11*

11. Fühler meist länger als halber Körper, Vdflügel mit oft dunklem Pterostigma (Randmal) [*14*] . . . . Rindenläuse, **Psocoptera** S. 209

– Fühler kürzer als halber Körper, Flügeladerung stark reduziert. Einige parasitische **Hymenoptera** S. **304**

12. Mit 2 Flügeln [15] . . . . Zweiflügler, **Diptera** S. 329

– Mit 4 Flügeln *13*

13. Flügel ganz od. zum großen Teil mit (meist farbigen) Schuppen besetzt. Häufig aufgerollter Saugrüssel vorhanden [*16*]. Schmetterlinge, **Lepidoptera** S. 381

– Flügel höchstens mit Haaren od. haarfg. Schüppchen besetzt oder ganz kahl *14*

14. Kopf rüsselartig verlängert, an seinem Ende sitzen kleine beißende Mundwerkzeuge mit Tastern [*17*]. Schnabelfliegen, **Mecoptera** S. 326

— Kopf nicht derart verlängert, höchstens können die Mundwerkzeuge rüsselartig sein (Bienen!), haben dann aber keine Taster am Ende *15*

10

11a

11

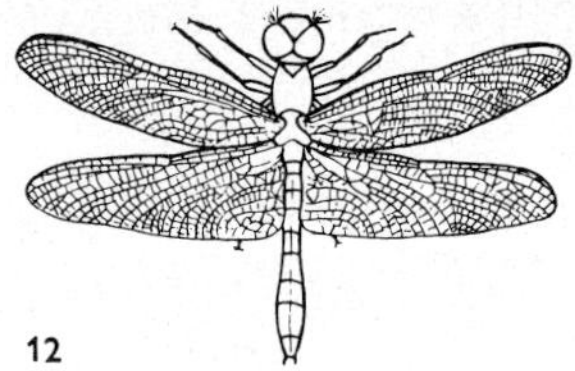
12

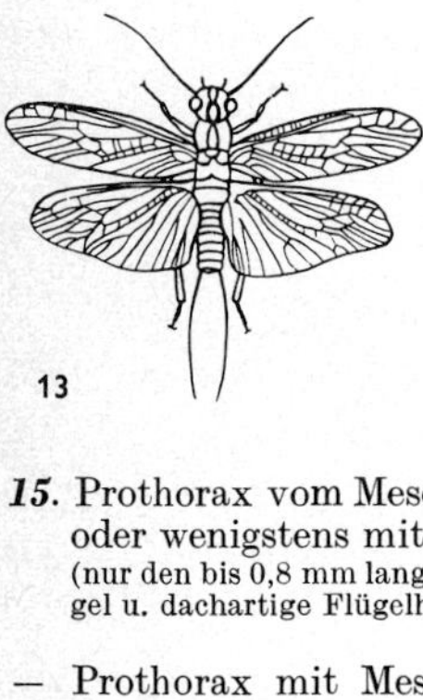
13

14

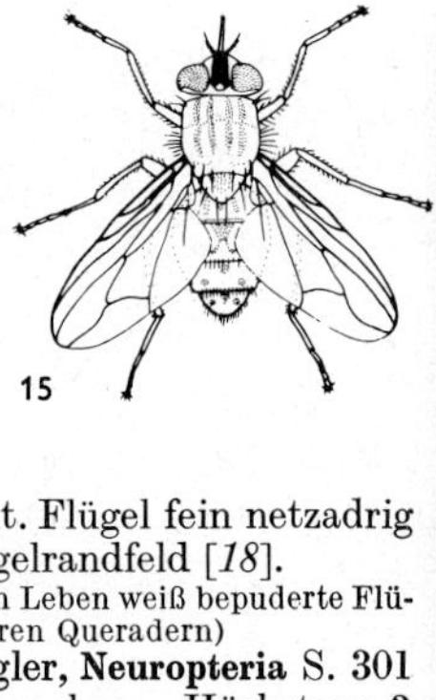
15

15. Prothorax vom Mesothorax beweglich getrennt. Flügel fein netzadrig oder wenigstens mit vielen Queradern im Flügelrandfeld [*18*].
(nur den bis 0,8 mm langen **Coniopterygidae S.** 302, die im Leben weiß bepuderte Flügel u. dachartige Flügelhaltung haben, fehlen die vorderen Queradern)
Netzflügler, **Neuropteria** S. 301

— Prothorax mit Mesothorax unbeweglich verwachsen. Höchstens 3 Queradern im Flügelrandfeld *16*

16. Flügel mit langen, biegsamen Haaren oder haarförmigen Schüppchen [*19*] . . . . Köcherfliegen, **Trichoptera** S. 372

— Flügel durchsichtig (auch wenn gefärbt), unbehaart oder mit kleinen borstenartigen Härchen [*20*]. Hautflügler, **Hymenoptera** S. 304

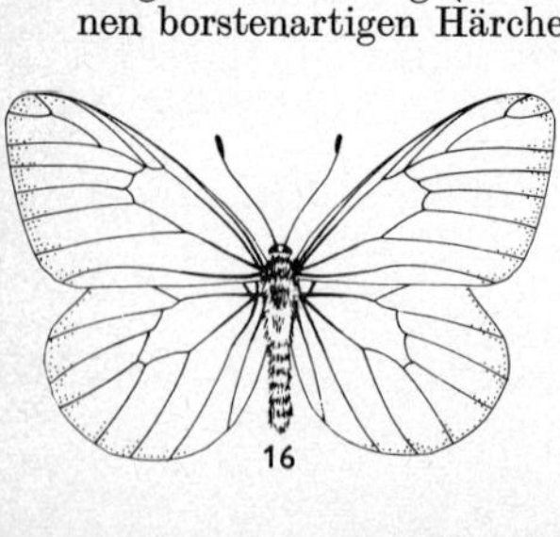
16

17

17. Kopf ohne Fühler, aber Vdbeine fühlerartig nach vorn gestreckt [*21*]. 1–2 mm Beintaster, **Protura** S. 171
– Htleib aus höchstens 6, meist nur 4 deutl. Gliedern; unterseits am 1. Glied unpaarer Ventraltubus, am 4. Glied Sprunggabel (die reduziert sein kann) [*22–24*]. Springschwänze, **Collembola** S. 172
– Ende des Htleibes mit 3 langen oder kurzen Anhängen u. der Körper mit Schuppen bedeckt [*25*] . . . . **Thysanura** S. 170
– Htleibsende mit 2 Anhängen (Cerci), keine Schuppen, blind [*26*]. Bis ca 1 cm lang Doppelschwänzchen, **Diplura** S. 171
– Andere Merkmalskombination u. Aussehen nicht wie Abb. 21–26. Wenn Htleibsende mit Cerci, dann Augen vorhanden ***18***
18. Körper ohne Beine od. nur mit Beinstummeln od. mit nur 1 Beinpaar; langgestreckt: **fußlose Insektenlarven** (Beispiele: [*27–40*]); napf- bis scheibenförmig: ♀ mancher **Schildläuse** (S. 255)
– Insektenpuppen: ± unbeweglich, z. T. mit Beinen [*41a–e*]

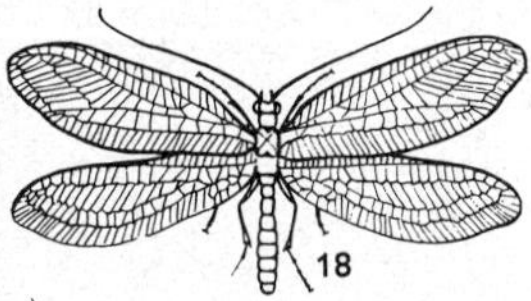
18

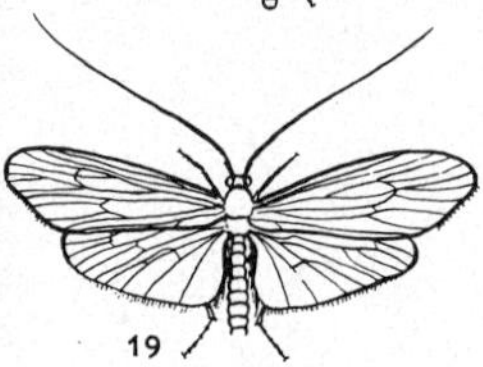
19

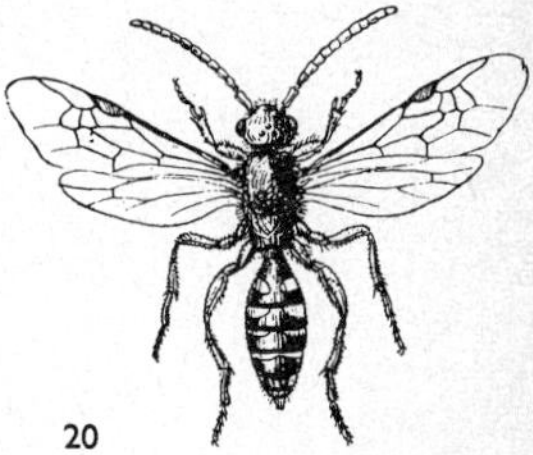
20

– Körper deutlich in Kopf, Thorax u. Hinterleib gegliedert, mit 2–3 gut entwickelten, gegliederten Beinpaaren, zuweilen außerdem noch mit Füßen am Hinterleib ***19***
19. Außer 3 Beinpaaren am Thorax noch (ungefiederte) Füße oder Fußstummel am Hinterleib . . . . . . **Insektenlarven vom Raupentyp**
An der Mitte des Htleibs 1–4 Paar Bauchfüße [*42a–d*]: **Lepidoptera;** dort mindestens 5 Paar Bauchfüße [*43*]: **Blattwespen** (zu **Hymenoptera**); an allen Ringeln Stummelfüße oder Wülste [*44, 45*]: **Mecoptera**
– Nur 3 Paar Thoraxbeine, am Hinterleib höchstens noch seitliche Kiemen oder gefiederte Kiemenbeine ***20***
20. Hinterende des Körpers mit 3 blattartigen [Zygoptera: *46*] oder 5 kurzen u. steifen Anhängen [Anisoptera: *47*]. Unterlippe als Fangmaske vorklappbar [*47a*] . **Larven der Libellen, Odonata** s. *9* u. S. *188*
– Habitus anders ***21***
21. Tarsen (Füße) 1–3gliedrig ***22***
– Tarsen 4–5gliedrig ***30***
22. Füße mit Endblase, Krallen undeutlich [*1a*]. 1–3 mm. Blasenfüße, **Thysanoptera** s. ***2***
– Habitus anders, Krallen gut entwickelt ***23***
23. Körper mit 2–3 fadenförmigen Schwanzanhängen. Tiere im Wasser. Füße mit 1 Kralle: Larven der Eintagsfliegen, **Ephemeroptera** [48] S. *6* u. S. *181*; Füße mit 2 Krallen: Larven der Uferfliegen, **Plecoptera** [*49*] s. ***10*** u. S. *195*
– Habitus anders ***24***

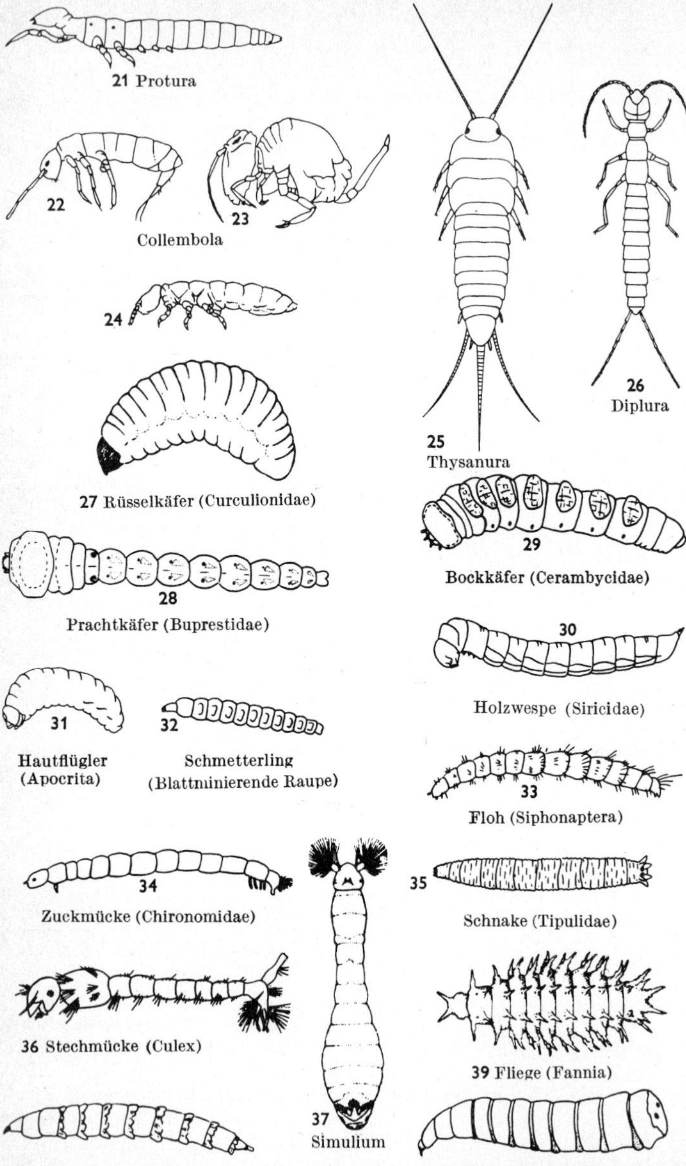

21 Protura

22 23 Collembola

24

25 Thysanura

26 Diplura

27 Rüsselkäfer (Curculionidae)

28 Prachtkäfer (Buprestidae)

29 Bockkäfer (Cerambycidae)

30 Holzwespe (Siricidae)

31 Hautflügler (Apocrita)

32 Schmetterling (Blattminierende Raupe)

33 Floh (Siphonaptera)

34 Zuckmücke (Chironomidae)

35 Schnake (Tipulidae)

36 Stechmücke (Culex)

37 Simulium

38 Bremse (Tabanidae)

39 Fliege (Fannia)

40 Fliege (Muscidae)

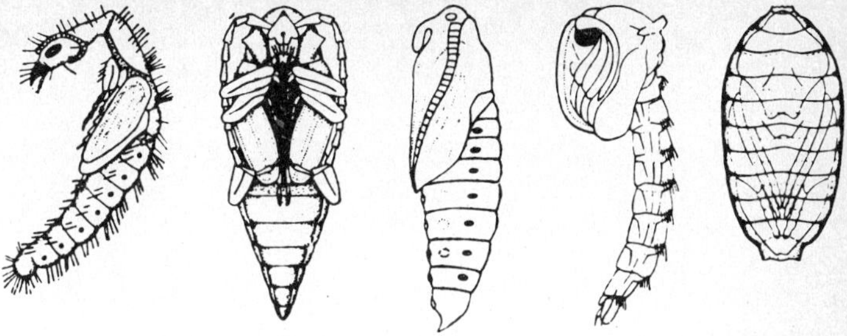

a Raphidia b Käfer c Schmetterling d Stechmücke e Fliege (Muscidae)

41 Puppen

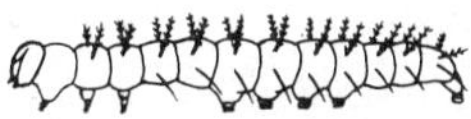

a Tagfalter

b Schwärmer

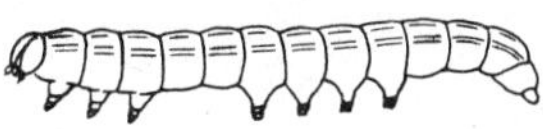

c Eule

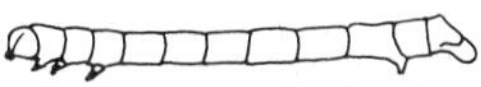

d Spanner

42 Schmetterlinge

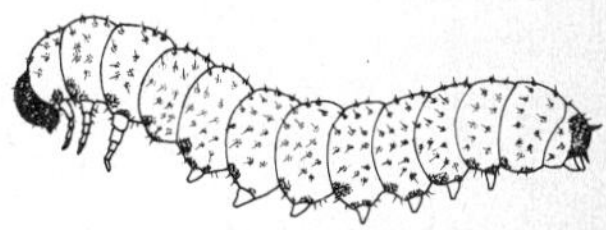

43 Blattwespe

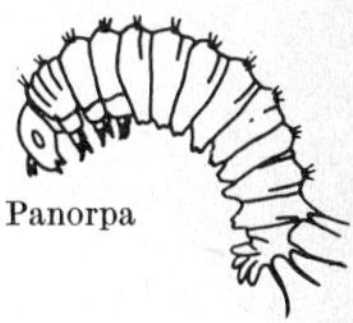

44 Panorpa

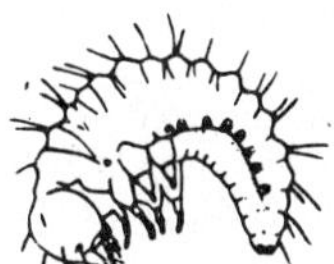

Schnabelfliegen

45 Boreus

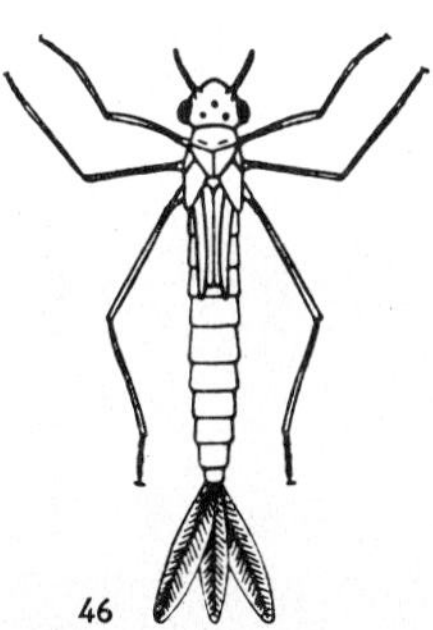

46

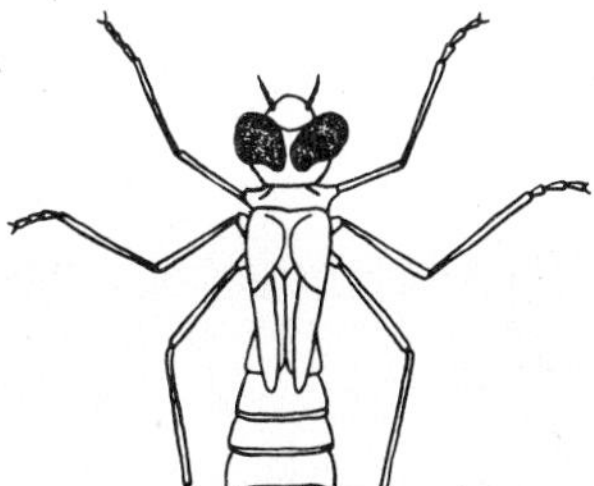

47

47 a

Libellen

48

Eintagsfliege

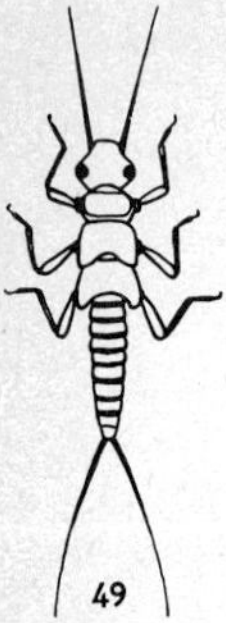
49
Uferfliege

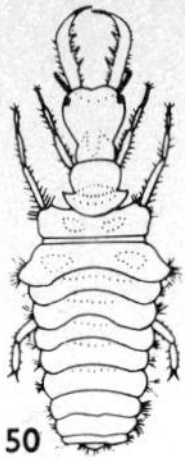
50
Ameisenlöwe

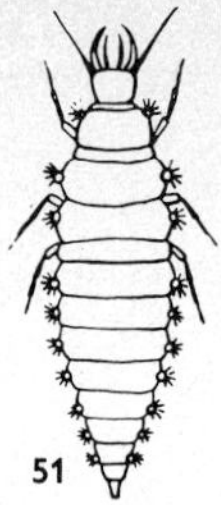
51
Florfliege

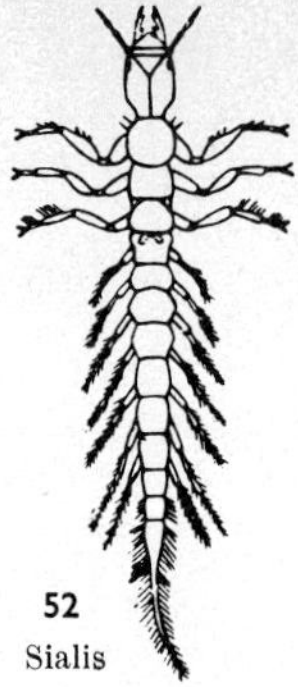
52
Sialis

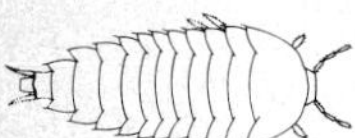
53
Aaskäfer

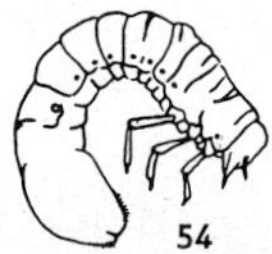
54
Blatthornkäfer

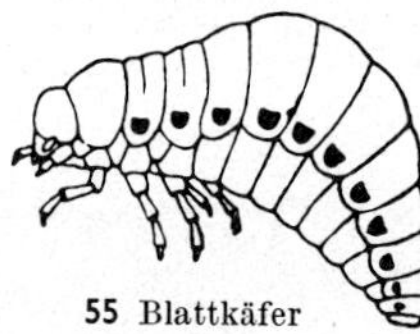
55 Blattkäfer

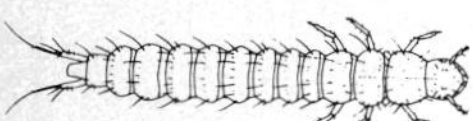
56
Kurzflügler

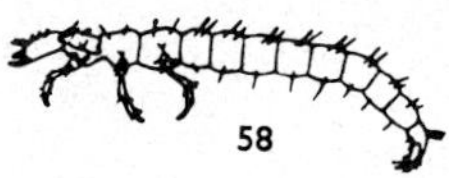
58

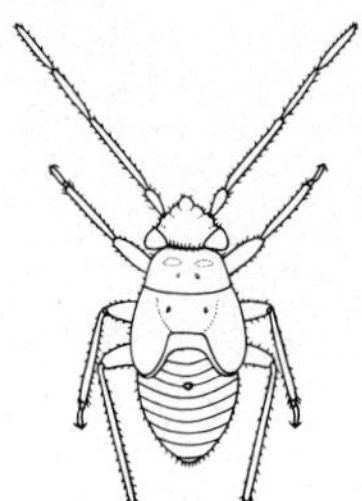
60
Wanze

57
Schnellkäfer (Elateridae)

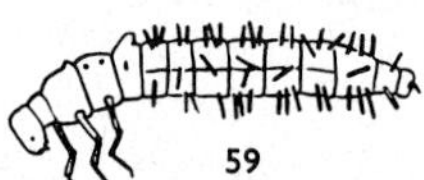
59
Köcherfliegen (Trichoptera)

Insektenlarven

61

62

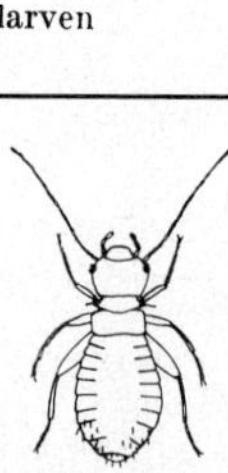
63

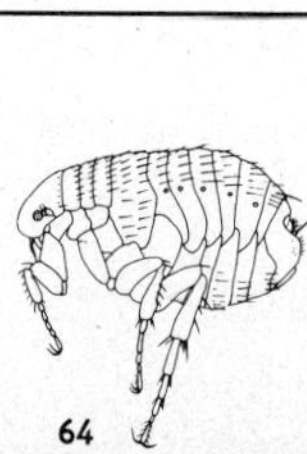
64

65

24. Sichelförmige Oberkiefer mit Rinne, die mit Unterkiefer Saugrohr bildet. Zwischen den Saugzangen lange Taster der Unterlippe [*50, 51*]. Larven der Planipennia, zu **Neuropteria** . . . . s. *15*

– Andere Merkmale *25*

25. Körper ± wurmartig gestreckt. Fühler kurz, meist mit weniger als 10 Gliedern: Larven vieler Käfer, **Coleoptera** [z. B. *53–57*], der Köcherfliegen, **Trichoptera** [z. B. *58, 59*], einiger Netzflügler, **Neuropteria** [z. B. *52*] u. einiger Blattwespen [zu **Hymenoptera**].

— Körper anders, wenn gestreckt, dann im Typ wie [*61*] u. [*62*] . *26*

26. Tarsus mit 1 Kralle, die zahnartigem Auswuchs der Tibia gegenüberliegt. Kopf nicht breiter als Thorax [*61*]. Tierläuse, **Anoplura** S. 214

– Habitus anders *27*

27. Nicht einziehbarer, oft langer Rüssel vorhanden. **Rhynchota** [*60*] s. *8*

– Kein Stechrüssel, sondern beißende Mundwerkzeuge *28*

28. Kopf breit, schildartig. Fühler kürzer als der Kopf [*62*]. Federlinge u. Haarlinge, **Mallophaga** S. 213

– Kopf nicht breit schildartig, Fühler länger als der Kopf *29*

29. Keine Anhänge am Hinterleibsende [*63*]. **Psocoptera** s. *11*

– Anhänge (Cerci) in Form von Zangen (Ohrwürmer!) od. als kleine Anhängsel (Feldheuschrecken, Grillen), im letzteren Fall sind Hinterschenkel verdickt . . . . . . Geradflügler, **Orthopteria** s. *5*

30. Körper stark seitlich zusammengedrückt, mit rückwärts gerichteten Borsten [*64*] . . . . Flöhe, **Siphonaptera** S. 327

– Körper nicht seitlich zusammengedrückt. Habitus anders. . . . *31*

31. Kopf stark in die Länge gezogen **Boreus**, zu **Mecoptera** s. *14*

– Kopf nicht derart verlängert, höchstens Mundwerkzeuge rüsselfg. *32*

32. Htleib an der Basis stark eingeschnürt (Wespentaille!) [*65*] Hautflügler, **Hymenoptera** s. *16*

– Habitus anders *33*

33. Mundwerkzeuge beißend (zahnartige Kiefer!) [*4a*] *34*

– Mundwerkzeuge reduziert oder rüsselförmig *35*

34. Fühler etwa $3/4$ so lang wie der Körper oder länger. Stummelförmige Flügeldecken (wenn vorhanden) pergamentartig, mit Adern. Schaben u. Laubheuschrecken, zu **Orthopteria** s. *5*

– Fühler kürzer als der halbe Körper. Reduzierte Flügeldecken hornig, ohne Adern . . . . Käfer, **Coleoptera** s. *4*

35. Körper mit kleinen Schuppen oder dichten, langen Haaren bedeckt. 0 od. 2 Stirnaugen (Ozellen) oben neben den Seitenaugen. Schmetterlinge, **Lepidoptera** s. *13*

Wenn 3 im Dreieck stehende Ozellen, dann ♀ von **Enoicyla**, zu **Trichoptera** s. *16*

– Körper höchstens mit borstenartigen, mehr einzeln stehenden Haaren versehen . . . . **Diptera** . s. *12*

Literatur

Eidmann u. Kühlhorn, Lehrbuch der Entomologie (Hamburg 1970) – Fritsche, Geiler, Sedlag, Angewandte Entomologie (Jena 1968) – Hennig, Taschenbuch der Zoologie, Wirbellose II, Gliedertiere (hieraus Vorbilder für Abb. 1, 3, 4a, 5–7, 21, 25, 26, 55–58 entnommen) (Thieme, Leipzig 1964) – Imms, A general textbook of Entomology 9. Aufl., London 1957) – Jacobs, W. / Renner, Taschenlexikon zur Biologie der Insekten. G. Fischer, Stuttgart 1974 – Seifert, G. Entomologisches Praktikum. (2. Aufl. Thieme, Stuttgart 1975) – Tuxen, S. Taxonomists glossary of genitalia in insects (2. Aufl., Kopenhagen 1970) – Weber, H. u. Weidner, H. Grundriß der Insektenkunde. G. Fischer, Stuttgart 1974.

1.–4. Ordn. **Apterygota**, Urinsekten[1]

Stets flügellos, Beim Ausschlüpfen aus dem Ei haben die Jungtiere bereits die allgemeine Gestalt der Adulten.

1. Oberord. **Ectognatha**

Mundteile freiliegend.

1. Ord. **Thysanura**, Borstenschwänze

Hinterleib mit 3 Schwanzanhängen [*1* u. *2*]. Fressen Algen u. organische Stoffe.

1. Körper abgeplattet. Nicht sprungfähig. Nur die hintersten Bauchplatten mit griffelartigen Anhängen (Styli [*2*])
Fischchen, **Lepismatidae** *2*

– Körper spindelförmig. Sprungfähig. Alle Bauchplatten mit je einem Paar Styli. [*1*] . . . . Felsenspringer, **Machilidae** *5*

2. Augen fehlend . . . . **Atelura**
1 Art: **A. formicaria** Heyd., Ameisenfischchen, 4–6 mm, bei Ameisen an warmen Standorten.

– Augen vorhanden *3*

3. Alle Borsten glatt . . . . **Lepisma**
1 Art: **L. saccharina** L.. Silberfischchen od. Zuckergast, 7–11 mm, [*2*], in Küchen, etc.

– Die größeren Borsten gefiedert *4*

4. Die vorderen Hinterleibstergite mit jederseits 2 Borstenkämmen.
Thermobia
T. domestica Pack., Ofenfischchen, 10–12 mm, in Bäckereien (Hamburg, Celle) und Häusern (Frankfurt); **T. aegyptiaca** Luc., 9 mm, (Irrgast, Berlin).

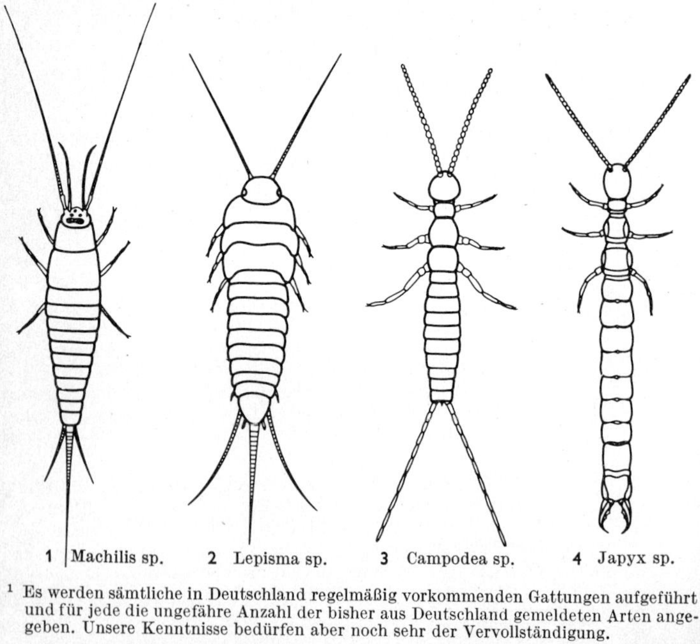

1 Machilis sp. **2** Lepisma sp. **3** Campodea sp. **4** Japyx sp.

[1] Es werden sämtliche in Deutschland regelmäßig vorkommenden Gattungen aufgeführt und für jede die ungefähre Anzahl der bisher aus Deutschland gemeldeten Arten angegeben. Unsere Kenntnisse bedürfen aber noch sehr der Vervollständigung.

— Die vorderen Hinterleibstergite mit jederseits 3 Borstenkämmen **Ctenolepisma**

C. lineata pilifera (Luc.), 10–12 mm, in Häusern (Rüdesheim, Frankfurt, Mainz, Speyer, Heidelberg); (**C. longicaudata** Esch., 13 mm, Irrgast Berlin, Hamburg).

5. Antennen viel kürzer als der Körper, auffällig kräftig . . . . **Dilta**

1 Art: **D. hibernica** Carp., die verbreitetste Machilide Mitteleuropas, in Deutschland parthenogenetisch.

— Antennen so lang od. länger als der Körper, schlank *6*

6. Antennengeißel nur am ersten Geißelglied beschuppt; sonst nur behaart . . . . **Petrobius**

1 Art: **P. brevistylis** Carp., in der Gezeitenzone der Küsten.

— Zahlreiche Glieder der Antennengeißel beschuppt *7*

7. Ocellen (vor den Augen) dreieckig . . . . **Trigoniophtalmus**

1 Art: **T. alternatus** Silv., in Deutschland parthenogenetisch.

— Ocellen sich schuhsohlenförmig vor den Augen ausbreitend . . . *8*

8. Ocellen schwarz . . . . **Lepismachilis**

1 Art: **L. y-signata** Krat., West-, Mittel- u. Norddeutschland.

— Ocellen rötlich . . . . **Machilis**

5 Arten; **M. germanica** Janet., Rheinisches Schiefergebirge, sonst zahlreiche Arten in den Alpen.

2. Oberord. **Entognatha**

Mundteile ins Kopfinnere gesenkt.

2. Ord. **Diplura**, Doppelschwänze

Hinterleibsende mit 2 Anhängen [*3* *u.* *4*]. Blind. Bis ca 1 cm lang. Lebensweise räuberisch, unter Steinen etc.

1. Schwanzanhänge fadenförmig [*3*] . . . . **Campodea**

11 Arten; **C. fragilis** Mein.

— Schwanzanhänge zangenförmig [*4*] *2*

2. 1. Urosternit am Hinterrand lateral eine Doppelreihe von Haaren **Metajapyx**

1 Art: **M. leruthi** Silv., Antennen 28gliedrig, Südwestdeutschland.

— 1. Urosternit am Hinterrand lateral vor der Doppelreihe von Haaren parallel dazu eine 3. Haarreihe in halber Breitenausdehnung. **Dipljapyx**

1 Art: **D. humberti** Grassi, Antennen 30gliedrig, Eifel.

3. Ord. **Protura**, Beintaster

Blind u. fühlerlos, mit 12 Abdominalsegmenten [*5*]. Körperlänge 1/2–2 mm. In Bodenstreu u. Erde. Ernährung durch Saugen an Pilzfäden (Mykorrhiza!).

1. Beinstummel an Abdominalsegmenten I–III alle gleich groß und mit Endbläschen, Tracheen vorhanden, Stigmen an Thorax II u. III **Eosentomon**

4 Arten; am häufigsten **E. transitorium** Berl.

— Beinstummel höchstens an Abd. I u. II mit Endbläschen, an Abd. III kleiner (ungegliedert) u. ohne Endbläschen, Tracheen u. Stigmen fehlen *2*

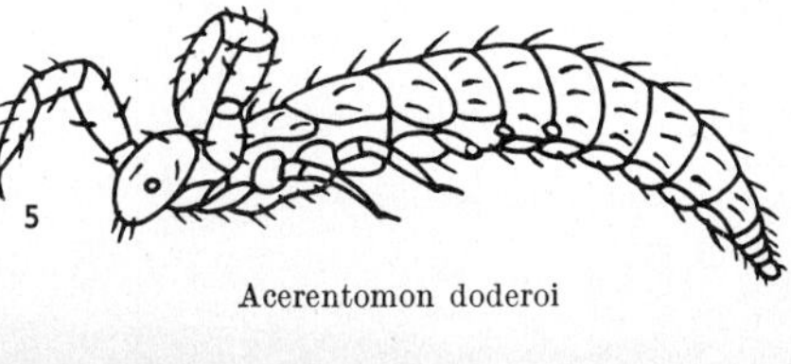

Acerentomon doderoi

2. Nur Beinstummel von Abd. I zweigliedrig u. mit Endbläschen . . *3*

— Beinstummel von Abd. I u. II zweigliedrig u. mit Endbläschen . *4*

3. Oberlippe schnabelartig verlängert **Acerentomon**

4 Arten; **A. doderoi** Silv. [*5*].

— Oberlippe kurz . . . . . **Acerentulus, Acerella, Gracilentulus**

Acerentulus: 2 Arten (**A. confinis** Berl.); **Acerella:** 2 Arten (**A. tiarnea** Berl.); **Gracilentulus:** 1 Art (**G. gracilis** Berl.).

4. Abdominaltergite I–VI mit 2 Borstenreihen . . . . **Proturentomon**

2 Arten; **P. minimum** Berl.

— Abdominaltergite I–VI mit nur einer Borstenreihe . . **Protentomon**

2 Arten; **P. thienemanni** Strenzke.

4. Ord. **Collembola**, Springschwänze

Körpergröße $^{1}/_{4}$–9 mm, am häufigsten 1–2 mm. Springgabel (Furca) am 4. Abdominalsegment, wenn vollständig entwickelt bestehend aus dem unpaaren Manubrium u. den paarigen Dentes, deren Endstücke Mucronen heißen [*6, 9, 10, 11*]. Geschlechtsöffnung am 5. (Männchen mit Längs-, Weibchen mit Querspalte), Anus am 6. (letzten) Abdominalsegment. Höchstens 8 Punktaugen jederseits, davor oft ein Sinnesorgan, das Postantennalorgan.

Mikroskopische Untersuchung in warmer Milchsäure.

Meist in Bodenstreu u. Erde, manche auch an Pilzen, Baumstämmen, in Höhlen, Ameisennestern, auf höheren Pflanzen u. in Häusern. Leben von Algen, Pilzen, Pollen, modernden Pflanzenteilen, befressen manchmal auch zarte Keimpflanzen.

1. Körper langgestreckt, deutl. segmentiert [*6–10*]. (Unterord. **Arthropleona**) *2*

— Körper kugelig, undeutl. segmentiert [*11*]. (Unterord. **Symphypleona**) **Sminthuridae** S. 176

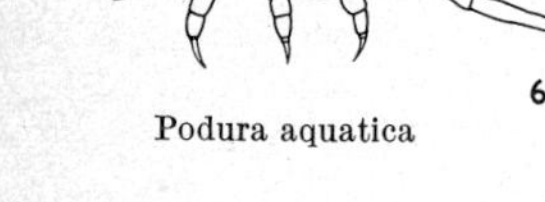

6

Podura aquatica

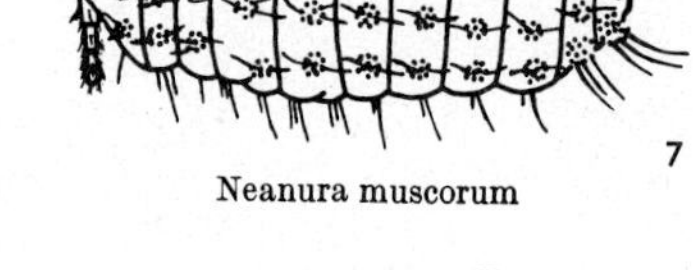

7

Neanura muscorum

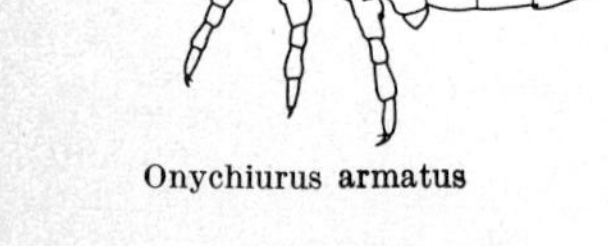

8

Onychiurus **armatus**

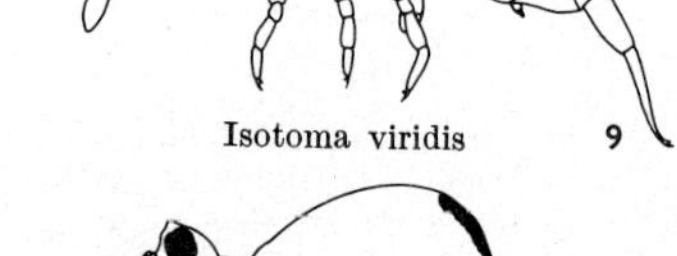

Isotoma viridis 9

10

Entomobrya nivalis

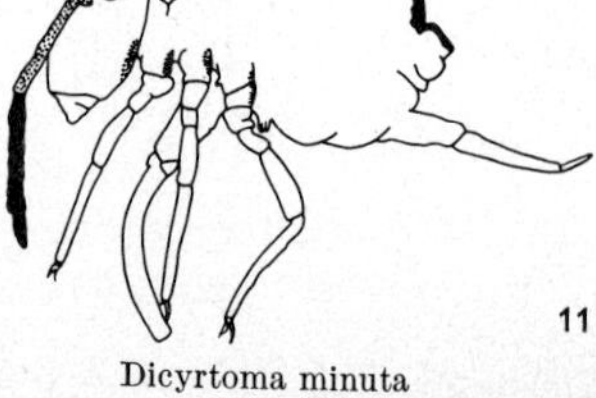

11

Dicyrtoma minuta

2. Pronotum mit einigen Borsten besetzt, Körper immer ohne Zeichnung *3*
— Pronotum ohne Borsten, reduziert [*9*, *10*], oft vom Mesonotum überdeckt. Körper oft mit Pigmentzeichnung *4*
3. 3. Antennenglied ohne auffälliges Sinnesorgan. Antennen mit je einem großen Endbläschen. Ohne Pseudocellen. Körper meist pigmentiert. **Poduridae** S. 173
— 3. Antennenglied mit 2–3 großen Sinneskolben, welche meist hinter Hautpapillen geschützt stehen [*13–14*]. Antennen ohne od. mit winzigen Endbläschen. Pseudocellen (Hautporen auf Kopf u. Körper) vorhanden [*8*]. Körper meist weiß . . . . . . **Onychiuridae** S. 174
4. Körper nur mit glatten, selten schwach bewimperten Borsten. Furca oft reduziert . . . . **Isotomidae** S. 174
— Körper mit Schuppen od. doch wenigstens mit dicht bewimperten, endwärts keulenförmig erweiterten Borsten, welche besonders am Thorax wie eine Mähne vorstehen. Furca immer stark entwickelt. **Entomobryidae** S. 175

1. Fam. **Poduridae**

1. Furca, wenn eingeschlagen, das mittlere Beinpaar überragend [*6*] **Podura**
einzige Art: **P. aquatica** L., 1–1,2 mm, in Massen auf der Wasseroberfläche.
— Furca wesentlich kürzer *2*
2. Höckerige Kauplatte der Mandibeln im aufgehellten Präparat erkennbar [*12*]. Mund gerundet *3*
— Mandibel ohne Kauplatte, oft nadelförmig, manchmal ganz fehlend. Mund meist spitz ausgezogen *6*
3. Furca gut entwickelt: Dentes mit mindestens je 3 Borsten . . . *4*
— Furca fehlend od. reduziert: Dentes mit höchstens 2 Borsten . . *5*
4. Braun, violett od. blauschwarz. Meist 8 Augen jederseits in länglichem Augenfleck (wie [*6*]) . . . . **Hypogastrura**
Ca 25 Arten; **H. armata** Nic., auf Pilzen. **H. purpurescens** Lubb., in Kellern. **H. viatica** Tbg., am Meeresufer.
— Blaß od. ganz weiß. Augen ± reduziert. Meist höhlenbewohnende Arten . . . . **Schaefferia**
5 Arten; **Sch. emucronata** Abs.
5. Grau od. blau pigmentiert . . . . **Xenylla**
Ca 10 Arten; am häufigsten **X. maritima** Tbg., unter Baumrinde.
— Weiß . . . . **Willemia**
6 Arten; **W. aspinata** Stach u. **W. anophthalma** Börner, 3/4 mm, im Boden.
6. Abdominalende mit 3 od. mehr Dornen . . . . **Friesea**
5 Arten; am häufigsten **F. mirabilis** Tbg.
— Abdominalende mit 2 kleinen Dornen . . . . **Odontella**
3 nicht häufige Arten; **O. empodialis** Stach.
— Abdominalende ohne Dornen *7*
7. Furca vollständig entwickelt *8*
— Furca stark reduziert, meist ganz fehlend *9*
8. Mund breit gerundet, Mandibel fehlend . . . . . . **Brachystomella**
2 Arten; **B. parvula** Sch., in Böden feuchter Wiesen.
— Mund in spitzen Kegel ausgezogen. Mandibel vorhanden. **Pseudachorutes**
5 Arten; **P. parvulus** Börn., in Waldstreu.
9. Abdominalende halbkugelig gerundet . . . . **Anurida**
9 Arten; am verbreitetsten **A. pygmaea** Börn., mit 2 Augen jederseits, 0,5 mm.

— Abdominalende von oben gesehen ± zweilappig endend [*7*]. Mit struppig beborsteten Segmenthöckern . . . . **Neanura**
4 Arten; **N. muscorum** Temp., 2–3 mm, blau, häufig in Holzmoder.

2. Fam. **Onychiuridae**

1. Körper asselähnlich, blauviolett, 5–8 mm lang, sprungfähig. **Tetrodontophora**
Einzige Art: **T. bielanensis** Waga, Karpaten u. Sudeten bis Elbsandsteingebirge u. Oberlausitz, in feuchten Bergwäldern, gelegentlich in Höhlen.
— Körper ± zylindrisch [*8*], weiß, 1–2(–4) mm lang, nicht sprungfähig ***2***
2. Körper plump [*8*]. Beide Sinneskolben des 3. Antennengliedes dorsalwärts geneigt [*13*] od. aufrecht . . . . **Onychiurus**
Ca 27 Arten; am häufigsten **O. armatus** L., mit 2 Analdornen.
— Körper schlank. Zwei Sinneskolben am 3. Antennenglied gegeneinander geneigt [*14*] . . . . **Tullbergia**
9 Arten; **T. krausbaueri** Börner, $^3/_4$ mm. **T. affinis** Börner, 1,3 mm, mit 2 Analdornen u. einem kurzen unpaaren dahinter.

12 

Hypogastrura, Mandibel mit bezahnter Kauplatte.

13 

Onychiurus, Antennalorgan III.

 14

Tullbergia, Antennalorgan III.

3. Fam. **Isotomidae**

1. Abdominalende mit 4 Dornen . . . . **Tetracanthella**
4 Arten; **T. strenzkei** Gisin, auf Strohdächern.
— Abdominalende mit 2 Dornen . . . . **Uzelia**
1 Art: **U. setifera** Abs., unter Nadelbaumrinde.
— Abdominalende ohne Dornen ***2***
2. Furca völlig fehlend . . . . **Anurophorus**
3 Arten; am häufigsten **A. laricis** Nic., unter Baumrinde.
— Furca vorhanden ***3***
3. Die 3 letzten Abdominalsegmente (Abd. IV–VI) verschmolzen. **Folsomia**
11 Arten; am häufigsten **F. quadrioculata** Tbg., mit 2+2 Augen, u. **F. candida** Will., blind.
— Wenigstens zwischen Abd. IV u. V eine deutliche Naht vorhanden. ***4***
4. Die letzten Abdominalsegmente (V + VI) verkürzt u. stark nach hinten abfallend, mit kräftigen, abstehenden Borsten bewaffnet. Blind, schlank . . . . **Isotomodes**
2 Arten; am häufigsten **I. productus** Axel.
— Diese Merkmale nicht kombiniert ***5***
5. Augen u. Postantennalorgan fehlen . . . . **Isotomiella**
1 Art: **I. minor** Sch., gemein.
— Entweder Augen od. Postantennalorgan (ovaler Chitinring [*9*]), meist aber beides vorhanden ***6***
6. Manubrium auf der Vorderseite ohne Borsten od. mit nur wenigen subapikalen ***7***
— Vorderseite des Manubriums mit zahlreichen Borsten ***10***

7. Die 2 letzten Abdominalsegmente (V + VI) verschmolzen u. jederseits mit 1–2 gleichmäßig dünnen, langen, abstehenden Haaren (Bothriotrichen). Ausschließlich an Meeresküsten lebend. . . . **Archisotoma**
3 Arten; **A. besselsi** Pack., im Spülsaum u. in feuchtem Sand.
– Ohne Bothriotrichen *8*
8. Vorderseite der Dentes ohne od. mit nur je 1 Borste. Rückenlinie zwischen Abd. IV u. V ± geknickt . . . . **Folsomides**
4 Arten; am häufigsten **F. parvulus** Stach, weiß, mit 2+2 Augen.
– Vorderseite der Dentes mit je mindestens 2 Borsten. *9*
9. Dentes plump . . . . **Proisotoma**
8 Arten; **P. minuta** Tbg., oft massenhaft in Mist. **P. crassicauda** Tbg., an Meeresküsten, Salzlachen etc.
– Dentes schlank (vgl. [*9*]) . . . . **Isotomina**
3 Arten; **I. bipunctata** Axel., weiß mit 1+1 Augen.
10. **Das basale Drittel der Klauen ist außen von einer schuppenartigen** Membran überdeckt. Eine lange Borste überragt den Mucro. **Agrenia**
Einzige Art: **A. bidenticulata** Tbg., zirkumpolar, südwärts in gewissen Gebirgen: Harz, Sudeten, Vogesen, Alpen.
– Klauen ohne Membran *11*
11. Abdomen ohne Bothriotrichen . . . . **Isotoma**
15 Arten; **I. viridis** Bourl., [*9*], bis 4 mm, auf feuchten Wiesen u. auf Wasserpfützen. **I. sensibilis** Tbg., unter Baumrinde. **I. saltans** Nic., der „Gletscherfloh".
– Mindestens das 4. Abdominalsegment auf dem Rücken mit 1–2 Paar gleichmäßig dünner, abstehender Haare (Bothriotrichen). **Isotomurus**
3 Arten; **I. palustris** Müll., gemein am Rand von Tümpeln, bis 3 mm.

4. Fam. **Entomobryidae**

1. 3. Antennenglied geißelförmig verlängert. Mucro behaart. Relativ große Tiere: 2–7 mm, schmutzigfarben . . . . **Tomocerus**
7 Arten; **T. longicornis** Müll., auf Waldstreu gemein. **T. minor** Lubb., kleiner, an feuchten Stellen.
– 3. Antennenglied nicht auffällig verlängert. Antennen kürzer . . *2*
2. Rücken meist mit dunkler Zeichnung auf hellem Grund *3*
– Rücken einfarbig *5*
3. Abdomen mit zugespitzten Schuppen . . . . **Willowsia**
3 Arten; **W. nigromaculata** Lubb., Abd. IV mit 2 Flecken u. dunklem Hinterrand, unter der Rinde frei stehender Bäume.
– Körper ohne Schuppen *4*
4. Antennen 4gliedrig. Körpergröße selten über 2,5 mm **Entomobrya**
13 Arten; **E. nivalis** L. [*10*], auf Gebüsch u. Nadelbäumen. **E. muscorum** Nic., auf Kräutern u. Laub in Wäldern.
– Antennen 6gliedrig. Körpergröße oft über 4 mm . . . . **Orchesella**
5 Arten; **O. villosa** Geof., mit unregelm. Flecken. **O. cincta** L., mit breitem Querband auf Abd. III. **O. flavescens** Bourl., ausgewachsen mit Querband auf Abd. IV, in Wäldern. **O. bifasciata** Nic., mit je 1 Querband auf Abd. II u. III. nur 2 mm, unter Rinden.
5. Körper ohne Schuppen . . . . **Sinella**
1 Art: **S. coeca** Schött, weiß, blind, in Blumentöpfen etc.
– Körper mit Schuppen, welche auf dem lebenden Tier metallisch glänzen *6*
6. Jederseits 8 Augen auf einem länglichen dunklen Fleck. *7*
– Augen fehlen, od. wenn einige vorhanden sind, bilden sie kleine rundliche Augenflecke *8*
7. Mucro sichelförmig . . . . **Seira**
1 Art: **S. domestica** Nic., weiß bis auf die schwarzen Augen, vornehmlich in Häusern.

— Mucro 2zähnig mit Basaldorn . . . . **Lepidocyrtus**
6 Arten; L. **paradoxus** Uz., 3 mm, blau, Thorax kapuzenartig über den Kopf ragend, auf feuchten Wiesen. **L. cyaneus** Tlg., blau. **L. lanuginosus** Gm., lebend metallisch, in Alkohol gelblich.

8. Behaarung am letzten Antennenglied ± quirlständig (ringelartig) **Heteromurus**
1. Art: **H. nitidus** Temp., jederseits ein rötliches Auge, seltener blind; feuchte Standorte.

— Behaarung an allen Antennengliedern zerstreut *9*

9. Mucro sehr kurz, mit rundem Vorderrand . . . . . . **Pseudosinella**
8 Arten; am häufigsten **P. alba** Pack., jederseits 2 Augen. Verschiedene blinde Arten in Höhlen.

— Mucros stabförmig gestreckt *10*

10. Gegenklaue (Empodium) mit starkem Seitenzahn. . . . **Cyphoderus**
1 Art: **C. albinus** Nic., in Ameisennestern

— Gegenklaue zahnlos . . . . **Oncopodura**
1 Art: **O. crassicornis** Shoeb.

5. Fam. **Sminthuridae**

1. Antennen viel kürzer als der Kopf. Blind. . . . . **Neelus**
3 Arten; am häufigsten **N. minimus** Will., mit ca $^1/_3$ mm die winzigste Collembolenart.

— Antennen etwa so lang od. länger als der Kopf [*11*] *2*

2. Letztes (4.) Antennenglied viel kürzer als das 3. [*11*] . . **Dicyrtoma**
6 Arten; am häufigsten **D. minuta** Fab., mit schwarzem Fleck hinten auf dem Rükken [*11*], auf Kräutern dichter Wälder.

— 4. (oft sekundär gegliedertes) Antennenglied länger als das 3. . . *3*

3. Männchen mit Klammerantennen [*15*]. Kleiner Abdominalabschnitt (V + VI) ± in den großen Abdominalabschnitt einbezogen **Sminthurides**
10 Arten; am bekanntesten **S. aquaticus** Bourl., der Wasserkugelspringer.

— Männchen ohne modifizierte Antennen. Kleiner hinterer Abdominalabschnitt deutlich abgeschnürt *4*

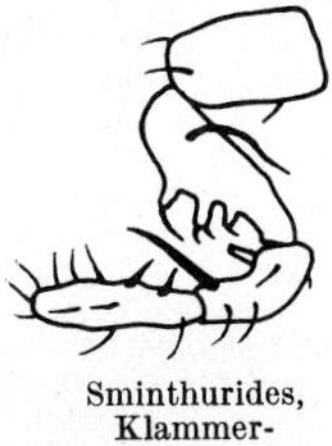

15

Sminthurides, Klammerantenne ♂.

4. Jederseits nur 1 Auge . . . . **Arrhopalites**
6 Arten; in Höhlen und Waldböden verbreitet: **A. pygmaeus** (Wkl.) häufig in Höhlen. **A. caecus** (Tullb.), häufig unter Blumentöpfen.

— Jederseits 8 Augen (wovon 2 oft viel kleiner) *5*

5. Letztes Antennenglied einfach. . . . . **Sminthurinus**
8 Arten; am häufigsten **S. aureus** Lubb.

— Letztes (4.) Antennenglied sekundär gegliedert. *6*

6. Tibiotarsen mit 2–3 den Klauen anliegenden, am Ende geknöpften Spürhaaren . . . . **Bourletiella**

13 Arten; auf Gras u. Gesträuch; am häufigsten **B. repanda** Agr., gelb auf Wiesen. **B. bicincta** Koch, Rücken vorne u. hinten mit je 1 schwarzen Fleck, in Wäldern, bis 1 mm. **B. hortensis** (Fitch), schwarzviolett, weit verbreitet in Gärten (Schädling).

— Tibiotarsen ohne od. mit abstehenden Keulenhaaren . **Sminthurus**

7 Arten; **S. viridis** Lubb., bis 3 mm, gelbgrün, auf Wiesen. **S. fuscus** L., bis 3,6 mm, schwarzbraun, in Wäldern.

Literatur

Condé, H. (1955): Matériaux pour une monographie des Diploures Campodéidés. – Mém. Mus. Nat. Hist. nat. Paris, Sér. A, 12: 1–202. Gisin, H. (1960): Collembolenfauna Europas. – Naturhist. Museum Genf: 312 S. Janetschek, H. (1954): Über mitteleuropäische Felsenspringer. – Österr. Zool. Zeitschr. 5: 281–328. Nosek, J. (1973): The European Protura. – Naturhist. Museum Genf: 346 S. Palissa, A. (1964): Apterygota. – in: Die Tierwelt Mitteleuropas, Leipzig, 4. Band, Lief. 1a: 1–407. Sachsse, H. (1969): Ur-Insekten. – Kosmos, Stuttgart: 71 S. Strenzke, K. (1955): Collembola – in: Die Tierwelt der Nord- und Ostsee, Leipzig, Teil XI f_2: 1–52. Sturm, H. (1980): Die Machiliden (Archaeognatha, Apterygota, Insecta) Nordwestdeutschlands und die tiergeographische Bedeutung dieser Vorkommen. – Drosera 80: 41–52. Wygodzinsky, P. W. (1941): Beiträge zur Kenntnis der Dipluren und Thysanuren der Schweiz. – Denkschr. Schweiz. Naturf. Ges. 74: 113–227.

5. Ord. **Ephemeroptera,** Eintagsfliegen

Meist 2 häutige Flügelpaare, deren hinteres viel kleiner ist, aber auch ganz fehlen kann [*1–6*]. Flügel in Ruhelage hochgeklappt. Fühler kurz. Mundwerkzeuge verkümmert, daher keine Nahrungsaufnahme. Die ♂♂ einiger Familien haben neben den Komplexaugen ein zusätzliches Paar „Turbanaugen". Vorderbeine am längsten, oft in Ruhelage vorgestreckt. Beine mit 3–5 Fußgliedern (Tarsen). Am Ende des Hinterleibs 2 oder 3 lange Schwanzfäden, bei ♂♂ außerdem kleine Greifzangen als Begattungsorgane. Die ± abgeflachten Larven [*10–18*] in stehenden und fließenden Gewässern. An den Seiten ihres Hinterleibs Tracheenkiemen. Mundwerkzeuge beißend; Ernährung der heimischen Arten vegetarisch. Meist einjährige oder kürzere Entwicklungszeit mit zahlreichen Häutungen. Aus dem letzten im Wasser lebenden Stadium schlüpft flugfähige Subimago, die sich an Land zum Vollkerf (Imago) häutet. Flügel der Subimago milchig trüb und auf der Oberfläche behaart. Die Imagines leben nur wenige Stunden bis Tage. Zur Begattung meist Schwärmflüge über den Gewässern, in denen die Eiablage erfolgt. Im Gebiet etwa 74 Arten in 25 Gattungen.

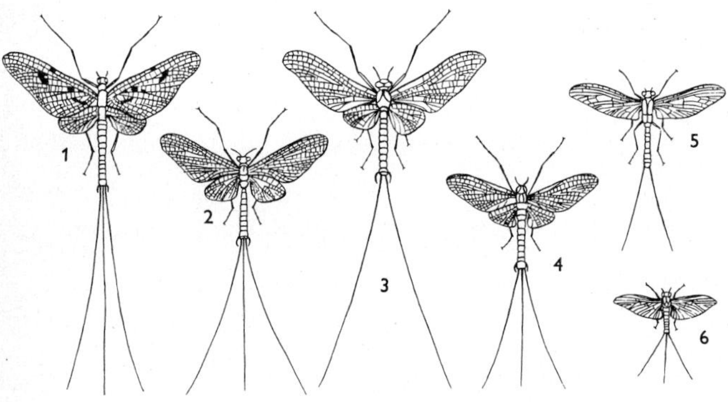

1 Ephemera, 2 Ephemerella, 3 Ecdyonurus, 4 Leptophlebia, 5 Cloeon, 6 Caenis

1. Im Vdflügel M_4 an der Wurzel scharf nach unten gebogen [*7*] . *2*

— M_4 nicht scharf abgebogen [*8, 9*] *4*

2. Flügel braun getrübt. Kopf u. Oberseite des Htleibs braun. Bauch, Beine und die 2 Schwanzfäden gelb. Körper ohne Schwanzfäden 25–38 mm, letztere 25–80 mm lang . . . . **Palingeniidae**

Palingenia longicauda Ol. An größeren Flussen; sehr selten.

— Flügel milchig getrübt. Körper größtenteils hell, 10–18 mm l. ♂ mit 2, ♀ mit 3 Schwanzfäden . . . . **Polymitarcidae**

Ephoron virgo Ol. Im Spätsommer an größeren Flüssen.

— Flügel durchsichtig, höchstens mit dunklen Flecken. Stets 3 Schwanzfäden *3*

3. Flügel ± gefleckt [*1*], die Queradern angeraucht. Hinterleib mit paariger Fleckenzeichnung . . . . **Ephemeridae**

4; **Ephemera** L., 11–24 mm. Häufig **E. vulgata** L. (Grundfärbung des Htleibs braun) u. **E. danica** Müll. (Grundfärbung des Htleibs elfenbeinweiß bis grau); an stehenden u. langsam fließenden Gewässern.

— Flügel ungefleckt, schwach gelblich . . . . . . **Potamanthidae**
Potamanthus luteus L., Körper schwefel- bis dunkelgelb, 10–13 mm l, brauner Längsstreifen über Mitte des Hinterleibs. An großen Bächen u. kleinen Flüssen.

4. Vorderflügel mit nur 4–7 Längsadern; Queradern nur im vorderen Drittel des Flügels . . . . **Oligoneuriidae**
Oligoneuriella rhenana Imh., Flügel grauweiß getrübt. Körper 9–15 mm l. An kleinen Flüssen der Vorgebirge.

— Vorderflügel haben mehr Längsadern *5*

5. Htflügel fehlen oder sehr schmal mit nur 2–3 Längsadern . . *6*

— Hinterflügel vorhanden, mit vielen Längsadern [*9*] *7*

6. Flügel milchig trüb, am Hinterrand fein bewimpert. Hinterflügel fehlen. 3 Schwanzfäden . . . . **Caenidae**
6; **Caenis** Steph. [*6*] (Vorderhüften berühren sich. 2. Fühlerglied nur wenig länger als erstes. Körper 3–3,5 mm l. An Seen u. Flüssen). – **Eurycaenis (Brachycercus) harisella** Curt. (Vorderhüften weit auseinander. 2. Fühlerglied dreimal so lang wie das erste. Körper 5–7 mm l. An Flüssen).

— Flügel durchsichtig klar, nicht bewimpert. Hinterflügel sehr schmal oder fehlen. 2 Schwanzfäden [*5*] . . . . **Baetidae** S. 180

7. Mit 2 Schwanzfäden. Htfüße mit 5 Gliedern. Körper 7–18 mm *8*

— Mit 3 Schwanzfäden. Htfüße (Tarsen) 3–4 Glieder. 6–12 mm . *9*

8. Htbein hat 5 freibewegliche Fußglieder . **Heptageniidae** S. 180

— Außer den 4 frei beweglichen Fußgliedern ein mit der Tibia verwachsenes 5. Glied am Hinterbein gut sichtbar. Körper 10–15 mm.
Siphlonuridae u. **Isonychiidae** S. 181

9. Cu_2 im Vorderflügel ist an seiner Basis von Cu_1 entfernt [*8*]
Leptophlebiidae S. 180

— Cu_2 an der Basis stark der Cu_1 genähert [*9*] . . . **Ephemerellidae**
5; **Ephemerella** Walsh; Gebirgsbäche u. andere Fließgewässer. Häufig **E. ignita** Pod. (Htleib rotbraun) [*2*].

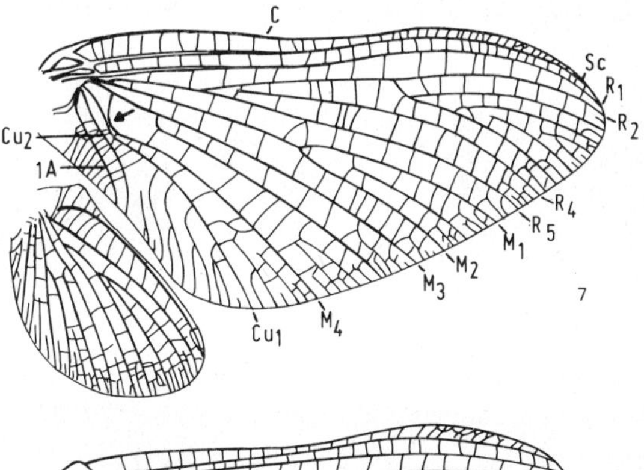

7

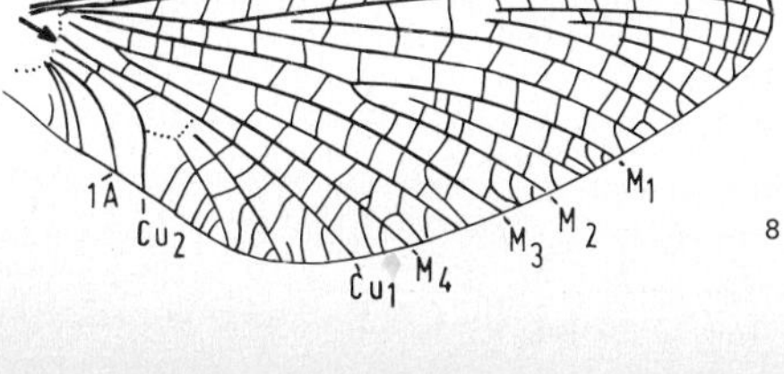

8

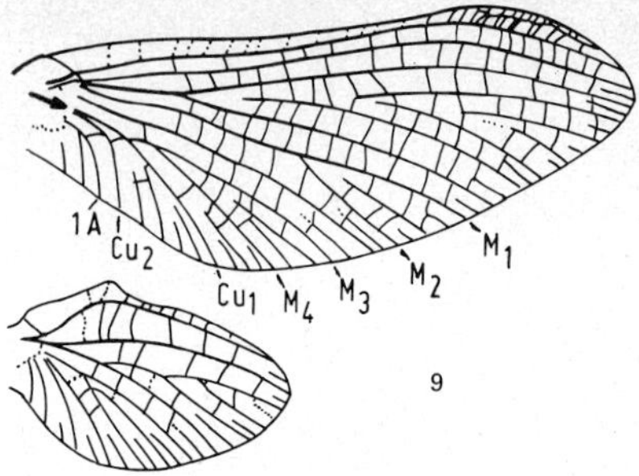

9

Fam. **Leptophlebiidae**

1. Vorderrand der Hinterflügel ohne Vorsprung *2*
— Vorderrand der Htflügel mit vorspringendem Zipfel [*9*] . . . *3*
2. Basis von Cu_2 des Vorderflügels liegt in der Mitte zwischen Cu_1 u. 1A [*8*] . . . . 2; **Leptophlebia** Westw.
L. marginata L. [*4*], Vdflügel bräunlich angeraucht. Fließgewässer, bes. der Ebene.
— Basis von Cu_2 im Vdflügel deutlich näher an 1A als an Cu_1 3; **Paraleptophlebia** Lest.
P. submarginata Steph. Schwanzfäden braun geringelt. Langsam fließende Gewässer.
3. Vdrand des Htflügels bildet im ganzen einen vorgezogenen Winkel. Vdflügel am Vorderrand dunkelbraun . **Choroterpes picteti** Etn.
— Vorderrand des Htflügels springt nur in der Mitte vor [*9*] . . . *4*
4. Körper 8–12 mm. Mittelgebirgsbäche **Habroleptoides modesta** Hag.
— Körper 5–6 mm lang . . . . **Habrophlebia** Etn.
H. lauta McLach.; an Bächen, auch der Ebene.

Fam. **Baetidae**

1. Hinterflügel vorhanden, wenn auch kurz u. schmal *2*
— Hinterflügel fehlen völlig *3*
2. Am Hinterrand des Vorderflügels kurze doppelte Zwischenraum-Adern. Ende des Hinterflügels abgerundet . . 11; **Baetis** Leach
B. rhodani Pict., 5–9 mm, an Fließgewässern.
— Am Htrand des Vdflügels kurze einzelne Zwischenraum-Adern. Htflügel sehr schmal, mit spitzem Ende . . . . 2; **Centroptilum** Etn.
C. luteolum Müll. 5–8 mm lang. Gewässer aller Art.
3. Oberstes (erstes) Fußglied der Hinterbeine dreimal so lang wie zweites . . . . 2; **Cloeon** Leach
C. dipterum L. [*5*], 8–10 mm l., vivipar, Gewässer aller Art.
— Fußglied 1 der Hinterbeine höchstens zweimal so lang wie zweites. 5–7 mm. Selten . . . . **Procloeon pseudorufulum** Kimm.

Fam. **Heptageniidae**

1. Fußglieder 1 u. 2 am Vdbein gleich lang . . . . 2; **Epeorus** Etn.
E. sylvicola Pict., Basis der Vorderflügel grünlich. 13–16 mm. An Bergbächen.
— Fußglied 1 des Vorderbeins kürzer als zweites *2*

2. Fußglied 1 am Htbein länger als Glied 3 . . 5; **Rhithrogena** Etn.
— Fußglied 1 am Hinterbein nicht länger als Glied 3 . . . . . *3*
3. Fußglied 1 am Htbein kürzer als zweites . 6; **Heptagenia** Walsh
H. sulphurea Müll., Hinterleib schwefelgelb. 7–10 mm. Flüsse.
— Fußglied 1 so lang oder länger als zweites . 7; **Ecdyonurus** Etn.
E. venosus F. [*3*]. Hinterleib rotbraun. 11–18 mm. Bergbäche.

Fam. **Siphlonuridae** und **Isonychiidae**

1. Die Fußgl. des Htbeins zusammen länger als Tibia 4; **Siphlonurus** Etn.
S. lacustris Etn., Flügel grünlich mit dunkleren Adern. Flüsse und Seen.
— Fußglieder des Hinterbeins kürzer als Tibia. Seltene Arten . . *2*
2. Fußglieder des Vdbeins beim ♂ viel länger, beim ♀ etwa so lang wie Tibia: **Ameletus inopinatus** Etn. (Flügel glashell, Queradern viel heller als Längsadern) u. **Metreletus hessei** Fiz. (Flügel goldgelb, Queradern bräunlich, nicht heller als Längsadern).
— Fußglieder des Vorderbeins beim ♂ kaum länger als Tibia, beim ♀ deutlich kürzer . . . . . **Isonychia ignota** Walk. (Isonychiidae)

Larven

1. Tracheenkiemen (TK) am Htleib 2ästig, federartig gefranst [*10*] *2*
— TK aus Blättchen u./oder Fadenbüscheln [*11–14*] *5*
2. TK seitwärts vom Hinterleib abstehend, schräg nach hinten gerichtet [*10*] . . . . **Potamanthidae**
— TK schräg nach hinten über dem Hinterleib liegend [*11, 12*] . *3*
3. Mandibeln ragen weit über den Kopf mit breitem Fortsatz, der nach außen 6–8 starke Zähne hat. 6 Paare TK . . . . . . **Palingeniidae**
— Mandibel-Fortsätze länger und schmäler, schwächer gezähnt oder ohne Zähne [*11, 12*]. 7 Paare TK *4*
4. Fortsätze der Mandibeln am Ende nach innen gekrümmt [*11*] **Polymitarcidae**
— Fortsätze bogenförmig nach außen gekrümmt [*12*] . **Ephemeridae**
5. Vorderbeine lang behaart [*14*]. Außer TK am Hinterleib noch Kiemenbüschel am Kopf *6*
— Vdbeine nicht auffallend behaart. Nur TK am Hinterleib . . . *7*
6. Letzte Htleibsringe an Seiten zahnartig ausgezogen **Isonychiidae**
— Nicht zahnartig ausgezogen . . . . **Oligoneuriidae**
7. Augen dorsal, da Körper stark abgeflacht [*13*] . **Heptageniidae**
— Augen seitlich, Körper wenig oder nicht abgeflacht *8*
8. Die beiden äußeren Schwanzfäden nur innen behaart [*14, 15*] . *9*
— Alle 3 Schwanzfäden beiderseits behaart od. mit kleinen Borsten [*16–18*] *10*
9. Letzte Hinterleibsringe an Seiten zahnartig ausgezogen [*14*] **Siphlonuridae**
— Nicht zahnartig ausgezogen [*15*] . . . . **Baetidae**
10. TK fadenartig oder blattförmig [*16*] . . . . . . **Leptophlebiidae**
— Erstes Kiemenpaar rudimentär, zweites überdeckt als große Lappen die 4 folgenden [*17*] . . . . **Caenidae**

— 5 lappenförmige TK auf dem Hinterleib, die das fünfte, manchmal auch das vierte Paar überdecken [*18*] . . . . . **Ephemerellidae**

Literatur: Illies, J.: Ephemeroptera. In Limnofauna Europaea. Jena 1967. – Schoenemund, E.: Eintagsfliegen oder Ephemeroptera. In Dahl, Die Tierwelt Deutschlands, T. 19, Jena 1930. – Ulmer, G.: Eintagsfliegen, Ephemeroptera. In Brohmer, Ehrmann, Ulmer, Tierwelt Mitteleuropas, Bd. 4, Leipzig 1929.

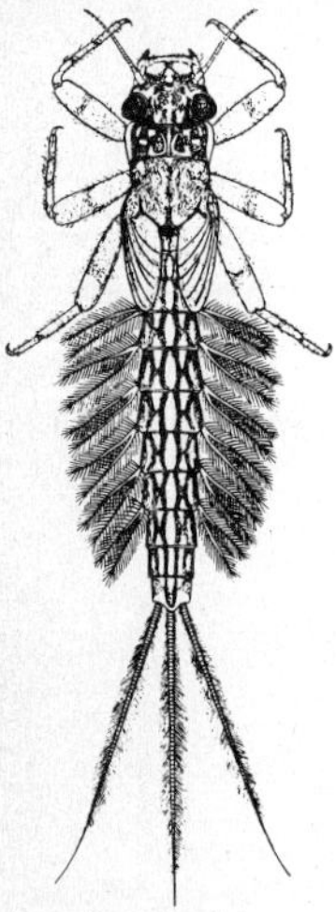

10 Potamanthus

11 Ephemera

12 Ephoron

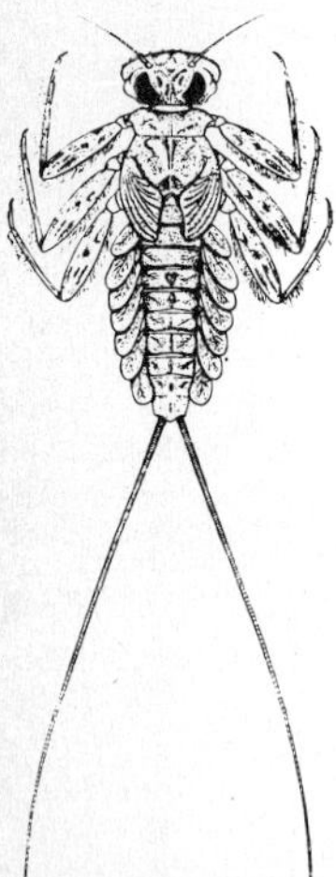

13 Epeorus

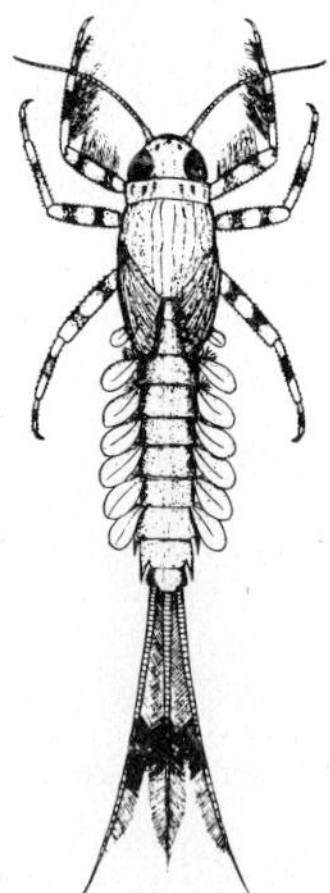

14 Isonychia

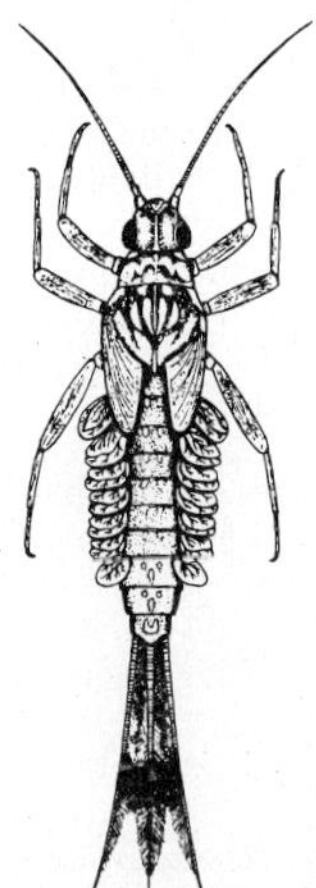

15 Cloeon

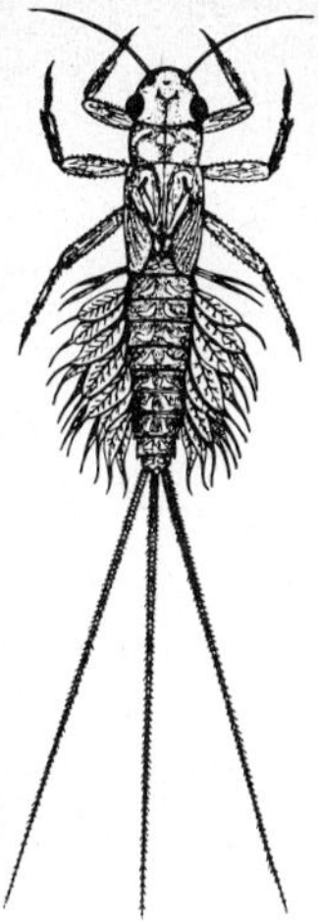

16 Leptoplebia

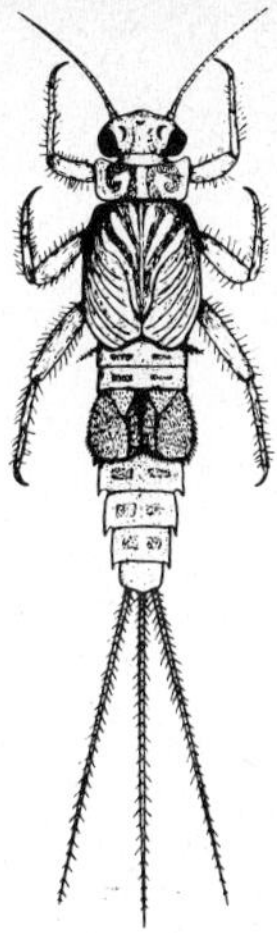

17 Caenis

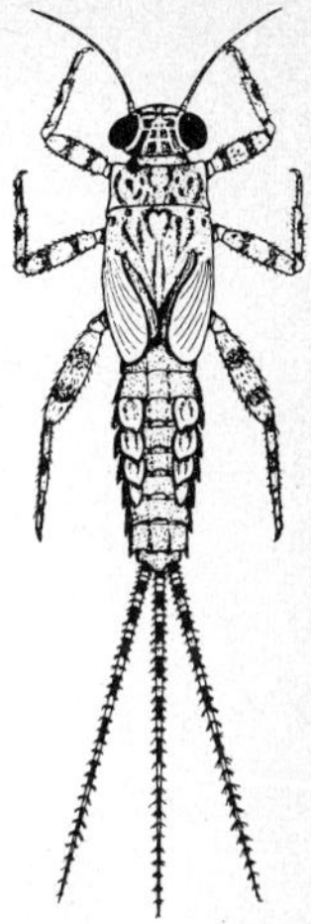

18 Ephemerella

6. Ord. **Odonata,** Libellen

Fühler kurz, borstenförmig; Mundwerkzeuge beißend; große Fazettenaugen u. 3 Stirnaugen (Ozellen). 4 häutige, nicht faltbare Flügel mit netzartiger Aderung. Bezeichnung zum Bestimmen wichtiger Adern u. Felder des Flügels s. [*1*]. Begattungsorgane des ♂ an Unterseite des 2./3. Hinterleibsegments verlagert, am Htleibsende oben paarige, unten bei Zygoptera paarige, bei Anisoptera unpaare Anhänge. Beim ♀ nur 1 Paar Anhänge am Htleibsende, außerdem am 8. u. 9. Htleibsegment unten ein Eilegeapparat [*14*, *15*], der reduziert sein kann. ♂ u. ♀ bilden (vorwiegend im Flug) Paarungsrad. Eier in Wasserpflanzen oder ins Wasser. Die räuberischen Larven (s. S. 188) mit vorstreckbarer Unterlippe (Fangmaske), entwickeln sich im Wasser. Kein Puppenstadium. Beine der gleichfalls räuberischen Imagines bilden Fangkorb für Ansitz- oder Pirschjagd und sind zum Laufen ungeeignet. Körperfarben verdunkeln leicht; Abhilfe: nach dem Tod ca 1 Tag in Aceton legen! **Anq = Antenodalqueradern, Cuq = Cubitoanalqueradern, Rs = Radialsektor, Rspl = Radialsupplementsektor; Flügeldreieck punktiert.**

Im Gebiet der BR Deutschland sind Libellen (auch die Larven) besonders geschützt. Exuvien dürfen gesammelt werden.

1. Augen von oben gesehen halbkugelförmig, weit getrennt [*2*]; Htflügel wie die Vdflügel am Grunde gestielt [*6*] oder allmählich verschmälert [*5*], sie werden in der Ruhe ± zusammengelegt **Zygoptera,** Kleinlibellen S. 184

— Augen stoßen oben zusammen [*4*] (wenn getrennt, dann von oben gesehen tropfenförmig [*3*]: Gomphidae), Htflügel am Grunde verbreitert und daher dort größer als die Vdflügel [*4*]. Flügel werden in der Ruhe ausgebreitet gehalten . . . . **Anisoptera,** Großlibellen S. 186

1. Unterord. **Zygoptera**

1. Flügel an breitester Stelle über 8 mm, ± gefärbt. Körper metallisch glänzend . . . . 1. Fam. **Calopterygidae**

Calopteryx virgo L. (Flügel beim ♂ mit Ausnahme der Spitzen dunkelblau; beim ♀ rauchbraun getrübt, im Leben mit hellbraunen Queradern). **C. splendens** Harr. (Flügel beim ♂ mit breiter, blauer – nach dem Tod leicht braun werdender – Mittelquerbinde [*5*]; beim ♀ blaßgrünlich, im Leben mit grünen Längs- u. Queradern). Beide vorwiegend an Fließgewässern.

— Flügel bis 6 mm breit, an der Basis gestielt [*6*], glasklar ***2***

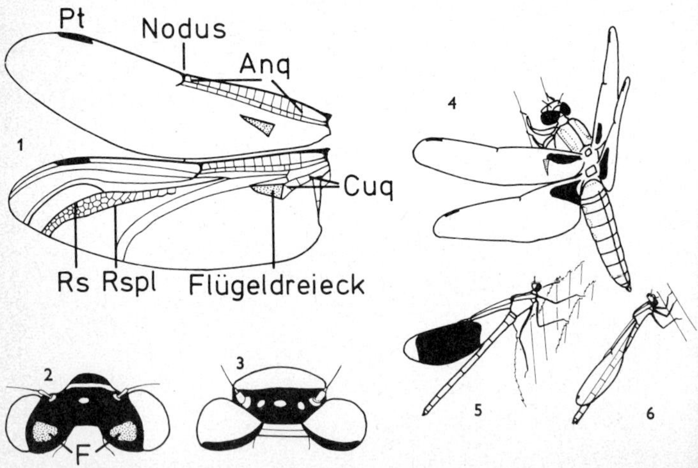

2. Pterostigma [*1*: Pt] über 2mal so lang wie breit, seine untere Seite über etwa 2–3 Zellen der darunter befindlichen Zellreihe [*7*]. Körper nie mit roter Färbung . . . . 2. Fam. **Lestidae** S. 185

– Pt wie [*8* od. *9*], seine untere Seite etwa so lang wie 1–1½ (selten 1¾, dann aber Körper rot) der darunter befindlichen Zellen *3*

3. Tibien der Mittel- u. Hinterbeine (bes. beim ♂) stark verbreitert [*10*] u. hell (höchstens mit dunkler Mittelkante). Kopf oben zwischen den Augen mit 2 hellen Querlinien [*11*] . . . 3. Fam. **Platycnemididae**

Federlibelle, **Platycnemis pennipes** Pall., (Wald-) Seen u. Fließgewässer.

– Tibien aller Beine gleichartig, schmaler als die Schenkel, oft dunkel. Kopf unmittelbar hinter den Fühlern ohne helle Querlinie [*2*] 4. Fam. **Coenagrionidae** S. 185

2. Fam. Lestidae

1. Hinterleib (hell)braun, oben mit bronzefarbiger Zeichnung. Pterostigma im Vdflügel um seine Länge näher an der Spitze als im Htflügel **Sympecma** Burm.

Einzige Libellen, die als Imago überwintern. **S. fusca** v. d. L. (nur lokal), **S. paedisca** Brauer (sehr selten).

– Hinterleib oben erzgrün od. kupfern, oft ± blaßblau bereift. Pterostigma (Pt) im Vd. u. Htflügel gleich weit von Flügelspitze 6; **Lestes** Leach

Sommer bis Herbst an stehenden Gewässern. a) Hinterkopf einfarbig (metallisch grün): **L.** (= **Chalcolestes**) **viridis** v. d. L. (Pt gelblich, bes. im Süden verbreitet). **L. dryas** Kirb. (Pt schwarz bis schwarzbraun. Untere Endanhänge des ♂ stark verbreitert u. nach innen gebogen, Legebohrer des ♀ überragt letztes Segment deutlich; nur lokal verbreitet). **L. sponsa** Hans. (Pt ebenso, aber untere Htleibsanhänge des ♂ nicht verbreitert u. nicht nach innen gebogen; Legebohrer des ♀ überragt nicht oder kaum letztes Segment; überall häufig). b) Hinterkopf in unterer Hälfte scharf abgesetzt gelblich: **L. virens** Charp. (Pt einfarbig braun, lokal, bes. in Mooren). **L. barbarus** F. (Pt halb braun, halb hell; selten).

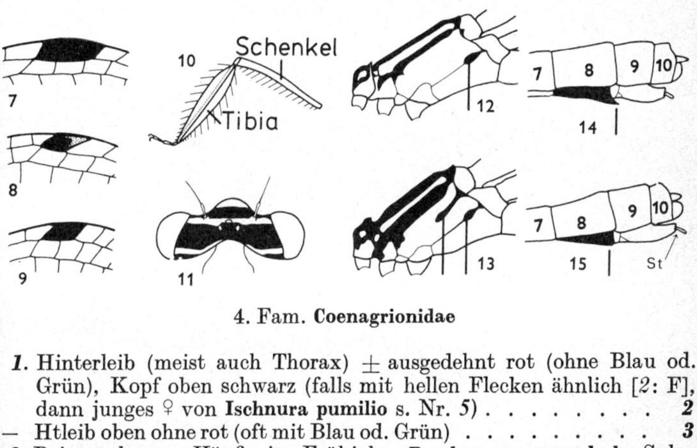

4. Fam. Coenagrionidae

1. Hinterleib (meist auch Thorax) ± ausgedehnt rot (ohne Blau od. Grün), Kopf oben schwarz (falls mit hellen Flecken ähnlich [*2*: F], dann junges ♀ von **Ischnura pumilio** s. Nr. 5) *2*

– Htleib oben ohne rot (oft mit Blau od. Grün) *3*

2. Beine schwarz. Häufig im Frühjahr. **Pyrrhosoma nymphula** Sulz.

– Beine rötlich. Sehr selten . . . . **Ceriagrion tenellum** De Vill.

3. Oberseite überwiegend erzgrün, Hinterleibsende keilförmig blau. Sehr zierlich (2 bis 2,5 cm lang). Sehr selten in Mooren . . . . **Nehalennia speciosa** Charp.

– Andere Merkmale *4*

4. Hinterleib oben auf Segment 3 bis 7 dunkel (höchstens je mit feinem hellem Vorderrand oder heller Bereifung) *5*

– Hinterleib oben mindestens auf einem der Segmente 3–7 mit heller oder bunter (meist blauer, grüner oder brauner) Zeichnung. Kopf oben mit hellen Flecken wie [*2*:F] (Ausn. nur Cercion z.T.) *6*

5. Pterostigma im Vdflügel des ♂ (meist) zweifarbig [*8*]. Untere Anhänge am Hinterleibsende des ♂ ragen weiter vor als obere. ♀ mit Dorn vor dem Legebohrer [*14*] . . . . **Ischnura** Charp.

I. elegans v. d. L. (Pt im Vdflügel kaum größer als im Htflügel; häufig). **I. pumilio** Charp. (Pt im Vdflügel etwa doppelt so groß wie im Htflügel; selten).

– Pt immer einfarbig braun. Obere Anhänge am Htleibsende des ♂ ragen weiter vor als untere. ♀ ohne Dorn vor dem Legebohrer [*15*]. Kopf oben ohne helle Flecke neben den Augen (falls mit hellen Flecken [*2*:F], ♀♀ von **Coenagrion s. Nr. 6**) . . . . . **Erythromma** Charp.

E. najas Hans. (Flügel über 2 cm; verbreitet). **E. viridulum** Charp. (Flügel bis 2 cm lang, selten). Beide Schwimmblattzone von Gewässern.

6. Thorax seitlich nur mit 1 kurzen schwarzen Zeichnungsstrich [*12*]. ♀ Dorn unten am Legebohrer [*14*] **Enallagma cyathigerum** Charp.

häufig an größeren Gewässern und Mooren

– Thorax seitlich mit 2 kurzen schwarzen Zeichnungsstrichen [*13*]. Vorm Legebohrer des ♀ kein Dorn [*15*] *7*

7. ♂ 8. Segment oben schwarz, obere Htleibsanhänge so lang wie 10. Segm., untere viel kürzer; Styli des ♀ [St: *15*] hell. Verbreitet nur im Oberrheingebiet **Cercion lindeni** Selys

– ♂ 8. Segm. oben blau, obere Htleibsanhänge viel kürzer als 10. Segm.; Styli des ♀ schwarz . . . . 9; **Coenagrion** Kirby

häufig nur 3 Arten: **C. puella** L. (Htrand des Prothoraxrückens (Halsschild) durch 2 flache Einbuchtungen schwach wellig [*16*]; ♂ auf 2. Hinterleibsegment mit U-förmiger Zeichnung). **C. pulchellum** v. d. L. (Htrand des Halsschilds durch 2 tiefe Einschnitte in 3 halbkreisförmige Lappen geteilt [*17*]; ♂ auf 2. Htleibsegment mit V- oder Yförmiger Zeichnung). **C. hastulatum** Charp. (Htrand des Halsschilds nicht eingebuchtet, sondern stumpfwinkelig vorspringend [*18*]; ♂ auf 2. Htleibsegment mit Speerspitzen-Zeichnung; bes. in Mooren).

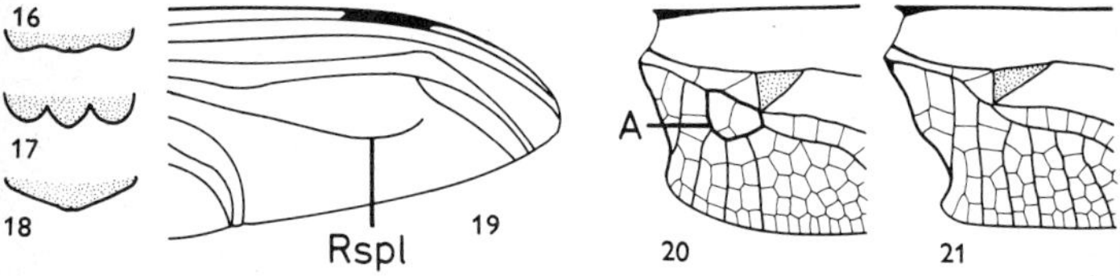

2. Unterord. **Anisoptera**

1. Augen berühren sich in der Kopfmitte [*4*] *2*

– Augen weit getrennt [*3*] . . . . 6. Fam. **Gomphidae** S. 187

2. Spitzester Winkel des Flügeldreiecks im Vdflügel zeigt in Richtung Flügellänge [*1*] *3*

— Spitzester Winkel des Flügeldreiecks im Vdflügel in Richtung Flügelbreite [4] oder Flügeldreieck ± gleichseitig 8. u. 9. Fam. **Corduliidae** u. **Libellulidae** S. 188

3. Augen berühren sich in einem Punkt. Körper schwarz mit gelben Flecken und Streifen . . . . 7. Fam. **Cordulegastridae**
nur **Cordulegaster boltoni** Don. (=annulatus Latr.) (Dreieck hinter den Augen gelb) und **C. bidentatus** Sélys (Dreieck hinter den Augen schwarz). Beide an Bergbächen, selten im Flachland.

— Augen berühren sich eine Strecke weit. Färbung anders.
5. Fam. **Aeshnidae** S. 187

5. Fam. **Aeshnidae**

1. Thorax einfarbig grün oder braun. Im Vdflügel biegt die Ader Rspl am Ende in der Höhe der Pterostigmas stark nach oben u. endet da [*19*]
Königslibellen, **Anax** Leach.
A. imperator Leach (Thorax u. Gesicht grün, verbreitet). **A. parthenope** Sélys (Thorax braun, Gesicht weißlich, selten)

— Thorax mit farbigen Streifen oder Flecken. Rspl im Vdflügel gerade oder wellig, endet aber nicht nach oben gebogen *2*

2. Zwischen den Adern Rs u. Rspl nur eine Zellreihe, höchstens einzelne Zellen verdoppelt. Flügellänge unter 4 cm. Im Frühjahr verbreitet
Brachytron pratense Müll. (= hafniense Müll.)

— Zwischen den Adern Rs und Rspl mindestens 3 Zellreihen [*1*]
9; **Aeshna** F. *3*

3. Flügel gelblich mit rotbraunen Adern, Körper braun. Verbreitet . . . **A. grandis** L.

— Flügel klar oder leicht getönt, alle oder meiste Adern schwarz *4*

4. Htflügel an Basis mit rotgelbem Fleck, Htleib braun mit einem gelben Keilfleck auf 2. Segment. Frühjahrsart . . . . **A. isoscelis** Müll.

— Htflügel ohne solchen Fleck, Htleib mit vielen farbigen Flecken. *5*

5. Thoraxseiten braun mit 2–3 schrägen, hellen Binden *6*

— Thoraxseiten grün, nur Nahtlinien ± geschwärzt. *8*

6. Flügellänge bis 4 cm; in der Ebene häufig . . . . **A. mixta** Latr.
(falls Berührungslinie der Augen kurz, kaum länger als das Dreieck dahinter, seltene Hochgebirgsart: **A. coerulea** Ström.)

— Flügellänge über 4 cm. Besonders in Mooren. *7*

7. Hinterkopf (senkrechte Rückseite des Kopfes) (meist) mit hellem Fleck nahe der Einbuchtung des Augenrandes, Mittellappen der Unterlippe meist ohne dunkle Flecke. Verbreitet . . . . **A. juncea** L.

— Hinterkopf immer einfarbig schwarz, Mittellappen der Unterlippe vorn mit 1-2 dunklen Flecken. Nur in Sphagnum-Mooren . . . . **A. subarctica** Walk.

8. Nahtlinien der Thoraxseiten breit geschwärzt; Pt höchstens 3 mm lang; obere Htleibsanhänge des ♂ hakig, mit Spitze nach unten. Verbreitet. Fliegt gern im (Baum) Schatten . . . . **A. cyanea** Müll.

— Nahtlinien der Thoraxseiten höchstens schmal geschwärzt; Pt über 3 mm; Htleibsanhänge ohne solche Spitze. Seltene Arten *9*

9. Thorax vorn oben jederseits mit breitem, grünem Streifen. An Gewässern mit Stratiotes (Krebsschere) (im Norden) . . . . **A. viridis** Eversm.

— Thorax vorn oben braun, jederseits mit kleinem, gelblichem Fleck. Südl. Art
A. affinis v. d. L.

6. Fam. **Gomphidae**

1. Hinterflügel mit Analschleife aus 2–3 Zellen [*20* : A] *2*

— Htflügel ohne geschlossene Analschleife [*21*] . . 3; **Gomphus** Leach
häufigste Art **G. vulgatissimus** L. (Tibien schwarz)

2. Thorax seitlich mit dicken schwarzen Streifen **Onychogomphus** Sélys
O. forcipatus L. (u. der seltene nur bei Schaffhausen vorkommende **O. uncatus** Charp.)

— Thorax seitlich mit feinen Strichen.
Ophiogomphus serpentinus Charp.
Gomphiden nicht häufig, an Fließgewässern u. klaren Seen (oft im Wald)

8. Fam. **Corduliidae** und 9. Fam. **Libellulidae**

1. Körper größtenteils erzgrün od. kupfern glänzend (falls braun, dann Htleib mindestens 4 cm l: **Epitheca bimaculata** Charp., sehr selten); Htflügelbasis des ♂ zu einer kleinen Spitze ausgezogen [*21*] **Corduliidae** *2*

— Nicht oder kaum erzgrün bzw. kupfern gefärbt; Hinterleib höchstens 3,5 cm lang (beim ♂ oft hellblau bereift od. rot); Htflügelbasis auch beim ♂ gerundet . . . . **Libellulidae** *3*

2. Im Htflügel nur 1 Querader [*1*:Cuq] vor dem Flügeldreieck. Beim ♂ sind 6.–9. Htleibssegment verbreitert. Häufig . . **Cordulia aenea** L.

— Im Hinterflügel 2 Queradern Cuq vor dem Flügeldreieck. 4; **Somatochlora** Sélys

Häufiger **S. metallica** v. d. L. (Stirn vor den Augen mit gelber Querbinde); **S. flavomaculata** v. d. L. (Hinterleib seitlich am 4.–8. Segment mit gelben Flecken; in Sümpfen). Anders: 2 seltene Hochmoorarten, **S. arctica** Zett. (1 Cuq im Vdflügel; auch im Tiefland) und **S. alpestris** Sélys (2 Cuq im Vdflügel; nur oberhalb 700 m NN). Falls Htleib oben mit großen gelben Flecken, dann **Oxygastra curtisi** Dale (nur einmal an der Siegmündung).

3. Mindestens 10 (meist 12–16) Anq-Queradern im Vorderflügel . *4*

— Weniger als 10 (meist 7–8) Anq Queradern *5*

4. Mit dunklem Fleck mindestens an der Basis des Htflügels, die Adern darin gelb . . . . 3; **Libellula** L.

L. quadrimaculata L., Vierfleck, (am Nodus des Vd- u. Htflügels je 1 schwarzer Fleck). **L. depressa** L., Plattbauch, (Hinterleib auffallend breit und flach, beim ♂ hellblau bereift, beim ♀ braun; Vdflügel mit großem Basalfleck, bis zum Flügeldreieck [*4*]). **L. fulva** Müll. (Vdflügel nur mit schmalem Basalfleck, der weit vor dem Flügeldreieck aufhört; Flügelspitzen meist mit dunklem Fleck).

— Basis von Vd- und Htflügel ohne dunklen Fleck. 4; **Orthetrum** Newm.

O. cancellatum L. (Pterostigma schwarzbraun, obere Hinterleibsanhänge ganz schwarz; verbreitet); **O. coerulescens** F. (Pterostigma gelbbraun, im Vdflügel länger als 3 mm; lokal, mehr im Süden). – Falls Hinterflügelbasis mit großem gelbem Fleck: **Crocothemis servilia erythraea** Brulle, seltener Einwanderer im Süden.

5. Basis der Htflügel mit schwarzem Fleck, Gesicht u. Stirn weiß(lich); im Frühjahr in Mooren . . . . 5; **Leucorrhinia** Britt.

Obere Hinterleibsanhänge weiß: 2 seltene Arten **L. caudalis** Charp. (2 Cuq im Htflügel, Pt des ♂ oben weiß) u. **L. albifrons** Burm. (1 Cuq im Htflügel, Pt schwarz). Alle Htleibsanhänge schwarz: Pterostigma hellrotbraun: **L. rubicunda** L. (♂); Pt schwarzbraun: **L. pectoralis** Charp. (alle hellen Flecken auf dem Htleib groß, fast bis zum unteren Segmentrand) u. **L. dubia** v. d. L. (helle Flecke kleiner, mindestens die vorderen kürzer als $^2/_3$ der Segmentlänge) – ♀ schwer bestimmbar.

— Basis der Hinterflügel ohne schwärzlichen, höchstens mit gelbem Fleck. Sommer bis Herbst. Heidelibellen . . 9; **Sympetrum** Newm.

An allen stehenden Gewässern, oft in Heiden u. Lichtungen. Häufig sind 5 Arten. a) Beine ganz schwarz: **S. danae** Sulz. (=scoticum) (Thorax seitlich schwarz mit gelben Streifen u. Flecken od. ganz schwarz) u. **S. sanguineum** Müll. (Thorax nicht so gefärbt, Htleib des ♂ rot). b) Beine schwarz mit gelben Längsstreifen: Flügelbasis mit großem, gelben Fleck: **S. flaveolum** L., Flügelbasis ungefärbt oder höchstens mit winzigem gelben Fleck, der das Flügeldreieck nicht erreicht: **S. vulgatum** L. (schwarze Stirnlinie läuft noch ein Stück an den Augen herab; sehr häufig, bes. im Norden) u. **S. striolatum** Charp. (schwarze Stirnlinie endet an den Augen, im Norden seltener, besonders im SW häufig).

Larven

Schlüssel gilt nur für letztes Larvenstadium (Flügelscheiden reichen mindestens bis zum 4. Abd. segment) und für Exuvie. **Fm = (Prämentum der) Fangmaske, Sl = Seitenlappen der Fm, Ep = Epiprokt, Pp = Paraprokt(e).**

1. Abd. zylindrisch, schlank (schmaler als 3 mm), am Ende mit 3 blattförmigen, zarten Anhängen (Ep, Pp; Cerci unscheinbar oder reduziert),

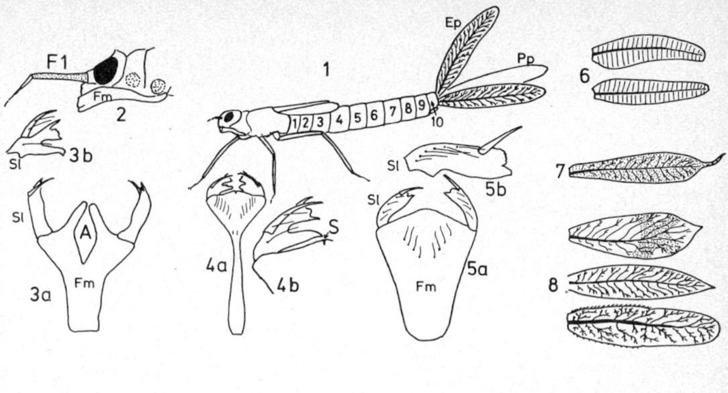

die länger sind als die letzten 4 Abd. Segmente zusammen [*1*]; Fluchtschwimmen mit schlängelnden Hinterleibsbewegungen (Ep, Pp als Ruderplättchen), keine deutliche Enddarmatmung **Zygoptera** *2*

— Abd. ventral ± abgeplattet und breiter als 4 mm, am Ende mit einer kräftigen Analpyramide aus 5 stachelförmigen Anhängen (Ep, 2 Cerci, 2 Pp), die kürzer sind als die letzten 3 Abd. Segmente zusammen [*9, 10*]; deutliche Enddarmatmung, Fluchtschwimmen durch Ausstoßen von Atemwasser . . . . **Anisoptera** *5*

2. 1. FGl. (F 1 in [*2*]) überragt den Kopf weit, länger als die übr. FGl. zusammen; Fm vorn mit tiefem, rautenförmigen Ausschnitt (A in [*3 a*]) **Calopterygidae (Calopteryx)**

— 1. FGl. überragt nicht den Kopf, viel kürzer als die übrigen FGl. zusammen [*1*]; Fm ohne rautenförmigen Ausschnitt [*4, 5*] . . . *3*

3. Sl tief eingeschnitten [*4 b*], Fm vorn mit schmalem Spalt (S in [*4 b*]), Tracheenseitenäste von Ep, Pp stehen senkrecht auf dem Hauptast [*6*] **Lestidae**

Fm dreieckig: **Sympecma, Lestes viridis;** Fm löffelförmig lang gestielt [*4 a*]: übrige **Lestes**-Arten.

— Sl nicht tief eingeschnitten [*5 b*], Fm ohne Spalt [*5 a*]: Tracheenseitenäste von Ep, Pp mehrfach verzweigt, stehen in spitzem Winkel zum Hauptast [*1, 7, 8*] *4*

4. Ep, Pp in lange, fadenförmige Spitze ausgezogen, meist mit dunkler Zeichnung, die die Aderung verdeckt [*7*] **Platycnemididae (Platycnemis pennipes)**

— Ep, Pp abgerundet oder mit kurzer Spitze, Aderung meist deutlich [*8*] . . . . **Coenagrionidae**

5. Fm flach [*15*], läßt das Gesicht frei . . . . . . **Aeshnoidea** *6*

— Fm mit baggerschaufelartigen Seitenlappen [*16*], die das Gesicht bis fast zu den Augen verdecken [*17, 18 a*] (daher der Name Fang-„Maske") . . . . **Libelluloidea** *7*

6. Abd. stark abgeplattet oder im Querschnitt dreieckig, gestaucht und wie die Beine stark behaart (grabende Formen); F nur mit 4 Gliedern,

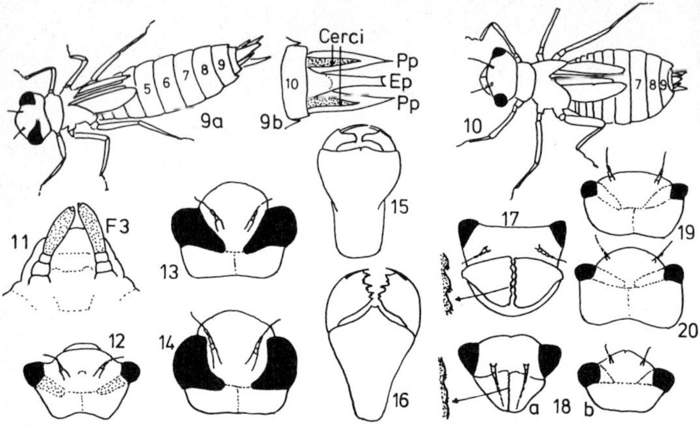

das 3. F-Glied (F 3 in [*11*]) länger als die übrigen zusammen und abgeplattet . . . . **Gomphidae**

Abd. ohne deutliche Rückendornen: **Gomphus**; Abd. mit deutlichen Rückendornen zumindest auf Segm. 8 + 9: **Ophiogomphus** (über 27 mm lang) und **Onychogomphus** (bis 26 mm lang).

— Körper wie [*9a*], ohne dichte Behaarung (graben sich nicht ein), F fadenförmig aus 7 Gliedern [*12–14*] . . . . **Aeshnidae**

Kopf wie [*12*]: **Brachytron**; Kopf wie [*13*], meist unter 44 mm lang: **Aeshna**; Kopf wie [*14*], meist über 45, oft über 50 mm lang: **Anax**

7. Sl tief gezähnt [*16*], Körper langgestreckt (über 35 mm lang, unter 10 mm breit) . . . . **Cordulegastridae**

Cordulegaster, im flachem Feingrund von Quellen und kühlen Bächen.

— Sl tief gekerbt [*17*], Körper gestaucht . . . . **Corduliidae**

Etwa 30 mm lang und über 10 mm breit: **Epitheca bimaculata** (sehr selten), bis 25 mm lang: **Cordulia aenea** (Rückendornen klein, auf Segm. 9 oft winzig; an den Thoraxseiten ein markanter dunkler Längsstreif vom Prothoraxdorn zum Ansatz des Hinterflügels), **Somatochlora** (ohne markanten Längsstreif an den Thoraxseiten; Rückendornen sehr kräftig, auch auf Segm. 9 deutlich: **S. metallica, S. flavomaculata,** Rückendornen praktisch fehlend, in Hochmoorschlenken und im Hochgebirge: **S. arctica, S. alpestris**)

— Sl flach gekerbt [*18*], Körper gestaucht [*10*] . . **Libellulidae** *8*

8. Augen knopfförmig, klein [*17, 19, 20*], Larven kurzbeinig (HtTi überragen Abd.ende nicht). Beine dicht behaart (grabende Formen). Deutliche Rückendornen auf Segm. 7 + 8, Hinterkopfseiten geschwungen [*19*]: **Libellula**; ohne Rückendorn auf Segm. 8, Hinterkopfseiten parallel [*20*]: **Orthetrum**

— Augen mind. so lang wie der Hinterkopf [*18*], Larven langbeinig (HtTi überragen das Abd.ende), Beine ohne dichte Behaarung. Abd unten einfarbig hell oder schwarz: **Sympetrum** (+ **Crocothemis**); Abd unten mit dunkler Zeichnung, vorzugsweise in Mooren: **Leucorrhinia**

Literatur: Carchini, G.: A key to the Italian Odonate larvae. Soc. Internat. Odonat. Rapid. Communic. (Suppl.) 1, Utrecht 1983. - Geijskes, D. + J. v. Tol: De libellen von Nederland (Odonata). Hoogwoud 1983. - Hammond, C.: The dragonflies of Great Britain and Ireland. London 1977. - Jurzitza, G.: Unsere Libellen. Kosmos. Stuttgart 1978. - Schmidt, Er.: Libellen, Odonata, in: Brohmer, Ehrmann, Ulmer, Tierwelt Mitteleuropas, Bd. 4, Leipzig 1929. - Schmidt, Eb. (1977): Ausgestorbene und bedrohte Libellenarten in der BR Deutschland. Odonatologica 6 (2): 97–103. - Schmidt, Eb.: Odonata, in Illies: Limnofauna Europaea, Stuttgart 1978. - Schmidt, Eb. (1982): Libellenfotos als Beleg für die Artbestimmung. Libellula 1 (2): 40–48.

7. Ord. **Plecoptera,** Steinfliegen, Uferfliegen

Mit 4 häutigen (bei manchen Arten verkürzten) Flügeln, die in Ruhe gefaltet, flach auf dem Körper liegen oder ihn etwas umrollen. Fühler lang, borstenförmig. Hinterleib am Ende mit 2 Anhängen (Cerci), die fadenartig lang [*1–4*] oder stark reduziert sein können [*5* u. *6*]. Beine mit 3 Fußgliedern (Tarsen). Einheimische Arten braun bis dunkel, seltener gelb oder gelbgrün, 3–30 mm lang. Larven [*7* u. *8*] vor allem in Fließgewässern, einige auch in der Brandungszone von Seen. Die Arten der **Setipalpia** ernähren sich räuberisch, diejenigen der **Nemouroidea** fressen Algen und Detritus. Während der meist einjährigen (nur bei größeren Arten 2–3jährigen) Entwicklungszeit zahlreiche Häutungen. Letztes Larvenstadium verläßt das Wasser, um sich zum Vollkerf zu häuten. Die meisten sind schlechte Flieger und bleiben in den wenigen Wochen des Imaginallebens in Gewässernähe. Eiablage ins Wasser. Im Gebiet etwa 113 Arten in 25 Gattungen.

1. Fußglied 1 u. 2 viel kürzer als 3 [*9a*]. Cerci lang, fadenförmig [*1–4*] . . . *2*

— Fußglied 2 kürzer als 1 oder 3 [*9b*] *6*

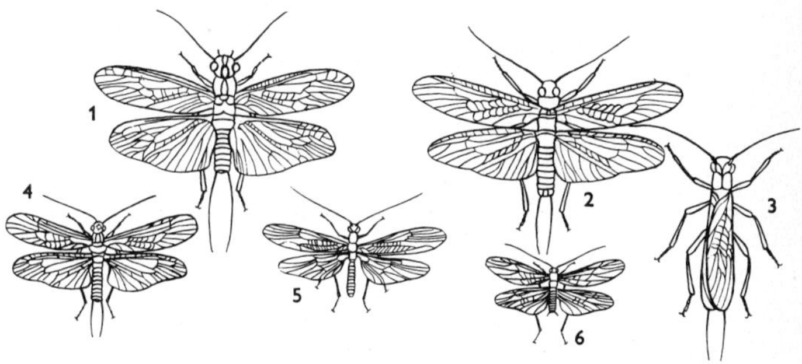

1 Perlodes, 2 und 3 Perla, 4 Chloroperla, 5 Leuctra, 6 Nemoura.

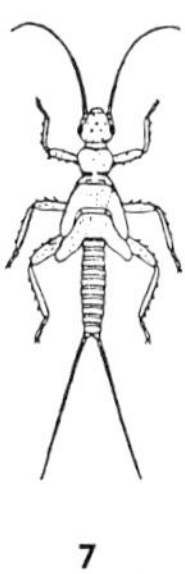

7

Larve der Nemouroidea

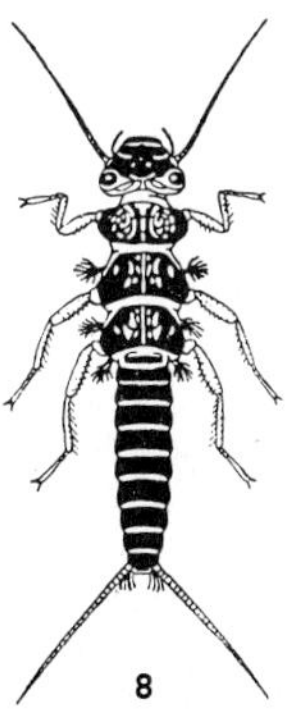

8

Larve der Setipalpia

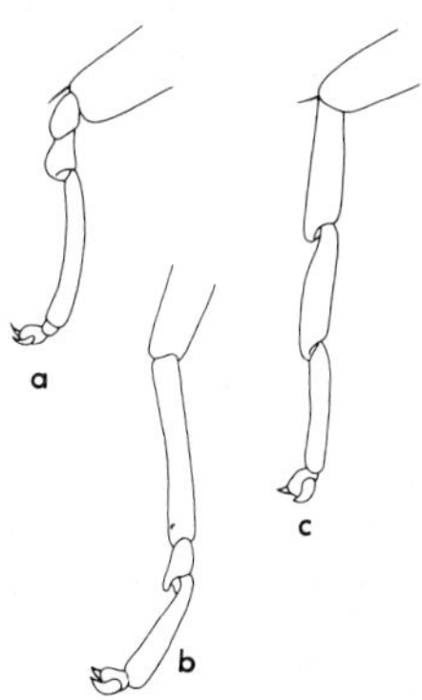

9

— Die 3 Fußglieder fast gleich lang [*9c*] . **Taeniopterygidae** S. 194
2. Flügel bis zum Ende des Hinterleibs reichend *3*
— Flügel verkürzt, nicht bis zum Hinterleibsende *5*
3. Untere Basisteil (Analteil) des Htflügels klein, mit höchstens 3 Analadern (A) [*10*]. Gelbgrün mit schwarzer Zeichnung am Hinterrand von Meso- u. Metanotum des Thorax . . . . **Chloroperlidae** S. 194
— Htflügel mit großem Analteil u. mehr als 4 Analadern [*11*]. Grundfärbung meist braun und oft mit gelben Flecken *4*
4. Vdflügel mit mindestens 10 Queradern zwischen h und Sc [*11*]. An den Seiten des Thorax unterhalb der Stigmen Kiemenreste vorhanden **Perlidae** S. 192
— Vdflügel ohne oder mit weniger als 8 Queradern zwischen h und Sc [*12*]. Keine Kiemenreste . . . . **Perlodidae** S. 193
5. Letztes Htleibs-Tergit gespalten u. jederseits mit nach oben gekrümmtem Hakenfortsatz . . . . ♂♂ einiger **Perlidae** S. 193
— Letztes Htleibs-Tergit ohne solche Fortsätze ♂♂ einiger **Perlodidae** S. 193
6. Aderung der Flügel bildet etwas außerhalb der Mitte am Vdrand fast x-förmige Figur [*14*] . . . . **Nemouridae** S. 194
— Aderung dort ohne x-förmige Figur [*13*] 7
7. Vdflügel mit zahlreichen Queradern zwischen Cu_1 u. Cu_2 [*13*]. Flügel in Ruhe um Htleib gerollt. Cerci nur kurz . . . . . . **Leuctridae**
Euleuctra geniculata Steph. (Fühler mit langen, steifen Borsten an der Spitze jedes Gliedes). 28; **Leuctra** Steph. (Fühler kurzbehaart; nur bei **L. braueri** Kpn. mit langen Borsten, diese Art aber ohne unpaaren Fortsatz auf Tergit 8 des Htleibs. Häufig: **L. nigra** Kpn. [*5*], an kleineren Fließgewässern u. an Seen).
— Vdflügel mit höchstens 3 Queradern zwischen Cu_1 u. Cu_2 [*15*]. Flügel in Ruhe flach auf dem Htleib (♂ von **Capnia bifrons** Newm. extrem kurzflügelig mit wenigen Längsadern). 3–8 mm . . . . . **Capniidae**
2; **Capnioneura** Ris (Cerci eingliedrig). **Capnopsis schilleri** Rost. (Cerci weniger als 10 Glieder). 3; **Capnia** Pict. (Cerci mit mehr als 10 Gliedern).

Fam. **Perlidae**

1. Im Htflügel eine Querader zwischen $2A_1$ u. $2A_2$ [*11*]. Dunkel . *2*
— Im Htflügel keine Querader zwischen $2A_1$ u. $2A_2$. Körper hellbraun. Selten . . . . 2; **Marthamnea** Klap.

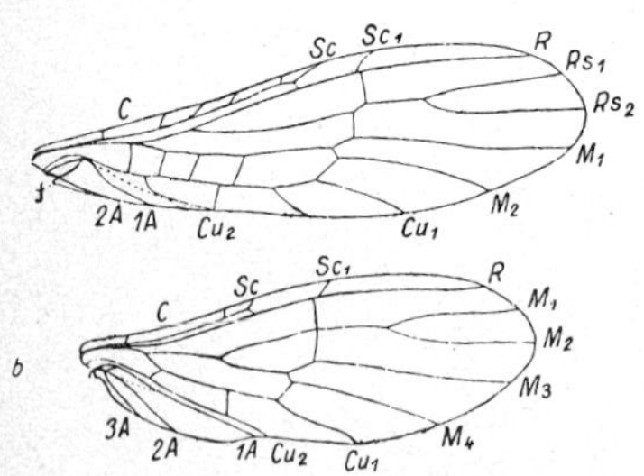

10

Flügel von Chloroperla tripunctata.

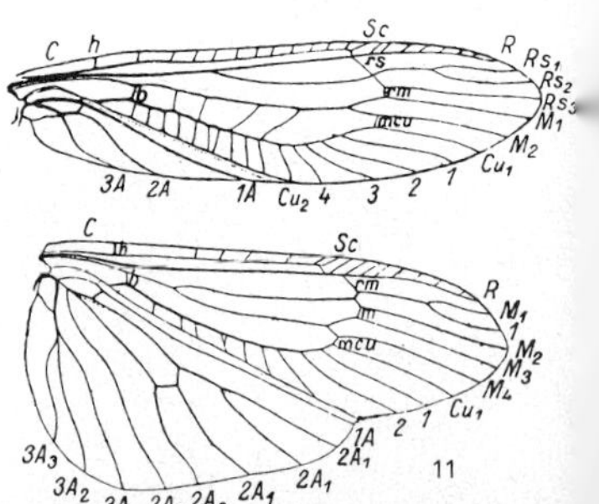

11

Flügel von Perla burmeisteriana.

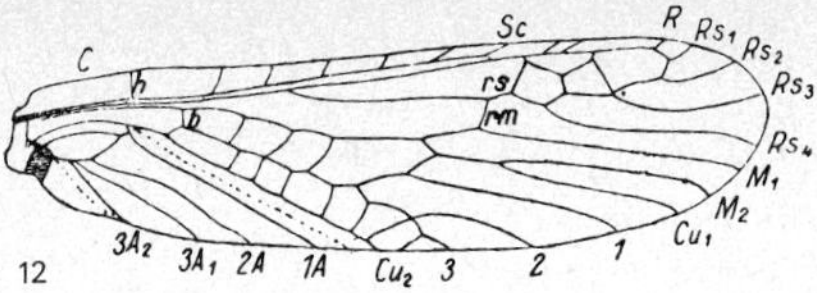

12

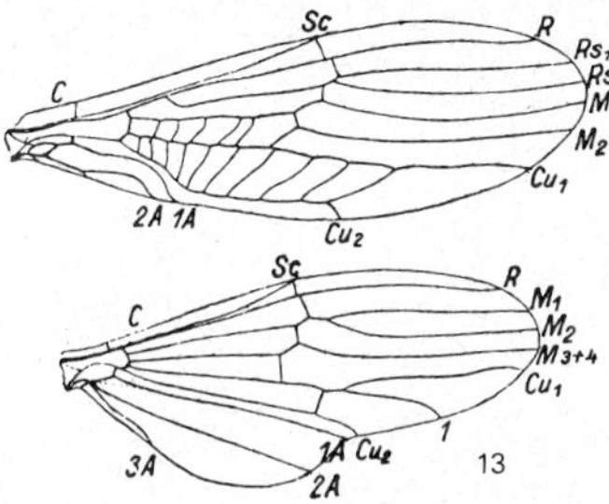

13

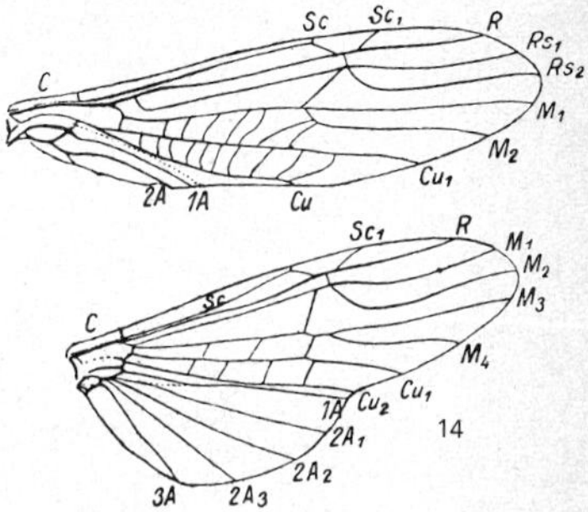

14

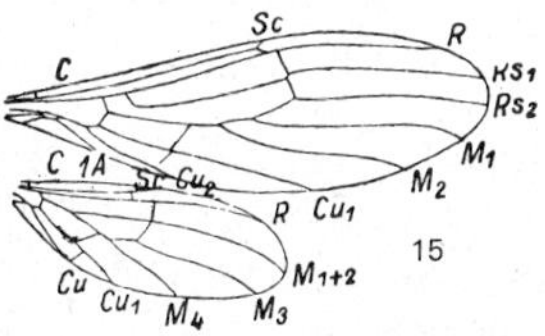

15

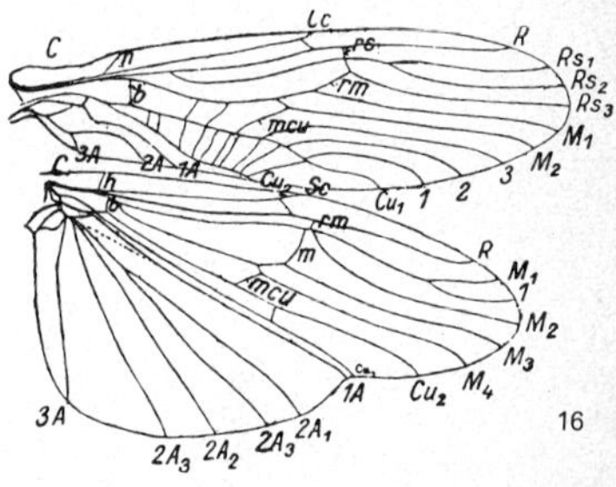

16

2. Medialfeld im Htflügel ohne Querader [*11*] 4; **Perla** Geoffr. [*2*]
Häufig **P. marginata** Panz. (mit dunklem Fleck zwischen Ozellen).
– Medialfeld im Htflügel (meist) mit 2–3 Queradern.
2; **Dinocras** Klap.
D. cephalotes Curt., ♂ mit verkürzten Flügeln. Bäche des Mittelgebirges.

Fam. **Perlodidae**

(♂♂ einiger Arten mit verkürzten Flügeln)

1. Spitze des Vdflügels mit unregelmäßigem Netzwerk [*12*] . . . *2*
– Kein Netzwerk im Radialbereich, nur eine Querader dort . . *5*
2. Im oberen Cubitalfeld des Vdflügels 3 od. mehr Queradern [*12*] *3*
– Dort nur 1–2 Queradern (Flügel oft verkürzt). Selten
Arcynopteryx compacta McL.

3. Im Vdflügel Queradern rs u. rm gegeneinander versetzt [*12*]. Tergit 10 des Htleibs beim ♂ ungeteilt . . . . 4; **Perlodes** Banks
P. microcephala Pict. [*1*], gelbe Flecke auf dunklem Vdkörper. Bäche der Mittelgebirge.
— Im Vdflügel bilden rs u. rm eine Gerade. Tergit 10 des Htleibs beim ♂ geteilt *4*
4. Halsschild einfarbig schwarz. Selten . . . **Besdolus imhoffi** Pict.
— Halsschild mit gelber Mittellinie . . . . 3; **Dictyogenus** Klap.
D. alpinus Pict. (dunkler Fleck auf Querader rs), **D. fontium** Ris (ohne dunklen Fleck). In Alpen oberhalb 1000 m.
5. Vdflügel am Spitzenteil mit braunem Fleck. Am Htrand des Kopfes gelber Fleck. ♂ kurzflügelig . . . . **Diura bicaudata** L.
— Vdflügel ohne runden braunen Fleck . . . 10; **Isoperla** Banks
Häufig **I. grammatica** Pod., grünlich mit heller Unterseite.

Fam. **Chloroperlidae**

1. Meso- und Metanotum des Thorax mit breiter u-förmiger Zeichnung. Fühler gesägt. Sehr selten . . . . . . **Isoptena serricornis** Pict.
— Die beiden Thoraxsegmente mit schwarzer w-förmiger Zeichnung am Hinterrand. Fühler borstenförmig *2*
2. Halsschild einfarbig blaßgelb . . . **Xanthoperla apicalis** Newsm.
— Halsschild schwarz gerandet *3*
3. Cerci etwa halb so lang wie Htleib . 2; **Chloroperla** Newsm. [*4*]
— Cerci mindestens so lang wie Htleib . . 4; **Siphonoperla** Zwick

Fam. **Taeniopterygidae**

1. Im Vorderrandfeld der Flügel 2 oder mehr Queradern 3; **Rhabdiopteryx** Klap.
R. alpina Kühltr., Kopf u. Schenkel zweifarbig. Alpen.
— Im Flügelrandfeld (Costalraum) keine Queradern *2*
2. Im Vdflügel zwischen M_2 u. Cu_1 sind 2–3 Nebenlängsadern [*16*]. Flügel oft gebändert . . . . 5; **Brachyptera** Newsp.
B. monilicornis Pict., Fühler perlschnurartig, Kopf schwarz.
— Nur eine Längsader zwischen M_2 u. Cu_1 im Vdflügel **Taeniopteryx** Pict.
T. nebulosa L., im zeitigen Frühjahr an Flüssen.

Fam. **Nemouridae**

1. Prothorax unterseits mit Resten von 4–6 Kiemen *2*
— Prothorax ohne Kiemenreste *3*
2. 6 helle, fingerförmige Kiemenreste . . . 13; **Protonemura** Kpn.
P. meyeri Pict., häufig an Bächen der Mittelgebirge.
— 4 helle, warzenförmige Kiemenreste . . . 4; **Amphinemura** Ris
A. sulcicollis Steph., an Fließgewässern.
3. Fußglied 1 der Htbeine so lang wie 2 + 3 . 14; **Nemoura** Latr.
N. cinerea Retz. [*6*], Halsschild gekörnt; verbreitet u. häufig.
— Erstes Fußglied der Htbeine deutlich länger als die beiden folgenden zusammen . . . . **Nemurella picteti** Klap.

Larven

1. Fußglied 1 u. 2 sehr kurz, zusammen etwa so lang wie 3 [*9a*] . *2*
— Die 3 Fußglieder etwa gleich lang [*9c*] oder Glied 2 deutlich kürzer als 1 [*9b*] *4*
2. Thorax mit seitlichen hellen Büschelkiemen zwischen den Beinen [*8*] **Perlidae**
— Keine Büschelkiemen zwischen den Beinwurzeln *3*
3. Endglied der Maxillarpalpen stiftartig auf dem vorletzten, sehr viel kleiner als die übrigen Glieder . . . . **Chloroperlidae**
— Endglied der Palpen nur wenig schmäler als die übrigen Glieder **Perlodidae**
4. Die 3 Fußglieder etwa gleich lang . . . . . . **Taeniopterygidae**
— Zweites Fußglied deutlich kürzer als erstes *5*
5. Flügelanlagen schräg nach hinten gerichtet [*7*] . . **Nemouridae**
— Flügelanlagen parallel zum Körper *6*
6. Htleibsringe 1–4 in Tergite und Sternite getrennt, die folgenden ungeteilt . . . . **Leuctridae**
— Alle Htleibssegmente in Tergite u. Sternite getrennt . **Capniidae**

Literatur

Illies, J.: Steinfliegen oder Plecoptera. In Dahl, Tierwelt Deutschlands, T. 43, Jena 1955. - Illies, J.: Plecoptera (Neubearbeitung). In Brohmer, Ehrmann, Ulmer, Tierwelt Mitteleuropas, Bd. 4, Leipzig 1963. - Zwick, P.: Insecta: Plecoptera. Phylogenetisches System und Katalog. In Kieffer, Das Tierreich, Lief. 94, Berlin & New York 1973.

8.–11. Ord. **Orthopteria**, Geradflügler

1. Tarsen 3–4gliedrig *2*
— Tarsen 5gliedrig: Ord. **Blattodea**, Schaben [*1*], S.196 , falls Vorderbeine Fangbeine [*15*]: Ord. **Mantodea**, Fangschrecken, S. 198
2. Cerci (Anhänge am Ende des Hinterleibs) nicht zu Zangen umgebildet [*16, 19*]: Ord. **Saltatoria**, Springschrecken, S. 198
— Cerci zu Kneifzangen umgebildet [*127*]: Ord. **Dermaptera**, Ohrwürmer, S. 208

8. Ord. **Blattodea**, Schaben

(Alle in Deutschland ständig oder öfters vorkommenden Arten)

Aussehen wie [*1–4*], mit abgeflachtem Körper, Kopf vom scheibenförmigen Halsschild (Pronotum) ± verdeckt. Flügeldecken (Flgld.) derb, ungefaltet, Hinterflügel häutig, gefaltet, öfter rückgebildet. Mundwerkzeuge beißend, Fühler länger als der Körper, borstenförmig (d. h. zur Spitze dünner werdend). Laufbeine. Eier in einem Paket (Oothek); Verwandlung unvollkommen (ohne Puppe).
Achtung ! Körperlänge vom Vorderrand des Pronotum bis zur Hinterleibsspitze gemessen, bei Arten mit diese überragenden Flügeln bis zur Spitze derselben.

1. Schenkel ventral mit 1–2 Dornen [*5*]
(Pseudomopidae, Ectobiinae) *2*
— Schenkel ventral mit mehr als 2 Dornen [*6*] *9*
2. Flgld. undeutlich geadert, Analader nicht vertieft.
Phyllodromica (Fieb)
Ph. maculata (Schreb.). ca. 6–7 mm. Flgld. ♂ den Hinterleib bedeckend, am distalen Ende mit großem, dunklen Fleck, beim ♀ den Htleib nur halb bedeckend, einfarbig gelbbraun, seltener mit kleinem Fleck, selten bei ♂ und ♀ Flgld. schwarzbraun mit hellem Vdrand. Waldränder, Hecken. Selten.
— Flgld. deutlich geadert, Analader vertieft [*1*]. **Ectobius** (Steph.)
Waldschaben, klein, flink, besonders in u. am Wald im Gebüsch u. Fallaub. ♂♂ fliegen gut, kommen auch ans Licht, ♀♀ halten sich mehr am Boden auf.
♂♂ (Htleib mit Drüsengrube [*1*]). Hier auch Verbreitungsangaben *3*
♀♀ *6*

1
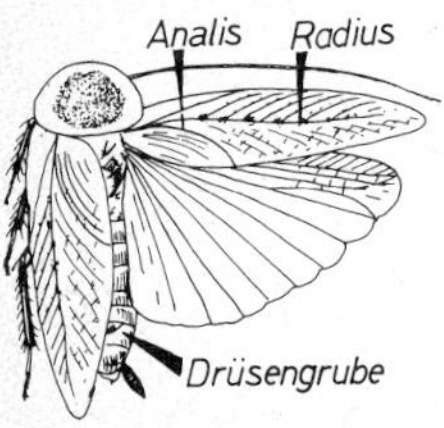

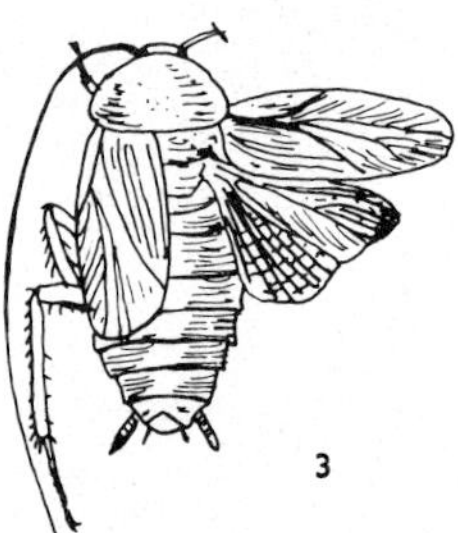
3

4

2

5

6
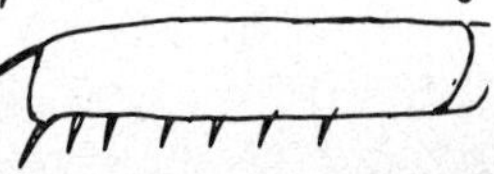

3. Mittelfleck des Pronotum rundlich, mit unscharfen Rändern [*1*] . *4*

– Mittelfleck trapezförmig, scharf umrissen, schwarz oder aufgehellt, elfenbeinfarbig gerandet [*2*]. Drüsengrube ohne Zäpfchen [*7*]. **E. silvestris** (Poda)

die normale tiefschwarze Zeichnung ist bei **f. discrepans** aufgehellt, bei **f. lucidus** Hgb., die auch als eigene Art angesehen wird, einfarbig rötlich mit dunklen Htwinkeln, bei ♀ auch mit weiteren Aufhellungen. 9–14 mm. Überwiegend im Berg- und Hügelland.

4. Pronotum ca 3 mm breit, Körper 8–13 mm lang *5*

– Pronotum ca 2,5 mm breit, Körper 6,5–7 mm lang. Drüsengrube mit rundl. Vertiefung, darin eine weitere mit schwach ausgebildetem Zäpfchen [*8*] . . . . **E. panzeri** (Steph.)

zierliche Art der Nordseeküste und der Inseln davor.

5. Drüsengrube mit meist 2zipfligem Zäpfchen [*9*], zuweilen zu einem stumpfen Zapfen verwachsen; längs der Radialader dunkle Flecken [*1*]. 9–11 mm . . . . **E. lapponicus** (L.)

Im ganzen Gebiet. Bei **E. erythronotus** Burr. fehlen längs der Radialader große dunkle Flecken; Drüsengrube mit einfachem Zäpfchen, oft nicht leicht von voriger zu unterscheiden. Im Süden.

– Drüsengrube ohne Zäpfchen; fahl bernsteingelb. 9,5–10,5 mm **E. pallidus** (Oliv.)

Lichte Wälder; vereinzelt im südl. Rheinland u. Münsterland.

6. Flgld. hinten nicht gerade abgeschnitten *7*

– Flgld. hinten gerade abgeschnitten [*10*]. 5–6 mm **E. panzeri** (Steph.)

7. Grundfarbe nicht einfarbig gelblich *8*

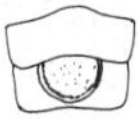
7
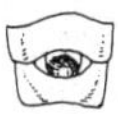
8

9

10

11
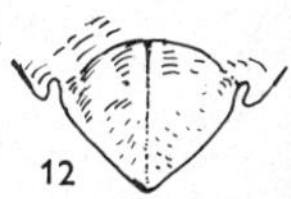
12

13

14

– Grundfarbe einfarbig gelblich; 8–10 mm . . . **E. pallidus** (Oliv.)

8. Mittelfleck des Pronotum schwarz, trapezförmig mit scharf umrissenen Rändern, elfenbeinfarbig gesäumt [*2*]. Flgld. bedecken nicht den Htleib. 6–10 mm . . . . **E. silvestris** (Poda)

– Mittelfleck rundlich mit unscharfen Rändern, rötlichgelblich bis bräunlich. Flgld. bedecken meist Htleib. 7–10 mm . . **E. lapponicus** (L.)

Im Gegensatz zur folgenden Art liegt zwischen den Augen eine helle, zuweilen verwaschene Querbinde, Htleib ventral schwarz u. seitlich hell gesäumt. Bei dem sonst ähnlichen **E. erythronotus** Burr keine helle Querbinde zwischen den Augen, Htleib ventral hellbraun mit dunklen Flecken. 7–9 mm.

9. Über 19 mm lang. Subgenitalplatte des ♂ symmetrisch mit 2 Styli [*11*], die des ♀ 2klappig [*12*]. Kosmopoliten. **(Blattidae)** *11*

– Bis 15 mm lang. Subgenitalplatte des ♂ unsymmetrisch, mit 1 oder 2 ungleichen Styli, die des ♀ hinten abgerundet. Kosmopoliten. **(Pseudomopidae, Pseudomopinae)** *10*

10. Subgenitalplatte des ♂ mit 1 Stylus [*13*]; trübgelb bis rötlichbraun. Pronotum mit 2 dunklen Längsstreifen. Etwa 10–13 mm **Blattella germanica** (L.)

In Backstuben, Lagern usw.

– Subgenitalplatte des ♂ mit 2 ungleichen Styli [*14*]. Pronotum ohne 2 dunkle Längsstreifen. Etwa 10–14 mm. **Supella longipalpa** (F.) besonders in Wohnungen; seit 1954 eingebürgert.

11. Flgld. des ♂ den Htleib nicht überragend [*3*], beim ♀ seitlich, lappenförmig [*4*]; kastanienbraun bis schwarzrot. 19–30 mm.
Küchenschabe, Kakerlak, **Blatta orientalis** L.

— Flgld. überragen bei ♂ u. ♀ den Htleib, rotbraun, am Htrand des Pronotum und auf den Seitenrand übergreifend eine verwaschene, rötlichgelbe Binde. Ca 28–45 mm . . . . . **Periplaneta americana** (L.)
Bes. in Treibhäusern und Markthallen. **P. australasiae** (F.) ist dunkler braun, die dunkle Pronotummitte ist bei ihr von einer scharfgerandeten Binde umgeben, die Flgld. haben an Basis u. Vorderrand gelbliche Längsbinde. 30–34 mm.

9. Ord. **Mantodea**, Fangschrecken

Mantidae: Bei uns nur Gottesanbeterin, **Mantis religiosa** L. [*15*].
Grün oder bräunlich, ♂ 40–48, ♀ 48–60 mm. In warmen Lagen am Kaiserstuhl, am Hanmelsberg bei Perl (Saargebiet) u. Weil/Rhein. In der B. R. Deutschland besonders geschützt.

10. Ord. **Saltatoria**, Springschrecken

Körper seitlich zusammengedrückt, Prothorax frei, Meso- und Metathorax untereinander und mit dem Htleib verwachsen, mit je 1 Flügelpaar, von denen 1 oder beide zurückgebildet sein können. Flgld. häutig bis derb, geadert, nicht gefaltet, Htflügel dünnhäutig, gefaltet. Mundwerkzeuge beißend. Abb. [*16*] erläutert Körperbau einer Laubheuschrecke (Benennung der Teile bei übrigen Saltatoria ebenso), [*17*] den Kopf einer Feldheuschrecke, [*18*] die Flgld. einer Feldheuschrecke; mit Benennung der Adern muß man sich vertraut machen, die einzelnen Felder der Flgld. werden nach den darüber liegenden Adern benannt, das über der Costa liegende Feld heißt Präcostalfeld. Verwandlung unvollkommen. Achtung! Körpermaße gelten vom Scheitel bis zur Htleibsspitze (ohne Legeröhre u. Cerci bei Laubheuschrecken u. Grillen), bei Tetrigidæ vom Scheitel bis zum Pronotumende.
In der B. R. Deutschland sind besonders geschützt: Oecanthus pellucens, Ephippiger ephippiger, Homorocoryphus nitidulus, Gampsocleis glabra, Calliptamus italicus, Psophus stridulus, Bryodema bituberculata, Oedipoda.

1. Fühler meist kürzer als der Körper, am Ende nicht zugespitzt, zuweilen dort keulenförmig verdickt. Gehörorgan (spaltförmige oder ovale Öffnung mit Trommelfell) seitlich am 1. Htleibssegment (falls vorhanden). ♂ u. ♀ zirpen meist durch Reiben der Htschenkel an die Flgld. ♀ mit kurzer Legeröhre, deren Teile nicht miteinander verbunden sind. [*19*] Acridide, [*29*] Tetrigide.
Unterord. **Caelifera**, Feldheuschrecken S. 203

— Fühler so lang oder länger als der Körper, am Ende zugespitzt (wenn kürzer, dann Vdbeine zu Grabschaufeln umgebildet [*24*]), Gehörorgane beiderseits an Basis der Vdschienen (bei Gryllotalpa nur innen, bei Myrmecophila u. Tachycines fehlend) ♂ meist mit Zirporgan an Basis der Flgld., ♀ mit deutl. Legeröhre, deren Teile miteinander verbunden sind (Ausnahme: Gryllotalpa ohne Legeröhre). [*16* u. *21*] Laubheuschrecken, [*22*] Grille.
Unterord. **Ensifera**, Laubheuschrecken u. Grillen S. 199

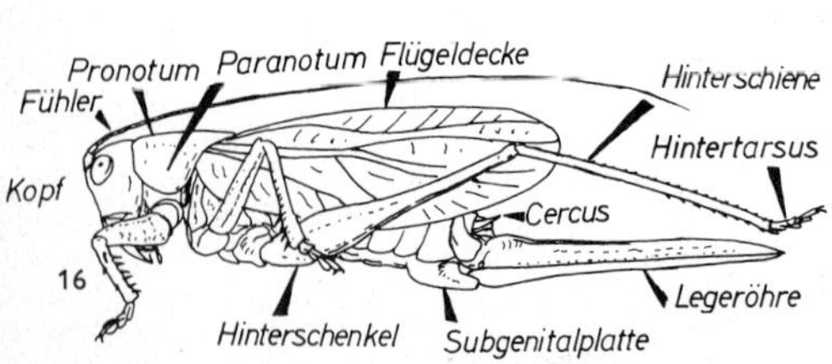

16

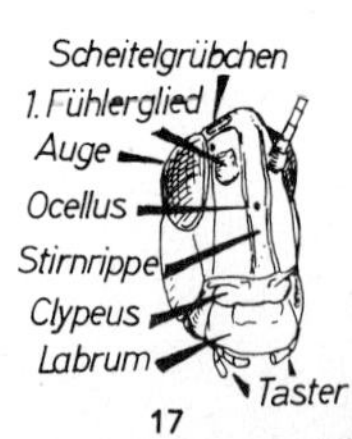

17

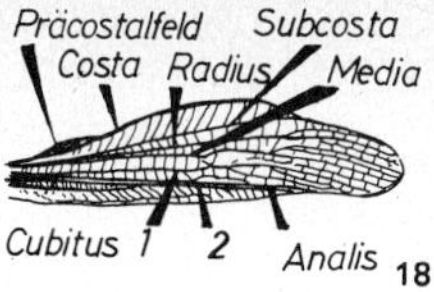

18

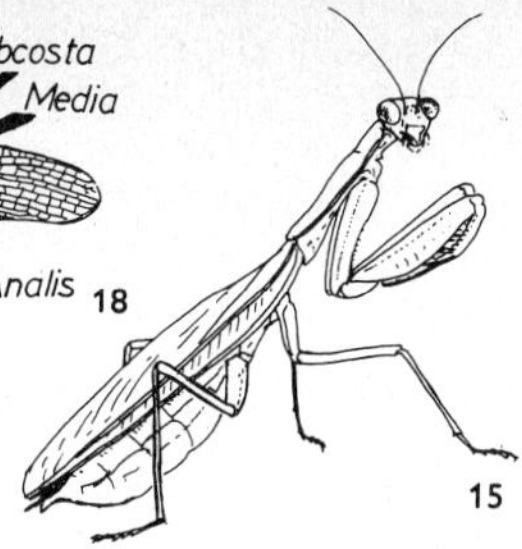
15

19

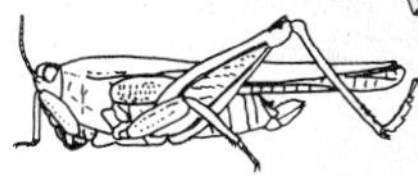
20

1. Unterord. **Ensifera**

1. Tarsen 4gliedrig [*23*] (Laubheuschrecken) *8*
– Tarsen 3gliedrig (Grillen) *2*
2. Vorderbeine normale Schreitbeine wie [*16*] *3*
– Vdbeine zu Grabschaufeln umgewandelt [*24*]. Maulwurfsgrille,
Gryllotalpa gryllotalpa (L.)
Körperlänge 3,5–5 cm. Besonders in lockerem, feuchtem Boden; mehr in tieferen Lagen.
3. Körper ± walzenfg. oder schlank, über 4 mm lang *4*
– Körper ± eiförmig., nicht über 3 mm; Ameisengrille,
Myrmecophila Lart.
M. acervorum (Panz.) 2,5–3 mm; **M. aequispina** Chop. 3,5–4 mm lang; beide in Ameisennestern, bei uns nur ♀♀.

23

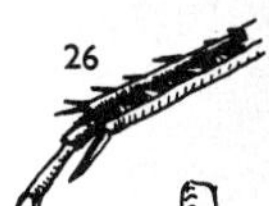
26

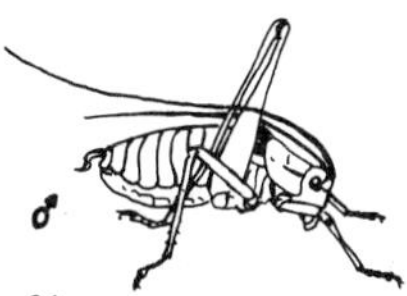
21

22

24

27

25

28

4. Körper walzenfg., Htschenkel kräftig verdickt [*22*], Htschienen mit ± gleichlangen Dornen *5*
– Körper und Htschenkel schlank; Pronotum länger als breit, Htschienen mit größeren und dazwischenstehenden kleineren Dornen [*25*]
Weinhähnchen, **Oecanthus pellucens** (Scop.)
gelblich-ocker, 9–15 mm; in wärmsten Lagen im Süden, bes. SW.
5. Meist um 20 mm lang. 1. Glied der Httarsen dorsal mit wenig tiefer, aber deutlicher Längsfurche [*26*] *6*
– Nicht über 10 mm. 1. Glied der Httarsen dorsal nicht gefurcht . *7*
6. Kopf nicht breiter als Pronotum, Htschenkel ventral nicht rot.
Acheta F.

A. domesticus (L.), Heimchen (etwa 16–20 mm, meist ockergelb mit dunkleren Zeichnungen auf Kopf und Pronotum; in geheizten Gebäuden, Müllhalden und deren Nähe); **A. frontalis** (Fieb.) (etwa 12–13 mm, schwarzbraun, zwischen den Augen eine helle Linie. Steppenheiden, Weinberge, Kaiserstuhl, bei Tübingen und Regensburg).

– Kopf breiter als Pronotum [*22*], Htschenkel ventral rot. 20–26 mm.
Feldgrille, **Gryllus campestris** L.
trockene Stellen, in selbstgegrabenen Höhlen im Boden, Zirpen weithin vernehmbar; bis 2000 m, doch mehr in tieferen Lagen.

7. Htschienen dorsal jederseits mit 3 Dornen. 7–10 mm.
Waldgrille, **Nemobius sylvestris** Bosc
lichte Wälder, Gebüsch, im Fallaub; im Norden nur stellenweise.

– Htschienen dorsal jederseits mit 4 Dornen. 6–7 mm.
Sumpfgrille, **Pteronemobius heydeni** (Fisch.)
feuchte Biotope, bisher nur am Bodensee und zwischen Breisach u. Kaiserstuhl.

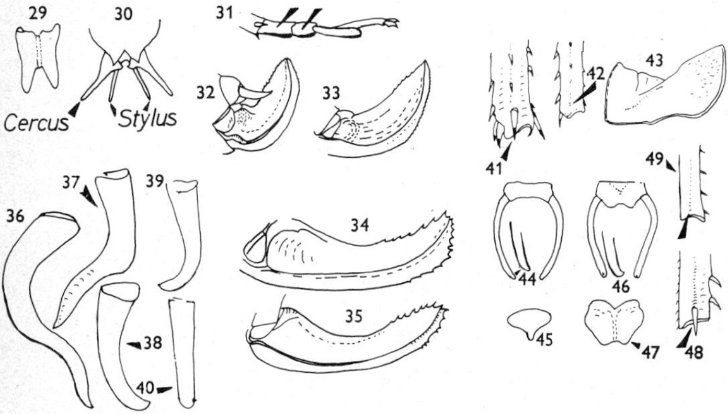

8. Tarsen abgeflacht, ihr 3. Glied herzförmig [*23*]; Vdschienen mit Gehörorgan [*27*, *28*], Cerci starr [*29*] ***9***

– Tarsen lang und dünn, seitl. zusammengedrückt; Vdschienen ohne Gehörorgan, Cerci lang und biegsam; 13–19 mm, flügellos, langbeinig **Raphidophoridae:** Gewächshausschrecke, **Tachycines asynamorus** Adel

9. Tarsenglied 1 und 2 an den Seiten gefurcht [*23*], Subgenitalplatte des ♂ mit Styli [*30*]; Legeröhre gerade oder leicht gebogen, nicht oder ganz leicht an der Spitze ventral gezähnelt (falls auch dorsal gezähnelt, dann schlank [*54*] ***14***

– Tarsenglied 1 und 2 an den Seiten nicht gefurcht [*31*, die Pfeile zeigen auf Stellen, an denen Furche fehlt]; Subgenitalplatte des ♂ ohne Styli [*29*]; Legeröhre scharf sichelförmig, Spitze oben und unten gezähnt [*32*, *33*] oder gezähnelt, falls gerade oder leicht gebogen, dann Spitze oben und unten kräftig gezähnt [*34*, *35*].
Phaneropteridae ***10***

10. Flügel überragen nicht Mitte des Htleibs ***11***

– Flügel überragen weit den Körper, Legeröhre sichelförmig [*32*], Cerci des ♂ lang [*29*]. Sichelschrecke, **Phaneroptera falcata** (Poda)
♂ 12–17, ♀ 14–20 mm. Heiden mit Gebüsch; nördl. der Linie Main-Fränkische Saale nur vereinzelt.

11. Scheitel höchstens so breit wie das 1. Fühlerglied *12*
– Scheitel wenigstens 2mal so breit wie das 1. Fühlerglied. **Polysarcus denticauda** (Charp.) ♂ 24–35, ♀ 25–44 mm. In der Baar und Schwäb. Alb, Oberpfalz bedarf der Bestätigung.
12. Cerci des ♂ nicht S-förmig geschwungen [*38, 39*], Legeröhre sichelförmig oder gleichmäßig gebogen *13*
– Cerci des ♂ S-förmig geschwungen [*36,37*], Legeröhre anfangs gerade, erst am Ende aufwärts gebogen [*34*]. . . . **Barbitistes** Charp. [*21*]
B. serricauda (F.) (Cerci des ♂ um die Mitte nicht verdickt [*36*], Legeröhre meist etwa doppelt so lang wie das Pronotum, Kopf des ♀ schmaler als dieses lang. ♂ 15–20, ♀ 16–25 mm. Grundfarbe immer grün. Steppenheidewald, Waldränder u. Lichtungen; zerstreut); **B. constrictus** Br. (Cerci des ♂ um die Mitte verdickt [*37*], Legeröhre oft 3mal so lang als das Pronotum, Kopf des ♀ ± breiter als dieses lang. ♂ 18–23, ♀ 23–25 mm. ♂ (zuweilen auch ♀) oft dunkel. Besonders in Nadelwäldern, zerstreut gegen Osten.
13. Cerci des ♂ gleichmäßig gebogen [*38*], Legeröhre gleichmäßig gebogen [*35*]. ♂ 19–22, ♀ 19–25 mm. **Isophya pyrenea** (Serv.). Waldränder, Waldlichtungen, Steppenheidewald; zerstreut.
– Cerci nicht so, Legeröhre leicht sichelförmig [*33*]. . **Leptophyes** Fieb.
L. punctatissima (Bosc) (Cerci des ♂ an der Spitze fast kreisrund gebogen [*39*], Legeröhre über 2mal so lang wie Pronotum. Flgld. fast frei. ♂ 10–12,5, ♀ 13–17,5 mm Grundfarbe grün, fein schwarzrot punktiert. Meist im Gebüsch, zerstreut, auch in Gärten); **L. albovittata** (Koll.) (Cerci des ♂ gerade, am distalen Ende mit nach innen gebogenen Häckchen [*40*], Legeröhre wenig länger als Pronotum. Flgld. beim ♂ ca halb, beim ♀ fast ganz vom Pronotum verdeckt. Grün mit feinen roten bis schwarzroten Punkten, Rücken oft rostrot überlaufen, seitl. mit weißer Binde. ♂ 9,5–11, ♀ 10–16 mm. Bes. sonnige, trockene Hänge; im Norden selten oder fehlend).
14. Htschienen am distalen Ende außen dorsal mit Dorn [*41*]. Pronotum nicht tief sattelförmig *15*
– Htschienen am distalen Ende außen dorsal ohne Dorn [*42*, Pfeil zeigt auf Stelle des fehlenden Dorns], Pronotum tief sattelförmig [*43*]. . . . . . **Ephippigeridae: Ephippiger ephippiger vitium** Serv.
Sattelschrecke, ♂ 23–30, ♀ 20–35 mm; im SW
15. Trommelfell bis auf einen schmalen Spalt verdeckt [*27*] *16*
– Trommelfell offenliegend, oval [*28*] **Meconematidae: Meconema** Serv.
M. thalassinum (De Geer), Eichenschrecke (Flügel länger als Hinterleib. Cerci des ♂ wie [*44*], Subgenitalplatte des ♀ wie [*45*]. 11–15 mm lang. Auf Bäumen (auch in Dörfern u. Städten) von der Ebene bis 1300 m); **M. meridionale** Costa (Flügel lappenförmig, bis 2 mm lang; Cerci des ♂ wie [*46*], Subgenitalplatte des ♀ wie [*47*]. Nur im SW, nicht mit Larven voriger verwechseln!).
16. Vdschienen am distalen Ende außen dorsal mit Dorn [*48*], Kopf wie in [*16*]; falls bis ca 20 mm lang, dann Pronotum hinten ca 3–4 mm breit . . . . **Tettigoniidae** *18*
– Vdschienen am distalen Ende außen dorsal ohne Dorn [*49*, Pfeil zeigt auf Stelle des fehlenden Dorns], Kopf im Profil konisch [*50*]; falls bis ca 20 mm lang, dann Pronotum hinten bis 2 mm breit **Conocephalidae** *17*

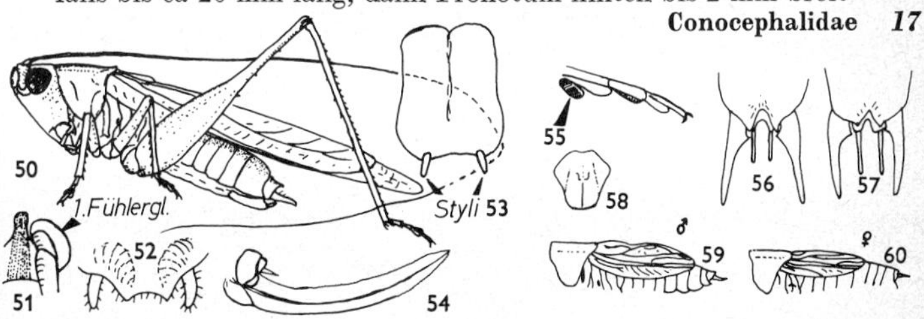

17. Htschenkel ventral ohne oder mit einzelnen Dörnchen; Scheitelgipfel schmaler als 1. Fühlerglied [*51*] . . . . **Conocephalus** Thunbg.
C. discolor Thunbg. (Flügel länger als Htleib; Subgenitalplatte des ♂ wie [*52*]; Htschenkel ventral mit Dörnchen; Legeröhre meist ziemlich gerade, 11–15 mm lang;

♂ 13–16, ♀ 14–18 mm, meist in feuchten Biotopen); **C. dorsalis** Latr. (Flügel kürzer als Htleib; Subgenitalplatte des ♂ wie [*53*]; Htschenkel fast immer ohne Dörnchen; Legeröhre leicht aufwärts gebogen [*54*], 8–9,5 mm lang; ♂ 12–15, ♀ 12–17 mm; feuchte bis nasse Biotope, mehr nördl, als discolor.

– Htschenkel ventral mit zahlreichen Dörnchen, Scheitelgipfel breiter als 1. Fühlerglied. ♂ 20–30, ♀ 24–30 mm. **Homorocoryphus nitidulus** (Scop). An feuchten Stellen am Bodensee, einmal bei Stuttgart

18. Glied 1 der Hintertarsen mit freiem, beweglichem Sohlenlappen [*55*] ***19***

– Glied 1 der Httarsen ohne freien Sohlenlappen [*23*] . . **Tettigonia** L.

T. viridissima (L.), Heupferd (Flügel überragen Htschenkel weit; Cerci des ♂ Styli weit überragend [*56*]; Legeröhre höchstens 1–2 mm länger als Flügel, meist kürzer. ♂ 28–34, ♀ 28–38 mm. Felder, Wiesen, Gebüsch, Baumkronen, im Gebirge bis ca 700 m. Gesang laut: ss–ss–ss, nachts und tags, stundenlang andauernd); **T. caudata** (Charp.) (Cerci des ♂ überragen kaum Styli [*30*]; Legeröhre überragt Flügel um ca 10 mm, die Dörnchen auf der Ventralkante der Hinterschenkel sitzen schwarzen Flecken auf. ♂ 25–30, ♀ 27–35 mm. Auf Wiesen und Feldern östl. der Elbe um Berlin u. in Brandenburg); **T. cantans** (Fuess.) (Flügel überragen Htschenkel höchstens gering, Cerci des ♂ überragen Styli nur wenig [*57*]; Legeröhre überragt Flügel um ca 13–20 mm [*16*]. Dörnchen auf Ventralkante der Hinterschenkel sitzen keinem schwarzen Fleck auf. ♂ 21–31, ♀ 29–33 mm. Auf Stauden, Gebüsch, im Norden auch in der Ebene, sonst mehr im Bergland. Gesang ein dichtes Schrillen von meist 1–3 Sek. Dauer).

19. Flügel überragen Hinterleib (zum Fliegen geeignet) ***23***

– Flügel kürzer als Htleib (flugunfähig) ***20***

20. Pronotum in der Metazone mit deutlichem Mittelkiel [*58*], Flgld. nicht schuppenförmig [*59, 60*]. . . . . . . **Metrioptera** Wesm. ***21***

– Pronotum in der Metazone ohne Mittelkiel, Flgld. schuppenförmig [*61, 62*] . . . .**Pholidoptera** Wesm.

Ph. aptera (F.) (Paranota hinten mit breitem, ± scharf abgesetztem hellen Randsaum. ♂ 20–22, ♀ 21–25 mm; in Gebüsch u. dichter Vegetation. Alpen und Voralpen); **Ph. griseoaptera** (De Geer) (Paranota nur mit feiner, heller Randlinie. ♂ 15–20, ♀ 16–20 mm; in dichter Vegetation, Gebüsch, meist Bodennähe. Bis 1400 m).

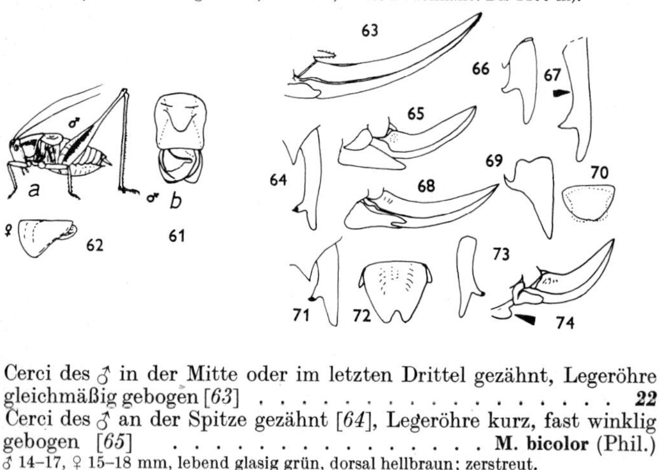

21. Cerci des ♂ in der Mitte oder im letzten Drittel gezähnt, Legeröhre gleichmäßig gebogen [*63*] ***22***

– Cerci des ♂ an der Spitze gezähnt [*64*], Legeröhre kurz, fast winklig gebogen [*65*] . . . . **M. bicolor** (Phil.)

♂ 14–17, ♀ 15–18 mm, lebend glasig grün, dorsal hellbraun; zerstreut.

22. Cerci des ♂ in der Mitte gezähnt [*66*], Legeröhre doppelt so lang wie Pronotum; Htschenkel außen mit schwarzen Längsstreif. ♂ 14–16, ♀ 17–21 mm [*59, 60*] . . . . **M. brachyptera** (L.)

Meist feuchte Biotope bis ca 1500 m.

— Cerci des ♂ in der Mitte gezähnt [67], Legeröhre [68] wenig länger als Pronotum; Htschenkel außen mit dunklen Querstrichen (kammartig). ♂ 15–18, ♀ 15,5–20 mm . . . . **M. roeseli** (Hgb.)
In dichter Vegetation, bis ca 1500 m.

23. Unterseite der Vdbrust (Prosternum) dornlos *24*

— Prosternum mit 2 Dornen: **Gampsocleis glabra** (Herbst). ♂ 23–27, ♀ 20–26 mm. Lüneburger Heide, Heide bei Augsburg, Garchinger Heide.

24. Vdschienen dorsal mit 4 Dornen. . . .**Decticus verrucivorus** (L.)
Warzenbeißer, ♂ 26–34, ♀ 27–42 mm. Wiesen, Felder, Heiden bis ca 1800 m.

— Vdschienen dorsal mit 3 Dornen . . . . . .**Platycleis** Fieb. *25*
(falls keine Übereinstimmung mit den angeführten Merkmalen, vergleiche **Metrioptera,** bei der langflüglige Formen auftreten können).

25. Cerci des ♂ hinter der Mitte gezähnt, Subgenitalplatte des ♀ am Hinterrand ± tief ausgeschnitten *26*

— Cerci des ♂ am Grunde gezähnt [69], Subgenitalplatte des ♀ am Htrand fast gerade bis schwach ausgeschnitten [70]. **P. montana** Koll. ♂ 13,5, ♀ 16–18 mm. Brachäcker u. Heiden in Brandenburg.

26. Flügel erreichen oder überragen das Hinterknie. Cerci des ♂ wie [71], Subgenitalplatte des ♀ wie [72]. **P. albopunctata** (Goez.) ♂ 15,5–22, ♀ 20–23,5 mm. Trockene Biotope, z. B. Steppenheiden, im NW spärlich, nicht in Westfalen.

— Flügel erreichen nicht das Htknie. Cerci des ♂ wie [73]. Das 7. Abdominalsternum des ♀ mit zahnartigem Vorsprung [74]. **P. tesselata** (Charp). ♂ 13,5–16, ♀ 15–17 mm. Flgld. auffallend schmal, lebhaft gezeichnet. Trockene, sonnige Stellen im SW, lokal.

2. Unterord. **Caelifera,** Feldheuschrecken

1. Pronotum nicht über den ganzen Körper verlängert. . **Acrididae** *7*

— Pronotum in einen, den ganzen Körper bedeckenden oder auch darüber hinausragenden Fortsatz verlängert [75]. Arten (zwischen 8–14 mm lang) können kurz- oder langflügelig sein.
Tetrigidae, Tetrix Latr. *2*

2. Pronotum dorsal ± dachfg. gewölbt [75], Mittelschenkel breiter oder ebenso breit (undulata) als der sichtbare Teil der Flgld.. . . *5*

— Pronotum dorsal ± flach [20], Mittelschenkel schmaler als sichtbarer Teil der Flgld. [76], falls breiter, dann dorsal und ventral kräftig gewellt [77] *3*

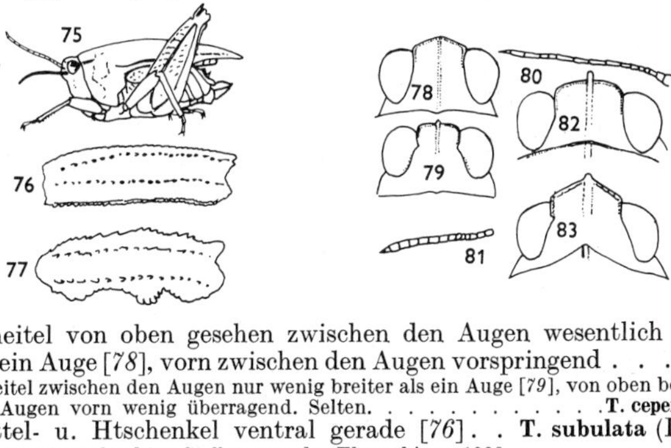

3. Scheitel von oben gesehen zwischen den Augen wesentlich breiter als ein Auge [78], vorn zwischen den Augen vorspringend *4*

— Scheitel zwischen den Augen nur wenig breiter als ein Auge [79], von oben betrachtet die Augen vorn wenig überragend. Selten. . . . .**T. ceperoi** (Bol.)

4. Mittel- u. Htschenkel ventral gerade [76] . . **T. subulata** (L.) [20]
gern an etwas feuchten Stellen, von der Ebene bis ca 1000 m.

— Mittel- u. Htschenkel kräftig gewellt [77] . . .**T. tuerki** (Krauss)
sandige Ufer u. Kiesbänke der Alpenflüsse.

5. Htschenkel weniger als 3mal so lang wie breit, Mittelschenkel breiter als sichtbarer Teil der Flgld. *6*

— Htschenkel 3mal so lang wie breit oder noch etwas länger. Mittelschenkel so breit wie sichtbarer Teil der Flgld. . **T. undulata** (Sow.)
meist in üppiger Vegetation, im NW häufigste Tetrix-Art.

6. Fühler und ihre Glieder lang [*80*]. Vdrand des Pronotum sehr stumpfwinklig [*82*]. Htflügel erreichen in Ruhe fast Pronotumspitze **T. nutans** (Hgb.)
meist in schütterer Vegetation, im NW selten.

— Fühler und ihre Glieder kurz [*81*]. Pronotum-Vdrand winkliger [*83*]. Htflügel 2–3mal so lang wie Flgld . . . . **T. bipunctata** (L.)

7. Vdbrust unterseits ohne oder nur mit kleiner warzenfg. Erhebung *11*

— Vdbrust mit auffallendem kegel- oder walzenfg. Zapfen oder Höcker *8*

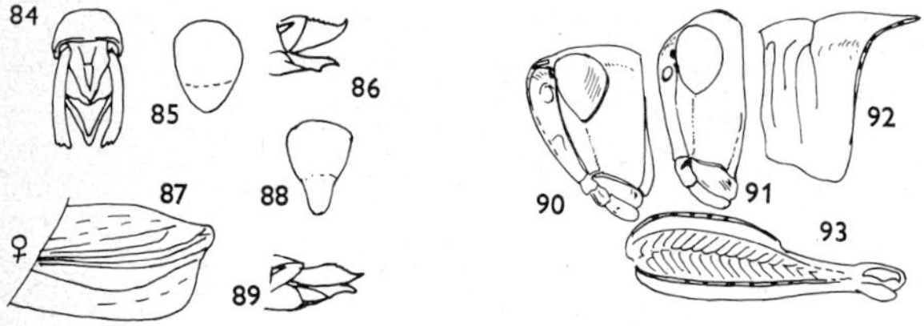

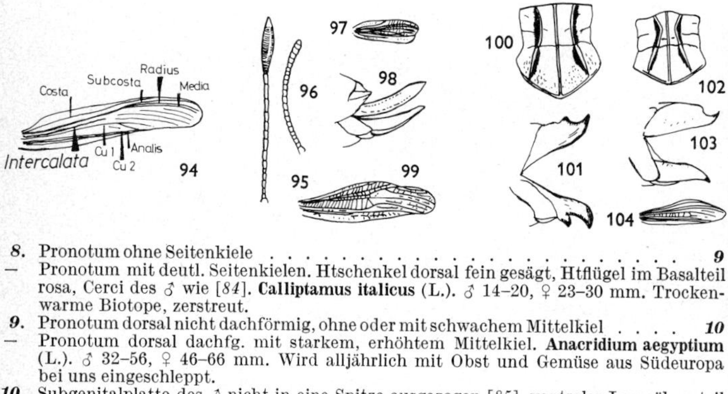

8. Pronotum ohne Seitenkiele *9*

— Pronotum mit deutl. Seitenkielen. Htschenkel dorsal fein gesägt, Htflügel im Basalteil rosa, Cerci des ♂ wie [*84*]. **Calliptamus italicus** (L.). ♂ 14–20, ♀ 23–30 mm. Trockenwarme Biotope, zerstreut.

9. Pronotum dorsal nicht dachförmig, ohne oder mit schwachem Mittelkiel *10*

— Pronotum dorsal dachfg. mit starkem, erhöhtem Mittelkiel. **Anacridium aegyptium** (L.). ♂ 32–56, ♀ 46–66 mm. Wird alljährlich mit Obst und Gemüse aus Südeuropa bei uns eingeschleppt.

10. Subgenitalplatte des ♂ nicht in eine Spitze ausgezogen [*85*], ventraler Legeröhrenteil gezähnt [*86*], Flgld. am Apex etwas zugespitzt u. aufwärtsgebogen [*87*], schuppenfg., selten langflüglig. **Podisma pedestris** (L.), bunt, ♂ 15–22, ♀ 18–30 mm. Wiesen und sonstige Lichtungen in Wäldern, auch Moorwiesen; zerstreut, meist im Bergland und den Alpen.

— Subgenitalplatte des ♂ in eine Spitze ausgezogen [*88*], Ventralteil der Legeröhre ungezähnt [*89*]. Flgld. allmählich zum Apex verschmälert, schuppenfg. bis langflüglig. **Miramella alpina** (Koll), grün mit schwarz, ♂ 14–17,5 ♀ 21–27 mm. Wiesen, Gebüsch in den Alpen u. Schwarzwald.

11. Die Stirn bildet mit dem Scheitel spitzen Winkel [*90*]. Htflügel höchstens gebräunt oder braun, meist durchsichtig-glasig *16*

— Die Stirn bildet mit dem Scheitel stumpfen bis rechten Winkel [*91*]. Htflügel farbig oder mit Binden, falls einfarbig glasig, dann über 3 cm groß, Htschenkel dorsal fein gesägt. Nebenader (Intercalata) im Medialfeld der Flgld. [*94*] erhöht, wird zum Zirpen mit Htschenkeln angestrichen. . . . . **Oedipodinae** *12*

12. Pronotum dorsal mit Einkerbungen *13*

– Pronotum mit gewölbtem Mittelkiel ohne Einkerbungen. Htflügel leuchtend rot, an der Spitze mit dunklem Saum. **Psophus stridulus** (L.), Schnarrschrecke, ♂ 23–25, ♀ 26–40 mm; ♂ schnarrt beim Fliegen. Trockene Wiesen, Waldlichtungen, Heiden usw.

13. Pronotum dorsal mit 1–2 Einkerbungen, Mittelkiel deutlich . . . *14*

– Pronotum dorsal mit 3 Einkerbungen, Mittelkiel nur in der Metazone schwach entwickelt. . . . . . **Sphingonotus caerulans** (L.)
Htflügel einfarbig bläulich oder blaßblau mit bräunlicher Querbinde. ♂ 14–26, ♀ 20–30 mm. Kiesbänke u. Sandböden mit geringem Pflanzenwuchs.

14. Mittelkiel des Pronotum mit 1 Einkerbung [*92*] *15*

– Mittelkiel des Pronotum mit 2 Einkerbungen; Htflügel rosa, mit purpurroten Längsadern, am Vd.- u. Außenrand braun. **Bryodema tuberculata** (F.). ♂ 26–31, ♀ 29–39 mm; schnarrt beim Flug. Alpen und Voralpengebiet.

15. Oberrand des Htschenkels hinter der Mitte plötzlich erniedrigt [*93*] **Oedipoda** Latr.
Oe. caerulescens (L.). (Htflügel blau mit schwarzer Binde. ♂ 15–21, ♀ 22–28 mm); **Oe. germanica** (Latr.) (Htflügel leuchtend rot mit schwarzer Binde. ♂ 17–23, ♀ 23–28 mm); beide: pflanzenarme xerotherme Biotope.

– Oberrand des Htschenkels gleichmäßig verlaufend. **Celes variabilis** (Pall.), Htflügel rosa, seltener rot oder blaßblau. ♂ 17–25, ♀ 22–34 mm. Bisher nur 3 Funde aus Brandenburg.

16. Pronotum immer mit Seitenkielen *17*

– Pronotum ohne Seitenkiele: 3 seltene, ca 2–3 cm lange Oedipodinae-Arten im S bzw SW: **Parapleurus alliaceus** (Germ.) (meist lauchgrün mit schwarzen Längsstreifen von Augen bis Flügelmitte; feuchte Stellen); **Ailopus thalassinus** (F.) (Htschienen rötlich, Pronotum ohne oder mit 2 matten helleren Bändern; an Teichen usw); **Epacromius tergestinus ponticus** Karny (Htschienen bläulich, Scheitelgrübchen dreieckig; nur bei Augsburg).

17. Unterseite der Vdbrust (Prosternum) zwischen den Vdhüften ohne Höcker oder Warze (10malige Vergrößerung!) *19*

– Prosternum mit kleinem Höcker oder kleiner Warze. Htschenkel ventral leuchtend rot (seltener gelb) *18*

18. Htschienen gelb, Htschenkel ventral rot, selten gelb. Vdrand der Flgld. oft gelb; (Oedipodinae) . . . . . . **Mecostethus grossus** (L.)
♂ 15–25, ♀ 26–35 mm; in stark feuchten Biotopen; durch nach hinten Schleudern der Htschienen werden bis 15 m weit hörbare „Zicklaute“ erzeugt.

– Htschienen rot bis hellrot. Htflügel schwarzbraun. **Arcyptera fusca** (Pall.)
♂ 23–31, ♀ 29–40 mm; Wald- u. Bergwiesen, Heiden. Alpenvorland, Schwarzwald, Schwäb. Alb; ♂ schnarrt beim Fliegen.

19. Fühler am Ende nicht verdickt *21*

– Fühler am Ende verdickt [*95, 96*] *20*

20. Vorderrand der Flgld. am Grund mit erweitertem Präcostalfeld wie [*18*] . . . . **Gomphocerus** Thunb.
G. rufus (L.) (Pronotum oben gerade; ♂ 14–16(–18), ♀ 17–24. Waldränder, Waldblößen, Heiden usw. bis 1700 m, nicht im NW); **G. sibiricus** (L.) (Pronotum oben buckelig, ♂ mit blasenförmig erweiterten Vdschienen; ♂ 18–23, ♀ 19–25 mm; trockene grasige Hänge; Harz, Alpen 1000–2350 m).

– Kein erweitertes Präcostalfeld. Fühler beim ♀ an der Spitze nur wenig verdickt [*96*] . . . . **Myrmeleotettix maculatus** (Thunb.)
♂ 11–13, ♀ 12–17 mm. In schütterer Vegetation, von der Ebene bis ca. 1600 m. ♂ wie bei allen Gomphocerus-Arten mit Balz-Verhalten.

21. Scheitelgrübchen [s. *17*] vorhanden *22*

– Scheitelgrübchen fehlen; lebend mit Gold- oder Seidenglanz. **Chrysochraon** Fisch.
Ch. dispar (Germ.) (Flgld. des ♂ an der Spitze abgerundet, die des ♀ schuppenfg., berühren sich in Ruhelage fast oder in der Mitte am Rücken. Legeröhre kurz, kräftig. Htschienen u. Htschenkel ventral beim ♂ gelb, beim ♀ rot; meist auf feuchten Wiesen); **Ch. brachyptera** (Ocsk.) (Flgld. des ♂ an der Spitze abgestutzt u. etwas eingekerbt [*97*], die des ♀ schuppenfg., seitlich ein breites Stück Rücken zwischen sich frei lassend; Legeröhre schlank [*98*]; Htschenkel ventral gelbgrün. ♂ 13–17, ♀ 18–26 mm. Besonders auf langrasigen Wiesen, bis 1500 m, Nordgrenze bildet etwa Mitteldeutschland).

22. Vdrand der Flgld. am Grund mit erweitertem Präcostalfeld [s. *18*], (bei angelegten Flügeln = Unterrand!) **29**
— Vdrand der Flgld. am Grund gerade [*99*] **23**
23. Seitenkiele des Pronotum ± gebogen [*100, 102*] **24**
— Seitenkiele des Pronotum fast gerade [*106, 117*] **37**
24. Seitenkeile des Pronotum mäßig gebogen wie [*100*], beim ♂ am Hinterrand höchstens 1,5mal so weit voneinander entfernt als an der schmalsten Stelle; ventraler Legeröhrenteil mit Basalzahn [*101*]; Medialfeld, bes. beim ♂ auffällig erweitert mit regelmäßigen Queradern [*99*] (falls Cubitus 1+2 getrennt u. Medialfeld nicht erweitert, vergl. **O. viridulus** u. **ventralis**!). . . . . . . **Stenobothrus** Fisch. **25**
— Seitenkiele des Pronotum winklig gebogen [*102*], beim ♂ am Hinterrand 2–3mal weiter voneinander entfernt als an der schmalsten Stelle; ventraler Legeröhrenanteil ohne Zahn [*103*]; Medialfeld der Flügel nicht auffällig erweitert, mit weniger regelmäßigen Queradern [*104*] . . . . **Omocestus** Bol. **27**
25. Cubitus 1 + 2 der Flgld. ± verwachsen **26**
— Cubitus 1 + 2 der Flgld. nicht verwachsen, Medialfeld des ♀ ohne regelmäßige Queradern. **St. stigmaticus** (Ramb.), ♂ 11–15, ♀ 15–20 mm. Trockene Wiesen, Heiden usw., zerstreut.
26. Radius der Flgld. leicht geschwungen [*99*], Cubitus 1 + 2 höchstens an der Spitze leicht getrennt. **St. lineatus** (Panz.), ♂ 15–19, ♀ 21–25 mm. Trockene Biotope von der Ebene bis in die Alpen.
— Radius der Flgld. fast gerade, Cubitus 1 + 2 erst von der Mitte an verwachsen. **St. nigromaculatus** (H. S.), ♂ 13–18, ♀ 18–25 mm. Nur stellenweise in trockenen Biotopen wie Heiden.
27. Scheitel ohne Mittelkiel, vertikaler Augendurchmesser des ♂ 1,7–2mal größer als Länge der Unteraugenfurche, Legeröhre kürzer als Subgenitalplatte **28**
— Scheitel mit Mittelkiel, vertikaler Augendurchmesser des ♂ unbedeutend länger als Unteraugenfurche, Legeröhre so lang wie Subgenitalplatte. **O. viridulus** (L.), ♂ 13–17, ♀ 19–24 mm. Waldwiesen, Almweiden, Moore, in höheren Lagen meist häufiger.
28. Taster dunkel mit heller Spitze, Htflügel bis zur Mitte ± braun, Htknie dunkel. **O. ventralis** (Zett.), ♂ 13–17, ♀ 19–24 mm. Besonders auf trockenen Wiesen, Waldschlägen.
— Taster einfarbig hell, Htflügel nur an der Spitze etwas gebräunt, Htknie hell. Pronotum ♂ [*102*], Flgld. ♂ [*104*]. **O. haemorrhoidalis** (Charp.), ♂ 10–14, ♀ 16–19 mm. Trockene Biotope.
29. Cubitus 1+2 der Flgld. nicht verwachsen . . **Chortippus** Fieb. **31**
— Cubitus 1+2 verwachsen, Medialfeld des ♂ stark erweitert . . . **30**
30. Htflügel pechbraun, ihre Längsadern verstärkt **Stauroderus scalaris** (F. W.)
♂ 18–21, ♀ 22–27 mm, schnarren beim Flug. Sonnige, steinige Hänge, Heiden im Gebirge. Etwa von 500–2000 m. Allgäu, Schwarzwald, Schwäb. Alp, Harz, Brandenburg.
— Htflügel glashell, ihre Längsadern normal [*105*] **Chortippus apricarius** (L.)
♂ 13–16, ♀ 16–22 mm. Besonders auf sandigen Böden, trockenen Wiesen, lichten Wäldern.
31. Seitenkiele des Pronotum vorn fast gerade oder gerade, etwa von der Mitte an schwach nach außen gebogen bis fast gerade [*106*] . . **36**
— Seitenkiele des Pronotum vorn nach hinten zusammengeneigt und dann bis zum Htrand auseinanderlaufend [*107*] **32**
32. Gehörorgan am 1. Htleibssegment mit schmaler Öffnung, die etwa 3,5–4mal länger als breit ist [*108*] **34**
— Gehörorgan am 1. Htleibssegment mit eiförmig bis elliptischer Öffnung [*109, 110*] **33**
33. Flgld beim ♂ ca so lang wie der Htleib, im letzten Viertel am Vdrand kräftig zur Spitze gebogen, beim ♀ meist wenig länger als der halbe Htleib; Htschienen blutrot. **Ch. pullus (Phil.). ♂ 12–17, ♀ 18–22 mm. Trockene Biotope, sehr zerstreut.**
— Flgld. überragen beim ♂ den Htleib, im letzten Drittel am Vdrand allmählich zur Spitze gebogen, beim ♀ so lang wie der Htleib; Htschienen gelblich oder rötlich. **Ch.**

vagans (Eversm.). ♂ 12–15, ♀ 16–22 mm. Trockene Biotope, sehr zerstreut. Oft mit den 3 folgenden Arten verwechselt!

34. Flgld. des ♂ in der Spitzenhälfte am Vdrand allmählich zur Spitze gebogen, beim ♀ ebenso, aber schwächer ***35***

– Flgld. des ♂ in der Spitzenhälfte am Vdrand kräftig zur Spitze gebogen [*18*], wo die Costa auf die Subcosta stößt, leicht eingeknickt, Costal- u. Subcostalfeld stark erweitert, letzteres vom 2. Drittel an ziemlich gleichbreit, Flgld. des ♀ im letzten Drittel zur Spitze gebogen [*111*] . . . . **Ch. biguttulus** (L.)

♂ 12–17, ♀ 16–22 mm. Gesang des ♂ mit „Schmettervers", „ratternd", aber wohltönend. Fast überall häufig auf trockenen Biotopen.

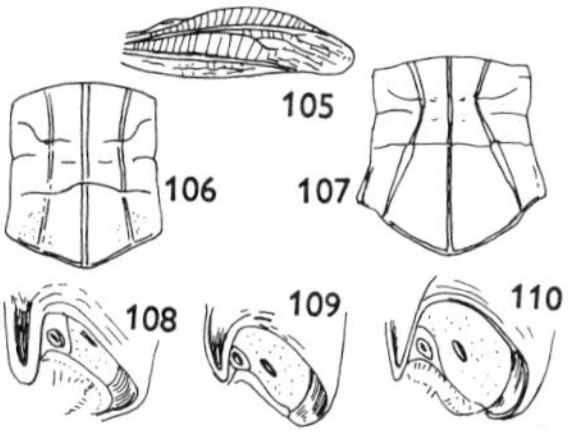

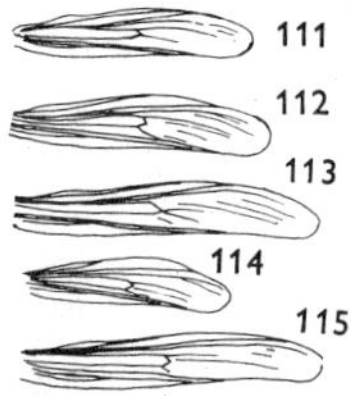

35. Costafeld des ♂ erweitert [*112*]; Flgld. 12,5–17,5 mm lang, in der Mitte 2,7–3,2 mm breit, beim ♀ [*113*] 19–21 mm lang. **Ch. brunneus** (Thunb.)

♂ 14–18, ♀ (16,5–) meist 19–24 mm. Gesang des ♂ ein trockenes „psrr". Sehr vagil, überall bis etwa 1500 m, aber stellenweise selten.

– Costal- u. Subcostalfeld des ♂, letzteres allmählich zur Spitze [*114*], erweitert; Flgld. des ♂ 10,7–13 mm lang, in der Mitte 2,3–2,6 mm breit, beim ♀ [*115*] 12,7–16 mm lang. . . . . **Ch. mollis** (Charp.)

♂ 12,8–14(–17), ♀ 17,5–19 mm. Gesang des ♂ am Ende schnurrend („rrr rrr rrr"). Weit verbreitet, bes. in trockenen Biotopen.

36. Flugorgane rückgebildet, zumindest Htflügel verkürzt, selten treten diese Arten auch langflüglig auf, Htknie dann immer dunkel . . ***38***

– Flugorgane voll ausgebildet ***37***

37. Seitenkiele des Pronotum fast parallel; Radius der Flgld. deutlich gewunden [*116* ♀, beim ♂ noch stärker] **Ch. albomarginatus** (Deg.)

♂ 13–15, ♀ 18–21 mm. Gesang des ♂ ein meist 3mal wiederholtes „rrrrsch" von je ½ Sek. Dauer. Überwiegend feuchte Biotope.

– Seitenkiele des Pronotum leicht gebogen [*117*]; Radius fast gerade **Ch. dorsatus** (Zett.)

♂ 13,5–18, ♀ 17–26 mm. Gesang des ♂ Folge von Kurzstrophen, die etwa wie „sräsräsräsrä dschsch" klingen und etwa 1 Sekunde dauern, die „srä"-Laute werden durch gleichzeitiges Aufab der Htschenkel erzeugt, das „dschsch" durch gegenläufige Bewegungen derselben. Auf feuchten Wiesen u. ähnlichen Biotopen häufig.

38. Querfurche des Pronotum in der Mitte; Htflügel des ♂ im Durchschnitt 6,8 mm lang, der von kleinem Geäder gebildete dunkle Fleck der Flgld. mindestens 2,5 mm von der Spitze entfernt. Legeröhre lang [*118*] . . . . **Ch. montanus** (Charp.)

♂ 13–16, ♀ 17–21 mm. Gesang des ♂ ein derbes „schr schr schr schr", kein Rivalenlaut mit gegenläufiger Bewegung der Htschenkel. Auf nassen Wiesen.

– Querfurche des Pronotum meist hinter der Mitte; Htflügel des ♂ im Durchschnitt 4,9 mm lang, der dunkle Fleck der Flgld. des ♂ höchstens 1,5 mm von der Spitze entfernt, typische Form der Flgld. des ♀ wie [*119*], Legeröhre kurz [*120*] . . . . . **Ch. parallelus** (Zett.)

♂ 13–16, ♀ 17–23 mm. Gesang des ♂ Folge von „srä"-Lauten, als Rivalenlaut (wenn ♂♂ abwechselnd mit einander zirpen) ein kratzendes „zsärrs" durch gegenläufige Bewegung der Htschenkel. Auf Wiesen häufig.

11. Ord. **Dermaptera**, Ohrwürmer

Körper abgeflacht; Kopf ± herzförmig; Mundwerkzeuge beißend; Flgld. schuppenförmig, ohne Aderung; Htflügel (falls vorhanden) darunter zusammengelegt; am Leibesende zangenförmige Cerci. Unvollkommene Verwandlung. Eier und auch noch die Larven für einige Zeit werden vom ♀ bewacht. Achtung: Körperlänge ist ohne Zangen angeführt!

1. Fühler mit höchstens 15 Gliedern *3*
— Fühler mit mehr als 15 Gliedern (Labiduridae) *2*
2. Fühler 16–24gliedrig. Ohne Flugvermögen; schwarzbraun. **Anisolabis annulipes** (Luc.)
♂ 9–11, ♀ 12–14 mm. Kosmopolit, auf Müllplätzen in Leipzig u. Kiel festgestellt.
— Fühler 25–30gliedrig. Flügel entwickelt; strohfarben mit dunkler Zeichnung am Pronotum u. Flgld. Sandohrwurm, **Labidura riparia** (Pall.)
♂ 8,7–26, ♀ 10–22 mm. Bes. in feuchtem Sand am Meer und an Flußufern, auch in Binnendünen, lebt in Röhren mit 3eckigem Eingang u. zuweilen unter Steinen. Kosmopolit; vereinzelt in Mittel- u. Norddeutschland.

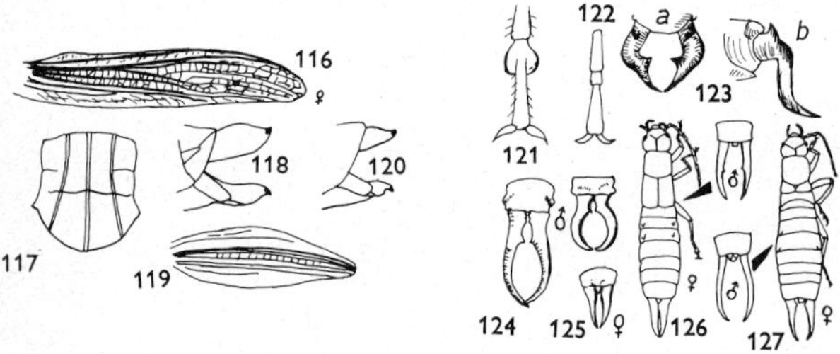

3. Das 2. Tarsalglied ist herzförmig [*121*] (Forficulidae) *4*
— Das 2. Tarsalglied ist zylindrisch [*122*] (Labiidae). **Labia minor** (L.)
♂♀ 4,5–6 mm. Fliegt gut. Kosmopolit.
4. Hinterflügel fehlen *6*
— Htflügel ragen als kleine Schuppe unter den Flgld. vor *5*
5. Flgld. mit gelbem Fleck in der Mitte; Cerci des ♂ 2mal stufenförmig gekrümmt [*123a, b*] . . . . **Anechura bipunctata** (F.)
♂ 10–17, ♀ 9–14 mm. Dresden, Leipziger Bucht, Oder.
— Flgld. einfarbig, ohne gelben Fleck; Cerci des ♂ in einer Ebene gebogen und ovale oder runde Fläche einschließend [*124, 125*]. Gemeiner Ohrwurm, **Forficula auricularia** L.
♂ 10–16, ♀ 9–14 mm (Cerci des ♀ nicht gebogen, sondern gestreckt) Kosmopolit mit Neigung zum Kulturfolger.
6. Flgld. vorhanden [*126*] . . . . **Apterygida media** (Hgb.)
♂ 6–11, ♀ 7–11 mm. Besonders auf Gebüsch.
— Flgld. zu 2 queren, mit dem Mesonotum verwachsenen Spangen verkümmert [*127*] . . Waldohrwurm, **Chelidurella acanthopygia** (Géné)
♂ 6–13, ♀ 7–13 mm. Besonders in Laub- u. Mischwäldern am Boden.

Literatur

Harz, K.: Die Geradflügler Mitteleuropas, Jena 1957; Geradflügler oder Orthopteren in: Die Tierwelt Deutschlands, Jena 1960; Die Geradflügler Europas I, Den Haag 1969, II, 1975; Harz, K. u. Kaltenbach, A.: Die Geradflügler Europas III, Den Haag 1976.

12.–14. Ord. **Psocopteria**

Die freilebenden Psocoptera sowie die parasitischen Mallophaga und Anoplura leiten sich von gemeinsamen Vorfahren ab, die bereits im Perm lebten. Bei den 1–6 mm langen **Psocoptera** hat sich der ursprüngliche Bauplan am wenigsten verändert; als Rinden- oder Nestbewohner haben sie beißende Mundwerkzeuge, lange Fühler, meist große Komplexaugen, in der Mehrzahl auch noch Flügel behalten. Die 1–14 mm langen **Mallophaga** entwickelten sich, etwa vom Jura an, zu flügellosen, kommensalenartigen Parasiten mit höchstens 5gliedrigen Fühlern und reduzierten Augen, die im Gefieder von Vögeln und zwischen den Haaren von Säugetieren leben. Sie ernähren sich mit ihren beißenden Mundwerkzeugen von Haaren, Federn, Hautschuppen und trockenem Blut ihrer Wirte. Die 1–6 mm langen, meist blinden **Anoplura** haben sich zu blutsaugenden Außenparasiten der Säugetiere spezialisiert, wobei eine Umformung der beißenden zu stechend saugenden Mundwerkzeugen und der Laufbeine zu Klammerbeinen erfolgte. Die Entwicklung der Psocopteria ist paurometabol, ihre Fortpflanzung bisexuell, bei Psocoptera und Mallophaga selten auch parthenogenetisch. Psocoptera legen ihre deckellosen Eier, die meist noch übersponnen werden, auf das Substrat. Die mit Deckel versehenen Eier (Nissen) der beiden anderen Gruppen werden an die Haare bzw. Federn ihrer Wirte geklebt. Mallophaga u. Anoplura werden auch als **Phthiraptera** zusammengefaßt. **gl = gliedrig.**

12. Ordnung **Psocoptera,** Rindenläuse (Staubläuse)

Jugendstadien (Inadulte) haben stets 2gl Tarsen. Vom 2. Stadium an besitzen Arten, die als Erwachsene (Adulte) geflügelt sind, Flügelanlagen. Tabelle nur für Adulte.

1. Fühler 20–30gl, ihre Glieder ohne sekundäre Feinringelung. Lippentaster 2gl, Tarsen 3gl, Flügel reduziert . . . . **Trogiomorpha** *2*

— Fühler 15 oder 17gl, vom 5. Glied meist fein geringelt. Lippentaster 2gl, Tarsen 3gl, Tiere flach u. flügellos . . . . **Troctomorpha** *3*

— Fühler mit 13 (selten 14 oder 15 Gliedern), diese ohne Feinringelung. Lippentaster 1gl, Tarsen 2 oder 3gl . . . . . . **Psocomorpha** S. 210

2. Vorderflügel nur aderlose, langbehaarte kleine Schuppen oder fehlend. Kopf breiter als lang . . . . **Trogiidae**

Trogium pulsatorium (L.) (mittlere Htleibsglieder mit je 1 Querreihe 3eckiger dunkler Flecken [*1*], Fühler 27–29gl; in Häusern). **Myopsocnema annulata** (Hag.) (ähnliche Fleckung, Fühler 23gl). **Cerobasis guestfalicus** (Kolbe) (graubraun gesprenkelt, Kopf mit Ankerfleck [*2*]; an Baumrinde). 3; **Lepinotus** v. Heyd. (ungefleckt graubraun [*3*], bei **L. reticulatus** End. Hinterleib heller als übriger Körper)

— Flügel weniger reduziert, meist noch Längsadern vorhanden. Kopf länger als breit . . . . **Psyllipsocidae**

Dorypteryx pallida Aar. (1 mm l, Vdflügel verschmälert [*4*]; in Häusern). **Psyllipsocus ramburi** Sel. (2–3 mm l, mit normalen oder (meist) rückgebildeten Flügeln [*5*]; in Höhlen u. Häusern)

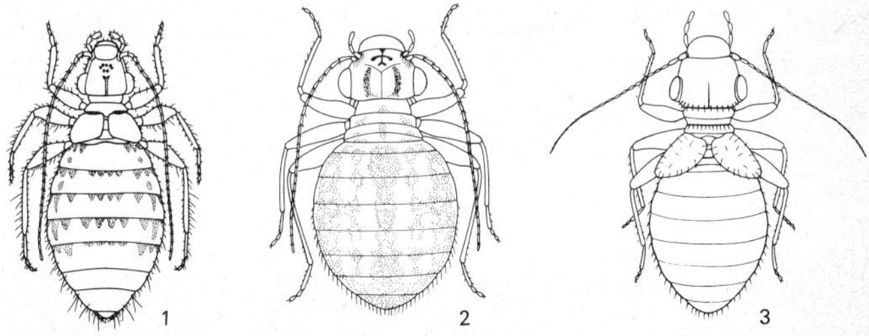

1 2 3

3. Fühler 15gl, Hinterschenkel verdickt . . . . **Liposcelidae**

Liposcelis Mot. (Etwa 12 schwer unterscheidbare Arten, häufiger **L. silvarum** (Kolbe), braun, unter Rinde u. in Nestern; **L. simulans** Broadh., grau, in Nestern u. Häusern, Bücherlaus [*6*]

— Fühler 17gl, Htschenkel nicht verdickt . . . . . **Sphaeropsocidae**

Badonellia titei Pear. (in Höhlen u. Häusern)

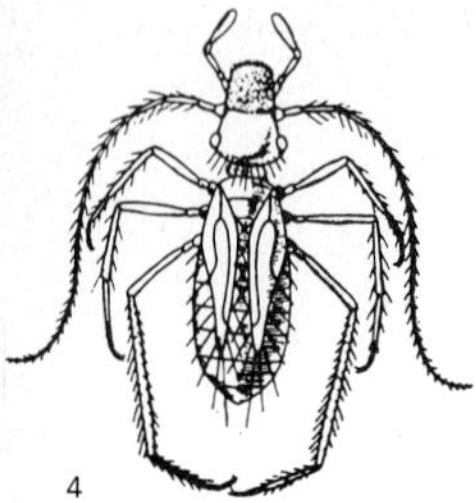

4

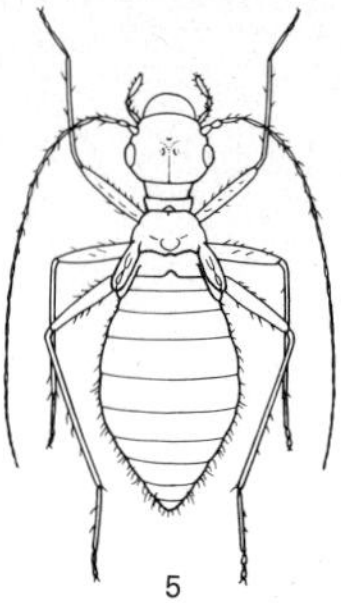

5

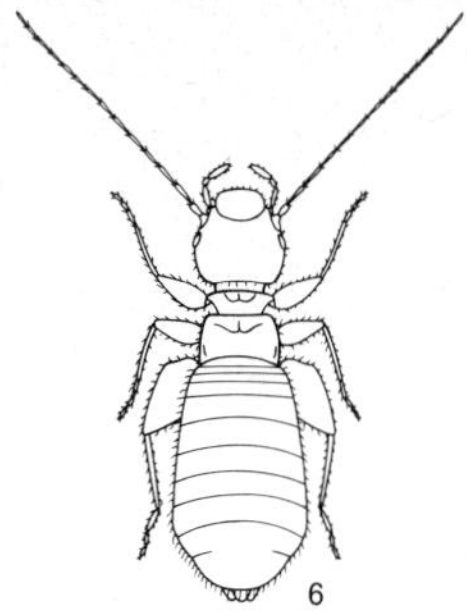

6

Psocomorpha

1. Adulte mit 2gl Tarsen ***2***
— Adulte mit 3gl Tarsen ***11***
2. Flügel ± reduziert ***3***
— Flügel voll ausgebildet ***4***
3. Flügel verkürzt, aber noch mit deutlichen Adern
♀ **Peripsocus parvulus** (s. ***4***), ♂ **Lachesilla greeni** (Pearm.) (s. ***6***), ♀ **Caecilius piceus** Kolbe (s. ***10***), ♀ **Neopsocus rhenanus** (s. Psocidae ***7***)
— Flügel nur aderlose Rudimente oder fehlend
♀ **Lachesilla greeni** (s. ***6***), ♀ Reuterellidae (s. ***7***), ♀ **Epipsocus** (s. ***8***), ♀ **Kolbea** (s. ***10***), ♀ **Caecilius gynapterus** Tet. (s. ***10***)
4. Zelle Areola postica (=A) im Vorderflügel vorhanden [*7*], [*10*], [*11*] ***5***
— Areola postica fehlt [*8*], [*9*] . . . . **Peripsocidae**
5; **Peripsocus** Hag. (Rs u. M im Vdflügel eine Strecke verschmolzen [*8*], bei **P. parvulus** Kolbe ♀ meist brachypter). 2; **Ectopsocus** McLach. (Rs berührt M nur kurz [*9*], häufig **E. briggi** McLach)
5. Zelle A an ihrer Scheitelstrecke mit der Ader M verschmolzen [*7*]. Tiere 3–5 mm l . . . . **Psocidae** S. 212
— A „gestielt", mit M durch Querader m-cu verbunden [*10*]. Vom Pterostigma geht Querader r nach unten . . . . . **Stenopsocidae**
Graphopsocus cruciatus (L.) (Vdflügel mit dunklen Flecken in der Basishälfte), 3; **Stenopsocus** Hag. (Vdflügel ohne Zeichnung)
— A bogenförmig, frei [*11*]. ***6***
6. Ränder u. Adern der Flügel fast unbehaart . . . . **Lachesillidae**
4; **Lachesilla** Westw., häufig **L. pedicularia** (L.): Vdflügel braun getrübt, Adern dunkelbraun, Hinterleib geringelt. In Wäldern, bes. auch in Vogelnestern, fliegt oft in Häuser
— Flügel an Rändern und Adern deutlich behaart (20–30fache Lupe!) ***7***
7. Rand des Hinterflügels ganz oder größtenteils behaart. Rs u. M im Htflügel eine Strecke verschmolzen ***8***
— Htflügel nur am Rand der Radialgabel behaart, Rs u. M durch Querader r-m verbunden (♀ flügellos) . . . . **Reuterellidae**
Reuterella helvimacula (End.), **Psoculus neglectus** (Roes.) nur parthenogenetische ♀ vorh.
8. Rs. u. M im Vorderflügel durch Querader r-m verbunden
Epipsocidae
Epipsocus lucifugus (Ramb.), ♀ meist flügellos, abstehend beborstet

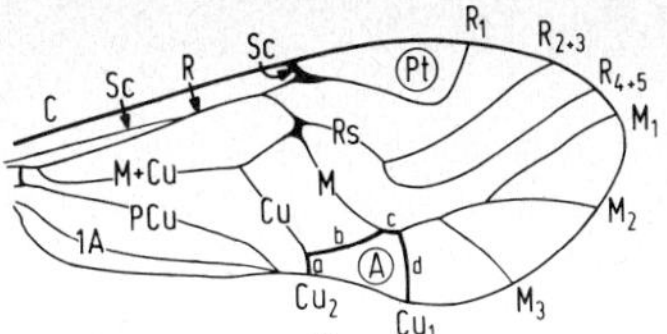

7

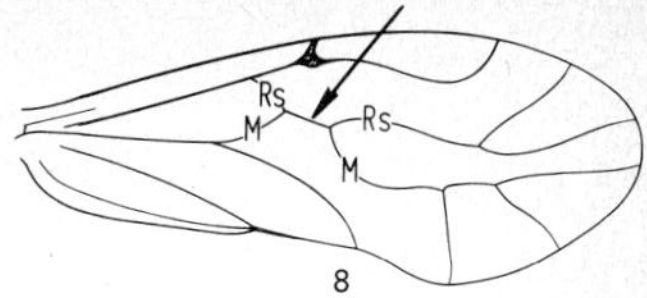

8

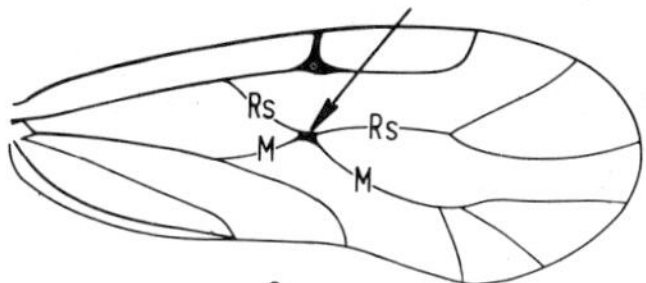

9

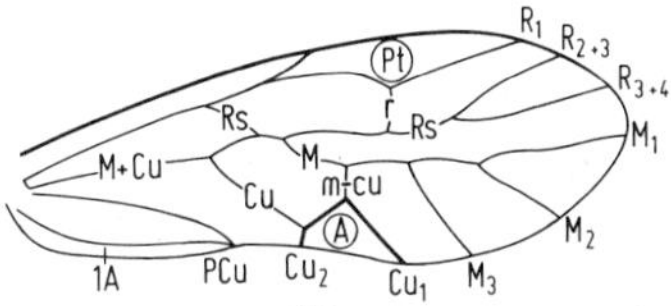

10

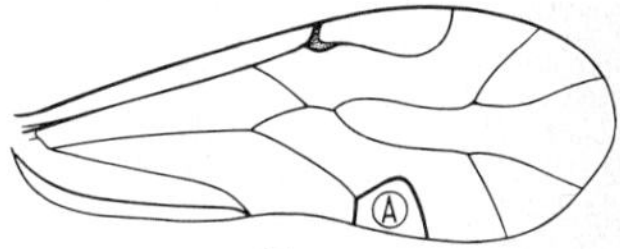

11

— Rs u. M im Vdflügel eine Strecke verschmolzen (wie [*8*]) . . . ***9***

9. Der 1gl Lippentaster breit 3eckig (nicht verwechseln mit 4gl Kiefertaster) ***10***

— der 1gl Lippentaster kurz, anliegend, halbkreisförmig **Trichopsocidae**

Trichopsocus dalei (McLach) (A gleichmäßig gerundet); **T. acuminatus** Bad. (A distal flacher)

10. Rand des Vorderflügels vom Pterostigma bis zur Flügelspitze deutlich verdickt. Radialgabelstiel gerade . . . . **Amphipsocidae**

Kolbea quisquiliarum (Bertk.) ♀ meist brachypter; unter Steinen, an Wurzeln

— Randader im Vdflügel nicht verdickt, Radialgabelstiel leicht s-förmig; die brachypteren ♀ fein behaart . . . . **Caeciliidae**

8; **Caecilius** Curt. [*12*] u. **Enderleinella obsoleta** (Steph.)

11. Flügel mehr oder weniger reduziert

3; **Mesopsocus** ♀, ca. 4 mm l (s. ***12***), **Hemineura** ♀, 3–3,5 mm l (s. ***13***), 3; **Pseudopsocus** ♀, bis 2,5 mm l (s. ***13***)

— Flügel normal lang ***12***

12. Flügel glasklar, unbehaart. . . **Mesopsocidae**: 3; **Mesopsocus** Kolbe

— Vdflügel leicht getrübt, Adern u. Rand ± vollständig behaart ***13***

13. Hinterflügel am ganzen Rand behaart . . . . . . **Philotarsidae**

Philotarsus picicornis (F.) u. **Ph. parviceps** Roes.

— Htflügel kahl oder im Bereich der Radialgabel behaart **Elipsocidae**

a) Htflügel am Rand kahl: ♂ **Hemineura dispar** Tet. b) Htflügel am Rand der Radialgabel behaart: 2; ♂ **Pseudopsocus** Kolbe (Vdflügel unter 2,5 mm l), 5; **Elipsocus** Hag. (Vdflügel meist länger, Endglied der Kiefertaster 3mal so lang wie breit), **Cuneopalpus cyanops** (Rost.) ähnlich, aber Endglied der Kiefertaster 2mal so lang wie breit

Fam. **Psocidae**

1. Körper 5–7 mm lang, Flügelspannweite 11–16 mm *2*
— Kleiner, Flügelspannweite unter 10 mm *3*
2. Flügel grau getrübt, beim ♀ mit, beim ♂ ohne Wolkenflecke. **Metylophorus nebulosus** (Steph.)
– Flügel glasklar, beim ♀ mit, beim ♂ fast ohne Spuren von dunklen Querbinden [*13*]. **Psococerastis gibbosus** (Sulz.)
3. Basishälfte des Vdflügels bis zur Spitze des Pt weitgehend braun. **Copostigma morio** (Latr.)
– Flügel nicht so gefärbt *4*
4. Seite b der Areola (A) länger als Seite c *6*
— b der Areola so lang oder kürzer als c *5*
5. Seite d von A läuft senkrecht nach unten . . . . . 2; **Blaste** Kolbe
— d verläuft schräg spitzenwärts nach unten. 3; **Amphigerontia** Kolbe häufig **A. bifasciata** (Latr.)
6. Im Pt der Flügel distal ein großer runder schwarzer Fleck. **Psocus bipunctatus** (L.)
– Pt ohne diesen Fleck, glasklar oder anders gefleckt *7*

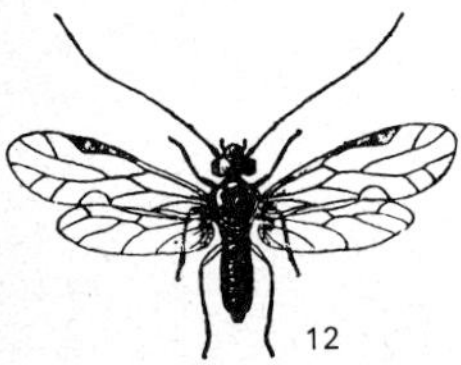
12

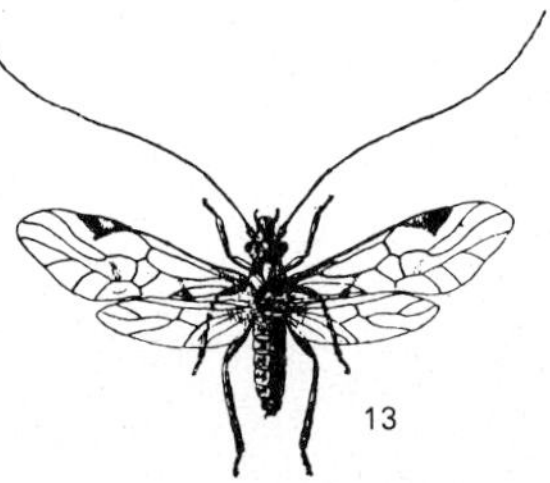
13

7. A ± symmetrisch dachförmig, beide Scheitelwinkel fast gleich. Körper, bes. am Kopf mit geknöpften Drüsenhaaren. ♀ kurzflügelig. Rheintal, unter Steinen. **Neopsocus rhenanus** Kolbe
– A sehr unsymmetrisch dachförmig, Scheitelwinkel zwischen b und c sehr weit [7] *8*
8. Pt mit kurzem deutlichen Querstummel. A aufrecht, ihre Seite d zur Basisrichtung des Flügels geneigt . . . . **Hyalopsocus contrarius** (Reut.)
– Pt ohne Querstummel, d in Richtung Flügelspitze geneigt *9*
9. Vdflügel schwärzlich gesprenkelt, zuweilen mit Querbinden . . . 3; **Loensia** End.
– Vdflügel nicht gesprenkelt, aber mit Binden u. Flecken. Zellen des äußeren Flügelrandes mit je 1 augenartigen Fleck . . . . 4; **Trichadenotecnum** End.

Literatur: Günther, K.: Staubläuse, Psocoptera. In: Dahl, Tierwelt Deutschl. Teil 61, Jena 1974. – Keler, St. v.: Staubläuse. Neue Brehmbücherei Heft 110, Wittenberg 1953.

13. Ord. **Mallophaga**, Haarlinge und Federlinge

1. Fühler (F) 5gliedrig, keulenförmig, ganz [*3*] oder zum Teil [*1*, *2*, *4*] in Gruben verborgen. Kiefertaster (KT) vorhanden. Unterord. **Amblycera** *2*

— Fühler 3–5gl., stabförmig, frei [*5–8*]. Kiefertaster fehlen. Unterord. **Ischnocera** *6*

2. Tarsen mit 1 Kralle . . . . **Gyropidae**

Gyropus ovalis Burm. [*1*], **Gliricola porcelli** Schr. [*2*], beide auf Meerschweinchen

– Tarsen mit 2 Krallen . . . . **Menoponoidea** *3*

3. Auf Meerschweinchen. **Trimenoponidae: Trimenopon hispidum** Nitzsch

– Auf Vögeln *4*

4. Länge 8–14 mm. Kopf mit ohrmuschelartig vorstehenden Fühlerkapseln . . . . **Laemobothriidae**

Laemobothrion Nitzsch, auf Tagraubvögeln und Rallen, z. B. **L. maximum** Scop. [*3*] auf Mäusebussard, **L. atrum** Nitzsch auf Bleßhuhn

— Unter 8 mm lang. Kopf ohne derartige seitlich Anschwellung . . *5*

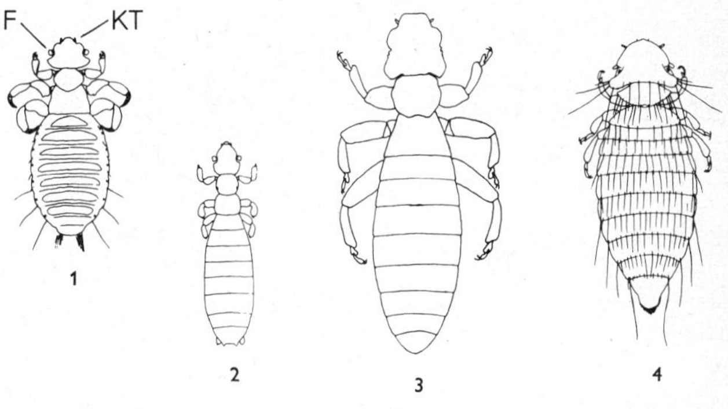

5. Schlank, 5–6 mm. Kopf nie breiter als lang, an den Seiten gerade nach vorn verengt. Vor den Fühlern seitlich ausstülpbare Haftblasen . **Ricinidae**

Ricinus De Geer, mehrere Arten auf Singvögeln

— Meist unter 4 mm. Kopf gewöhnlich breiter als lang, gerundet, dreieckig, halbmond- oder hantelförmig, ohne ausstülpbare Haftblasen. **Menoponidae**

Etwa 25 Gattungen mit ca 100 Arten auf den verschiedensten Vögeln, z. B. **Menopon gallinae** L. [*4*] auf Haushuhn, **Colpocephalum zebra** Nitzsch auf Weißem Storch, **Neocolpocephalum** Ew. auf Tagraubvögeln, **Pseudomenopon pilosum** Scop. auf Bleßhuhn, **Menacanthus** Neum. auf Hühnern und Singvögeln

6. Tarsen mit 1 Kralle. Fühler 3gliedrig. Körperborsten kurz, anliegend. Auf Säugetieren . . . . **Trichodectidae**

11 Gattg. mit 22 Arten, z.B. **Trichodectes canis** De Geer [*5*] auf Hund, **Tr. vulpis** Denn. auf Fuchs, **Tr. melis** F. auf Dachs, **Stachiella**-Arten auf Mardern; **Felicola subrostratus** L. auf Hauskatze, **F. hercynianus** Kél. auf Wildkatze; **Bovicola equi** Denn. auf Pferd und Esel, **B. bovis** L. auf Rind, andere **Bovicola**-Arten auf Ziegen, Schafen, Gemsen und Steinbock. **Rhabdopedilon longicornis** Nitzsch auf Rothirsch; **Cervicola meyeri Taschbg.** auf Reh, **C. tibialis** Piag. auf Damwild

– Tarsen mit 2 Krallen, Fühler 5gliedrig. Körper mit langen, abstehenden Haaren. Viele Gattungen und Arten . . . . **Philopteridae** *7*

7. Körper breit oval; Kopf groß, so breit oder fast so breit wie lang, mit abgerundeten Schläfen . . . . **Philopterinae**

Auf den verschiedensten Vögeln, z. B. **Philopterus** Nitzsch auf Singvögeln (**Ph. ocellatus** Scop. [*6*] auf Krähen), **Craspedorrhynchus** Kél. auf Raubvögeln, **Saemundssonia** Timm. auf Laro-Limicolen, **Anatoecus** Cumm. auf Enten, **Incidifrons** Ew. auf Rallen usw.

– Kopf von anderer Form *8*

8. Körper breit oval, Kopf mit eckigen Schläfen. . . . . . . **Goniodinae**

Meist auf Hühnervögeln, z.B. **Goniodes pavonis** L. [*7*] auf Pfau; **Goniocotes gallinae** De Geer, nebst anderen Federlingen, auf Haushuhn

– Körper schlank oval, Kopf länglich oval mit gerundeten Schläfen **Degeeriellinae**

Auf den verschiedensten Vögeln, z.B. **Esthiopterum gruis** L. [*8*] auf Kranich, **Degeeriella** Neum. auf Tagraubvögeln, **Ardeicola** Clay auf Störchen und Reihern, **Lipeurus** Nitzsch auf Hühnern

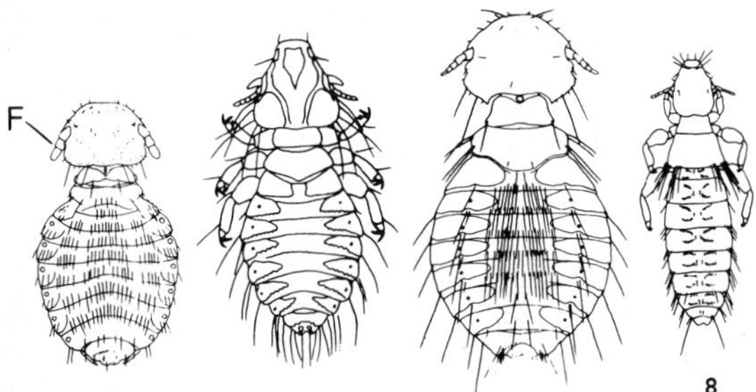

5 6 7 8

14. Ord. **Anoplura**, Läuse

1. Beine annähernd gleichartig *2*

– Beine unterschiedlich, mindestens Vorderbeine kleiner oder schwächer als Hinterbeine *3*

2. Beine kurz, schwach klammerförmig, Krallen nicht verdickt [*9*]. 2,5–4 mm lang . . . . Menschenlaus, **Pediculus humanus** L.

2 Rassen: **P. h. humanus** Kleiderlaus, **P. h. capitis** Kopflaus

– Beine lang, stark klammerförmig, Krallen verdickt. 2–6 mm lang. **Haematopinus** Leach

H. suis L. auf Hausschwein; **H. apri** Gour. auf Wildschwein; **H. eurysternum** Nitzsch auf Hausrind; **H. asini** L. auf Esel

3. Körper breit, kurz, 1–2 mm l. Seiten des Hinterleibs mit kegelförmigen Fortsätzen [*10*]. Lebt an Schamhaaren des Menschen. Filzlaus, **Pthirus pubis** L.

– Körper oval oder gestreckt oval. *4*

4. Mittel- und Hinterbeine sind schwache Klammerbeine mit dicken spitzen Krallen *5*

– Mittel- und Hinterbeine oder nur Hinterbeine stark klammerförmig *7*

5. Stigmen des Hinterleibs warzenförmig vorragend [*11*]. Unter 2 mm. Auf Hausrind . . . . **Solenopotes capillatus** End.

– Stigmen des Hinterleibs nicht vorragend *6*

6. Hinterleib reichlich beborstet . . . . **Linognathus** End.
L. ovillus Neum. auf Hausschaf; **L. setosus** v. Ols. auf Hund; **L. stenopsis** Burm. auf Ziege, Steinbock, Gemse; **L. vituli** L. (2–3 mm lang) auf Hausrind

– Hinterleib spärlich beborstet . . . . . . **Cervophthirius** Mjöbg.
C. burmeisteri Fahrenh. auf Rothirsch; **C. capreoli** Freund auf Reh

7. Vorder- u. Mittelbeine gleichartig, schlank. 0,8–0,9 mm. Auf Eichhörnchen . . . . **Enderleinellus nitzschi** Fahrenh.

– Vorder- u. Mittelbeine verschieden *8*

8. Mittelbeine intermediär zwischen Vd- und Hinterbeinen *9*

– Mittel- und Hinterbeine gleichartig, 2mal größer als Vorderbeine. 1,3–1,9 mm. Auf Eichhörnchen, selten. **Neohaematopinus sciuri** Mjöbg.

9. Vorderkopf flach abgestutzt. Rückenplatten mit Querreihe langer kräftiger Haare . . . . **Polyplax** End.
P. reclinata Nitsch auf Spitzmäusen, **P. gracilis** Fahrenh. auf Zwergmaus, **P. spinulosa** Burm. [*12*] auf Rattus, **P. spinigera** Burm. auf Schermaus, **P. serrata** Burm. auf Rötelmaus, Hausmaus u. Apodemus

– Vorderkopf kegelförmig oder halbrund. *10*

10. Körper plump, dachziegelartig mit runden Schuppen bedeckt. Auf Seehund . . . . **Echinophthirius horridus** v. Olf.

– Körper flachgedrückt und nicht derart beschuppt *11*

11. Körper breit oval, lang behaart. Mittel- und Hinterbeine fast gleich groß . . . . **Haemodipsus** End.
H. ventricosus Denny (1–1,5 mm) auf Kaninchen; **H. lyriocephalus** Burm. (2–2,5 mm) auf Hase

– Körper gestreckt oval, Rückenplatten mit Querreihe schuppenartig verbreiterter Borsten. Mittelbeine intermediär zwischen Vorder- und Hinterbeinen *12*

12. 3. Hinterleibsternit beiderseits mit 1 Paar nach hinten divergierender Borsten . . . . **Hoplopleura** End.
H. acanthopus Burm. auf Feld-, Erd- u. Schneemaus; **H. affinis** Burm. auf Brand-, Wald- u. Rötelmaus; **H. longula** Neum. auf Zwergmaus

– 3. Hinterleibsternit ohne divergierende Borsten, das 2. beiderseits mit 1 Paar kurzer dicker Dorne. Auf Gliridae (Schläfern)
Schizophthirus pleurophaeus Burm.

9 10 11 12

Literatur: Ferris, G. The sucking lice. Mem. Pacific Coast Ent. Soc. San Francisco 1951 – Hopkins, G. u. Clay, Th. A check list of the genera and species of Mallophaga, London 1952 – Jancke, O. Läuse oder Anoplura, in: Dahl, Tierwelt Deutschlands Teil 35, Jena 1938. Alle Psocopteria: Keler, v. In: Tierw. Mitteleur. 1963.

15. Ord. **Thysanoptera,** Fransenflügler, Blasenfüße, Thripse

Knapp 1–2 mm, selten bis 4 od. 5 mm. 4 schmale Flügel, deren Rand meist von langen Fransen umgeben ist [*1*] od. flügellos. Stechende Mundwerkzeuge zu Saugkegel verwachsen, der auf der Unterseite des Kopfes liegt u. schräg nach hinten gerichtet ist. Große Facettenaugen und (meist) 3 kleine Scheitelaugen (Ocellen). Füße (Tarsen) 2gliedrig mit bei Vollkerfen reduzierten Krallen, zwischen diesen großer, ausstülpbarer Haftlappen. Metamorphose unvollkommen (d. h. kein Puppenstadium). Eier von Arten mit Legebohrer werden in Pflanzengewebe versenkt, von Arten ohne Legebohrer (Phlaeothripidae) an Pflanzen angeklebt. 2 aktive Freßlarvenstadien (ohne Flügelanlagen), dann 2 inaktivere Nymphenstadien (mit äußeren Flügelanlagen). Die meisten Arten sind Pflanzensauger, darunter viele Schädlinge an Kulturpflanzen; einige sind räuberisch u. saugen kleine Arthropoden od. deren Eier aus.

1. Letztes Htleibsglied beim ♀ ± konisch verjüngt, unterseits gespalten u. mit sägeartigem Legebohrer [*3*, *4*], beim ♂ stumpf abgerundet. Flügel (wenn vorh.) mit 1–2 zur Spitze ziehenden Längsadern [*1*]. Flügel in Ruhelage nicht überkreuzt. Fühlerglieder der Larven durch Quernähte geringelt ***2***

— Letztes Htleibsglied beim ♀ u. ♂ röhrenförmig ausgezogen [*2*], nie unterseits gespalten, ♀ ohne Legebohrer. Vdflügel (wenn vorh.) ohne oder nur mit kurzer Längsader [*2*]. Flügel in Ruhelage überkreuzt. Fühlergl. der Larven nicht geringelt. . . . **Phlaeothripidae** S. 218

2. Legebohrer zum Körper gebogen (unterseits konvex) [*3*]. Flügel am Ende breit gerundet [*2*]. Fühler 9gliedrig, die letzten Glieder können aber Einheit bilden, so daß dann nur 7 oder 5 deutlich getrennt sind [*5*–*7*] . . . . **Aeolothripidae**

— Legebohrer vom Körper weggebogen (unterseits konkav) [*4*]. Flügel schmaler, am Ende ± zugespitzt [*1*]. Fühler meist 6–8gliedr., selten mit 9 Gliedern . . . . **Thripidae**

1. Unterordnung **Aeolothripidea**

Fam. **Aeolothripidae**

1. Alle 9 Fühlergl. deutlich getrennt [*5*]. 3; **Melanthrips** Hal. Häufig **M. fuscus** Sulz., an Cruziferen.

2. 7 deutlich getrennte Fühlergl., letztes bildet mit 2 reduzierten Endgliedern Einheit [*6*]. **Rhipidothrips gratiosus** Uz., an Gräsern.

3. 5 deutl. getrennte Fühlergl., letztes mit 4 reduzierten Endgliedern eine Einheit [*7*]. Flügel mit 1 oder 2 dunklen Querbinden. Räuber. 10; **Aeolothrips** Hal., häufig **A. intermedius** Bag.

2. Unterordnung **Thripidea**

1. Fam. **Thripidae**

1. Körper mit grob netzartiger Skulptur, Fühlerendgl. spießförmig, **Panchaetothripinae,** bei uns nur im Gewächshaus. Fühler 7gliedr.: **Parthenothrips dracaenae** Heeg.; Fühler 8gliedr.: **Heliothrips haemorrhoidalis** Bouché (Vdflügel normal breit), **Hercinothrips femoralis** Reut. (Vdflügel sehr schmal)

— Körper ohne Netzstruktur oder wenn solche schwach ausgebildet, dann Fühlerspitze nie spießförmig. **Thripinae** (hier nur Auswahl!) ***2***

2. Kopf nach vorn in Fortsatz ausgezogen u. nach hinten erweitert, so daß die Augen nicht an den vord. Ecken des Kopfes liegen [*8*, *9*] ***3***

— Kopffortsatz kaum angedeutet. Augen an vord. Kopfecken [*10*] ***4***

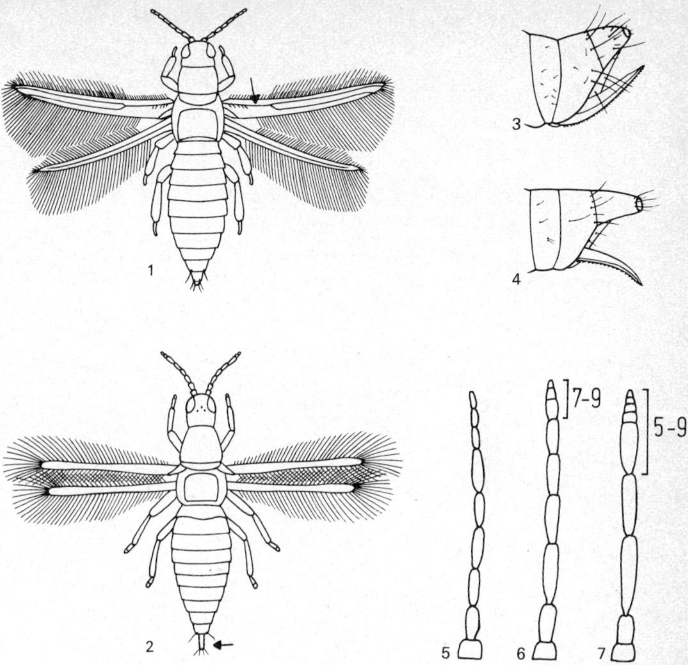

3. Kopf im Vergleich zum Halsschild klein, letzteres nach hinten stark verbreitert u. seine Htecken mit kleinen, aber nicht mit je 1 langen Borste. Htleibsende des ♀ mit normalen Borsten **Chirothrips** Hal. viele Arten, darunter: 2. Fühlergl. nicht eckig erweitert: **Ch. hamatus** Tryb.; 2. Fühlergl. nach außen eckig erweitert: **Ch. manicatus** Hal. [*8*] u. der seltenere, aber ähnliche **Ch. aculeatus** Bagn. (Kopffortsatz zwischen den Augen nur kurz). ♂ der genannten Arten ohne, ♀ meist mit Flügeln.

— Kopf groß, länger als das nach hinten höchstens schwach verbreiterte Halsschild, dessen Htecken mit je 1 langen Borste. Htleibsende mit dornartigen Borsten. ♂ ohne, ♀ mit Flügeln. **Limothrips denticornis** Hal. (3. Fühlergl. nach außen eckig erweitert [*9*], **L. cerealium** Hal. (3. Fühlergl. ohne Fortsatz); an Getreide

4. Körper klein u. schmal, Prothorax ohne Borsten. Knapp 1 mm, gelb, ♂ u. ♀ ohne Flügel. Fühler meist nur 6gliedr.: **Aptinothrips rufus** Gmel. (Gräser, Getreide in trockenen Lagen). Ähnlich, aber Fühler 8gliedr. u. mehr an Waldgräsern, in schattigen Lagen:. **A. stylifer** Tryb.

— Anders *5*

5. Vdtibien vorn mit 1 od. 2 gekrümmten, zahnartigen Häkchen **Odontothrips** Serv. (an Leguminosen)

— ohne solche Häkchen *6*

6. Fühler dadurch 9gliedr., daß das große 6. Glied von einer Schräglinie durchzogen ist. Hellgelb, 1 mm. **Anaphothrips obscurus** Müll. (an Gräsern u. Getreide)

— Fühler nicht so u. andere Merkmale *7*

7. Fühler 6gliedr. 0,8 mm. **Drepanothrips reuteri** Uz. (Laubhölzer, Reben)

— Fühler 7gliedr.: viele Gattg. u. Arten, häufig **Thrips** L. mit **tabaci** Lind. (schädlich an Gemüse u. Tabak), **linarius** Uz. (an Lein), **angusticeps** Uz. (auf Feldern u. Wiesen), **flavus** Schrk. (Waldränder, Gärten), **fuscipennis** Hal. (Wälder, Gärten). **Stenothrips graminum** Uz. (Kopf schmal, grau; ca 1 mm, an Gramineen, bes. Hafer)

— Fühler 8gliedr.: viele Gattg. u. Arten, darunter **Kakothrips robustus** Uz. (♂ mit dunklem hornförmigem Fortsatz an beiden Seiten des 8. Htleibrings, Erbsenschädling). **Frankliniella tenuicornis** Uz. (an Gramineen), **F. intonsa** Tryb. (polyphag), **Taeniothrips pini** Uz. (schädlich an Larix), **T. atratus** Hal. u. **T. vulgatissimus** Hal. (polyphag, gehören zu den häufigsten Thripsen).

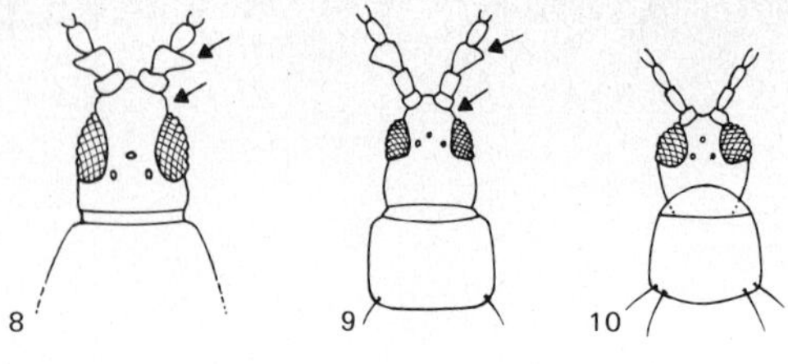

2. Fam. **Phlaeothripidae**

1. Der 6. Htleibsring des ♂ jederseits in geraden Fortsatz ausgezogen. 5. bis 7. Fühlerglied unten ± gekielt . . . . **Idolothripinae**
Megalothrips bonanii Uz. (3,6–5,3 mm; schwarz; unter Rinde u. Reisig). **Megathrips nobilis** Bagn. (2,5–3 mm; schwarz, nur Tarsen hell; Fallaub, Heu, Riedgräser). **M. lativentris** Heeg. (ähnlich, aber auch Tibien und Enden der Schenkel hell; Rasen u. Fallaub).

— 6. Htleibsring des ♂ nicht mit derartigen Fortsätzen. Länge höchstens 2,5 mm . . . . **Phlaeothripinae 2**

2. Flügel in der Mitte deutlich verengt, sohlenförmig ***3***

— Flügel nie sohlenförmig, öfters auch reduziert od. fehlend: mehrere Gattg. u. Arten, vor allem an od. unter Baumrinde

3. Mundkegel zur Spitze stark verengt, am Ende nur wenig abgerundet
Neoheegeria verbasci Osb., an Verbascum

— Mundkegel zur Spitze schwach verengt, am Ende breit gerundet. **Haplothrips** Serv. mit vielen Arten, darunter **niger** Osb. (Klee), **leucanthemi** Schrk. (Compositen), **distinguendus** Uz. (Distel), ferner an Blüten von Gräsern u. Getreide: **H. aculeatus** F. (Endglied d. Fühler schlanker, aber etwa so lang wie vorangehende 7. Glied; Larven gelb mit rotem Htleibsende) u. **H. tritici** Kurdj. (Endgl. d. Fühler deutl. kürzer als 7. Glied, das sogar fehlen kann; Larven rot, mehr im östl. Europa).

Literatur

Priesner, H., Ordnung Thysanoptera. Bestimmungsbücher zur Bodenfauna Europas. Lief. 2. Akademie Verlag Berlin 1964. – Schliephake, G. u. Klimt, K. Thysanoptera, Fransenflügler, in: Dahl, Tierwelt Deutschlands, Teil 66, Jena 1979.

16. Ord. **Rhynchota (Hemiptera)**, Schnabelkerfe

Insekten mit allmählicher (paurometaboler) Entwicklung. Sie haben stechend-saugende Mundwerkzeuge, wobei Mandibeln und Maxille zu Stechborsten umgewandelt sind, die in einer Rüsselscheide (Labium) liegen. Die gemeinsamen Vorfahren der Schnabelkerfe dürften schon im Karbon gelebt haben; die Heteroptera u. Homoptera haben sich wahrscheinlich im Perm differenziert, entfalten sich jedenfalls im Trias. Zu den Homopteren gehören nur Pflanzensauger, die alle auf dem Land vorkommen. Viele Arten von ihnen, besonders Blattläuse und Zikaden sind als Überträger von Viren in der Landwirtschaft schädlich. Bei den Wanzen gibt es aquatische, amphibische und an Land lebende Arten. Die Vertreter vieler ihrer Familien sind räuberisch. Cimiciden haben sich zu Ektoparasiten entwickelt. Corixiden fressen Algen und Detritus. Arididen saugen an Myzel von Baumpilzen. Tingidae, Piesmidae, viele Lygaeidae, Pyrrhocoridae, Coreoidea, Cydnidae sowie ein großer Teil der Miridae und Pentatomidae nehmen Saft von höheren Pflanzen auf. In diesen Familien befinden sich daher auch landwirtschaftliche Schädlinge, s. Piesma, Stephanitis, Lygus, Eurygaster, Aelia, Eurydema. Manche Wanzen leben von pflanzlichen und tierischen Säften. Sprungvermögen kommt bei Springwanzen (Saldidae), verschiedenen Kleinzikaden (Cercopoidea, Cicadelloidea) und bei Blattflöhen (Psylloidea) vor. Oft fehlen Flügel oder diese sind reduziert (bei Wanzen fehlt dann die Membran des Vorderflügels). Viele Rhynchoten besitzen Apparate zur Lauterzeugung. Dies betrifft nicht nur die Singzikaden, sondern auch Kleinzirpen und kommt z. B. bei den Wanzenfamilien Corixidae, Nepidae, Reduviidae Nabidae, Pentatomidae und Cydnidae vor. Ein großer Teil der Rhynchoten überwintert bei uns im Eistadium, doch finden sich besonders unter den Wanzen, aber auch bei einigen Zikaden, Blattflöhen, Blatt- und Schildläusen Larval- und Imaginalüberwinterer. Die Zahl vor einem Gattungsnamen bedeutet Artenzahl in Deutschland.

In der B. R. Deutschland besonders geschützt: Ranatra linearis, Cicadidae.

1. Rüssel breit, kurz u. ungegliedert. Vdfuß (Tarsus) 1gliedr., spatelfg., ohne Kralle, länger als Tibia [*4*]. Ruderwanzen **Corixidae** S. 225

— Anders *2*

2. Rüssel entspringt vorn am Kopf [*1*]. Vorderflügel meist an Basishälfte (= Corium) derbhäutiger als im Spitzenteil (= Membran) [*2*] Wanzen, **Heteróptera** S. 219

— Rüssel entspringt auf der Unterseite des Kopfes, oft sogar weit hinten [*3*]. Vdfl. auf ganzer Fläche gleich dünnhäutig Pflanzensauger (Gleichflügler), **Homóptera** S. 236

1. Unterord. **Heteróptera**, Wanzen

1. Fühler kürzer als Kopfbreite, von oben selten sichtbar 1–6 Fam. Wasserwanzen (**Hydrocorísæ**) *2*

— Fühler mindestens so lang wie d. Kopf, von oben gut sichtbar: Wasserläufer (**Amphicorísæ**, 7.–11. Fam.) u. Landwanzen (**Geocorísæ**, 12. bis 38. Fam.) *7*

2. Vordertarsen (V.fuß) 1gliedr., spatelfg., länger als Tibia (Schiene). Rüssel breit, kurz u. ungegliedert 1. Fam. Ruderwanzen, **Coríxidæ** [*4*] S. 225

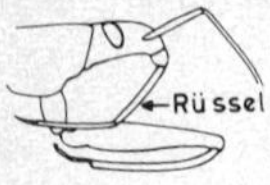

1

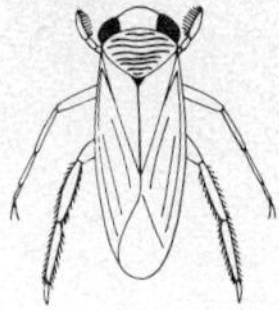
4

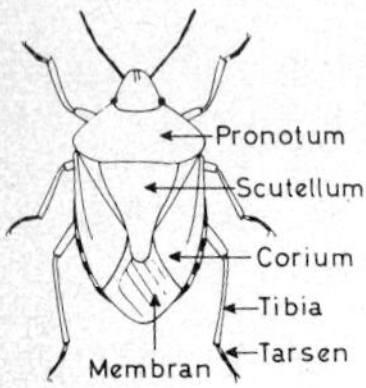

2

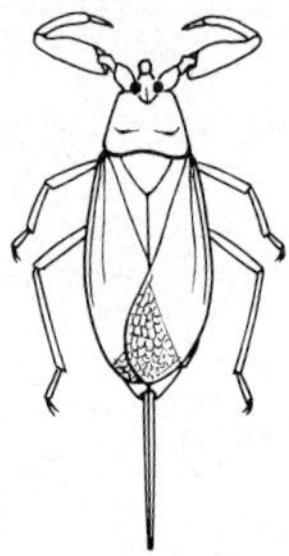

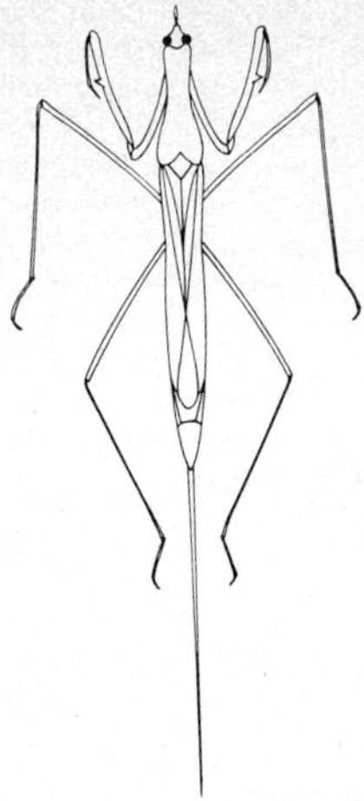

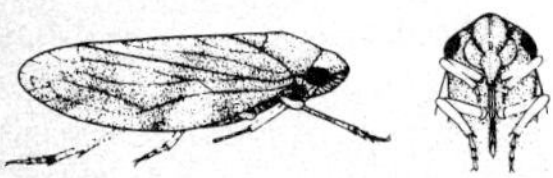
3

5

6

— V.tarsen nicht länger als Tibia, meist wenigstens 2gliedr., nie spatelfg. Rüssel langgestreckt, mehrgliedr. *3*

3. Htleib endet mit langem Atemrohr. 2. Fam. Wasserskorpione, **Népidæ.**
1; **Népa rúbra** L. [*5*]. 1; **Ranátra lineáris** L. [*6*]

— Kein solches Atemrohr *4*

4. Körper flach, viel breiter als hoch *5*

— Körper bootartig, etwa so breit wie hoch *6*

5. Rüssel bis zu V.beinen, diese anders gestaltet als Mittel- u. Htbeine 3. Fam. Schwimmwanzen, **Naucóridæ**
Nur **Ilyócoris cimicoídes** L., 12–15 mm [*7*] u. **I., maculátus** F., 9–10 mm.

— Rüssel bis zu Mittelbeinen. Vd- u. Mittelbeine gleichartig, anders als Htbeine. Flügel meist reduziert. . . . . . . 4. Fam. **Aphelochíridæ**
1; **Aphelochírus æstivális** F. [*8*].

6. Über 13 mm lang . . . . 5. Fam. Rückenschwimmer, **Notonéctidæ**
6; **Notonécta** L., häufig **N. glauca** L. [*9*].

— 2,5 mm lang . . . . 6. Fam. **Pléidæ**
1; **Pléa leachi** MGr. et Kirk. [*10*].

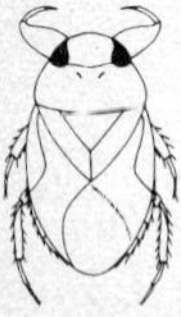
7

8

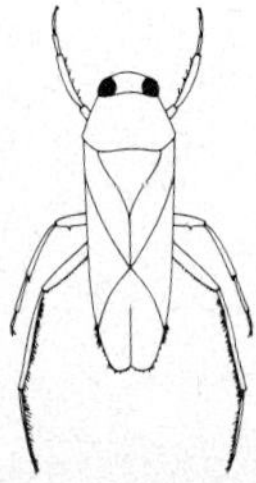
9

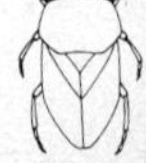
10

7. Körper stabförmig. Kopf mehrfach so lang wie breit, etwa von Länge des Rückens (Thorax). . . . . 7. Fam. Wasserreiter, **Hydrométridæ**

Nur: **Hydrométra stagnórum** L, 9–12 mm [*11*] u. **H. graciléenta** Horv., 7–9 mm.

— Körper langgestreckt od. nicht. Kopf viel kürzer als Thorax . . . *8*

8. Vdbeine auffallend verkürzt. Basis der Krallen eingesenkt, daher scheinbar nicht am Ende [*12a*]. Habitus wie [*12* u. *13*]. Körper unterseits mit dichtem silbrigem od. gelbem Haarfilz *9*

— Krallen am Ende der Tarsen eingelenkt. Wenn Körper unterseits weiß behaart, dann Haare meist weniger dicht *10*

9. Vdbeine sehr viel kürzer als die anderen [*12*]. Htschenkel reichen über Ende des Htleibs. 8. Fam. Teichläufer, Schneider, **Gérridae**

11; **Gérris** F. [*12*]. Häufig **G. nájas** Deg. (13–17 mm), **G. lacústris** L. (8–10 mm).

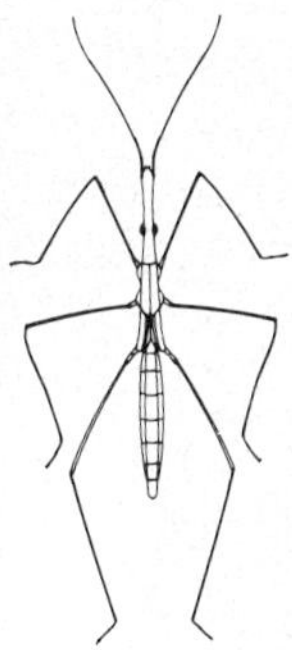

11

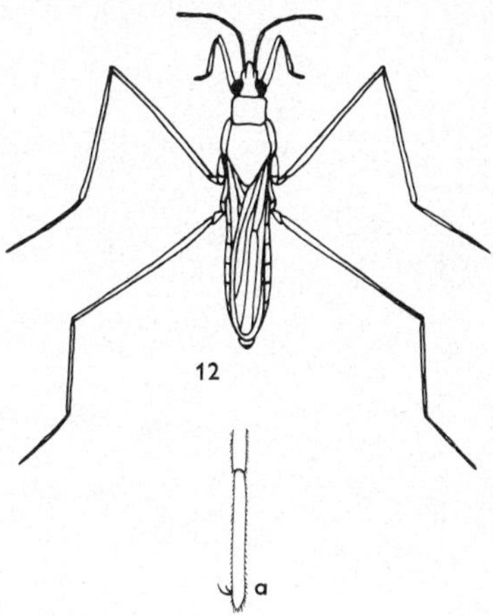

12

a

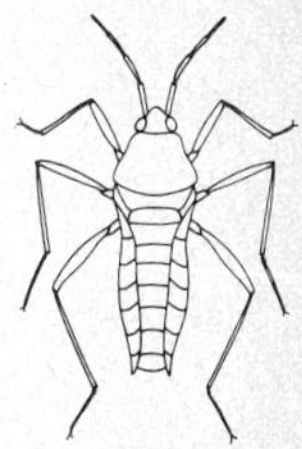

13

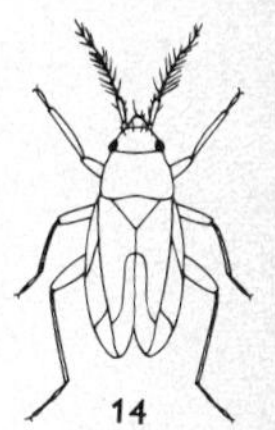

14

— Vorderbeine weniger stark verkürzt [*13*]. Htschenkel reichen nicht über Htleibsende . . . . 9. Fam. Bachläufer, **Veliidae**

2; **Vélia** Latr. (6–8 mm). Häufig **V. cáprai** Tam. [*13*].
2; **Microvélia** Westw. (1,5–2 mm). Häufig **M. schneideri** Sz.

10. Fühler mit 2 dicken Grundgliedern u. 2 dünnen gefiederten Endgliedern [*14*]. 1–3 mm l. . . . . . . 12. Fam. **Dipsocóridæ** (3 Gattg.)

— Fühler u. Habitus anders *11*

11. Fühler 5gliedr. (Glied 2 zuweilen sehr klein). *12*

Seitl. betrachten, da Fühlerwurzel oft von Kopfseiten überdeckt ist.

— Fühler 4gliedr., selten mehr Gld. durch sekundäre Ringelung . *16*

Wenn Fühler scheinbar 5gliedr., dann Mitte u. Ende verdickt.

12. Höchstens 2 mm lang. Unterseits silbrig behaart. Fühlerglieder 1–2 dicker als 3–5 (nicht gefiedert!). . . . . . . 11. Fam. **Hébridæ** [*15*]

Nur **Hébrus rúficeps** Thms. (1–1,5 mm) u. **H. pusíllus** Fall. (2 mm).

— Mindestens 3 mm lang. Unterseits nicht silbrig behaart *13*

13. Tarsen 2gliedr. *14*

— Tarsen 3gliedr. (Mittelglied zuweilen recht klein!) *15*

14. Scutellum überdeckt ganzen Htleib. Körper fast so breit wie lang. Fühlerglied 2 sehr klein . . . . 38. Fam. **Platáspidæ**

1; **Coptosóma scutellátum** Geoffr., 3,5–4,5 mm, schwarz [*16*].

— Scutellum viel kürzer. Körper langgestreckt, nach hinten verschmälert. Htleib unterseits am Grunde mit nach vorn gerichtetem Fortsatz. Über 6 mm l. . 35. Fam. Stachelwanzen, **Acanthosomátidæ** S. 234

15. Tibien mit kräftigen langen Dornen. Körper schwarz od. schwarz u. weiß gefleckt. . . . . 37. Fam. Erdwanzen, **Cýdnidæ** S. 235

— Tibien nicht oder ganz schwach bedornt (wenn ausnahmsw. mit längeren Dornen, dann Körper anders gefärbt.) 36. Fam. Schildwanzen, **Pentatómidæ** [*2*] S. 234

16. Pronotum (Halsschild) u. Corium mit gitter-, waben- od. netzartiger Struktur. Tarsen 2gliedr. Arten höchstens 4 mm lang ***17***

— Habitus anders. Tarsen 2- od. 3gliedrig ***18***

17. Pronotum nach hinten in 3eckigen Fortsatz verlängert, der Scutellum bedeckt . . . . 21. Fam. Gitterwanzen, **Tíngidæ**

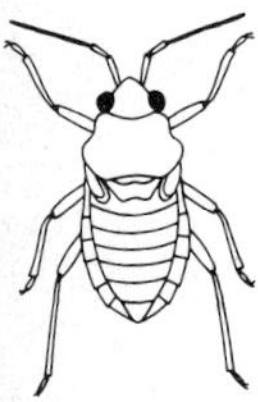

15

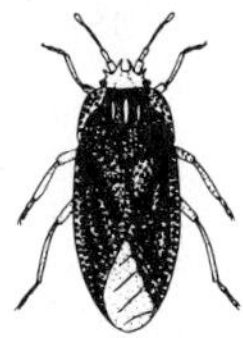

18

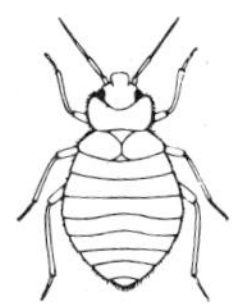

20

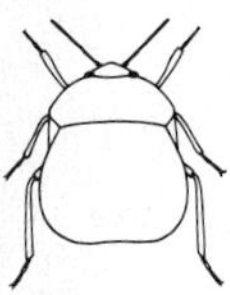

16

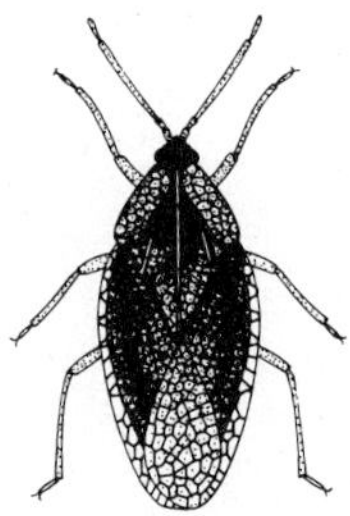

17

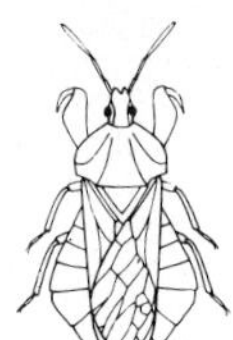

19

21

Viele Gattg. Häufig **Díctyla (Monánthia) échii** Schr. [*17*] an Boraginaceen; **Tíngis cárdui** L. an Disteln; **Stephanítis rhododéndri** Horv., schädlich an Rhododendron (aus Japan eingeschleppt).

— Htrand des Pronotums ± gerade. Auf Pronotum Längskiele. Scutellum gut sichtbar 26. Fam. Meldenwanzen, **Piésmidæ**

5; **Piésma** Lep. et S.; Rübenwanze **P. quadrátum** Fieb. [*18*].

18. Vdschenkel verbreitert u. verdickt. Körper flach mit breitem Seitenrand. Habitus s. [*19*] . . . . .19. Fam. **Phymátidæ**

1; **Phymáta crássipes** F. [*19*], 8–9 mm.

— Habitus anders ***19***

19. Körper stark abgeflacht, braun bis schwarz. Habitus von [*20*] oder [*21*] ***20***

— Habitus anders. ***22***

20. Körper extrem flach, oval bis gerundet, hellbraun, lang behaart, nur stummelfg. Flügelreste . . . . . .17. Fam. Bettwanzen, **Cimícidæ**

Pronotum halbkreisfg. ausgeschnitten: **Címex lectulárius** L. [*20*] (bei Fledermäusen, Vögeln, Mensch), **C. pipistréllus** Jen. (bei Fledermäusen). Vdrand des Pronotums in der Mitte gerade: **Oecíacus hirúndinis** Jen. (bei Vögeln).

— Körper etwas gestreckter, mit breitem Seitenrand, nicht behaart, aber mit körniger Oberfläche, dunkelbraun bis schwarz ***21***

21. Zwischen Auge u. Fühlergrund langer Fortsatz nach vorn. Augen vorquellend. Flügel deutlich in Corium u. Membran geteilt
22; **Aradus** F. [*21*]. 24. Fam. Rindenwanzen, **Arádidæ**

— Fortsatz kürzer, Augen treten nicht bes. hervor. Vdfl. auch im Coriumteil durchsichtig. . . . . 25. Fam. **Aneúridæ**
2; **Aneurus** Curt.

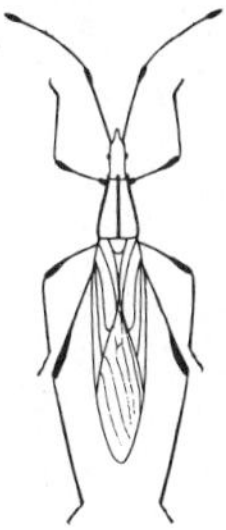
22
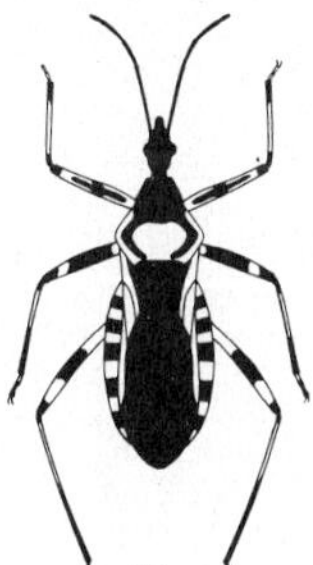
23
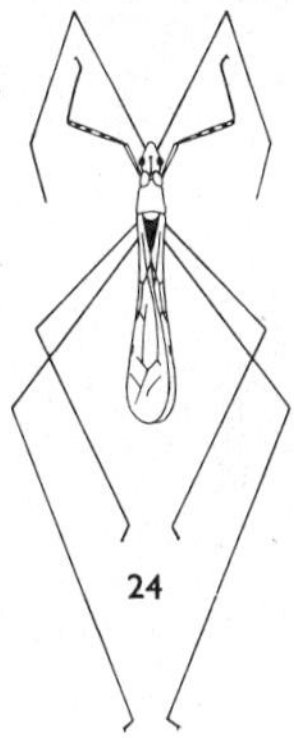
24

25

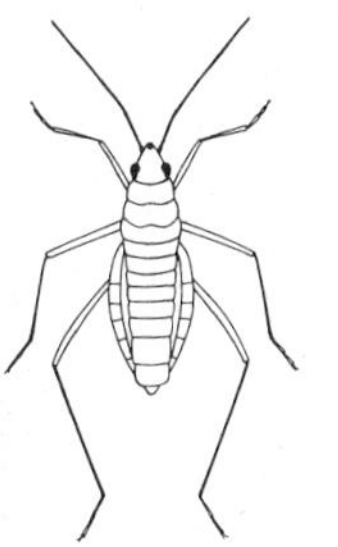
26
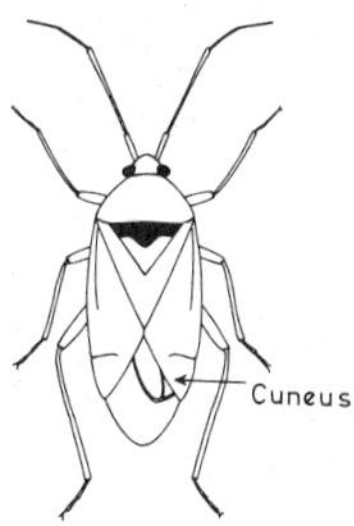

27
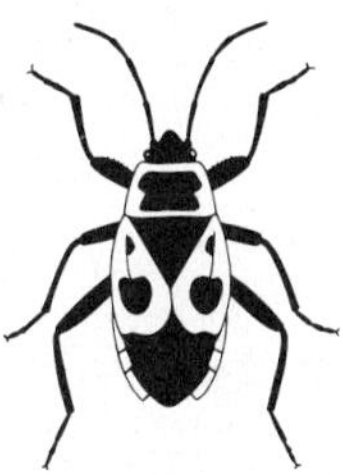
28

29

22. Gestalt stabfg. Verdickung an Knieen, Mitte u. Spitze der Fühler [*22*].
27. Fam. Stelzenwanzen, **Berýtidæ (Neídidæ)** S. 230

— Habitus anders ***23***

23. **Rüssel von der Seite gesehen sichelfg. gebogen** [*25*]. **Über 5 mm lang** (wenn ausnahmsweise kleiner, dann mückenähnlicher Habitus [*24*] ***24***

— Rüssel gestreckt nicht auffallend in sich gebogen od. wenn doch so, dann Tier höchstens 5 mm u. nicht vom Habitus der Fig. 24 . . ***25***

24. Rüssel kurz, kräftig, Spitze greift in Rinne od. Grube vor den Vdhüften. Robust u. meist über 12 mm [*23*] od. zart u. 4–7 mm [*24*]
20. Fam. Raubwanzen, **Reduvíidæ** S. 229

— Rüssel länger, Spitze greift nicht in tiefe Furche. 6–11 mm l.
18. Fam. Sichelwanzen, **Nábidæ**
3; **Prostémma** Lap. (schwarz u. rot), 12; **Nábis** Latr. (braun) [*25*].

25. Oberseits glänzend gelbbraun. Unterseite mit weißen Haaren. Habitus vom Typ d. Wasserläufer. 3–3,5 mm l. . . 10. Fam. **Mesovelíidæ**
Nur 1; **Mesovélia furcáta** Mls. [*26*], meist flügellos.

— Habitus anders ***26***

26. Stirnaugen (Ozellen) fehlen ***27***

— Ozellen vorhanden (zuweilen schwer zu erkennen!) ***28***

27. Vom Corium ist ein Cuneus abgeteilt. Membran mit 2 (selten 1) geschlossenen Zellen [*27*]. Kurzflügl. sind kleiner u. anders gezeichnet als Feuerwanzen . . . . . . 13. Fam. Weichwanzen, **Míridæ** S. 225

— Kein Cuneus abgeteilt, Membran mit vielen Adern. Kurzflügelige schwarz mit roter Zeichnung. 29. Fam. Feuerwanzen, **Pyrrhocóridæ**
2; **Pyrrhócoris ápterus** L., schwarz u. rot, 9–11 mm [*28*], **P. marginátus** Kl., braun mit hellem Rand, 7–8 mm.

28. Alle Tarsen 2gliedrig. Habitus nicht wie [*30*] ***29***

— Wenigstens Tarsen d. Mittel- u. Htbeine 3gliedrig ***30***
(das oberste Glied kann winzig u. keilfg. sein, dann wirken Tarsen 2gl. [*30*]).

29. Kopf breit gerundet. Membran mit einer Zelle. Miriden-Habitus
1; **Isometópus intrúsus** Fieb. (2,5–4 mm). 14. Fam. **Isometópidae**

— Kopf ± dreieckig. ♀ kurzflügl. mit nach hinten verbreitertem Körper. Länge zwischen 1,5 u. 2,5 mm. 15. Fam. **Microphýsidæ (Loricúlidæ)**
3; **Myrmedóbia** Bær (Rüssel bis Vdbrust), 4; **Loricula** Curt. (Rüssel bis Mittelbrust).

30. Körper oberseits, bes. an Vdbeinen u. Flügelrand, mit abstehenden Stacheln. Rüssel stark gebogen. . . . . . . 22. Fam. **Leptopódidæ**
Nur 1; **Léptopus marmorátus** Gz. (4,2–4,7 mm).

— Anders ***31***

30

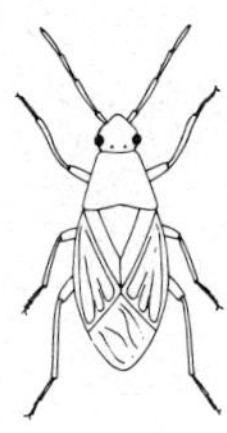
31

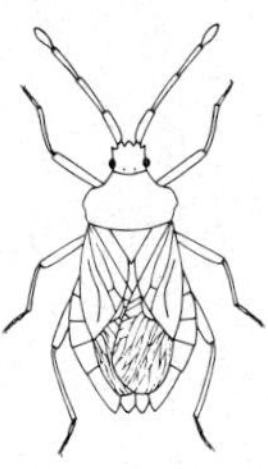
32

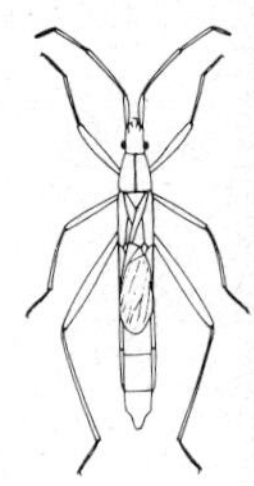
33

31. Flügel mit angedeutetem Cuneus. Rüssel leicht gebogen. 2–5 mm l.
16. Fam. Blumenwanzen, **Anthocóridæ** [*29*] S. 229

— Flügel ohne Cuneus. Rüssel gestreckt, ± anliegend ***32***

32. Flügelmembran mit 4 od. 5 langgestreckten Zellen. Augen stark vorstehend. Körper oval. 23. Fam. Springwanzen, **Sáldidæ** [*30*] S. 229

— Habitus anders. Augen wenig vorstehend. Membran mit Längsadern ***33***

33. Membran mit höchstens 5 ± parallelen Adern, einzelne zuweilen verzweigt [*31*]. Bei Kurzflügeligen ist Htleib dunkelbraun bis schwarz
28. Fam. Langwanzen, **Lygǽidæ** S. 230

— Membran mit 6 od. mehr, z. T. verzweigten Adern [*32* u. *33*]. Bei Kurzflügligen ist Htleib gelb, grün od. gelbgrün mit roter od. dunkler Zeichnung. 30.–34. Fam. Randwanzen, Lederwanzen, **Coreoidea** S. 233

1. Fam. **Coríxidæ** Ruderwanzen

1. Scutellum gut sichtbar. 1,5–2,5 mm l. . . . . 4; **Micronécta** Kirk.
Häufig **M. minutíssima** L.

— Scutellum vom Pronotum bedeckt. Über 3 mm l. *2*

2. Pronotum ohne helle Querlinien . . . . 3; **Cymátia** Flor
C. coleoptráta F. (3–4 mm), **C. bonsdórffi** Sahlbg. (5,5–6 mm).

— Pronotum mit hellen Querlinien *3*

3. Pronotum u. Flügel glatt, glänzend. Mindestens 3,5 mm breit.
4; **Coríxa** Geoffr., häufig **C. punctáta** Ill. (14–15 mm).

— Pronotum u. oft auch Flügel chagriniert, matt. Höchstens 3 mm br. *4*

4. Stirn mit langen, dichten Haaren. . . . . 1; **Glænocorísa propínqua** Fieb.

— Stirn kahl od. höchstens mit wenigen, kurzen Haaren *5*

5. Ende der Httarsen unterseits mit scharfem schwarzem Fleck
3; **Callicoríxa** B. Wh., häufig **C. concínna** Fieb. (7 mm).

Httarsen am Ende hell (od. wenn schwarz, dann auch Krallen dunkel.
2; **Arctocorixa** Wallengr. (deutl. Mittelkiel fast über ganzes Pronotum).
4: **Hesperocorixa** Kirk. u. 13; **Sigara** F. (höchstens schwacher, kurzer Kiel).

13. Fam. **Míridæ**, Weichwanzen

1. Ameisentaille: **Myrmecoris gracilis** Sbg. (Augen berühren Vdrand des Pronotum [*34*], 4–6,5 mm); ♀ **Systellonotus triguttatus** L. (Augen vom Pronotum entfernt; 3–3,7 mm, s. auch Nr. **6**).

— Habitus anders *2*

2. Ameisentaille nur durch gelbe Flecke der (meist verkürzten) Fl. vorgetäuscht. Schwarz, Beine rötlich, gelber Saum um Htleib.
Píthanus mǽrkeli H. S. [*35*], 3,7 bis 5,3 mm.

— Habitus anders *3*

3. Pronotum mit völlig abgesetztem Halsring, dahinter oft außerdem noch Querwulst [*36a* u. *b*]. *4*

— Pronotum ohne abgesetzten Halsring; in einigen Fällen sieht der Querwulst halsringartig aus, ist aber nicht ganz abgesetzt [*37a – d*] *31*

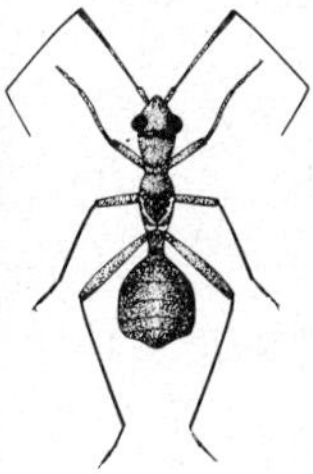

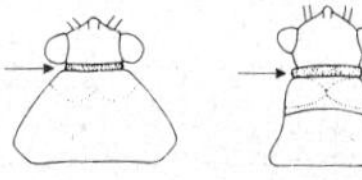

36

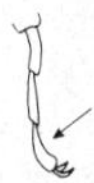

38

39

34

35

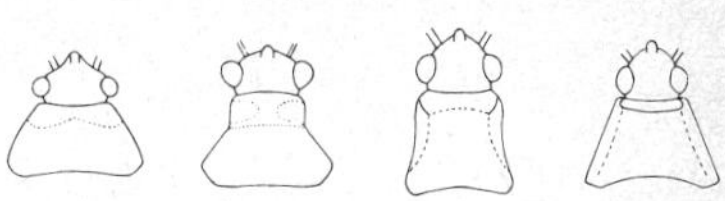

37

4. Unterstes Tarsalglied am Ende viel dicker als übrige [*38*]. 2–3 mm l.
(Bryocorinæ) 1; **Monalócoris fílicis** L. (Fühlergl. 1 etwa kopflang), 1; **Bryócoris ptéridis** Fall. (Fühlergl. 1 viel länger als Kopf), beide an Farnkraut.

— Unterstes Tarsenglied nicht auffallend verdickt *5*

5. Halsring, Längsstreifen auf Corium u. Querstreifen auf Cuneus weiß.
(Hallodapínæ)
2; **Cremnocéphalus** Fieb., **C. albolineátus** Reut. (5,7–7 mm).

— Anders *6*

6. Fl. braun od. schwarz mit weißen Querbinden. Zuweilen ameisenartiger Habitus. 3–5 mm l. (weitere **Hallodapínæ**)
1; **Systellonótus triguttátus** L. (weiße Binden auf hellbraunem Corium dunkel gesäumt), 2; **Hallodápus** Fieb. (weiße Binden auf braunem Corium nicht dunkler gesäumt), 1; **Omphalonótus quadriguttátus** Kb. (weiße Binden auf schwarzem Corium).
— Färbung u. Habitus anders *7*
7. Fußkralle an Basis mit großem Zahn [*39*] (**Deræocorínæ**) *8*
— Kein Zahn, höchstens kleines Läppchen an Basis d. Kralle . . . *10*
8. Pronotum hinter dem Halsring mit eingesenktem glattem Schwielenbereich. Membran behaart.
1; **Bothynótus pilósus** Boh. (3,5–5,5 mm).
— Pronotum mit erhabenem glattem Schwielenbereich. Membran unbehaart *9*
9. Glied 1 d. Httarsen fast so lang wie 2 + 3. . . 2; **Allœótomus** Fieb.
— 1. (oberste) Glied der Httarsen viel kürzer als 2 + 3
9; **Deraeócoris** Kb.
D. rúber L. (Halsring glänzend, Scutellum punktiert; 6,5–7,5 mm); **D. lutéscens** Schill. (Halsring glänzend, Scutellum glatt; 3,5–4 mm).
10. Kopf hinter Augen halsartig verlängert. Oberfl. fast durchscheinend. Schwielen auf Pronotum auch an ihrem Hinterrand durch Querfurche abgeteilt, die die Seiten erreicht [*36b*] . . . . . . 9; **Dicýphus** Fieb.
Häufig **D. globúlifer** Fall., 3,5–4 mm (**Dicyphínæ**).
— Habitus anders *11*
11. Nur 1. Fühlerglied schwarz u. Augen dunkel, sonst hellgrün, zart.
Macrolóphus núbilus Fall., 3–4 mm (**Dicyphínæ**).
— Anders *12*
12. Vd- u. Htabschnitt von Pronotum, Cuneus u. Scutellum je zweifarbig (Pronotum u. Cuneus braunrot u. schwarz, Scutellum braunrot u. gelb) . . . **Campyloneūra vírgula** H. S., 4–5 mm (**Dicyphínæ**)
— Anders (**Mirínæ, Miríni**) *13*
13. Halsring etwa so breit wie Querwulst dahinter. Cuneus meist rot od. hell . . . . 3; **Capsódes** Dlb.
C. góthicus L. (schwarz u. rot, abstehend behaart, 6–7 mm).
— Halsring viel schmaler als Querwulst *14*
14. 2. Fühlerglied zur Spitze stark verdickt; Körper ± schwarz
3; **Cápsus** F.
Häufig **C. áter** L. (schwarz, zuweilen Kopf + Pronotum braun; 5–6,5 mm).
— Anders. 2. Fühlergl. höchstens schwach zur Spitze verdickt . . *15*
15. Pronotum mit deutl. Punktgruben (wenn diese in wenigen Fällen undeutl., dann ist Scheitel gerandet wie [*40a*]). *16*
— Pronotum nicht punktiert od. wenn es undeutl. punktiert erscheint, dann Scheitel mindestens in d. Mitte ungerandet [*40b*] *21*
16. Körper mit kräftigen goldenen od. silbernen Haaren, dazwischen oft noch feinere, dunkle Haare. *17*
— Körper unbehaart od. mit gleichmäßiger feiner Behaarung . . . *18*
17. Pronotum u. Corium schwarz, äußerste Spitze des schwarzen Scutellum rot . . . . 2; **Charagóchilus** Fieb.
— Entweder Pronotum, Corium u. Scutellum ganz schwarz od. Htrand des Pronotum, Teil d. Corium u. Spitze d. Scutellum gelbrot
10; **Polýmerus** Westw.
Häufig **P.** (**Poeciloscýtus**) **unifasciátus** F. (schwarz, gelb, rot, 5–7 mm).

18. Pronotum zwischen Punktgruben mit erhabenen Querrunzeln. Grün. 2; **Plesiócoris** Fieb.

P. rugicóllis Fall. (6–7 mm), bisweilen schädlich an Apfel.

— Nicht so *19*

19. Scheitel ohne deutlichen Randwulst (Körper mehrfarbig) 1; **Liócoris tripustulátus** F. (4–5 mm)

— Scheitel gerandet [*40a*] od. wenn in der Mitte nicht gerandet [*40b*], dann Körper grün *20*

20. Unterste 3. Glied der Httarsen viel länger als 2. mittlere. 2; **Camptozýgum** Reut. (3,5–4,5 mm)

— 3. Httarsengl. etwa so lang wie 2 . . . . . 24; **Lygus** Hahn s. lat.

(neuerdings in 4 Gattg. aufgeteilt) häufig **Orthops kalmi** L. u. **campestris** L. (3,5 bis 4,5 mm), schädlich an Sellerie; **Lygus rugulipennis** Popp. u. **pratensis** L. [*27*] 4,5 bis 7 mm (mehrfarbig) u. **Lygocoris pabulinus** L. (grün): alle 3 schädl. an verschied. Kulturen. **Agnocoris** rotbraun, an Salix.

21. Seiten des Pronotum scharfkantig; Scheitel mit tiefer Längsfurche; rotbraun mit kleinen dunklen Punkten. 1; **Pantílius tunicátus** F. (8,5–10 mm)

— Die 3 genannten Merkmale nicht gleichzeitig vorhanden *22*

40 a b

22. Scheitel neben den Augen mit Randwulst, in d. Mitte ungerandet. Grün mit meist rötl. Tönung, 4–6 mm. . . 3; **Dichrooscýtus** Fieb.

— Scheitel ganz ungerandet *23*

23. Gelbbraun mit dunklerem Mittellängsstreifen. Pronotumseiten z. Teil kantig . . . . . .1; **Murídius quadrivirgátus** Costa, (9–11 mm),

— Anders gefärbt *24*

24. Grün-gelborange. Pronotum mit 2 großen schwarzen Flecken; (nicht 2 kleine Punkte wie bei Nr. 29). Meist dunkle Längsbänder auf Corium. 1; **Stenótus binotátus** F. (5,5–7 mm)

— Anders gefärbt *25*

25. Pronotum schwarz mit hellem Mittelfleck. Corium u. Scutellum schwarz mit gelben Längsstreifen. 1; **Míris striátus** L. (9–12 mm)

— Anders gefärbt *26*

26. Pronotum dunkelbraun mit gelbem Halsring u. 3 gelben Längsbinden hinter dem Wulst. . . . . 1; **Hadrodémus M-flavum** Gz. (6,5–8 mm).

— **Anders gefärbt** *28*

28. 1. Fühlergl. länger als Pronotum in Längsrichtung, mit langen Borsten. Fühler u. Beine auffällig lang . . . . . 20; **Phytócoris** Fall.

— 1. Fühlergl. kürzer als Pronotum, meist mit kurzen Borsten . . *29*

29. Halsring breiter als Grund des 2. Fühlerglieds . . 12; **Calócoris** Fieb.

Z. B. **C. norvégicus** Gmel. (grün mit 2 kleinen schwarzen Punkten auf Pronotum), **C. roseomaculátus** Deg. (grün mit roten Flecken), **C. sexguttátus** F. (schwarz u. gelb gefleckt). **C. quadripunctatus** Vill. (gelbbraun, Corium mit dunklen Linien).

— Halsring schmaler als Grund des 2. Fühlerglieds *30*

30. Größere Zelle auf der Membran an der Spitze breit gerundet 2; **Megacœlum** Fieb. (6,5–8 mm).

— Größere Zelle an der Spitze fast eckig . . . .7; **Adelphócoris** Reut.

A. lineolátus Gz. (grün mit hellen Haaren; 7,5–9,5 mm), schädl. an Luzerne.

31. Oberste 1. Glied der Httarsen so lang wie 2 +3 zusammen. Langgestreckte Arten **(Mirínæ, Stenodemíni)** *32*

— 1. Glied der Httarsen viel kürzer als 2 + 3. Gestalt verschieden. **(Orthotylínæ u. Phylínæ)** *37*

32. Augen berühren Pronotum *33*

— Augen vom Vorderrand des Pronotums entfernt *36*
33. Scutellum punktiert . . . . 7; **Stenódema** Lap. Häufig **St. lævigátum** L. ähnlich, aber Htschenkel mit 2 Zähnchen **St. calcarátum** Fall.
— Scutellum nicht punktiert, höchstens gerunzelt *34*
34. Scheitel (zwischen Augen) nur mit Quereindruck 2; **Acetrópis** Fieb. **A. carináta** H.S. (Pronotum mit halsartigem Querwulst [*37d*].
— Scheitel mit Mittellängsfurche *35*
35. HtTibien lang behaart, ohne Dornen; Scutellum mit Runzeln. 2; **Notostíra** Fieb., **N. elongáta** Geoffr. (Ebene), **N. errática** L. (Gebirge).
— Tibien nur kurz behaart, aber mit feinen langen Dornen: 1; **Megalocerǽa recticórnis** Geoffr. (8–10 mm, Fühler länger als Körper) u. 4; **Trigonótylus** Fieb. (4–7 mm, Fühler höchstens körperlang)
36. 1. Fühlerglied zur Spitze verjüngt: 4; **Teratócoris** Fieb. (3–6 mm) 1. Fühlerglied zylindrisch, nur am Grunde verengt: 2; **Leptoptérna** Fieb. (6,5–9,5 mm); **L. dolobráta** L. (langbehaart), **L. ferrugáta** Fall. (kurzbehaart)
37. Vdflügel ohne helle Zeichnung, nur mit schmalen Querbinden aus silberweißen Schuppenhaaren *43*
— Anders *38*
38. 1. u. 2. Fühlerglied stark verdickt u. lang behaart, das 2. außerdem abgeflacht **Heterótoma meriópterum** Scop. (4,5–5,5 mm).
— Nicht so. Wenn 1. u. 2. Fühlergl. verdickt, dann nicht abgeflacht *39*
39. Flügel schwarz mit großen gelben Flecken *40*
— Nicht so, höchstens braun mit gelben Flecken *41*
40. Kopf u. Pronotum schwarz mit Ausnahme eines schmalen gelben Htrandes des Scheitels. 1; **Dryophilócoris flavoquadrimaculátus** Deg.
— Kopf u. Pronotum ganz schwarz, höchstens silbrige Schuppenhaare auf letzterem. **Glóbiceps flavomaculátus** F. u. **G. fulvicóllis cruciátus** Reut.
41. Schwarz od. vorwiegend schwarz bzw. dunkel gefärbte Arten . . *42*
— Anders gefärbt, nur wenig schwarz *51*
42. Htschenkel stark verdickt. Körper gestaucht. Beine wenigstens partiell hell, sonst Körper schwarz (höchstens Kopf u. Pronotum braun). Fühler weit über körperlang, gleichmäßig dünn mit hellem 1. u. 2. Glied . . . . 5; **Halticus** Hahn (2–3,7 mm)
— Anders bzw. andere Merkmalskombinationen *44*
43. Pronotum mit 2 zapfenartigen Schwielen. **Globiceps sphegiformis** Ross. (5–6 mm).
— Pronotum ohne solche Schwielen . . . . 5; **Pilophorus** Westw. (3–5 mm)
44. Fühlerglied 1 u. 2 dicker als 3 u. 4 . . . . *45*
— Fühlerglieder etwa gleich dick *48*
45. 2. Fühlerglied am Ende stark keulenfg. verdickt. Oberseite mit feinen grauen Schuppenhaaren. **Heterocórdylus tumidicórnis** H. S. (4–5 mm).
— 2. Fühlerglied zylindrisch od. nur allmähl. zum Ende verdickt. Behaarung anders *46*
46. Oberseite mit hellen Schuppenhaaren u. schwarzen abstehenden Borstenhaaren: 4; **Atractótomus** Fieb. (2. Fühlergl. zylindrisch od. spindelfg., 3–4 mm), 6; **Orthocéphalus** Fieb. (2. Fühlergl. allmählich, aber deutl. dicker werdend, Fühler mit abstehenden Haaren u. Borsten, 4–7 mm), einige Arten von **Psállus** Fieb. (2. Fühlergl. am Ende allmählich, aber wenig dicker werdend, Fühler ± anliegend behaart).
— Oberseite nur mit Borstenhaaren *47*
47. Schwarz, nur Cuneus u. Membran weiß gefleckt. **Macrotýlus quadrilineátus** Schrk. (5–5,5 mm).
– Haare hell. Beine gelb. (Corium der langfl. graugrün). 2,5–3,5 mm. 1; **Mecómma ámbulans** Fall.
48. Pronotum tief punktiert. 2 Arten von **Strongylócoris** Bl. (3–4,5 mm).
— Pronotum nicht punktiert, höchstens gerunzelt *49*
49. 1,5–3 mm 1 . . . . 4; **Chlamydátus** Curt. z. B. **Ch. pulicárius** Fall.
— Über 3 mm *50*
50. Fühler hellgelb . . . . **Phýlus córyli** L. (4,5–5,5 mm) (s. auch *58*)
— Fühler schwarz . . . . 4 Arten v. **Heterocórdylus** Fieb. (4–6 mm).

51. 6–8 mm l. *52*
— Bis höchstens 6 mm (meist weniger) *53*
52. Grün – gelbgrün, Vdkörper mit schwarzen Flecken: **Oncotýlus viridiflávus** Gz.; Braun u. schwarzbraun mit heller Mittellinie über Vdkörper: 1; **Harpócera thorácica** Fall.; Schwarz u. gelb gefärbt, Flügel rotbraun mit gelben Flecken: 1; **Cyllócoris histriónicus** L.
53. Augen um Länge ihres Durchmessers vom Pronotum entfernt. Zart, gelbgrün. 1; **Malacócoris chlórizans** Panz. (ca. 4 mm). Auf Obstbäumen.
— Augen dichter am Vdrand des Pronotum *54*
54. Mindestens einige Dornen d. Tibien entspringen aus schwarzen Punkten *55*
— Dornen entspringen nicht aus schwarzen Punkten *58*
55. Oberseite mit hellen Schuppenhaaren zwischen abstehenden dunklen Borstenhaaren . . . . viele Arten von **Psallus** Fieb.
— Oberseite nicht mit derart doppelter Behaarung *56*
56. Gelbgrün mit schwarzen Haaren. 2. mm br. **Oncotýlus púnctipes** Reut.
— Anders; höchstens 1,5 mm breit *57*
57. Kopf kurz, von vorn gesehen breiter als hoch. 2; **Campylómma** Reut. Häufig **C. verbásci** H. S. (2,5 mm; gelbgrün-graugrün); auf Obstbäumen.
— Kopf von vorn gesehen mindestens so hoch wie breit. Mehrere Gattg., häufig 8; **Plagiógnathus** Fieb. mit **P. arbustórum** F. (3–4,5 mm).
58. Langgestreckt mit parallelen Seiten. Rotgelb mit schwarzem Kopf u. teilw. schwarzer Membran. **Phýlus melanocéphalus** L. (4,5–6 mm); ebenso, aber ganz rotbraun mit schwarzer Membran: **Ph. córyli** L.
— Anders *59*
59. Grün, Knie schwarz; 1. Fühlergl. mit 2 schwarzen Ringen. 1; **Blepharidópterus (Aethorrhínus) angulátus** Fall. (5–6 mm); auf Obstbäumen.
— Anders *60*
60. Weitere schwer bestimmbare Gattg. mit meist grünen bis gelben Arten unter 6 mm. z. B.: 18; **Orthotýlus** Fieb. (mit **O. flavospársus** Sbg.) u. 3; **Megalocóleus** Reut. (mit **pilósus** Schr. u. **mollículus** Fall.) u. a.

16. Fam. **Anthocóridæ**, Blumenwanzen

1. 3. u. 4. Fühlergl. viel dünner als 1. u. 2.. . . . . *2*
— 3. u. 4. Fühlergl. nicht dünner als 1. u. 2. . . . . *3*
2. Über 3 mm . . . . 1; **Lyctócoris campéstris** F. (in Nestern u. Ställen)
— Höchstens 3 mm . . . . 5; **Xylócoris** Duf. u. einige seltene Gattg.
3. Pronotum vorn ohne ringförmige Abschnürung . . . . 8; **Orius** Wff. Häufig **O. majúsculus** Reut. (3 mm) u. **O. minútus** L. (2–2,5 mm).
— Pronotum vorn halsartig abgeschnürt: 6 Gattg., am häufigsten **Anthócoris** Fall. mit 11 Arten (**A. nemórum** L., [*29*]; 3,5–4,5 mm).

20. Fam. **Reduvíidæ**, Raubwanzen

1. Zart mückenähnlich [*24*]. Fühler u. Schenkel dunkel u. hell geringelt: **Empícoris vagabúnda** L. (6–7 mm) u. **E. culicifórmis** Deg. (4–5 mm)
— Habitus anders, robust. Mindestens 9 mm *2*
2. 1. Fühlergl. viel kürzer als 2. 1; **Redúvius personátus** L. (15–18 mm l, 4–6 mm breit, lang behaart) u. 1; **Pygolámpis bidentáta** Gz. (12 bis 15 mm l, 3 mm breit, vor den Vorderhüften je 1 Dorn).
— 1. Fühlerglied länger als 2. . . . . *3*
3. Braun u. schwarz . . . . . 1; **Córanus subápterus** Deg. (9–12 mm).
— Schwarz u. rot . . . . . . 3; **Rhinócoris** Hahn [*23*], 12–17 mm.

23. Fam. **Sáldidæ**, Springwanzen

1. Seitenrand des Pronotum fast od. ganz gelbbraun *2*
— Seitenrand des Pronotums fast od. ganz schwarz *3*

2. Membran mit 5 Zellen. 4,5–6 mm . . 1; **Chiloxánthus pilósus** Fall.
— Membran mit 4 Zellen. Höchstens 4 mm. . 1; **Halosálda laterális** F.
3. Bis 2,7 mm lang . . . . 2; **Micracánthia** Reut.
— Mindestens 3 mm lang. *4*
4. Schmaler Querwulst auf Pronotum erreicht Seitenrand 3; **Chartoscírta** Stal.
— Der breitere Querwulst im Pronotum nicht bis zum Seitenrand . *5*
5. Innerste Membranzelle ragt fast zur Hälfte über die Basis ihrer Nachbarzelle in das Corium. . . .3; **Sálda** F. z. B. **S. litorális** L. (6–7 mm).
— Innerste Membranzelle nicht od. höchstens 1/3 ihrer Länge über Basis der Nachbarzelle in das Corium verlängert. 15; **Sáldula** v. Luz. [*30*]
Häufig **S. saltatória** L. (schwarz u. gelb gefleckt; 3,5–4,5 mm).

27. Fam. **Berýtidæ**, Stelzenwanzen

1. Mittellängsschwiele des Pronotum nach hinten zu fast messerartig erhaben. Scutellum mit Fortsatz *2*
— Mittellängsschwiele in ganzer Länge gleichmäßig leistenartig. Scutellum ohne Fortsatz *3*
2. Scutellum mit langem erhabenem Dorn . . . . 2; **Gampsócoris** Fuss. (unter 5 mm).
— Scut. mit kurzem stumpfen Dorn.. . . . . 1; **Metatrópis rufėscens** H. (9–10 mm).
3. Htschenkel erreicht fast Ende des Htleibs. Fühler über 2/3 der Körperlänge **Neídes tipulárius** L. (9–11 mm).
— Htschenkel viel kürzer als Ende des Htleibs. Fühler höchstens 2/3 der Körperlänge 7; **Berytínus** Kirk [*22*], z. B. **B. mínor** H. S. (4–6 mm).

28. Fam. **Lygǽidæ**, Langwanzen

1. Glänzend schwarz, nur Corium rotbraun 1; **Pterotmétus staphylinifórmis** Burm. (5–5,5 mm).
— Anders gefärbt. *2*
2. Schwarz mit braunrotem Fleck an Basis der Membran 1; **Aphánus rolándri** L. (7–8 mm).
— Anders gefärbt. *3*
3. Mit roter u. schwarzer Zeichnung (**Lygaeinae**) *4*
— Nur mit schwarzer, brauner od.grauer Färbung *7*
4. Kopf ganz schwarz. Höchstens 8 mm l.. . . . . *5*
— Kopf mindestens mit kleinem rotem Fleck. 9–12 mm l. *6*
5. Augen berühren Vdrand des Pronotum. . .2; **Melanocorýphus** Stal.
— Augen vom Vdrand des Pronotum entfernt; . . 2; **Arocátus** Spin.
6. Kopf am Rand des Pronotum mit kleinem rotem Fleck 1; **Tropidothórax leucópterus** Gz.
— Großer roter Mittelfleck am Kopf bis weit über Augen nach vorn 2; **Lygǽus** F.
L. saxátilis Scop. (Pronotum schwarz mit 3 roten Längsstreifen), **L. equéstris** L. (Pronotum rot, am Vd- u. Htrand schwarz gefleckt).
7. Augen auf kurzen seitlichen Auswüchsen des Kopfes (**Henestarinae**) 1; **Henestáris halóphilus** Burm. (5–6 mm, halophil).
— Augen nicht derartig gestielt *8*
8. Augen sehr groß, fast ganze Kopfseite einnehmend 3; **Geócoris** Fall. (**Geocorinae**), **G. grylloídes** L. (Ränder von Pronotum u. Corium gelb; 4–5 mm).
— Augen nicht derartig vergrößert *9*
9. Scutellum mit v-förmigen erhabenen hellen Schwielen (**Artheneinae**) 1; **Chilácis týphae** Per. (4–5 mm). u. 1; **Holocránum saturéjæ** Klt. (3 mm).
— Scutellum ohne helle Längsschwielen *10*

10. Scutellum kurz, höchstens halb so lang wie Berührungslinie der Halbdecken. Letztes Fühlergl. keulig verdickt, schwarz . 4; **Cýmus** Hhn. Häufig **C. glandícolor** Hhn. **(Cyminae)**
— Scutellum so lang od. länger als Berührungslinie der rechten u. linken Flügeldecke. Fühler verschiedenartig *11*
11. Trennungslinien der Segmente auf der Unterseite des Htleibs (Sternite) verlaufen alle gerade zum Seitenrand *12*
— Trennungslinie zwischen 3. u. 4. Sternit am Ende stark bogig nach vorn gezogen, ohne Seitenrand zu erreichen (schon bei seitl. Betrachtung sehen!) **(Rhyparochrominae,** hierzu auch Nr. 1 u. 2) *19*
12. Corium auf ganzer Fläche mit tiefen Punktgruben **Heterogastrínæ**. Pronotum schwach eingebuchtet, fast gerade: 1; **Plátyplax sálviæ** Schill.; 5,5 mm. Pronotum seitl. stark eingebuchtet: 4; **Heterogáster** Schill., häufig **H. úrticæ** F. (lang abstehend behaart, 6–7 mm).
— Corium nicht, undeutl. od. nicht ganzflächig punktiert *13*
13. Pronotum mit schmaler, gebogener, unpunktierter Querrille . . *14*
— Pronotum ohne solche Querrille *15*
14. Schenkel einfarbig hellbraun. Halbflügel mit einigen deutlichen Punktreihen. 1; **Kleidócerys (Ischnorhynchus) resédae** Panz., 5–6 mm. (Zu **Lygaeinae**).
— Schenkel braun mit dunklen Flecken. Halbdecken ohne deutl. Punktreihen. 7; **Nýsius** Dall. (bisweilen U.gattg. **Nithécus** mit **jacobǽæ** Schill. u. **Ortholómus** mit **punctipénnis** H.S. als eigene Gttg. aufgefaßt). (Zu **Lygaeinae**).
15. Länge 4,5–5,5 mm. Schmal mit fast parallelen Seiten. Stirnschild (Clypeus) nicht bes. groß **(Blissínæ)**: 1; **Ischnodémus sabuléti** Fall. (Fühler länger als Kopf + Pronotum) u. 1; **Dimorphópterus spinolái** Sign. (Fühler nicht länger als Kopf + Pronotum).
— 2–4 mm. Körper meist etwas gerundet. Clypeus auffallend groß *16* **(Oxycareninae)**.
16. Vdschenkel ohne od. nur mit winzigem Dorn. 2; **Camptotélus** Fieb.
— Vdschenkel mit 2 od. mehr deutlichen Dornen *17*

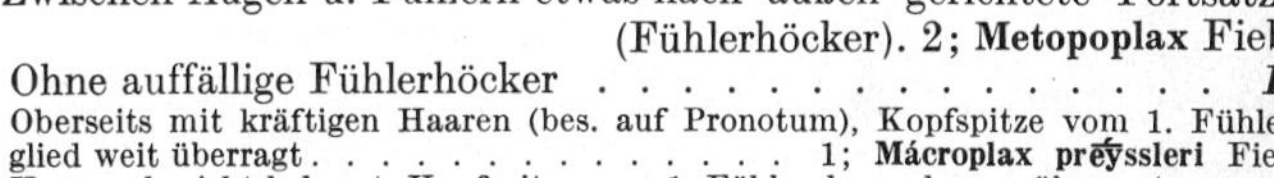
41 a 42 b a b c
43

17. Zwischen Augen u. Fühlern etwas nach außen gerichtete Fortsätze (Fühlerhöcker). 2; **Metopoplax** Fieb.
— Ohne auffällige Fühlerhöcker *18*
18. Oberseits mit kräftigen Haaren (bes. auf Pronotum), Kopfspitze vom 1. Fühlerglied weit überragt . . . . 1; **Mácroplax preýssleri** Fieb.
— Kaum od. nicht behaart, Kopfspitze vom 1. Fühlergl. nur knapp überragt 1; **Oxycarénus modéstus** Fall
19. Pronotum hinter der Mitte tief eingeschnürt [*41*] *20*
— Pronotum hinter d. Mitte nur mit Querfurche od. auch ohne diese *21*
20. 2. Fühlergl. doppelt so lang wie 1. . . . . . 1; **Ligyrócoris silvéstris** L (5–6 mm)
— 2. Fühlergl. nicht 2mal so lang wie 1. . . . . . 2; **Pachybráchius** Hahn. **(Pamera)**
21. Ganzer Seitenrand d. Pronotum lamellenartig flach [*42a, b*] . . *22*
— Seitenrand d. Pronotum nicht [*43a*] od. nicht ganz bis zum Ende lamellenartig [*43b, c*] *28*
22. Einfarbig schwarz . . . . 1; **Aéllopus atrátus** Gz. (7–8 mm)
— Braun u. schwarz gefleckt *23*
23. Der flache Seitenrand d. Pronotum deutl. u. dicht punktiert . . *24*
— Seitenrand nicht od. sehr schwach punktiert *25*
24. Vdrand d. Pronotum über seine ganze Breite bogig ausgerandet, Vdecken die Augen umschließend 3; **Embléthis** Fieb. (5–7 mm)

— Vdrand d. Pronotum gerade, nur Ecken vorgezogen ohne Augen zu umschließen. 1; **Gonianótus marginepunctátus** Wff. (5–5,5 mm)

25. Fühlerglied 2 u. 3 mit vielen borstenartig abstehenden Haaren, Kopf breiter als lang ***26***

— Fühlergl. 2 u. 3 kahl od. kurz anliegend behaart, nur einzelne lange Haare an den Spitzen. Kopf mindestens so lang wie breit . . . ***27***

26. Pronotum seitl. mit langen Haaren . . . . . . 1; **Sphragísticus nebulósus** Fall.

— Ränder d. Pronotum ohne lange Haare . . . . 5; **Trapezonótus** Fieb. häufig **T. arenárius** L. (4,5–5 mm).

27. Kopf mit Augen breiter als Vdrand des Pronotum 1; **Beósus marítimus** A. et S. (7–7,5 mm).

— Kopf mit Augen nicht breiter als Vdrand d. Pronotum 8; **Rhyparochrómus** Fieb. **(Ráglius)** **R. lyncéus** F. (Scutellum nahe d. Spitze mit 2 keilförmigen hellen Flecken, 7–8 mm), **R. píni** L. (Scutellum schwarz, Pronotum schmal hell gesäumt, 7–8 mm).

28. Vdschenkel mit Dornen ***29***

— Vdschenkel ohne Dornen ***37***

29. Körper breit eiförmig, stark abgeflacht. 7–7,5 mm lang, 3 mm breit 2; **Gastródes** Westw., häufig **G. gróssipes** Deg.

— Kleinere Arten od. wenn ebenso lang, dann nicht eiförmig, sondern langgestreckt u. etwa 2 mm breit ***30***

30. Kopf hinter Augen verengt u. vom Pronotum etwa um Augenbreite entfernt. . . . . 4; **Taphropéltus** Stal.

— Kopf nicht verengt. Augen berühren Pronotum fast od. ganz ***31***

31. Am stark verdickten Vdschenkel unterseits nur eine Reihe feiner Dörnchen 1; **Tropisthétus holoseríceus** Sz. (etw. 2,5 mm)

— 1 od. mehrere, oft verschieden große Dornen am Vdschenkel ***32***

32. Seitenränder d. Pronotum nach vorn fast gerade od. nur schwach verjüngt. Querfurche im Pronotum kaum erkennbar 2; **Plinthísus** Fieb.

— Pronotum nach vorn stark verjüngt, od. wenn wenig verjüngt, dann tiefe Querfurche, die Vd- u. Htabschnitt trennt ***33***

33. Ganze Pronotum dicht u. kräftig punktiert . . . . 6; **Drýmus** Fieb.

— Vorderabschnitt des Pronotum im ganzen schwächer u. weitläufiger punktiert als Htabschnitt ***34***

34. Vdabschnitt d. Pronotum schwarz, Htabschnitt braun ***35***

— Ganze Pronotum schwarz . . . . . 5; **Megalonótus** Fieb. (4–6 mm)

35. Fühlerglied 1 überragt Kopf mit mehr als Hälfte seiner Länge 4; **Eremócoris** Fieb. Häufig **E. abíetis** L. (7–7,5 mm)

— Fühlergl. 1 überragt Kopf mit weniger als halber Länge . . . ***36***

36. Pronotum vom Htrand an nach vorn gleichmäßig verjüngt [*31*] 6; **Peritréchus** Fieb. Häufig **P. lúndi** Gmel. **(silvéstris** F.) 4,5–5 mm

— Pronotum wenigstens teilweise mit geradem Seitenrand 8; **Scoloposthétus** Fieb. Häufig **S. affínis** Schill. 3–4 mm

37. Seiten von Kopf, Pronotum, Corium u. Vdtibien mit langen, geraden, aufrechten Borstenhaaren . . . . . 2; **Pionosómus** Fieb. (2–3 mm)

— Nicht so ***38***

38. Pronotum gleichmäßig dicht u. tief punktiert ***39***

— Pronotum in Vd- u. Htabschnitt verschiedenartig punktiert . . ***40***

39. Oberseite sehr kurz behaart 2; **Acómpus** Fieb. (3,5–4 mm). Häufig **A. rúfipes** Wff.

— Oberseite mit langer deutl. Behaarung od. wenn Behaarung kurz, dann Tier nur 2,5–3 mm l. . . . . 4; **Stygnócoris** D.S.

40. Oberseite mit langen abstehenden, nach rückwärts gebogenen Haaren 1; **Lasiosómus enérvis** H. S., 4 mm

— Oberseite kahl od. mit ganz kurzen anliegenden Haaren ***41***

41. Vdabschnitt d. Pronotum glänzend schwarz, Htabschnitt matt, grau 1; **Macrodéma micrópterum** Curt. (3–4 mm)
— Vdabschnitt schwarz, Htabschnitt gelbbraun, kein Unterschied zwischen beiden im Glanz . . . . 3; **Ischnócoris** Fieb.

30. – 34. Fam. **Coreoidea**, Randwanzen (Lederwanzen)

Die frühere Fam. **Coréidæ** jetzt in 5 Familien geteilt: **Corizidæ** (Ziffer 1–6), **Dicranocephálidæ** (7), **Coréidae** (8–11), **Alýdidæ** (12), **Arenocóridæ** (13–15).

1. Corium u. Pronotum rot u. schwarz gefleckt. 1; **Corizus hyoscýami** L.
— Anders gefärbt *2*
2. 14–16 mm l., nur 1,5 mm breit [*33*] . . . . 1; **Chorosóma schillíngi** Schill.
— Habitus nicht stabförmig *3*
3. Grün bis hellbraun, Htleib mit dunklem Mittelstreifen. Fühler rötlich. 1; **Mýrmus mirifórmis** Fall., 8–9 mm l; 2,5 mm breit
— Anders *4*
4. Corium mit glasartig durchsichtigen Stellen *5*
— Corium gleichmäßig dickhäutig *7*
5. Kopfseiten (zwischen Augen u. Fühlern) verlaufen von oben gesehen schräg nach vorn, kein Fühlerhöcker sichtbar, Körper mit langen aufrechten Haaren 1; **Brachycarénus tigrínus** Schill. (6–7 mm)
— Kopfseiten gerade, bilden deutlichen Fühlerhöcker *6*
6. Pronotum (u. übriger Körper) mit sehr langen aufgerichteten Haaren 4; **Rhópalus** Schill., häufig **R. parumpunctátus** Schill. (6–7 mm)
— Pronotum mit kurzen, vorwiegend nach hinten gerichteten Haaren 4; **Stictopleurus** Stal.
7. Letztes Fühlergl. nicht verdickt. Fühler schwarz u. gelb geringelt 3; **Dicranocéphalus** Hahn (Stenocephalus)
— Letztes Fühlerglied deutl. verdickt *8*
8. Kopf mit kurzer Mittellängsfurche; Htschenkel unbedornt od. falls mit undeutl. kleinen Zähnchen, dann Tier über 10 mm lang . . *9*
— Kopf ohne Mittellängsfurche. Htschenkel am Ende mit 1 od. mehr deutl. Dornen; wenn unbedornt, dann höchstens 7 mm l . . . *12*
9. Schenkel mit 2 Reihen kleiner Zähnchen 1; **Mesócerus marginátus** L., 12–15 mm lang, 6 mm breit [*32*]
— Schenkel ohne Zähnchen. Habitus anders *10*
10. Saum des Htleibs in der Mitte fast rechtwinklig verbreitert 1; **Syromástes rhómbeus** L., 9–11 m
— Saum verläuft in konvexem Bogen. Arten 10–15 mm l *11*
11. Saum d. Htleibs mit gelben Flecken. Breite 6 mm . . . . . 1; **Córeus scápha** F.
— Saum ohne deutl. gelbe Flecke. Breite unter 5 mm 1; **Haploprócta sulcicórnis** F. (Saum in der Mitte stark verbreitert). 2; **Gonócerus** Latr. (Saum schmal).
12. Kopf ± dreieckig, so breit wie Pronotum. (Alydidae) 2; **Alýdus F.** Häufig **A. calcarátus** L. (10–12 mm). Im Süd. 2 weitere Gattg. (12–14 mm).
— Kopf ± viereckig, viel schmaler als Pronotum *13*
13. Htschenkel am Ende unbedornt. Tibien mit feiner Längsfurche 2; **Spathócera** Stein. Häufig **S. dalmáni** Schill. (5,5–6,5 mm).
— Htschenkel am Ende deutl. bedornt, Tibien ohne Längsfurche *14*
14. 2. Fühlerglied weniger als halb so lang wie 3
8–9 mm: 1; **Ulmícola spínipes** Fall. 6 mm: 1; **Bathysólen núbilus** Fall. (Seitenränder d. Pronotum gekörnelt), **Arenócoris falléni** Schill. Seitenränder d. Pronotum mit Zähnen).
— 2. Fühlerglied mehr als halb so lang wie 3 . . . . *15*
15. Seiten des Pronotum ohne Zähne . . . . 1; **Nemócoris falléni** Sbg. (9 mm)
— Seiten d. Pronotum gezähnt od. bedornt. 3; **Coriómeris** Westw. (Pronotum am Hinterrand mit 2 nach hinten gerichteten Dornen) 2; **Ceraléptus** Costa (nicht 2 solche Dornen am Htrand).

35. Fam. **Acanthosomátidæ**, Stachelwanzen

1. 15–17 mm l . . . . 1; **Acanthosóma hæmorrhoidále** L.
— Höchstens 11 mm l *2*
2. 1. Fühlergl. überragt Kopf nicht
1; **Cyphosthétus tristriátus** F. (9–11 mm)
— 1. Fühlerglied überragt Kopf deutlich *3*
3. Htleibsrand schwarz gefleckt . . . . 3; **Elasmúcha** Stal.
— Htleibsrand ungefleckt (meist von Flügeln ganz überdeckt!)
2; **Elasmostéthus** Fieb., häufig **E. interstínctus** L. (9–11 mm).

36. Fam. **Pentatómidæ**, Schildwanzen

1. Scutellum groß, fast od. ganz bis Ende des Htleibs *2*
— Scutellum viel kürzer, Flügelmembran stets sichtbar *9*
2. Schwarz u. rot gestreift . . . . . . 2; **Graphosóma** Lap., **G. lineátum** L. (8–11 mm)
— Nicht so gefärbt *3*
3. Tibien mit langen Dornen, Kopf breiter als lang . . . . **Odontoscélis dorsális** F. (kurz silbrig behaart, 4–6 mm) u. **O. fuliginósa** L. (mit dunklen, abstehenden Haaren, 6–8 mm).
— Tibien nicht derart bedornt. Kopf so lang od. länger als breit *4*
4. Länge 8,5–11 mm *5*
— Höchstens 7,5 mm lang *7*
5. Scutellum nach hinten fast dreieckig verschmälert
1; **Odontotársus purpureolineátus** Rossi.
— Scutellum nach hinten breit gerundet *6*
6. Oberseite durch warzenartige Schwielen hell gefleckt 1; **Psacásta exanthemática** Scop.
— Oberseite glatt, nur Basis des Scutellum mit 2 hellen Schwielen 3; **Eurygáster** Lap., häufig **E. maura** L., schädlich an Getreide.
7. Seitenecken d. Pronotum spitz . . . . 1; **Ancyrosóma leucográmma** Gmel.
— Seitenecken d. Pronotum abgerundet *8*
8. Vdecke d. Pronotum mit hammerförmigem Fortsatz . . . . 1; **Pódops inúncta** F.
— Pronotum ohne solchen Fortsatz . . . . 3; **Phimódera** Germ.
9. Rüssel kräftig u. dick, Basalglied nur am Grunde in einer Rinne, die etwa bis zur Mitte der Kopfunterseite reicht (seitl. betrachten!).
Räuberische Schildwanzen, **Asopínæ (Amyotínæ)** *10*
— Rüssel dünn, Basalglied in Rinne auf der ganzen Kopfunterseite.
Pflanzensaugende Schildwanzen, **Pentatomínæ** *15*
10. 5–7 mm; metallisch grün, blau od. lila . . . . 1; **Zicróna coerúlea** L.
— 8–9 mm; Pronotum mit gelbem Mittelstreif, die sonst dunklen Tibien in d. Mitte gelb
1; **Eusárcoris** (= Rhacognathus) **punctátus** L.
— 10–14 mm *11*
11. Seitenecken des Pronotum nicht vorstehend. Heller Mittelstreif über Vdkörper . . . . 1; **Jálla dumósa** L.
— Seitenecken d. in Mitte eingebuchteten Pronotum vorstehend *12*
12. Seitenecken d. Pronotum dornartig spitz 1; **Picrómerus bídens** L.
— vorstehende Seitenecken gerundet od. $\pm$ spitzwinklig *13*
13. Beine rot, Vdschenkel mit kleinem Dorn 1; **Pinthǽus sanguínipes** F.
— Beine braun, Vdschenkel unbedornt *14*
14. Seitenecken d. Pronotum breit gerundet . . . 1; **Troílus lúridus** F.
— Seitenecken d. Pronotum $\pm$ spitzwinklig . . . . 1; **Arma cústos** F.
15. Außenränder des ovalen Körpers messerartig flach. Kopf zur Spitze bogenfg. gerundet. 5–7 mm *16*
— Außenränder nie derart scharf, Körperform verschiedenartig. Wenn

unter 8 mm, dann Kopf zur Spitze ± drei- od. rechteckig od. Körper ist bunt *17*

16. Kopf breiter als lang, am Rand mit dichter Borstenreihe 1; **Menáccarus arenícola** Sz. (5–7 mm)

— Kopf mindestens so lang wie breit, ohne Borstenreihe
Häufig nur **S. cúrsitans** Fall. (5–6 mm). 8; **Sciócoris** Fall.

17. Körper etwa doppelt so lang wie breit, strohfarben mit dunklen Längsstreifen Häufig **A. acumináta** L. (8–9 mm), an Getreide. 3; **Aelia** F.

— Gestalt u. Färbung anders *18*

18. Dunkel metallisch mit weißgelben bzw. roten Flecken oder rot mit schwarzer Zeichnung (6–9 mm) . . . . **Eurydema** Lap.
E. dominulus Scop. (Außenrand des Corium rot); **E. ornatum** L. (roter Außenrand hat nur in der Mitte schwarzen Fleck); **E. oleracea** L., Kohlwanze (Außenteil des Corium weitgehend schwarz bzw. dunkel; Rücken des Htleibs schwarz); ferner 1 südl. u. 1 alpine Art (Coriummerkmal wie oleracea, aber Rücken des Htleib rot).

— Färbung anders *19*

19. Höchstens 8 mm lang. *20*

— Mindestens 9 mm lang *23*

20. Kopf gleichmäßig nach vorn verschmälert, etwa dreieckig . . . *21*

— Kopfseiten zieml. gerade nach vorn, Kopf ± rechteckig *22*

21. Heller Mittelstreif über Vdkörper . . 2; **Neotiglóssa** Kby. (5–6 mm)
N. pusílla Gmel. (Bauch schwarz), **N. leporína** H.S. (Bauch gelb mit schwarzen

— Kein heller Mittelstreif. Länge mindestens 6,5 mm 1; **Rubicónia intermédia** Wff. (braun, dicht schwarz punktiert, kahl); 1; **Stária lunáta** Hahn (olivfarben, dicht behaart).

22. Seitenecken d. Pronotum spitz vorgezogen . . . . **Stóllia fabrícii** Kirk.

— Seitenecken nicht spitz u. vorgezogen: . . . . **Stóllia venustíssima** Schrk. (Scutellum an Basis mit großem dreieckigen Bronzefleck) u. 1; **Stagónomus pusíllus** H.S. (Scutellum nicht so).

23. Oberseite lang behaart . . . . 1; **Dolýcoris baccárum** L. (10–12 mm)

— Oberseite nicht behaart *24*

24. Pronotumecken lappenartig vorgezogen. Beine u. Spitze d. Scutellum rot . . . . 1; **Pentátoma rúfipes** L. (12–16 mm)

— Pronotum nicht od. ± dreieckig vorgezogen *25*

25. Seitenrand d. Htleibs abwechselnd hell u. dunkel gefleckt, Körper mit braunen u. grauen Farbtönen *26*

— Seitenrand ohne schwarze Flecken. Grundfärbung grün (schlägt im Winter in braun um!) *28*

26. Spitze d. Scutellum hell. Fühlerglied 2 kaum länger als 3
Häufig **H. vernális** Wff. (9–10 mm). 2; **Holcostéthus** Fieb. **(Perîbalus)**

— Scutellum höchstens allmähl. zur Spitze heller werdend, Fühlerglied 2 fast doppelt so lang wie 3 . . . . *27*

27. Fühler schwarz u. gelb geringelt 1; **Rhaphigáster nebulósa** Pod.

— Zwei od. drei Fühlerglieder ganz schwarz . . . 5; **Carpócoris** Klt.
Häufig **C. fuscíspinus** Boh. (Pronotumecken spitz ausgezogen).

28. Spitze des Scutellum gelblichweiß 2; **Pitédia** Reut. **(Chlorochróa)**

— Spitze d. Scutellum nicht heller gefärbt *29*

29. Olivgrün, Fühler gelbrot . . . . 1; **Piezódorus liturátus** F.

— Grasgrün, Fühlergl. 4 u. 5 dunkler als 1–3 . . . 2; **Paloména** M&R.
P. prasina L. 2. u. 3. Fühlergl. gleich), **P. viridíssima** Pod. (Fühlergl. 2 länger als 3).

37. Fam. **Cýdnidæ**, Erdwanzen

1. Scutellum fast bis Htleibsende 1; **Corimelǽna scarabæoídes** L.

— Scutellum höchstens bis zur Mitte des Htleibs *2*

2. Am Rand d. Pronotum od. Kopf lange Haare od. Dornen . . . *3*
— Keine derartigen Haare od. Dornen am Pronotum od. Kopf . . *5*
3. Länge 8–12 mm . . . . 1; **Cýdnus (Brachypélta) atérrimus** Forst.
— Länge 3–5 mm *4*
4. Kopfrand mit kurzen dicken Dornen . . . . 2; **Aéthus** Dall.
— Kopfrand nur mit langen Haaren, ohne Dornen 2; **Geótomus** M&R
5. Höchstens 4,5 mm lang, Augen stark vorquellend *6*
— 6 mm u. länger. Augen treten nicht bes. hervor . . 7; **Sehírus** A&S.
S. bícolor L. (Pronotum bis Mitte d. Seitenrands mit hellen Flecken).
6. Einfarbig braun bis schwarz. Oberseite matt . . . . 1; **Ochetostéthus nánus** H. S.
— Corium meist mit hellem Rand. Oberseite glänzend. . . . . 2; **Legnótus** Schdte.

Literatur

Für Bestimmung aller Arten Mitteleuropas s. Wagner, E., Wanzen, Heteroptera. In Brohmer, Ehrmann, Ulmer: Die Tierwelt Mitteleuropas Bd. 4, Lief. 3, Leipzig 1961. Zur guten Orientierung mit zahlreichen, auch bunten, Abbildungen: Southwood, T. u. Leston, D. Land and water bugs of the British Isles. London & New York 1959. Wagner, E., Miriden (Teil 41), Pentatomorpha (T. 54), Cimicomorpha (T. 55) in Dahl, Tierwelt Deutschlands; Fischer, Jena 1952, 1966, 1967.

2. Unterord. **Homóptera**, Pflanzensauger (Gleichflügler)

1. Larven u. Imagines (mindestens an Mittel- u. Htbeinen) mit 3 Tarsengliedern. Fühler aus dicken Grund- u. dünnen Endgliedern
Cicadína (Auchenorrhýncha), Zikaden [*3*] S. 236
— Tarsen 1- od. 2gliedrig. Fühler ± gleichartig gegliedert (Beine u. Fühler können fehlen) . . . . . **Sternorrhýncha**, Pflanzenläuse *2*
2. Tarsen 1gliedr. mit einer Kralle. ♂ nur mit Vdflügeln, ♀ flügellos (oft ohne Beine u. mit schildartigem Körper ohne Segmentgrenzen)
Coccina, Schildläuse S. 255
— Tarsen 2gliedr. mit 2 Krallen. 4 Flügel (od. Flügel fehlen) . . . *3*
3. Flügeladerung: [*44*]. Körper u. Flügel mit weißem Wachsstaub bedeckt. Länge 1–2 mm . . . . . **Aleyrodína,** Mottenschildläuse
Nur **Aleyródidæ** mit 9 Gattg.; häufig **Aleyródes proletélla** L. (an Kohl), **Aleurochíton**-Arten (an Ahorn), **Trialeuródes vaporariórum** Westw. (in Gewächshäusern).
— Flügel durchsichtig u. vieladrig. Körper höchstens mit fädigen Wachsausscheidungen *4*
4. Htbeine der Imagines mit verdickten Schenkeln, Larven dorsoventral abgeflacht
Psyllina, Blattflöhe [*45*], S. 240
— Htbeine lang u. dünn. Larven nicht dorsoventral abgeflacht **Aphidina**, Blattläuse S. 241

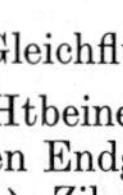
44

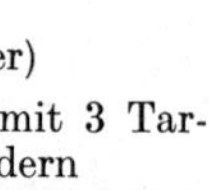
45

I. **Cicadina**, Zikaden

1. Fühler inserieren unterhalb der Augen (seitl. betrachten!) [*46, 47*]
Fulgoriformes *2*
— Fühler inserieren zwischen Augen u. Stirnschild (Clypeus) [*48*]
Cicadiformes 7
2. Htschienen am Ende mit blattartigem, beweglichen Sporn; Fühler im Augenausschnitt [*46*] . . . . **Delphacidae** *3*
— Htschienen am Ende höchstens mit festem Sporn. Fühler vom unteren Augenrand entfernt [*47*] *4*

3. Vdbeine blattartig verbreitert. . . **Asiracinae: Asiraca clavicornis** F.
— Beine nicht blattartig verbreitert. **Delphacinae** (s. l.)
Viele Gattg., hierher auch **Javesella pellucida** F. u. a. Arten, an Gräsern u. Getreide, schädlich als Virusüberträger!

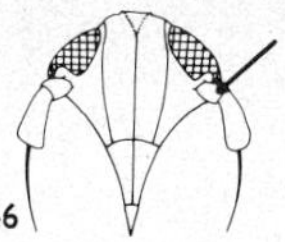
46

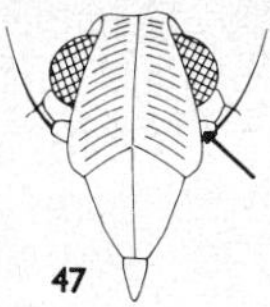
47

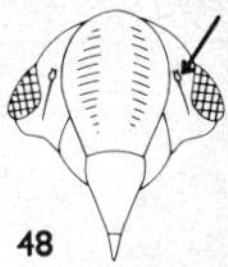
48

4. Stirn u. Scheitel in kegelförmig zugespitzten Fortsatz vorgezogen. **Dictyopharidae: Dictyophara europaea** L.
— Nicht so *5*
5. Zwischen Stirn u. Wangen keine scharfe Leiste. Htflügel an der Spitze eingebuchtet. (Bei Ameisen!). . . . . **Tettigometridae: Tettigometra** Latr.
— Stirn von den Wangen durch scharfe Leiste getrennt. Htflügel an der Spitze nicht eingebuchtet *6*
6. Pronotum kurz, streifenartig, am Htrand scharf ausgeschnitten. Scutellum fast rhombisch . . . . **Cixiidae**
Scutellum mit 3 Längskielen: **Cixius** Latr. (Htschiene mit 1–3 seitl. Dornen) u. **Myndus musivus** Germ. (Htschiene ohne seitl. Dorn). Scutellum mit 5 Kielen: **Oliarus** Stal. (3 Stirnaugen) u. **Hyalesthes** Sign. (2 Stirnaugen)
— Pronotum ⅓–½ so lang wie Scutellum, Htrand nicht scharf ausgeschnitten, aber bogenförmig . . . . **Issidae**
2; **Ommatidiotus** Spin. (Schmal, roter od. dunkler Mittellängsstreifen über Vdkörper, häufig: **O. dissimilis** Fall.); **Issus coleoptratus** Gffr. (Körper in der Mitte verbreitert, keine Streifen)
7. Kopf mit 3 im Dreieck gestellten Stirnaugen. Über 15 mm. **Cicadoidea, Cicadidae,** Singzikaden: **Tibicen haematodes** Scop. (26–38 mm) u. **Cicadetta montana** Scop. 16–20 mm).
— Kopf ohne oder mit 2 Stirnaugen. Meist (außer Ledra) unter 12 mm *8*
8. Pronotum mit Fortsatz bis mindestens zur Mitte des Htleibs. **Membracidae,** Buckelzirpen (zu **Cicadelloidea**)
Centrotus cornutus L. (Pronotum außerdem mit seitl. Fortsätzen, 8–10 mm); **Gargara genistae** F. (ohne seitl. Fortsätze, 5–6 mm). Im SW (aus USA über Italien eingeschleppt) **Stictocephala (Ceresa) bisonia** Kopp & Yonke (grün, 9–10 mm).
— Pronotum nicht nach hinten verlängert *9*
9. Htschienen innen ohne, außen mit 1–3 starken Dornen, am Ende verdickt u. mit Dornenkranz (Schaumzikaden) . . . **Cercopoidea** *10*
— Htschienen innen u. außen mit kammförmig gereihten Dornen (falls diese fehlend od. undeutlich, dann beidseitig), am Ende nicht verdickt u. ohne auffallenden Dornenkranz **Cicadellidae** (zu **Cicadelloidea**) *14*
10. Vdflügel blutrot gefleckt (Blutzikaden) . . . **Cercopidae, Cercopis** F.
— Nicht so gefärbt . . . . **Aphrophoridae** *11*
11. Pronotum ragt stumpfwinklig zwischen den Augen vor *12*
— Vdrand des Pronotum im mittl. Teil ± gerade. **Lepyronia coleoptrata** L.
12. Pronotum u. Scheitel mit deutl. Mittelkiel . . 4; **Aphrophora** Germ.
Häufig **A. alni** Fall. [*3*], 8–11 mm.
— Pronotum ohne Kiel, oft mit Längsfurche *13*
13. Körper oval, Scheitel stumpfwinkelig . . . **Philaenus spumarius** L.
— Körper fast parallelseitig, Scheitel recht- bis spitzwinklig. 6; **Neophilaenus** Hpt. (häufig **N. lineatus** L., 5–7 mm)
14. Gesamte Oberseite einschl. Vdflügel gleichmäßig wabenartig mit Punktgruben. 3–4 mm **Ulopinae,** Ulopa Fall. (häufig **reticulata** F.)

— Oberseite höchstens stellenweise derart punktiert ***15***

15. Obere äußere Kante der Httibien blattartig erweitert. Pronotum mit ohrenförmigen Fortsätzen. 13–17 mm . . . . **Ledrinae, Ledra aurita** L.

— Nicht so ***16***

16. Adern an der Basis der Vdflügel meist undeutlich, gewöhnlich nur im Spitzendrittel des Flügels verzweigt und dort auch nur die Queradern [*49*] . . . . **Typhlocybinae**

Zahlreiche Gattg., häufige Arten: **Eupteryx atropunctata** Gz. (gelb u. schwarz gezeichnet; an Kartoffeln); **Empoasca pteridis** Dhlb. u. **E. decipiens** Paol. (hellgrün; an Beta-Rüben); **Edwardsiana** (= **Typhlocyba**) **rosae** L. (gelblich; an Rosen); **Ribautiana** (= **T.**) **ulmi** L. (mit rauchgrauer Binde über den Flügeln; an Ulme); **Fagocyba** (= **T.**) **cruenta** H. S. (Flügel rotbraun; an Buche).

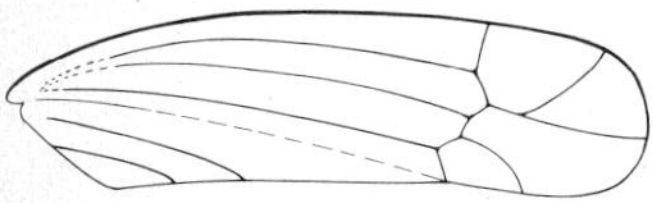

49

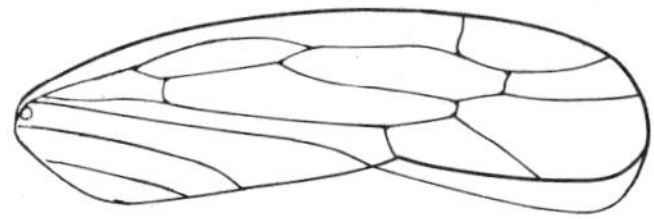

50

— Längsadern auf den Vdflügeln von der Basis an deutlich, mindestens eine Verzweigung u. eine Querader schon auf dem basalen $^2/_3$-Teil des Flügels [*50*]. Einige Arten kurzflüglig ***17***

17. Kiele auf dem Scheitel (Kopfoberseite) bilden mit denen auf dem Gesicht (Kopfunterseite) ein X [*51*]. Scheitel ohne Mittelkiel.
Megophthalminae, Megophthalmus scanicus Fall.

— Kiele des Scheitels (falls vorhanden) bilden kein X auf dem Gesicht; Scheitel kann Mittelkiel haben ***18***

18. Scheitel 2mal so lang wie Pronotum, weit die Augen überragend.
Eupelicinae, Eupelix cuspidata F. [*52*]

— Scheitel weniger als 2mal so lang wie Pronotum ***19***

19. Ozellen (Stirnaugen) deutlich auf der Fläche des Scheitels, d. h. vom Vdrand des Kopfes entfernt. ***20***

— Ozellen noch auf dem Scheitel, doch nur wenig vom Vdrand des Kopfes entfernt [*53*] (seitl. betrachten!). Scheitel scharf von Kopfunterseite abgesetzt . . . . **Aphrodinae**

Aphrodes Curt. (Scheitel nicht quergerunzelt, mit Mittelkiel [*53*]; viele Arten, wichtig **A. bicincta** Schr.: ♂ mit je einer hellen Querbinde über Scheitel u. Pronotum; schädlich an Luzerne). **Stroggylophorus** Flor. (Vdhälfte des Scheitels quergerunzelt, kein Mittelkiel).

— Ozellen am Übergang zwischen Ober- u. Unterseite des Kopfes [*54*], die breit gerundet ineinander übergehen können (seitl. betrachten)
Deltocephalinae

Zahlreiche Gattg. u. Arten, darunter **Doratura Sahlb.** (Scheitel des stark zugespitzten Kopfes leicht konkav); **Psammotettix** Haupt (Flügel weißlich grau, mindestens einige Zellen mit dunklen Flecken an ihrer Innenseite); **Rhytistylus proceps** Kir. (dunkle Binde quer über Kopfunterseite); **Graphocraerus ventralis** Fall. (Scheitel mit Querreihe von 4 schwarzen Punkten); **Athysanus argentatus** Metc. (Scheitel mit schwarzem Querband zwischen den Augen gerade basalwärts der Ozellen); **Cicadula quadrinotata** F. (gelbgrün mit 4 großen schwarzen Flecken in 2 Reihen auf dem Scheitel); **Elymana sulphurella** Zett. (je 1 großer schwarzer Fleck an Basis der Fühler auf Kopfunterseite); **Macrosteles sexnotatus** Fall., **laevis** Rib. u. **cristatus** Rib. (Scheitel gewöhnlich mit 6 schwarzen Flecken in 3 Reihen; auf Grasland u. Kleefeldern). Weitere häufige Gattg.: **Arthaldeus, Streptanus, Euscelis** usw.

— Ozellen auf der Unterseite des Kopfes [*56–59*] ***22***

20. Körper kurz u. breit, hinter der Mitte am breitesten. Seiten des Pronotum stark nach vorn divergierend [*55*].
Penthimiinae, Penthimia nigra Gz.

— Körper gestreckt, nicht hinter der Mitte am breitesten ***21***

21. Scheitel ohne Mittelkiel oder Mittelrinne . . . . . **Cicadellinae**

Cicadella viridis L. (Oberflügel u. Pronotum vorwiegend grün, sonst gelb)

— Scheitel mit Mittelkiel, Querkiel u. bogenförmigen Kielen. Langflüglig . . . . **Evacanthinae**

Evacanthus interruptus L. (goldgelb, Oberseite beiderseits mit schwarzen Längsstreifen) u. **E. acuminatus** F. (graugelb, Mitte von Scheitel u. Pronotum dunkelbraun)

— Scheitel mit Mittelrinne, die nach vorn in V-förmige Nahtlinie übergeht. Kurzflüglig. **Errhomeninae, Errhomenus brachypterus** Fieb.

22. Eine feine Nahtlinie jederseits vom Fühler bis etwa zum Ozellus [*56*] **Idiocerinae**

Rhytidodus decimus quartus Schr. (Pronotum u. Scheitel mit deutl. Querrunzeln); **Idiocerus** Lew. (Pronotum ohne Querrunzeln, aber chagriniert; viele Arten, z. B. **I. populi** L.)

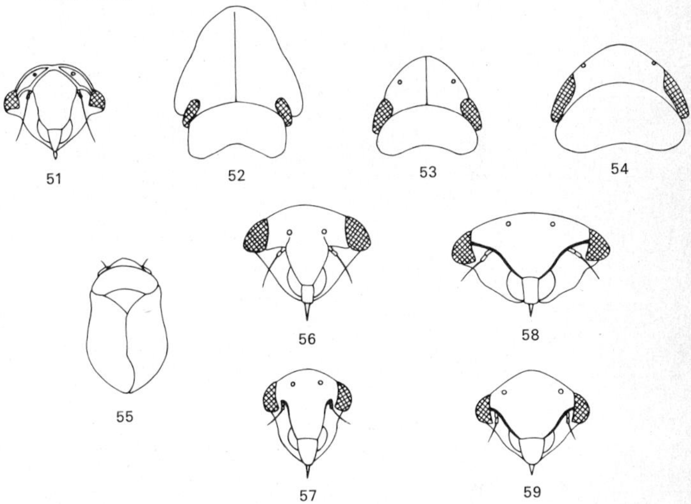

— Nahtlinie vom Fühler zum Ozellus fehlt oder endet weit vor dem Ozellus. Fühler entspringen unter bzw. an einer Leiste, in flacher oder tiefer Grube eingelenkt ***23***

23. Fühler inserieren in tiefer Grube unter einer Leiste, die bis zu den Fazettenaugen reicht [*58, 59*] ***24***

— Fühler in flacher Grube inserierend, Fühlerbasis gut sichtbar; die Leiste reicht nicht bis zum Fazettenauge [*57*]. **Agalliinae,** 5; **Agallia** Curt.

24. Die Leiste verläuft ziemlich quer [*58*] . . . . **Iassinae**

2; **Batracomorphus** Lew. (In den Zellen der Vdflügel kleine dunkle Punkte); **Iassus** F. (Vdflügel ohne solche Punkte: **I. lanio** L. an Eiche u. **I. scutellaris** Fieb. an Ulme).

— Die Leiste verläuft schräg nach oben [*59*] . . . . . **Macropsinae**

Oncopsis Burm. Runzellinien des Pronotum ± parallel zum Vdrand; 4 weitere Gattg., darunter **Macropsis** Lew. u. **Pediopsis** Burm. (Runzellinien auf Pronotum keilförmig nach oben Mitte gerichtet).

II. **Psyllina**, Blattflöhe

1. 2. Fühlergl. auffällig verdickt, länger als jedes andere Glied, Augen nicht bes. hervortretend . . . . **Livíidæ**
1; **Lívia juncórum** Latr. (der nach vorn gezogene Scheitel mit tiefem Einschnitt; Larve erzeugt Sproßgallen an Juncus) 2; **Diráphia** Wag. (Scheitel mit flachem Einschnitt).

— 3. Fühlerglied am längsten. Augen kugelig nach außen gewölbt . *2*

2. Vom Hauptaderstamm im Vdflügel entspringen 3 Äste aus 1 Punkt **Triózidæ**
1; **Trichochérmes wálkeri** Först. (Rücken behaart), **Trióza** Först. (Rücken unbehaart) mit vielen Arten, darunter **T. urtícæ** L. an Urtica u. **T. virídula** Ztt. schädlich an Möhre.

— Vom Hauptaderstamm gabeln sich zunächst nur 2 Äste [*45*] . . *3*

3. Unter den Fühlern ragen große Stirnkegel hervor. . . . . . . **Psýllídæ**
Vdflügel ledrig derb **Livílla ulicis** Curt. (an Calluna u. a.) Vdflügel häutig: 8 Gattg., darunter 1; **Arytaina genístæ** Latr. (an Sarothamnus), 3; **Psyllópsis** Loew (an Fraxinus), **Psýlla** Gffr. (an Laubhölzern, viele Arten z. B. **P. máli** Sch. u. **costális** Flor. an Apfel, **P. pyrisúga** Först., **pyrícola** Först. u. **pýri** L. an Birne).

— Stirnkegel fehlen . . . . **Aphalarídæ** *4*

4. Hthüften ohne Dorn . . . . 1; **Rhinócola áceris** L. (an Ahorn).

— Hthüften mit Dorn *5*

5. Der nach unten gerichtete Scheitelrand scharf. . . . . **Strophíngia erícæ** Curt.

— Der nach unten gerichtete Scheitelrand gerundet: 4 Gattg., darunter mit vielen Arten **Aphálara** Först. (Postclypeus unter der Stirn zapfenartig vortretend, z. B. **A. cálthæ** L. u. **polýgoni** Först.) und **Craspedolépta** End. (Postclypeus zurückstehend, z. B. **C. artemísiæ** Först).

Literatur

Ribaut, H.: Homoptéres auchénorhynques I (Typhlocybidae) u. II (Jassidae). In: Faune de France Bd. 31 u. 57, Paris 1936 u. 1952. – Wagner, W., Zikaden u. Blattflöhe. Zahradnik, J., Aleyrodina. Beide in: Brohmer, Ehrmann, Ulmer: Die Tierwelt Mitteleuropas. Bd. 4, Lief. 3. – Handbooks for Identification of British Insects. Royal Ent. Soc. London. Bd. 2, Teil 2a, 2b, 3 1960, 1965 (betrifft Zikaden).

III. **Aphidina**, Blattläuse

Bisher wurden in Deutschland über 800 Blattlausarten festgestellt. Für die meisten Arten sind charakteristisch: Htleibsröhrchen od. Siphonen [*22–25*], die porenförmig, kegelstumpfförmig, röhrenförmig, keulig od. zylindrisch sind; ein schwert-, zungen-, lappen-, knopf- od. stummelförmiges Schwänzchen (Cauda); eine ventral gelegene Mittelbrustgabel bei den Ungeflügelten [*3*]; der oft in einer Geißel endende 6gliedrige (seltener 3–5gliedrige) Fühler [*30*], häufig mit Rhinarien [*34*] auf den Fühlergliedern III (–V); der 2gliedrige Fuß (Tarsus), dessen 1. Glied 2 bis zahlreiche Borsten [*14*] u. häufig 1 bis mehrere kurze Sinnesstifte trägt u. an dessen 2. Glied zwischen den Krallen 2 Empodialhaare (gelegentlich spatelförmig verbreitert) stehen [*14*, *15*]; die Nebenhöcker an den Fazettenaugen. In einigen Familien haben die Ungeflügelten keine Fazettenaugen, nur ein 3linsiges Auge ist erhalten geblieben [*41*]. Die Geflügelten besitzen zusätzlich 3 Punktaugen auf der Stirn. Bei den oviparen ♀ tragen die Httibien meist Sensillen (dünnwandige rundliche Hautstellen). Charakteristisch ist auch die Gestalt u. die Zahl der Körperborsten; sie sind bei der Junglarve (L I) in der Regel in je einer marginalen, je 1 pleuralen u. je 1 spinalen Längsreihe angeordnet [*10*]. Die Kutikula trägt häufig charakteristische Strukturen, Platten od. Wachsdrüsenmuster.

Die artenreichen **Aphidina Pemphigoidea** u. **Aphidoidea** enthalten 6 Familien, deren Vertreter eine geschlechtliche Generation (♂♀) hervorbringen. Die Weibchen legen 1 bis wenige Eier. Im Frühjahr schlüpft aus dem Ei die Fundatrix (Gründerin), oft an besonderem Winterwirt (Hauptwirt), u. diese erzeugt ungeschlechtlich (parthenogenetisch) ungeflügelte Nachkommen, selten geflügelte Formen od. Sexuparæ (♂ od. ♀ erzeugende Formen), so in der Gattung **Mindarus**, vereinzelt auch in **Pémphigus**. Die vivipar am Winterwirt entstehenden Blattläuse werden als Fundatrigenien, die an Sommerwirtspflanzen als Virginogenien bezeichnet. Bei wirtswechselnden Arten (häufig Gehölz als Winterwirt zur Eiablage) fliegen die Sexuparæ zum Winterwirt zurück u. erzeugen parthenogenetisch ♂ u. ♀ od. Geflügelte; ♂ entstehen bereits auf Sommerwirtspflanzen (meist Kräutern). Die Larven der geflügelten Gynoparen wachsen am Winterwirt zu ♀ heran. Ist die sexuelle Vermehrung unterdrückt u. nur die parthenogenetische in der Sommerform erhalten geblieben, spricht man von anholozyklischem Entwicklungsgang.

Die Artengruppe der **Phylloxeroidea** – mit 2 Familien an Gehölzen lebend – ist relativ artenarm. Ihre Vertreter vermehren sich durch Ablage von Eiern; Viviparie fehlt. Der Generationszyklus ist bei den Adélgidæ häufig 2jährig, die Fundatrix verläßt das Ei im Sommer u. überwintert (Weiterentwicklung im Frühjahr). Bei **Acanthochérmes** (Phylloxéridæ) erzeugt die Fundatrix Geschlechtstiere. In beiden Familien ist Überwinterung auch virginogen als Larve möglich. Die Herbst- oder Winterform der Adélgidæ wird als Hiemalis oder Sistens bezeichnet, die Sommerform (sommerliche Virginogenien) als Aestivalis oder Progrediens.

Blattläuse leben in Kolonien (dadurch auffallend) od. einzeln ober- od. unterirdisch an Pflanzen, gelegentlich in vergallten Pflanzenteilen. Sie werden mit den Pflanzenteilen in Frischhaltebeuteln gesammelt (Artname der Pflanzen erleichtert die Bestimmung!) od. in Kunststoffröhrchen (aus Ultraphan selbst kleben, Boden mit Uhu aufkleben), deren Öffnung mit Watte verschlossen wird u. in denen auch Weiterzucht (L I, Geflügelte!) möglich ist. Säubern der Zucht von Parasiten u. Feinden, auch deren Eier, ist unbedingt notwendig. Abtötung in 78%igem Alkohol, anschließend Entfetten in Alkohol + Tetrachlorkohlenstoff 1 : 1 für 1–4 Tage, je nach Größe, zurück in Alkohol 78%. Bestimmung nur nach Mazeration möglich; zunächst Auskochen in Kalilauge (10%ig), 5–30 Min., anschließend (evtl. über dest. Wasser) in Chloralphenol (gesättigte Lösung von Chloralhydratkristallen in Phenolum liquefactum = 1 ccm H_2O auf 10 g Phen.-Kristalle). Erwärmen im Wasserbad, Einbetten in Berlese-, Faure-, Polyviolgemisch [n. Heinze] od. Celochloral, zunächst breiten Ring des Einbettungsmittels auf den Objektträger, in die Mitte Chloralphenol, darin Blattläuse ausrichten, Deckglas auflegen.

1. Fühler L I 3gliedrig. Erwachsene eierlegend, nie lebendgebärend, Siphonen u. Cauda fehlend. 1. Fußglied mit 2 Borsten ohne Sinnesstift. Ader rr auf Vdflügel [*5*] fehlend . . . . . **Phylloxeroidea** S. 253

— Fühler L I 4- od. 5gliedrig, nur ♀ der geschlechtl. Form eierlegend, sonst lebendgebärend. Siphonen u. Cauda meist vorhanden. 1. Fußglied in d. Regel 3- od. mehrborstig (einschließlich Sinnesstift). Letztes u. vorletztes Fühlerglied mit je 1 Hauptrhinar [*35*]. Ader rr auf Vdflügel vorhanden [*5*] . . **Aphidoidea u. Pemphigoidea** S. 242

1. Gruppe **Aphidoidea** u. **Pemphigoidea** (=**Aphidina ovovivipara**)

1. L I ohne Siphonen, in d. Regel auch Ungeflügelte nur mit 3linsigem Auge [*41*] (s. a. **Trama**), letztes Fühlerglied ohne (selten m. kurzer) Geißel [*37*]. Rhinarien der Gefl. häufig streifenförmig od. ganz fehlend. Media d. Vdflügel einfach od. 2ästig (ausnahmsweise bei Thelaxiden 3ästig). Hinterschienen der ♀ in d. Regel schlank u. ohne Sensillen . . . .**Pemphigoidea** *5*

— Fazettenaugen aller Stadien viellinsig (andernfalls Htfuß sehr stark verlängert). Siphonen nur ausnahmsweise fehlend. Fühlerende meist geißelartig dünn [*30*], sonst entweder Siphonengrund m. Borsten od. Tiere sehr schlank (Nadelsauger an Pinus). Ruhelage der Flügel dachförmig, Media 3-, selten 2ästig [*5*]. An oft verdickten Httibien d. ♀ Sensillen (durchscheinend) . . . . **Aphidoidea** *2*

2. Krallenborsten (Empodialhaare) blatt-, spatel-, band- od. stabförmig [*15*], ohne Wirtswechsel *4*

— Krallenborsten haarförmig od. unscheinbar [*27*, *28*], Fundatrix ungeflügelt *3*

3. Krallenborsten unscheinbar (wenn Siphonen keulig, dann **Plocamáphis** [Pterocommatínæ] an Weide). Kopf der Ungeflügelten in d. Regel mit Scheitellängsleiste [*3*], Körper (auch L I) stark beborstet, desgl. Siphonen basal [*4*] (Ausnahme Protolachníni). Cauda breit, kurz. Fühlergeißel angedeutet. Rhinarien nicht bewimpert [*8*]. 1. Fußglied oft mit zahlr. Sohlenborsten [*6*]. (2. Glied der Tramínæ [*9*] außergewöhnlich lang). An Laub- u. Nadelhölzern; **Traminæ** u. gelegentlich auch **Maculoláchnus** an krautigen Pfl. . . . . . **Láchnidæ** S. 243

— Krallenborsten mindestens v. halber Krallenlänge, in d. Regel haarförmig; Cauda rundlich bis schwertförmig [*30*], Sipho vorwiegend lang, keulig, zylindrisch [*22–24*], selten porenförmig, nur ganz ausnahmsweise fehlend; Hauptrhinar m. Wimperkranz od. Schalenrosette. Mit Ausnahme der Pterocommatínæ keine auffallend dichte u. lange Körperbehaarung. . . . . **Aphídidae** S. 246

(Wenn Fuß u. Schiene mit Stachelquerreihen [*14*] od. porenförmigem Sipho auf 6. Hinterleibsring + 5gliedrigem Fühler [*12*], dann Saltusaphidínæ od. Siphínæ an Süß- und Sauergräsern).

4. Fuß, meist auch Schiene, häufig auch d. Fühler zart (quer) bestachelt [*14*, *15*]. Hauptrhinar m. Wimperkranz (sonst m. 2 gr. Stirnhöckern zwischen Fühlern). ♀ unter Sipho meist mit Wachsdrüse (Wintereier

gepudert). Fundatrix oft mit Flügeln . . Fam. **Callaphídidæ** S. 244
— Fuß ohne Stachelchen. Krallenborsten etwa stabförmig, ausnahmsweise haarförmig (vgl. 3–). Meist lang u. dicht beborstete Arten [*11*]. Hauptrhinarien nackt, Wachsdrüsen den ♀ fehlend. Fundatrix ohne Flügel. Fühler der L I 4gliedrig. An holzigen Pflanzen, Gräsern, Binsen . . . . Fam. **Chaitophóridæ** S. 244
5. Kopfkapsel bei Ungefl. mit folgendem Ring dorsal fest verbunden [*38*] od. seitl. hinter Augen abgeteilt, dann ihre Siphonen krugförmig auf behaarten Kegeln u. an Cornus bzw. Gräsern od. Riedgräsern. Rhinarien der Geflügelten nur bei Thelaxinae oval (s. S. 250!). ♂ u. ♀ mit Rüssel . . . . Fam. **Theláxidæ** S. 250
— Kopf u. Vdbrust getrennt. Wenn Rhinarien der Geflügelten oval, dann an Gräsern. ♂ u. ♀ ohne Rüssel. An Laubbäumen, häufig in Gallen od. mit starker Wachsausscheidung, an Gräsern oft ohne Wachs. Nicht an Cornus . . . . Fam. **Pemphígidæ** S. 252

Überfamilie **Aphidoidea**
1. Fam. **Láchnidae**, Baumläuse

1. Htfuß stark verlängert, vereinzelt bis Schienenlänge [*9*]. Geflügelte meist mit Rückenspangen od. -platten. An Wurzeln krautiger Pflanzen, nicht an Gräsern . . . . Unterfam. **Tramínæ**
a) Geißelartiger Endteil des VI. Fühlergliedes mindestens $^1/_4$–$^2/_5$ der Gliedlänge, mit langen Haaren u. kurzen Borsten besetzt. III. Fühlerglied der Geflügelten mit 25 bis 50 Rhinarien. Tribus Protramíni . . . . 1 Gattung **Protráma** Baker
b) Endteil in d. Regel unter $^1/_5$ der Gliedlänge, höchstens 1(–2) lange Haare (außer den kurzen Borsten) vorhanden [*8*]. Geflügelte am III. Fühlerglied mit 0–5 Rhinarien. Tribus Tramíni:
aa) Siphonen fehlen . . . . **Tráma** v. Heyd.
bb) Siphonen vorhanden . . . . **Neotráma** Baker
— Füße annähernd gleich gestaltet. An holzigen Gewächsen (ausnahmsw. Wurzeln krautiger Pflanzen) *2*
2. Rüsselendglied mit zahlreichen Borsten, diese nicht nur längs der Stechborstenrinne, Spitze schwach abgesetzt, od. Rüssel erhebl. länger als Körper; an Laubhölzern (nicht Blättern)
Unterfam. **Lachnínæ**
a) Rüssel sehr viel länger als Körper, Spitze des stark beborsteten Endgliedes abgesetzt. An Stämmen (bis Wurzeln). Tribus Stomaphidíni: 1 Gattung **Stomáphis** Walk.
b) Rüssel deutl. kürzer als Körper, Spitze undeutl. abgesetzt, kappenartig Tribus **Lachníni** aa) Htleibsrücken mit Höcker. An Weiden **Tuberoláchnus** Mordv. bb) Ohne Rückenhöcker. α) Rücken m. zahlr. beborsteten dunklen Plättchen. An Rosen (gelegentl. Wurzeln krautiger Pflanzen) **Maculoláchnus** Gaum. β) ohne die zahlreichen Borstenplättchen. An Eichen u. Buchen (Risse, Wucherungen) **Schizodryóbius** v. d. G. [*7*]. An Eichen (ohne Schäden) **Láchnus** Burm. [*3-6*]. An Hippophaë **Sublachnóbius** Heinze.
— Borsten nur ausnahmsweise Rüsselendglied umstehend (**Laricária**), weniger zahlr., dessen Spitze breit endend od. lang abgesetzt, zugespitzt. An Nadelhölzern . . . . Unterfam. **Cinarínæ**
a) Rüssel kurz, stumpf, Siphonen klein, ohne od. mit wenigen Borsten. An Nadeln. aa) Siphonen ohne Borsten, Körper längl. [*1, 2*]. Tribus Protolachníni: 1 Gattung **Protoláchnus** Theob. bb) Siphonen mit Borsten, Körper eiförmig, Tribus Schizolachníni: 1 Gattung **Schizoláchnus** Mordv.
b) Rüssel lang, Spitze des Endgliedes abgesetzt. Siphonen groß, in d. Regel mit vielen Borsten. An Zweigen, Ästen, Stämmen, Wurzeln. Tribus Cinaríni; aa) Borsten Rüsselendglied umstehend, große Art, ventral beborstete Höcker. An Lärche **Laricária** C. B. bb) Borsten längs der Stechborstenrinne. α) Borsten am Rüsselendglied abwechs. kurz u. lang. An Edeltanne **Buchnéria** C. B. β) Borsten etwa gleichlang. αα) Fühler, Beine, Körper mit langen bis sehr langen spitzen Borsten; 1. Fußglied kurz. An Fichten **Cinarópsis** C. B., **Lachniélla** DelGu. (Rüsselendglied = Htfuß); an Wacholder u. Lebensbaum **Cupressóbium** C. B.; an Weißtanne (bis 7,5 mm) **Todo-**

láchnus Mats. ββ) Borsten d. Vd- u. Mittelschiene wenig zugespitzt, relativ kurz, 1. Hinterfußglied zieml. lang. *) Mittelbrust der Ungeflügelten ventral ohne Höcker. An Kiefer u. Lärche **Cínara** Curt. **) Höcker (ohne Borsten) ventral vorhanden. An Kiefer u. Lärche **Cinária** C. B.

2. Fam. **Chaitophóridæ**, Borstenläuse

1. Fühler der Erwachsenen 6gliedrig; an Laubgehölzen. Unterfam. **Chaitophorínæ**

a) Auf II. Brustring der L I 1+1 Pleuralborste [*10*]; an Ahorn. Tribus Periphyllini: aa) L I mit 4 Borsten am 8. Segment **Chaitophorínus** C. B. (mit 2–3 Langborsten am Fühlerendglied); **Chætophória** C. B. (mit 1 langen u. 1 kurzen Borste). bb) L I mit 2 Borsten am 8. Segment **Chætophorélla** C. B. (ohne sommerliche Ruhelarve); **Periphýllus** v. d. Heyd. (mit sommerlicher Ruhelarve, Marginalborsten blattförmig).

b) Auf II. Brustring der L I 2 + 2 Pleuralborsten, wenn 1 + 1, dann Rücken gepanzert (**Tranáphis**). An Weiden u. Pappeln. Tribus **Chaitophoríni**: aa) L I mit 5gliedrigem Fühler, auch Ungeflügelte mit Sensillen auf Htschienen **Allarctáphis** C. B. (Geißel kaum länger als Basis des VI. Gliedes); **Chaitóphorus** Koch (Geißel viel länger als Basis). bb) nur ovipare ♀ mit Sensillen. L I mit 4gliedrigem Fühler **Eichochaitóphorus** Essig; **Pseudomicrélla** C. B. [*11*] (an Weide); **Promicrélla** C. B.; **Tranáphis** Walk. (an Weide).

— Fühler 5gliedrig [*12*]; an Süß- und Sauergräsern. Unterfam. **Siphínæ**.

a) Schwänzchen breit gerundet, Rücken glatt. aa) mit länglichem Körper **Laíngia** Theob. (mit freien Rückenplatten); **Atheroídes** Hal. (Rückenplatten des 2.–7. Htleibsrings verwachsen). bb) eiförmiger Körper **Rúngsia** Mim.; **Chaitosiphélla** HRL. (Kopf, Vdbrust verschmolzen).

b) Cauda knopfförmig, auf dem Rücken feine Stacheln. aa) Augen normal. **Sipha** Pass. bb) Fazettenaugen stark vortretend **Caricosípha** C. B.

3. Familie **Callaphídidæ**, Zierläuse

1. Nebenhöcker fehlen den Fazettenaugen [*17*]; Vdbrust der Larve dorsal mit Kopf verwachsen. Hüften gleichartig. An Sauergräsern (selten Süßgräsern) od. Binsen. . . . . . . Unterfam. **Saltusaphidínæ**

a) Körper langgestreckt [*17*], Beine normal, Rücken abgeflacht, Mittelbrustgabel sitzend. An Carex. Tribus **Thripsaphidíni**: aa) Krallenborsten spatelförmig **Thripsáphis** Gill.; **Synthripáphis** Quedn.; **Subsaltusáphis** Quedn.; **Bacilláphis** Quedn. bb) Krallenborsten haarförmig. **Trichocállis** C. B.; **Alláphis** Mordv. [*17*].

b) Körper eiförmig, ± hochgewölbt. Schenkel der vorderen Beinpaare verdickt, Schienenköpfe erweitert; alle Stadien sprungfähig; Mittelbrustgabel gestielt. Tribus Iziphyini: aa) auf Carex **Saltusáphis** Theob.; **Izíphya** Nevsky; **Sminthuráphis** Quedn. bb) auf Juncus **Juncóbia** Quedn.

— Fazettenaugen mit abgeteiltem Nebenhöcker, Krallenborsten fast stets spatelförmig; nicht an Gräsern *2*

2. Auf Bäumen u. Sträuchern. Hüften der L I gleichartig, primitiv . *3*

— An Kleegewächsen, Gelbfleckung verursachend. Alle Stadien (nicht nur Geflügelte) sprungfähig, mit vergrößerten Vdhüften; Erwachsene

Tafel 1. 1 Protolachnus bluncki C.B., ungefl. Jungfer, links daneben Sipho; 2 dgl. Fühler d. Ungefl.; 3 Lachnus roboris (L.), ungefl. Jungfer, M = Mittelbrustgabel mit Zäpfchenpaar davor; 4 Sipho v. Lachnus roboris (L.); 5 Flügel von Lachnus roboris (L.), Pt = Pterostigma (Flügelblase), rr = Radialramus, m = Media, cu = Cubitus; 6 Fuß von Lachnus croaticus Koch; 7 Fühler von Schizodryobius longirostris (Mordv.); 8 Letztes Fühlerglied v. Trama troglodytes v. Heyd. (distal kurz beborstet); 9 Fuß von Protrama radicis (Kalt.) (1. Glied unscheinbar); 10 Larve (L I) von Periphyllus villosus (Koch), mg = marginale, pl = pleurale und sp = spinale Borstenreihe; 11 Pseudomicrella salicti (Schrk.), ungefl. Jungfer, links unten, Sipho vergr.; 12 Fühler und Sipho (links) von Atheroides serrulatus Hal.; 13 Callaphis juglandis (Goetze), Nymphe m. Flügelansätzen; 14 Fußglieder dgl. mit Bestachelung; 15 Endteil des 2. Fußgliedes mit Spatelborste (S) von Callaphis juglandis (Goetze); 16 Körperborsten von Callaphis juglandis (Goetze); 17 Allaphis caricicola (Mordv.), ungefl. Jungfer, links unten Sipho vergr.; 18 Fühler (II.–VI. Glied) der gleich. Art; 19 Aphis fabae Scop., Schiene der L I mit Rastralborsten (R); 20 Neomyzus circumflexus (Bckt.), ungefl. Jungfer; 21 Myzus pruniavium C.B., Hinterschiene der L I mit Bestachelung zw. den Borsten; 22 Sipho von Macrosiphum rosae (L.); 23 Sipho von Macrosiphoniella millefolii (De Geer); 24 Sipho von Dactynotus obscurus (Koch). (*11* nach Quednau, verändert.)

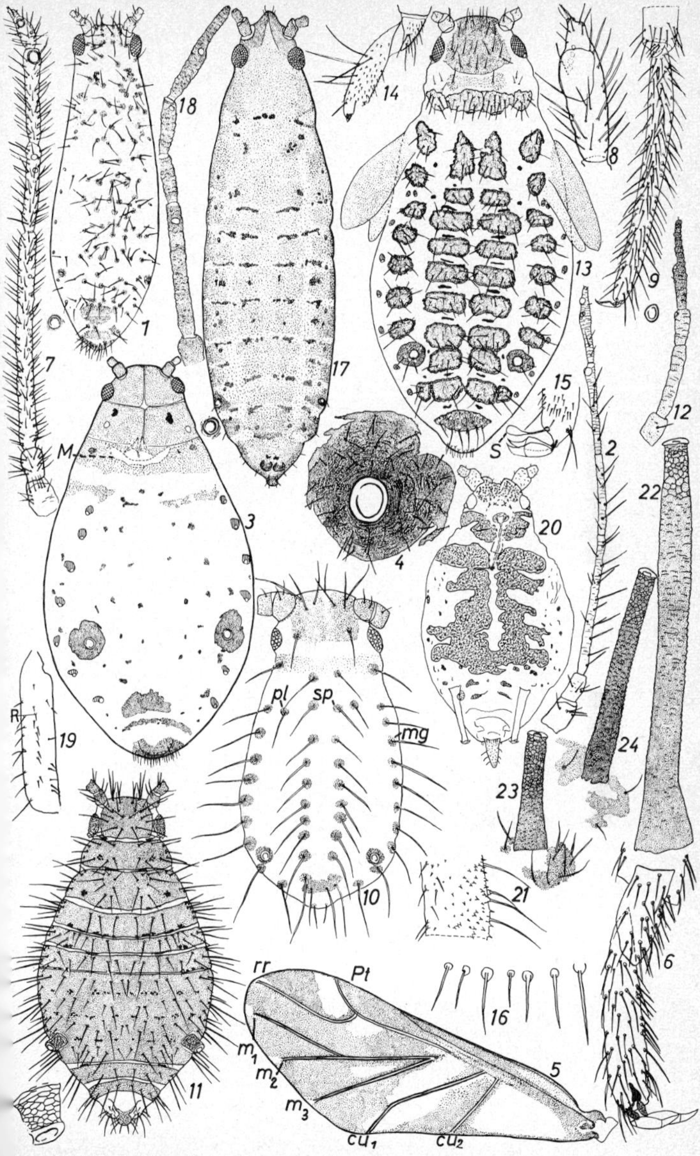
1
2
3
4
5
6
7
8
9
10
11
12
13
14
15
16
17
18
19
20
21
22
23
24
M
R
S
pl
sp
mg
rr
Pt
m1
m2
m3
cu1
cu2

mit Rhinarien auf III. Fühlerglied. Unterfam. **Therioaphidínæ** **Triphylláphis** C. B.; **Pterocallídium** C. B.; **Rhizoberlésia** DelGu.; **Therioáphis** Walk.; **Myzocallídium** C. B.

3. L I mit 6 od. mehr Längsreihen von Rückenborsten (auf Brustring 2 + 2 Marginalborsten). II. Fühlerglied mit 2–3 Borsten. I. Brustring fast stets frei. . . . . Unterfam. **Phyllaphidínæ**

a) Beine nicht umgestaltet (Geflügelte einiger Arten sprungfähig); Krallenborsten spatelförmig; Nebenrhinarien an Hauptrhinar anschließend. Tribus Phyllaphidini: aa) Alle Rückenspangen frei, Rückenborsten zahlr., spitz. An Rinde. **Symydóbius** Mordv.; **Betacállis** Mats. bb) Rücken z. T. gepanzert, spärlicher beborstet. An Blättern, Triebenden. α) Kopf der L I frei, Rhinarien Erwachsener in Reihe angeordnet. **Euceráphis** Walk. (an Birke); **Phylláphis** Koch (1 bewachste Art an Buche); **Procaláphis** Quedn. (an Birke); **Caláphis** Walsh.; **Betuláphis** Glend.; **Börnerína** Bramst. (mit Höcker zwischen den Fühlern, an Alnus). β) Rhinarien gleichmäßig verteilt, Fühler schwarz **Monáphis** Walk.

b) Vdschenkel ± verdickt (Sprungbein); Jungfern alle geflügelt; Nebenrhinarien gewöhnlich isoliert. Tribus Drepanosiphoníni: **Drepanosíphon** Koch (an Ahorn)

— L I mit 4 Längsreihen von Rückenborsten (1 + 1 Marginalborsten auf Brustringen). Nur **Hoplochaitóphorus** mit 6 Reihen (Spinalborsten verdoppelt). II. Fühlergl. mit 1 Borste. Dorsalspange des I. Brustringes mit Kopf verwachsen . . . Unterfam. **Callaphidínæ**

a) L I mit 3gliedr. Fühler; Afterklappe mit 6–8 Borsten. An Walnuß. Tribus Callaphidíni: blattoberseits, mit Rückenplatten [*13*] **Calláphis** Walk.; blattunterseits, hell **Chromáphis** Walk.

b) L I mit 4gliedr. Fühler; Afterklappe 2borstig. Tribus Myzocallidíni: aa) Rhinarien kreisförmig, Vdhüften nicht vergrößert. α) Mit geflügelten u. ungeflüg. Jungfern. An Erle u. Hopfenbuche **Pterocállis** Pass.; an Besenginster und Geißklee, mit großen Marg.- u. Spinalzapfen **Ctenocállis** Klodn. β) Nur geflügelte Jungfern. αα) ohne Spinalhöcker am Htleib. **Hoplocállis** Pint.; **Myzocállis** Pass. ββ) mit Spinalhöckern. **Tuberculoídes** v. d. G.; **Tuberculátus** Mordv. bb) Rhinarien queroval bis ganz schmal. Vdhüften der Gefl. stark vergrößert. α) ohne Spinalhöcker am Htleib; an Linde. **Eucallípterus** Schout. β) mit Spinalhöckern; an Ulmus. **Tinocállis** Mats.

4. Fam. **Aphídidæ**, Röhrenläuse

1. Schwänzchen breit zungenförmig, mit zahlreichen Borsten [*26*], bei L I mit 10 od. mehr Borsten; Körper u. Extremitäten der Ungefl. mit zahlr. Borsten; Siphonen nur ausnahmsweise porenförmig (**Neopterocomma** HRL.); oft mit Marginaltuberkeln; 1. Fußglied [*29*] mit 4 Spitzborsten + 1 Sinnesstift (selten 3 + 1). Rastralborsten fehlen der Hinterschiene. An Weide, Pappel . . . Unterfam. **Pterocommatínæ**

a) Borsten der Krallen auffallend kurz [*28*]. Körper mit Wachs. An Weide. **Plocamáphis** Oestl.

b) Klauenborsten lang [*27*]. Kaum mit Wachs (höchstens Flecke). Mittelbrustgabel fast stets ungestielt. An Weide u. Pappel. **Stauróceras** C. B. (Siphonen mit Borsten); **Pterocómma** Buckt. [*26*].

— Schwänzchen zungen- bis schwertförmig [*30*], bei L I mit 2–4, selten 8 Borsten; Rückenborsten der L I in 6 Längsreihen (vgl. [*10*]) (selten mehr (z. B. **Allocotáphis** C. B., **Microsíphon** Chol.) od. weniger); bis L III od. L IV mit sog. Rastralborsten [*19*] an Htschiene . . . **2**

2. Marginalhöcker [*31, 32*] wenigstens am I. Brustring u. 1. u. 7. Htleibsring vorhanden (ausnahmsw. fehlend); nie mit Spinalhöcker; Htleibsstigma 1 u. 2 in normalem Segmentabstand [*30*]. Sipho fast regelm. vorhanden, meist zylindrisch, selten krugförmig. Mittelbrustgabel ungestielt od. geteilt. Schwänzchen fingerförmig, selten 3eckig. 1. Fußglieder mit 2 Spitzborsten u. 0–1 Sinnesstift (dieser der L I fehlend). L I mit 4gliedr. Fühler (bei **Hyalópterus** 5gliedrig), III. Glied ohne Borsten . . . . Unterfam. **Aphidinæ**

a) Marginalhöcker des 1. Htleibsringes oberhalb der Verbindungslinie [*31*] der beiden ersten Stigmen (selten fehlend); Marginalhöcker des 7. Ringes über Stigma od. auf gleicher Höhe [*32*]; Krallenborsten etwa von ½ Krallenlänge (nur bei **Geoctápia** länger; an Kernobst, Gräsern, Binsen). Tribus Rhopalosiphoníni: aa) Längl., stark bewachst, Siphonen kurz, ohne Wulst. Von Pfirsich od. Pflaume zu Schilf übergehend. **Hyalópterus** Koch [*30*]. bb) Vorwiegend eiförmig, Siphonen längl. mit Wulst, Basis nicht verengt. Von Kernobst u. Prunus zu Gras übergehend od. nur an Gräsern, Wasserpflanzen. **Rhopalosíphon** Koch; **Schizáphis** C. B.; **Euschizáphis** HRL.

b) Vorderer Marginalhöcker zwischen ersten beiden Htleibsstigmen gelegen; Marg.-Höcker des 7. Ringes schräg unterhalb Stigma, rückgebildet. Siphonen meist ± zylindrisch, selten porig. Borsten die Krallenspitze erreichend; Fühlergeißel meist länger als Basis von VI. Tribus Aphidíni: aa) Rastralborsten der Larven lang, kurz gespitzt [*19*]. Zahlreiche Arten. **Aphis** L. [*25*] (**Aphídula** Nevs., **Cerosípha** Del Gu., **Pergandeída** Schout.); **Comáphis** C. B. (mit gekrümmtem Sipho, von Cornus zu Epilobium übergehend); mit kurzer Geißel (etwa Basislänge von VI) **Protáphis** C. B. bb) Rastralborsten stumpfe Kegel; Haut hinter Siphonen mit Falten. **Toxóptera** Pass. An Kamelien u. a. in Warmhäusern.

Aphis fabae Scop., ungefl. Jungfer

— Marginalhöcker auf 7. Ring in d. Regel fehlend (wenn vorhanden, dann auch Spinalhöcker auf 5. bzw. auch weiteren Segmenten). Stigmen des 1. u. 2. Htleibsrings oft genähert. Krallenborsten etwa bis Krallenspitze reichend *3*

3. Marginalhöcker oft zahlr. vorhanden (relativ groß), nicht zwischen 1. u. 2. Stigma stehend; diese Stigmen nur bei der Fundatrix in normalem Abstand, sonst genähert od. 1.–6. Stigma mit hohlkugeligem Vorhof (oft fehlend). Oft auch mit Spinalhöcker, Schwänzchen halbmond- od. breit zungenförmig. Am 1. Fußglied 2 Spitzborsten u. 0-2 Sinnesstifte. Mittelbrustgabel ungestielt. . . . Unterfam. **Anuraphidínæ**

a) In Blasengallen von Artemisia. Klein, bewachst. Extremitäten, Sipho, Fühlergeißel klein. Tribus Cryptosiphoníni: **Cryptosíphon** Buckt.

b) Nicht in galligen Blattzipfeln von Artemisia. Siphonen relativ lang. aa) Schwarzbraun, an Centaurea. Geflügelte u. Ungefl. ohne Platte auf Htleib. Schwänzchen sehr kurz. Tribus Acaudíni: **Acaudínum** C. B. bb) Geflügelte (nicht selten Ungefl.) mit Rückenplatte (gelegentlich geteilt) auf Htleib. Tribus Anuraphidíni: α) Vorkammer der Htleibsstigmen nicht kuglig vergrößert. An Kernobst u. Kräutern (oft an Wurzeln). **Ceruráphis** C. B.; **Rœpkea** HRL. (Rücken mit Stachelchen); **Dysáphis** C. B. u. **Pomáphis** C. B. (schädl. an Obst u. Küchenkräutern); **Chomáphis** Mordv.; **Anuráphis** DelGu. (an Birne u. Schirmblütl., Siphonen bedornt). β)Vorkammer der Htleibsstigmen hohlkugelig vergößert, Körper ohne Wachs. **Brachycaudína** C. B.; **Acaûdus** v.d. Goot; **Brachycaûdus** v. d. Goot (Verkräus. an Obstbäumen, Abwanderung zu krautigen Pflanzen); **Appélia** C. B. (1. Htfußglied 4 borstig, u. a. an Pfirsich Blattnester)

— Schwänzchen ± länglich, schwertförmig, gelegentl. kürzer u. eingeschnürt bzw. 3eckig. 1. u. 2. Htleibsstigma dicht beieinander . . *4*

4. Nicht selten deutliche Stirnhöcker od. W-förmige Einbuchtung vorhanden (diese häufig beschuppt od. gekörnelt) [*20*]. Fühler nur bei einigen Gattungen länger als Körper. Auf 1. u. 7. Htleibsring keine Marginaltuberkeln (gelegentl. aber auf 2.–6.). Körperborsten oft umgekehrt flaschenförmig. 1. Htfußglied der L I 2borstig

Unterfam. **Myzínæ**

a_1) Htschiene der Larve mit Dörnchen zwischen den Borsten [*21*]. Tribus Myzini: aa) Mittelbrustgabel gestielt. **Neomýzus** v.d. Goot (an zahlr. Zierpfl., mit dunklem Rückenfleck [*20*]); **Tubáphis** HRL. bb) Mittelbrustgabel sitzend od. 2teilig. **Myzus** Pass. (von Prunus zu krautigen Pflanzen); **Galiόbium** C.B.; **Muscáphis** C.B. (an Moosen); **Spinaspidáphis** Heinze (an Sonnentau); **Trilobáphis** Theob. (an Carex, Stirn dreilappig); **Aspidáphium** C.B. (an Moosen, Siphoöffnung seitlich verschoben).

a_2) Htschiene ohne Dörnchen.

b_1) Körperborsten köpfchentragend [*33*] u. Stirn glatt. Fühlergeißel sehr lang. Tribus Cryptomyzíni: aa) Rhinarien am III. Fühlerglied d. Ungeflügelten fehlen. **Capitóphorus** v.d. Goot. bb) III. Glied stets mit Rhinarien. **Myzélla** C.B.; **Cryptomýzus** Oestl. (u. a. an Ribes).

b_2) Ohne Köpfchenborsten, wenn doch vorhanden, dann 1. Fußglied der Erwachsenen mit mehr als 3 Borsten od. Stirn der Ungefl. gekörnelt.

c_1) 1. Fußgl. mit 4 + 1 bis 2 Borsten, Fühler deutl. kürzer als Körper (teils Köpfchenborsten). Tribus Myzaphidíni: **Longicaúdus** v.d. Goot (Sipho viel kürzer als Cauda), an Rosen; **Ericáphis** C.B., an Ericaceen; **Myzáphis** v.d. Goot (Rücken areoliert), an Rosen; **Chætosíphon** Mordv. u. a. an Erdbeere, Rosen.

c_2) 1. Fußgl. bis 3 Borsten (nur **Hyperomyzélla** HRL. 4 Borsten).

d_1) Stirn breit Wförmig; Schenkel ungeschuppt; Rüsselendglied der L I nur an der Spitze mit Borsten. Tribus Liosomaphidíni: **Liosomáphis** Walk. (ohne warzige Hautstruktur); **Testatáphis** C.B. (ohne Höcker über Cauda, warziger Rücken); **Cavariélla** DelGu. (warzig u. mit Höcker), an Salix u. Umbelliferen.

d_2) Schenkel ± geschuppt; Rüsselendglied der L I mit Borsten in den basalen $^2/_3$.

e_1) Kopf der Ungefl. runzlig od. glatt, mit Mittelhöcker. Fühler relativ kurz (kaum bis Sipho). Tribus Brachycolíni: Zahlr. Gattungen u. a. **Hydáphias** C.B. (an Galium); **Ammiáphis** C.B. (an Umbelliferen); **Pseudacaudélla** C.B. (an Moosen); **Stægeriélla** HRL. (an Galium); **Hyadáphis** Kirk. (an Lonicera u. Umbelliferen); **Lipáphis** Mordv. (an Cruciferen); **Semiáphis** v.d. Goot (an Umbelliferen); **Brevicorýne** v.d. Goot (an Cruciferen); **Hayhúrstia** DelGu. (an Chenopodiaceen), **Holcáphis** HRL. (an Gräsern).

e_2) Ungefl. mit gekörnelter, gebuchteter (selten Wförmiger) Stirn; Fühler körperlang od. länger.

f_1) Fühlergl. III der Ungefl. ohne Rhinarien, Stigmaöffnung nicht rundlich. Tribus Phorodontíni: Zahlreiche Gattungen, u. a. **Lipamyzódes** Heinze (an Cruciferen); **Decorosíphon** C.B. (lang beborstet, an Moosen); **Myzódium** C.B. (an Moos); **Jacksónia** Theob. (in Bodennähe an Gräsern); **Myzódes** Mordv. (an zahlr. Pflanzen, gefährliche Virusüberträger); **Ovatoídes** C.B. (mit Stirnzapfen); **Ovatus** v.d. Goot; **Diphórodon** C.B. (an Hanf) u. **Phórodon** Pass. (an Pflaume, Hopfen u. a.) beide mit Stirnzapfen; **Rhopalomýzus** Mordv.

f_2) III. Fühlergl. mit Rhinarien [*34*], basal verengt (wenn fehlend, Sipho schwarz, kolbig = **Rhopalosiphonínus** Davids.), Fühler lang bis sehr lang; Stigmenöffnung meist rundl., nur selten nierenförmig. Geflügelte mit Platte auf Htleib. Tribus Nasonoviíni: **Idiópterus** Davis (an Farn); **Paramýzus** C.B. (an Bärenklau); **Anthracosíphon** HRL (an Potentilla); **Impatientínum** Mordv. (an Impatiens); **Nasonóvia** Mordv. (an zahlreichen Pflanzen, u. a. Ribes, Kompositen); **Hyperomýzus** C.B. (an zahlr. Pflanzen, u. a. Ribes, Kompositen); **Hyperomyzélla** HRL (an Ribes u. Alectorolophus); **Arthromýzus** C.B. (an zahlr. Pflanzen); **Pseudorhopalosiphonínus** Heinze (an Caltha).

— Fühler lang bis sehr lang; III. Glied der Ungefl. mit Rhinarien (bei L I 5gliedr., nur **Amphorosíphon** HRL. 4 gliedr.). Schwänzchen lang bis sehr lang, oft schwertförmig; Mittelbrustgabel der Ungefl. gestielt. Geflügelte ohne Platte auf Htleib. L I mit 2–8 Borsten an Afterklappe . . . . Unterfam. **Dactynotínæ**

a_1) Siphonen ± zylindrisch [*22–24*], distal oft schlanker od. eingeschnürt. Sehr kurz bei **Microsíphon** Chol. aa) An Kompositen. Sipho mit Netzung am Ende (nur ausnahmsweise fehlend). Viele Arten dorsal mit Plättchen od. kurzen Spangen; L I mit 2borstigem 1. Fußglied u. 2borstiger Afterklappe (**Metopeurum** Mordv. mindestens 4 Borsten). Tribus Dactynotíni: α) Netzgürtel fehlt. **Titanosíphon** Nevs.

Tafel 2. 26 Pterocomma salicis (L.), ungefl. Jungfer; 27 Kralle mit langer Borste von Neopterocomma asiphum HRL.; 28 Kralle mit kurzem Krallenhaar; 29 5borst. 1. Fußglied von Plocamaphis görnitzi C. B.; 30 Hyalopterus amygdali (Blanch.), ungefl. Jungfer, daneben Schwänzchen und Sipho (vergr.); 31 dgl., Stigma 1 und 2 und Marginaltuberkel 1. und 2. Ring, V = Verbindungslinie zum Stigma der anderen Körperseite; 32 Sipho, Stigma des 6. und dahinter geleg. Marginaltuberkel des 7. Segments (M 7) von Hyalopterus amygdali (Blanch.); 33 Cryptomyzus ribis (L.), in Seitenansicht, I–III = Brustringe, 1–10 = Hinterleibssegmente, Stg. = Stigma, S = Schwänzchen (obere Afterklappe), A = After, u. A. = untere Afterklappe, G. Ö. = Genitalöffnung; 34 Fühlerglied III von Nasonovia pilosellae (C.B.) mit sek. Rhinarien (Rh); 35 Anoecia corni (F.), Fühler (II.–V. Glied) der Ungefl.; 36 Anoecia corni (F.), Hinterleib der Gefl. mit großer Platte; 37 Anoecia corni (F.), Fühler (II.–VI. Glied) der Gefl.; 38 Glyphina betulae (Kalt.), ungefl. Jungfer, Auge 3linsig; 39 Schizoneura lanuginosum Htg., Hinterende mit Gonochaeten (G); 40 Eriosoma lanigerum (Hausm.), rosettenartige Wachsdrüsen; 41 Tetraneura ulmi (L.), ungefl. Jungfer, Fuß eingliedrig, Go = Gonapophysen mit Gonochaeten; 42 dgl., Wachsdrüsen und Stigma, stärker vergr.; 43 Parathecabius lysimachiae C.B., Hinterende der Ungefl. (vom Sommerwirt), Go = Gonapophysen mit Gonochaeten; 44 Aploneura lentisci Pass., Gefl., Hinterende mit Gonapophysen (Go) und Gonochaeten (Borsten), am Rande je 1 Wachsdrüse.

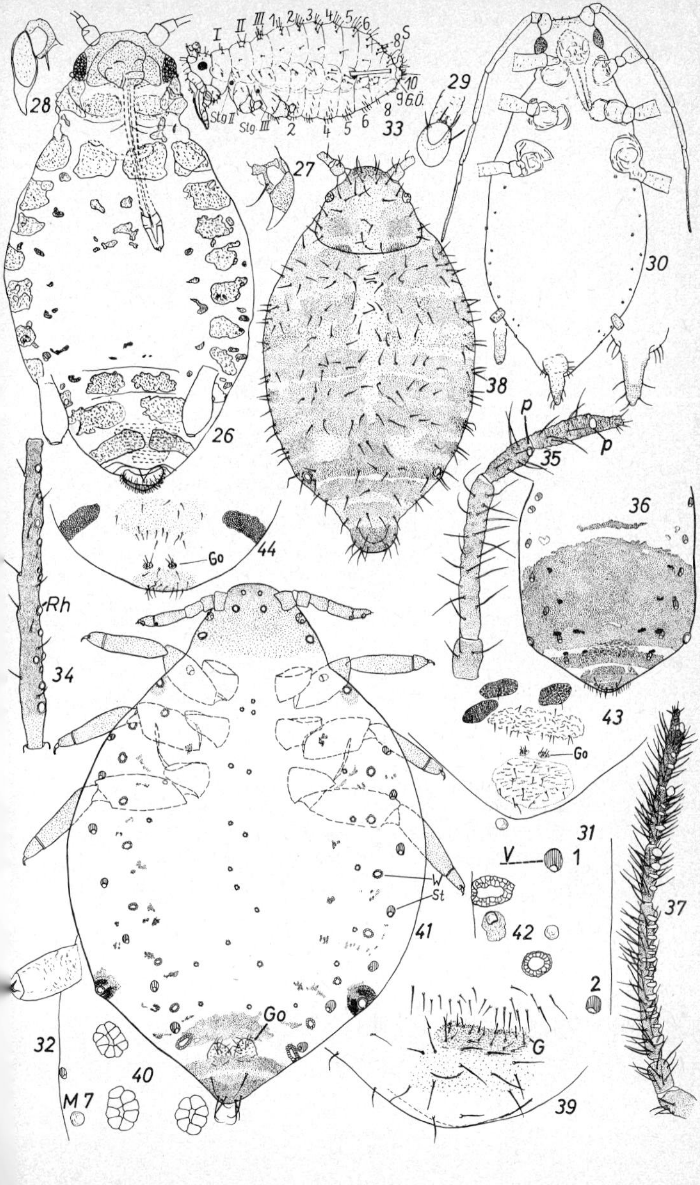
28
26
I
II
III
1
2
3
4
5
6
S
8
10
9
G.Ö.
Stg II
Stg III
2
4
5
6
8
33
29
27
30
38
p
p
35
36
44
Go
Rh
34
43
Go
31
V
1
W
St
41
42
37
2
32
40
Go
G
M 7
39

(Siphonen überlang), an Artemisia; **Pleotrichóphorus** C.B. (mit kurzen Spatelborsten); β) Netzgürtel vorhanden [*23*]. **Paczóskia** Mordv. (Siphonenbasis meist hell); **Macrosiphoniélla** Del Gu.; **Pyrethromýzus** C.B., in Gewächshäusern an Chrysanthemen; **Dactynótus** Raf. bb) Nicht an Kompositen (dann L I mit 3borstigem 1. Fußglied); auffallende Plättchen fehlen in d. Regel auf dem Rücken. cc) Großmaschiger Netzgürtel fehlt am Ende des relativ langen Siphos. Tribus Aulacorthíni: **Microlóphium** Mordv. (Stirn glatt), an Urtica; **Dysaulacórthum** C.B. (Stirn gekörnelt), Pflanzen oft gefleckt od. verunstaltet; **Acyrthosíphon** Mordv., vorwiegend an Leguminosen; **Mirotársus** C.B. (1. Fußgl. mit 2–4 Sinnesstiften); **Aulacórthum** Mordv. (Stirn fast glatt); **Metopolóphium** Mordv. (Stirn fast glatt u. kleiner Mittelhöcker). dd) Netzgürtel am Ende vorhanden [*22*]; Kopf glatt. Tribus Macrosiphoníni: α) L I mit 4–6 borstiger Afterklappe u. mit Sinnesstift am 1. Fußglied. **Linosíphon** C.B., an Galium; **Corylóbium** Mordv., an Haselnuß (mit Köpfchenborsten); **Macrosíphum** Pass. (zahlr. Arten). β) Afterklappe der L I mit 2 Borsten. 1. Fußglied ohne Sinnesstift. **Sitóbium** Mordv. (an Gräsern od. von Rosen zu Gräsern).
a_2) Siphonen angeschwollen, ohne od. mit Netzung vor Ende. Kopf ± glatt. Tribus Megouríni: **Amphoróphora** Bckt.; **Nectarosíphon** Schout. (an Rubus, Geum, Fragaria); **Amphorosíphon** HRL.; **Delphinióbium** Mordv. (an Eisenhut, Rittersporn); **Megoūra** Bckt. (an Lathyrus, Vicia u. a.); **Masonáphis** HRL. (an Azalea); **Wahlgreniélla** HRL. (an Ericaceen).

Überfamilie **Pemphigoidea**

5. Fam. **Theláxidæ**, Maskenläuse

1. Dicht u. lang beborstet; Kopfplatte der Ungefl. (erwachsen) seitl. (hinter Fazettenaugen) vom Vdbrustrücken abgeteilt. Rhinarien unbewimpert. Fühler der L I 5gliedr., Siphonen erst nach der 1. Häutung. Flügelhaltung dachförmig, Flügelmal (Pterostigma) eiförmig, schwarz . . . . Unterfam. **Anœciínæ**

a) Geißelförmiger Teil des Fühlerendgliedes kaum ausgeprägt, kaum $^1/_{10}$ der Gliedlänge. **Paranœ́cia** Zwölfer (an Carex-Wurzeln). aa) Geißelförmiger Endteil mindestens ¼ der Gliedlänge [*35*].
b) Fühler von Fundatrix u. oviparen ♀ 6gliedr.; Facettenaugen der Ungefl. klein (bis 25 Fazetten); in d. Regel ohne Rückenpanzerung. **Neanœ́cia** C.B. (an Süß- u. Sauergräsern). bb) Fühler von Fundatrix u. oviparen ♀ 5gliedr.; Fazettenaugen der Ungefl. groß; Rücken ± gepanzert; Wirtswechsel zwischen Cornus u. Gräsern (Wurzeln). **Anœ́cia** Koch [*36, 37*].

— Spärlich beborstet; Kopfplatte mit Vdbrustrücken der Ungefl. verwachsen; Augen 3linsig [*38*]; Hauptrhinarien bewimpert . . . *2*

2. Untere Afterklappe (unter Cauda) nicht geteilt, nicht 2lappig. Fühler der Gefl. mit ovalen Rhinarien (wenn vorhanden). Media der Vorderflügel gegabelt . . . . Unterfam. **Thelaxínæ**

a) Fühler 5gliedr.; ohne Wachsdrüsen (bzw. Wachskleid spärlich); Flügel flach über den Rücken gelegt. Htflügel mit 1 Schrägader. An Zweigenden von Eichen, Erlen, Birken (seltener Blätter). Tribus Thelaxíni: α) Schwänzchen gerundet; 1. Tarsalglied mit 5 Borsten. **Glyphína** Koch [*39*]. β) Schwänzchen stielkopfartig; 1. Tarsalglied mit 7 Borsten. **Theláxes** Westw. aa) Fühler 6gliedr.; mit Wachsdrüsen; Htflügel mit 2 Schrägadern. Tribus Mindaríni: α) Ruhelage der Flügel dachförmig, ♂ ♀ flügellos. **Míndarus** Koch (an Fichte, Weißtanne). β) Ruhelage der Flügel flach über d. Körper, ♂ ♀ geflügelt. **Phlœomýzus** Horv. (an Pappel [Äste u. Stamm]).

— Untere Afterklappe 2lappig; Nebenrhinarien auf Fühlern der Geflügelten streifenförmig, quer um Glieder. L I mit 4 od. 3 Fühlergliedern; Flügel in Ruhelage flach . . . . Unterfam. **Hormaphidínæ**

Tafel 3. 45 Eriosoma lanigerum (Hausm.), Fühlerglied III der Gefl.; 46 Pineus cembrae (Chol.), Virginogenia von Zirbelkiefer, 2–5 = Stigma 2. bis 5. Segment, Ov = Ovipositor; 47 Dreyfusia piceae (Ratz.), Hiemalis, Seitenansicht, I, III, 2–6 = Stigmenöffnungen (nach C. Börner); 48 Dreyfusia nordmannianae (Eckst.), Virginogenia von Nordmannstanne, 2, 6 = Stigmenöffnung 2 u. 6; 49 Acanthochermes quercus Kollar, Fundatrix mit verkümmertem Ovipositor (Legeapparat) (Ov); 50 Acanthochermes quercus Kollar, sternförmige Warze der Fundatrix-Larve; 51 Phylloxera coccinea (v. Heyd.), Ungefl., rechts oben, Tuberkel, etwas stärker vergr.; 52 Fühler der Geflügelten von Phylloxera foāae C.B.; 53 Moritziella corticalis (Kalt.), Nymphe mit Flügelansätzen.

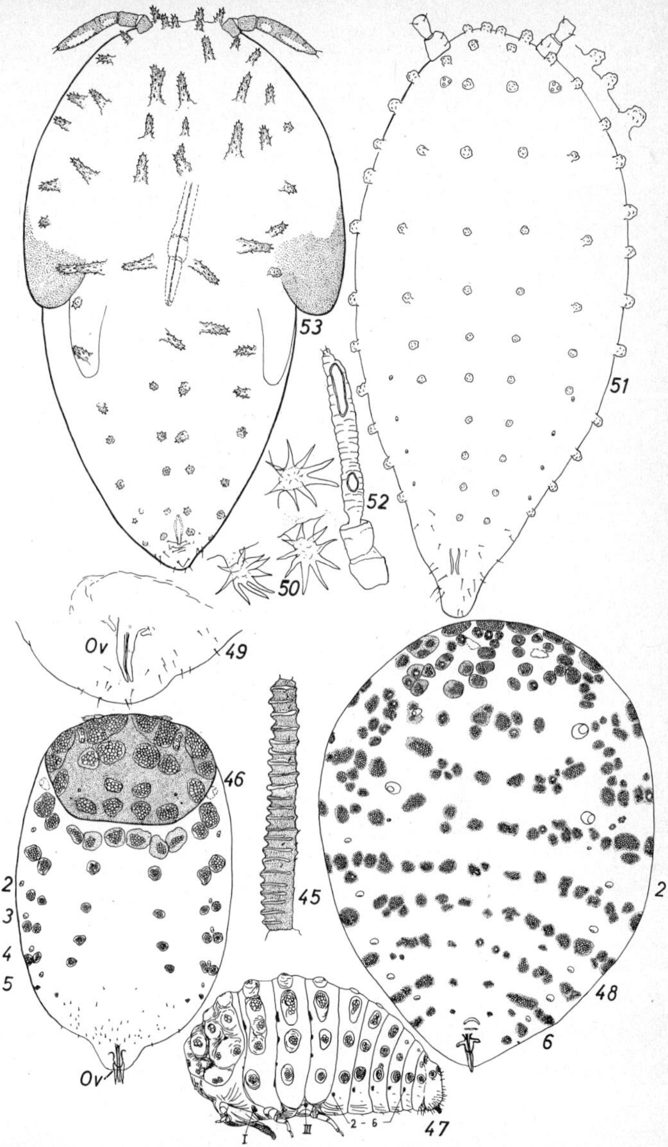
53
51
52
50
Ov
49
46
45
2
3
4
5
Ov
2
48
6
47
I
III
2 - 6

a) Stirn ohne zapfenartige Fortsätze; Media der Vdflügel einfach. An Birke. Tribus Hormaphidíni: aa) Fühler der Ungeflügelten mit 4, der Gefl. mit 5 Gliedern. L I der Gefl. mit Siphonen. Winterläuse an Zweigenden, Sommerläuse blattunterseits in offenen Blasen. **Mansákia** Mats. bb) Fühler der Ungefl. mit 3, der Gefl. mit 5 Gliedern; Siphonen fehlen; Ungefl. mit weißen Wachsstiften am Körperrand. (Blattunterseits.) **Hormaphídula** C.B.
b) Stirn mit 2 zapfenartigen Fortsätzen; Media der Vdflügel gegabelt; Ungefl. flach gewölbt, mit Querfurche, festsitzend. An Orchideen in Warmhäusern. Tribus Oregmíni: **Ceratáphis** Lichtst. (an Orchideen, Palmen).

6. Fam. **Pemphígidæ** (= **Eriosomátidæ**), Blasenläuse

1. Gonochæten in d. Regel am Vdrand der unteren Afterklappe [*39*] (nur bei Ungefl. von **Byrsocrýpta** auf 2 freien Zapfen) [*41*]. Wachsdrüsen ± ring- od. rosettenartig [*40*]; sekundäre Rhinarien bei Gefl. schmal, streifenförmig, das Glied ½ bis ¾ umfassend [*45*]; Fundatrix (soweit bekannt) u. Nachkommen in Gallen an Ulme Unterfam. **Schizoneurínæ**

a) L I ungepanzert; Wachsdrüsen der Virginogenien in 4 Reihen; 2gliedr. Fuß; Vdflügel mit gegabelter Media, Htflügel mit 2 Schrägadern. Gallen groß, blasenförmig od. Blattrollen. Tribus Schizoneuríni: aa) L I der Virginogenien mit ungeteiltem Fuß (kegelförmig), dieser am Ende ohne Köpfchenborsten; Krallen gestreckt; Fundatrix (erwachsen) mit 6gliedr. Fühler. Sommerform an Wurzeln von Ribes, Pirus, Senecio. **Schizoneura** Hartig. bb) L I der Virginogenien mit 2gliedr. Fuß, dorsal am 1. Bein 1 lange Köpfchenborste, am 2. u. 3. Bein 2 Köpfchenborsten (diese bei späteren Stadien kürzer). Fühler der Fundatrix 5gliedr. Nur Sommerform an Kernobst. Hierher Blutlaus, sehr schädlich. **Eriosóma** Leach [*40*].
b) L I der Fundatrix mit dunklen Rückenspangen; Wachsdrüsen der Virginogenien in 6 Reihen (gelegtl. verkümmert), ihr Fuß nicht selten 1gliedr., am Ende mit 1–2 langen Köpfchenborsten; Htflügel meist mit einer Schrägader, Media in d. Regel einfach. Tribus Tetraneuríni: aa) Gallen fein behaart, diese beiderseitige Blattaufwölbungen (dickwandig) od. auf Blatt sitzend; Gonochæten am Vdrand der unteren Afterklappe; Fühler der L I der Sommerform 4gliedr., der Erwachsenen 4–5gliedr.; meist ohne Siphonen (Fundatrigenien mit Siphonen); starke Wachsausscheidung. α) Blattgalle hahnenkammartig. Sommerform an Cyperaceenwurzeln, ihre Tarsen 1gliedr.; Zentralfeld der mittleren Drüsengruppen rundlich. **Colópha** Monell. β) Blattgalle kugelig. Sommerform an Labiatenwurzeln. Wenigstens ihre Httarsen 2gliedr.; Zentralfeld der mittleren Drüsengruppen länglich. **Kaltenbachiélla** Schout. bb) Gallen unbehaart, bohnenförmig, gestielt. Gonochæten auf freistehenden Warzen [*41*]; Fühler der L I der Sommerform 5gliedr., der Erwachsenen 5- od. 6gliedr., diese ab L II mit Sipho; nur schwache Wachsausscheidung. An Wurzeln von Gräsern (selten Sedum). **Tetraneura** Hartig [*41, 42*].

—. Gonochæten dicht vor der unteren Afterklappe auf 3 kleinen Höckern (mittlerer gelegentl. rudimentär) [*43*]; Wachsdrüsen ± fein unterteilt [*43*, oben], nicht rosetten- od. ringartig od. Wachsdrüsen fehlend; sekundäre Rhinarien der Geflügelten oval (kreisförmig) bis streifenförmig *2*

2. Rückenborsten bei L I in 6 Längsreihen; Ungeflügelte mit 1- od. 2gliedr. Fuß; Wachsdrüsen fein gefeldert; sekundäre Rhinarien der Gefl. ± streifen- od. spangenförmig. Fundatrix u. Brut in Gallen an Blättern u. Jungtrieben von Laubgehölzen Unterfam. **Pemphigínæ**

a) Krallenborsten der L I immer gebogen, Krallenspitze in d. Regel erreichend od. sogar überragend; z. T. mit gegabelter Media der Vdflügel. Tribus Pachypappíni: aa) Fühler der Fundatrix 4gliedr. Auf Tilia, zu Arum abwandernd. **Patchiélla** Tullgr. bb) Fühler der Fundatrix 5- od. 6gliedr. α) Fundatrix ohne Wachsdrüsen. Auf Populus u. an Piceawurzeln. **Asíphon** Koch; **Pachypáppa** Koch. β) Fundatrix u. Fundatrigenien mit Wachsdrüsen. αα) Fundatrigene Gefl. mit gegabelter Media. An Populus. **Pachypappélla** Baker. ββ) Media der Vdflügel ungegabelt. Nicht an Populus. *) Virg. L.I langhaarig. An Esche u. Abies-Wurzeln. **Procíphilus** Koch. **) Behaarung normal. An Xylosteum, Cratægus u. an Picea-Wurzeln. **Stagóna** Koch.
b) Krallenborsten der L I der Virginogenien sehr kurz, gerade; Media der Vdflügel einfach; Porenplatten auf Brust- u. 1.–2. Htleibsring fehlend. Tribus Pemphigíni: aa) An Pappeln in einfacher od. gefaltener Tasche (Frühjahr) zu Ranunculus =

Thecábius (Koch); zu Lysimachia = **Parathecábius** C.B. [*43*]. bb) In geschlossenen Blasengallen auf Blattspreite, an Blattstielen od. Jungtrieben, zu Kräutern u. Gräsern abwandernd. **Pémphigus** Pass.

— L I mindestens 2 Marginalborstenpaare je Rückensegment, Borsten meist so zahlreich, daß Marg.-, Pleur.-, Spinalreihen nicht unterscheidbar. Ungefl. mit 2gliedr. Fuß; Siphonen fehlen; Wachsdrüsen selten vorhanden (Baizongiíni); Gefl. mit rundlichen sekundären Rhinarien. In Deutschl. nur anholozyklisch an Wurzeln krautiger Pflanzen (bes. Gräser) . . . . Unterfam. **Fordínæ**

a) Hauptrhinar nackt; Ungefl. ohne Wachsdrüsengruppe; Borsten bei L I dicht über Rücken verteilt. Tribus Fordíni: aa) Fühler der L I 5gliedr.; Erwachsene ohne Wachspuder, ihr III. Fühlerglied etwa 2 mal so lang wie II. Glied. An Graswurzeln. α) Fühler der Erwachsenen 6gliedr. **Paraclétus** v. Heyd. β) Fühler 5gliedr. **Forda** v. Heyd. bb) Fühler der L I 4gliedr.; Erwachsene bewachst, ihr III. Fühlerglied nicht länger als II.; nicht an Gräsern. **Smynthuródes** Westw.

b) Hauptrhinarien gewimpert (L I 4gliedr. Fühler); Ungefl. ohne od. mit Wachsdrüsengruppen.

c) Ungefl. ohne Wachsdrüsengruppen; Borsten der L I dicht über Rücken verteilt; Afteröffnung dorsal verschoben. Tribus Geoicíni: 1 Gatt. **Geóica** (an Gräsern).

d) Ungefl. mit Wachsdrüsengruppen aus rundl. Einzelporen; L I je Ring 2 marginal., 1 spinal. u. 1 pleurales Rückenborstenpaar; Afteröffnung nicht verschoben (an Gräsern). Tribus Baizongiíni. aa) Fühler 0,17–0,27, Rüssel 0,21–0,27 mm lang. **Aploneura** Pass. [*44*]. bb) Fühler 0,33–0,43, Rüssel 0,3–0,4 mm lang. **Baizóngia** Rond.

2. Gruppe **Phylloxeroidea** (= **Aphidína ovípara**)

1. Wirtspflanzen Nadelhölzer. Flügel dachförmig am Körper, cu 1 u. cu 2 (vgl. [*5*]) auf Vdflügel getrennt. Eierlegende Stadien mit 3teiligem (chitinösem) Ovipositor [*46*, unten]. Fühler der Ungefl. u. Larven mit 2 primären Rhinarien; Geschlechtstiere mit Rüssel; Fundatrix als Larve überwinternd . . . . 7. Fam. **Adélgidæ** S. 253

— Wirtspflanzen Laubhölzer. Flügel flach über Körper (Ruhelage), cu 1 u. cu 2 auf Vdflügel von gemeinsamem Ast entspringend; Ovipositor nur ausnahmsweise vorhanden (verkümmert bei **Acanthochérmes** [*49*]). Fühler der Ungefl. u. der Larve mit 1 primären Rhinar; Geschlechtstiere ohne Rüssel; Fundatrix als Ei überwinternd
8. Fam. **Phylloxéridæ** S. 254

7. Fam. **Adélgidæ**, Tannengalläuse

1. Alle Stadien mit 5 Paar Htleibsstigmen, 1 Paar unauffällig [*46*]. Ungefl. Virginogenien mit ungeteiltem Kopf-Vdbrustschild. Aestivale u. hiemale L I gleichartig aussehend. Virginogenien meist auf Kiefern (**P. pineoídes** an Fichte). Kammern der Fichtengallen nicht getrennt. 1 Gattung **Píneus** . . . . Unterfam. **Pineínæ**

— Alle Stadien mit 6 Paar Htleibsstigmen (1. Paar unscheinbar) [*47*, *48*]. Virginogenien meist nicht mit einheitlichem Kopf-Vdbrustschild. Aestivale u. hiemale L I unterschiedl. chitinisiert. Nicht auf Kiefern. Kammern der Gallen zumindest teilweise getrennt
Unterfam. **Adelgínæ**

a) 6. Htleibsring der L I ohne pleurale Wachsporen u. Plattenbörstchen; Wachsdrüsen kreisporig (Wachsfäden ausscheidend). Kopf u. Vdrumpf ohne Pleuraldrüsen; Fühlergeißel mit 7 Borsten (basales Borstenpaar fehlt). Galle an Fichte fast ohne Nadelreste. Tribus Dreyfusiíni: α) Borsten auf Kopf u. Prothorax normal; Rückenplatten auf den Brust- u. den vorderen Htleibsringen der L I einzeln stehend. Virginogenien an Abies (Rinde, Nadeln), Gallen an Picea. **Dreyfúsia** C.B. [*47*, *48*]. β) Auf Kopf u. Prothorax anstelle der Borsten nur Porenkanäle. Rückenplatten (L I der Hiemalis) der Brust u. vorderen Htleibsringe (zumindest des 1.) zu Spange verwachsen (Pleurospinalplatte). Virginogenien an Nadeln von Abies od. Tsuga, Gallen an Picea abies. **Aphrastásia** C.B.

b) Htleibsring der L I mit Pleuralborsten, L I der Fundatrix (oft auch der Hiemalis) mit Ringporen, die Wachsröhren ausscheiden, u. mit normalen Poren. Fühlergeißel mit 9 Borsten. Virginogenien an Larix od. Pseudotsuga, Galle an Fichte, meist mit Nadeln. Tribus Adelgini: α) Wachsdrüsen der L I der Fundatrix u. der Hiemalis ringporig, sonst kreisporig od. nicht fazettiert. αα) Wachsdrüsen der Gefl. auch auf Kopf u. Brust fazettiert u. mit einigen Borsten; Gallen (auf Picea) langgestreckt. Virginogenien auf Pseudotsuga. **Gilletteélla** C.B. ββ) Wachsdrüsen der Gefl. auf Kopf u. Brust ohne Fazetten u. Borsten. (Hiemalis mit Wachsdrüsen üblicher Verteilung). Fichtengallen eiförmig, Spaltränder der Kammern kurz behaart. Virginogenien an Larix. **Sacchiphántes** Curt. β) Nur Wachsdrüsen der L I der Fundatrix ringporig (Hohlzylinderdrüsen). Fichtengallen mit deutlichen, aber kurzen Nadelresten. Virginogenien auf Lärche. αα) Wachsdrüsen der L I der Hiemalis (auch der erwachsenen Ungefl.) auf getrennten Platten in 6 Längsreihen. Hiemalis an Stamm u. Ästen; Eier in Schnüren. Aestivales zwischen Nadeln. Gallen fehlen. **Cholodkóvskya** C.B. ββ) L I der Hiemalis u. der Aestivalis (auch die erwachsene Hiemalis) auf Rücken ohne Wachsdrüsen. Eier auf langem Stiel. Hiemales an Zweigen, Aestivales an Nadeln unter Wachs. Gallen bleich mit kleinen Nadelresten. **Adélges** Vallot

8. Fam. **Phylloxéridæ**, Zwergläuse

1. Mit fazettierten Wachsdrüsen. 6 od. 5 Paar gleichartiger Htleibsstigmen vorhanden . . . . Unterfam. **Phylloxerinínæ**

Eine Gattung. **Phylloxerína** C.B. (an Weide).

— Wachsdrüsen fehlen; 1. Htleibsstigmenpaar undeutl. Unterfam. **Phylloxerínæ** *2*

2. Fundatrix mit kleinem Ovipositor, ihre Larve (II–IV) mit sternförmig aufgeteilten Höckern am Rande. In Wulstgalle an Eichenblättern [*49*, *50*]. Aus Eiern der Fundatrix ♂ u. ♀ entstehend. Tribus Acanthochermesíni: . . . . . 1 Gattung **Acanthochérmes** Kollar.

— Chitiniger Legeapparat fehlt; Rückenhöcker ungeteilt od. fehlend. Fundatrix virginopar. Tribus Phylloxeríni:

a) Rücken der Ungefl. mit dornartigen od. rundl. Höckern, besonders marginal [*51*, *53*]. aa) Htleib mit 5 Paar Stigmen u. stärker chitinisierten Stigmenplättchen. L I mit etwa spatelförmigen Plattenborsten. An Eichenblättern, unterseits, gelbe Stichflecke. **Phyllóxera** BdF. [*51*, *52*]. bb) Htleib nur mit 1 rudimentären schlitzförmigen Stigmenpaar, ohne Stigmenplatte. Rückenborsten der L I bis zum 2. Körperdrittel 2spitzig. An Eichen (Zweige bis Stamm). **Moritziélla** C.B. [*53*].

b) Fingerartig vorstehende Höcker auf dem Rücken der Ungefl. fehlend; Areolen flach (genetzt) od. relativ glatt; L I mit Pleuralborsten auf I.–III. Brust- u. 1. Htleibsring. An Rebblättern (krugförmige Gallen) u. Rebwurzeln (knotige Anschwellungen). 1 Art (2 Rassen) = Reblaus (sehr schädlich). **Víteus** Shim.

Literatur

Börner, C., Europæ centralis Aphides. Die Blattläuse Mitteleuropas. Mitt. Thür. Bot. Ges. Beiheft 3, Weimar 1952, 484 S. (zahlr. Literaturangaben). – Börner, C. u. Heinze K. Aphidina – Aphidoidea in Hdb. Pflanzenkrankh. Bd. V, 4. Lief. 5. Aufl., 1957. – Eastop, V. & Hille Ris Lambers, D., Survey of world aphids. W. Junk Publishers The Hague 1976, 586 S. – Heinze, K., Ein neues Einbettungsmittel für kleine Insekten insbesondere Blattläuse. Verhandl. 9. Internat. Entomologenkongr. Amsterdam 1, 177-179, 1952. – Heinze, K., Systematik der mitteleuropäischen Myzinæ. Beitr. z. Entomol 10, 744–842, 1960, 11, 24–96, 1961. – Heinze, K., Pflanzenschädliche Blattläuse aus der Familien Lachnidæ, Adelgidæ u. Phylloxeridæ, eine systematisch-faunistische Studie Dtsch. Entom. Ztschr. N. F. 9, 143–227, 1962. – Quednau, W., Monographie der mitteleuropäischen Callaphididæ (Zierläuse [Homoptera, Aphidina]) unter besonderer Berücksichtigung des ersten Jugendstadiums. Mitteil. Biol. Zentralanst. Bln.-Dahlem, Heft 78 52 S., 1954.

IV **Coccina,** Schildläuse

♂ wenige mm, meist geflügelt, Htflügel zu Schwingkölbchen umgewandelt, keine Mundwerkzeuge mehr. ♀ 1–8 mm, ungeflügelt, mit Saugrüssel; Körper meist schildförmig od. mit Schildplatten, Wachshüllen usw. bedeckt; viele Arten unbeweglich. ♂ s. S.162 [3]

1. ♀ meist frei beweglich. Außer 2(–3) Paar ventralen Thorakalstigmen mehrere dorsale Stigmen auf dem Htleib vorh.; ♂ mit Stirn- u. Fazettenaugen *2*

— ♀ meist festsitzend, wenn frei beweglich, dann segmentiert, langgestreckt u. am Körperrand oft mit kleinen Fortsätzen; nur ventrale Thorakalstigmen vorh. ♂ nur mit Stirnaugen *3*

2. ♀ frei beweglich, mit weißen, oberseits plättchenfg. Wachsausscheidungen bedeckt. Analöffnung von Ring mit 6 Borsten umgeben Röhrenläuse, **Orthezíidae**

z. B. **Orthézia urticæ** L. polyphag an krautg. Pflanzen; **Newsteádia floccósa** De Geer, in der Bodenstreu der Wälder u. Hecken [*1*]

— Beine meist entwickelt, seltener reduziert. Borstentragender Analring fehlt. Haut mit ± siebartg. Drüsenmündungen u. hüllenartg. Wachsausscheidungen . . . . Höhlenschildläuse, **Margaródidae**

z. B. **Matsucoccus matsumurae** Kuw., unter Rinde von Kiefern; **Porphyrophora polonica** L., am Wurzelhals von Kräutern sandiger Böden.

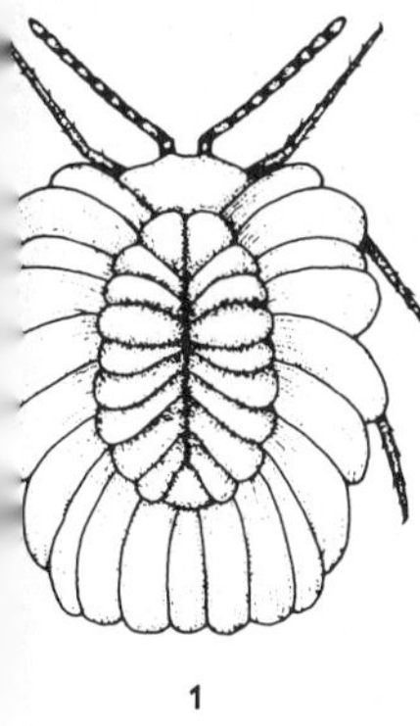

1

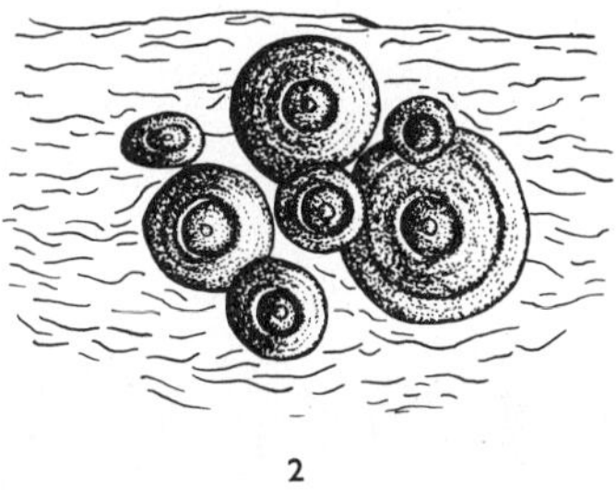

2

3

3. ♀ dorso-ventral abgeplattet unter abhebbarem Schild; Htleib mit bes. Endabschnitt (Pygidium), an dem kleine randständige Fortsätze sind; Beine fehlen, Fühler fast ganz reduziert. Kopf des ♂ ziemlich breit mit Thorax verschmolzen. Deckelschildläuse, **Diaspídidae**

z. B. **Quadraspidiótus perniciósus** Comst. (San José-Schildlaus), gefährl. Schädling an Obst in Süddeutschl., aus Kalifornien eingeschleppt [*2*]; **Q. ostreæfórmis** Curt. u. **pýri** Licht., ebenfalls an Obst u. anderen Laubhölzern (alle 3 mit rund. Schild). **Lepidosáphes úlmi** L. (Kommaschildlaus) an Laub- u. Nadelhölzern (Schild miesmuschelförmig, graubraun [*3*]; **Chionáspis sálicis** L., polyphag (Schild birnförmig, weiß).

— Kein bes. Pygidium vorh. Beine entwickelt, reduz. od. fehlend. Körper nicht von abhebbarem Schild bedeckt, aber oft selbst schildartig verdickt. Kopf des ♂ halsartig abgesetzt *4*

4. ♀ festsitzend mit zieml. fester wachsartg., zuweilen durchscheinender Hülle, Haut mit in 8-Form paarweise stehenden Drüsenmündungen Pockenläuse, **Asterolecaniidae**

z. B. **Asterodiaspis variolósa** Ratz., 1–1,5 mm, in napfartigen Vertiefungen an glattrindigen Teilen von Quercus (Eiche).

— ♀ festsitzend od. beweglich; Hautdrüsen nicht in 8-Form, sondern anders angeordnet *5*

5. Htende mit deutl. Analspalt; Analöffnung am Ende des Spaltes meist mit 2 klappenartigen Lappen bedeckt. Körpersegmentierung verwischt od. fehlend. Dorsalseite meist napfförmig gewölbt Napfschildläuse, **Coccidae**

z. B. **Parthenolecanium corni** Bché. [*4*] (an Obstbäumen u. Beerensträuchern schädlich), **Eulecanium tiliae** L., ähnlich (an verschied. Laubhölzern). **Physokermes hemicryphus** Dalm. u. **Ph. piceae** Schrk. [*5*] (Fichtenquirlschildläuse, ihr „Honigtau" ist Grundlage des von Bienen eingetragenen Waldhonigs). **Pulvinaria betulae** L., mit starker Wachsausscheidung am Körperende [*6*] (schädlich an Obst und Reben).

— Weder Analspalt noch Anallappen. Wenn napfartig ohne Segmentgrenzen, dann auf Eiche beschränkt; sonst Segmentierung meist deutlich *6*

6. Körper nieren- bis kugelförmig, ohne Segmentgrenzen, Beine winzig Eichennapfläuse, **Kermesidae**

z. B. **Kérmes quércus** L., an verletzten Rindenstellen oder in Borkenritzen alter Eichen.

— Segmentierung fast stets deutlich, Körper mehlig bepudert od. von weißer Wachshülle bedeckt. Analring mit 4 od. mehr Borsten. Beine vorh. od. reduz. . . Schmier- od. Woll-Läuse, **Pseudocóccidae** (s. l.)

z. B. **Cryptococcus fagisuga** Ldgr. (Buche); **Pseudochermes fraxini** Kalt. (Esche); **Phenacoccus aceris** Geoffr. (Ahorn); **Planococcus citri** Riss. [7] (in Gewächshäusern).

4

5

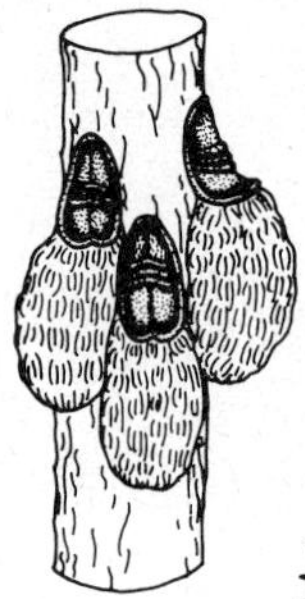
6

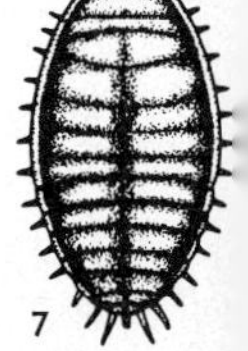
7

Literatur

Lindinger, H., Die Schildläuse (Coccidae) Europas, Nordafrikas u. Vorderasiens. Stuttgart 1912. – Schmutterer, H., Kloft, W. u. Lüdicke, M., Coccoidea. In: Sorauer, Handb. d. Pflanzenkrankh. 5, 403–520, 1957. – Schmutterer, H., Schildläuse od. Coccoidea. I. Deckelschildläuse od Diaspididae. In: Dahl, Tierwelt Deutschlands, Teil 45. Jena 1959.

17. Ord. **Coleoptera**, Käfer

Mundwerkzeuge beißend: Oberlippe, Oberkiefer (Mandibel, Md), Unterkiefer mit Taster (Maxille), Unterlippe mit Taster (Labium). 1. Brustring frei beweglich, er wird vom Halsschild (H) bedeckt. Vom 2. Brustring ist höchstens die Basis sichtbar (als halsförmige Verbindung zwischen Halsschild und Flügeldecken), auf ihm liegt oft sichtbar ein kleines, meist dreieckiges Schildchen (Sch). Oberflügel zu festen Decken (Elytren, E) umgebildet, darunter liegen die häutigen Unterflügel. Der Hinterleib wird von den Elytren meist bedeckt, seine Unterfläche heißt Bauch, die einzelnen Ringe nennt man Sternite. Die Elytren stoßen in einer geraden Linie, der Naht, zusammen; selten klafft diese am Ende auseinander; manchmal ist sie verwachsen, dann fehlen die Unterflügel. Der Seitenrand der Elytren wölbt sich oft nach unten über den Seitenrand des Hinterleibs und bildet dann eine Art Kante (Epipleurum). Die Beine bestehen aus Hüfte (Coxa), Schenkelring (Trochanter), Schenkel (Femur, Fe), Schiene (Tibia, Ti) und Fußgliedern (Tarsen, Ta). Das unterste Tarsenglied trägt 1 oder 2 Krallen. Entwicklung vollständig. Larven sehr verschieden gestaltet (s. Abb. auf S. 166 u. 168). Sie verwandeln sich in eine ruhende (gemeißelte) Puppe, an der alle Teile des späteren Käfers (Imago) gewöhnlich schon zu erkennen sind. Die Familien mit verhältnismäßig wenigen Gattungen sind schon im Familienschlüssel näher behandelt. Die 0,5–1 mm langen **Ptiliidae** mit oft kreuzweise ausgestreckten fransenförmigen Unterflügeln fehlen der Tabelle (sie leben unter Fallaub und im Kompost). Umfangreichere Familien sind in besonderen Tabellen weiter aufgeschlüsselt.

Larven: Beine der **Adephaga** mit 5 Gliedern u. 1–2 Krallen, der **Polyphaga** mit höchstens 4 Gl. u. 1 Kralle, die fehlen kann.

Wichtige Abkürzungen: Vd = Vorder-, Mt = Mittel-, Ht = Hinter-, U = Unter-, O = Ober-, gl = gliedrig, E = Elytren, H = Halsschild, Sch = Schildchen. Zahl vor Gattungsnamen bedeutet Anzahl der Arten dieser Gattung in Deutschland.

Systematische Übersicht der Käferfamilien

I. Familiengruppe **Adephaga**
- Cicindelidae [*26*]
- Carabidae [*27*]
- Haliplidae
- Hygrobiidae
- Dytiscidae [*25*]
- Gyrinidae [*24*]

II.–X. Familiengruppe **Polyphaga**

II. Familiengruppe **Cantharoidea**
- **Drilidae**
- **Lampyridae**
- **Cantharidae** [*34*]
- **Lycidae**

III. Familiengruppe **Staphyliniformia**
- Staphylinoidea
- Silphidea [*41, 42*]
- **Leptinidae**
- **Ptiliidae**
- Clambidae
- Sphaeriidae
- Scydmaenidae
- Scaphidiidae
- Staphylinidae [*1, 2*]
- Pselaphidae

- Histeroidea
- Histeridae [*38*]
- Sphaeritidae

- Hydrophiloidea
- Hydrophilidea [*23*]
- Georyssidae

IV. Familiengruppe **Lamellicornia**
- **Scarabaeidae** [*35*]
- Lucanidae [*36*]

V. Familiengruppe **Dascilliformia**
- Dascillidea [*33*]
- Byrrhidae [*39*]
- Nosodendridae
- **Dermestidae** [*40*]
- **Dryopidae** [*37*]
- Heteroceridae [*10*]
- Buprestidae [*29*]
- Elateridae [*28*]
- Cerophytidae
- Eucnemidae
- **Throscidae**
- **Anobiidae** [*31*]
- Ptinidae [*32*]
- Bostrychidae [*13*]
- Lyctidae [*46*]

VI.–X. Familiengruppe **Cucujiformia**

VI. Familiengruppe **Cleroidea**
- **Cleridae** [*5*]
- **Melyridae**
- Malachiidae

VII. Familiengruppe **Lymexylonidea**
- Lymexylonidae [*30*]

VIII. Familiengruppe **Clavicornia**
- Ostomidae (Temnochilidae)
- **Nitidulidae** [*44*]
- **Rhizophagidae**
- **Cucujidae** [*45*]
- **Cryptophagidae** [*47*]
- **Byturidae** [*43*]
- **Erotylidae**
- **Phalacridae**
- **Cisidae**
- **Coccinellidae** [*3*]

Endomychidae
Lathridiidae
Colydiidae
Mycetophagidae

IX. Familiengruppe **Heteromera**

Tenebrionidae [*14*]
Lagriidae [*20*]
Alleculidae [*16*]
Pythidae
Pyrochroidae [*19*]
Serropalpidae [*18*]
Scraptiidae
Mordellidae [*17*]
Rhipiphoridae
Meloidae [*15*]
Oedemeridae [*22*]
Anthicidae [*21*]
Aderidae

X. Familiengruppe **Pseudotetramera**

Cerambycidae [*8*]
Chrysomelidae [*9*]
Bruchidae [*7*]
Anthribidae [*6*]
Curculionidae [*4*]
Scolytidae [*11*]
Platypodidae [*12*]

1. E abgestutzt u. verkürzt, oft nicht viel länger als breit u. kaum Hälfte d. Htleibs bedeckend [*1*]. Uflügel unter den mit gerader Naht sich berührenden E einziehbar. Schlank. Selten E länger, z. B. [*2*], dann aber Gesamthabitus ähnlich wie [*1*] ***2***

— E bedecken Htleib ganz od. lassen sein Ende frei ***3***

Wenn stärker verkürzt, dann Uflügel über Htleib sichtbar (einige Cerambyciden), od. Fühler mit deutlich mehrgl. Keule, od. E haben schräge Naht u. klaffen auseinander (Meloidae, Lymexylonidae, Rhipiphoridae), od. E fast bzw. ganz fehlend (einige Cantharoidea). Auch bei **Platypsyllus castoris** Rits., Biberlaus, (ca 2 mm, nur auf dem Biber) sind E verkürzt; Fühler kurz, am Ende mit Haarbüscheln; Kopf groß, halbkreisförmig; blind; zu Fam. **Leptinidae.**

2. Tarsen meist 5-, seltener 4- od. 3gl. mit 2 Krallen. Htleib mit 6–7 beweglichen Gliedern [*1*] . . . . . Kurzflügler, **Staphylinidae** S. 276

— Tarsen stets 3gl. u. oft mit nur 1 Kralle. Htleib aus 5 starren Gliedern. 1–3 mm . . . . Zwergkäfer, **Pselaphidae**

2; **Claviger** Preys. Keulenkäfer (Fühler 2–6gl., Ameisengäste). Die übrigen haben 10–11gl. Fühler, in Streuschicht usw., oft mit Ameisen vergesellschaftet, z. B. **Euplectus** Leach oder **Pselaphus** Hrbst.

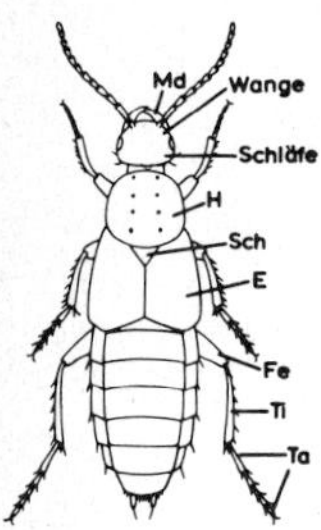

1

2

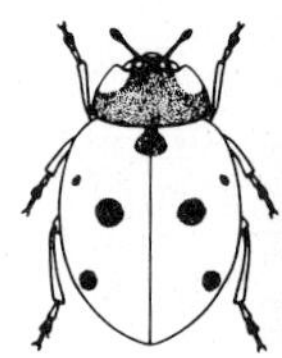
3

3. Alle Tarsen wirklich od. scheinbar 3gl. (Tarsenformel: 3,3,3) . . . ***4***

— Mindestens 1 Tarsenpaar deutl. mehr als 3gl. ***6***

4. Tarsen breit mit bürstenartiger Sohle, Körper gewölbt ***5***

— Tarsen nicht so, Körper flacher u. schlank, meist braun, 1–3 mm. Moderkäfer, **Lathridiidae**

an schimmligem Substrat, 8 Gattg., darunter **Enicmus** Thoms. u. **Corticaria** Marsh.

5. Fühler vor den Augen eingelenkt, unter den Kopf zurückziehbar [*3*] Marienkäfer, **Coccinellidae** S. 286

(Vergl. auch **Anthribidae,** die zwar 4 Tarsengl. haben, von denen aber nur 3 deutl. sind; Kopf ± schnauzenartig, s. Nr. ***9*** der Tab.)

— Fühler zwischen den Augen; nicht unter den Kopf einlegbar, 1–6 mm Pilzfresser, **Endomychidae**

11 Arten in 7 Gattg., darunter **Endomychus coccineus** L., rot, H u. E mit schwarzen Flecken; unter Baumrinde

6. Alle Tarsen wirklich 4gl. od. pseudotetramer (d. h. die 2 obersten Glieder normal, das nächste meist 2lappig, das 4. winzig od. fehlend, das Krallenglied normal). Tarsenformel für Vd-, Mt- u. Htfüße 4,4,4 oder 3,4,4 . . . . *7*

— Wenigstens 1 Fußpaar deutl. 5gl. oder nicht pseudotetramer. Tarsenformel 5,5,5 od. 5,5,4 od. 4,4,5 . . . . *16*

7. Kopf schwach bis stark rüsselförmig verlängert [*4a–c*]. Fühler meist in Gruben od. Furchen eingelenkt u. mit langem Schaftglied (= gekniet) od. wenn nicht gekniet, dann Rüssel besonders lang und dünn Rüsselkäfer, **Curculionidae** S. 295

— Kopf nicht rüsselartig od. wenn doch schnauzenförmig vorgezogen, dann Fühler nicht deutl. gekniet od. falls gekniet, Füße ohne bürstenartige Sohle *8*

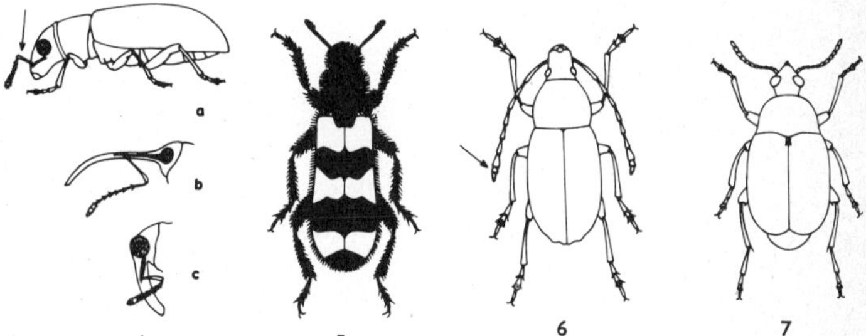

8. Tarsen unterseits z. T. bürsten- od. filzartig behaart *9*

— Füße ohne filz- oder bürstenartige Sohle, einfach, höchstens Glied 3 herzförmig *12*

9. Fühler am Ende keulenförmig verdickt, keine Fühlerfurche am Kopf. Körper rauhhaarig (durch senkrecht abstehende Haare) [*5*] Buntkäfer, **Cleroidea** S. 285

— Fühler mit Endkeule od. wenigstens verstärkten Endgliedern. Fühlerfurche vorhanden. Kopf kann schnauzenförmig verlängert sein. Körper nicht rauhhaarig [*6*] . . . . . . Breitrüßler, **Anthribidae**

mehrere Gattg. mit 17 Arten, darunter **Anthribus albinus** L. [*6*] (7–10 mm, E ausgedehnt weiß behaart); ferner: 3; **Brachytarsus** Schönh. (Kopf kaum rüsselförmig; 2–5 mm)

— Fühler borstenförmig od. gesägt u. zur Spitze höchstens allmählich nur wenig verdickt. Keine deutl. Fühlerfurche am Kopf . . . *10*

10. Kopf meist etwas schnauzenartig vorgezogen, viel schmaler als H. Die hinten abgestutzten E lassen steil abfallendes Htleibsende frei [*7*]. Hthüften breit, mit aufgebogenem Htrand. Höchstens 5 mm Samenkäfer, **Bruchidae**

Larven fressen bes. Samen der Leguminosen, z. B. **Bruchus pisorum** L. (Erbsenkäfer), **B. rufimanus** Boh. (Pferdebohnenkäfer), **B. lentis** Fröl. (Linsenkäfer), **Acanthoscelides** (= **Bruchidius**) **obtectus** Say (Speisebohnenkäfer) u. a. Gattg.

— Kopf wenig od. nicht schmaler als Vdrand des H. E lassen höchstens bei trächtigen ♀ einiger Chrysomelidae Htleibsende frei (dies fällt aber dann nicht steil ab); bei einigen Cerambycidae E stark reduziert, so daß Uflügel unbedeckt sind *11*

11. Fühler meist länger als halber Körper [*8*], wenn kürzer, dann Seiten des H mit Höcker od. Augen nierenförmig. Tibien mit 2 Enddornen Bockkäfer, **Cerambycidae** S. 289

— Fühler meist kürzer als halber Körper [*9*], wenn länger, dann Augen rund u. Körper bunt bzw. metallisch od. Käfer klein mit verdickten Htschenkeln. Mindestens an 1 od. mehreren Beinpaaren haben Tibien weniger als 2 Enddornen . . . . Blattkäfer, **Chrysomelidae** S. 292

12. Vdtibien flach u. erweitert, gesägt mit langer Dornenreihe. Fühler 11gl., kurz, die 2 ersten Glieder groß 3eckig, die nächsten mit nach innen gesägter Keule. Körper langhaarig [*10*]
Sägekäfer, **Heteroceridae**

an Ufern von Binnengewässern u. Meeresstrand in selbstgegrabenen Gängen. 13; **Heterocerus** F.

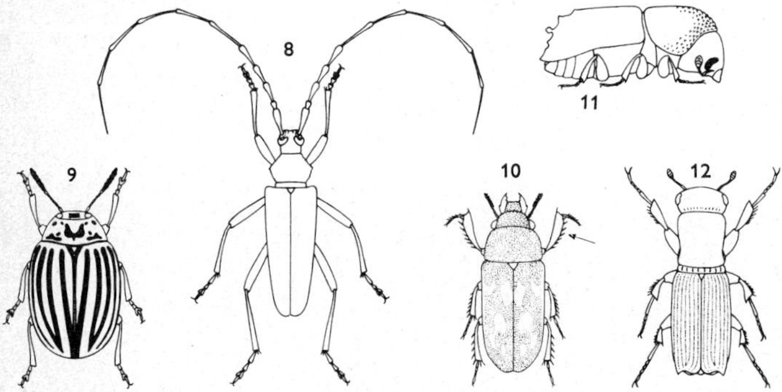

— Vdtarsen an der Spitze des Außenrandes der Tibia eingelenkt. Fühler 9gl. mit 3gl. Keule. 2 mm. Käfer im Uferschlamm, meist mit Erdkruste bedeckt; nur 3; **Georyssus** Latr., **Georyssidae**

— Andere Merkmale *13*

13. Fühler kurz u. gekniet (langes Schaftglied) mit großem (geringelten od. ungeringelten) Endknopf von fast halber Fühlerlänge . . . *14*

— Fühler nicht gekniet, nur mit kleinem Endknopf, mit Endkeule oder nur allmählich verdickt *15*

14. Kopf stark nach unten geneigt [*11*] Borkenkäfer, **Scolytidae** S. 299

— Kopf frei vorgestreckt [*12*] . . . . Kernholzkäfer, **Platypodidae**

nur **Platypus cylindrus** F. [*12*], in Laubbäumen

15. Kopf klein, senkrecht unter das kapuzenartige H einziehbar und dann von oben nicht sichtbar [*13*] . . . Kapuzenkäfer, **Bostrychidae**

4 Arten, davon 3 in altem Holz, z. B. **Bostrychus capucinus** L. [*13*], schwarz, E und Bauch rot, 8–14 mm. **Rhizopertha dominica** F., etwa 3 mm, Vorratsschädling, aus Tropen eingeschleppt

— Kopf frei vorgestreckt od. bis in Augen einziehbar, aber nicht von kapuzenartigem H überdeckt *49*

(Wenn Körper buchtig gewölbt u. Fühler nicht keulenförmig zum Ende verdickt, dann s. **Mordellidae** Nr. ***22*** d. Tab.; Tarsenformel ist zwar 5,5,4, doch erkennt man bei schwacher Vergrößerung meist nur 4,4,4!)

16. Tarsenformel 5,5,4 . . . . *17*

— Tarsenformel 5,5,5 od. 4,4,5 . . . . *28*

17. Seitenrand d. Kopfes scharf leisten- od. lappenartig vorspringend und Basis d. Fühler (diese meist fadenförmig, selten am Ende verdickt) völlig bedeckend [*14a* u. *b*]. Vdhüften kuglig, größtenteils in Gelenkhöhlen eingeschlossen. Braun oder schwarz.
Schwarzkäfer, **Tenebrionidae** S. 288

— Andere Merkmale *18*

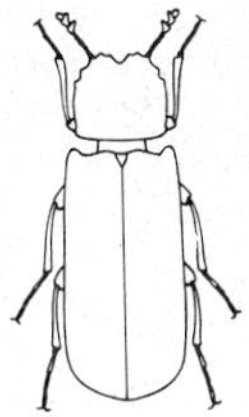
13

14b

14a

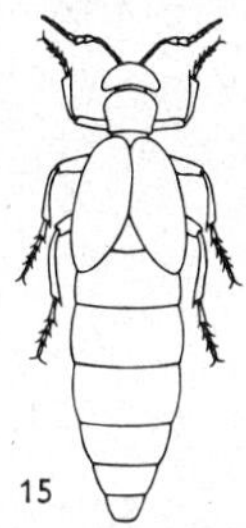
15

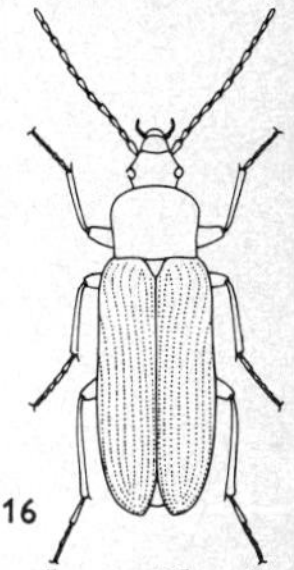
16

18. Jede Kralle in 2 ungleiche Hälften längsgespalten od. gezähnelt. Kopf mit dicken, vorragenden Wangen. H schmaler als E, diese oft stark klaffend und beim ♀ häufig verkürzt [*15*]
Ölkäfer, **Meloidae** S. 289

— Kopf klein, nach unten gebogen. H hinten so breit wie E. Fühler beim ♂ mit langen Seitenästen, beim ♀ innen gesägt. E oft verkürzt. **Rhipiphoridae** mit wenigen seltenen Arten, häufiger nur Larve von **Metoecus paradoxus** L., in unterird. Wespennestern. Käfer 10–12 mm, schwarz, Seiten des H., Bauch, oft auch E ganz od. teilweise rotgelb

— Anders *19*

19. Fühler mit Endknopf od. keulenförmig zum Ende verdickt . . *49*

— Fühler fadenförmig, gekämmt, gesägt, aber nicht mit Endkeule *20*

20. Krallen deutlich kammartig gezähnt [*16*]
Pflanzenkäfer, **Alleculidae** S. 288

— Krallen ungezähnt od. undeutlich gezähnt od. nur mit 1 Zahn *21*

21. H an Basis so breit wie E an der Schulter *22*

— H an Basis schmaler als E an der Schulter *24*

22. Schmaler, fast bucklig gewölbter Körper, Useite kielartig gewölbt. E lassen meist das (oft zugespitzte) Htleibsende frei. Kopf hinter den Augen gerade abgeschnitten, durch scharfe Kanten begrenzt. Httibien mit 2 längeren Enddornen [*17*] Stachelkäfer, **Mordellidae** S. 288

— Andere Merkmale *23*

23. Kopf hinter d. Augen mit allmählich verengten Schläfen, nicht gestielt, bis zu Augen in H zurückziehbar, letzteres nach vorne verengt. Kiefertaster groß mit messerartigem Endglied. Krallen einfach od. in der Mitte mit 1 Zahn od. tief gespalten od. mit Anhängen [*18*]
Düsterkäfer, **Serropalpidae**

viele Gattg., darunter in morschem Holz **Melandrya caraboides** L. [*18*] (Kopf vorgestreckt, H konisch mit 2 tiefen Basaleindrücken, schwarz mit blauem Metallglanz, E gefurcht, 10–15 mm)

— Anders. Kopf halsartig gestielt. Seidenkäfer, **Scraptiidae** nur **Scraptia fuscula** Müll., 2,5 mm in morschem Holz u. Baumpilzen.

24. E deutlich zum unteren Drittel etwas erweitert wie [*19* u. *20*] . *25*

— E gegen Ende nicht od. kaum erweitert *26*

25. E rot, Körper flach, kurzhaarig. Fühler gesägt [*19*].
Feuerkäfer, **Pyrochroidae**

nur **Pyrochroa coccinea** L. (Kopf schwarz, H u. E rot; 14–15 mm), **P. serraticornis** Scop. (auch noch Kopf rot; 10–14 mm), **P. pectinicornis** L. (Kopf schwarz, H rot mit schwarzem Mtfleck, E rot mit flachen Längsfurchen; 8–9 mm). Flache Larven unter Rinde.

— E nie rot, Körper gewölbt, langhaarig, Fühler fadenförmig [*20*] Wollkäfer, **Lagriidae**

2; **Lagria** F., häufig nur L. hirta L [*20*] (Kopf u. H deutlich punktiert; an Waldrändern u. Hecken)

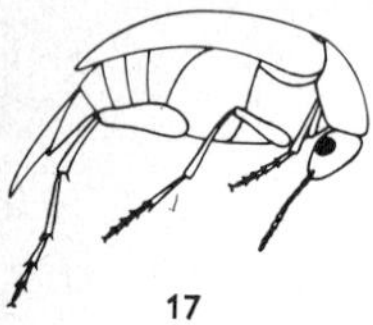
17
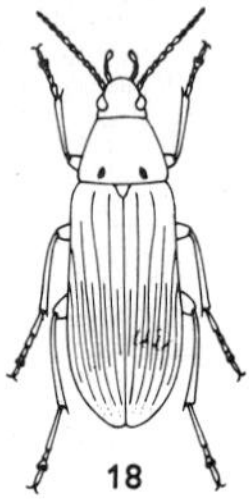
18
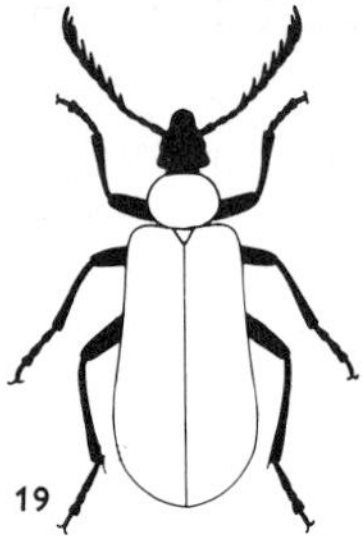
19
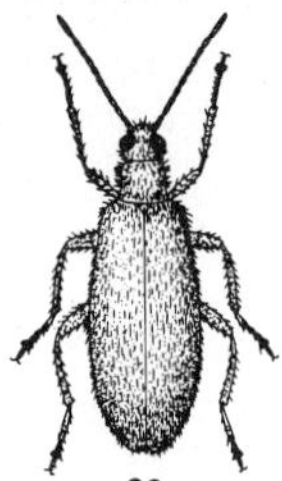
20

26. Kopf stark halsartig abgeschnürt, nur lose mit dem H artikulierend, letzteres oft mit Horn [*21*]. 1. Glied der Httarsen kaum länger als die 3 übrigen zusammen. Blumenkäfer, **Anthicidae** S. 289

(verwandt: Mulmkäfer, **Aderidae,** 2–3 mm, halsartige Einschnürung nur bei abwärts gebogenem Kopf sichtbar. 1. Glied der Httarsen meist doppelt so lang wie die 3 übrigen. 5; **Hylophilus** Berth.

— Kopf vorgestreckt, hinten nicht halsartig verengt ***27***

27. Fühler lang u. dünn, erreichen gut Körpermitte, frei auf der Stirn vor den Augen eingefügt. E (oft am Ende klaffend) lassen Htleibsspitze frei [*22*] . . . . . Engdeckenflügler, **Oedemeridae** S. 289

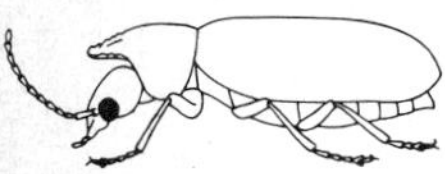
21
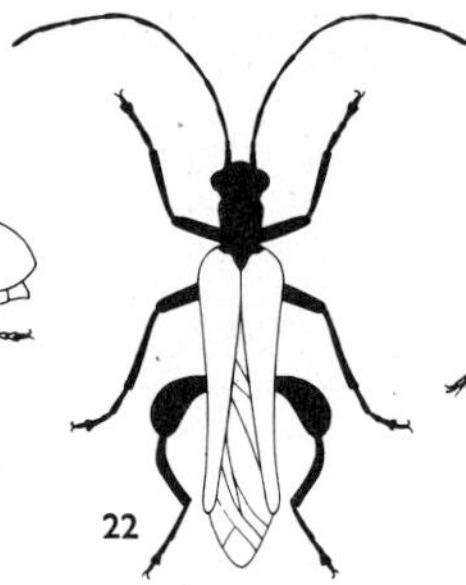
22
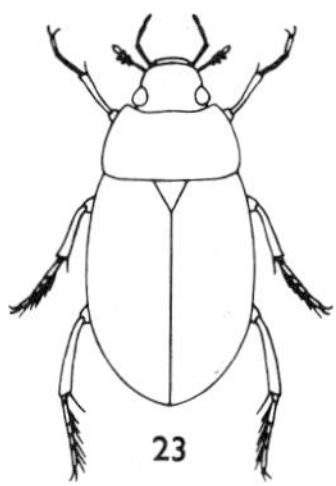
23
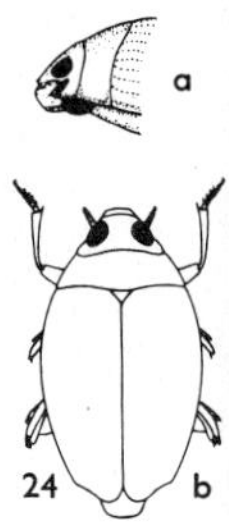
24 a b

— Fühler kürzer, nicht od. kaum Körpermitte erreichend, an der Seite des zuweilen rüsselförmigen Kopfes eingefügt. E bedecken Htleib ganz Scheinrüßler, **Pythidae**

7 Gattg., darunter **Pytho depressus** L. (8–16 mm, Oseite schwarzblau, E gefurcht; unter Nadelholzrinde)

28. Kiefertaster auffallend lang, meist länger als die Fühler (nicht mit diesen verwechseln!). Fühler unter Vddecke der Stirn eingefügt, kurz, ihr Basalglied schaftförmig, die nächsten Glieder dünn, dann Endkeule bzw. Knopf aus 3–5 dunklen, feinbehaarten Gliedern [*23*]. Einige Arten mit langbehaarten Schwimmbeinen, Wasserfreunde, **Hydrophilidea** S. 280

— Anders. Kiefertaster viel kürzer als die Fühler *29*

29. Augen zweigeteilt [*24a*]. Fühler kurz. Vdbeine länger als die abgeplatteten Mt- u. Htbeine. [*24b*]. . . . . . Taumelkäfer, **Gyrinidae**

4–8 mm. **Orectochilus villosus** Müll. (Oseite behaart). 10; **Gyrinus** L. (Oseite kahl, H mit Querfurchen), **Aulonogyrus concinnus** Klug. (ebenso, aber H ohne Querfurchen). Häufig gesellig auf Wasseroberfläche, schwimmen aber auch unter Wasser.

— Anders *30*

30. Käfer mit Schwimmbeinen od. Schwimmfüßen. Körper flach. Fühler gleichmäßig kahl [*25*] *31*

— Käfer ohne abgeplattete Schwimmbeine *32*

31. Hthüften blattartig erweitert, die Hälfte der Schenkel u. den größten Teil des Htleibs bedeckend. Fühler 10gl., das 1. Glied mit Einschnürung. 2–4 mm . . . . Wassertreter, **Haliplidae**

Kleine kahnartige Käfer in langsam fließenden Gewässern, schwimmen mit abwechselnden Bewegungen der Htbeine. Omnivor. Häufigste Gatt. 17; **Haliplus Latr.**

— Hthüften nicht derart verbreitert. Fühler 11gl. [*25*]. Htbrust läuft nach hinten zwischen Hthüften in dreieckige Spitze aus Schwimmkäfer, **Dytiscidae** S. 273

(Verwandt: Feuchtkäfer, **Hygrobiidae,** bei denen Hthüfte durch horizontale Linie abgeteilt ist. Nur **Hygrobia tarda** Hbst., braun, 8–10 mm)

32. Fühler am Ende nicht verdickt, borstenförmig [*27, 32*], gesägt, gekämmt [*19, 29*] od. nur schwach verdickt [*31*] *33*

— Fühler am Ende knopfartig [*38, 40, 41*] od. allmählich keulig verdickt [*39, 42*] od. mit Blätterkeule [*35, 36*] *44*

33. Fühler faden- od. borstenförmig, Endglieder fast gleich lang, die 2–4 ersten Glieder bis auf wenige Borsten kahl, die folgenden aber fein behaart. 1. Bauchring von den Hthüften in der Mitte durchsetzt, daher nur an den Seiten sichtbar *34*

— **Fühler gesägt od. gekämmt od. Endglied(er) auffallend länger od. falls** nicht so, dann nicht Basalglieder kahl u. die übrigen fein behaart. Htrand des 1. Bauchrings hinter od. unter den Hthüften erkennbar . *35*

34. Fühler auf der Stirn eingelenkt. Mandibel am Innenrand mit 3 Zähnen. Metallisch gefärbt. E grün od. braun mit hellen Flecken od. Binden [*26*] . . . . Sandläufer, **Cicindelidae**

nur 7; **Cicindela** L. Larven in selbstgegrabenen Röhren, in die sie Beute ziehen. Käfer jagen bes. bei Sonne in kurzen, niedrigen Flügen. Häufig: **C. campestris** L. [*29*], grün mit weißen Flecken. Bei den anderen Arten sind die Flecken nur am Rand der E od. über E verläuft gezackte, weiße Mittelbinde, **z. B. C. hybrida L.**

— Fühler unter Seitenrand der Stirn eingelenkt. Mandibeln mit 1 bis 2 Zähnen, Färbung anders [*27*] . . . . Laufkäfer, **Carabidae** S. 268

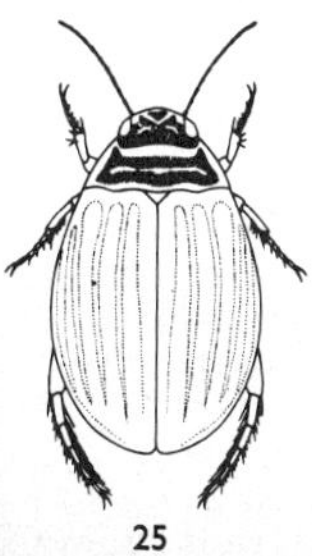

25

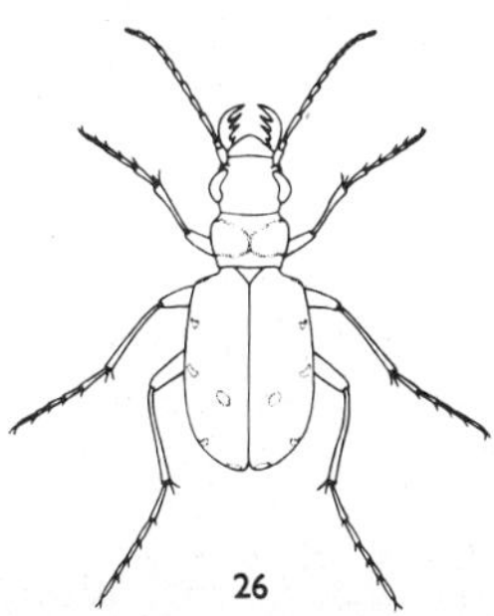

26

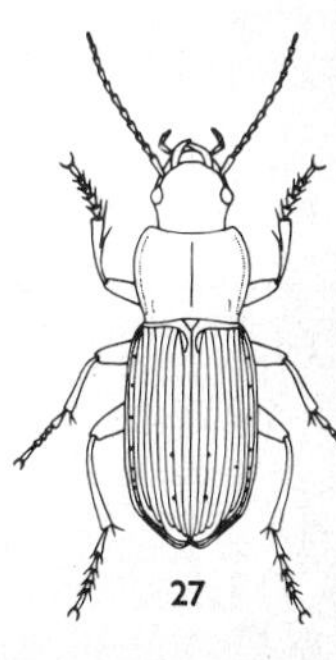

27

35. Vdbrust greift mit zugespitztem Fortsatz zwischen Hüften der Vdbeine in Grube der Mtbrust [*28a*] ***36***
— Vdbrust ohne solchen Fortsatz ***39***
36. Fühler seitlich vor den Augen eingelenkt, Htecken des H ± ausgezogen ***37***
— Fühler zwischen den Augen eingelenkt. Htecken des H stumpf od. ausgezogen ***38***
37. H lose, scharnierartig mit E verbunden [*28b*] Schnellkäfer, **Elateridae** S. 284
— H unbeweglich an E angeschlossen . . . . **Throscidae**
6; **Throscus** Latr. (Fühler mit 3gl. gesägter Keule; 1,5–3,5 mm). **Drapetes biguttatus** Pill. (Fühler ohne Keule, E mit roter Querbinde. 4–5 mm)
38. H scharnierartig mit E verbunden, seine Htwinkel etwas ausgezogen **Cerophytidae** u. **Eucnemidae**
mehrere Gattg., im morschen Holz, z. B. **Melasis buprestoides** L. (schwarz, glänzend, 6–9 mm)
— H unbeweglich an E angeschlossen, seine Htwinkel stumpf od. rechtwinklig [*29*] . . . . Prachtkäfer, **Buprestidae** S. 283

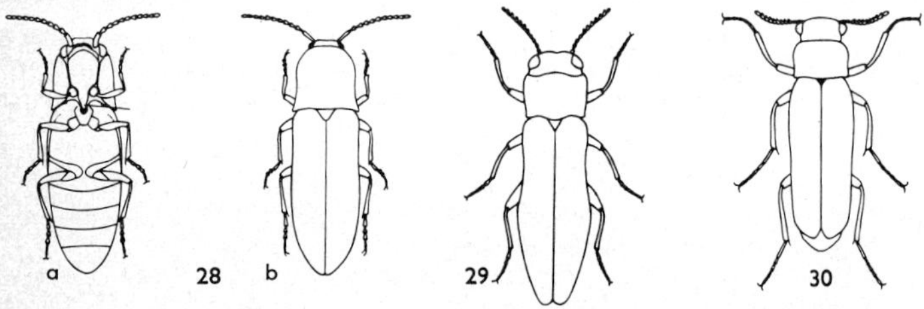

39. E am Ende klaffend, da Naht nicht gerade. Körper lang, walzenförmig, rötlich braun. Fühler gesägt od. perlschnurförmig. Sch mit Längskiel auf der Mitte [*30*] . . . . Werftkäfer, **Lymexylonidae**
Hylecoetus dermestoides L. (Buchenwerftkäfer [*30*] Kopf hinten schwach eingeschnürt, H quer. 6–18 mm). **Lymexylon navale** L. (Schiffswerftkäfer, Kopf hinten halsartig abgeschnürt, H länger als breit. 7–13 mm). Larven bohren im Holz, fressen dort Pilze, mit deren Sporen Eischale infiziert war.
— Anders oder andere Merkmalskombination ***40***
40. Kopf klein, senkrecht unter das meist kapuzenförmige H einziehbar, dieses scharf gerandet. Fühler an Seiten d. Kopfes weit voneinander entfernt, oft mit 3 langen od. schwach verdickten Endgliedern od. gesägt od. gekämmt [*31*] . . . . Pochkäfer, **Anobiidae**
meist in trockenem Holz, z. B. **Anobium** F. und **Xestobium** Motsch. Wichtiger Schädling in verbautem Holz u. Möbeln: **A. punctatum** Deg. (Totenuhr, Larve wird Holzwurm genannt). **Stegobium (Sitodrepa) paniceum** L. (Brotkäfer, ein Vorratsschädling).
— Kapuzenartiges H kugelig gewölbt, seitl. nicht scharf gerandet. Fühler entspringen an dem nach unten gerichteten Kopf ziemlich dicht nebeneinander; Beine ziemlich lang [*32*] Diebskäfer, **Ptinidae**
Niptus hololeucus F. [*32*] (E mit dichter goldgelber Behaarung, 4 mm) 18; **Ptinus** L. (E mit starken Punktreihen ohne dichte gelbe Behaarung, z. B. **P. fur** L., Kräuterdieb). **Gibbium psylloides** Czemp. (E auf Useite übergewölbt, Körper daher kugelig; 2,5–3 mm)
— Kopf weit vorgestreckt od. in das nie kapuzenförmige H eingezogen, od. Kopf vom H flach überdeckt ***41***

41. Hthüften voneinander entfernt. E am Seitenrand meist mit erhabener Leiste . . . . einige **Cucujidae** ***57***

— Hthüften ganz od. ziemlich dicht aneinander stehend ***42***

(Falls blind, hellgelb, 2 mm, im Haarpelz u. Gängen der Mäuse: **Leptinus testaceus** Müll., „Mäusefloh", gehört zu **Leptinidae**)

31

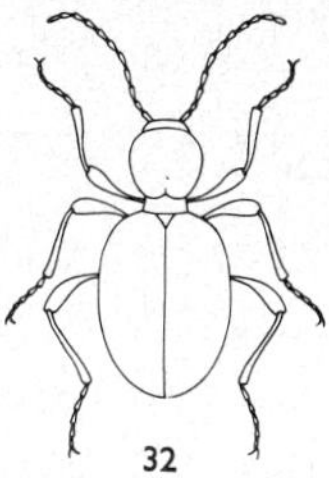

32

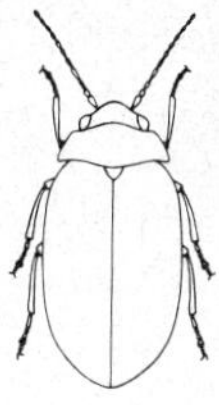

33

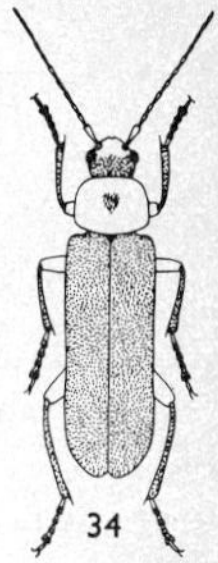

34

42. Htleib hat unten 6–7 sichtbare Glieder, wenn nur 5, dann Körper blaugrün od. bunt ***43***

— Htleib unterseits mit 5 Gliedern. Gelb — Braun . . . **Dascillidea**

4 Fam.; a) 10–12 mm: **Dascillidae,** nur **Dascillus cervinus** L. b) 2–6 mm: **Helodidae** (Sumpfkäfer, Larven im Wasser, 6 Gattg., häufig **Cyphon** Payk. [*33*]; **Eubriidae,** nur **Eubria palustris** Ger. (ca 2 mm); **Eucinetidae** mit 2; **Eucinetes** Ger. (ca 3 mm).

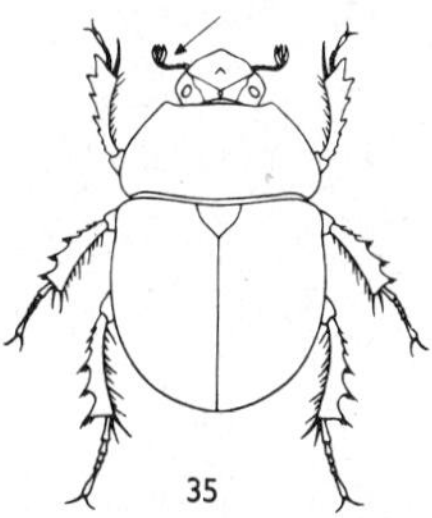

35

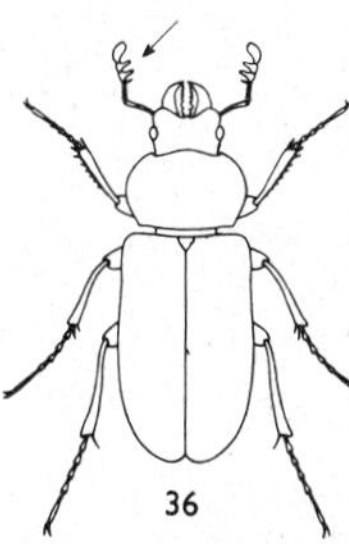

36

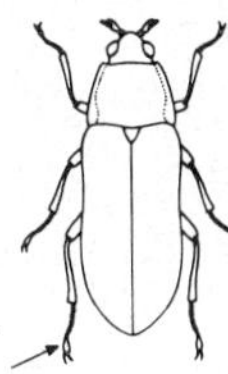

37

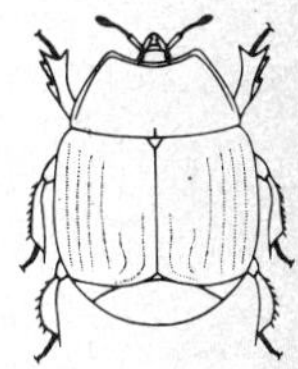

38

43. E mit nach oben abstehenden Haaren bedeckt od. wenn diese anliegen, dann jedenfalls Oberlippe deutlich sichtbar.
Buntkäfer, **Cleroidea** S. 285

— E (die auch fehlen od. reduziert sein können) höchstens anliegend behaart. Kopf unter dem H verborgen od. frei, im letzten Fall Oberlippe von der Stirn bedeckt [*34*] Weichkäfer, **Cantharoidea** S. 274

44. Die letzten Fühlerglieder bilden quergestellte, nach einer Seite gerichtete Endkeule mit aus 3–7 (manchmal ganz dicht) aneinanderliegenden, biegsamen Lamellen [*35*] od. mit starren, kammartigen Zinken [*36*] . . . . Blatthornkäfer, **Lamellicornia** S. 281

— Letzte Fühlergl. in einen Knopf endigend od. sich allmählich verdickend ***45***

45. Krallentragende Fußglieder nach unten keulenartig verdickt, länger als die 4 darüber befindlichen zusammen. Krallen auffallend groß. Körper stark behaart. H meist nach vorn verengt [*37*]
Hakenkäfer, **Dryopidae**

Käfer in od. nahe am Wasser. Viele Gattg., darunter 13; **Dryops** Ol. mit **D. auriculatus** Geoffr. [*37*], 5,5 mm, schwarz od. braun.

— Anders ***46***

46. Körper rauhhaarig mit nach oben abstehenden Haaren; farbig od. gescheckt [*5*]. Mindestens 4 mm. . . Buntkäfer, **Cleroidea** S. 285

— Körper mit ± anliegenden Haaren od. unbehaart (wenn abstehend behaart, dann Körper unter 3 mm) ***47***

47. Flach, glänzend, vorwiegend schwarz. E hinten stark abgestutzt [*38*] Vdbeine können in Vertiefung gelegt werden. Fühler gekniet, mit langem Schaft, am Ende mit 3gl. knopfartiger Verdickung

Stutzkäfer, **Histeridae**

Viele Gattg., darunter: Vdbrust nach vorn lappig vorgezogen, den Kopf von unten bedeckend: 26; **Hister** L. (z. B. **H. cadaverinus** Hoffm.), räuberisch in Dung u. Kadavern; Körper dick und gestaucht [*38*]. 6; **Platysoma** Leach. (z. B. **P. compressum** Hbst.), unter Baumrinde; Körper flach u. mehr gestreckt. Vdbrust nicht derart vorgezogen: z. B. 9; **Saprinus** Er. (leben wie **Hister**).

Verwandte Familie: **Sphaeritidae** mit **Sphaerites glabratus** F., 6–7 mm, E zusammen quadratisch, mit grünl. Erzschein, in Wäldern

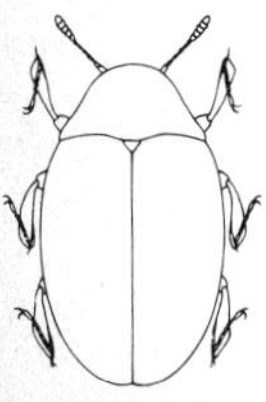
39

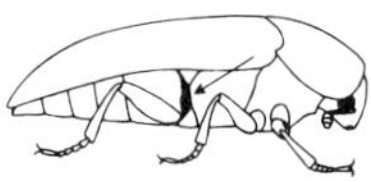
40

41

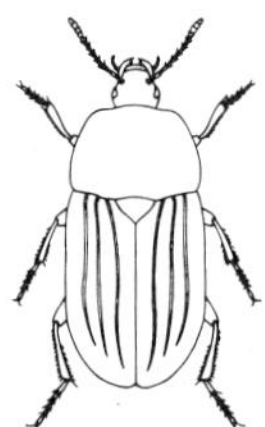
42

— Beine z. Teil od. sämtlich in flache Gruben einziehbar. Schenkel häufig mit Rinne zum Einlegen der flachen Tibia. Kopf von oben nicht sichtbar. Körper eiförmig, gewölbt, filzig behaart. Fühler allmählich zur Endkeule verdickt [*39*] . . . Pillenkäfer, **Byrrhidae**

8; **Byrrhus** L. 6–13 mm, (z. B. **B. pilula** L.). Übrige Gattg. unter 6 mm, (z. B. **Cytilus sericeus** Forst., E meist grün, Zwischenräume fein goldbehaart, mit schwarzen Samtflecken, ca. 5 mm. **Simplocaria semistriata** F., schwarz od. braun mit grauer Behaarung, 3 mm).

— Andere Merkmale ***48***

48. Htschenkel in muldenartige Vertiefung einklappbar [*40*]. Körper zylindrisch od. wenn mehr rundl. bis oval, dann gewöhnlich mit schuppenartigen Haaren auf den E. Fühler mit Endknopf. Htleib unten mit 5 sichtbaren Gliedern, diese oft fleckig weiß beschuppt.

Speckkäfer, **Dermestidae** S. 283

(In diese Verwandtschaft, wenn auch mit anderen Merkmalen **Nosodendridae** mit **Nosodendron fasciculare** Oliv., 4–4,5 mm, schwarz-braun, E mit Reihen rostroter Haarbüschel. An Baumsaft.

— Andere Merkmale ***49***

49. Vdhüften kegelförmig vorspringend. 6 Bauchringe [*41, 42*]

Aaskäfer, Silphidea S. 275

(Hierher auch einige verwandte Fam. mit kleinen Käfern wie die **Scaphidiidae** 2–7 mm, E abgestutzt, Körper kahnförmig, glatt, glänzend, in Baumpilzen; ferner bes. in der Streuschicht **Scydmaenidae,** 1–2 mm, mit mindestens kopflangen Kiefertastern, einige ameisenähnlich, sowie die 0,5–1,5 mm langen **Clambidae** u. **Sphaeriidae**)

— Vdhüften rund od. quer, aber größtenteils in den Gelenkhöhlen. Htleib unterseits mit höchstens 5 sichtbaren Gliedern (mit Ausnahme der Lyctidae Familien der Clavicornia-Gruppe) ***50***

50. Kopf stark geneigt. Kopfschild zwischen den Augen durch ± scharfe u. bogenförmige Furchen von der Stirn getrennt. Krallenglieder der Tarsen meist länger als die 3 vorhergehenden zusammen. H dicht an E gefügt, dunkelbraun. 1–5 mm . . . . **Cisidae**
28 Arten in 5 Gattg., meist in Baumpilzen
— Andere Merkmale od. Merkmalskombinationen ***51***
51. Vdhüften groß. stark, quer, walzenförmig ***52***
— Vdhüften klein, rundlich, höchstens sehr schwach quer ***55***
52. Hthüften stoßen fast aneinander ***53***
— Hthüften weit voneinander getrennt ***54***
53. Tarsen einfach, ohne sohlenartige Bildung an der Useite. Krallen ohne Zahn, an der Basis aber mit kurzem Lappenanhang. H meist lose mit E artikulierend . . . . **Ostomidae (Temnochilidae)**
9 Arten in 7 Gattg., unter Rinde u. als Vorratsschädlinge, 4–19 mm
— 2. u. 3. Tarsalglied unterseits mit behaarten Sohlenlappen. Krallen an Basis mit starkem Zahn. H eng an E. Braunrot bis gelblich, filzig behaart, 4 mm [*43*] . . . . Himbeerkäfer, **Byturidae**
nur **Byturus tomentosus** F. (an Himbeere) u. **B. fumatus** F. (an Geum urbanum)
54. Fühler mit aus 2–3 Gliedern bestehender Keule. Körper oval [*44*]
Glanzkäfer, **Nitidulidae**
zahlreiche 1–5 (selten bis 7) mm lange Arten in vielen Gattg. Wichtig: 53; **Meligethes** Steph. mit **M. aeneus** F., Rapsglanzkäfer [*44*]. **Glischrochilus 4-pustulatus** L. (schwarz, jede E mit 2 roten Flecken; 3–7 mm; Wald u. Kulturgelände)
— Fühler mit eingliedriger, knopfartiger Keule. Körper schmal, fast parallel. 2–5 mm. Räuberisch, unter Rinde
(Rhizophagus Hbst.) Rhizophagidae

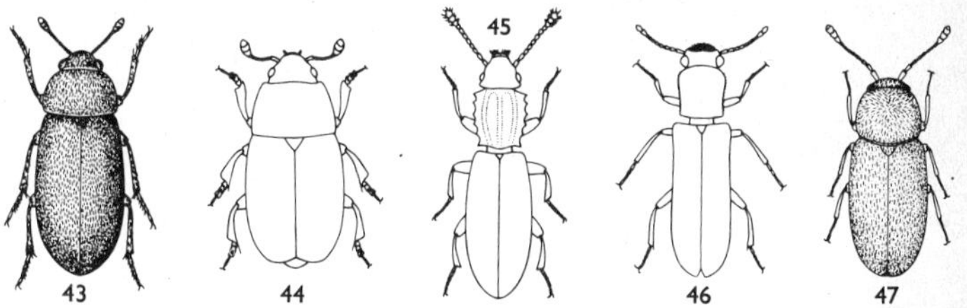
43 44 45 46 47

55. Krallen am Grunde mit 1 Zahn. Augen groß, die ganze hintere Kopfseite einnehmend. Körper oval, unten flach, oben gewölbt, kahl, glatt, glänzend. Tibien am Ende mit Borstenkranz. 1–3,5 mm
Glattkäfer, **Phalacridae**
vor allem 4; **Phalacrus** F., auf Blumen, fressen Brand- u. Rostpilze
— Andere Merkmalskombination ***56***
56. H nur lose mit E artikulierend, letztere mit Punktstreifen, Rippen od. Höckern ***57***
— H fest an E angeschlossen, letztere kahl, glänzend mit Punktreihen od. dicht fein behaart ***58***
57. Kopf groß, am Hals oft abgeschnürt. H mit 2 Grübchen od. Längsfurchen od. ohne Eindruck . . . . Schmalkäfer, **Cucujidae**
viele Gattg., unter Baumrinde, in Ameisenhaufen u. als Vorratsschädlinge (z. B. **Oryzaephilus surinamensis** L. [*45*])
— Kopf groß, bis zu den Augen im H einziehbar, dieser mit Längsfurche od. Längsgrube in der Mitte. Fühler mit 2gl. Keule
Splintkäfer, **Lyctidae**

4; **Lyctus** F., 3–5 mm, im Holz. Häufig **L. linearis** Goez. [*46*]

— Kopf klein, bis zu den Augen in H einziehbar, dieser hat oft Furchen, Rippen, Wülste, Höcker; 1,5–7 mm. . . Rindenkäfer, **Colydiidae**

In Mulm u. unter Rinde. Viele Gattg., darunter **Ditoma crenata** F. (E mit je 2 roten Flecken)

58. Oseite kahl, glänzend. E mit Punktreihen; 2–6,5 mm. **Erotylidae**

In morschem Holz u. Baumpilzen, z. B. **Triplax russica** L. (H rot, E schwarz)

— Oseite dicht u. fein behaart. Höchstens 6 mm ***59***

59. Tarsen 5gl., nur Httarsen des ♂ können 4gl. sein Schimmelkäfer, **Cryptophagidae**

Über 100 Arten in 12 Gattg., meist in verpilztem Substrat. Häufig 44; **Atomaria** Steph. mit Moosknopfkäfer **A. linearis** Steph., schädlich an Rübensaaten, 1–1,5 mm [*47*]

— Tarsen 4gl., nur Vdfüße des ♂ oft 3gl.. . . . . . **Mycetophagidae**

in morschem, schimmeligen Holz, auch auf Getreidespeichern

Fam. **Carabidae**, Laufkäfer

1. Körper eiförmig bis fast kreisrund. E eng an H, gelb mit bronzegrünen Flecken, 5–6 mm; am Ufer . . . . . **Omophron limbatum** F.

— Körper mehr gestreckt u. anders gefärbt ***2***

2. E mit großen, narbenartigen Eindrücken. Innenkante der Vdtibia vor der Spitze ohne deutl. Ausschnitt. Höchstens 13 mm . . . ***3***

— Andere Merkmale od. Merkmalskombination ***4***

3. Kopf mit den Augen so breit od. breiter als H. E mit 4 Narbenreihen 6,5–9 mm . . . . 5; Uferläufer, **Elaphrus** F.

häufig **E. riparius** L. (bronzegrün) u. **E. cupreus** Dfsch. (kupferbraun)

— Kopf mit Augen schmaler als H. E mit 2 Narbenreihen. 11–13 mm. Narbenkäfer, **Blethisa multipunctata** L.

4. Fühler nur in ihrer basalen Hälfte mit auffallend langen Borsten **Loricera pilicornis** Latr.

— Fühler nicht so ***5***

5. Hinterkörper mit E durch kleinen Stiel halsförmig vom H abgesetzt, E hinten gerundet; Sch auf dem „Stielchen" ***6***

— H nicht derart abgesetzt od. falls doch, dann E hinten gerade abgestutzt. Sch zwischen Basis der E ***8***

6. Über 15 mm. Vdtibia mit je 1 Dorn vor und hinter dem Ausschnitt **Broscus cephalotes** Panz.

Ödland, sandiger Boden, See- u. Meeresufer, tags verborgen, Gänge grabend

— Unter 8 mm. Vdtibia außen am Ende fingerartig (zum Graben) ausgezogen ***7***

7. H fast viereckig, flach, an den Seiten bis zur Basis scharf gerandet 2; Fingerkäfer, **Clivina** L. (häufig **C. fossor** L., 6,5 mm)

— H kugelig, gewölbt, seitl. Randung nicht bis zur Basis. 2–6 mm 22; Handkäfer, **Dyschirius** Bon. (häufig **D. globosus** Hbst., 2–3 mm)

8. Vdtibia mit tiefem Ausschnitt vor der Spitze, vor u. hinter diesem je 1 Dorn [*48b*] . . ***14***

— Vdtibia vor der Spitze nicht ausgeschnitten, mit zwei Dornen am Ende [*48a*] ***9***

9. Kopf mit Augen deutlich breiter als H. Der 2. Zwischenraum auf den E verbreitert. Höchstens 6,5 mm 8; Eilkäfer, **Notiophilus** Dum. (häufig **N. biguttatus** F.)

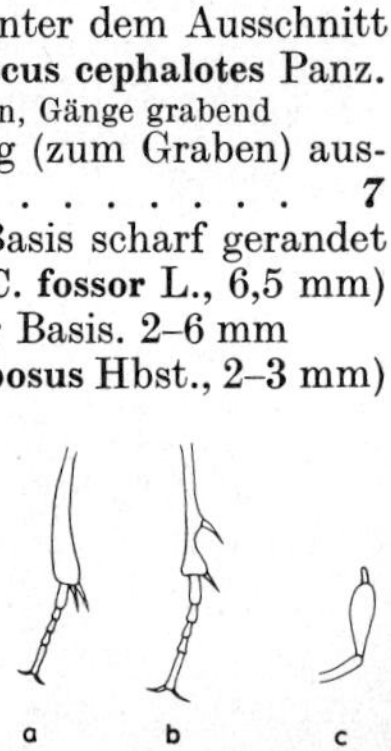

48

— Kopf samt Augen nicht breiter als H. Über 6,5 mm, meist viel länger *10*

10. Kopf sehr schmal, schnabelartig. Olippe in 2 lange schmale Lappen gespalten . . . 3; **Cychrus** F. (häufig **C. caraboides** L., 13–23 mm)

— Kopf nicht derart verlängert. Olippe gerundet, abgestutzt oder in 2 oder 3 kurze Lappen gespalten *11*

11. Olippe abgestutzt od. abgerundet. Basis der E saumfg-gerandet . *12*

— Olippe 2- od. 3lappig. Basis der E ± ungerandet. *13*

12. Okiefer (Mandibeln) nach außen breit scheibenartig abgeflacht. 1. Fühlergl. viel länger als 3 . . . . 7; **Leistus** Fröl. häufig **L. rufomarginatus** Dft. (braunschwarz, 8–9 mm) u. **L. rufescens** L. (rostrot, ca. 7 mm)

— Okiefer normal. 1. Fühlergl. kürzer als 3. Körperlänge 9–16 mm 10; Dammläufer, **Nebria** Latr.

häufig **N. brevicollis** F. (schwarz. Wälder, Gärten) u. **N. livida** L. (E mit gelbem Außenrand. Flußufer u. Meeresküsten)

13. Okiefer auf der Oseite schräg gerunzelt. 2. Fühlergl. sehr kurz, das 3. lang, beide zusammengedrückt, scharfkantig. E vorne eckig mit deutl. Schultern . . . . 4; Puppenräuber, **Calosoma** Web.

häufiger **C. inquisitor** L. (bronzefarbene E) u. **C. sycophanta** L. (goldgrüne E), beide in Wäldern, auf Bäumen, nützlich durch Verzehren von Raupen usw. Andere Arten, z. B. **C. maderae auropunctatum** Hbst. am Boden in Feldern u. Wäldern.

— Okiefer auf Oseite nicht gerunzelt, oft punktiert. 2. u. 3. Fühlerglied nicht zusammengedrückt. E eiförmig . . . . . . 22; **Carabus** L.

a) E schwarz, verworren gerunzelt. 34–42 mm . . . . **C. coriaceus** L.

b) E schwarz, ohne deutl., dem bloßen Auge sichtbare Skulptur u. ohne Grübchen, hächstens mit feiner Längsstreifung
   1) 1,5–2 cm, feine Längsstreifung . . . . **C. convexus** F.
   2) 2–3 cm.: E mit gleichmäßiger Körnelung (bei Rasse **purpurascens** F. mit feiner Streifung), Seitenrand rötlich bis violett: **C. violaceus** L.; Körnelung von mehr gestreckter Form, Seitenrand der E bläulich schimmernd: **C. glabratus** Payk.

c) E goldgrün mit 3 starken Längsrippen
   1) Rippen ohne schwarz: Goldschmied, **C. auratus** L.
   2) Rippen schwarz: **C. auronitens** F. (18–26 mm), **C. nitens** L. (13–17 mm)

d) E nur mit feinen Längsstreifen u. 3 Längsreihen von Grübchen
   1) Grübchen stark goldglänzend: **C. hortensis** L. u. 2 Gebirgsarten
   2) Grübchen klein, glanzlos: **C. nemoralis** Müll. u. 3 Gebirgsarten

e) E mit feinen Kettenstreifen, aber ohne erhabene Rippen
   1) Zwischen den Kettenstreifen Längsrunzeln. 25–38 mm. **C. intricatus** L.
   2) Zwischen den Kettenstreifen fein gekörnelte oder kielartig erhobene Intervalle. 20–27 mm: **C. problematicus** Hbst. (**catenulatus** Scop.)

f) E erzglänzend, mit Kettenstreifen zwischen ± deutl. Rippen
   1) Kettenstreifen durch größere goldene Grübchen unterbrochen: **C. clathratus** L.
   2) Keine goldenen Grübchen, 1. Fühlerglied rot: **C. cancellatus** Ill.
   3) Keine goldenen Grübchen, 1. Fühlerglied schwarz:
   α) Bis 2,3 cm: **C. granulatus** L. (Seitenränder der H. fast gerade, Rippen zwischen Kettenstreifen stark erhaben), **C. arvensis** Hbst. (Seitenränder des H. stark gerunzelt, keine erhabenen Rippen, aber rippenartige Längsstreifen zwischen den Kettenstreifen).
   β) Über 2,3 cm: **C. monilis** F. (Rippen u. Kettenstreifen relativ flach, 2. u. 3. Fühlergl. an der Wurzel stark zusammengedrückt), **C. ullrichi** Ger. (Rippen und Kettenstreifen recht erhaben. 2. u. 3. Fühlergl. an der Wurzel höchstens ganz schwach zusammengedrückt). Beide Arten zuweilen nur 2 cm.

14. Vorletztes Glied der Kiefertaster etwas verdickt, das letzte nur als kleine pfriemenförmige Spitze aufsitzend [*48c*]. Höchstens 7 mm. *15*

— Nicht so, letztes Glied der Kiefertaster normal lang *17*

15. Außenrand der Vdtibien bis zur Spitze gerade verlaufend . . . *16*

— dieser Rand ist an der Spitze außen schräg abgestutzt. 2–3 mm **Tachyta nana** Gyll. und 7; **Tachys** Steph.

16. Oseite fein behaart. E verworren punktiert. Augen groß u. vorstehend (sieht Elaphrus etwas ähnlich). 3; **Asaphidion** Goz. (**flavipes** L.)
— Oseite kahl, punktiert gestreift. 87; Ahlenläufer, **Bembidion** Latr.
häufig **B. lampros** L. (ungefleckt) u. **B. quadrimaculatum** L. (E mit hellen Flecken), beide auf Feldern und an Ufern
17. Kopf oben mit deutl. Stirnfurchen. Unter 11 mm. *18*
— Kopf ohne ausgeprägte Stirnfurchen od. falls solche vorhanden, dann Körper über 12 mm *20*
18. Stirnfurchen tief, die Schläfen hinter den Augen umfassend. 1,5–6 mm 19; Flinkkäfer, **Trechus** Clair.
(Körper bei den meisten Arten fast kahl, z. B. **T. quadristriatus** Schrk.). Bei **T. (Lasiotrechus) discus** F. E behaart; bei **T. (Trechoblemus) micros** Hbst. ganze Oseite behaart.
— Stirnfurchen feiner u. gerader; hinten verkürzt, nicht die Schläfen umfassend. 5–10 mm *19*
19. E an der Basis vollständig gerandet. Letzte Glied der Kiefertaster zugespitzt . . . . 3; **Pogonus** Nicol.
häufig an salzhaltigen Gewässern u. Meeresstrand: **P. chalceus** Mrsh.
— E in der Mitte der Basis ungerandet. Letztes Glied der Kiefertaster abgestumpft. Kopf hinter den Augen halsartig abgeschnürt. 3; Grubenhalskäfer, **Patrobus** Steph. (z. B. **P. atrorufus** Str., 7–10 mm)
20. Dicht abstehend behaart. E mit 4 großen, durch die dunkle Naht getrennten roten Flecken.
2; **Panagaeus** Latr. (z. B. **P. crux major** L. ca. 8 mm)
— anders *21*
21. E am Ende gerade od. schräg abgestutzt, wie abgeschnitten, Htleib daher am Ende immer unbedeckt *22*
— E hinten ± abgerundet od. höchstens an der Seite schwach ausgeschweift, Htleib meist bedeckt *29*
22. Kopf, H u. Beine rotgelb. Behaarte E metallisch blaugrün
2; Bombardierkäfer, **Brachinus** Web.
Haben Analdrüsen, die Wehrsaft produzieren, z. B. **B. crepitans** L. 8 mm
— Anders gefärbt *23*
23. Kopf u. das lange dünne (fast walzenförmige) H schwarzgrün. E orange, am Ende mit dunklem Fleck **Odacantha melanura** L. (7 mm)
— anders *24*
24. H stark quer, seine Basis seitl. mit starkem Ausschnitt, seine Mitte nach hinten kurz u. breit gestielt . . . 6; Prunkkäfer, **Lebia** Latr.
Auf Sträuchern u. Bäumen, häufig **L. clorocephala** Hoffm. (E blaugrün, H rot, 5–7 mm)
— H ± herzförmig, an der Basis nicht stielartig ausgeschnitten *25*
25. 7–12 mm. E mit rotem Schulterfleck. . . . . . 4; **Cymindis** Latr.
C. humeralis F., lichte Wälder u. Heiden
— bis 6 mm *26*
26. E mit 2–4 gelblich-weißen Flecken. **Lionychus quadrillum** Duft.
— anders *27*
27. Vorletztes Tarsenglied lang und tief 2lappig 3; **Demetrias** Bon.
Ufer, Schilf, Küstendünen, z. B. **D. atricapillus** L. (blaßgelb, Kopf schwarz, H rötlich)
— Vorletztes Tarsengl. einfach od. schwach herzförmig *28*
28. Basis des queren H stark gerundet, die Htwinkel an den Seiten höher nach vorn gerückt, von den E stielartig abgesetzt, 2,5–3,5 mm. 4; **Syntomus** Hope (**Metabletus** Schm.) (3. Fühlergl. kahl) z. B. **S. truncatellus** L. u. 2; **Microlestes** Schm. (3. Fühlergl. behaart).
— Basis des mehr herzförmigen H gerade, nur an den Seiten oft etwas abgeschrägt . . . . . 12; **Dromius** Bon. (z. B. **D. linearis** Ol.)

29. Stirn jederseits neben dem Auge mit 2 langen Borsten [*49a*] ***30***
— Stirn jederseits neben dem Auge mit nur 1 langen Borste [*49b*] ***41***
30. Okiefer kurz u. dick, größtenteils von oben freiliegend. Kopfschild tief und zuweilen asymmetrisch ausgebuchtet, die Wurzel der Olippe freilassend. 9; **Badister** Clairv. (3,5–8 mm, Endglied der Kiefertaster schlank u. zugespitzt, z. B. **B. bipustulatus** F., E hinten mit je 1 großen dunkl. Fleck) u. 4; **Licinus** Latr. (8–18 mm, Endgl. der Kiefertaster beilförmig abgestutzt).
— Okiefer (Mandibel) mit einfacher Spitze. Kopfschild symmetrisch, die Wurzel (Basalmembran) der Olippe überdeckend ***31***

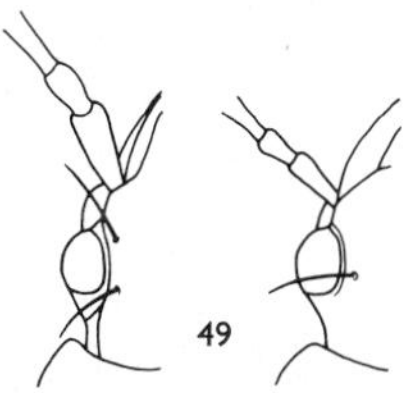
49 a b

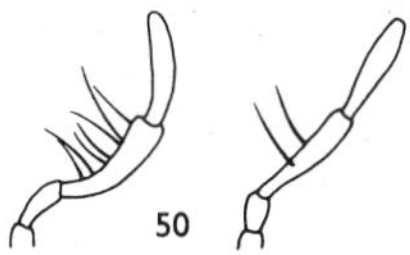
50 a b

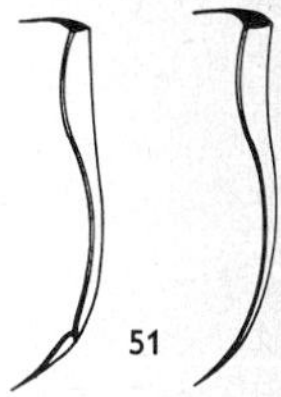
51 a b

31. Vorletztes Glied der Lippentaster auf der Innenseite mit mehr als 3 Borsten [*50a*] (nicht mit den längeren Kiefertastern verwechseln!). Rückenfläche der Vdtibia in Nähe der Ausrandung mit 2 od. mehreren Porenpunkten. Körper meist eiförmig-elliptisch, Htrand des H. meist so breit wie Basis der E . . . . 44; **Amara** Bon.
Meist an trockenen Orten, z. T. Samenfresser. ca. 6–10 mm
— Vorletztes Glied der Lippentaster mit nur 2 Borsten [*50b*]. Dorsalfläche der Vdtibien ohne od. mit 1 Porenpunkt in Nähe der Seitenausrandung. H geht meist nicht so breit zu E über ***32***
32. Schenkelring der Htbeine auffallend groß, so lang od. fast so lang wie der halbe Schenkel. Die umgeschlagenen Seitenränder der Elytren vor der Spitze deutl. gekreuzt [*51a*] ***33***
— Schenkelring der Htbeine höchstens $\frac{1}{3}$ so lang wie der Schenkel. Die nach unten umgeschlagenen Seitenränder der E vor der Spitze einfach, nicht gekreuzt [*51b*] ***36***
33. Oseite der Tarsen spärlich gelb behaart. Fühler vom 3. Glied an behaart. 2; **Molops** Bon., 12–18 mm, (z. B. **M. piceus** Panz., in Wäldern)
— Oseite der Tarsen kahl, Fühler vom 4. Glied an behaart . . . ***34***
34. Okiefer so lang wie der Kopf. 1. Fühlergl. so lang wie Glied 2 + 3. H hinten stark verengt 2; **Stomis** Clairv. (häufig **St. pumicatus** Panz.)
— Okiefer u. 1. Fühlergl. nicht derart verlängert ***35***
35. E im 3. Zwischenraum der Streifen ohne porenartigen Eindruck. H recht breit auf E zulaufend. 5; **Abax** Bon. (**parallelepipedus** Pi. & Mit.)
— E im 3. Zwischenraum der Streifen mit mindestens 1 Eindruck (Porenpunkt). H an Basisecken meist stark von den E abgesetzt
35; **Pterostichus** Bon. (**Feronia** Latr.)
hierzu die häufigsten Laufkäfer, z. B. die schwarzen **Pt. vulgaris** L. [27] (13–17 mm) u. **Pt. niger** Schall. (16–21 mm, letzter Bauchring des ♂ gekielt; Carabiden-♂ an verbreiterten Vdtarsen kenntlich). Ferner die erzglänzenden Arten der Ugatttung **Poecilus**, bei der die ersten Fühlergl. zusammengedrückt sind, mit **Pt. cupreus** L., **coerulescens** L. (= **versicolor** Sturm) und **lepidus** Les. usw.
36. Über 2 cm . . . . . **Sphodrus leucophthalmus** L. (22–40 mm)

— Höchstens 2 cm *37*

37. Krallen innen gezähnelt od. gekämmt (wenn auch manchmal nur schwach) *38*

— Krallen innen deutl. glattrandig. Höchstens 15 mm. 30; **Agonum** Bon. Oft metallisch, z. B. **A. mülleri** Hbst. (grünlich metallisch), **A. viduum** Pz. (schwarzglänzend), **A. sexpunctatum** L. (grün u. kupferrot) od. ganz schwarz mit scharfeckigen Htwinkeln des H (**A. assimile** Payk.) oder E bräunlichrot mit gemeinsamen grünblauen Fleck vor der Spitze (**A. dorsale** Pont.) (**Agonum** hier als Großgattung). Verwandte Gattg. 2; **Olisthopus** mit **rotundatus** Payk., 5–7 mm bei der die hornige Platte auf der Kopfunterseite über der Basis der Ulippe im Gegensatz zu Agonum keinen kleinen Zahn in der Mitte hat

38. Schwarz mit blauem Schimmer. Tarsen auf Oseite mit gelben Haaren. Krallen nur schwach gezähnelt. 13–17 mm **Pristonychus terricola** Hbst.

— andere Merkmalskombination *39*

39. 15–20 mm. Krallen deutl. gezähnelt. Schwarz, Fühler u. Beine rotgelb **Dolichus halensis** Bon.

— Unter 15 mm *40*

40. Schulter der E eckig, zahnartig vorgezogen. Krallen deutlich gezähnelt . . . . 6; **Calathus** Bon. häufig **C. fuscipes** Goez. (schwarz, Fühler braunrot, Beine dunkelbraun, 11–14 mm), **C. erratus** Sahlb. (ähnlich, aber kleiner, 8–11 mm, Fühler u. Beine gelbrot), **C. melanocephalus** L. (schwarz, H rot, 6–8 mm)

— Schultern u. H mehr gerundet. Krallen schwächer gezähnelt. 6–8 mm **Synuchus nivalis** Panz.

41. Kopf blau, H rot, viel schmaler als Basis der E, diese schwarz u. gelb gefleckt, 6–7 mm . . . . **Callistus lunatus** F.

— anders *42*

42. H zur Basis nicht verengt, wohl aber stark zum Kopf hin gerundet. Körper kahl, oval (wirkt wie Amara). Hintere Außenpartie der Hthüften flach, mit dem Bauch in einer Ebene . . . . . 2; **Oodes** Bon.

— anders *43*

43. Fühler vom 4. Glied an fein seidig behaart, höchstens Glied 3 mit einzelnen Haaren. Epipleuren der E am Ende gekreuzt [*51a*] . . . *44*

— Fühler vom 3. Glied an dicht seidig behaart. Epipleuren einfach [*51b*] *45*

44. Körper rel. flach, metallisch grün, zuweilen mit gelbem Seitenrand, manchmal schwarz, meist fein anliegend behaart 9; **Chlaenius** Bon.

— Körper gestreckt u. gewölbt, schwarzbraun bis schwarz, Beine mehr rotbraun Getreidelaufkäfer, **Zabrus tenebrioides** Goez. (14–16 mm) Larve in Erdröhren, schädlich an Getreidesaat, Käfer an Körnern von Getreide

45. Stirn mit roten Flecken 3; **Anisodactytus** Dej. (z. B. **A. binotatus** F.)

— Stirn ohne rote Flecken *46*

46. Gelbbraun, H u. ein großer Fleck auf den E blau, 8–10 mm **Diachromus germanus** L.

— anders *47*

47. Vorletztes Glied der Lippentaster mit 2 Borsten [*50b*]. Tasterendglied ± zugespitzt *48*

— Vorletztes Glied der Lippentaster mit mehr als 2 Borsten [*50a*]. Tasterendglied gestutzt . . . . 53; **Harpalus** Latr. **H. aeneus** (grün metallisch, seitl. äußere Zwischenräume der E dicht punktiert); **H. rufipes** De Geer (Oberseite behaart); viele Arten schwarz bis braun u. unbehaart.

48. Htwinkel des H mit 1 langen Tasthaar. Oseite der Tarsen fein gelb behaart. 3; **Dicheirotrichus** J. de Val. (z. B. **D. gustavi** Crotch), 4–7 mm an Meeresküsten u. Binnensalzstellen) u. 2; **Trichocellus** Ganglb.

— Htwinkel des H ohne Tasthaar. Oseite der Tarsen kahl u. nicht punktiert *49*

49. Httarsen matt. 5–7 mm. 3; **Stenolophus** Latr. (z. B. **St. mixtus** Hbst)

— Httarsen glatt. 2–4 mm *50*

50. Körper gewölbt, Vdbrust gerandet 6; **Bradycellus** Erichs. (z. B. **verbasci** Dft.)

— Körper flach, Vdbrust vorn ungerandet . . . . 10; **Acupalpus** Latr.
häufig **A. meridianus** L.

Fam. **Dytiscidae,** Schwimmkäfer

1. Sch nicht sichtbar. Selten über 5 mm, höchstens 6 mm *2*

— Sch deutlich sichtbar. Mindestens 6 mm, meist viel länger . . . *3*

2. Körper eiförmig, ober- u. unterseits fast kugelig gewölbt, rostrot. Krallen der Htbeine sehr ungleich lang, eine schwer sichtbar **Hyphydrus ovatus** L. (4,5–5 mm)

— Unterseite nicht kugelig gewölbt. Krallen der Htbeine von gleicher Länge od. wenn nicht, dann E gefleckt od. Körper unter 4 mm. 8 Gattg. mit vielen Arten, vor allem 12; **Hydroporus** Clair.

3. Über 20 mm *4*

— Höchstens 20 mm *5*

4. Httarsus mit 2 Krallen, Httibia wenig kürzer als Schenkel 7; **Dytiscus** L.
D. latissimus L. (2,5 cm breit), übrige Arten höchstens 2 cm breit: **D. marginalis** L., Gelbrand, (gelber Rand um H u. an Längseiten der E)

— Httarsus mit nur 1 deutl. Kralle. Httibia sehr kurz u. verbreitert, knapp halb so lang wie Schenkel **Cybister lateralimarginalis** Deg.

5. E chagriniert mit Querriefen. 16–19 mm . . . 3; **Colymbetes** Clairv.
häufig **C. fuscus** L., in Teichen

— E ohne Querriefen *6*

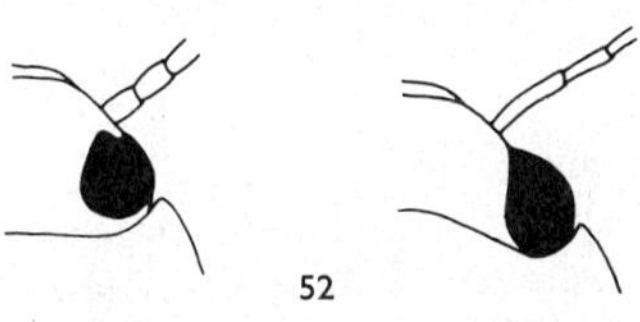

52

a b

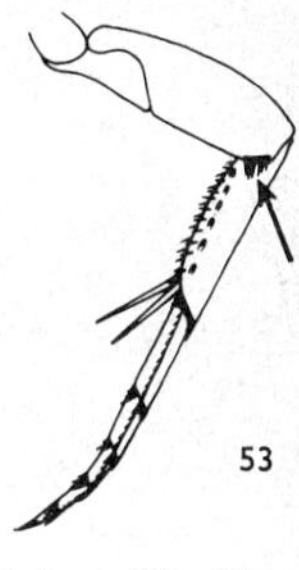

53

6. Augen vorne hinter der Fühlerwurzel durch kleinen Kopffortsatz etwas eingebuchtet [*52a*] *7*

— Augen vorne nicht derart eingebuchtet [*52b*] *10*

7. Krallen der Httarsen gleich lang, Htrand der Tarsengl. gerade *8*

— Krallen der Httarsen sehr ungleich, der Htrand der 4 ersten Tarsengl. außen lappig ausgezogen *9*

8. Innerer Endwinkel der Htschenkel auf der Useite mit einem Borstenbüschel [*53*] . . . . 27; **Agabus** Leach.
(u. der nahe verwandte **Platambus maculatus** L., mit großen, gelben, streifigen Flekken auf H u. E, 8 mm, Gebirgsbäche u. Brandungsufer von Seen).

— Ohne solches Borstenbüschel. E am Ende stärker zugespitzt
Copelatus haemorrhoidalis F. (selten)

9. Htecken des H stumpfwinklig gebogen. Die Basis daneben ohne Spur einer Ausbuchtung. Meist schwarz . . . . 10; **Ilybius** Erichs.
I. ater Deg. (13–14 mm), übrige Arten höchstens 11,5 mm.

— Htecken des H mehr spitz verlaufend, die Basis daneben ± ausgebuchtet . . . . 9; **Rhantus** Dej. (z. B. **Rh. punctatus** Geoffr.)

10. Körper oval, deutlich gewölbt. Der größere Enddorn der Httibia das oberste Tarsenglied weit überragend . . . . 5; **Hydaticus** Leach.
H. transversalis Pont. (E mit gelbem Seitenrand u. rostroter Querbinde, 13 mm)

— Körper breit, ziemlich flach, hinter der Mitte am breitesten, der größte Enddorn der Httibia kaum länger als 1. Tarsenglied. *11*

11. E des ♂ fast glatt (♂ hat breite Saugnäpfe an Vdbeinen), des ♀ fein gekörnt. 13–15 mm 4; **Graphoderes** Thoms. (z. B. **G. bilineatus** Deg.)

— E des ♂ dicht punktiert, des ♀ mit Längsrippen zwischen behaarten, flachen Furchen. 15–18 mm 2; Furchenschwimmer, **Acilius** Leach.
A. sulcatus L. *[25]* (Htschenkel schwarz gefleckt), **A. canaliculatus** Nicol. (Htschenkel ganz gelb).

Familiengruppe **Cantharoidea**

1. Kopf ganz unter dem vorn gerundeten, erweiterten H versteckt. ♂ geflügelt, seine E gerunzelt u. mit schwachen Längsrippen; ♀ ungeflügelt od. mit Flügelstummeln, Die letzten Bauchringe gelb u. im Leben leuchtend. . . . Fam. Leuchtkäfer, Glühwürmchen, **Lampyridae**
Phosphaenus hemipterus Goez. (H ohne durchsichtige Fensterflecke, ♂ 6–7, ♀ 7 bis 10 mm), **Lampyris noctiluca** L. (H mit Fensterflecken, seine Htecken scharfwinklig, ♂ 11–12, ♀ 16–18 mm), **Lamprohiza (Phausis) spendidula** L. (wie Lampyris, aber Htecken des H abgestumpft, 8–10 mm).

— Kopf wenigstens von den Augen ab von oben sichtbar *2*

2. Kopf bis zu den Augen in H eingezogen. Schenkel abgeflacht u. unten flach gefurcht *3*

— Kopf frei od. wenn bis zu den Augen eingezogen, dann Schenkel nicht abgeflacht und nicht unten flach gefurcht. Oberlippe von der Stirn bedeckt. . . . . Fam. Weichkäfer, **Cantharidae** *4*

3. E meist rot mit Längsrippen u. Gitterung dazwischen.
Fam. Rotdeckenkäfer, **Lycidae**
Larven räuberisch unter Baumrinde, Käfer auf Blüten u. Gesträuch bes. der Waldlichtungen. 6 Gattg. mit 8 Arten, z. B. **Lygistopterus sanguineus** L. (Seiten des H und die E hochrot, 8–9 mm)

— E des ♂ lederartig gerunzelt, gelbbraun od. schwarz. ♀ flügellos wurmartig, ähnlich den Lampyridae, aber Bauch ohne Leuchtflecken
Fam. **Drilidae**
2; **Drilus** Oliv., z. B. **D. concolor** Ahr., Waldlichtungen, Larven sind Schneckenfresser.

4. Endglied der Taster breit, beil- od. spatelförmig. E bedecken den Htleib *6*

— Endglied der Mundtaster eiförmig zugespitzt. E meist etwas verkürzt, oft mit schwefelgelber Spitze *5*

5. Kopf groß, vorgestreckt, wenig geneigt, nach der Basis zu stark verengt. Fühler auf Stirnmitte, vom Innenrand der Augen etwas entfernt eingefügt (Häufig **M. flaveolus** Payk.) . . . 8; **Malthinus** L.

— Kopf breiter als lang, herabgebogen, nach der Basis zu weniger verengt. Fühler direkt am Innenrand der Augen eingefügt
28; **Malthodes** Kiesw.

6. Basis des H breit u. flach ausgebuchtet. Kopf lang u. vorgestreckt
Podabrus alpinus Payk. (Gebirgsgegenden auf Coniferen)

— Basis des H gerade od. nach hinten bogig erweitert. Kopf meist bis zu Augen in H einziehbar *7*

7. Stirn zwischen Fühlern mit länglicher, nach allen Richtungen abgeflachter Beule. H mit breit gerundeten Vdwinkeln. Krallen einfach od. die äußere am Grunde zahnartig erweitert. 3 Gattg., vor allem 25; **Cantharis** L.

C. fusca L. (E schwarz, H rot mit unregelm. schwarzen Fleck), **C. rustica** Fll. (ähnlich, aber Fleck auf dem H herzförmig [*34*]), **C. livida** L. (E gelbbraun); auf Blüten u. Sträuchern; Larven winteraktiv.

— Stirn ohne eine derartige Beule Krallen in je 2 Längshälften gespalten. 13; **Rhagonycha** Esch.

Rh. fulva Scop. (E gelbrot mit schwarzer Spitze, ca. 9 mm), **Rh. lignosa** Müll. (H schwarz, E gelb, 5–6 mm). Hierher ferner 2 selt. Gattg. im Gebirge.

Silphidea (Silphidae, Liodidae, Catopidae, Colonidae), Aaskäfer

1. Mindestens 9 mm. E häufig, aber nicht immer mit 3 Längsrippen *2*

— Höchstens 8 mm. E nicht mit Längsrippen *9*

2. Fühler mit großem 4gl. Endknopf. E abgestutzt, schwarz od. mit roten Querbinden, 12–30 mm . . . . 8; **Necrophorus** L.

a) einfarbig schwarz: **N. humator** F. (Fühlerkeule gelbrot), **N. germanicus** L. (Fühlerkeule schwarz). b) schwarz mit roten Querbinden: **N. vespilloides** Hbst. (Fühlerkeule schwarz), **N. vespillo** L. [*41*] (Fühlerkeule rot, Httibien gekrümmt, H vorn dicht gelb behaart); ähnlich, doch Httibien gerade: 4 weitere Arten, darunter **N. investigator** Zett. (H kahl) u. **N. vestigator** Hsch. (H gelb behaart).

— Fühler allmählich zur Spitze verdickt od. mit deutlich größeren Endgliedern, aber nicht mit scharf abgeseztem Endknopf *3*

3. H an Seiten u. Basis stark gerundet, wirkt $\pm$ kreisförmig. E abgestutzt, einige Htleibsringe frei lassend. Flach, schwarz, unbehaart. Augen vorquellend. 16–25 mm . . . . . . **Necrodes litoralis** L.

— andere Merkmale *4*

4. gleichmäßig schwarz od. braun gefärbt *6*

— Körper zweifarbig. 12–16 mm *5*

5. Schwarz, H rot. (Im Wald an Aas) . . . **Oeceoptoma thoracica** L.

— E hellbraun mit je 2 schwarzen Flecken **Xylodrepa quadripunctata** Schreib.

Im Wald, räuberisch auf Zweigen

6. Kopf schmal, schnauzenartig verlängert. H nach vorn stark verengt. Schneckenfresser. **Phosphuga atrata** L. (E glänzend u. mit 3 kräftigen Rippen), **Ablattaria laevigata** F. (E fein punktiert, ohne Rippen)

— Kopf nicht derart verschmälert *7*

7. Kopf hinter den Augen ringsum abgeschnürt. Vdrand des H flach bogenförmig ausgeschnitten. Fühler mit 3 merklich dickeren Endgliedern. 9–14 mm . . . . 3; **Thanatophilus** Sam.

häufig: **Th. rugosus** L. (Runzeln od. Höcker zwischen den Rippen), u. **Th. sinuatus** L. (ohne Runzeln oder Höcker, nur Aprikalbeule).

— andere Merkmale *8*

8. Kopf hinter den Augen backenartig verdickt. . 2; **Blitophaga**,Reit.

B. undata Müll. (zwischen den Rippen mit Runzeln, Oseite fast kahl), **B. opaca** L. (keine Runzeln, deutl. Apikalbeule, dicht anliegend behaart). Schädlich an Beta-Rüben („Rübenaaskäfer")

— Kopf hinter den Augen seitl. verengt . . . . 4; **Silpha** L.

häufig: **S. obscura** L. (schwache Längsrippen, matt), **S. tristis** Ill. [*42*] (mit schmal abgesetzten Seitenrändern der E, auf den E starke Längsrippen), **S. carinata** Hbst. (E mit starken Längsrippen, aber Seitenränder breit u. hoch abgesetzt).

9. Kiefertaster mit eiförmigen od. $\pm$ parallelen, aber nicht verkürzten Endgliedern. a) 6–8 mm: **Necrophilus subterraneus** Dahl u. **Pteroloma**

forstroemi Gyll. (ziemlich seltene Gebirgstiere). b) 1–6 mm: 2; **Agyrtes** Fröl. (zahnartig ausgezogene Tibien. Im Moder) u. **Liodidae** (Schwammkugelkäfer) mit 11 Gattg., darunter **Anisotoma** Ill., **Agathidium** Ill. u. **Liodes** Latr.

— Kiefertaster mit konisch zugespitztem od. sehr kleinen Endglied ***11***

11. Zwischen Auge u. Fühlerbasis Randkante (**Catopidae**) ***12***

— ohne solche Randkante. 1,5–3,2 mm . **Colonidae** (21; **Colon** Hbst.)

12. E quergerieft od. querrissig skulpturiert

4; **Ptomaphagus** Ill. (Querriefen der E schräg zur Basis des H). **Anemadus strigosus** Erichs. (2–3,5 mm) u. **Nemadus colonoides** Kraatz. (1,5 mm), beide mit Querriefen parallel zur Basis des H.

— E nicht so skulpturiert ***13***

13. Kopfschild durch Quernaht von der Stirn getrennt. Mittel- u. Hintertibien an der Spitze mit Kranz kleiner Dörnchen; 15; **Choleva** Latr. (Über 4 mm; 2. Fühlergl. kürzer als 3.); 4; **Nargus** Thoms. (Bis 3,5 mm; 2. Fühlergl. etwa so lang wie 3.)

– Zwischen Kopfschild u. Stirn keine Quernaht. Alle Tibien an der Spitze nur mit langen Sporen, ohne feinen Dörnchenkranz: 23; **Catops** Payk. (H nach vorne u. hinten verengt, bildet mit E einspringende Winkel); 3; **Sciodrepoides** Hatch. (H nur nach vorne verengt, Körperumriß daher fast einheitlich oval).

Fam. **Staphylinidae**, Kurzflügler

1. H u. E mit Rippen ***2***

— H u. E ohne Rippen ***3***

2. Fühler kurz u. dünn, 9gl. mit scharf abgesetztem Endknopf. Tarsen 3gl. Etwa 2 mm. **Micropeplus** Latr. (häufig **M. porcatus** F.)

— Fühler mit einigen größeren Endgl., Tarsen 5 gl. **Thoracophorus corticinus** Motsch. (2,5 mm) u. **Pseudopsis sulcata** New. (3,5–4 mm).

3. Kopf groß mit halbkugelig vorragenden Augen, die fast ganze Kopfseite einnehmen. Kopf mit Augen viel breiter als H. [*54*] Einige Arten mit roten Flecken auf E . . . . . 93; **Stenus** Latr. (Steninae)

— andere Merkmalskombination ***4***

4. Fühler inserieren auf der vorderen Stirn zwischen den Augen od. innerhalb des Niveaus ihres Vd- od. Innenrandes [*55*]. Kopf klein u. geneigt. Aleocharinæ (Gattungsauswahl) ***36***

— Fühler vor dem Niveau des Vdrandes der Augen eingefügt [*56* bis 61] ***5***

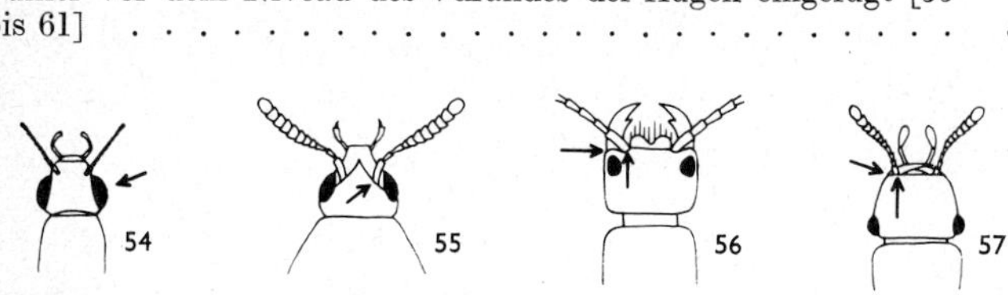

5. Fühler am Vdrand des Kopfes eingelenkt. Der Abstand zwischen den Außenkanten der Oberkiefer (Mandibeln) größer als der Abstand zwischen den Fühlerbasen [*56*].
a) Fühler mit Endkeule. 1,5–2 mm. 3; **Euaesthetus** Grav. [*57*] (Euaesthetinae). b) Fühler ohne Keule. Über 2 mm. Staphylininae [*56*] ***6***

— Der Abstand der Fühlerbasen voneinander größer od. so groß wie der Abstand zwischen den Außenkanten der Mandibeln an ihrer Basis [*58–61*] ***21***

6. Fühlerbasen nicht od. nur wenig weiter voneinander entfernt als von den Augen ***7***

— Fühlerbasen weiter voneinander entfernt als von den Augen . . *8*

7. E mit geraden, nicht übereinander greifenden Nahträndern. Hals mindestens von halber Kopfbreite. 3; **Baptolinus** Kr. (**Atrecus** Jacq.) (E höchstens undeutl. punktiert) u. 7; **Othius** Steph. (E deutl. punktiert)

häufig: **O. punctulatus** Goez. (10–14 mm), **O. melanocephalus** Grav. u. **O. myrmecophilus** Kies. (beide 4,5–5,5 mm), alle 3 mit braunroten E.

— E mit übereinandergreifenden Nahträndern. Hals schmaler als halbe Kopf. 5 Gattg., darunter 18; **Xantholinus** Serv.

häufig: Schläfen matt, mit Längswulst: **X. (Gyrohypnus) punctulatus** Payk. (7,5 bis 9 mm) u. **angustatus** Steph. (5,5–7 mm). Schläfen glänzend, ohne Längswulst: **X. linearis** Ol. (H ganz chagriniert), **X. longiventris** Heer (H höchstens an den Seiten etwas chagriniert)

8. Kopf ohne Seitenrandleiste. Umgeschlagene Seite des H wenigstens in der hinteren Hälfte von der Seite her sichtbar *10*

— Kopf unten mit Seitenrandleiste. Umgeschlagene Rand des H von der Seite her nicht sichtbar, H also gewölbter, seine Seiten stärker herabgezogen *9*

9. Fühler von Glied 4 an nach innen deutl. gesägt. 15–26 mm **Velleius dilatatus** F.

— nicht so; höchstens 16 mm, dann aber Fühler nicht gesägt.

5 Gattg., darunter 5; **Heterothops** Steph. (Endgl. der Taster klein, pfriemenförmig; 4–5 mm) u. 70; **Quedius** Steph. (Endglied der Taster normal schlank; 4–16 mm, selten unter 5 mm)

häufig **Q. fuliginosus** Grav.

10. Kopf, H u. Htleibsende zottig gelb behaart. 18–28 mm. **Emus hirtus** L.

— nicht so *11*

11. E mit breitem grauen Haarquerband, darin einige schwarze Punkte. 14–22 mm . . . . **Creophilus maxillosus** L.

— nicht so *12*

12. Kopf, H u. E dunkel u. mit anliegender grau od. gelblich marmorierter Behaarung. H. mit spitzwinklig vorstehenden Vdecken 3; **Ontholestes** Gglb.

O. murinus L. (H mit parallelen Seitenrändern; 10–15 mm). **O. tesselatus** Geoffr. (H nach hinten ausgeschweift verengt; 14–19 mm)

— nicht so *13*

13. Kopf u. H kahl u. meist glänzend, nur mit einzelnen langen Borsten u. zuweilen um die Schläfen dichter behaart. H meist mit 2 Punktreihen *14*

— Kopf u. H. außer den langen Borsten mit kurzer Grundbehaarung *16*

14. Auf dem H sind breite u. flachgrubige Punkte. Htleib scheckig behaart. 6–9 mm. An Meeresküsten, unter Tang **Cafius xantholoma** Grav.

— nicht so; wenn Punktgruben, dann diese tiefer u. von geringem Durchmesser *15*

15. Endglied der Kiefertaster doppelt so lang wie vorletztes. Schwarz glänzend, E rot. 8–9 mm. Im Mulm u. bei Ameisen **Hesperus ruficornis** Grav.

— Endgl. der Kiefertaster kaum länger als vorletztes Glied u. auch kaum schmaler. Über 70 Arten, z. T. bis 14 mm; **Philonthus** Curt. z. B. **Ph. fuscipennis** Mrsh. (Useite des 1. Fühlergl. hell) [*1*], auf Feldern. Verwandte Gattg. aber letztes Glied der Kiefertaster viel schmaler als vorletztes; bis 7 mm Länge. Etwa 20 Arten; **Gabrius** Curt.

16. Unter 6 mm . . . . 3; **Erichsonius** Fauv. u. 4; **Neobisnius** Gglb.

— Über 8 mm *17*

17. Kopf trapezförmig, nach hinten erweitert. Htleib mit helleren Haarflecken od. Binden. 10–17 mm . . . . . . 5; **Platydracus** Thoms.

— Kopf oval. rundlich od. gerundet viereckig *18*

18. Kopf dicht filzig marmoriert, goldgelb behaart (ähnlich wie Ontholestes, aber nicht mit vorne spitzwinkligem H). 12–17 mm **Trichoderma pubescens** Deg.

— Kopf u. H nicht struppig, sondern niederliegend u. gleichartig behaart *19*

19. Kopf, H u. E rotbraun. E hinten goldgelb behaart. 15–20 mm **Parabemus fossor** Scop.

— Kopf u. H schwarz, höchstens mit Bronzeglanz *20*

20. Seiten des Htleib mit goldgelben Haarflecken. Schwarz, E braunrot. 15–25 mm . . . . 3; **Staphylinus** L.

— Htleib ohne gelbe Haarflecke. E braunrot od. schwarz. 12–32 mm über 20; **Ocypus** Steph.

O. olens Müll. (schwarz, 22–32 mm), **O. ophthalmicus** Scop. (mit blauem Glanz, 15–22 mm), **O. similis** F. (schwarz, 12–20 mm)

21. Fühler unter den etwas lappig vorgezogenen Vdecken der Stirn über der Basis der Okiefer eingelenkt [*58*]. Kopf groß, meist breiter als H. Körper schlank, parallel . . . . **Paederinae**

10; **Paederus** Grav. (z. B. **P. litoralis** Grav.): H rot, E metallisch blau. Anders gefärbt sind mehrere weitere Gattg., darunter 8; **Stilicus** Latr. (**Rugilus** Leach.), Kopf stielartig abgeschnürt; 3,5–6 mm, sowie 36; **Lathrobium** Grav., Kopf halsartig abgeschnürt, H kräftig punktiert, aber mit breitem unpunktierten Mittelstreifen

— andere Merkmalskombination *22*

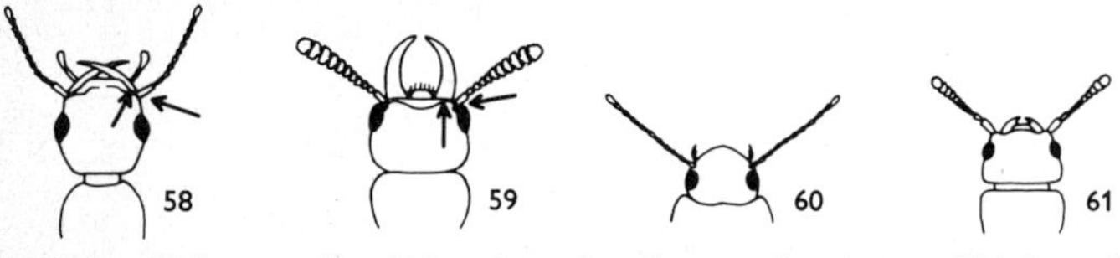

58 59 60 61

22. Stirn dicht vor den Vdrändern der Augen abgestutzt. Okiefer sehr vorgestreckt, fast so lang wie der Kopf [*59*], Lippentaster mit halbmondförmigem Endgl. Oxyporinae, nur 2; **Oxyporus** F.

O. rufus L. (H rot, E schwarz mit großem gelbroten Schulterfleck, Htleib gelbrot mit schwarzer Spitze, 7–10 mm, an Pilzen).

— nicht so *23*

23. Körper kahnförmig, Htleib konisch, zum Ende stark verschmälert u. dort beborstet od. bewimpert. Kopf bis zu Augen in H eingezogen. H glänzend u. meist unbehaart. Fühler frei auf der nach vorn abfallenden Fläche des Kopfes eingelenkt.

a) Fühler vom 3. Glied an sehr dünn, haarförmig, mit langen Borsten: Habrocerinae, nur **Habrocerus capillicornis** Grav., 3 mm.

b) Fühler normal, nicht haarförmig verdünnt [*60*]. Tachyporinae *24*

— Körper nicht kahnförmig. Fühler unter dem lappen-, höcker- od. leistenförmig erweiterten seitl. Stirnrand eingefügt [*61*]. Oxytelinae, Omalinae und Proteinae *31*

24. Kopf unter den Augen mit erhabener Seitenleiste. E mit vertieftem Nahtstreifen *25*

— Schläfen ohne Seitenleisten. E ohne Nahtstreifen *28*

25. Endglied der Kiefertaster kurz, pfriemenförmig 33; **Mycetoporus** Mnh.

— Endgl. meist so lang od. länger als vorletzte, auf jeden Fall halb so breit wie dieses *26*

26. 1. Glied der Ht- u. Mttarsen unterseits behaart u. bedornt. Schwarz mit roten E u. manchmal rotem H. . . . . . 4; **Bryocharis** Bois.

— Die betreffenden Tarsenglieder nur mit feiner Grundbehaarung *27*

27. E ungefleckt, mit mehreren Punktreihen . . . . 9; **Bryoporus** Kr.

— E gelbrot u. schwarz gefleckt, nur 1 Punktreihe neben Naht 9; **Bolitobius** Steph.

28. Endglied der Kiefertaster klein, pfriemenförmig *29*

— Endgl. so lang od. länger als das vorletzte *30*

29. Ganze Oberseite fein anliegend behaart . . . . 7; **Conosoma** Grav.

— wenigstens Kopf u. H kahl . . . . 18; **Tachyporus** Grav.
häufig: **T. hypnorum** F. (Kopf schwarz, H seitl. braunrot u. in der Mitte schwarz, E braunrot u. um Sch u. Seitenrand geschwärzt), **T. chrysomelinus** L. (Kopf schwarz, H u. E rotgelb, letztere nur um Sch u. vorne am Außenrand schwarz), **T. obtusus** L. (Kopf, H u. hintere Hälfte der E rotbraun).

30. 1. Glied der Httarsen so lang wie die 3 nächsten zusammen. E schwarz u. gelb . . . . **Leucoparyphus silphoides** L.

— 1. Glied der Httarsen nur wenig länger als das folgende
häufig T. **rufipes** Deg. (5–6,5 mm) 18; **Tachinus** Grav.

31. Htleib an Seiten breit randbildend abgesetzt, Außenkante messerscharf, einfach (Omalinae u. Proteinae) *32*

— Htleib mit aufgebogener Seitenrandung, letztere mit schmaler Dorsalfläche. Wenn flach randbildend u. mit scharfer Außenkante, dann Körper metallisch gefärbt od. über 6 mm (Oxytelinae) *33*

32. Htleib zwischen Hthüften gekielt. Vdhüften querwalzenförmig.
Höchstens 3 mm. Mehrere Gattg., darunter **Megarthrus** Steph. u. **Proteinus** Latr.

— Vdhüften zapfenförmig. Scheitel meist mit 2 Ozellen. Bis 6 mm.
29 Gattg., häufig: **Lathrimaeum unicolor** Marsh. (hell gelbbraun), **L. atrocephalum** Gyll. (gelbbraun, Kopf schwarz), **Lesteva** Latr. (H herzförmig, Endgl. der Kiefertaster 4mal so lang wie vorletzte), **Omalium** Gras. (H in Mitte mit 2 kräftigen Längseindrücken), **Eusphalerum** Kr. (**Anthobium** Steph.). Massenhaft in Blüten. Alle Tarsen erweitert u. behaart, Krallengl. der Httarsen sehr lang. ♀ mancher Arten mit E, die Htleib weit bedecken, z. B. **E. florale** Panz. [*2*].

33. Tarsen 5gliedrig. **Coprophilus striatulus** F. (**Elonium**) (glänzend braunschwarz, 5–7 mm), **Acrognathus mandibularis** Gyll. (± rot, 6–8 mm), **Deleaster dichrous** Grav. (verschiedenfarbig, schwarz u. braun; nachts vom Licht angelockt), **Syntomium aeneum** Müll. (dunkel, glänzend, 2 mm)

— Tarsen 3gliedrig. (8 Gattungen) *34*

34. H u. E mit langrissiger Skulptur, Basalfurchen oben auf Htleibsgliedern sind nach hinten gezogen. ca. 25; **Oxytelus** Grav. (s. l.)
häufig **O. rugosus** F. (H gekerbt; 4,5–5,5 mm).

— Ohne Längsfalten u. Längsrunz., Basalfurchen auf Htleib gerade *35*

35. Oberseite mit deutl. Grundbehaarung. H oft mit Mittellinie u. halsartig von E abgerückt. Über 40; **Bledius** Mannh. häufig, bes. an Meeresküste, **Bl. arenarius** Payk., Algenfresser.

— Oseite kahl. 7; **Platysthetus** Mannh., z. B. **Pl. arenarius** Four. (3-4 mm); ähnlich, aber Oseite fein behaart; **Aploderus** Steph.

36. Alle Tarsen 4gl., Fühler 10gl. Etwa 1 mm. 7; **Oligota** Mannh.

— Tarsenformel 4,4,5. Mehrere Gattg., darunter 24; **Gyrophaena** Mannh. (kurz u. breit, gesellig in Pilzen, 1–3 mm).

— Tarsenformel 4,5,5 . . . . *37*

— Tarsenformel 5,5,5. Endglied der Taster nadeldünn *39*

37. Htleib breit, oben auf den Seiten mit goldenen Haarbüscheln. Ameisengäste. **Lomechusa strumosa** F. (Schenkel verdickt u. mit goldenem Haarbüschel am Ende; 5,5–6,5 mm). 3; **Atemeles** Steph. (Schenkel nicht verdickt u. ohne Haarbüschel; 3,5–5 mm).

— Htleib oben ohne goldene Haarbüschel *38*
38. Mehrere Gattg., darunter solche mit 1. Glied der Httarsen sehr lang, meist länger als die 2 nächsten zusammen: **Drusilla canaliculata** F. (Kopf hinten halsartig abgeschnürt, H mit Mittellängsfurche; braun, Kopf u. Htleibsende schwarz; 4–4,5 mm). 12; **Zyras** Steph. (Kopf hinten allmählich verengt, H ohne Mittellängsfurche; 3,5–7 mm).
— 1. Glied der Httarsen nur wenig länger als das 2. Mehrere Gattg., darunter die Großgattung **Atheta** Thoms mit über 250 Arten.
39. Kiefertaster 5gl., Lippentaster 4gl. . . . . . 40; **Aleochara** Grav.
häufig **A. bipustulata** L. (E hinten mit rotem Fleck, Larve frißt Fliegenpuppen).
— Kiefertaster 4gl., Lippentaster 3gliedrig. Mehrere Gattg., darunter Großgattung 56; **Oxypoda** Mannh. (Seiten des H sehr stark nach unten geschlagen, Tibien unbedornt; 1,5–6,5 mm).

Hydrophilidea (Hydrophilidae, Hydraenidae, Spercheidae), Wasserfreunde

1. Über 30 mm . . . 2; Großer Kolbenwasserkäfer, **Hydrous** Leach.
H. piceus L. (alle Bauchringe dachförmig gekielt, 34–48 mm), **H. aterrimus** Esch. (nur letzter Bauchring mit Kiel, 32–40 mm).
— 15–18 mm . Kleiner Kolbenwasserkäfer, **Hydrophilus caraboides** L.[*23*]
— höchstens 10 mm *2*
2. H mit Längsfurchen od. Längsgruben. **Hydraenidae** *3*
— H ohne Längsfurchen od. Längsgruben *4*
3. H mit 5 Längsfurchen, E mit Punktstreifen od. Rippen. Krallengl. der Httarsen kürzer als die vorhergehenden Tarsenglieder zusammen 25; **Helophorus** F.
An Ufern, manche auch im feuchten Binnenland. z. B. **H. aquaticus** L. (4–9 mm) und **H. nubilus** F. (3–4 mm).
— H mit Längsfurchen, Längsgruben, seitl. Eindrücken od. Querfurchen. Krallengl. der Httarsen so lang od. länger als die vorhergeh. zusammen.
5; **Hydrochus** Leach. (H mit 5 Längsgruben, E mit Rippen, 2–4 mm), 15; **Ochthebius** Leach. (H u. E anders, Endgl. der Kiefertaster viel kleiner u. dünner als das vorletzte; 1–3 mm; häufig **O. marinus** Payk. in Salzwiesen), 19; **Hydraena** Kug. (gestreckter u. flacher, Endglied der Kiefertaster mindestens so lang wie das vorletzte Glied).
4. Krallengl. der Httarsen viel länger als die vorhergeh. zusammen. Oseite braun, glänzend. E mit schwarzen Flecken, 6–7 mm
Spercheidae, nur **Spercheus emarginatus** Schall.
— Krallengl. der Httarsen kürzer als die vorhergeh. zusammen . . *5*
5. Oberstes Tarsengl. länger als das nächste *8*
— Oberstes Tarsengl. kürzer als das nächste *6*
6. Sch lang, schmal u. spitzig. Tarsen u. Tibien der Mt- u. Htbeine mit Schwimmhaaren; 3,5–5,5 mm . . . . 4; **Berosus** Leach.
— Sch breit dreieckig. Höchstens Httarsen mit wenigen Schwimmhaaren *7*
7. E hinten mit gleichmäßig tief eingeritzten Streifen; schwarz glänzend, Beine braunrot; 6–7,5 mm . . . . **Hydrobius fuscipes** L.
— anders, E mit Punktreihen od. verworren punktiert, höchstens mit tief eingeritztem Nahtstreifen: viele Gattg. (darunter **Enochrus bicolor** F., braunglänzend, an Meeresküsten, 5–6 mm u. **Helochares** Muls.)
8. E außer dem Nahtstreifen verworren punktiert, oft mit gelben oder roten Flecken 4; **Sphaeridium** F. (Sch sehr lang u. schmal; 4–6 mm)
Häufig **S. scarabaeoides** L. u. **S. bipustulatum** F. in Kuhdung.
Coelostoma orbiculare F. (Sch wenig länger als breit; 3,5–4,5 mm, in stehendem Wasser).

— E zwischen der feinen Grundpunktur mit deutl. Streifen od. Reihen von Punkten: 23; **Cercyon** Leach. (Oseite kahl; E mit deutl. Nahtstreif. 1,5 bis 4 mm). **Megasternum boletophagum** Mrsh. (E ohne ausgesprochenen Nahtstreif)
3; **Cryptopleurum** Muls. (Oseite fein behaart), Dünger, Detritus, Ufer.

Familiengruppe **Lamellicornia**, Blatthornkäfer

1. Das 1. Fühlergl. auffallend lang, die Endglieder mit starren säge- od. kammartigen Gliedern [*36*] . . . . . Hirschkäfer, **Lucanidae** *2*
— 1. Fühlergl. nicht auffallend verlängert, Endglieder mit 3–7 (manchmal sehr dicht) aneinanderliegenden, einseitigen, beweglichen Lamellen [*35*] . . . . Mist- u. Laubkäfer, **Scarabaeidae** *7*
2. H fest an die E angeschlossen, die Basis ungerandet; Körper etwa 1½-mal so lang wie breit. 5–7 mm **Aesalus scarabaeoides** Pz. (Gebirge)
— H lose an die E angeschlossen, seine Basis gerandet; Körper über doppelt so lang wie breit *3*
3. Fühlerkeule mit 4–6 Gliedern *4*
— Fühlerkeule 3gl. Glänzend schwarz, 12–16 mm *6*
4. Oben metallisch blau od. grün, 10–14 mm, [*36*]
Rehschröter, **Systenocerus caraboides** L.
— Matt schwarz od. braun. Mindestens 15 mm *5*
5. Vdtibien oben ohne Leisten u. Rinnen. Mandibeln des ♂ geweihartig. 2–6 cm . . . . Hirschkäfer, **Lucanus cervus** L.
— Vdtibien oben mit mehreren Leisten u. Längsrinnen. 16–32 mm
Balkenschröter, **Dorcus parallelopipedus** L.
6. Kopf des ♂ mit längerem, des ♀ mit kurzem Horn.
Baumschröter, **Sinodendron cylindricum** L.
— Kopf ohne Hörnchen . . **Ceruchus chrysomelinus** Hochw. (montan)
7. Oseite des Körpers, bes. der E mit kleinen höckerigen Unebenheiten, grauschwarz, Htleib nur mit 5 Bauchringen . . . . . . 7; **Trox** F.
Häufig **T. sabulosus** L. u. **scaber** L., leben von trockenen Tierresten.
— Oseite des Körpers glatt od. mit Streifen; zuweilen am Kopf u. H mit Hörnern od. Höckern *8*
8. Fühler kahl od. höchstens spärlich behaart. Wenigstens der letzte Htleibsring (Afterdecke) nicht von E bedeckt *14*
— Fühlerkeule od. wenigstens ihre beiden letzten Glieder matt, staubartig grau behaart. Htleib meist von den E bedeckt (Ausnahmen: Onthophagus u. Caccobius mit abgestutzten E) *9*
9. Httibien mit 1 Enddorn. Mthüften weit voneinander entfernt.
a) sehr lange Htbeine, E fast dreieckig, 8–10 mm; im südl. Bereich, Matter Pillendreher, **Sisyphus schäfferi** L. b) Htbeine nicht verlängert, E nicht 3eckig: Mondhornkäfer, **Copris lunaris** L. (Kopf des ♂ mit großem, des ♀ mit gleinem Horn, 17–23 mm), 12; **Onthophagus** Latr. (höchstens 15 mm, Vdtibien an der Spitze schräg abgeschnitten) u. **Caccobius schreberi** L. (Vdtibien an der Spitze gerade abgestutzt, E mit 4 roten Flecken).
— Httibien mit 2 Enddornen, alle Hüften einander genähert *10*
10. Fühler 9gl., Augen höchstens vorne etwas ausgebuchtet *11*
— Fühler 11gl., Augen ganz od. wenigstens bis zur Hälfte von dem Kopfseitenrand durchteilt *12*
11. Kopfschild vorn gerundet erweitert, die Okiefer ganz bedeckend.
a) Httibien außen mit 2 starken Schrägleisten: 60; **Aphodius** Ill. u. 3; **Heptaulacus** Mul. (H ohne Mittelfurche), **Oxyomus silvestris** Scop. (Mtfurche angedeutet; 2,5 bis 3,5 mm). b) Httibien außen ohne Schrägleisten, manchmal mit Zähnchen, H mit deutl. Mtfurche: 4 Gattg., darunter **Psammobius sulcicornis** Ill. (ca. 3 mm, in Dünen).

— Kopfschild bedeckt wenigstens Spitze der Okiefer nicht 3; **Aegialia** Latr.
z. B. **A. arenaria** in Dünen der Nord- u. Ostsee

12. Augen nur zur Hälfte geteilt. Rostrot. Kopf u. H beim ♂ gehörnt. 12–15 mm . . . . **Bolbelasmus unicornis** Schrk.

— Augen ganz durchteilt. Schwärzlich, mit od. ohne Erzglanz . . *13*

13. Kopf u. H ohne Hörner. Httibien mit 2–3 Querleisten auf ihrer Außenseite. Mindestens Bauchseite glänzend blau 7; Mistkäfer, **Geotrupes** Latr.
häufig **G. vernalis** L. (E fast glatt ohne deutl. Längsstreifen, blau od. violett schimmernd, in lichten, trockenen Wäldern), **G. stercorarius** L. (E mit 7 Längsstreifen. Httibien außen mit 3 Querkanten, auf Viehweiden), **G. stercorosus** Scrb. (= **silvaticus** Pz) [*35*] (Httibia außen mit 2 Querkanten, in der Ebene in feuchten Wäldern, im Gebirge auf Weiden).

— Kopf od. H beim ♂ mit größeren Hörnern, beim ♀ mit kleinen Hökkern. Stirnhornkäfer, **Odontaeus armiger** Scop. (7–10 mm) u. Stierkäfer **Typhoeus typhoeus** L. (15–20 mm)

14. H ausgehöhlt oder eingedrückt. Stirn des ♂ mit Horn, des ♀ mit kleinem Höcker. ♂ 30–40 mm, ♀ 25–30 mm Nashornkäfer, **Oryctes nasicornis** L.

— anders *15*

15. Krallen der Füße ungleich od. nur 1 große Kralle vorhanden . . *16*

— Krallen der Füße gleich *19*

16. Htfüße nur mit 1 großen Kralle. Bauchseite mit feinen, oft erzglänzenden Schüppchen bedeckt . . . . 6; **Hoplia** Ill.
häufig **H. farinosa** L. (9–11 mm).

— Htfüße mit 2 Krallen, meist an den vorderen 2 Beinpaaren die größere Kralle an der Spitze gespalten *17*

17. Kopfschild (schwarz glänzend) nach vorn etwas schnauzenförmig verlängert, mit erweiterter u. aufgebogener Spitze 4; **Anisoplia** Serv.
häufig Getreidelaubkäfer, **A. segetum** Hbst. erzgrün mit langer gelber Behaarung. E dunkelgelb, am Seitenrand mit steifen Borsten, 8–12 mm.

— Kopfschild nicht schnauzenförmig, einfach 4eckig od. abgerundet *18*

18. Körper ziemlich flach, stark behaart. Metallisch grün, E gelbbraun Gartenlaubkäfer, **Phyllopertha horticola** L.

— Körper gleichmäßig gewölbt, verkehrt eiförmig, oben oft metallisch grünblau od. braun, fast od. ganz kahl Julikäfer, **Anomala dubia** Scop.

19. Oseite stark gewölbt (Maikäferartig). Spitzenrand der Mt- und Httibia nicht gezackt oder gefingert. E vorn ohne Einbuchtung des Außenrands *20*

— Oseite ± flach. Entweder Spitzenrand der Mt- u. Httibia scharf gezackt bzw. gefingert od. E vorne mit Einbuchtung des Außenrandes *24*

20. Höchstens 10 mm. Enddorne der Httibia weit getrennt.
Homaloplia ruricola F. (Kopf u. H schwarz, E braunrot mit schwarzem Innen- und Seitenrand, 5–7 mm), **Maladera holosericea** Scop. (Oseite ganz schwarzbraun, 6 bis 8 mm), **Serica brunnea** L. (oben ganz braunrot, 8–10 mm).

— Mindestens 10 mm. Enddorn der Httibia dicht nebeneinander . . *21*

21. Fühlerkeule mit 3 Blättern. Höchstens 18 mm. Oben gelbbraun.
5; **Rhizotrogus** Latr. (Fühler 10gl., zwischen Schaft u. Keule 6 kurze Glieder; häufiger **Rh. aequinoctialis** F. u. **aestivus** Ol.),
3; **Amphimallon** L. (Fühler 9gl., zwischen Schaft u. Keule 5 kurze Glieder; häufig Junikäfer, Brachkäfer, **A. solstitialis** L.).

— Fühlerkeule mit 4–7 Blättern (die beim ♀ kurz, beim ♂ lang sind). Mindestens 18 mm *22*

22. E braun mit weißen Flecken marmoriert. 24–34 mm. In Dünen Walker, **Polyphylla fullo** L.
— E einfarbig bräunlich *23*
23. E ohne deutliche Längsrippen . . . . **Anoxia villosa** F.
— E mit deutl. Längsrippen . . . . 3; **Melolontha** F.
M. melolontha L. (= **vulgaris** F.), Feldmaikäfer, (Htleibsende allmählich schmaler werdend, E auch an Seiten braun); **M. hippocastani** F., Waldmaikäfer (Htleibsende stark gebogen mit dünnem stiftartigen, am Ende meist wieder etwas verdickten Fortsatz, Seitenrand der E schwarz).
24. E bedecken nur halben Htleib. Schwarzbraun u. schwarzweiß beschuppt. 7–9 mm . . . . **Valgus hemipterus** L.
— anders *25*
25. E vorn mit Einbuchtung des Außenrandes . . . **Cetoniinae** *26*
— E ohne solche Einbuchtung *27*
26. E behaart, schwärzlich mit kleinen weißen Flecken.
Tropinota hirta Poda (Vdtibia mit 3 Zähnen), **Oxythyrea funesta** Poda (Vdtibia mit 2 Zähnen).
— E nicht od. kaum behaart, metallisch od. erzfarben.
a) Fortsatz zwischen den Hüften der Mittelbeine schmal u. kugelig. Oben erzgrün mit weißen Stricheln, unten kupferrot. 14–20 mm, Rosenkäfer, **Cetonia aurata** L. b) Fortsatz verbreitert u. flach. Oberseite bronzefarben mit weiß, Unterseite grün: **Liocola lugubris** Hbst. (= **marmorata** F.), ähnlich aber Oseite erzgrün; 3; **Potosia** Mul.
27. Oseite wollig behaart. E gelb mit schwarzen Querflecken. Pinselkäfer 3; **Trichius** F. (häufig **T. fasciatus** L.).
— Oseite unbehaart: **Osmoderma eremita** Scop. (28–32 mm, glänzend dunkelbraun), 2; **Gnorimus** Serv. (15–20 mm, schwarz od. metallisch grün, häufiger **G. nobilis** L.).

Fam. **Dermestidae**, Speckkäfer

1. Körper dicht beschuppt . . . . 5; **Anthrenus** F.
A. museorum L., Museumskäfer (Fühler 8gl, mit 2gl Keule, Innenrand der Augen vorne eingebuchtet, Seiten des H dicht weiß beschuppt); übrige Arten mit anderen Merkmalen
— Körper behaart *2*
2. Ohne Stirnauge (Ozellus). Alle Tibien mit mehreren Längskanten 14; **Dermestes** L.
häufig **D. lardarius** L., Speckkäfer (Vdhälfte der E gelbbraun behaart mit dichten Punkten); andere Arten ± einfarbig schwarzbraun, bei einigen ist Bauchseite weiß. Leben an tierischen Produkten
— Stirn in der Mitte mit kleinem Ozellus. Tibien höchstens mit 1 Außenrandkante *3*
3. Vdhüften treten ± zapfenförmig hervor . . . . 5; **Attagenus** Latr.
z. B. **A. pellio** L., Pelzkäfer (je 1 weißer kleiner Fleck in Mitte der E)
— Vdhüften quer, größtenteils in Gelenkhöhlen eingeschlossen: weitere Gattungen. Hier auch **Trogoderma granarium** Ev, Khaprakäfer. (E mit helleren Querbinden, Vorratsschädling). **Megatoma undata** L. (in Nestern von Solitärbienen)

Fam. **Buprestidae**, Prachtkäfer

1. 25–30 mm. Erzfarben mit Kupferglanz in den Vertiefungen. E mit breiten Längsfurchen . . . **Chalcophora mariana** L. (Kiefernwälder)
— bis 23 mm u. andere Merkmale *2*
2. Augen weit vom H entfernt, Schläfen lang. 3–4 mm
3; **Aphanisticus** Latr. (Fühlerkeule 4gl., Larven in Juncus u. Carex), **Cylindromorphus filum** Gyll. (Fühlerkeule 6gl., Larven in Gräsern)
— Augen dem Vdrand des H ganz od. ziemlich genähert, Schläfen daher kurz *3*
3. Körper breit, E fast 3eckig nach hinten verjüngt. Fühler mit 5gl. Keule. 2–3,5 mm . . . . 5; **Trachys** F., z. B. **Tr. minuta** auf Salix
(nahe verwandt mit Trachys ist die seltene **Habroloma nana** Hbst).

— Andere Merkmalskombination, Fühler vom 3.–4. Glied an nach außen 3eckig erweitert *4*

4. Krallen an der Basis mit großem Zahn. Grünblau od. erzfarbig.
33; **Agrilus** Curt. (Seiten des H doppelt gerandet; häufig **A. viridis** L. [*29*], grün mit hellem Kopf, schädl. an Buchenkulturen), 3; **Coroebus** Cast. (Seiten des H einfach gerandet).

— Krallen innen an der Basis nur mit zahnartiger Verdickung. E mit Streifen od. Punktreihen u. 2 Reihen goldgelber Flecken: 2 selt. Arten

— Krallen einfach, weder mit Zahn noch Verdickung *5*

5. E mit leistenartig erhabenen Längslinien u. je 2 goldglänzenden Grübchen auf der Scheibe. Vdschenkel verdickt mit großem lappenförmigen Zahn . . . 3; **Chrysobothrys** Esch. (z. B. **Ch. affinis** F., an Kiefern)

— nicht so, Vdschenkel ohne Zahn *6*

6. Basis der E meist mit wulstförmigem Rand, Basis des H gerade 18; **Anthaxia** Esch.
häufig **A. quadripunctata** L. (H mit 4 queren Dorsalgruben).

— Basis der E nicht so, Basis des H $\pm$ doppelbuchtig 7

7. E dicht unregelmäßig punktiert: **Melanophila acuminata** Deg. (schwarz), **Phaenops cyanea** F. (blau oder grün)

— E mit Streifen, dazwischen oft mit glänzenden Reliefs *8*

8. Seitenrand des H glatt, fast bis nach vorn strichförmig gerandet.
5; **Buprestis** L. (Sch klein, Körper abgeflacht, z. B. **B. rustica** L., 12–18 mm, in Nadelwäldern), **Eurythyrea quercus** Hbst. (Sch herzförmig, E mit gewölbten Zwischenräumen der Punktstreifen, 16–24 mm).

— Seitenrand des H fein gekerbt, nicht strichförmig gerandet. . . *9*

9. E lang schwanzartig ausgezogen. 1. u. 2. Glied der Httarsen fast gleich lang. Sch punktförmig. 15–24 mm . . . . 4; **Dicerca** Esch.

— E höchstens kurz schwanzartig od. hinten abgerundet. 1. Glied der Httarsen länger als 2. Sch quer u. größer . . . .
Poecilonota variolosa Payk. (kupfer- bis bronzefarben; in Pappeln).
3; **Lampra** Spin., häufig **L. rutilans** F. (grün-blau metallisch; in Ulmen u. Linden).

Fam. **Elateridae**, Schnellkäfer

1. Augen sehr vorgequollen, mehr als halbkugelig u. vom Vdrand des H ein Stück entfernt. Kopf mit Augen so breit od. fast so breit als H, letzteres mit tiefer Mtrinne u. Htecken der Seiten in Spitze auslaufend. Schwarz u. rot, E auch oft gelb . . . . . 2; **Denticollis** Pill.
Häufig **D. linearis** L., 10–12 mm, auf Waldwiesen (**Denticollinae**).

— Kopf mit den nicht auffällig vorgewölbten Augen deutl. schmaler als H, Augen diesem sehr genähert *2*

2. Oseite mit Haarschuppen. H auf Useite mit tiefen Furchen zum Einlegen der Fühler. Nur Basalgl. der Fühler matt, die folgenden glänzend . . . . **Agrypininae**
Adelocera murina L. (Fühlerrinnen erreichen nicht Htrand des H, E graubraun mit Punktreihen, 11–17 mm), u. 3; **Lacon** Cast. (Fühlerrinne erreicht Htrand des H, Punktierung der E grob, ohne Reihen).

— Oseite fein behaart. Keine Fühlerfurchen. Basalgl. der Fühler glänzend, die folgenden matt od. gleichfalls glänzend *3*

3. Stirn geht wenigstens in der Mitte $\pm$ allmählich in die Olippe über u. bildet dort keine abfallende Stufe, sondern höchstens eine schmale Kante auf etwa derselben Ebene *4*

— Stirn zwischen den Fühlern auch in der Mitte immer viel höher gelegen als die Olippe, die oft vom Stirnrand überwölbt erscheint. . . . *7*

4. Krallen kammartig gezähnt . . . . **Adrastinae**
9–12 mm: **Synaptus filiformis** F., unter 7 mm: 5; **Adrastus** Esch. (z. B. **A. pallens** F.).
— Krallen nicht gezähnt, (höchstens mit 1 Wurzelzähnchen) . . . ***5***
5. Seitenrandkante des H nach vorn stark auf die Unterseite gebogen
10; **Agriotes** Esch. (zu **Agriotinae**)
Häufig **A. aterrimus** L. (H länger als breit, schwarz, 12–13 mm), ferner Arten mit H etwa so breit wie lang: **A. lineatus** L. (Behaarung der E meist abwechselnd heller u. dunkler), **A. obscurus** L. [*28*] (ähnlich, ebenfalls ca 9 mm, aber Behaarung gleichmäßiger), **A. sputator** L. (kleiner, etwa 7 mm), bes. die Larven der 3 letzten als „Drahtwürmer" an Wurzeln vieler Kulturpflanzen schädlich; **A. acuminatus** Steph. (E mit schräg abgehobener, längerer Behaarung, hellbraun mit dunkler Naht, 6–7 mm, auf Gesträuch).
— Seitenrand des H auch von oben sichtbar ***6***
6. Stirn waagerecht, Mundöffnung nach vorn . . . . . . **Ctenicerinae**
12 Gattg., da **Corymbites** aufgeteilt. 8; **Selatosomus** Steph. (H nicht länger als breit, höchstens mit schwacher Mittellängsfurche; häufig **S. aeneus** L. erzfarben). 3; **Ctenicera** Latr. (H schlank mit tiefer Mittelfurche; häufig die meist erzfarbenen **C. pectinicornis** L. auf feuchten Wiesen u. die montane **C. cuprea** F.). **Prosternon tesselatum** L. (Oberseite gelbgrau wolkig behaart).
— Stirn nach unten gewölbt und Mund nach unten gerichtet
Elaterinae: **Elater ferrugineus** L. (17–20 mm, braunrot). **Agriotinae**: **Dalopius marginatus** L. (6–8 mm, E hell mit dunkler Nahtbinde), 2; **Sericus** Esch. (7–11 mm, E einfarbig, z. B. **S. brunneus** L.).
7. H fast kugelig gewölbt, glänzend. Sch herzförmig . . **Cardiophorinae**
Paracardiophorus musculus Erich. (Seitenrand des H von oben sichtbar; 5–7 mm), 9; **Cardiophorus** Esch. (SR des H von oben nicht sichtbar; 6–10 mm).
— H nicht derart gewölbt. Sch nicht oben eingebuchtet ***8***
8. Krallen kammartig gezähnt . . . . **Melanotinae**
4; **Melanotus** Esch., häufig **M. rufipes** Hbst. (braunschwarz, 12–19 mm).
— Krallen nicht kammartig gezähnt ***9***
9. Behaarung des H anliegend od. schräg abstehend nach hinten gerichtet
Ampedinae
4 Gattg., 22; **Ampedus** Ger. (meist rote od. gelbe E; Larven im Holz).
— Behaarung des H quer od. schräg od. sternförmig zur Mitte hin
Hypnoidinae: **Hypnoidus riparius** F. (5–7 mm, E gestreift, dunkel); **Negastriinae**: 5 Gattg., viele Arten (z. B. **Oedosthetus quadripustulatus** F., 3–5 mm, E gestreift u. mit 4 gelben Flecken; ähnlich **Negastrius pulchellus** L., aber Flecken variabler. Die 3 genannten bes. an Ufern. Ferner **Quasimus minutissimus** Germ. (2 mm, E ungestreift, schwarz; sonnige Hänge).
— Behaarung des H nach vorne gerichtet (**Athoinae**) ***10***
10. Glied 1 der Httarsen kaum länger als 2. Schwarz mit Erzglanz
Limonius aeneoniger Deg. (5 mm), 5; **Cidnopus** Thoms. (z. B. **C. minutus** L., 6–8 mm), **Limoniscus violaceus** Müll. (11 mm).
— 1. Glied der Hintertarsen viel länger als das zweite
a) Fühler ab 4. Glied schwach sägeförmig erweitert: 5; **Athous** Esch. (häufig **A. haemorrhoidalis** F., braun, ca. 12 mm. **A. vittatus** F., ähnlich, 9 mm). b) Fühler ab 3. Glied nach innen sägeförmig erweitert: **Pseudathous niger** L. u. **Ps. hirtus** Hbst (schwarz, 11–16 mm). 2; **Stenagostus** Thoms. (rotbraun, 15–22 mm). **Harminius undulatus** Deg. (13–19 mm, E braun mit 3 gezackten dunklen Querbinden).

Familiengruppe **Cleroidea,** Buntkäfer

1. Alle Tarsengl. (außer Krallengl.) herzförmig gelappt. Fühler allmählich zur Spitze keulig verdickt od. mit abgesetzter Endkeule, selten vom 3.–4. Glied an gesägt . . . . **Cleridae** ***2***
— Fußglieder einfach, höchstens das vorletzte gelappt. E weich, nicht stark sklerotisiert. Fühler ± fadenförmig, höchstens sehr schwach gesägt od. schwach zum Ende verdickt ***6***
2. E ganz od. größtenteils glänzend metallisch grünblau ***3***
— E matt, anders gefärbt, oft mit bunten Querbinden ***4***

3. Kopf so breit wie H. E hinter der Basis mit Quereindruck. Fühler rotbraun; 3,5–6,5 mm . . **Korynetes coeruleus** Deg. (Blauer Fellkäfer)
(in Futtermehl, Knochen, Aas).

— Kopf schmaler als H. E ohne Quereindruck; 4–6 mm 3; **Necrobia** Oliv.
N. ruficollis F. (H u. vd. Drittel der E rot), **N. rufipes** Deg. (ganz blau, nur Beine rot), **N. violacea** L. (auch Beine blau); fressen Insektenlarven, bisweilen an Schinken schädlich (Schinkenkäfer).

4. Fühler vom 3.–4. Glied an gesägt. 7–8 mm. . . . . . . **Tillus** Ol.
T. elongatus L. (E schwarz, selten mit 2 weißl. Flecken, H beim ♀ rot, beim ♂ schwarz), **T. unifasciatus** F. (E mit roter Basal- u. gelber Mittelbinde. Fressen Insekten in morschem Holz.

— Fühler allmählich zur Spitze keulig verbreitert *5*

— Fühler mit großer schwarzer 3gl. Endkeule auf dünnem Stiel
2; **Trichodes** L.
häufig **T. apicarius** L. [5], Bienenwolf, 14 mm, E rot, Spitze u. 2 gezackte Querbinden dunkelblau, schädlich bei Bienen.

5. Basis der E rot, dahinter 2 helle Querbinden: **Clerus mutillarius** F. (11–15 mm) u. 2; **Thanasimus** Duv. (7–9 mm); fressen Borkenkäfer.
Häufig **Th. formicarius** L., Ameisenbuntkäfer.

— Basis der E nicht rot. E gelbbraun mit helleren Flecken u. Querbinden.
3; **Opilo** Latr. (z. B. **O. domesticus** St., 6–8 mm).
Fressen Anobien u. Bockkäferlarven im Holz.

6. Kopf u. H mit tiefen regelmäßigen Punktgruben. Körper langgestreckt, schwarz, braun, blau od. grün glänzend . . . . **Melyridae**
7 Gattg., darunter **Dolichosoma lineare** Ros. (sehr schlank, H viel länger als breit, grünlich, 5 mm), 14; **Dasytes** F. (z. B. **caeruleus** F., metallisch blau, Krallen an Basis mit Zahn), **Psilothrix cyaneus** F. (ähnlich Dasytes, doch Krallen ohne Zahn, aber außen mit Hautsaum).

— Kopf u. H nicht mit regelmäßigen tiefen Punktgruben, ± glatt. Körper meist grün u. rot gefärbt. Zipfelkäfer . . . . . . **Malachiidae**
Vorwiegend Pollenfresser, 12 Gattg., darunter 16; **Malachius** F. (Fühler zwischen Augen u. Mitte der Stirn) u. 3; **Anthocomus** Er. (Fühler vor den Augen, an Seiten des Kopfes eingefügt).

Fam. **Coccinellidae**, Marienkäfer

1. Oberseite deutlich fein behaart *2*

— Oseite unbehaart od. nur an einzelnen Stellen mit Haaren . . . *4*

2. Halbkugelig, oberseits rostrot mit od. ohne schwarze Flecke
a) 6–8 mm: **Henosepilachna argus** Geoffr. (an Bryonia); b) 3–4,5 mm: **Subcoccinella 24-punctata** L. Kralle an Spitze **gespalten,** schädl. an Luzerne), **Cynegetes impunctata** L. (Kralle einfach, mit Basalzahn, an Gräsern)

— nicht so; wenn 3 mm od. länger, dann anders gefärbt od. länglich *3*

3. Oval, schwach gewölbt, schwarz mit roten Flecken, die sich auf den E in der Mitte zu Querbinden treffen können **Novius cruentatus** Muls.

— oval, schwarz mit 2 gelben Flecken auf jeder E u. je 1 gelber Fleck an Vdecken bzw. Seiten des H
Platynaspis luteorubra Goez. (2,5–3,5 mm)

— gelbrot, mit od. ohne schwarze Flecke. Fühler lang, fast bis zur Basis des H. 2; **Coccidula** Gyllh. (E ± gereiht punktiert, Körperseiten fast parallel) u. 2; **Rhizobius** Steph. (E verworren punktiert, Körper mehr oval). Oft in Wassernähe.
Häufig **C. rufa** Hbst. u. **Rh. litura** F.

— Färbung verschiedenartig, aber Fühler sehr kurz, kaum länger als der Kopf, dieser vorn verengt. 1–3 mm, 23; **Scymnus** Kug. u. 2 Arten verwandt. Gattg.

4. Vdrand des Kopfschilds umschließt Augen vorn u. bedeckt Basis der Fühler (Chilocorini)

a) Ziemlich rund, Seiten des H auffällig vorgezogen. Schwarz glänzend, rot od. gelb gezeichnet: 2; **Chilocorus** Leach., z. B. **Ch. bipustulatus** L. (Kopfschild vorn mit leistenartig. Rand), 2; **Exochomus** Redt., z. B. **E. flavipes** Thunb. (Kopfschild vorne ohne Rand).

b) Schlanker, H nur wenig vorgezogen. **Brumus oblongus** Weidb. (In Mooren).

— Kopf nach vorn verengt. Kopfschild den Vdrand der Augen nicht breit umschließend. Fühlerbasis frei *5*

5. H schließt dicht an Basis der E, seine Htwinkel eckig. Augen ohne Augenkiel (eingeschobene Wange). Fühler kürzer als Kopf. Sch groß. Schwarz mit gelbem Fleck im unteren Drittel der E. **Hyperaspis campestris** Hbst. (u. einige weitere seltene Arten).

— H schließt nicht dicht an Basis der E, seine Htecken u. die Schultern der E gerundet. Augen mit deutl. Augenkiel. Fühler meist länger als der Kopf *6*

6. H an Seiten ± gleichmäßig gerundet, etwa in der Mitte am breitesten; auf jeden Fall Körper länglich (Hippodamiini) *7*

— H an Basis am breitesten, nach vorn verengt u. viel schmaler als Basis. Körper fast halbkugelig. E hinten gemeinsam abgerundet (Coccinellini) *10*

7. H überwiegend schwarz mit gelben Flecken od. mit gelbem Saum (in dem noch schwarze Flecken enthalten sein können) *8*

— H überwiegend gelb mit schwarzen Flecken *9*

8. Basis des H fein leistenartig gerandet. Krallen nicht gezähnt. E rötlich mit schwarzen Flecken. 3–5,5 mm . . . . **Adonia variegata** Goez.

— Basis des H nicht gerandet. Krallen an der Basis mit Zahn.

a) Vdrand des H schwach ausgeschnitten. H in od. vor der Mitte am breitesten. 2; **Hippodamia** Muls. (z. B. **H. 13-punctata** L.)

b) Vdrand des H tief ausgeschnitten. H etwas hinter der Mitte am breitesten. 4; **Semiadalia** Crtsch. (z. B. **S. 11-notata** Schneid.)

9. H ungerandet mit 6 schwarzen Punkten. **Anisosticta 19-punctata** L.

— H gerandet mit 4 schwarzen Flecken, die meist ± die Form eines M haben . . . . **Aphidecta obliterata** L.

10. Gelb mit schwarzen Flecken auf Kopf, H u. E (letztere mit schwarzem Nahtstreifen). Sch sehr klein, kaum sichtbar. Gerundet u. hochgewölbt. 2,5–3 mm . . . . **Tytthaspis 16-punctata** L.

— Sch stets deutlich sichtbar u. Zeichnung bzw. Größe anders . . *11*

11. E an Spitze der Nahtkante etwas flach ausgeschnitten u. dort dicht behaart. Kopf u. H schwarz mit gelben Flecken. E gelbrot mit schwarzen Flecken, die meist von hellerem Hof umgeben sind. 8–9 mm **Anatis ocellata** L.

— anders u. höchstens 8 mm *12*

12. Augen von oben gut sichtbar. Vdrand des H bis zum Vdrand der Augen od. noch etwas darüber hinaus. Vorletztes Glied der Fühlerkeule breiter als lang, am Vdende gerade abgeschnitten *13*

— Augen vom H wenigstens in ihrer hinteren Hälfte überdeckt, vorletztes Glied der Fühlerkeule länger als breit od. wenn kürzer, dann mit über die Basis des nächsten Gliedes stark vortretender Ecke am Innenrand. *14*

13. Schenkellinie (= erhabene Leiste auf dem 1. Bauchring, die zwischen Hthüften beginnt u. nach jeder Seite zieht) bogig um Hthüften 3; **Adalia** Muls.

häufig **A. bipunctata** L. (sehr variabel gefärbt, z. B. rot mit je 1 schwarzen Punkt auf E od. schwarz mit je 1 roten Punkt), **A. 10-punctata** L. (Fleckung variiert ebenfalls stark).

— Schenkellinie verläuft gegabelt
a) E rot mit schwarzen Punkten, selten ganz schwarz. 6; **Coccinella** L. Häufig: **C. 7-punctata** L. [*3*], Siebenpunkt (überall), **C. 5-punctata** L. (oft in Ufernähe), **C. 11-punctata** L. (bes. Meeresküste u. Flußauen)
b) E schwarz mit runden gelben Flecken. **Coccinula 14-pustulata** L.
c) gelb od. gelbbraun (höchstens rosarot) mit schwarzen, unregelmäßigen Flecken. **Synharmonia conglobata** L. (Tibien mit 2 kleinen Endsporen) u. **Harmonia 4-punctata** L. (Tibien ohne Endsporn).

14. Krallen mit Zahn etwa in der Mitte. Oseite braun mit hellen Längsstreifen . . . **Neomysia (Paramysia) oblongoguttata** L. (7–8 mm)

— anders, Krallen mit Zahn an der Basis. Großgattung 9; **Halyzia** Muls.
Häufig **H. (Propylaea) 14-punctata** L. (schwarze Flecke auf hellen E wirken schachbrettartig; 3,5–4,5 mm), **H. (Thea) 22-punctata** L. (zitronengelb mit schwarzen Punkten; 3–4,5 mm. Mehltaufresser), **H. 16-guttata** L. (hellbraune E mit noch helleren runden Flecken; 5–7 mm); ähnlich letzterem, aber Vdrand des H ziemlich tief eingeschnitten: **H. (Calvia) 10-guttata** L. u. **14-guttata** L.

Fam. **Tenebrionidae**, Schwarzkäfer

1. Über 20 mm. E ohne deutl. Punktstreifen . . . . . . 3; **Blaps** F.
z. B. **B. mortisaga** L., Totenkäfer, zuweilen in Häusern, 22–26 mm.

— 13–18 mm. H an Seiten u. Basis dick gerandet u. mit 2 Basalgrübchen. Oseite schwarzbraun, Bauchseite rotbraun. Sch quer 5eckig. E mit geraden Punktstreifen. . . . . 3; **Tenebrio** L.
T. molitor L. [*14*], Mehlkäfer, seine Larven als Mehlwürmer bekannt.

— unter 10 mm od. wenn länger, dann andere Merkmale *2*

2. Vdrand des Kopfschildes nur in der Mitte halbkreisförmig ausgeschnitten. E mit schwach erhabenen Längsrunzeln, mattschwarz 2; **Opatrum** F., Staubkäfer
häufig an sandigen u. trockenen Stellen **O. sabulosum L.**, 7–10 mm

— andere Merkmale bzw. Merkmalskombination: viele Gattungen
z. B. a) Vorratsschädlinge: 4; **Tribolium** McLeay (Reismehlkäfer; 3–4 mm), 2; **Alphitobius** Steph. (4,5–6 mm), **Gnathocerus cornutus** F. (H vor der Mitte am breitesten, 3,5–4,5 mm). b) Salztolerante Arten an Meeresküsten mit verbreiterten Vdtibien: **Phaleria cadaverina** F. (5,5–7 mm) u. **Phylan gibbus** F. (7,5–9 mm, Auge durch Fortsatz der Wange ganz geteilt). c) an sandigen Biotopen: **Crypticus quisquilius** L. (6–7 mm, Augen nierenförmig)

Fam. **Alleculidae,** Pflanzenkäfer

1. Augen von den Wangen stark ausgebuchtet. Fühler ziemlich dicht vor den Augen frei eingefügt. Mehrere Gattg., darunter **Isomira murina** L. (gelbbraun od. schwarz, 4,5–5,5 mm).

— Augen vorne nicht od. nur schwach ausgebuchtet, die Wangen bilden vor den Augen einen ± starken Winkel, unter dem die Fühler eingefügt sind: **Cteniopus flavus** Scop. [*16*], Schwefelkäfer (gelb, 7–9,5 mm), 3; **Omophlus** Sol. (schwarz, E gelbbraun; häufig **O. rufitarsis** Lesk., 8–11 mm), **Podonta nigrita** F (E schwarz)

Fam. **Mordellidae,** Stachelkäfer

1. Htleib in lange, die E weit überragende Spitze ausgezogen. Heruntergebogene Seitenränder der E (Epipleuren) sehr schmal *2*

— Htleib nicht derart ausgezogen. Epipleuren der E breit u. vorne scharf abgesetzt. Höchstens 5 mm. 23; **Anaspis** Geoffr. (u. 2 selt. Gattg.). Häufig **A. frontalis** L.

2. Httibien außer der Kerbe neben der Spitze mit 1–6 Einkerbungen am Außenrand. 21; **Mordellistina** Costa (2–5 mm).

— Httibien nur mit einer Kerbe am äußeren Spitzenrand. 14; **Mordella** L. (Sch klein dreieckig od. eiförmig, z. B. **M. aculeata** L. [*17*]) u. **Tomoxia biguttata** Gyll. (Sch groß, quer viereckig).

Fam. **Meloidae**, Ölkäfer

Enthalten blasenziehenden Stoff (Cantharidin). Aus den im Boden abgelegten Eiern schlüpfen längliche Larven mit Schwanzborsten und 3kralligen Füßen (= Triungulinen). Diese klettern auf Blüten, lauern auf Wildbienen und lassen sich in deren Nester tragen. Dort frißt die Meloe-Larve das Ei der Biene auf, verwandelt sich in eine dicke Larve, die den Honig verzehrt, es folgt die Phase einer ,,Scheinpuppe" und erst aus dieser eine neue Larve, die in der alten Haut bleibt und sich später verpuppt.

1. E an Basis ± übereinandergreifend, hinten klaffend. E ohne Nahtlinie, oft stark verkürzt. Schwarz, violett od. grünkupfrig. 11; **Meloë** L., Maiwurm

Häufig **M. proscarabaeus** L. [*15*] (Kopf u. H sehr grob punktiert, fast schwarz), **M. violaceus** Msh. (Kopf u. H fein punktiert, Basis des H mit seichtem Quereindruck).

— E selten sehr schwach verkürzt, nicht an Basis übereinandergreifend, mit feiner Nahtlinie. Einige Gattg., darunter **Lytta vesicatoria** L., Spanische Fliege (metallisch grün, 12–21 mm).

Fam. **Oedemeridae**, Engdeckenflügler

(Auf Blüten u. unter Baumrinde).

1. E oft am Ende verschmälert u. klaffend, mit 3 Längsstreifen, der seitliche entspringt unter der Schulterbeule. Vdtibien mit 2 Enddornen. H mit 3 grubenfg. Vertiefungen. 9; **Oedemera** Ol. Häufig **O. virescens** L. (grün, 7–10 mm), **O. femorata** Scop. [*22*] (schwarz, E gelb, Htschenkel des ♂ verdickt, 8–10 mm).

— E mit 4 nicht verästelten Längsstreifen, der seitliche entspringt gleichfalls unter der Schulterbeule. Vdtibien mit 1 Enddorn. Rotgelb, Spitze der E schwarz, 9–13 mm. **Nacerda melanura** L. (Meeresküste).

— Andere Merkmale bzw. Merkmalskombination: mehrere Gattg., darunter **Chrysanthia viridissima** L. (6–8 mm) u. **viridis** Schm. (5–6 mm), metallisch grünblau, auf Waldwiesen in Gebirgsgegenden (der 4. Längsstreif der E entspringt auf der Schulterbeule).

Fam. **Anthicidae**, Blumenkäfer

(Auf Blüten, aber auch unter faulenden Pflanzenstoffen).

1. H mit einem den Kopf überragenden Horn
3; **Notoxus** Geoffr. (vorletztes Tarsengl. herzförmig bis 2lappig, z. B. **N. monoceros** L. [*21*], rötl. gelbbraun mit schwarzen Flecken, 4 mm. **Mecynotarsus serricornis** Pz. (vorletztes Tarsengl. einfach).

— H ohne Horn. 3 Gattg., darunter: 16; **Anthicus** Payk. (z. B. **A. floralis** L., 3 mm).

Fam. **Cerambycidae**, Bockkäfer

1. Fühler in der großen Augenbucht eingelenkt, die von der Einlenkungsgrube ganz ausgefüllt wird. Endgl. der Taster zugespitzt. Vdtibien innen mit einer schiefen Furche. Lamiinae *2*

— Fühler dicht vor od. seitlich der meist vorhandenen Augenbucht eingelenkt, diese nicht von der Einlenkungsgrube ausgefüllt. Endglied der Taster abgestutzt. Vdtibien ohne tiefe Innenfurche *10*

2. H an Seiten mit spitzem od. stumpfem Höcker. *3*

— H ohne Höcker, höchstens mit undeutl. Beule an der Basis . . *7*

3. Fühler überragt die Mitte der E nicht od. wenig, ihr 1. Glied ohne Kante . . . . Erdbock, **Dorcadion fuliginator** L.

Larve u. Käfer an Wurzeln von Gramineen trockenwarmer Stellen; verwandte Arten strahlen nach Österreich ein

— Fühler überragen weit die Mitte der E *4*

4. 1. Fühlergl. vor der Spitze mit kreisförmiger scharfer Kante

Weberbock, **Lamia textor** L. (Fühler kürzer als Körper, 24–30 mm, in Pappeln u. Weiden), 4; **Monochamus** Guer. (Fühler länger als Körper, 12–35 mm, im Nadelholz, bes. im Gebirge).

— 1. Fühlerglied ohne Kante an der Spitze *5*

5. 1. Fühlergl. zur Spitze keulig od. birnenförmig verdickt
Acanthoderes clavipes Schrk.
12–17 mm, E meist mit 3 unvollständigen dunklen gezackten Querbinden, Fühler etwas länger als der Körper.
— 1. Fühlergl. schlank, zur Spitze allmählich verdickt *6*
6. Fühler ohne lange abstehende Haare, H meist mit 4 gelbl. Haarflecken. Fühler des ♂ bis 5mal, des ♀ bis 2mal so lang wie der Körper
4; **Acanthocinus** Steph.
häufig Zimmermannsbock, **A. aedilis** L., 12–20 mm, Kiefernstubben
— Fühler lang abstehend behaart od. wenn nicht, dann H ohne gelbe Haarflecke: Weitere Gattungen.
7. Fühler 11gl., Krallen an Basis mit deutl. meist großem Zahn . *8*
— Fühler 11gl., Krallen ohne Zahn *9*
— Fühler 12gl., unten mit langen Wimperhaaren besetzt, Krallen ohne Zahn . . . . 4; **Agapanthia** Serv.
häufig **A. villosoviridescens** Deg. (E fleckig tomentiert, 10–22 mm, Larven in Distelstengeln).
8. Augen durch starke Bucht zweigeteilt 2; **Tetrops** Steph. (3,5–5 mm)
— Augen nicht geteilt: 3 Gattg. mit vielen Arten, darunter **Oberea oculata** L. (H orangegelb mit 2 Punkten, E schwarz).
9. 22–30 mm. Jede E am Ende mit kleiner zähnchenfg. Spitze, schwarz u. dicht gelb od. grau behaart
Großer Pappelbock, **Saperda carcharias** L.
— unter 20 mm od. wenn etwas länger, dann E am Ende abgerundet
4 Gattg. mit mehreren Arten, darunter Kleiner Pappelbock, **Saperda populnea** L. (E mit nackten, schwarzen, körneligen Punkten u. je 4–5 dichten Haarflecken).
10. Fühler kahl, 3. Glied ± verlängert. Seiten des H oft scharf gerandet u. bedornt od. gezähnt. Prioninæ *11*
— Fühler fein od. borstenförmig behaart. H an den Seiten verrundet, oft mit einem Höcker *12*
11. Seiten des H scharf gerandet, unregelmäßig gezähnt. 25–60 mm. (An Nadelbäumen) . . . . Mulmbock, **Ergates faber** L.
— Seiten des H scharf gerandet mit 3 starken Dornen. 18–45 mm. (Laub- u. Nadelbäume) . . . . . Sägebock, **Prionus coriarius** L.
— Seiten des H schwach gerandet, in der Mitte mit 1 spitzen Dorn. 15–30 mm. (An Nadelbäumen im Gebirge) . **Tragosoma depsarium** L.
— H nicht gerandet, nur an Htecken zu zahnartigem Vorsprung aufgebogen, 30–50 mm. (An Laubbäumen, selten)
Megopis scabricornis Scop.
12. Fühler den Htrand des H nicht überragend. Körper walzenförmig, Seiten des H gerundet, E mit 2 Längsrippen, Tibien an der Spitze außen zahnartig ausgezogen. Spondylinae.
Spondylis buprestoides L.
12–24 mm, in Kiefernstubben. (Im Habitus ähnlich, aber breiter u. H mit Seitenrand, 10–24 mm, aus USA nach Sachsen verschleppt: **Parandra brunnea** F.)
— andere Merkmale, längere Fühler. Cerambycinae *13*
13. E stark verkürzt od. in Längsrichtung bogig verschmälert, dadurch Unterflügel teilw. freiliegend *14*
— E bedecken Htleib ganz od. lassen höchstens 2 Ringe frei, am Ende nicht klaffend *15*
14. 19–32 mm. E zusammen quadratisch, goldbraun. Gekeulte Enden der Htschenkel schwarz
2; Wespenbock, **Necydalis** L. (z. B. **N. major** L.)
— unter 15 mm: mehrere Gattg., darunter **Stenopterus rufus** L.
(E einzeln verengt u. klaffend, gelbbraun, meist mit dunkler Spitze).

15. Kopf hinter den Augen lang u. nach hinten schmaler werdend. Augen rundlich od. nur schwach gebuchtet *16*

— Kopf hinter den Augen parallelseitig, nicht halsartig abgeschnürt (wohl aber kann H solche Abschnürung haben!). Augen oft stark ausgebuchtet, manchmal sogar durchteilt *19*

16. H mit Seitenhöckern

a) E mit 2–4 verkürzten Längsrippen u. gelblich-roten Quer- od. Schrägbinden bzw. Flecken. 12–25 mm. 4; Zangenbock, **Rhagium** F.

b) H oben mit 2 großen Beulen. Gelbrot, E blau (selten auch gelbrot). 16–23 mm. **Rhamnusium bicolor** Schr.

c) ♂ schwarz, ♀ vorwiegend schwarz mit bräunlichen Längsbinden auf den E. ca. 20 mm. **Toxotus (Oxymirus) cursor** L.

d) E gelb mit 4 schwarzen Querbinden, die vordere z. Teil in Flecke aufgelöst. Fühler schwarz u. gelb geringelt. **Strangalia maculata Pod.**

e) andere Merkmale: weitere Gattg.

— H ohne deutliche Seitenhöcker *17*

17. H und Bauch rot, E blauschwarz. 7–9 mm . **Acmaeops collaris** L.

— anders gefärbt: mehrere Gattg., darunter Blütenböcke (Wangen so lang wie der halbe Augendurchmesser) *18*

18. H nach vorn ± konisch verengt, seine Htwinkel in stark nach außen gerichtete Spitzen ausgezogen. E meist schwarz od. gelbbraun u. schwarz . . . . 14; **Strangalia** Serv.

Häufig: **St. quadrifasciata** L. (E gelbbraun mit 4 schwarzen Querbinden, 13–18 mm lang, ca. 5 mm breit), **St. aethiops** Pod. (schwarz, 12–15 mm), **St. melanura** L. (E rotbraun mit dunkler Naht u. Htenden, 7–9 mm).

— H mehr rundlich od. erst vor der Mitte verengt, Htwinkel stumpf od. mit kurzer, nicht bes. lang ausgezogener Spitze 18; **Leptura** L.

Häufig: **L. rubra** L. (schwarz, beim ♂ E braun, beim ♀ H u. E rot, 12–17 mm), **L. (Judolia) cerambyciformis** Schrk. (E höchstens 2mal so lang wie breit, gelbbraun mit dunklen Flecken od. Binden, 7–11 mm).

19. Hellblau mit schwarzen Flecken. H oben u. seitlich mit je 1 kleinen spitzen Dorn, 22–36 mm . . . . . Alpenbock, **Rosalia alpina** L.

— Metallisch grün- od. bronzefarbig. H oben u. seitl. mit Dornen u. Beulen skulpturiert, 22–32 mm Moschusbock, **Aromia moschata** L.

— andere Merkmale u. Färbung *20*

20. Färbung der Oberseite meist mit gelben oder hellen Querbinden auf dunklem Untergrund (Wespenzeichnung). H kugelig. Widderböcke

6 Gattg., darunter 4; **Clytus** Laich. (E mit 4 Querbinden, davon 3 durchgehend; häufig **C. arietis** L., 10–12 mm), 3; **Plagionotus** Muls. (E mit 5 Querbinden, davon 4 ± durchgehend; häufig **P. arcuatus** L.).

— Färbung u. Halsschild anders; die Fühlerbasen weiter voneinander entfernt als die Innenränder der Augen *21*

21. H vorn u. hinten deutlich eingeschnürt *22*

— H ohne solche Einschnürungen. *23*

22. 18–53 mm, H stark skulpturiert . . . . 2; **Cerambyx** L.

C. cerdo L., Eichenbock [*8*] (braunschwarz, 24–53 mm), **C. scopolii** Füss. (tiefschwarz, 18–28 mm).

— 4–6 mm, H ohne Seitenhöcker . . . . **Gracilia minuta** F.

23. Schenkel zur Spitze stark keulenförmig verdickt, Basis der Mt- u. Htschenkel aber ebenso dünn wie die der Tibien *24*

— Schenkel nicht gekeult od. wenn doch, dann ist ihre Basis breiter als die der Tibien *26*

24. E olivbraun mit 2 weißbehaarten, etwas schrägen Querbinden bzw. Flecken. 2 Schrägbeulen auf dem H sind glänzend, 8–20 mm
Hausbock, **Hylotrupes bajulus** L.

Wichtigster Schädling im verbauten Nadelholz, Entwicklung 3–10 Jahre, verläßt Holz durch ovales Schlupfloch mit leicht gefranstem Rand.

— anders *25*

25. Metallisch blaugrün od. erzfarben schwarzbraun. H. ohne Eindruck od. Beulen . . . . 3; **Callidium** F.

C. violaceum L. (Käfer schlüpft zuweilen aus verbautem Nadelholz, kann dies aber nicht wieder neu befallen).

— Wenn mit Metallschein, dann H mit Beulen. 6; **Phymatodes** Muls.

Häufig **Ph. testaceus** L. (H rot, E blau, od. H schwarz, E gelbrot)

— andere Färbung und Merkmale: Weitere Gattungen.

26. Alle Schenkel auffallend stark verdickt. Augen tief ausgebuchtet, fast durchteilt . . . . 3; **Tetropium** Kirb.

T. castaneum L. (H glänzend, weitläufig punktiert, 10–18 mm), **T. fuscum** F. (H matt, dicht runzlig punktiert, 10–14 mm), an Nadelhölzern.

— Schenkel weniger auffallend verdickt. Augen schwach ausgebuchtet.

Asemum striatum L. (H mit kurzer Mtfurche, 10–18 mm) u. **Criocephalus rusticus** L. (H mit kurzer Mtfurche u. jederseits Längseindruck, 14–25 mm).

Fam. **Chrysomelidae**, Blattkäfer

1. H u. E mit abstehenden Stacheln, schwarz. **Hispella atra** L.

— ohne Stacheln *2*

2. Das breite, vorn gerundete H überdeckt den Kopf schildförmig, dieser daher von oben nicht sichtbar. Flach. . . . . . . 28; **Cassida** L.

häufig: **C. nebulosa** L. (oben rostbraun u. unregelmäßig dunkel gefleckt, unten schwarz, E unregelmäß. punktstreifig, 5–6 mm, an Melden u. Betarüben, Rübenschildkäfer), **C. viridis** L. (grün, 8–10 mm, an Mentha, Salvia u. a.), **C. rubiginosa** Muell. (grün mit meist braunem Basalfleck auf E, 6–7,5 mm, an Disteln).

— nicht so, Kopf frei vorgestreckt od. in Vdbrust eingezogen u. daher von dieser rings umschlossen. *3*

3. H ohne abgesetzten Seitenrand u. viel schmaler als Basis der E. Kopf vorgestreckt, hinter den Augen od. Schläfen verengt *4*

— H meist mit Seitenrand, so breit od. nur wenig schmaler als E. Kopf bis zu den Augen od. noch weiter in Vdbrust eingezogen . . . *8*

4. E ohne Punktstreifen. 2; **Orsodacne** Latr. (4,5–8 mm) u. 4; **Zeugophora** Kunz. (2,5–4 mm). Häufig **O. cerasi** L.

— E mit Punktstreifen *5*

5. Fühler mit verdicktem u. verlängertem Basalglied. Augen nicht eingebuchtet. . . . . **Donaciinae**

a) Krallenglied länger als übrige Tarsenglieder zusammen. E an der Spitze dornartig ausgezogen: 2; **Macroplea** Curt. b) Nicht so: 21; **Donacia** F. (Nahtrand der E in ganzer Länge gerade) u. 5; **Plateumaris** Thom. (Nahtrand im letzten Drittel nach außen hochgebogen). Schilfkäfer, auf Sumpfpflanzen, ihre Larven u. Puppen unter Wasser.

— 1. Fühlergl. nicht länger als breit. Augen eingebuchtet *6*

6. Krallen an Basis verwachsen. E blau od. grün. 4; **Oulema**, 2; **Lema** F.

O. melanopus L. (H rot) u. **O. gallaeciana** Heyd. (=**lichenis** Voet.) (ganz blau), an Getreide (Getreidehähnchen). Ähnlich der letzteren, blau, aber H in der Mitte der Seiten stark eingebuchtet: **L. cyanella** L. (an Disteln).

— Krallen bis zur Basis frei, E anders gefärbt *7*

7. E rotgelb, 6–8 mm . . . . 3; Lilienhähnchen, **Lilioceris** Reit.

L. lilii Scop. (Beine u. Kopf schwarz), **L. merdigera** L. (Beine u. Kopf mit rot).

— E zwei- od. mehrfarbig, mit Zeichnung . . . . . . 4; **Crioceris** F.

Schädlich an Spargel: **C. 12-punctata** L. (rotgelb, jede E mit 6 schwarzen Punkten) u. **C. asparagi** L. (bunt).

8. Körper zylindrisch, vorn u. hinten ± abgestutzt. Letztes Htleibsglied (Pygidium) groß, fast senkrecht *9*

— Körper oval, rund od. elliptisch. Pygidium klein *12*

9. Fühler gesägt *10*

— Fühler fadenförmig *11*

10. Htwinkel des H (bei Ansicht von hinten) über Basis der E aufgebogen 4; **Labidostomis** Redt. (H einfarbig grün-blau, E gelb; z. B. **L. longimana** L.), **Chilotoma musciformis** Goez. (H grün od. blau mit rotem Seitenrand, E blaugrün).

— Htwinkel des H nicht derart aufgebogen 3; **Clytra** Laich, (7–11 mm, häufig **C. 4-punctata** L., E gelbrot mit je 2 schwarzen Punkten, Larven im Kotsack bei Formica-Ameisen), 2; **Coptocephala** Lac. (4–7 mm, E gelb mit blauschwarzen Binden od. Flecken).

11. Basis des H ungerandet, stark 2buchtig. Höchstens 8 mm 72; **Cryptocephalus** F.
häufig **C. sericeus** L. (goldgrün), andere Arten mit gefleckten E usw.

— Basis des H stark gerandet, nur schwach gebuchtet 7; **Pachybrachys** Suff.

12. Htschenkel auffallend verdickt (Sprungbeine) [*62a*], Erdflöhe, **Halticinae,** fast 200 Arten in 23 Gattg. (daher nur Auswahl!) . . . *13*

— Htschenkel nicht auffallend verdickt *15*

13. Htfüße vor dem Ende der Tibien eingefügt [*62a*]. Fühler 10gl. 30; **Psylliodes** Latr.

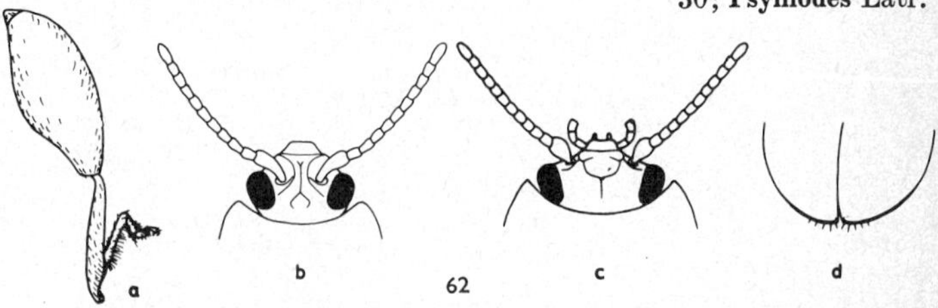

Landwirt. Schädl.: **P. chrysocephala** L. (Rapserdfloh, 3–4,5 mm, metallisch blau, zuweilen E od. ganze Oseite braun, Larven in Blattstielen des Raps), **P. affinis** Payk. Kartoffelerdfloh, 2–3 mm, gelbbraun), **P. attenuata** Koch (Hopfenerdfloh, 1,8–2,6 mm, glänzend braun).

— Htfüße (Tarsen) am Ende der Tibia eingefügt, Fühler 11gl. . . *14*

14. H mit durchgehender Querfurche vor der Basis. Metallisch blaugrün. E verworren punktiert . . . . 13; **Haltica** F.
häufig **H. oleracea** L., an Oenothera u. a., aber nicht an Kohl!

— H ohne Querfurche od. wenn mit solcher, dann reicht diese nicht bis zum Seitenrand od. die E haben regelmäßige Punktreihen.
Von den vielen Gattungen hier nur: 50; **Longitarsus** Latr. (1. Tarsengl. so lang od. länger als halbe Tibia), 16; **Chaetocnema** Steph. (Httibien auf Rückseite mit breiter, scharf gerandeter, vor dem Ende gezähnter Rinne, z. B. **Ch. concinna** Marsh. Rübenerdfloh u. **Ch. aridula** Gyll., Halmerdfloh an Getreide), 19; **Phyllotreta** Fond. (H ohne Querfurche, Httibien ohne Außenrinne, z. B. Kohlerdflöhe: **Ph. nemorum** L. mit gelben Längsbinden auf E, 2,5–3,5 mm; **Ph. undulata** Kutsch., ähnlich, aber nur 2–2,3 mm; **Ph. atra** F., schwarz ohne gelbe Streifen. Ferner Getreideerdfloh: **Ph. vittula** Redt., E mit gelben Längsstreifen, 1,5–1,8 mm), **Chalcoides aurata** Marsh. (H grün bis golden, E blau; an Pappeln u. Weiden häufig).

15. Fühler an der Basis stark genähert (gilt auch für Erdflöhe Nr. 13 u. 14 der Tab.) u. auf der Stirn zwischen den Augen eingelenkt. Zwischen den Fühlern schmale Längsrinne od. 1–2 Längswülste [*62b*] . . *16*

— Fühler an der Basis weit voneinander entfernt, auf der Stirn über der Wurzel der Oberkiefer eingelenkt [*62c*] *22*

16. Fühlerglied 3 so lang od. länger als Glied 4 . . . . *17*

— Fühlergl. 3 kürzer als 4 . . . . *19*

17. Oseite fein silberglänzend, dicht behaart . 9; **Galerucella** Crotsch.
G. (Pyrrhalta) viburni Payk. (Schneeballblattkäfer), **G. lineola** F. (Weidenblattkäfer), **G. nymphaea** L. (Erdbeerblattkäfer).

— Oberseite kahl od. nur schwach behaart *18*

18. Httibien außen glänzend, nur mit weit auseinanderstehenden Borstenhaaren besetzt. E nach hinten deutl. erweitert, oft mit Rippen 6; **Galeruca** Geoffr.

G. tanaceti L. (schwarz, ohne deutl. Rippen, 6–10 mm), **G. pomonae** L. (Färbung variabel, Oseite braun od. schwarz mit deutl. Rippen, 7–12 mm)

— Httibien auf der Außenseite fast matt, fein anliegend behaart. E nach hinten kaum erweitert, immer ohne Rippen . . . 3; **Lochmaea** Ws.

Hellbraun, 4–6 mm. **L. suturalis** Thms. (an Calluna), **L. crataegi** Forst. (an Crataegus), **L. capreae** L. (Weiden, Pappeln, Birken).

19. Seitenrandkante der E von oben fast vollständig sichtbar . . . *20*

— Seitenrandkante seitl. untergebogen, von oben nicht od. nur wenig sichtbar *21*

20. Schwarzblau bis violett Erlenblattkäfer, **Agelastica alni** L. (6–7 mm)

— Hellbraun, aber E völlig u. Kopf teilweise grün od. blau. (An Galium). **Sermylassa halensis** L.

21. Braun, E mit 2 od. 4 schwarzen Flecken **Phyllobrotica 4-maculata** L.

— Schwarz, H oft gelb od. rötlich. E zuweilen bläulich, grün od. gelb. Schlank, bis 5 mm . . . . 8; **Luperus** Geoffr. (z. B. **L. flavipes** L.)

22. Vdhüften kugelig, rund; 3. Tarsalgl. ober- u. unterseits gleich tief gebuchtet, lang 2lappig: **Lamprosoma** u. **Eumolpinae** (darunter Weinlaubkäfer, **Adoxus obscurus**, schwarz-braun, 5–6 mm)

— Vdhüften quer; 3. Tarsalgl. unterseits meist weniger tief gebuchtet *23*

23. E gelb mit schwarzen Längsstreifen, H gelb mit schwarzen Flecken. Kartoffelkäfer, **Leptinotarsa decemlineata** Say. [*9*]

— anders gefärbt *24*

24. Alle Tarsenglieder gleich breit, tatzenartig. Seitenränder der E (Epipleuren) breit, nur schwach nach hinten verschmälert. 5; **Timarcha** Laich.

T. goettingensis L. (bläulich/violett, 8–11 mm), **T. tenebricosa** F. (ähnlich gefärbt, 12–18 mm).

— 2. Tarsengl. (bes. von unten) viel kleiner u. schmäler als 1. u. 3.; Epipleuren schmäler u. nach hinten verengt u. abwärts gebogen . . *25*

25. E am Spitzenende nach unten kurz u. fein bewimpert [*62d*], gutes Merkmal bei starker Vergrößerung! 45; **Chrysomela** L. u. Verwandte

Ch. varians Schall. (sehr variabel metallisch gefärbt, 5–6 mm, an Hypericum), **Ch. graminis** L. (grünglänzend, 7–11 mm, an Tanacetum u.a.), **Ch. polita** L. (E glänzend rotbraun, Kopf u. H goldgrün). – **Dlochrysa fastuosa** Scop. (goldgrün mit blauem Naht- u. Mittelstreifen, an Galeopsis u. Lamium album).
Im Gebirge: 18; **Chrysochloa** Hop. (länglicher u. mit deutl. Schulterbeulen!)

— E an der Spitze nicht bewimpert *26*

26. E unregelmäßig punktiert *27*

— E mit deutl. durch Zwischenräume getrennten Punktreihen . . *31*

27. H viel schmäler als Basis der E, letztere mit stark abgesetztem Seitenwulst. Rücken der Tibia in ganzer Länge rinnenförmig ausgehöhlt 8; Pappelblattkäfer, **Melasoma** Steph.

M. aenea L. (metallisch grün od. blau, 6–8 mm), **M. populi** L. (E rot mit dunklem Spitzenfleck, 10–13 mm), **M. tremulae** F. (E rot ohne Spitzenfleck, 7–9 mm).

— H nicht od. wenig schmäler als Basis der E, diese ohne abgesetzten Seitenwulst, wohl aber gerandet *28*

28. E hinten mit eingedrückten Nahtstreifen (sieht randartig aus) . *29*

— E ohne längeren Nahtstreifen *30*

29. Basis des H fein gerandet, 4–6 mm. (An Polygonaceen) 2; **Gastroidea** Hop.

G. polygoni L. (H rotgelb, E blau od. grün), **G. viridula** Deg. (grün metallisch).

— Basis des H ungerandet. Körper oberseits rot, nur Mitte u. 2 Punkte auf dem H sowie Naht u. je 1 Streifen auf E schwarz.
Entomoscelis adonidis Pall.

30. E vorne mit starker Schulterbeule, am Htende gemeinsam abgerundet. 2,5–4,5 mm (Pappeln u. Weiden) . . . **Plagiodera versicolor** Laich

— E mit sehr schwacher Schulterbeule, am Htende gemeinsam zugespitzt. 4–5,5 mm (an Cruciferen)
Senfkäfer, **Colaphellus sophiae** Schall.

31. Mt- u. Httibien außen vor der Spitze in zahnartigen Auswuchs erweitert. Rotgelb mit schwarzen Flecken . . . 14; **Phytodecta** Kirb.
Ph. rufipes Deg. u. **Ph. viminalis** L. an Weiden.

— ohne solche Erweiterung an den Tibien *32*

32. Krallen innen mit Zahn. Metallisch blaugrün 6; **Phyllodecta** Kirb.
Ph. vitellinae L. u. **Ph. vulgatissima** L. an Weiden.

— Krallen ohne Zahn. (An Uferpflanzen) *33*

33. Langoval, fast parallel, metallisch blaugrün
3; **Hydrothassa** Thoms. (Basis des H ungerandet), 2; **Prasocuris** Latr. (Basis des H fein gerandet, z. B. **P. phellandri** L., mit dunkler u. heller Längsstreifung).

— Kurzoval, hochgewölbt: **Sclerophaedon carnioticus** Ger. (grob punktiert; montan), 6; **Phaedon** Latr. (fein punktiert, dunkel erzfarben)
Ph. cochleariae F., Meerrettichkäfer.

Fam. **Curculionidae**, Rüsselkäfer

1. 1. Fühlerglied nicht stiel- od. schaftartig verlängert (kaum länger als 2. u. 3. zusammen) [*63*] *2*

— Fühler gekniet, mit stark verlängertem 1. Glied (Schaft) [*4a–c*] *7*

2. Körperumriß birnenförmig. Rüssel zur Spitze nicht verbreitert. Fühlerkeule aus 3 dichten Endgl. Meist schwarz od. blau, einige rot.
Viele Arten an Leguminosen. Spitzmäuschen, 113; **Apion** Hbst. Apioninae.

— E mit etwas vortretenden Schultern, daher nicht birnenförmig. Rüssel zur Spitze etwas verbreitert. Fühlerkeule lose gegliedert *3*

3. Kopf hinter Augen stark verlängert u. in einen dünnen Hals verengt. Fühler 12gl. mit 4gl. Keule. E u. manchmal auch H rot. (6 mm) Apoderinae. 3; **Apoderus** Ol. (häufig **A. coryli** L., an Haselnuß)

— Kopf hinter Augen nicht od. relativ wenig verengt. Fühler 11gl. mit 3gl. Keule *4*

4. Vdtibien nach innen sägeartig gezähnt, an der Spitze mit 2 Hornhaken. H u. E rot, kahl, glänzend. Attelabinae.
Attelabus nitens Scop. (4–5 mm)

— Vdtibien am Ende ohne Hornhaken. Rüssel viel länger als breit . *5*

5. E unregelmäßig punktiert, ohne Punktstreifen: 4 Gattg. mit je 1 Art.

— E mit Punktstreifen od. schwachen Punktreihen *6*

6. Oberseite weitgehend kahl. E wenig länger als zusammen breit. Metallisch grün, blau od. kupferrot . . . . . . 2; **Bytiscus** Thoms.
B. betulae L. (Rebstichler; 5,5–8 mm), **B. populi** L. (4–5 mm).

— Oseite deutl. behaart. E wenigstens $1\frac{1}{4}$ mal so lang wie breit.
a) Schläfen hinter der Querfurche etwas halsartig eingeschnürt: 2; **Deporaus** Sam. (häufig Birkenblattroller **D. betulae** L., schwarz, 2–4 mm), **D. tristis** F. (Ahornblattroller, blau; montan).
b) Schläfen hinten nicht derart eingeschnürt. Metallisch gefärbt: 18; **Rhynchites** Schneid., darunter **Rh. (Coenorrhinus) aequatus** L. (Obstfruchtstecher, rot messingglänzend), **Rh. cupreus** L. (Pflaumenstecher, dunkel kupfrig), **Rh. auratus** Scop. (Obststecher, goldgrün). (*5* u. *6* = Rhynchitinae).

7. Rüssel dick u. meist kurz, oft nicht viel länger als breit, nie stielrund. Fühler nahe der Spitze od. im vorderen Drittel des Rüssels eingelenkt,

Schaft meist Vdrand der Augen überragend. Augen stets ± rundlich, viel schmaler als die Rüsselseite hoch [*4a*, *64*] *8*

— Rüssel lang stielrund od. mittellang walzig, zuweilen dünn u. gebogen [*4b*, *c*]. Augen meist queroval, fast so breit wie die Rüsselseite an ihrer schmalsten Stelle. Fühlerschaft meist nicht Vdrand der Augen erreichend. *21*

8. Vdrand des H von der Seite gesehen unterhalb der Augen mit einer Gruppe längerer Haarfransen abgestufter Länge [*64*]. Tanymecinae 4; **Chlorophanus** Germ. (Grünbeschuppt; oft mit hellen Seiten, z. B. **Ch. viridis** L., an Urtica, 9–11 mm), **Tanymecus palliatus** F. (mit braunen Schuppen, an Kletten u. Beta-Rüben, 8–11 mm).

— H ohne Haarfransengruppe, höchstens mit gleichmäßig feinem Haarsaum *9*

9. Fühlerfurchen oft nur kurz u. flach an den Seiten des dicken, kurzen Rüssels gegen die Mitte der Augen gerichtet [*65*]. Otiorrhynchinae *10*

— Fühlerfurche tiefer u. meist schärfer begrenzt, mehr gegen unteren Teil des Auges gerichtet [*4a*] od. tief vor den Augen zum Unterrand des Rüssels gebogen [*66*]. *12*

10. Schultern der E stumpfwinklig vortretend. Krallen am Grunde verwachsen. Körper vieler Arten grün beschuppt
16; **Phyllobius** Schönh.
Ph. argentatus L. (grün mit gelben Beinen, 5–6 mm), **Ph. urticae** Deg. (grün mit schwarzen Beinen, 7–9 mm), **Ph. oblongopunctatus** L. (Schwarz, E, Beine u. Fühler gelbbraun. E behaart. Schädlich an Obstbäumen).

— Schultern stark gerundet. E oval *11*

11. Fühlerfurchen mehr an den Rüsselseiten, tief, bis zu den Augen. Dicht beschuppt, dazwischen meist Borstenreihen. 2–5 mm
10; **Trachyphloeus** Germ.

— Fühlerfurchen von oben vollständig sichtbar, flacher Rüssel unter der Fühlerwurzel ± lappenartig erweitert
48; **Otiorhynchus** Germ. [*65*]
O. ligustici F. (E ± fleckig gelbbraun beschuppt, 9–12 mm, schädlich an Klee u. Luzerne), **O. sulcatus** F. (auf E mit goldenen Haarflecken, 9–11 mm, schädl. an Reben), **O. ovatus** L. (schwarz, Fühler u. Beine rotbraun, H gerunzelt, 5 mm). Ferner 5 weitere Gattg., bei denen Krallen nicht wie bei Otiorrhynchus frei, sondern am Grunde verwachsen sind, unter ihnen 3; **Peritelus** Germ. (dicht graubraun beschuppt, so daß der Grund völlig bedeckt ist, 3–8 mm).

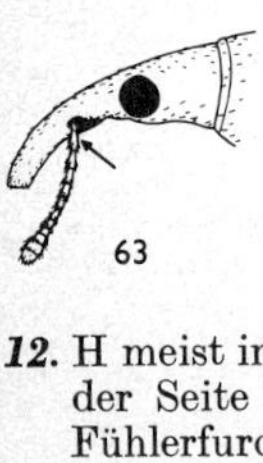
63

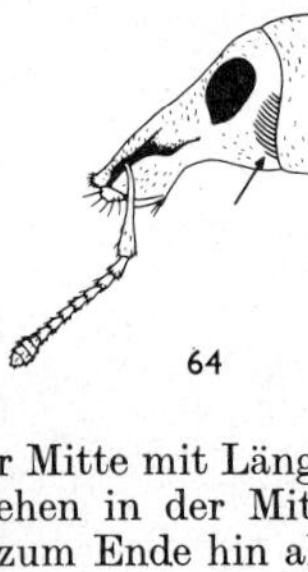
64

65

66

12. H meist in der Mitte mit Längskiel (wenn nicht, dann die Augen von der Seite gesehen in der Mitte od. näher am unteren Kopfrand). Fühlerfurche zum Ende hin allmählich verflachend. Leptopinae
7; **Tropiphorus** Schönh.,
T. carinatus Müll. (E mit kielartigen Erhebungen 5–7 mm, an Mercurialis).

— H nicht mit Längskiel, Augen liegen seitlich mehr am oberen Kopfrand. Brachyderinae *13*

13. E mit vortretenden, stumpfwinkligen od. abgeschrägten Schultern *14*
— E mit stark abgerundeten Schultern *16*
14. Krallen an der Basis verwachsen, Fühlerschaft überragt Augen *15*
— Krallen frei, Fühlerschaft die Augen nicht überragend
20; **Sitona** Germ. (Blattrandrüßler, schmal, langgestreckt, H ohne Mtfurche, bes. an Leguminosen, häufig **S. lineatus** L., 4–5 mm [*4*]). 4; **Barynotus** Germ. (breitoval, H mit verkürzter Mtfurche, häufig **B. obscurus** F. 7,5–10 mm).
15. Rüssel mindestens etwas länger als breit
2; **Liophloeus** Germ. (Fühlerschaft ragt weit über die Augen. Braungraufleckig, oft schachbrettartig beschuppt, z. B. **L. tessulatus** Müll.), 19; **Polydrusus** Germ. (Fühlerschaft knapp über die Augen. Meist metallisch grün od. bräunlich fleckig beschuppt u. behaart).
— Rüssel breiter als lang, an der Spitze mit großer halbkreisfg. umrandeter glatter Fläche, 7–9 mm
Scythropus mustela Hbst. (Coniferen)
16. Krallen frei . . . . **Barynotus** s. Nr. *14*
— Krallen an der Basis verwachsen *17*
17. Spitzenrand der Httibien abgeschrägt, verbreitert u. leicht ausgehöhlt. **Philopedon plagiatus** Schall. (Vdtibien außen lappenförmig erweitert, E grau, 5–8 mm, Küstendünen u. Kiefernwälder).
Cneorrhinus exarctus Marsh. (Vdtibien nicht lappig erweitert; schwarz, lehmgelb beschuppt, 7–9 mm, selten).
— Spitzenrand der Httibien nicht so *18*
18. Kopf dicht hinter den Augen mit eingeschnürter Querlinie, die mit dem Vdrand des H gleitend verbunden ist. Körper oval, beschuppt u. mit aufstehenden Börstchen. Vdtibien am Ende ringsum mit feinen Stacheln
6; **Strophosoma** Steph. (häufig **St. melanogrammum** Forst.)
— nicht so *19*
19. Mit ± langen Haaren, aber nie beschuppt. Braun, Fühler u. Beine gelb.
9; **Barypeithes** Duv. (2–5 mm. häufig **B. pellucidus** Boh. in Waldstreu)
— Oberseite mit Schuppen *20*
20. 2–4 mm
11; Großgattg. **Brachysomus** Steph. (z. B. **Br. echinatus** Bons.)
— wenigstens 5 mm: **Sciaphilus asperatus** Bons. (fleckig erdbraun beschuppt, dazwischen Borstenreihen, 5–6 mm), **Eusomus ovulum** Ger. (dicht grün beschuppt, 6–8 mm), **Brachyderes incanus** L. (schwarz, fein grau behaart, mit spärlichen kupfernen u. weißl. Schuppen, 8–11 mm, Schädling an jungen Kiefern).
21. H fast so lang wie E, grubig punktiert. Rüssel lang, vor den Augen verdickt, darunter die Fühler eingelenkt. Calandrinae
3; **Sphenophorus** Schönh. (7–16 mm) u, 3; **Sitophilus** Schönh. (2,5–4,5 mm)
Sitophilus granarius L. (Kornkäfer, braunschwarz glänzend, wichtigster Vorratsschädl. an Getreide), **S. oryzae** L. (Reiskäfer, E braun mit je 2 roten, 4eckigen, undeutl. begrenzten Flecken.) **S. zea mais** Motsch. (ähnlich letzterem, aber Ofläche glänzend u. rote Flecke nierenfg. u. deutl. begrenzt).
— andere Merkmale, H viel kürzer als E *22*
22. Fühlerfurche schräg abwärts gebogen, sie endet unterhalb der Augen, ohne diese zu erreichen. Cleoninae *23*
— Fühlerfurche gerade od. allmählich gebogen, zum Unterrand od. zur Mitte der Augen gerichtet [*4b, c*] *24*
23. Rüssel dick, höchstens doppelt so lang wie breit: Viele Gattg., darunter **Bothynoderes punctiventris** Germ. (Rübenderbrüßler) u. 4; **Coniocleonus** Motsch. (jeweils Rüssel mit 1 Mittelkiel), **Cleonus piger** Scop. (Rüssel mit 3 Längsfurchen zwischen 2 Kielen).

— Rüssel dünner, stielrund u. viel länger: **Lixus** F. (langgestreckt, H quadratisch od. etwas länger als breit. E bei einigen Arten, z. B. **L. iridis** Ol., einzeln nach hinten zugespitzt), 6; **Larinus** Germ. (gedrungen, H quer).

24. Fühler in Nähe der Rüsselspitze eingelenkt u. Basis der Fühlerfurche von oben sichtbar ***25***

— Fühler mehr zur Mitte des Rüssels hin od. in Augennähe eingelenkt, Basis der Furche jedenfalls von oben nicht sichtbar [*4b, c*] . . . ***30***

25. Vdtibien od. alle Tibien am Ende mit starkem nach innen gebogenen Hornhaken ***26***

— Tibien dort nur mit kleinem, zuweilen undeutl. Enddörnchen . ***29***

26. Fühlerfurche allmählich zum unteren Augenrand gebogen. Schenkel oft mit Zahn. Hylobiinae. ***27***

— Fühlerfurche im Bogen od. fast gerade zur Augenmitte od. vorn gerade, dann aber abwärts unter die Augen gerichtet: Mehrere Gattg.

27. Seiten des H mit deutl. dicht hell beschuppter Längsbinde.
3; **Lepyrus** Germ. (z. B. **L. palustris** Scop., 7–12 mm, auf Weiden)

— Seiten des H höchstens mit Flecken gelber Haarschuppen . . . ***28***

28. E an der Basis gerade, mit deutl. Schultern . 4; **Hylobius** Schönh.
H. abietis L. (Großer Fichtenrüßler, H mit deutl. gekielter Mittellinie, E mit gelben Haarflecken, 10–13 mm), **H. pinastri** Gyll. (Kleiner Fichtenrüßler, gleichfalls gelbe Haarflecken, aber H nur schwach gekielt, 7–9 mm).

— Basis der E breit u. schwach ausgerundet, keine deutl. Schultern, 4; **Liparus** Ol. (z. B. **L. glabrirostris** Küst., 17–22 mm, an Tussilago)

29. Schultern fast rechtwinklig vortretend, Augen quer, Fühlerfurche gegen unteren Augenrand gerichtet. Über 3 mm
21; **Hypera** Germ.
H. variabilis Hbst. (die dunklen Streifen vom H gehen auf Nahtfleck der E über u. laufen dort unregelmäßig aus, ca. 5 mm, schädlich an Luzerne), **H. punctata** F. (Bauch u. Seiten der E heller, Oseite braunschuppig, 7–10 mm, schädlich an Klee), **H. nigrirostris** F. (vorwiegend grün, Beine hellbraun, 3–4 mm, schädl. an Klee).

— andere Merkmale: weitere Gattungen.

30. Htschenkel stark verdickt (Sprungvermögen). Augen groß, vorragend, einander sehr genähert. 1,5–3,5 mm [*4c*]. 22; **Rhynchaenus** Clair.
Rh. fagi L. (Buchenspringrüßler, schwarz, Larve miniert in Blättern, Käfer nagt kleine Löcher). **Rh. quercus** L. (Eichenspringrüßler, braun, rot) **Rh. salicis** L. (Weidenspringrüßler, schwarz mit weißer u. roter Zeichnung). Rhynchaeninae.

— Htschenkel nicht auffallend verdickt (od. falls doch, dann E rundlich u. wenig länger als breit. ***31***

31. Tibien höchstens innen mit 1 Enddorn ***35***

— Tibien außen mit dornförmigem Endsporn. ***32***

32. Vdbrust mit tiefer Furche, in die Rüssel eingelegt wird, der oft bis zur Mittelbrust reicht. Cryptorrhynchidiinae, 4 Gattungen
Cryptorrhynchidius lapathi L. (Erlenrüßler, schwarzbraun, Seiten des H, Teile der Schenkel u. Hinterregion der E weiß beschuppt, 7–9 mm).

— Vdbrust ohne Einlegefurche für Rüssel, der auch in Ruhe vorgestreckt wird ***33***

33. Vdhüften deutlich voneinander entfernt, Fühler 10gl. Cossoninae
3; **Cossonus** Clair. (Rüssel lang, am Ende stark erweitert, 4,5–7,5 mm), 13; **Eremotes** Woll. (Rüssel kurz, drehrund, wenig gebogen, 2–4 mm).

— Vdhüften ± nahe beisammen, Fühler 11–12gl. Pissodinae. . . . ***34***

34. Htrand des H beiderseits stark ausgebuchtet. Oseite glatt u. ± kahl, 2,5–9 mm . . . . 21; **Magdalis** Germ. (Triebrüßler)

— Htrand des H schwach ausgebuchtet. Oseite mit Flecken gelber Schuppenhaare u. mit Schwielen od. Höckern . 8; **Pissodes** Germ.
P. notatus F. (Kleiner Kiefernrüßler, 6–8 mm); **P. piniphilus** Hbst. (4–5 mm).

35. Im Winkel zwischen Schultern der E u. Basis des H ist Seitenstück der Mittelbrust (Epimeron) als kleines Dreieck von oben sichtbar. Fühlerschaft erreicht selten die Augen. Ceutorhynchinae (bis 6 mm) . ***38***
— Epimeren der Mtbrust von oben nicht sichtbar od. wenn doch (nur Gattung Curculio s. Nr. 40), dann erreicht Fühlerschaft etwa den vorderen Augenrand u. die Krallen haben Zahn an der Basis . ***36***
36. Fühlergeißel aus 4–5 Gliedern. Mecininae. ***37***
— Fühlergeißel aus 6–7 Gliedern. Auswahl aus 3 weiteren Ufamilien ***40***
37. H am Grunde viel schmaler als die mit eckigen Schultern ausgezeichneten E. (Blattschaber).
12; **Cionus** Clair. (Filzig behaart, mit 1 od. 2 großen samtschwarzen Flecken an der Naht u. einigen Reihen schwarz-weißer Gitterflecke), 2; **Cleopus** Steph. (ohne größeren Nahtfleck, aber mit Reihen von Gitterflecken, z. B. **Cl. pulchellus** Hbst. an Braunwurz).
— H am Grund nur wenig schmaler als E: einige Gattg. (2–5 mm)
z. B. 3; **Miarus** Steph. (Vdhüften auseinander), 6; **Mecinus** Germ. u. 21; **Gymnetron** Schönh. (Vdhüften eng zusammen).
38. Vdrand des H mit doppelter Kante u. meist kragenförmig aufgebogen. Vdbrust mit Furche zum Einlegen des Rüssels, Vdhüften voneinander entfernt
87; **Ceutorhynchus** Germ. (2–5 mm). Viele Schädlinge, z. B. **C. assimilis** Payk. (Rapsschotenrüßler), **C. quadridens** Panz. (Kl. Kohltriebrüßler), **C. napi** Gyll. (Gr. Kohltriebrüßler), **C. pleurostigma** Marsh. (Kohlgallenrüßler), **C. macula alba** Hbst. (Mohnkapselrüßler). Verwandte Gattg.: **Cidnorhinus 4-maculatus** L. (E dunkel mit hellen Flecken, häufig auf Urtica), **Stenocarus fuliginosus** Mrsh. (Mohnwurzelrüßler, E am Sch mit hellem Fleck, hinter diesem schwarzer Samtfleck).
— andere Merkmale. ***39***
39. Körper gestreckt, walzenförmig bis parallelseitig. 3–6 mm.
12; **Baris** Germ. (Mauszahnrüßler) u. 3; **Limnobaris** Bed.
— Körper gedrungen, eiförmig bis rundlich: mehrere Gattg., darunter
8; **Rhinoncus** Steph. (Vdhüften voneinander entfernt), 10; **Phytobius** Schönh. (Vdhüften dicht beisammen). Höchstens 4 mm.
40. Seitenstück der Mtbrust (wie bei Ceutorhynchinae) im Winkel zwischen Schultern der E u. Basis des H von oben sichtbar. Rüssel sehr lang u. dünn. Schaft erreicht Vdrand der Augen [*4b*]. Krallen mit Zahn. Afterdecke nicht ganz von E bedeckt. 11; **Curculio** L. **C. nucum** L. (Haselnußbohrer, 6–7 mm), **C. glandium** Mrsh. (Eichelbohrer)
— andere Merkmale ***41***
41. E vor dem Ende mit Schwielen od. Höckern . . . 3; **Grypus** Germ.
G. equiseti F. (E am Ende breit schnabelartig u. hellgefärbt).
— E vor dem Ende ohne Schwielen od. Höcker. ***42***
42. Sch auffällig erhaben. E nach hinten etwas bauchig erweitert, oft mit bindenartiger Zeichnung . . . . 17; **Anthonomus** Germ.
A. pomorum L. (Apfelblütenstecher, E mit dunkelbegrenzter heller Schrägbinde auf dem hinteren Drittel, 4–5 mm), **A. pyri** Kolb. (Birnenknospenstecher, die helle Binde verläuft gerade), **A. rubi** Hbst. (Erdbeer- od. Himbeerblütenstecher, schwarz, grauhaarig, Sch meist weiß, 3 mm).
— Sch nicht erhaben. Körper mehr gestreckt: viele Gattungen, z. B.
19; **Tychius** Germ. (mit hellen Längsbinden) z. B. **T. 5-punctatus** L., E mit heller Binde entlang der Naht u. hellen Flecken an Leguminosen. Ferner an Uferrändern: 21; **Dorytomus** Steph. (Schenkel innen mit Zahn) u. 7; **Notaris** Steph. (Schenkel ohne Zahn) sowie 22; **Bagous** Schönh. (Schenkel ohne Zahn, E mit schuppenartiger Mikroskulptur).

77. Fam. Scolytidae, Borkenkäfer

1. **Scolytus-Typ**: E seitlich betrachtet hinten kaum nach abwärts geneigt. 9; **Scolytus** Geoffr., z. B. **Sc. scolytus** F. (Ulmensplintkäfer, verantwortlich für Ulmensterben durch Verschleppung von Sporen des Pilzes Ceratocystis ulmi).

2. **Hylesinus-Typ**: E nach hinten allmählich abfallend, H gleichmäßig punktiert: viele Gattungen, darunter 4; **Hylesinus** F. (mit **H. fraxini** F. an Esche, 3 mm), 2; **Blastophagus** Eich. (mit **B. piniperda** L., Waldgärtner, an Kiefern, 4–5 mm), **Dendroctonus micans** Kug. (Riesenbastkäfer, an Fichten, 7–9 mm).

3. **Ips-Typ**: E hinten steil abfallend [*11*]. E mit Runzeln, Höckern od. gekörnelt: viele Gattungen, darunter 10; **Ips** Deg. (der steil eingedrückte Absturz der E ringsum mit Zähnen; z. B. **I. typographus** L., Buchdrucker, an Fichten, 5 mm). Bei anderen Gattungen keine Zähne am steilen Abfall der E. Hierher gehören auch einige Holzbrüter wie 7; **Xyleborus** Eich. (Anisandrus) mit **X. dispar** F., schädl. an Obstbäumen sowie **Trypodendron** Steph. (Xyloterus) mit **T. lineatum** Ol. an Nadelbäumen (jedes Auge durch Fühler in 2 Teile geteilt).

Im Gebiet der B. R. Deutschland besonders geschützt: manche **Carabidae (Calosoma, Carabus, Cychrus, Cicindela)**; **Dytiscus latissimus**; **Hydrous**; manche **Scarabaeidae (Cetoniinae, Oryctes nasicornis, Osmoderma eremita, Polyphylla fullo)**; alle **Lucanidae**; fast alle **Buprestidae**; **Meloe**; manche **Cerambycidae (Dorcadion fuliginator, Tragosoma depsarium, Megopis scabricornis, Rosalia alpina, Aromia moschata, Cerambyx cerdo, Purpuricenus kaehleri)**.

Literatur

Freude, H., Harde, W. u. Lohse, G.: Die Käfer Mitteleuropas. Krefeld 1964ff. – Horion, A.: Faunistik der deutschen Käfer. Wien 1941, Frankfurt 1949, München 1953ff. – Horion, A.: Käferkunde für Naturfreunde. Frankfurt/M. 1949. – Horion, A.: Verzeichnis der Käfer Mitteleuropas. Stuttgart 1951/52. – Kuhnt, P.: Illustrierte Bestimmungs-Tabellen der Käfer Deutschlands, Stuttgart 1913. – Reitter, E.: Fauna Germanica. Die Käfer des Deutschen Reiches. Bd. 1–5, Stuttgart 1908–1916 u. Nachtragsband von Horion, Krefeld 1935. – Scheerpeltz, O. u. Winkler, A.: Käfer, Coleoptera in: Brohmer, Ehrmann, Ulmer, Tierwelt Mitteleuropas 1930.

18. Ord. **Strepsiptera**, Fächerflügler

♂ und ♀ sind sehr verschieden. ♂ leben nur etwa 1 Tag frei; 2–4 mm, kurze 4–6gliedrige Fühler mit Seitenästen [*2*, S.162]. Mundwerkzeuge verkümmert. Augen sehr groß. Vorderflügel stummelartig, Hinterflügel breit und fächerartig faltbar. Die larvenartigen, lebendgebärenden ♀ bleiben im Inneren ihrer Wirte (Erdbienen, Wespen, Zikaden, die man dann stylopisiert nennt). Der Vorderkörper des ♀, in den der Brutkanal mündet, ragt ebenso wie die Puppen aus der Gelenkhaut des Hinterleibs eines Wirtes hervor. Die Primärlarve mit 3 Beinpaaren und 2 Schwanzborsten sucht ihren Wirt auf, in den sie sich einbohrt. Sie verwandelt sich in ihm über weitere, madenartige Larvenstadien zur Puppe. Die ♀ bleiben jedoch in der Hülle des letzten Larvenstadiums und werden darin geschlechtsreif. Heimisch sind mehr als 10 Arten: **Elenchus tenuicornis** Kirby (♀ in Delphacidae-Zikaden; ♂ Tarsen 2gl., Fühler 4gl.). **Stylops** Kirby (Artunterscheidung unsicher, ♀ in **Andrena**-Bienen, ♂ Tarsen 4gl., Fühler 6gl.). **Halictoxenos** Pierce (etwa 4 Arten, ♀ in Halictus-Bienen, ♂ Tarsen u. Fühler 4gl., Kiefertaster abgeflacht). **Xenos vesparum** Rossi (♀ in Polistes-Wespen), **Pseudoxenos schaumi** Saund. (♀ in Ancistrocerus parietum L.) **Ps. sphecidarum** Duf. (♀ in Ammophila), **Ps. hungaricus** Szék. (♀ in Bembix) (♂ von Xenos u. Pseudoxenos: Tarsen u. Fühler 4gl., Kiefertaster drehrund).

Literatur: Kinzelbach, R., Strepsiptera, in: Freude, Harde, Lohse, Die Käfer Mitteleuropas, Bd. 8. Krefeld 1969 – Kinzelbach, R., Fächerflügler (Strepsiptera), in: Dahl, Tierwelt Deutschlands, Teil 65, Jena 1978 – Ulrich, W. Unsere Strepsipteren-Arbeiten. Zool Beitr. N. F. Berlin, Bd. 2. 1956.

19.–21. Ord. **Neuropteria**, Netzflügler

Insekten mit beißenden Mundwerkzeugen, freiem Prothorax, mit gleichartigen, häutigen, meist netzadrigen Flügeln u. mit vollkommener Verwandlung.

1. Hals (Prothorax) über doppelt so lang wie breit. Vdbeine nicht zu Fangbeinen umgewandelt. 3. Fußglied lappig erweitert
20. Ord. Kamelhalsfliegen, **Raphidioptera** *2*

— Hals nicht derart verlängert od. wenn doch, dann Vdbeine zu Fangbeinen mit verdickter, bedornter Tibia umgewandelt *3*

2. Stirnaugen (Ozellen) vorh. . . . . 1. Fam. **Raphididae**

Räuberisch an Waldrändern u. Gebüschen; Larven unter Rinde. **Raphidia** L. [*1*] mit vielen Arten.

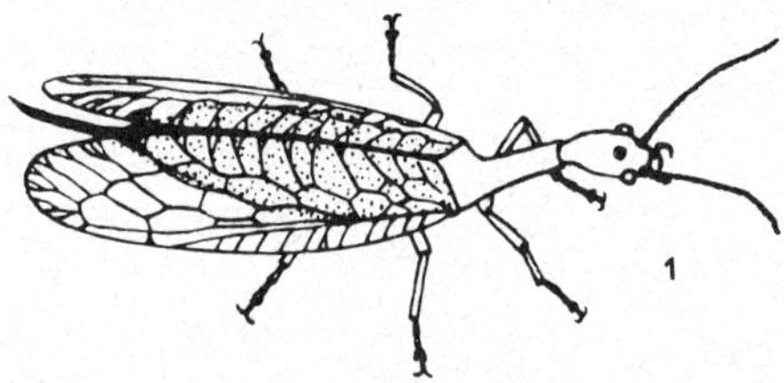
1

— Ozellen fehlen. 2. Fam. **Inocellidae** (nur **Inocellia crassicornis** Schm.)

3. Plumper Körper; Halsschild sehr breit. Flügel rauchgeschwärzt, Spannweite 23–35 mm. Fühler vor den Augen. 4. Fußgl. lappig erweitert . . . . 19. Ord. Schlammfliegen, **Megaloptera**

Nur Fam. **Sialidae** mit 3; **Sialis** L., häufig **S. lutaria** L. [*2*]. Am Ufer stehender Gewässer, langsamer Flatterflug. Larven räuberisch im Wasser, zur Verpuppung an Land.

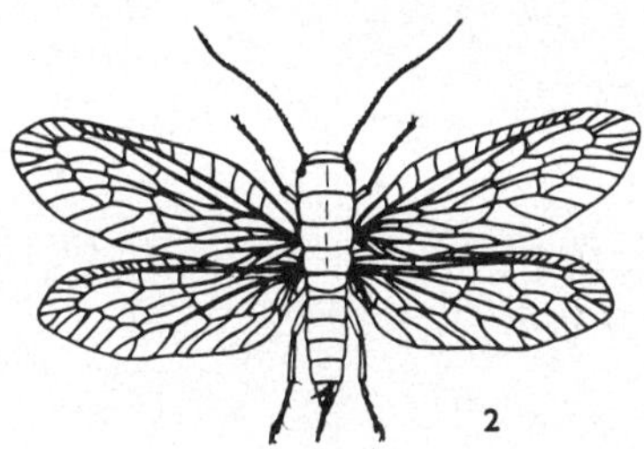
2

— Nicht diese Merkmalskombination. Wenn Flügel dunkel, dann Spannweite unter 15 mm. Kein Fußglied erweitert od. wenn doch etwas, dann Körperlänge nur bis 8 mm
21. Ord. Plattflügler, **Planipennia** *4*

Larven mit Saugzangen, die meisten leben auf dem Land, nur die von **Sisyra** im Wasser u. von **Osmylus** amphibisch, spinnen vor Verpuppung Kokon.

4. Fühler am Ende keulenförmig od. knopfartig verdickt *5*

— Fühler am Ende nicht verdickt *6*

5. Fühler fast so lang wie Vdflügel. Flügel bunt mit großen, gelben u. braunen Flecken . . . 8. Fam. Schmetterlingshafte, **Ascalaphidae**

2; **Libelloides** Tied. (**Ascalaphus** F.), räuberisch auf Bergwiesen im südl. Bereich

— Fühler viel kürzer als Vdflügel (etwa so lang wie Kopf + Thorax). Flügel glashell od. nur mit kleinen, braunen Flecken. Libellenähnlich.
7. Fam. Ameisenjungfern, **Myrmeleonidae**

5 Gattg. mit 6 Arten. Häufig nur **Myrmeleon formicarius** L. (Flügel ungefleckt) u. **Euroleon nostras** Fourc. (Flügel gefleckt). Larven (Ameisenlöwen) bauen trichterförmige Gruben in Sand u. saugen die hereinfallenden Insekten aus. Die Larven einiger Arten ohne Bau eines Trichters im Boden.

6. Flügelgeäder stark reduziert, höchstens 2 Queradern im Randfeld des Vdflügels. Körper u. Flügel durch Wachs weiß bestäubt. Unter 10 mm. [*3*] 1. Fam. Staubhafte, **Coniopterygidae**

6 Gattg., wichtig. **Conwentzia** End. (stark reduzierte Htflügel) u. **Coniopteryx.** Auf Bäumen u. Gebüsch. Fressen Blattläuse u. Insekteneier.

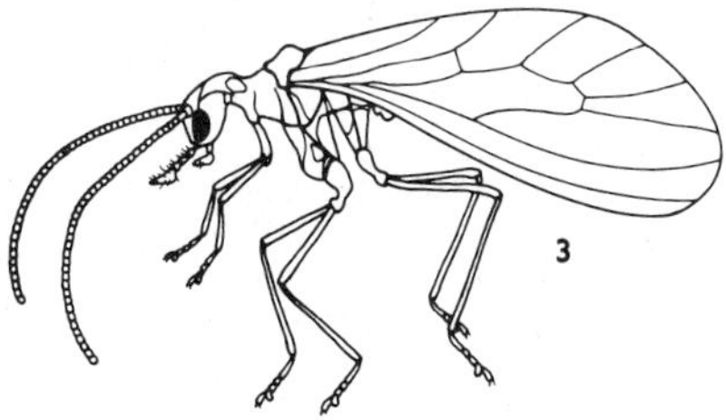

3

— Im Randfeld des Vdflügels viele Queradern. Keine weiße Bestäubung *7*

7. Vdbeine zu großen Fangbeinen umgestaltet.
6. Fam. Fanghafte, **Mantispidae**

Nur **Mantispa styriaca** Pod. Flügelspanne 22–34 mm. Im Süden, selten. Larven dringen in Eikokon von Spinnen (Lycosiden) u. fressen die Eier.

— Alle Beine gleichartig, keine Fangbeine *8*

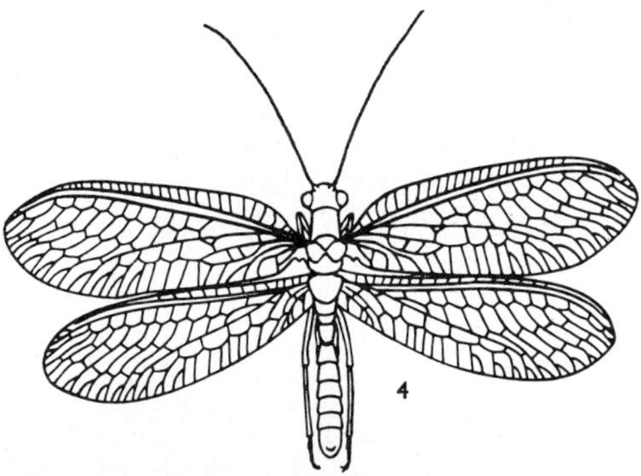

4

8. Mit Stirnaugen (Ozellen). Kopf braunrot.
2. Fam. Bachhafte, **Osmylidae**

Nur **Osmylus fulvicephalus** Scop., bes. an schattig., klaren Bächen.

— Ozellen fehlen *9*

9. Queradern im Flügelrandfeld gegabelt [*5*, *6*]
4. Fam. **Blattlauslöwen, Hemerobiidae** *11*

— Queradern im Flügelrandfeld nicht gegabelt [*4*] *10*

10. Fühler perlschnurartig, kurz. Flügelspanne bis 14 mm.
3. Fam. Schwammfliegen, **Sisyridae**

4; **Sisyra** Burm., häufig **S. fuscata** F. (ganze Fühler schwarz, Flügel einfarbig braun). Imagines an ufernaher Vegetation. Larven im Wasser, saugen an Schwämmen, seltener an Bryozoen.

— Fühler borstenartig, lang. Flügelspanne mindestens 18 mm, meist länger . . . . 5. Fam. Florfliegen, **Chrysopidae**

Hypochrysa elegans Burm.: Alle Adern schwarz, Flügelrandfeld (FRF) mit weniger als 15 Queradern, übrige Gattg. mit mehr als 15!. 2; **Notochrysa** Mac Lach (Kopf leuchtend gelborange). 18; **Chrysopa** (s. l.), aufgeteilt in mehrere Gattungen (Adern grün mit vielen schwarzen Partien, Grünfärbung bleicht leicht aus!); häufig: **Chrysopa perla** L. (schwarze Queradern im FRF), **Chrysoperla carnea** Steph. (=Chrysopa vulgaris Schneid.) (grüne Queradern im FRF; überwintert auch in Häusern, dann Umfärbung von grün zu rötlich).

11. An Basis des Randfelds im Vdflügel eine kleine zur Flügelwurzel zurücklaufende Ader [5:RA] ***13***

— nicht so ***12***

Flügelspanne 5–7 mm. Im Gras . . . . . . **Psectra diptera** Burm.

— Flügelspanne über 11 mm . . . . 4; **Micromus** Ramb.

Häufig **M. variegatus** F. (Vdflügel glashell, grauschwarz gescheckt, lang u. schmal). Flügel der übrigen Arten, darunter **M. paganus** L. viel breiter.

13. Vdflügel unter der Spitze buchtig ausgeschnitten.
Drepanepteryx phalaenoides L.

— Vdflügel nicht buchtig ausgeschnitten ***14***

14. Randfeld des Vdflügels am Grunde stark bogig verbreitert.

2; **Megalomus** Ramb. (bevorzugt xerotherme Biotope) u. **Drepanepteryx algida** Erichs. (subalpine Nadelwälder, bes. auf Larix).

— Randfeld des Vdflügels nicht auffallend verbreitert ***15***

15. Htflügel, abgesehen von den Rändern, mit höchstens 3 Queradern auf der Flügelfläche . . . . 5; **Sympherobius** Bks.

— Htflügel auf der Fläche mit mehr als 3 Queradern ***16***

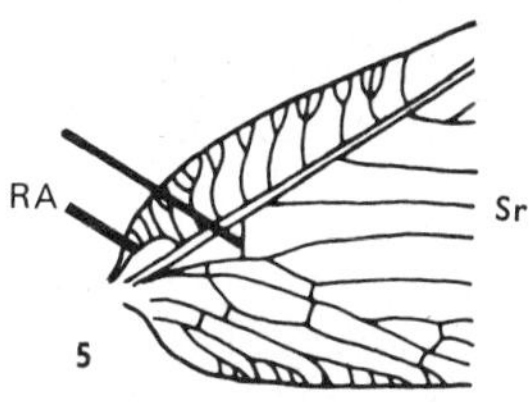

5

Basis des Vdflügels von Hemerobius

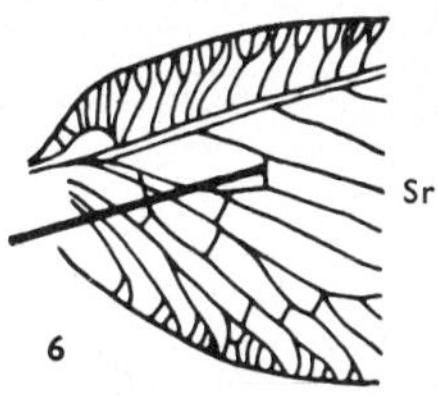

6

Vdflügel von Wesmaelius

16. Im Vdflügel eine Querader (am Grunde zwischen Radius und Media) vor Abzweigung der Ader Sr [5] . . . . 13; **Hemerobius** L.

Häufig **H. humulinus** L.

— Diese Querader liegt mehr zur Mitte hin, sie verbindet Sr mit der Media [6] . . . . 11; **Wesmaelius** Krüg.

Häufig **W. subnebulosa** Steph. u. **betulina** Str.

Im Gebiet der B. R. Deutschland besonders geschützt: Ascalaphus, Myrmeleonidae, Mantispa.

Literatur: Aspöck, H. u. U.: Die Neuropteren. Naturkundl. Jahrb. Linz 1964; Teil II. Linz 1969. - Aspöck H. u. U. u. Hölze, H.: Die Neuropteren Europas. I. u. II. Goecke & Evers, Krefeld 1980.

22. Ord. **Hymenoptera,** Hautflügler

Insekten mit 2 häutigen Flügelpaaren (die reduziert sein können), beißenden od. leckenden Mundwerkzeugen (dann Maxillen (Galea) u. Labium (Glossae) verlängert) u. vollständiger Verwandlung. Kopf s. [*2*]. Fühler einfach fadenförmig od. gekniet (d.h. der verlängerte Schaft eine winklig abgebogene Geißel tragend, s. [*2*]). Thorax (Brust) oben in Pronotum (Halsschild), Mesonotum mit Scutellum (Schildchen) u. Metanotum (Postscutellum, Hinterschildchen) gegliedert [*1*]. Bei Apocrita das Mittelsegment (Propodeum, entwicklungsgeschichtlich das 1. Abdominalsegment) an den Thorax angeschlossen. **Gliederung der Beine s. S. 98 u. [*5*]. Flügel an der Basis oft mit je 1** Flügelschuppe (Tegula). Flügeladerung s. [*3*], hier nach der Nomenklatur von Ross. Längsadern groß geschrieben (Costa C, Subcosta Sc, Radius R, sich in R_1 und Radiussektor Rs gabelnd, Media M, Cubitus Cu_1, Analadern A), an manchen Stellen miteinander verschmolzen. Queradern (klein geschrieben) nach den Längsadern, die sie verbinden, benannt. Zellen (diese sind allseitig von Adern umgeben) nach der davorlaufenden Längsader benannt u. von der Basis zur Spitze durchnumeriert ($1R_1$ entspricht nach einer anderen, oft benutzten Nomenklatur der 1. „Cubitalzelle", 1Rs = 2. Cu, 2Rs = 3. Cu, 1M = 1. „Discoidalzelle", 2M = 2. D). Eiablageapparat bei den höher entwickelten **Apocrita** zu einem Giftstachel umgebildet, dient zur Lähmung von Beutetieren für die Ernährung der Larven od. zur Abwehr von Feinden. Larven der **Symphyta** meist raupenförmig (außer den 3 Brustbeinpaaren mit mindestens 6 Abdominalbeinpaaren; letztere können reduziert sein), Larven der **Apocrita** beinlos und blind. Imagines ernähren sich meist von Pflanzensäften, sind z.T. auch räuberisch; Larven Pflanzenfresser od. Parasiten. Oft Brutpflege od. -fürsorge durch das Mutter-♀. Bei Ameisen, Wespen und Bienen echte Staaten mit Kooperation in der Brutpflege, Überlappung der Generationen u. Arbeitsteilung (Kastenbildung: ♂, ♀ = Königin, ☿ = Arbeiterin). In Deutschland etwa 10000 Arten. **Abkürzungen: Vd = Vorder-, Mt = Mittel-, Ht = Hinter, O = Ober-, U = Unter-, Gl, gl = Glied, -gliedrig, Abd = Abdomen, Fl = Flügel, Adern und Zellen wie in** [*3*]. Längenangaben für Körper ohne Legebohrer. Nur die deutschen Arten berücksichtigt: Zahl vor Gattungsnamen = Artenzahl.

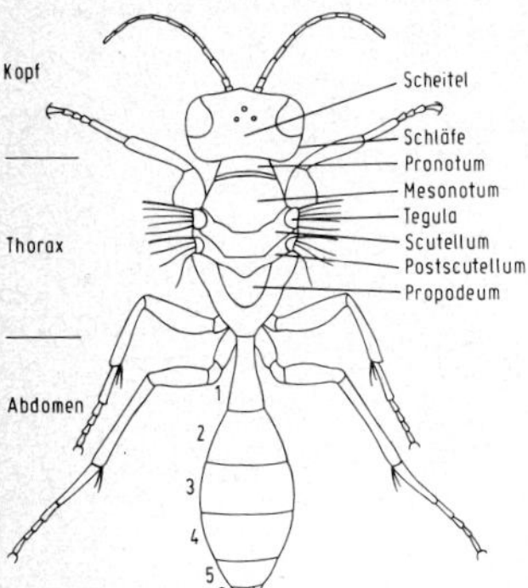

1

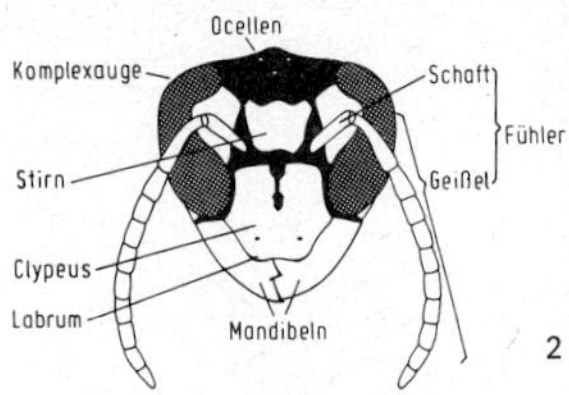

2

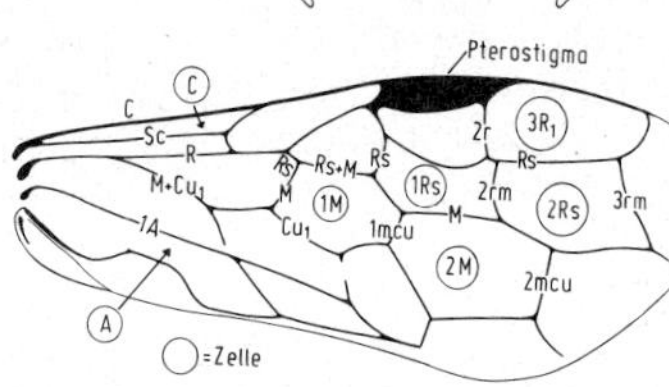

3

Systematische Übersicht über die Hymenopterenfamilien

Unterordnung **Symphyta**
Xyeloidea (Überfamilie): Xyelidae
Megalodontoidea: Megalodontidae, Pamphiliidae
Siricoidea: Siricidae, Xiphydriidae
Orussoidea: Orussidae
Cephoidea: Cephidae
Tenthredinoidea: Argidae, Blasticotomidae, Cimbicidae, Tenthredinidae, Diprionidae

Unterordnung **Apocrita**
Trigonaloidea: Trigonalidae

Ichneumonoidea: Braconidae, Ichneumonidae
Stephanoidea: Stephanidae
Evanioidea: Evaniidae, Gasteruptionidae, Aulacidae
Chalcidoidea: Mymaridae, Trichogrammatidae, Eulophidae, Elasmidae, Encyrtidae, Torymidae, Ormyridae, Pteromalidae, Tetracampidae, Eurytomidae, Chalcididae, Leucospididae u.a.
Cynipoidea: Ibaliidae, Eucoilidae, Figitidae, Cynipidae
Proctotrupoidea: Platygasteridae, Scelionidae, Diapriidae, Heloridae, Proctotrupidae, Ceraphrontidae
Bethyloidea: Embolemidae, Dryinidae, Bethylidae, Chrysididae, Cleptidae
Scolioidea: Sapygidae, Tiphiidae, Scoliidae, Mutillidae
Formicoidea: Formicidae
Vespoidea: Masaridae, Vespidae, Eumenidae
Pompiloidea: Ceropalidae, Pompilidae
Sphecoidea: Sphecidae
Apoidea: Andrenidae, Halictidae, Colletidae, Melittidae, Megachilidae, Apidae

1. Htleib in voller Breite am Vdkörper ansitzend [*6–10*]. Vdfl fast immer mit Zelle A [*3*] . . . . **Symphyta** *2*

— Zwischen Htleib u. Vdkörper tiefe Einschnürung („Wespentaille“ [*1*]). Vdfl ohne Zelle A [*14*] . . . . **Apocrita** *11*

Bei einigen **Chalcidoidea** fehlt Einschnürung, aber FlAderung [*18*] typisch. Bei starker Behaarung (z.B.Hummeln) Einschnürung undeutlich zu erkennen.

2. Fühler am Ende keulen- od. knopfförmig verdickt [*4a*]. Körper 4,5–28 mm . . . . . . Keulhornblattwespen, **Cimbicidae** S. 312

— Fühler am Ende nicht derartig verdickt *3*

3. Fühler 3gl, 3. Gl sehr lang [*4 b*]. Körper 5–12 mm . . . . **Argidae**

Larven freilebend, mit 6–8 AbdBeinpaaren. a) Längsader R_1 im Vdfl in Rs mündend (vgl. [*3*]). Zelle C mit Querader: **Arge** Leach mit ca. 20 Arten, häufig z.B. **A. ustulata** (L.), Larve auf Weide, Birke; **A. rosae** (L.), Larve schädlich auf Rosen. b) R_1 nicht in Rs mündend. Zelle C ohne Querader: 2 Gattg. mit ca. 20 seltenen Arten, z.B. **Aprosthema** Kon. mit **A. melanura** (Klug), Larve auf Lathyrus.

— Fühler 4gl, 3. Gl lang, 4. Gl klein, kegelförmig [*4 c*]. **Blasticotomidae**

Nur **Blasticotoma filiceti** Klug (8 mm), selten. Larve ohne AbdBeine, bohrt in Farnen, sondert weißen Schaum aus After ab, der außen am Farn haftet.

— Fühler 12gl, 3. Gl sehr lang, 4.–12. Gl sehr klein [*4d*] . . . **Xyelidae**

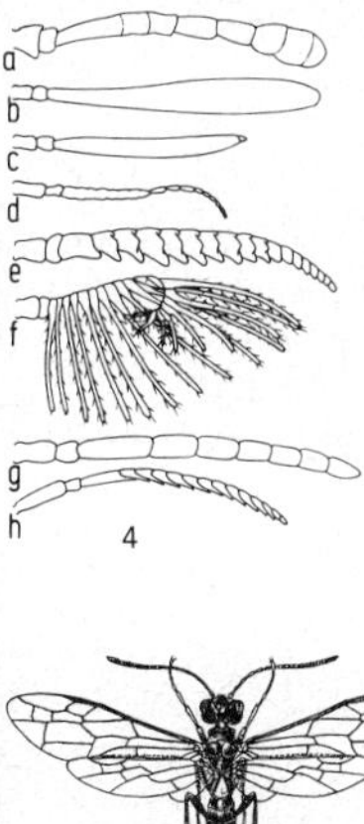

4

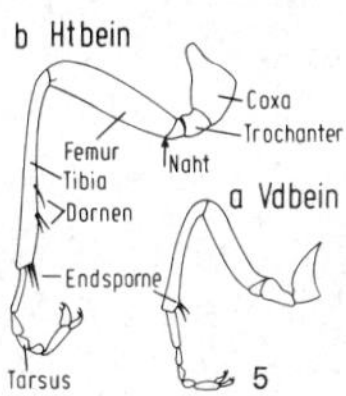

5

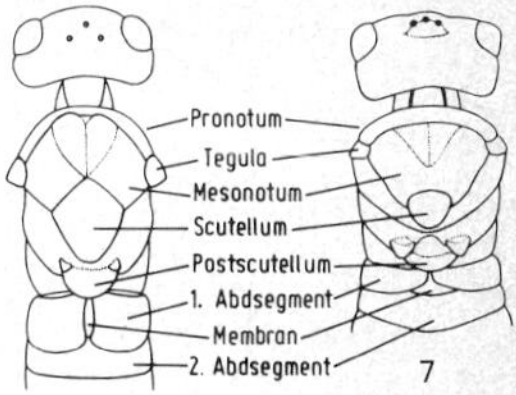

6 7

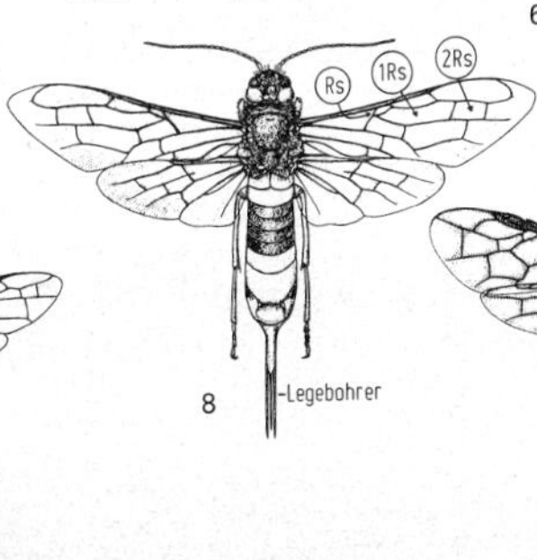

8

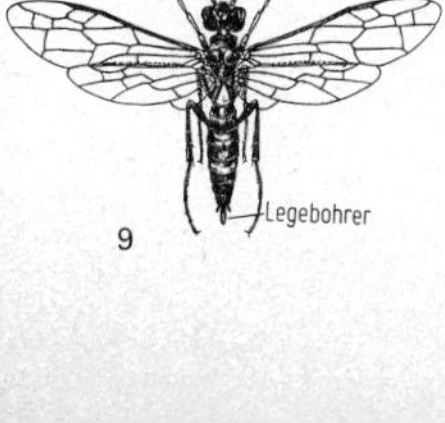

9

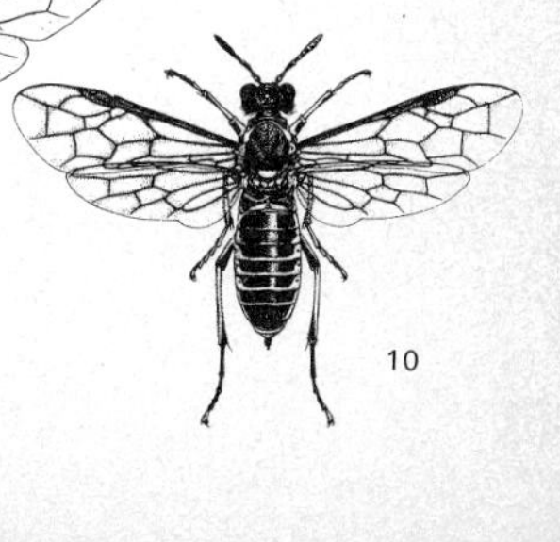
10

2,5–7 mm. Larven mit Beinpaar an jedem AbdSegment, an Blütenständen von Bäumen. 2 Gattg., 4 Arten, z.B. 2; **Xyela** Dalm., **X. julii** (Bréb.) (bis 4 mm), auf Kiefer.

— Fühler anders *4*

4. Htrand des Pronotum tief ausgeschnitten [*6*] *5*

— Htrand des Pronotum nicht od. nur flach ausgeschnitten [*7*] . . *9*

5. Vdtibia mit 1 Endsporn. *6*

— Vdtibia mit 2 deutl. Endspornen (1 manchm. schalenförmig) [*5a*] *8*

6. Fühler 9–10gl. Vdfl ohne Zellen Rs. Körper 6–14 mm . . **Orussidae**

Larven fußlos, in Holz (parasitisch bei Buprestiden?). Nur 2; **Orussus** Latr., selten, z.B. **O. abietinus** (Scop.) (Abd hinten rot), Larve in Erle, Buche.

— Fühler mindestens 13gl. Vdfl mit 1 od. 2 Zellen Rs (s. [*3*]) . . . *7*

7. Verbindungsstück zwischen Kopf u. Thorax kurz. Im Vdfl Zelle C ohne Querader, basaler Abschnitt der Längsader Rs in Richtung FlBasis zeigend [*8*]. Habitus [*8*]. 12–40 mm

Holzwespen, **Siricidae** S. 311

— Verbindungsstück zwischen Kopf u. Thorax lang [*6*]. Zelle C mit Querader, basaler Abschnitt von Rs in Richtung FlSpitze weisend. Körper 7–22 mm . . . . Holzwespen, **Xiphydriidae**

Larven ohne AbdBeine, mit reduzierten Brustbeinen, bohren in Laubhölzern. 6 Arten, dar. 4; **Xiphydria** Latr., häufiger **X. camelus** (L.), Larve in Erle, Birke.

8. Fühler mit über 18 Gl, gesägt [*4e*] od. stark gefiedert [4*f*]. Ader 2r im Vdfl fehlend . . . . . . Buschhornblattwespen, **Diprionidae**

Larven mit 8 AbdBeinpaaren, freilebend an Koniferennadeln, oft in Fraßgesellschaften. a) Zelle A im Vdfl mit Querader (s. [*30*]). Larven auf Pinaceen: Großgattg. 12; **Diprion** Schrk. (Körper kurz, gedrungen. 5–13 mm), viele Arten schädlich, z.B. **D. pini** (L.) auf Kiefer, **Gilpinia hercyniae** (Hart.) auf Fichte. b) Zelle A im Vdfl in der Mitte zu einer Ader zusammengezogen (s. [*29*]). Larven auf Juniperus: 2; **Monoctenus** Dahlb. (5–6 mm), häufiger **M. juniperi** (L.).

— Fühler 7–15gl, meist 9gl, fast immer fadenförmig [*4g*]; wenn 10 bis 15gl, Ader 2r im Vdfl vorhanden [*30*]. Habitus z.B. [*10*]

Echte Blattwespen, **Tenthredinidae** S. 312

9. Vdtibia mit 1 Endsporn, Abd ± seitlich zusammengedrückt. Körper schlank, überwiegend schwarz [*9*], 4–18 mm

Halmwespen, **Cephidae** S. 312

— Vdtibia mit 2 Endspornen [*5a*], Abd rund od. ± dorsoventral zusammengedrückt. Körper oft schwarz mit gelbl. od. rötl. Zeichnung *10*

10. Fühlergl an einer Seite stark zur Spitze hin verlängert [*4h*]. Httibia mit 2 Spornen am Ende u. 2 Dornen auf der Innenseite. 1. AbdTergit oben nicht geteilt. Körper 10–13 mm . . . . **Megalodontidae**

Larven ohne AbdBeine, freilebend, gesellig in Gespinsten. Nur 3; **Megalodontes** Latr., selten, im Süden verbreitet **M. spissicornis** Klug (= **klugi** Leach).

— Fühlergl nicht so verlängert. Httibia mit 2 Endspornen u. 3 inneren Dornen [*5b*]. 1. AbdTergit oben geteilt, dazwischen mit häutiger Membran [*7*]. 7–18 mm. Gespinstblattwespen, **Pamphiliidae** S. 311

11. 1. AbdSegment bildet kurzen Stiel, dieser knotig verdickt od. mit aufrechter Schuppe [*41, 42*]; od. 2 erste Segmente des Abd als Knoten [*40*]. Habitus [*11*]. . . . . . . Ameisen, **Formicidae** S. 318

— Abd sitzend [*24*]; wenn mit Stiel, dieser anders *12*

12. Flügel deutlich ausgebildet *13*

— Flügel fehlend od. stark reduziert *33*

13. Fühler mit mehr als 16 Gl . . . . . meiste **Ichneumonoidea**, s. *18*

Hierher 2 weitere, sehr seltene Familien: **Trigonalidae** (Sondermerkmale: Kurz oberhalb der Fühlereinlenkung je eine kleine senkrechte Lamelle. Mandibeln groß, schaufelförmig, mit 4 großen Zähnen rechts, 3 Zähnen links), nur **Pseudogonales**

hahni (Spin.) (9–12 mm), Hyperparasit bei Ichneumoniden, Tachiniden. **Stephanidae** (Sondermerkmale: Auf Stirn um Ocellen mit 5 Dornen. Pronotum lang, halsartig verlängert), nur **Stephanus serrator** (7–20 mm), Parasit bei Käferlarven im Holz.

— Fühler höchstens 16gl **14**

14. Abd hoch über den Htcoxen, am vorderen Ende des Propodeums ansetzend [*12*]. Vdfl mit Zelle C . . . . **Evanioidea**

a) Abd dünn gestielt, seitl. stark zusammengedrückt, meist kleiner als Thorax. Htfl mit Basallappen: **Evaniidae**, Parasiten in den Eipaketen von Schaben. 3 Arten, häufiger **Brachygaster minuta** (Ol.) (3–4 mm). 2; **Evania** F. größer (8–10 mm), z.B. **E. appendigaster** (L.). b) Abd lang, schlank, mehr keulenförmig [*12*]. Htfl ohne Basallappen: **Gasteruptionidae** (Httibia keulenartig verdickt. Prothorax nach vorn halsartig verlängert. Vdfl der Länge nach faltbar), Ektoparasiten an Hymenopterenlarven, nur 15; **Gasteruption** Latr. (5–15 mm) [*12*], am häufigsten **G. affectator** (L.). **Aulacidae** (Httibia schlank. Prothorax nicht verlängert. Vdfl nicht faltbar), Parasiten bei in Holz lebenden Insektenlarven, 6 Arten, z.B. **Aulacus striatus Jur.** (7–9 mm). 5; **Pristaulacus Kieff.** größer (10–15 mm), z.B. **P. gloriator (F.).**

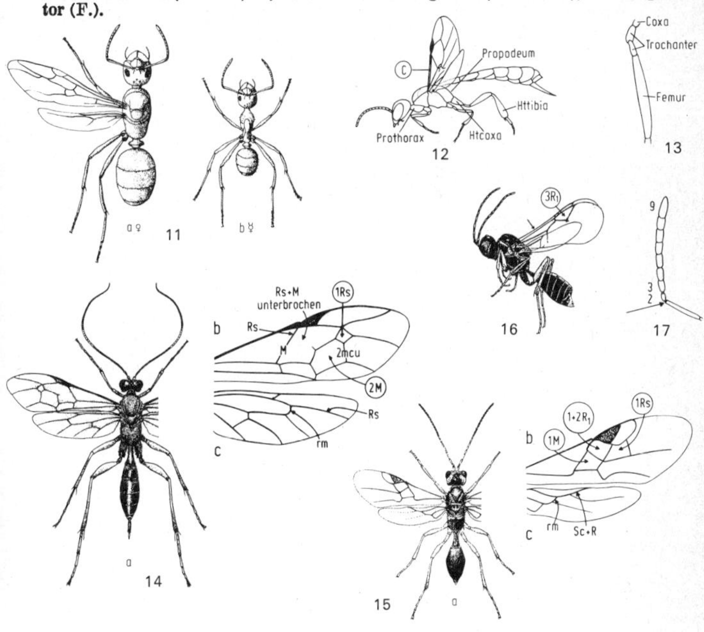

— Abd am unteren Ende des Propodeums nahe den Htcoxen ansetzend; wenn weiter oben inserierend, dann Vdfl ohne Zelle C **15**

15. Vdfl mit Zelle 1M u. 2M (z.B. [*57*]); 1M nicht mit $1+2R_1$ verschmolzen. Fühler 12–13gl **25**

— Vdfl höchstens mit 1M; wenn 2M vorhanden, 1M u. $1+2R_1$ verschmolzen [*14b*] **16**

16. Vdfl mit Pterostigma u. gut entwickelter Aderung: mindestens Zelle $1+2R_1$ u. eine Zelle M vorhanden [*14b, 15b*]; diese selten verschmolzen [*44*]. Sehr selten mit nur einer dieser Zellen, dann Längsadern C, Sc, R verschmolzen **17**

— Aderung im Vdfl reduziert: ohne Zelle $1+2R_1$ u. M; wenn mit Zelle M, C u. Sc+R deutlich getrennt; wenn mit beiden Zellen, Pterostigma fehlend *19*

17. Fühler 12–13gl. Trochanter des Htbeins 1gl. Htfl mit Basallappen [*44*] . . . . .Grabwespen, **Sphecidae** S. 320

— Fühler oft mit anderer Gliederzahl. Httrochanter 2gl [*13*]. Htfl ohne Basallappen . . . . **Ichneumonoidea** ***18***

18. Vdfl mit Querader 2m-cu; Längsader Rs+M unterbrochen, so daß Zellen $1+2R_1$ u. 1M mindestens z.T. verschmolzen [*14b*]. Im Htfl Querader r-m in Rs mündend [*14c*]. 2. u. 3. AbdTergit sich überlappend, nicht verschmolzen; wenn verschmolzen, 1. AbdSegment stielartig, von der Seite gesehen gebogen [*33*]. Habitus [*14a*]
Schlupfwespen, **Ichneumonidae** S. 314

— Vdfl ohne 2m-cu; Zellen $1+2R_1$ u. 1M meist vollständig getrennt [*15b*]. Im Htfl r-m in Sc+R mündend (vor Abzweigung von Rs) [*15c*]. 2. u. 3. AbdTergit fest miteinander verbunden od. alle AbdTergite verschmolzen. Wenn 1. AbdSegment stielartig, dann von der Seite gesehen ± gerade. Habitus [*15a*]
Brackwespen, **Braconidae** S. 314

19. Längsader C im Vdfl bis zur Zelle $3R_1$ fehlend, diese groß, schräg (kann zum Vdrand des Fl offen sein!) [*16*, *35*]. Fl ohne Pterostigma.

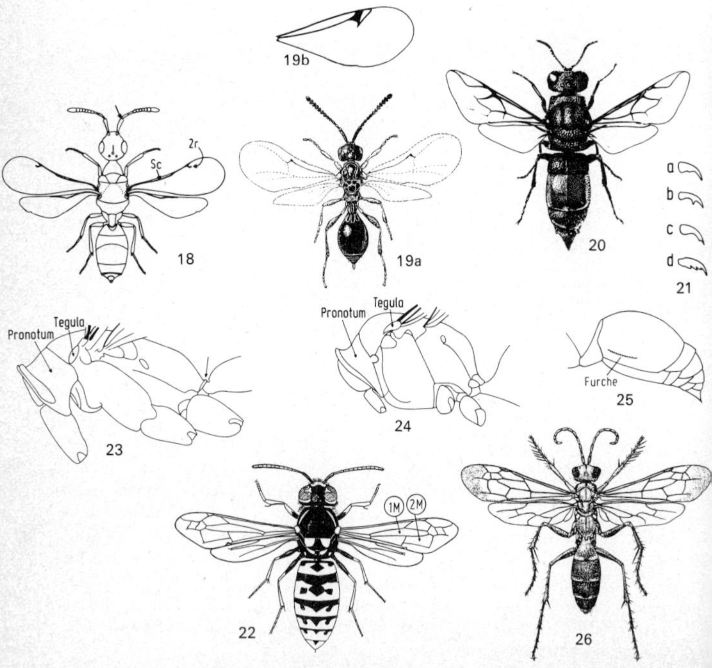

Fühler 11–16gl, nicht gekniet. Abd meist stark seitlich zusammengedrückt. Habitus z.B. [*16*] . . . . Gallwespen, **Cynipoidea** S. 316
— Aderung im Vdfl anders. Fühler fast stets gekniet [*17*]; wenn nicht gekniet, Pterostigma vorhanden od. Fl bewimpert od. Fühler 10gl bzw. 12–13gl. Abd selten seitlich zusammengedrückt ***20***

20. Im Vdfl Aderung bis auf Sc fehlend, diese sich spitzenwärts dem Vdrand des Fl nähernd; als Abzweigung von Sc eine kurze, meist am Ende knopfförmig verdickte Ader (2r) [*18*]. Pronotum hinten die Tegulae nicht erreichend (s. [*24*]). Fühler 3–13gl. Körper häufig metallisch . . . . Erzwespen, **Chalcidoidea** S. 315

Bisweilen Fl ungeadert od. nur mit kurzer Längsader, dann Fl – im Gegensatz zu **Proctotrupoidea** – lang gestielt, lang bewimpert (**Mymaridae** S. 315)

— Im Vdfl Längsader C vorhanden; wenn fehlend, übrige Aderung anders. Pronotum hinten bis an die Tegulae reichend (s. [*23*]). Fühler 6–15gl ***21***

21. Fühler 10gl od. 12–13gl, selten gekniet. Htfl mit Basallappen [*26*] ***22***
— Fühler oft mit anderer Glzahl, meist gekniet; wenn ungekniet, Fühler 15gl od. FlAderung wie [*19b*]. Habitus z. B. [*19a*] Zehrwespen, **Proctotrupoidea** S. 316

Htfl einiger **Proctotrupidae** mit Basallappen, aber Aderung des Vdfl typisch [*19b*].

22. Fühler 10gl ***23***
— Fühler 12–13gl. Abd unten ohne Einschnitt ***24***
– Fühler 12–13gl. Zwischen 1. u. 2. AbdSegment unten tiefer Einschnitt [*25*] **Scoliidae**

Nur 2; **Scolia** F. (10–25 mm), Parasiten bei Lamellicornier-Larven, im Süden häufiger **Sc. quadripunctata** (F.).

23. Fühler hoch über dem Clypeus auf einer Vorwölbung inserierend. Pterostigma schmal, undeutlich. Zelle $3R_1$ im Vdfl geschlossen. Um 3 mm . . . . **Embolemidae**

♀♀ ungeflügelt. Nur 2; **Embolemus** Westw., z.B. **E. rufescens** Westw., Biologie?

— Fühler nahe dem Orand des Clypeus inserierend, Vdrand des Kopfes ohne Vorwölbung. Pterostigma deutlich, Zelle $3R_1$ meist offen. 2–4 mm . . . . **Dryinidae**

Vdtarsen der ♀♀ fast stets zu Raubzangen umgebildet. ♀♀ manchmal flügellos. 8 Gattg., Ektoparasiten an Zikaden, z.B. **Neogonatopus ombrodes** Perk.

24. Abd mit 3 (selten 4) sichtbaren Tergiten; Abd unten ausgehöhlt. Kopf nicht vorgestreckt. Thorax grob skulpturiert. Körper metallisch (meist rot bis grünblau) [*20*] . . . Goldwespen, **Chrysididae** S. 317
— Abd mit 4–5 sichtbaren Tergiten, Abd unten schwach konvex. Kopf nicht vorgestreckt. Thorax fein skulpturiert. Körper teilweise metallisch . . . . **Cleptidae**

Nur 6; **Cleptes** Latr. (um 6 mm), meist selten, Parasiten bei Blattwespenlarven, z.B. **C. semiauratus** (L.) bei Nematus u. Pristiphora.

— Abd mit 7 sichtbaren Tergiten, Abd unten konvex. Kopf nach vorn vorgestreckt. Körper braun bis schwarz, nicht metallisch . **Bethylidae**

2–10 mm. Flügel oft reduziert. Ca. 20 Gattg., Ektoparasiten bei Käfer-, Schmetterlingslarven, z.B. **Cephalonomia gallicola** Ashm. beim Brotkäfer.

25. Vdfl der Länge nach faltbar: Augen innen nierenförmig eingebuchtet [*2*]. Körper schwarzgelb [*22*] . . . . **Vespoidea** ***26***
— Vdfl nicht längs faltbar; Augen selten innen eingebuchtet (nur bei **Sapygidae** s. ***30***, mit anderen Merkmalen u. **Trypoxylon** s. S. 320, mit anderer Flügeladerung [*48*]) ***28***

26. Fühler an der Spitze keulenförmig, an der Basis ohne verlängerten Schaft. Vdfl mit nur 1 Zelle Rs . . . . **Masaridae**

Nur **Celonites abbreviatus** (Vill.) (6–7 mm), selten. Solitär, ♀♀ fertigen kleine Lehmzellen an Pflanzenteilen od. Steinen an. Larvennahrung: Nektar.

— Fühler nicht deutlich keulenförmig, an der Basis mit Schaft. Vdfl mit Zellen 1Rs, 2Rs [*22*] ***27***

27. Krallen gezähnt od. gespalten [*21b, c*]. Mttibia mit 1 (selten 2) Endsporn. Augen unten breiter als Mandibelbasis . . **Eumenidae** S. 319

— Fußkrallen ungezähnt [*21a*]. Mttibia mit 2 Endspornen. Augen unten schmaler als Basis der Mandibeln . Echte Wespen, **Vespidae** S. 319

28. Htecken des Pronotum die Tegulae an der FlBasis erreichend [*23*] ***29***

— Htecken des Pronotum nicht bis zu den Tegulae reichend [*24*] ***32***

Wenn Körper dicht behaart, Pronotum ebenfalls nicht bis zu Tegulae reichend.

29. Zwischen 1. u. 2. Segment auf Useite des Abd tiefer Einschnitt [*25*]; wenn fehlend, Augen innen tief u. schmal eingebuchtet **Scolioidea** ***30***

— Zwischen 1. u. 2. AbdSegment kein tiefer Einschnitt. Augen höchstens leicht eingebuchtet. Htbeine verlängert . . **Pompiloidea** ***31***

30. 2. AbdTergit seitlich mit feiner Furche [*25*]. Abd meist mit hellen Haarflecken. ♂ (geflügelt): Htfl ohne Basallappen. ♀ (ungeflügelt): Thoraxsegmente oben völlig verschmolzen . . . **Mutillidae** S. 317

— 2. AbdTergit ohne Furche. Abd ohne helle Haarflecken. Htfl mit Basallappen (s. [*26*]); wenn ungeflügelt (einige ♀♀ der **Tiphiidae**), Thorax in 2–3 Abschnitte geteilt, also Pronotum von Mtbrust getrennt

a) Zwischen 1. u. 2. AbdSegment unten tiefer Einschnitt [*25*]. Augen innen höchstens schwach eingebuchtet. Fühler nicht gekeult: **Tiphiidae**, s. S. 317.

b) Zwischen 1. u. 2. AbdSegment unten kein Einschnitt. Augen innen tief u. schmal eingebuchtet. Fühler zur Spitze allmählich verbreitert: **Sapygidae**, Parasiten bei Bienen u. Wespen, nur 3; **Sapyga** Latr. (Beine rot u. weiß. 8–10 mm), Wirt: Megachile, z.B. **S. clavicornis** (L.). **Sapygina decemguttata** (Jur.) (Beine schwarz. 9 mm), Wirt: Osmia, Odynerus.

31. Propodeum hinten mit aufgewölbtem Rand [*23*]. Entfernung Fühlerbasis bis Orand des Clypeus kleiner als Länge des 2. Fühlergl. Körper schwarz, Abd oft teilw. rot, seltener gelb . Wegwespen, **Pompilidae**

4–15 mm. Larvennahrung: Spinnen, die gelähmt, mit einem Ei belegt u. vergraben werden. Etwa 25 Gattg., ca. 100 Arten, z.B. **Pompilus** F. [*26*], **Priocnemis** Schdte., **Anoplius** Duf., sehr häufig **A. fuscus** (L.).

— Propodeum hinten ohne aufgewölbten Rand. Strecke Fühlerbasis bis Orand des Clypeus so groß wie 2. Fühlergl lang. Körper schwarz u. gelb, selten dazu rot . . . . **Ceropalidae**

Nur 4; **Ceropales** Latr. (5–11 mm), Parasiten bei Pompiliden, legen Eier an die gelähmte Beute, häufiger **C. maculatus** (F.).

32. 1. Gl der Httarsen meist abgeflacht, mind. so lang wie 2.–4. Tarsalgl zusammen, innen oft dicht behaart; ohne Putzvorrichtung [*27b*]. Körper meist dicht u. lang behaart [*27a*], mind. die Haare am Htende des Thorax fein gefiedert [*27c*] (Mikroskop!) Bienen, **Apoidea** S. 321

— 1. Gl der Httarsen ± zylindrisch, an Basis mit Putzsporn u. meist deutlicher Delle [*28b*]. Körper mit weniger dichten, kurzen, ungefiederten Haaren. Habitus z.B. [*28a*] . Grabwespen, **Sphecidae** S. 320

33. Abd seitlich zusammengedrückt, Sternite sehr schmal. Fühler schlank, 11–15gl, nicht gekniet . . Gallwespen, **Cynipoidea** S. 316

— Abd anders ***34***

34. Fühler gekniet [*17*], bis 15gl; wenn ungekniet, überdeckt 1. Tergit fast das gesamte Abd ***35***

— Fühler ungekniet. 1. AbdTergit anders, nicht auffallend groß ***36***

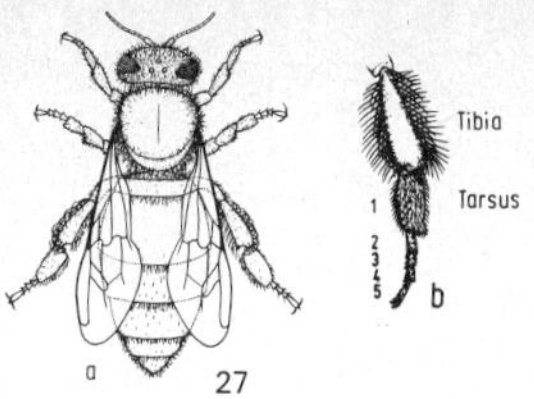

27

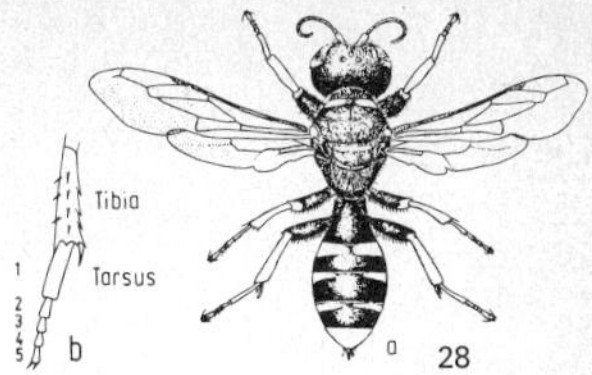

28

35. Pronotum an den Seiten nach hinten nicht bis zu den Tegulae (s. [*23*]); wenn diese nicht deutlich ausgebildet, Tarsen 3gl. Körper meist grün-metallisch . . . . . . Erzwespen, **Chalcidoidea** S. 315
— Pronotum reicht an den Seiten bis zu den Tegulae (wenn diese vorhanden) (s. [*24*]). Tarsen immer 5gl . . . **Proctotrupoidea** S. 316
36. Fühler mit mehr als 14 Gl. AbdSternite breit membranös, wenn getrocknet, Längsfalten bildend . . . . **Ichneumonoidea** s. ***18***
— Fühler 10- od. 12–13gl. Sternite deutlich, nicht membranös . . ***37***
37. Fühler 10gl . . . . ♀♀ von **Embolemidae, Dryinidae** s. ***23***
— Fühler 12–13gl ***38***
38. Kopf (mit Mundwerkzeugen) nach vorn gestreckt, meist deutl. länger als breit. Zwischen 1. u. 2. AbdSegment höchstens flache Kerbe. Tibien unbedornt. Fühler 12–13gl. Bis 4 mm. . . **Bethylidae** s. ***24***
— Kopf ± rundlich, Mundwerkzeuge nach unten gerichtet (s. [*12*]). Zwischen 1. u. 2. AbdSegment deutl. Kerbe [*25*]. Httibia außen mit Dornen. Fühler 12gl. Körper 4–16 mm
♀♀ von **Mutillidae, Tiphiidae** s. ***30***

Fam. **Pamphiliidae**, Gespinstblattwespen

Larven ohne AbdBeine, mit fadenförmigen Brustbeinen, einzeln od. gesellig in einem Gespinst, bei manchen Arten mit starker Ansammlung von Kot.

1. Fußkrallen unten in Mitte mit kleinem Zahn [*21b*] . . **Cephalciinae**
a) Vdtibia außer Spitzendornen auf der Mitte der Innenseite mit 1 weiterem Dorn: 4; **Acantholyda** Costa (9–15 mm), Larven gesellig in Gespinsten an Kiefer, oft schädlich, z.B. **A. posticalis** Mats. (= **pinivora** Ensl.). b) Vdtibia ohne Dorn in der Mitte: 6; **Cephalcia** Panz. (8–15 mm), Larven gesellig in Gespinsten an Nadelhölzern, **C. abietis** (L.) schädlich an Fichte, **C. alpina** Klug an Lärche.
— Krallen ohne Zahn, aber Spitze deutl. gespalten [*21c*] . **Pamphiliinae**
a) Längsader Sc im Vdfl am Ende gegabelt, in C u. R mündend [*3*]: 20; **Pamphilius** Latr. (7–16 mm), Larven einzeln in mit Seide festgesponnenen Blattröhren an Laubhölzern, häufig z.B. **P. sylvaticus** (L.), Larve auf Pappel, Weide, Hainbuche. b) Sc einfach, wenn etwas gegabelt, nicht C erreichend: 5; **Neurotoma** Kon. (7,5 bis 14 mm), Larven gesellig in Gespinsten, **N. nemoralis** (L.) auf Prunus.

Fam. **Siricidae**, Holzwespen

Larven ohne AbdBeine, mit reduzierten Brustbeinen, fressen in Holz. ♀♀ mit vorstehendem Legebohrer [*8*].

1. Fühler kurz, 12–16gl, Mtglieder verdickt. Vdfl mit 1 Zelle Rs . . 2; **Tremex** Jur. Larven in Laubhölzern, häufiger **T. fuscicornis** (F.) (15–40 mm. Fl gelb).
— Fühler fadenförmig, 17–30gl. Vdfl mit 2 Zellen Rs (1Rs, 2Rs [*8*]) ***2***
2. Kopf oben mindestens hinter jedem Auge gelb ***3***
— Kopf ganz dunkel (schwarzblau) . . . . 2; **Sirex** L. (= **Paururus** Kon.) Häufig **S. juvencus** L. (14–30 mm. Fühler schwarz u. gelb), Larve in Nadelhölzern.
3. Pronotum schwarz, an Seiten heller. Httibia mit 1 Endsporn. **Xeris spectrum** (L.) (15–30 mm), Larve in Nadelhölzern.

– Pronotum ganz schwarz. Httibia mit 2 Endspornen 3; **Urocerus** Geoff. (= **Sirex** L.) 12–40 mm. Larven in Nadelhölzern. **U. gigas** (L.) (Kopfscheitel schwarz [*8*]); **U. augur** (Klug) (Scheitel gelb); **U. phantoma** (F.) (Scheitel gelb, mit schwarzer Mtfurche).

Fam. **Cephidae**, Halmwespen

Larven ohne AbdBeine, mit reduzierten Brustbeinen, bohren in Zweigen u. Stengeln von Bäumen, Kräutern od. Gräsern. ♀♀ mit deutlichem, kurzem Legebohrer [*9*].

1. 3. Fühlergl etwas länger als 4.; 5. u. folgende Gl etwa gleich dick *2*
– 3. Fühlergl nicht (od. kaum) länger als 4.; Fühler zum Ende hin verdickt [*9*] *3*
2. 10–16 mm. Httibia mit 1 Endsporn u. 1 weiteren Dorn . . . . 3; **Hartigia** Schdte. Häufiger z.B. **H. nigra** (Harr.), Larve in Stengelmark von Himbeere, Brombeere.
– 6–9 mm. Httibia mit 1 Endsporn u. 2 weiteren Dornen . . . . . 3; **Janus** Steph. Häufiger **J. luteipes** (Lep.), Larve meist in Weidentrieben.
3. Gesicht breit, Höhe der Augen viel geringer als der Abstand ihrer Innenränder. 2; **Calameuta** Kon. (4–12 mm), z.B. **C. filiformis** Ev., Larve in Gräsern (Schilf).
– Gesicht schmal, Höhe der Augen etwa so groß wie der Abstand ihrer Innenränder. 2; **Trachelus** Jur. (♀: Sägebohrer zur Spitze verbreitert, ♂: 7. u. 8. Sternit mit behaarter Grube. 7–14 mm), z.B. **T. troglodyta** (F.). 7; **Cephus** Latr. (♀: Sägebohrer zur Spitze verschmälert, ♂: 7. u. 8. Sternit ohne Grube. 5–11 mm), häufig **C. pygmaeus** (L.) [*9*], Larve schädlich an Getreide (v.a. Weizen, Roggen).

Fam. **Cimbicidae**, Keulhornblattwespen

Larven mit 8 AbdBeinpaaren, freilebend, Blattfresser.

1. 4,5–8 mm. Zelle A des Vdfl in der Mitte zu 1 Ader zusammengezogen (s. [*29*]), in Zelle 1Rs mündet nur 1m-cu. 3; **Corynis** Thunb. (= **Amasis** Leach), z.B. **C. obscura** (F.).
– 9–12 mm. Zelle A im Vdfl ebenso, in Zelle 1Rs münden 1m-cu u. 2m-cu. 5; **Abia** Leach (Fußkrallen unten mit Zahn, dieser größer als Krallenspitze), häufiger **A. sericea** (L.). 4; **Zaraea** Leach (Krallen ungezähnt od. höchstens mit kleinem Zahn), Larven auf Caprifoliaceen, z.B. **Z. fasciata** (L.).
– 13–28 mm. Zelle A des Vdfl durch Querader geteilt (s. [*30*]) *2*

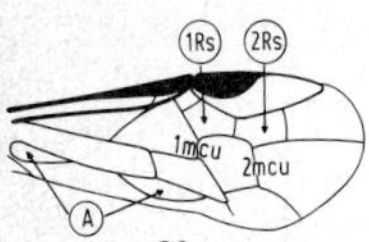

29

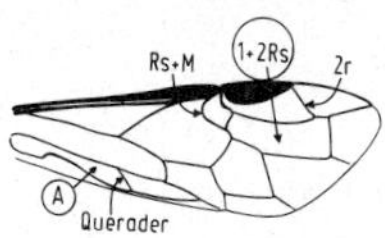

30

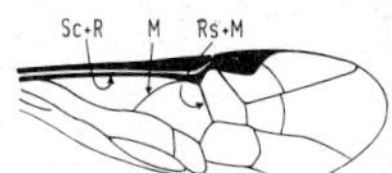

31

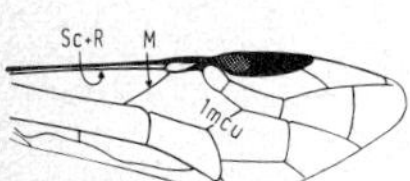

32

33

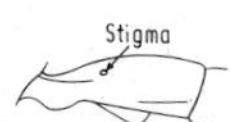

34

2. 1. Tergit hinten tief eingebuchtet, Ausschnitt häutig ausgefüllt (s. [*6*]) 5; **Cimbex** Ol. Häufig **C. femorata** (L.), Larve auf Birke. **C. connata** (Schrk.), Larve auf Erle. **C. lutea** (L.), Larve auf Weide, Pappel.
– 1. Tergit hinten ± gerade, nicht häutig *3*
3. Labrum (s. [*2*]) sehr klein . . . . **Praia taczanowskii** André, sehr selten.
– Labrum groß, fast trapezförmig. 6; **Trichiosoma** Leach (Labrum u. Clypeus (s. [*2*]) schwarz. Htfemur nahe der Spitze gezähnt), häufig **T. lucorum** (L.), Larve meist auf Birke. **Pseudoclavellaria amerinae** (L.) (Labrum u. Clypeus weiß. Htfemur ohne Zahn nahe der Spitze), Larve auf Weide, Pappel.

Fam. **Tenthredinidae**, Echte Blattwespen

Larven mit 7–8 AbdBeinpaaren, frei auf Pflanzen (oft auf Weiden), einige minierend od. in Gallen. Schreckstellung vieler Larven: Aufrichten des Vdkörpers, oft Absonderung eines abschreckenden Sekrets aus Drüsen der Useite.

1. Querader 2r im Vdfl fehlend [*29*] . . . . **Nematinae**

Fast 20 Gattg., ca. 300 Arten. a) Querader 1m-cu im Vdfl mündet in Zelle 1Rs, 2m-cu in 2Rs [*29*]: z.B. 3; **Cladius** Rossi, sehr häufig **C. pectinicornis** (L.) (4–7 mm), Larve auf Rosaceen. b) 1m-cu u. 2m-cu münden in 1Rs: viele artenreiche Gattg., u.a. **Nematus** Panz. (incl. **Pteronidea** Rohw.), **Amauronematus** Kon., z.B. **N. ribesii** (Scop.) (6–7 mm), Larve schädlich an Ribes. **Pristiphora** Latr., häufig **P. abietina** (Christ.) (4,5–6 mm), Larve oft schädlich an Nadelhölzern. **Euura** Newm., **Pontania** Costa, Larven in Gallen auf Weiden, Pappeln, häufig **P. viminalis** (L.) (4–5,5 mm), bildet rote Gallen auf Useite von Weidenblättern.

— Querader 2r im Vdfl vorhanden [*30–32*] *2*

2. Adern M u. 1m-cu im Vdfl zum Pterostigma hin stark konvergierend [*31*]; wenn undeutlich konvergierend, Ader Rs+M an der Basis in Richtung Pterostigma umgebogen [*30*] *3*

— Adern M u. 1m-cu im Vdfl ± parallel, seltener divergierend [*32*] *6*

3. Ader Rs+M im Vdfl an der Ursprungsstelle in Richtung Pterostigma umgebogen [*30*]. Zelle A ohne od. mit Querader, nicht in der Mitte zu 1 Ader zusammengezogen . . . . **Selandriinae**

8 Gattg., ca. 60 Arten. a) Querader 2rm im Vdfl fehlt, Zelle 1+2Rs sehr lang [*30*]: 5; **Loderus** Kon. (Augen viel höher als breit, innerer Augenrand etwas konkav), Larven auf Equisetum, häufig **L. vestigialis** (Klug) (7–9 mm). **Dolerus** Jur. (Augen etwas höher als breit, innen fast gerade bis konvex) mit ca. 30 Arten, z.B. **D. pratensis** (L.) (10,5–12 mm). b) Querader 2rm im Vdfl vorhanden, also 2 Zellen Rs ausgebildet. Ader C vor dem Pterostigma wenig verdickt: 9; **Strongylogaster** Dahlb., Larven auf Farnen, z.B. **S. delicatulus** (Fall.) (6–7 mm). c) Ebenso, aber C vor dem Pterostigma verdickt, mindestens halb so breit wie Pterostigma: mehr. Gattg., z.B. 3; **Selandria** Leach, 4; **Melisandria** Bens., häufig **M. morio** (F.) (4,5–5 mm).

— Ader Rs+M im Vdfl an Basis gerade, höchst. schwach gebogen [*31*] *4*

4. Zelle A im Vdfl an Basis od. in Mitte zu 1 Ader zusammengezogen [*29*]. Htfl mit 2 geschloss. Zellen. Wenige Gattg. der **Nematinae**

Z.B. 10; **Hoplocampa** Hart., Larven in Früchten, **H. testudinea** (Klug), Apfelsägewespe (6–7 mm), schädlich in Äpfeln, **H. minuta** Chr., Pflaumensägewespe (4–5 mm), schädlich an Prunus.

— Zelle A im Vdfl mit schräger Querader [*30*]; wenn in Mitte zu 1 Ader zusammengezogen, Htfl mit keiner od. 1 geschloss. Zelle . . . *5*

5. Ader M im Vdfl (nach Abzweigung von Cu_1) fast gerade, Zelle A vollständig. Fühler 10–15gl . . . . **Heterarthrinae**

Nur 7; **Heterarthrus** Steph. (= **Phyllotoma** Fall.), Larven in Platzminen von Laubbaumblättern, häufig **H. vagans** (Fall.) (3–5 mm), Larve in Erlenblättern.

— Ader M (nach Abzweigung von Cu_1) deutlich gebogen [*31*]. Zelle A oft mit unterbrochener od. fehlender Basalschleife [*31*]. Fühler meist 9gl . . . . **Blennocampinae**

Etwa 35 Gattg., ca. 90 Arten. a) Ader M u. 1m-cu im Vdfl zum Pterostigma hin konvergierend [*31*]: viele Gattg., u.a. 3; **Fenusa** Leach, 5; **Caliroa** Costa, häufig **C. cerasi** (L.) (= **limacina** Retz.) (4–6 mm), Larve schwarzschleimig, schädlich an Obstbäumen. b) Adern M u. 1m-cu im Vdfl etwa parallel. Fühler 10–12gl: 8; **Athalia** Leach, häufig **A. rosae** (L.) (= **colibri** Chr.) (6–8 mm), Larve auf Cruciferen, oft schädlich. c) Ebenso, aber Fühler 9gl: viele Gattg., u.a. 14; **Empria** Lep., 8; **Ametastegia** Costa, 3; **Eriocampa** Hart., häufig **E. ovata** (L.) (5–7 mm), Larve auf Erle. Einige Gattg. zoophag, z.B. 14; **Allantus** Panz. (= **Emphytus** Klug) (Mandibeln stark asymmetrisch), häufig **A. cinctus** (L.) (7–10 mm), auf Rosa.

6. Ader M an der Einmündung in Sc+R und Ader Rs+M an der Ursprungstelle aus Sc+R enger zusammen als die Ursprungstelle der Ader Rs+M vom Pterostigma entfernt ist [*31*]. Ader Sc+R an der Einmündung von M nicht winklig gebogen

einige **Blennocampinae** s. *5*

— Ader Sc+R an der Einmündung von M deutlich winklig gebogen, diese Stelle weiter vom Ursprung der Ader Rs+M als letztere Stelle vom Pterostigma entfernt ist [*32*] . . . . **Tenthredininae**

10 Gattg., ca. 110 Arten. a) Htfemur etwa so lang wie Httibia: 3 Gattg., 5; **Pachyprotasis** Hart. (Clypeus unten eingebuchtet. Fühler viel länger als dopp. Kopfbreite), häufig **P. rapae** (L.) (7–8 mm). 18; **Macrophya** Dahlb. (Ebenso, aber Fühler verdickt, höchstens so lang wie dopp. Kopfbreite), häufig **M. duodecimpunctata** (L.) (10–11,5 mm), Larve auf Gräsern, Seggen. b) Htfemur kürzer als Httibia: 7 Gattg., wichtig 10; **Tenthredopsis** Costa (1. AbdSegment oben ohne häutige Längsfurche. Htkopf mit vollständig erhabener Randlinie), häufig **T. litterata** (Geoff.) (11–12 mm), Larve auf Gräsern, v.a. Dactylis. 5; **Aglaostigma** Kirby (1. AbdTergit durch Längsfurche geteilt. Htkopf nur oben mit erhabener Randlinie), Larven auf Galium, z.B. **A. aucupariae** (Klug) (7–9 mm). 8; **Rhogogaster** Kon. (1. AbdTergit durch Längsfurche geteilt. Hthaupt mit vollständiger Randlinie. Innenrand der Augen unten weiter voneinander entfernt als Breite des Clypeus. Körper schwarz u. grün), häufig z.B. **Rh. viridis** (L.) (10–13 mm), Larve oft auf Erle. 60; **Tenthredo** L. (incl. **Allantus** Jur.) (Ebenso, aber Innenränder der Augen nach unten konvergierend, Abstand unten geringer als Breite des Clypeus) [*10*], viele häufige Arten, z.B. **T. mesomelas** L. (Fühler fadenförmig, vorletztes Gl schlanker als Basalgl, schwarz. Körper schwarz u. grün, Scutellum bleich. 9,5–13 mm), **T. livida** L. (Ebenso, aber letzte Fühlergl hell. Pterostigma braun mit bleicher Basis. 12–15 mm), **T. campestris** L. (= **flavicornis** F.) (Ebenso, aber Fühler ganz gelb, Fl gelb, an Spitze schwärzlich. 12–14 mm).

Fam. **Braconidae,** Brackwespen

Larven Parasiten (meist Endoparasiten) bei Insekten. Ca. 150 Gattg., mehr. 100 Arten.

1. Abd weit über Htcoxen auf Propodeum ansitzend (s. [*12*])
Cenocoeliinae, Paxylommatinae, z.B. **Cenocoelius** Hal., bei Käferlarven.

— Abd nahe den Htcoxen ansitzend *2*

2. Mandibeln an Basis weit auseinander, Zähne nach außen zeigend
Alysiinae, in Fliegenlarven, z.B. **Alysia** Latr., **Aspilota** Först., **Dacnusa** Hal.

— Mandibeln normal, Zähne sich kreuzend od. berührend *3*

3. Clypeus u. Mandibeln rundliche Öffnung umschließend
a) 1. AbdSegment stielartig, schmal: **Spathiinae,** nur **Spathius** Nees, **S. exarator** (L.) (Fl gebändert. Um 3 mm) bei Anobium-Larven, oft an Stubenfenstern. b) 1. AbdSegment breit: 3 U.fam., dar. **Braconinae,** z.B. **Bracon** F. mit zahlr. Arten, **B. hebetor** Say (Um 3 mm), ektoparasitisch an Mehl-, Wachsmottenraupen.

— Zwischen Clypeus u. Mandibeln kleiner Spalt *4*

4. AbdTergite ohne Nahtgrenzen. Abd unten ausgehöhlt
Cheloninae, meist in Schmetterlingsraupen parasitierend, z.B. **Triaspis** Hal., **Chelonus** Jur.

— Abd anders
a) Zelle 1Rs [*15b*] im Vdfl kleiner als Pterostigma. 1. AbdSegment breit: 3 U.fam., wichtig **Microgasterinae,** z.B. **Apanteles** Först., **Microplitis** Först., **Microgaster** Latr., meist in Schmetterlingsraupen, **A. glomeratus** (L.) (Um 3 mm) bei Pieris. b) Zelle 1Rs im Vdfl größer als Pterostigma od. fehlend od. 1. AbdSegment stielartig: wichtige typische U.fam. **Opiinae** (Pterostigma lang u. schmal, an Spitze Randader in R_1 übergehend), in Fliegen, z.B. **Opius** Wesm. **Euphorinae** (1. AbdSegment mind. in vord. Hälfte stielartig [*15a*]), in Käferimagines (z.B. **Euphorus** Nees [*15a*], **Perilitus** Nees), **Meteorus** Hal. in Schmetterlingsraupen, **M. versicolor** Wesm. (2 mm), in Nonne, Kiefernspinner. **Aphidiinae** (oft als Fam. **Aphidiidae**; Abd zwischen 2. u. 3. Segment nach unten einschlagbar), in Blattläusen, z.B. **Aphidius** Nees, **Praon** Hal. Unter übr. 4 U.fam. artenreich **Helconinae,** oft in Käfern (z.B. **Blacus** Nees, **Diospilus** Hal., **Helcon** Nees), häufig **B. ruficornis** Nees (2,5 mm).

Fam. **Ichneumonidae,** Schlupfwespen

Larven Parasiten, Hyperparasiten, oft bei Larven holometaboler Insekten (v.a. von Schmetterlingen), auch bei Spinnen, Spinneneiern. Ca. 450 Gattg., 2700 Arten.

1. Spitze des Scutellums mit Dorn. Mittl. AbdSternite sklerotisiert
Agriotypinae (oft eigene Fam. **Agriotypidae**), nur **Agriotypus armatus** Curt. (3 bis 9 mm), in Köcherfliegenlarven.

— Scutellum ohne Dorn; wenn mit Dorn, Sternite faltig, membranös *2*

2. Stigmen des stielartigen 1. AbdSegments hinter Segmentmitte [*33*] *3*

— Stigmen (= Luftlöcher) des 1. AbdSegmentes (oft nicht stielartig) vor od. ± in der Mitte [*34*] *4*

3. Abd seitlich zusammengedrückt, mittl. Segmente höher als breit

5 U.fam., typisch **Ophioninae** (Ocellen auffallend groß), in Schmetterlingsraupen, Dämmerungstiere, u.a. **Ophion** F. **Anomalinae** (Httarsus meist auffallend verdickt), in Schmetterlingsraupen; bei beiden U.fam. Abd sichelförmig. Arten der **Porizontinae** oft Parasiten bei Schädlingen (z.B. **Nemeritis** Holmg. in Holzkäferlarven, **Bathyplectes** Först. in Rüsselkäferlarven).

— Abd dorsoventral zusammengedrückt, mittl. Segm. breiter als hoch

4 U.fam. Bei **Gelinae** (Bohrer der ♀♀ vorragend. Fl oft reduziert) u. **Ichneumoninae** (Bohrer kurz, selten vorstehend) Zelle 1Rs [*14a*] im Vdfl 5seitig (kann nach außen offen sein). **Gelinae** (ca. 600 Arten, z.B. **Gelis** Thunb., **Phygadeuon** Grav., **Hemiteles** Grav.) meist bei Blattwespenlarven, in Puparien von Insekten (z.B. Fliegen, Ichneumoniden) od. an Spinneneiern. **Ichneumoninae** (ca. 1 000 Arten, z.B. **Ichneumon** L., **Phaeogenes** Wesm., **Amblyteles** Wesm.) bei Larven od. Puppen von Schmetterlingen.

4. 1. AbdSegment (mind. in vord. Hälfte) stielartig (s. [*34*])

6 U.fam., meist artenarm, häufiger **Microleptinae** (Ader 2m-cu [*14b*] im Vdfl meist mit 2 unpigmentierten Stellen), bei Pilzmückenlarven, z.B. **Plectiscidea** Vier.

— 1. AbdSegment nicht stielartig, nach hinten keilförm. erweitert

9 U.fam., typisch **Scolobatinae** (Vdtibia an der Spitze außen mit kleinem Zähnchen), in Tenthredinidenlarven, z.B. **Perilissus** Holmg., **Lamachus** Först., **Mesoleius** Holmg. **Diplazoninae** (1. AbdSegment vorn mit seitl. gerichteten Zipfeln), in Syrphidenlarven, z.B. **Syrphoctonus** Först. Umfangreiche U.fam. mit häufigen Arten sind **Ephialtinae** (z.B. **Pimpla** F., **Itoplectis** Först., **Ephialtes** Schr., **Rhyssa** Grav.), **Banchinae** (z.B. **Glypta** Grav., **Lissonota** Grav., **Exetastes** Grav. [*14a*]), **Tryphoninae** (z.B. **Polyblastus** Htg., **Tryphon** Fall., **Exenterus** Htg., **Ctenıscus** Hal.), oft in Schmetterlingsraupen (z.B. **Pimpla ruficollis** Grav. in Rhyacionia buoliana), einige (z.B. **Rhyssa persuasoria** (L.)) ektoparasitisch an Larven im Holz, können mit Legebohrer zielsicher Holz durchbohren.

Überfam. **Chalcidoidea**, Erzwespen

Larven parasitisch bei Insekten u. Insekteneiern, auch phytophag od. gallbildend. 17 Familien, etwa 350 Gattg., ca. 1000 Arten.

1. Tarsus 3gl. Körper um 0,5 mm

Trichogrammatidae, in Insekteneiern, z.B. **Trichogramma** Westw., **Centrobia** Först.

— Tarsen 4–5gl *2*

2. Fl am Rand lang bewimpert, oft gestielt. Htfl parallelseitig

Mymaridae (0,2–1 mm; kleinste Insekten), in Eiern, z.B. **Erythelmus** En. bei Wanzen.

— Fl anders od. fehlend *3*

3. Htfemur stark verdickt, unten gesägt od. gezähnt, Httibia gebogen

a) Vdfl längs gefaltet: **Leucospididae**, nur 3; **Leucospis** F. (6–10 mm), bei Bienen, z.B. **L. dorsigera** F. b) Vdfl nicht faltbar: **Chalcididae**, bei Insektenlarven, -puppen, z.B. **Chalcis** F., **Brachymeria** Westw., **B. minuta** (L.) bei Sarcophagiden.

— Htfemur nicht verdickt; wenn etwas verdickt, Httibia gerade . *4*

4. Htcoxa meist mindestens 3mal länger als breit. Fühler 13gl

a) Thorax dicht punktiert: **Torymidae** (Legebohrer lang vorstehend), meist bei gallbild. Insekten, z.B. **Torymus** Dalm., **T. bedeguaris** (L.) bei Diplolepis rosae. **Megastigmus** Dalm. z.T. phytophag, **M. strobilobius** (Ratz.) (Um 4 mm) in Fichtensamen. b) Thorax glänzend, spärlich punktiert: **Ormyridae**, in Cynipidengallen, z.B. **Ormyrus** Westw.

— Htcoxa wenig länger als breit od. ± abgeflacht bis dreieckig *5*

5. Mttibia an Spitze mit langem od. verbreitertem Sprungdorn

4 Fam., artenreich nur **Encyrtidae**, oft in Schildläusen, z.B. **Blastothrix** Mayr.

— Mttibia an Spitze mit kleinem Sporn *6*

6. Vdtibia an Spitze mit langem, gebogenem Sporn. Tarsen 5gl. Fühler 10–13gl (8–11gl, wenn die 3 Gl der Endkeule verschmolzen)

4 Fam., artenreich nur **Pteromalidae** [*18*] (meist metallisch-grün), z.B. **Pteromalus** Swed., **P. puparum** (L.) in Schmetterlingspuppen, **Nasonia vitripennis** (Walk.) in Fliegenpuppen. **Eurytomidae** (selten metallisch), **Eurytoma** Ill. z.T. phytophag.

— Vdtibia mit kurzem, geradem Sporn. Tarsen 4(–5)gl. Fühler 3–9gl

Eulophidae, z.B. **Tetrastichus** Hal., **Omphale** Hal., **Eulophus** Ol., **Aphelinus** Dalm. Außerdem **Elasmidae** (Htcoxa stark vergrößert, abgeflacht 3seitig), Hyperparasiten in Larven von Schmetterlingen, Syrphiden, häufig nur **Elasmus** Westw.

— Vdtibia mit kurzem, gespalt. Sporn, Tarsen 4–5gl. Fühler 11–12gl . **Tetracampidae**

Überfam. **Cynipoidea,** Gallwespen

Larven parasitisch bei Insekten od. gallbildend. Bei **Figitidae, Cynipidae** Fühler des ♂ 14gl, des ♀ 13gl. 4 Fam., ca. 75 Gattg., 300 Arten.

1. 7–14 mm. Zelle $3R_1$ [*35*] im Vdfl geschlossen, etwa 9mal so lang wie breit. 1. Gl des Httarsus etwa 2mal so lang wie 2.–5. Gl . . **Ibaliidae**

Nur 2; **Ibalia** Latr., bei Siricidenlarven, z.B. **I. leucospoides** Hochenw.

— 1,5–6 mm. Zelle $3R_1$ anders. 1. Httarsengl anders *2*

2. Scutellum oben mit oft napfförmiger Scheibe . . . . . **Eucoilidae**

Bei Fliegenlarven, z.B. **Eucoila** Westw., **Cothonaspis** Htg.

— Scutellum ohne Scheibe *3*

3. Ader Rs+M (wenn sichtbar) auf M+Cu gerichtet. Fl vorhanden. ♀: oft 3. AbdTergit am größten; ♂: Abd meist zylindrisch . **Figitidae**

[*16*]. Meist bei Fliegenpuppen, z.B. **Figites** Latr., häufig **F. scutellaris** Ross.

— Ader Rs+M im Vdfl (wenn sichtbar) etwa auf Mitte zwischen Adern Sc+R u. M+Cu gerichtet [*35*]. Fl bisw. reduziert. Abd seitl. zusammengedrückt. 2. od. verschmolzenes 2. u. 3. Tergit oft am größten . . . . **Cynipidae**

a) Körper glatt, glänzend, unter 2 mm. Mttibia meist mit 1 Endsporn: **Charipinae,** Hyperparasiten bei Braconiden in Blatt- u. Schildläusen, z.B. **Charips** Hal., **Alloxysta** Först., häufig **Ch. victrix** (Westw.). b) Körper z.T. matt, skulpturiert, meist 2–6 mm. Mttibia mit 2 Endspornen: **Cynipinae,** viele Arten gallbildend, oft schädlich, z.B. **Diplolepis** Geoff. (= **Rhodites** Hart.), **Neuroterus** Hart., **Andricus** Hart., **Cynips** L.; häufig Gallen von **D. rosae** (L.) an Sproßenden von Rosen [*36*], **Biorhiza pallida** Ol. an Trieben [*37*], **C. quercusfolii** L. [*38*] und **N. quercusbaccarum** L. [*39*] auf Blattunterseite von Eichen. Arten von **Synergus** Htg. als Einmieter in Gallen.

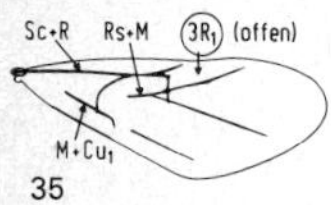

35

36

37

38

39

Überfam. **Proctotrupoidea,** Zehrwespen

Larven parasitisch bei Arthropoden. 6 Fam., ca. 200 Gattg., 500 Arten.

1. Seiten des Abd deutlich (oft scharf) gerandet. Fühler bis 12gl

a) Fühler mit 10 (od. weniger) Gl. Vdfl ohne Adern am Vdrand (oft gänzl. ohne Adern): **Platygasteridae,** meist bei Gallmückenlarven, z.B. **Platygaster** Latr., **Leptacis** Först. b) Fühler 11–12gl (od. 7–8gl, wenn Keule unsegm.); wenn 10gl, Vdrand des Fl mit Adern: **Scelionidae,** in Insekten-, Spinneneiern, z.B. **Scelio** Latr.

— Seiten des Abd abgerundet; wenn etwas gerandet, Fühler 14 bis 15gl *2*

2. Vdfl mit geschloss. Zelle $3R_1$ neben Pterostigma . . **Proctotrupidae**

Zelle $3R_1$ schmal [*19b*]. Fühler 13gl. Bis 10 mm. Oft bei Käferlarven, auch bei Myriopoden, z.B. **Proctotrupes** Latr., **Phaenoserphus** Kieff. Außerdem **Heloridae** (Fühler 15gl, $3R_1$ breit), selten, nur **Helorus** Latr. (6–7 mm), bei Chrysopiden, z.B. **H. anomalipes** Panz.

— Vdfl ohne geschloss. Zelle $3R_1$ [*19a*] od. ohne Pterostigma od. fehlend *3*

3. Fühler tief unten am Mund inserierend, 9–11gl . . . **Ceraphrontidae**

Fl manchm. reduziert. 0,7–4 mm. Oft Hyperparasiten, z.B. **Lygocerus** Först. bei Aphidiinen in Blattläusen; weit. Gattg. z.B. **Ceraphron** Jur., **Conostigmus** Dahlb.

— Fühler weit über Clypeus auf einem Vorsprung ansitzend (wenn tiefer, Fühler 14–15gl). Fühler 11–15gl. [*19a*]. . . . . . **Diapriidae**
Oft in Larven, Puppen von Fliegen, z.B. **Diapria** Latr., **Belyta** Jur., **Cinetus** Jur.

Fam. **Chrysididae**, Goldwespen

Larven sind Larven- od. Futterparasiten bei solitären Hymenopteren. Schutzstellung der Imagines: Abd wird unter Thorax eingeschlagen, dadurch Körper abgekugelt.

1. Mundwerkzeuge verlängert, in Ruhestellung unter Thorax zwischen Beine geklappt. Tegulae länger als ⅓ der Brustbreite. 7–14 mm . . . **Parnopes grandior** (Pall.)
– Mundwerkzeuge kürzer. Tegulae kleiner. *2*
2. Fußkrallen einfach [*21a*]. 3. Tergit des Abd hinten mit Grübchenquerreihe . . *3*
– Fußkrallen gezähnt od. gespalten [*21b,c*]. 3. Tergit ohne Grübchenquerreihe . *5*
3. Htrand des 3. Tergites mit etwa 12 Zähnen. 6–12 mm . **Euchroeus purpuratus** (F.)
– Htrand des 3. Tergites höchst. mit 6 Zähnen od. fein gezähnelt od. ganzrandig *4*
4. Zelle $3R_1$ im Vdfl weit offen, Ader R_1 endet vor FlSpitze: a) Htrand des 3. Tergits an jeder Seite mit zahnartigem Vorsprung: **Spinolia unicolor** Dahlb. (4–5 mm), Wirt: Tachysphex. b) Htrand des 3. Tergits an Seiten ungezähnt: **Spintharis** (= **Pseudochrysis**) **neglecta** (Shuck.) (6–10 mm), Wirt: Odynerus.
– Zelle $3R_1$ geschlossen [*20*]. Ader R_1 erreicht fast FlSpitze . . . . . . **Chrysis** L.
Ca. 30 Arten. Wirte: Bienen, Wespen, Grabwespen, sehr häufig **Ch. ignita** (L.) [*20*].
5. Htrand des 3. Tergits in der Mitte ± eingebuchtet
a) Postscutellum in lamellenart. horizontale Platte ausgezogen: 4; **Elampus** Spin. (= **Notozus** Först.), häufiger **E. panzeri** (F.) (4–5 mm). b) Postscutellum ohne Platte: 8; **Omalus** Panz., häufig z.B. **O. auratus** (L.) (2–6 mm), Wirte: Grabwespen.
– Htrand des 3. Tergits in der Mitte gerade
a) Ader M im Vdfl nach Abzweigung aus $M+Cu_1$ (s. [*51*]) stark (fast rechtwinklig) gekrümmt: 10; **Hedychridium** Ab. (Fußkrallen in Mitte mit 1 Zahn [*21b*]), häufiger z.B. **H. ardens** Coqu. (3–5 mm). 2; **Holopyga** Dahlb. (Fußkrallen mit 2–5 Zähnen), häufig **H. gloriosa** (F.) (4–9 mm). b) Ader M höchstens schwach gekrümmt. Fußkrallen an Spitze gespalten, ohne weit. Zahn [*21c*]: 5; **Hedychrum** Mosc., häufig z.B. **H. nobile** (Scop.) (5–9 mm). Wirte: Bienen, Wespen, Grabwespen.

Fam. **Tiphiidae**

Larven parasitisch bei (von den ♀♀ paralysierten) Käfer- u. Grabwespenlarven.

1. Mit Flügeln. Vdfl mit Zellen 1Rs u. 2Rs (s. [*50*]) *2*
— Mit Flügeln. Vdfl nur mit Zelle 1Rs, 2Rs fehlend (s. [*49*]) . . . *3*
— Ohne Flügel *4*
2. Zelle $3R_1$ fehlt (♀), wenn vorhanden (♂), 1Rs 4eckig . . **Myzininae**
Nur **Myzine tripunctata** (Rossi) (6–12 mm), bei Lamellicornier-Larven.
— Zelle $3R_1$ im Vdfl vorhanden, Zelle 1Rs 3eckig . . . . **Myrmosinae**
Nur 2; **Myrmosa** Latr., z.B. **M. atra** Panz. (3–6 mm), bei Oxybelus.
3. Adern des Vdfl reichen nicht bis zur FlSpitze . . . . . **Tiphiinae**
Nur 4; **Tiphia** F., bei Lamellicornierlarven, z.B. **T. femorata** (F.) (7–12 mm).
— Adern des Vdfl bis FlSpitze reichend . . . . **Methochinae**
Nur **Methocha ichneumonoides** Latr. (6–13 mm), bei Sandlaufkäferlarven.
4. Thorax glatt, glänzend, schwach behaart, 3teilig . . . ♀♀ von **Methocha** s. *3*
– Thorax grubig punktiert, behaart, 2teilig . . . . ♀♀ von **Myrmosa** s. *2*

Fam. **Mutillidae**, Bienenameisen

Larven sind Larven- od. Futterparasiten bei Bienen, Wespen, Weg- u. Grabwespen.

1. Mit Flügeln (♂♂) *5*
– Ohne Flügel (♀♀) *2*
2. Thorax hinten stark verjüngt, vorn fast doppelt so breit wie hinten. 10–12 mm. Wirt: Sphex, Ammophila . . . . **Dasylabris maura** (L.)
– Thorax hinten so breit wie vorn *3*
3. 1. Tergit des Abd seitlich mit je 1 zahnartigem Fortsatz. 2. Tergit mit nach vorn winklig erweiterter Querbinde. 4–9 mm. Im Süden . . . . **Myrmilla calva** (Vill.)
– 1. u. 2. Tergit des Abd anders *4*
4. 2. Tergit des Abd mit weißem Mittelfleck. 3–8 mm . . . **Smicromyrme rufipes** (F.)
– 2. Tergit mit in der Mitte durchbrochener Querbinde. 10–16 mm . . 2; **Mutilla** L.
Häufiger **M. europaeus** L., Wirt: Hummeln.

5. Tegulae klein, glänzend, rundlich, gewölbt . . . . **Myrmilla calva** s. *3*
– Tegulae groß, flach, am Htrand aufgebogen *6*
6. 1. AbdSegment knotenförmig. 1. u. 2. Tergit mit weißer Binde **Dasylabris maura** s. *2*
– 1. AbdSegment an Grenze zum 2. kaum eingeschnürt. Abd ohne Binden . . *7*
7. 10–16 mm. 2. AbdSegment nach vorn gerundet verjüngt. **Smicromyrme rufipes** s. *4*
– 3–8 mm. 2. AbdSegment nicht nach vorn verjüngt . . . . **Mutilla** s. *4*

Fam. **Formicidae**, Ameisen

Staatenbildend. Nester im Boden, unter Steinen, im Holz. Manche Arten parasitisch, indem sie ihre Brut von Arbeitern einer Wirtsart betreuen lassen, bisweilen sogar ohne eigene Arbeiterkaste (die Myrmicine **Anergates atratulus** (Schck.)). ♂♂ u. ♀♀ geflügelt, ☿☿ ungeflügelt. Gattungstabelle im folgenden nur für ☿☿ geltend.

1. Erste 2 Segmente des Abd knotenförmig [*40*] . . **Myrmicinae** *4*
— Nur 1. AbdSegment als Stiel (Schuppe od. Knoten) ausgebildet *2*
2. 2. AbdSegment vom 3. durch deutl. Furche abgeschnürt . **Ponerinae**
Wehrstachel vorhanden. Nur 2; **Ponera** Latr., selten, z.B. **P. coarctata** Latr. (3 mm).
— Zwischen 2. u. 3. Segment keine Einschnürung. Ohne Wehrstachel *3*
3. AbdStiel ohne od. mit schwachem Schuppenfortsatz [*41*]. Clypeus nicht durch Furche von Fühlerbasen abgegrenzt . . **Dolichoderinae**
Dolichoderus quadripunctatus (L.) (Abd schwarz, mit 2 Paar gelben Flecken. 3–4 mm). **Tapinoma erraticum** (Latr.) (Abd dunkel. 2,5–3,5 mm), beide im Süden.
— AbdStiel mit deutlicher Schuppe [*42*]. Clypeus von Fühlerbasen durch Furche abgegrenzt [*43*] . . . . **Formicinae** *10*

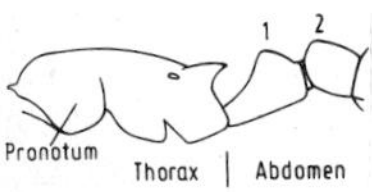

40

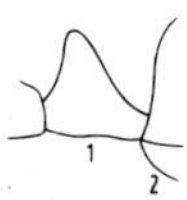

41

42

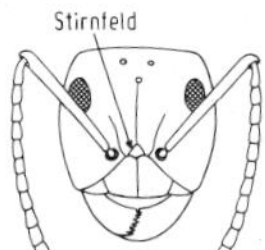

43

4. Thorax hinten mit 2 Dornen [*40*] *5*
– Thorax hinten ohne Dornen
Solenopsis fugax (Latr.), Diebsameise (Fühler 10gl, Endkeule groß, 2gl. 1,5–2,5 mm), Nest oft in Nestern größerer Ameisen. **Monomorium pharaonis** (L.) (Fühler 12gl, Endkeule 3gl. 2–2,5 mm), eingeschleppt in Häusern, schädlich. **Messor rufitarsis** (F.) (Fühler 12gl, Endkeule undeutl. 4gl. 8–10 mm), im Süden. **Manica** (= **Myrmica**) **rubida** (Latr.) (Fühler 12gl, Endkeule 5gl. 7–8,5 mm), im Gebirge.
5. Schultern des Thorax deutlich: Pronotum vorn am breitesten
a) 1. Stielgl des Abd von oben gesehen quadratisch, von der Seite 4eckig: **Myrmecina graminicola** (Latr.) (3–3,5 mm). b) 1. Stielgl anders: **Tetramorium caespitum** (L.) (Mandibeln zur Spitze verbreitert, mit 5–7 Zähnen. 2,5–3,5 mm), sehr häufig, an trockenen Stellen. **Strongylognathus testaceus** (Schck.) (Mandibeln schmal zugespitzt. 2,3–3 mm), in Nestern von T. caespitum.
– Schultern abgerundet: Pronotum in Mitte od. vord. Drittel am breitesten . . *6*
6. Furche zwischen Pronotum u. dem folgenden Thoraxabschnitt oben deutlich
Epimyrma gösswaldi Men. (1. Gl der Fühlerkeule mindestens doppelt so lang wie das davor liegende Gl. 2,5–3 mm), selten, in Nestern von Leptothorax. **Aphaenogaster subterranea** (Latr.) (1. Gl der Fühlerkeule weniger als doppelt so lang wie das davor liegende Gl. 4–5 mm), im Süden.
– Furche zwischen Pronotum u. übrigem Thorax oben nicht ausgebildet [*40*] . *7*
7. 2. Gl des AbdStiels von der Seite gesehen unten mit Dorn. **Formicoxenus nitidulus** (Nyl.) (Mandibeln innen gezähnt. Braungelb, 2–3,5 mm), in Nestern von Formica. **Harpagoxenus sublaevis** (Nyl.) (Mandibeln ungezähnt. Kopf u. Thorax braungelb, Abd dunkelbraun, 3,5–4,5 mm), selten, bei Leptothorax.
– 2. Gl des AbdStiels unten ohne Dorn *8*
8. Augen sehr klein (10–12 Facetten). 3–3,5 mm . . . . **Stenamma westwoodi** Westw.
– Augen nicht reduziert [*43*] *9*
9. Die 3 letzten Fühlergl zusammen kürzer als übrige Geißel. Sporn der Mt- u. Httibia gekämmt. 3,5–5,5 mm, oft rötlich gefärbt . . . . 8; **Myrmica** Latr. Mehrere Arten häufig, z.B. **M. laevinodis** Nyl.

— 3 Endgl länger als übr. Geißel. Sporne ungekämmt. 2,2–3,5 mm 4; **Leptothorax** Mayr
Fühler 11gl: häufig **L. acervorum** (F.), Fühler 12gl: häufig **L. tuberorum** (F.).
10. Mandibeln schmal zugespitzt. 6–7 mm. **Polyergus rufescens** Latr., bei Formica.
— Mandibeln breit, mit breitem Innenrand *11*
11. Einlenkung der Fühler dicht am Clypeus [*43*] *12*
— Einlenkung der Fühler deutlich vom Clypeus entfernt . . . 2; **Camponotus** Mayr
Häufig **C. herculeanus** (L.), Riesenholzameise (6–14 mm), Nest meist in Holz.
12. 5–9 mm. Stirnfeld über Clypeus deutlich abgegrenzt, rechtwinklig-dreieckig [*43*]. Körper oft rotbraun . . . . 11; **Formica** L.
a) Vdrand des Clypeus in Mitte ausgeschnitten: **F. sanguinea** Latr., parasitisch. b) Vdrand des Clypeus nicht ausgeschnitten, Htrand des Kopfes von vorn gesehen eingebuchtet: häufig nur **F. exsecta** Nyl. c) Ebenso, aber Kopf-Htrand gerade [*43*]: sehr häufig **F. rufa** L. u. **F. polyctena** (Först.), Rote Waldameise [*11*], unter Naturschutz; einige parasitisch, schwarz gefärbt z.B. **F. fusca** L.
— 2–5 mm. Stirnfeld sehr undeutlich, stumpfwinklig-dreieckig . . . . . 10; **Lasius** F.
a) Körper schwarz: **L. fuliginosus** (Latr.), Nest in hohlen Bäumen. b) Braun bis dunkelbraun: häufig **L. niger** (L.). c) Gelb bis rötlich: häufig **L. flavus** F.

Fam. **Vespidae**, Echte Wespen

Staatenbildend. Nester mit Waben aus Speichel-Holz-Gemisch, frei, in Erdhöhlen od. Bäumen. Volk stirbt im Herbst, begattetes ♀ überwintert. Arten z.T. parasitisch bei and. Wespen, ohne ☿☿. Fühler 13gl (♂♂), 12gl (♀♀, ☿☿). Larvennahrung: Insekten.

1. Abd u. Thorax lang behaart. Abd an der Basis gerade abgestutzt [*22*]. Htfl ohne Basallappen . . . . **Vespinae** *2*
— Abd u. Thorax fein, kurz behaart. Abd zur Basis allmählich verschmälert. Htfl mit kleinem Basallappen . . Feldwespen, **Polistinae**
Nur 3; **Polistes** Latr., Nest ohne Hülle frei an Pflanzenstengeln od. Steinen, häufiger **P. gallicus** (L.) (Fühler vom 3. Gl bis zur Spitze gelb. 12–17 mm).
2. Kopf hinter Augen stark erweitert, Ocellen vom Htrand des Kopfes viel weiter entfernt als vom Augenrand. Thorax braunrot. 19–35 mm Hornisse, **Vespa crabro** L.
— Kopf hinter den Augen nicht erweitert. Ocellen etwa gleich weit vom Kopf-Htrand u. von Augen entfernt. Thorax fast immer gelb gezeichnet. 10–22 mm . . . *3*
3. Augen von der Basis der Mandibeln weit entfernt . . . 4; **Dolichovespula** Rohw.
a) Augeneinbuchtung ganz gelb: **D. media** (Retz.), Nest oft frei hängend. b) Augeneinbuchtung oben schwarz, unten ± gelb. Clypeus gelb, vorn dicht punktiert, höchst. mit kleinem schwarzen Fleck: **D. sylvestris** (Scop.). c) Ebenso, aber Clypeus vorn dünn punktiert, mit größ., schwarzen längl. Fleck: **D. saxonica** (F.) (Ocellen in gleichseit. Dreieck angeordnet. Abd ohne rot). **D. norwegica** (F.) (Ocellen in stumpfwinkl. Dreieck. 2. AbdSegment meist rötl. gefleckt). Selten die parasit. Gattg. 2; **Pseudovespula** Bisch. (Sondermerkmal: Clypeus vorn in Mitte mit 2 zahnart., aufgebogenen Ecken), **P. omissa** Bisch. bei D. silvestris.
— Augen die Basis der Mandibeln fast berührend *4*
4. Httibia mit lang., dunkl. Haaren. **Vespula austriaca** (Panz.), paras. bei P. rufa.
— Httibia oben mit kurzen, hellen Haaren . . . . 3; **Paravespula** Blüth.
a) Basis des Abd rot: **P. rufa** (L.). b) Basis des Abd nicht rot: **P. germanica** (F.) [*22*] (♂: Gelbe Füllung der Augeneinbuchtung oben nach innen zum gelben Stirnfeld vorgezogen, zuweilen mit ihm verschmolzen. ♀, ☿: Clypeus mit 1 od. 3 schwarzen Punkten). **P. vulgaris** (L.) (♂: Gelbe Füllung nicht ausgezogen. ♀, ☿: Clypeus mit schwarzem, zackigem Längsstreifen [*2*]).

Fam. **Eumenidae**

Solitär od. gesellig. ♀♀ bauen Nistkammern aus Sand, Lehm. Larvennahrung: Insekten.

1. Thorax länger als breit. Mttibia mit 2 Endspornen . . **Discoeliinae**
Nur 2; **Discoelius** Latr. (10–15 mm), selten, z.B. **D. zonalis** (Panz.).
— Thorax etwa rundlich. Mttibia mit 1 Endsporn . . **Eumeninae** *2*
2. Abd gestielt, 2. Segment deutlich breiter als 1., glockenförmig . . . . 9; **Eumenes**
Nest einkammerig, kugelig, Larvennahrung: Raupen, z.B. **E. coarctatus** (F.) (Um 12 mm).
— Abd nicht gestielt, 2. Segment kaum breiter als 1., diesem breit ansitzend
a) Zelle 1Rs im Vdfl gestielt (s. [*49*]): **Alastor atropos** Lep. (7–10 mm), selten. b) Zelle 1Rs nicht gestielt, Ader 2m-cu in ihr Ende einmündend: **Pterocheilus phaleratus** (Panz.) (8 mm). c) Ebenso, aber 2m-cu mündet vor dem Ende von

1Rs: Sammelgattg. **Odynerus** Latr. (heute in 7 Gattg. aufgespalten, z.B. **Ancistrocerus** Wesm., **Leptochilus** Sauss., **Symmorphus** Wesm., **Rygchium** Spin.), Nester häufig in Lehm, ca. 80 Arten, z.B. **O. spinipes** (L.) (10–12 mm), trägt Rüsselkäferlarven ein.

Fam. **Sphecidae**, Grabwespen

Solitär od. gesellig. Beute (Arthropoden) wird durch ♀ gelähmt, zum Nest transportiert [*45*] u. dient heranwachsender Larve als Nahrung. Nest häufig im Sand.

1. Vdfl ohne Zellen Rs [*48*] ***2***
— Vdfl mit Zelle 1Rs, ohne 2Rs [*49*] ***4***
— Vdfl mit Zellen 1Rs u. 2Rs [*50, 51*] ***7***
2. Augen innen nierenförmig eingebuchtet . . . 4; **Trypoxylon** Latr.
5–12 mm. Nester in Holz, Pflanzenstengeln, Beute: Spinnen, häufig **T. figulus** (L.).
— Augen innen nicht eingebuchtet, ± oval ***3***

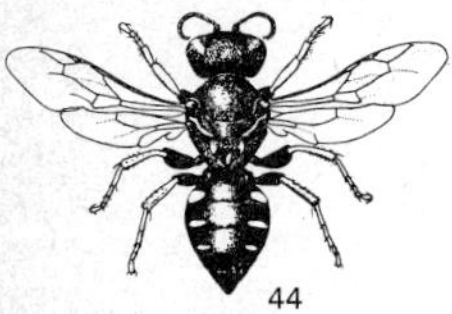
44

45

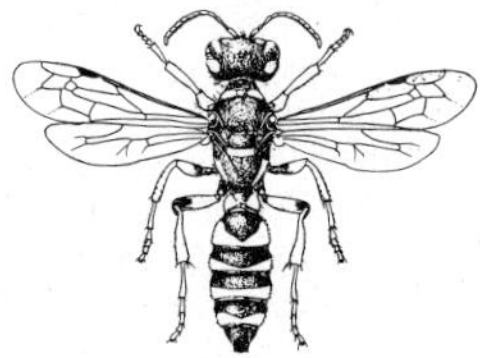
46

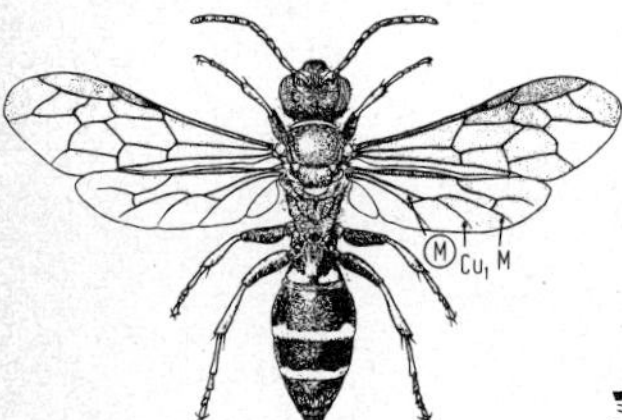

47

48

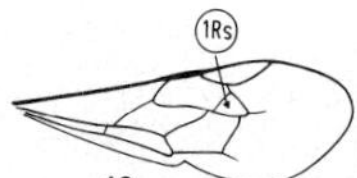

49

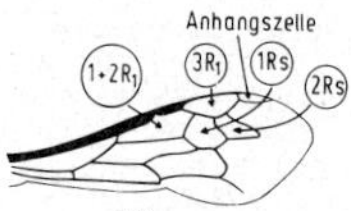

50

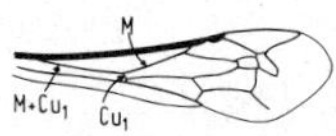

51

3. Pterostigma groß, viel länger als Zelle $3R_1$ . . 2; **Ammoplanus** Gir.
2–3 mm. Beute: Thripse? Häufiger **A. wesmaeli** Gir.
— Pterostigma schmal, viel kleiner als die lange Zelle $3R_1$ [*48*]
a) Zelle $1+2R_1$ u. 1M im Vdfl verschmolzen [*44*]. Postscutellum an Seiten mit lamellenartigen Fortsätzen, dazwischen mit Dorn: 13; **Oxybelus** Latr. (3–11 mm) [*44*], Beute: Fliegen, werden auf Dorn aufgespießt, häufig **O. uniglumis** (L.). b) Zelle $1+2R_1$ u. 1M getrennt [*48*]. Postscutellum ohne Fortsätze: Großgattg. **Crabro** Dahlb. (3,5–21 mm) [*28*], in 7 Gattg. aufgespalten (z.B. **Crossocerus** Lep. et Br., **Ectemnius** Dahlb.), Nester oft in Holz od. Pflanzenstengeln, häufig z.B. **Crabro cribarius** (L.), **E. continuus** (F.) (= **vagus** (L.)). Außerdem die seltenere Gattg. 2; **Nitela** Latr. (Sondermerkmale: Htfl ohne Zellen. Innere Augenränder nach oben konvergierend. 3,5–4,5 mm), Beute: v.a. Blattläuse, z.B. **N. spinolae** Latr.
4. 1. AbdSegment stielförmig, Stiel länger als breit ***5***
— Abd nicht gestielt od. Stiel breiter als lang ***6***
5. Pronotum länger als hinten breit . . . . . **Ampulex fasciata** Jur.
Zelle $3R_1$ mit Anhangszelle (s. [*50*]). 6–8 mm. Nest in Holz. Beute: Blattiden.
— Pronotum kürzer als breit. $3R_1$ ohne Anhangszelle
a) Vdfl mit einer Zelle M, Pterostigma etwa so lang wie Zelle $3R_1$: 2; **Stigmus** Panz. (3,5–5,5 mm), häufiger **S. pendulus** Panz. b) Vdfl mit 1M u. 2M, Pterostigma kürzer als $3R_1$: 11; **Pemphredon** Latr. (5–12 mm), häufig **P. lethifer** (Shuck.) (= **unicolor** F.). Nester in Stengeln od. Holz, Beute: Blattläuse.
6. Vdfl mit 1 Zelle M. Pterostigma groß, breit . . . 5; **Spilomena** Shuck.
2–3,5 mm. Nest in Holz, Beute: Thrips-Larven, häufig **S. troglodytes** (Lind.).

— Vdfl mit Zellen 1M u. 2M. Pterostigma kleiner [*49*]

a) Zelle 1Rs im Vdfl dreieckig, gestielt [*49*]: 6; **Miscophus** Jur. (2,7–8 mm), Beute: Spinnen, häufiger **M. bicolor** Jur. b) 1Rs nicht gestielt. Zelle $3R_1$ kurz, am Ende breit abgestutzt: **Dinetus pictus** (F.) (5–9 mm), Beute: Wanzen. c) Ebenso, aber $3R_1$ am Ende zugespitzt (s. [*49*]): 5; **Diodontus** Curt. (Httibia außen mit kurzen Dörnchen. 3–7 mm), häufig **D. minutus** (F.). 8; **Passaloecus** Shuck. (Httibia ohne Dornen. 3–7 mm), häufig **P. tenuis** Mor. (= **gracilis** Curt.), Beute: Blattläuse.

7. 1. AbdSegment stielartig [*45*], von oben gesehen mit fast parallelen Seiten. Abd nie gelb gefleckt. *8*

— 1. AbdSegment vorn stielartig, hinten knotig erweitert [*1*]

2; **Mellinus** F. (6–14 mm), Beute: Fliegen, häufig **M. arvensis** (L.).

— 1. AbdSegment knotenförmig, folg. Segmente knotig abgesetzt [*46*]

10; **Cerceris** Latr. (6–15 mm) [*46*], Beute: Bienen, Käfer, häufig **C. arenaria** (L.).

— 1. AbdSegment nicht stielartig, meist keilförm. nach vorn verengt *9*

8. AbdStiel gleichmäßig zylindrisch. Mttibia mit 2 Spornen

10–25 mm. a) 2. AbdSegment von oben gesehen ebenfalls stielartig. 1. u. 2. Segment zusammen länger als übr. Abdomen [*45*]: 3; **Ammophila** Kirby [*45*], Beute: Raupen, häufig **A. sabulosa** (L.). b) 2. AbdSegment nach hinten trichterförmig erweitert. 1. u. 2. Segment kürzer: **Sphex maxillosus** F. (1m-cu mündet in Zelle 1Rs, 2m-cu in 2Rs), Beute: Honigbienen. 3; **Podalonia** Spin. (= **Psammophila** Dahlb.) (1m-cu u. 2m-cu münden in 1Rs), Beute: Schmetterlingsraupen, häufiger **P. hirsuta** (Scop.) (= **viatica** (L.)).

— AbdStiel mit Leisten od. Kanten. Mttibia mit 1 Sporn

4,5–12 mm. a) Ader M u. Cu_1 im Htfl entspringen gemeinsam aus vorderer Spitze der Zelle M (s. [*47*]): 5; **Psenulus** Kohl, Nest in Stengeln, Zweigen, Beute: Blattläuse, häufig **P. pallipes** (Panz.). b) Ader M im Htfl entspringt vor Spitze der Zelle M, Cu_1 aus vord. Spitze der Zelle M: 12; **Psen** Latr. (incl. **Mimesa** Shuck.), Beute: Zikaden, häufig **P. rufus** (Panz.).

9. Zelle $3R_1$ im Vdfl an Spitze abgestutzt, mit Anhangszelle [*50*]

a) Mttibia mit 2 Spornen. Alle Ocellen gleich, rund gewölbt: 5; **Astata** Latr. (6 bis 12 mm), Beute: Wanzenlarven, häufiger **A. boops** (Schrk.). b) Mttibia mit 1 Sporn. Die 2 hint. Ocellen flach, oval bis langgestreckt: 2; **Tachytes** Panz. (Endsegment des Abd dicht anliegend gelb bis braungelb behaart. Hint. Ocellen stark in die Länge gezogen. 10–15 mm), Beute: Heuschreckenlarven, häufiger nur **T. europaeus** Kohl. 9; **Tachysphex** Kohl (Endsegment unbehaart. Hint. Ocellen oval. 4–13 mm), Beute: Heuschreckenlarven, häufig **T. pompiliformis** (Panz.). Bei 2 weit. selt. Gattg. (je 1 Art) Gesicht am mittl. Augeninnenrand wulstartig vorragend.

— Zelle $3R_1$ am Ende spitz od. abgestutzt, ohne Anhangszelle . . *10*

10. 2m-cu im Vdfl mündet in 1Rs, diese Zelle gestielt [*51*]

a) Htfemur unten an der Spitze mit dornartigem Fortsatz. Pterostigma groß: 3; **Alysson** Jur. (4–8 mm), Beute: Zikaden, z.B. **A. bimaculatus** (Panz.). b) Htfemur ohne großen Dorn. Pterostigma klein [*51*]: 10; **Nysson** Latr. (4–11 mm), parasitisch bei Gorytes, häufiger **N. spinosus** (Forst.).

— 2m-cu mündet in 1Rs, diese Zelle ungestielt [*47*]

a) Zelle $1+2R_1$ im Vdfl so lang od. kürzer als $3R_1$ [*47*]: **Gorytes** Latr. u. **Argogorytes** Ashm. (5–15 mm) [*47*], 19 Arten, Beute: Zikaden, häufig **A. mystaceus** (L.). b) $1+2R_1$ viel länger als $3R_1$. Labrum schnabelartig verlängert, viel länger als breit: 2; **Bembix** F., Kreiselwespe (12–22 mm), Beute: Fliegen, häufiger **B. rostrata** (L.). c) Ebenso, aber Labrum kurz: **Bembecinus tridens** (F.) (8–10 mm. Gelbe Binden auf Oseite des Abd durchgehend), Beute: Zikaden. **Stizus perrisi** Duf. (14–21 mm. Gelbe Binden auf Abd unterbrochen), Beute: Heuschrecken?

— 2m-cu mündet in 2Rs . . Bienenwolf, **Philanthus triangulum** (F.)

8–17 mm. Abd gelb gefleckt. Beute: Honigbienen. Selten **Dolichurus corniculus** (Spin.) (5–8 mm. Abd schwarz, rot), Beute: Schaben.

Überfam. **Apoidea**, Bienen

Solitär, gesellig od. (**Apis, Bombus**) staatenbildend. Nester im Boden, in Pflanzenstengeln, totem Holz, Lehmwänden. Larven werden mit Pollen (u. Nektar) gefüttert; Pollen wird meist auf Bauchhaaren (Bauchsammler) od. in Sammelapparat an Beinen (Beinsammler) eingetragen. Manche Arten parasitisch bei anderen Bienen. ♂: Fühler 13gl, ♀, ☿: 12gl. In 6 Fam. gegliedert.

1. Vdfl mit Zellen 1Rs u. 2Rs [*56–58*] *2*
— Vdfl nur mit Zelle 1Rs; 2Rs fehlt [*59–61*] *11*
2. Zelle $3R_1$ im Vdfl sehr lang, fast bis FlSpitze reichend [*56*]
Apis mellifera L., Honigbiene (um 12 mm) [*27*], Beinsammler, Staat hoch entwickelt.
— Zelle $3R_1$ kürzer, an Spitze zugespitzt od. abgerundet *3*
— Zelle $3R_1$ kürzer, an der Spitze quer abgestutzt. . . . 2 selt. Arten
Melitturga clavicornis (Latr.) (12–14 mm), **Nomioidea minutissima** (Rossi) (4–5 mm).
3. Zellen $1+2R_1$, 1Rs u. 2Rs im Vdfl fast gleich groß [*52*] *4*
— 2Rs größer als $1+2R_1$ od. 1Rs . . Holzbiene, 2; **Xylocopa** Latr.
14–28 mm. Nest in morschem Holz, Beinsammler, im Süden, z.B. **X. violacea** (L.).
— **Fläche der 2Rs etwa so groß wie $1+2R_1$, 1Rs bedeutend kleiner** *6*
— 2Rs kleiner als $1+2R_1$ [*57*] *8*

52

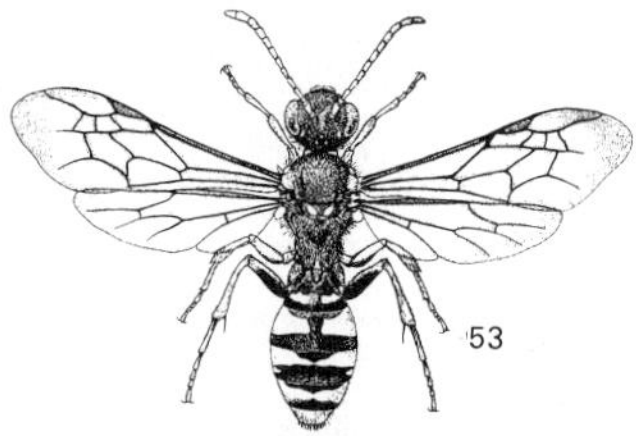
53

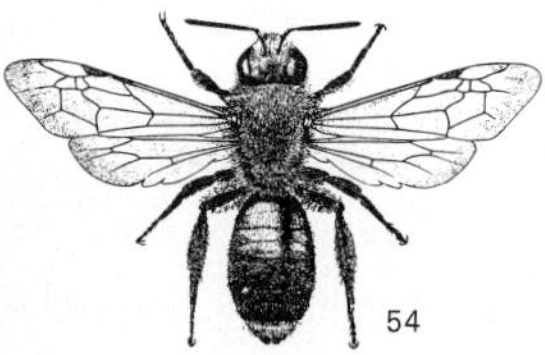
54

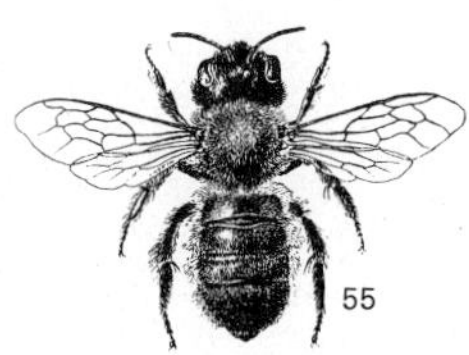
55

56

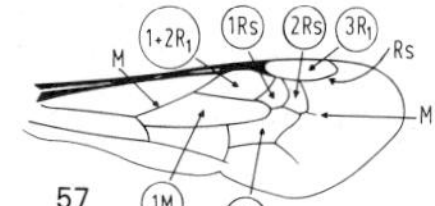

57

58

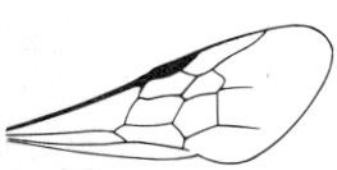
59

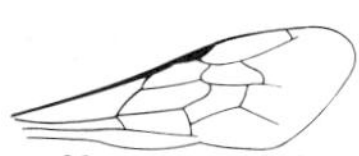
60

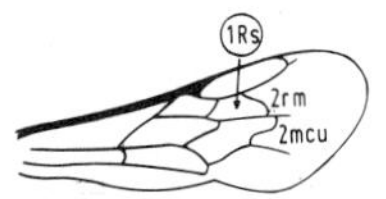

61

4. **Zelle $1+2R_1$ im Vdfl fast od. ganz durch helle, feine Querader geteilt [*52*]. Clypeus schwarz *5***
— **Querader in $1+2R_1$ höchstens zur Hälfte vorhanden**
Pelzbiene, 13; **Anthophora** Latr.
Clypeus ± gelb (außer manchen ♀♀). ♀: Httibia außen pelzig behaart. 8–19 mm. Beinsammler, häufig **A. acervorum** (L.)
5. ♀, ☿: Httibia außen flach, unbehaart, glänzend, am Rande langhaarig. ♂: Genitalapparat (im AbdEnde) braun, sklerotisiert [*52*]
Hummel, 20; **Bombus** Latr. S. 324

— ♀: Httibia außen gewölbt, gleichmäßig behaart. ♂: Genitalapparat hell, häutig. Behaarung struppig. 10–25 mm . . . . Schmarotzerhummel, 10; **Psithyrus** Lep. Parasit. bei Bombus, häufig z.B. **P. rupestris** (F.) (Abd hinten rot).

6. Abd glänzend, ± leuchtend rot bis braunrot (selten ganz schwarz). Kopf u. Thorax schwarz. Ganz kurz behaart . . 24; **Sphecodes** Latr.
4–15 mm. Parasit. bei Halictus, Andrena, häufig z.B. **S. gibbus** (L.).

— Abd schwarz od. ± metallisch, meist behaart *7*

7. Zelle 2Rs im Vdfl vorn mind. so breit wie hinten . .2; **Melecta** Latr.
13–16 mm. Scutellum gewölbt, mit 2 Dornfortsätzen. Paras. bei Anthophora, z.B. **M. armata** (Panz.). – Hierher die selt. Art **Thyreus** (= **Crocisa**) **scutellaris** (F.) (Scutellum am Htrand ± stumpfwinklig ausgeschnitten. 10–11 mm).

— 2Rs vorn (an Ader Rs) schmaler als hinten (an Ader M) (s. [*57*])
a) Abd fast kahl, schwarz od. metallisch: 3; **Ceratina** Latr., Keulhornbiene (6 bis 9 mm), Beinsammler, z.B. **C. cyanea** Kirby. b) Abd behaart od. mit Haarbinden. Beinsammler: 2; **Systropha** Ill. (Zelle $3R_1$ im Vdfl mit Spitze dem FlRand anliegend. 8–11 mm), z.B. **S. curvicornis** (Scop.). 2; **Tetralonia** Spin. ($3R_1$ mit Spitze vom FlRand entfernt (s. [*57*]). 8–13 mm), z.B. **T. macroglossa** (Ill.). – Selten **Nomia femoralis** (Pall.) (Sondermerkmal: Tegulae groß, weiß gerandet. 9–10 mm).

8. Zelle $3R_1$ im Vdfl am Ende verschmälert u. zugespitzt [*58*] . . *9*

— $3R_1$ am Ende abgerundet, vom FlRand entfernt [*57*]
10; **Epeolus** Latr.
5,5–11 mm. Abd mit hellen Haarflecken. Paras. bei Colletes, z.B. **E. productus** Thoms. Sehr selten **Epeoloides coecutiens** (F.) (Abd ohne Haarflecken. 9–10 mm).

9. Zelle 1Rs u. 2Rs im Vdfl fast gleich groß [*53*]
a) Abd unbehaart, meist bunt (schwarz u. gelb, oft auch rot): **Nomada** Scop., Wespenbiene (4–14 mm) [*53*], ca. 70 Arten, parasit. v.a. bei Andrena, z.B. **N. signata** Jur. b) Abd behaart, dunkel, oft mit hellen Haarbinden: 13; **Colletes** Latr., Seidenbiene (6,5–15 mm), häufig **C. cunicularis** (L.).

— Zelle 1Rs im Vdfl viel kleiner als 2Rs [*54, 58*] *10*

10. Ader M im Vdfl an der Basis gerade od. fast gerade
a) ♀: Httrochanter mit langer Haarlocke. ♂: Fühler gestreckt, Endgl abgerundet, übrige Gl nicht knotig: **Andrena** F., Sandbiene (5–15 mm) [*54*], Beinsammler, ca. 130 Arten, z.B. **A. fulva** Schrk. b) ♀: Httrochanter ohne Haarlocke, ♂: Letztes Fühlergl abgestutzt, vorhergehende Gl knotig verdickt: 6; **Melitta** Kirby (9–13 mm), Beinsammler, häufig **M. haemorrhoidalis** (F.).

— M an Basis stark gekrümmt [*58*] . . . Furchenbiene, **Halictus** Latr.
4–16 mm. ♀: Endsegment des Abd oben mit kahler Längsfurche; ♂: Clypeus vorragend, oft gelb. Ca. 85 Arten, häufig z.B. **H. albipes** (F.). Ähnlich einige **Sphecodes**-Arten (♀: Endsegment ohne Furche; ♂: Clypeus nicht vorragend, schwarz), s. ***6***.

11. Zelle $3R_1$ im Vdfl am Ende verengt, dem FlRand anliegend [*59*]
a) Abd fast halbkugelig, glänzend schwarz, am Ende gelblichweiß behaart. 2. Tarsalgl des Htbeins am Endwinkel des 1. ansetzend: 2; **Macropis** Panz. (8–9 mm), z.B. **M. labiata** (F.). b) Abd ± langgestreckt. 2. Tarsalgl des Htbeins in Mitte des Endrandes vom 1. ansetzend: 5; **Dufourea** Lep. (Schwach behaart. Abd glänzend schwarz ohne Binden. 6–8 mm), z.B. **D. halictula** (Nyl.). 2; **Rhophites** Nyl. (Thorax u. Abd dicht graugelb behaart. 8–11 mm), selten, z.B. **Rh. canus** Ev. Alle Arten Beinsammler. – Hierher auch **Andrena** (= **Biareolana**) **lagopus** Latr. (Thorax rostrot).

— $3R_1$ nicht verengt, Spitze ± vom FlRand entfernt [*61*] *12*

12. Zelle $3R_1$ im Vdfl an Spitze breit abgestutzt [*60*] . 2; **Panurgus** Panz.
8–10 mm. Abd schwarz, ohne helle Haare, glänzend, Beine schwarz. Beinsammler. Häufig **P. calcaratus** (Scop.). Selten sind 2; **Panurginus** Nyl. (5–6 mm. Beine z.T. gelb), z.B. **P. labiatus** (Ev.). **Ammobates punctatus** (F.) (6–8 mm. Abd ± rot), parasit.

— Zelle $3R_1$ im Vdfl abgerundet od. zugespitzt [*61*]. *13*

13. Zelle $1+2R_1$ kleiner als 1Rs . . . Langhornbiene, 3; **Eucera** Latr.
12–16 mm. ♂: Fühler länger als Kopf + Thorax. Beinsammler, z.B. **E. tuberculata** (F.).

— $1+2R_1$ viel größer als 1Rs. Körper fast unbehaart . 30; **Hylaeus** F.
(= **Prosopis** Jur.), Maskenbiene (Gesicht gelb gezeichnet. 3,5–9 mm), Kropfsammler, z.B. **H. confusus** (Nyl.). – Sehr selten **Ammobatoides abdominalis** (Ev.) (11 bis 12 mm), parasit.

— $1+2R_1$ größer als 1Rs. Lang behaart . Hosenbiene, 2; **Dasypoda** Latr.
12–17 mm. Httibia (bes. bei ♀) lang behaart. Beinsammler, häuf. **D. hirtipes** (F.).
— $1+2R_1$ im Vdfl etwa so groß wie 1Rs [*61*] ***14***
14. Querader 2m-cu im Vdfl in Zelle 1Rs mündend [*55*] ***15***
— 2m-cu hinter 2rm od. in ihrer Höhe mündend [*61*]
a) Körper ± gelb gezeichnet. ♀ mit dichter Bauchbürste. ♂: Endsegment gezähnt u. bedornt: 8; **Anthidium** F., Wollbiene (7–18 mm), Bauchsammler, häufig **A. manicatum** (L.). b) Körper schwarz. ♀ ohne Bauchbürste. ♂: Endsegment unbewehrt: 9; **Stelis** Panz. (3–11 mm), parasit., häufiger **St. aterrima** Panz., bei Osmia.
15. Scutellum jederseits mit starkem Zahn. 7–16 mm . 13; **Coelioxys** Latr.
Kegelbiene. Abd kegelförmig. Augen behaart. Parasit., z.B. **C. conoidea** Kl. bei Megachile. – Hierher **Dioxys tridentata** (Nyl.) (Augen unbehaart. Abd zylindrisch).
— Scutellum ohne od. mit schwachen Seitenzähnen ***16***
16. Schwach behaart, Abd fast kahl, schwarz-rotbraun . 3; **Biastes** Panz.
5–7 mm. ♀ ohne Bauchsammelapparat, parasitisch, z.B. **B. brevicornis** Panz.
— Körper ziemlich lang behaart. ♀ mit Bauchbürste (Bauchsammler!) ***17***
17. Tarsen ohne Haftlappen zwischen den Krallen
a) Clypeus vorn gerade abgestutzt. Abd oben flach: 22; **Megachile** Latr., Blattschneiderbiene (7–16 mm), häufig **M. maritima** Kirby. b) Clypeus vorn in Mitte vorgezogen. Abd gewölbt: 2; **Chalicodoma** Lep. (12–16 mm), z.B. **Ch. muraria** (F.).
— Tarsen mit einem Haftlappen zwischen den Krallen
a) ♀: Fußkrallen gezähnt [*21b*]. ♂: Gesicht gelb: **Trachusa byssina** (Panz.) (11 bis 12 mm). b) Krallen ungezähnt. Gesicht schwarz. Abd breit, kurz [*55*]: **Osmia** Panz., Mauerbiene (6–16 mm) [*55*], ca. 40 Arten, häufig **O. bicornis** (L.). c) Ebenso, aber Abd schmal, gestreckt: 2; **Heriades** Spin. (1. AbdTergit mit scharfer Querleiste. 6–8 mm), häufig **H. truncorum** (L.). 5; **Chelostoma** Latr. (1. Tergit ohne Querleiste. 4,5–11 mm), häufig **Ch. maxillosus** (L.).

Gattung **Bombus** Latr., Hummel

16–35 mm. Staatenbildend. Beinsammler. Begattete ♀♀ überwintern, gründen im Frühjahr neues Volk. Bis Juni fliegen nur ☿☿, dann auch ♂♂, im Spätherbst ♀♀. Tabelle gilt nur für ☿☿ und ♀♀ (Fühler 12gl); bei ♂♂ Fühler 13gl. Viele Arten wegen ihrer Variabilität nach Farbmerkmalen nicht sicher zu bestimmen.

1. Backen unter den Augen von der Seite gesehen doppelt so hoch wie die Basalbreite der Mandibeln
a) Thorax oben vorn u. hinten hell behaart, zwischen den Fl schwarz. AbdEnde weiß behaart: **B. hortorum** (L.); ähnlich **B. ruderatus** F., seltener. b) Thorax oben schwarz, selten vorn u. hinten mit eingestreuten grauen Haaren. AbdEnde rot behaart: **B. pomorum** (Panz.).
— Backen unter den Augen etwa so hoch (bis höchstens 1,5mal so hoch) wie Basalbreite der Mandibeln ***2***
2. Thorax oben gelbbraun behaart, seltener mit Einmischung dunklerer Haare, nie mit schwarzen Binden
a) Gesicht unter den Fühlern hell behaart: **B. agrorum** (F.), Ackerhummel (2. u. 3. AbdSegment ganz od. teilweise schwarz, 4.–6. AbdSegment gelbrot behaart), sehr häufig. **B. muscorum** (L.) (Abd einfarbig hellgelb behaart). **B. humilis** Ill. (Abd einfarbig hell behaart, am Ende mit schwarzen Borsten). b) Gesicht unter den Fühlern dunkel: **B. hypnorum** (L.) (AbdEnde weiß).
— Thorax oben mindestens zum Teil schwarz behaart ***3***
3. Gesicht unter den Fühlern hell behaart
a) 3. AbdSegment schwarz, 4.–6. gelb bis rötlich behaart: **B. silvarum** (L.). b) Abd einfarbig hell behaart, höchstens schwarze Haare eingestreut: **B. equestris** (F.) (Körper graugelb behaart, 4. u. 5. AbdSegment oben mit eingestreuten schwarzen Haaren). **B. distinguendus** Mor. (Körper olivgelb, Abd ohne schwarze Haare), nicht häufig.
— Gesicht unter den Fühlern dunkel behaart ***4***

4. Thorax oben vorn mit deutlich abgesetzter heller Binde, sonst schwarz
a) Abd hinten weiß behaart: **B. terrestris** (L.), Erdhummel, sehr häufig; ähnlich **B. lucorum** (L.) Gelbfärbung meist heller. b) Abd hinten rot: **B. pratorum** (L.).
– Thorax oben vorn u. hinten mit abgesetzter heller Binde, mit schwarzer Querbinde zwischen Fl. Abd hinten weiß behaart
B. jonellus (Kirby) (Letztes AbdSegment unten nicht gekielt). **B. subterraneus** (L.) (Letztes AbdSegment unten mit deutlichem Kiel).
– Thorax oben ± einfarbig schwarz, höchstens vorn u. hinten mit eingemengten hellen Haaren. Abd hinten rot, selten weiß od. schwarz behaart
a) EndSegment des Abd oben mit erhöhtem, rundem, fast kahlem Feld. Abd vorn schwarz, 4.–6. Segment tief rot behaart: **B. lapidarius** (L.), Steinhummel, sehr häufig. b) Endsegment des Abd ohne derartiges Feld. Abd heller rot gefärbt, selten weiß od. schwarz: **B. pratorum** (L.) (4.–6. Abdsegment rot. Clypeus spärlich punktiert). **B. soroeensis** F. (4. AbdSegment vorn schwarz, hinten – wie auch 5. u. 6. Segment – rot od. weiß od. Abd ganz schwarz. Clypeus dicht u. grob punktiert). – Weitere ähnliche Arten seltener: **B. ruderarius** (Müll.) (Sondermerkmal: Körbchenhaare an Httibia rot). **B. mastrucatus** Gerst. (Sondermerkmal: Mandibeln auffallend stark gezähnt), im Gebirge. **B. confusus** Schenck. (Sondermerkmal: 3. Gl der Fühler länger als 4. u. 5. zusammen).

Im Gebiet der B. R. Deutschland besonders geschützt: Cimbex femorata, Formica rufa u. verwandte Arten, **Apoidea** (Bienen).

Literatur

Benson, R. B., Perkins, J. F., Richards, O. W. u.a. Hymenoptera, in: Handbooks for the Identification of British Insects 6,7. London, 1956–1968. – Bernard, F. Les Fourmis (Hymenoptera, Formicidae). Faune de l'Europe et du Bassin Méditerranéen 3. Paris, 1968. – Bischoff, H. Biologie der Hymenopteren. Berlin, 1927. – Bouček, Z. Hymenoptera, in: Klíč Zvířeny ČSR 2. Prag, 1957. – Enslin, E., Friese, H., Kieffer, J. J., Schmiedeknecht, O., Stitz, H. Hymenopteren 1, 2, 3, in: Schröder, Die Insekten Mitteleuropas. Stuttgart, 1914, 1926. – Hedicke, H. Hymenoptera, in: Brohmer, Ehrmann, Ulmer, Tierwelt Mitteleuropas 5, Lief. 1. Leipzig, 1930. – Kutter, H. Hymenoptera: Formicidae. Insecta Helvetica Fauna 6. Zürich, 1977 – Oehlke, J. Beiträge zur Insektenfauna der DDR: Hymenoptera, Bestimmungstabellen bis zu den Unterfamilien. Hymenoptera, Sphecidae. Beitr. Ent. 19, 20. Berlin. 1969, 1970 – Schmiedeknecht, O. Die Hymenopteren Nord- und Mitteleuropas. 2. Aufl. Jena, 1930. – Steinbach, G. Hymenoptera, in: Stresemann, Exkursionsfauna 2, 2. Berlin, 1964. – Stitz, H. Ameisen od. Formicidae, in: Dahl, Tierwelt Deutschlands 37. Jena, 1939. – Wolf, H. Hymenoptera: Pompilidae. Insecta Helvetica Fauna 5. Zürich, 1972.

23.–27. Ord. **Mecopteria**

23. Ord. **Mecoptera,** Schnabelfliegen

Insekten mit schnabelförmigem Kopf, beißenden Mundwerkzeugen, mit 4 gleichartigen, häutigen Flügeln (od. flügellos) u. mit vollkommener Metamorphose. Larven raupenähnlich mit vielen Beinstummeln (Abb. S. 167).

1. Mit 4 normal entwickelten Flügeln. Körperlänge über 5 mm . . *2*

— Flügel verkümmert od. fehlend. Unter 5 mm

Winterhafte, **Boreidae**

2; **Boreus** Latr., häufig **B. hyemalis** L. [*1*]. Adulte im Winter in Moos und auf Schnee, fressen tote Insekten. Larven in erster Linie Moosfresser.

2. Mit langen schnakenartigen Beinen. Letztes Fußglied mit einer ungezähnten Kralle. Flügelspanne 37–40 mm

Mückenhafte, **Bittacidae**

Nur **Bittacus italicus** Müll. (Hüfte mit einigen schwarzen Borsten) u. **B. hageni** Brau. (Hüfte ohne schwarze Borsten). Im südl. Bereich, hängen mit Vdbeinen im Gebüsch u. fangen mit langen Htbeinen vorbeifliegende Insekten [*3*].

— Beine nicht auffallend lang. Letztes Fußglied mit 2 gezähnten Krallen. Flügel mit braunen Flecken. Flügelspanne 20–35 mm. ♂ am Htleibsende mit stachelartiger Greifzange

Skorpionsfliegen, **Panorpidae**

Nur 5; **Panorpa** L., häufig **P. communis** L. [*2*]. Fressen geschwächte u. tote Insekten, Früchte u. dergl.; Larven ernähren sich von abgestorbenen Pflanzen u. Kadavern.

1

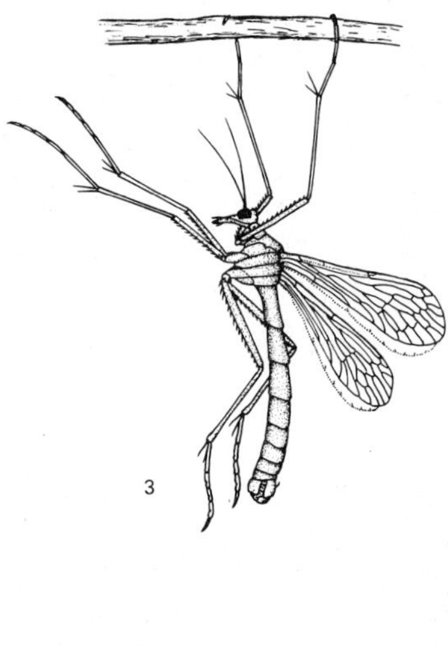

3

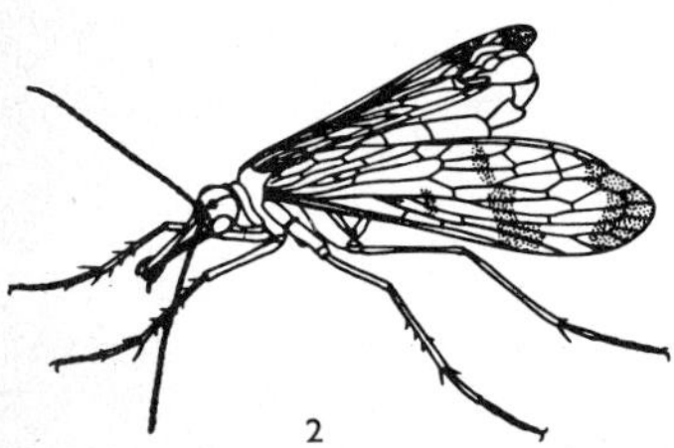

2

Literatur

Stitz, H. Schnabelfliegen in Brohmer, Ehrmann, Ulmer, Tierwelt Mitteleuropas Bd. 6, Lief. 1, 1927. Ohm, P. Bezieh. zwischen Körpergröße u. Flügeladerung bei Panorpa, Zool. Anz. Bd. 166, 1961.

24. Ord. **Siphonaptera (Aphaniptera)**, Flöhe

Seitlich zusammengedrückte (kompresse) flügellose Insekten. 1,5–4,5 mm (selten 6 mm). Mundwerkzeuge stechend-saugend. Antennen in Grube versenkbar, Augen seitlich am Kopf od. reduziert, davor typische Borsten der „Augenreihe". Sprungvermögen mit Hilfe der Hinter- (u. Mittel-)beine. Körper meist stark sklerotisiert, gelblich bis schwarzbraun. Meist mit Zahnkämmen (Ctenidien) am Kopf. Pronotum (= Halsschild), seltener am Abdomen. Blutsauger an Warmblütern, meist temporäre Ektoparasiten. **Entwicklung mit vollkommener Verwandlung. Larven [*1 c*] weißlich, zylindrisch, mit** sklerotisierter Kopfkapsel (Eucephalie), fußlos, blind, hinten mit 2 Nachschiebern (Unterschied zu Larven der Diptera), in Nestern u. ä. Puppe wie [*1 b*]. In Deutschland 6 Familien mit etwa 70 Arten. Zur Bestimmung oft Aufhellung in Kalilauge notwendig. Abkürzung: Abd = Abdomen. Nur die deutschen Arten berücksichtigt; Zahl vor Gattungsnamen = Artenzahl.

1. Mit Ctenidium am Pronotum, oft auch am Kopf [*3–11*] ***3***

— Ohne Ctenidium am Pronotum u. am Kopf, höchstens mit 1 Zähnchen an der Wange [*1 a, 2*] ***2***

2. Rückenschilder 2–7 des Abd mit 1 Borstenreihe [*1 a*], vor jedem Auge 2 Borsten . . . . . **Pulex irritans** L., Menschenfloh (zu **Pulicidae**)
Vor allem auf Fuchs u. Dachs, auch beim Menschen u. Schwein.

— Mindestens 2. Rückenschild des Abd mit 2 Borstenreihen, vor jedem Auge 4 Borsten [*2*] . **Vermipsyllidae** (zu Überfam. **Ceratophylloidea**)
Dauernd auf dem Wirt. Nur 2; **Chaetopsylla** Koh., auf Fuchs, Dachs. **Ch. globiceps** (Tasch.) v. a. auf Fuchs, **Ch. trichosa** Koh. [*2*] v. a. auf Dachs.

3. Hintercoxen (basale Beinglieder am Thorax) innen zur Spitze hin mit Gruppe kurzer Dörnchen. Rückenschilder des Abd mit 1 Borstenreihe **Pulicidae** (zu Überfam. **Pulicoidea**)
a) Basalglied der Fühlerkeule symmetrisch: **Spilopsyllus cuniculi** (Dale), Kaninchenfloh (Ctenidium am Pronotum mit 12–17 Zähnen). b) Basalglied der Fühlerkeule unsymmetrisch, an einer Seite blattartig erweitert [*3*]: 2; **Ctenocephalides** St. et Coll. (Ctenidium am Pronotum aus mindestens 12 Zähnen), **Ct. canis** (Curt.) [*3*] v. a. auf Hund, **Ct. felis** (Bouché) v. a. auf Katze. **Archaeopsylla erinacei** (Bouché), Igelfloh [*4*] (Ctenidium am Pronotum aus höchstens 8 Zähnen), auf Igel.

— Hintercoxen immer ohne derart. Dörnchen. Rückenschilder des Abd mit 2–3 Borstenreihen . . . . . . Überfam. **Ceratophylloidea** ***4***

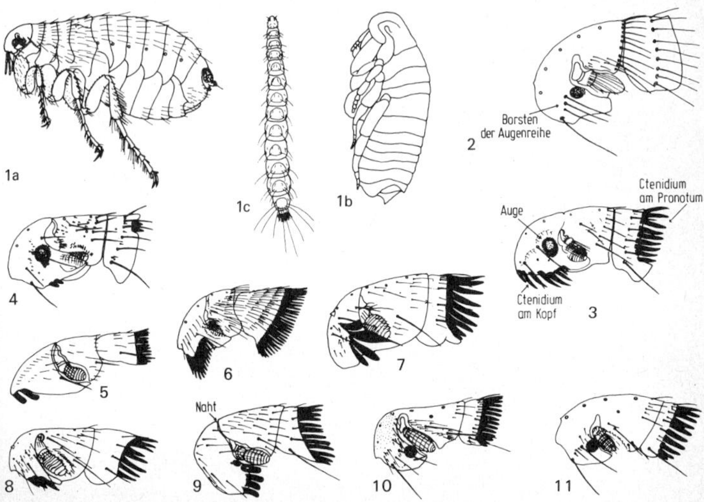

4. Kopf schlank. Ctenidium mit 2 breiten stumpfen Zähnen vorn am Winkel zwischen Stirn u. Mund [5]. Auf Fledermäusen **Ischnopsyllidae**

Dauernd auf dem Wirt. 6; **Ischnopsyllus** Westw. (Abd mit Ctenidien an den Rückenschildern 1–4 od. 1–6), z. B. **I. hexactenus** (Kol.) [5] (Mit 4 Ctenidien am Abd). 4; **Nycteridopsylla** Oud. (Abd höchstens mit Ctenidien auf Rückenschildern 1–2. Am 7. Rückenschild des Abd Reihe von Chitinzähnen = Falsches Ctenidium), z. B. **N. eusarca** Dampf. **Rhinolophopsylla unipectata** (Tasch.) (Abd ohne Ctenidien), bei Hufeisennasen.

— Kopfctenidien anders od. fehlend; wenn 2 Zähne, diese weiter hinten unter dem Auge od. Fühleransatz *5*

5. Hinterrand des Thorax am Rückenschild mit Dörnchen *6*

Bei manchen **Ceratophyllidae** undeutlich, dann große Augen u. keine Kopfctenidien.

— Hinterrand des Thorax am Rückenschild ohne Dörnchen **Hystrichopsyllidae**

Auf Kleinsäugern. a) Kopf zweigeteilt durch Naht od. Furche zwischen den Fühleransätzen [*6*]: 2; **Hystrichopsylla** Tasch. (Kopfctenidium aus etwa 10 langen Zähnen. In Mitteleuropa größter Floh: 3,5–6 mm), z. B. **H. talpae** (Curt.) [*6*]. 3; **Palaeopsylla** Wagn. (Kopfctenidium: 4 Zähne, der oberste kurz dreieckig, der zweitoberste auffällig lang u. spitz [7]), häufig z. B. **P. soricis** (Dale) [7], auf Spitzmäusen. **Typhloceras poppei** Wagn. (Kopfctenidium: 4 stumpfe, gerade Zähne), v. a. auf Wühlmäusen. **Doratopsylla dasycnema** (Roths.) (Kopfctenidium: 4 stumpfe Zähne, der oberste nach oben gebogen), auf Spitzmäusen. b) Kopf nicht derartig zweigeteilt: 8; **Ctenophthalmus** Kol. (Kopfctenidium horizontal [*8*]), z. B. **Ct. agyrtes** (Hell.) [*8*]. 3; **Rhadinopsylla** Jord. et Roths. (Kopfctenidium schief, ± vertikal), z. B. **Rh. pentacantha** (Roths.).

6. Kopf zweigeteilt durch Naht od. Furche zwischen den Fühleransätzen. Oberste Borste der Augenreihe höher als Auge [*9*] . **Leptopsyllidae**

Auf Kleinsäugern. **Leptopsylla segnis** (Schönh.) [*9*] (Kopfctenidium mit 4 Zähnen), v. a. auf Hausmaus. 3; **Peromyscopsylla** Fox (Kopfctenidium mit 2 Zähnen), auf Wühlmäusen, z. B. **P. silvatica** (Mein.). **Amphipsylla rossica** Wagn. (Ohne Kopfctenidium), im Osten.

— Kopf nicht derartig zweigeteilt. Oberste Borste der Augenreihe in Höhe des Auges [*10, 11*]. Ohne Kopfctenidium . . . . **Ceratophyllidae**

a) Auf Vögeln: 13; **Ceratophyllus** Curt. (Ctenidium am Pronotum mit etwa 24 Zähnen [*10*]), häufig **C. gallinae** (Schr.) [*10*], mehr in Nisthöhlen, -kästen; **C. garei** Roths., mehr in freien Nestern. **Dasypsyllus gallinulae** (Dale) (Ctenidium am Pronotum mit etwa 30 Zähnen). b) Auf Säugern. Beim Dachs: **Paraceras melis** (Walk.). Beim Eichhörnchen: **Tarsopsylla octodecimdentata** (Kol.) (1. Glied der Hintertarsen länger als die 3 folgenden zusammen); **Monopsyllus sciurorum** (Schr.) (1. Glied der Hintertarsen kürzer), auch bei Schläfern. Bei Schläfern: **Myoxopsylla laverani** (Roths.), Rheinland. Bei Mäusen u. Ratten: 2; **Megabothris** (Jord.) (Stigma auf Rückenplatte des 8. Abd-Segments sehr bereit), z. B. **M. turbidus** (Roths.), v. a. auf Wühlmäusen; bei 2 weit. Gattg. Stigma auf 8. Abd-Segment klein), 2; **Malareus** Jord. vorwiegend auf Wühlmäusen, z. B. **M. penicilliger** (Grube), 3; **Nosopsyllus** Jord. mehr in Häusern, z. B. **N. fasciatus** (Bosc) [*11*], auf Ratte u. Hausmaus.

Literatur

Smit, F. G. A. M. Siphonaptera, in: Handbooks for the Identification of British Insects. I. Part 16. London 1957. – Wagner, J. Aphaniptera (Siphonaptera, Suctoria), in: Brohmer, Ehrmann, Ulmer, Tierwelt Mitteleuropas, Bd. 6, Lief. 2. Leipzig 1936.

25. Ord. **Diptera**, Zweiflügler

Die Ordnung der Dipteren umfaßt in unserem Faunenbereich mehr als 90 Familien. Einige sind mit nur wenigen, andere mit über hundert Arten vertreten. Sie unterscheiden sich als Imago von allen übrigen geflügelten Insekten durch Reduktion des 2. Flügelpaares, das zu Schwingkölbchen (Halteren) umgewandelt ist. Die Vorderflügel sind meist vollständig ausgebildet, gelegentlich auch reduziert oder völlig fehlend. Der Flügel zeigt mit seinen Adern u. Zellen wichtige Bestimmungsmerkmale [*1*]. Es gibt folgende Längsadern, die abgekürzt groß geschrieben werden: Costa (C); Subcosta (Sc) mit 2 Ästen (Sc_1 u. Sc_2); Radius (R) gabelt sich in R_1 u. Radialsektor (Rs), von dem die Radien R_2, R_3, R_4 u. R_5 abgehen; Media (M) mit den Ästen M_1, M_2, M_3 u. M_4; Cubitus (Cu); Postcubitus (PCu) meist nur als feine Falte; Analis (1A, 2A), 2A wird oft als Axillaris bezeichnet. Queradern verbinden die Längsadern untereinander, sie werden klein geschrieben: Humeralquerader (h) zwischen C u. Sc nahe der Flügelbasis; Querader r–m zwischen R_5 u. M_1; Querader m zwischen M_2 u. M_3; Querader m–cu zwischen M_4 u. Cu. Aderreduktion oder Aderverschmelzungen kommen sehr häufig vor: z. B. verschmelzen R_2 u. R_3 zu R_{2+3}, M_1 u. M_2 zu M_{1+2} usw. [*62–66* u. a.]. Die Flügelzellen werden grundsätzlich nach den darüberliegenden Adern benannt. So liegt z. B. die Zelle R_1 zwischen R_1 u. R_2; Ausnahmen macht lediglich die Benennung der Zelle $1M_2$, die auch Diskalzelle (D) u. der Zelle Cu, die auch Analzelle genannt werden. In der Zelle Cu (zwischen Cu u. 1A) mündet meist PCu als schwache Falte, sie wird daher nicht zur Zellenbenennung herangezogen. Die Fühler bestehen aus zwei Grundgliedern u. einer vielgliedrigen Geißel oder einem 3. Glied, das eine dorsale oder endständige Borste oder einen ± geringelten oder gegliederten Endgriffel aufweisen kann (Geißelrest). Mundwerkzeuge sind stechend oder leckend-saugend, bisweilen reduziert, die Taster (Palpus maxillaris) 1–5gliedrig. Fazettenaugen meist gut ausgebildet, auf dem Scheitel dazwischen häufig 3 Ozellen. Beine sind Schreitbeine, Tarsus mit 5 Gliedern; 1. oberstes Tarsenglied (Metatarsus), letztes Tarsenglied mit 2 Krallen, 2 Haftlappen (Pulvillen) u. zwischen diesen 1 Empodium. Kopf, Thorax, Abdomen u. Beine oft stark behaart, beborstet oder beschuppt. Borsten wichtig für die Bestimmung. Thorax mit 2 Stigmenpaaren (Pro- u. Metathorakalstigma) [S_1 u. S_3: *67a*]; Abdomen je Segment 1 Stigmenpaar seitlich auf den Tergiträndern oder in den Konjunktiva zwischen Tergit (Rückenplatte) u. Sternit (Bauchplatte). Abdomen am Ende oft mit kleinen Anhängen (Cerci). Lebensgewohnheiten der Imagines u. Larven s. bei den Familien. Zahl vor den Gattungsnamen bedeutet deren Artenzahl in Deutschland.
Abkürzungen: Vd = Vorder-, Mt = Mittel-, Ht = -ht = (-) Hinter-, Gl = -gl = (-) Glied(er), Fl = -fl = (-) Flügel.

Systematische Übersicht der Dipterenfamilien

Unterordnung **Nematocera,** Mücken

Tipulidae [*13a*]
Ptychopteridae
Trichoceridae
Psychodidae [*16*]
Dixidae
Chaoboridae
Culicidae [*18a, b*]
Chironomidae [*30*]
Ceratopogonidae
Simuliidae [*29*]
Thaumaleidae
Blephariceridae
Anisopodidae
Scatopsidae [*100*]
Bibionidae [*22*]
Cecidomyiidae [*19b*]
Sciaridae
Mycetophilidae [*23, 26, 101*]

Unterordnung **Brachycera,** Fliegen

I. **Orthorrhapha**

Xylophagidae [*42*]
Coenomyiidae [*40*]
Xylomyidae
Stratiomyidae [*36–39*]
Rhagionidae [*44*]
Tabanidae [*35*]
Acroceridae [*43*]
Nemestrinidae
Therevidae [*43*]
Scenopinidae [*48*]
Bombyliidae [*49, 50a*]
Hilarimorphidae
Asilidae [*46, 107, 108*]
Empididae [*51, 61*]
Dolichopodidae [*60*]

II. **Cyclorrhapha**

Familienreihe **Aschiza**

Lonchopteridae [*58*]
Phoridae [*31*]
Platypezidae [*59*]
Pipunculidae [*56*]
Syrphidae
Conopidae [*55*]

Familienreihe **Schizophora, Acalyptratae**

Otitidae
Platystomatidae
Piophilidae
Thyreophoridae

Pyrgotidae
Tephritidae
Micropezidae
Megameridae
Tanypezidae
Psilidae
Helcomyzidae
Sepsidae [*73*]
Dryomyzidae
Sciomyzidae
Chamaemyidae
Lauxaniidae
Coelopidae [*75*]
Heleomyzidae
Trixoscelidae
Sphaeroceridae
Chyromyidae
Pallopteridae
Lonchaeidae
Neottiophilidae
Opomyzidae
Clusiidae
Odiniidae
Agromyzidae
Acartophthalmidae
Periscelidae
Aulacigastridae
Anthomyzidae
Asteiidae
Camillidae
Ephydridae
Diastatidae
Curtonotidae
Drosophilidae
Milichiidae
Cryptochetidae
Tethinidae
Canaceidae
Chloropidae
Braulidae [*102*]

Familienreihe **Schizophora, Calyptratae**

Scatophagidae
Anthomyiidae
Muscidae
Gasterophilidae
Hippoboscidae [*103*]
Nycteribiidae [*105*]
Calliphoridae
Sarcophagidae
Tachinidae
Oestridae

1. Fl vollständig. Tiere mit 1 Paar Fl u. 1 Paar Halteren ***2***
— Fl stummelförmig, reduziert oder fehlend. Halteren vorhanden oder fehlend . . . . S. 349
2. Fühler aus zwei Grundgl u. einer Geißel mit mehreren bis vielen ± gleichartigen Gliedern [*2–4*]. Taster meist 3–5gliedrig [*2, 3, 20a, b*] hängend. Zelle Cu [*1, 14* u. a.] zum Flrand hin nie stark verengt oder geschlossen, kann auch fehlen. . . . . . Mücken, **Nematocera** ***3***
— Fühler meist 3gliedrig, das 3. Gl mit dorsaler [*5*] oder endständiger Borste oder mit Griffel. Borste u. Griffel können sich aus mehreren Gl zusammensetzen [*6–10*]. Hat der Fühler mehr als 3 Gl (aber nie mehr als 10), so sind die Taster 1-bis 2gliedrig u. straff nach vorn gerichtet [*8*] u. Zelle Cu zum Flrand hin stark verengt oder geschlossen [*11*]. . . . . Fliegen, **Brachycera** ***22***
3. Fl haben zwischen den normalen Adern netzartige Falten („Sekundärgeäder“) [*12*]. 6–8 mm . . . . **Blephariceridae**
5; **Liponeura** Loew. Larven in rasch fließenden Gebirgsbächen.
— Fl ohne netzartige Falten ***4***
4. Zwei Analadern [1A u. 2A: *1*] erreichen den Htrand des Fl. Auf dem Thorax immer U- oder V-förmige Quernaht [*13b*] ***5***
— Höchstens eine Analader erreicht den Htrand des Fl. Thorax meist ohne U- oder V-förmige Quernaht ***6***
5. 2A nur schwach gebogen, mündet näher der 1A als der Flbasis [*1*]. Ozellen fehlen. Habitus [*13a*] . . . . Schnaken, **Tipulidae** S. 351
— 2A kurz u. stark gebogen, nahe der Flbasis, weit von 1A entfernt in den Htrand des Fl mündend [*14*]. 2–3 Ozellen unmittelbar über der Fühlerwurzel. 5–9 mm . . . . . . Wintermücken, **Trichoceridae**
Ca. 9; **Trichocera** Meig. (Augen behaart); **Diazosma hirtipenne** Siebke (Augen nackt). Imagines winteraktiv.
6. Wenn Tiere über 7 mm, dann eine U- oder V-förmige Quernaht auf dem Thorax. Nur 2A erreicht den Htrand des Fl. Fl mit einer Scheinader (vena spuria: v. s.) zwischen R_5 u. M_1 [*15*] . **Ptychopteridae**

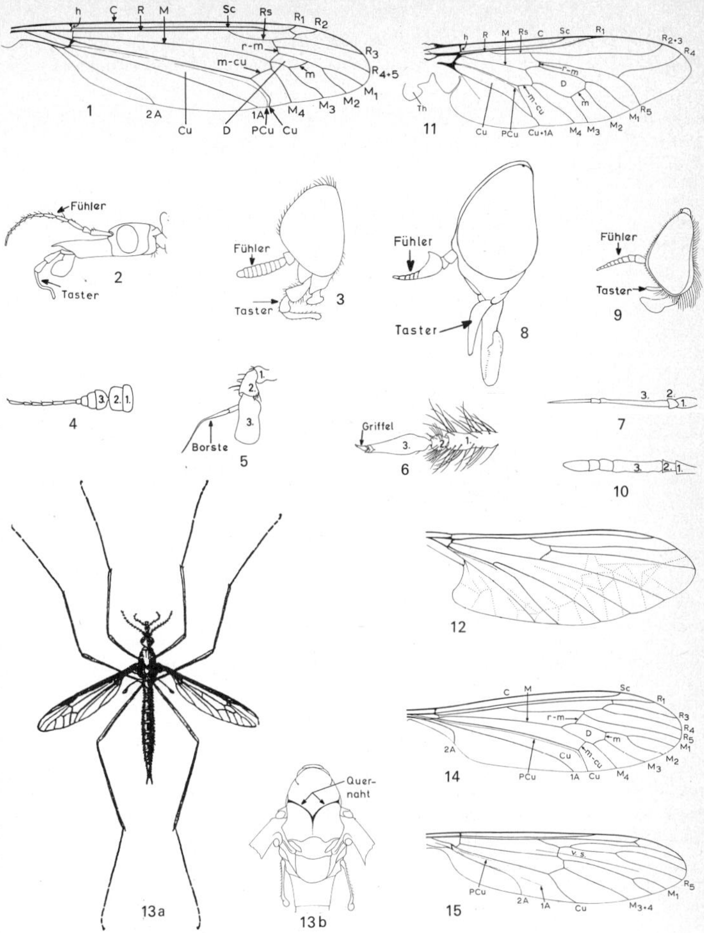

Ca. 8; **Ptychoptera** Meig.; tipulidenähnlich. Larven im Schlamm mit sehr langem Atemrohr.

— Tiere unter 7 mm oder auf dem Thorax keine U- oder V-förmige Quernaht. Andersartig 7

7. Fl breit oval, zur Spitze hin zugespitzt; Sc kurz u. unscheinbar, R mit 5 Ästen, M mit 4 Ästen, Cu deutlich. Queradern undeutlich, nur an der Flbasis. Fl oft lang u. dicht behaart, sie werden in Ruhe dachartig oder auf dem Körper zusammengelegt. 1–3 mm. Habitus wie [*16*] . . . . Schmetterlingsmücken, **Psychodidae**

Zahlreiche Gattg. z.B. **Pericoma** Walk., **Psychoda** Latr. Imagines fliegen häufig ans Licht; **Psychoda** ist in großer Menge in der Kesselfallenblüte des Aronstabs (Arum maculatum) anzutreffen. Larven in faulender organischer Substanz.

— Flrand u. oft auch Adern mit schuppenartigen Haaren besetzt [*17*]. Fl schmaler u. nicht zugespitzt, Tiere über 3,5 mm ***8***

— Fl ohne schuppenartige Haare, nicht zugespitzt ***9***

8. Rüssel lang. Taster gestreckt. Schuppen auf Adern u. Flrand. Habitus wie [*18a, b*] . . . . Stechmücken, **Culicidae** S. 351

— Rüssel kurz (viel kürzer als der Kopf). Taster gekrümmt. Schuppen fast nur am Flrand . . . . **Chaoboridae**

Mochlonyx Loew. (Metatarsus viel kürzer als 2. Tarsengl); **Chaoborus** Licht. (= **Corethra** Meig.) (Metatarsus länger als 2. Tarsengl). Larven im Wasser räuberisch an Plankton.

9. Diskalzelle (D) vorhanden. Mittelgroße Mücken mit gefleckten Flügeln. (s. auch Nr. ***16***) . . . . **Anisopodidae**

Sylvicola Harris. Larven in verwesenden Pflanzenteilen.

— D fehlt oder Medialadern nur schwach ausgebildet ***10***

16

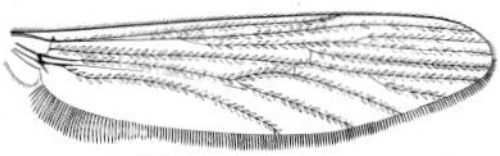

17

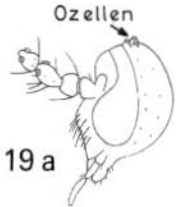

19 a

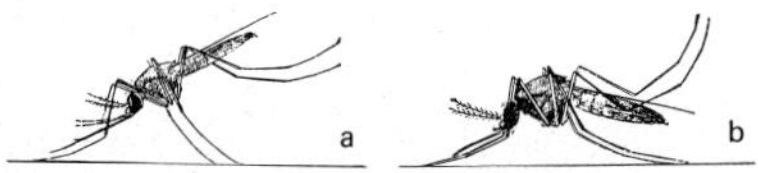

a b

18

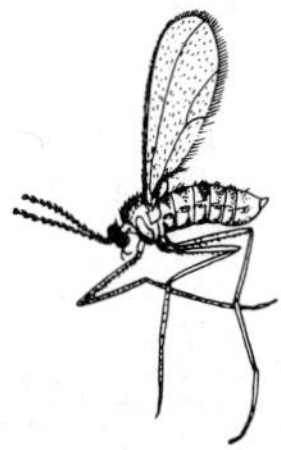

19 b

10. Ozellen vorhanden [*19a, 20a, b*] ***11***

— Ozellen fehlen ***17***

11. Geäder reduziert, mit höchstens 6 $\pm$ deutlichen Adern, von denen höchstens 4 den Flrand erreichen. Tibien ohne Endsporne. Kleine Mücken ***12***

— Geäder nicht so stark reduziert; Tibien meist mit Spornen . . . ***13***

12. Von den Adern nur C, R_1 u. Rs in der Nähe des Vdrands des Fl kräftig ausgebildet; die übrigen schwach u. unscheinbar [*21*]. Fl nicht behaart. Fühler kurz, Gl meist schwer voneinander zu unterscheiden. (s. auch Nr. ***14***) . . . . Dungmücken, **Scatopsidae**

Viele Gattg.; häufigste Art: **Scatopse notata** L. Larven in faulender organischer Substanz.

— Adern am Vdrand des Fl nicht auffallend kräftiger als die übrigen. Fl oft behaart. Fühler meist lang, die einzelnen Gl deutlich voneinander getrennt. Augen oft wie [*19a*], Habitus [*19b*]. (s. auch Nr. ***17***) Gallmücken, **Cecidomyiidae** S. 352

13. Fühler entspringen unter den Augen, nahe dem Mundrand, die einzelnen Gl eng aneinander geschlossen [*20a, b*]. Pulvillen u. Empodium deutlich entwickelt [*32b*]. Habitus wie [*22*]
Haarmücken, („Märzfliegen"), **Bibionidae**

Penthetria Meig. (Tibien ohne Enddorn); **Dilophus** Meig. (Vdtibien mit einem Kranz von Dornen); **Bibio** Geoffr. (Vdtibien mit einem kräftigen Enddorn). Imagines im Frühjahr gelegentlich in großen Schwärmen. Larven z. T. schädlich an Pflanzenwurzeln.

— Pulvillen u./od. Empodium fehlen oder unscheinbar. Fühler entspringen in Augenmitte od. höher. Habitus andersartig ***14***

14. Fühler kurz u. kräftig, kürzer als der Thorax, die einzelnen Gl schwer zu unterscheiden. Tibien ohne Enddornen. Fl-adern nur im vorderen Flteil (C u. R) kräftig, die übrigen schwach u. faltenartig dünn [*21*]. Hüften (Coxen) kurz. Nackte, kleine, meist schwarze Mücken. (s. auch Nr. ***12***) . . . . . . Dungmücken, **Scatopsidae**

— Fühler länger als der Thorax, die einzelnen Gl deutlich zu unterscheiden. Coxen meist lang, wie [*23*] ***15***

15. Augen berühren sich über den Fühlern [*24*]. Adern am Vdrand des Fl auffallend stärker als die hinteren. m-cu fehlt immer, r-m mündet in Rs [*25*]. 1–7 mm . . . . Trauermücken, **Sciaridae**

Viele Gattg., häufigste: **Sciara** Meig. mit ca. 100 Arten. Larven im Waldboden, unter der Rinde abgestorbener Bäume usw. Imagines in feuchten Wäldern, Gewächshäusern u. Kellern.

— Augen berühren sich nicht über den Fühlern. Adern am Vdrand des Fl nicht auffallend stärker als die übrigen ***16***

22

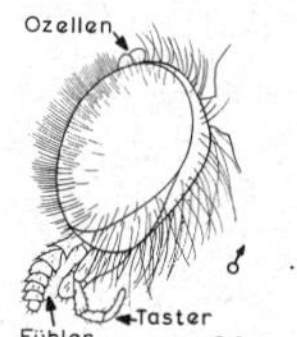

20a

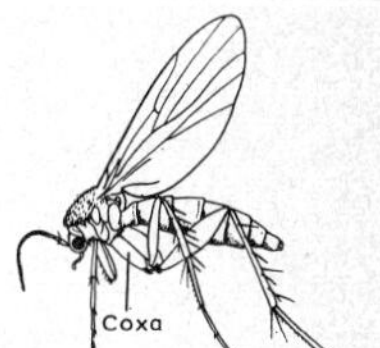

23

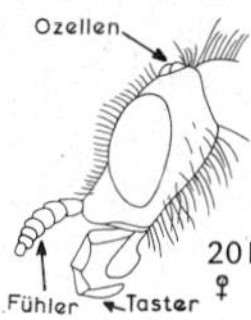

20b

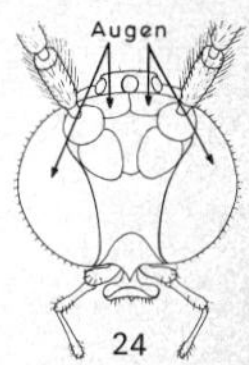

24

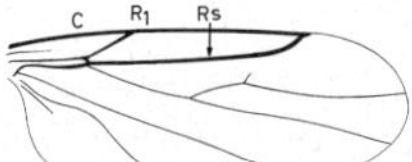

21

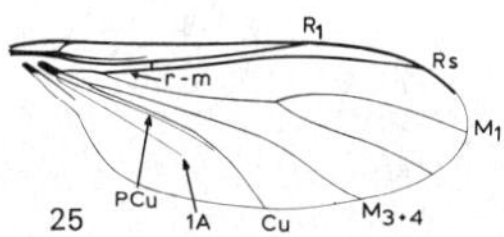

25

16. Rs meist nicht gegabelt; wenn doch, dann fehlt r-m oder sie mündet nicht in oder kurz vor dem Gabelpunkt von Rs, oder Sc mündet nicht in die C, oder R_{2+3} deutlich kürzer als die halbe R_{4+5} [*23*, *26*], od. Fühler viel länger als der Körper (**Macrocera** Meig.: [*26*])

Pilzmücken, **Mycetophilidae** S. 351

— Rs in R_{2+3} u. R_{4+5} gegabelt. r-m mündet in den Gabelpunkt des Rs oder gerade davor. Sc lang in die C mündend. Fl gefleckt. (s. auch Nr. ***9***) . . . . **Mycetobia** Meig., **Anisopodidae**

17. Höchstens 4 Längsadern erreichen den Flrand. Habitus wie [*19b*] (s. auch Nr. ***12***) . . . . Gallmücken, **Cecidomyiidae** S. 352

— 6 u. mehr Längsadern erreichen den Flrand. Metatarsus meist länger als 2. Tarsengl ***18***

18. R_1, R_2, R_3 münden bogenförmig in den Flrand [*27*]. Fühler lang u. dünn; Gl 2 kurz u. sehr dick, die einzelnen Gl schwer zu unterscheiden. Kleine, langbeinige tipulidenähnliche Mücken . . . . . . **Dixidae**

Nur **Dixa** Meig. Larven aquatisch. Imagines Blütenbesucher, an feuchten Stellen in der Nähe von Gewässern, führen gelegentlich Tanzflüge aus.

— Radialadern münden anders. *19*

19. Fühler vom 3. Gl an ± gleichartig, wenn auch die einzelnen Gl nicht immer deutlich zu unterscheiden sind. *20*

— 1. bis 5. oder 6. Fühlergl deutlich breiter als lang, vom 6. oder 7. Gl an deutlich länger als breit u. viel schmäler als die ersten [*4*]. Geäder wie [*28*]. 3–4 mm . . . . **Thaumaleidae**

Meist Gebirgstiere. Larven aquatisch an überrieselten Steinen. z. B. Gattg: **Thaumalea** Ruthe.

20. Fl sehr breit, Adern am Vdrand des Fl auffallend stärker als auf der hinteren Fläche. Fühler kopflang, die Gl breit, eng aneinander geschlossen, nackt. [*29*] . . . . Kriebelmücken, **Simuliidae**

Wenn ♀♀ in großer Zahl das Vieh befallen, kommt es zu starker Beunruhigung desselben; durch Stiche auch für Menschen lästig. Larven mit Htende an Steinen angeheftet, in fließenden Gewässern, filtern Nahrungspartikel. **Simulium** Latr. u.a.

— Fl schmäler. Fühler so lang oder länger als der Thorax *21*

21. M (meist) mit 2 Ästen bis zum Flrand [*30b*]. Mundteile nicht zum Stechrüssel umgewandelt u. viel kürzer als Taster. Flügel des ♂ deutlich kürzer als Abdomen. Körper 1–10 mm l [*30*]

Zuckmücken, **Chironomidae**

Häufige Gattg.: **Chironomus** Meig., **Tanytarsus** v.d. Wulp, **Tanypus** Meig. ♂♂ bilden oft wolkenartige Tanzschwärme. ♂ u. ♀ häufig am Licht. Die meisten Larven aquatisch (wichtige Fischnahrung), einige terrestrisch. Die ,,roten Mückenlarven" sind Indikatoren für O_2-armes Wasser.

— M (meist) in 3 Äste gegabelt. Mundteile in Stechrüssel umgewandelt, ca. halb so lang wie die Taster. Körper 1–3 mm l

Gnitzen, **Ceratopogonidae**

Häufige Gattg.: **Ceratopogon** Meig., **Bezzia** Kieff., **Culicoides** Latr. ♀♀ saugen Blut an Menschen u. Vieh oder greifen Insekten an. Sie schwärmen gelegentlich in der Luft. Larven aquatisch oder in faulenden Pflanzenteilen.

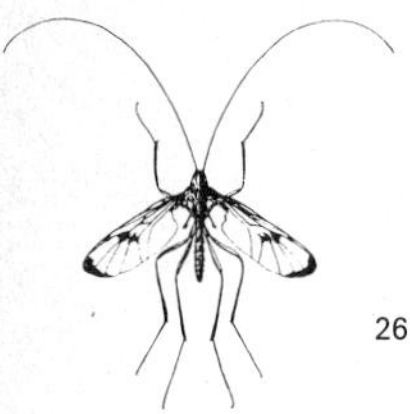

26

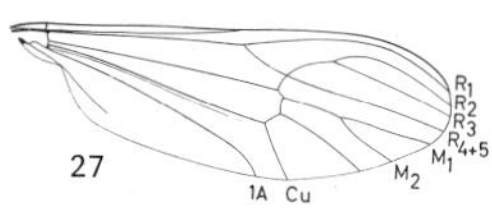

27

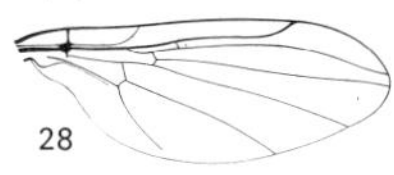

28

29

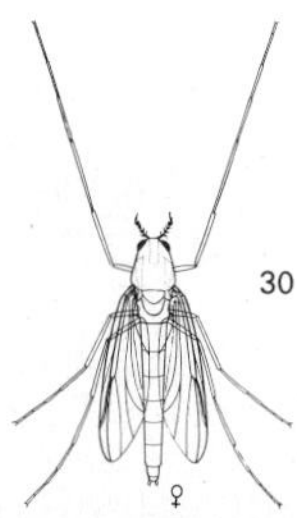

30 a

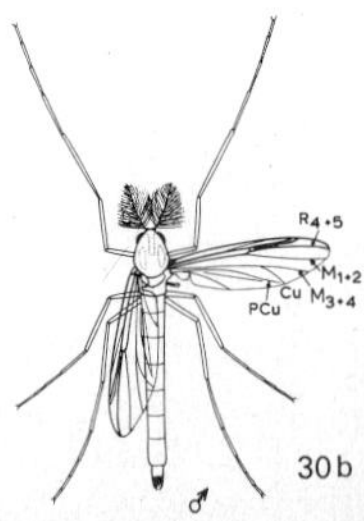

30b

22. Aderung stark abgewandelt. Am Vdrand des Fl C, R_1 u. Rs besonders stark entwickelt, übrige Längsadern blaß u. dünn; ohne Queradern [*31*]. Schenkel verbreitert u. seitlich zusammengedrückt. 3. Fühlergl sehr groß u. kugelig, mit dorsaler Borste, die beiden anderen Gl klein u. unscheinbar. 1–5 mm . . . . . Buckelfliegen, **Phoridae** S. 358

— Adern gleichartiger, anders verzweigt oder mit Queradern . . . ***23***

23. Pulvillen u. Empodium gleich gestaltet, Tarsen daher mit 3 gleichartigen Haftlappen [*32b*]. Tiere mindestens 3 mm l ***24***

— Pulvillen vorhanden oder fehlend, Empodium fadenförmig oder fehlend [*32a*] ***31***

24. 3. Fühlergl deutlich geringelt oder aus mehreren Gl zusammengesetzt [*8, 9, 10, 33, 34*] ***25***

— 3. Fühlergl nicht geringelt, Fühler 3gliedrig, meist mit Endgriffel oder Endborste oder dorsaler Borste ***29***

25. Kopf von oben gesehen halbkugelig, Htkopf konkav ausgerandet [*35*]. Thorakalschüppchen (Th) groß u. deutlich. R_4 vor, R_5 hinter der Flügelspitze breit gegabelt mündend [*11*]. 9–20 mm

Bremsen, **Tabanidae** S. 353

31

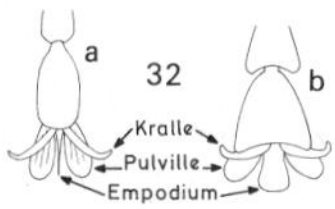

32

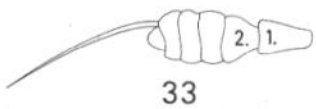

33

34

35

— Thorakalschüppchen klein. Kopf nicht halbkugelig. Anders . . ***26***

26. Adern am Htrand des Fl blaß, am Vdrand des Fl kräftig. Diskalzelle (D) so dicht oder dichter als ihr kleinster Durchmesser an die C gerückt. Abdomen meist dorsoventral abgeplattet u. an den Seiten ± parallel oder von oben gesehen stark abgerundet oder zum Ende hin verbreitert. [*36–39*] . . . . . . Waffenfliegen, **Stratiomyidae** S. 352

— Adern auf der Flfläche gleichmäßig. D doppelt so lang wie breit od. länger, deutlich weiter als ihr kleinster Durchmesser von der C entfernt [*40, 41, 42*]. Abdomen im Querschnitt rundlich, von dorsal gesehen langgestreckt, zum Ende hin allmählich verjüngend. . . ***27***

27. Schildchen (am Htende des Thorax) mit 2 Dornen. Thorax hoch gewölbt. Abdomen relativ dick [*40*] . . . Stinkfliegen, **Coenomyidae**

Nur **Coenomyia ferruginea** Scop. 16–18 mm. Rot- bis schwarzbraun, stark nach Käse duftend. Larven in morschem Holz.

— Schildchen ohne Dornen. Thorax nicht stark gewölbt, Abdomen lang u. schlank [*42*] ***28***

28. Zelle M_3 zum Flrand hin geschlossen u. kurz gestielt [*41*]. Um 10 mm

Xylomyidae

Nur 3; **Xylomya** Rond., schwarz-gelb gezeichnet, ichneumonidenähnlich, selten. Larven in mulmigen Baumhöhlen.

— Zelle M_3 zum Flrand hin offen [*42*]. 8–15 mm

Holzfliegen, **Xylophagidae**

4; **Xylophagus** Meig., selten. Larven räuberisch an Larven von Dipteren u. anderen Insekten, unter der Rinde abgestorbener Laub- u. Nadelbäume.

29. Thorakalschüppchen abnorm groß. C nur am Vdrand des Fl. Thorax stark hochgewölbt. Kopf relativ klein. 4–8 mm [*43*]
Kugelfliegen, **Acroceridae**

Ogcodes Latr. (Fühler über Augennaht, nahe Ozellen eingefügt); **Acrocera** Meig. (Fühler unter den Augen, nahe Mundrand eingefügt). Larven parasitisch an Spinnen.

— Thorakalschüppchen klein. C läuft um den ganzen Fl herum . . ***30***

30. Beine verhältnismäßig lang. Abdomen schlank u. zum Ende hin allmählich konisch zugespitzt. Geäder normal. Rüssel kürzer als der Kopf. Habitus wie [*44*] . . . . Schnepfenfliegen, **Rhagionidae** S. 354

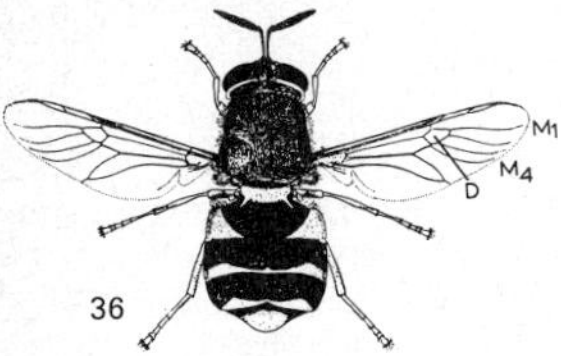

36

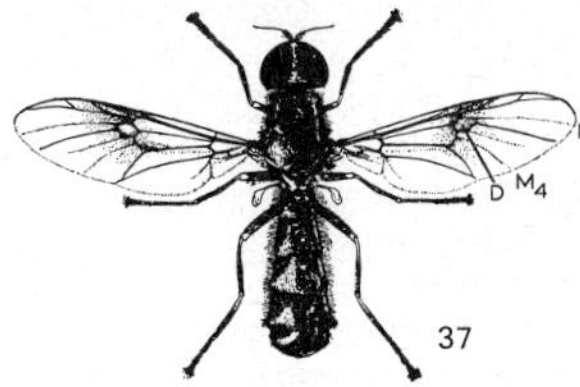

37

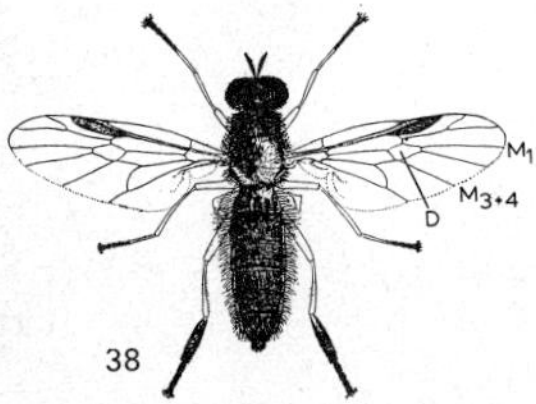

38

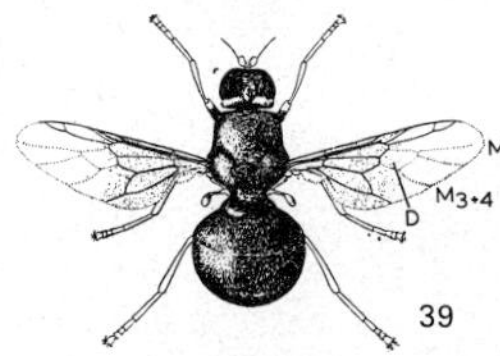

39

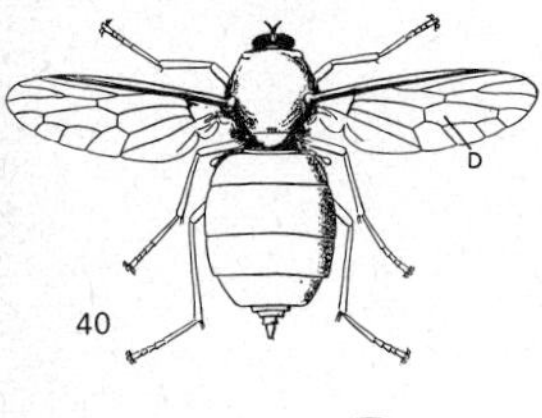

40

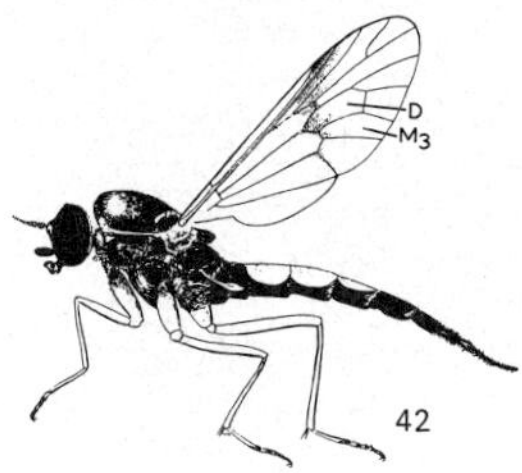

42

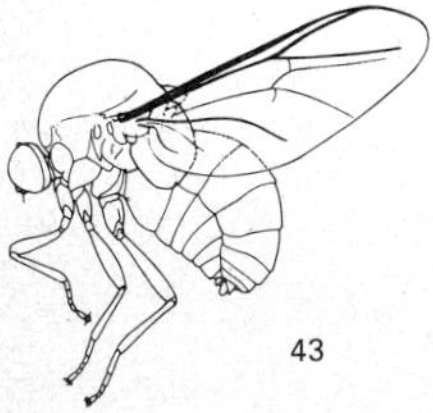
43

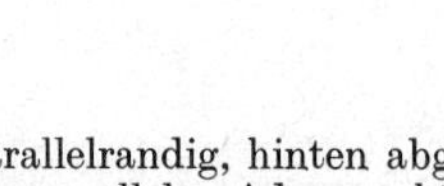

41

— Beine normal lang. Abdomen ± parallelrandig, hinten abgerundet. Fl in der Spitzenhälfte mit mehreren parallelen Adern u. häufig mit sekundären Queradern. Rüssel lang . . . . **Nemestrinidae**

Hiermoneura obscura Wied., 14 mm, bombyliidenähnlich, Blütenbesucher, selten.

31. Tiere meist nicht dorsoventral stark abgeplattet. Hüften jedes Beinpaares stehen dicht nebeneinander. Fühler deutlich sichtbar. Abdomen oberseits meist deutlich segmentiert ***32***

— Tiere dorsoventral stark abgeplattet. Hüften jedes Beinpaares weit voneinander durch Sternite (Bauchplatten) getrennt. Fühler klein und unscheinbar, in Gruben versenkt [*45*]. Abdomen oberseits meist undeutlich segmentiert . . . . Lausfliegen. **Hippoboscidae** S. 366

32. R_{4+5} ist in seine Äste R_4 u. R_5 aufgegabelt (Rs mit **3** Ästen) [*46, 48, 49, 51*], sie münden getrennt in den Flrand. Gelegentlich kann R_5 u. M_1 verschmelzen u. gemeinsam in den Flrand münden ***33***

— R_{4+5} nie aufgegabelt (Rs mit 2 Ästen). R_{4+5} kann mit M_{1+2} verschmelzen. [*54, 62–66*] ***38***

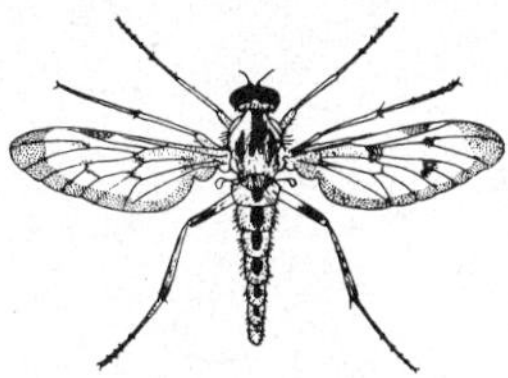

44

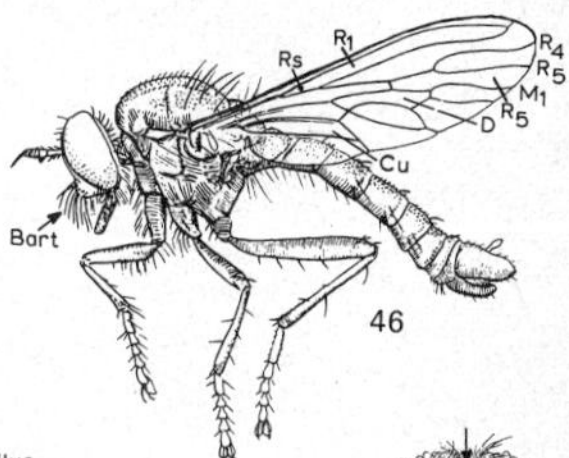

46

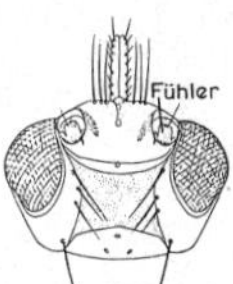

45

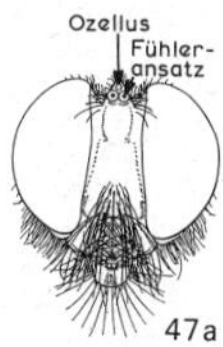

47a

47b

33. Stirn u. Scheitel zwischen den Fazettenaugen deutlich eingesenkt; Ozellen auf einem Höcker in dieser Einsenkung [47*a*, *b*]. Gesicht unter Fühlern mit deutlichem Bart [*46*]. Habitus wie [*46,107,108*] Raubfliegen, **Asilidae** S. 354

— Stirn u. Scheitel nicht eingesenkt. Gesicht unter Fühlern ohne Bart ***34***

34. C nur bis zur Flspitze. M_{1+2} mündet vor oder in die Flspitze [*48*]. Fühler ohne Endgriffel oder Borste. Borstenlose fast nackte Fliegen. 5–7 mm . . . . Fensterfliegen, **Scenopinidae**

Nur **Scenopinus** Latr. mit mehreren Arten, deren häufigste: **S. fenestralis** L. Imagines vorzugsweise innen an Fenstern alter Häuser. Larven räuberisch an Insekten z. B. Dermestidenlarven.

— Mindestens M_1 mündet unter (hinter) der Flspitze. C läuft meist um den ganzen Fl herum. Fühler mit Griffel oder Borste ***35***

35. Zelle Cu offen oder nahe dem Htrand des Fl geschlossen [*49, 52, 53*]. Meist Tiere mit stark behaartem oder beschupptem Körper . . ***36***

— Zelle Cu nahe der Flbasis, immer weit vom Htrand des Fl geschlossen oder fehlend [*51*]. (s. auch Nr. **44**) Tanzfliegen, **Empididae** S. 356

36. Diskalzelle (D) fehlt [*52*]. Kleine schwärzliche Fliegen, 3–5 mm, selten . . . . **Hilarimorphidae,** 2; **Hilarimorpha** Schin.

— D vorhanden [*49, 50a, 53*]. Pelzig behaart oder beschuppt. Mittelgroße bis große Fliegen. ***37***

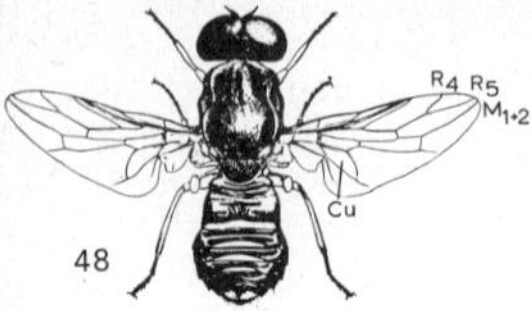

48

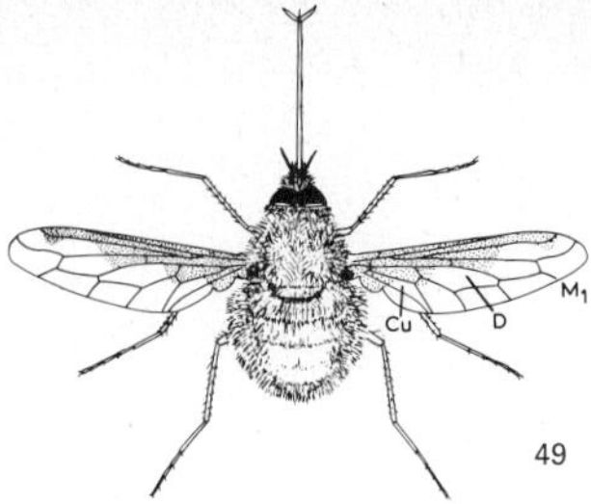

49

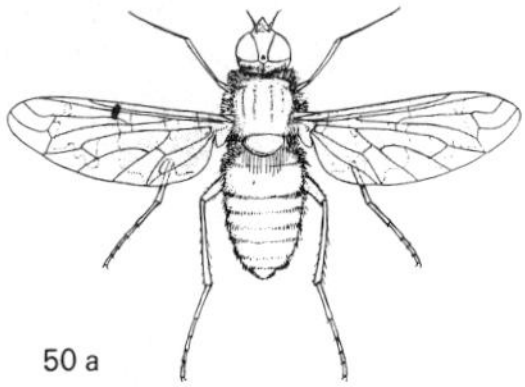

50 a

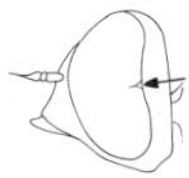

50 b

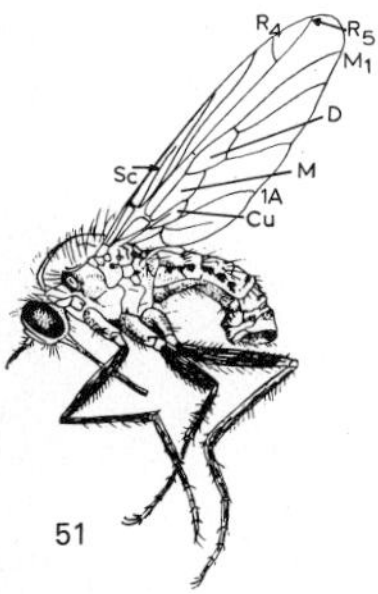

51

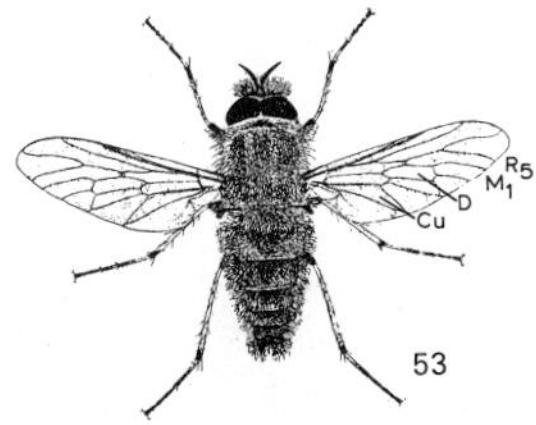

53

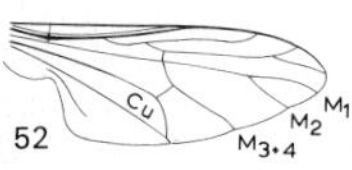

52

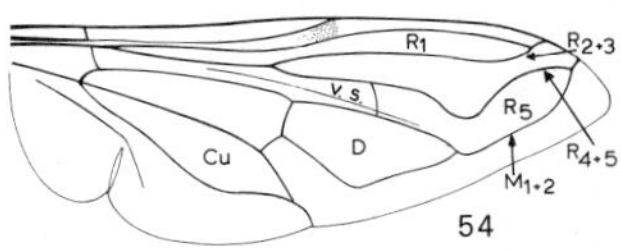

54

37. Rüssel lang, gerade vorgestreckt [*49*]; wenn kurz, dann Augenhtrand mit einer Bucht, von deren Mitte aus eine kurze vertiefte Linie die Fazettenaugen teilt [*50b*]. Abdomen rundlich bis parallelrandig. Habitus wie [*49* u. *50a*] . . . Hummelschweber, **Bombyliidae** S. 356

— Rüssel kurz. Htrand der Augen nie eingebuchtet. Abdomen zur Spitze hin konisch verjüngt. Habitus wie [*53*].
Stilettfliegen, **Therevidae** S. 354

38. Zelle Cu lang, nahe Htrand des Fl geschlossen oder offen [*54*] . ***39***

— Zelle Cu kurz, nahe der Flbasis geschlossen, weit vom Htrand des Fl entfernt oder fehlend [*59–66*] ***41***

39. Zwischen R_{4+5} u. M_{1+2} verläuft eine Scheinader (vena spuria [v.s.: *54*]); wenn diese nur als schwache Falte erkennbar, dann R_{4+5} stark bauchig in die Zelle R_5 eingebuchtet [*54*].
Schwebfliegen, **Syrphidae** S. 359

— Ohne Scheinader zwischen R_{4+5} u. M_{1+2} **40**

40. Rüssel meist über Kopf lang, gekniet [*55*]. Kopf erscheint ± aufgeblasen. Augen nehmen nicht größten Teil des Kopfes ein. Tiere oft mit wespenähnlicher Zeichnung [*55*].
Dickkopffliegen, **Conopidae** S. 363

— Rüssel klein, kaum sichtbar, in Mundhöhle zurückgezogen. Kopf besteht zum größten Teil aus Fazettenaugen. Abdomen meist einfarbig grau oder schwarz. Fühlerborste immer dorsal. Habitus wie [*56*].
Augenfliegen, **Pipunculidae** S. 358

(Wenn Fühlerborste endständig u. Httibien u. Httarsen der ♂♂ verbreitert, dann Platypezidae (s. Nr. **43**).)

41. Eine deutliche Bogennaht über u. seitlich der Fühlerbasis [*57*] . **45**

— Keine Bogennaht über der Fühlerbasis vorhanden (oder wenn doch, aber nur sehr kurz u. undeutlich, dann ab Nr. **39** prüfen!) . . . **42**

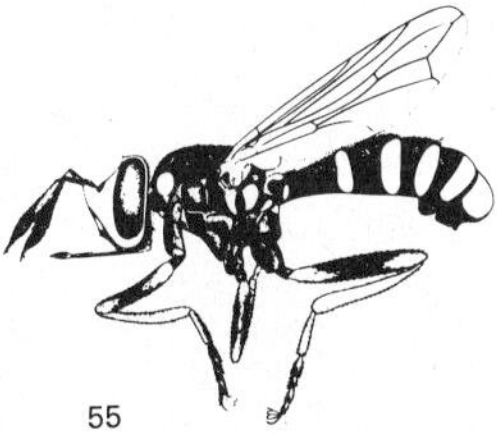

55

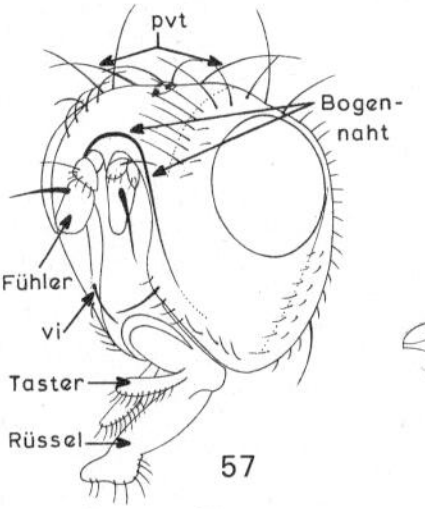

57

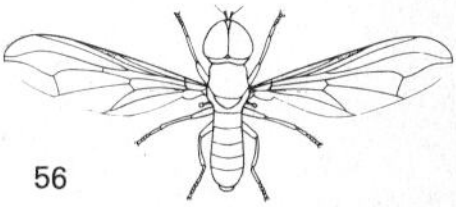

56

42. Fl lanzettlich zugespitzt. Queradern nur an der Flbasis. Kleine, schlanke, gelbliche bis bräunliche Fliegen. Geschlechtsdimorphismus im Flügelgeäder. 2–4 mm [*58*]. . . . . **Lonchopteridae**

Lonchoptera Meig. Imagines im Gras an feuchten Stellen. Larven in der Laubstreu saprophag.

— Fl an der Spitze gerundet. Mindestens eine Querader auf oder hinter der Flmitte **43**

43. Zelle Cu von der Flbasis entfernt, nahe der Flmitte, keilförmig zugespitzt geschlossen. Cu trifft spitzwinklig auf 1A [*59*]. Die Augen nehmen fast den ganzen Kopf ein. Fühlerborste endständig. 1–3 mm
Platypezidae

Mehrere sehr ähnliche Gattg. z. B. **Platypeza** Meig., **Platypezina** Wahlgr., **Opetia** Meig., **Microsania** Zett. Imagines laufen sehr schnell u. ruckweise oder schweben mit herabhängenden Beinen in der Luft. Larven entwickeln sich, soweit bekannt, in Pilzen.

— Zelle Cu meist kurz oder fehlend. Cu trifft recht- bis stumpfwinklig auf die 1A **44**

44. Diskalzelle (D) mit Zelle M verschmolzen. Rs gabelt sich nahe der Flbasis in R_{2+3} u. R_{4+5}. [*60*] Langbeinfliegen, **Dolichopodidae** S. 357

— D von Zelle M getrennt; wenn fehlend, dann gabelt sich Rs nahe der Flmitte in R_{2+3} u. R_{4+5} [*51*]. Häufig mit langem Rüssel. (s. auch Nr. **35**) [*61*] . . . . Tanzfliegen, **Empididae** S. 356

45. M_{1+2} am Ende deutlich winklig aufgebogen u. R_{4+5} genähert oder in R_{4+5} mündend [*62, 63*] **46**

— M_{1+2} ± gerade, zu R_{4+5} parallel oder schwach konvergent oder divergent [*64, 65, 66*] **51**

46. Hypopleuralborsten auf der Hypopleure fehlen [Hy: *67a*]. Wenn 3 Sternopleuralborsten vorhanden, dann stehen immer 1 vorn u. 2 hin-

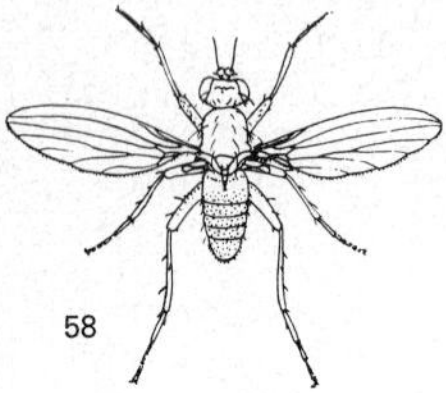

58

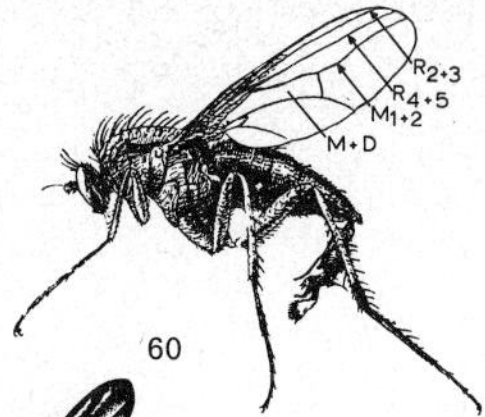

60

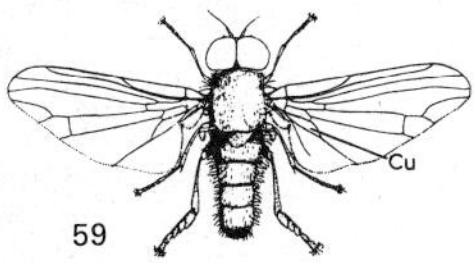

59

61

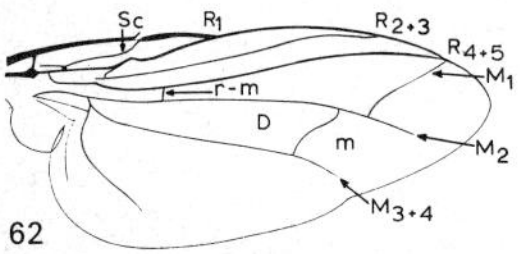

62

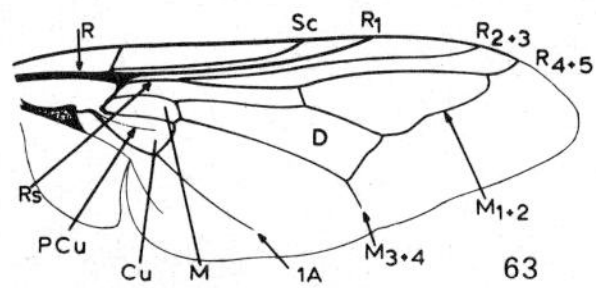

63

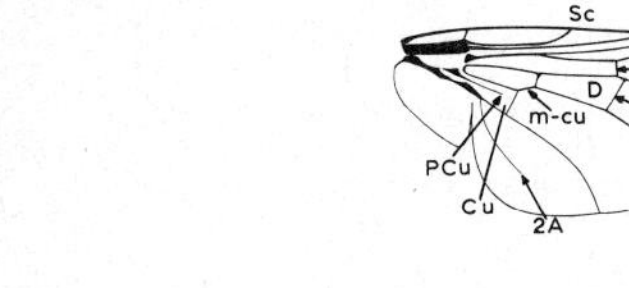

64

65

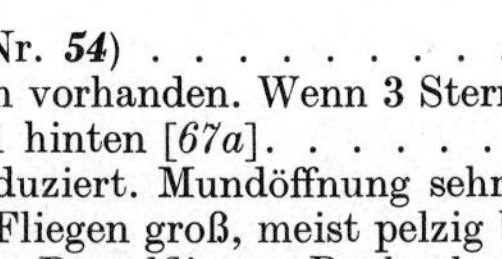

66

ten [St: *67a*]. (s. Nr. ***54***) . . . . **Muscidae** S. 36

— Hypopleuralborsten vorhanden. Wenn 3 Sternopleuralborsten, dan immer 2 vorne u. 1 hinten [*67a*]. 4

47. Mundteile stark reduziert. Mundöffnung sehr klein. Fühler in Gru ben versenkt [*68*]. Fliegen groß, meist pelzig behaart.
Biesfliegen, Dasselfliegen, Rachenbremsen, **Oestridae** S. 36

— Mundteile deutlich u. normal entwickelt. Fliegen meist ± stark be borstet, nicht pelzig behaart 4

48. Postscutellum des Thorax klein, wenig entwickelt, nicht konvex aus gebuchtet [Psl: *67a*] 4

— Postscutellum stark nach außen gewölbt [Psl: *67b*].
Raupenfliegen, Schmarotzerfliegen, **Tachinidae** S. 36

49. Körper meist metallisch glänzend (goldgrün bis metallisch blau). Hinterste Posthumeralborste gegenüber der Präsuturalborste tiefer angeordnet [prs u. ph: *67c*]. Fühlerborste meist auch hinter der Mitte gefiedert . . . . Schmeißfliegen, **Calliphoridae** S. 367

— Meist matt schwarzgraue Fliegen. Hinterste Posthumeralborste gleich hoch oder höher als die Präsuturalborste gestellt, d. h. weiter von den Seitenteilen entfernt. Fühler meist nur in der Basalhälfte gefiedert ***50***

50. Thorakalschüppchen groß, bis zum Schildchen reichend [Th, Sl: *67a*]. Fleischfliegen, **Sarcophagidae** S. 367

— Thorakalschüppchen kleiner, vom Schildchen entfernt bleibend. (s. Nr. ***48***) . . . . **Tachinidae, Rhinophorinae**

51. Mundteile reduziert, in kleine Mundhöhle versenkt; Mundöffnung sehr klein. Um 12 mm, pelzig behaarte Fliegen, hummelähnlich. Fühler klein [*69*]. Flügel wie [*66*].
Pferdebiesfliegen, Magendasselfliegen, **Gasterophilidae**

Gasterophilus Leach. Larven endoparasitisch im Magen u. Darm der Pferde.

— Mundteile normal ausgebildet. Habitus anders ***52***

Wenn Hypopleuralborsten vorhanden, dann bei ***48*** weitergehen!

52. 2. Fühlergl mit einem deutlichen Längsspalt oder einer Naht oben außen über die gesamte Länge [Sp: *70*]. Thorakal- u. Flügelschüppchen groß, verdecken oft die Halteren [Th, Fs, Haltere: *67a*]. Dorsalquernaht auf dem Thorax eben nur oben auf der Mitte unterbrochen oder ohne Unterbrechung [*67a, c*] ***53***

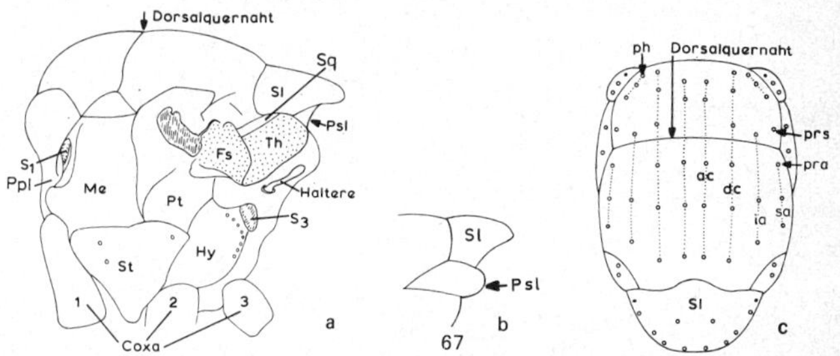

— 2. Fühlergl oben außen ohne Längsspalt. Ein kurzer Einschnitt kann aber vorhanden sein. (Wenn doch ein längerer Einschnitt, dann aber Dorsalquernaht breit unterbrochen, trifft nur für einige Psilidae zu.) Dorsalquernaht nur seitlich am Thorax. . . . **Acalyptratae** S. 342

53. Thorakalschüppchen kleiner als das Flschüppchen [*67a*]. Dorsalquernaht auf dem Thorax in der Mitte deutlich breiter als der Abstand der Acrostichalborsten [ac: *67c*] unterbrochen. Stirn bei ♂ u. ♀ breit getrennt. Htkopf mit dichter, feiner Behaarung. Abdomen mit 6 deutlichen prägenitalen Segmenten (1 + 2, 3, 4, 5, 6); Trennungsnaht zwischen 1. u. 2. Abdominaltergit deutlich sichtbar.
Dungfliegen, **Scatophagidae**

Viele Gattg., nur anhand der Borstenstellung zu bestimmen. Imagines z. T. räuberisch, z. T. koprophag. Larven kopro- u. saprophag, z. B. **Scatophaga** Meig. (häufig **S. stercoraria** L.), oder phytophag (Minierer) z. B. **Norellia** R.-D., **Phrosia** R.-D.

— Thorakalschüppchen so groß oder größer als das Flschüppchen. Dorsalquernaht höchstens so breit wie der Abstand der Acrostichalborsten [ac: *67c*] unterbrochen oder ohne Unterbrechung. Htkopf ohne dichte, feine Behaarung. Trennungsnaht zwischen 1. u. 2. Abdominaltergit sehr undeutlich. Abdomen höchstens mit 5 prägenitalen Segmenten (1 + 2, 3, 4, 5) ***54***

54. 1A erreicht den Htrand des Flügels.
Blumenfliegen, **Anthomyiidae** S. 365

— 1A erreicht nie den Htrand des Fl. (s. Nr. ***46***) . . **Muscidae** S. 365

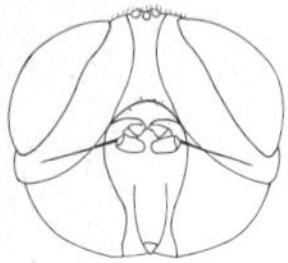

68

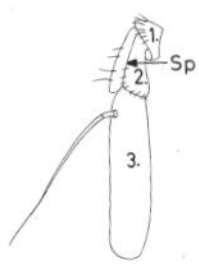

70

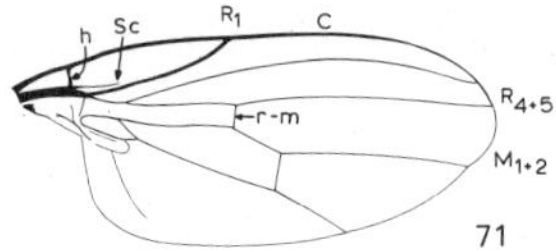

71

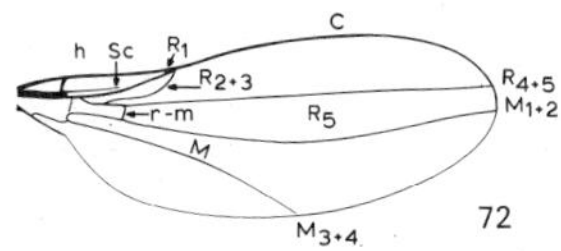

72

69

Acalyptratae

1. Costa (C) weder in der Nähe von h, noch nahe der Mündung von Sc oder R_1 unterbrochen [*65, 71, 72, 74*] ***2***

— C ist an einer oder an mehreren oben genannter Stellen unterbrochen. [*80, 81, 95* u. a.] ***18***

2. Sc nur im Basalteil sichtbar, mündet nicht in die C [*71, 72*] . . ***3***

— Sc im ganzen Verlauf deutlich, mündet in die C [*65, 74*]. . . . ***4***

3. C endet bei R_{4+5}. M_{1+2} läuft parallel zu R_{4+5} [*71*]. Queradern auf u. nahe der Flmitte . . . . **Periscelidae**
5; **Periscelis** Loew., an Bäumen mit Saftfluß, selten.

— C endet bei M_{1+2}. M_{1+2} nach R_{4+5} aufgebogen. Queradern nur an der Flbasis [*72*]. Vibrissen deutlich (vi: Stellung wie [*57*]). . **Asteiidae**
Ca. 2 mm, selten. Larven, soweit bekannt, in faulenden Pflanzen. **Asteia** Meig. (Fühlerborste gefiedert); **Leiomyza** Macq. u. **Astiosoma** Duda (Fühlerborste pubeszent).

4. Vibrissen (ein Paar deutliche Borsten am vorderen Mundrand) vorhanden [vi: *57*] ***5***

— Vibrissen fehlen (es können aber einige Börstchen am Mundrand vorhanden sein) ***6***

5. Taster ± reduziert, klein. Am Unterrand des Metathorakalstigmas [S_3: *67a*] 1 bis mehrere längere Borsten. Abdomen an der Basis meist verengt; Habitus wie [*73*] . . . . Schwingfliegen, **Sepsidae**
Schlagen beim Laufen mit den Flügeln; häufig an tierischen u. menschlichen Exkrementen, am Rande schlammiger Gräben usw., aber auch an Blüten. Larven in faulenden Substanzen. Mehrere Gattg., z. B. **Sepsis** Fall. (Flspitze mit einem dunklen Punkt); **Saltella** R.-D. (Zelle R u. M miteinander verschmolzen).

— Taster gut entwickelt. Am Metathorakalstigma keine größeren Borsten. 4–5 mm. (s. auch Nr. ***26***) . . . . **Neottiophilidae**
Actenoptera hilarella Zett. Larven Blutsauger (Ektoparasiten) bei nestjungen Vögeln.

6. Beine lang u. dünn, stelzenartig. R_{4+5} u. M_{1+2} zum Flrand hin stark genähert, dadurch Zelle R_5 fast geschlossen [*65, 74*]. ***7***

— Beine nicht stelzenartig verlängert. Zelle R_5 nie derartig verengt **8**

7. Zelle Cu an ihrer Spitze gerade begrenzt [*74*]
Stelzenfliegen, **Micropezidae**

Bevorzugen feuchte u. schattige Orte, sind auch auf Blüten anzutreffen. Mehrere Gattg., z. B. **Micropeza** Meig.

— Zelle Cu an ihrer Spitze bauchig erweitert [*65*] . . . . **Tanypezidae**

Tanipeza longimana Fall. 6–8 mm. Meist auf Pflanzen an feuchten Stellen.

8. Tibien ohne dorsale Praeapikalborsten oben vor der Spitze . . ***14***

— Einige bis alle Tibien mit deutlichen Praeapikalborsten ***9***

9. Dorsoventral abgeflachte Fliegen [*75*]. Meist stark behaart oder beborstet. 2–10 mm . . . . Tangfliegen, **Coelopidae**

Am Strand, besonders am Anwurf. Bekannteste Gattg. **Coelopa** Meig. Larvenentwicklung in faulendem Tang.

— Fliegen nicht dorsoventral abgeflacht. ***10***

10. Postvertikalborsten (1 Paar Kopfborsten hinter den Ozellen, pvt: [*57*]) gut entwickelt, konvergent oder gekreuzt. ***11***

— pvt parallel oder divergent, selten fehlend. ***12***

11. Meist größere Fliegen (bis 12 mm). Fl netzartig gezeichnet. Mttibia an der Spitze mit einem Kranz Dornborsten. (s. auch Nr. ***12***)
Netzfliegen, **Sciomyzidae** S. 365

— Kleinere Fliegen (2–5 mm). Fl glasklar oder schwach getrübt. Mttibia nur mit 1–2 Endborsten . . . . **Lauxaniidae**

Eine größere Zahl von Gattg. z. B. **Lauxania** Latr., Larven saprophag an faulenden pflanzlichen Stoffen. Imagines an feuchten, schattigen Stellen.

73

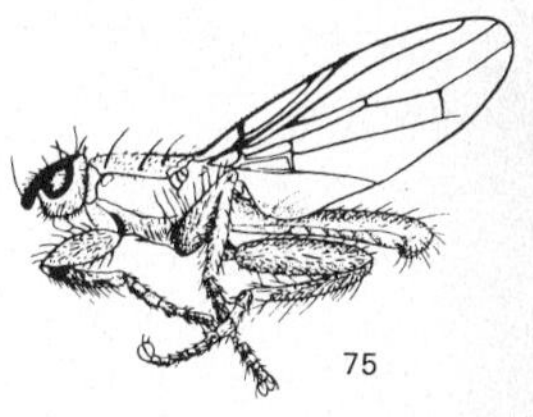

75

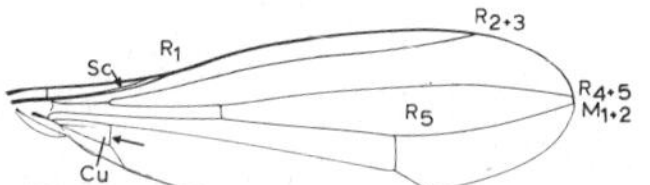

74

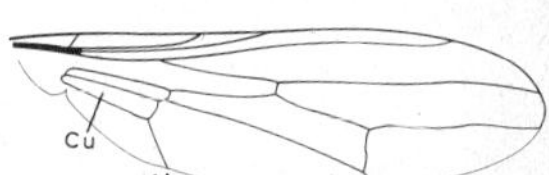

76

12. R_1 mündet in der Flmitte in die C. Schenkel mit Borste; eine am mittleren Schenkel nahe Mitte der Vdseite. Meist größere Fliegen, bis ca. 12 mm. Fl oft mit netzartiger Zeichnung. (s. auch Nr. ***11***)
Netzfliegen, **Sciomyzidae** S. 365

— R_1 mündet weiter zur Flspitze hin in die C. Keine Borsten in Schenkelmitte ***13***

13. 3. Fühlergl kugelig. Fühlerbasis durch einen Kiel getrennt. Taster an der Spitze mit Borsten. Mundrand steht nicht vor. 6–10 mm. Nur am Meeresstrand . . . . **Helcomyzidae**

Larven entwickeln sich in faulendem Tang. **Helcomyza ustulata** Curt. (Schildchen behaart, C beborstet); **Heterocheila buccata** Fall. (Schildchen nicht behaart, C ohne Borsten, Beine rotgelb).

— 3. Fühlergl länger als breit. Fühlerbasis nicht durch einen Kiel getrennt. Mundrand steht vor. 5–10 mm . . . . **Dryomyzidae**

Dryomyza Fall. mit mehreren Arten; häufig **D. anilis** Fall. (R_1 beborstet). Auf Blüten, Sträuchern, Pilzen u. Exkrementen, an schattigen u. feuchten Orten oder am Meeresstrand.

14. Htschenkel verdickt, unterseits mit zwei Reihen Dornborsten. Zelle Cu verhältnismäßig lang [*76*]. Schwarze Fliegen mit gelben Beinen. 8–9 mm . . . . **Megamerinidae**

Megamerina dolium F., an feuchten Stellen.

— Htschenkel nicht verdickt, unterseits nicht zweireihig bedornt . *15*

15. Ozellen fehlen. Eine Ader zweigt meist in Höhe der Querader m senkrecht in die Zelle R_3 [*77*] . . . . **Pyrgotidae**

Imagines meist dämmerungs- oder nachtaktiv. Alle bekannten Larven Parasiten von Scarabaeiden. Bei uns nur **Adapsilia coarctata** Waga. Hellgelb, Fl schwarzbraun gefleckt, 8–9 mm.

— Ozellen vorhanden *16*

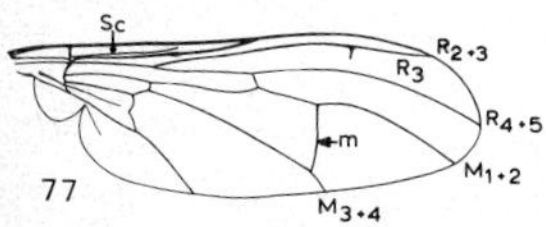

77

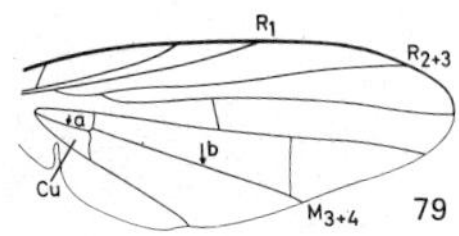

79

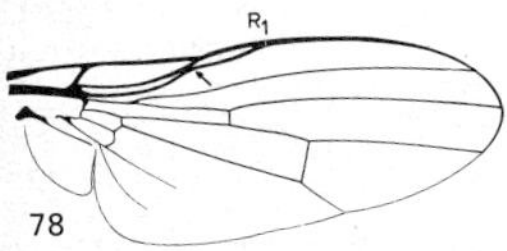

78

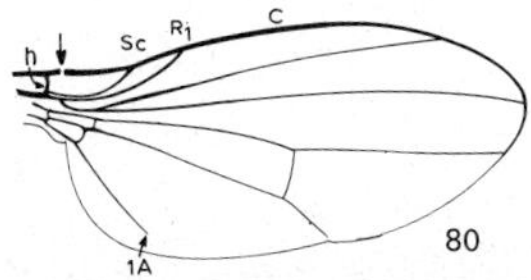

80

16. R_1 verläuft flachwellig bis zur Mündung [*78*]. pvt Borsten (Stellung: [*57*]) konvergent oder fehlend. 1–4 mm. Taster von normaler Länge, deutlich entwickelt . . . . **Chamaemyiidae**

Larven leben räuberisch von Blattläusen. Mehrere Gattg., z. B. **Chamaemyia** Panz.

— R_1 verläuft anders. pvt Borsten divergent. Taster häufig klein u. unscheinbar *17*

17. Zelle Cu kurz; Abschnitt b von M_{3+4} mehr als 3 mal so lang wie Abschnitt a von Cu [*79*]. R_{4+5} mündet in oder hinter der Flspitze. 2–10 mm . . . . **Otitidae** S. 364

— Zelle Cu länger; Abschnitt b 2 bis 2,5 mal so lang wie Abschnitt a. R_{4+5} mündet vor der Flspitze. 3–10 mm . . . . . **Platystomatidae**

Mit bunten Fl. Biologie fast unbekannt. 2; **Platystoma** Meig. (3. Fühlergl so lang wie breit); **Rivellia** R.–D. (3. Fühlergl 4 bis 5 mal so lang wie breit).

18. Costa (C) nur nahe der Humeralquerader (h) unterbrochen [*80*]. Augen fein behaart. 3. Fühlergl so lang wie breit. Fühlerborste wenig länger als der Fühler. Ca. 2 mm . . . . **Acartophthalmidae**

2; **Acartophthalmus** Czerny. Imagines an Aas u. faulen Pilzen.

(1A erreicht nicht den Flhtrand. Fl nicht gemustert. Wenn Fl gemustert u. 1A bis zum Flrand, dann **Platystoma** Meig., **Platystomatidae** Nr. *17* prüfen!)

— Unterbrechung der C nahe Mündung der Sc, $\pm$ weit von der Mündung des R_1 entfernt. Es ist dabei gleichgültig, ob die Sc wirklich bis zum Flrand als Ader deutlich sichtbar ist, vorher abrupt endet oder schon weiter basal verschwindet u. nur als Falte $\pm$ sichtbar ist. [*81*, *82*, *83* u. a.]. Eine 2. Unterbrechung nahe der h kann vorhanden sein oder fehlen *19*

— Unterbrechung der C nahe vor der Mündung von R_1, wo auch die Sc ± selbständig mündet oder als Falte hinführen kann [*95, 96, 97* u. a.]. Unterbrechung nahe der h kann vorhanden sein oder fehlen . . ***35***
(Ist C nur geringfügig unterbrochen, Sc vollständig u. Ozellen fehlen, auf **Pyrgotidae** Nr. ***15*** prüfen.)

19. Sc mündet getrennt von R_1 in die C oder bricht kurz vor Erreichen der C stumpfwinklig ab [*81, 82*] ***20***

— Sc nur an der Basis in unterschiedlicher Länge sichtbar, verliert sich bis zur C hin als Falte, ohne zu münden oder ist fast völlig reduziert [*90, 91*]. ***30***

20. Sc bricht abrupt vor ihrer Mündung ab u. mündet fast rechtwinklig als Falte aufgebogen in die Bruchstelle der C [*81*]. Zelle Cu meist in einen Zipfel auslaufend. Fl oft mit auffälliger Bänder- oder Fleckenzeichnung, ♀ haben einen steifen, nicht einziehbaren Ovipositor.
Bohrfliegen, Fruchtfliegen, **Tephritidae** (= **Trypetidae**) S. 364

— Sc nie senkrecht als Falte, andere Merkmalskombinationen . . ***21***

21. Postvertikalborsten (Lage der pvt: [*57*]) divergent, parallel oder fehlend. Vibrissen vorhanden oder fehlend. ***22***

— pvt konvergent bis gekreuzt. Vibrissen [vi: *57*] vorhanden . . ***28***

22. Vibrissen [vi: *57*] vorhanden ***23***

— Vibrissen fehlen . . . . **Pallopteridae**
Larven phytophag, räuberisch u. saprophag. **Eurignathomyia bicolor** Zett. (C deutlich gedörnelt, 4 Sternopleuralborsten [St: *67a*] vorhanden. pvt divergent); **Palloptera** Fall. (C nicht gedörnelt. Nur 1–2 Sternopleuralborsten. Zellen M u. Cu klein, Cu ohne Zipfel). (Sollten diese Merkmalskombinationen nicht zutreffen, dann ab Nr. ***15*** prüfen!)

23. Zellen M u. D sind verschmolzen [*83*]. 2 mm. . . . **Aulacigastridae**
Aulacigaster leucopeza Meig. Glänzend braun; Analader erreicht nicht den Htrand des Fl. Imago am, Larve im Saftfluß verschiedener Laubbäume.

— Zelle M von Zelle D getrennt, wie in [*86*] ***24***

24. 2. Fühlergl am Außenrande mit einem Zipfel, der einen Teil des 3. Gl bedeckt [*84*] . . . . **Clusiidae**
Einige Gattg., z. B. **Clusia** Haliday. Larven unter abgestorbener Rinde u. in morschem Holz. Imagines an vermoderndem Holz, Aas, faulen Pilzen u. a.

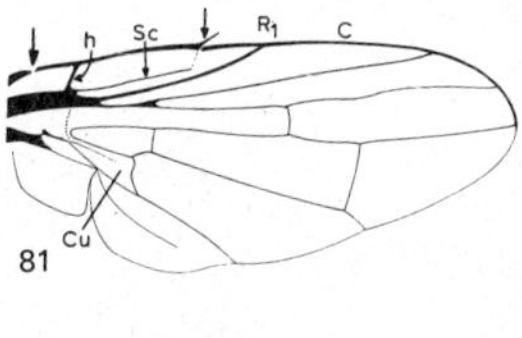

81

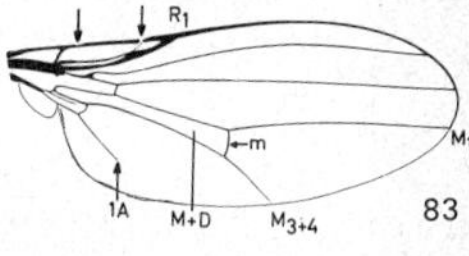

83

82

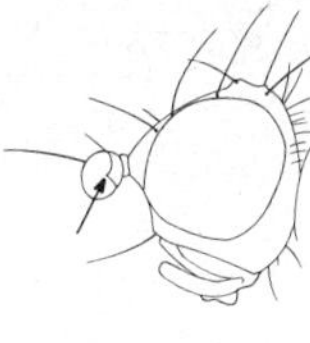
84

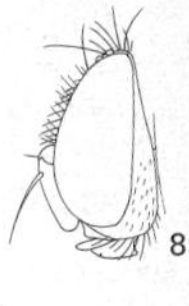
85

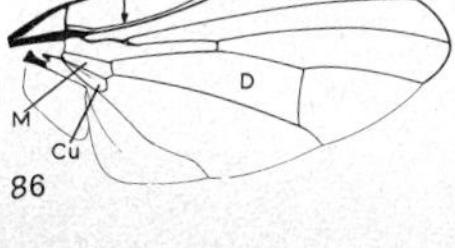

86

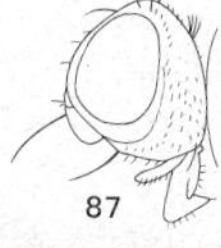
87

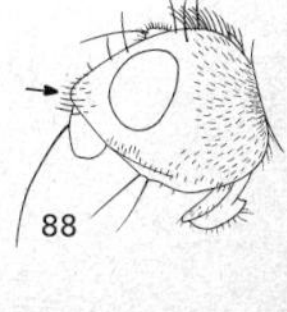
88

— 2. Fühlergl am Außenrande ohne Zipfel *25*

25. Kopf im Profil flach halbkugelig u. hinten abgeflacht. Augen von der Seite gesehen halbkreisförmig [*85*]. Stirn beim ♂ verschmälert, auf ¼ bis ⅕ der Kopfbreite verengt. Sc im ganzen Verlauf deutlich bis zur C [*86*]. Halteren schwarz oder schwarzbraun. 2–7 mm. **Lonchaeidae**

Imagines dunkel, schwarz oder blau, ± glänzend, finden sich vorzugsweise im Wald. Larven sapro-, kopro- u. phytophag, unter Rinde abgestorbener Bäume; andere erzeugen Gallen. Bekannte Gattg.: **Lonchaea** Fall., **Dasyops** Rond.

— Kopf im Profil nicht halbkugelig. Augen von der Seite gesehen ± rund. Stirn der ♂♂ nicht verschmälert *26*

26. 1A erreicht den Htrand des Fl. R_1 oberseits gedörnelt. Zelle Cu distal von der Cu bauchig begrenzt. Ozellendreieck (Dreieck, auf dem die Ozellen sitzen) fast bis zum Vdrand der Stirn. 8–9 mm. (s. auch Nr. *5*) **Neottiophilidae**

Neottiophilum praeustum Meig. Larven leben ektoparasitisch (Blutsauger) an nestjungen Vögeln.

— 1A endet vor dem Htrand des Fl. R_1 oberseits nackt *27*

27. Kopf im Profil wie [*87*]. Stirn oberhalb der Fühler nackt. Schildchen normal groß. 2–5 mm . . . . Käsefliegen, **Piophilidae**

Piophila Fall. mit mehreren Arten. Meist metallisch blau oder schwarz. **P. casei** L. ist ein Kosmopolit. Larven in verschiedenen organischen Stoffen, in toten Tieren, sapro- u. koprophag. Larven können springen.

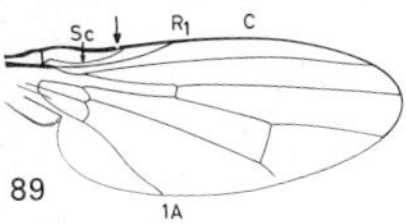

89

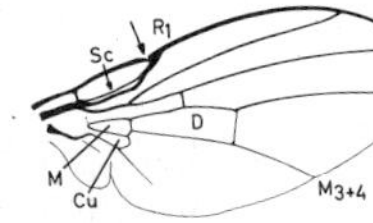

91

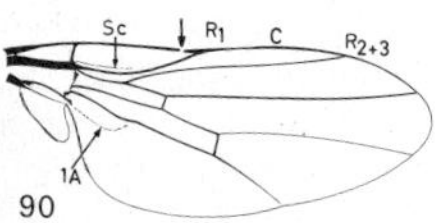

90

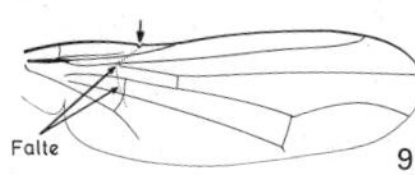

92

— Kopf im Profil wie [*88*]. Stirn oberhalb der Fühler mit einer Anzahl nach vorn gerichteter Borsten. Schildchen, besonders beim ♂ auffallend verlängert (s. auch Nr. *45*) . . . . **Thyreophoridae**

Seltene Arten der Gattg. **Thyreophora** Meig. u. **Centrophlebiomya** Hend., im Habitus Scatophagiden ähnliche Fliegen. 2–8 mm; stahlblau, schwarz oder blau. Larven an größeren toten Säugetieren (Pferd, Hund). (Kommen bei uns wohl nicht mehr vor.)

28. Sc im ganzen Verlauf so kräftig wie R_1; Sc u. R_1 zur C hin deutlich divergent; R_1 mündet nahe der Flmitte [*89*]. Scheufliegen, **Heleomyzidae**

a. 1A erreicht Htrand des Fl. **Suillinae** mit mehreren Gattg. z. B. **Suilla** R.-D. Larven soweit bekannt in Pilzen.

b. 1A endet vor dem Htrand des Fl. **Heleomyzinae.** z. B. **Heleomyza** Fall., **Borboropsis** Czerny. Larven in verfaulender pflanzlicher u. tierischer Substanz.

— Sc nicht so kräftig wie R_1, beide laufen fast parallel *29*

29. Taster von normaler Länge, nur wenig kürzer als der Rüssel. Tibien mit dorsalen präapikalen Dornborsten. 2–3 mm . . **Trixoscelidae**

Nur **Trixoscelis** Rond. Imagines an sandigen See- u. Meeresufern, auf Heiden mit Gras u. niederer Vegetation.

— Taster klein, viel kürzer als der Rüssel. Tibien ohne dorsale präapikale Dornborsten. Unter 1 bis 4 mm . . . . **Chyromyiidae**

2 Gattg.: **Chyromya** R.-D. u. **Aphaniosoma** Beck. Imagines an Fenstern von Wohnungen.

30. Zellen M u. Cu, Adern Cu u. 1A fehlen [*90*]. Sc nur basal als Falte angedeutet. 1–8 mm. (s. auch Nr. ***42***) . Halmfliegen, **Chloropidae** S. 365
— Zelle Cu u. Ader 1A vorhanden [*91*] ***31***
31. Vibrissen deutlich [vi: *57*]. ***32***
— Vibrissen fehlen; wenn Borsten am Mundrand vi vortäuschen, dann nur 1 hintere Orbitalborste (ors). Alle ors immer nach vorn gebogen (vergleiche Borsten in [*94*]) ***33***
32. Vordere Orbitalborsten (ori) konvergent. Postvertikalborsten (pvt) divergent [ori, pvt: *94*]. Bis 5 mm. (s. auch Nr. ***34***, ***39*** u. ***46***).
Minierfliegen, **Agromyzidae** S.365
— ori fehlen. pvt konvergieren oder fehlen. 1–3 mm. **Anthomyzidae**
Die Fliegen halten sich meist in der Vegetation nahe von Gewässern auf. Larven in verschiedenen Pflanzen (Schilf, Binsen, Taubnesseln u. a.). 3 Gattg.: **Stiphrosoma** Czerny (Geäder unvollständig, Fl oft stark reduziert, gedrungener Körperbau); **Anagnota** Beck. (Fl normal, 2. Fühlergl übergreift das 1. kappenförmig); **Anthomyza** Fall. (Fl normal, 2. Fühlergl übergreift nicht das 1.).
33. Fl an der Basis mit einer Querfalte (eine aufgehellte Linie, die von der Costalunterbrechung durch einen Teil der Flügelbasis geht) [*92*]. 3. Fühlergl oft sehr lang, sogar länger als die Fühlerborste. Sternopleuralborsten fehlen [St: *67a*]. 3–15 mm Nacktfliegen, **Psilidae** S. 364
— Flügel ohne solche Querfalte; St vorhanden ***34***
34. C endet in der Nähe der Mündung von R_{4+5}, erreicht nie M_{1+2}. Bis 5 mm. (s. Nr. ***32***, ***39*** u. ***46***) . . .Minierfliegen, **Agromyzidae** S. 365
— C endet bei M_{1+2} . . . . **Opomyzidae**
Larven minieren in Getreide u. Wildgräsern, gelegentlich schädlich. Bekannte Gattg.: **Opomyza** Fall., **Geomyza** Fall.
35. Metatarsus (oberstes Tarsalgl) der Htbeine kurz, meist nicht länger als jedes der übrigen Tarsengl, ± stark angeschwollen. 1–4 mm, schwarze oder braune Fliegen . . . . . . Dungfliegen, **Sphaeroceridae**
Hierher gehören auch die ungeflügelten Arten **Apterina pedestris** Meig. u. **Aptilotus paradoxus** Mik. Eine Anzahl Gattg. mit geflügelten Imagines, z. B. **Copromyza** Fall., **Leptocera** Oliv. u. **Sphaerocera** Latr. Larven u. Imagines an Exkrementen, faulenden organischen Stoffen, Pilzen, Saftfluß von Bäumen usw.
— Metatarsus der Htbeine nicht geschwollen u. verdickt, ± länger als jedes der übrigen Tarsengl ***36***

93

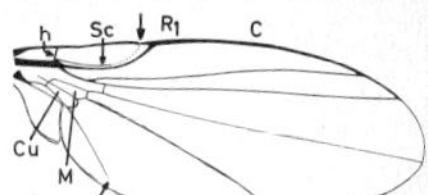

95

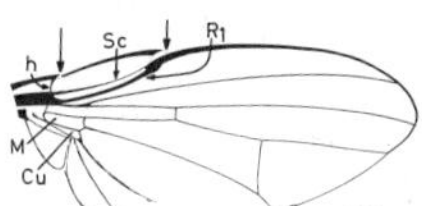

96

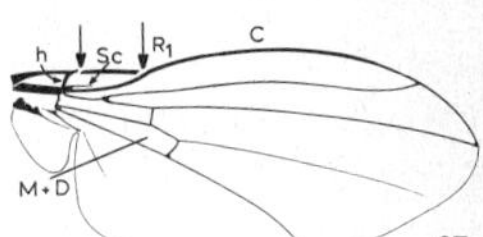

97

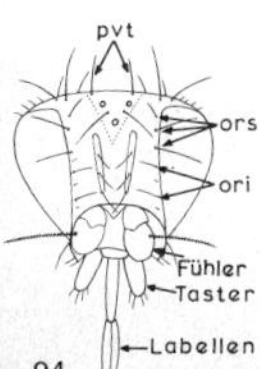

94

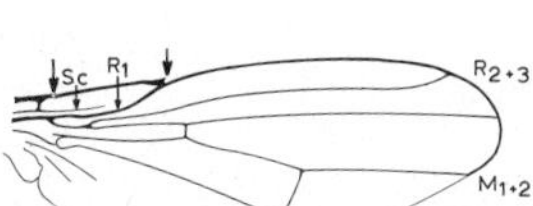

98

99

36. 3. Fühlergl auffallend groß, hängend, den Unterrand des Kopfes erreichend; Fühlerborste fehlt vollständig [*93*]. Augen verhältnismäßig groß. Thorax u. Abdomen glänzend blauschwarz. 1–2 mm **Cryptochetidae**

Cryptochetum buccatum Hendel. Larven parasitieren in Schildläusen.

— 3. Fühlergl nicht derartig groß u. mit Fühlerborste *37*

37. Untere Orbitalborste [ori: *94*] konvergent (einwärts gebogen) . *38*

— Einwärtsgebogene untere Orbitalborsten (ori) fehlen *40*

38. Costa (C) nur einmal vor der Mündung von R_1 unterbrochen [*95*]. Zellen M u. Cu sowie Analader (1A) deutlich *39*

— C zweimal unterbrochen, hinter h u. dicht vor R_1 [*96*, *97*]. Zellen M u. Cu u. Ader 1A häufig reduziert. 1–5 mm (s. auch Nr. ***43***) Nistfliegen, **Milichiidae**

Imagines an Exkrementen, verfaulenden pflanzlichen Stoffen usw. Larven saprophag, z. T. myrmecophil oder in Vogelnestern. Einige Gattg., z. B. **Milichia** Meig., **Madiza** Fall.

39. Hintere Orbitalborsten (ors) (Stellung in [*94*]) vor oder auf der Mitte der Stirn. 1 Paar untere Orbitalborsten (ori) fast auf Höhe Oberkante der Fühlerbasis. Tibien mit dorsalen Präapikalborsten oder Tibien der Mtbeine mit einem Kranz Endborsten. Abdomen mit 5 sichtbaren prägenitalen Segmenten. Ovipositor einziehbar. Thorakalschüppchen überragt Flügelschüppchen. 2–4 mm . . . . **Odiniidae**

Imagines am Saftfluß von Bäumen, an Baumpilzen u. vermoderndem Holz.

a. Tibien der Mtbeine mit einem Kranz von Endborsten, Tibien ohne Präapikalborsten: **Odinia maculata** Meig. (Queradern kräftig gesäumt); **O. boletia Zett.** Queradern schwach oder gar nicht gesäumt). Die Larven von O. maculata wurden aus Gängen von Cryptorrhynchidius lapathi L. (Curculionidae) gezogen.

b. Tibien mit Präapikalborsten: **Neoalticomerus formosa** Loew.

— ors auf oder hinter der Mitte der Stirn. Eine bis mehrere ori deutlich höher als die Fühlerbasis. Abdomen mit 6 sichtbaren prägenitalen Segmenten. Basalteil des Ovipositors nicht einziehbar. Tibien ohne präapikale Borsten. (s. auch Nr. ***32***, ***34*** u. ***46***) Minierfliegen, **Agromyzidae** S. 365

40. Zellen M u. Cu u. Analader (1A) fehlen. *41*

— Cu u. 1A vorhanden *44*

41. Sc reduziert, höchstens an der Basis ganz schwach ausgebildet . *42*

— Sc wenigstens basal deutlich ausgebildet *43*

42. Ozellendreieck auffallend groß. Costa (C) nur vor R_1 unterbrochen. Meist unbeborstete Fliegen. Kopfborsten fehlen oder nur als feine Haare ausgebildet. (s. auch Nr. ***30***) . Halmfliegen, **Chloropidae** S. 365

— Ozellendreieck normal. Kopf mit Borsten. C hinter h u. vor R_1 (2mal) unterbrochen. Fühlerborste oberseits lang, unterseits sehr kurz behaart. 1,5–2,5 mm . . . . **Camillidae**

2; **Camilla** Haliday, Imagines an schattigen Orten u. auf Wiesen im Gras.

43. C nur einmal vor R_1 unterbrochen. Untere Orbitalborsten (ori) fehlen. Obere Orbitalborsten (ors) rückwärts gebogen [*94*]. (s. auch Nr. ***38***) . . . . **Milichiidae**

Pseudopomyza atrimana Meig. Körper glänzend schwarz, z. T. bläulich. Taster, Rüssel, Fühler u. Beine gelblich. Selten. (Ist die Unterbrechung oder C sehr undeutlich; konvergieren R_{4+5} u. M_{1+2} zur Flspitze hin, dann **Astiidae** Nr. *3*)

— C 2mal, hinter h u. vor R_1 unterbrochen [*98*]. 1–5 mm . **Ephydridae**

Fliegen oft in großer Zahl auf oder an kleinen Gewässern, schlammigen Stellen usw.; räuberisch an kleinen Insekten. Larven aquatisch oder semiaquatisch einige räuberisch, andere an faulenden Pflanzen u. Exkrementen oder Pflanzenminierer: z. B. Gerstenminierfliege, **Hydrellia griseola** Fall. ein Getreideschädling.

44. Costa (C) zweimal, hinter h u. vor R_1 unterbrochen ***45***
— C einmal, nur vor der Mündung von R_1 unterbrochen. Hinter h ist höchstens eine Aderverdünnung ***47***
45. Sc bis zur Mündung in die C als Ader deutlich entwickelt. pvt Borsten divergent. Schildchen, besonders bei ♂, deutlich verlängert. (s. auch Nr. ***27***) . . . . **Thyreophoridae**
— Sc endet schon weiter basal, sie mündet höchstens als Falte in die C. Schildchen nicht verlängert ***46***
46. Analader (1A) deutlich, erreicht aber nie den Htrand des Fl. Zelle M nicht ganz geschlossen. Postvertikalborsten (pvt) klein, aber deutlich divergent. Kopf im Profil dreieckig, mit Spitze vorn, nahe der Fühlerbasis. Kopf lang u. dicht behaart. Fühler in tiefen Gruben, von der Seite kaum sichtbar. Fühlerborste entspringt scheinbar an der Spitze des 3. Fühlergl. 4 mm. Hier Gattg. **Selachops** Wahlb. (s. auch Nr. ***32, 34, 39***) . . . . Minierfliegen, **Agromyzidae** S. 365
— 1A nur als Stumpf vorhanden, sehr kurz, kaum länger als Zelle Cu. Labellen (ähnlich [*94*]) ± verlängert, schlank u. zurückgeschlagen. 1,5–5 mm . . . . **Tethinidae**

Tethina Haliday u. **Pelomyia** Will. Nur am Meeresstrand u. an salzhaltigen Stellen im Binnenland.

47. Postvertikalborsten (Stellung pvt: [*94*]), wenn vorhanden, divergent. Sternopleuralborsten [St: *67a*] fehlen. Fühler an der Basis weit voneinander getrennt, 3. Gl kugelig. Prälabrum groß [Prl: *99*]. 2–2,5 mm **Canaceidae**

Canace nasica Haliday (Mundrand steigt nicht zu den Fühlern auf) u. **Xanthocanace ranula** Loew. (Mundrand steigt zu den Fühlern auf.) Imagines auf der Oberfläche von Salzwassertümpeln, die sie mit ihrem Rüssel nach kleinen Lebewesen abweiden.

— pvt konvergent bis gekreuzt. 1–3 Sternopleuralborsten vorhanden. ***48***
48. Sc schon weit vor der Mündung in die C mit R_1 verschmolzen. 1A nicht bis zum Htrand des Fl. 2–3 hintere Orbitalborsten (ors), die vordere nach vorn gebogen, weiter vom Augenrand entfernt als die übrigen. 1–5 mm . . . . Taufliegen, **Drosophilidae**

Larven entwickeln sich in faulenden u. gärenden Früchten u. anderen pflanzlichen Stoffen; einige minieren in Blättern. Eine Anzahl Gattg.; die bekannteste: **Drosophila** Fall. Einige Arten mit reduzierten Fl.

— Sc völlig entwickelt oder verschmilzt erst kurz vor der Mündung in die C mit R_1. Mittlere ors nach vorn gerichtet. 2–3 mm . **Diastatidae**

Vorzugsweise auf Wiesen. Einige Gattg., z. B. **Diastata** Meig. (Ist Zelle M mit Zelle D verschmolzen, dann **Curtonotidae.** Nur **Curtonotum anus** Meig. Kommt bei uns wohl nicht vor.)

Flügellose und stummelflügelige Dipteren

1. Fühler aus 6 oder mehr Gl, Taster meist segmentiert ***2***
– Fühler aus höchstens 3 Gl, Taster nicht segmentiert ***7***
2. 1. u. 2. Fühlergl normal, die übrigen 4 viel schmäler, stark verkürzt u. lang behaart. Abdomen viel breiter als der Thorax, auf letzterem V-förmige Quernaht [*13b*]. ♀ mit stark chitinisiertem Ovipositor. (s. S. 330 Nr. ***5***) . . . . . Schnaken, **Tipulidae**
Chionea aranoides Dalm., ca. 5 mm. Im Winter auf Schnee oder hochalpin auf Gletschern.
– Fühler anders. Auf dem Thorax keine V-förmige Quernaht. Ovipositor nicht chitinisiert ***3***
3. Augen berühren sich über den Fühlern (Augenbrücke) [*24*] ***4***
– Augen über den Fühlern breit getrennt ***5***
4. Schildchen u. Halteren vorhanden. Augen dicht behaart. Beine kräftig. [*100*]. (s. S. 332 Nr. ***12***) . . . . Dungmücken, **Scatopsidae**
Nur Gattg. **Tripomorpha** Enderl. 2 mm. An sumpfigen Stellen.

– Schildchen u. Halteren fehlen. Augen nackt. (s. S. 333 Nr. *15*)
Trauermücken, **Sciaridae**
Epidapus Haliday. Larven in vermoderndem Holz.

5. 5–6 mm. Fühler unter den Augen, nahe dem Mundrand. (s. S. 332 Nr. *13*).
Penthetria holoserica Meig.; Haarmücken, **Bibionidae**
– Tiere unter 3 mm *6*

6. Ozellen vorhanden . . . . **Wasmanniella aptera** Kieff; Gallmücken, **Cecidomyiidae**
– Ozellen fehlen. Mesothorax groß u. pucklig, bildet eine Haube über Basis des Kopfes. Winzige, ca. 1,5 mm große Mücken. (s. S. 334 Nr. *21*) . Zuckmücken, **Chironomidae**
Clunio marinus Haliday, im Watt u. am Meeresstrand [*101*].

7. Die Hüften jedes Beinpaares weit voneinander durch Sternite getrennt. Abdomen meist undeutlich segmentiert. *8*
– Die Hüften jedes Beinpaares berühren sich auf der Innenseite. Abdomen ± deutlich segmentiert *10*

8. Schildchen am Htrand des Thorax fehlt. Thorakalsegmente denen des Abdomens ähnlich. Abdomen deutlich segmentiert. Fazettenaugen klein, Ozellen fehlen. [*102*]
Bienenläuse, **Braulidae**
Braula coeca Nitzsch. 1–1,5 mm; kommensalenartige Ektoparasiten auf der Honigbiene. Larven minieren in Bienenwaben.
– Schildchen vorhanden. Thorax u. Abdomen durch tiefen Einschnitt deutlich getrennt. Abdomen undeutlich segmentiert. *9*

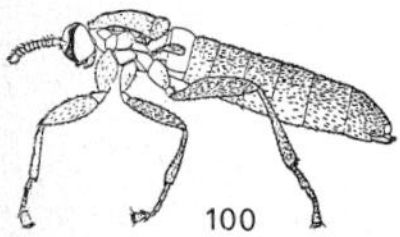
100

101

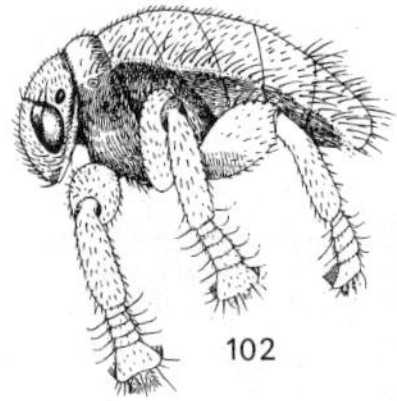
102

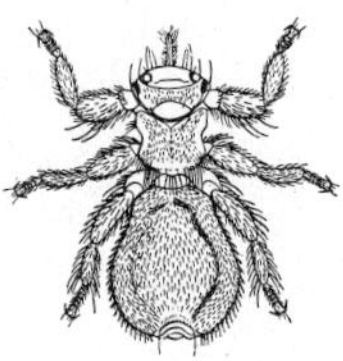
103

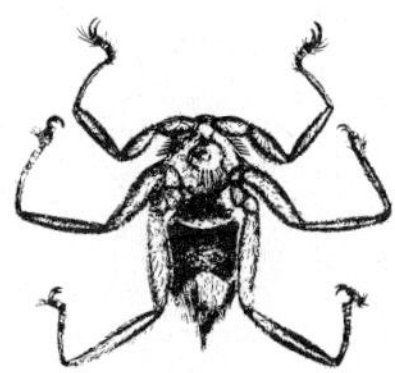
104

9. Kopf groß, in Ruhelage nicht auf den Thorax zurückgelegt [*103*].
Lausfliegen, **Hippoboscidae** S. 366
– Kopf klein, in Ruhelage in eine Grube auf den Thorax zurückgelegt. Lange Beine, dadurch spinnenartiger Habitus [*104*]. Fledermauslausfliegen, **Nycteribiidae** S. 367

10. Schenkel der Htbeine breit, seitlich deutlich abgeflacht. Fühler scheinbar 1gliedrig, etwas in Gruben eingesenkt. Körper kurz, breit, abgeflacht. Thorakal- u. Abdominalsegmente von ähnlicher Form. Asselähnlicher Habitus. 3 mm. (s. S. 358 Nr. *22*). ♀ von **Aenigmatias** Meinert. Parasitieren bei Ameisen. Buckelfliegen, **Phoridae**
– Htschenkel nicht seitlich abgeflacht. Fühler deutlich 2 bis 3gliedrig *11*

11. Stirn ohne Bogennaht. 3. Fühlerglied mit Endborste. Ca. 1 mm (s. S. 356).
Chersodromia Walk. Fliegen am Meeresstrand. Tanzfliegen, **Empididae**
– Stirn mit Bogennaht [*57*]. 3. Fühlergl mit Rückenborste. Eine Reihe schwer bestimmbarer Familien aus der Gruppe der **Acalyptratae** mit folgenden Familien: **Heleomyzidae, Sphaeroceridae, Milichiidae, Drosophilidae, Chloropidae, Anthomyzidae.**

Tipulidae, Schnaken

Kleine, bis sehr große Mücken (bis ca. 30 mm) mit langen Beinen. Saugen kein Blut, sondern sind Blütenbesucher. Flug verhältnismäßig schwerfällig; kommen auch ans Licht. Larven aquatisch oder terrestrisch unter feuchtem Laub, in Erde, unter Moos u. in morschem Holz. Bei Massenauftreten der Larven einiger Arten (Wiesenschnaken) in Kulturböden (Grünland u. Felder) kommt es durch Benagen der Wurzeln zu schwerer Schädigung der Pflanzen.

1. Subcosta (Sc) mündet in R_1 [*1*]. Taster lang, fast so lang wie die Fühler [*2*] . . . . **Tipulinae** *2*

— Sc mündet in die Costa (C). Taster kurz *6*

2. Flügel ohne Diskalzelle (D) . . . . **Dolichopeza** Curtis

– D vorhanden [*1*]. *3*

3. Fühler mit wirtelig angeordneten Haaren. *4*

– Fühler ohne wirtelig angeordneten Haare, ab Gl 3 od. 4 mit Anhängen . . . *5*

4. Sc mündet weit hinter dem Gabelpunkt des R_1 u. Rs. Fühler immer 13gliedrig. [*13a*] **Tipula** L.

– Sc mündet direkt hinter dem Gabelpunkt von R_1 u. Rs. Fühler des ♂ 19gliedrig, des ♀ 15gliedrig . . . . **Nephrotoma** Meig.

5. 3. Fühlergl ohne Anhänge oder Höcker . . . . **Ctenophora** Meig.

– 3. Fühlerglied mit Anhängen oder Höcker **Prionocera** Loew, **Dictenida** Brullé, **Tanyptera** Latr.

6. Rs in R_{2+3} u. R_{4+5} gegabelt (Rs 2ästig). Tibien mit Spornen **Cylindrotominae** (einige Gattg., u. a. **Cylindrotoma** Macq.)

— Rs in R_{2+3} u. R_4 u. R_5 gegabelt (Rs 3ästig); wenn anders, dann Tibien ohne Sporne . . . . **Limoniinae** (zahlreiche Gattg., **Pedicia rivosa** L. mit ca. 30 mm größte Art, die übrigen viel kleiner.)

Culicidae, Stechmücken

Diese Mücken werden in Süddeutschland u. im Rheinland auch „Schnaken“ genannt. ♀♀ sind Blutsauger, ♂♂ Blütenbesucher. Larven aquatisch, entwickeln sich in Seen, Tümpeln, Wassergräben, Regentonnen usw.

1. Scutellum (Schildchen) am Htrand gleichmäßig gerundet, mit einer ununterbrochenen Reihe von Borsten. Taster des ♂ u. ♀ so lang oder länger als der Rüssel; Taster des ♂ mit verdickten Endgl. **Anophelinae**

Körperhaltung gestreckt, an Wänden Abdomen schräg abstehend von der Unterlage, an Decken senkrecht hängend [*18a*]. Nur Fiebermücke, **Anopheles** Meig. (mehrere Arten).

— Scutellum dreilappig, mit drei getrennten Gruppen von Borsten am Htrand. Taster des ♂ so lang oder länger als der Rüssel, Endgl nicht verdickt; Taster des ♀ sehr viel kürzer als der Rüssel. . **Culicinae** *2*

Körperhaltung: Abdomen ± parallel oder schwach zur Unterlage hin geneigt [*18b*].

2. Vor dem Prothorakalstigma [S_1: *67 a*] stehen einige Borsten **Culiseta** Felt (= **Theobaldia** Nev.–Lem.) (mehrere Arten)

– Hinter dem Prothorakalstigma stehen einige Borsten. Abdomen der ♀♀ zugespitzt, mit deutlichen Cerci. Krallen der Vd.- u. Mtbeine gezähnt **Aedes** Meig. (zahlreiche Arten)

– Weder vor noch hinter dem Prothorakalstigma Borsten *3*

3. Metatarsus (= 1. Tarsalglied nach der Tibia) der Vdbeine länger als die übrigen Tarsengl. zusammen **Orthopodomyia** Theob.

– Metatarsus der Vdbeine kürzer als die übrigen Tarsengl zusammen *4*

4. Tarsen zwischen den Krallen mit breiten Haftlappen (Pulvillen) **Culex** L., häufig **C. pipiens** L.

– Pulvillen, wenn erkennbar, schmal u. fadenförmig . . . . . **Mansonia** Blanch. Larven holen Atemluft durch Anstechen der Interzellularen von Wasserpflanzen.

Mycetophilidae, Pilzmücken

Meist in schattigen u. feuchten Wäldern. Larven ernähren sich vorwiegend von Pilzen. Imagines z. T. winteraktiv.

1. Sc vollständig, mündet in die C *2*

– Sc kurz, frei, mündet nicht in die C. *3*

2. R u. M laufen auf kurzer Distanz dicht nebeneinander. Querader r-m fehlt **Keroplatinae**
Hierher die Gattg. **Macrocera** Meig. [*26*] u. **Orfelia** Costa.
— Zwischen R u. M ist ein größerer Zwischenraum. r–m vorhanden **Bolitophilinae** (**Bolitophila** Meig.)
3. Querader m–cu fehlt . . . . **Mycetophilinae**
Zahlreiche Gattg. z. B. **Exechia** Winnertz [*23*], **Mycetophila** Meig., **Cordyla** Meig.
— m–cu vorhanden *4*
4. Rs in R_{2+3} u. R_{4+5} gegabelt . . . . **Ditomyiinae**
Ditomyia Winnertz u. **Summerus** Walk.
— Rs nicht gegabelt. Gabelpunkt von R_1 u. Rs nahe der Flbasis **Diadocidiinae** (**Diadocidia** Ruthe)

Cecidomyiidae, Gallmücken

Weit über 100 Gattungen mit ca. 600 Arten. Imagines winzige, zarte Mücken (bis 5 mm). meist mit langen Fühlern u. langen Beinen. Fühler oft perlschnurartig, jedes Gl mit charakteristischen Haarquirlen (starke Vergrößerung!). Fl groß, häufig stark behaart, mit nur 3–5 Längsadern. Ovipositor bei vielen Arten sehr lang.

1. Ozellen vorhanden . . . . **Lestremiinae**
Z. B. **Lestremia** Macq., **Heteropeza** Winnertz, **Miastor** Meinert (diese mit Paedogenese). Larven u. a. in verfallenden u. vermodernden Pflanzenteilen, dort hauptsächlich Pilzfresser.
2. Ozellen fehlen . . . . **Cecidomyiinae**
Larven verursachen an Pflanzen Gallen, in denen sie sich entwickeln. Viele Larven sind wichtige Schädlinge in Land- u. Forstwirtschaft. Hier eine Auswahl: **Mayetiola destructor** Say, Hessenmücke. An Weizen, Gerste, Roggen. **Haplodiplosis equestris** Wagn., Sattelmücke. Blutrote Larven in sattelförmigen Gallen unter der Blattscheide oberhalb des letzten Knotens an Weizen u. Wildgräsern. **Contarinia tritici** Kirby, Gelbe Weizengallmücke u. **Sitodiplosis mosellana** Géhin, Orangefarbene Weizengallmücke; Larven beider in Blüten von Weizen u. anderen Gräsern. **Contarinia nasturtii** Kief., Drehherzmücke. Fraß an Blättern des Kohls bewirkt Drehwuchs der Blätter. **Dasineura brassicae** Winnertz, Kohlschotenmücke.
Mikiola fagi Hartig bewirkt zugespitzte Beutelgallen an den Blättern der Rotbuche.
Lasioptera rubi Schrank, Brombeergallmücke. Gallen an den Trieben der Himbeere u. Brombeere.

Stratiomyidae, Waffenfliegen

Auf Blüten u. Blättern an Waldrändern, Seeufern, Wiesen speziell im Küstenbereich. Larven aquatisch oder terrestrisch, z. T. auch unter der Rinde abgestorbener Bäume. Kleine (3 mm) bis große (20 mm) Fliegen, oft auffallend gezeichnet oder metallisch glänzend.

1. Schildchen am Htrand mit 4–8 Dornen. Abdomen mit 7 deutlichen Segmenten, das 7. zuweilen in das 6. hineingezogen u. viel kleiner als die vorhergehenden . . . . **Beridinae** *2*
— Schildchen mit 2 oder ohne Dornen. Abdomen mit höchstens 6 sichtbaren Segmenten *5*
2. Abdomen in Aufsicht kreisrund. Mttibia mit 2 Endsspornen. 8–11 mm. In Gebirgsgegenden verbreitet . . . . **Exodonta dubia** Zett.
— Abdomen in Aufsicht ± parallelrandig. Tibien ohne Sporne *3*
3. Augen nackt. Tergite des Abdomens gelb mit braunen Säumen. Schildchen mit 4 gelben Dornen. 5 mm . . . . **Chlorisops tibialis** Meig.
— Augen behaart. Abdomen häufig einfarbig *4*
4. Von der Diskalzelle (D) gehen 3 Adern (M_1, M_2, M_{3+4}) zum Htrand des Fl [*38*]. Taster kaum erkennbar. Augen beim ♂ zusammenstoßend. 6 mm . . . . 6; **Beris** Latr.
— Von D gehen 4 Adern aus. Taster auffallend groß. Augen beim ♂ getrennt. 4–5 mm **Actina nitens** Latr.
5. Schildchen ohne Dornen *6*
— Schildchen mit 2 Dornen *11*
6. 3 blasse Adern (M_1, M_2, M_{3+4}) gehen von der Zelle D zum Htrand des Fl. Abdomen in Aufsicht rund. 3–3,5 mm. [*39*] . . . **Pachygastrinae**
5; **Pachygaster** Meig.
— D hat 4 Äste (M_1, M_2, M_3 u. M_4), die zum Htrand des Fl gehen; dabei braucht M_4 nicht aus der D zu entspringen [*37*] *7*
7. Es gehen 4 Adern von D zum Flrand . . . . . **Clitellarinae** *15*

— Es gehen nur 3 Mediaäste (M_1–M_3) von D aus; M_4 entspringt etwas unterhalb von D [*37*] . . . . **Sarginae** ***8***
8. Augen dicht behaart . . . . . . 2; **Chloromyia** Duncan (häufig **C. formosa** Scop.)
— Augen kaum behaart bis nackt ***9***
9. Höchstens 5 mm, erzgrün glänzend. Abdomen so lang wie der Thorax. 2; **Microchrysa** Loew. (Häufig **M. polita** L., Larven im Kuhdung)
— Meist weit über 6 mm. Abdomen deutlich länger als der Thorax ***10***
10. Mittlerer Ozellus von den beiden übrigen weiter entfernt als diese voneinander. Habitus wie [*37*] . . . . 6; **Sargus** F.
— Ozellen stehen in gleicher Entfernung voneinander **Chrysochroma bipunctatum** Scop.
11. 4 Äste der Media (M_1–M_4) gehen von Zelle D aus. **Clitellarinae** ***16***
— 3 Äste (M_1–M_3) gehen von D aus, M_4 entspringt etwas unterhalb D. [*36*] . . . . **Stratiomyinae** ***12***
12. 1. Fühlergl mehr als 3mal so lang wie das 2.; Körper über 11 mm ***13***
— 1. Fühlergl höchstens 2mal so lang wie das 2.; Körper meist unter 9 mm . . . ***14***
13. Augen dicht behaart, Thorax auffallend stark behaart. . . . . . 2; **Hirtea** Scop.
— Augen fast nackt. Thorax schwächer behaart. . . . . . 6; **Stratiomys** Geoffr.
14. Zelle R_1 durch eine Ader quergeteilt . . . . Ca. 8; **Eulalia** Meig.
— Zelle R_1 ist nicht quergeteilt . . . . **Hoplodonta viridula** F.
15. Gesicht weit vor die Augen gezogen, 4–6 mm. Ca. 8; **Nemotelus** Geoffr. (Häufigste Art: **N. uliginosus** L.)
— Gesicht unter den Fühlern nicht vorgezogen. 10–12 mm. 2; **Lasiopa** Brullé (häufig **L. villosa** F.)
16. Thorax über Flbasis jederseits mit einem Dorn. Fühler mit Endgriffel. 10–12 mm **Ephippium thoracinum** Latr.
— Thorax ohne Dorn über Flbasis. Fühler mit Endborste. Abdomen auffallend gelb gezeichnet. 3–9 mm . . . . **Oxycera** Meig. (viele Arten)

Tabanidae, Bremsen

Die Tabaniden sind z. T. sehr schnelle Flieger. Einige Arten gehören zu den größten Fliegen Deutschlands. Die Augen der ♂♂ stoßen meist zusammen. Augen der ♀♀ stets breit getrennt. Augen oft, besonders im lebenden Zustand, mit auffallenden Binden u. Flekken. Ozellen können fehlen. Imagines im Sommer vorzugsweise auf Viehweiden, Landstraßen, breiten Waldwegen u. in Moorgebieten. Mundwerkzeuge stechend-saugend. ♀♀ sind Blutsauger an Mensch, Vieh u. Wild. ♀♀ von **Pangonius** sind wie ♂♂ der übrigen Tabaniden Blütenbesucher. Lebensweise der Larven aquatisch in stehenden u. fließenden Gewässern oder terrestrisch an feuchten Stellen; einige wohl räuberisch.

1. Httibien mit 2 Endspornen ***2***
— Httibien ohne Endsporn ***4***
2. Fl mit auffällig dunklen Binden oder dunkler Zeichnung, nimmt fast ganzen Fl ein. 8–14 mm . . . . 10; **Chrysops** Meig.
— Fl ohne dunkle Zeichnung ***3***
3. 3. Fühlergl 5ringelig. Rüssel von normaler Länge. 10–14 mm. (Süddeutschland) . . . . Blindfliegen, **Silvius vituli** F.
— 3. Fühlergl 8ringelig. Rüssel fast körperlang. 16–22 mm. (Süddeutschland) . . . . **Pangonius micans** Meig.
4. 3. Fühlergl schlank, zylindrisch, ohne Zahn an der Basis z. B. [*10*] ***5***
— 3. Fühlerglied mit deutlichem Höcker oder Zahn oder mit abgerundetem Vorsprung [*8*]. Habitus wie [*35*]. 10–24 mm . **Tabanus** L. (s. l.)
Ca. 40 Arten. Bekannteste wohl die Rinderbremse **T. bovinus** Loew.
5. Fl mit weißen Flecken u. Bändern. Endgriffel des Fühlers deutlich dünner als das 3. Gl, mit undeutlicher Segmentierung. 6–13 mm. 4; **Haematopota** Meig.
Häufigste Art: Regenbremse, **H. pluvialis** L.
— Fl ohne jede Zeichnung. Endgriffel des Fühlers aus 3 fast gleichen Segmenten von gleicher Dicke wie das 3. Gl [*10*]; Fühler 6gliedrig. 12–14 mm . . . . **Heptatoma pellucens** F.

Rhagionidae, Schnepfenfliegen

Häufig an Waldrändern auf Baumstämmen u. Zaunpfählen lauernd. Kleine bis große Fliegen mit langen Beinen. Ihr Flug ist ziemlich träge. Imagines ernähren sich räuberisch von kleinen Insekten. Larven räuberisch; aquatisch oder terrestrisch.

1. Httibien mit 2 Spornen *2*
— Httibien mit einem oder ohne Sporn *3*
2. 3. Fühlergl zwiebelförmig. Zelle Cu am Flrand etwas geöffnet. 7–14 mm. Habitus wie [*44*] . . . . **Rhagio** F.
Ca. 14 Arten, häufigste **R. scolopacea** L.
— 3. Fühlergl nierenförmig (ähnlich [*105a*]). Zelle Cu geschlossen. 7–8 mm . . . . 3; **Atherix** Meig.
3. 3. Fühlergl nierenförmig [*105a, b*] *4*
— 3. Fühlergl rund, oval oder konisch [*106a–c*] *5*
4. 1. Fühlergl dick, lang u. stark behaart [*105b*]
Parapheromyia crassicornis Panz.
— 1. Fühlergl nicht verdickt, kurz, fast nackt [*105a*]. 4–5 mm
2; **Symphoromyia** Frauenf.
S. immaculata Meig. (Fl hell, ungefärbt); **S. malaena** Meig. (Fl dunkel, schwärzlich). (Falls größere Fliegen, dann auf Atherix Nr. *2* prüfen.)
5. 3. Fühlergl mit langer Endborste [*106a*]. 5–14 mm
12; **Chrysopilus** Macq.
— 3. Fühlergl mit kurzer Endborste, 4–5 mm *6*
6. Fühlerborste mittelständig [*106b*] . . . . .4; **Ptiolina** Zett.
— Fühlerborste seitenständig [*106c*] . . . . **Spania nigra** Meig.

105 106

Therevidae, Stilettfliegen

Vorzugsweise an trockenen, sandigen Stellen auf sonnenbeschienenen Steinen, auf Büschen usw. Ernährungsweise wahrscheinlich räuberisch. Larven meist räuberisch, einige phytophag; im Boden- und Streuschicht oder auch im Sand, bewegen sich schlängelnd.

1. 1. Fühlerglied stark verdickt, viel dicker als das 2.; 7–12 mm
Tabuda anilis F.
— 1. Fühlergl schlank, zylindrisch, nicht wesentlich breiter als das 2. *2*
2. Gesicht unter den Fühlern kahl. 9–17 mm. . 3; **Psilocephala** Zett.
— Gesicht unter den Fühlern lang u. abstehend behaart. 7–16 mm
Ca. 20; **Thereva** Latr.

Asilidae, Raubfliegen

Räuberische Fliegen, die Insekten, sogar der eigenen Art, erbeuten. Sie lauern an Waldrändern, an Büschen, Pfählen, Baumstämmen, Steinen oder im Grase auf ihre Beute. Es sind mittelgroße bis sehr große Fliegen (4–27 mm), wobei Größenschwankungen von mehreren mm innerhalb einer Art häufig sind. Larven räuberisch oder saprophag, im Erdboden oder in morschen Baumstämmen.

1. 3. Fühlergl mit ± langer Endborste. Taster 1gliedrig *2*
— 3. Fühlergl mit oder ohne Endgriffel. Taster 2gliedrig *6*
2. Auffallend schlanke u. zarte Formen, wenig behaart; Tarsen ohne Pulvillen. Zelle R_1 zum Flrand hin offen. Habitus wie [*107*]
4; **Leptogaster** Meig.
— Robustere Fliegen, ± dicht behaart u. beborstet. Tarsen zwischen den Krallen mit Pulvillen [*109*]. Zelle R_1 zum Flrand hin geschlossen u. gestielt [*46*] *3*
3. Abdominalsegmente vor dem Htrand ohne stärkere Borsten . . *4*

— Abdominalsegmente vor dem Htrand mit kräftigen Borsten. Mehrere Gattungen, deren Berechtigung z. T. umstritten ist. **Neoitamus** O. S. (Htkopf mit rechtwinklig nach vorn gebogenen Borsten); ohne stark gebogene Borsten: **Philonicus albiceps** Meig., **Cerdistus** Loew, **Machimus** Loew.

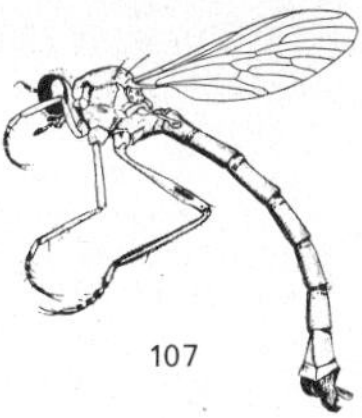
107

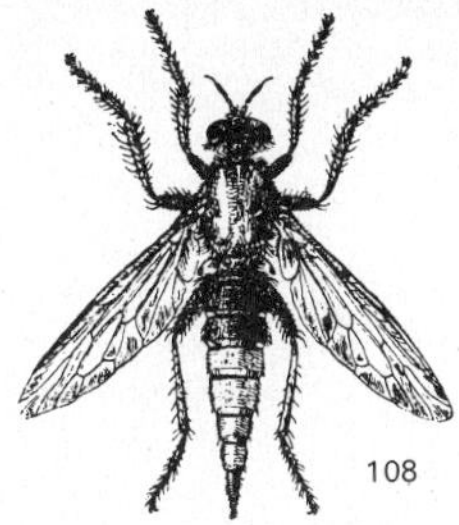
108

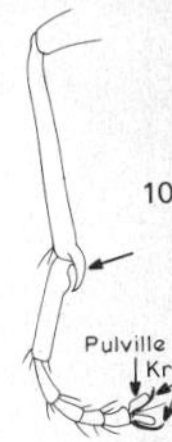

109

4. Gesicht unter den Fühlern glänzend schwarz, nicht bestäubt. 12–15 mm . . . . **Rhadiurgus variabilis** Zett.
— Gesicht unter den Fühlern deutlich bestäubt; über 17 mm . . *5*
5. Auffallend schwefelgelb u. rostrot gezeichnet. Habitus wie [*108*]. 20–25 mm . . . . **Asilus crabroniformis** L.
— Einfarbig braun gefärbt. 18–21 mm . **Pamponerus germanicus** L.
6. Zelle R_1 geschlossen u. gestielt (ähnlich [*46*]). 3. Fühlergl ohne Endgriffel. Größere (10–25 mm), meist stark behaarte Fliegen . . . *7*
— Zelle R_1 zum Flrand hin offen. 3. Fühlergl mit Endgriffel. Meist zartere, kaum behaarte Fliegen. 5–15 mm *8*
7. Zelle R_5 offen (wie in [*46*]). 3. Fühlergl wenig breiter als 1. u. 2.; Rüssel seitlich zusammengedrückt, wenig zur Spitze hin verjüngt. 10–25 mm . . . . 10; **Laphria** Meig.
— Zelle R_5 zum Flrand hin verengt oder geschlossen u. gestielt. 3. Fühlergl fast doppelt so breit wie 1. u. 2.; Rüssel dorsoventral abgeplattet, zur Spitze hin deutlich verjüngt. 10–20 mm . 2; **Andrenosoma** Rond.
8. Tibien der Vdbeine mit einem spitzen, nagelartigen, gekrümmten Fortsatz [*109*] *9*
— Tibien der Vdbeine ohne solchen Fortsatz *10*
9. Spitze der Mttibien mit einem nach innen gekehrten Dorn. Endgriffel des 3. Fühlergl zweigliedrig. 9–12 mm . . . 2; **Leptarthrus** Steph.
— Spitze der Mttibien ohne solchen Dorn. Endgriffel des 3. Fühlergl eingliedrig. 15–24 mm . . . . 2; **Dasypogon** Meig.
10. Fühler länger als Höhe des Kopfes, stehen auf einem Höcker oberhalb der Augenmitte [*47a*]. Seitenteile des Thorax mit silbrig glänzenden Binden. 5–15 mm . . . . .10; **Dioctria** Meig.
— Fühler kürzer als Höhe des Kopfes. Seitenteile des Thorax ohne glänzende Binden *11*
11. Gesicht unter den Fühlern mit einem deutlichen rundlichen Höcker, springt im Profil weiter vor als der Durchmesser des Rüssels. 7–14 mm 2; **Lasiopogon** Loew, 5; **Cyrtopogon** Loew
— Gesicht ohne Höcker, höchstens mit einer sanften Vorwölbung am Mundrand *12*
12. Schwarze, $\pm$ dicht behaarte Fliegen. 5–7 mm . 8; **Holopogon** Loew
— Schwärzliche, fast nackte Arten. 4–8 mm . 2; **Stichopogon** Loew

Bombyliidae, Hummelschweber, Wollschweber

Wollig, dicht behaart, oft mit Schuppen besetzt. Bienen- od. hummelähnliche Blütenbesucher, die z. T. über Blüten rütteln ohne sich niederzulassen, saugen dabei Nektar. Sie sonnen sich an kahlen Stellen des Erdbodens, auf Steinen, an Stämmen. Larven parasitieren in Insekten.

1. Augenhtrand ohne tiefe Einbuchtung; wenn mit flacher Bucht, dann keine vertiefte, die Fazetten des Htrandes teilende Linie. Meist mit langem, chitinösem Rüssel. [*49*] **Bombyliidae homoeophthalmae** *2*

— Augenhtrand ± tief eingebuchtet, von dieser Bucht geht eine ± kurze vertiefte Linie, die die Fazetten des hinteren Augenrandes teilt [*50b*]. Rüssel meist kurz u. fleischig. [*50a*] **Bombyliidae tomophthalmae** *6*

2. Tibien nackt, höchstens behaart, wenn mit winzigen Börstchen, dann Taster 2gliedrig. 3–5 mm . . . . 3; **Phthiria** Meig.

— Tibien mit kurzen Dornborsten, meist in 3 Reihen besetzt *3*

3. Zelle R_5 weit offen. Basis der Costa nicht behaart. 5–9 mm **Dichistus minimus** Schrank

— Zelle R_5 geschlossen. Basis der Costa ± lang behaart *4*

4. Zelle R_1 länger als Zelle M_1. Die Htschenkel unterseits stets mit langen Dornborsten. Fühler an der Basis eng nebeneinander, mit schlankem 1. Gl. M_1 verläuft von r-m ab gerade. 4–12 mm. Habitus wie [*49*] . . 7; **Bombylius** L. (häufig **B. major** L.)

— Zelle R_1 so lang wie Zelle M_1 . . . . *5*

5. Gesicht springt vor u. ist mäßig behaart. 5–11 mm **Systoechus sulphureus** Mikan

— Gesicht rundlich gewölbt, stark behaart. 8–14 mm . . . **Anastoechus nitidulus** F.

6. Gabelpunkt von R_{2+3} u. R_{4+5} liegt auf gleicher Höhe wie r–m. R_{2+3} u. R_{4+5} gabeln sich fast rechtwinklig *7*

— Gabelpunkt von R_{2+3} u. R_{4+5} liegt weit vor r–m, näher der Flbasis, sie gabeln sich spitzwinklig. 6–10 mm . . . . **Lomatia lateralis** Meig.

7. 1. Fühlergl kurz; Griffel am 3. Gl deutlich 2gliedrig u. am Ende mit einem Haarkranz. Flschüppchen u. Thorakalschüppchen am Rande mit Haaren. Pulvillen vorhanden. 7–13 mm [*50a*]. . . . . .2; **Anthrax** Scop.

— 1. Fühlergl lang; Griffel des 3. Gl 1gliedrig u. am Ende ohne Haarkranz. Flschüppchen u. Thorakalschüppchen am Rande mit Schuppen. Pulvillen meist fehlend. *8*

8. Ozellenhügel weit vor dem Scheitel (einer gedachten Verbindungslinie der oberen Augenecken) gelegen. Krallen an der Basis mit langem, scharfem Zahn. 9–16 mm. **Exoprosopa** Macq. u. **Ligyra** Newm. (4 Arten)

— Ozellenhügel nahe dem Scheitel gelegen. Krallen ohne Zahn, höchstens mit stumpfem Höcker. 6–14 mm. . . . . .Ca. 8; **Villa** Lioy

Empididae, Tanzfliegen

Die meisten räuberisch, einige auch Blütenbesucher. Die ♂♂ verschiedener Arten führen Tanzflüge an Büschen, auf Waldwegen oder über Wasserflächen auf. Larven leben räuberisch in der Erde, unter der Rinde abgestorbener Bäume, im Moos, im Holzmulm usw.

1. Zelle D u. Zelle M verschmolzen. Zelle Cu, Analader (1A) u. Sc fehlen oder sind unvollständig. Geäder u. Zellen s. [*51*]. Habitus wie [*61*] **Tachydromiinae** *2*

— Zelle D von Zelle M getrennt. Zelle Cu vorhanden, wenn unvollständig, dann Vdhüften stark verlängert u. so lang oder länger als die Vdschenkel. Sc meist vollständig. Rüssel ± stark verlängert . *3*

2. Thorax schlank, länger als breit. Beine unbeborstet. **Tachypeza** Meig., **Tachydromia** Meig., **Tachempis** Meland.

— Thorax breiter. Beine behaart, mit ± kräftigen Borsten **Chersodromia** Walk. (Meeresstrand); **Symballophthalmus** Beck.; **Platypalpus** Macq.

3. Vdhüften (Coxen der Vdbeine) immer länger als Hinterhüften . *4*

— Vdhüften nicht auffällig verlängert. *5*

4. Vdbeine dem Kopf genähert, von den übrigen Beinen abgerückt, als Raubbeine ausgebildet. Vdhüften stark verlängert. 2–5 mm. **Chelifera** Macq., **Chelipoda** Macq., **Hemerodromia** Meig.

— Vdbeine nicht von den übrigen Beinen abgerückt, schlank, nicht als Raubbeine ausgebildet . . . . **Clinocerinae**

Die Arten laufen auf stillen Wasserflächen. Mehrere Gattg. z. B. **Trichopeza** Rond. **Dolichocephala** Macq.

5. Cu stark rücklaufend mit 1A verschmelzend, Zelle Cu ist daher an der Unterseite nur nahe der Basis von 1A begrenzt. Sc immer deutlich ausgebildet. Rüssel oft verlängert u. meist schräg nach unten, rückwärts gerichtet, selten vorgestreckt . . . . **Empidinae** *6*

— Zelle Cu hat ihren spitzen Winkel an der 1A, Cu nicht rücklaufend; Zelle Cu wird auf der Unterseite nur von 1A begrenzt. Rüssel selten länger als der Kopf. *9*

6. C läuft um den ganzen Fl herum. Kopf, Abdomen u. Beine schwach beborstet **Hilara** Meig. (viele Arten)

– C nur bis zur Flspitze deutlich. Meist stärker beborstet *7*

7. Rüssel steht senkrecht nach unten; Augen nackt *8*

– Rüssel waagerecht oder schräg nach vorn stehend, selten senkrecht, dann aber Augen behaart. Eine Anzahl schwer bestimmbarer Gattungen.

8. R_{4+5} in R_4 u. R_5 gegabelt [*51*] . . . . **Empis** (viele Arten)

– R_{4+5} nicht gegabelt . . . . **Rhamphomyia** (viele Arten)

9. Zelle Cu kürzer als Zelle M. C endet an M_1. Sc schwach ausgebildet u. R_1 genähert . . . . **Ocydromiinae**

Mehrere Gattg., z. B. **Ocydromia**

— Zelle Cu so lang wie Zelle M. Sc deutlich von R_1 entfernt . . . *10*

10. Von Zelle D gehen 2 Adern zum Flrand. C endet bei R_{4+5} oder M_1. **Hybotinae**

Einige Gattungen, z. B. **Hybos** Meig. mit wenigen Arten

— D entsendet 3 Adern zum Flrand. C läuft um den ganzen Fl herum **Brachystomatinae** (nur **Brachystoma** Meig.)

Dolichopodidae, Langbeinfliegen

Häufig an oder auf Wasserflächen, auf Waldlichtungen, an Hecken, Wiesen. Räuberisch u. Blütenbesucher. Viele haben metallisch grüne Körperfarbe u. sind seitlich komprimiert. Larven in der Erde, in der Nähe von Gewässern oder in faulenden Pflanzenteilen, teils räuberisch, teils phytophag.

1. M_{1+2} deutlich in 2 Äste (M_1 u. M_2) aufgegabelt. Thorax kurz, Abdomen lang. Beine dünn u. lang . . . . **Sciapodinae**

Sciapus Zell. (Tarsen der ♂♂ einfach), (viele Arten). Tarsen der ♂♂ auffällig gestaltet: weitere Gattg. mit wenigen Arten.

— M_{1+2} nicht gegabelt, höchstens mit einer ± deutlichen Biegung [*60*] *2*

2. 1. Fühlergl oberseits behaart. Htkopf nach außen gewölbt. Abdomen der ♂♂ mit deutlichen Anhängen . . . . **Dolichopodinae**

a. Metatarsus der Htbeine mit 1 oder mehreren Borsten oberseits. Fühlerborste nackt oder schwach behaart. Habitus [*60*]. **Dolichopus** Latr. (zahlreiche Arten)

— Metatarsus der Htbeine oberseits ohne Borsten . . . . b

b. Fühlerborste gefiedert (mit langen Haaren). Fl mit schwarzem Querband **Poecilobothrus** Mik.

– Fühlerborste schwach behaart oder nackt.

Weitere Gattg.: **Tachytrechus** Haliday, **Hercostomus** Loew.

— 1. Fühlergl oberseits nicht behaart, wenn doch, dann schmiegt sich der Htkopf dem Thorax konkav an oder Taster sind breit oder Abdomenspitze nicht auffällig ausgebildet *3*

3. Fühlerborste an oder höchstens kurz vor Spitze des 3. Fühlergl *4*

— Fühlerborste dorsal auf dem 3. Fühlergl *5*

4. Htkopf schmiegt sich konkav dem Thorax an. Tibien des 2. u. 3. Beinpaares an der Spitze ohne Borstenkranz. 3. Fühlergl ± kurz **Medeterinae**

a. Analader fehlt . . . . **Thrypticus** Gerstäcker

– Analader vorhanden. . . . . b

b. Schildchen mit 4 Borsten . . . . **Medetera** F. v. W.

– Schildchen mit 2 Borsten. **Oligochaetus** Mik u. (**Chrysotus** Meig. gehört zu den **Diaphorinae**!)

— Htkopf konvex, schmiegt sich nicht dem Thorax an. Tibien der Mtbeine an der Spitze mit einem Kranz von 5 Borsten. 3. Fühlergl meist sehr stark verlängert . . . . **Rhaphiinae**

8 Gattungen mit zahlreichen Arten, z. B. **Rhaphium** Meig., **Syntormon** Loew, **Systenus** Loew.

5. Htkopf konkav, schmiegt sich dem Thorax an. Die Fliegen schillern meist silbern . . . . **Diaphorinae**

a. C endet bei R_{4+5}. M_{1+2} ist an der Biegungsstelle stark verdünnt oder unterbrochen **Asyndetus** Loew.

– C endet bei M_{1+2}. M_{1+2} ist nicht verdünnt oder unterbrochen . . . . . . b

b. Schildchen mit 4 Borsten . . . . **Argyra** Macq.

– Schildchen mit 2 Borsten. **Diaphorus** u. **Chrysotus** (vergl. Nr. *4*b)

— Htkopf konvex, schmiegt sich dem Thorax an. Fliegen ohne Silberglanz. *6*

6. Thorax vor dem Schildchen nicht abgeplattet. Abdomen kürzer als die Flügel. *7*

— Thorax vor dem Schildchen dorsal deutlich abgeplattet. Abdomen überragt die Flügel knapp . **Neurigoninae** (nur **Neurigona** Rond.)

7. Taster breit, spatelförmig, liegen dem Rüssel an. Querader m–cu im äußeren Fldrittel . . . . **.Hydrophorinae**

Mehrere schwer unterscheidbare Gattg. z. B. **Hydrophorus** Fall., **Thinophilus** Wahlb.

— Taster klein, unscheinbar. m-cu in Flmitte . . . . . . **Sympycninae**

Mehrere Gattg.: **Sympycnus** Loew, **Campsicnemus** Haliday u. a.

Phoridae, Buckelfliegen

Kleine, 1–3 mm große, gedrungene, rasch u. ruckweise laufende Fliegen, mit charakteristischer Aderung der Flügel [*31*]. Larven leben hauptsächlich in verwesender tierischer Substanz, einige auch in faulenden Pflanzenteilen oder parasitisch.

1. Körper breit u. ± stark abgeflacht. ♂♂ geflügelt, ♀♀ ungeflügelt. Kopf von oben gesehen fast so breit wie der Thorax u. an diesem eng ansitzend. Z. B. Gattg. **Aenigmatias** Meinert.

– Körper nicht dorsoventral abgeplattet. Kopf frei *2*

2. Zumindest an den Mttibien neben den Enddornen auch einige Einzelborsten . . . . **Phorinae**

Zahlreiche Gattg.: **Phora** Latr., **Diplonevra** Lioy, **Anevrina** Lioy u. a.

— Neben den Enddornen an den Tibien keine weiteren Borsten, höchstens feine Härchen . . . . **.Metopinae**

Zahlreiche Gattg.: Z. B. **Metopina** Macq., **Megaselia** Rond., **Gymnocera** Macq.

Pipunculidae, Augenfliegen

Kleine, meist dunkle, schwach behaarte oder nackte Fliegen, mit auffallendem halbkugeligen bis kugeligen Kopf, der zum größten Teil von den Fazettenaugen eingenommen wird. Stirn zwischen den Augen beim ♂ kleiner als beim ♀. Ovipositor läuft in einen chitinösen, spitzen Legestachel aus. Man findet sie im langsamen Schwebeflug an Büschen u. in niedriger Vegetation. Die Larven entwickeln sich parasitisch in Zikaden.

1. Ozellarborsten vorhanden; Htkopf überragt in Seitenansicht die Augen nach hinten nicht [*110a*]. Körper behaart; Schildchen u. Abdomen mit Borsten. *2*

— Ozellarborsten fehlen; Htkopf überragt in Seitenansicht die Augen nach hinten deutlich [*111*] *3*

2. Diskalzelle (D) fehlt. M_{1+2} läuft nicht bis zum Flrand [*110b*]. 1,5–3 mm **3; Chalarus** Walk.

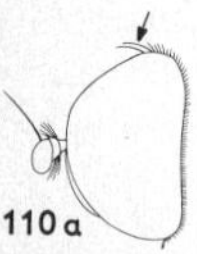

110a

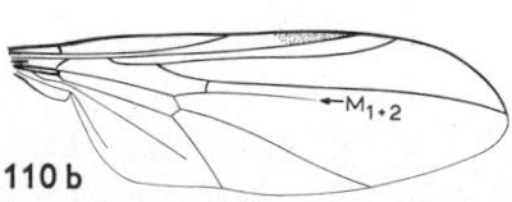

110b

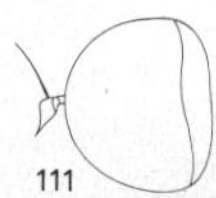

111

— D vorhanden. M_{1+2} läuft bis zum Flrand. 4–5 mm. . 3; **Verrallia** Mik

3. 3. Fühlergl unten abgerundet (ähnlich [*110a*]). Thorax mit starken Borsten. 6–10 mm . . . . 3; **Nephrocerus** Zett.

— 3. Fühlergl unten zugespitzt [*111*]. Thorax ohne starke Borsten. Sehr viele kleine Arten meist 2–4 mm. Selten 1,5 od. 6 mm. Habitus [*56*] **Pipunculus** Meig. s. lat.

Syrphidae, Schwebfliegen

Meist bunt gezeichnete Fliegen, einige von wespen-, bienen- oder hummelähnlichem Habitus, andere einfarbig dunkel. Flügel hat eine charakteristische Scheinader (vena spuria) ± deutlich zwischen R_{4+5} u. M_{1+2}. Ausgezeichnete Flieger, die lange auf einer Stelle in der Luft durch rasch vibrierenden Flügelschlag schweben können, daher der deutsche Name. Sie ernähren sich als Blütenbesucher, lecken an Baumsäften oder Honigtau. Larven saprophag (z. B. **Eristalis**, „Rattenschwanzlarve"), phytophag (z. B. **Eumerus** u. **Merodon**), als Kommensalen bei Bombus u. Vespa (**Volucella**) oder räuberisch, vor allem als Blattlausjäger (**Syrphinae**).

Systematisch werden die Syrphiden heute nur noch in 2 große Unterfamilien unterteilt (**Syrphinae** u. **Milesiinae**), die früheren Unterfamilien sind zu Triben umgewandelt. Da aber die Stellung der Gattungen nicht immer in den ehemaligen Unterfam. geblieben ist, andererseits die Bestimmung nach der alten systematischen Gliederung einfach erscheint, ist hier das alte System beibehalten.

1. Querader r–m steht weit vor der Mitte der Zelle D [*112*] . . . *2*

— r–m etwas vor, auf oder hinter der Mitte von D [*114*] *11*

2. R_{4+5} mit einem Aderanhang in die Zelle R_5 [*112*]. Fühler lang vorgestreckt, 3. Fühlergl mit einer Rückenborste. 9–12 mm **Microdontinae**

5; **Microdon** Meig. Larven nacktschneckenähnlich, saprophag bei Ameisen.

— R_{4+5} ohne einen solchen Aderanhang *3*

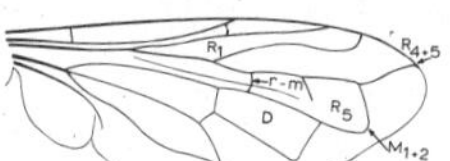

112

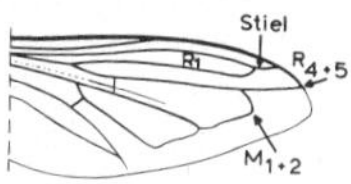

113

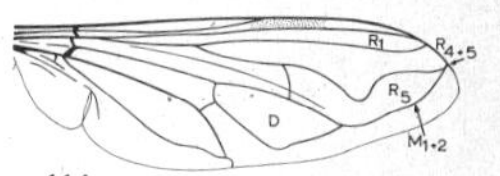

114

3. Zelle R_1 geschlossen u. gestielt, M_{1+2} mündet in R_{4+5}, rückläufend [*113*]. Fühlerborste lang gefiedert. 14–19 mm, große hummel- oder wespenähnliche Fliegen . . . . **Volucellinae**

5; **Volucella** Geoffr., Larven leben von Abfällen in Wespen- u. Hummelnestern.

— Zelle R_1 offen [*124*]; andersartig *4*

4. Abdomen in Aufsicht keulenförmig [*115, 116, 117a* u. *b*] *5*

— Abdomen in Aufsicht andersartig [*118a, b*] *6*

5. Gesicht nach vorn schnabelartig vorgezogen [*117c*]. Abdomen wie [*117a, b*]; 5–7 mm . . . . **Spheginінae**

6; **Neoascia** Will. (Fühlerborste kürzer als Fühler lang, nackt [*117c*]. M_{1+2} rechtwinklig nach R_{4+5} aufgebogen.); 4; **Sphegina** Meig. (Fühlerborste länger als der Fühler, behaart. M_{1+2} bogenförmig nach R_{4+5} aufgebogen.)

— Gesicht unter den Fühlern nicht vorgezogen. Größere Arten (7 mm oder länger). Abdomen wie [*115, 116*] . . . . **Bacchinae**

a. Abdomen sehr lang u. dünn [*115*]. 9 mm: 2; **Baccha** F.

b. Abdomen nicht so stark verjüngt [*116*]: **Doros conopeus** F. (über 12 mm); 2; **Spathiogaster** Rond. (um 7 mm)

6. Ganz dunkle, schwarze oder metallisch schimmernde Arten. Treten am Abdomen helle Stellen auf, dann ist das Gesicht im Profil dem Augenrand parallel u. Augen u. Gesicht sind dicht behaart **Cheilosiinae** S. 361

— Arten mit heller Zeichnung an Kopf, Thorax u./od. Abdomen . *7*

7. Fühler länger als der Kopf, vorgestreckt. [*119, 120*] *8*
— Fühler kürzer als der Kopf, nickend [*121, 122, 123*]. (Fehlen an M_{1+2} u. M_{3+4} Aufgabelungen [*124*], dann auf **Myolepta (Milesiinae)** (Nr. *12* prüfen!) *9*

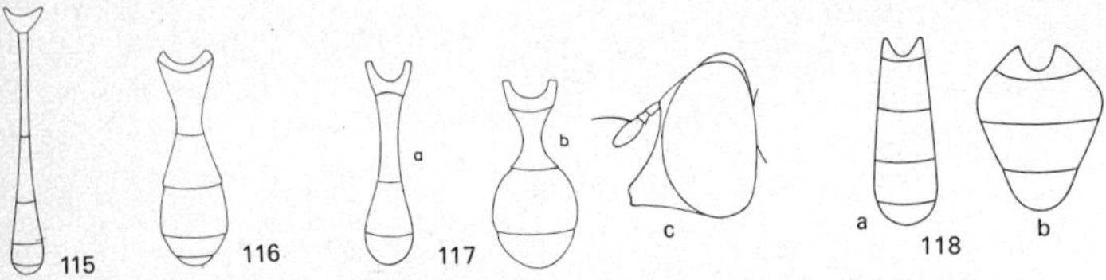

115 116 117 118

8. Fühler auf einem sehr langen Stirnfortsatz angesetzt [*120*]. Abdomen mit einer roten Binde. 8–9 mm . **Psarinae, Psarus abdominalis** F.
— Fühler stehen auf keinem Stirnfortsatz [*119*]. Abdomen mit mindestens 2 gelben oder roten Binden. 8–14 mm
Bogenfliegen, **Chrysotoxinae**, ca. 10; **Chrysotoxum** Meig.
9. Gesicht am Mundrand auffällig stark nach vorn oder abwärts gezogen [*121, 122*] *10*
— Gesicht am Mundrand höchstens etwas vorgebuchtet, aber nie auffällig verlängert [*123*] . . . . **Syrphinae** S. 361
10. Gesicht auffallend weit nach unten gezogen [*121*]. 3. Fühlergl auffallend gestaltet u. groß, mit ± deutlicher gegliederter Borste.
Pelecocerinae
2; **Pelecocera** Meig. (3. Fühlergl an der Vdseite abgeflacht, im Profil fast 3eckig, an der oberen Ecke inseriert die Fühlerborste. 5–8 mm); **Chamaesyrphus scaevoides** Fall. (3. Fühlergl im Profil rundlich [*121*]. Fühlerborste steht deutlich dorsal. 5–6 mm)

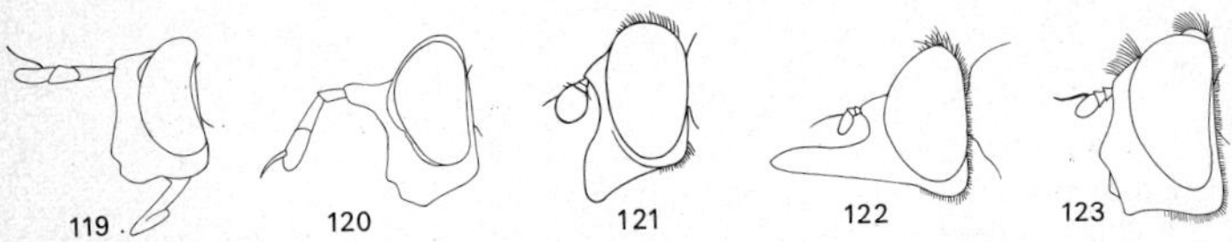

119 120 121 122 123

— Gesicht nach vorn gezogen [*122*]. 3. Fühlergl nicht auffällig gestaltet. Fühlerborste undeutlich 2gliedrig . . . . **Brachyopinae**
3; **Rhingia** Scop. (häufig R. **campestris** Meig.) (Gesicht stark schnabelförmig nach vorn verlängert [*122*]. 7–9 mm.); 5; **Brachyopa** Meig. (Gesicht nicht so stark nach vorn verlängert, überragt nicht die Fühler. 6–10 mm.)
11. R_{4+5} über Zelle R_5 tief eingebuchtet [*114*]. Fühler immer kürzer als der Kopf; 3. Gl mit Rückenborste . . . . **Eristalinae** S. 362

124 125

— R_{4+5} mit einem Knick in die Zelle R_5 eingebuchtet [*125*]. Fühler länger als der Kopf, mit einem Endgriffel. 13 mm. Seltene Arten.
Cerioidinae, 2; **Ceriodes** Rond.
— R_{4+5} gerade [*124*] oder nur schwach über der Zelle R_5 geschwungen, viel schwächer als [*114*]. *12*

12. Fühlerborste lang gefiedert . . . . **Sericomyiinae**
2; **Sericomyia** Meig. (Abdomen mit gelben Querbinden; fast nackte, wespenähnliche Fliegen. 13–16 mm); 2; **Arctophila** Schin. (Thorax u. Abdomen gleichmäßig dicht behaart; hummelähnlich. 15–17 mm.)
— Fühlerborste nackt . . . . **Milesiinae** S. 362

Cheilosiinae

1. Fühler lang vorgestreckt, so lang wie der Kopf, 3. Gl mit einem Endgriffel. 11–13 mm **Callicera aenea** F.
— 3. Fühlergl mit dorsal stehender Borste. Fühler kürzer als der Kopf *2*
2. Gesicht dem Augenrand in Seitenansicht ± parallel, ohne Höcker, ganz schwarz u. wie die Augen dicht behaart *3*
— Gesicht dem Augenrand in Seitenansicht nicht parallel, mit einem Höcker am Mundrand oder in der Mitte oder am Mundrand auffällig vorgezogen *6*
3. Abdomen mit 3–4 von oben sichtbaren Segmenten, das 2. Segment ca. 3mal so lang wie das 1.; 5–6 mm . . . . **Triglyphus primus** Loew
— Abdomen mit 5 von oben sichtbaren Segmenten, das 2. Segment ca. 2mal so lang wie das 1. . . . . *4*
4. 3. Fühlergl etwa doppelt so lang wie breit, lang-oval. 5–7 mm 4; **Heringia** Rond.
— 3. Fühlergl so lang wie breit, kurz-oval bis rund *5*
5. Abdomen breit elliptisch. 5–8 mm . . . . 9; **Pipiza** Fall.
— Abdomen schlank. 5–8 mm. . . . . 9; **Neocnemodon** Goffe
6. Gesicht im Profil ganz gerade, am Mundrand etwas vorgezogen u. mit einem Höcker kurz über dem Mundrand. 5–8 mm. . . . . .2; **Psilota** Meig.
— Gesicht im Profil gekrümmt, mit einem Mittelhöcker oder unter den Fühlern konkav u. am Mundrand auffallend vorgezogen *7*
7. Zelle D reicht bis zum Ende der Zelle R_5. 5–11 mm . **Cheilosia** Meig. (ca. 60 Arten)
— Zelle D ist nur $^2/_3$ so lang wie die Zelle R_5 . . . . *8*
8. 3. Fühlergl etwa doppelt so lang wie breit. 5–7 mm . . . . . 5; **Orthonevra** Macq.
— 3. Fühlergl fast so lang wie breit, ei- oder kreisförmig *9*
9. Abdomen oberseits stark glänzend. 3. Fühlergl auffallend groß. 5–6 mm 2; **Liogaster** Rond.
— Abdomen oberseits auf der Mitte matt, nur am Rand glänzend. 3. Fühlergl von normaler Größe. 5–8 mm . . . . 8; **Chrysogaster** Meig.

Syrphinae, Blattlausfliegen

1. Gesicht unter den Fühlern ausgehöhlt (konkav) [*123*], meist mit deutlichem Mittelhöcker *2*
— Gesicht deutlich vorgewölbt, nicht konkav. 3. Fühlergl doppelt so lang wie breit. Abdomen nach unten gekrümmt. 5–6 mm. . . . . .5; **Paragus** Latr.
2. Gesicht u. Schildchen [Sl: *67 a*] ganz metallisch schwarz, höchstens hell bestäubt *3*
— Gesicht zumindest teilweise, meist ganz gelb *7*
3. Abdomen so lang oder länger als die Fl, flachgedrückt, an der Basis deutlich schmäler als kurz vor dem Htende. 9 mm . . . . 2; **Pyrophaena** Schin.
— Abdomen kürzer als die Fl, parallelrandig, oval oder zum Htende zugespitzt. An der Basis nicht schmäler als kurz vor dem Htende *4*
4. Vdtarsen u. z. T. auch die Vdtibien beim ♂ auffällig verbreitert; beim ♀ Tarsen kurz u. breit. 6–10 mm . . . . .15; **Platycheirus** St. Farg. et Serv.
— Vdtarsen bei ♂ u. ♀ normal *5*
5. Abdomen beim ♂ parallelrandig; beim ♀ schlank *6*
— Abdomen breit-oval, flach. 9–11 mm . . . .**Xanthandrus comtus** Harr.
6. Augen fein behaart. 9 mm . . . .**Melangyna quadrimaculata** Verr.
— Augen unbehaart. 7–9 mm . . . . .5; **Melanostoma** Schin.
7. Thorax dorsal u. lateral ohne scharf begrenzte gelbe Linie u. Flecken *8*
— Thorax dorsal u. lateral mit scharf begrenzten gelben Linien u. Flecken . . . *12*
8. Die schwarze Grundfarbe des Abdomens nicht durch helle Stellen unterbrochen. Bunte Zeichnung auf dem Abdomen nur durch Behaarung. Große, breite Art. 13–15 mm . . . . **Eriozona syrphoides** Fall.
— Abdomen in der Grundfarbe mit hellen Flecken oder Binden *9*
9. Vorderste Binde auf dem Abdomen nimmt fast das ganze Segment ein. Auf den folgenden Segmenten liegende Binden viel schmäler oder fehlend. 10–11 mm 4; **Leucozona** Schin.
— Binden des Abdomens ± gleich breit. *10*
10. Stirn erscheint aufgeblasen, wie die Augen dicht behaart. Abdomen mit 3 Paar hellen sichelförmigen Flecken. 12–15 mm. . . . . .2; **Scaeva** F.
— Stirn erscheint nicht aufgeblasen, ist nicht auffällig behaart. Abdomen anders gezeichnet *11*

11. R_{4+5} über Zelle R_5 auffallend eingebuchtet (ähnlich, aber schwächer als in [114]). 10–12 mm . . . 3; **Didea** Macq.
– R_{4+5} über Zelle R_5 nicht auffällig geschwungen. 7–13 mm. Eine Anzahl sehr ähnlicher Gattungen, die unter der Großgattung **Syrphus** F. zusammengefaßt werden können; wie **Syrphus** F., **Epistrophe** Walk., **Episyrphus** Mats., **Metasyrphus** Mats., **Mesosyrphus** Mats. u. a.
12. Sehr schlanke Arten, mit schmalem, ± parallelrandigem Abdomen. Fl meist deutlich kürzer als Abdomen. Genitalanhänge des ♂ auffällig kugelig. 6–10 mm 4; **Sphaerophoria** St. Farg. et Serv.
– Breitere Arten, mit flachgedrücktem u. ovalem Abdomen . . . *13*
13. Augen nackt. Leuchtend gelbe Binden auf dem Abdomen in der Mitte unterbrochen. 11 mm. . . . 2; **Xanthogramma** Schin.
– Augen behaart. Nur 1. Binde des Abdomens, die übrigen nicht unterbrochen. 10 mm. . . . **Olbiosyrphus laetus** F.

Eristalinae, Schlammfliegen

1. Zelle R_1 geschlossen . . . *2*
– Zelle R_1 am Flrand immer offen [114]. . . . *4*
2. Augen einfarbig, ungefleckt, höchstens durch Behaarung der Augen kleine Schatten. 10–15 mm. . . . Ca. 14; **Eristalis** Latr.
– Augen mit Flecken u. Punkten . . . *3*
3. Augen mit großen, teilweise zusammenfließenden, dunklen Flecken u. dicht behaart. 8–9 mm. . . . **Eristalinus sepulcralis** L.
– Augen mit kleinen isolierten Punkten, mit nur äußert feiner Behaarung. 11–12 mm. **Lathyrophthalmus aeneus** Scop.
4. Htschenkel verdickt, unterseits vor der Spitze mit breitem, dreieckigem Zahn [126], dieser meist noch mit mehreren Dörnchen. Augen behaart. Pelzig behaarte Fliegen. 9–13 mm. . . . 5; **Merodon** Meig.

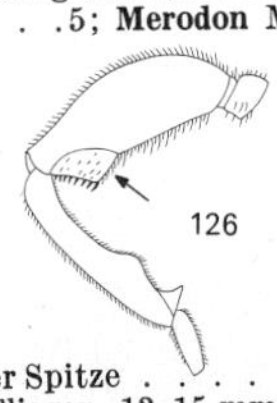

126

Häufig **M. equestris** F. Larven in Zwiebelgewächsen.
– Htschenkel oft verdickt aber nie mit Zahn oder Höcker vor der Spitze . . . *5*
5. Thorax einfarbig dunkel. Pelzig behaarte, hummelähnliche Fliegen. 13–15 mm 3; **Mallota** Meig.
– Thorax mit Längs- oder Querstreifen. Nicht stark behaarte, bienenähnliche Fliegen *6*
6. Thorax mit Querbinden; Augen behaart. 10–13 mm. . . . **Myatropa florea** L.
– Thorax mit Längsstreifen; Augen nackt . . . *7*
7. Abdomen auf der Mitte mit deutlichen paarigen Längsflecken. 3. Fühlergl kürzer als hoch, mit scharfer Oberecke. 12 mm . . . **Liops vittata** Meig.
– Abdomen mit Querbinden oder Querflecken. 3. Fühlergl länger als breit, oval . *8*
8. Gesicht mit glatter, glänzender, unbestäubter Mittelstrieme. 11–15 mm 3; **Helophilus** Meig.
– Gesicht einschließlich Mittelstrieme bestäubt . . . *9*
9. Gesicht in der unteren Hälfte stark schnabelförmig vorgezogen, am Ende zugespitzt. 9 mm. . . . 2; **Eurimyia** Bigot
– Gesicht in der unteren Hälfte nicht vorgezogen . . . *10*
10. 2. u. 3. Abdominaltergit mit den größten Teil der Fläche einnehmenden Flecken. Augen des ♂ berühren sich. 9–12 mm . . . **Mesembrinus peregrinus** Loew.
– 2. u. 3. Abdominaltergit mit kleinen Flecken. Augen des ♂ breit getrennt. 8–11 mm. 3; **Parhelophilus** Girschn.

Milesiinae

1. Fühler länger als der Kopf, vorgestreckt, 3. Gl das kleinste, 2. Gl 3mal so lang wie 3. Gl. Gesicht kegelförmig unter die Augen herabgezogen. 12–13 mm. **Sphecomyia vittata** Wied.
– Fühler kürzer als der Kopf, 3. Gl am längsten . . . *2*
2. Stark, meist pelzig behaarte Arten . . . *3*
– Nackte oder fast nackte Arten . . . *6*
3. Htschenkel auf der Unterseite mit Dornen. Abdomen parallelrandig. 12–14 mm 5; **Brachypalpus** Macq.

– Htschenkel unterseits nicht mit Dornen *4*
4. Gesicht unter die Augen herabgezogen u. zugespitzt *5*
– Gesicht im Profil nur wenig unter die Augen herabgezogen u. abgestutzt. 13 mm **Pocota personata** Harr.
5. Lang u. dicht behaart, hummelähnlich. Gesicht steht weiter vor als der Höcker, auf dem die Fühler sitzen. 10–16 mm . . . . .6; **Criorrhina** Meig.
– Weniger dicht behaart. Gesicht steht nur so weit vor wie der Höcker, auf dem die Fühler sitzen. 10–11 mm . . . . **Blera fallax** L.
6. Thorax ohne deutliche gelbe Zeichnung, höchstens mit gelben Schultern . . . *7*
– Thorax neben den gelben Schultern auch mit gelber Zeichnung *12*
7. Htschenkel unterseits mit Dornen oder mit zahnartigem Fortsatz *8*
– Htschenkel ohne Dornen oder zahnartigem Fortsatz, höchstens mit Dörnchen *11*
8. M_{1+2} doppelt geknickt u. rücklaufend [*127*]. Gesicht unter den Fühlern nicht ausgehöhlt. Habitus wie kleine Erdbienen. 6–9 mm
8; **Eumerus** Meig. (Larven in Zwiebelgewächsen)

127

– M_{1+2} anders. Gesicht unter den Fühlern deutlich ausgehöhlt *9*
9. Htschenkel unterseits an der Spitze beborstet u. mit einem kräftigen, zahnartigen Fortsatz. 8–10 mm . . . . 2; **Tropidia** Meig.
– Htschenkel unterseits an der Spitze höchstens beborstet, ohne Dorn *10*
10. Querader r–m steht vor der Mitte der Zelle D [*124*]. 9 mm . .3; **Myiolepta** Newm.
– r–m steht auf oder hinter der Mitte von D. Htschenkel stark verdickt, in der Mitte fast ½ so dick wie der Schenkel lang. 9 mm, sehr häufig . . . **Syritta pipiens** L.
– r–m steht hinter der Mitte von D. Htschenkel nicht so stark verdickt. Meist größere Arten, 8–16 mm . . . . .12; **Xylota** Meig.
11. Thoraxrücken an den Rändern ohne Borsten. Fühler auf auffälligem Höcker. 13–15 mm . . . . **Calliprobola speciosa** Rossi
– Thoraxrücken an den Rändern mit kräftigen Borsten. 7–11 mm
3; **Ferdinandea** Rond.
12. r–m verbindet R_{4+5} u. M_{1+2} fast gerade u. senkrecht miteinander. Htschenkel ohne Zahn. 13–17 mm . . . . 3; **Temnostoma** St. Farg. et Serv. Habituell im Fluge einer Wespe äußerst ähnlich, da sie die Vdbeine fühlerartig nach vorne halten; auch Körperzeichnung sehr wespenähnlich.
– r–m stark s-förmig geschwungen. Htschenkel unterseits vor der Spitze mit einem Zahn. Wespenähnlich. 13–15 mm . . . . 2; **Spilomyia** Meig.

Conopidae, Dickkopffliegen, Blasenkopffliegen

Von sehr unterschiedlichem Habitus, z. T. wespen- oder bienenähnliche Formen, 3–20 mm. Alle Imagines sind Blütenbesucher. Larven parasitieren in Hymenopteren u. Orthopteren.

1. Fühler mit Endgriffel [*128*] . . . . **Conopinae** *2*
— Fühler mit Rückenborste [*129*] *4*
2. Rüssel kürzer als der Kopf, meist in der Mundhöhle verborgen, dick. 10–14 mm .6; **Leopoldius** Rond.
— Rüssel viel länger als der Kopf [*128*] *3*

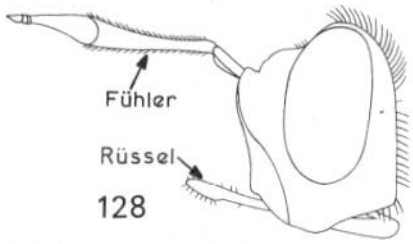

128

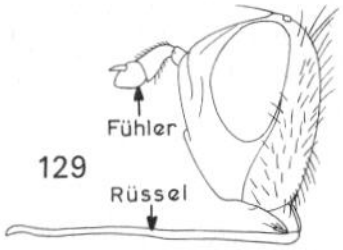

129

3. Querader r–m etwas hinter der Mitte von Zelle D. 2. Abdominalsegment viel länger als breit. 9–20 mm . . . . 4; **Physocephala** Schin.
— r–m hinter dem 2. Drittel von Zelle D. 2. Abdominalsegment so lang wie breit. 9–18 mm. Habitus wie [*55*] . . . . . . 6; **Conops** L.

4. Zelle Cu kurz, gerade abgestutzt; Cubitus (Cu) bildet mit 1A einen rechten Winkel. Abdomen in Aufsicht rundlich. 3–6 mm
Dalmanniinae (4; **Dalmannia** R.-D.)

— Zelle Cu lang, schräg zugespitzt; Cu bildet mit 1A einen spitzen Winkel. Abdomen in Aufsicht keulig . . . . **Myopinae** *5*

5. Rüssel nur an der Basis geknickt. 4–9 mm. . . . . 3; **Zodion** Latr.

— Rüssel an der Basis u. in der Mitte geknickt *6*

6. Backen in Seitenansicht viel weniger hoch als ein Auge *7*

— Backen in Seitenansicht mindestens so hoch wie ein Auge. 3,5–15 mm.
8; **Myopa** F.

7. Fühler länger als ihr Abstand vom Scheitel, meist kopflang. Kleinere, 3,8 mm, schwärzliche Fliegen. . . . . 4; **Thecophora** Rond.

— Fühler viel kürzer als ihr Abstand vom Scheitel. 8–13 mm, rotbraun
Sicus ferrugineus L.

Otitidae

1. Sc u. R_1 nackt. Zelle R_5 zum Flrand hin deutlich verengt. Fl ohne Muster, durchscheinend. 4–6 mm. Wippfliegen, **Ulidiinae** (Ausnahme **Homalocephala** Zett.) Z. B. **Ulidia** Meig. u. **Physiphora** Fall. Larven im Mist, unter Baumrinden usw. Larven von **Ph. demandata** Hendel haben Sprungvermögen wie Piophila casei L. (Piophilidae).

– Sc u. R_1 oberseits behaart oder beborstet (Ausnahme **Seioptera** Kirby). Zelle R_5 zum Flrand hin nicht deutlich verengt. Fl oft auffällig gemustert. 2–10 mm
Z. B. **Otites** Latr.,**Herina** R.-D.; Schmuckfliegen, **Otitinae**

Tephritidae, Bohrfliegen, Fruchtfliegen

Mit auffällig gezeichneten Fl. Larven entwickeln sich ausschließlich in lebenden Pflanzenteilen. Sie sind Gallbildner oder Minierer. Die Larven lassen sich nach der Lebensweise in den Pflanzenteilen in 4 Gruppen einteilen; eine Bestimmung erfolgt am besten anhand der Wirtspflanze.

1. Entwicklung in Blütenköpfen meist von Kompositen: **Urophora** R.–D., **Myopites** Bréb., **Trypeta** Meig., **Tephritis** Latr. u. a.

2. Entwicklung in Früchten verschiedener Pflanzenfamilien: **Rhagoletis** Loew (z. B. **R. cerasi** L. Kirschfliege); **Anomoia** Walk.; **Ceratitis capitata** Wied., Mittelmeerfruchtfliege, Larven werden in Citrusfrüchten eingeschleppt; u. a.

3. Entwicklung in Blättern (Blattminierer): **Philophylla** Rond., **Urophora** R.–D., **Prionimeria** Rond. u. a.

4. Entwicklung in Stengeln u. Wurzeln; außer in Spargel (**Platyparea poeciloptera** Schr., Spargelfliege) nur in Kompositen: **Oxyna** R.–D., **Spathulina** Rond., **Dithryca** Rond. u. a.

Psilidae, Nacktfliegen

Träge Fliegen, meist an schattigen Stellen. Imagines 3–15 mm. Larven entwickeln sich phytophag in Stengeln u. Wurzeln verschiedener Pflanzen. Als Schädling von Bedeutung: **Psila rosae** F. (Möhrenfliege).

1. 3. Fühlerglied viel länger als breit, langgestreckt, bandförmig, oft länger als die Fühlerborste *2*

– 3. Fühlerborste kurz, wenig länger als breit, rundlich; Fühlerborste länger als 3. Gl *3*

2. 3. Fühlergl viel länger als 1. u. 2. zusammen. 7–8 mm . . . . . . **Loxocera** Meig.

– 3. Fühlergl so lang wie 1. u. 2. zusammen. 11–14 mm. Sehr selten.
Platystyla hoffmannseggi Meig.

3. Zelle Cu am Ende bauchig begrenzt . . . . **Strongylophthalmyia** Heller.

– Zelle Cu gerade begrenzt *4*

4. Htkopf abgeflacht, Kopf im Profil halbkreisförmig . . . . **Chyliza** Fall.

– Htkopf nach außen gewölbt (konvex) *5*

5. Htfemur beim ♂ verdickt u. gebogen; ♀ mit eigenartig chitinisiertem Ovipositor
Psilosoma Zett.

– Htfemur u. Ovipositor normal . . . . **Psila** Meig.

Sciomyzidae, Netzfliegen

Fliegen bräunlich oder grau gefärbt, am Kopf lebhafte Kontrastzeichnung. Fl mit Flecken oder Gitterzeichnung. 2–12 mm. Vorzugsweise in der Nähe von Gewässern, auf feuchten Wiesen, an Gräben, im Ufergebüsch, auf Wasserpflanzen usw. Larven aquatisch, räuberisch oder parasitisch an Wasserschnecken.
Eine große Anzahl von Gattungen, die sich teilweise schwierig unterscheiden lassen, z. B. **Salticella** R.–D., **Sciomyza** Fall., **Sepedon** Latr., **Tetanocera** Dum.

Agromyzidae, Minierfliegen

Larven aller Arten phytophag; sie minieren in Blättern, Stengeln, Kambium u. Samen. Es ist leichter, die Fliegen nach der Minenart u. der Wirtspflanze, als die Imago selbst zu bestimmen. Imagines 1–5 mm. Viele Gattungen mit zahlreichen Arten.
An Getreide kommen Arten folgender Gattungen vor: **Agromyza** Fall., **Cerodontha** Rond., **Liriomyza** Mik., **Phytomyza** Fall.

Chloropidae, Halmfliegen

Dunkelgrau bis schwarz gefärbt oder gelb, grün u. schwarz gepunktet oder gestreift. Imagines um 1–8 mm. Die meisten Larven phytophag in Schößlingen u. Samen von Gräsern; am bekanntesten **Oscinella frit** L. (Fritfliege an Getreide), andere sind saprophag, einige karnivor oder parasitisch, z. B. in Spinnenkokons.

1. C bis R_{4+5} oder etwas darüber hinaus, geht aber nie zur Mündung von M_{1+2}. Körper oft gelb, grün u. schwarz gefleckt oder gestreift . . . . **Chloropinae**
- **a.** Htschenkel verdickt, Httibien entsprechend gebogen . . . . **b**
- – Htschenkel nicht verdickt, Httibien nicht gebogen. Eine Anzahl Gattungen z. B. **Chlorops** Meig., **Thaumatomyia** Zenk. u. a.
- **b.** Ozellendreieck nimmt fast die ganze Stirn ein, ist punktiert u. behaart. Stirn ragt weit vor die Augen. 3–8 mm. Larven in Schilf . . . . . **Platycephala** Fall.
- – Ozellendreieck kleiner, weder punktiert noch behaart, glänzend. 2–4 mm **Meromyza** Meig.

– C bis zur Mündung von M_{1+2}. Meist dunkelgraue bis schwarze Fliegen **Oscinellinae**
- **a.** Höchstens 3 mm. Mehrere Gattg. wie **Elachiptera** Macq., **Oscinella** Beck. u. a. Einige Arten mit Flreduktion.
- **b.** Körper 4–8 mm. . . . . . **Lipara** Meig. (4 Arten; verursachen Gallen an Schilf).

Anthomyiidae, Blumenfliegen

Blütenbesucher, meist grau bestäubt, einige auffällig schwarz-grau gezeichnet oder mit gelben Beinen u. Abdomen; 3–12 mm.

1. Augen des ♂ u. ♀ breit getrennt; Thorakalschüppchen (Th) immer kleiner als das Flügelschüppchen (Fs) [*67a*], beide klein. Tangfliegen, **Fucellinae**

Hierher u. a. die Gattg. **Fucellia** R.–D. mit vielen Arten. Sie treten in Massen am Meeresstrand auf. Larven entwickeln sich im Strandanwurf.

— Augen der ♂♂ meist genähert; Thorakalschüppchen immer so groß oder größer als das Flschüppchen, beide groß. Blumenfliegen, **Anthomyiinae**

Eine große Zahl schwer unterscheidbarer Gattungen u. Arten. Unter ihnen einige landwirtschaftliche Schädlinge: Kleine Kohlfliege, **Delia brassicae** Bouche; Große Kohlfliege, **D. floralis** Fall.; Zwiebelfliege, **D. antiqua** Meig.; Rübenfliege, **Pegomya hyoscyami** Panz.; Getreidebrachfliege, **Leptohylemya coarctata** Fall. u. a.

Muscidae, „Echte" Fliegen

Imagines Blütenbesucher, Räuber, Blutsauger oder sapro- u. koprophag; 2–18 mm. Meist stark bestäubte, graue Fliegen, einige gelb oder rot, andere goldgrün oder stahlblau, Larven meist sapro- oder koprophag, einige auch räuberisch.

1. Rüssel stark chitinisiert, hornig glatt, lang u. spitz, zu einem Stechrüssel umgewandelt . . . . Stechfliegen, **Stomoxyinae**
- **a.** Taster kürzer als der Rüssel; Blutsauger bei Haustieren u. Mensch; 6–7 mm. [*15*: S. 164] . . . . Wadenstecher, **Stomoxys calcitrans** L.
- **b.** Taster so lang wie der Rüssel . . . . **Haematobia u. Haematobosca**
H. irritans L. (Fühlerborste nur oberseits gefiedert; auf Rindern Blut saugend, 4 mm); **H. stimulans** Meig. (Fühlerborste ober- u. unterseits gefiedert; auf Rindern u. Pferden Blut saugend; 5–6 mm)

— Rüssel nicht so ausgebildet. **2**

2. Pteropleura [Pt: *67a*] behaart oder beborstet *3*
— Pteropleura nackt *4*
3. Taster fadenförmig, am Ende nicht verbreitert . . . . . **Muscinae**
Hier eine Auswahl:
a. M_{1+2} bis zum Flrand gerade verlaufend. . . . . .2; **Polietes** Rond.
b. M_{1+2} bogenförmig zu R_{4+5} hin gekrümmt. Flwurzel u. Schüppchen [Th, Fs: *67a*] intensiv gelb. Körper lang u. dicht behaart. 10–18 mm . . . 2; **Mesembrina** Meig.
c. M_{1+2} aufgebogen; Thorax u. Abdomen goldgrün metallisch glänzend 2; **Orthellia** R.–D.
d. M_{1+2} winkelförmig gebogen u. deutlich gekniet. Thorax matt bestäubt. **Musca** L. In Häusern häufig die Große Stubenfliege, **M. domestica** L.
— Taster am Ende löffelartig verbreitert. Gattg. **Lispe** Latr. **(Limnophorinae)**
4. R_1 oberseits mit schwarzen Borsten . . . . . . **Achanthipterinae**
Nur **Achanthiptera rhorelliformis** R.–D. Körper gelb. Larven entwickeln sich in Wespennestern.
— R_1 oberseits nackt *5*
5. Sc hat nur nahe der Flbasis eine Biegung, von da an läuft sie fast geradlinig bis zum Flrand. 2A umgreift 1A bogig [*64*] . . **Fanniinae**
Wichtigste Gattg.: **Fannia** R.–D. mit ca. 100 Arten; u. a. die Kleine Stubenfliege, **F. canicularis** L.
— Sc hat noch eine weitere Biegung zum Flrand hin *6*
6. 3 Sternopleuralborsten [St: *67a*] stehen in einem gleichseitigen Dreieck . . . . **Coenosiinae**
Bekannteste Gattg.: **Coenosia** Meig. Imagines ernähren sich räuberisch von Insekten.
— Sternopleuralborsten anders angeordnet oder weniger als 3. . . *7*
7. M_{1+2} zu R_{4+5} aufgebogen, Zelle R_5 zum Flrand hin verengt.
a. Schildchen am Htrand rötlich; Augen nicht behaart; 7–9 mm 4; **Muscina** R.–D. **(Phaoniinae)**
b. Schildchen am Htrand nie rötlich, Augen dicht behaart.
1. Abdomen kurz u. breit, hoch gewölbt, auf dem 2. u. 3. Tergit am Vdrand mit Mittelfleck. M_{1+2} bogenförmig nach unten gebogen, bevor sie sich aufwärts wendet. Vordere Sternopleuralborste fehlt. **Graphomyia maculata** Scop. **(Mydaeinae)**
2. Abdomen länglich. M_{1+2} biegt erst kurz vor dem Flrand direkt aufwärts. **Myospila** Rond. **(Mydaeinae)**. **M. meditabunda** F. (Abdomen mit 2 Paar braunen Flecken); **M. hennigi** G. & P. (Abdomen ohne Flecken).
— M_{1+2} verläuft gerade bis zum Flrand *8*
8. Tibia des 3. Beinpaares außen hinten auf oder unter der Mitte meist mit einer bis mehreren Borsten . . . . **Phaoniinae**
Eine Auswahl der Gattg.: **Phaonia** R.–D., **Ophyra** R.–D., **Hydrotaea** R.–D. (**H. irritans** Fall. belästigt im Sommer Vieh u. Mensch).
– Tibia des 3. Beinpaares hinten auf oder unter der Mitte ohne Borsten. **Mydaeinae** u. **Limnophorinae**
Zu den **Mydaeinae** gehören u. a. die Gattg. **Mydaea** R.–D. u. **Helina** R.–D.; zu den **Limnophorinae** u. a. **Limnophora** R.–D.

Hippoboscidae, Lausfliegen

Die Fliegen leben ektoparasitisch auf Vögeln u. Säugetieren, meist nur auf bestimmten Wirten. Die Larven entwickeln sich im Abdomen des ♀, wo sie durch Drüsen ernährt werden; sie werden erst kurz vor der Verpuppung geboren (Pupiparie).
1. Fl u. Halteren fehlen völlig. Habitus wie [*103*]. Ca 3 mm. Auf Schafen Schaflaus, **Melophagus ovinus** L.
– Fl u. Halteren vorhanden, wenn auch oft reduziert *2*
2. Kopf ± dreieckig, mit gerundetem Vdrand, tief in den Thorax eingefügt, kann daher nur wenig seitwärts bewegt werden. Fl mit nur 3 Längsadern außer Sc u. R_1; zwischen den übrigen Adern oft Falten. Fl bricht nach Erreichen des Wirtstieres nahe der Basis ab. Körper um 3 mm, Fl 4–6 mm . . . . **Lipoptena cervi** L. Auf Reh, Rotwild, Wildschwein, Fuchs, fliegt auch Menschen ins Haar.
– Kopf gerundet, meist mit tief eingekerbtem Vdrand, frei beweglich. Fl meist mit 6–7 Längsadern, normal entwickelt oder verkleinert u. funktionslos *3*
3. Fühlerborste aus mehreren Borsten. Fühler ohne Dornfortsatz; Fühlergrube ge-

schlossen. Krallen einfach. Nur auf Säugetieren. 3–5 mm . . . . 2; **Hippobosca** L.
– Fühlerborste blattförmig, Fühlergruben offen; Krallen einfach oder doppelt. Nur auf Vögeln *4*
4. Fl verkleinert, zum Fliegen nicht mehr geeignet *5*
– Fl normal entwickelt, daher Imagines dauernd flugfähig *6*
5. Ozellen vorhanden. Fl sehr schmal u. lang, etwa 8mal so lang wie breit. Körper ca. 3 mm, Fl um 6 mm. Auf Schwalbe u. Mauersegler **Stenepteryx hirudinis** L.
– Ozellen fehlen. Fl etwa doppelt so lang wie breit. Körper um 3, Fl um 5 mm. Auf Schwalbe u. Mauersegler. . . . . **Crataerina pallida** Latr.
6. Fl mit geschlossener Zelle Cu *7*
– Zelle Cu offen *9*
7. Fühler berühren sich einander in einer gemeinsamen Grube auf der Mitte der Stirn. Krallen einfach. Auf Singvögeln u. Raubvögeln. Körper um 2, Fl 2–2,5 mm **Ornithoica turdi** Latr.
– Fühler in getrennten Gruben seitlich auf der Stirn. Krallen doppelt *8*
8. C ist vor R_1 unterbrochen. Auf Singvögeln. Körper um 3, Fl 4–5 mm **Ornithophila metallica** Schin.
– C ist vor der Sc unterbrochen. Auf Singvögeln u. Raubvögeln. Körper um 3, Fl 5–7 mm . . . . **Ornithomyia avicularia** L.
9. Nur eine Querader (r–m) vorhanden. Schildchen fast rechteckig, am Htrand vor den Ecken mit mehreren behaarten fingerförmigen Fortsätzen. Ozellen fehlen. Körper um 3, Fl 4–5 mm. An Tauben, Raubvögeln u. a. . **Pseudolynchia canariensis** Macq.
– Queradern r-m u. m-cu vorhanden. **Lynchia albipennis** Say. (Schildchen seitlich mit 2 langen Borsten; Körper 3, Fl 6 mm; auf Rohrdommel u. Purpurreiher) und **Olfersia fumipennis** Stahlb. (Schildchen ohne solche Borsten; Körper 4–5, Fl 7–9 mm; auf Fischadler, Seeadler u. a. Raubvögeln).

Nycteribiidae, Fledermausläuse

Imagines flügellos, ektoparasitisch an Fledermäusen. Kopf auf den Thorax zurückgelegt. Beine lang, spinnenartig. Larvalentwicklung wie bei Hippoboscidae. 2–5 mm, Habitus wie [*104*]. Einige Gattungen z. B. **Nycteribia** Latr., **Penicillidia** Kolen.

Calliphoridae, Schmeißfliegen

Imagines auf Blüten, gärenden Früchten, Aas usw. an sonnigen Stellen. Larven (Maden) in zersetzender organischer Substanz, daher gelegentlich Wundschmarotzer, andere zum Parasitismus übergegangen.

1. Thorax neben normaler Beborstung mit langen, dünnen, gekräuselten, gelben oder grauen Haaren. Propleura nackt [Ppl: *67a*]. 8; **Pollenia** R.-D. (s. l.) Larven von **P. rudis** F. parasitieren Regenwürmer.
– Thorax normal beborstet, ohne zusätzliche gekräuselte Haare. Ppl behaart . . . *2*
2. Radius [R. *63*] bis zum Gabelpunkt von R_1 u. Rs oberseits kräftig behaart oder beborstet *3*
– Radius in diesem Bereich weder behaart noch beborstet *5*
3. Hinterkopf konvex; Fühlerborste beidseitig behaart *4*
– Htkopf konkav: Fühlerborste nur oberseits lang behaart **Stomorhina lunata** F.
4. Thorakalschüppchen [Th: *67a*] zur Spitze hin verbreitert: **Protophormia terraenovae** R.-D. (Flügelschüppchen [Fs: *67a*] oberseits mit feinen schwarzen Härchen); **Phormia regina** Meig. (Flügelschüppchen oberseits weiß behaart).
– Thorakalschüppchen zur Spitze verschmälert. 3; **Protocalliphora** Zett. **P. azurea** Fall. „Vogelblutfliege", deren Larven saugen wie die übrigen Arten der Gttg. an nestjungen Vögeln Blut. **P. hirudo** Sh. et Dob. erzeugt subkutane Myiasis bei Singvögeln, Befall tödlich.
5. Htende des Suprasquamalstegs [Sq: *67a*] mit einer Gruppe borstiger Haare. Fliegen metallisch glänzend, vorwiegend grün gefärbt . . . . . Goldfliege, 9; **Lucilia** R.-D. Larven in Kadavern; häufig **L. caesar** L. u. **L. sericata** Meig.; **L. bufonivora** Mon. obligatorischer Parasit bei Amphibien, Infektion meist tödlich.
– Suprasquamalsteg hinten nackt. Arten mit vorwiegend dunkelblauer Färbung, oft ohne metallischen Glanz *6*
6. Thorakalschüppchen [Th: *67a*] oberseits mindestens basal mit zahlreichen Börstchen *7*
– Thorakalschüppchen oberseits nackt (höchstens an der Basis mit 1–3 Härchen). Hierher. **Eggisops pecchioli** Rond. und 2; **Melinda** R.-D., diese Schneckenparasiten, sowie **Pseudonesia puberula** Zett.
7. Thorakalschüppchen oberseits basal behaart, auf der Fläche nackt. 2; **Onesia** R.-D. u. 3; **Bellardia** R.-D.
– Thorakalschüppchen oberseits auch auf der Fläche behaart, „Brummer". *8*
8. Abdomen ohne Bestäubung, glänzend stahlblau; Gesicht leuchtend gelb; bis 18 mm. Totenfliege, **Cynomyia mortuorum** L.

— Abdomen deutlich weißlich bestäubt, blau; Gesicht nicht auffallend gelb; bis 14 mm Blaue Fleischfliegen, 5; **Calliphora** R.-D. Häufig **C. vicina** R.-D. (= **erythrocephala** Meig.) (Backen gelbbraun oder rötlich) u. **C. vomitoria** (Backen schwarz).

Sarcophagidae, Fleischfliegen

Graue Fliegen, mit schachbrettartiger Zeichnung auf dem Abdomen, Thorax mit dunkler Längsstreifung. Viele Gattungen u. Arten. Larven der Gattg. **Sarcophaga** Meig. entwickeln sich in Aas oder zersetzender organischer Substanz; **S. carnaria** L. obligatorischer Parasit in Regenwürmern. **Brachicoma devia** Fall. entwickelt sich in Hummelnestern; Larven von **Miltogramma** Meig., **Metopia** Meig. u. a. parasitieren bei Hymenopteren.

Tachinidae, Raupen- oder Schmarotzerfliegen

Imagines von sehr unterschiedlichem Habitus; auf Blüten oder an sonnigen Stellen. Die Tachiniden sind Endoparasiten lebender Arthropoden, meist Insekten, wie Käfer, Schmetterlinge, Hymenopteren, Orthopteren u. a. aber auch Spinnen u. a. Die ♀♀ legen ihre Eier auf die Haut des Wirtes, an Stellen die von Wirtstieren häufig aufgesucht werden oder verstreuen in großer Zahl die Eier über den Pflanzen, die vom Wirtstier gefressen werden. Innerhalb des Wirtes entwickeln sich die Larven. Meist sterben die Wirte nach Entwicklung des Parasiten. Mehrere Unterfamilien mit einer großen Zahl von schwer zu bestimmenden Gattungen u. Arten.

Oestridae, Biesfliegen, Dasselfliegen, Nasenbremsen

Larven der Oestriden sind Endoparasiten bei Säugetieren. Larven der **Oestrinae** u. **Cephenemyiinae** entwickeln sich in der Nasen- u. Rachenhöhle, die der **Hypodermatinae** in den Dasselbeulen unter der Haut des Wirtstieres.

1. M_{1+2} trifft am Flrand nicht mit R_{4+5} zusammen, berühren sich höchstens *2*

— M_{1+2} vor d. Flrand in R_{4+5}, Zelle R_5 geschlossen u. gestielt. **Oestrinae**

a. Ein rudimentärer Rüssel fehlt. Abdomen oberseits glatt, mit wechselnd schimmernder Zeichnung. 10–12 mm . . . . Schafbremse, **Oestrus ovis** L.

b. Ein rudimentärer Rüssel ist vorhanden. Abdomen mit schwarzen Warzen. 9–11 mm. Wirte: Pferd u. Esel. . . . . **Rhinoestrus purpureus** Br.

2. M_{1+2} an seiner Aufwärtsbiegung nicht gegabelt. . . **Hypodermatinae**

a. Thorax u. Abdomen mit Borsten. 11–13 mm. Wirt: Nagetiere. **Oestromyia** Br.

— Thorax u. Abdomen nicht mit Borsten, nur ± stark behaart . . . . . . b

b. Thorax glänzend, mit deutlichen Längsstreifen. 2. Fühlergl glänzend. Zelle R_5 am Flrand offen, selten geschlossen. 11–15 mm. Wirte: Rind, Pferd, Schaf, Reh, Hirsch, Ziege, Mensch . . . . 4; **Hypoderma** Latr.

— Thorax matt, mit schwachen Längsstreifen. Körper schwach behaart. 2. Fühlergl matt. Zelle R_5 am Rand immer geschlossen. 11 mm. Wirte: Hausziege, selten Schaf u. Mufflon. **Crivellia silenus** Br.

— M_{1+2} an Aufwärtsbiegung in M_1 u. M_2 gegabelt. **Cephenemyiinae**

a. Körper lang u. dicht behaart. 14–18 mm. Wirt: Hirsche u. Reh **Cephenemyia** Latr.

b. Körper kurz behaart, fast kahl. 13–14 mm. Hirsch, Elch. **Pharyngomyia** Schin.

Larven der Diptera

Gestalt sehr unterschiedlich, ähneln niemals der Imaginalform. Thorakalbeine fehlen stets, höchstens sekundäre prothorakale Fußstummel. Entweder mit einer vollständigen oder teilweise reduzierten Kopfkapsel (d. h. mit deutlichem Außenskelett) (eucephal oder hemicephal), mit kauenden Mundwerkzeugen: die meisten **Nematocera** und **Brachycera Orthorrhapha**; oder Kopfkapsel völlig reduziert, ohne Außenskelett, Mundwerkzeuge zu Mundhaken (Cephalopharyngialskelett) abgewandelt (acephal): **Brachycera Cyclorrhapha.** Lebensweise der Larven in den unterschiedlichsten Lebensräumen. Larven einiger Familien nur im Wasser: **Dixidae, Chaoboridae, Culicidae, Simuliidae, Thaumaleidae, Blephariceridae.** Von folgenden Familien leben bestimmte Arten nur im Wasser, andere auf dem Land: **Tipulidae, Ptychopteridae, Psychodidae, Chironomidae, Ceratopogonidae, Stratiomyidae, Tabanidae, Syrphidae.** Die übrigen Familien haben meist nur Landbewohner. Von ihnen sind Minierer in Pflanzen: z. B. **Agromyzidae** [*1*] oder **Anthomyiidae** [*2*]. Gallbildner an Pflanzen: z. B. **Cecidomyiidae** [*3*] oder **Tephritidae** [*4*]. Parasiten in Wirbellosen: **Bombyliidae, Conopidae, Pipunculidae, Sciomyzidae, Tachinidae,** einige **Sarcophagidae.** Parasiten in Wirbeltieren sind: **Gasterophilidae, Oestridae** und einige **Calliphoridae.**

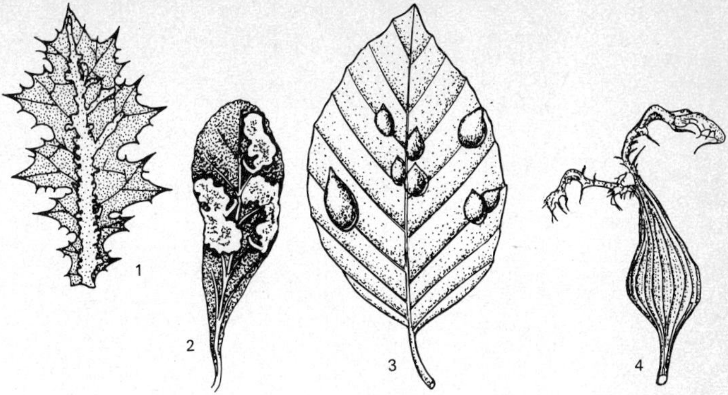

1. Kopfkapsel vollständig ausgebildet, mit Außenskelett (eucephal) und kräftigen Mundwerkzeugen. Mandibeln bewegen sich in einer ± horizontalen Ebene. 2 Ausnahmen: **Tipulidae** mit etwas reduzierter Kopfkapsel (hemicephal), Kopf in den Thorax einziehbar [*5*]; **Cecidomyiidae** ohne sklerotisierte Kopfkapsel (acephal), 2-gliedrige Fühler vorhanden. Die meisten Arten ventral am 1. Thorakalsegment mit Chitinplatte (Spatula) [*18*] . . . . **Mücken, Nematocera**
z. B. **Tipulidae** [*5*], **Ptychopteridae** [*6*], **Trichoceridae** [*7*], **Psychodidae** [*8*], **Chaoboridae** [*9*], **Culicidae** [*10*], **Dixidae** [*11*], **Chironomidae** [*12*], **Ceratopogonidae** [*13*], **Simuliidae** [*14*], **Blephariceridae** [*15*], **Scatopsidae** [*16*], **Bibionidae** [*17*], **Cecidomyiidae** [*18*], **Sciaridae** [*19*], **Mycetophilidae** [*20*].

— Kopfkapsel hemi- oder acephal, übrige Merkmale anders als bei Tipulidae und Cecidomyiidae . . . . **Fliegen, Brachycera** *2*

2. Kopfkapsel teilweise reduziert (hemicephal), aber vor allem dorsal noch mit deutlichem Außenskelett. Mandibeln bewegen sich in ± vertikaler Ebene . . . . **Orthorrhapha**
z. B. **Stratiomyidae** [aquatisch *21*, terrestrisch *22*], **Xylophagidae** [*23*], **Therevidae** [*24*], **Empididae** [*25*], **Dolichopodidae** [*26*], **Tabanidae** [*27*].

— Kopfkapsel stark reduziert, ohne Außenskelett (acephal). Mundwerkzeuge zu einem Paar Mundhaken umgewandelt . . . **Cyclorrhapha**
z. B. **Lonchopteridae** [*28*], **Platypezidae** [*29*], **Syrphidae [Eristalis** *30*, **Syrphus** *31*], **Anthomyiidae** [*32*], **Muscidae [Fannia** *33*], **Gasterophilidae** [*34*].

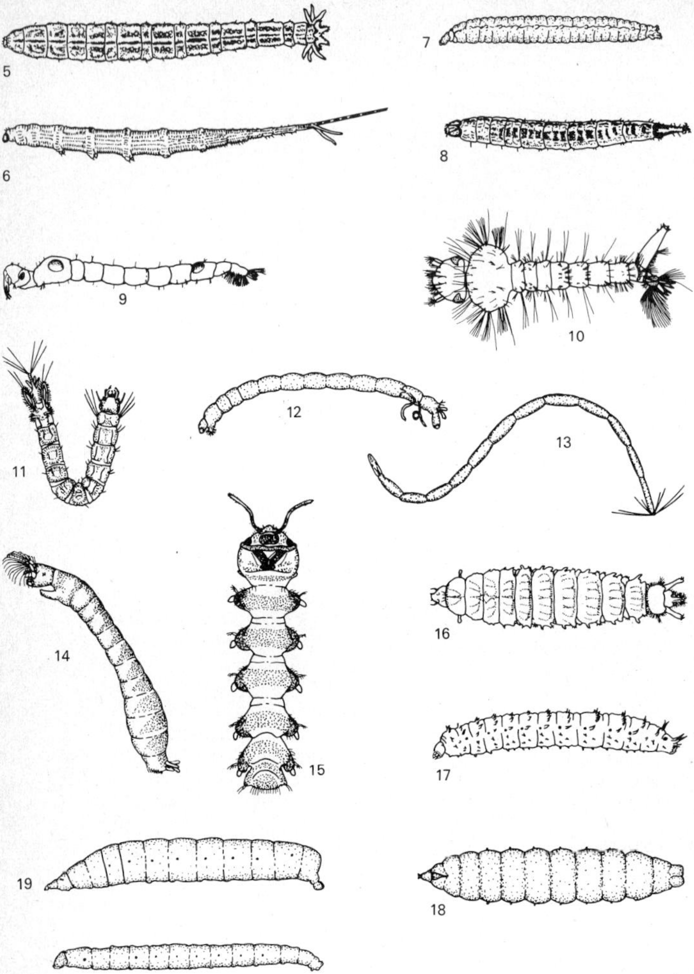
5
6
7
8
9
10
11
12
13
14
15
16
17
18
19
20

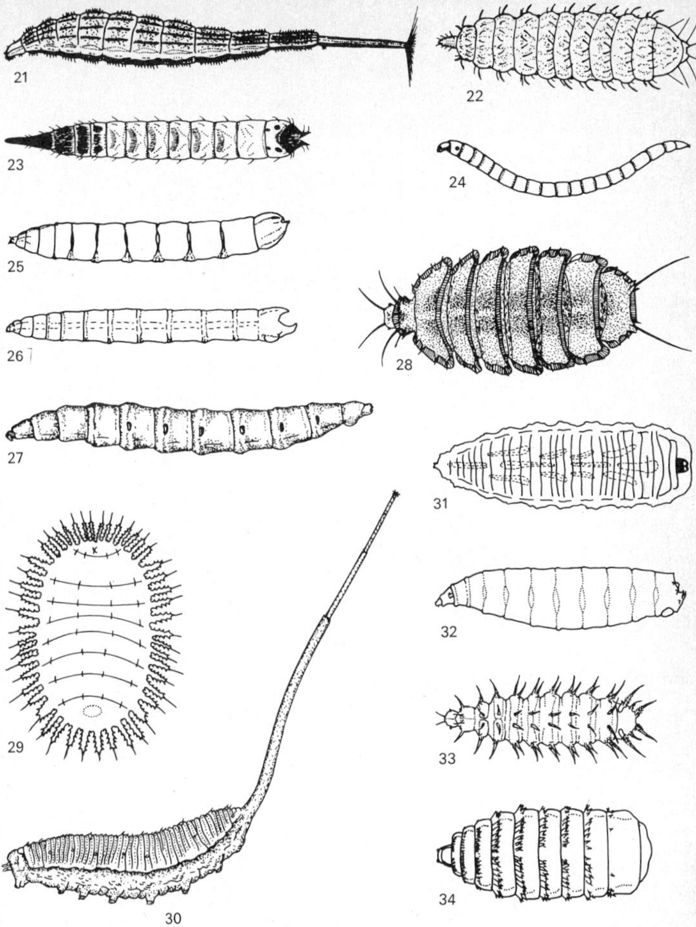

Literatur: Brauns, A.: Terricole Dipterenlarven. Göttingen, Frankfurt, Berlin 1954. – Colyer, Ch. u. Hammond, C.: Flies of the British Isles. London, New York 1968. – Dahl, F.: (Edit.): Die Tierwelt Deutschlands, Teil 11, 20, 26, Jena 1928, 1930, 1932. – Enderlein, G.: Zweiflügler, Diptera. In: Brohmer, Ehrmann, Ulmer, Die Tierwelt Mitteleuropas. Band VI, 3. Teil. Leipzig 1936. – Lindner, E. et al.: Die Fliegen der Palaearktischen Region. Stuttgart 1923 ff. – Oldroyd, H.: Diptera. In: Handbooks for the Identification of British Insects. V. IX, Part I, 3rd ed. London 1970. – Séguy, E.: Diptères. In: Faune de France. Paris 1923 ff.

26. Ordnung **Trichoptera,** Köcherfliegen

Insekten mit 4 häutigen Flügeln (Ausnahme: ♀ von **Enoicyla** flügellos [*15*]). Körperlänge 1,5 bis 30 mm, Flügelspanne 3 bis 60 mm. Flügel mit meist braun-grauer, dunkler oder hellerer Färbung oder gefleckt, in der Ruhe dachartig über den Körper gelegt. Habitus mottenartig, aber ± stark behaart, im Gegensatz zu Schmetterlingen, die beschuppt sind. Fühler fadenförmig, halb so lang bis über doppelt so lang wie die Flügellänge. Mundwerkzeuge der Imagines rückgebildet. Nahrungsaufnahme der Imagines leckend mittels eines aus dem Labium umgewandelten Saugkissens (Haustellum). Maxillen mit 2-5gliedrigen Palpen (Tastern); Zahl und Form ihrer Glieder wichtig zur Bestimmung [*6* u. *7*]. Flügel mit charakteristischer, ursprünglicher Aderung [*8*]; Abkürzung der Flügeladern s. Seite IX. Zur Bestimmung wichtige Flügelzellen: 1 R_3, R_4, 1 M_2 [*8*]. An der Basis der Zelle R_4 im Vorder- und Hinterflügel ein horniger Punkt. Tibien (Schienen) der Beine außer der Grundbehaarung oft mit auffallenden Borsten (Sporne [*9*]); diese werden als „Spornzahlen" der an Vorder-, Mittel- und Hintertibien vorhandenen Sporne ausgedrückt. ♂ ♂ mit Klammerorganen am Ende des Hinterleibs, ♀ ♀ mit ± lappenartigen Anhängen. Im Gebiet etwa 290 Arten.

1. Fühler kurz und dick, höchstens halb so lang wie die Länge der Vorderflügel. Kleine Arten (3–9 mm Flügelspanne). Vorderflügel mit aufgerichteten, am Ende verdickten Haaren, Randhaare der Hinterflügel so lang oder viel länger als die Flügelbreite. Flügel schmal und zugespitzt [*1*] . . . . **Hydroptilidae**

Mottenartige, oft bunt gezeichnete Tiere, dämmerungs- oder nachtaktiv. Etwa 30 schwer bestimmbare Arten in zehn Gattungen, z. B. **Hydroptila** Dalm., **Agraylea** Curt.

— Fühler viel länger. Überwiegend größere Arten. Vorderflügel ohne verdickte Haare, Hinterflügel nicht mit so langen Randhaaren . . *2*

2. Maxillarpalpen 5gliedrig [*6*] (♂ ♂ u. ♀ ♀) *3*

— Maxillarpalpen mit 2 bis 4 Gliedern [*7*] (nur ♂ ♂) *20*

3. Letztes Glied des Maxillarpalpus sekundär gegliedert, in sich biegsam, deutlich länger als die übrigen Glieder [*6 a, b*] *4*

— Letztes Glied des Maxillarpalpus nicht untergliedert, höchstens wenig länger als die übrigen Glieder [*6 c*] *8*

4. Ocellen zwischen den Augen vorhanden. Untergliederung des 5. Maxillarpalpusglieds erscheint eng . . . . . **Philopotamidae,** S. 374

— Ocellen fehlen. Untergliederung des Maxillarpalpus locker . . *5*

5. Glied 1 und 2 des Maxillarpalpus gleich lang, Glied 3 viel länger. Zelle 1 R_3 im Vorderflügel länglich, etwa so lang wie Zelle 1 M_2 [*8*] **Polycentropidae,** S. 375

— Glied 2 des Maxillarpalpus fast so lang oder länger als 3, Glied 1 viel kürzer. Zelle 1 R_3 im Vorderflügel viel kürzer als 1 M_2 . . . . *6*

6. Spornzahl der Tibien 3,4,4 [*9*] . . . . **Ecnomidae**

Nur **Ecnomus tenellus** Ramb., 5–6 mm lang, Vorderflügel dunkelbraun und golden gepunktet.

— Spornzahl 2,4,4 . . . . *7*

7. Hinterflügel etwas zugespitzt, schmaler als die Vorderflügel **Psychomyiidae**

Kleinere Arten (Flügelspanne 8–18 mm). Fühler so lang oder kürzer als die Vorderflügel. 4 Gattungen, darunter 10; **Tinodes** Steph., 2; **Lype** McL. u. **Psychomyia pusilla** F.

— Hinterflügel nicht zugespitzt, meist deutlich breiter als die Vorderflügel . . . . **Hydropsychidae**

Größere Arten (Flügelspanne 13–37 mm). Graubraun, Flügel schwach fleckig. Teils tag-, teils dämmerungsaktiv. **Diplectrona felix** McL. (Fühler kürzer als Vorderflügel, innen gesägt); **Cheumatopsyche lepida** Pict. und 10; **Hydropsyche** Pict. (Fühler länger als Vorderflügel, vom 3. Glied an mit schwarzer spiraliger Linie).

8. Ocellen zwischen den Augen vorhanden *9*

— Ocellen fehlen *12*

9. Vordertibien mit einem oder ohne Sporn; Mitteltibien mit 2 bis 3 Spornen . . . . ♀ ♀ der **Limnephilidae,** S. 376

— Vordertibien mit 2 bis 3, Mitteltibien mit 4 Spornen *10*

1

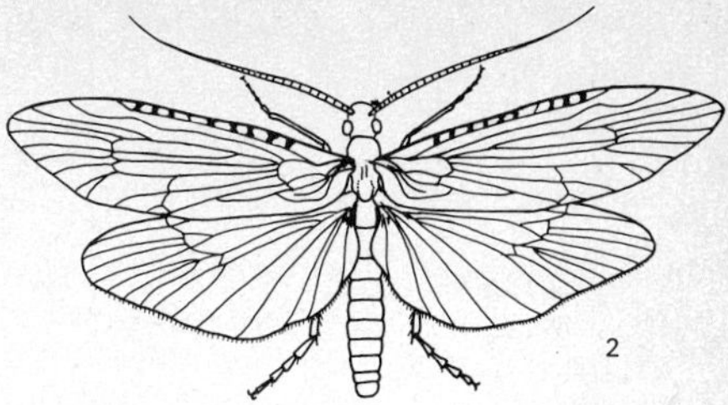

2

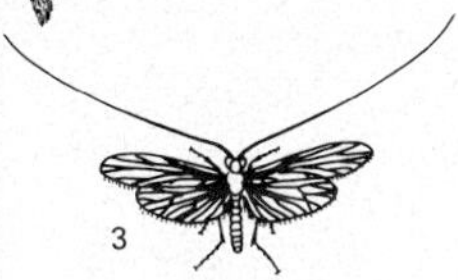

3

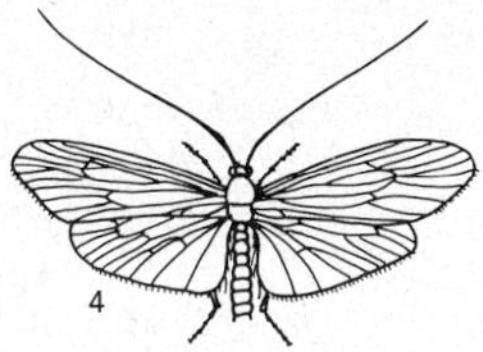

4

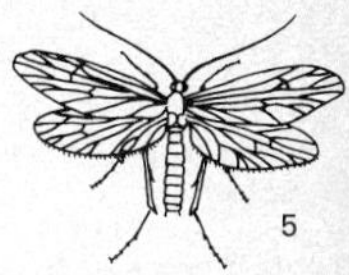

5

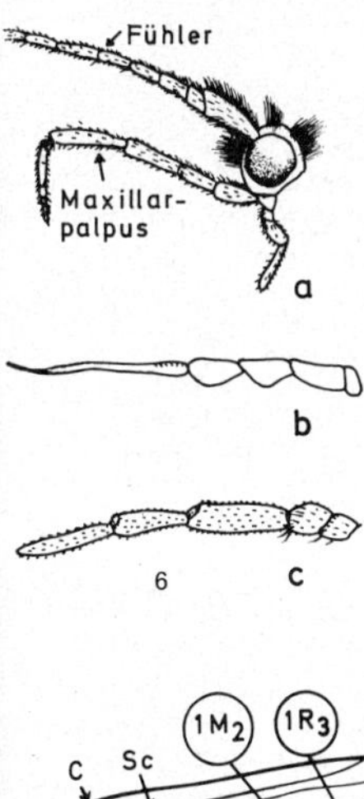

6

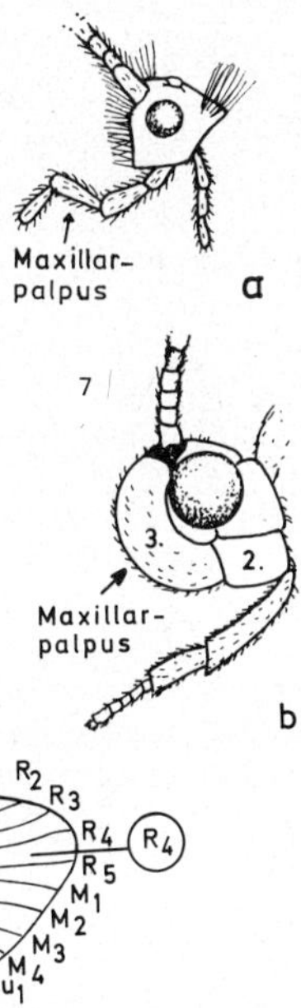

7

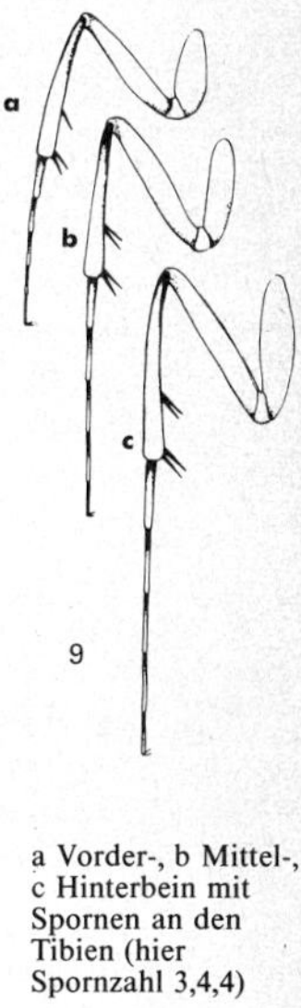

9

a Vorder-, b Mittel-, c Hinterbein mit Spornen an den Tibien (hier Spornzahl 3,4,4)

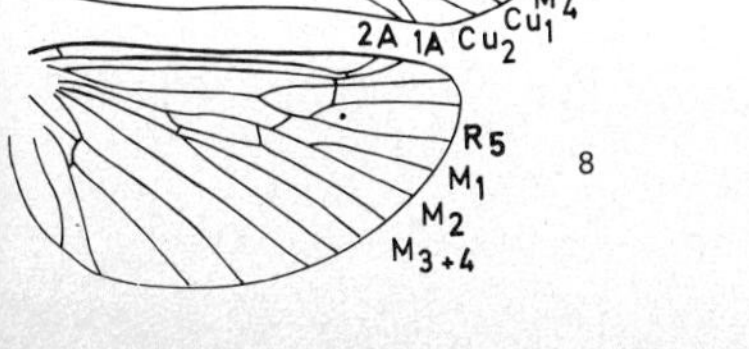

8

10. Glied 2 des Maxillarpalpus kurz und dick, kaum länger als das erste; Glied 3 länger und dünner als 1 und 2; Glied 5 zugespitzt . . *11*

— Glied 2 des Maxillarpalpus viel länger als das erste. Glied 5 nicht zugespitzt . . . . ♀♀ der **Phryganeidae**

Mittelgroße bis große Arten (Flügelspanne 25–60 mm). 7 Gattungen, darunter **Phryganea grandis** L. [*2*], 20–28 mm lang, nachtaktiv.

11. Spornzahl 3,4,4 . . . . **Rhyacophilidae**

22; **Rhyacophila** Pict. [*5*]

— Spornzahl 2,4,4 . . . . **Glossosomatidae**

4 Gattungen, darunter 3; **Glossosoma** Curt. und **Agapetus** Curt.

12. Zelle 1 R_3 im Vorderflügel vorhanden [*8*] *13*

— Keine geschlossene Zelle 1 R_3 im Vorderflügel *19*

13. R_4 und R_5 im Vorderflügel getrennte Adern [*8*]. Fühler etwa so lang oder um die Hälfte länger als die Vorderflügel *14*

— Im Vorderflügel R_4 und R_5 zu R_{4+5} verschmolzen. Fühler etwa 2 bis 2½ mal so lang wie die Vorderflügel [*3*] . . **Leptoceridae,** S. 376

14. Fühler um die Hälfte länger als die Vorderflügel, innen schwach gesägt, Basalglied länger als der Kopf. Zwischen R_1 und R_2 jeweils Queradern . . . . **Odontoceridae**

Nur **Odontocerum albicorne** Scop., 11–18 mm lang [*4*].

— Fühler nicht auffällig länger als die Vorderflügel und nicht gesägt. Zwischen Sc, R_1 und R_2 keine Queradern *15*

15. Mitteltibia mit 4 Spornen; Flügelspanne 11–25 mm *16*

— Mitteltibia mit 2 oder 3 Spornen *17*

16. M_1 und M_2 im Hinterflügel getrennt, wie [*8*] . . . . **Goeridae**

Goera pilosa F., 3; **Silo** Curt., 2; **Lithax** McL.

— M_1 und M_2 im Hinterflügel zu M_{1+2} verschmolzen **Lepidostomatidae**

Lepidostoma hirtum F., **Lasiocephala basalis** Kol., **Crunoecia irrorata** Curt.

17. Hintertibien mit 4 Spornen (Flügelspanne 20–23 mm) **Sericostomatidae**

3; **Sericostoma** Latr., **Oecismus monedula** Hag., **Notidobius ciliaris** L.

— Hintertibien mit 2 oder 3 Spornen *18*

18. Ocellen vorhanden. Flügel recht kurz und breit . . **Thremmidae**

Nur **Thremma gallicum** McL., Flügelspanne 12–13 mm. Vorderflügel etwas scheckig, golden behaart.

— Ocellen fehlen. Flügel schlanker . . . . **Brachycentridae**

Mittelgroße Arten (Flügelspanne 16–26 mm): 2; **Brachycentrus** Curt. 5; **Micrasema** McL., **Oligoplectrum maculatum** Foucr.

19. Spornzahl der Tibien 2,4,4 . . . . **Molannidae**

2; **Molanna** Curt. (Flügel schmal, Spannweite 19–31 mm), an Seeufern. **Molannodes tincta** Zett. (Flügelspanne 16–18 mm), an Gebirgsbächen.

— Spornzahl der Tibien 2,2,4 . . . . **Beraeidae**

Beraeodes minuta L., 3–4 mm lang; Flügel zugespitzt. 2; **Beraea** Steph. und **Ernodes vicina** McL., über 4 mm lang, Flügel abgerundet. An verschiedenen Gewässern.

20. Maxillarpalpus 4-gliedrig. Ocellen vorhanden. (♀♀ s. Nr. *10*) ♂♂ der **Phryganeidae**

— Maxillarpalpus 2- oder 3-gliedrig. Ocellen fehlen *21*

21. Vordertibien mit 1 oder ohne Sporn. Maxillarpalpus fadenförmig, dem Gesicht nicht eng anliegend . . ♂♂ der **Limnephilidae,** S. 376

— Vordertibien mit 2 Spornen. Maxillarpalpus dem Gesicht eng anliegend. (♀♀ s. Nr. *17*) . . . . ♂♂ der **Sericostomatidae**

Philopotamidae

Arten mit Flügelspannen von 12–28 mm. Körper braun bis schwarz, Flügel bräunlich gefleckt. Tagaktiv im Bereich der Ufervegetation von Fließgewässern.

1. Adern M_3 und M_4 laufen getrennt zum Flügelrand. Spornzahl 3,4,4. Glied 5 des Maxillarpalpus so lang wie Glied 3 und 4 zusammen 3; **Philopotamus** Leach

— Die beiden Adern sind zur M_{3+4} verschmolzen. Spornzahl anders *2*

2. Spornzahl 1,4,4. Glied 2 des Maxillarpalpus viel länger als Glied 1 **Chimarrha marginata** L.

An Flüssen der Hoch- und Mittelgebirge, oft massenhaft.

— Spornzahl 2,4,4. Glied 2 des Maxillarpalpus so lang oder wenig länger als Glied 1 . . . . 5; **Wormaldia** McL.

An größeren Bächen und Flüssen weit verbreitet.

Polycentropidae

Arten mit 12–30 mm Flügelspanne. Fast alle Arten mit dunklen, golden gefleckten Vorderflügeln.

1. Im Vorderflügel sind R_2 und R_3 zu einer Ader R_{2+3} verschmolzen 4; **Cyrnus** McL.

— R_2 und R_3 im Vorderflügel verlaufen getrennt zum Flügelrand *2*

2. M_1 und M_2 laufen im Hinterflügel getrennt zum Flügelrand. Vorderflügel mit 2 gelben Flecken, sonst graubraun **Neureclipsis bimaculata** L.

— Die beiden Adern im Hinterflügel sind zu M_{1+2} verschmolzen 3 Gattungen: 4; **Holocentropus** McL., 2; **Plectrocnemia** Steph., 2; **Policentropus** Curt.

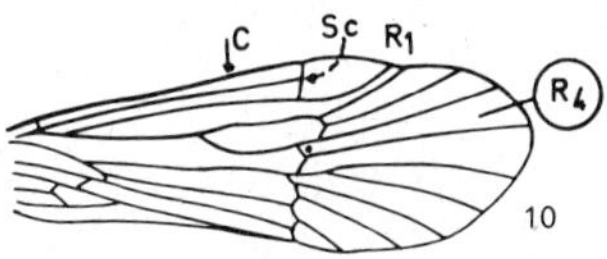

10

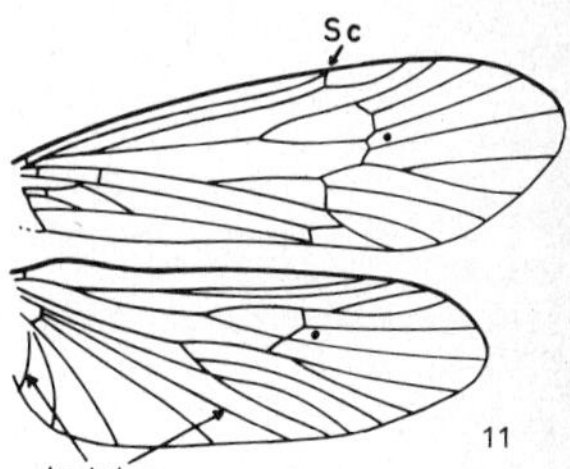

11

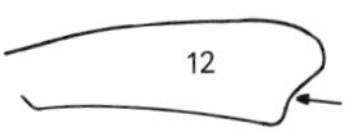
12

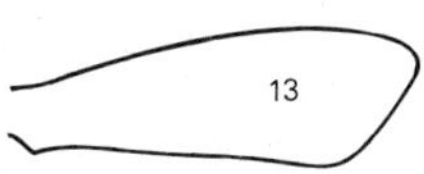
13

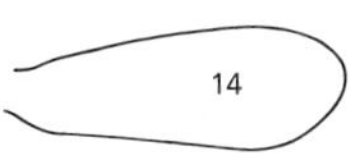
14

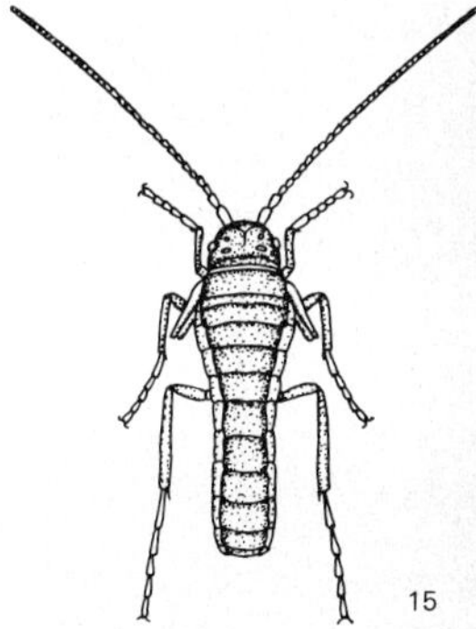
15

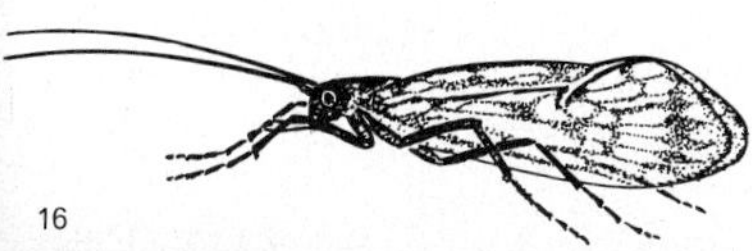
16

Limnephilidae

Gattungs- und artenreichste Familie. Weibchen legen Eier in Wassernähe ab. Die Larven wandern ins Wasser oder die Eier werden von Regen und Hochwasser hineingespült. **Enoicyla** ist rein terrestrisch geworden, die ♀ ♀ sind flügellos [*15*].

1. Sc des Vorderflügels mündet in die Mitte einer senkrechten Querader, die C und R_1 verbindet [*10*] . . . . 4; **Apatania** Kol.
An Gebirgsbächen.

— Sc des Vorderflügels mündet in den Flügelrand bzw. in die obere Spitze der Querader am Flügelrand [*11*] *2*

2. Fläche des Hinterflügels nicht größer als die des Vorderflügels. Spornzahl 0,2,2. (Ausnahme ♀ von **Anomalopteryx** hat 1,2,2) . . . *3*

— Fläche des Hinterflügels größer als die des Vorderflügels. Spornzahl anders *4*

3. Hinterflügel im Bereich der Analadern etwas verbreitert [*11*] ♂ ♂ von 2; **Enoicyla** Ramb.
Häufig **E. pusilla** Burm. Länge 5–7 mm. In Wäldern und an Wallhecken.

— Hinterflügel im Bereich der Analadern nicht verbreitert. Körperlänge 8–12 mm . . . . **Anomalopteryx chauvimana** Stein
♂ flugunfähig, da verkümmerte, zugespitzte Flügel. Am Rand von Flüssen, selten.

4. Unterseite der letzten Fußglieder der Hinterbeine mit dicken, schwarzen Dornen *5*

— Unterseite der letzten Fußglieder der Hinterbeine ohne auffallende Dornen. Hierher 8 Gattungen; bei vier von ihnen stehen auf den Adern der Vorderflügel reihenweise Warzen, aus denen Borsten entspringen . . . . z. B. **Chaetopteryx** Steph., **Psilopteryx** Stein.

5. Im Hinterflügel ist R_5 schwarz gesäumt 2; **Grammotaulius** Kol.
In moorigen Gebieten an Seen und Flüssen

— Im Hinterflügel ist R_5 nicht dunkel gesäumt *6*

6. Vorderflügel am hinteren Außenrand konkav eingebuchtet [*12*] . . . **Glyphotaelius pellucidus** Retz. (Körperlänge 12–18 mm) und **Nemotaulius punctatolineatus** Retz. (Körperlänge 20–26 mm).

— Vorderflügel am hinteren Außenrand nicht eingebuchtet . . . *7*

7. Vorderflügel am Außenrand nach hinten geradlinig schräg abgeschnitten [*13*] . . . . 30; **Limnephilus** Leach

— Vorderflügel am Außenrand gleichmäßig gerundet [*14*]
14 Gattungen, darunter **Anabolia** Steph., **Stenophylax** Kol, **Potamophylax** Schm. [*16*]

Leptoceridae

Arten mit Flügelspannen von 10–30 mm. Fühler 2–3 mal so lang wie die Vorderflügel [*3*]. Beine lang und dünn. Die Arten schwärmen oft in Massen im Sonnenschein oder bei Beginn der Dämmerung, vor allem im Schilfgürtel der Seeufer.

1. Im Hinterflügel sind M_3 und M_4 getrennt vorhanden *2*

— Im Hinterflügel sind die beiden Adern zu M_{3+4} verschmolzen.
3; **Triaenodes** McL., 2; **Adicella** McL., **Erotesis baltica** McL.

2. Vorderrand der Vorderflügel im äußersten Drittel leicht eingekerbt. Maxillarpalpus dicht, fast federartig mit schwarzen Haaren besetzt.
3; **Mystacides** Berth. [*3*]

— Vorderrand der Vorderflügel nicht eingekerbt. Maxillarpalpus normal behaart *3*

3. Hinterflügel breiter als Vorderflügel
17; **Athripsodes** Bill. (= **Leptocerus** Leach), **Homilia leucophaea** Ramb.

— Hinterflügel deutlich schmaler als Vorderflügel
6; **Oecetis** Curt., **Paroecetis struckii** Klp., **Setodes** Ramb.

Larven der Trichoptera

Mundwerkzeuge beißend; Nahrungsaufnahme vegetarisch oder räuberisch; 3 Paar Thorakalbeine; Abdomen weichhäutig mit einem Paar Nachschiebern, mit oder ohne Kiemen. Larven freilebend, mit Fang- und Wohnnetzen oder in Köchern (Gehäusen) von sehr unterschiedlicher Gestalt und aus verschiedenem Material, die für die jeweilige Art charakteristisch sind. Außer der Limnephiliden-Gattung **Enoicyla,** deren Larven in der Laubstreu der Wälder, an bemoosten Stämmen und Steinen in Sandköchern leben [*26d*], entwickeln sich alle übrigen im Wasser. Große Köcherlarven werden von Anglern als „Sprockwürmer" bezeichnet.

1. Larven meist ohne Köcher, ganz frei oder mit Wohn- und Fangnetzen. Körper ± dorsoventral abgeflacht (campodeid). Mundwerkzeuge nach vorn gerichtet (prognath) [*18–24*] *2*

— Larven mit Köcher. Körper ± walzenförmig (eruciform). Mundwerkzeuge nach unten gerichtet (ortho- bis hypognath) [*25–33*] . . *8*

2. Alle Thoraxsegmente oben sklerotisiert [*18, 19f*] *3*

— Nur das erste Thoraxsegment (Halsschild) oben sklerotisiert . *5*

3. Abdomen mit kleinen schwarzen Börstchen besetzt, dadurch rauh; ventral mit büschelförmigen Kiemen [*18*]. Larven spinnen engmaschige Fangnetze in fließenden, nicht zu stark strömenden Gewässern **Hydropsychidae**

— Abdomen ohne solche Börstchen; Kiemen fehlen *4*

4. Mit transportablem, flachem Köcher [*19a–e*]. In stehenden und fließenden Gewässern. Larve [*19f*] . . . . **Hydroptilidae**

— Ohne Köcher, Kopf gelb, mit brauner Zeichnung. In Seen, Teichen und Gräben; manchmal in Süßwasserschwämmen. . . . **Ecnomidae**

5. Abdomen mit büschelförmigen Kiemen [*17*]. In kalten Gewässern freilebend, räuberisch . . . . **Rhyacophilidae**

— Abdomen ohne Kiemen *6*

6. Larven mit transportablem, halbelliptischem Köcher aus groben Sandkörnern [*21*]; in kalten Fließgewässern . . . . **Glossosomatidae**

— Larven freilebend oder in Gespinsten, die an festem Substrat angesponnen sind. Gespinste können als Fangnetze für Plankton dienen *7*

7. Oberlippe (Labrum) weiß, nicht sklerotisiert, zurückziehbar. Larven einzeln oder gesellig, freilebend [*22*] . . . . . . **Philopotamidae**

— Oberlippe gelb oder braun, sklerotisiert: **Polycentropidae** [*23*] (Larven grünlich oder rötlich gefärbt, in Gespinsten oder Fangnetzen). **Psychomyiidae** [*24*] (In mit Sandkörnern beklebten Gespinströhren, die auf Steinen angesponnen sind; in stehenden und fließenden Gewässern). **Rhyacophilidae** (freilebend).

8. Larven vom Typ wie [*25*]. Halsschild (Pronotum) ganz sklerotisiert; Meso- und Metanotum weichhäutig und seitlich mit je einem Borstenfleck. Köcher aus Pflanzenteilen. Nur in stehenden Gewässern. [*17*, Köcher der Larven entfernt] . . . . **Phryganeidae**

— Larven vom Typ wie [*26–33*]. Pro- und meist auch Mesonotum stark sklerotisiert; letzteres kann auch nur mit kleinen Chitinschildchen bedeckt oder ganz weichhäutig sein *9*

9. Pro- und Mesonotum ganz sklerotisiert. Metanotum mit 3 Paar sklerotisierten Flecken. Sehr unterschiedliche Köcher aus Sandkörnern, pflanzlichen Teilen oder Molluskenschalen [*26a–d*]. In den verschiedensten Gewässern (nur **Enoicyla** terrestrisch, Köcher meist aus feinen Sandkörnern [*26 d*]) . . . . **Limnephilidae**

— Pronotum ganz sklerotisiert, Mesonotum oft nur mit einigen voneinander getrennten Chitinschildchen, Metanotum meist ganz weichhäutig *10*

10. Kopf in einen Ausschnitt des Pronotums einziehbar. Köcher eine gerade Sandröhre, in die seitlich einige gröbere Sandkörner flügelartig eingebaut sind [*27*]; in Bächen mit Sandgrund . . . **Goeridae**

— Kopf nicht einziehbar, Pronotum vorn nicht ausgeschnitten. Köcher ohne solche flügelartigen Anhänge *11*

11. Am Hinterende des Abdomens Nachschieber mit 2 oder 3 großen übereinander stehenden Haken. Kopf sehr dunkel. Mesonotum weichhäutig mit einigen sklerotisierten Flecken oder am Vorderrand sklerotisiert. Metanotum ganz weichhäutig. Köcher eine glatte, gebogene Sandröhre mit membranösem Verschluß [*28*]. In Gebirgsbächen **Sericostomatidae**

— Krallen der Nachschieber klein; andere Merkmale *12*

12. Köcher mützenartig [*29*]. Larven in klaren Bächen des Schwarzwaldes . . . . **Thremmidae**

— Köcher röhrenförmig, vorn und seitlich mit schildförmiger Verbreiterung [*30*]. Sandige Seeufer und Gebirgsbäche . . . **Molannidae**

— Köcher anders *13*

13. Vorderbrust zwischen den Hüften der Vorderbeine mit stilettartigem „Horn“. Köcher mit vierkantigem oder rundem Querschnitt [*32*]. In Quellen und Bergbächen . . . . **Lepidostomatidae**

— Vorderbrust (Prosternum) ohne solches „Horn“ *14*

14. Erstes Abdominalsegment ohne Höcker. Köcher manchmal vierkantig, nie schildförmig. Stark strömende Gewässer . . **Brachycentridae**

— Erstes Abdominalsegment ohne Höcker. Köcher konisch, gebogen, nie vierkantig *15*

15. Metanotum mit 2 großen quer hintereinander liegenden und seitlich über den Hüften (Coxen) mit je einem kleinen Chitinschildchen. Kopf vorn auf dem Kopfschild (Clypeus) mit x-förmigem Fleck. Larve groß und dick. Köcher aus Sand, glatt, nach hinten nicht stark verschmälert. In Bergbächen . . . . **Odontoceridae**

— Metanotum ganz weichhäutig. Clypeus ohne solchen Fleck. Larve schlank, Köcher nach hinten stark verschmälert *16*

16. 3. bis 8. Abdominalsegment mit einer Reihe seitlich angeordneter Chitinpunkte. Köcher aus Sand, glatt [*33*]. In Gebirgsbächen und sandigen Seeufern . . . . **Beraeidae**

— Höchstens auf dem 8. Abdominalsegment Chitinpunkte. Köcher aus Sand- oder Pflanzenteilen, länger als die Larve, aber eng an diese angepaßt [*31*]. In stehenden und fließenden Gewässern. **Leptoceridae**

Literatur

Illies, J.: Trichoptera, Köcherfliegen, in: Brohmer, Fauna von Deutschland, Heidelberg, 15. Aufl. 1982. - Malicky, H.: Trichoptera, in: Kükenthal, Handbuch der Zoologie, Bd. IV Arthropoda, 2. Hälfte Insekten. Berlin/New York, 2. Aufl. 1973. - Ulmer, G.: Köcherfliegen, in: Brohmer, Ehrmann, Ulmer, Die Tierwelt Mitteleuropas. Leipzig 1927.

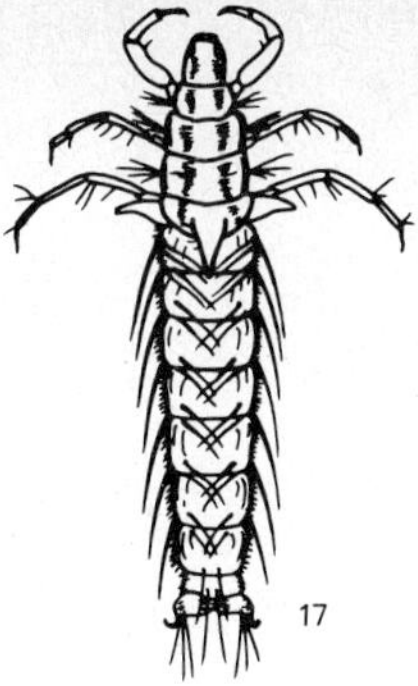

17

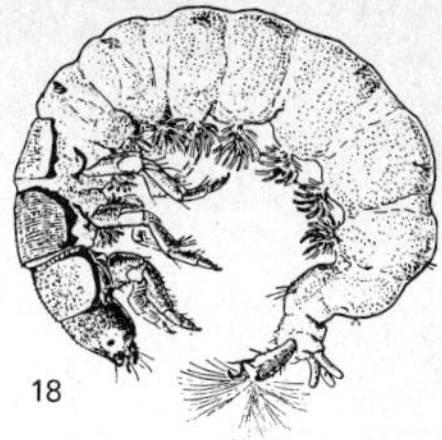

18

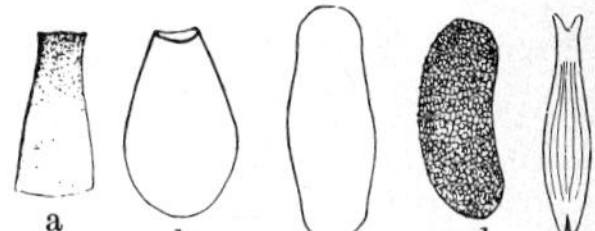

19

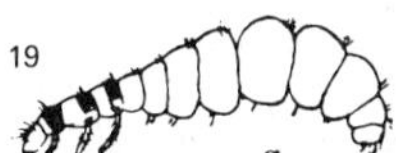

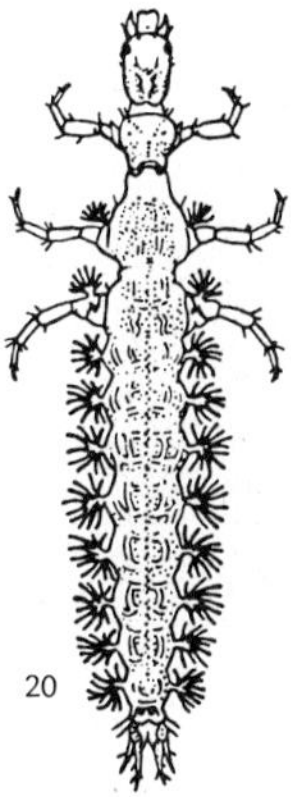

20

21

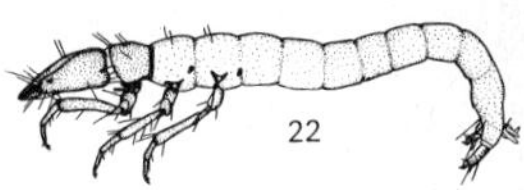

22

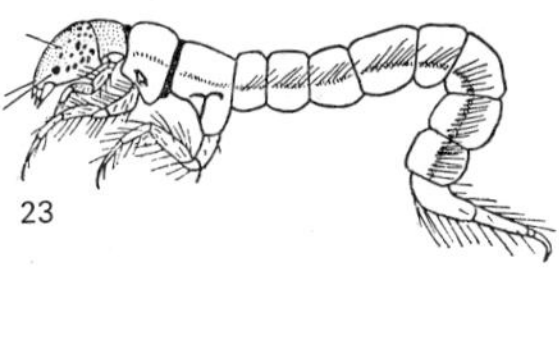

23

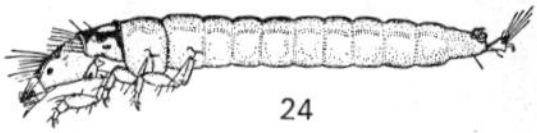

24

25

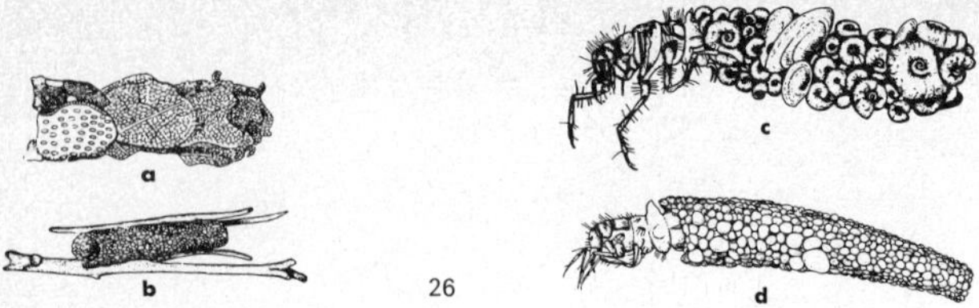

26

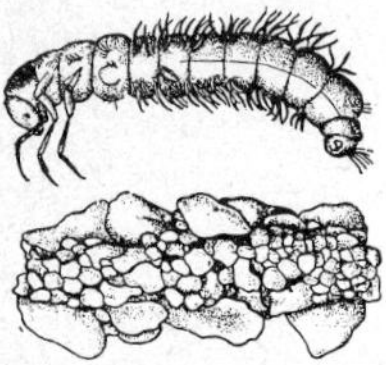

27

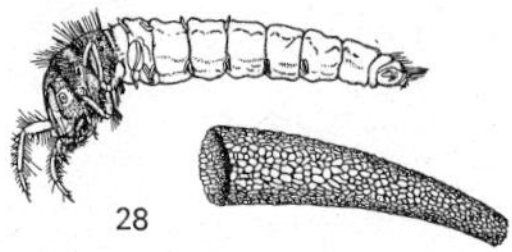

28

29

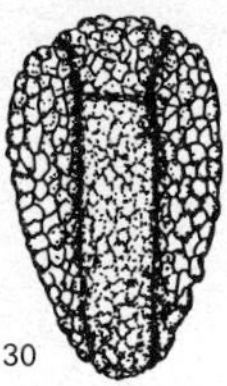

30

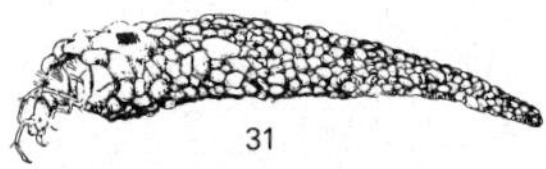

31

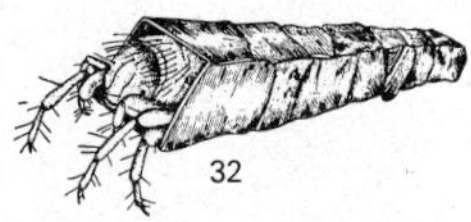

32

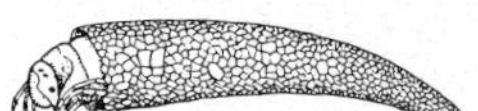

33

27. Ord. **Lepidóptera**, Schmetterlinge

Fluginsekten mit vollkommener Verwandlung.

Eistadium: Eier von verschiedener Gestalt, meist kugelig. Eischale oft mit charakteristischen Mustern, die ein Bestimmen der Arten gestatten. Die Eier werden manchmal regellos verstreut (**Hepíalus**), meist jedoch einzeln od. in Gruppen an die Nährpflanzen der Raupe geheftet. Oft sind die Gelege von typischer Gestalt u. mit der Afterwolle der ♀♀ bedeckt.

Larvenstadium: Walzenförmige Raupe, nackt od. behaart. Kopf u. 13 Rumpfsegmente, von denen die ersten 3 in der Regel die gegliederten Brustbeine tragen. Segmente 6 bis 9 meist mit je einem Paar ungegliederter Bauchbeine, vorletztes Segment mit einem Paar Nachschieber. Die Bauchbeine können ganz od. teilweise fehlen. Seltener fehlen auch die Brustbeine. Die Masse der Arten ist phytophag, doch ernähren sich z. B. viele echte Motten von tierischen Substanzen (Fellen, Pelzen, Haaren). Zahlreiche Arten, besonders Kleinschmetterlinge, minieren in Blättern, Rinde, Früchten.

Puppenstadium: Meist unbewegliche Mumienpuppe, deren Körperanhänge fest aneinandergelegt sind. Selten sind die Scheiden von Beinen, Fühlern, Rüssel, Flügeln frei beweglich (**Zygǽna**), so daß sich die Puppe vor dem Schlüpfen des Falters aus dem Gespinst befreien kann. Eine Reihe von Arten fertigt einen kunstvollen Puppenkokon an.

Imaginalstadium: Fühler von sehr verschiedener Gestalt. Augen groß, meist nackt, manchmal fein behaart. Oft ist ein Paar Nebenaugen (Ocellen) vorhanden. Diese liegen hinter den Fühlern, meist dicht am Augenrande. Bei einigen Familien findet sich auf dem hinteren Teil des Kopfes das Chætosema (Jordansches Organ), eine Borstenregion unbekannter Funktion. Mundteile bei **Micrópterix** kauend, sonst saugend. Der Saugrüssel kann beträchtliche Länge erreichen (beim Windenschwärmer ca. 8 cm). Bei einer Reihe von Arten ist er rückgebildet. Er kann nackt od. auch teilweise von Schuppen bedeckt sein. Von den 2 Tasterpaaren sind die meist dreigliedrigen Lippentaster (Labialpalpen) stets vorhanden u. oft kräftig entwickelt. Die Kiefertaster (Maxillarpalpen) sind stets kleiner, meist rückgebildet. Beine normal gegliedert. Vdbeine manchmal zu krallenlosen Putzpfoten umgewandelt. Selten fehlen die Httarsen (**Hepíalus hecta** L.). Vdschiene unterseits mit unpaarem Schienenblatt, das nur selten fehlt. Mittelschienen mit 1, Htschienen mit 2 Spornpaaren. Die Mittelsporne der Htschienen können manchmal fehlen. Selten sind alle Beine spornlos (**Acentria nívea** OLIV.). Füße (Tarsen) sind meist bedornt. Endkrallen einfach od. gezähnt. 4 schuppenbedeckte Flügel, die gelegentl. bei ♀♀ ganz od. teilweise verkümmert sein können. Flügeladerung mit Subcosta (sc), 5 Radialadern (r_1–r_5), 3 Medialadern (m_1–m_3), 2 Cubitaladern (cu_1, cu_2), Postcubitus und zwei Analadern. – Der basale Stamm der Media ist nur selten vorhanden, ihre 3 Äste meist dem Radius od. Cubitus angeschlossen. Durch eine Querverbindung von Radius u. Cubitus entsteht die Mittelzelle. Der Postcubitus in seinem Basalteil oft ± verloschen. Vordere Analis (an_1) meist kräftig, hintere (an_2) kürzer, oft fehlend od. mit ax_1 unter Bildung einer Wurzelschlinge verschmolzen. Geäder des Htfl. dem des Vdfl. ähnlich, in der Regel jedoch aderärmer. Vom Radius meist nur ein Stamm vorhanden (rr = Radialramus). Verbindung von Vdfl. und Htfl. durch verschiedene Systeme. Bei Hepiálidæ, Micropterígidæ, Eriocraníidæ greift ein Zipfel des Vdfl. (Jugum) unter den Htfl. od. in eine Borstenregion am Vdrand des Htfl. Bei der Mehrzahl der Arten greifen eine (♂) od. zwei bis mehrere (♀♀) Haftborsten (Frenulum) der Htfl.-Basis in eine Haftvorrichtung (Retinaculum) unter der Subcosta des Vdfl. Bei Tagfaltern u. einer Reihe von Spinnern ist diese Haftapparatur rückgebildet.

Untersuchungsmethoden: Man verwende zur Bestimmung nur einwandfrei erhaltene Tiere. Es empfiehlt sich, sie vor der Untersuchung zu spannen, d. h. die Flügel zu breiten u. die Beine, besonders die Htbeine, zu richten. Zur Untersuchung ist eine starke Lupe, besser noch ein stereoskopisches Mikroskop mit Vergrößerungen bis zu 70 X, erforderlich.

Beine: Die Sporne können bei manchen Arten durch die dichte Behaarung der Schienen verborgen sein. Sind die Beine nicht vom Körper abgespreizt, so breche man ein Htbein ab u. entferne die lange Behaarung.

Geäder: Die Untersuchung erfolgt von der Unterseite der Flügel, die man ohne Beschädigung des Falters mit einem Tropfen Alkohol od. Xylol betupft.

Haftborste: Flügelbasis von der Unterseite betrachten. Eventuell Vdfl. od. Htfl. an der Basis abbrechen.

Jugum: Flügelbasis von Ober- u. Unterseite betrachten! Eventuell Vdfl. an der Basis abbrechen.

In den folgenden Tabellen sind alle in Deutschland vertretenen Familien berücksichtigt, Gattungen u. Arten nur teilweise. Es ist jedoch jeweils angegeben, ob neben den genannten Gattungen u. Arten weitere existieren. Die eingeklammerte Zahl hinter dem Gattungsnamen bedeutet die im Gebiet vertretene ungefähre Artenzahl.

1. 4 flugfähige Flügel *2*
— Htfl. od. alle Flügel verkümmert od. fehlend. Flugunfähige ♀♀ *81*
2. Flügel in einzelne Federn aufgespalten [*1*, *2*] *3*
— Flügel nicht gespalten *4*
3. Vdfl. in 2, Htfl. in 3 Federn geteilt [*1*] . . . **Pterophóridæ** S. 393
— Jeder Flügel in 6 Federn geteilt [*2*] . . . . . . **Alucitidae** S. 393

1

Pterophóridæ, Vdfl.

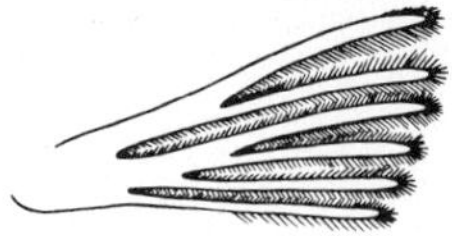

2

Alucita, Vdfl.

4. (2). Teile der Flügel frei von Schuppen, meist glasklar, durchsichtig [*4–7*] *5*
— Flügel immer ganz beschuppt *8*
5. Nebenaugen groß, ohne Entschuppung des Kopfes sichtbar [*3*] *6*
— Nebenaugen fehlen *7*
6. Fensterflecke der Flügel glasklar, Falter meist von Bienen-Wespenhabitus. Vdfl. schmal [*4*] . . . . **Sesiidae** S. 393
— Fensterflecke der Flügel milchig trübe, Falter nicht wespenähnlich. Vdfl. [*7*] größer als die Htfl. . . . . **Ctenuchidae** S. 398
7. (5). Vdfllänge ca. 20 mm, Glasflecken durchsichtig [*5*] **Sphíngidæ** S. 399
— Vdfllänge unter 10 mm, Glasflecken milchig trübe [*6*] **Thyrídidæ** S. 394

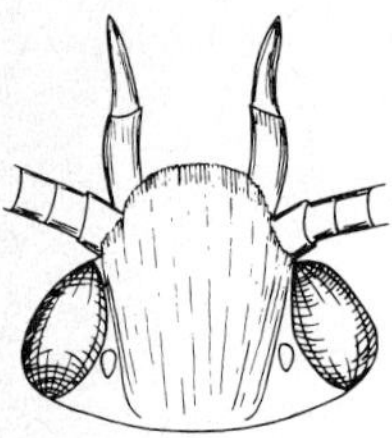

3

Sesiidae: Synánthedon, Kopf mit Nebenaugen.

4

Sesiidae: Synánthedon, Vdfl.

5

Sphíngidæ: Hémaris, Vdfl.

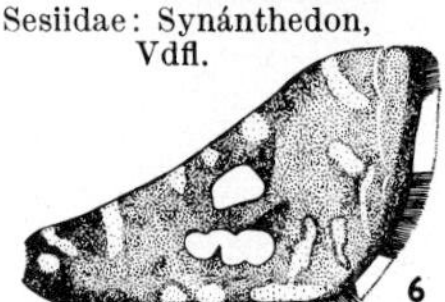

6

Thyrídidæ: Thyris, Vdfl.

7

Ctenuchidae Amata, Vdfl.

8. (4). Fühler keulenartig verdickt [*8a–c*] *9*
— Fühler nicht keulenartig verdickt *15*
9. Falter mit Nebenaugen, Haftborste u. Mittelspornen der Htschienen. Vdfl. langgestreckt, meist schwarz mit roten Flecken [*9*] **Zygænidæ** S. 399
— Nebenaugen u. Haftborste fehlen, oft auch die Mittelsporne der Htschienen. Flügel in Ruhe über dem Rücken zusammengeklappt *10*
10. Fühler um Augenbreite getrennt, Fühlerbasis mit abstehendem Haarpinsel, der über die Augen reicht [*10*]. Htschienen in der Regel mit 2 Spornpaaren . . . . **Hesperíidæ** S. 401
— Fühler näher zusammenstehend, Fühlerbasis ohne auffallenden Haarpinsel, Htschienen stets nur mit Endspornen *11*

11. Vdbeine krallenlose Putzpfoten [*11*] ***12***
— Vdbeine wenigstens mit 1 (♂ ♂ der Bläulinge), in der Regel mit 2 Krallen ***13***
12. An der Basis der Vdfl. eine od. mehrere Adern blasig aufgetrieben [*12*] **Satýridæ** S. 402

8

a) Piéridæ: Píeris, b) Hespériidæ: Hespéria, c) Zyænidæ: Zygaena, keulig verdickte Fühler.

9

Zygænidæ: Zygæna, Vdfl.

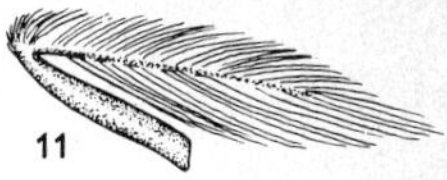
11

Nymphalidæ, Putzpfote.

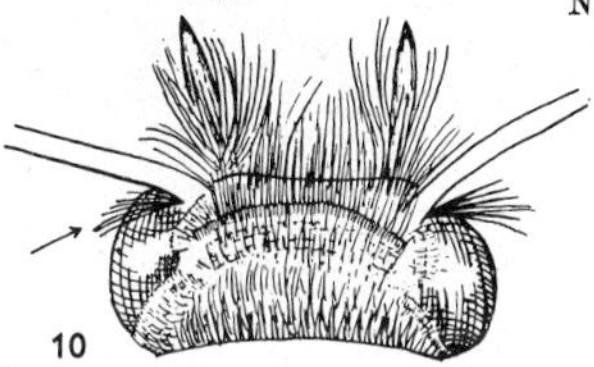
10

Hesperíidæ, Kopf.

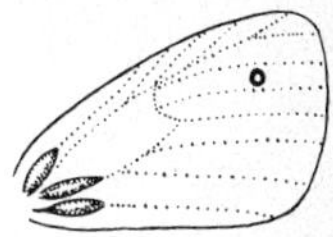
12

Satýridæ: Cœnonympha, Vdfl.

— Adern der Vdfl. basal nicht blasig aufgetrieben, Flügel meist ohne Augenflecke **Nymphálidæ** S. 402
13. (11). Krallen aller Beine gespalten [*13a*] **Piéridæ** S. 403
— Krallen stets ungespalten [*13b*] ***14***
14. Gesicht entlang des Augenrandes durch angedrückte Schuppen weiß. Mitten mit bürstenartig aufgerichteten, meist dunklen Haaren [*14*]. Vdbeine der ♂ ♂ mit nur 1 Kralle **Lycænidæ** S. 401
— Gesicht auch entlang des Augenrandes abstehend behaart **Papiliónidæ** S. 404
15. (8). Fransen der Htfl. länger als Htfl. breit [*15*] ***16***
— Fransen der Htfl. höchst so lang, meist viel kürzer als Htfl. breit [*16*]. Hierher gehören auch alle Arten, bei denen man im Zweifel sein könnte ***37***
16. Kopf anliegend beschuppt [*25*] ***17***

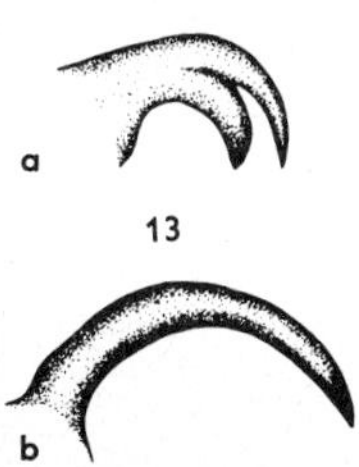

13

a) Piéridæ: Píeris. b) Satýridæ: Agapétes, Fußkrallen.

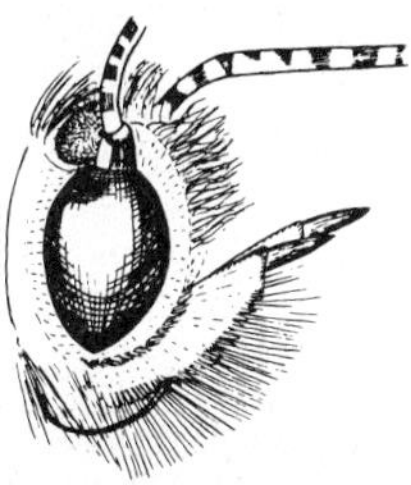
14

Lycænidæ; Kopf, seitlich.

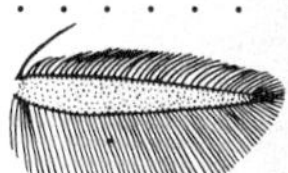
15

Elachístidæ: Elachísta, Htfl. mit langen Fransen.

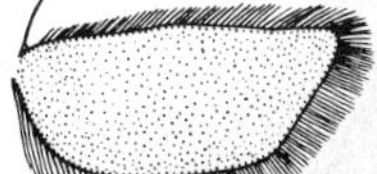
16

Tortrícidæ, Htfl. mit kurzen Fransen.

— Kopf ganz od. teilweise abstehend behaart od. beschuppt [*27*] ***29***

17. Htschienen mit langen Dornborsten [*17*] ***18***

— Htschienen anliegend beschuppt od. lang behaart. Sind Dornborsten vorhanden, so sind sie höchstens so lang wie die Schienen breit [*21*] ***19***

18. Dornborsten auf der Oberseite der Htschiene in einer Reihe [*17*]. Kleine weiße Falter . . . . **Phyllocnístidæ** S. 393

— Dornborsten d. Htschiene auch unterseits. Falter nicht weiß **Epermeníidæ** S. 392

19. (17). Kopf mit breiten Schuppen bedeckt [*18b*]. ***20***

— Kopfschuppen schmal [*18a*] ***22***

20. Vdfl.-Zeichnung wie [*19*]. Sehr kleine, meist weiße Falter, Vdfl.-länge ca. 3 mm . . . . **Cemiostómidæ** S. 393

— Vdfl.-Zeichnung anders. Vdfllänge meist 5 mm u. darüber . . . ***21***

17

Phyllocnístidæ: Phyllocnístis, bedornte Hinterschiene.

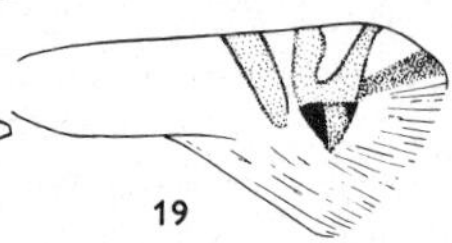

19

Cemiostómidæ: Cemióstoma. Vdfl.

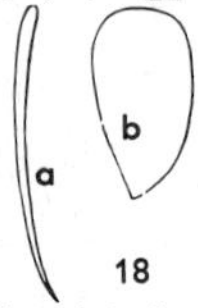

18

b) Cosmópterigidæ: Cosmópterix, breite Kopfschuppe.
a) Scythrídidæ: Scythris, schmale Kopfschuppe.

21. Fühlerbasis meist mit einzelner Borste [*20b*]. Vdfl. sehr schlank . . . . **Cosmopterígidæ** S. 393

— Fühlerbasis meist mit Borstenkamm [*20a*] **Mómphidæ, Oecophóridæ, Blastobásidæ** S. 393

22. (19). Sporne der Htschienen gleichlang [*21*] **Schreckensteiníidæ** S. 392

— Innensporne stets länger als die Außensporne [*24*] ***23***

23. Abdomen auf jedem Segment mit 2 schuppenfreien, fein bedornten Flecken [*22*]. Fühlerbasis häufig mit Schuppenzahn [*23*] **Coleophóridæ** S. 393

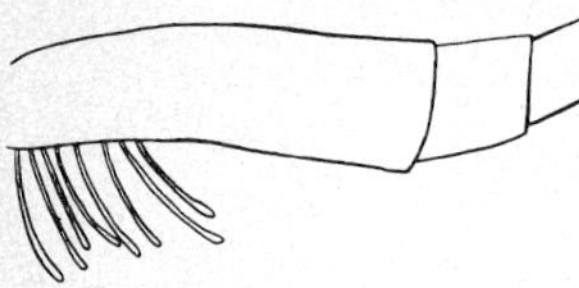

a

20

b

a) Mómphidæ, Fühlerbasis mit Borstenkamm.
b) Cosmopterígidæ; Cosmópterix, Fühlerbasis mit einzelner Borste.

21

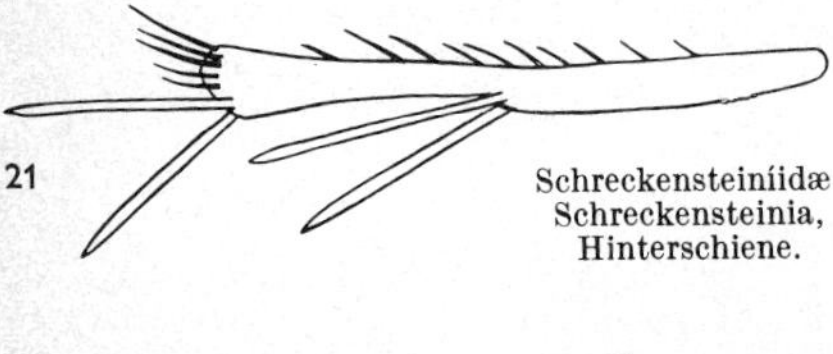

Schreckensteiníidæ: Schreckensteinia, Hinterschiene.

22

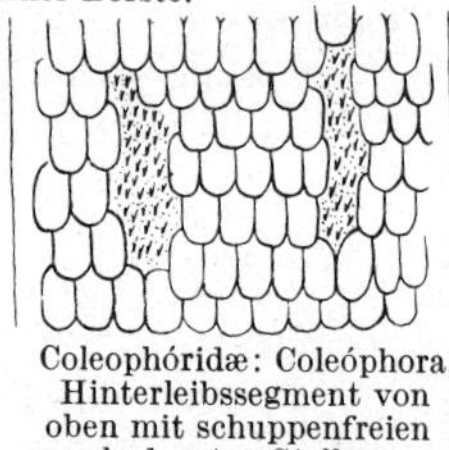

Coleophóridæ: Coleóphora, Hinterleibssegment von oben mit schuppenfreien bedornten Stellen.

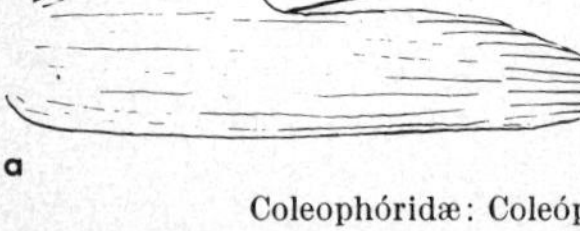

a

23

b

Coleophóridæ: Coleóphora, Fühlerbasis mit Schuppenzahn.

— Abdomen ohne bedornte Flecken ***24***

24. Fühlerbasis mit Borstenkamm [*20a*], Mittelsporne der Htschienen weit vor der Mitte der Schiene entspringend [*17*] ***25***

— Beide Merkmale nicht zusammen auftretend ***26***

25. Labial- u. Maxillarpalpen vorhanden . . . . . . **Gracillaríidæ** S. 393

— Nur die Labialpalpen vorhanden . . . . **Elachístidæ** S. 392

26. (24). Nebenaugen vorhanden ***27***

— Nebenaugen fehlen ***28***

27. Vdfl. mit Silberflecken, Htschienen oberseits anliegend beschuppt **Heliodínidæ**

— Vdfl. ohne Silberflecken, Htschienen mit langen Haaren **Douglasíidæ** S. 394

28. (26). Mittelsporne der Htschiene hinter der Schienenmitte entspringend [*24*]. Labialpalpen aufwärts gebogen. Vdfl. in der Regel über 5 mm lang . . . . **Scythrídidæ** S. 392

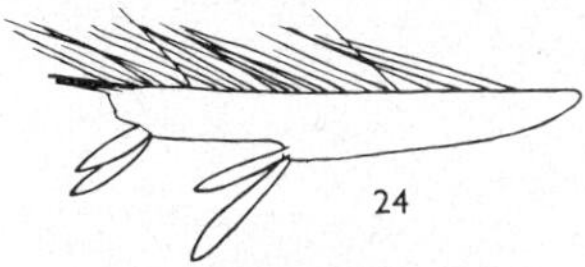

Scythrídidæ: Scythris, Hinterschiene.

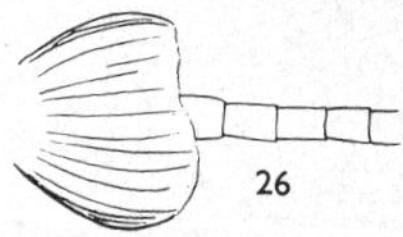

Nepticúlidæ: Neptícula, Fühlerbasis mit Augendeckel.

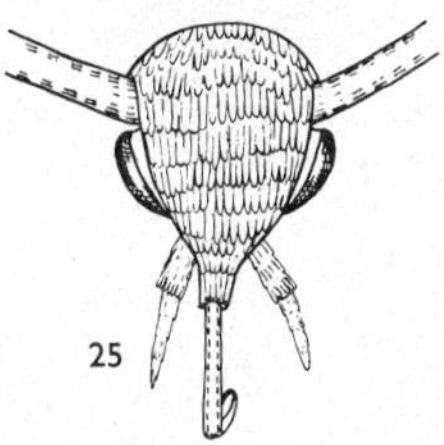

Heliozélidæ: Antíspila, Kopf mit abwärts gerichteten Labialpalpen.

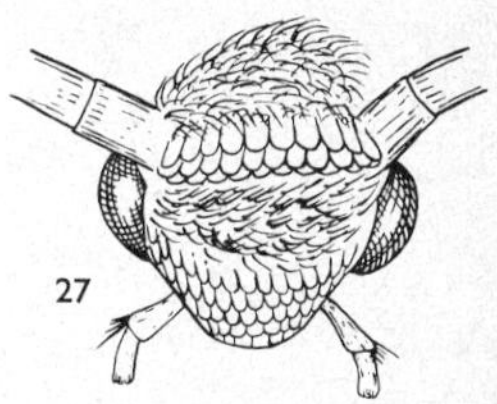

Oinophílidae: Oinóphila v-flava Hw., Kopf.

— Mittelsporne der Htschienen vor der Schienenmitte entspringend [*17*]. Labialpalpen kurz, abwärts gerichtet [*25*]. Vdfllänge unter 4 mm **Heliozélidæ** S. 391

29. (16). Fühlerbasis zu Augendeckel erweitert [*26*] ***30***

— Fühlerbasis mit Borstenkamm [*20a*], Schuppenzahn [*28*] od. einfach [*27*] ***34***

30. Htschienen mit abstehenden Stachelschuppen **Nepticúlidæ** S. 391

— Htschienen nicht stachelig, oberseits behaart ***31***

31. Behaarung der Htschienen lang ***32***

— Behaarung der Htschienen kurz, nur etwa so lang wie die Schienen breit . . . . **Lyonetíidæ** S. 393

32. Vdfl.-Zeichnung wie [*19*] . . . . **Cemiostómidæ** S. 393

— Vdfl.-Zeichnung anders ***33***

33. Vdfllänge unter 3 mm. Falter meist metallisch glänzend, Fühler stets einfarbig . . . . **Nepticúlidæ** S. 391

— Vdfllänge mindestens 4 mm. Falter nicht metallisch, Fühler manchmal hell-dunkel geringt . . . . **Bucculatrícidæ** S. 394

34. (29). Kopf mit 2 Regionen aufgerichteter Haare, Fühlerbasis einfach [*27*] . . . . **Oinophílidae** S. 393
— Kopf mit nur einer Region aufgerichteter Haare od. Schuppen, Fühlerbasis mit Borstenkamm [*20a*] od. Schuppenzahn [*28*] . . ***35***
35. Kopf mit rauhen Schuppen, Fühlerbasis mit Schuppenzahn, Fühler oft lang bewimpert [*28*] . . . . **Tischeríidæ** S. 391
— Kopf rauh behaart, Fühler nicht bewimpert ***36***
36. Htschienen anliegend beschuppt, Vdfl.-Zeichnung meist ähnlich [*29*] **Argyresthíidæ** S. 392
— Htschienen mit feinen Haarpinseln, Vdfl.-Zeichnung meist wie [*30*] **Gracillaríidæ** S. 393

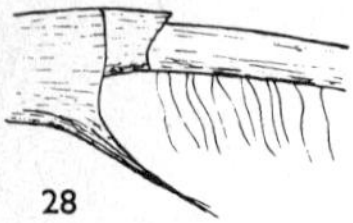
28
Tischeríidæ: Tischéria Fühlerbasis mit Schuppenzahn.

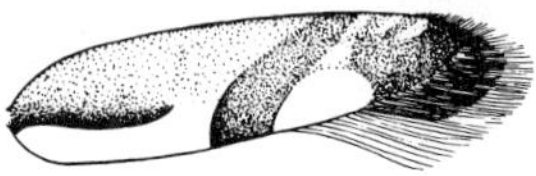
29
Argyrésthiidæ Argyrésthia, Vdfl.

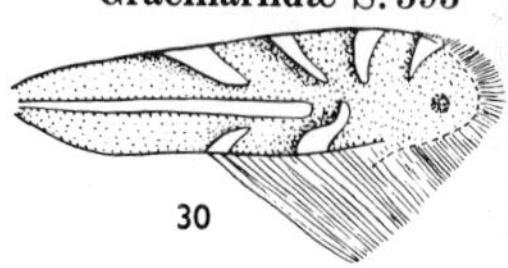
30
Gracillariidæ: Lithocollétis, Vdfl.

37. (15). Haftborsten stets fehlend ***38***
— Haftborsten an der Basis des Htfl. stets vorhanden [*15*, *16*] . . ***45***
38. Basis der Vdfl. mit Jugum [*31*], beide Flügelpaare mit vollständigem Geäder ***39***
— Basis der Vdfl. ohne Jugum. Geäder des Htfl. ärmer als das des Vdfl., nie mit 5 Radialadern ***41***
39. Vdfl. über 10 mm lang . . . . **Hepiálidæ** S. 391
— Vdfl. unter 6 mm lang ***40***
40. Htschienen oberseits lang behaart . . . . . . **Eriocraníidæ** S. 391
— Htschienen oberseits glatt beschuppt . . . . **Micropterígidæ** S. 391
41. (38). Alle Flügel mit großem Augenfleck ***42***
— Flügel ohne auffallenden Augenfleck ***43***
42. Zentrum des Augenfleckes der Flügel blau mit weißer T-Zeichnung [*32*] . . . . **Syssphíngidæ** S. 400
— Augenflecke innen dunkel ausgefüllt . . . . . . **Saturníidæ** S. 400
43. (41). Augen behaart (manchmal nur fein). Basalglied der Labialpalpen nur spärlich behaart [*33*] . . . . . . **Lasiocámpidæ** S. 400
— Augen nackt. Basalglied der Labialpalpen nicht weniger behaart als die beiden Endglieder ***44***
44. Vdfl. oberseits am Zellende mit schwarzer Winkelzeichnung **Endromidae** S. 401
— Zellende der Vdfl. ohne Winkelzeichnung . . . . **Lemoníidæ** S. 400

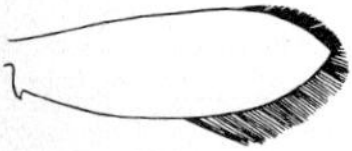
31
Eriocraníidæ: Eriocránia, Vdfl. mit Jugum.

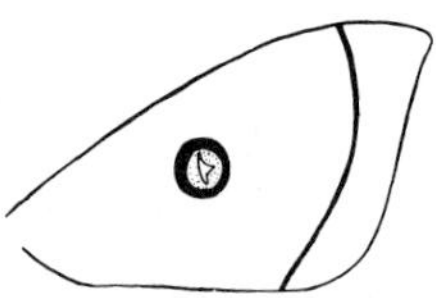
32
Syssphíngidæ Aglia tau L., Vdfl.

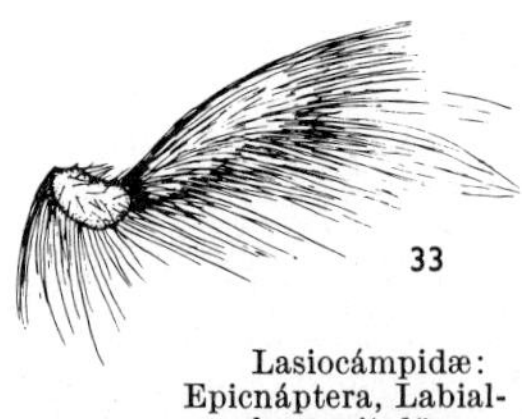
33
Lasiocámpidæ: Epicnáptera, Labialpalpus mit dünn behaartem Basalglied.

45. (37). Rüssel beschuppt ***46***
— Rüssel unbeschuppt od. rückgebildet ***49***
46. Fühler länger als die Vdfl. Kopf u. Palpen lang abstehend behaart **Adélidæ** S. 391
— Fühler viel kürzer als die Vdfl. Kopf u. Palpen meist anliegend beschuppt ***47***
47. Mittel- u. Htschienen oberseits mit je einem Haarbüschel in der Mitte u. am Ende [*34*] . . . . **Glyphipterigidae** S. 393
— Htschienen oberseits glatt od. gleichmäßig lang behaart ***48***
48. Htschienen oberseits glatt. Maxillarpalpen deutlich **Pyrálidæ** S. 394
— Htschienen oberseits lang behaart. Maxillarpalpen sehr klein **Ethmíidæ, Blastobásidæ, Oecophóridæ, Gelechíidæ** S. 393

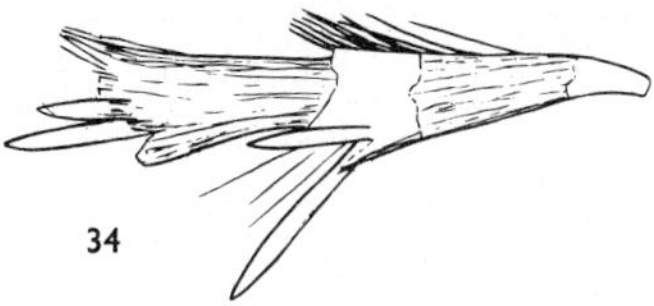
34

Glyphipterigidae: Choreutis, Hinterschiene.

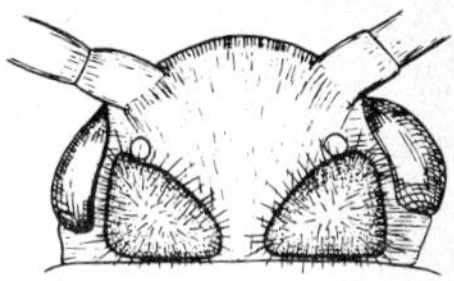
35

Zygænidæ: Procris, Kopf mit großem Chaetosema.

49. (45). Chætosema den größten Teil des Kopfes einnehmend [*35*]. Htschienen glatt, ohne Mittelsporne [*36*] . . . . **Zygǽnidæ** S. 399
— Chætosema fehlend od. sehr klein. Htschienen meist mit Mittel- u. Endspornen ***50***
50. Nebenaugen vorhanden ***51***
— Nebenaugen fehlen ***61***
51. Htschienen anliegend beschuppt od. ganz kurz behaart ***52***
— Htschienen lang behaart ***57***
52. Vdfl. dunkel mit silberweißer Häkchenzeichnung [*37*] **Glyphipterigidae** S. 393
— Vdfl.-Zeichnung anders ***53***
53. Mittelsporne der Htschienen vor der Schienenmitte entspringend [*17*]. Kopf oben struppig behaart, Gesicht anliegend beschuppt. Vdfl. unter 7 mm. Fühler manchmal durch abstehende Schuppen unregelmäßig verdickt . . . . **Ochsenheimeríidæ** S. 393
— Mittelsporne der Htschienen in od. hinter der Schienenmitte entspringend [*24*]. Kopf einheitlich beschuppt od. behaart. Vdfl. über 10 mm ***54***

36
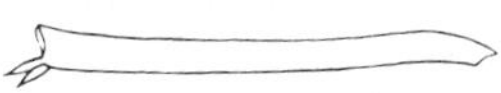

Zygænidæ: Procris, Hinterschiene.

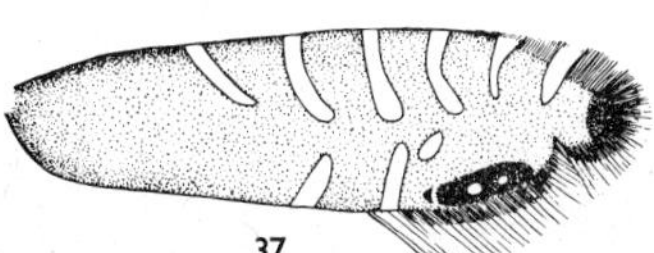
37

Glyphipterigidae: Glyphípterix, Vdfl.

38

Arctíidæ: Arctia, Hinterleib.

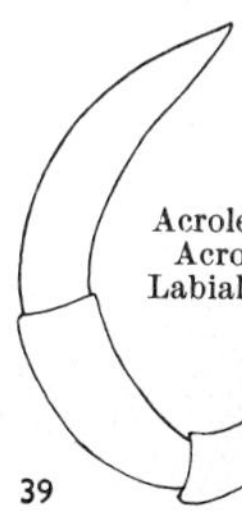
39

Acrolepíidæ: Acrolépia, Labialpalpus.

54. Htleib meist bunt (rötl. od. gelbl.) mit einer Mittelreihe schwarzer Flecke [*38*], die manchmal zu einem breiten Streifen verschmelzen können. Flügel, besonders Htfl., meist bunt . . **Arctíidæ** S. 397
— Htleib einfarbig, keine dorsale Fleckenreihe *55*
55. Labialpalpen aufgebogen, Mittelglied nicht wesentlich dicker als das Endglied [*39*]. Vdfl. unter 8 mm . . . . **Acrolepíidæ** S. 392
— Mittelglied der Labialpalpen viel dicker als das Endglied [*40*, *41*] od. aber Vdfl. über 10 mm *56*
56. Schienen unterseits kräftig bedornt [*42*]. Vdfl. über 10 mm **Noctúidæ** S. 395
— Schienen unbedornt, Vdfl. häufig unter 10 mm **Tortrícidæ** S. 394
57. (51). Nebenaugen um Fühlerbreite vom Augenrand getrennt . . *58*
— Nebenaugen dicht am Augenrand *59*
58. Htfl. schwarz mit weißen Fransen u. weißem Fleck in der Flügelmitte [*43*] . . . . **Atychíidæ** S. 393
— Alle Flügel einfarbig, höchst Vdfl. mit schwachem Gittermuster **Taleporíidae** S. 392

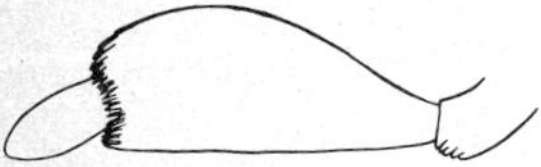
40 Tortrícidæ, Labialpalpus.

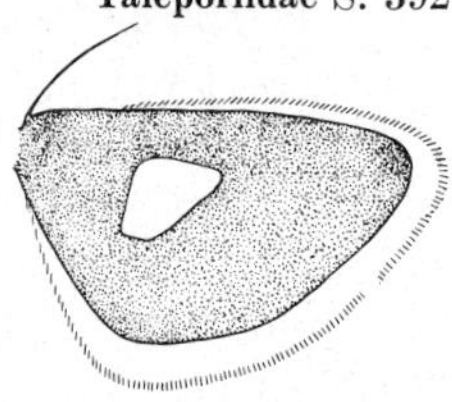
43

Atýchiidæ: Atychia, Htfl.

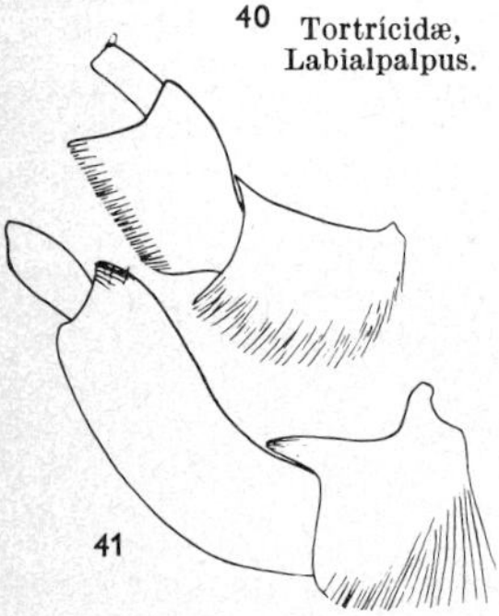
41

Noctúidæ: Labialpalpen.

42

Noctúidæ, bedorntes Tarsalglied.

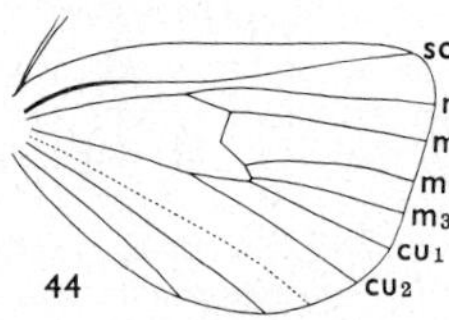

44

Thyatíridæ: Cymatóphora, Htfl. Geäder.

59. (57). Im Htfl. Ader sc etwa am Zellende stark an rr genähert [*44*] *60*
— Im Htfl. Adern sc u. rr manchmal eine Strecke verschmolzen. Vom Trennungspunkt od. direkt von der Basis an stark divergierend [*45*] **Noctúidæ** S. 395
60. Im Htfl. Adern rr u. m_1 getrennt entspringend [*44*] **Thyatíridæ** S. 398
— Im Htfl. rr u. m_1 gestielt od. zusammenfallend [*46*] **Notodóntidæ** S. 398

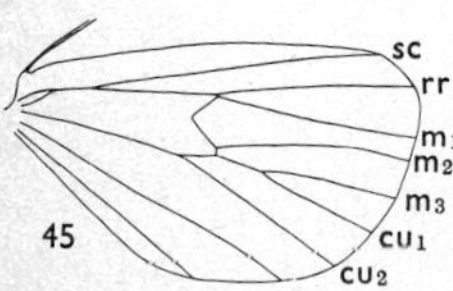

45

Noctúidæ: Hylóphila, Htfl. Geäder.

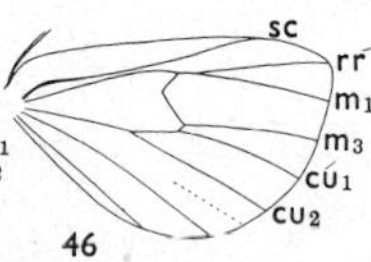

46

Notodóntidæ: Clóstera, Htfl. Geäder.

47

Nolidæ: Celáma, Fühlerbasis mit Schuppenzahn.

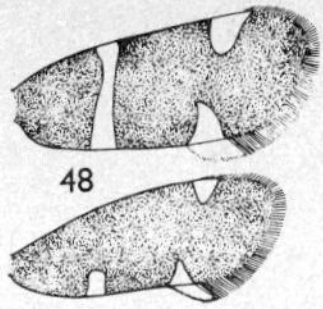

48

Incurvaríidæ: Lamprónia, Vdfl.

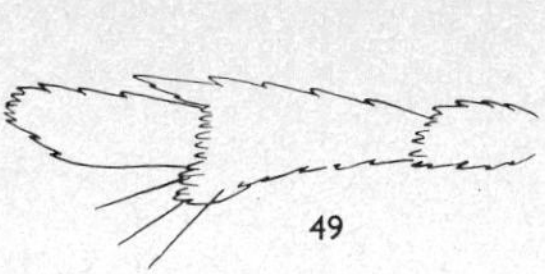

49

Incurvaríidæ: Incurvária, Labialpalpus.

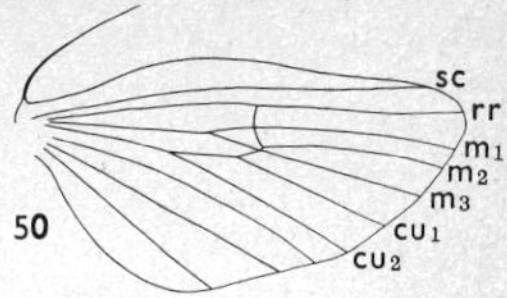

50

Cóssidæ: Phragmatœcia, Htfl. Geäder.

61. (50). 1. Tarsalglied der Ht.- u. Mittelbeine etwa so lang wie die Schienen . . . . **Sphíngidæ** S. 399

— 1. Tarsalglied wenigstens der Htbeine höchstens $^2/_3$ so lang wie die Schienen ***62***

62. Vdfl. schwarz od. braun mit einigen milchig trüben Flecken [*7*]. Htleib manchmal mit gelbem Ring. Wenn vollständig gelb, dann Htschiene mit nur 1 Mittelsporn . . . . **Ctenuchidae** S. 398

— Vdfl. anders gezeichnet. Htleib nicht mit gelbem Ring, manchmal jedoch ganz gelb od. mit gelber Spitze. Htschienen ohne od. mit 2 Mittelspornen ***63***

63. Fühlerbasis mit Schuppenzahn [*47*], Vdfl. mit einzelnen Flecken aufgerichteter Schuppen. Vdfllänge 8–12 mm . . . . . . **Nólidæ** S. 397

— Fühlerbasis mit Borstenkamm [*20a*], unregelmäßigen Haarbüscheln od. ohne besondere Bildungen ***64***

64. Fühlerbasis mit Borstenkamm [*20a*] ***65***

— Fühlerbasis ohne Borstenkamm, höchstens unregelmäßig behaart ***67***

65. Htschienen oberseits lang behaart ***66***

— Htschienen glatt anliegend beschuppt. . . . **Yponomeútidæ** S. 392

66. Vdfl. mit zwei hellen Flecken am Innenrand, die manchmal zu Binden gegen den Vdrand verlängert sein können [*48*] **Incurvaríidæ** S 391

— Vdfl. anders gezeichnet . . . . **Tinéidæ** S. 392

67. (64). Labialpalpen anliegend beschuppt, Mittelglied mit einzelnen abstehenden Borsten [*49*]. Vdfllänge unter 10 mm **Incurvaríidæ** S. 391

— Palpen anliegend beschuppt od. abstehend behaart. Vdfllänge meist über 10 mm ***68***

68. Geäder des Htfl. mit Anhangszelle [*50*] . . . . . . **Cóssidæ** S. 393

— Geäder des Htfl. ohne Anhangszelle ***69***

69. Falter einfarbig, meist schwärzlich od. grau. Flügel dünn, durchscheinend. Htfl. u. oft auch Vdfl. ohne Schuppen, nur mit Haaren bedeckt. Keine Flügelzeichnung. Körper meist lang behaart **Psýchidae, Taleporíidae** S. 392

— Vdfl. meist mit deutl. Zeichnungen. Htfl. wenigstens teilweise beschuppt ***70***

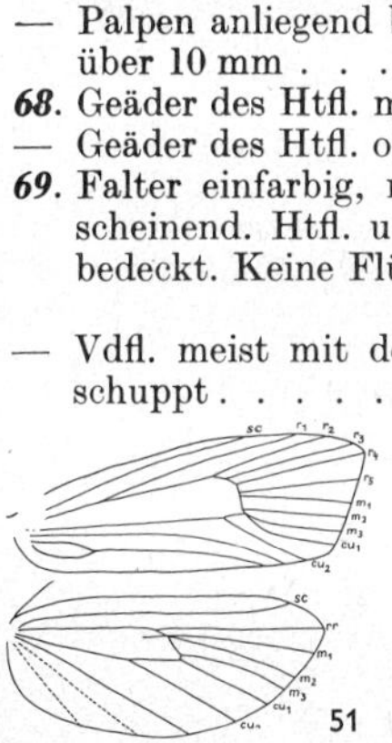

51

Orthotæliidæ: Orthotælia, Geäder.

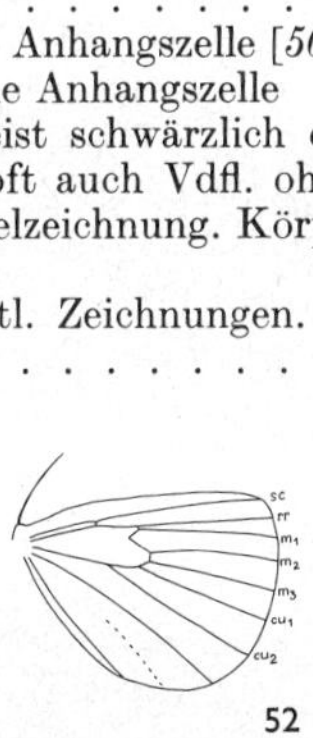

52

Limacodidae: Apoda. Htfl. Geäder.

53

Geométridæ: Aspilátes, Htfl. Geäder.

70. Im Htfl. Adern sc u. rr von der Basis an getrennt, sich oft jedoch nähernd od. durch eine Querader verbunden [*44, 52*] ***71***
— Im Htfl. sc u. rr eine Strecke miteinander verschmolzen [*45*] . . ***77***
71. Im Htfl. sc u. rr von der Basis an leicht divergierend [*51*] **Orthotæliidæ** S. 392
— Im Htfl. sc u. rr einander genähert od. durch Querader verbunden [*52, 54*] ***72***
72. Im Vdfl. Adern m_2 u. m_3 parallel verlaufend ***73***
— Im Vdfl. Ader m_2 basal an m_3 genähert ***75***
73. Spitze der Vdfl. sichelartig vorgezogen [*64a–c*] **Drepánidæ** S. 395
— Spitze der Vdfl. gerundet ***74***
74. Fühler fadenförmig. Vdfllänge stets unter 15 mm, Geäder des Htfl. wie [*52*] . . . . **Limacodidae** S. 399
— Fühler mit kurzen (♀) od. langen (♂) Kammzähnen **Lymantriidæ** S. 398

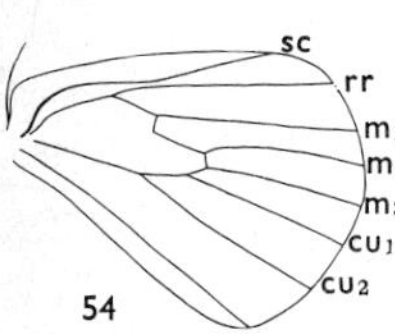

54

Drepánidæ: Drépana, Htfl. Geäder.

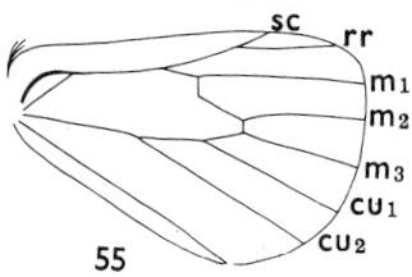

55

Drepánidæ: Cilix, Htfl. Geäder.

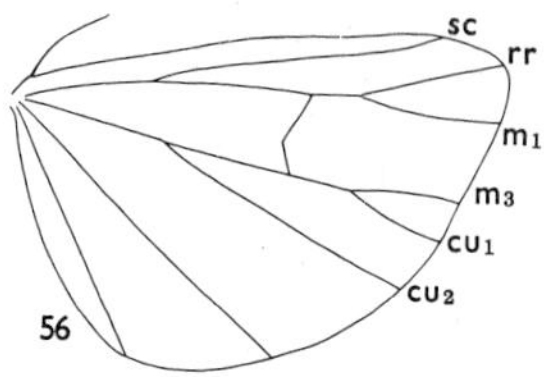

56

Lithosiidæ: Eiléma, Htfl. Geäder.

75. (72). Im Htfl. rr u. m_1 getrennt entspringend [*44*] ***76***
— Im Htfl. rr u. m_1 auf gemeinsamem Stiel [*46*] od. zusammenfallend **Notodóntidæ, Thaumetopœidæ** S. 398
76. Im Htfl. Ader sc nahe der Basis rr genähert [*53*] **Geométridæ** S. 394
— Im Htfl. nähern sich sc u. rr erst am Zellende [*44*] **Thyatíridæ** S. 398
77. (70). Im Htfl. sc erst hinter der Zelle aus rr entspringend. Beide daher auf gemeinsamem Stiel sitzend [*55*] . . . . . **Drepánidæ** S. 395
— Im Htfl. sc u. rr nicht auf gemeinsamem Stiel aus der Zelle entspringend [*45*] ***78***
78. Im Htfl. rr u. m_1 auf gemeinsamem Stiel [*53*] ***79***
— Im Htfl. rr u. m_1 aus einem Punkt od. getrennt entspringend [*45*] ***80***
79. Im Htfl. sc u. rr an der Basis eine Wurzelschlinge bildend [*45*]. Vdfl. meist dreieckig, so breit wie Htfl. . . . . **Geométridæ** S. 394
— Im Htfl. sc u. rr von der Basis an vereinigt, keine Wurzelschlinge bildend [*56*]. Vdfl. langgestreckt, meist schmaler als Htfl. **Endrósidæ, Lithosiidæ** S. 398
80. (78). Im Htfl. Adern m_2 u. m_3 parallel verlaufend [*53*] **Geométridæ** S. 394.
— Im Htfl. Ader m_2 basal stark m_3 bzw. dem Stiel von m_3 u. cu_1 genähert [*45*] . . . . **Noctúidæ** S. 395
81. (1). Beine normal gegliedert. Tier die Puppenhülle verlassend . . ***82***
— Beine, Fühler u. Mundteile stark verkümmert, Tier raupenähnlich, die Puppenhülle nicht verlassend, in ihr die Eier ablegend. Puppe in festem, verschieden bekleidetem Sack . . . . . . **Psýchidæ** S. 392
82. Flügel völlig fehlend ***83***
— Wenigstens Reste der Vdfl. vorhanden ***84***
83. Fühler höchstens $\frac{1}{4}$ Körperlänge. Körper unter 5 mm. Tier auf der Puppenhülle sitzend . . . . **Taleporiidae** S. **392**

— Fühler mehr als ½ Körperlänge. Körper etwa 10 mm. Tier frei umherlaufend ***84***

84. Alle Beine ohne Sporne . . . . Acentria nívea Oliv. S. 394

— Wenigstens Endsporne an Mittel- u. Htschienen ***85***

85. Htschienen ohne Mittelsporne ***86***

— Htschienen mit Mittelspornen ***88***

86. Flügel u. Körper lediglich behaart. Fühler mit kurzen Kammzähnen. Beine sehr kurz ***87***

— Flügel u. Körper mit Haaren u. breiten Schuppen [*57*]. Fühler lang, fadenförmig. Beine mehr als ½ Körperlänge
Lycia, Apocheima S. 395

87. Flügel ganz kurze Lappen . . . . . . **Orgýia** S. 398

— Flügel etwa ½ Körperlänge . . . **Hypogýmna** S. 398

88. (85). Nebenaugen vorhanden ***89***

— Nebenaugen fehlen ***90***

89. Fühler kürzer als die Flügel. Falter im Herbst
Exapáte S. 394

— Fühler länger als die Flügel. Falter im Frühjahr
Cheimophila S. 393

57

Geometridæ: Lycia, Flügelschuppe vom ♀.

90. (88.) Labialpalpen den Kopf nach vorn überragend. Flügel länger als der Körper . . . . **Diurnea** S. 393

— Labialpalpen ganz kurz, unter dem Kopf verborgen. Flügel meist kürzer als der Körper, manchmal fehlend. Weitere Gattg. Frostspanner, **Geometridae: Operophtera, Alsophila, Agriopis, Erannis, Apocheima.**

1. Fam. **Micropterígidæ,** Urmotten

Kleine Falter mit funktionsfähigen Mandibeln. Ernährung von Pollen. Auf Blüten im Mai, Juni. Raupen am Boden, sich von modernden Pflanzenresten ernährend. **Micrópterix** (10).

2. Fam. **Eriocraníidæ,** Trugmotten

Kleine Falter mit Saugrüssel u. Jugum, fliegen im Frühjahr. Raupen beinlos, an Eiche, Birke, Hasel gesellig minierend. Nur wenige Arten.

3. Fam. **Hepiálidæ,** Wurzelbohrer

Mundteile verkümmert, Vdfl. mit Jugum. Fühler auffallend kurz. ♂♂ mit eigentümlichem Hochzeitsflug in der Dämmerung. Raupen in den Wurzeln verschiedener Pflanzen. **Hepíalus húmuli** L., Hopfenbohrer, manchmal schädlich an Hopfen. 7 Arten.

4. Fam. **Nepticúlidæ,** Zwergmotten

Kleinste Schmetterlinge von 1,5 bis 3 mm Vdfllänge. Basalglied der Fühler zu Augendeckel erweitert. Zahlreiche Arten. Raupen zumeist minierend. Raupenstadium manchmal sehr kurz (36 Stunden). Verpuppung außerhalb der Mine in scheibenförmigem Kokon. Artenreichste Gattung: **Nepticula**: Falter einfarbig erzglänzend, manchmal mit Querbinde od. Gegenflecken.

5. Fam. **Tischeríidæ,** Schopfstirnmotten

Nur eine Gattung: **Tischéria** (7). Raupen an Eiche, Kastanie, Rosaceæ minierend. Verpuppung in der Mine.

6. Fam. **Heliozélidæ,** Erzglanzmotten

Kleine erzglänzende Falter. **Antíspila** (3) mit Silberbinden, Raupen in Blasenminen. **Heliozéla** (4) einfarbig, Raupen in Gangminen.

7. Fam. **Adélidæ,** Langhornmotten

Fühler viel länger als die Flügel. **Nemóphora** (6) meist strohfarben, mit feiner Gitterzeichnung. **Adéla** (12) metallisch glänzend od. Vdfl. mit Zeichnung. **Nemótois** (6) metallisch glänzend, Augen des ♂ auf dem Scheitel fast zusammenstoßend. Raupen jung minierend, später in beiderseits offenem Sack am Boden.

8. Fam. **Incurvaríidæ,** Miniersackmotten

Wenige Gattungen mit rund 25 Arten. Fühler der ♂♂ zuweilen gekämmt. Fühlerbasis mit od. ohne Borstenkamm. Vdfl.-Zeichnung meist ähnlich [*48*], manchmal zeichnungslos. Raupen meist jung minierend, später in flachem Sack am Boden an welken Blättern. Manchmal lebenslang minierend od. in Stengeln bohrend.

9. Fam. **Tinéidæ**, Echte Motten

Kleine, sehr bewegliche Falter. Raupen an Flechten, Pilzen. Eine Reihe von Arten schädl. an Vorräten wie Samen, Getreide, Dörrobst, Tabak od. an Stoffen, Fellen, Pelzen. Zahlreiche Gattungen u. Arten. **Trichóphaga tapetzélla** L., Tapetenmotte, Vdfl. milchweiß, Wurzeldrittel schwärzlich. **Tinéola bisselliélla** Hum., Kleidermotte, glänzend ockergelb. **Tínea pellionélla** L., Pelzmotte, Vdfl. lehmgelblich. **Nemápogon granélla** L., Kornmotte, Vdfl. braun u. weiß gemischt.

10. Fam. **Taleporíidae**, Sackmotten

Kleine, meist gelbl. Falter mit undeutl. Gitterzeichnung, mit od. ohne Nebenaugen. Die flügellosen ♀♀ nicht so stark verkümmert wie bei den Psychidæ. Sie besitzen Augen, gegliederte Beine, Fühler. Nur wenige Gattungen u. Arten. Gattung **Solenóbia** hauptsächlich im Gebirge. Überall häufig die dreikantigen Raupensäcke von **Talepória tubulósa** Retz. an Stämmen von Buchen u. a. Raupen in charakteristischen Säcken, die in der Regel mit Sand od. feinsten Pflanzenteilchen verkleidet sind. Leben meist an Flechten.

11. Fam. **Psýchidæ**, Sackträger

Unscheinbare schwärzliche od. graue Falter mit oft durchscheinenden schuppenlosen Flügeln, die behaart sind. Körper meist zottig behaart. Palpen u. Rüssel in der Regel rückgebildet. Das Geäder weist oft Mißbildungen wie Asymmetrien, überzählige Adern etc. auf. ♀♀ stark rückgebildet, raupenartig. Gliedmaßen, Mundwerkzeuge, Augen fehlen. Die Tiere verlassen den Raupensack nicht mehr, werden in diesem begattet u. legen darin die Eier ab. Raupen in charakteristischen, mit verschiedenem grobem Material bekleideten Säcken.

12. Fam. **Acrolepíidæ**, Halbmotten

Nur 2 Gattungen. **Acrolépia** (9) mit Nebenaugen, **Roeslerstámmia** (2) ohne Nebenaugen.

13. Fam. **Orthotælíidæ**, Schilfwickler

Nur eine Art, **Orthotǽlia sparganélla** Thnbg. Großer brauner Falter mit 10–13 mm Vdfllänge. Raupe im Inneren von Wasserpflanzen.

14. Fam. **Yponomeútidæ**, Gespinstmotten

Wenige Gattungen. **Yponomeuta** (5), Falter meist weiß mit schwarzen Flecken [*58*], Raupen gesellig in Gespinsten an Apfel, Weißdorn, Schlehe, Pfaffenhütchen u. a. Übrige Gattungen meist einzeln lebend.

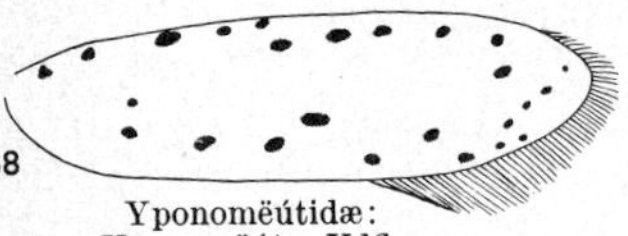

58 Yponomëútidæ: Yponomëúta, Vdfl.

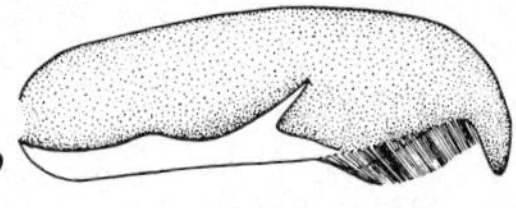

59 Plutéllidæ: Ceróstoma, Vdfl.

15. Fam. **Argyresthíidæ**

Wenige Gattungen. **Argyrésthia** (20), [*29*], Raupen sehr verschiedener Lebensweise, minierend, in Knospen, Früchten, Rinde.

16. Fam. **Plutéllidæ**

Falter strecken in der Ruhestellung Fühler nach vorn. **Ceróstoma** (15) manchmal mit sichelartig gekrümmter Vdfl.-Spitze [*59*]. **Plutélla** (6) mit der weltweit verbreiteten **Pl. xylostella** L. (**maculipénnis** Curt.), Kohlschabe, Raupe oft schädlich an Kohl.

17. Fam. **Schreckensteiníidæ**

Einzige Art, **Schreckenstéinia festaliélla** Hb., leicht daran kenntlich, daß die Mittelsporne der Htschienen gleichlang sind. Falter streckt in Ruhestellung die Hinterbeine zur Seite. Raupe an Brombeere.

18. Fam. **Epermeníidæ**

Nur wenige Gattungen u. Arten. Raupen versponnen an Umbelliferen u. anderen Pflanzen.

19. Fam. **Scythrídidæ**

Wenige Gattungen mit zahlreichen, meist schwer bestimmbaren Arten. Falter oft Tagflieger. Sehr viele Gebirgsbewohner.

20. Fam. **Elachístidæ**, Grasminiermotten

Kleine Falter. Mehrere Gattungen, von denen besonders **Elachísta** sehr artenreich ist. Raupen zumeist in Gräsern minierend, Puppen frei am Boden.

21. Fam. **Cemiostómidæ**, Glattkopf-Blattminiermotten

Nur **Cemióstoma** (9), Raupen einzeln od. gesellig minierend.

22. Fam. **Phyllocnístidæ**, Saftschlürfermotten

Nur **Phyllocnístis** (3), Raupen minierend.

23. Fam. **Lyonetíidæ**, Langhorn-Blattminiermotten

2 Gattungen mit 6 Arten, Raupen in verschiedenen Pflanzen minierend.

24. Fam. **Oinophílidae**, Weinkellermotten

Einzige Art, **Oinóphila v-flava** Hw., in Weinkellern, Raupe an Algenbelag.

25. Fam. **Gracillaríidæ**, Miniermotten

Gracillaríinæ mit glatt beschupptem Kopf. Beine u. Fühler lang. Mehrere Gattungen. **Gracillária** [*60*] sehr artenreich. **Lithocolletínæ** mit abstehend behaartem Kopf. Gattung **Lithocollétis** mit zahlr. Arten an verschiedenen Pflanzen minierend. Verpuppung meist in der Mine. Vdfl. meist mit charakteristischer Zeichnung [*30*].

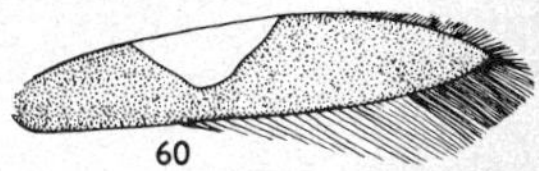

Gracillaríidæ: Gracillária, Vdfl.

26. Fam. **Coleophóridæ**, Sackträgermotten

3 Gattungen von denen besonders **Coleóphora** sehr artenreich ist. Falter meist mit Schuppenzahn an der Fühlerbasis, Htleib mit schuppenfreien Flecken, auf denen kleine Dornen stehen. Raupen in charakteristischen Säcken, von denen aus sie minieren. Arten meist monophag, so daß sie oft nach der Futterpflanze zu bestimmen sind. Bestimmung geflogener Tiere meist nur durch Untersuchung der Genitalarmaturen möglich.

27. Fam. bis 32. Fam. **Cosmopterígidæ, Mómphidæ Blastobásidæ, Oecophóridæ, Gelechíidæ, Ethmíidæ**

Die sichere Abgrenzung der Familien gegeneinander ist nur durch eingehende Untersuchungen von Geäder u. Genitalarmaturen möglich, weshalb hier auf Trennung verzichtet wird. Die Falter besitzen zumeist aufwärts gekrümmte, lange Labialpalpen, deren Mittelglied durch abstehende Schuppen verdickt sein kann. Die Fühlerbasis trägt eine einzelne Borste, einen Borstenkamm od. keine Auszeichnungen. Nebenaugen sind vorhanden od. fehlen. Der Kopf ist in der Regel anliegend beschuppt, die Htschienen oberseits meist abstehend behaart. Raupen selten minierend, meist in versponnenen Trieben. Viele Arten sind monophag. ♀♀ von **Cheimophila** u. **Diurnea** mit verkümmerten Flügeln.

33. Fam. **Pterophóridæ**, Federgeistchen

Fühler meist kurz, Beine außerordentlich lang. Vdfl. in 2 Htfl. in 3 Federn gespalten. **Agdístis** (3) selten, mit ungespaltenen Flügeln. Mehrere Gattungen mit etwa 60 Arten. Raupen frei an Blättern u. Blüten od. im Inneren von Knospen, Samen, Trieben. Puppen oft bunt, dicht behaart, nur am Htende festgesponnen. Häufigste Arten: **Emmelina monodáctyla** L. weißgrau bis rotbraun, Raupe an Winden. **Pterophorus pentadáctyla** L., schneeweiß, Raupe an Winden.

34. Fam. **Alucitidae**, Federmotten

Jeder Flügel in 6 Federn gespalten. Nur **Alucita** (6). Raupen in Blüten od. Stengelanschwellungen verschiedener Pflanzen.

35. Fam. **Sesiidae (Aegeriidæ)**

Schmalflügelige Arten, die meist Hautflügler nachahmen. Flügel mit großen, glasklar durchsichtigen, schuppenlosen Partien. Die nackten weißlichen Raupen bohren in Stengeln, Stämmen, Wurzelstöcken. Puppen mit Hakenkränzen, mit deren Hilfe sie sich vor dem Schlüpfen der Falter aus dem vorbereiteten Schlupfloch schieben. 7 Gattungen mit 30 Arten.

36. Fam. **Cóssidæ**, Holzbohrer

5 Gattungen mit 6 Arten. **Cossus cossus** L., Weidenbohrer, große Art mit 30–40 mm Vdfllänge. Raupe dick, violett, in Eichen, Pappeln, Weiden, Obstbäumen. **Zeuzera pyrína** L., Blausieb, Flügel weiß mit blauen Flecken. Raupe in verschiedenen Laubbäumen. **Hypópta cæstrum** Hb., Raupe in der Wurzel von Spargel, manchmal schädlich.

37. Fam. **Atychíidæ**, Schwärmermotten

Nur **Atýchia** (2) mit südlicher Verbreitung.

38. Fam. **Ochsenheimeríidæ**, Bohrmotten

Nur **Ochsenheiméria** (4), deren Raupen meist in Grasstengeln leben.

39. Fam. **Glyphipterigidae**, Rundstirnmotten

Wenige Gattungen. Falter oft von Tortricidengestalt. Gattung **Glyphípterix** (8) mit charakteristischer Flügelzeichnung [*37*].

40. Fam. Douglasíidæ

Meist als Unterfamilie der Glyphipterigidae betrachtet, mit denen sie die wippenden Bewegungen der Falter gemeinsam haben. 2 Gattungen mit wenigen Arten.

41. Fam. Bucculatrícidæ, Zwergwickler

Basalglied der Fühler zu Augendeckel erweitert. Vdfllänge 3–4 mm. Raupen jung minierend, später frei an der Pflanze. Puppe in geripptem Kokon.

42., 43. Fam. Tortrícidae, Cochylidae (Phaloniidae), Wickler

Die Wickler werden nach anatomischen Merkmalen heute in 2 Familien unterteilt, die zusammen mit über 500 Arten eine der stärksten Gruppen in unserem Gebiet bilden. Flügel oft mit charakteristischem Umriß [*61a–d*]. Vdrand der Vdfl. bei den ♂ ♂ mancher Arten umgeschlagen (Costalumschlag). ♀ von **Exapáte** mit rückgebildeten Flügeln. Raupen meist polyphag, in zusammengesponnenen Blättern, doch auch in Trieben, Blüten, Gallen lebend. Die Familie enthält eine Reihe schädlicher Arten, wie Traubenwickler, Apfelwickler, Eichenwickler u. a.

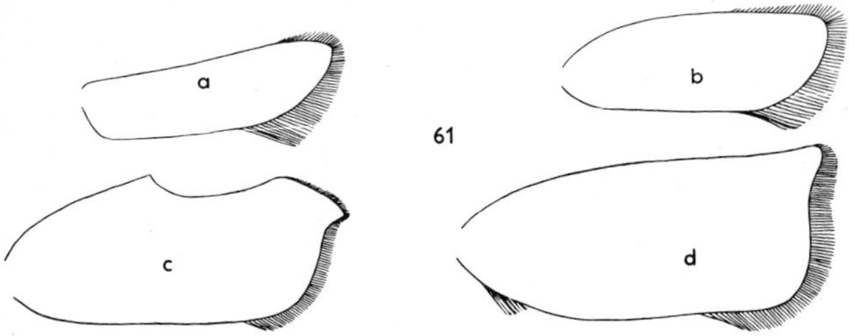

a–d. Tortrícidæ, Umriß der Vdfl.

44. Fam. Thyrídidæ, Fensterschwärmer

Nur **Thyris fenestrélla** Sc., rotbraun mit 2 Fenstern im Vdfl. [*6*]. Raupe mit wanzenartigem Geruch an Blättern der Waldrebe.

45. Fam. Pyrálidæ, Zünsler

Gallerlínæ, Wachsmotten, mit nur wenigen Arten, meist in Nestern von Hymenopteren. **Achroia grisélla** F., Kleine Wachsmotte, grau, Vdfl. 7–10 mm und **Galléria mellonélla** L., Große Wachsmotte, violettgrau, Vdfl. 10–15 mm, in Bienenstöcken schädlich. **Crambínae:** Artenreiche Großgattung **Crambus** jetzt mehrfach unterteilt. Arten überall verbreitet, Falter meist kopfabwärts an Gräsern sitzend. Vdfl. meist ähnlich [*62*].
Schoenobiínae: 3 Gattungen mit 4 Arten. Raupen in Schilf u. Seggen. **Acentria nívea** Oliv. manchmal mit kurzflügeligem ♀. Raupe unter Wasser an Potamogéton.
Anerastiínæ: Nur **Anerástia lotélla** Hb., Raupe an Graswurzeln. **Phycitínæ:** Zahlreiche Gattungen u. Arten. **Ephéstia** (6) meist Vorratsschädlinge. **E. kuehniélla Z.,** Mehlmotte, in Speichern, Bäckereien. **Vitula serratilineélla** Rag., in Hummelnestern u. an Dörrobst, aus Nordamerika nach Nordwestdeutschland eingeschleppt. **Endotrichínæ:** Nur **Endotrícha flammeális** Schiff. Raupe an vertrockneten Blättern von Heidelbeere u. a.
Pyralínae: Mehrere Gattungen. **Pyrális farinális** L., Mehlzünsler, Raupe in Mehl, Stroh, Abfällen.
Hydrocampínæ: Raupen meist unter Wasser. **Nýmphula** (3) jung minierend, später in Sack an Wasserpflanzen. **Scopariínae:** Nur **Scopária** (20) mit schwer bestimmbaren Arten.
Pyraustinae: Zahlreiche Gattungen u. Arten. **Ostrinia nubilalis** Hb., Maiszünsler; **Nomophila noctuella** Hb., weit verbreitet.

46. Fam. Geométridæ, Spanner

Raupen durch Verlust der 3 ersten Bauchbeinpaare charakterisiert. Spannender Gang. Reste der vorderen Bauchbeine besitzen **Brephos** u. **Opisthográptis.**

1. Im Htfl. sc frei od. an rr angelegt, nicht damit verschmolzen [*53*] *2*
— Im Htfl. sc u. rr ein kürzeres od. längeres Stück unter Bildung einer Wurzelschlinge miteinander verschmolzen [*45*] *4*
2. Im Htfl. fehlt Ader m_2 [*56*] . . . . **Ennominae**
— Im Htfl. m_2 vorhanden [*53*] *3*
3. Augen länglich . . . . **Brephínæ**
— Augen rund, kugelig . . . . **Geometrínæ**
4. (1). Im Htfl. sc u. rr nur ganz kurz miteinander verschmolzen . . . . . . **Sterrhínæ**

— Im Htfl. sc u. rr eine längere Strecke (etwa die halbe Länge der Zelle) miteinander verschmolzen . . . . **Larentiinæ**

Geometrinæ: Wenige Gattungen. Falter manchmal grün.

Sterrhinæ: Mehrere Gattungen. **Sterrha (Acidália)** sehr artenreich, Bestimmung manchmal schwierig.

Larentiinae: **Alsophila** (2) im Herbst u. Frühjahr, ♀ ungeflügelt; **Operóphtera** (2), kleine Frostspanner, im Spätherbst. **Laréntia (Cidária)** mit zahlreichen Arten. **Eupithécia**, Blütenspanner, zahlreiche kleine Arten, die bunten Raupen meist in Blüten. Weitere Gattungen.

Ennominae: **Ourápteryx sambucária** L. Nachtschwalbenschwanz, großer hellgelber Falter mit geschwänztem Htfl. [*63*]. **Abráxas grossulariáta** L., Stachelbeerspanner, weiß u. gelb mit schwarzen Flecken, manchmal schädl. an Stachelbeeren. **Búpalus piniaria** L., Kiefernspanner. Großgattung **Boarmia** (jetzt unterteilt) (15), große, oft graue Arten. **Lycia** (6) mit stummelflügeligen ♀♀. **Apocheima pilosaria** Schiff (**pedaria** F.), gau, ♀ ungeflügelt, Jan.-April. Große Frostspanner (**Agriopis, Erannis**) (6) ♀♀ kurzflügelig od. flügellos, im Spätherbst u. Frühjahr. Weitere Gattungen.

Brephinæ: Nur **Brephos** (3), früher meist zu den Noctúidæ gerechnet. Raupen besitzen noch Reste der ersten Bauchbeinpaare.

47. Fam. **Drepánidæ**, Sichelflügler

Drépana (6) mit sichelartig vorgezogener Spitze der Vdfl. [*64a–c*]. **Cilix** mit gerundeter Flügelspitze. Weißer Falter, nur eine Art, **C. glaucáta** Sc., Raupen ohne Nachschieber, an Laubholz.

62
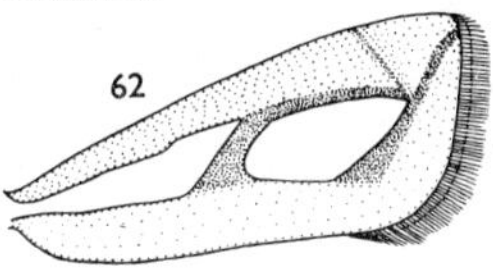

Pyrálidæ: Crambus, Vdfl.

64
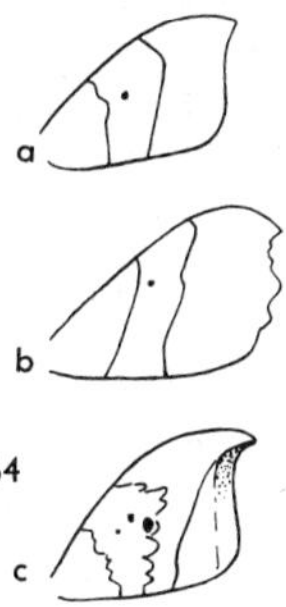

Drepánidæ:
Drépana, Vdfl.
a) Dr. cultária F.
b) Dr. lacertinária L.
c) Dr. falcatária L.

65

Noctúidæ: Fußkralle mit Nebenkralle.

63
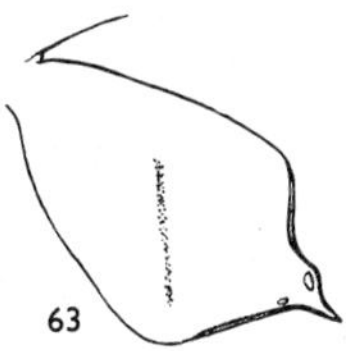

Geométridæ: Ourapteryx, Htfl.

66
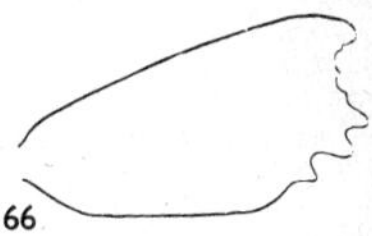

Noctúidæ: Scolióptery x, Umriß des Vdfl.

48. Fam. **Noctuidae**, Eulen

Falter meist mit gut entwickeltem Saugrüssel. Thorax mit Tympanalorgan. Tarsen und oft auch Schienen dicht bedornt [*42*]. Fußkrallen meist mit Nebenkralle [*65*]. Vdfl. in der Regel mit typischer Makelzeichnung (Ringmakel, Nierenmakel, Zapfenmakel). Raupen gewöhnlich unbehaart. Falter meist nachts und in der Dämmerung aktiv, tags mit dachförmig zusammengelegten Flügeln ruhend. Nur wenige Arten tagfliegend. Die Masse der typischen „Eulen" in den Unterfam. **Noctuinae, Hadeninae, Cuculliinae, Amphipyrinae, Catocalinae, Plusiinae.** Die moderne Systematik, vor allem die Gattungssystematik basiert vorwiegend auf Unterschieden in den Genitalarmaturen.

1. Im Htfl. m_2 fehlend. An ihrer Stelle höchstens eine schwache Falte [*67*] **Noctuidae Trifinae *2***

— Im Htfl. m_2 stets vorhanden, deutlich [*45*]. **Noctuidae Quadrifinae** ***7***

2. Augen fein behaart . . . . **Hadeninae.** S. 397

— Augen nicht behaart ***3***

3. Schienen und Tarsen bedornt . . **Noctuinae, Heliothidinae.** S. 397

— Schienen unbedornt, Tarsen bedornt ***4***

4. Abdomen mit Rückenschöpfen [*68*] *5*
— Abdomen ohne Rückenschöpfe *6*
5. Augenränder lang bewimpert . . . . **Cuculliinae.** S. 397
— Augenränder nicht bewimpert . . . . **Amphipyrinae.** S. 397
6. Vdfl. mit Pfeilzeichnungen [*69*] . . . . **Apatelinae.** S. 397

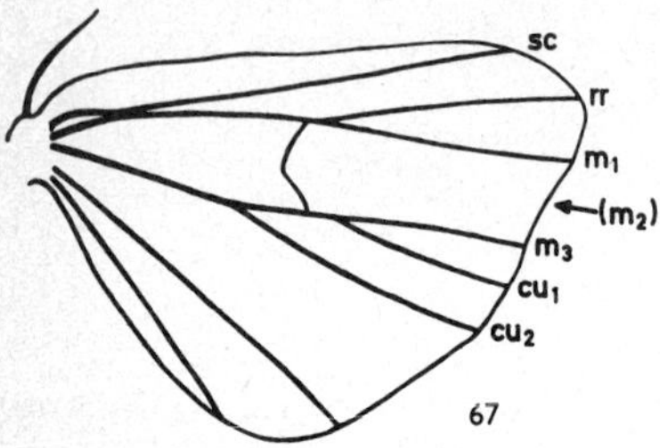

Noctuidæ: Laphygma, Htfl. Geäder.

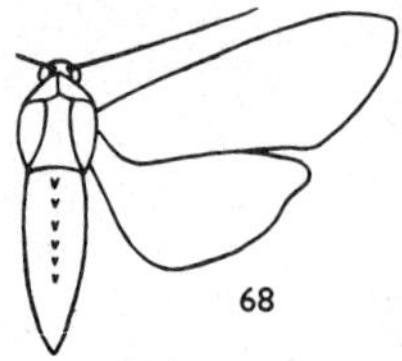

Noctuidæ: Cucullia.

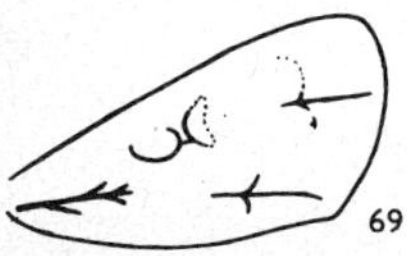

Noctuidæ: Apatele, Vdfl.

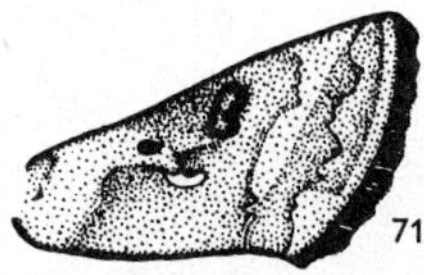

Noctuidæ: Plusia gamma L., Vdfl.

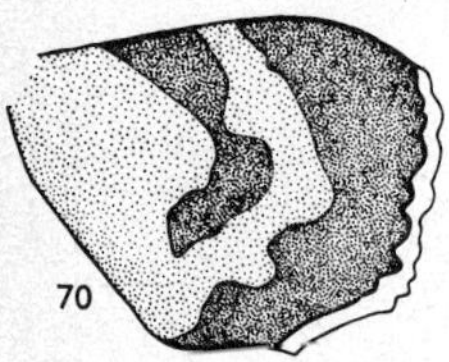

Noctuidæ: Catocala, Htfl.

Noctuidæ: Hypena, Kopf.

— Vdfl. ohne Pfeilzeichnungen weitere **Noctuidae Trifinae** aus verschiedenen Unterfam.
7. Augen behaart . . . . **Pantheinae.** S. 397
— Augen nicht behaart *8*
8. Vdfl. leuchtend grün, Htfl. meist seidig weiß **Chloephorinae.** S. 397
— Vdfl. nicht grün *9*
9. Große Arten. Htfl. rot (gelb, blau) mit dunklen Binden [*70*] **Catocalinae.** S. 397
— Mittelgroße oder kleine Arten. Htfl. nicht bunt, meist unscheinbar gefärbt *10*
10. Vdfl. mit silberner Y-Zeichnung [*71*] oder metallischen Flecken **Plusiinae.** S. 397
— Vdfl. ohne metallische Zeichnungen *11*

11. Thorax mit deutlichem Schopf. Vdfl. mit aufgerichteten Schuppen. Kleine zarte Arten . . . . **Sarrothripinae.** S. 397
— Vdfl. glatt. Thorax ohne Schopf *12*
12. Palpen vorgestreckt oder aufgebogen, von mehrfacher Kopflänge [*72*]. Falter manchmal von spannerartigem Habitus **Hypeninae.** S. 397
— Palpen nicht auffallend länger als der Kopf weitere **Noctuidae Quadrifinae** aus verschiedenen Unterfam.

Noctuidae Trifinae

Noctuinae, Erdeulen: Mittelgroße Falter. Vdfl. meist unscheinbar, braun oder grau. Raupen unbehaart, an niederen Pflanzen. Manche Arten an Wurzeln von Gräsern. Verpuppung meist in der Erde. Hauptgruppe die frühere Gattung **Agrotis** (jetzt nach Genitalmerkmalen in zahlreiche Gattungen unterteilt) mit wichtigen Schädlingen: Getreideeule, Weizeneule, Saateule. In Häusern häufig die Hausmutter, **Noctua pronuba** L., mit gelbem Htfl.
Hadeninae: Mittelgroße Falter. Schienen ohne Dornen. Raupen oft an niederen Pflanzen. Verpuppung meist in der Erde. Zahlreiche wichtige Gattungen: Gemüseeulen **(Barathra, Polia, Scotogramma),** Kapseleulen **(Harmodia),** Kätzcheneulen **(Orthosia),** Graseulen **(Mythimna).** Eine Reihe schädlicher Arten, besonders unter den Gemüseeulen.
Amphipyrinae: Kleine bis mittelgroße und wenige große Falter. Zahlreiche sehr unterschiedliche Arten, darunter die Getreidewurzeleule, **Mesapamaea secalis** L., und die Schilfeulen (**Nonagria, Archanara**).
Cuculliinae: Überwiegend mittelgroße Falter verschiedener Färbung und Zeichnung. Raupen nackt, manchmal bunt, freilebend. Wichtige Gattungen: Mönche **(Cucullia),** mit charakteristischer Flügelform [*68*], Herbsteulen **(Amathes),** Gelbeulen **(Cosmia).** Zahlreiche Arten.
Heliothidinae: Nur wenige mittelgroße Arten.
Acronictinae, Pfeileulen: Mittelgroße, meist graue Falter. Vdfl. mit charakterist. Pfeilzeichnung [*69*]. Raupen behaart, meist bunt, oft mit auffälligen Haarpinseln od. Bürsten. **Acronicta,** nur wenige Arten, z. B. **A. aceris** L., Ahorneule.

Noctuidae Quadrifinae

Pantheinae: Nur wenige mittelgroße Arten mit fein behaarten Augen.
Sarrothripinae, Wicklereulen: Kleine Falter. Vdfl. stellenweise mit aufgerichteten Schuppen. Raupen zwischen versponnenen Blättern von Laubhölzern. Verpuppung in bootsförmigem Kokon. Wenige unbedeutende Arten.
Chleophorinae, Kahnspinnereulen: Kleine bis mittelgroße Falter. Vdfl. leuchtend grün, Htfl. meist seidig weiß. Raupen an Laubhölzern. Verpuppung in bootsförmigem Kokon. Nur wenige Arten. z. B. **Bena prasinana** L.
Plusiinae, Goldeulen: Mittelgroße Falter. Vdfl. meist mit silberner Y-Zeichnung oder größeren metallischen Flecken. Rückenschöpfe auf Thorax und den ersten Abdominalsegmenten. Verpuppung in meist seidigen Gespinsten. Hauptgattung **Plusia.** Gammaeule, **Plusia gamma** L., [*71*] Wanderfalter, Raupe manchmal schädlich an Klee u. a.
Catocalinae, Ordensbänder: Meist große Falter. Vdfl. grau. Htfl. meist auffallend rot, gelb oder blau, mit schwarzen Binden [*70*]. Raupen an Laubhölzern. Hauptgattung **Catocala.** Wenige Arten.
Ophiderinae: Mittelgroße Falter. Einige Arten mit auffälligem Schnitt des Vdfl. Krebssuppe, **Scoliopterix libatrix** L., [*66*] als Falter in Häusern und Ställen überwinternd.
Hypeninae, Schnauzeneulen: Kleine bis mittelgroße, unscheinbar gefärbte Falter, z. T. von spannerartigem Habitus. Palpen auffallend lang [*72*]. Raupen oft an modernden Blättern, manche Arten auch an niederen Pflanzen, Büschen und Laubbäumen. Wenige Arten.
Weitere unbedeutendere Unterfam.

49. Fam. **Nólidæ**

Kleine Falter, meist weißlich. Vdfl, mit Flecken aufgerichteter Schuppen. Raupen mit 3 Paar Bauchbeinen. 3 Gattungen, 10 Arten.

50. Fam. **Arctíidæ**, Bärenspinner

Raupen meist dicht behaart, Haare oft in Büscheln. Falter meist bunt, mit plumpem Htleib. Tympanalorgan am Htrande des Thorax. Flügel in der Ruhe dachförmig. Zahlreiche Arten. **Spilosóma** weiß mit schwarzen Flecken, Htleib gelb. **Arctia caja** L., Brauner Bär, Vdfl. braun mit weiß, Htfl. rot mit blauen Flecken, Htleib rot. **Phragmatóbia fuliginósa** L., Zimtbär, zimtbraun, Htfl. u. Htleib rot.

51., 52. Fam. **Lithosíidæ, Endrósidæ**

Falter gelblich, mit od. ohne schwarze Flecke. Vdfl. schlank, meist schmaler als Htfl. Beide Familien unterscheiden sich vor allem durch den verschiedenen Bau des Tympanalorganes. Wenige Gattungen. **Endrósidae**, Flechtenbärchen, meist im Gebirge.

53. Fam. **Ctenuchidae**, Widderbärchen

Nur 2 Arten. **Sýntomis phégea** L. schwarz mit Glasflecken. Htleib schwarz mit gelbem Ring. **Dysaúxes ancílla** L. braun mit Glasflecken, Htleib ockergelb.

54. Fam. **Thyatíridæ (Cymatophóridæ)**, Eulenspinner

Wenige Gattungen. **Thyatíra batis** L., Roseneule, Vdfl. olivbraun mit 5 rosaroten Flecken.

55. Fam. **Lymantríidæ**, Trägspinner

Mittelgroße Falter. ♀♀ meist mit plumpem Htleib, oft mit starker Afterwolle, manchmal stummelflügelig. Raupen behaart, Haare oft in Büscheln od. auf Warzen stehend. Eine Reihe schädl. Arten.

1. Htschienen mit Mittelsporen *2*
— Htschienen nur mit Endsporen *7*
2. Htfl. oberseits weiß, völlig zeichnungslos *3*
— Htfl. wenigstens mit dunklen Saumflecken, meist jedoch ganz dunkel gefärbt . *6*
3. Vdfl. am Zellende mit schwarzer Winkelzeichnung [73] **Arctórnis l-nigrum** Muell.

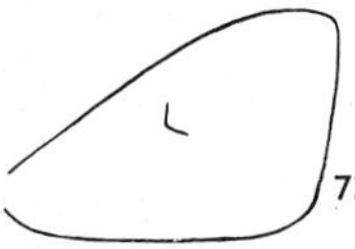
73
Lymantríidæ: Arctórnis, Vdfl.

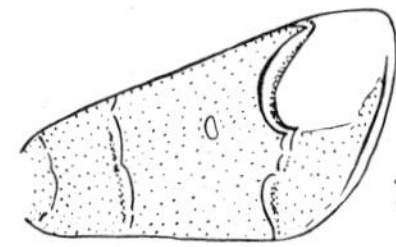
74
Notodóntidæ: Phálera, Vdfl.

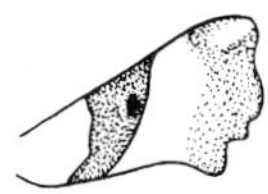
75
Sphíngidæ: Proserpínus, Vdfl.

— Vdfl. ohne schwarze Winkelzeichnung *4*
4. Ende des Htleibs mit goldbrauner Afterwolle, Vdfl. stets rein weiß, manchmal mit schwarzen Flecken *5*
— Ende des Htleibs nicht goldbraun, Vdfl. weiß, manchmal bräunl. übergossen (♂) **Lǽlia cœnósa** Hb.
5. Im Htfl. Ader m_2 fehlend . . . . **Euproctis símilis** Fuessl., Schwan.
— Im Htfl. Ader m_2 vorhanden, ... **Eupróctis chrysorrhœ́a** L., Goldafter, junge Raupen in großen Raupennestern überwinternd.
6. (2). Im Htfl. m_2 u. m_3 basal stark genähert, Vdfl. mit gezackten Querlinien **Lymántria**
a) Htleib rosa gefleckt, ♀ mit langem Legebohrer
Lymántria mónacha L., Nonne, Forstschädling
b) Htleib bräunl. od. weißl., beim ♀ plump, gerundet
Lymántria dispar L., Schwammspinner
— Im Htfl. m_2 u. m_3 etwa parallel verlaufend. Falter schwärzl. od. bräunl., Beschuppung oft dünn . . . . **Ocnéria** (2)
7. (1.) Falter seidig weiß, zeichnungslos . . . . **Leucoma salicis** L., Weidenspinner
— Falter dunkel od. wenigstens mit dunklen Zeichnungen *8*
8. Falter durchscheinend schwärzl., Adern auffallend deutl. . . **Hypogýmna mório** L.
— Falter nicht durchscheinend *9*
9. Vdfl. braun, mit weißem Fleck im Innenwinkel . . . . **Orgýia** (3)
— Vdfl. ohne weißen Fleck im Innenwinkel . . . . **Dasychíra** (4)
♀ mit verkümmerten Flügeln: a) Flügel von halber Körperlänge: **Hypogýmna mório** L.
b) Flügel höchstens ¼ der Körperlänge erreichend: **Orgýia.** (z. B. Schlehenspinner).

56. Fam. **Thaumetopœ́idæ**, Prozessionsspinner, 57. Fam. **Notodóntidæ**, Zahnspinner

1. Htschienen mit Mittel- u. Endsporen *2*
— Htschienen nur mit Endsporen *10*
2. Augen behaart *3*
— Augen nackt *5*
3. Innenrand der Vdfl. mit Schuppenzahn *4*
— Innenrand der Vdfl. glatt, ohne Schuppenzahn . . . . Clóstera (5).
Häufig **P. cúrtula** L., Erpelschwanz.

4. Htfl. unterseits mit Mondfleck am Zellende . . . . **Notodónta** (5)
— Zellende der Htfl. unterseits nicht verdunkelt . . . . **Ptilodon** (2)
5. (2). Innenrand der Vdfl. mitten mit Schuppenzahn *7*
— Innenrand der Vdfl. glatt, ohne Schuppenzahn *6*
6. Spitze der Vdfl. mit großem gelbem Fleck [*74*] . **Phálera bucéphala** L., Mondvogel
— Vdfl. einfarbig grau . . . . **Exæréta** (1), **Drymónia** (3)
7. (5). Palpen sehr lang vorgestreckt . . . . **Pteróstoma palpína** L.
— Palpen den Kopf nicht überragend *8*
8. Vdfl. mit Silberflecken . . . . **Spatália argentína** Schiff.
— Vdfl. ohne Silberflecken *9*
9. Vdfl. weiß mit orangenen Flecken . . . . **Leucodónta bicolória** Schiff.
— Vdfl. nicht weiß . . . . weitere Gattungen
10. (1). Innenrand der Vdfl. mit Schuppenzahn. Fühler des ♂ stark gefiedert. Falter von Oktober bis Dezember . . . . **Ptilóphora plumígera** Schiff.
— Innenrand der Vdfl. ohne Schuppenzahn. Falter meist im Sommer fliegend . . *11*
11. Im Htfl. rr u. m_1 langgestielt. Stiel viel länger als die freien Enden von rr u. m_1. Manchmal beide Adern zusammenfallend *12*
— Im Htfl. Stiel von rr u. m_1 stets kürzer als die freien Enden dieser Adern . . . *14*
12. Htfl. weiß *13*
— Htfl. dunkelgrau . . . . **Gluphísia crenáta** Esp.
13. Htfl. unterseits mit dunklem Fleck am Zellende. Saum mit dunklen Punkten **Harpyia** (3)., Kleine Gabelschwänze
— Htfl. ohne dunklen Fleck am Zellende u. ohne Saumpunkte . . **Thaumetopœa** (3), Prozessionsspinner, einzige Gattung der Familie, Raupen mit langen Borsten, die auf der menschlichen Haut Entzündungen hervorrufen können.
14. (11). Htfl. weißlich od. hellgrau, Adern deutl. sichtbar *15*
— Htfl. einfarbig dunkelgrau, Adern nicht besonders hervortretend **Staúropus fagi** L., Buchenspinner, Raupe in Ruhestellung mit erhobenem Vd- u. Htende sitzend. Vdbeine sehr lang.
15. Htfl. mit dickem schwarzem Fleck im Innenwinkel . . . **Hybocámpa milhaúseri** F., Pergamentspinner, Puppe in sehr festem Kokon an Bäumen.
— Htfl. ohne Fleck im Innenwinkel, oft mit dunklen Saumflecken . . . . . **Cerúra**, Großer Gabelschwanz, Hermelinspinner.

58. Fam. Zygǽnidæ

2 Unterfamilien: **Procridínæ**, Grünwidderchen, Htschienen nur mit Endspornen, Falter meist grün, Fühler beim ♂ lang, beim ♀ kurz kammzähnig. **Zygænínæ**, Blutstropfen, Htschienen mit Mittel- u. Endspornen, Flügel meist schwarz mit roten Flecken, Htfl. vorwiegend rot.

59. Fam. Limacodidae, Asselspinner

Raupen schneckenartig, ohne Bauchfüße u. Nachschieber. Puppe in eiförmigem Kokon, der sich nach Art von Fliegenpuppen mit einem Deckel öffnet. (2); **Apoda avellana** L.

60. Fam. Sphíngidæ, Schwärmer

Raupen nackt, mit großem Horn über dem After, freilebend. Falter meist mit elegantem Flügelschnitt, gute Flieger, teils Wanderfalter.

1. Beide Flügelpaare bis auf den Saum schuppenlos, glasklar [*5*] **Hémaris**, Hummelschwärmer (2)
— Flügel vollständig beschuppt *2*
2. Außenrand der Vdfl. glatt [*78*] *6*
— Außenrand der Vdfl. mit 1 od. mehreren Ausschnitten [*75, 76*] *3*

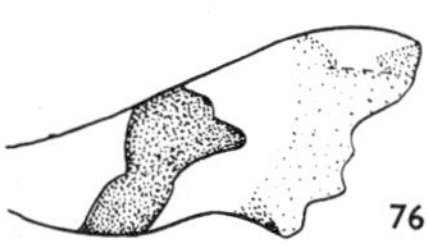
76
Sphíngidæ: Mimas, Vdfl.

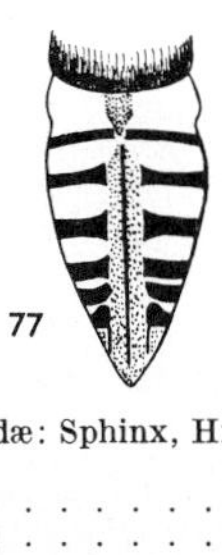
77
Sphíngidæ: Sphinx, Hinterleib.

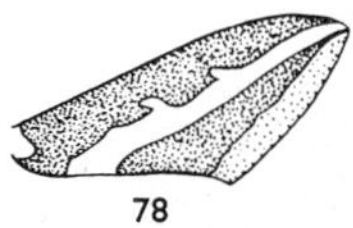
78
Sphíngidæ: Celério galii Rott., Vdfl.

3. Htschienen mit 2 Paar Spornen *4*
— Htschienen nur mit Endspornen *5*

4. Dunkle Binde der Vdfl. mit schwarzem Fleck am Zellende [*75*] **Prosérpinus (Pterogon) prosérpina** Pall., Nachtkerzenschwärmer
— Dunkle Mittelbinde der Vdfl. ohne dunklen Fleck am Zellende [*76*] **Mimas tiliae** L., Lindenschwärmer, Raupe an Linde, Ulme
5. (3). Außenrand der Vdfl. stark gewellt . . . . **Laóthoë pópuli** L., Pappelschwärmer, Raupe an Pappel, Weide.
— Außenrd. der Vdfl. mit nur 1 Ausschnitt nahe des Innenwinkels **Smerínthus ocelláta** L., Abendpfauenauge, Htfl. mit blauem Augenfleck, Raupe an Weide, Obstbäumen.
6. (2). Htfl. mit roten od. rosa Regionen *11*
— Htfl. stets ohne rötl. Töne *7*
7. Htfl. vorwiegend gelb *8*
— Htfl. andersfarbig *9*
8. Thorax mit Totenkopfzeichnung . . . . **Acheróntia átropos** L., Totenkopfschwärmer, Raupe an Kartoffelkraut.
— Thorax einfarbig grau . . . . **Macroglóssum stellatárum** L., Taubenschwänzchen
9. (7). Htleib oberseits rosa u. schwarz gebändert [*77*] . . . . . **Agrius convólvuli** L., Windenschwärmer, sehr flugkräftig, Wanderfalter, Raupe an Winden.
— Htleib ohne rosa Bänderung *10*
10. Htleib oberseits mit dunkler Längslinie, Falter grau . . . . **Hylóicus pinástri** L., Kiefernschwärmer, Tannenpfeil.
— Htleib oberseits ohne Längslinie, Flügel grünlich . . . . **Daphnis nérii** L., Großer Oleanderschwärmer, Wanderfalter.
11. (6). Htleib schwarz u. rosa gebändert [*77*] . . . . **Sphinx ligústri** L., Ligusterschwärmer, Raupe in Gärten u. Anlagen an Ziersträuchern.
— Htleib ohne rosa Bänderung *12*
12. Vdfl., Htfl. u. Htleib vorwiegend weinrot . . . . **Deiléphila** (2). Weinschwärmer.
— Vdfl. u. Htleib nicht rot *13*
13. Basis der Htfl. schwarz . . . . **Hyles** (5), Wolfsmilchschwärmer, Labkrautschwärmer [*78*].
— Basis der Htfl. rot . . . . **Hippótion celério** L., Großer Weinschwärmer, Wanderfalter.

61. Fam. Syssphíngidæ

Nur **Aglia tau** L., Nagelfleck, Fühler des ♂ doppelt gekämmt, die des ♀ nur gezähnt. Htfl. ohne Haftborste. Falter von März bis Mai in Buchenwäldern.

62. Fam. Saturníidæ, Nachtpfauenaugen

Im Gebiet nur **Eudia (Satúrnia) pavónia** L., Kleines Nachtpfauenauge. Im Süden 2 weitere Arten, darunter **Saturnia pyri** Schiff., Wiener Nachtpfauenauge. Verwildert treten stellenweise **Philosamia cynthia** Dr. aus China u. **Antheraea yamamai** Guer. aus Japan auf.

63. Lemoníidæ, Wiesenspinner

Nur **Lemónia** (2), Raupen auf Löwenzahn, Habichtskraut, Verpuppung ohne Gespinst in der Erde.

64. Fam. Lasiocámpidæ, Glucken

Raupen dicht behaart, Verpuppung in charakteristischem Gespinst.
1. Htschienen ohne Endsporne . . . . **Trichiúra** (2), **Eriogáster** (4)
— Htschienen mit Endspornen *2*
2. Vdfl. mit hellem Fleck am Ende der Mittelzelle [*79, 80*] *3*
— Vdfl. ohne solchen Fleck *8*
3. Saum der Vdfl. deutl. gewellt, Fransen schwarz/weiß gescheckt **Cosmotríche (Selenéphera) lunígera** Esp.
— Saum der Vdfl. höchst schwach gewellt, Fransen immer einfarbig *4*

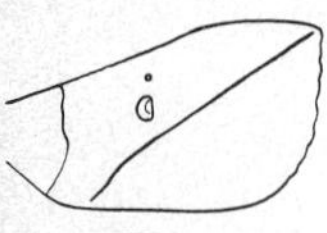
79
Lasiocámpidæ: Philudória potatória L., Vdfl.

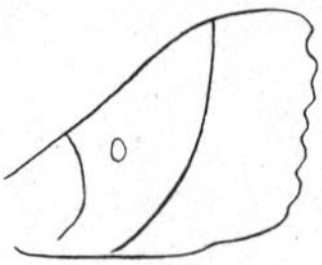
80
Lasiocámpidæ: Odonestis pruni L., Vdfl.

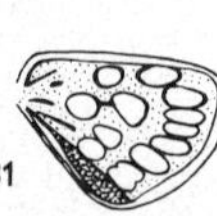
81
Hesperíidæ: Heterópterus morpheus Pall., Htfl. Unterseite.

82
Lycænidæ: Zipfelfalter, Htfl. Unterseite.

4. Vdfl. mit Teilungslinie, die diagonal von der Mitte des Innenrandes zur Spitze läuft [*79*] **Philudória potatória** L., Grasglucke, Raupe gern am Wasser.
— Querbinden nie direkt in die Flügelspitze verlaufend **5**
5. Falter leuchtend orangerot, Vdfl. wie [*80*] . . . . **Odonéstis pruni** L. Pflaumenglucke, Raupe oft an Obstbäumen.
— Falter nicht orangerot **6**
6. Vdschiene mit Endsporn . . . . **Lasiocámpa trifólii** Schiff., Kleespinner
— Vdschiene nicht mit Endsporn **7**
7. Vdfl. mit stark gezackten Querlinien, heller Fleck am Zellende außen von dunkler Querlinie berührt. Htfl. immer einfarbig braun . . . . **Dendrolímus pini** L. Kiefernspinner, manchmal sehr schädl. in Kiefernwäldern.
— Vdfl. mit nur einer ungezackten Querlinie, Htfl. im Innenteil dunkler als im Saumteil, oft durch helle ungezackte Querlinie getrennt . . . . . **Lasiocámpa quercus** L., Eichenspinner, Quittenvogel.
8. (2). Saum der Flügel gewellt **Epicnáptera** (2), **Gastrópacha** (2). **G. quercifólia** L., Kupferglucke, Raupe an Schlehen, manchmal schädlich an Obstbäumen.
— Saum der Flügel nicht gewellt . . . . weitere Gattungen, hierher **Macrotylácia rubi** L., Brombeerspinner, sowie **Malacosóma neustria** L., Ringelspinner, Eier in Ringen an Zweigen von Obstbäumen, an denen die Raupe schädlich ist.

65. Fam. **Endromidae**, Birkenspinner

Nur **Endrómis versicolóra** L., Falter von März bis Mai in Birkengehölzen.

66.–71. Fam. Tagfalter

Flügel in Ruhestellung über dem Rücken zusammengeklappt. Fühler keulenförmig [*8a, b*]. Oberseiten der Flügel oft farbenprächtig. Tagfliegende Blütenbesucher. Puppen frei am Hinterende aufgehängt (Stürzpuppe) oder mit Gürtel (Gürtelpuppe).

66. Fam. **Hesperiidae**, Dickköpfe

Kleine gedrungene Falter mit großem Kopf, Fühlerbasis mit Haarpinsel [*10*]. 12 Gattungen mit 20 Arten.

1. Htfl. unterseits mit Spiegelflecken [*81*], Vdschiene ohne Schienenblatt **Heteropterus morpheus** Pall., Spiegelchen, nur stellenweise, in lichten Bruchwäldern.
— Htfl. unterseits ohne Spiegelflecke **2**
2. Fl. schwärzlich mit hellen Würfelflecken . **Pyrgus** Hb. und verwandte Gattungen.
— Fl. gelbbraun, meist ungefleckt . . **Thymelicus** Billb. und verwandte Gattungen. Z. B. **T. silvestris** Poda, Vdfl. mit dünnem kommaartigem Duftfleck; **Hesperia comma** L., Kommafalter, mit dickem Duftfleck.

67. Fam. **Lycaenidae**, Bläulinge u. Feuerfalter

♂♂ u. ♀♀ meist von verschiedener Färbung. Augen mit weißen Rändern. Raupen mit sehr kleinem Kopf u. asselförmigem Körper, leben meist versteckt, häufig bei bestimmten Ameisen.

1. Beide Flügelpaare unterseits leuchtend grün. **Callophrys rubi** L., Brombeerzipfelfalter.
— Flügel unterseits nicht grün **2**
2. Htfl. mit feinem Schwänzchen [*82*] . . . . Zipfelfalter, 4 Gattungen, 7 Arten. Z. B. **Thecla** F. **T. quercus** L., Eichenzipfelfalter, oberseits mit Blauschiller; **T. betulae** L., Nierenfleck, Vdfl. oberseits mit nierenfg. orange Fleck.
– Htfl. nicht geschwänzt **3**
3. Fl. meist feuerrot mit schwarzen Punkten, Vdfl. unterseits nahe der Basis mit 3 in einer Reihe liegenden Punkten [*83*]. Feuerfalter, 4 Gattungen, 7 Arten, Raupen auf Rumex. Häufigste Art **Lycaena phlaeas** L., Kleiner Feuerfalter, Vdfl. länge ca. 1,5 cm, überall verbreitet; **Heodes virgaureae** L., Dukatenfalter, Vdfl. länge ca. 1,7 cm auf Wiesen.
— Fl. blau oder braun, nie leuchtend feuerrot. Vdfl. unterseits anstelle der 3 Flecke der Feuerfalter nur 2 [*84*]. Bläulinge, ca. 20 Gattungen mit zahlreichen Arten. Der allbekannte Gattungsname **Lycaena** mußte auf die Feuerfalter übertragen werden, die Gattung wurde vielfach unterteilt.

68. Fam. **Satyridae,** Augenfalter

Falter mit meist düsterer Färbung, oft mit einer Augenreihe parallel dem Fl.rand. 1 bis 3 Adern an der Basis blasig aufgetrieben [*12*]. Vd.beine bei beiden Geschlechtern zu Putzpfoten umgestaltet.

1. Augen behaart Großgattung **Pararge** (jetzt in 3 aufgeteilt), häufigste Art **Dira megera** L., Mauerfuchs, überall verbreitet, gern an warmen Stellen, ruht auf Steinen, Sand. Flugzeit IV.–IX.
– Augen nicht behaart *2*
2. Im Vdfl. 3 Adern stark blasig aufgetrieben [*12*]. . . . . **Coenonympha** Hb. Häufigste Art **C. pamphilus** L., Kleiner Heufalter, Unterseite des Htfl. ohne schwarze Augenflecke; überall verbreitet von V–IX.
– Im Vdfl. höchst 2 Adern stark blasig aufgetrieben *3*
3. Fl. schwarz und weiß gescheckt . . . . **Melanargia galathea** L., Schachbrettfalter,
– Färbung und Zeichnung anders, meist braun *4*
4. Mittelschiene etwa halb so lang wie Schenkel, etwa so lang oder etwas kürzer als **Tarsus 1, oberseits mit dunklem Enddorn . . . . Großgattung Satyrus. Z. B. Hipparchia semele L., Samtfalter, auf Sandböden.**
– Mittelschiene fast so lang wie Schenkel, stets länger als Tarsus 1, kein oberseitiger Enddorn *5*
5. Im Vdfl. nur eine Ader stark blasig aufgetrieben . . . . **Erebia** Dalm.,
– Mohrenfalter, ca. 20 Arten, Fl. dunkel, die schwarzen, meist weiß gekernten Augenflecke in der Regel in gelb- oder rotbrauner Binde. Gebirgsbewohner. **Oeneis aello** Hb., Gletscherfalter, nur in den Hochalpen.
– Im Vdfl. 2 Adern stark blasig aufgetrieben *6*
6. Vdfl. unterseits gelbbraun bis zur Basis, Färbung von Vdfl. u. Htfl. unterseits verschieden . . . . weitere Gattungen. Z.B. **Maniola jurtina** L., Kuhauge, weit verbreitet u. häufig.
– Vdfl. unterseits graubraun, Färbung von Vdfl. u. Htfl. unterseits gleich **Aphantopus hyperanthus** L., an Waldrändern, gern an Brombeerblüten.

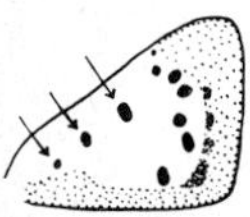
83
Lycænidæ: Feuerfalter, Vdfl. Unterseite.

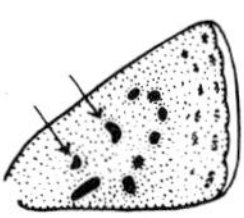
84
Lycænidæ: Bläuling, Vdfl. Unterseite.

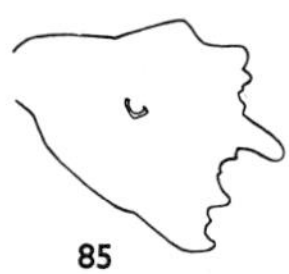
85
Nymphálidæ: Polygonia c-album L., Htfl. Unterseite

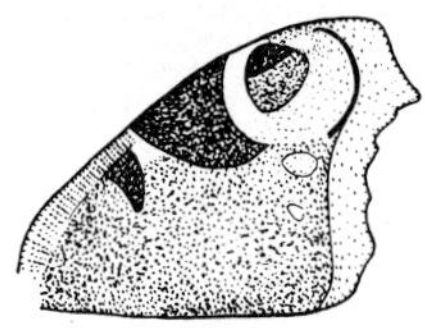
86
Nymphálidæ: Ináchis io L., Vdfl.

69. Fam. **Nymphalidae,** Fleckenfalter

Hierher gehören die häufigsten u. bekanntesten Tagfalter. Vdbeine in beiden Geschlechtern zu Putzpfoten umgestaltet. Labialpalpen manchmal mit aufgeblasenem Mittelglied. Raupen entweder schneckenartig, glatt, mit Kopfhörnern od. mit verzweigten Rückendornen. Puppen am Htende befestigt, hängend (Stürzpuppe).

1. Augen behaart *2*
– Augen nackt *8*
2. Vdfl. u. Htfl. am Außenrand mit scharfem Zahn [*85–87*] *3*
– Vdfl. glattrandig, ohne scharfe Zähne *7*
3. Saum der Htfl. stark ausgezackt. Unterseite mit weißem C [*85*] **Polygónia c-album** L., C-Falter,
– Flügel nicht auffällig gezackt *4*
4. Flügel oberseits mit buntem Augenfleck [*86*] . . . . **Ináchis io** L., Tagpfauenauge, Raupe an Brennesseln.
– Flügel ohne Augenflecken *5*
5. Beide Flügelpaare dunkel mit gelbweißem Saum [*87*] . . . **Nymphalis antíopa** L. Trauermantel, Raupe an Birke.
– Saum nicht auffallend heller als die Flügel *6*
6. Basale Hälfte der Htfl. schwärzlich . . . . **Agláis urtícae** L., Kleiner Fuchs, Raupe an Brennesseln.
– Basale Hälfte der Htfl. braun . . . . **Nymphalis polychlóros** L., Großer Fuchs, Raupe an Ulmen, Kirschen, Weiden. Als seltener Zuwanderer auch **N. xanthomélas** Schiff.

7. Kleine Falter, Vdfllänge um 20 mm . . . . . **Aráschnia levána** L., Landkärtchen. Frühjahrsform rotgelb mit schwarzer Fleckenzeichnung, Sommerform schwarzbraun mit hellen Flecken und Binde.

– Große Falter, Vdfllänge um 30 mm . . . . **Vanéssa**

a) Htfl. schwarz mit leuchtend orangerotem Saum **V. atalánta** L., Admiral, Raupe an Brennesseln.

b) Htfl. braun mit schwarzen Flecken **V. cárdui** L., Distelfalter, in Deutschland nicht heimisch doch jedes Jahr in großer Zahl aus dem Süden zuwandernd.

8. Fühler allmähl. verdickt, einfarbig schwarz *9*

– Fühler mit scharf abgesetzter Keule, Schaft meist mit feinen hellen Ringen . . *10*

9. Basis der Htfl. unterseits auffallend hell . . . . **Limenítis** (3), Eisvögel, Raupen mit 2 kurzen Spitzen am Scheitel u. 2 Reihen ästiger Dornen.

– Basis d. Htfl. unterseits nicht aufgehellt. Flügel der ♂ ♂ violett schillernd **Apatúra** (2) Schillerfalter. Raupen mit 2 langen Kopfhörnern u. Schwanzgabel.

10. Htfl. unterseits mit Silberflecken . . . . Perlmutterfalter, Großgattung **Argynnis,** (jetzt in 8 aufgeteilt) mit 16 Arten. **A. paphia** L., Kaisermantel, Vdfl.-länge über 3 cm, Silberzeichnung in Streifen, nicht in Flecken aufgelöst; **Issoria lathonia** L., Kleiner Perlmutterfalter, Vdfl.länge ca 2 cm, Htfl. unterseits mit großen tropfenartigen Silberflecken; Wanderfalter.

– Htfl. unterseits stets ohne Silberflecke . . . . . . Scheckenfalter, Großgattung **Melitaea** (jetzt in 2 aufgeteilt) mit 13 Arten.

70. Fam. **Pieridae,** Weißlinge u. Gelblinge

Meist weiße od. gelbe Falter. Vdbeine mit Krallen, die an allen Beinen gespalten sind [*13a*]. Raupen häufig an Cruciferen. Puppen am Htende festgesponnen u. durch einen Faden um die Leibesmitte gehalten (Gürtelpuppen).

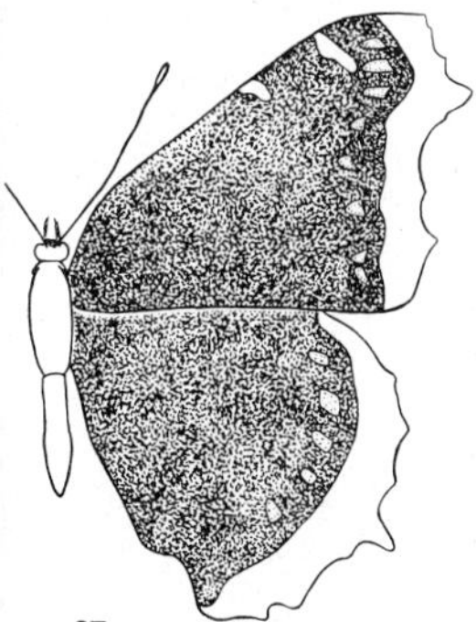

87

Nymphálidæ: Nymphális antiopa L.

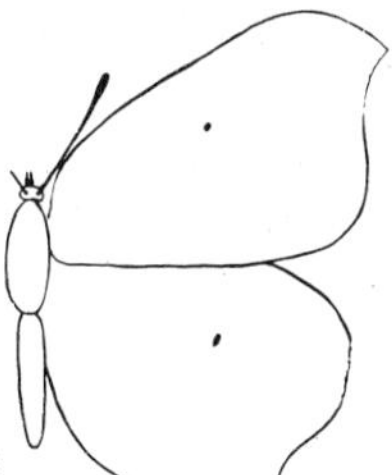

88

Piéridæ: Gonepteryx rhamni L.

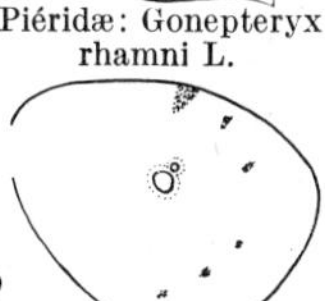

89

Piéridæ: Colias, Htfl. Unterseite.

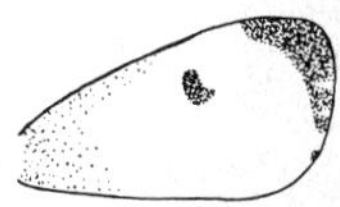

90

Piéridæ: Anthócaris cardamines L., ♀, Vdfl.

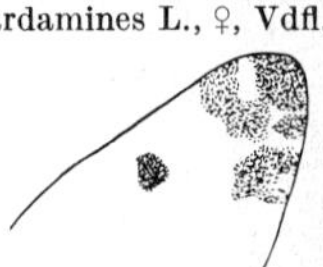

91

Piéridæ: Póntia, Vdfl.

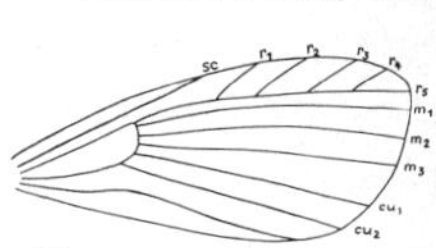

92

Piéridæ: Leptídea, Vdfl. Geäder.

1. Flügel mit scharfer Ecke [*88*], gelb (♂) od. grünlichweiß (♀), in der Flügelmitte ein orangefarbener Fleck . . . . **Gonépteryx rhamni L.,** Zitronenfalter, Raupe an Faulbaum.

– Außenrand der Flügel ohne Ecken *2*

2. Fühler und Fransen rot, Htfl. unterseits meist mit silbrigem 8-Fleck [*89*] . **Colias** F., Gelblinge. Z.B. **C. croceus** Fourcr., Posthörnchen, Fl. orange, Wanderfalter; **C. hyale** L., Goldene Acht, Fl. gelb oder weißlich.

– Fühler u. Fransen nicht rot *3*

3. Unterseite der Htfl. grün gesprenkelt *4*

– Unterseite weiß od. gelbl., manchmal grau bestäubt *5*

4. Verdunklung der Vdflspitze gleichmäßig, [*90*], beim ♂ leuchtend orangerot übergossen . . . . **Anthócaris (Éuchloë) cardámines L.,** Aurorafalter, im April, Mai. Raupe an Wiesenschaumkraut.

— Verdunklung der Vdflspitze in einzelne Flecke aufgelöst [*91*] **Pontia daplídice** L., Resedafalter. Im Alpengebiet der Alpenweißling, **Synchloë callídice** Esp., der einen schmaleren Zellendfleck hat.

5. Zelle der Vdfl. auffallend kurz [*92*] . . . . **Leptídea sinápis** L., Senfweißling, kleiner zarter Falter.

— Zelle der Vdfl. von etwa halber Flügellänge *6*

6. Weiße Art mit scharfen dunklen Adern, Flügel dünn beschuppt, pergamentartig **Apória cratáegi** L., Baumweißling.

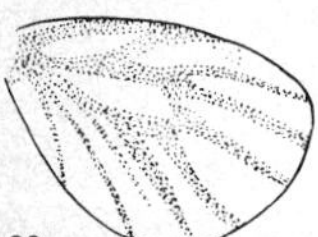
93

Piéridæ: Píeris napi L., Htfl. Unterseite.

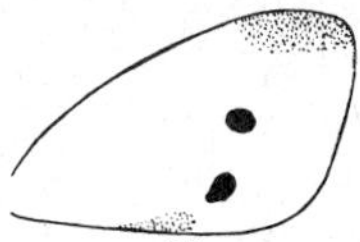
95

Piéridæ: Píeris rapæ L., ♀, Vdfl.

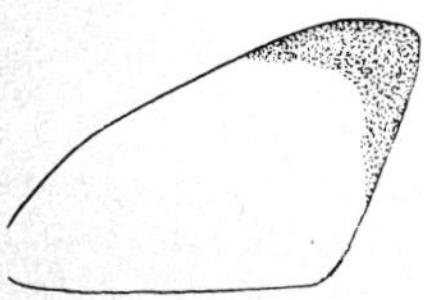
94

Piéridæ: Píeris brássicæ L., ♂, Vdfl.

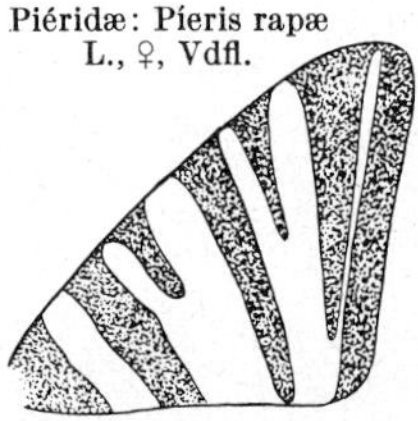
97

Papiliónidæ: Iphiclides podalirius L., Vdfl.

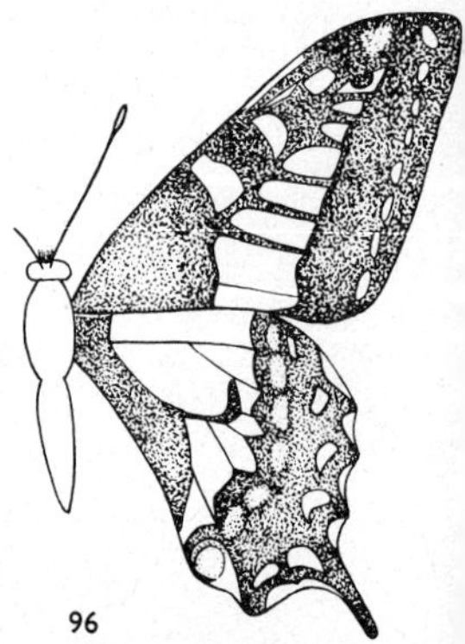
96

Papíliónidæ: Papilio macháon L.

— Beschuppung normal, Adern nicht schwarz, Spitze der Vdfl. meist verdunkelt **Píeris** Weißlinge.,

a) Htflügel unterseits längs der Adern grau bestäubt [*93*] . . . . . . **P. napi** L., Rapsweißling. Im Alpengebiet der vom Rapsweißling oft nur schwer zu unterscheidende Bergweißling, **P. bryóniae** O.

b) Htfl. unterseits einfarbig, Schwärzung der Vdflspitze reicht bis über die Mitte des Außenrandes [*94*] . . . . **P. brássicae** L., Großer Kohlweißling, Raupen oft massenhaft auf Kohlfeldern.

c) Htfl. unterseits einfarbig, Schwärzung der Vdflspitze oft fehlend, höchstens ½ des Außenrandes verdunkelnd [*95*] . . . . **P. rapae** L., Kleiner Kohlweißling, Rübenweißling.

71. Fam. **Papilionidae,** Schwalbenschwänze u. Apollofalter

1. Htfl. mit langem Schwänzchen [*96*] *2*

— Htfl. gerundet *3*

2. Adern im Vdfl. schwarz betont [*96*] . . . . **Papílio macháon** L., Schwalbenschwanz, schwefelgelb mit schwarzen Zeichnungen. Raupe auf Umbelliferen, oft in Gärten auf Möhre.

— Adern im Vdfl. nicht dunkel eingefaßt [*97*] . **Iphiclídes (Papílio) podalírius** L., Segelfalter, blaßgelb, Vdfl. mit schwarzen Querzeichnungen, Raupe an Schlehe, Pflaume, Kirsche, Weißdorn.

3. **Alle Flügel ohne Rotfärbung** . . . . **Parnássius mnemosýne** L. Schwarzer Apollo, im Alpengebiet, Raupe an Lerchensporn.

— Htfl. mit roten Augenflecken *4*

4. Nur Htfl. mit roten Flecken . . . . **Parnássius apóllo** L., Apollofalter, in den Mittelgebirgen u. Alpen, Raupe an Sedum album.

— Auch im Vdfl. rote Flecke . . . . **Parnássius phœbus** F., Alpenapollo, nur in den Hochalpen, Raupe an Saxífraga aizoídes.

Im Gebiet der B.R.Deutschland seit 1980 geschützt: **Geometridae**: *Arichanna melanaria*, *Garsia sororiata*, *Lythria purpuraria*, *Nyssia zonaria*; viele **Noctuidae** (bes. Ordensbänder); **Arctiidae** (außer *Spilosoma menthastri*); **Ctenuchidae**; **Lymantriidae**: *Dasychira abietis*; **Notodontidae** (außer *Phalera*, *Ptilodon camelina*, *Notodonta dromedarius*, *N. ziczac*); **Zygaenidae**; **Sphingidae** (außer *Hyloicus*); **Syssphingidae**; **Saturniidae**; **Lemoniidae**; **Lasiocampidae** (außer *Dendrolimus*, *Eriogaster lanestris*, *Malacosoma neustria*); **Endromidae**; **Tagfalter** (außer *Pieris*).

Literatur

Amsel, Gregor, Reisser, Microlepidoptera Palaearctica. Erscheint laufend, bisher 5 Bände. Wien, Fromme & Co. (1965ff.) – Berge-Rebel's Schmetterlingsbuch. Stuttgart, Schweizerbart (1910). – Eckstein, Die Schmetterlinge Deutschlands mit bes. Berücksichtigung ihrer Biologie. 5 Bände. Stuttgart (1913–1933). – Forster-Wohlfahrt, Die Schmetterlinge Mitteleuropas. Frankh'sche Verlagsbuchhandlung Stuttgart (1954–1981). – Hannemann, Kleinschmetterlinge oder Microlepidoptera, I. Die Wickler, in: Dahl, Tierwelt Deutschlands, Teil 48, Jena, G. Fischer (1961). II. Die Wickler (s. l.) (Cochylidae u. Carposinidae). Die Zünslerartigen (Pyraloidea), Teil 50 (1964). III. Federmotten (Pterophoridae), Gespinstmotten (Yponomeutidae), Echte Motten (Tineidae), Teil 63 (1977). – Hering, Schmetterlinge, Lepidoptera, in: Tierwelt Mitteleuropas. VI. Leipzig, Quelle & Meyer, (1930). Ergänzungsband: Die Schmetterlinge nach ihren Arten dargestellt (1932). – Higgins & Riley, Die Tagfalter Europas und Nordwestafrikas. Hamburg/Berlin, Parey (1971). – Koch, Wir bestimmen Schmetterlinge. 4 Bände. Radebeul u. Berlin, Neumann (1955–1961). – Lampert, Großschmetterlinge u. Raupen Mitteleuropas. Esslingen, Schreiber (1907). – Seitz, Großschmetterlinge der Erde. I. Paläarkten. 4 Bände. Stuttgart, Kernen (1904–1914). – Spuler, Die Schmetterlinge Europas. Stuttgart, Schweizerbart (1908–1912).

Stamm: **Echinodermata**, Stachelhäuter

Rein marine Tiergruppe, Skelett aus Kalkplatten; charakteristisch ist das vorwiegend der Fortbewegung dienende Wassergefäßsystem. 1. **Holothurioidea** (Seegurken), 2. **Echinoidea** (Seeigel), 3. **Asteroidea** (Seesterne), 4. **Ophiuroidea** (Schlangensterne). Die Seegurken sind hier nicht berücksichtigt; die Skelettplatten ihres walzenförmigen Körpers sind zu isolierten Kalkkörperchen reduziert, der Mund ist von einem Tentakelkranz umgeben, s. S. 2 [*1*].

1. Körper sternförmig *2*
— Körper kugel- bis breit eiförmig *9*
2. Schmale Arme scharf von der Mittelscheibe abgesetzt *6*
— Scheibe nicht scharf von den Armen abgegrenzt, diese vielmehr breit ansitzend (Seesterne) *3*
3. Körper ziemlich flach, mit stacheltragenden dorsalen Randplatten. Durchmesser bis 10 cm [*1*].
Kammstern, **Astropecten irregularis** Penn.
— Körper mehr gewölbt und ohne seitlichen Stachelkamm . . . *4*
4. Mit 10–13 Armen. Durchm. bis 20 cm [*2*]
Sonnenstern, **Solaster papposus** L.
— Mit 5 Armen *5*
5. Arme zur Basis etwas verengt. Saugfüßchen in Furchen der Unterseite der Arme in 4 Reihen. Durchm. bis 30 cm [*3*].
Gemeiner Seestern, **Asterias rubens** L.
— Die schlankeren Arme nicht zur Basis verengt. Saugfüßchen bilden 2 Reihen. Durchm. bis 20 cm . . . **Henricia sanguinolenta** Müll.
6. Arme mit langen, abstehenden Stacheln und etwa 5mal so lang wie Durchmesser der Scheibe [*4*].
Zerbrechlicher Schlangenstern, **Ophiothrix fragilis** Abil.
— Arme mit kurzen abstehenden oder mit ± anliegenden Stacheln *7*
7. Arme etwa 8mal so lang wie Durchm. der Scheibe, mit kurzen senkrecht abstehenden Stacheln. Auf Sandboden.
Amphiura filiformis Müll.
— Arme höchstens 4mal so lang wie Scheibendurchmesser *8*
8. Arme mit kurzen abstehenden Stacheln. Auf Hartsubstrat.
Amphipolis squamata D. Ch.
— Arme mit kurzen, anliegenden Stacheln . . . . . **Ophiura** Lam.
z. B. **O. albida** Forb. (zwischen Bauchplatten der Arme keine Poren [*5*]) u. **O. textura** Lam. (größer, zwischen Bauchplatten der Arme mehrere Poren). Beide auf Weichböden.
9. Körper rund, kugelförmig, mit langen harten Stacheln *10*
— Körper oval, eiförmig, mit feinen Stacheln [*6*].
Herzigel, **Echinocardium cordatum** Penn.
10. Schale relativ flach gewölbt, grünlich schwarz. Durchmesser bis 3,5 cm [*7*] Strandigel, **Psammechinus miliaris** Gmel.
— Schale hochgewölbt, rotviolett. Durchm. bis 15 cm.
Eßbarer Seeigel, **Echinus esculentus** L.

1

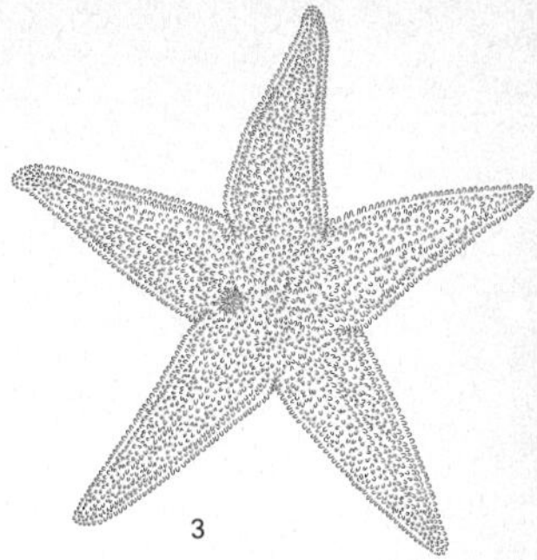

3

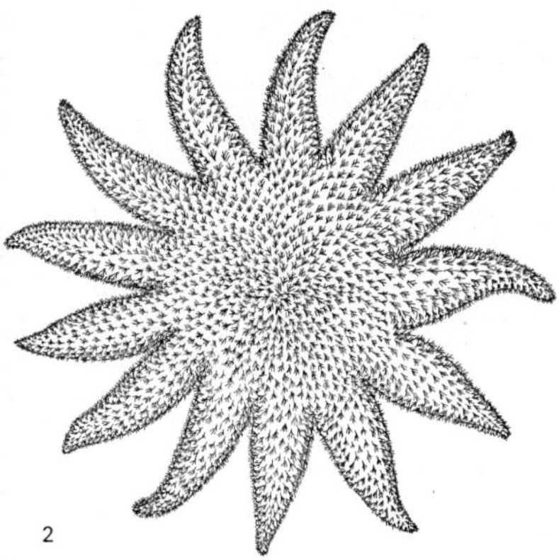

2

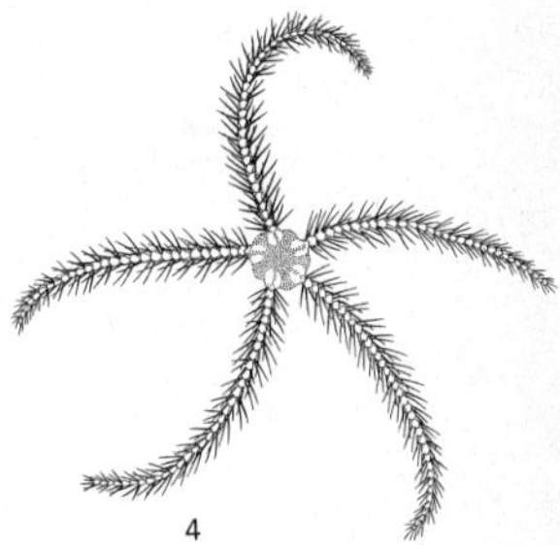

4

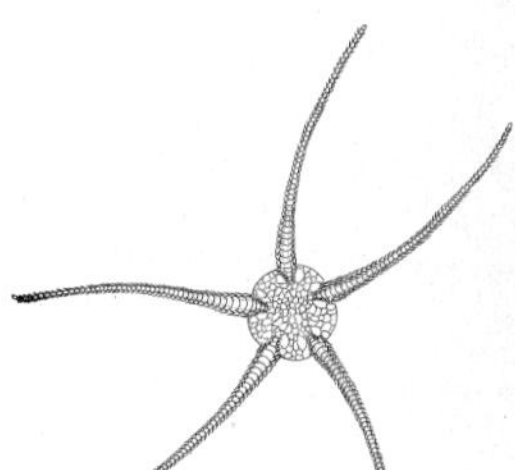

5

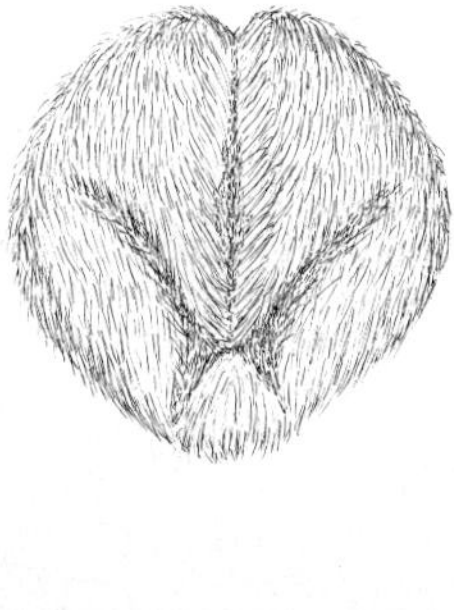

6

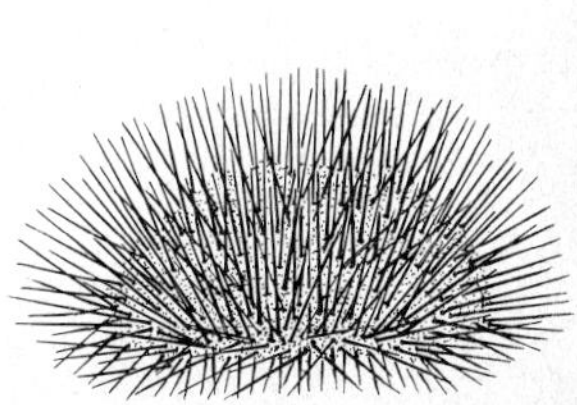

7

Chordata, Chordatiere

Stamm: **Tunicata,** Manteltiere

Zweiseitig symmetrische Tiere ohne Augen, mit wenigstens embryonal angelegtem Achsenstab (Chorda) und darüberliegendem Nervenrohr. Vorderdarm als Kiemendarm ausgebildet. Zu Tunicaten gehören die frei schwimmenden **Appendicularia** und **Thaliacea** (Salpen) sowie die im erwachsenen Stadium festsitzenden **Ascidia** (Seescheiden). Nur letztere sind hier aufgeführt; sie haben ± sackförmige Gestalt mit papillenartigen Ein- und Ausströmöffnungen (Siphonen).

Klasse: **Ascidia,** Seescheiden

1. Einzeltiere ganz in der gemeinsamen Mantelmasse versenkt. Färbung der Kolonie variabel (orange, gelb, rot, blau usw.).
Botryllus schlosseri Pall. (Kolonien bilden gallertige Überzüge, deren Oberfläche durch die Anordnung der Einzeltiere sternartige Muster aufweist); **Botrylloides leachi** Sav. (Kolonien ähnlich, aber Einzeltiere bilden bandförmige Muster).

— Einzeltiere isoliert oder in Aggregationen *2*

2. Schlanke, durchsichtige Einzeltiere bis 3 cm h, durch Wurzelgeflecht am Grunde verbunden [*1*]. . . . . . **Clavellina lepadiformis** Müll.

— Einzeltiere isoliert (höchstens zuweilen mit breiter Basis verwachsen *3*

3. Halbkugelig bis oval, 6–15 mm b, mit rotem oder braunem Mantel [*2*]. Ein- u. Ausströmöffnung 4lappig. Auf festem Substrat.
Dendrodoa grossularia v. Bened.

— Andere Merkmale *4*

4. Einströmöffnung mit 6, Ausströmöffnung mit 4 Lappen . **Molgula**
M. citrina Ald. u. Han. (ca 1 cm b, ziemlich rund [*3*], grün-gelblich); **M. oculata** Forb. (2–3 cm b, mehr oval, Körper außer den Siphonen ganz mit Sand bedeckt).

— Einströmöffnung mit 8, Ausströmöffnung mit 6 Lappen
Ciona intestinalis L. (bis über 10 cm h, zylindrisch, ca. 3mal so h wie b [*4*], zart, grüngelb); **Ascidiella aspersa** Müll. u. **A. scabra** Müll. (Körper gestauchter, ca. 2mal so h wie b; Siphonen ⅓ bis ¼ der Körperlänge voneinander entfernt, infolge seitlicher Verlagerung des einen).

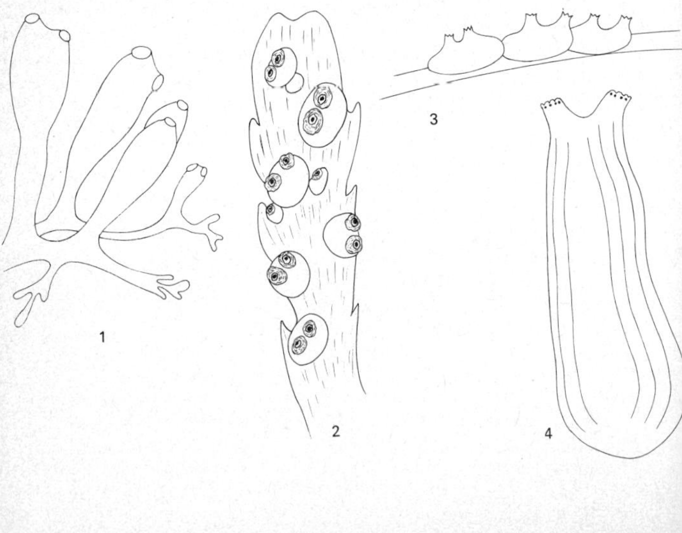

Stamm: **Acrania,** Schädellose

Der einzige Vertreter der **Acrania** in den deutschen Meeren ist das Lanzettfischchen, **Branchiostoma lanceolatum** Pallas.
Körper weidenblattförmig, weißlich, bis 5 cm, mit unpaarem Flossensaum, ohne paarige Flossen. Der mit Cirren umgebene Mund führt in einen Kiemendarm mit zahlreichen seitlichen Kiemenspalten; diese münden in den Peribranchialraum, der sich in einem Abdominalporus vor dem After nach außen öffnet. Vom Rostrum bis in die Schwanzspitze erstreckt sich die Rückensaite, darüber liegt das Nervenrohr.
Nordsee b. Helgoland, auf Sandgrund; einmal auch in der Kieler Bucht gefunden.

Stamm: **Vertebrata,** Wirbeltiere

Erkennbar an einem Innenskelett, dessen Hauptbestandteil eine meist gegliederte Wirbelsäule (Rückgrat) ist. Meist 4 Gliedmaßen, seltener 2 od. fehlend.

1. Wassertiere; Kiemenatmung *2*
— Landtiere; Lungenatmung *3*
2. Körper meist mit Schuppen bedeckt; Kiemen durch Deckel geschützt od. jederseits des Kopfes 5–7 Kiemenöffnungen; paarige u. unpaarige Flossen, zuweilen fehlend. Wechselwarm, an das Leben im Wasser angepaßt . . . . Fische, **Pisces** S. 409
— Ohne Schuppen; nur mit Ruderschwanz u. Flossensaum, bisweilen mit Beinen; 1 Kiemenloch jederseits od. äußere, büschelige Kiemen Larven der **Amphíbia** S. 446
3. Haut nackt; stets 4 Beine . . . . Lurche, **Amphíbia** S. 446
— Körper mit Hornschuppen od. -schildern bedeckt; Gliedmaßen fehlen oft . . . . Kriechtiere, **Reptília** S. 453
— Mit Federn; Vdgliedmaßen in Flügel umgebildet Vögel, **Aves** S. 456
— Mit Haaren; 4 Beine; manche mit Flughaut, von der alle Gliedmaßen umschlossen werden; lebendig gebärend; mit Milchdrüsen Säugetiere, **Mammália** S. 516

1. Klasse: **Pisces,** Fische (Taf. 1–5).

Vorbemerkungen: Nach älterer Auffassung teilte man die Klasse **Pisces,** Fische, ein in
1) Rundmäuler, **Cyclóstomi**
2) Knorpelfische, **Elasmobránchii**
3) Schmelzschupper, **Ganoídei**
4) Knochenfische, **Teleóstei**

Die neuere Systematik rechnet zur Klasse Fische nur noch die letztgenannten 3 Ordnungen.
Im folgenden wird die Zuordnung der Rundmäuler zur Klasse **Pisces** aus praktischen Gründen beibehalten. Die große Mehrzahl der Fische, des Süßwassers wie des Meeres, gehören zur Ordnung Knochenfische, **Teleóstei.**

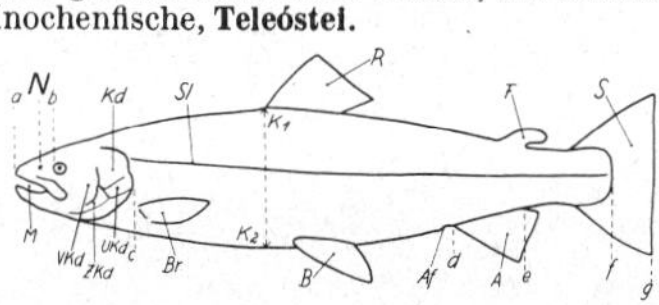

1

Morphologische Merkmale, die für die Bestimmung wichtig sind [*1*]. a–c Kopflänge, a–b Schnauzenlänge, c–d Rumpflänge, d–f Schwanzlänge, e–f Länge d. Schwanzstiels, a–f Körperlänge, a–g Gesamtlänge, K_1–K_2 Körperhöhe. M Mundöffnung, N Nasenloch, Kd Kiemendeckel, Af After, Sl Seitenlinie. – Flossen: Br Brustflosse (paarig), B Bauchflosse (paarig), A Afterflosse, R Rückenflosse, bei Vorhandensein zweier R: R_1 1. Rükkenflosse, R_2 2. Rückenfl., F Fettflosse, S Schwanzflosse. Am Kd unterscheidet man Vkd Vorkiemendeckel, Kd Kiemendeckel, Ukd Unterkiemendeckel, Zkd Zwischenkiemendeckel.

Der Mund kann „oberständig" [*2*] „„endständig" [*3*] od. „unterständig" [*4*] sein. Das Vorhandensein (od. Fehlen) von Anhängen an den Kiefern („Barteln") sowie deren Zahl u. Gestalt sind ein wichtiges Bestimmungsmerkmal.

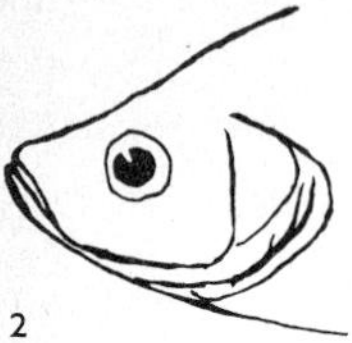

2

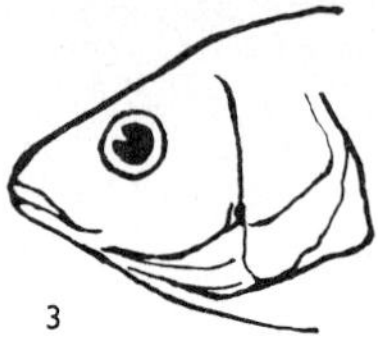

3

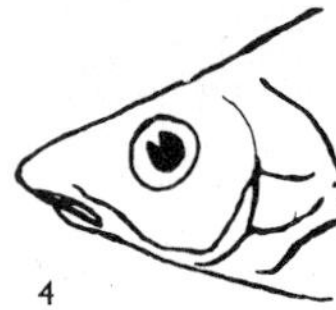

4

Bezahnung: Große Fangzähne („Hundszähne") bei typischen Raubfischen (z. B. Hecht, Zander, Lachs). Kleine „Hechelzähne" bei allen heimischen Süßwasserfischen mit Ausnahme d. Störe u. Karpfenfische. Unterkiefer (U), Zwischenkiefer (Zw), Gaumenbein (G), Pflugscharbein (Pf), Zunge (Zu). Oberkiefer (O) können Zähne tragen [*5*]. Die Bezahnung des Pflugscharbeins [*26–28*] ist von Bedeutung für die Bestimmung d. Salmoniden. Der vordere Teil dieses Knochens wird Platte, der hintere Stiel genannt. Bei den Karpfenfischen trägt das 5. Kiemenbogenpaar („Schlundknochen") zahnartige Gebilde [*34–36*], deren Anordnung (1 bis 3 Reihen) u. Zahl für die Bestimmung der Arten dieser formenreichen Familie wichtig sind. – Auf den Kiemenbögen befinden sich außer den Kiemenblättchen noch Reusenzähne (Reusendornen), deren Zahl u. Länge für die Bestimmung der vielfältigen Formen der Coregonen das verläßlichste Unterscheidungsmerkmal darstellen; außerdem sind sie auch für die Artbestimmung bei Clupeiden von Bedeutung [33a, b] Ihre Dichte insgesamt u. ihre Länge im einzelnen sind bei planktonfressenden Formen größer als bei Bodentierfressern.
Die Flossen haben besondere Bedeutung für die Bestimmung. Zunächst spielt die Lage der B zu den Br eine Rolle. Die B können hinter den Br liegen („bauchständig"), unter diesen („brustständig") od. vor ihnen („kehlständig") [*6*, 1, 3, 2]. – Die S kann gerade geschnitten, abgerundet od. ± tief gegabelt sein, wobei wiederum der obere u. der untere Teil im Verhältnis zueinander symmetrisch od. unsymmetrisch sein können. – Die Flossenstrahlen, die die Flossen (mit Ausn. d. Fettflosse) stützen, sind entweder einfache harte („Hart- od. Stachelstrahlen") [7a] od. gegliederte weiche Strahlen („Weichstrahlen" od. „Gliederstrahlen") [*7b*]. Ihre Zahl ist je nach der Art unterschiedlich. Die Strahlenzahl einer Flosse wird in der Weise bezeichnet, daß vor einem Schrägstrich die Zahl der Hartstrahlen, dahinter die der Weichstrahlen angegeben wird.

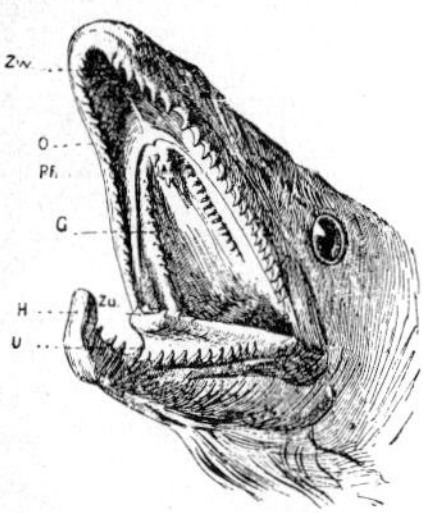

5

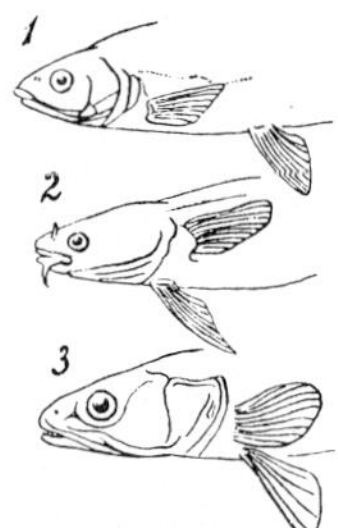

6

7

8

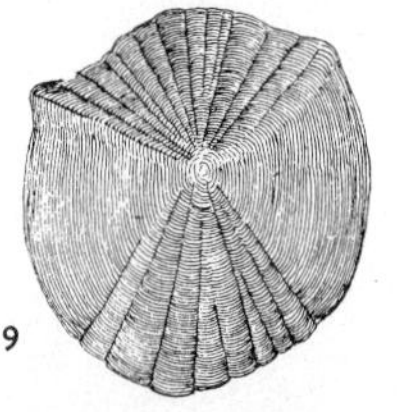

9

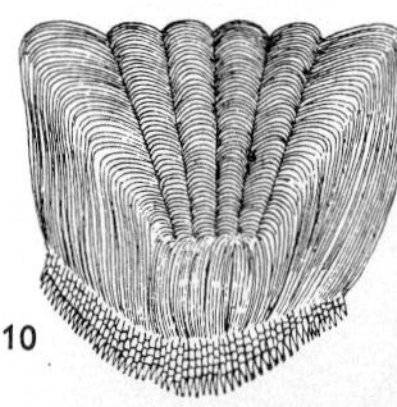

10

Die Schuppen in ihrer Art, Zahl u. Größe sind ein weiteres wichtiges Bestimmungsmerkmal. Man unterscheidet 3 Grundtypen: 1. Placoidschuppe od. Hautzähnchen der Elasmobranchier [*8*], 2. Ganoidschuppe (bei heimischen Fischarten fehlend), 3. Cycloid- od. Rundschuppe [*9*] u. Ctenoid- od. Kammschuppe der Knochenfische [*10*]. Letztgenannte hat (im Gegensatz zur Cycloidschuppe) feine Zähnchen am Hinterrande, die beim Streichen von hinten nach vorn zu fühlen sind. Bei beiden finden sich konzentrische Ringleisten (Sklerite); die im Sommer angelegten liegen infolge schnelleren Wachstums weiter auseinander als die im Winter gebildeten (Altersbestimmung!). Bei den Knochenschildern der Störe handelt es sich nicht um Schuppen. Systematisch wichtig ist die Zahl der Schuppen in der Sl u. die Zahl d. Längsreihen oberh. (auch unterh.) d. Sl. Wie gezählt wird, zeigt [*11*].

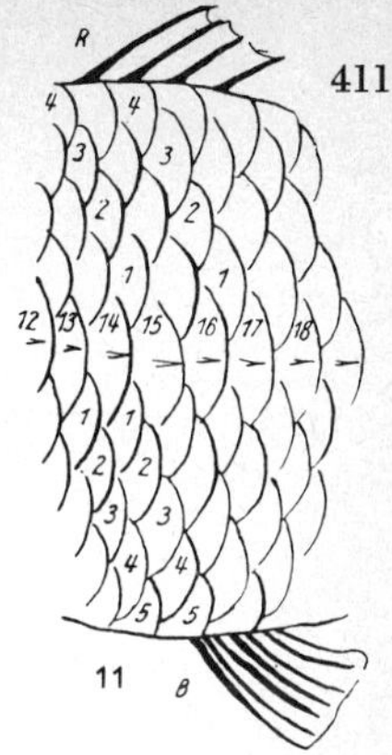

11

Ordnungsschlüssel

1. Paarige Flossen vorhanden. Mund mit gesondertem Ober- u. Unterkiefer *2*

— Paarige Flossen fehlen. Haut ohne Schuppen. Mund ohne getrennte Kiefer, in Form einer Saugscheibe. Nur 1 Nasenöffnung
Rundmäuler, **Cyclóstomi** S. 412

2. Mund unterständig, quergestellt. Meist 5–6 freie Kiemenspalten jederseits. Haut meist mit Hautzähnen [*8*] besetzt. Nur marine Formen.
Knorpelfische, **Elasmobránchii** S. 428

— Mund unterständig, zahnlos, rüsselartig vorstülpbar. Jederseits nur 1 Kiemenöffnung, mit ungegliedertem Kiemendeckel. Haut mit 5 großen Knochenschilderreihen besetzt, sonst nackt. Oberer Teil der S größer als der untere . . . . . Schmelzschupper, **Ganoídei** S. 412

— Mund $\pm$ endständig, wenn auch Kiefer oft verschieden lang. Jederseits nur 1 Kiemenöffnung; mit gegliedertem Kiemendeckel. Haut meist mit Schuppen bedeckt. Paarige u. unpaare Flossen mit knöchernen Flossenstrahlen. Beide Teile der S meist gleich groß
Knochenfische, **Teleóstei** S. 413, 430

1. Süßwasserfische S. 411
2. Meeresfische (Seefische) S. 427

Um bei der Fülle der Formen das Bestimmen zu vereinfachen, wird nach dem Lebensraum zwischen Süßwasser- u. Seefischen unterschieden, obwohl es Arten gibt, die sowohl im Süßwasser als auch im Salzwasser leben können und in gewissen Lebensabschnitten zwischen beiden Lebensräumen wechseln. Unter diesen Wanderfischen unterscheidet man anadrome Arten, die im Meer leben u. das Süßwasser zum Laichen aufsuchen (Stör, Lachs, Meerforelle, Maifisch u. a.), und katadrome Arten, die ihrer Herkunft nach Meeresfische sind, jedoch den größten Teil ihres Lebens vorzugsweise in Binnengewässern verbringen u. zum Laichen ins Meer abwandern (Aal, Flunder). In den folgenden Tabellen sind die in beiden Lebensräumen anzutreffenden Fischarten sowohl unter den Süßwasserfischen als auch unter den Seefischen angeführt, wobei gegebenenfalls auf eine ausführlichere Beschreibung an anderer Stelle verwiesen wird.

1. **Süßwasserfische** [Taf. 1. u. 2]

Fische, die ständig im Süßwasser leben od. nur vorübergehend im Meere, dann aber zum Laichen in d. Süßwasser aufsteigen. Wenn auch der Aal, der zwar im Meere laicht, aber den größten Teil seines Lebens im Süßwasser verbringt, hinzugerechnet wird, so zählt man 3 Ordn., 17 Fam., 45 Gattgn., 70 Arten (darunter 6 aus NAmerika stammende Fremdarten). Dabei werden die Coregonen (mit Ausn. C. álbula) als eine Art mit 12 versch. Formen, die 3 heimischen Forellenformen als eine Art behandelt. Die in Dtschld. eingeführte Regenbogenforelle ist eine fruchtbare Kreuzung zweier im Herkunftsland getrennter Arten.

Ord. **Cyclóstomi**, Rundmäuler

Körper schlangenförmig. Haut ohne Schuppen, sehr schleimig. Jederseits 7 Kiemenlöcher hinter dem Auge. Paarige Flossen fehlen. Ein Nasenloch auf der Oberseite des Kopfes. Runder Saugmund ohne Kiefer, aber mit Hornzähnen. Rückensaite (Chorda), der Knorpelspangen aufsitzen. Knorpeliger Schädel. Im Süßwasser nur eine Familie (**Petromyzónidæ**, Neunaugen) mit 2 Gttg. 3 Arten.

Die Jugendformen der Neunaugen heißen Querder (**Ammocœtes**). Sie leben mindestens 3½ Jahre im Boden der Laichbäche, bevor die Metamorphose zum ausgebildeten Tier eintritt.

1. Obere Hornplatte am Grunde des Mundtrichters etwa so hoch wie breit, mit 2 dicht beieinanderstehenden Hornzähnen; Mundscheibe mit mehreren ringförmig angeordneten Reihen kleinerer Hornzähne besetzt. Rückenseite der erwachsenen Tiere marmoriert

Meerneunauge, Lamprete, **Petromýzon marínus** L.

Bis 1 m lang. Steigt im Frühjahr in die Unterläufe der in die Nordsee mündenden Flüsse zum Laichen auf. Im Einzugsgebiet der Ostsee sehr selten. Fehlt im Donaugebiet.

— Obere Hornplatte am Grunde des Mundtrichters viel breiter als hoch (halbmondförmig); mit je einem Zahn an den Enden. Mundscheibe mit nur einem Kranz von Randzähnen [*12a*]. Rücken nicht marmoriert *2*

2. Körper fingerstark. R_1 und R_2 in der Freßzeit deutlich voneinander getrennt (aber nicht in der Laichzeit)

Flußneunauge, Pricke, **Lampetra fluviatilis** (L.) [*12*]

Etwa 14–40 cm lang. Steigt im Herbst zum Laichen in die Flüsse auf; im östl. Ostseegebiet häufiger als im westl. Nordseegebiet.

— Körper bleistiftstark. R_1 u. R_2 nicht voneinander getrennt

Bachneunauge, **L. planeri** (Bloch)

10–20 cm lg. Dauernd im Süßwasser; in kleinen Bächen, Im Donaugebiet fehlend. Eine Unterscheidung von Fluß- u. Bachneunauge nach morphologischen Merkmalen ist nicht möglich. Die Bezahnung weist keine Unterschiede auf. Auch das in der systemat. Literatur angegebene Merkmal der getrennten R beim Flußneunauge ist für die Bestimmung nicht immer geeignet, da es nur während eines bestimmten Lebensabschnitts (Freßperiode) ausgeprägt ist, nicht aber dann, wenn die Neunaugen in den deutschen Gewässern zahlreich auftreten (Laichwanderung). Die Bestimmung der beiden Arten ist, abgesehen von Größenunterschieden, nur auf Grund biologischer Eigenheiten durchführbar.

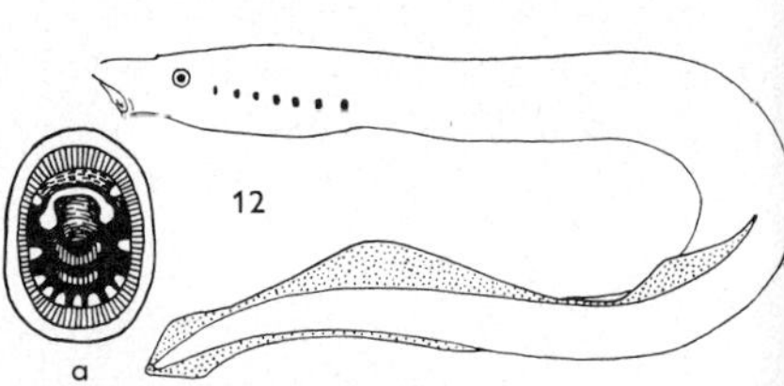

Ord. **Ganoídei**, Schmelzschupper

Fam. **Acipenséridæ**, Störe

Nur 1 Gattg., **Acipénser**, mit 2 Arten

Skelett knorpelig. Unterständiger, rüsselartig vorstülpbarer Mund, der bei erwachsenen Tieren zahnlos ist; davor 4 Barteln. 5 Längsreihen großer, mit Schmelz überzogener Knochenplatten. Oberer Teil der S viel größer als der untere.

1. 24 bis 40 seitliche Schilder. Barteln kurz u. ungefranst. Schnauze stumpf [*13*] . . . . Stör, **A. stúrio** L.

Steigt im Frühjahr zum Laichen in die Unterläufe großer Flüsse (Eider, Elbe) auf. Früher im Nordseegebiet häufig, heute fast ausgerottet. Im Ostseegebiet von jeher selten. Fehlt im deutschen Donaugebiet. Bis 5,5 m lang. Größter deutscher Süßwasserfisch.

— 60–70 seitliche Schilder. Barteln lang, mit seitlichen Fransen. Schnauze lang u. spitz . . . . Sterlet., **A. ruthénus L.**

Im Donaugebiet auf Laichwanderungen in Ausnahmefällen bis Ulm aufsteigend. Immer im Süßwasser. Wiederholte Einbürgerungsversuche (Eider u. a.) bisher ohne Erfolg. Bis 1 m lang.

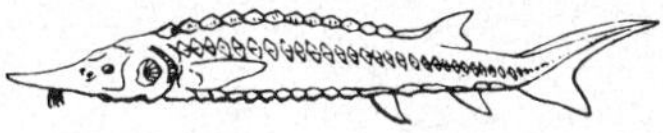

13

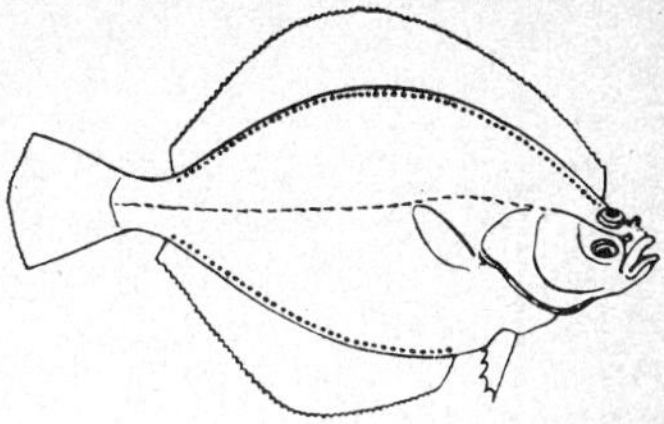

14

Ord. **Teleóstei,** Knochenfische

Knöchernes Skelett (Gräten). Körperoberfläche meist mit Schuppen bedeckt (Rundschuppen od. Kammschuppen), seltener unbeschuppt. Paarige (mindestens 1 Paar) u. unpaare Flossen stets vorhanden. S stets symmetrisch. Paarige Nasenöffnungen. – 15 Fam., 42 Gattgn., 65 Arten.

1. Körper seitlich abgeplattet; beide Augen auf der rechten od. der linken Körperseite. Unterseite meist weiß Plattfische, **Heterosómata**

Im Süßwasser 1 Gattg. mit 1 Art Flunder, Strufbutt, **Platychthys flesus** (L.) [*14*]

Katadromer Plattfisch, weit in die Flüsse aufsteigend u. in Haffe, Bodden u. küstennahe Seen einwandernd. Näheres S. **441**.

— Körper bilateral symmetrisch; die Augen auf verschiedenen Körperseiten *2*

2. 1 Paar paarige Flossen (B fehlen). R, S u. A saumartig zusammenhängend. Körper schlangenförmig. Haut mit sehr kleinen Schuppen Aale, **Anguíllidæ**

Im Süßwasser nur 1 Art Flußaal, Aal, **Anguílla anguílla** (L.) [*15*]

Körper schlangenförmig. R, S u. A bilden einen einheitlichen Flossensaum. Haut sehr schleimig. Bei einer Länge von 18 cm werden kleine, längliche, tief in der Haut liegende Schuppen angelegt. Wandert, nachdem er im Atlantik eine 3jähr. Larvenzeit (weidenblattförmige Larve früher als besondere Fischart – **Leptocéphalus** – beschrieben) als Glasaal (ca. 65 mm lang) im II.–IV. in die westeuropäischen Flüsse ein und wächst in den Binnengewässern heran. – Es werden 2 Ernährungsformen unterschieden: der „Breitkopf" (Raubfisch) und der „Spitzkopf" (Friedfisch). Bei Eintritt der Geschlechtsreife vergrößern sich die Augen, u. die Färbung des Bauches ändert sich von gelb (Gelbaal, Freßaal) in silberweiß (Blankaal, Silberaal). In diesem Stadium wandert der Aal im Herbst aus den europ. Binnengewässern zu seinen Laichplätzen in der Sargassosee südöstl. der Bermudas, etwa zwischen 20° u. 30° N, 50° u. 60° W ab u. laicht in 300–400 m Tiefe. Abgelaichte Aale sterben. In allen deutschen Binnengewässern, die Verbindung zum Meere haben häufig. Fehlt im Einzugsgebiet der Donau, wenn nicht eingesetzt. Länge ♀ bis 150 cm, ♂ bis 50 cm. Sehr wertvoller Speisefisch. Vgl. S. **438**.

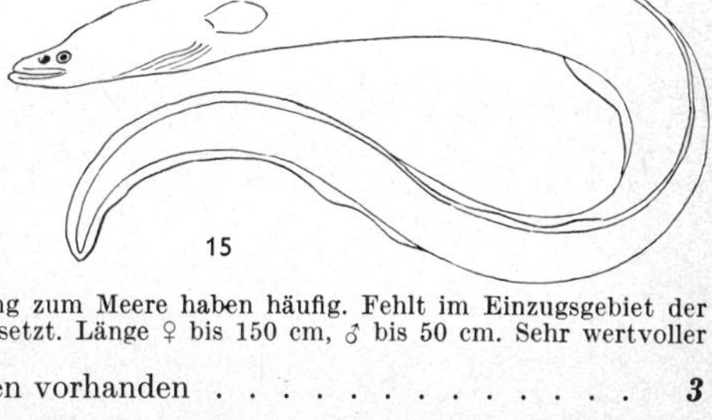

15

— 2 Paar paarige Flossen vorhanden *3*

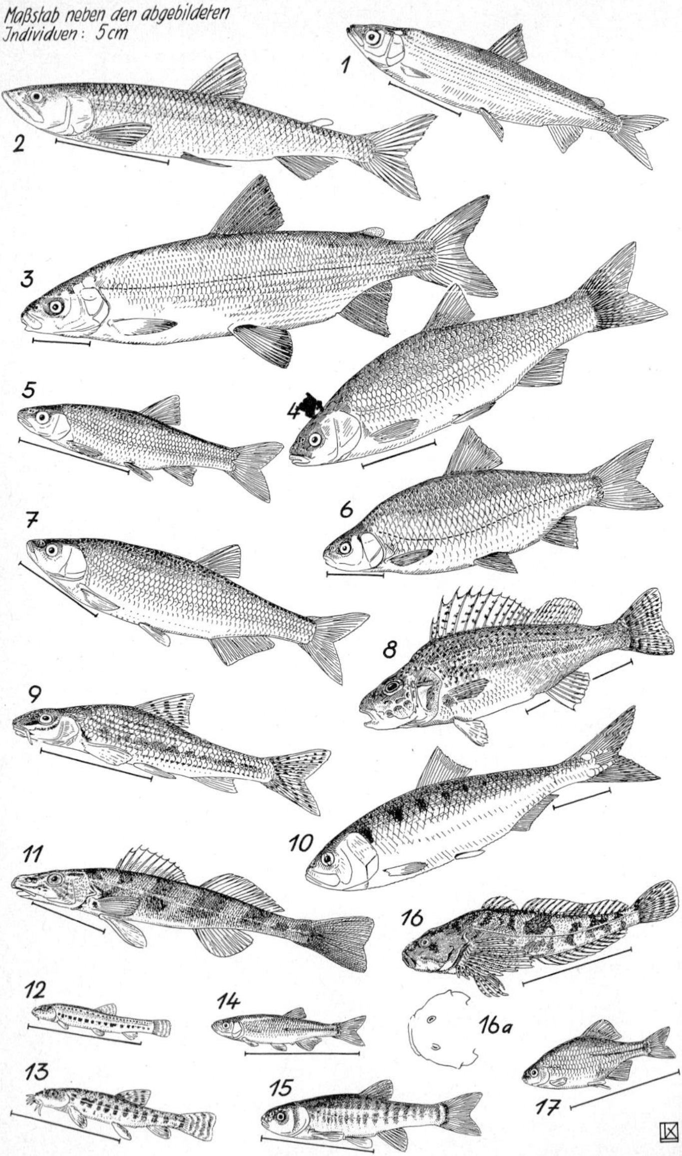
Maßstab neben den abgebildeten
Individuen: 5 cm
1
2
3
4
5
6
7
8
9
10
11
12
13
14
15
16
16a
17

3. Vor der R mindestens 2 isolierte Stacheln. B mit vorderem starkem Stachel . . . . Stichlinge, **Gasterostéidæ** S. 416
— Vor der R keine isolierten Stacheln. B nicht mit starkem Stachel *4*
4. 2 R od. eine aus 2 deutlich zu unterscheidenden Abschnitten, einem stachelstrahligen u. einem weichstrahligen, bestehende R . . . *5*
— Eine einheitliche R od. außerdem noch eine strahlenlose Fettflosse *8*
5. Beide R ohne Hartstrahlen. B kehlständig. Eine lange Bartel am Unterkiefer . . . . Schellfischartige, **Gádidæ**
Formenreiche Fam. Meeresfische mit Ausnahme einer Gattg. mit einer Art Quappe, Rutte, **Lota lota** (L.) [Taf. 2, *3*].
Jederseits 1 kurze Bartel am Htrand der vorderen Nasenöffnung. Längere Kinnbartel. 2 R, die zweite sehr lang, fast symmetrisch zur A. Abgerundete S. Rücken dunkelbraun marmoriert auf graugelbem Grund, Bauch hell. Sl weißlich. Kleine rundliche Schuppen in der Haut. Länge bis 80 cm. Bodenbewohner langsam fließender Flüsse u. von Landseen. Winterlaicher. Als Speisefisch geschätzt.
— Die erste R od. vorderer der beiden Abschnitte der R stachelstrahlig *6*
6. Körper ohne Schuppen. A ohne Stachelstrahlen Groppen, **Cóttidæ** S. 416
— Körper mit Kammschuppen *7*
7. A mit 3 Stachelstrahlen . . . Sonnenbarsche, **Centrárchidæ** S. 417
— A mit 1–2 Stachelstrahlen . . . . Barsche, **Pércidæ** S. 417
8. Körper ohne Schuppen. An der Oberlippe lange Bartfäden Welse, **Silúridæ** S. 419
— Körper beschuppt *9*
9. Mit Fettflosse zwischen R u. S. Keine Barteln *10*
— Ohne Fettflosse *13*
10. Seitenlinie unvollständig, nur über 8–10 Schuppen reichend Stinte, **Osméridæ**
Nur 1 Gattg. mit 1 Art
Stint, **Osmerus eperlanus** (L.) [Taf. 1, *2*] u. [*16*]
Körper fast durchscheinend. Rücken blaugrün. Schuppen ohne Silberglanz. Mund weit gespalten, stark bezahnt, Unterkiefer vorstehend. Deutlicher Geruch nach frischen Gurken. R 3/7–8, A 3/10–13. Es wird zwischen 2 ökologischen Rassen unterschieden: dem in Süßwasserseen stationären Binnenstint (bis 15 cm) u. dem anadromen Seestint (bis 30 cm lang) der Küstengewässer der Nord- u. Ostsee. Augendurchmesser des Seestints kleiner, etwa 1,5 bis 2,5mal in der Schnauzenlänge enthalten, beim Binnenstint nur einmal. Als Speisefisch regional sehr geschätzt.
— Seitenlinie vollständig *11*
11. R lang, 19–24 Strahlen . . . . Äschen, **Thymállidæ**
Nur 1 Gattg. mit 1 Art Äsche, **Thymállus thymállus** (L.) [*17*]
An der großen R unschwer erkennbar. R 5–7/14–17, A 3–5/9–10. Bis 50 cm lang. Fisch der klaren, schnellfließenden Flußläufe („Äschenregion"). Wertvoller Speisefisch.

16

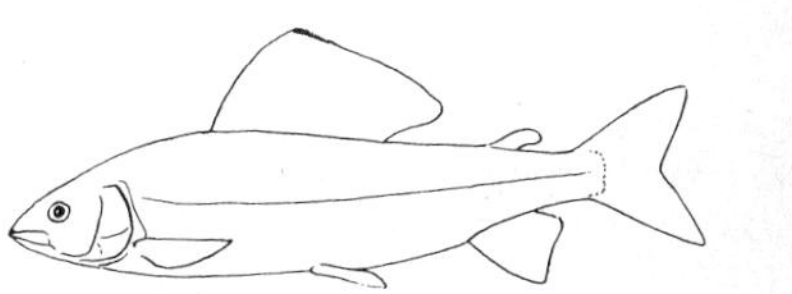

17

Tafel 1: 1 Kl. Maräne. 2 Stint. 3 Gr. Maräne (Selenter See). 4 Aland, 5 Hasel. 6 Plötze. 7 Uklei. 8 Kaulbarsch. 9 Gründling. 10 Finte. 11 Zingel. 12 Steinbeißer. 13 Schmerle. 14 Moderlieschen. 15 Elritze. 16 Koppe. 17 Bitterling.

— R kurz, 11–17 Strahlen *12*

12. Mund tief gespalten, bis unter die Augen reichend, u. stark bezahnt; Zunge (Entoglossum) bezahnt. Körper rund od. seitl. wenig abgeplattet. Körperseiten meist punktiert, in d. Jugend gebändert od. gefleckt . . . . Lachsartige, **Salmónidæ** S. 420

— Mundspalte klein, nicht bis unter die Augen reichend; Mund nicht od. schwach bezahnt, Zunge zahnlos. Körper seitl. abgeplattet
Renkenartige, **Coregónidæ** S. 421

13. Schnauze entenschnabelförmig abgeplattet. R weit hinten gelegen
Hechte, **Esócidæ**

1 Gattg. mit 1 Art
Hecht, **Ésox lúcius** L. [*18*]

An der entenschnabelförmigen, abgeplatteten Schnauze u. den weit nach hinten verschobenen R u. A unschwer zu erkennen [*18*]. Färbung nach der Umgebung wechselnd. Rücken meist olivgrün, Seiten gelbgrün, Bauch gelblich od. weiß. Bis 1 m, selten größer. In allen Binnengewässern Mitteleuropas häufig; geht auch ins Brackwasser. Gefräßiger Raubfisch. Wertvoller Speisefisch.

— Schnauze nicht entenschnabelförmig *14*

14. Bauch mit einer Reihe scharfer Kielschuppen. Schuppen leicht ausfallend. Keine Seitenlinie. Augen im vorderen u. hinteren Teil unbewegliche, durchsichtige Lider tragend
Heringsartige, **Clupéidæ** S. 423

— Bauchkante nicht gesägt. Augen ohne Lider *15*

15. Mit 6 od. 10 Barteln. Schuppen schwer zu erkennen
Schmerlen, **Cobítidæ** S. 423

— Keine od. höchstens 4 Barteln. Deutlich sichtbare Rundschuppen
Karpfenartige, **Cyprínidæ** S. 423

18

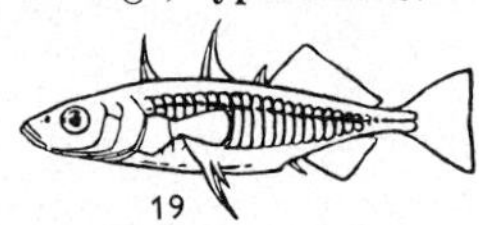

19

Fam. **Gasterostéidæ**, Stichlinge

Im Süßwasser 2 Gattungen mit je 1 Art. Körperseiten meist mit hintereinanderliegenden Knochenschildern bedeckt, schuppenlos. Vor der weichstrahligen R eine Reihe nicht durch Haut verbundener Stachelstrahlen, im allg. 3 od. 9. B mit starkem Stachel u. 1–2 Weichstrahlen. Brutpflege. Kleine Fische bis etwa 10 cm Länge.

1. 2–5 (meist 3) alleinsteh. Stacheln vor der R
Dreistachliger Stichling, **Gasterósteus aculeátus** L. [*19*]

Häufiger Fisch der Binnengew. u. d. Küstengew. Marine Form wandert zum Laichen ins Süß- od. Brackwasser. Färbg. Obers. olivgrün bis blauschwarz, Unters. weißlich. Während der Laichzeit farbenprächtiges Hochzeitskleid des ♂. Dieses bewacht auch das am Boden gebaute Nest. Nach der Zahl d. seitl. Knochenschilder werden mehrere Varietäten unterschieden. Länge bis 10 cm. Vgl. S. 437

— 9–11 (meist 9) alleinsteh. Stacheln vor der R
Neunstacheliger St., **Pungítius pungítius** (L.)

Nicht so allgemein verbreitet wie der 3stachl. St. Aber besonders in schlammigen u. pflanzenreichen Tümpeln u. Gräben manchmal massenhaft. Ins Salzwasser der Ostsee nur vereinzelt vordringend. Knochenpl. auf d. Schwanzstiel beschränkt. Rücken braungrau, Seiten heller mit schwarzer Musterung. ♂ in d. Laichz. schwarze Kehle u. Brust. Lebensgewohnheiten ähnlich wie 3stachl. St. Länge bis 6 cm. Vgl. S.437.

Fam. **Cóttidæ**, Groppen

Im Süßwasser 1 Gattg. mit 2 Arten. – Großer, von oben nach unten etwas abgeplatteter Kopf. Augen liegen an der Oberseite des Kopfes. Körper keulenförmig. Haut unbeschuppt, nur in der Sl hohlziegelartige Schüppchen. 2 R, die vordere stachelstrahlig, die 2. weichstrahlig. A ohne Stachelstrahlen. S nach außen gerundet.

1. Sl bis an Basis der S reichend. Innerer Gliederstrahl der B kaum kürzer als der äußere. B nicht gebändert u. nicht bis zum After reichend . . . . . Koppe, Groppe, **Cottus góbio** L. [Taf. 1, *16*, *16a*]
Weit verbreitet. Bodenfisch vor allem der Oberläufe kleiner Flüsse westl. der Elbe u. d. südl. Schlesw.-Holst.; im Alpengebiet auch in Seen. Rücken braun, gelb gescheckt, Bauch weißl. Bis 18 cm lg.

— Sl endet unter der weichstrahligen R. B schmal, m. 5–10 dunklen Querbinden. Innerer Gliederstrahl der B kürzer als die Hälfte des äußeren; längster Strahl reicht bis zum After
Sibirische Groppe, Buntflossenkoppe, **C. pœcílopus** Heckel
In Deutschld. nur in einzelnen Seen des nordd. Tieflandes östl. der Elbe, in Schlesw.-Holst. nur aus dem Gr. Plöner u. dem Schöhsee bekannt. Färbg. ähnl. vor. Länge bis 15 cm.

Fam. **Centrárchidæ**, Sonnenbarsche

Ihrer Herkunft nach werden die Sonnenbarsche gewöhnlich als amerikanische Barsche bezeichnet. Sie stehen den Pércidæ morphologisch sehr nahe. Stets eine R, die durch eine Einbuchtung aus 2 zusammenhängenden Abschnitten besteht. Hauptunterschied gegen die Pércidæ: 3 Stachelstrahlen am Anfang der A (bei den Pércidæ nur 1–2). Wangen u. Kiemendeckel mit Schuppen. Einbürgerungsversuche von 3 Arten aus 2 Gattungen sind als gelungen anzusehen.

1. Körper hoch, seitl. zus.gedrückt, etwa halb so hoch wie lang. 35–45 Schuppen in der Sl . . . . . Sonnenbarsch, **Lepómis gibbósus** (L.)
Stachelstrahliger Teil der R fast so breit wie der weichstrahlige. Bläulich-grüne Grundfärbg., opaleszierend. Seiten mit braungelben bis orangefarbenen Flecken. Auf dem runden Hautlappen der Kiemendeckel ein schwarzer, manchmal dazu ein blutroter Fleck bei den ♂, ein blaßroter od. gelblicher bei den ♀. Länge gewöhnl. bis 15 cm, unter günstigen Bedingungen bis 30 cm. – 1887 aus dem östl. N-Amerika eingeführt. In Deutschld. örtl. zerstreut eingebürgert.

— Körper mehr gestreckt. Mehr als 50 Schuppen in der Sl. Stachelstrahliger Teil der R viel niedriger als der weichstrahlige . . . *2*

2. 65–70 Schuppen in der Sl. Mundspalte reicht bis hinter das Auge
Forellenbarsch, **Micrópterus salmoídes** (Lacépède)
Wangen mit kleinen, Kiemendeckel mit größeren Schuppen. Auch Ansätze der R u. A tragen Schuppen. Oberseite dunkelgrün, Seiten heller, Bauch weißl. Seiten m. einem unregelm. begrenzten schwarzen Längsstreifen. Länge bis 60 cm. In N-Am. östl. d. Rocky Mountains, von dort 1883 nach Deutschl. eingeführt; hier als Nebenfisch in Teichwirtschaften, jedoch selten. Speisefisch.

— 72–85 Schuppen in der Sl. Mundspalte reicht nur bis unter das Auge
Schwarzbarsch, **M. dolomieui** Lacépède
Sehr ähnl. vor. Färbg. dunkler. Ebenfalls 1883 nach Deutschl. eingeführt. Selten als Nebenfisch in Teichwirtschaften. Speisefisch.

Fam. **Pércidæ**, Barsche

Mit Kammschuppen. Kopf nackt od. teilw. beschuppt. Kiemendeckel hinten mit Zahn od. Dorn. 2 R od. eine R, die aus 2 deutl. zu unterscheidenden Teilen besteht. Die vord. R od. der vord. Teil der R stachelstrahlig u. stets länger (in der Ausdehnung von vorn nach hinten) als der hint. weichstrahlige. 4 Gttgen mit 6 Arten.

1. 2 R *3*

— Eine R *2*

2. R mit 12–16 Hartstrahlen. Kaulbarsch, **Gymnocephalus cernua** (L.)
Kiemendeckel mit starkem Stachel. Kopfknochen mit flachen Gruben. Rücken olivgrau mit zahlr. diffusen Flecken; Seiten heller (gelblichgrün); Bauch weißl. Länge bis 32 cm, selten über 20 cm. In steh. u. fließ. Binnengew., häufig auch im Brackwasser. Als Speisefisch vor allem in Ostdeutschl. geschätzt. [Taf. 1, *8*]

— R mit 17–19 Hartstrahlen . . . Schrätzer, **G. schrætzer** (L.) [*20*]
Körper gestreckter als bei vor. Art. Kopf spitz zulaufend. Färbg. oben gelb m. 3–4 z. T. unterbrochnen dunklen Längsstreifen. Bis 30 cm lg. Nur im Donaugebiet.

3. Beide R stoßen unmittelbar aneinander
Flußbarsch, Barsch, **Perca fluviátilis** L. [*21*]

Maßstab neben den abgebildeten Jndividuen: 5 cm

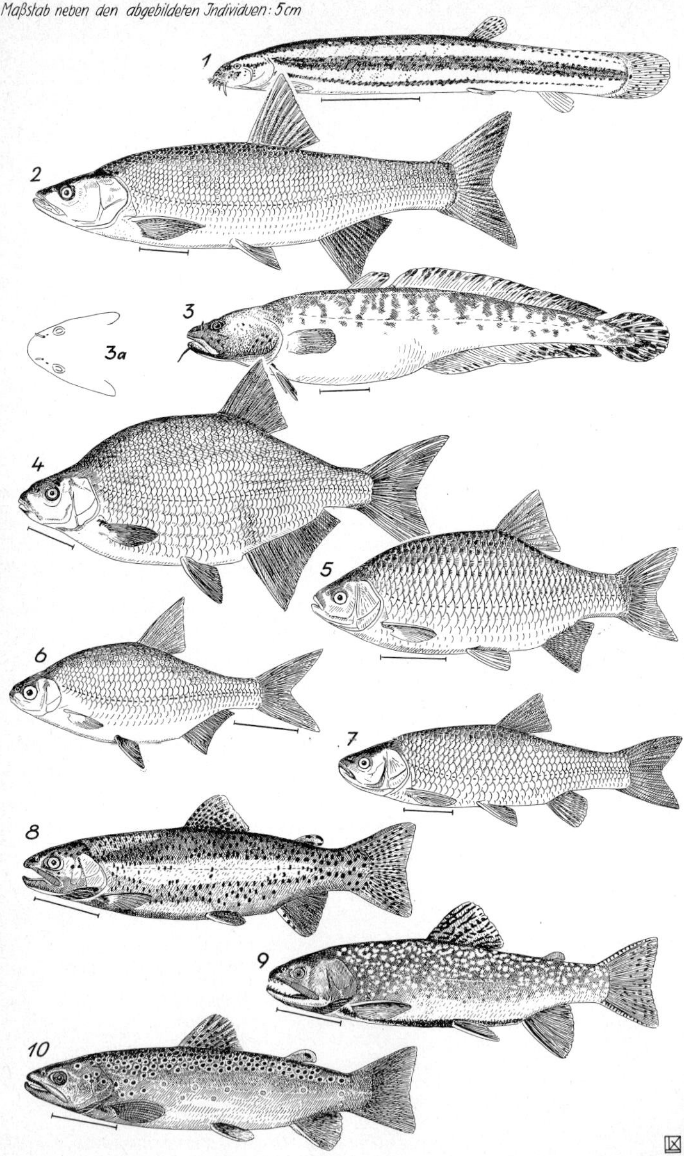

Körper hoch u. breit. Vord. R hinten m. schwarzem Fleck. Rücken olivgrün, Seiten heller, mehrere dorso-ventral verlaufende dunkle Streifen. Bauch messingfarben bis silbrig. B u. Br oft orangerot. Umweltbedingte Färbgsunterschiede. Länge bis 45 cm. In allen Binnengew. u. im Brackwasser häufig. Wertv. Speisefisch.

— Beide R ± getrennt *4*

4. Maul endständig, m. Bürstenzähnen („Hechelzähnen“) u. großen Fangzähnen („Hundszähnen“) Zander, **Stizostedion lucioperca** (L.) [*22*]

130–150 Schuppen in d. Sl. Rücken dunkeloliv, Seiten heller, Bauch silbrig. Dunkle Querstreifen (meist 8–10). S m. kleinen schwarzen Flecken. Länge bis 1 m. Raubfisch der Seen, großen Flüsse, der Haffe u. der salzarmen Teile d. Ostsee. Ursprüngl. Westgrenze der Verbreitung die Elbe, in Gewässer westl. d. Elbe ausgesetzt u. eingebürgert. Wertvoller Speisefisch.

— Maul unterständig, nur m. Bürstenzähnen *5*

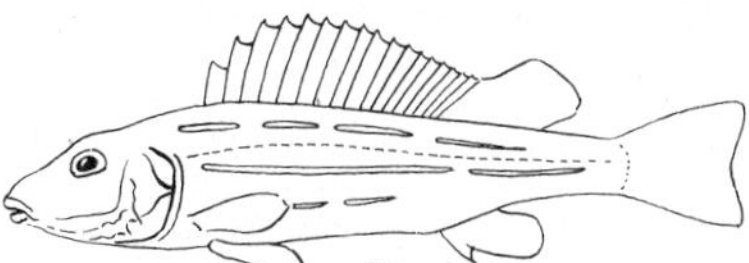

20

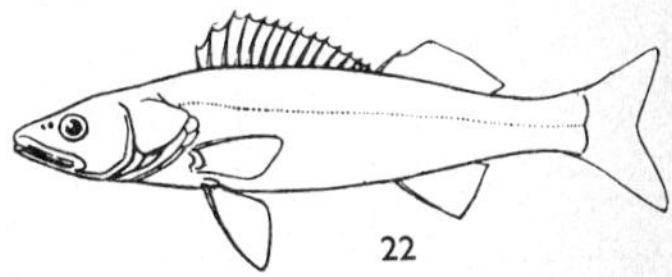

22

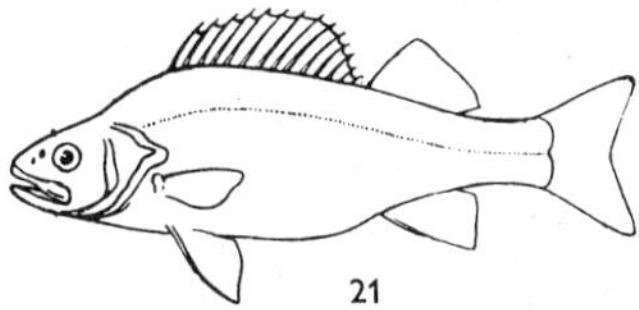

21

23

5. 1. R mit 13–15 Hartstrahlen . . Zingel, **Zingel zingel** (L). [Taf. 1, *11*]

Körper spindelförmig, runder Querschnitt. 83–92 Schuppen in der Sl. Färbg. gelbbraune u. dunkelbraune Partien m. verwaschenen Übergängen. 15–20 cm, selt. bis 50 cm lg. Nur im Donaugebiet.

— 1. R mit 8–9 Hartstrahlen. . . . Streber, **Z. streber** (Siebold) [*23*]

Körper spindelförmig. Schwanzstiel dünn u. rund. 70–81 Schuppen in der Sl. Färbung gelbbraun m. mehreren scharf abgegrenzten dunklen Querbinden. Länge bis 18 cm. Nur im Donaugebiet.

Fam. **Silúridæ**, Welse

2 Gattgn. (systematisch auch als 2 Familien angesehen) mit je 1 Art.

1. Ohne Fettflosse. 6 Barteln. . . . . . Wels, **Silúrus glanis** L. [*24*]

Kopf breit u. platt. Großes Maul mit Hechelzähnen. 2 sehr lange Barteln an der Oberlippe, 4 kurze an der Unterlippe. Haut ohne Schuppen. R klein; A lang, bis zur S reichend. Rücken schwarzblau, Seiten schwarzgrün, unten olivgrün gefleckt; Bauch rötlich od. gelblichweiß mit dunklerer Schattierung. Bis zu 100 kg schwer u. 240 cm lang, größter deutscher Süßwasserfisch nächst dem Stör. Räuberischer Grundfisch großer Seen u. ruhiger, großer Flüsse. Frühjahrslaicher. Als Speisefisch örtlich geschätzt.

— Mit Fettflosse. 8 Barteln Zwergwels, **Amēiurus nebulósus** (Le Sueur)

Ein Bartelpaar an den hinteren Nasenlöchern, ein Paar weniger als kopflanger an der Oberlippe u. 2 Paar kürzerer am Unterkiefer. R mit stachelähnl. Strahl beginnend. A weit vor der S-Basis endend. Rücken bläulich-oliv, Bauch gelb bis weißlich. Länge bis 40 cm. 1885 aus den USA eingeführt. Verstreut in Deutschl. in ruhig fließ. u. steh. Gewässern vorkommend. Als Speisefisch nicht geschätzt („Fischunkraut“).

Tafel 2: 1 Schlammpeitzger. 2 Rapfen. 3 Quappe. 4 Brassen. 5 Rotfeder. 6 Güster. 7 Döbel. 8 Regenbogenforelle. 9 Bachsaibling. 10 Bachforelle

Fam. **Salmónidæ**, Lachsartige

2 Gattungen mit 6 Arten, davon 2 Fremdarten

1. Körperseiten nur hell (nicht schwarz) punktiert (gefleckt). Vdkante d. Br, B u. A weiß gesäumt *2*

— Körperseiten dunkel (schwarz), daneben auch rötlich punktiert (gefleckt). Vdkante d. unt. Flossen nicht weiß gesäumt *3*

2. Vdkante d. unt. Flossen nur weiß gesäumt
Seesaibling, **Salvelinus alpinus salvelinus** (L.)

R 3–4/9–10. A 3/8–10. Stiel d. Pflugscharbeins zahnlos, Vdende d. Platte abgerundet. Bauch d. ♂ in d. Laichzeit rot. Lokalformen mit erheblichen Färbungsunterschieden. Es werden 4 Rassen unterschieden: a) Wildfangsaibling. Räuberische Form der großen Tiefen mancher Seen. Länge bis etwa 75 cm; Höchstgewicht bis über 5 kg. b) Normalform d. Saiblings. Bodentier- u. Planktonfresser der Seen, in denen Renken fehlen. Bis höchstens 700 g. c) Schwarzreuter. Planktonfresser. Nicht über 25 cm lang u. 120 g schwer. d) Tiefseesaibling. Planktonfressender Bewohner großer Tiefen mancher Seen, in denen auch Renken vorkommen. Bis 15 cm lang. – Fisch d. Seen d. Alpengebiets, vor allem der kalten Hochgebirgsseen. Wertvoller Speisefisch.

— Vdkante d. unt. Flossen mit weißem Saum u. anschließendem schwarzen Streifen Bachsaibling. **S. fontinális** (Mitchill) [Taf. 2. *9*]

R 3–4/9–10. A 3/9–11. Platte d. Pflugscharbeins vorn spitz. Bis 40 cm lang. – Seit 1884 aus d. Osten NAmerikas nach Europa eingeführt u. vielerorts eingebürgert. – Stark strömende Bachläufe („Forellenregion"). Hochwertiger Speisefisch.

3. Stiel d. Pflugscharbeins kurz u. breit, zahnlos [*26*]
Huchen, **Hucho hucho** (L.) [*25*]

Körper etwa drehrund; Kopf lang u. abgeflacht. Körperseiten rötlich getönt, mit vielen kleinen schwarzen Flecken. – R 3–4/9–10, A 4–5/7–9. 180–200 Schuppen in d. Sl. Platte d. Pflugscharbeins kurz, mit 4–8 starken Zähnen in 1 Querreihe. Bis 120 cm lang. Donau u. Nebenflüsse. Wertvoller Speisefisch.

— Stiel d. Pflugscharbeins bezahnt *4*

4. Platte d. Pflugscharbeins unbezahnt [*27*] Lachs, **Salmo salar** L. [*29*]

Körper schlank, seitl. etwas zus.gedrückt. Schwanzstiel schlank. S ausgeschnitten. Kiemendeckelknochen (Vorkiemendeckel, Kiemendeckel, Unterkiemendeckel u. Zwischenkiemendeckel) [*1*] stoßen nicht in einem Punkt zusammen. Alte ♂ mit Unterkieferhaken („Hakenlachs") [*5*, H]. Auch Stiel d. Pflugscharbeins bei alten Tieren oft zahnlos. Bis 120 cm lang. Rücken schiefergrau bis grünl. od. bläulich. Seiten heller, Bauch silbern. Eckige schwarze Flecken an d. Körperseiten, größere rundliche am Kopf. Stärkere Färbung während d. Laichzeit. Jugendliche Lachse mit dunklen Querbinden. Zum Laichen aus dem Meere in die Zuflüsse d. Ost -u. Nordsee aufsteigend. Junglachse 1–3 Jahre im Süßwasser. In d. deutschen Flüssen selten geworden. Sehr geschätzter Speisefisch. Vgl. S. 440.

24

26

27

28

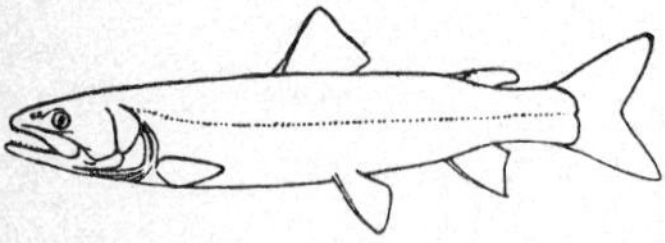

25

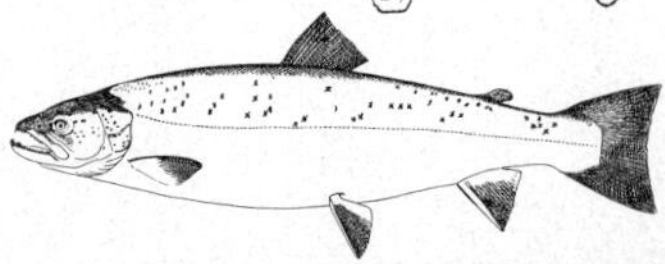

29

— Platte u. Stiel d. Pflugscharbeins bezahnt [*28*] *5*

5. Körperseiten mit rötlichem Längsband
Regenbogenforelle, S. **gairdnérii** Richardson [Taf. 2, *8*]

Seiten mit dichtstehenden kleinen schwarzen Flecken, auch auf S, R u. Fettflosse. R 4/10, A 3/10. Bis 50 cm lang. Fruchtbarer Bastard von 2 Arten, der stationären Shasta-Forelle (**Salmo shasta** Jordan) u. der zur Abwanderung in d. Unterläufe neigenden Steelhead-Forelle (**S. írideus** Gibbons), welche 1882 aus NAmerika (Kalifornien) eingeführt worden sind. Wirbelzahl Shasta-F. (62)–63, Steelhead-F. 61–(62). In Bächen ausgesetzt u. vielfach eingebürgert. Hauptfisch d. Forellenteichwirtschaft. Sehr geschätzter Speisefisch.

— Körperseiten ohne rötliches Längsband . . . Forelle, **S. trutta L.**

Es werden 3 Varietäten unterschieden, die aus einer gemeinsamen Stammform wohl unter dem Einfluß verschiedener Lebensbedingungen entstanden sind. Ihre Jugendformen gleichen sich weitgehend.

a) Meerforelle, **S. trutta forma trutta** L. [*28, 30*]
Die Meerforelle ist dem Lachs (nicht nur im Jugendstadium) sehr ähnlich, so daß die Unterscheidung beider schwierig ist. Sie ist gedrungener als der Lachs, ihr Schwanzstiel kürzer u. dicker, der Htrand der S nicht ausgeschnitten, sondern gerade. R 3/9–11, A 3/8–9. Die Kiemendeckelknochen [*1*] stoßen an einem Punkt zusammen. Bis etwa 100 cm lang. Grundfarbe nach Übergang zum Leben im Meer silbrig wie Lachs, jedoch matter. Anadrom. Nach 1–2 Süßwasserjahren mehrere Jahre in Ost- u. Nordsee (jedoch mehr in Küstennähe als der Lachs), um nach dem Heranwachsen zum Laichen in die Küstenflüsse aufzusteigen. Hochgeschätzter Speisefisch.

b) Seeforelle, **S. trutta forma lacústris** L.
Fleckung dunkel, außerdem orangerote u. rotbraune Flecken. Ältere Tiere (am Boden lebend) dunkel gefärbt („Grundforelle"), jugendliche, im freien Wasser lebend („Schwebforelle"), mit hellerer Färbung. R 3/8–11, A 3/7–9. Bis 80 cm lang. – Seen d. Voralpengebiets. Laichplätze in d. Zuflüssen d. Seen. Wertvoller Speisefisch.

c) Bachforelle, **S. trutta forma fário** L. [Taf. 2, *10*]
Grundfarbe grünl. bis bräunl. Schwarze u. rote Flecken, letztere meist mit heller Zone umgeben. In d. Jugend 6–9 dunkle Querbinden. R 3–4/9–11, A 3/7–8. Bis 40 cm lang. – Sauerstoffreiche, kühle Oberläufe der Bäche („Forellenregion"), auch Gegenstand der Forellenteichwirtschaft. Wertvoller Speisefisch.

Fam. **Coregónidæ**, Renkenartige

Die Coregonen – in Norddtschl.: Maränen, in Bayern: Renken, im alemannischen Sprachgebiet: Felchen – wurden wegen des Vorhandenseins d. Fettflosse bisher meist zur Familie der Salmoniden gerechnet. Der schlanke, seitl. zusammengedrückte Körper, der kleine Kopf, die großen Flossen, die Färbung (Rücken blau- bis olivgrün, Seiten u. Bauch silbrig (weiß)) geben ihnen eine große Ähnlichkeit mit den Clupeiden u. manchen Cypriniden. Daher sind die Coregonen auch als „Heringe des Süßwassers" bezeichnet worden. Geruch nach Gurken wie Stint, jedoch schwächer. Die morphologischen Besonderheiten einschl. d. Fehlens der charakteristischen Fleckenzeichnungen (auch im Jugendalter) rechtfertigen es, die Coregonen als besondere Familie neben die (makrostomen) Salmoniden zu stellen.

„Die Systematik der Coregonen im allgem., besonders der Mitteleuropas, gilt mit Recht als eins der schwierigsten Kapitel in der taxonomischen Zoologie" (Wagler). Angesichts der Unmöglichkeit, klare Grenzen zwischen den verschiedenen Formen zu ziehen, wird im folgenden der Anschauung gefolgt, daß es sich – von **C. álbula** abgesehen, die von allen anderen Formen wegen des spitzen Kopfes u. des Mundes leicht abzutrennen ist – bei den in Deutschl. lebenden Coregonen um Abwandlungen (Subspezies, Populationen u. deren Kreuzungen) einer einzigen Art, nämlich Coregonus lavaretus (L.), handelt. – 1 Gattg., 2 Arten (?). – Alle Coregonen sind wertvolle Speisefische.

1. Mund oberständig. Kopf zugespitzt
Kleine Maräne, **Coregónus álbula** L. [Taf. 1, *1*].

Aussehen heringsähnlich. R 4/8–9, A 4/11–12. Ukiefer länger als Okiefer, in Grube des Oberk. passend. Reusendornen am 1. Kiemenbogen 36–46. Bis 25, selten bis 35 cm lang. Von d. typischen Form (**C. a. týpica** Thien.) wird eine Zwergform (**C. a. lucinénsis** Thien.) unterschieden, die nur im Breiten Lucinsee (Meckl.) u. im Stechlinsee (Brandenb.) vorkommt. Bei ihr beträgt der Abstand d. B-Spitzen vom After bei 15 cm Länge 0,2–0,6 cm, bei **týpica** mind. 1 cm. – Schwarmfisch zahlr. nordd. Seen; in SDtschl. nur im Waginger See.

— Mund endständig od. unterständig; Ukiefer nicht länger als Okiefer
Große Maräne, Felchen, Renke, **C. lavaretus** (L.)

Da der Bau d. Kiemenfilters Möglichkeiten der Trennung d. versch. Formen bietet, andere Merkmale demgegenüber nur sekundären Rang haben, hat die Untersuchung d. Kiemenfilters (vor allem die Zahl d. Reusendornen auf d. 1. Kiemenbogen) besondere systemat. Bedeutung erlangt. Selbst dieses Merkmal variiert von Population zu Population erheblich u. ist als Unterscheidungsmittel auch nicht unfehlbar. Auf Grund dieses Merkmals, anderer morphologischer Unterschiede sowie nach biologischen Verschiedenheiten werden folgende Gruppen unterschieden:

I. Schwebrenken

Mund meist endständig od. etwas unterständig. Meist Planktonfresser. Reusendornen lang, engstehend, zahlreich, auf d. 1. Bogen meist über 30.

A. Große Schwebrenken

a) Blaufelchen (**C.l. wartmánni** Bloch). Reusenzähne meist 30–47 auf d. 1. Kiemenbogen, selten weniger (Chiemsee 23–34). R 4/10–11, A 4/11–12. Bis 50 cm lang, selten bis über 60 cm [*31*]. – Bodensee u. a. große Seen d. Alpen- u. Voralpengebiets. – b) Edelmaräne (**C. l. generósus** Peters). Zahnzahl auf d. 1. Bogen 26–46 (⌀ 40–44). In Seen des Baltischen Seengebiets.

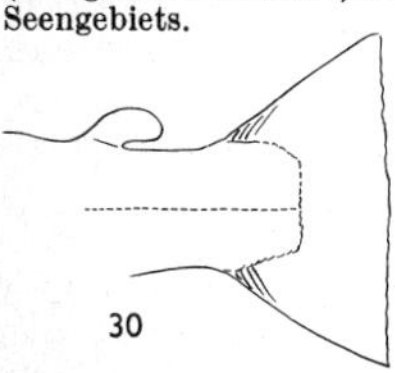
30

31

32

B. Kleine Schwebrenken

Gangfisch (**C. l. macrophthálmus** Nüsslin). Zahnzahl a. d. 1. Bogen 26–47 (⌀ 37–38), im Chiemsee 20–30. Bis 32 cm lang. Bodensee, oberbayer. Seen u. im Laacher See (Eifel).

II. Wandermaränen

Mund ± unterständig. Reusendornen von mittl. Dichte u. Länge; auf d. 1. Bogen meist 25–35. Vorwiegend Kleintierfresser (nicht Plankton). Alle zwischen Süß- und Salzwasser wandernden Formen sind selten geworden.

a) Wandermaräne (**C. l. lavarétus** [L.]). Zahnzahl auf d. 1. Bogen 27–34 (⌀ 30). Ostsee östl. der Oder. Anadrom; steigt zum Laichen in d. Unterlauf d. Küstenflüsse u. in d. ausgesüßten Teile d. Haffe auf. – Der Schnäpel d. Kur. Haffs mit 27–39 (⌀ 33) Reusendornen nimmt eine Zwischenstellung zwischen Edel- u. Wandermaräne ein, steht der letztgenannten aber näher. – b) Schleischnäpel (**C. l. bálticus** Thien.). „Nase“ an ihrer Basis m. schwacher dorsaler Einbuchtung. Reusenzähne auf d. 1. Bogen 25–35 (⌀ 31). Schlei, Vorpommern. Zum Laichen in d. Unterläufe d. Küstenflüsse (Schlei: Loiter Au) u. in d. Stettiner Haff aufsteigend – c) Nordseeschnäpel (C. lavaretus oxyrhynchus (L.)) „Nase“ geradegestreckt, keine dorsale Einbuchtung [*32*]. Zahl d. Reusendornen auf d. 1. Bogen 27–35 (⌀ 31–32). Bis 50 cm lang. Nordseegebiet, hier in die Zuflüsse zum Laichen aufsteigend. Laichwanderung in d. Elbe früher bis in d. Altmark. (Wird auch als selbst. Art aufgefaßt. Vgl. S. 432,) – d) Rheinschnäpel (**C. l. generósus f. oxyrhýnchus** (L)). Zahnzahl auf d. 1. Bogen 36–44 (⌀ 40). Kopf mit mittellanger, blauschwarzer „Nase“. Rhein. – e) **C. l. f. polónica** Kulmatycki. Auf d. 1. Bogen 16–25 Reusendornen (⌀ 21). Vor Flußmündungen in d. östl. Ostsee, zum Laichen in die Brassenregion aufsteigend.

III. Bodenrenken

Reusendornen weitstehend, kurz, weniger zahlr., meist 20–30 auf d. 1. Kiemenbogen, manchm. auch darunter, selten darüber (bis 34). Mund meist unterständig. Ufer- u. Bodenformen. Bodentierfresser, nur ausnahmsw. Planktonnahrung.

A. Große Bodenrenken

a) Sandfelchen (**C. l. fera** Jurine). Auf d. 1. Bogen 19–32 Reusendornen. Bis 60 cm lang. Bodensee u. einige oberbayer. Seen. – b) Große Maräne (**C. l. holsátus** Thien.). 20–30 Reusendornen auf d. 1. Bogen. Bis 60 cm lang, selten mehr. Selenter See, Schaalsee (Holstein), in and. Seen im Balt. Seengebiet ausgesetzt u. eingebürgert [Taf. 1, *3*]. – c) Madümaräne (**C. l. marǽna** Bloch): Reusendornen auf d. 1. Bogen 27–34. Selten über 50 cm lang. Bis 4 kg. Madüsee (Pommern).

B. Kleine Bodenrenken.

Kilch (**C. l. acrónius** v. Rapp). Auf d. 1. Bogen 15–28 Reusendornen. Bis 30 cm lang. Tiefenfisch d. Boden- u. Ammersees.

Fam. **Clupéidæ**, Heringsartige

Im Süßwasser nur 1 Gattg. **Alósa,** Maifisch, mit 2 Arten, die einander sehr nahe stehen, so daß alle Unterscheidungsmerkmale unsicher sind.

1. Fortsätze der Kiemenreuse auf dem 1. Kiemenbogen fein, lang u. dicht; Anzahl 60–120 (u. mehr) [*33a*]

Maifisch, Alse, **A. alósa** (L.)

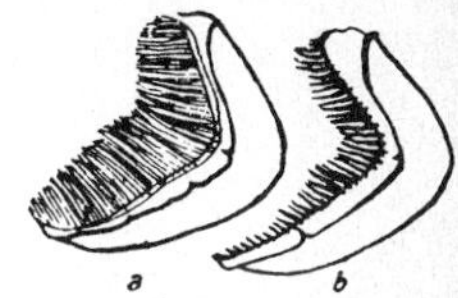

33

19–20 Kielschuppen vor, 15–16 hinter der B. 70–86 Schuppen in d. Seitenlänge. Hinter dem Kiemendeckel jederseits meist 1 schwarzer Fleck. Obers. blaugrün, Bauch silberweiß. Bis etwa 70 cm lg. – Anadromer Süßwasserfisch, steigt IV.–VI. zum Laichen weit in die Flüsse auf. Westeurop. Küsten. In Deutschl. Rhein, Elbe; sehr selten geworden, dem Aussterben nahe. Speisefisch. Vgl. S. 440.

— Forts. d. Kiemenreuse auf dem 1. Kiemenbogen kurz u. dick; Anzahl 40–60 (u. weniger) [*33b*] . . Finte, **A. fallax** (Lacépéde) [Taf. 1, *10*]

22–23 Kielschuppen vor, 13–16 hinter der B. 60–70 Schuppen i. d. Seitenlänge. Hinter dem Kiemendeckel jederseits meist mehrere (4–8) dunkle Flecken. Färbung u. Lebensweise wie **A. alósa,** jedoch kleiner (bis etwa 50 cm) u. nicht über die Unterläufe der Flüsse (Gezeitengebiet) hinaus aufsteigend. Westeurop. Küsten, Ostsee bis Südfinnland; häufiger als **A. alósa.** Speisefisch. Vgl. S. 440.

Fam. **Cobítidæ**, Schmerlen

Langgestreckte Fische m. rundem Körperquerschnitt. Kleine Schuppen tief in der Haut eingebettet u. daher schwer zu erkennen. Mund unterständig; 6 Barteln am ob. Mundrand. Augen liegen hoch an den Kopfseiten. – 3 Gattungen m. 3 Arten.

1. 10 Bartfäden, davon 4 kürzere am Unterkiefer

Schlammpeitzger, **Misgúrnus fóssilis** (L.) [Taf. 2, *1*]

Körper langgestreckt, rund, im hinteren Teil seitl. zusammengedrückt. Rotbraun, Bauch heller; jederseits 2 dunkle Streifen. Länge bis 30 cm. Bodenfisch steh. Gewässer mit schlammigem Grund.

— 6 Bartfäden an d. Oberlippe ***2***

2. Bartfäden zieml. lang, besonders die des Mundwinkels. S leicht eingebuchtet

Bartgrundel, Schmerle, **Noemacheilus barbatulus** (L.) [Taf. 1, *13*].

Rücken u. Seiten graubraun, dunklere, unscharfe Flecken. Selten bis 19 cm lang. Grundfisch klarer Fließgew. u. der Uferregion klarer Seen.

— Bartfäden kurz. Dicht unter den Augen ein aufrichtbarer 2spitziger Dorn . . . . Steinbeißer, **Cobítis tænia** L. [Taf. 1, *12*]

Rücken u. Seiten gelblich; mehrere Längsreihen dunkler Flecken an den Seiten. Länge bis 12 cm. Grundfisch klarer fließ. u. steh. Gew. mit schlammigem u. sandigem Boden.

Fam. **Cyprínidæ**, Karpfenartige

Mund zahnlos, oft vorstreckbar. S ± tief gegabelt. Rundschuppen, wohlentwickelt, festsitzend. Am Eingang des Schlundes 2 bogenförmige Knochen, die aus dem 5. Kiemenbogen hervorgegangenen Schlundknochen. Ihre Bezahnung ist artspezifisch u. daher Bestimmungsmerkmal [*34*, *35*. *36*]. – An Zahl der Arten u. Individuen reichste Familie der deutschen Süßwasserfische. Neigung zu Bastardierungen. 19 Gattungen mit 32 Arten.

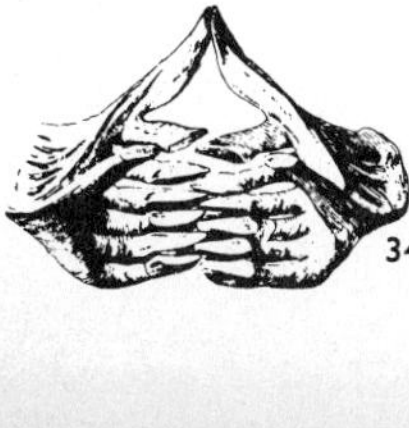
34

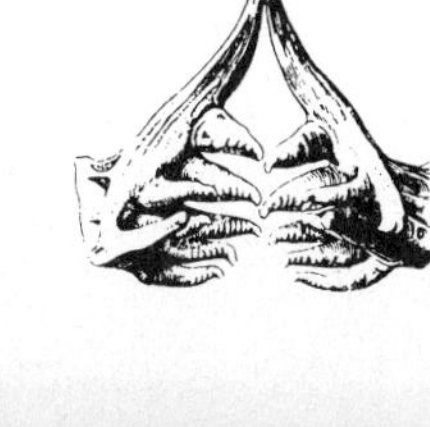
35

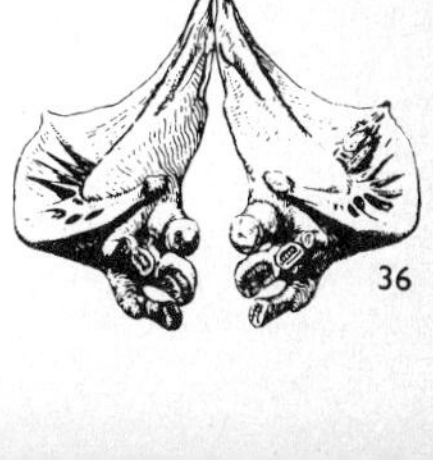
36

1. R lang, 17–22 Weichstrahlen *2*

— R kurz, weniger als 12 Weichstrahlen *4*

2. 2 Paar kurze Barteln. 3 Reihen Schlundzähne [*36*]
Karpfen, **Cyprínus cárpio** L.

Die in Deutschl. nicht heimische Wildform ist schlanker als die verschiedenen Zuchtformen. 3 Beschuppungstypen: Schuppenkarpfen (voll beschuppt wie die Wildform, 35–39 Schuppen in der Sl), Spiegelkarpfen, die Hauptzuchtform (1 Reihe großer Schuppen unter der R, sonst einzelne Schuppen od. Schuppenpartien an den Flossenansätzen), Zeilkarpfen, eine Abwandlung des Spiegelkarpfens (zusätzl. 1 Reihe großer Schuppen in der Sl), Leder- od. Nacktkarpfen (unbeschuppt od. nur einzelne Schuppen). – Bis 70 cm lang. Wertvoller Speisefisch. Hauptgegenstand der Karpfenteichwirtschaft.

— Ohne Barteln. 1 Reihe Schlundzähne *3*

3. R vorn u. hinten abgerundet; Rand leicht nach außen gebogen
Karausche, **Carássius carássius** (L.)

A 3/7. 32–35 Schuppen in der Sl. 22–33 Reusendornen auf dem 1. Kiemenbogen. Färbung messinggelb. An der Basis der S fast immer ein schwarzer Fleck. Bauchfell hell, kaum pigmentiert. – Länge bis 30 cm. Uferfisch langsam fließender u. steh. Gewässer. – Speisefisch.

— R vorn u. hinten in eine Spitze ausgezogen, Rand gerade od. leicht nach innen gebogen . . . . . Giebel, **C. aurátus gibélio** (Bloch)

A 2/5–7. 27–31 Schuppen in der Sl. 35–49 Reusendornen auf dem 1. Kiemenbogen. Rücken dunkelgrünbraun, Bauch silbergrau. Kein schwarzer Fleck an d. Basis der S. Bauchfell stark pigmentiert, fast schwarz. Dem Karpfen ähnlicher als die Karausche. Ob die Zahl der Hartstrahlen der A, die in d. Literatur für die Karausche mit 3 u. für die Giebel mit 2 angegeben wird, ein zuverlässiges Artmerkmal ist, bedarf der Nachprüfung. Stammform des Goldfisches. Uferfisch steh. u. langs. fließ. Gewässer. – Speisefisch.

4. Mit Barteln *5*

— Ohne Barteln *9*

5. Mit 2 Paar dicken Barteln am oberen Rand des unterständigen Mundes *6*

— Mit einem Paar Barteln *7*

6. Gleichmäßige Färbung, ohne Flecken. 3. Hartstrahl der R hinten gesägt . . . . Barbe, **Barbus barbus** (L.) [*37*]

Körper schlank, runder Querschnitt, Bauch etwas abgeplattet. R 3/8–9, A 3/5. 55 bis 65 Schuppen in der Sl. Rücken olivgrün, Seiten bronzefarben, Bauch heller. Länge bis 75 cm. Grundfisch schnellfließ. Gewässer („Barbenregion"). Als Speisefisch wenig geschätzt.

— Mit unregelmäßigen dunklen Flecken an d. Körperseiten u. den Flossen. 3. Hartstrahl der R hinten glatt . . . Semling, **Barbus meridionalis petenyi** Heckel

Kleiner als die Barbe, bis 30 cm. In Ostdtschl., Donaugeb.; selten.

37

7. Barteln kräftig. Mund unterständig *8*

— Barteln sehr kurz. Mund endständig . . Schleie, **Tinca tinca** (L.)

R 4/8–9, A 3–4/6–7. Flossenränder abgerundet. B beim ♂ verlängert (Verdickung des 2. Strahls), bis über den After reichend. Schuppen klein, tief in d. Haut liegend, 90 bis 110 in der Sl. Körper nicht hochrückig. Färbung olivgrün mit goldenem Schimmer. Bis 50 cm lang, selten größer. Verbreiteter Ufer- u. Bodenfisch pflanzenreicher ruhiger Gew. Nebenfisch der Karpfenteichwirtschaft. Wertvoller Speisefisch.

8. Barteln (nach hinten ausgestreckt) bis unter die Augen reichend. Rükken mit dunklen Punkten u. Flecken
Gründling, **Góbio góbio** (L.) [Taf. 1, *9*]

R 3/7, Br 1/14–15, B 2/8, A 3/6, Körper spindelförmig, runder Querschnitt. Farbe graugrün/graubraun, Seiten silbergrau, Bauch hell; Rücken mit dunklen Punkten u. Flecken; in der Sl eine Reihe großer Flecke. R u. A mit dunklen Fleckenreihen.

Länge bis 17 cm. In ganz Dtschld. verbreitet. Grundfisch (vor allem kleiner) fließ. Gew. u. sandiger Teile von Seen.

— Barteln nach hinten ausgestreckt bis hinter die Augen reichend. Rükken mit 5 dunklen Querbinden. R u. S mit dunklen Flecken, 2 Querbänder bildend . . . Steingreßling, **G. uranóscopus** (Agassiz)

R 2/7, Br 1/13, B 1/6, A 2/5–6. Körper gestreckter als bei vor. Schwanzstiel dünner. Nebenflüsse der Donau; nicht häufig.

9. A kurz (7–13 Weichstrahlen), nicht länger als R ***10***

— A lang (14–45 Weichstrahlen), deutl. länger als R ***23***

10. Schuppen sehr klein u. zart (kaum sichtbar), 90–110 in der Seitenmitte ***11***

— Schuppen größer, deutlich sichtbar, 40–70 in d. Seitenmitte . . . ***12***

11. Rücken mit dunklen Querbinden
Elritze, **Phoxínus phoxínus** (L.) [Taf. 1, *15*]

Körper spindelförmig. R 3/7, A 3/7. Rücken olivgrün, etwa 15 dunkle Querbinden; Unterseite hell. ♂ zur Laichzeit rötlich, mit hellem Fleck auf dem Kiemendeckel. Bis 14 cm lang. Schwarmfisch klarer fließ. Gewässer. u. klarer Seen (vor allem des Alpengebiets).

— Rücken ohne dunkle Querbinden, mit zahlr. dunklen Punkten
Sumpf-Elritze, **Ph. percnúrus** (Pall.)

Körper gedrungener als vor. Im Gegensatz zu dieser steh. u. langs. fließ. Gew. Nur bei Danzig u. Posen gefunden.

12. Sl unvollständig, auf 12 od. weniger Schuppen begrenzt ***13***

— Sl vollständig ***14***

13. Körper hochrückig, seitl. zusammengedrückt. Sl auf die ersten 5–6 Schuppen beschränkt
Bitterling, **Rhodeus sericeus amarus** (Bloch) [Taf. 1, *17*]

R 3/9–10, A 3/8–10. Mund endständig. Rücken graugrün. Seiten silbrig; untere Flossen rötlich. In der Laichzeit besonders ♂ in allen Farben schillernd. Länge bis 9 cm. Steh. u. langs. fließ. Gew.

— Körper langgestreckt. Sl reicht höchstens über 12 Schuppen
Moderlieschen, **Leucáspius delineátus** (Heckel) [Taf. 1, *14*]

R 3/8, A 3/11–13. Mund steil nach oben gerichtet. Rücken olivgrün, Seiten mit stahlblauem Längsstreifen, Bauch silbrig, Flossen gelbl.weiß. Bis 8, selten 12 cm lang. Schwarmfisch kleiner versumpfter Gew., Torfgräben u. sehr flacher Seen.

14. Schnauze nasenartig vorspringend. Lippen scharfkantig, verhornt ***15***

— Schnauze nicht nasenartig vorspringend ***16***

15. Mundspalte quergestellt Nase, **Chondróstoma nasus** (L.) [*4, 34*]

Körper spindelförmig gestreckt. R 3/9, A 3/10–12. Untere Flossen rötlich. Rücken graugrün, Bauch gelblichweiß. Bis 50 cm lang. Schnellfließ. Gew. (Äschen- u. Barbenregion) u. einige Seen des Alpenrandes.

— Mundspalte halbkreisförmig . . . . Lau, **Ch. génei** Bonap.

Körperform wie vor. R 3/8, A 3/8–9. Über der Sl schwärzlicher Längsstreifen. Bis 40 cm lang. Im Inn u. Oberrhein **vereinzelt.** Hauptverbreitung südl. der Alpen.

16. Br mit 13–14 Weichstrahlen
Strömer, Leuciscus souffia agassizi Cuv. et. Valenc.

Körper gestreckt, Mund nur wenig unterständig. Rücken graugrün Bauch silberweiß. Charakteristischer dunkler Längsstreifen oberhalb der Sl u. orangegelbe Färbung der Sl sowie der Wurzeln der unteren Flossen, zur Laichzeit besonders ausgeprägt. R 2/8, A 3/8–9. Bis 24 cm lang. Donau u. Nebenflüsse, Oberrhein.

— Br mit 15–17 Weichstrahlen. Kein dunkler Längsstreifen ***17***

17. 9 Schuppenreihen zwischen Sl u. Rücken
Aland, **Leuciscus idus** (L.) [Taf. 1, *4*]

Körperform mittelhoch. Rücken dunkelblaugrün, Bauch gelblichweiß; untere Flossen rötlich. R 3/8–9, A 3/9–10. 54–60 Schuppen in der Sl. Bis 75 cm lang. Fließgewässer (vor allem der Barbenregion), Brackwasser der östl. Ostsee. Als Speisefisch wenig geschätzt. – Gelbrote Abart: Goldorfe; Nebenfisch der Teichwirtschaft.

— Weniger als 9 Schuppenreihen oberhalb der Sl. ***18***

18. 62–67 Schuppen in der Sl. Perlfisch, **Rutilus frisii meidingeri** (Heckel)
Relativ geringe Körperhöhe. Körperform spindelförmig; im Rumpfteil fast drehrunder Querschnitt. Rücken graugrün, an den Seiten in Silberglanz übergehend. R 3/8–9, A 3/9–11. Bis 70 cm lang. ♂ mit Laichausschlag. – In einigen Seen des Voralpengebiets, in Dtschld. nur im Chiemsee. Als Speisefisch wenig geschätzt.

— Weniger als 55 Schuppen in der Sl ***19***

19. Rand der A leicht nach außen gebogen; Körper drehrund
Döbel, **Leuciscus cephalus** (L.) [Taf. *2*, *7*] u. [*35*]
Körperform gestreckt, drehrund. Dicker Kopf („Dickkopf") mit abgerundeter Schnauze. Rücken dunkelblaugrün, Seiten heller, Bauch gelblich. R 3/8–9, A 3/7–9. Schuppen mit schwarzem Saum, 44–46 in der Sl. Bis 60 cm lang. Oberflächenfisch fließ. Gewässer. (vor allem der unteren Salmoniden- u. d. Barbenregion). Als Speisefisch wenig geschätzt.

— Rand der A gerade od. ± nach innen gebogen ***20***

20. Mittellinie des Bauches zwischen B u. A mit einer Reihe winklig geknickter Schuppen
Rotfeder, **Scardínius erythrophthálmus** (L.) [Taf. 2, *5*]
Körperform mittelhoch, etwas größere Körperhöhe als bei der Plötze; seitl. etwas zusammengedrückt. Rücken dunkelolivgrün, Seiten hell mit messingfarbenem Glanz, Iris goldfarben. B u. A blutrot, Br schwach rötlich. – R 2–3/8–9, A 3/9–12, Br 1/15–16. Vdende der R hinter dem Ansatz der B liegend. 40–43 Schuppen in der Sl. Schlundzähne in 2 Reihen. Bis 30 cm lang. – Friedfisch der Uferregion steh. u. langs. fließ. Gew. Häufig, doch seltener als die Plötze. – Kein wertvoller, doch vielerorts geschätzter Speisefisch.

— Bauch gleichmäßig gerundet ***21***

21. Br 1/15 . . . . . . Plötze, Rotauge, **Rutilus rutilus** (L.) [Taf. 1, *6*]
Körperform mittelhoch; seitl. etwas zus.gedrückt. Rücken dunkelolivgrün mit bläulichem Schimmer, Bauch silberweiß (ohne Messingglanz), Iris gelbrot, B u. A bräunlichrot. R 3/9–11, A 3/9–11. Vdende der R über der Basis der B (od. nur wenig dahinter) liegend. 41–46 Schuppen in d. Sl. Schlundzähne in 1 Reihe. Bis 30 cm lang, selten größer. – In Seen u. langs. fließ. Gewässern, oft massenhaft. Kein wertvoller, doch vielerorts geschätzter Speisefisch.

— Br 1/16–17 . . . . ***22***

22. R 3/7–8 . . . . Hasel, **Leuciscus leuciscus** (L.) [Taf. 1, *5*]
Körperform gestreckt, seitl. etwas zus.gedrückt. Färbung wie Döbel, jedoch blasser. A 3/7–9. 47–54 Schuppen in der Sl. Mund unterständig (jedoch ohne scharfe Lippen wie bei der Nase). Bis 25 cm lang, selten bis 30 cm. – In fließ. Gew., weit verbreitet. Als Speisefisch wenig geschätzt.

— R 3/9–12 . . . . . . Frauennerfling, **Rutilus pigus virgo** (Heckel)
In Körperform u. sonst. Merkmalen der Plötze sehr ähnl. – Iris hellgelb mit schwärzl. Punkten. A 3/9–12. 44–49 Schuppen in d. Sl. Bis 40 cm lang. Donau u. Nebenflüsse unterh. Ulm. Als Speisefisch wenig geschätzt.

23. Sl wiederholt nach der Bauchkante ausbiegend
Ziege, **Pélecus cultrátus** (L.) [*38*]
Körperform messerförmig. R 3/7–8, A 3/ 26–29. Bis 40 cm lang. Im Süß- u. Brackwasser. Ostdeutschld.; Donau aufwärts bis Passau. Als Speisefisch wegen des grätenreichen Fleisches nicht geschätzt.

— Sl gerade od. schwach gebogen ***24***

38

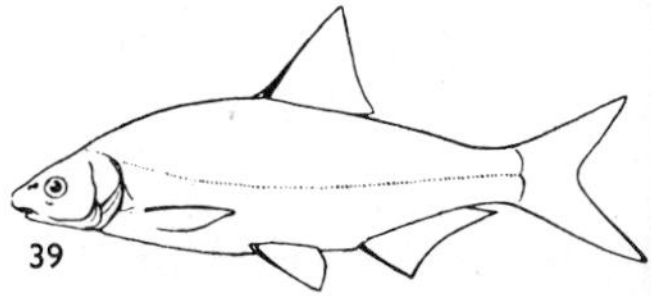
39

24. Mund deutl. unterständig . . . . . . Zährte, **Vimba vimba** (L.) [*39*]
Körperform mittelhoch; Höhe : Länge etwa 1 : 4. Schnauze kegelförmig vorragend, schwarz gefärbt („Rußnase"). Rücken graublau, während der Laichzeit schwarz. Seiten u. Bauch silberweiß. Br, B u. A blaßgelb mit orangegelber Basis. – R 3/8, A 3/17–22; 53–61 Schuppen in d. Sl. Bis 30, selten bis 50 cm lang. Grundfisch des

Unterlaufs größerer Flüsse. Brackwasser d. mittl. u. östl. Ostsee. Als Speisefisch nicht unbeliebt. – Eine Abart mit kürzerer Schnauze u. weniger unterständiger Mundöffnung, der Seerüßling, **Vimba vimba elongata** (Valenc.), in versch. oberbayer. u. oberösterr. Seen.

— Mund endständig od. oberständig ***25***

25. A lang, 3/38–45 . . . . ***26***

— A kürzer, höchstens 28 Weichstrahlen ***27***

26. 66–73 Schuppen in d. Sl . . . . Zope, **Ábramis ballérus** (L.)

Körperform hoch, seitl. zus.gedrückt. Rücken dunkel mit braunem, grünem u. blauem Ton; Seiten silberweiß. R 3/8–9, A 3/39. Bis 35 cm lang. In großen Flüssen, in d. Haffen u. Zuflüssen d. Ostsee. Als Speisefisch nicht geschätzt.

— 49–52 Schuppen in d. Sl . . . . Zobel, **A. sapa** (Pall.) [*40*]

Körperform hoch, seitl. stark abgeflacht. Färbung hell-silbergrau, Rücken kaum dunkler. R 3/8, A 3/38–45. Bis 30 cm lang. Donau aufwärts bis Donauwörth. Vereinzelt auch anderweitig in Flüssen. Als Speisefisch wenig geschätzt.

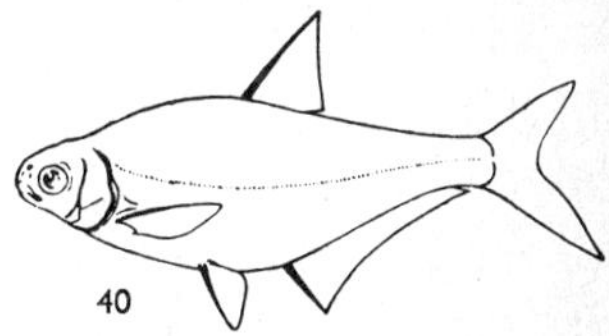
40

27. Hohe Körpergestalt; Höhe : Länge etwa 1 : 3 bis 1 : 3,5 . . . . ***28***

— Gestreckte Körpergestalt; Höhe zu Länge geringer als 1 : 3,5, meist geringer als 1 : 4. . . . . . ***29***

28. Br u. B graublau; Br bis an die Wurzel der B reichend

Brassen, Blei, **A. brama** (L.) [Taf. 2, *4*]

Rücken dunkelgrau, Seiten heller, Bauch weißlich. R 3/9, A 3/23–28, Schuppen in d. Sl 50–57. Augendurchmesser geringer als Schnauzenlänge. Schlundzähne in 1 Reihe. Bis 70 cm lang. Friedfisch d. Bodenregion d. Seen, d. Brackgewässer d. Ostseegebiets u. langs. fließ. Flüsse („Bleiregion"). Wertvoller Speisefisch (wenn große Expl.).

— Basis d. Br u. B rötlich; Br reicht nicht bis an die Wurzel d. B

Güster, **Blicca björkna** (L.) [Taf. 2, *6*]

Dem Brassen sehr ähnlich. R 3/8, A 3/19–23, Schuppen in d. Sl 44–50. Augendurchmesser größer als Schnauzenlänge. Schlundzähne in 2 Reihen. Bis 30 cm lang. Verbreitung wie Brassen. Als Speisefisch (wegen der geringen Größe) wenig geschätzt.

29. Mundspalte groß, bis unter die Augenmitte reichend

Rapfen, **Aspius aspius** (L.) [Taf. 2, *2*]

Rücken olivgrün, Seiten heller, Bauch silbrig. R 3/7–8, A 3/12–15, Schuppen klein, in d. Sl 65–73. Mund oberständig. Stumpfe Kante zwischen B u. After. Bis 90 cm lang. Oberflächenfisch größerer Seen, Flüsse u. d. Brackgewässer im Ostseegebiet. Einziger Raubfisch unter den Cypriniden. Als Speisefisch wenig geschätzt.

— Mundspalte klein, nicht bis unter die Augen reichend ***30***

30. Sl in d. Mitte tief nach unten gebogen u. durch Doppelreihe schwarzer Punkte eingefaßt . . .Schneider, **Alburnoides bipunctatus** (Bloch)

Körper höher als beim Uklei. Oberhalb d. Sl dunkler Streifen vom Auge zum Schwanzstiel. Flossen an d. Basis leicht orange gefärbt. R 3/7–8, A 3/15–17, 45–54 Schuppen in d. Sl. Bis 16 cm lang. Klare Fließgew. Kein Speisefisch.

— Sl nicht schwarz eingefaßt ***31***

31. A 3/17–20 . . . . Uklei, **A. alburnus** (L.) [Taf. 1, *7*]

Rücken blaugrün, Bauch silbern. R 3/8. 46–54 Schuppen in d. Sl. Schuppenlose Kante zwischen B u. After. Bis 20 cm lang. Fließ. u. steh. Gew., auch Brackwasser. Kein Speisefisch. Aus Schuppen wird „Perlessenz" gewonnen.

— A 3/14–16 . . . Mairenke, **Chalcalburnus chalcoides mento** (Ag.)

Noch gestreckter als Uklei. Färbg. ähnl. diesem. R 3/8. 60–70 Schuppen in d. Sl. Bis 35 cm lang. Donaugebiet u. einige Seen Oberbayerns, Speisefisch von geringem Wert.

2. Seefische

Die Zahl der in Nord- und Ostsee lebenden Fischarten beträgt etwa 250, sie verteilen sich auf 75 Familien und 4 Ordnungen. Die folgenden Tabellen ermöglichen die Bestimmung der wichtigsten marinen Fischarten, die der Besucher der deutschen Nord- u. Ostseeküsten hier vorfindet, sei es bei eignen Unternehmungen am Strand, in den Fängen der Küsten- u. Hochseekutterfischer od. an den Seefischmärkten, in den Anlandungen der in der Nordsee u. den Nordmeeren vor Norwegen, Island u. Grönland arbeitenden Fischdampfer. Im Hinblick auf den zur Verfügung stehenden beschränkten Raum konnten seltene Formen, insbesondere gelegentlich auftretende Gäste aus südlicheren Gewässern sowie wenig od. nicht genutzte Arten im Beifang der Fischdampfer nicht berücksichtigt werden. Dies gilt namentlich für Haie u. Rochen, die in der deutschen Fischerei, von wenigen Arten abgesehen, nur eine geringe Rolle als Rohware für die Fischmehlherstellung spielen. Für eingehendere Studien, auch über die Lebensweise, Verbreitung u. fischereiliche Bedeutung einzelner Arten, über die hier nur das Wichtigste in aller Kürze gebracht werden kann, sei auf die Spezialliteratur verwiesen. Um den Änderungen in der Nomenklatur Rechnung zu tragen, werden die jetzt gültigen wissenschaftlichen Namen angeführt. Durch die Umbenennung sind altbekannte Linnésche Gattungen in eine Anzahl von Gattungen aufgelöst worden, von denen im Gebiet oft nur eine Art beheimatet ist. Abkürzungen s. S. 409 bis 411, dazu N. = Nordsee, O. = Ostsee.

Ord. **Elasmobránchii**, Knorpelfische

Skelett knorpelig. Kiemenbögen hinter der Schädelkapsel, nicht mit einem Kiemendeckel bedeckt (mit 1 Ausnahme). Haut nackt od. mit eingelagerten Hautzähnen (Placoidschuppen [*8*]). Ventral 2 Nasenöffnungen. B der ♂ zu Hilfswerkzeugen bei der Begattung entwickelt. Eier groß u. wenig zahlreich, im Eileiter befruchtet u. innerhalb einer gebärmutterartigen Erweiterung entwickelt od. mit horniger Schale abgelegt. Rein marine Formen. Räuberisch.

1. Körper langgestreckt, spindelförmig, allmählich in den kräftigen Schwanz auslaufend. Kiemenspalten seitlich. Zähne spitz. Haut rauh, dicht mit Placoidschuppen besetzt . . . . Haie, **Seláchii** *2*

meist pelagisch. Vorzügliche Schwimmer mit weitem Verbreitungsgebiet.

— Körper depreß, scheibenförmig, seitlich von den verbreiterten Br umsäumt, scharf von dem dünnen Schwanz abgesetzt. Hinter jedem Auge ein Spritzloch. Kiemenspalten an der Unterseite. Haut nackt oder mit kräftigen, isolierten Dornen ungleicher Größe besetzt. Grundfische . . . . Rochen, **Batoídei** *7*

— Körper langgestreckt. Schwanz lang fadenförmig auslaufend. Jederseits nur eine Kiemenöffnung. Kiefer mit wenigen meißelartigen Zähnen . . . . **Holocéphali**

Seeratte, Spöke, **Chimæra monstrósa** L.

Zwischen den Augen beim ♂ ein unpaarer Stirnanhang. R_1 mit kräftigem Stachel. Frißt Bodentiere. Bis 1 m. Nördl. N. [Taf. 3, *3*].

2. Jederseits 6 Kiemenspalten. Nur 1 R. S sehr lang, fast $^1/_3$ des Fisches . . . Grauhai, **Hexanchus griseus** (Bonnat.)

Rücken schwarzbraun, Seiten rötlichgrau. Bis 5 m. Lebendgebärend. Nördl. N., vereinzelt. Fleisch schmackhaft.

— Jederseits 5 Kiemenspalten. 2 R *3*

3. A vorhanden *4*

— A fehlend *8*

4. R_1 über od. hinter den B . . . . Fam. **Scyliorhínidæ**

a. Obere Kante des Schwanzes vorn mit Dornen

Fleckhai, **Galeus melastomus** Rafin.

Rötlich od. bräunlich, mit dunklen, hellrandigen Flecken. Eierlegend. Bis 90 cm. Tiefwasserfisch. Nördl. N.

b. Obere Kante des Schwanzes ohne Dornen

Kleingefleckter Katzenhai, **Scyliorhínus caníc ula** (L.)

Graurot, mit vielen schwarzen Flecken, auch auf den Flossen. Bauch gelblichweiß. Eierlegend. Bis 1 m. Vereinzelt in der N. (Helgoland).

— R_1 gegenüber der Mitte zwischen Br u. B *5*

5. Auge mit Nickhaut (Hautfalte am unteren Augenrand)

Fam. **Carcharínidæ** *6*

— Auge ohne Nickhaut . . . . Fam. **Lámnidæ** *7*

6. Zähne dreieckig, spitz, scharfrandig

a. Jederseits 1 kleines Spritzloch hinter dem Auge
Hundshai, Biethai, **Galeorhinus galeus** (L.)
Dunkelgr. Lebendgebärend. Bis 2 m. In der südl. N. häufig. Fleisch geringwertig.

b. Ohne Spritzlöcher . . Blauhai, Menschenhai, **Prionace glauca** (L.)
Dunkelblau bis schiefergrau, Seiten heller, Bauch weiß. Lebendgebärend. 3–4 m. Jungtiere bis 2 m. Vereinzelt in der N. Von unersättlicher Freßgier. Gefährlich!

— Zähne klein, ohne Spitze, pflasterförmig
Glatthai, **Mustélus astérias** Cloq.
Grau mit weißlichen Punkten. Lebendgebärend. Bis 1,80 m. Südl. N., nicht häufig, deshalb ohne wirtschaftliche Bedeutung.

7. Zähne groß od. mittelgroß. Kiemenspalten groß, sämtlich vor den Br. R_1 groß, R_2 u. A klein

a. Schwanzstiel dünn, gekielt Heringshai, **Lamna nasus** (Bonnat.)
Blauschwarz u. grau, unten u. an den Hinterrändern der R weiß. Lebendgebärend. Bis 4 m. Großer Räuber, folgt den Herings- u. Makrelenschwärmen. In der N. häufig, zuweilen in die O. eindringend. Wichtiger Nutzfisch, Fleisch wohlschmeckend. [Taf. 3, *1*].

b. Schwanzstiel ohne Kiel. Sehr lange S, oberer Lappen etwa gleich der übrigen Körperlänge. Br sehr groß.
Fuchshai, **Alópias vulpínus** (Bonnat.)
Bis 5 m. Aschgrau, Seiten heller, marmoriert. Lebendgebärend. Sehr selten in der N.

— Zähne sehr klein, zahlreich. Kiemenspalten lang nach oben ausgezogen. Kiemenbögen mit langen, hornigen Fortsätzen, ähnlich den Barten der Wale, ein feines Filtersieb bildend.
Riesenhai, **Cetorhinus maximus** (Gunn.)
Friedlicher Planktonfresser. Lebendgebärend. Bis 9 m. Jungtiere zuweilen in der N. Fleisch eßbar.

8. R_1 gegenüber der Mitte zwischen Br u. B *9*

— Beide R schwanzständig. Körper depreß . . Fam. **Squatínidæ** *10*

9. Beide R mit vorderem Stachel . . . . Fam. **Squálidæ**
Dornhai, **Squalus acanthias** L.
Blaugrau mit weißlichen Flecken. Lebendgebärend. Bis 1 m. In der N. sehr häufig, wichtiger Nutzfisch. Fleisch als „Seeaal", Bauchlappen geräuchert als „Schillerlocken" im Handel [Taf. 3, *2*].

— R ohne Dornen. Flossen klein . . . . Fam. **Scýmnidæ**
Eishai, **Somniósus microcéphalus** (Schn.)
Dunkelgraubraun. Bis 5 m. Lebendgebärend. Arktische Form, zuweilen in der N. mit dem Grundschleppnetz gefangen („Grundhai"). Fleisch eßbar.

10. Körper vom Rücken zum Bauch abgeplattet. Übergang vom Hai zum Rochen. Mund breit, endständig. Br sehr groß, B breit.
Meerengel, **Squatína squatína** (L.)
Gelbbraun mit dunklen Flecken. Grundfische. Lebendgebärend. 1–2 m. In der N. vereinzelt.

11. 2 R. Haut bedornt. Schwanz gestreckt, jederseits mit einem häutigen Längssaum u. mehreren Längsreihen scharfer Dornen. S zurückgebildet od. fehlend . . . . Fam. **Rájidæ** *12*
Nutzfische, in anderen Ländern mehr geschätzt als bei uns. Eierlegend.

— Haut nackt. Schwanz sehr lang u. dünn, ohne seitliche Flossensäume *15*

12. Schnauze stumpfwinklig, Abstand der beiden Nasenöffnungen voneinander mehr als 70% ihrer Entfernung von der Schnauzenspitze. Dorsaler Iriszipfel vorhanden *13*

— Schnauze spitzwinklig, Abstand der Nasenöffnungen voneinander weniger als 70% ihrer Entfernung von der Schnauzenspitze. Irisziptel fehlend *14*

13. Die großen Dornen des Körpers u. des Schwanzes mit glatter Wurzel. Vorderrand u. Hinterrand der Br bilden einen annähernd rechten Winkel

a. S vorhanden, rudimentär. 1–3 Dornen zwischen den beiden R.
Nagel-, Stachel-, Keulenrochen, **Raja claváta** L.
Oberseite graubraun mit weißlichen Flecken. ♂ bis 70 cm, ♀ bis 125 cm. Leere, hornige Eischalen, 6–9 cm lang, häufig an der N.-Küste angespült [Taf. 3, *4*, *4a*].

b. S fehlend, Dornen zwischen den R vorhanden od. fehlend.
Gefleckter Rochen, **Raja montágui** Fowler
Gelbbraun mit dunkleren Flecken. Bis 75 cm. Südl. N. vereinzelt.

— Große Dornen mit radiären Leisten. Vorder- u. Hinterrand der Br bilden eine gleichmäßig gerundete Kurve.

a. Dornen groß, höchstens 16 in der Mittellinie von Rücken u. Schwanz . . . . Sternrochen, **Raja radiáta** Donov.
Bräunlich, heller od. dunkler marmoriert. Bis 60 cm. Leere Eihüllen (4–6 cm) häufig am N.-strand angetrieben.

b. Dornen schwach. Br in der Mitte mit je einem scharf abgesetzten, schwarz u. gelb marmorierten „Augenfleck“.
Kuckucksrochen, **Raja nævus** M. u. H.
Hell-rehbraun bis graubraun. Bis 70 cm. Südl. N.

14. Schwanz in der Mittellinie bedornt, sonst Körper fast glatt, nur stellenweise rauh, Unterseite dunkel . . Glattrochen, **Raja batis** L.
Oberseite olivgrau od. braun, mit gelben Flecken u. schwarzen Punkten, letztere auch auf der grauen Unterseite. Größte Rochenart, bis 2,5 m, bei 1,5 m Breite. N., Nordmeere. Wirtschaftlich wichtigste **Raja**-Art.

— Unterseite hell, Mittellinie des Schwanzes mit Dornen . . . . **Raja líntea** Fries
Oberseite blaugrau. Beide Seiten sehr glatt. Bis 2 m. Nördl. N., Nordmeere.

— Schwanz in der Rückenlinie frei von Dornen. Unterseite einfarbig weiß . . . . Chagrinrochen, **Raja fullónica** L.
Oberseite mit dichten, kurzen Stacheln besetzt, gleichmäßig gelbgrau mit kleinen, dunklen Flecken. Bis 120 cm, Nördl. N.

15. R fehlend . . . . Fam. **Dasyátidæ**
Stechrochen, **Dasyatis pastinaca** (L.)
Körperscheibe rhombisch, breiter als lang. Schwanz drehrund, peitschenförmig. Lebendgebärend. 1–2 m. Der Stachel stellt eine gefährliche Waffe dar. Vereinzelt in der N.

— R vorhanden . . . . Fam. **Myliobátidæ**
Adlerrochen, **Myliobátis áquila** (L.)
Körperscheibe breiter als lang, Br groß, flügelartig, hinter dem Kopf ansetzend. Im vorderen Teil des langen, peitschenförmigen Schwanzes 1 kleine R, dahinter 1–2 gesägte Stacheln. Lebendgebärend. Bis 1,5 m. Sehr selten in der N. Pelagisch.

(Anm. Die Fänge aus den Nordmeeren, der nördl. N. u. dem Engl. Kanal enthalten einige weitere Arten der Gattung **Raja**, deren Unterscheidung sehr schwierig ist.)

Ord. **Teleóstei**, Knochenfische

1. B vorhanden *2*

— B fehlend od. durch runde Saugscheibe zwischen den Br ersetzt *30*

2. B ohne vorderen Stachelstrahl *3*

— B mit vorderem Stachelstrahl *12*

3. B bauchständig, mit mindestens 6 Gliederstrahlen *4*

— B kehlständig, bisweilen rudimentär *10*

4. Oberer Mundrand in der Mitte von den Zwischenkiefern, seitlich von den Oberkiefern gebildet. Keine Bärtel *5*

1 Heringshai. 2 Dornhai. 3 Seeratte. 4 Nagelrochen. 4a Ei des N. 5 Hering. 5a Kielschuppe des H. 6 Sardelle. 7 Hornhecht. 8 Klippenbarsch. 9 Aalmutter. 10 Bastardmakrele. 11 Makrele. 12 Thunfisch. 13 Sandküling. 14 Steinbeißer.

— Oberer Mundrand ausschließlich von den Zwischenkiefern gebildet. Mund zahnlos . . . . Fam. **Cyprínidæ** S. 423
Süßwasserfische, einzelne Arten auch im Brackwasser der O.

5. R rumpfständig, gegenüber den B *6*

— R schwanzständig, gegenüber der A . . . . Fam. **Belónidæ**
Körper langgestreckt, Kiefer schnabelartig, unterer länger als oberer, mit kleinen, spitzen Zähnchen. Seitenlinie etwas oberhalb der Bauchkante. Gräten grün [Taf. 3, *7*] . . . Hornhecht, **Belóne belóne** (L.)
Blaugrün, Bauch silbrig. Bis 90 cm, Pelagisch. Laichzeit V–VI. Eier 3 mm ⌀, an Algen usw. befestigt. Nutzfisch der N. u. O.

6. Keine Fettflosse. Keine Seitenlinie. Schuppen leicht abfallend. Bezahnung sehr schwach *7*

— Fettflosse dorsal über der hinteren Hälfte der A. Seitenlinie vorhanden. Bezahnung meist deutlich. *8*

7. Oberkiefer kurz, weniger als $^3/_4$ der Kopflänge. Mund endständig od. leicht oberständig. Kielschuppen längs der Bauchkante [Taf. 3, *5a*]
Fam. **Clupéidæ** S. 440

— Oberkiefer lang, mehr als $^3/_4$ der Kopflänge. Mund stark unterständig. Kielschuppen fehlen . . . . Fam. **Engraúlidæ**
Sardelle, **Engraúlis encrasícolus** (L.)
Rücken dunkel blaugrün, Bauch silberglänzend. Bis 20 cm. Südl. N., bes. Dollart u. Jadebusen. In der westl. O. zuweilen im Spätherbst. Wertvoller Nutzfisch, eingesalzen [Taf. 3, *6*].

8. Mundspalte klein, Zähne winzig. Zunge zahnlos. Schuppen groß. R kurz, 10–16 Strahlen. Reusenzähne lang u. dichtstehend
Fam. **Coregónidæ**

a. Oberkiefer nur wenig den Unterkiefer überragend. Körper 4 bis 5mal so lang wie hoch
Ostseeschnäpel, **Coregónus lavarétus lavarétus** (L.)
Silberglänzend. Wanderfisch. Bis 70 cm. Laicht X–XII in Zuflüssen der Ostsee. In der westl. O. bes. Unterart: Schleischnäpel, **C. lavarétus bálticus** Thienemann, jetzt sehr selten.

b. Mund stark unterständig. Schnauze nasenartig [*32*]. Körper 5 bis 6mal so lang wie hoch. Nordseeschnäpel, **C. oxyrhýnchus** (L.)
Wie zuvor, laicht in Zuflüssen der N. Bis 50 cm. Sehr geschätzte Nutzfische (vgl. S. 422).

— Mundspalte groß, mit vielen deutlichen Zähnen. Zunge bezahnt. Reusenzähne unentwickelt. Schuppen meist klein *9*

9. Unterkiefer vorstehend. Mund oberständig. Seitenlinie unvollständig, auf die ersten 8–10 Schuppen beschränkt . . . . . Fam. **Osméridæ**
Stint, **Osmérus eperlánus** (L.)
Rücken blaugrün, Seiten u. Bauch gelbweiß, glanzlos. Geruch nach faulen Gurken. Wanderfisch, laicht in III–IV im Brack- u. Süßwasser. Eier am Grunde angeheftet. Bis 33 cm. Küstengebiet der N. u. O. (Weser, Elbe, Schlei, O.-Haffe). Mancherorts geschätzter Speisefisch (vgl. S. 415).

— Unterkiefer nicht vorstehend. Mund endständig, Seitenlinie vollständig . . . . Fam. **Salmónidæ** S. 440

10. Augenstellung normal, Körper gestreckt *11*

— Beide Augen auf derselben Kopfseite. Körper seitlich stark zusammengedrückt, hoch . . . . . . Plattfische, **Heterosómata** S. 441

11. S frei. R u. A lang od. in mehrere (2–3 R, 2 A), stets gliederstrahlige Flossen geteilt. Meistens mit einem medianen Kinnbärtel
Fam. **Gádidæ** S. 443

— R u. A lang, hinter der Schwanzspitze zusammenfließend. Keine deutliche S. B rudimentär, mit 3 Strahlen. Im hinteren Viertel der

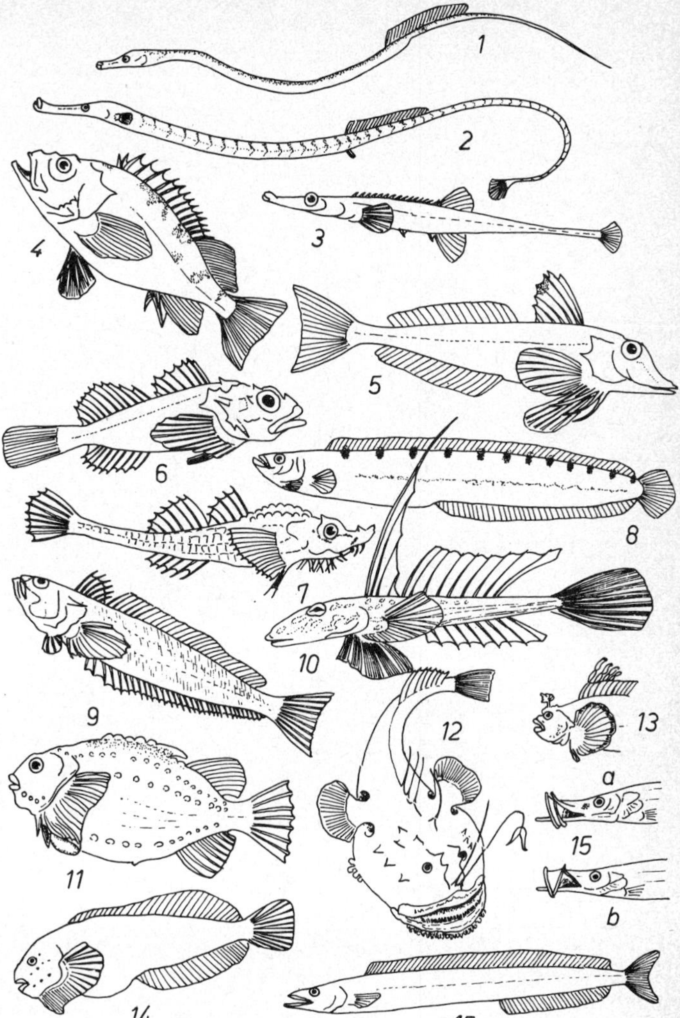

1 Schlangennadel. 2 Seenadel. 3 Seestichling. 4 Rotbarsch. 5 Knurrhahn. 6 Seeskorpion. 7 Steinpicker. 8 Butterfisch. 9 Petermännchen. 10 Leierfisch. 11 Seehase. 12 Seeteufel. 13 Chirolophis. 14 Scheibenbauch. 15 Sandaal. 15[a] Großer S. 15[b] Kleiner S.

R eine Reihe kürzerer Stachelstrahlen . . . . . . Fam. **Zoárcidæ**
Kopf plump, Mundspalte weit, mit dicken Lippen. Rumpf kurz, walzenförmig [Taf. 3, *9*] . . . . Aalmutter, **Zoárces vivíparus** (L.)
Bis 45 cm. Gelbbraun, mit 2 Längsreihen dunkler Flecken. Lebendgebärend, 200 bis 300 Junge. Paarung im Sommer, Junge schlüpfen im Winter. Standfisch der Seegrasregion in N. u. O.

12. B brustständig, wohl entwickelt *13*
— B bauch- od. kehlständig, bisweilen rudimentär *25*
13. A mit 1–4 vorderen Stachelstrahlen *14*
— A ausschließlich Gliederstrahlen enthaltend *23*
14. B getrennt *15*
— B an den Innenrändern vereinigt . . . . . . Fam. **Gobíidæ** S. 439
15. Mit Flößchen hinter der R u. A . . . . . . Fam. **Scómbridæ** *16*
— Ohne Flößchen *17*
16. R_1 um mehr als ihre Länge von R_2 getrennt.
Zwischen S u. R_2 bzw. A je 5 Flößchen. Haut glatt, Schuppen leicht abfallend [Taf. 3, *11*] . . . . . . Makrele, **Scomber scombrus** L.
Bis 50 cm. Rücken u. Seiten bis zur Seitenlinie mit dunklen, unregelmäßigen Querbinden, grasgrün mit blauen Tönen. Bauch u. Seiten perlmutterglänzend. Pelagisch, frißt Kleinkrebse u. kleine Fische. Laichzeit VI–VII. Nutzfisch der N. u. westl. O.
— R_1 nahe vor R_2 endend
Schuppen der vorderen Körperhälfte vergrößert u. zu einem Panzer verwachsen. R_2 u. A sichelförmig. Vor der S je 9 Flößchen [Taf. 3, *12*].
Großer od. Roter Thun, **Thunnus thynnus** (L.)
Rücken schwarzblau, Seiten silbergrau, Bauch weiß. Flößchen gelb mit schwarzem Rand. Bis 5 m u. 150 kg. Pelagisch, Raubfisch. N., VIII–X, Gast aus südl. Meeren. Wertvoller Nutzfisch.

17. Mit 2 langen Kinnbärteln . . . . Fam. **Múllidæ**
Karminrot, Bauch silberweiß. 3 goldgelbe Längsstreifen. Flossen gelbrot
Seebarbe, Streifenbarbe, **Mullus surmulétus** L.
Bis 50 cm. Zuweilen in N., sehr selten in westl. O. Nutzfisch.
— Ohne Kinnbärtel *18*
18. Die beiden vorderen 3 R-Stacheln von der Flosse getrennt
Fam. **Carángidæ**
Körper seitlich zusammengedrückt. Schuppen klein, leicht ausfallend [Taf. 3, *10*]
Stöcker, Bastardmakrele, **Trachurus trachurus** (L.)
Dunkelgrün, Seiten silberglänzend. Dunkler Fleck am Kiemendeckel. Bis 40 cm. Pelagisch. N., Jungfische im Winter zuweilen auch in der westl. O.
— Stacheln der A mit den Gliederstrahlen durch Flossenhaut verbunden. Stachliger Abschnitt der R oft länger als der gliederstrahlige od. die A *19*
19. A mit 2 Stacheln. Ctenoidschuppen . . . . Fam. **Pércidæ** S. 417
Süßwasserfische, auch im Brackwasser der O.
— A mit 3 (u. mehr) Stacheln *20*
20. Ctenoidschuppen *21*
— Cycloidschuppen. Körper barschartig. Lippen aufgeworfen. Kiefer mit konischen Zähnen . . . . Fam. **Lábridæ**
a. Lippen schmal. Bräunlich bis graugrün, je 1 schwarzer Fleck am Anfang der R u. an der Oberseite des Schwanzstiels. Bis 15 cm. Auf bewachsenem, steinigem Grund, N. u. O. [Taf. 3, *8*]
Klippenbarsch, **Ctenolábrus rupéstris** (L.)
b. Kopf zugespitzt, Schnauze vorgezogen. Lippen sehr dick, doppelt. Präoperkel ungezähnt. 41–47 Schuppen längs der Seitenlinie
Gefleckter Lippfisch, **Labrus bergýlta** Asc.
Färbung auf hellgrünem Grundton sehr wechselnd.

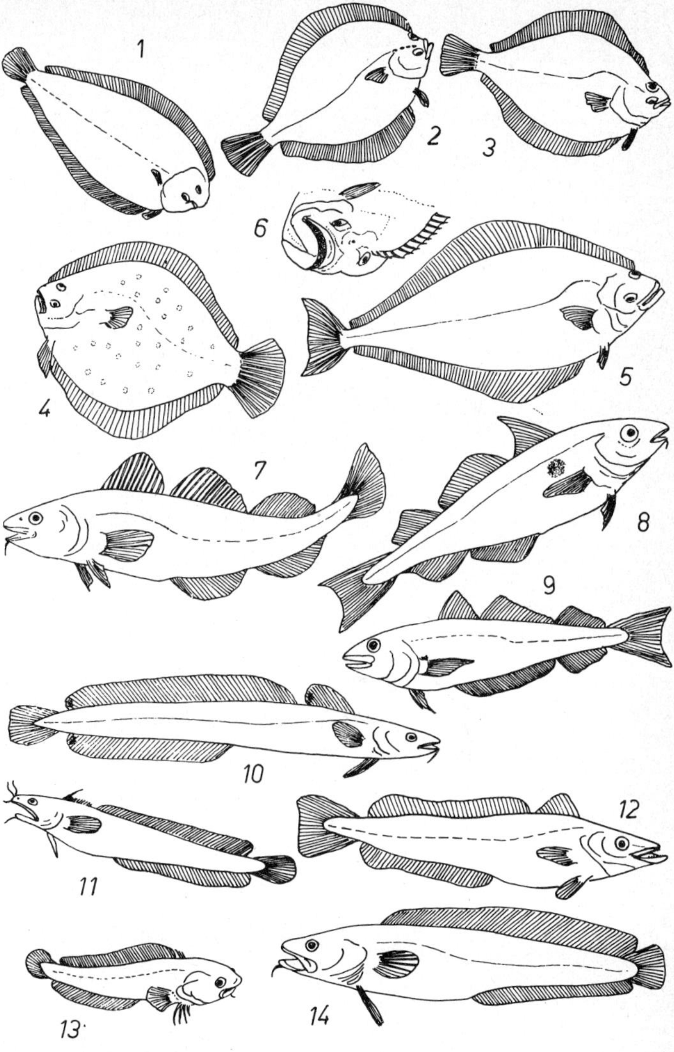

1 Seezunge. 2 Scholle. 3 Kliesche. 4 Steinbutt. 5 Heilbutt. 6 Schwarzer H.
7 Kabeljau. 8 Schellfisch. 9 Wittling. 10 Lengfisch. 11 Seequabbe. 12 Seehecht.
13 Froschquabbe. 14 Lumb.

Schuppen braunrot umrandet. Unpaare Flossen blaugrün, gefleckt, paarige rot gezeichnet. Bis 45 cm. N. u. westl. O.

c. Präoperkel gezähnt. 32–36 Schuppen längs der Seitenlinie. Grünlich, Rücken blau, Kopf gelb mit gekrümmten grünen Linien Schwarzäugiger Lippfisch, **Symphodus melops** (L.)

Am hinteren Augenrand u. seitlich vor der S je 1 schwarzer Fleck. Bis 25 cm. N. u. westl. O.

21. Ventrale Br-Strahlen nicht verstärkt, geteilt *22*

— Ventrale Br-Strahlen verstärkt, ungeteilt. B mit gesondertem Stachelstrahl. Kiemendeckel bedornt . . . . Fam. **Scorpǽnidæ**

Leuchtend zinnoberrot. Mit wohlentwickelter Genitalpapille Rotbarsch, Goldbarsch, **Sebástes marínus** (L.)

[Taf. 4, *4*]. Bis 80 cm. Raubfisch. Lebendgebärend. Paarung im Herbst, Brut in IV–V ausgestoßen. Wichtiger Nutzfisch der Nordmeere (Island, Norwegen, Grönland), in tieferem Wasser.

22. Zähne klein, konisch, gleichförmig . . . . Fam. **Serránidæ**

2 getrennte, dicht hintereinander stehende R. Kiemendeckel mit 2 Dornen . . . . Seebarsch, **Dicentrarchus labrax** L.

Bis 50 cm. Vereinzelt in N., Nutzfisch.

— Vord. Zähne breit, schneidezahnähnlich . . . . . . Fam. **Spáridæ**

a. Rücken grau, Seiten heller, mit 3–4 dunklen Längsstreifen Streifenbrassen, **Spondyliosóma cántharus** (L.)

Bis 50 cm. Vereinzelt in N. Nutzfisch.

b. Orangerot. Dunkler Fleck über der Br Nordischer Meerbrassen, **Pagellus bogaraveo** (Brün.)

Bis 50 cm. Vereinzelt in N. Nutzfisch.

23. Br ohne freie Strahlen *24*

— Die 3 ventralen Br-Strahlen jederseits frei, zu Schreit- u. Tastorganen umgewandelt . . . . Fam. **Tríglidæ**

a. Kopf hechtartig, durch Hautknochen fest gepanzert. Knurrende Töne durch Kontraktion der Schwimmblasenmuskulatur. Grundfische. B kaum länger als Br, höchstens bis Vorderende der A reichend. R_2 18–20, A 18–20. Schiefergrau, jüngere Exemplare mehr rotbraun. R_1 mit dunklem Fleck. Bis 40 cm [Taf. 4, *5*]. Nutzfisch der N., in O. selten Grauer Knurrhahn, **Eutrigla gurnardus** (L.)

b. B viel länger als Br, über das Vorderende der A hinausreichend. R_2 16–17, A 14–16. Lebhaft rot. Bis 60 cm. N., selten O. Roter Knurrhahn, **Trigla lucerna** L.

24. Körper gedrungen, keulenförmig, mit breitem Kopf. 2 R, die vordere stachlig. Haut nackt. Unterkiefer ohne Bärtel. . . . . Fam. **Cóttidæ**

Räuberische Grundfische. Knurrende Töne mittels Muskulatur des Kiemendeckelapparates. Eier am Boden in Klumpen abgelegt, vom ♂ bewacht. Dieses zur Laichzeit mit Schmuckfarben.

a. Kiemenspalte weit. Haut völlig nackt. Hinterrand des Präoperkels mit 3–4, selten 2 Stacheln, oberer am längsten, jedoch nach hinten den Kiemendeckel nicht überragend. Dunkelbraun, Seiten gelblich weiß marmoriert. Seeskorpion, **Myoxocephalus scorpius** (L.)

♂ zur Laichzeit (XII–II) mit kupferrotem, silber- od. milchweiß geflecktem Bauch, beim ♀ rötlich-gelb. Bis 30 cm, ♂ kleiner. N. u. O. [Taf. 4, *6*].

b. Kiemenspalte eng. Seitenlinie mit Reihe knöcherner Schildchen. Hinterrand des Präoperkels mit 4, selten 3 Stacheln, oberer nach hinten über den Rand des Kiemendeckels hinausragend Langstacheliger Seeskorpion, Ulk, **Taurulus bubalis** (Euphr.)

Grün, mit schwärzlicher Fleckung. ♂ zur Laichzeit (IV–V) mit kirschrotem, bläulichweiß geflecktem Bauch. Bis 17 cm; Westl. O.

— Körper durch zusammenschließende Reihen knöcherner Platten gepanzert. Unterkiefer mit zahlreichen Bärteln . . . . Fam. **Agónidæ**

Mund klein, unterständig. Schnauzenspitze mit 4 hornähnlichen Dornen [Taf. 4, *7*] . . . Steinpicker, **Agonus cataphráctus** (L.)

Bräunlich mit 4 dunklen Querbinden. Grundfisch, in N. u. O. Bis 20 cm. Laichzeit I–IV. Eier am Grund abgelegt, Enwicklungsdauer fast 1 Jahr.

25. B bauchständig ***26***

— B kehlständig ***27***

26. B I/1–2. 2–17 isolierte Stacheln vor der gliederstrahligen R Fam. **Gasterostéidæ**

Haut schuppenlos, oft mit knöchernen Schildern auf der Seitenlinie. ♂ treibt Brutpflege, baut Nester aus Pflanzenteilen. Laicht im Frühsommer.

a. 14–17 Dorsalstacheln. Körper langgestreckt, schlank, kantig. Schnauze verlängert. S fächerförmig. Olivgrün bis bräunlich, Seiten goldglänzend . . . Seestichling, **Spinàchia spinàchia** (L.)

Bis 17 cm. Seegras- u. Tangregion der N. u. O. [Taf. 4, *3*].

b. 2–5, meist 3 Dorsalstacheln.
Dreistacheliger Stichling, **Gasterósteus aculeátus** L.

Schilderreihe der Seitenlinie bei den in Salzwasser lebenden Tieren ausgedehnter als bei solchen in Brack- u. Süßwasser. Grausilbrig. ♂ zur Laichzeit mit blaugrünem Rücken, roter Kehle u. Brust. Bis 11 cm. N. u. O. [*19*]. Vgl. S. 416.

c. 7–12, meist 9–10 Dorsalstacheln.
Zwergstichling, **Pungitius pungitius** (L.)

Nur Schwanzstiel mit Reihe gekielter Schildchen. Braungrau. Bis 7 cm. Dringt aus dem Süßwasser ins Brackwasser der O., fehlt in N. Vgl. S. 416.

— B I/5, 2 kurze, weit getrennte R. R_1 mit 4, A mit 3 Stacheln
Mund klein. Fam. **Mugílidæ**

a. Dicklippige Meeräsche, **Chelon labrosus** (Risso) (Oberlippe polsterartig verdickt; schwarzgrau mit grünlichen Tönen; 6–7 dunkle Längsstreifen; bis 65 cm; im Sonmer Schwärme Wattenmeer Nordsee; selten Ostsee). **b.** Dünnlippige Meeräsche, **Liza ramada** (Risso) (Oberlippe dünn, ohne Hornpapillen; Rücken bräunlich; bis 50 cm; N. selten, meist Jungfische). **c.** Goldmeeräsche, **Liza aurata** (Risso) (Wie zuvor, mit großem goldbraunen Fleck auf Kiemendeckel; bis 50 cm; N. selten, meist Jungfische).

27. B I/5, wohl entwickelt. A ohne Stacheln ***28***

— B I/2, oft rudimentär. Stachliger Abschnitt der R oft länger als der gliederstrahlige . . . . Fam. **Blenníidæ**

a. 2 Paar büschelförmiger Hautanhänge über den Augen. Gelbbraun mit dunklen Querbinden. Bis 15 cm. N. bei Helgoland [Taf. 4, *13*]
Chirólophis ascánii (Walb.)

b. Körper bandförmig. Kopf klein. Mund oberständig. Gelbbraun, gefleckt. Längs der Basis der R 9–13 schwarze, gelbumrandete Flecken [Taf. 4, *8*] Butterfisch, Messerfisch, **Pholis gunellus** (L.)

Laichzeit XI–I. Eier oft in leere Muschelschalen abgelegt. Bis 20 cm. N. u. O.

c. Körper sehr langgestreckt, R u. A lang. Blaßbraun mit dunklen Flecken. Isländischer Bandfisch, **Lúmpenus lampretæfórmis** (Walb.)

Bis 40 cm. Vereinzelt in der N., sehr häufig in der O., in tieferem Wasser.

28. Kopf kompreß. Haut mit kleinen Cycloidschuppen bedeckt. Kiemenöffnung von normaler Lage u. Weite . . . . Fam. **Trachínidæ**

Mundspalte schräg, Unterkiefer etwas vorragend. R_1 kurz, R_2 u. A lang. Stacheln an Kiemendeckel u. R_1 an der Basis mit Giftdrüsen.
Gattg. **Trachínus**

Verletzungen verursachen Entzündungen. N., im Sand vergraben [Taf. 4, *9*].

a. Auf grauem Grunde blau u. gelb gestreift, A I/30 bis 34. Bis 40 cm
Petermännchen, **T. draco** L.

b. Blaß graugelb. A I/24–26. Bis 15 cm
Kleines Petermännchen, Viperqueise, **T. vípera** Cuv.

— Kopf niedergedrückt. Haut nackt. Kiemenöffnung ein rundes Loch an ungewöhnlicher Stelle *29*

29. Kiemenöffnung am dorsalen Rand des Operkels. Mund eng. Br-Basis nicht verstärkt. Keine Tentakel auf dem Kopf Fam. **Callionýmidæ**

a. Kopf flach, fast dreieckig. Oberkiefer vorstreckbar. R_1 kurz, beim ♂ sehr hoch [Taf. 4, *10*]. B kehlständig, weit vor den Br. Schnauze 2–3mal so lang wie der Augendurchmesser. ♂ bis 30 cm, ♀ bis 25 cm . . . . Leierfisch, **Calliónymus lyra** L.
Färbung sehr lebhaft, bes. beim ♂ zur Laichzeit (Sommer) blaue, grüne, violette u. goldene Streifen u. Flecken. Grundfisch, N.

b. Schnauze nicht länger oder kürzer als der Augendurchmesser. Bis 14 cm. . . . . . . Kleiner Leierfisch, **C. maculátus** Raf.

— Kiemenöffnung in der Achsel der Br. Mundspalte ungewöhnlich breit. Br-Basis stark muskulös, armartig verlängert . . . Fam. **Lophíidæ**
3 lange, mediane Tentakel auf dem Kopf.
Körper plump, schuppenlos. Kopf sehr groß, mit weitem Rachen. Kiefer mit mehreren Reihen spitzer Zähne. Unterkiefer stark vorspringend . . . . . . Seeteufel, Angler, **Lóphius piscatórius** L.
Augen auf der Oberseite des Kopfes. Zahlreiche kurze Hautanhänge um das Maul. Stachelstrahlen der R freistehend, nach allen Seiten beweglich. 1. Stachel mit blattförmigem Anhang [Taf. 4, *12*].
Bis 1,50 m. Räuberischer Grundfisch. Braunschwarz, Unterseite weißlich. Nördl. N., Island, Norwegen. Nutzfisch, Fleisch als „Forellenstör" im Handel.

30. B gänzlich fehlend *31*

— B durch eine runde Saugscheibe auf dem Bauch ersetzt *34*

31. R, S u. A vereinigt. R u. A lang. Körper sehr gestreckt (aalförmig) Fam. **Anguíllidæ**

a. Haut mit kleinen Schuppen. Anfang der R weit hinter der Br. Bis 1 m Europ. Flußaal, **Anguílla anguílla** (L.) (S. 413)

b. Haut schuppenlos. Anfang der R etwa in Höhe der Enden der Br. Meeraal, **Conger conger** (L.)
Bis 2,75 m. Raubfisch. Vereinzelt in N., s. selten in O.

— S nicht mit R u. A verwachsen *32*

32. A lang, fast die ganze Schwanzunterseite einnehmend *33*

— A rudimentär, mit 0–4 Strahlen. Schnauze röhrenförmig, mit kleiner, zahnloser Mundöffnung . . . . Fam. **Syngnáthidæ** (S. 444)
Körper wurmförmig, Kiemenöffnung ein kleines Loch am dorsalen Rand des Operkels.

33. Kieferzähne sehr klein, leicht übersehbar. Körper schlank. Schnauze spitz. Uk vorstehend [Taf. 4, *15*] . . . . Fam. **Ammodýtidae**

a. Zwischenkiefer wenig vorstreckbar [Taf. 4, *15a*]. 1) Großer Sandspierling, **Hyperoplus lanceolatus** (leSauv.) (Schwarzer Fleck vor Auge; Rücken u. Flanken dunkel blaugrün; D 52–61; bis 30 cm; N. u. O.). 2) Ungefleckter Gr. Sandspierling, **H. immaculatus** (Corbin) (OK ohne schwarzen Fleck; D 60–67; Farbe wie zuvor; bis 30 cm; N.).

b. Vomer zahnlos. ZK weit vorstreckbar [Taf. 4, *15b*]: 1) Kleiner Sandaal, Sandspierling, Tobias, **Ammodytes tobianus** L. (Basis der S mit Schuppen; Bauchschuppen in winkelförmigem Muster; D 50–56; Litoralart). 2) **A. marinus** Raitt. (Basis der S ohne Schuppen; Bauchschuppen in unregelmäßigen Reihen; D 55–67; Hochseeart).

— Kiefer mit sehr großen u. starken, vorn konischen, hinten abgeflachten Zähnen besetzt. Kinn zurückweichend . . . . Fam. **Anarhichádidæ**
Große, langgestreckte Grundfische mit langer R u. A. Maul groß, mit kräftigem, raubtierähnlichem Gebiß, zum Aufknacken hartschaliger Bodentiere (Muscheln, Krebse, Stachelhäuter). Wichtige Nutzfische der Nordmeere.

a. Dunkelgrau, mit schwarzer Querbänderung [Taf. 3, *14*]. Bis 1,20 m. Auch in N. Steinbeißer, Seewolf, Katfisch, **Anarhíchas lupus** L.

b. Graugelb mit zahlreichen dunkelbraunen Flecken. Bis 1,80 m. Gefleckter Katfisch, **A. minor** Olafs.

34. Körper gedrungen, hoch. 2 R, die vordere nur bei Jungfischen stachlig, bei Erwachsenen in die dicke Körperhaut eingehüllt. Haut mit knöchernen Warzen . . . . Fam. **Cycloptéridæ**

Seehase, Lump, **Cyclópterus lumpus** L.

Kopf kurz u. dick. Schnauze stumpf u. breit. Schuppen fehlen. Jederseits 3 Längsreihen von Knochenwarzen. Die 6strahligen B bilden das Stützgerüst der fleischigen Haftscheibe.

Färbung zur Laichzeit (I–IV) lebhaft, ♂ schwarz mit ziegelrotem Bauch u. Flossen, ♀ grünlich bis blaugrau mit dunklen Flecken. Auf felsigem u. steinigem Grund. Eier am Boden in roten bis gelben Klumpen abgelegt, vom ♂ bewacht. Bis 60 cm. N. u. O. [Taf. 4, *11*]. Nutzfisch.

— Körper mäßig gestreckt. Nur 1 R. Haut nackt. R u. A lang, bis zur S-Basis reichend . . . . Fam. **Líparididæ**

a. Körper kaulquappenähnlich. Schwanz nach hinten verjüngt. 2 Paar Nasenlöcher, das vordere röhrenförmig, das hintere schlitzförmig . . . . Großer Scheibenbauch, **Líparis liparis** (L.)

Gelblich-bräunlich mit Flecken u. Streifen. Bis 15 cm. N. u. O. [Taf. 4, *14*].

b. Nur 1 Paar schlitzförmiger Nasenlöcher. Bräunlich, mit roter u. gelber Tönung, gefleckt. Bis 8 cm. Nur in N.

Kleiner Scheibenbauch, **L. montágui** (Donov.)

Fam. **Gobíidæ**, Külinge

Grundfische der Küstenregion von geringer Größe. 2 getrennte R, die vordere kürzer u. stachelstrahlig. B brustständig, nahe beieinander u. durch eine Querfalte der Brusthaut (Trichtermembran) zu einem tütenförmigen Hohlraum verbunden, ermöglicht durch Anpressen ein Anheften an ebenen Flächen. Sommerlaicher, Eier festgeheftet, vom ♂ bewacht.

1. Körper nicht durchscheinend, R_1 wohl entwickelt ***2***

— Körper durchscheinend. R_1 sehr klein ***4***

2. Kiemenspalte vertikal, nur soeben unter die Basis der Br reichend. Körper gedrungen ***3***

— Kiemenspalte ventral bis unter den Hinterrand des Vordeckels vorgezogen. Körper gestreckt. R_1 VI–VII, R_2 I/10–11, A I/9–12.

Sandküling, **Pomatoschistus minutus** (Pal.)

5 schwärzliche Flecken längs der Seitenlinie. R_1 mit schwarzem Fleck am Hinterrand. Bis 11 cm. Sehr häufig im Küstenbereich der N. u. O., wichtiger Futterfisch [Taf. 3, *13*].

3. Jederseits vor der S ein schwarzer, gelbgesäumter Fleck. R_1 VII bis VIII, R_2 I/9–11, A I/10–11.

Snappküling, **Gobiusculus flavescens** (Fabr.)

Bis 6 cm. Nur in Buchten der westl. O.

— R_1 u. R_2 aneinanderstoßend. R_1 mit 3 schwarzen Flecken. R_1 VI, R_2 I/11–13, A I/10–13. . . . . Schwarzküling, **Góbius niger** L.

Bräunlich mit dunkler Fleckung. Beim ♂ zur Laichzeit B, Trichtermembran u. Kiemenhaut tiefschwarz. Bis 15 cm. Nur in der O., fehlt in der südöstl. N.

— R_1 u. R_2 deutlich getrennt. Obere Hälfte der Br mit dunklem, schrägem Querband. Strahlen der R_2 gefleckt, Flossenhaut durchscheinend. R_1 V–VI, R_2 I/8–10, A I/7–10.

Strandküling, **Pomatoschistus microps** (Kröy.)

Bis 5 cm. Brackwasserform, in Flußmündungen u. Marschgräben der Nküste, in Buchten u. Strandseen der Oküste, sehr häufig in unmittelbarer Strandnähe.

4. Körper glasartig durchscheinend, seitlich zusammengedrückt. R_1 sehr klein, von R_2 weit getrennt. Mundspalte schräg.
Glasküling, **Áphya minúta** (Risso)
Pelagischer Schwarmfisch der offenen See, ♂ bis 6 cm, ♀ bis 5 cm. Häufig in der N., selten in der westl. O.

Fam. **Clupéidæ**, Heringsartige

Pelagische Schwarmfische, meist von geringer Größe. Silberglänzend. Mit mäßig großen Rundschuppen, leicht abfallend. Zugespitzte, geflügelte Kielschuppen an der Bauchkante [Taf. 3, *5a*]. Augen sowie Teile des Kopfes u. der Kiemendeckel von einem sog. Fettlid bedeckt. Planktonfresser. Unternehmen weite Wanderungen zum Nahrungserwerb u. Laichen. Eier mit Ausnahme der des Herings freischwebend (planktisch).

1. Zwischenkiefer nicht durch einen Ausschnitt getrennt. Keine schwarzen Flecken auf den Körperseiten *2*

— Zwischenkiefer in der Mitte durch einen Ausschnitt getrennt. Schwarze Flecken auf den Körperseiten. Steigen im Frühjahr zum Laichen in die Flüsse *3*

2. Etwa 60 Schuppen längs der Seite bis zur S. Anzahl der Kielschuppen vor der B 27–30, zwischen B u. A 13–15, wenig scharfkantig. Ansatz der B hinter dem Anfang der R [Taf. 3, *5*]
Hering, **Clúpea haréngus** L.
Rücken blaugrün, Bauch silberglänzend. Schwarmfisch, mit Laichwanderungen. Frühjahrs- u. Herbstlaicher. Eier am Boden abgesetzt. Bis 35 cm. Wichtigster Nutzfisch der N. u. O. (in der östl. O. Zwergfrom, „Strömling“ genannt).

— Etwa 50 Schuppen längs der Seite. Kielschuppen 22–23 u. 10–11, sehr scharfkantig. Ansatz der B vor dem Ansatz der R.
Sprotte, Breitling, **Sprattus sprattus** (L.)
Augen kleiner, Schnauze kürzer, Rumpf höher als beim Hering. Farbe wie bei diesem. Bis 17 cm. Laichzeit V–VI. Nutzfisch der N. u. O.

— Etwa 30 Schuppen längs der Seite. Kielschuppen 20 u. 16. Kiemendeckel mit Streifung . . . . . Sardine, **Sardina pilchárdus** (Walb.)
Schuppen sehr groß, leicht ausfallend. Vom Engl. Kanal in die südl. N. eindringend. Gelegentlich in Heringsfängen. Bis 30 cm. Nutzfisch, Jugendformen in Öl konserviert.

3. Reusenfortsätze am 1. Kiemenbogen sehr fein u. lang, Anzahl 60 bis 120 [*33a*] . . . . Maifisch, Alse, **Alósa alósa** (L.)
Farbe wie beim Hering. Bis 70 cm. Früher in N. häufig, jetzt sehr selten. Vgl. S. 423.

— Reusenfortsätze am 1. Kiemenbogen kurz u. dick, 35–60 [*33b*].
Finte, **Alósa fallax** (Lac.)
Nur bis 50 cm. Laicht in V im Unterlauf der Ströme (Elbe). N. u. O., geringe wirtschaftliche Bedeutung. Vgl. S. 423.

Fam. **Salmónidæ**, Lachsartige

Die im Meere lebenden Formen sind große, silberglänzende, charakteristisch bezahnte Wanderfische. Suchen zum Laichen die Flüsse auf und wandern weit landeinwärts, um die erbsengroßen Eier in Laichgruben abzulegen. Die Männchen kämpfen um die Weibchen. Die Jungfische ähneln den Bachforellen (mit breiten Querbändern sowie vielen roten u. schwarzen Flecken). Nach 1–3 Jahren im Süßwasser verlieren sie diese „Parr“-Zeichnung und wandeln sich zu silberglänzenden „Smolts“ um, die meerwärts abwandern. Nach meist 2–4jährigem Aufenthalt im Meer, wo sie eifrig fressen u. rasch heranwachsen, kehren sie in ihren Heimatfluß zum Laichen zurück, wobei sie sich, wie Versuche gezeigt haben, durch Geruchserinnerung an das heimatliche Gewässer leiten lassen. Nur ein geringer Teil kehrt nach dem Laichen erneut ins Meer zurück und laicht mehrfach, die Mehrzahl geht infolge der Anstrengungen der Wanderungen und des Laichgeschäftes zugrunde. Sehr geschätzte Speisefische. Vgl. S. 420.

a. Körper langgestreckt. Schnauzenlänge gleich dem 3fachen Augendurchmesser . . . . Lachs, Salm, **Salmo salar** L.
Schwanzstiel schlank, mit 10–13 Schuppenreihen auf dem oberen Teil, Stiel des Pflugscharbeines mit einer Reihe allmählich ausfallender Zähne [*27*].

Bis 1,50 m. Raubfisch. Östl. u. nördl. O. Laicht vornehmlich in nordschwedischen finnischen u. baltischen Flüssen. Zur **Laich**zeit ♂ mit roten Flecken u. Bauch, Unterkiefer hakenförmig gekrümmt. In den Zuflüssen der N. jetzt seltener.

b. Körper gedrungener, Schnauzenlänge nur etwa gleich dem doppelten Augendurchmesser . . Meerforelle, **Salmo trutta f. trutta L.**

Schwanzstiel kürzer u. dicker, 13–16 Schuppenreihen auf dem oberen Teil. Stiel des Pflugscharbeines mit starken Zähnen [*28*].

Bis 80 cm. Raubfisch. O., auch in den westl. u. südl. Teilen. In Aussehen u. Laichgewohnheiten dem Lachs sehr ähnlich. ♂ mit Haken. In den Zuflüssen der Nordsee jetzt seltener.

Heterosómata, Pflattfische

Körper seitlich abgeplattet, hoch, asymmetrisch, auf der Seite (Blindseite) liegend. Beide Augen auf einer Seite (Augenseite). Diese dunkel gefärbt. Blindseite meist weißlich. R u. A langgestreckt, B kehlständig. Am Boden lebend. Eier pelagisch.

1. Augen auf der rechten Körperseite *2*

— Augen auf der linken Körperseite *8*

2. Hinterrand des Präoperkels deutlich sichtbar. Oberes Auge hinter dem unteren. Unterkiefer vorragend. Mund bezahnt
Fam. **Pleuronéctidæ** *4*

— Hinterrand des Präoperkels in der Haut verborgen. Oberes Auge vor dem unteren. Oberkiefer vorragend. Mund unterständig, sehr klein, Mundspalte gebogen. Schnauze abgerundet . . . Fam. **Soléidæ** *3*

3. Ende der R u. A frei. R 73–86, A 61–74. Grau bis schwarzbraun, mit schwarzen, unregelmäßigen Flecken . . . Seezunge, **Sólea sólea** (L.)

Frißt Bodentiere. Laichzeit V–VII. Bis 50 cm. Wertvoller Nutzfisch der südl. N., in der westl. O. sehr selten [Taf. 5, *1*].

— Ende der R u. A mit dem Schwanzstiel verbunden. R 69–77, A 53–63.
Zwergzunge, **Buglossídium lúteum** (Risso)

Kleine schwarze Striche auf den Flossensäumen. Bis 12 cm. Küstengebiet der südl. N., häufig mit Jugendstadien der Seezunge verwechselt.

4. Mundspalte eng, nicht bis unter die Augen reichend. Kieferbezahnung auf der Blindseite viel stärker als auf der Augenseite *5*

— Mundspalte weit, bis unter das untere Auge reichend. Bezahnung der Kiefer beiderseits gleich *6*

5. Haut glatt, mit Cycloidschuppen. R 63-77, A 50–60
Scholle, Goldbutt, **Pleuronéctes platéssa** L.

Augenseite bräunlich, mit orangefarbenen Flecken, auch auf den Flossensäumen [Taf. 5, *2*].

Frißt Bodentiere, bes. Muscheln u. Würmer. Laichzeit I–III. Bis 60 cm. Wichtiger Nutzfisch, in N. „Scholle“, in O. „Goldbutt“ genannt.

— Haut sehr rauh, mit Dornschuppen, bes. an Kopf, Basis der Flossensäume u. längs der Seitenlinie. R 53–63, A 37–42.
Flunder, Butt, Struffbutt, **Platíchthys flesus** (L.)

Bräunlich bis grünlichgrau, mit gelb-orangefarbenen Flecken. Etwa $^1/_3$ linksäugig [*14*] Frißt Bodentiere, bes. Kleinkrebse. Laichzeit II–IV. Bis 50 cm. Nutzfisch der N. u. O., geht in den Zuflüssen der N. weit stromaufwärts (S.413), hier „Butt“ (Elbbutt, Weserbutt) genannt.

— Haut rauh, mit Ctenoidschuppen. Seitenlinie verläuft über der Br in hohem Bogen. R 65–80, A 51–62.
Kliesche, Scharbe, Plate, **Limánda limánda** (L.)

Bräunlich bis grünlich mit helleren Flecken [Taf. 5, *3*].
Frißt Bodentiere. Laichzeit III–VI. Bis 40 cm. Nutzfisch der N. u. O.

— Schwanzstiel kurz. Kopf klein. Seitenlinie gerade
Limande, Rotzunge, **Micróstomus kitt** (Walb.)

Rotbraun mit hellerer u. dunklerer Marmorierung. R 85–89, A 70–76. Bis 50 cm. Laichzeit IV–VIII. Nutzfisch der N. u. isländischen Gewässer.

— Körper schlank, etwa 3–4mal so lang wie hoch. Kopf klein.
Hundszunge, Rotzunge, **Glyptocéphalus cynoglóssus** (L.)
Graubraun bis rötlich. Rechte Br schwärzlich. R 100–120, A 78–102. Bis 50 cm. Laichzeit V–VII. Nutzfisch der nördl. N. u. isländischen Gewässer.

6. Schwanzflosse mit Spitze in der Mitte. Seitenlinie vorn leicht nach oben verlaufend. Körper rauh (Ctenoidschuppen)
Doggerscharbe, **Hippoglossoídes platessoídes limandoides** (Bl.)
Rötlich-graubraun. R 76–93, A 64–73. Bis 30 cm. Nordmeere, N., vereinzelt westl. O.

— S leicht eingebuchtet. Seitenlinie über der Br stark gebogen . . . *7*

7. Graubraun. R 96–108, A 71–85.
Heilbutt, **Hippoglóssus hippoglóssus** (L.)
Bis 2 m u. mehr. Größter Plattfisch [Taf. 5, *5*]. Wertvoller Nutzfisch der Nordmeere u. nördl. N.

— Schwarzbraun, Blindseite grau.
Schwarzer Heilbutt, **Reinhárdtius hippoglossoídes** (Walb.)
Linkes Auge auf der Stirn [Taf. 5, *6*]. R 92–102, A 71–76. Bis 1 m. Nutzfisch der Nordmeere.

8. Mundspalte eng, nicht bis unter die Augen reichend. Kieferbezahnung auf der Blindseite viel stärker als auf der Augenseite. Haut sehr rauh, mit Dornschuppen, bes. an Kopf, Basis der Flossensäume u. längs der Seitenlinie. (vgl. S. 441 unter *5*)
Flunder, Struffbutt, **Platíchthys flesus** (L.)

— Mund oberständig, Unterkiefer vorragend. Mundspalte weit, bis unter die Augen reichend, schräg aufwärts gerichtet. Bezahnung der Kiefer beiderseits gleich. R beginnt vor dem oberen Auge. B asymmetrisch
Fam. **Bóthidæ** *9*

9. Hinterende der R. u. A auf den Kanten des Schwanzstiels . . . *10*

— Hinterende der R u. A auf der Blindseite des Schwanzstiels . . . *12*

10. Körper glasig durchscheinend, gestreckt. Schuppen groß, leicht abfallend . . . . Lammzunge, **Arnoglóssus latérna** (Walb.)
Rötlich- od. bräunlichgrau, mit Reihen kleiner, schwarzbrauner Flecken. Bis 19 cm. Südl. N. (bei Helgoland).

— Körper undurchsichtig, Gestalt scheibenförmig od. gestreckter . *11*

11. Körper nahezu kreisrund. Haut der Augenseite mit groben Verknöcherungen („Steine"), seltener auch auf der Blindseite (bes. bei Ostseefischen). R 57–64, A 42–47, [Taf. 5, *4*].
Steinbutt, **Psetta máxima** (L.)
Gelblich bis dunkelbraun, marmoriert. Bis 1 m, in der O. kleiner. Frißt kleine Fische, Krebse u. Weichtiere. Laichzeit IV–VII. Wertvoller Nutzfisch der N. u. O.

— Körper weniger hoch (2:3). Haut ohne Verknöcherungen, glatt, mit kleinen Rundschuppen. Vorderster Strahl der R in lappige Ästchen geteilt. R 73–83, A 54–63.
Glattbutt, Tarbutt, Kleist, **Scophthalmus rhombus** (L).

— Haut mit Ctenoidschuppen. Mundspalte groß, schief. Unterkiefer überragt den Oberkiefer. Seitenlinie über der Br scharf gebogen
Flügelbutt, Scheefsnut, **Lepidorhómbus whiffiagónis** (Walb.)
Hintere Enden der R u. A greifen auf die Blindseite über. R 85–96, A 67–75 Gelbbraun. Bis 60 cm. Laichzeit V–VI. Nutzfisch der nördl. N. u. der Gewässer um Island u. Norwegens.

12. B u. A getrennt. R dicht vor dem oberen Auge beginnend. Hinterenden der R u. A auf der Blindseite nicht aneinander stoßend
Norweg. Zwergbutt, **Phrynorhómbus norvégicus** (Gth.)
Gelbbraun mit dunklen Binden u. Flecken. R 74–84, A 58–68. Bis 12 cm. In der N. ziemlich häufig.

— B u. A verwachsen. R weit vor dem oberen Auge beginnend. Hinterenden der R u. A auf der Blindseite aneinander stoßend.
Müllers-Zwergbutt, **Zeugópterus punctátus** (Bl.)
Bräunlich, mit deutl. abgesetzten dunklen Flecken. R 87–101, A 65–89. Bis 23 cm. Auf algenbewachsenem, felsigem Grund, zuweilen bei Helgoland. In der O. sehr selten. Die Zwergbutt können sich an steilen Wänden (Glasscheiben des Aquariums) in senkrechter Stellung anheften.

Fam. **Gádidæ**, Schellfischartige

Artenreiche Familie, Grundfische. Die großen Arten stellen neben Hering u. Rotbarsch die Hauptobjekte der nordeuropäischen Seefischerei dar. Eier freischwebend.

1. 3 getrennte R u. 2 A. Mund endständig. Mundspalte horizontal *2*
— 2 getrennte R u. 1 A *7*
— 1 R u. 1 A *10*
2. Bartfaden vorhanden *3*
— Kein Bartfaden. A_1 ebenso lang od. länger als R_1 u. R_2 zusammen *6*
3. Bartfaden groß *4*
— Bartfaden klein od. sehr dünn *5*
4. Oberkiefer überragt den Unterkiefer. R_2, R_3, A_1 u. A_2 etwa gleich lang. Hinterrand der S gerade [Taf. 5, *7*]
Kabeljau, Dorsch, **Gadus mórhua** L.
Seitenlinie vorn unter der Mitte von R_2 an gebogen, weißlich. Haut olivgrün od. braun mit dunkleren Flecken marmoriert. Jugendformen in algenbestandenen Gebieten oft mit rötlicher u. goldiger Tönung. Laichzeit II–V. Raubfisch. Bis 1,50 m. Wichtiger Nutzfisch der Nordmeere, N. u. O. (hier kleiner, Dorsch genannt; dgl. die Jugendform d. N.).
— Augen auffallend groß. R_1 spitz, R_2 u. A_1 etwa gleich lang, R_3 u. A_2 kürzer. S eingeschnitten
Zwergdorsch, **Trisópterus minútus** (L.)
Bis 25 cm. Graubraun, Seiten silbergrau. N., selten in der westl. O.
— Körper hoch. R_1 spitz, A_1 länger als R_2. R_3 u. A_2 kürzer als die vorigen. B lang u. schmal. . . . . . Französ. Dorsch, **T. luscus** (L.)
Bis 30 cm. Dunkelgrau, Seiten silberglänzend. 4 dunkle Querbinden. Schwarzer Fleck an der Basis der B. Südwestl. N.
5. Bartfaden kurz. Unterkiefer überragt den Oberkiefer. Hinteres Ende der Kiefer vor dem vorderen Augenrand. R_3 u. A_2 bedeutend kürzer als R_2 bzw. A_1 . . . . . Köhler, Seelachs, **Pollachius virens** (L.)
Dunkelgrün bis schwarz, Seiten u. Bauch grau bis weiß. Seitenlinie gerade, weißlich. Bis 1 m. Raubfisch. Wichtiger Nutzfisch der Nordmeere u. nördl. N. (Fleisch rotgefärbt in Dosen als Lachsersatz).
— Oberkiefer überragt den Unterkiefer. Hinteres Ende der Kiefer unter dem vorderen Augenrand. Seitenlinie schwarz.
Schellfisch, **Melanográmmus æglefínus** (L.)
Unterhalb der Seitenlinie in Höhe der R_1 schwarzer Fleck [Taf. 5, *8*]
Grau-weiß, Rücken graubraun. Bodentierfresser. Laichzeit I–V. Bis 90 cm. Wichtiger Nutzfisch der Nordmeere u. N., vereinzelt in der westl. O.
— Bartfaden sehr dünn. Hinterer Rand der Kiefer reicht bis unter die Augenmitte. R_1 spitz, ebenso hoch wie der vordere Teil der R_2. Br u. B lang u. zugespitzt. . . Stintdorsch, **Trisopterus esmarki** (Nilss.)
Olivbraun, Seiten silberglänzend. Schwarzer Fleck an der Basis der Br. Augen groß. Bis 24 cm. In der nördl. N. häufig, wichtiger Futterfisch für Raubfische.
6. Unterkiefer überragt stark den Oberkiefer. Unpaare Flossen hoch. Biegungsstelle der Seitenlinie unter dem Zwischenraum zwischen R_1 u. R_2 . . . . . . Pollack, Heller Seelachs, **Polláchius polláchius** (L.)
Bräunlich-gelb, Bauch weißlich. Bis 1 m. Raubfisch. Laichzeit III–V. Nördl. N., selten in der westl. O.

— Kiefer gleich lang. Unpaare Flossen niedrig. Biegungsstelle der Seitenlinie unter R_2. Am Ansatz der Br kleiner schwarzer Fleck [Taf. 16, *9*]
Wittling, Merlan, **Merlángius merlángus** (L.)
Graugrün bis olivbraun, Seiten weißlich. Frißt niedere Bodentiere u. kleine Fische. Bis 50 cm. Laichzeit III–VI. Nutzfisch der N. u. westl. O.

— R_1 u. R_2 sehr kurz. Alle 3 R durch große Zwischenräume getrennt. A_1 sehr lang (34–41 Str.)
Blauer Wittling, **Micromesístius poutassou** (Risso)
Augen groß, Körper weich. Tiefenfisch. Blaugrau, Seiten silberglänzend. Bis 40 cm. In der nördl. N. vereinzelt.

7. R_1 gut entwickelt *8*

— R_1 in freie, fadenförmige Strahlen aufgelöst, in einer Grube verborgen. Mehrere Barteln. Graubraun, am Boden lebend.

a. 5 Barteln, davon 4 am Oberkiefer. Bis 25 cm. N.
Fünfbärtelige Seequabbe, **Ciliáta mustéla** (L.)

b. 4 Barteln, davon 3 am Oberkiefer. Bis 35 cm. N. u. O. [Taf. 5, *11*]
Vierbärtelige Seequabbe, **Rhinonemus cimbrius** (L.)

c. 3 Barteln, davon 2 am Oberkiefer. Bis 60 cm. Nördl. N.
Dreibärtelige Seequabbe, **Gaidrópsarus vulgáris** (Yarr.)

— R_1 verkümmert, nur 3 Strahlen, niedergelegt in Hautfalte verborgen. B mit 2 langen, gebogenen, frei endenden Strahlen. R_2 u. A sehr lang. Breiter Kopf [Taf. 5, *13*] . Froschquabbe, **Ràniceps ranínus** (L.)
Braunschwarz mit bräunlichem Schimmer. Flossensäume z. T. weißlich. Bis 30 cm. Laichzeit VI–VIII. Küstengewässer der N. u. O.

8. Hinterer Teil von R_2 u. A höher als der vordere Teil. Kein Bartfaden. Spitzer Kopf, schlanke Körperform. Mundspalte groß
Seehecht, Hechtdorsch, **Merlúccius merluccius** (L.)
Unterkiefer länger als der Oberkiefer [Taf. 5, *12*]
Schwarzbraun od. bräunlich, Seiten silberglänzend. Flossen dunkel gerandet. Mundhöhle schwarz. Raubfisch. Bis 1 m. Nutzfisch der nördl. N.

— R_2 u. A in ihrer ganzen Länge etwa gleichmäßig hoch. Bartfaden vorhanden *9*

9. Ein langer Bartfaden am Unterkiefer, je eine kurze Bartel an den vorderen Nasenlöchern. Süßwasserfisch, auch im Brackwasser der O.
Quappe, Rutte, **Lota lota** (L.) S. 415

— Nur ein langer Bartfaden am Unterkiefer. Sehr langgestreckte Körperform. Nutzfische der Nordmeere u. nördl. N. . . . Gattg. **Molva**

a. Oberkiefer überragt etwas den Unterkiefer. R, A u. S weiß gesäumt. . . . . Lengfisch, **M. molva** (L.)
In den hinteren Ecken der R u. A je ein schwarzer Fleck. Bräunlich, Seiten heller, mit dunkler Zeichnung. Raubfisch. Laichzeit III–VI. Bis 1,80 m [Taf. 5, *10*]

b. Kiefer etwa gleich lang. Bartfaden kürzer. Augen sehr groß. R_1 etwas höher als R_2 . . . . . . Blauleng, **M. dypterýgia** (Penn.)
Am Kopf Poren u. Schleimkanäle. Tiefenfisch. Bräunlich, Flossenenden dunkel. Bis 1 m.

10. Nur 1 R u. 1 A. Bartfaden am Kinn. Körperform weniger schlank als beim sonst ähnlichen Lengfisch.
Brosme, Lumb, **Brosme brosme** (Ascan.)
Hellgrau mit gelblichen od. bräunlichen Tönen. Saum der unpaaren Flossen schwarzweiß gebändert. Bodentierfresser. Bis 1 m. Nutzfisch der Nordmeere [Taf. 5, *14*]

Fam. **Syngnáthidæ**, Seenadeln

Festes Hautskelett aus knöchernen Schildern in 7 Längsreihen am Rumpf u. 4 am Schwanz. Schuppen fehlen. Planktonfresser, Nahrung durch röhrenförmigen Mund eingesogen. Auffällige Anpassung in Form u. Farbe an die pflanzliche Umgebung. Sommerlaicher, Brutpflege des ♂.

1. Nur 1 R vorhanden, alle anderen Flossen fehlen od. sind rudimentär (S). Körper des ♂ drehrund, des ♀ kompreß *2*

— R, A u. Br vollständig entwickelt *3*

2. R überwiegend rumpfständig. S rudimentär. 28–31 Rumpf- u. 60

2. R überwiegend rumpfständig. S rudimentär. 28–31 Rumpf- u. 60 bis 69 Schwanzringe . . Große Schlangennadel, **Entelúrus æquóreus** (L.)
Olivbraun, mit schmalen, silbrigen, dunkelgesäumten Querbinden. ♂ trägt die Eier oberflächlich in die Bauchhaut eingebettet als Belag von der Kehle bis zum After. ♀ bis 60 cm, ♂ bis 40 cm. Küstengewässer der N., sehr selten in der westl. O.

— R überwiegend schwanzständig. S fehlend. Schwanz fadenförmig auslaufend. 28–32 Rumpf- u. 68–77 Schwanzringe [Taf. 4, *1*]
Kleine Schlangennadel, **Neróphis ophídion** (L.)
Eier der wabigen Bauchhaut des ♂ anhaftend. Gelbgrün, ♀ zur Laichzeit mit blauen Längsstreifen. Bis 26 cm. Westl. O., fehlt in der N.

3. Körper kantig. S wohlentwickelt. Eier in Bruttasche am Bauch des ♂

a. Mundröhre seitlich zusammengedrückt. 16–18 Rumpf-, 33–39 Schwanzringe. Braun bis gelbgrün. Bis 30 cm. In der Seegrasregion der O., seltener in der N. [Taf. 4, *2*]
Schmalschnäuzige Seenadel, **Syngnathus typhle** L.

b. Mundröhre drehrund, dünn, scharf von der Stirn abgesetzt. 19 bis 21 Rumpf-, 43–46 Schwanzringe. Bräunlich mit hellen u. dunklen Querbinden. Bis 40 cm. N., in O. fehlend
Große Seenadel, **Syngnáthus acus** L.

c. Schnauze nur halbe Kopflänge. 13–15 Rumpf-, 37–42 Schwanzringe. Dunkelbraun. Bis 17 cm. Küstengewässer der N., in O. selten
Kleine Seenadel, **S. rostellátus** Nilss.

(Anm.: Das hierher gehörende Seepferdchen, **Hippocámpus europáeus** Ginsburg kommt im deutschen Küstenbereich der N. nicht vor.)

Literatur

(Süßwasser- u. Seefische)

Bauch, Die einheimischen Süßwasserfische, 5. Aufl., Radebeul 1966. – Brohmer, Meeresstrand. In: Deutschlands Pflanzen- u. Tierwelt. Heidelberg 1955. – Deckert, Fische. In: Stresemann, Exkursionsfauna – Wirbeltiere – 6. Aufl. Berlin 1974. – Demoll/Maier (Edit.), Handb. d. Binnenfischerei Mitteleuropas, Bd. III. Systematik u. Biologie. Stuttgart 1941ff. – Duncker/Ehrenbaum/Kyle/Mohr/Schnakenbeck, Die Fische der Nord- u. Ostsee. In: Grimpe/Wagler, Tierwelt d. Nord- u. Ostsee. Leipzig 1929. – Duncker/Ladiges, Die Fische der Nordmark. Hamburg 1960. – Ehrenbaum, Naturgesch. u. wirtschaftl. Bedeutung der Seefische Nordeuropas. Handb. d. Seefischerei Nordeurop. Bd. II, Stuttgart 1936. – Hase, Süßwasserfische. In: Brohmer, Fauna v. Deutschl. 8. Aufl. Heidelberg 1959. – Holčik/Mihálik, Süßwasserfische. 2. Aufl. Prag 1970. – Kuckuck, Der Strandwanderer. 7. Aufl. München 1956. – Ladiges/Vogt, Die Süßwasserfische Europas. Verlag Parey, Hamburg 1965. – Morawa, Süßwasserfische. Fackelträger-Verlag, Hannover 1968. – Muus/Dahlström, Meeresfische 2. Aufl. Bayer. Landw. Verlag München 1968. – desgl. Süßwasserfische, B. L. V. München 1968. – Nitsche/Hein/Röhler, Die Süßwasserfische Deutschlands. 5. Aufl. Berlin 1932. – Norman/Greenwood, Die Fische. (Deutsche Ausgabe bearb. von Lüling) Verlag Parey, Hamburg 1966. – Schiemenz, P., Fische. In: Brohmer/Ehrmann/Ulmer, Die Tierwelt Mitteleuropas, VII. Bd. Leipzig 1929. – Schindler, Unsere Süßwasserfische. Stuttgart 1953. –

2. Klasse: **Amphibia,** Lurche

Wechselwarme Wirbeltiere mit drüsenreicher, nackter Haut; diese glatt, körnig od. warzig. Drüsenausscheidungen giftig. Mit 4 Fingern u. 5 Zehen, ohne Krallen. Paarung fast stets im Wasser, in das auch die Eier abgelegt werden (Salamander lebendgebärend). Laich als einfache Eier (Triturus), in Schnüren (Bufo, Pelobates) od. in Ballen (Bombina, Hyla, Rana). Mit Metamorphose. Jugendstadien (Larven) im Wasser (Alpensalamander hat keine freilebenden Larvenstadien), mit Kiemenatmung. Nahrung: Kleintiere (Würmer, Schnecken, Arthropoden), bei jungen Anurenlarven auch Algen u. ä. In Deutschland 20 Arten. System: Ord. **Urodela** mit **Salamandridae (Salamandra, Triturus),** Ord. **Anura** mit **Discoglossidae (Bombina, Alytes), Pelobatidae (Pelobates), Bufonidae (Bufo), Hylidae (Hyla)** u. **Ranidae (Rana). Abkürzungen: O = Ober-, U = Unter-, Vd = Vorder-, Ht = Hinter-.** Längenangaben für Entfernung Schnauze-Schwanzende (Urodela, Kaulquappen) od. Schnauze-Rumpfende (adulte Anura).

Im Gebiet der B. R. Deutschland sind die Amphibien besonders geschützt.

1. Mit Schwanz (z. B. [*1, 6*]) *2*
— Ohne Schwanz, gedrungen [*15*]. Htbeine (= Sprungbeine) deutlich länger als Vdbeine
2. Ord. Froschlurche, **Anura, (Ecaudata, Salientia)** S. 448
2. Am Kopf außen jederseits mit federartigen Kiemenästen [*7*]. Vdbeine entwickeln sich vor Htbeinen . . . . Larven der **Urodela** S. 447
— Ohne äußere Kiemen (od. mit andersartigen Kiemen) *3*
3. Schwanz länger als eigentlicher Körper [*26*]. Htbeine entwickeln sich vor Vdbeinen . . . . Larven (= Kaulquappen) der **Anura** S. 451
— Körper mindestens etwa so lang wie Schwanz, mit 4 Extremitäten [*1*]. Htbeine wenig länger als Vdbeine
1. Ord. Schwanzlurche, **Urodela (Caudata)** S. 446

1. Ord. **Urodela (Caudata),** Schwanzlurche

1. Schwanz drehrund, ohne Flossensaum. Seitlich am Kopf mit je 1 Drüsenwulst. Landbewohner . . Salamander, **Salamandra** Laur. *2*
— Schwanz seitlich zusammengedrückt, oben u. unten mit Flossensaum [*1*] (dieser selten undeutlich). Kopf ohne Drüsenwülste. Mindestens zur Paarungszeit im Wasser
Wassermolch, **Triturus** Raf. (= **Molge** Merr.) *3*
2. Körper schwarz, mit gelben (selten rötlichen) Flecken od. Längsreihen . . . . Feuersalamander, **S. salamandra** (L.)
Bis 24 cm. Paarung an Land, ♀ gebiert (bis 70) Larven. Fortpflanzung v. a. im Frühjahr (April, Mai) im flachen Wasser (Quellen, Bäche). Nachtaktiv. Unter Baumstubben u. in Erdlöchern. Meist feuchte Wälder im Hügelland u. Mittelgebirge.
— Körper ganz schwarz . . . . Alpensalamander, **S. atra** Laur.
Bis 16 cm. ♀ gebiert an Land 2 fast völlig entwickelte Junge. Nachtaktiv. An Waldbächen in Erdlöchern, unter Steinen. Im Gebirge (700–3000 m), Süddeutschland, Alpen.
3. Auf ganzem Bauch gelb od. orange, ohne od. mit dunklen Flecken; an Bauchseiten ohne helle Längsbinde *4*
— Bauchseiten mit heller Längsbinde; Bauchmitte gelb bis orange (selten hell), ohne od. mit dunklen Flecken *5*
4. Bauch an den Seiten, meist auch in der Mitte dunkel gefleckt [*2*]
Kammolch, **T. cristatus** (Laur.)
13–18 mm. Oseite oliv bräunlich bis schwarz, mit od. ohne schwarze Flecken. Flanken mit zahlreichen weißen Punkten. Kehle dicht hell u. dunkel gesprenkelt [*2*]. Finger u. Zehen dunkel gebändert. ♂ (nicht ♀) zur Paarungszeit mit hohem, gezacktem Rückenkamm, vor Schwanzsaum mit tiefem Einschnitt [*1 a*]. Laichzeit: Mitte März bis Mai. In stehenden Gewässern, im Tiefland häufig.
— Bauch ohne dunkle Flecken [*3*] . Bergmolch, **T. alpestris** (Laur.)
8–11 cm. Oseite meist graublau bis schwarz, selten bräunlich; ± dunkel marmoriert. Flanken

und Kopfseiten mit dunklen Flecken, Kehle gelb bis orange, seltener gefleckt [3]. ♂ zur Paarungszeit mit niedrigem, hell-dunkel quergebändertem Rückenkamm. Laichzeit: Mitte März bis Juli. In stehenden Gewässern; im Bergland u. in Alpen (bis 3000 m).

5. Kehle u. Bauch mit Flecken [4] . . Teichmolch, **T. vulgaris** (L.)
8–11 cm. Oseite schwärzlich bis hell, mit dunklen Flecken od. jederseits mit dunkler Längsbinde. ♂ (nicht ♀) am Kopf mit 5–7 dunklen Längsbinden, zur Paarungszeit mit hohem welligem Rückenkamm, dieser geht ohne Unterbrechung in Schwanz über, Htfüße mit Schwimmhäuten. Laichzeit: Mitte März bis Mai. Neotenie kommt vor. In stehenden u. langsam fließenden Gewässern, häufig (bis etwa 1000 m), nicht im Südosten.

— Kehle ungefleckt, Bauch höchstens mit einzelnen dunklen Flecken [5] . . . . Fadenmolch, **T. helveticus** (Raz.)
7–9 cm. Oseite olivfarben bis bräunlich, meist mit dunklen Tupfen. Kopf mit 1 durch das Auge führenden Längsbinde. ♂ (nicht ♀) zur Paarungszeit mit niedrigem Rückenkamm u. höherem Schwanzsaum, hinten meist mit deutlichem Endfaden, Htfüße mit Schwimmhäuten. Laichzeit: März bis Sommer. In stehenden u. langsam fließenden Gewässern, meist im bewaldeten Bergland, mehr im Süden.

Larven der Urodela

Schlüssel gilt für ältere Larven.

1. Schwanzflosse hinten breit abgerundet [6]. Mit je 1 gelblichen Fleck an Wurzel der Beine. Bis 7 cm [6] . . . . **Salamandra salamandra**

— Schwanzflosse hinten ± zugespitzt. Ohne derartige helle Flecke *2*

2. Schwanzflosse hinten allmählich in lange fadenförmige Spitze auslaufend [7]. Finger u. Zehen lang. Bis 8 cm . . . . **Triturus cristatus**

— Schwanzflosse hinten einfach zugespitzt. Finger u. Zehen kürzer *3*

3. Schwanzflosse hinten mit kurzer stachelförmiger Spitze. Auge klein, sein Längsdurchmesser etwa gleich dem Abstand der Nasenlöcher. Bis 4 cm [8] . . . . . . **Triturus alpestris**

— Schwanzflosse spitz, aber ohne stachelförmigen Anhang. Auge in Längsdurchmesser größer als Abstand der Nasenlöcher. Bis 3,5 cm
Triturus vulgaris [9] u. **T. helveticus** (schwer unterscheidbar)

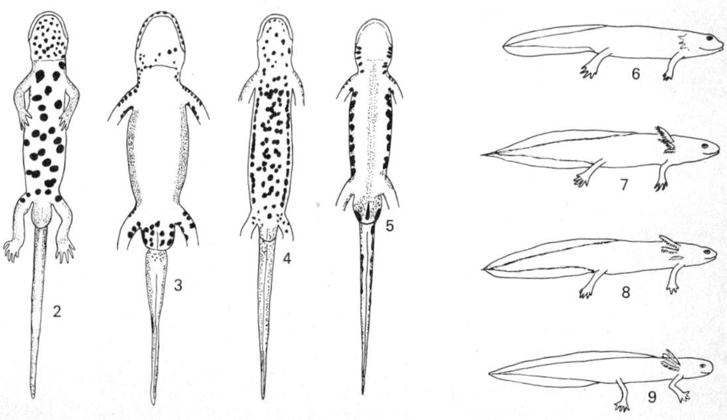

2. Ord. **Anura (Ecaudata),** Froschlurche

1. Useite graublau bis dunkel, mit gelben od. roten Flecken
Unke, **Bombina** Ok. *2*

— Useite hell, nicht gelb od. rot gefleckt *3*

2. Useite mit gelben (bis orangefarbigen) Flecken, höchstens mit wenigen weißen Punkten . Gelbbauchunke, Bergunke, **B. variegata** (L.)

Bis 5 cm. Oseite mit kräftigen spitzen Warzen. Meist mit gelben Finger- u. Zehenspitzen. Mehrmalige Laichzeit zwischen Mai u. August. Laich in kleinen Klumpen von 2 (od. 1) - 30 graubraunen Eiern. Ruf: ung, ung, ... (Pause), ung, ung, ... In Teichen, Gräben, Pfützen. Mehr im Gebirge (bis 1800 m).

— Useite mit roten (auch orangeroten) Flecken u. weißen Punkten
Rotbauchunke, Tieflandsunke, **B. bombina** (L.)

Bis 4,5 cm. Oseite mit runden glatten Warzen od. kleinen Hornhöckerchen. Mit schwarzen Finger- u. Zehenspitzen. Laichzeit, Laich, Ruf u. Lebensraum wie B. variegata. Mehr im Flachland.

3. Spitzen der Finger u. Zehen zu runden Haftscheiben erweitert [*10*]
Laubfrosch, **Hyla arborea** (L.)

Bis 5 cm. Oseite glatt, meist grün, seltener dunkel od. gelblich. Useite körnig, weiß. An Seiten dunkler Streifen. ♂ mit unpaarer Schallblase. Laichzeit Ende April u. Mai. Laich in kleinen Klumpen mit gelben Eiern. Ruf: krak, krak, ... in schneller Folge. Meist auf Vegetation in Gewässernähe. Ganz Mitteleuropa (bis 2000 m).

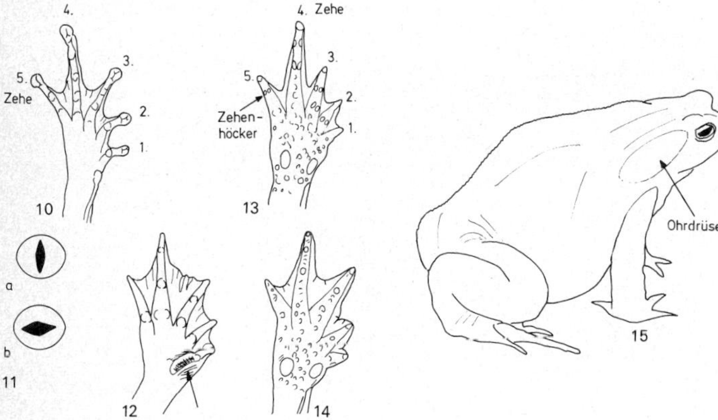

— Spitzen der Finger u. Zehen ohne Haftscheiben *4*

4. Pupille der Augen senkrecht [*11 a*] *5*

— Pupille der Augen waagerecht [*11 b*] *6*

5. Htfüße mit großen Schwimmhäuten bis fast zu Zehenspitzen. Innerer Fersenhöcker mit horniger Grabschaufel [*12*]
Knoblauchkröte, **Pelobates fuscus** (Laur.)

Bis 8 cm. Haut fast glatt. Oseite hellgrau o. braun mit dunklen (meist olivfarbigen) Flecken, oft auch roten Punkten. Useite hell, ± gefleckt. Laichzeit April, Mai. Laich in Schnüren, diese kurz (bis 50 cm) u. dick (bis 15 mm), vielreihig, Eier dunkelbraun, mit weißlichem Fleck. Ruf: grunzende Töne. Nachtaktiv. Außerhalb der Paarungszeit an Land, mehr auf sandigem Boden, gräbt sich gern ein. Abwehrsekret riecht nach Knoblauch. Ganz Mitteleuropa.

— Htfüße mit kleinen Schwimmhäuten bis kaum zur halben Zehenlänge. Innerer Fersenhöcker ohne Grabschaufel
Geburtshelferkröte, **Alytes obstreticans** (Laur.)

Bis 5 cm. Haut warzig, mit Warzenlängsreihe an Körperseiten, grau, ± einfarbig. Useite weißlich. Paarung (v. a. im Mai, Juni) auf Land. ♂ trägt die Laichschnüre um die Htbeine geschlungen u. setzt später die Larven im Wasser ab. Ruf: klangvoll wie Glockengeläute. Nachtaktiv. In Steinhaufen, Felsspalten, zwischen Baumwurzeln. Mehr im Hügelland, nicht im Südosten.

6. Haut glatt. Am Kopf ohne große Ohrdrüsen. Rücken seitlich mit Drüsenleiste [*25*] . . . . Frosch, **Rana** L. *9*

— Haut warzig. Kopf mit großen Ohrdrüsen [*15*]. Rücken ohne seitliche Drüsenleisten . . . . Kröte, **Bufo** Laur. *7*

7. Oseite in der Mitte mit hellgelber Längslinie (ohne Warzen). Htbeine kurz, ihre Schwimmhäute kurz, nicht bis zur Hälfte der längsten (4.) Zehe reichend [*13*]. Höcker auf Useite der Zehen paarig Kreuzkröte, **B. calamita** (Laur.)

Bis 8 cm. Oseite grünlich bis bräunlich, mit dunklen Flecken. Useite weißlich, gefleckt. Laichzeit April bis Juli. Laich in Schnüren, 1-2reihig, bis 1 m lang u. 6 mm dick, Eier schwarz mit grauem Fleck. Ruf: lautes ra, ra, ra, ... Mehr auf sandigem Boden, auch in Dünen, häufiger in Westdeutschland u. an Nordseeküste.

— Oseite ohne gelbe Mittellinie. Htbeine länger, wenigstens mit halben Schwimmhäuten [*14*] *8*

8. Oseite hell mit grünen Flecken. Zehen unterseits mit einfachen Hökkern [*14*] . . . . Wechselkröte, **B. viridis** (Laur.)

Bis 8 cm. Oseite außer Flecken mit feinen roten Punkten. Useite hell, oft gefleckt. Laichzeit April bis Juni. Laich in Schnüren (1-5 m lang), Eier 2-4reihig, bräunlich, etwa 0,5 mm groß. Ruf: helles Trillern ürrrrrr, ürrrrrr, ... Besonders in offenen Lebensräumen der Ebene u. des Hügellandes, nicht im Westen.

— Oseite braun, einfarbig od. dunkel (nie grün) gefleckt. Zehen auf Useite mit paarigen Höckern (wie [*13*]) . . . . . Erdkröte, **B. bufo** (L.)

Bis 15 cm [*15*]. Useite hell, oft gefleckt. Laichzeit März, April. Laich in Schnüren (1,5 m lang), 2-4reihig, Eier schwarz, etwa 1 mm groß. Ruf: Metallisches, leises ök, ök, ... in größeren Abständen. Nachtaktiv. Verbreitet u. häufig.

9. Schwimmhäute nicht bis zur Spitze der längsten (4.) Zehe reichend [*20, 21*]. Oseite ± bräunlich, meist mit dunklem Fleck hinter Auge. Augen weit getrennt [*16*] . „Braunfrösche" (schwer unterscheidbar) *10*

— Schwimmhäute länger, bis zur Spitze der längsten Zehe reichend [*22, 23*]. Oseite ± grünlich (seltener bräunlich). Ohne dunklen Schläfenfleck. Augen näher beieinander [*17*] . . . . „Grünfrösche" *12*

10. Fersengelenk (Gelenk zwischen Unterschenkel u. Fuß [*18*]) reicht über Schnauzenspitze hinaus [*18*] (bei jüngeren Exemplaren nur bis Schnauzenspitze). Höcker auf Useite des Htfußes vor innerer (1. = kleinster) Zehe groß, vorspringend, etwa ⅓ bis ½ so lang wie die Zehe Springfrosch, **R. dalmatina** Bonap.

Bis 8 cm. Kopf zugespitzt, Körper schlank, Beine lang. Zehenhöcker (vgl. [*13*]) auffallend groß. Oseite hell- bis schokoladenbraun, ohne od. mit wenigen dunklen Flecken, hinter Auge größerer schwarzbrauner Fleck. Useite hell, meist ungefleckt. Laichzeit März, April. Laich in großen Klumpen, nicht aufsteigend, mit etwa 600-1200 Eiern, diese oben tiefschwarz, unten weiß, scharf abgesetzt. Ruf: schwach, rauhes ko, ko, ... in schneller Folge. In - auch trockeneren - Gebieten mit reicher Vegetation, mehr im Flachland.

— Fersengelenk erreicht höchstens Schnauzenspitze [*19*] . . . *11*

11. Schnauze zugespitzt [*19*]. Höcker vor 1. Zehe groß, zusammengedrückt, etwa ⅔ so lang wie 1. Zehe [*20*]. Fersengelenk reicht meist etwa bis Schnauzenspitze . . . . Moorfrosch, **R. arvalis** Nilss.

Bis 7 cm. Oseite hell- bis dunkelbraun, ungefleckt od. mit Flecken besonders auf den Flanken; häufig mit hellem Mittelstreif auf Oseite. Hinter Auge großer schwarzbrauner Fleck. Useite hell, oft ohne Zeichnung. Laichzeit März, April. Laich in großen Klumpen, nicht aufsteigend, mit 1000-2000 Eiern, diese unten weißlich, oben bräunlich, wenig scharf abgesetzt. Ruf: dumpf ueg, ueg, ... in schneller Folge. Auf meist sumpfigen Wiesen, häufig in Gewässernähe, mehr im Flachland.

— Schnauze stumpf [*16*]. Höcker vor 1. Zehe klein, rundlich, oval, ⅓ bis höchstens ½ so lang wie 1. Zehe [*21*]. Fersengelenk selten bis Schnauzenspitze reichend . . . . Grasfrosch, **R. temporaria** L.

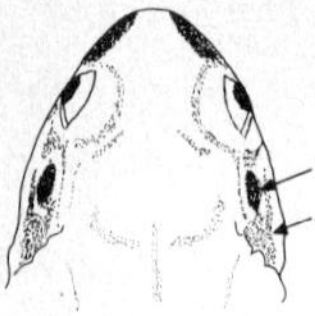

16

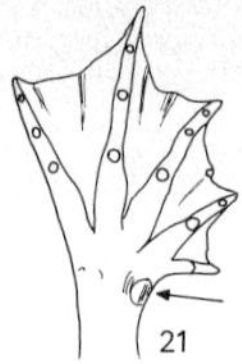
21

22

24

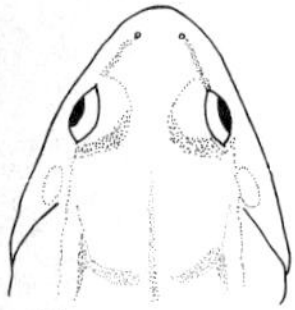
17

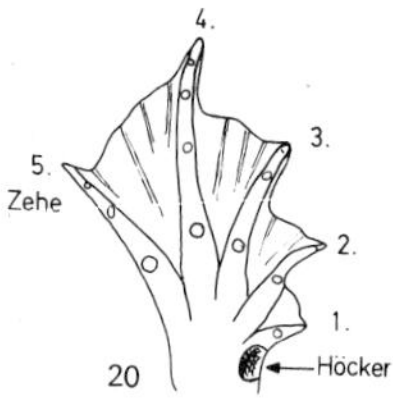

20

23

18

19

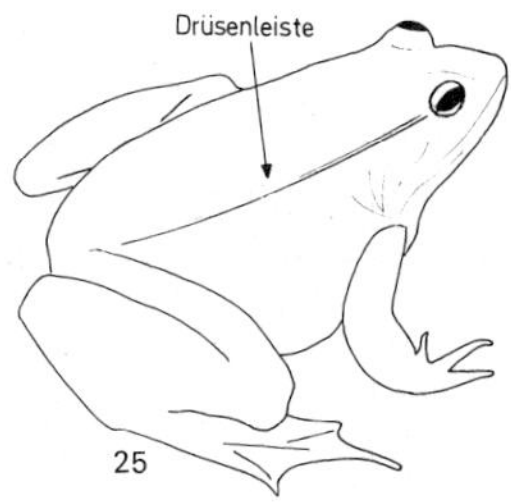

25

Bis 10 cm. Oseite einfarbig gelbrot bis braun, meist dunkel gefleckt, selten mit hellem Rückenstreif. Fast immer mit Schläfenfleck. Useite hell, oft grau bis rötlich marmoriert. Laichzeit März bis April. Laich in großen Klumpen, später an Gewässeroberfläche aufsteigend, mit etwa 1000–4000 Eiern, diese oben dunkel, unten weißlich, etwa 2–3 mm groß. Ruf: dumpfes Knurren u. Grunzen. Häufig, weit verbreitet, auch entfernt vom Wasser.

12. Htseite der Oberschenkel oben graugrün u. grünlichweiß marmoriert (nie gelb). Höcker vor 1. Zehe klein, stumpf, etwa ¼ bis ⅖ so lang wie 1. Zehe [*22*] . . . . Seefrosch, **R. ridibunda** Pall.

Bis 17 cm. Oseite ± olivgrün (nie grasgrün) bis bräunlich, oft mit dunkelbraunen od. olivgrünen Flecken, auch mit grünlichem Rückenstreif. Useite weißlich, ± gefleckt. Laichzeit April, Mai. Laich in nicht aufsteigenden großen Klumpen, mit bis 10 000 Eiern, diese unten gelblich, oben braun, 1–1,7 mm groß. Ruf: kräftiges, schnelles Meckern krä, krä, ..., dazwischen Quaktöne. An u. in größeren, meist vegetationsreichen Gewässern, mehr im Tiefland.

— Htseite der Oberschenkel oben gelb u. schwärzlich marmoriert. Höcker vor 1. Zehe groß, zusammengedrückt, etwa ⅓ bis ⅔ so lang wie 1. Zehe [*23*]

Kleiner Grünfrosch, **R. lessonae** Cam. u. Wasserfrosch, **R. esculenta** Pall.

Arten schwer unterscheidbar. **R. esculenta** als Hybrid von **R. lessonae** u. **R. ridibunda** entstanden. Auch in ihrer Biologie ähnlich, kommen zusammen vor.

R. lessonae: Bis 9 (meist unter 5) cm. Höcker vor 1. Zehe groß, etwa bis ⅔ so lang wie 1. Zehe [*23*]. Htbein kurz [*24*]. Oseite grasgrün, gelbgrün bis braun, oft mit heller Rückenmittellinie. Useite weißlich, meist ungefleckt.

R. esculenta: sehr ähnlich, Körper im Durchschnitt größer (bis maximal 12 cm), Htbeine länger, Höcker vor 1. Zehe kürzer, ⅓-½ so lang wie 1. Zehe.
Laichzeit beider Arten: Mai bis Juni (später als Seefrosch). Ruf: lautes ööck, ööck, ..., kraak, kraak, ... In kleineren Gewässern. Wasserfrosch häufiger als Kleiner Grünfrosch.

Larven der Anura (Kaulquappen)

Schlüssel gilt für ältere Larven.

1. Kiemenloch in der Mitte des Bauches . . . . **(Discoglossidae)** *2*

— Kiemenloch auf der linken Seite des Körpers [*31*] *4*

2. Kiemenloch dem Vdende des Körpers näher als dem Htende. Hautsaum des Schwanzes ohne Netzwerk dunkler Linien. Bis 80 mm [*26*].Mundfeld [*27*]. Schwimmen frei im Wasser **Alytes obstreticans**

— Kiemenloch dem Htende näher als dem Vdende. Hautsaum des Schwanzes oft mit feinem Netzwerk dunkler Linien. Mehr am Gewässerboden . . . . **Bombina** *3*

3. Mundfeld (bei geschlossenem Mund) dreieckig [*29*]. Bis 50 mm [*28*] . . . **B. bombina**

— Mundfeld quer elliptisch [*30*]. Bis 56 mm . . . . **B. variegata**

4. Afterröhre in der Mittellinie des Körpers *5*

— Afterröhre nach rechts gerichtet *8*

5. Kiemenloch nach hinten-aufwärts gerichtet. Schwanz am Ende zugespitzt [*31*]. Rand des Mundfeldes mit Wärzchen (außer einer schmalen oberen Lücke) [*32*]. Untere Lippenzähne in 4-5 oft unterbrochenen Reihen. Schnabel kräftig. Bis 180 mm. Einzeln lebend, können frei schweben . . . . **Pelobates fuscus**

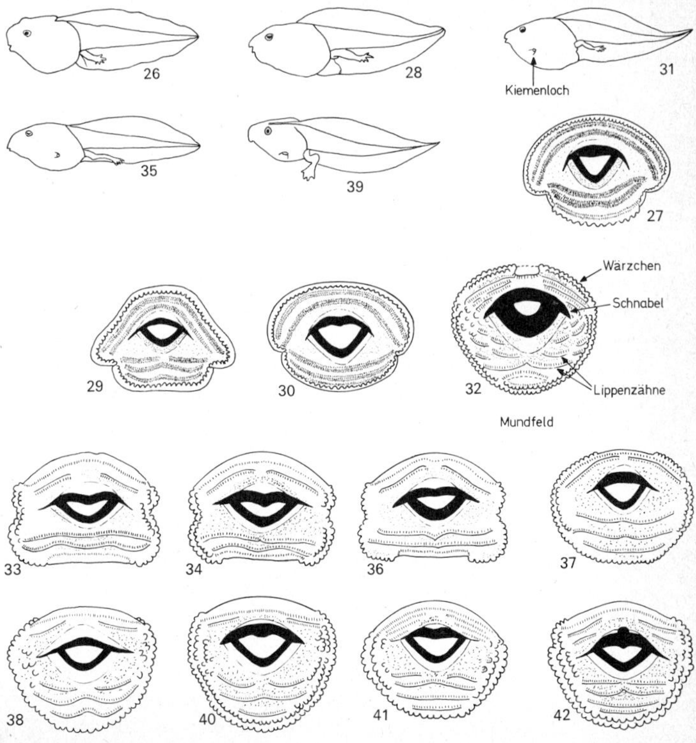

— Kiemenloch gerade nach hinten gerichtet [*35*]. Schwanz hinten abgerundet [*35*]. Mundfeld nur an Seiten mit Wärzchen. Untere Lippenzähne in 3 Reihen, obere in 2 Reihen [*33, 34, 36*] **Bufo** *6*

6. Untere Reihe der oberen Lippenzähne in der Mitte weit unterbrochen [*33*]. Mund viel schmaler als Entfernung zwischen den Augen (vom Innenrand gemessen). Bis 30 mm. Keine Schwärme . . . . **B. calamita**

— Untere Reihe der oberen Lippenzähne mit schmaler Unterbrechung [*34, 36*]. Mund mindestens fast so breit wie Entfernung der Augen *7*

7. Oseite schwarz, Useite grau. Entfernung zwischen Augen etwa doppelt so groß wie zwischen Nasenlöchern. Mundfeld [*34*]. Bis 32 mm. Oft in großen Schwärmen schwimmend **B. bufo**

— Oseite grau, Useite weiß. Entfernung zwischen Augen etwa 1½mal so groß wie zwischen den Nasenlöchern. Mundfeld [*36*]. Bis 45 mm [*35*]. Nicht in Schwärmen . . . . **B. viridis**

8. Oberer Schwanzsaum vorn fast zwischen die Augen reichend, diese von oben u. unten sichtbar. Körperumriß von oben ± rechteckig. Wärzchenreihe um Mundfeld oben unterbrochen [*37*]. Bis 50 mm. Einzeln lebend . . . . **Hyla arborea**

— Oberer Schwanzsaum vorn bis etwa zur Körpermitte reichend, Augen von unten nicht sichtbar. Körperumriß anders . . . . **Rana** *9*

9. Lippenzähne unter Mund in 3 Reihen, oben in 2 od. 3 Reihen [*38, 40*] *10*

— Lippenzähne unten in 4 Reihen, oben in 3 od. 4 Reihen [*41, 42*] *12*

10. Entfernung zwischen Augen nur wenig größer als Entfernung zwischen Nasenlöchern. Schwanz etwa 1½mal so lang wie Körper. Schwanzsaum ungefleckt. Mundfeld [*38*]. Bis 45 mm . . . . **R. arvalis**

— Entfernung zwischen Augen etwa 2mal so groß wie zwischen Nasenlöchern. Schwanz etwa 2mal so lang wie Körper. Schwanzsaum meist dunkel gefleckt *11*

11. Körper von oben gesehen elliptisch. Entfernung zwischen Augen höchstens 2mal so groß wie zwischen Nasenlöchern. Mundfeld [*40*]. Bis 80 mm [*39*] . . **R. esculenta** u. **R. lessonae**

— Körper von oben gesehen birnförmig. Entfernung zwischen Augen meist doppelt so groß wie zwischen Nasenlöchern. Bis 120 mm . . . . **R. ridibunda**

12. Schwanz höchstens 2mal so lang wie Körper, am Ende stumpf. Wärzchen des Mundfeldes seitlich in 3 Reihen, unten in 1 Reihe [*41*]. Bis 45 mm . . . . **R. temporaria**

— Schwanz mindestens doppelt so lang wie übriger Körper, am Ende zugespitzt. Wärzchen des Mundfeldes in Doppelreihe, Oberkiefer in der Mitte meist mit schwarzem Höcker [*42*]. Bis 60 mm . . . . **R. dalmatina**

Literatur bei Reptilien, S. 455.

3. Klasse: **Reptilia,** Kriechtiere

Wechselwarme Wirbeltiere mit trockener, drüsenarmer Haut, diese mit Schuppen u. Schildern bedeckt. Vd- u. Htfüße – wenn vorhanden – 5zehig, Zehen mit Krallen. Lungenatmend. Ablage von Eiern od. lebendgebärend. Nahrung: Tiere, seltener pflanzliche Kost. In Mitteleuropa 15 Arten. System: aus Bestimmungsschlüssel ersichtlich. Abkürzungen: s. Amphibia.

Im Gebiet der B. R. Deutschland sind die Reptilien besonders geschützt.

1. Körper (ohne Kopf, Extremitäten u. Schwanz) in einen knöchernen Panzer eingeschlossen . Ord. Schildkröten, **Chelonia (Testudines)**

Nur Sumpfschildkröten **Emydae** mit **Emys orbicularis** (L.), Europäische Sumpfschildkröte (Zehen durch Schwimmhäute verbunden. Oseite dunkel mit gelber Zeichnung, Useite einfarbig hell. Panzer bis 25 cm). Im Süßwasser. Selten, im Osten. – Außerdem als Irrgäste auch Meeresschildkröten.

— Körper ohne Panzer, nur mit hornigen Schuppen u. Schildern bedeckt . . . . . . Ord. Schuppenkriechtiere, **Squamata** S. 453

Ord. **Squamata,** Schuppenkriechtiere

1. Augenlider getrennt, frei beweglich (Augen können sich schließen). Useite mit mehreren Längsreihen von Schuppen od. Schildern [*1, 2*]. Meist mit Extremitäten . . . . Unterord. Echsen, **Sauria** *2*

— Augenlider verwachsen, das untere über das Auge gezogen, unbeweglich. Useite mit 1 Längsreihe breiter Schilder. Ohne Extremitäten Unterord. Schlangen, **Ophidia (Serpentes)** *6*

2. Ohne Extremitäten . . . . Schleichen, **Anguidae**

Nur **Anguis fragilis** L., Blindschleiche (Schuppen groß, gleichartig. Oseite grau od. braun, oft mit dunklem Mittelstreif. Useite dunkel. Bis 50 cm). Lebendgebärend. An nicht zu trockenen Stellen, meist in Wäldern, häufig.

— Mit Extremitäten . . . . Eidechsen, **Lacertidae** *3*

3. Halsband (vergrößerte Schuppen auf Useite vor Vdbeinen) hinten ganzrandig [*1*]. Rückenschuppen rundlich, an Flanken nicht größer als in Rückenmitte. Kopf [*3*] Mauereidechse, **Podacris** (= **Lacerta**) **muralis** (Laur.)

Bis 20 cm. Schlank, mit langem Schwanz. Oseite braun mit schwarzer Fleckung od. Netzzeichnung (♂) od. mit je 1 seitlichen dunklen, hell gesäumten Längsband (♀). Useite hell, beim ♂ oft orange bis rot mit dunklen Flecken. Seiten beim ♂ meist mit blauen Punkten. An besonnten Stellen im Süden u. Südwesten.

— Halsband hinten gezackt [*2*]. Rückenschuppen in Mittellinie des Körpers meist länglich [*4, 5*]; wenn nicht schmaler als Randschuppen, Körper groß u. grün gefärbt . . . . **Lacerta** L. *4*

4. Auf Mitte der Oseite breiter Streifen von etwa 10 Reihen verschmälerter Schuppen [*4*]. Kopf [*6*] . . . . Zauneidechse, **L. agilis** L.

Bis über 20 cm. Körper gedrungen, Schwanz kürzer. Oseite braun mit dunklem Rückenstreifen u. hellen, dunkel gerandeten Flecken. Useite grünlich (♂) od. gelblich (♀). ♂ während Paarungszeit unten u. an Seiten leuchtend grün. In offenem, trockenem, sonnigem Gelände, nicht in höheren Gebirgslagen, häufig.

1
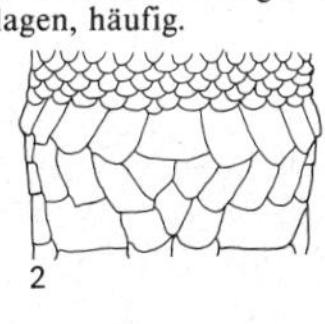
2
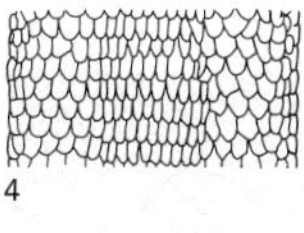
4
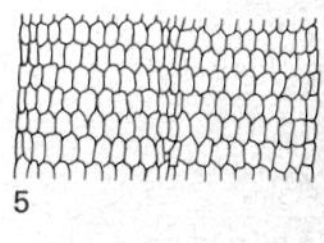
5

3

6

7

8

— Oben höchstens mit 2 Reihen verschmälerter Schuppen [*5*] . . *5*

5. Oseite grün, mit dunklen Punkten (♂) od. Flecken (♀). Bis 40 cm. Kopf [*7*] . . . . Smaragdeidechse, **L. viridis** (Laur.)

Schlank, mit langem Schwanz. Rückenschuppen längs der Mitte nicht deutlich verschmälert. ♀ oft mit 2–4 schmalen hellen Streifen. ♂ zur Paarungszeit mit blauer Kehle. Useite weißlich od. gelblich. In sonnigem Gelände, selten, im Süden.

— Oseite braun, meist mit dunklen Längsbändern. Bis 18 cm. Kopf [*8*] Waldeidechse, Bergeidechse, **L. vivipara** Jacqu.

Schwanz kurz. In der Rückenmitte 2 Reihen deutlich verschmälerter Schuppen. Oseite mit dunklen u. hellen Punkten. Useite orange mit schwarzen Punkten (♂) od. gelblich-grau (♀). Lebendgebärend. Verbreitet, auch im Gebirge (bis 3000 m), in offenem Gelände, wie Waldrändern, Wiesen, Mooren, Sümpfen, Küstendünen.

6. Oseite des Kopfes mit wenigen großen, symmetrisch angeordneten Schildern (z. B. [*10*]). Zwischen Auge u. Oberlippenschildern keine Schildchenreihe [*9*]. Pupille rundlich (nur in grellem Licht zu sehen!). Kopf allmählich in Körper übergehend Nattern, **Colubridae** *7*

— Oseite des Kopfes mit vielen kleinen Schildern [*14, 16*]. Auge von Oberlippenschildern durch Schildchen getrennt [*13, 15*]. Pupille senkrecht. Kopf ± vom Rumpf abgesetzt. Oberkiefer mit 2 langen Giftzähnen (Biß für Menschen gefährlich giftig) . . . Ottern, **Viperidae** *11*

7. Rückenschuppen deutlich gekielt [*10*] Wassernatter, **Natrix** Laur. *8*

9

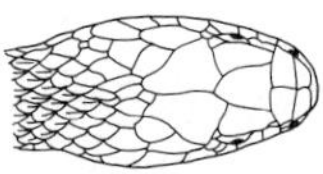

10

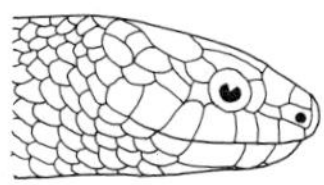

11

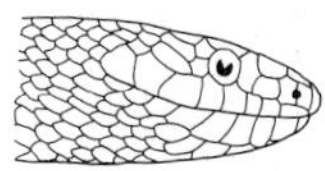

12

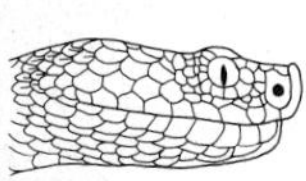

13

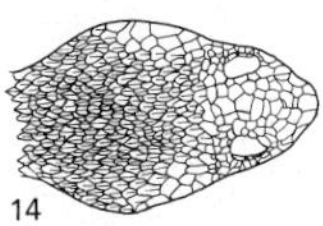

14

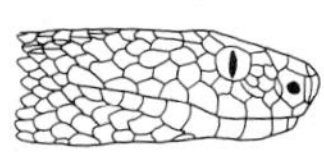

15

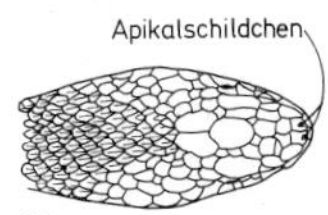

16

— Rückenschuppen glatt (höchstens schwach gekielt) *9*

8. Hinter dem Kopf jederseits mit einem hellen (meist gelben) halbmondförmigen Fleck. Mit 1 Schild vor dem Auge [*9*] Ringelnatter, **N. natrix** (L.)

Bis 1,5 m. Oseite grau bis dunkel mit kleinen schwarzen Flecken. Useite weißlich, dunkel gefleckt. Kann schwimmen. An u. in Gewässern, stellenweise häufig.

— Hinter dem Kopf kein derartiger Fleck. Mit 2 übereinander angeordneten Schildern vor dem Auge . Würfelnatter, **N. tessellata** (Laur.)

Bis 1 m. Oseite grau bis braun mit viereckigen, z. T. zusammenfließenden Flecken. Useite hell bis rötlich, ähnlich gefleckt. Stark an Wasser gebunden. Sehr wärmeliebend, selten, Westdeutschland, Österreich, Schweiz.

9. Oseite (auch Kopf) schwarz, oft grünlich-gelb gesprenkelt, auf Vdkörper als Querstreifung, am Htkörper Längslinien. Useite meist gelblichweiß . . . . . Gelbgrüne Zornnatter, **Coluber viridiflavus** Lac.

Bis 1,5 m (auch 2 m). Südschweiz (Tessin, Graubünden).

— Färbung anders *10*

10. Oben mit dunklem Nackenfleck, Kopf seitlich mit dunklem Streifen vom Nacken zum Auge, meist auch weiter zum Nasenloch. Useite bräunlich (♂) od. grau (♀). Nasenloch innerhalb eines Schildchens [*11*] . . . . Glattnatter, Schlingnatter, **Coronella austriaca** Laur.

Bis 75 cm. Oseite braun (♂) od. grau (♀), mit dunklen Flecken. Lebendgebärend. An trockenen, sonnigen, meist steinigen Stellen, selten, nicht im Norden.

— Kopf oben nicht dunkel. Hinter dem Kopf seitlich je 1 blaßgelber unscharfer Fleck. Useite hell, weißlich. Nasenloch zwischen 2 Schildchen [*12*] . . . . Äskulapnatter, **Elaphe longissima** (Laur.)
Bis fast 2 m. Oseite braun, nach hinten dunkler werdend (Jungtiere gefleckt), viele Schuppen teilweise mit weißem Rand. Wärmeliebend, selten, im Süden (auch im Taunus, Südodenwald, Südschwarzwald, bei Passau).

11. Schnauzenspitze mit Horn
Hornotter, Sandotter, **Vipera ammodytes** (L.)
Bis 90 cm. Oseite meist grau, mit dunklerem, oft welligem Zickzack-Band. Useite gelblich, grau od. schwärzlich getüpfelt. Lebendgebärend. An steinigen Orten, nur Kärnten, Südsteiermark.

— Schnauze ohne Horn, höchstens aufgebogen scharfkantig [*13*] . *12*

12. Schnauzenspitze nach oben aufgebogen, scharfkantig [*13*] (selten undeutlich). Kopf oben ohne große Schilder [*14*]
Juraviper, **V. aspis** (L.)
Bis 60 cm. Oseite grau bis braun, mit schwarzer Zeichnung (Längsreihen aus abwechselnd schmalen Querbändern u. rechteckigen Flecken od. teilweise Verschmelzung zu Zickzack-Band). Useite dunkel, mit od. ohne Fleckenzeichnung. Lebendgebärend. Auf felsigem, besonntem Untergrund. Im Süden, in Deutschland nur Südschwarzwald.

— Schnauzenspitze nicht nach oben gebogen [*15*]. Kopf oben mit mindestens 3 großen Schildern [*16*] *13*

13. Schnauze (von oben gesehen) ziemlich breit, auf Oseite mit mindestens 13 Schildern, vorn mit 2 „apikalen" Schildchen [*16*]. Nasenloch groß, im Zentrum eines großen Schildchens [*15*]. Verbreitet
Kreuzotter, **V. berus** (L.)
Bis 75 cm. Oseite braun, grau od. schwarz, mit dunklem Zickzack-Band u. V-förmigem Fleck auf Htkopf. Useite dunkel, ± hell gefleckt. Lebendgebärend. In sonnigem, offenem Gelände.

— Schnauze etwas zugespitzt, auf Oseite meist mit höchstens 12 Schildern, vorn mit unpaarem Apikalschild. Nasenloch klein, im unteren Bereich eines Schildchens. In Österreich
Spitzkopfotter, Wiesenotter, **V. ursinii** (Bon.)
Bis 50 cm. Oseite grau od. braun, meist mit hellem Längsband, auf diesem ein oft wellenförmiges Zickzack-Band. Useite grau, ± weiß marmoriert. Lebendgebärend. Im Grasland, bis 2400 m. In Niederösterreich u. im Burgenland.

Literatur

Arnold, E., Burton, J. Pareys Reptilien- und Amphibienführer Europas. Hamburg, Berlin, 1978. - Mertens, R. Kriechtiere und Lurche. Stuttgart, 1960. - Mertens, R., Wermuth, H. Die Amphibien und Reptilien Europas. Frankfurt, 1960. - Trutnau, L. Europäische Amphibien und Reptilien. Stuttgart, 1975.

4. Klasse: **Aves**, Vögel.

Der freilebende Vogel fällt auf als das Wirbeltier des Luftraumes wie auch durch seine Beweglichkeit (Aktivität) u. seine Lautäußerungen, Art u. Weise seines Verhaltens, seinen Lebensraum (Biotop) u. seine Standortwahl.

Beachtung der Kennzeichen des Beobachtungsplatzes als Standort bestimmter Arten geben Hinweis, welche Art an solchem Ort zu erwarten u. anzutreffen ist (Grundlage für gezielte Beobachtungskunst). Sicheres „Ansprechen" erfolgt nach Größe, Gestalt, äußeren Formbesonderheiten, bei der Flüchtigkeit des Objekts, weiterhin nach Eigenart in Haltung u. Bewegung des ganzen Vogels wie einzelner Körperteile (Ruhestellung, Flugbild, Haltung etwa von Kopf, Hals, Flügel, Schwanz). Ehe man den Vogel zu Gesicht bekommt, verraten ihn meist seine Lautäußerungen: Lockruf u. Gesang. Nur ständige Übung ergibt Sicherheit im Ansprechen u. einwandfreie Aussagen über den Charakter als Zug-, Strich- od. Standvogel bzw. irreguläres Auftreten. Es führt den Beobachter schließlich zum verborgenen Brutort u. Nistplatz, enthüllt Artbesonderheiten des Nestbaues u. der Eier, Feinheiten im Verhalten des alten Vogels, der Brut u. ihrer verschiedenen Altersstufen.

Feine Farbunterschiede spielen bei der Freilandbeobachtung zunächst eine untergeordnete Rolle, abgesehen von besonders auffälligen Färbungen u. Zeichnungen ist ihr Erkennen von den jeweiligen Beleuchtungsverhältnissen, dem Standort des Beobachters u. des Vogels abhängig. Ein gutes Fernglas erleichtert rasche u. sichere Beurteilung der allgemeinen Farbqualitäten u. des Farbmusters sowie spezifischer Abzeichen (Flügelspiegel, Binden usw. an Brust, Bauch, Bürzel, Flügel, Schwanz usw.).

Ganz anders sind die Verhältnisse, wenn man den Vogel lebend od. tot dicht vor sich hat u. seine Eigentümlichkeiten in Ruhe ermitteln, ihn „bestimmen" kann. Die genauen Farbqualitäten der Zeichnung sind erst aus der Nähe einwandfrei zu erkennen. Aber auch arttypische Verhaltensweisen offenbaren sich u. U. erst deutlich in der Gefangenschaft, die im Freien nur bruchstückweise erfaßt werden können (Hüpfen, Schreiten, Schwanzschlagen, Kopfhaltung, Haubenspiel, Aktivität, Lautäußerungen u. a. mehr). Größe, Gewicht, Zeichnung u. Färbung können im einzelnen nachgeprüft werden. Der tote Vogel ermöglicht eingehende anatomische Feststellungen (man bedenke: auch Vogelreste können von faunistischer Bedeutung sein: Beutereste – „Rupfungen" – von behaartem od. gefiedertem Raubzeug, Gewöllreste, ferner Mauserfedern usw.).

Die deutsche Fauna besitzt nur Vögel mit Brustbeinkamm (Carinaten). Der Bau des Brustbeins ist für die einzelnen Ordnungen typisch (s. [1]). Erst das Federkleid gibt dem relativ plumpen federlosen Körper aerodynamische Form (wie etwa die windschnittige Autokarosserie über dem kompliziert gebauten Fahrgestell sitzt).

Im Äußeren unterscheiden wir Flug- u. Deckgefieder. Deckfedern sind meist symmetrisch gebaut, Schwingen- u. Schwanzfedern (mit Ausnahme der mittleren) unsymmetrisch; sie liegen so, daß die schmale Fahnenhälfte nach außen gekehrt ist [2]. Unterarm je nach Flugvermögen ± verlängert, desgleichen von der Hand 2 Mittelhandknochen u. 2 Finger, die eine feste Stützleiste bilden für die (meist) 10 Handschwingen. Zahl der Armschwingen (Schwingen 2. Ordn.) bei den meisten Vögeln 10–12, selten nur 7 od. 8 (Mauersegler), öfter mehr als 12, so bei den langbeschwingten Seefliegern. Form u. Größenverhältnisse der Handschwingen gelten in einigen Fällen als ausschlaggebende Unterscheidungsmerkmale schwer zu unterscheidender Arten. Wenn bei Vögeln das Kleid je nach Alter u. Geschlecht auch variiert, die Schwanzfärbung bleibt meist konstant, was zu beachten ist, wenn es gilt, nach dem Gerupf Kleinvögel zu bestimmen, die dem Raubzeug zum Opfer fielen. Die meisten Vögel haben 12 Steuerfedern (Mauersegler u. Rohrdommel nur 10, Hühner u. Gänse 16–18, Trappen 20, Schwäne 18–24).

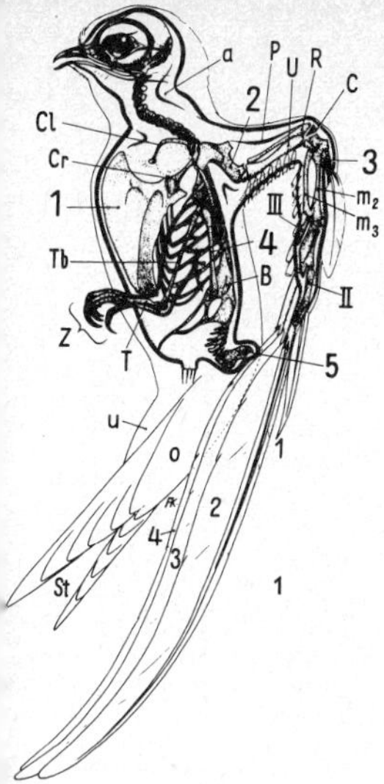

Vogelskelet mit Weichteil- (Körper-)Hülle (dick ausgezogene Linie) u. Gefieder; (Mauersegler). 1. Brustbein mit hohem Kamm (Ansatzflächen für Flugmuskulatur). Cl = Schlüsselbein („Gabelbein"). Cr = Rabenschnabelbein. 2. Oberarm. U = Elle. R = Speiche. 3. Hand. C = Handwurzelknochen. m_2, m_3 = Mittelhandknochen des 2. u. 3. Fingers. 3. Daumen (I.) mit „Kralle" u. Afterflügel. II. Zweigliedriger Zeigefinger mit den ersten Handschwingen 1–4. III. Eingliedriger Mittelfinger. B = Becken. 4. Oberschenkel. Tb = Unterschenkel. T = Lauf (beim Segler stark verkürzt). Z = Zehen (Hinterzehe beim Segler auch nach vorn gerichtet = Klammerfuß). 5. Letzte Schwanzwirbel zu dem platten Pygostyl umgeformt, Ansatz für die St = Steuerfedern, diese durch o = Oberschwanzdecken u. u = Unterschwanzdecken aerodynamisch an das Körpergefieder angeglichen. a = Die dorsale Nackenfurche; durch Federkleid aerodynamisch ausgeglichen. P = Elastisches Band der vorderen Flughaut.

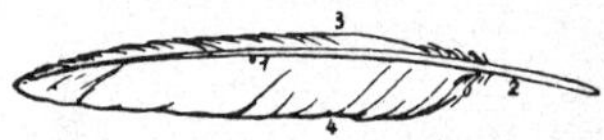

2

1 Schaft, 2 Spule, 3 Außenfahne, 4 Innenfahne.

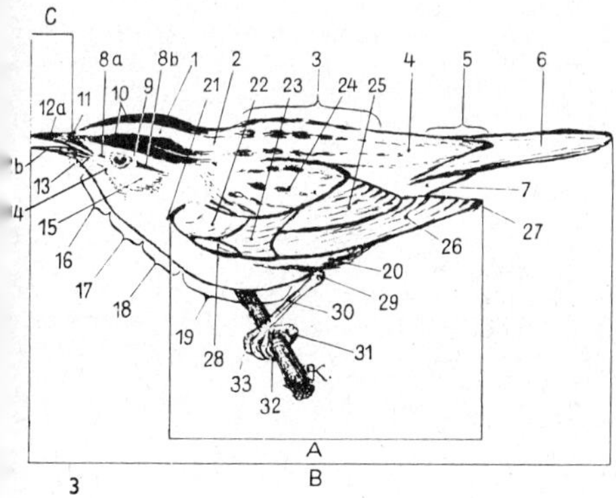

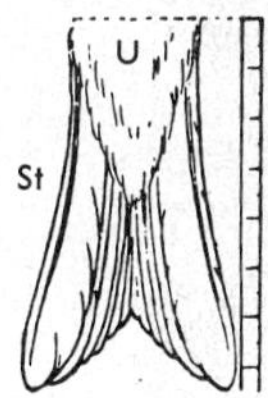

4

Schwanz des Grünfinken von unten gesehen. U = Unterschwanzdecken. St = Steuerfedern. Schwanzlänge: Von der Schwanzspitze bis zur Würzel der äußeren Steuerfedern, die im Kleingefieder verborgen rechts u. links neben dem Pygostyl zu ertasten ist.

3

Gefieder u. äußere Körperteile eines Vogels, Seggenrohrsänger. 1. Scheitel, 2. Nacken, 3. Rücken, 4. Bürzel, 5. Oberschwanzdecken, 6. Schwanz, 7. Unterschwanzdecken, 8a. Zügel(streif), 8b. Augenstreif, 9. Überaugenstreif (Supercilium), 10. Kopfstreifen. 11. Schnabelgrund od. -basis, 12a. Oberschnabel, 12b. Unterschnabel, 13. Kinn, 14. Bartstreif, 15. Wange (= Ohrdeckel), 16. Kehle, 17. Kropf bzw. Hals, 18. Brust, 19. Bauch, 20. Flanke bzw. „Hose", 21. Flügelbug, 22. (kleine) Armdecken, 23. (große) Flügeldecken, 24. Schulterfittich, 25. Armschwingen, 26. Handschwingen, 27. Flügelspitze, 28. Daumenschwingen (= Afterflügel), 29. Ferse, 30. Lauf, 31. Hinterzehe, 32. Außenzehe, 33. Innenzehe, A = Gradliniger Abstand 21–27 = Schwingengröße od. Flügelgröße.[1] B = Gradliniger Abstand Spitze 12b – Spitze 6 = L = Gesamtlänge. Frischtote Vögel lege man mit dem Rücken auf den Maßstab. Im Text angegebene Zahlen sind Zahlendurchschnittsmaße! C = Schnabellänge: von der Stirn(!) (nicht vom Mundwinkel!) bis Spitze.

---

[1] Das Maß ist am künstlich gestreckten Flügel zu nehmen!

Abkürzungen für besondere Bezeichnungen

L = Gesamtlänge (Schnabelspitze–Schwanzspitze), in cm angegeben – G = Gewicht, in g angegeben – Fl = Flügel – Flbld = Flugbild – H = Hals – Kp = Körper – S = Schnabel – Sw = Schwanz – T = Lauf – ad = Alterskleid – iuv = Jugendkleid – pull = Pullus = Nestkleid/Dunenkleid – Skld = Sommerkleid, Prachtbrutkleid – Wkld = Winter-Ruhekleid – I = Irrgast – Z = Zugvogel – W = Wintergast – D = Durchzügler – St = Strichvogel – B = Brutvogel (meist nicht besonders vermerkt) – P = „Parkvogel" (u. U. aus anderem Faunengebiet eingeführt) – Std = Standvogel.

Ordnungsschlüssel

1. Vögel mit ± sehr langen Beinen (Stelzbeinen) u. ± langem Hals
a) ± große bis sehr große Vögel. Schnabel langgestreckt spitz, in besonderen Fällen vorn abgeplattet od. nach unten abgeknickt u. d. Unterschnabel aufgetrieben . . Schreitvögel, **Ciconiiformes** S. 468
b) Sehr groß, Figur ähnlich Storch od. Reiher, aber Schnabel kürzer, stumpfer . . . . Fam. Kraniche, **Gruidae** S. 477
— Vögel mit kürzeren Läufen – höchstens hochbeinig, Aufenthalt am od. im Wasser bzw. auf dem Erdboden *2*

2. Zehen mit vollen Schwimmhäuten oder jede Zehe mit nicht unterteilten Lappen [7] *3*
— Zehen höchstens am Grund mit Häuten od. mit unterteilten seitl. Lappen [8] od. ganz ohne Häute *8*

3. Jede Zehe für sich mit ± breiten, nicht unterteilten Lappen u. breiten Nägeln [7]. . . . . . . Lappentaucher, **Podicipediformes** S. 460
— Alle Zehen, einschl. Hinterzehe mit Schwimmhäuten verbunden Ruderfüßler, **Pelecanifórmes** S. 467
— Nur die 3 Vorderzehen mit Schwimmhäuten verbunden *4*

4. Beine sehr weit an das hintere Körperende verlagert *5*
— Beine nicht so weit nach hinten verlagert, mehr in Körpermitte (unter Schwerpunkt) *6*

5. Hinterzehen stets vorhanden, Schnabel scharf zugespitzt, nie überhöhte Firste . . . . Seetaucher, **Gaviiformes** S. 460
— Hinterzehe fehlend (od. nur ganz winzig), Schnabel verschieden geformt: zugespitzt kürzer od. länger, auch mit seitl. zusammengedrückten überhöhten Firsten . . . Unterord. Alken, **Alcæ** S. 487

6. Schnabel weichhäutig mit ± breitem hornigem Nagel an der Spitze, Schnabelränder lamellig od. gezähnt Gänse u. Entenartige Vögel, **Anserifórmes** S. 462
— Schnabel harthornig, langgestreckter Oberschnabel aus einem Stück od. mehreren Platten zusammengesetzt. Unterarm wesentlich länger als Oberarm (= langflügelig) *7*

7. Oberschnabel stets aus mehreren Teilen bestehend, vorn stark hakenförmig. Nasenlöcher röhrenförmig ± nach vorn gerichtet Sturmvögel, **Procellariifórmes** S. 461
— Oberschnabel ein- od. mehrteilig, vorn hakig od. spitz Unterord. Möwenartige Vögel, **Lari** S. 485

8. Schnabel hart u. kurz, vorn stark gekrümmt mit scharfer Spitze. Füße scharf u. spitz bekrallt *9*
— Schnabel u. Füße anders gestaltet *10*

9. Augen ± seitlich gestellt, Konturgefieder „hart" – tagsüber rege
Greifvögel, Tagraubvögel, **Falconifórmes** S. **469**

Die Vertreter der 6. Unterfam. (S. 472) Vulturinae (Altweltgeier) besitzen keine so scharfen Zehenkrallen wie die übrigen Falconiformes, auch ist der S mehr langgestreckt.

— Augen nach vorn gerichtet, groß v. Schleier umrahmt. Gefieder weich, in der Regel nur nachtsüber rege . . . . Eulen, **Strigifórmes** S. **488**

10. Mit relat. längerem Lauf, daher mehr hochbeinig (hühnerartig) ***11***

— Mit relat. kürzerem Lauf, daher ± kurzbeinig ***14***

11. Kräftige, derbe Beine u. Füße (Lauf- u. Scharrbeine), meist auf trockenem, festem, ja hartem Boden ***12***

— Zarte, zierliche Beine, vielfach langzehig, im Sumpf, am Strand u. Wasser ***13***

12. Nur 3 Zehen, Lauf mit kleinen 6eckigen Schildchen bedeckt (Lauffuß), große bis sehr große hühnerartige Vögel
Fam. Trappen, **Otídidæ** S. **478**

— 4 Zehen, außerdem meist Sporen, derb beschildert (Scharrfuß)
Hühner, **Gallifórmes** S. **474**

13. 3- od. 4zehig, mittelgroße bis kleine Vögel (renn-, stelz- od. watbeinig)
Unterord. Wat- od. Schnepfenähnl. Vögel, **Limícolæ** S. **479**

— 4zehig, mittelgroße bis kleine Vögel mit hühnerartigem Äußeren. Zehen ohne od. mit unterteilten seitl. Lappen
Fam. Rallen, **Rállidæ** S. **477**

14. Tiefgespaltener Fuß ***18***

— 4. Zehe wie die 1. Zehe rückwärts gerichtet ***17***

— Äußerer (Horn-)Schnabel klein, aber weitspaltender Mundrachen. Zehen nicht verwachsen. ***16***

— Vorderzehen an der Basis unterschiedlich verwachsen (Sitzfuß); meist buntes Gefieder . . . . . . Rackenartige Vögel, **Coraciifórmes** ***15***

15. Sperlingsgroß, Gefieder blau, gerader spitzer Schnabel
Fam. Eisvögel, **Alcedínidæ** S. **492**

— Knapp drosselgroß, Gefieder grüngelb, dünner, spitzer, sanft gebogener Schnabel . . . . . . Fam. Bienenfresser, **Merópidæ** S. **492**

— Etwas größer als vor. Langer dünner, sanft gebogener Schnabel mit abgestumpfter Spitze, Gefieder fahl rötlichrostgelb, mit Haube
Fam. Hopfe, **Upúpidæ** S. **492**

— Hähergroß, Gefieder grünlichblau Fam. Racken, **Corácidæ** S. **492**

16. Weichfiedrige Nacht- u. Dämmerungsvögel; erdbraun, schlankflügelig. Fuß: 3 Zehen nach vorn, mittelste relat. lang m. gezähnter Kralle, Hinterzehe klein („Haftfuß")
Nachtschwalbenähnliche Vögel, **Caprimulgifórmes** S. **491**

— Große sichelförmige Flügel (schwalbenähnl. Gestalt). Alle 4 Zehen nach vorn mit scharfen Krallen („Klammerfuß")
Segleråhnliche Vögel, **Apodifórmes** S. **492**

17. Nicht allzu zarter, ganz schwach gebogener Schnabel. Langer Schwanz. Gefieder ganz od. teilw. wellig „gesperbert"
Kuckucksähnliche Vögel, **Cuculifórmes** S. **488**

— Schwacher, relat. kurzer u. gerader spitzer Schnabel. Schwanz nicht lang, weichschäftig. Gefieder rindenfarbig
Unterfam. Wendehälse, **Jyngínæ** S. **493**

— Kräftiger, gerader, nicht zu kurzer Meißelschnabel, kurzer steifschaftiger Stützschwanz Unterfam. Echte Spechte, **Picínæ** S. 493

18. Relat. gleichmäßige Beschilderung der Vorderseite von Lauf u. Zehen, ebenso Krallen an allen Zehen annähernd gleich groß Tauben, **Columbifórmes** S. 476

— Laufbeschilderung uneinheitlich, extrem zu geschlossener Schiene verschmolzen. Kralle der Hinterzehe stets bei weitem die größte (= Baumhüpffuß) . . . . . . Sperlingsvögel, **Passerifórmes** S. 494

1. Ord. **Gaviiformes**, Seetaucher

Große Schwimmvögel. Volle Schwimmhäute zwischen den Vdzehen. Kopf ohne Federzier, fast ohne Absatz in d. dicken Hals übergehend. Sw klein, aber gut ausgebildet. Flach u. tief im Wasser liegend. Schnabelhaltung waagerecht. Flugbild bucklig [*6*]. Nistplatz in Binnengew., sonst auf dem Meer. Nestflüchter. Z, im Binnenl. als W.

1. Große Formen: G um 4000 g, L 69–80 cm, S über 70 mm . . . *2*

— Kleine Formen: G um 2000 u. weniger. L 53–69, S unter 70 mm *3*

2. S aufgebogen, First gerade, hellfarbig. I Gelbschnäbl. Eistaucher, **Gavia adamsii** Gray

— S gerade, First abwärtsgebogen, schwarz. Eistaucher, **G. immer** Brünn.

Wkld: Obseite dklbraun bis schwarz, Utseite weiß.

3. S aufgebogen. Skld: Vorderhalsmitte braun, Obers. weiß gefleckt Stern- od. Nordseetaucher, **G. stellata** Pont.

Wkld: Vdhals weiß. Im Winter auf unsern Meeren, vereinzelt im Binnenland.

— S gerade, First schwach gebogen. Skld: Vdhals schwarz, Obers. weißschuppig gemustert . . . . Prachttaucher, **G. arctica** L.

Wkld: Vdhals weiß, Obseite schwarz, ungefleckt [*5*]. B östl. d. Oder. D W.

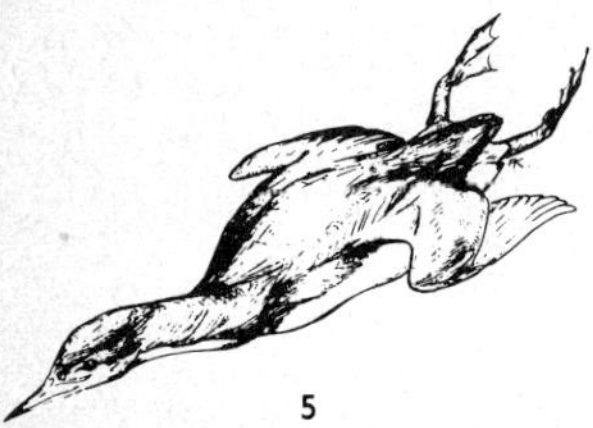

5

Prachttaucher i. Winterkleid, grätschtauchend.

6

Unterschied zwischen Kormoran (oben) u. Seetaucher (unten), im Flug u. auf dem Wasser.

2. Ord. **Podicipediformes**, Lappentaucher

Mittelgroße bis kleine Schwimmvögel. Spaltschwimmfüße: Vdzehen mit breiten, an d. Wurzel verbundenen Lappenhäuten [*7*]. Kopf meist mit Federzier gegen d. dünnen Hals abgesetzt. Schwanz rudimentär. Liegen flach auf d. Wasser, Tauchen u. Auftauchen gleitend (Gegensatz: Enten, Bläßhühner) pull: schwarz-weiß längsgestreift. Nestflüchter.

1. Große Lappentaucher mit Federohren *2*

— Mittlere Lappentaucher mit seitlichen Kopfbüscheln *3*

— Kleiner Lappentaucher ohne Kopfzier u. ohne weiße Flügelabzeichen.
Zwergtaucher, **Pódiceps ruficóllis** (Pall.)

Skld: Vdhals schwarzbraun. Wkld: heller an Hals u. Utseite. S-Basis hell. G 135 bis 214. L 27. Stimme: helles Trillern od. kurzes „bi-bi-bi". Kleine Teiche u. Tümpel; i. Winter überall auch Flußläufe i. Städten.

2. Entengroß, braunschwarze Kappe. Große Federohren, rostfarbene Ohr-Halskrause, Hals u. Brust leuchtend weiß. S gerade, Basis rot. ♀ Kopfschmuck kleiner, grauer. G 937–1157, L 48–50
Haubentaucher, **P. cristátus** (L.)

Stimme trompetend, gackernd, bellend [*9a*] Größere Binnenseen u. Teiche mit Schilfzone.

— Kleiner als vor. Schwarze Kappe mit kleinen Federohren, Kehle u. Wange lichtgrau. H rostrot, S helle Basis. G 692–900. L 40–43
Rothalstaucher, **P. griseigéna** Bodd.

Stimme „keck". Kleinere verlandende Seen u. Teiche.

3. Hals u. Flanken rostrot, große goldgelbe Kopfbüschel. Schwarze Kopfkappe im Skld. . . . . Ohrentaucher, **P. aurítus** (L.)

Wkld: Hals u. Ohrgegend weiß, schwarz nur über dem Auge. G 356–600. L 33–34. Z W. Stimme: langes Trillern [*9b*]. Vegetationsarme, mittlere Seen.

— Schwarzer Hals. Kleine goldgelbe Ohrbüschel. Große, steile, schwarze Kopfkappe im Skld. . . . Schwarzhalstaucher, **P. nigricóllis** Brehm

Wkld: Hals u. Ohren grau, schwarze Kappe bis unter d. Auge. S dünn, schwach aufgebogen. G 265–402. L 30. B Z. Stimme: schnelles Bibbern [*9c*]. Verlandende Seen u. (Fisch-)Teiche.

3. Ord. **Procellariiformes,** Sturmvögel

Hochseevögel, als Irrgäste an den deutschen Küsten, selten nach großen Stürmen auch weit im Binnenland. Z. T. möwenähnlich. Hornschnabel in Platten aufgeteilt mit röhrenförmigen Nasenlöchern (= Staudruck-Rezeptionsorgan!). [*10*] Ausgesprochene dynamische Segelflieger. „Platzhocker". (s. Anm. S. **479**).

1. Fam. **Procellaríidæ,** Sturmvögel. Möwenähnlich

1. Größe der Sturmmöwe. Weiß, Oberrücken u. Schultern aschgrau, keine schwarze Flügelspitze. Schnabel plump [*10*]. G 600–1000. L 47–53. Stimme tief
Eissturmvogel, **Fulmárus glaciális** (L.)

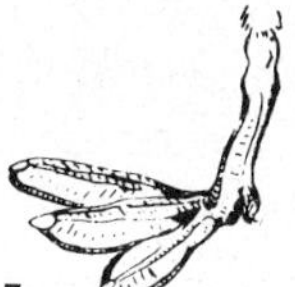
7

Spaltschwimmfuß eines Lappentauchers.

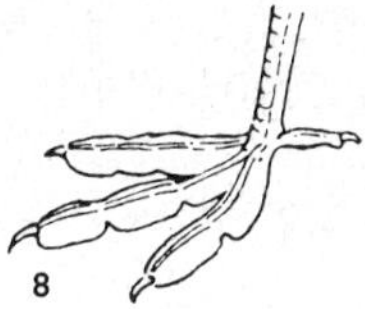
8

Gelappter Schreitfuß des Bläßhuhns.

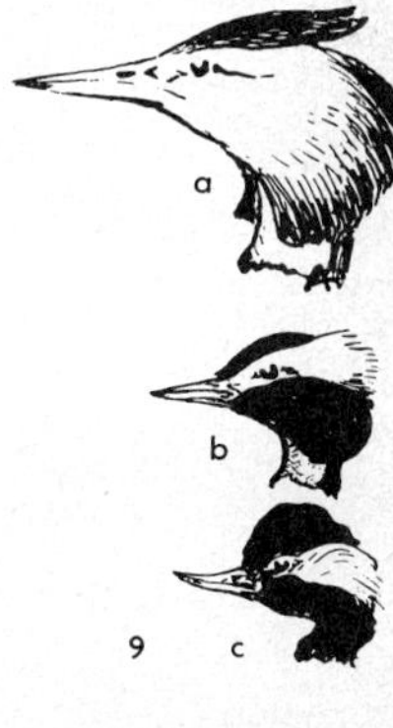

9

a Haubentaucher, b Ohrentaucher, c Schwarzhalstaucher.

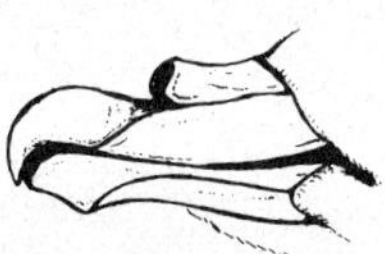
10

Schnabel des Eissturmvogels.

11

Schnabel der Lachmöve.

— Kleiner als vor. Größe der Lachmöwe. Langer dünner Hakenschnabel. Körper plump. Flügel sichelförmig. L 35,5–46. I . . . Sturmtaucher, **Puffínus** mit 5 Arten: a) Dunkler St., **P. gríseus** (Gm.). L 35,5. Tiefbraun. – b) Schwarzschnäbl. St., **P. puffínus** Brünn. L 35. Oberseite dunkel, Unterseite weiß. – c) Großer St., **P. gravis** (O'Reil.). Größer: L 45–46. Schwarze Kopfkappe, weiße Schwanzwurzel. – d) Gelbschnabel-St., **P. kúhlii** (Boie). L 46. Kopf grau, Kinn schmutzigweiß, S hell. Kein Bürzelfick. e) Kleiner St. **P. assimilis** Bpt. L 20–30. Unts. weiß, Obs. schwarz.

2. Fam. **Hydrobátidæ**, Sturmschwalben

Kleiner als vor. Dunkel, schwalbenähnlich. Weniger segelnd als flatternd.

1. Gabelschwanz. Braun bis graubraun, Bürzel weiß. L 20–21
Wellenläufer, **Oceanódroma leucórrhoa** (Vieil.)

— S gerade abgeschnitten. Oben schwarzbraun, unten graubraun, Bürzel weiß. L 15
Sturmschwalbe, **Hydróbates pelágicus** (L.)

4. Ord. **Anserifórmes**, Gänse- u. entenartige Vögel

Mittelgroße, große bis sehr große Schwimmvögel. Vorderzehen durch Schwimmhäute verbunden. Schnabel weichhäutig mit fester Hornplatte an der Spitze („Nagel"). Langer freier Hals: im Flug frei vorgestreckt. Schwanz kurz. Im Verbandflug Keilform (Schwäne, Gänse); Enten „reihen-" = paarweiser Flug; ♀ voraus. Schwimmentenpulli: auf gelbem Grund dunkle Kopf- u. Augenstreifen (= artlich versch. Erkennungssignale); Dunenkleid des Höckerschwans, der Graugans u. mancher Tauchenten ungefleckt, oben gelb bis grau od. düster bräunlich, unten weißlich. Das erste eigentliche Federkleid zeigt bei den Enten so ziemlich die Farben der alten Weibchen. Im Oktober bei den jungen Enten bereits erste Mauserung; nach derselben besitzen die Männchen das Prachtkleid des alten Erpels. Ende Juni wird dies durch vollständige Mauserung gegen ein unscheinbares Sommerkleid eingetauscht. Bei den meisten Enten Prachtkleid des ♂ von dem Aussehen des ♀ ganz u. gar verschieden, doch läßt in der Regel der Spiegel (auffällig gefärbtes Feld auf den Schwingen 2. Ord.) die Zusammengehörigkeit erkennen. Bei Schwan u. Gans fällt ein solcher Trachtenwechsel, der das Bestimmen sehr erschweren kann, weg. So große Vögel wie die Schwäne sind nicht so rasch ausgewachsen wie Kleinvögel. Damit hängt zusammen, daß der Schwan sein schmutziges Jugendkleid erst nach einem Jahre (Anfang des 2. Sommers) gegen das rein weiße vertauscht. Bei den Sägern Kopf u. die angrenzende oberste Halsregion des ♂ im Prachtkleide dunkelgrün, im Sommer wie bei Weibchen braun. Die meisten Entenvögel Zugvögel; die überwinternden (meist Zuzügler aus nordischen Gewässern) flüchten von den zufrierenden Gewässern auf offenbleibende Flüsse u. Ströme od. auf die See. – Nestflüchter.

1. Sehr große Tiere. Hals über 25 cm lang Fam. Schwäne, **Cýgnidæ** S. **462**

— Kleiner, Hals kürzer **2**

2. Hals gerade getragen. Flügel reichen bis zur Schwanzspitze od. darüber hinaus. Verhältnismäßig gute Läufer Fam. Gänse, **Anséridæ** S. **463**

— Hals meist S-förmig gekrümmt getragen. Flügel reichen höchstens bis zur Schwanzspitze. Watschelgang . . Fam. Enten, **Anátidæ** S. **463**

1. Fam. **Cýgnidæ**, Schwäne

Sehr groß. Unbefiederte Hautpartie zwischen Auge u. Schnabel. Sehr langer Hals. Körper langgestreckt. Lauf relat. kurz (schlecht zu Fuß). ad: ganz weiß, juv: bräunlich [*12a–c*].

1. S iuv: rosa; ad: an d. Wurzel gelb. Hals allgem. senkrecht gestreckt **2**

— S iuv: rosa, an d. Wurzel schwarz; ad: orange. Hals allgem. S-förmig gebogen. . . . . Höckerschwan, **Cýgnus ólor** (Gm.)

Sehr groß. G 9500–22500. L 152. Höcker an d. Schnabelwurzel (bei ♀ kleiner. Flügelschlag laut singend. B auf Seen N-Dtschl. Domestiziert auf Parkteichen usw. [*12c*].

2. Kleiner. G 5000. L 120–122. Gelb nur an Schnabelbasis, nach vorn stumpf abgeschnitten. Z W [*12a*] . . . . Zwergschwan, **C. bewíckii** (Yar.)

— Größer. G 8700–9000. L 152. Schnabel gelb, läuft bis zur Mitte nach vorn spitz aus. Stimme laut schmetternd. Z W an den Küsten, selt. im Binnenland [*12b*]
Singschwan, **C. cýgnus** (L.)

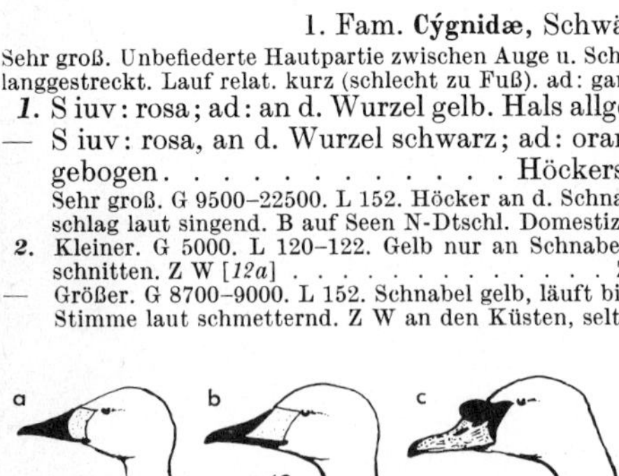

Zwergschwan, Singschwan, Höckerschwan.

Gans, weidend (Halsknick!).

2. Fam. **Anséridæ**, Gänse

Groß: Langer, dicklicher Hals mit Längsrillen im Gefieder; wird aufgereckt gerade gestreckt, vorgestreckt mit charakteristischem Knick getragen [*13*]. S-Basis hoch, Lamellen grob auf Kieferrand (Weideschnabel). Flügel reichen zusammengelegt bis zur Spitze des Schwanzes od. über ihn hinaus. Läufe verhältnismäßig lang (gut zu Fuß).

I. Graugänse **Anser**

G/L	Nagel	Schnabel Haut	Schnabel Länge	Zeichnung	Stimme	Name
2900–3300 76–80	weiß	orange	58–73	Heller Kopf u. Arm-Vorderrand hell	Gig gag gaggang gang	Graugans **A. ánser** (L.) *
	B in N.- u. O.-Deutschland					
1950–2900 66–67	weiß	rötlich	40–52	Schnabelbasis weiß; schwarze Bauchflecken	Klaing Kläck-kläck Laut: kli. sehr ruffreudig	Bläßgans, **A. álbifrons** (Scop.)
	In Deutschland Durchzugsgast					
? 53–66	weiß	rötlich	28–35	Schnabelbasis u. Stirn weiß. Gelber Augenring	wöhltönend huiljo,huiljo koi-koi	Zwerggans, **A. erýthropus** (L.)
	In Deutschland selten auf dem Zuge					
2950–3400 31–89	schwarz	gelb mit schwarzen Flecken	51–67	Dunkler Kopf u. dunkler Armvorderrand	Kajak. Kuiajak kirrägock	Saatgans, **A. fabális** (Lath.) [*13*]
	In Deutschland Wintervogel					
2041–2560 61–76	schwarz	ebenso	40–50	Dunkler Kopf u. Hals, Körper heller		Kurzschnabelgans, **A. brachyrhýnchus** Bail.
	Auf dem Zuge und im Winter selten in Deutschland					

* Stammform der Hausgans, **Anser ánser** aberratio **doméstica**.

II. **Buntgänse** (Meergänse)

1. Weiß mit schwarzer Flügelspitze, S u. Füße rötlich. L 64–76. I, selten
Schneegans, **Anser cærulêscens** (L.)

— Schwarz-weiße Zeichnung . . . . Eigentliche Bunte Meergänse, **Branta** 2

2. Schwarzer Hals, weiße Kehle u. Wangen, helle Brust. Groß: L 91–102. Halbwild in Europa . . . . Kanadagans, **B. canadénsis** (L.)

— Hals, Brust, Oberkopf, Zügel schwarz; Gesicht, Bauch weiß; Rücken grauschwarz. L 58–69. Z W . . . . . . Weißwangen- od. Nonnengans, **B. leucópsis** (Bechst.)

— Kopf, Hals, Brust schwarz; kleiner weißer Halsfleck; Bauch hell od. dunkel; Oberseite schwarzbraun. L 55–61. Z W . . . . Ringelgans, **B. bernícla** (L.)

— Kopf dreifarbig; schwarz, weiß, kastanienbraun. Vorderhals u. Brust kastanienbraun; Hinterhals u. Rücken schwarz, Flanken weiß. L 53–56. I, selten
Rothalsgans, **B. ruficóllis** (Pall.)

3. Fam. **Anátidæ**, Enten

Mittelgroß u. etwas kleiner. Hals gedrungener als bei d. Gänsen, meist S-förmig gekrümmt getragen. Flügel zusammengelegt höchstens bis zur Schwanzspitze, meist nur bis zur Schwanzwurzel reichend. Lauf verhältnismäßig kurz (schlecht zu Fuß: Watschelgang).

1. Schnabel breit, mit seitlichen Lamellen (Seihschnabel)
1. Unterfam. Enten, **Anatínæ** S. 464

— Schnabel schmal, mit sägeartig angeordneten Hornzähnen auf den Kieferrändern u. hakenförmigem Nagel (Fangschnabel) [*14*]
2. Unterfam. Säger, **Mergínæ** S. 467

Unterfam. 1. **Anatínæ**, Enten

1. Körperhaltung auf Land waagerecht; im Wasser Schwanzhaltung schräg nach oben [*18*] *2*
Auffliegen aus dem Wasser: Sofort in die Luft. Nahrungserwerb: Kopfüber gründeln. Hinterzehen: ohne Hautsaum [*15* oben].

— Körperhaltung auf Land schräg aufrecht, im Wasser Schwanzhaltung waagerecht od. eintauchend [*20*] . . . Tauchenten, **Aythyíni** S. 465
Abflug vom Wasser mit Anlauf. Nahrungserwerb: Sprungtauchend (= an der gleichen Stelle wieder aufkommend). Hinterzehe mit Hautsaum [*15* unten]

2. Mittelgroße, kräftige Enten mit gänseähnlicher Gestalt u. Haltung, relat. kurzen Schnäbeln u. z. T. auffälliger Färbung u. Zeichnung
Brandenten, **Tadorníni** S. 464

— Mittelgroße u. kleine Enten mit schlanker Gestalt u. Körperform, metallisch buntem Flügelspiegel
Schwimmenten, Flußenten, **Anatíni** S. 464

— Außereuropäische eingeführte Formen Sitzenten, **Cairiníni** S. 465

1. Gruppe: **Tadorníni**, Brandenten

1. Einfarbig rostrotes Gefieder, schwarzer Schwanz, weiße Flügeldecken, grüner Spiegel. ♂ dünner schwarzer Halsring, ♀ ohne diesen, mit hellerem Kopf. L 64. I
Rostgans, **Casárca ferrugínea** (Pall.)

— Dunkelmetallgrüner Kopf u. Hals. Grundfarbe weiß. Fuchsroter Gürtel um Vorderkörper. Schwingen u. Schwanzsaum schwarz. Schnabel rot . . . . . Brandente, Brandgans, **Tadórna tadórna** (L.)
♂ mit Basalhöcker [*16*]. B Z, L 61, G 800–1350.

2. Gruppe: **Anatíni**, Schwimmenten

1. Mittelgroße Enten. L 46–58. G 500–1400. Flügel über 210 mm *2*

— Kleine Enten. L 36–38. G 250–440. Flügel unter 210 mm *5*

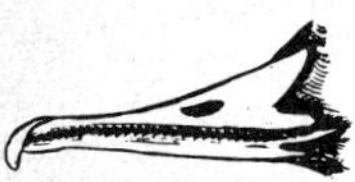

14

Schnabel eines Gänsesägers.

16

Brandente, Männchen.

17

Stockente, Männchen, Brutkleid.

a

b

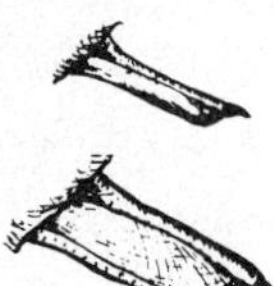

15

Hinterzehe: a einer Schwimmente, b einer Tauchente.

18

Löffelente, Männchen, Brutkleid (Schwimmente).

2. Mit grünem Kopf *3*
— Mit braunem Kopf *4*
3. Weißer Halsring, kastanienbraune Brust [*17*], graue Flanken, stahlblauer Flügelspiegel. ♂ Schwanz mit Locke. L 58. G 890–1400. Stockente, **Anas platyrhýnchos** (L.)
♀ Oberseite braunschwarz mit hellen, bogenförmigen Federsäumen, Flügel wie ♂. Stammform der Hausente, **A. pl.** aberr. **doméstica** (L.)
— Breiter Löffelschnabel [*18*]. Dunkelbraune Flanken, hellblaue Flügeldecken, weiße Schultern, stahlgrüner Flügelspiegel. L 51. G 450–850. Löffelente, **Anas clypeáta** (L.)
♀ Schulter blau, sonst ähnl. wie ♀ von Stockente. Stellenweise B Z
4. Kopf dunkelbraun. Der relat. lange Hals weiß. Langer Schwanzspieß. Flügeldecken stahlgrün, Obers. u. Flanke grau. L 56. Spießente, **Anas acúta** L.
♀ Gestalt wie ♂, aber Schwanz nicht so lang, Farbmuster wie Stockente. B Z.
— Kopf rotbraun mit hellem Scheitel, weiße Schulter, Spiegel stahlgrün, Brust zart weinrötlich, Brust, Schulter, Flanke fein grauweiß gewellt, Unterkörper weiß, Unterschwanzdecken schwarz. Schnabel kurz, graublau. L 46 . . . . Pfeifente, **A. penélope** L.
♀ mehr einheitlich bräunlich mit lichten Schultern. In Norddtschl. B Z.
— Kopf graubraun, Körper grau, Hinterende schwarz, Schulter braun, Spiegel weiß. L 51 . . . . Schnatterente, **A. strépera** L.
♀ Schnabel gelblich, Spiegel weiß, sonst ähnlich der Spießente. Stellenweise Z.
5. Kopf u. Oberhals kastanienbraun mit stahlgrünem Band vom Auge zum Hinterkopf. Flanken grau. Über Flügel weißer Streif. Spiegel stahlgrün. L 36. G 250–440 . . . . Krickente, **A. crecca** L.
♀ dunkelbraungrau, Spiegel grün. Z.
— Oberkopf schwarzbraun. Über dem Auge bis in den Nacken weißer Streif. Übriger Kopf, Kehle u. Halsseiten braun. Schulter blau. L 38 Knäkente, **A. querquédula** L.
♀ wie vor., aber im ganzen heller. Spiegel dunkel. Z.

3. Gruppe **Cairiníni**, Sitzenten
(Außereuropäische eingeführte Arten)

1. Oberkopf dunkel. Breiter weißer Augenstreif. Braunroter Wangenfächer u. breites Armschwingen-„Segel". L 43. P aus Ostasien Mandarinenente, **Aix galericuláta** (L.)
— Oberkopf dunkelgrün. Weißer Augenstreif. Kropf kastanienrotbraun, Kehle weiß. Spiegel blau. L 44. P aus Nordamerika . . . . Brautente, **A. sponsa** (L.)
— Schwarz mit grünem u. veilchenblauem Glanz. Flügeldecken weiß. Schnabelbasis bläulich, Spitze rot. L 75. Aus Mittel- u. Südamerika. Domestiziert Türkenente, Moschusente, **Cairína moscháta** (L.)

4. Gruppe: **Aythyíni**, Tauchenten

1. Kopf schwarz *5*
— Kopf braun *8*
2. Schnabel breit mit schmalen Nagel . . . . *3–10*[1]
— Schnabel breit mit breitem Nagel *11b/12b/13–15*
3. Schnabel mit Anschwellung an der Wurzel *13/14/15b*
— Schnabel ohne Anschwellung an der Wurzel *15a*
4. Keine Befiederung an der Schnabelwurzel *5*
— Weit übergreifende Befiederung der Schnabelwurzel, Schnabel schräg abwärts geneigt [*22*] *15*
5. Weißer Fleck vor dem Auge *6*
— Ohne solchen Fleck, Hals, Brust, Schwanz schwarz, Flanken weiß *7*

[1] Vgl. auch 12[a]! Merkmale 1—4 der Tab. gemeinsam betrachten!

6. Weißer Fleck rund, Rücken mit viel Weiß. L 46 [*19*]. Zur Brutzeit stehende Gewässer. ♀ siehe 8a Schellente, **Bucéphala clángula** (L.) ♂
— Weißer Fleck halbmondförmig, Rücken mit nur wenig Weiß. L 53. I. ♀ wie vor. Schnabel kürzer . . . . Spatelente, **B. islándica** (Gm.)
7. Kopf mit Federschopf. Oberkörper schwarz. L 43
Reiherente, **Aythýa fulígula** (L.)
♀ erdbraun, Schopf kürzer, kleiner weißer Fleck am Schnabelgrund. Vor allem in NO-Dtschl.
— Ohne Schopf, Oberkörper grau. L 48 [*20*] Bergente, **A. maríla** (L.)
♀ wie Reiherente ohne Schopf. Breite weiße Schnabelbasis. W an d. Küsten.

19
Schellente, Männchen.

20
Bergente, Männchen (Tauchente).

8. Kopf stumpf schokoladenbraun, weißes Halsband, Brust, Körper grau, Weißes Flügelfeld (auch beim ruhenden Vogel gut sichtbar!) L 45 Schellente ♀ (vgl. 6a)
— Kopf rötlichbraun *9*
9. Kopf u. Oberhals rotbraun. Scheitel als Holle aufstellbar. Schnabel rot, Hals, Brust schwarz, Flanken weiß. Rücken erdgraubraun. L 56
Kolbenente, **Netta rufína** (Pall.)
♀ hell erdbraungrau, Wange weiß, roter Schnabelfleck. Nur 3 Brutplätze in Dtschld: Fehmarn, Mecklb., Bodensee.
— Kopf dunkelrotbraun, keine weiße Flanke *10*
10. Kopf u. Oberhals dunkelrotbraun, Brust schwarz, scharf abgesetzt vom hellgrauen Körper, Schwanz dunkel. L 46
Tafelente, **Aythýa ferína** (L.)
♀ Kopf, Hals, Brust erdbraun, Flanken braungelb, blaues Schnabelband. Häufig. Teiche, bes. im O
— Auch Hals, Brust u. Flanken schön kastanienbraun, Obers. schwarz, Bauch u. Unterschwanzdecken weiß. L 41
Moorente, **A. nyróca** Güldenst.
♀ wie ♂, nur weniger lebhaft. Stehende Gewässer.
11. Schnabel kürzer als Lauf (3,2 cm) *12*
— Schnabel etwas länger, mindestens so lang wie der Lauf (3,2 cm). Kopf, Oberhals, Schulterarmschwingen weiß, Kinn, Kehle, Oberkörper u. Schwanz schwarz. Unterkörper rostgelb. An der Kropfseite schwarzer Fleck, ebenso am grünlichen Hinterkopf. L 46. I . . . . Scheckente, **Polystícta stélleri** (Pall).
12. Schneide des kurzen Oberschnabels stark ausgeschweift
Eisente, **Clángula hyemális** (L.)
Im Sommer Kopf, Hals, Brust, Rücken schwarzbraun, im Winter Kopf, Hals weiß. Langer Schwanzspieß. Z W [*21*]
— Schnabel an der Basis höher als breit. Grundfarbe dunkelblau, Flanken rostfarben. Mit bizarren weißen u. kastanienbraunen Abzeichen. L 43. I
Harlekin- od. Kragenente, **Histriónicus histriónicus** (L.)
13. Körper ganz schwarz. L. 48. . . . Trauerente, **Melanítta nigra** (L.)
♀ erdbraun. Wangen licht, Scheitel dunkel. Z W
— Körper schwarz mit weißen Abzeichen *14*
14. An Stirn u. Nacken weiße Flecken. L 53. ♀ erdbraun, kein Weiß an den Flügeln. I
Brillenente, **M. perspicilláta** (L.)
— Flügelspiegel weiß. Unter dem Auge weißer Fleck. L 56.
Samtente, **M. fusca** (L.)
♀ wie vor., aber mit weißem Flügelspiegel. Z W

15. Wangenbefiederung bis in die Höhe des Nasenlochs. Stirnbefiederung nicht so weit. Rücken weiß, Flanken u. Schwanz schwarz.
Eiderente, **Somatéria mollíssima** (L.)
♀ braun, dunkel gebändert. G 1516–2560 [*22*]. B. auf Nordseeinseln
— Stirnbefiederung fast bis in Höhe des Nasenlochs, Wangenbefied. nicht so weit. Orangenes Stirnschild. Rücken, Flanken, Schwanz schwarz, Brust zartrosa, Kopf grau. ♀ wie vor. L. 56 I. . . . . Prachteiderente, **S. spectábilis** (L.)

21
Eisente, Männchen, Winterkleid.

22
Eiderente, Männchen, Brutkleid.

II. Unterfam. **Mergínæ**, Säger

1. Größer als Stockente, L 65–67. Schnabel rot, Kopf schwarzgrün, schwach behaubt. Unters. weiß, schön lachsfarben überhaucht, Rükken schwarz [*14*]. . . . . Gänsesäger, **Mergus mergánser** L.
♀ brauner Kopf, Oberseite blaugrau, Flanken grau. Seen u. Flüsse bes. im O.
— Kleiner, L 58. Kopf schwarzgrün mit strähniger Haube, Hals weiß. Rotbraunes Brustband, Rücken schwarz, Flanken grau, Schnabel rot.
Mittelsäger, **M. serrátor** L.
♀ wie Gänsesäger, Oberseite mehr bräunlich, B in NO-Dtschld., Ostseeküste.
— Kleiner als vor. L 45–50. Weiß mit schwarzer Zeichnung. Schnabel blaugrau bis schwarz. . . . . Zwergsäger, **M. albéllus** L.
♀ brauner Oberkopf, weiße Wangen, dunkler Rücken. Regelmäßiger W.

5. Ord. **Pelecanifórmes (Steganopódes)**, Ruderfüßler

Große bis sehr große Wasservögel. Schwimmhäute zwischen allen Zehen, auch zwischen Innen- u. Hinterzehe („Ruderfuß"). Nesthocker.

1. Sehr groß (größer als Schwäne). Langer gelblicher Schnabel mit Kehlsack . . . . Pelikane **Pelecánidæ** S. 467
— Gänsegroß. Ohne Kehlsack, Schnabelränder gesägt. Schwanz lang, keilförmig
Fam. Tölpel, **Súlidæ**
Nur 1 Art. L 91. Schnabel spitz, Nasenlöcher kaum sichtbar. Weiß mit gelbl. Anflug am Hinterhals, Kehle u. Handschwingen schwarz. iuv.: dunkel, weiß gefleckt. I
Baßtölpel, **Sula bassána** (L.)
— Entengroß. Schwarz. Langer Schnabel mit Endhaken u. kleinem Kehlsack. Schwanz abgerundet. Schnabelränder nicht gesägt
Kormorane, **Phalacrocrorácidæ** S. 467

1. Fam. **Pelecánidæ**, Pelikane

L 140–175. Flugbild: breite Flügel, Kopf eingezogen. Seltene I
1. Kleiner, weiß u. rosa, Auge rot. Im Flug schwarz-weiß. Nackenschopf
Rosa-Pelikan. **Pelecánus onocrótalus** L.
— Größer, weißgrau, Auge gelb. Im Flug ganz weiß. Hinterkopfhals: gekräuselte Federn
Krauskopf-Pelikan, **P. crispus** Bruch

2. Fam. **Phalacrocrorácidæ**, Kormorane

Hals lang, Schwanz mittellang, keilförmig. Im Flug Kopf-Hals geradeaus, etwas nach oben gereckt. Trupps in V-Form fliegend. An Land steile Körperhaltung, oft mit halbgeöffneten Flügeln. Im Wasser tief eintauchend, Schnabel leicht angehoben [6]

1. L 91–92. Kinn u. Wangen weiß, sonst schwarz; in Brutzeit weißer Fleck an der Flanke . Großer Kormoran, **Phalacrócorax carbo** L.
Stimme: tiefes „krrah". B nur in Ostfriesl. u. Meckl., sonst als Gast
— L 76. Keine weißen Abzeichen. Augen grün. Kleine Kopfhaube. I, an der Küste Krähenscharbe, **Ph. aristotélis** (L.)
— L 48. Im Sommer dunkelrotbrauner Kopf mit Haube. Kleingefieder mit weißen Flecken, die nach der Brutzeit verschwinden. I, mehr im Binnenland Zwergscharbe, **Ph. pygmǽus** (Pall.)

6. Ord. Ciconiifórmes (Gressóres), Schreitvögel

± große Vögel mit langem, spitzem Schnabel. Hals u. Beine lang. Nahrung rein tierisch. Nesthocker.

1. Schnabel gerade, mit scharfer Spitze *2*
— Schnabel gerade, an d. Spitze abgeplattet . . . . . . Löffler, **Plataleínæ** S. **469**
— Schnabel nicht gerade *3*
2. Schnabel u. Beine bei alten Vögeln rot. . . Störche, **Ciconíidæ** S. 469
Im Flug Hals ausgestreckt [*23*]

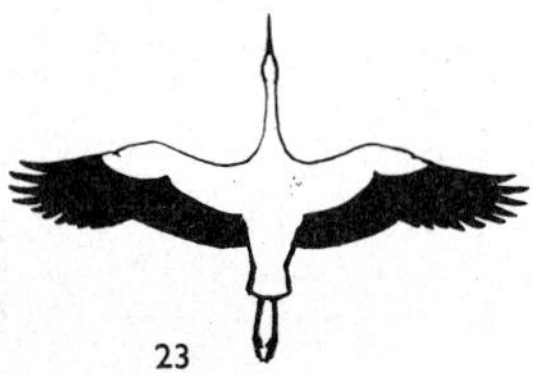

23

Flugbild: Storch.

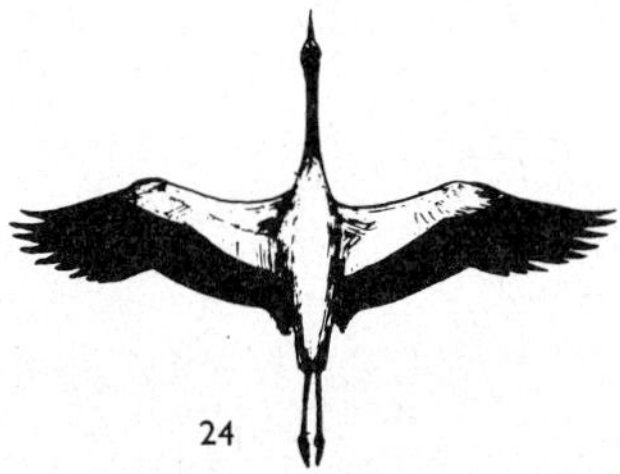

24

Flugbild: Kranich.

— Bei alten Vögeln Schnabel gelbl. od. grünlich. Reiher, **Ardéidæ** S. 469
Im Flug Hals eingezogen [*25*]. Charakt. Halsknick [*26*].
3. Schnabel sichelförmig nach unten gebogen, stumpf Ibisse od. Sichler, **Ibidínæ** S. **469**
— Schnabel: Spitzenteil d. Oberschnabels winklig abwärtsgebogen; Unterschnabel aufgetrieben (Seihschnabel mit Lamellen) . . . Flamingos, **Phœnicoptéridæ** S. **469**

1. Fam. Ardéidæ, Reiher

1. Gefieder ockerbraun u. schwarz. Beine relat. kurz. 10 Schwanzfedern Rohrdommeln, **Botaurínæ** S. 469
— Gefieder nicht ockerbraun u. schwarz. Beine lang. 12 Schwanzfedern Reiher, **Ardeínæ** S. 469

25

Flugbild: Fischreiher.

26

Kopf u. Hals v. Purpurreiher.

27

Kleine Rohrdommel i. Pfahlstellung.

28

Große Rohrdommel in Imponierstellung.

1. Unterfam. **Ardeínæ**, Reiher

Lebensraum: Sumpf, Seen, Altwässer, Großteiche, Küste. Brutkolonien meist im Hochwald.

1. Gefieder vorwiegend grau, verlängerte Federn am Hinterkopf u. Kropf. Schwingen schieferschwarz. L 91. G 1500–2000. S 10–12. H. 41. T 14–16 [*25*] . . . . Fischreiher, **Árdea cinérea** L.

— Gefieder vorwiegend rostbraun. Schlanker als vor. L 79. G 1250. S 13. H ca. 39. T 11–13. I [*26*] . . . . Purpurreiher, **A. purpúrea** (L.)

— Gefieder reinweiß. Stark verlängerte, zerschlissene Schulterfedern. L 89. G 1170. S 13. H 30. T 17–21. I . . . . Silberreiher, **Casmerodius albus** (L.)

— Gefieder reinweiß, aber kleiner als vor. L 56. G 500. S 9. T 11. I Seidenreiher, **Egretta garzetta** (L.)

— Rücken braungelb, Unterseite weiß. Lange, schwarzgesäumte Nackenfedern. Kleiner als vor. L 46. S 7. H 16. T 6,5. I . . . Nachtreiher, **Nycticorax nycticorax** (L.)

2. Unterfam. **Botaurínæ**, Rohrdommeln

Lebensraum: Große Rohr- u. Schilfbestände. Bei Gefahr Pfahlstellung: senkrechtes, starres Aufrecken von Rumpf, Hals u. Kopf bei engstem Gefiederschluß [*27*].

1. Groß. Auf ockergelbem Grund dunkelgestreift u. -gebändert. L 76. G 1350. S 7,5. H 36. T 10. Große Rohrdommel, **Botaurus stelláris** (L.)
Balzruf sehr weit hörbares tiefes „prump" [*28*]

— Klein. Ad: Scheitel, Rücken, Flügelenden, Schwanz schwarz. Schultern, gr. Armdecken gelbweiß sonst helle ockergelb; Kleine R., **Ixobrýchus minútus** (L.)
iuv.: bräunlich längsgestreift. L 36. S 5. H 5. T 4,5. Stimme: „jät" od. „gäck"; dumpf „kwru".

2. Fam. **Ciconíidæ**, Störche

1. Gefieder weiß mit schwarzen Schwingen [*23*]. Weißer Storch, **Ciconia ciconia** (L.)
Lebensraum: Freies Wiesengelände u. Auen. Kulturfolger. iuv.: Schnabel schwarz L 102, G bis 4400. S 19. H 32. T 24.

— Gefieder schwarz, Bauch weiß . . . . Schwarzstorch, **C. nigra** (L.)
iuv.: Schnabel grünlich. Lebensraum: Große Waldgebiete. L 97. G 3000. S 17. H 30. T 20 [*45*]. Selten.

3. Fam. **Threskiornithidae**, Ibisartige Vögel

Unterfam. **Ibidínæ**, Ibisse

Dunkelbraun. Flügel dunkel metallischgrün. L 56. G 750. S 14. H 16. T 9. Seltener I Brauner Sichler, **Plegádis falcinéllus** (L.)

Unterfam. **Plataleínæ**, Löffler

Ad: Gefieder weiß, Schnabel schwarz; iuv: Gefieder weiß, Flügelenden schwarz. Schnabel rötlich. L 86. S 18–23. H 28. T 15. I . . . . Löffler, **Platálea leucoródia** L.

4. Fam. **Phœnicoptéridæ**, Flamingos

Sehr langer Hals u. lange Beine. Gefieder rosa, Flügel rot, Flügelenden schwarz. L 125. H 60. T 25–30; I, selten . . . . Flamingo, **Phœnicópterus ruber** L.

7. Ord. **Falconifórmes (Accípitres)**, Greifvögel, Tagraubvögel

Nesthocker. Die ersten Wochen sind die Jungen mit dichtem Flaum bekleidet, aus dem nach u. nach die eigentlichen Federn hervorbrechen (zuerst die Spitzen der Handschwingen). Das erste Federkleid ist noch einige Zeit mit Daunenresten besetzt. In Färbung u. Zeichnung weicht es meist erheblich vom Alterskleid ab, zumal beim ♂, falls dieses im Alter wesentlich andere Farben trägt wie das ♀, wie es bei Rötelfalken u. Weihen der Fall ist. Bei manchen Arten Jugend- u. Alterskleid in der Schwanzfärbung am deutlichsten unterschieden (Seeadler) od. an den Hosen (verlängerte Unterschenkelfedern) (Baumfalk). Unabhängig von Alter u. Geschlecht große Farb- u. Zeichnungsverschiedenheiten bei Wespen- u. Mäusebussard. ♂♂ stets kleiner als ♀♀. Meist Zugvögel.

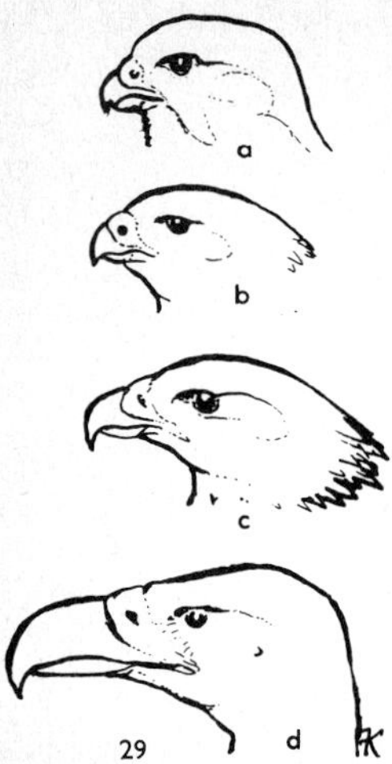

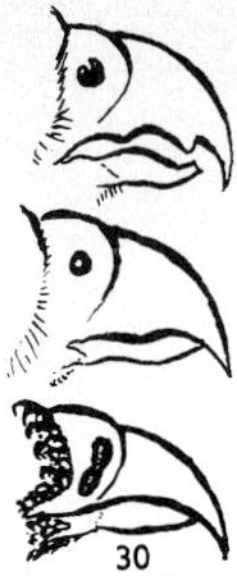

Schnabelform: a Wanderfalke, b Mäusebussard, c Wespenbussard.

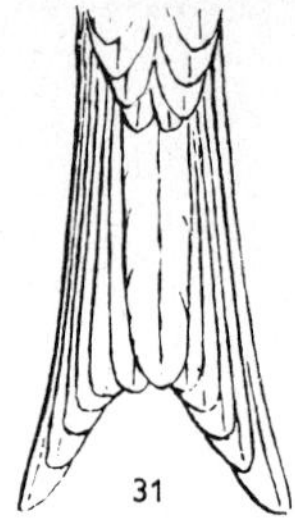

Schwanz des roten Milans.

Kopf-Typen der wichtigsten Tag-Greifvögel a Wanderfalke, b Mäusebussard, c Steinadler, d Gänsegeier.

1. Mittelgroß bis klein; Kopf rundlich; Oberschnabel mit scharfem Zahn. Im runden Nasenloch Höcker. Fl. spitz Flschlag schnell, Sw schlank [*29, 30*] . . . . . . 3. Fam. Falken, **Falcónidæ** S. 473

— Oberschnabel ohne scharfen Zahn. Im Nasenloch kein Höcker . . *2*

2. Schwanz gegabelt [*31*]. Mittelgroß, L 55–60
2. Unterfam. Milane. **Milvínæ** S. 471

— Schwanz nicht gegabelt *3*

3. Sw relat. kurz, gerade abgeschnitten od. keilförmig *4*
Flbld.: plump u. massig wirkend

— Sw lang u. schmal. T besonders lang. *7*
Greiffuß mit langen, spitzen Krallen [*32a, b*]

4. Sehr groß: L 92–114. . . 6. Unterfam. Geier, **Vulturínæ** S. 472
Relat. kleiner Kopf u. großer S. T befiedert od. nicht befiedert

— Groß: L 69–91. T zur Hälfte befiedert
3. Unterfam. Seeadler, **Haliaeëtínae** S. 472
Flbld: Relat. großer Kopf mit mächtigem S. Fl leicht angewinkelt. Sw keilförmig.

— Groß bis mittelgroß: L 51–99. T befiedert od. nicht befiedert . . *5*
Flbld: Plump; Kopf relat. groß, Fl leicht angewinkelt, Sw gerade abgeschnitten

5. T unbefiedert, lang bis sehr lang, Oberschenkel frei, d. h. unterer Teil nicht in die Körperhaut einbezogen *8*
Fänge weit vorstreckbar (Raubfänge) mit nadelspitzen Krallen

— T wesentlich kürzer befiedert od. unbefiedert. Oberschenkel weniger frei *6*

6. Körper unten weiß, Flügelunters. bis auf kleine Abzeichen weiß. T unbefiedert od. nur am Fersengelenk *7*

— Körper unten weiß od. dunkel, Flunters. zum großen Teil dunkel. T befiedert od. nicht befiedert
5. Unterfam. Adler u. Bussarde, **Buteonínæ** S. 472

— Körperunters. dunkel od. gebändert. Sw relat. lang u. schmal, unten mit 3 Binden . . . 1. Unterfam. Wespenbussarde, **Pernínæ** S. 471
Schnabelgrund nicht borstig, sondern schuppig

7. L 63–69. Fl Unterseite ganz weiß, Spitzen schwarz, Sw mit schwarzem Endband 8. Unterfam. Schlangenadler, **Spilornínæ** S. **473**

— L 51–58. Flunters. schwarzer Bugfleck, Schwingen gebändert, stärker angewinkelt. Sw dunkle Endbinde, T nur an der Ferse kurz befiedert. Krallen rund . . . . . . 2. Fam. Fischadler, **Pandiónidæ** S. **473**

8. Fl stumpf; ad: Unters. gewellt. Gelbe Augen. 4. Unterfam. Habichte, **Accipitrínæ** S. **472**
Flug: Flschlag wechselt vielfach mit Gleitschweben

— Fl spitz, möwenartig . . . . 7. Unterfam. Weihen, **Circínæ** S. **473**
Flug gaukelnd. Mit stark gewinkelten, V-förmig gehaltenen Fln. Gesichtsschleier [*33*] [1]

1. Fam. **Accipítridæ**, Adler-, Geier- u. Weihenartige.

1. Unterfam. **Perninæ**, Wespenbussarde

Nur 1 Art. Oberseite meist dunkelbraun, Unterseite kaffeebraun mit schwarzen Schaftstrichen od. weiß mit dunklen Flecken in versch. Ausbildung. Alle Kleider kenntlich an der Sw-Bänderung: Zwischen wenigen breiten dunklen Binden viele halbverloschene schmälere [*35*]. In Waldgebieten L 51–59, G 760–1100

Wespenbussard, **Pernis apívorus** (L.)

2. Unterfam. **Milvínæ**, Milane

1. Größer: L 60–61. Sw tief gegabelt

Gabelweihe, Roter Milan, **Milvus milvus** (L.)

Flbld: Innenfahne der Handschwingen weiß. Dunkler Fl-Bug. Waldvogel u. über Feldern, G um 900

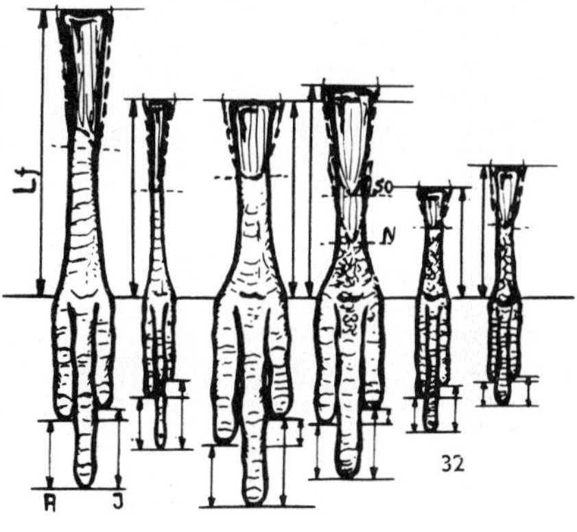

32

Rechte Fänge:
Raubfang von Hühnerhabicht (a) u. Sperber (b), Schlagfang von Wanderfalk (c), Jagdfalk (d) u. Baumfalk (e); Greiffang vom Turmfalk (f). Beachte relative Länge 1. von Lauf (Lf) u. Zehen. 2. von Außenzehen (A) u. Innenzehen (J) sowie die Laufbefiederung (gestrichelte Linie) (bei d: N = ndl., SO = Südöstl. Formen).

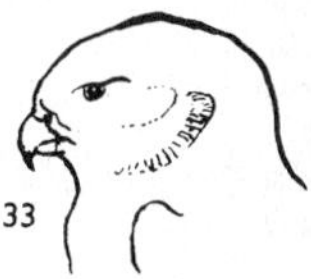

33

Wiesenweihe.

34

Schwanzfeder eines Wespenbussards von oben gesehen.

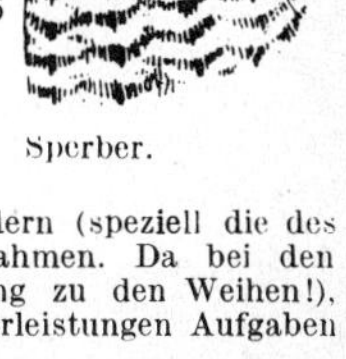

35

Sperber.

---

[1] Schleier: um Auge und Ohr radiär angeordnete kurze Federn (speziell die des Ohrdeckels [*3*] 15), die somit das Gesicht kranzförmig umrahmen. Da bei den Eulen noch vollkommener ausgebildet (= eine Parallelbildung zu den Weihen!), hat der Schleier wohl in Zusammenhang mit besonderen Hörleistungen Aufgaben für die Schall-Leitung.

— Kleiner: L 55–56. Sw weniger tief gegabelt, düster rotbraun.
Brauner od. Schwarzer Milan, **M. migrans** (L.)
Flbld: Unterseite dunkel ohne Farbkontraste. Mit Vorliebe an Gewässern

3. Unterfam. **Haliaeëtínae**, Seeadler

1 Art. S gelblich. Der keilf. Sw ad weiß, iuv dunkel. In Nähe von großen Gewässern u. Seeküste, G ♂ 3000–3800, ♀ 4250–6500
Seeadler, **Haliaeëtus albicílla** (L.)

4. Unterfam. **Accipitrínæ**, Habichte

1. Größer: L 48–61. Sw vierbindig. Fuß [*32a*]. Ad: Obers. grau, Unters. mit Querbinden. . . . . . . Hühnerhabicht, **Accípiter gentílis** (L.)
Iuv: Hellgelblichbräunlich mit Längsflecken, G ♂ 530–870, ♀ 880–1270
In Dtschld 3 Rassen; im Winter Z aus O-europa/Sibirien der sehr große, hellere „Gänsehabicht", **A. g. buteoídes** Menzb.

— Kleiner: L 28–38, verkleinertes Abbild des vor. Sehr dünne Fänge [*32b*]. Sperber, **A. nisus** (L.)
ad u. juv gleichgefärbt: Unterseite gewellt [*35*]. G ♂ um 150, ♀ um 270
Im Winter Z: Große, hellere Form aus d. Osten im Gebiet: **A. n. peregrinoides** Kleinschm.

5. Unterfam. **Buteonínæ**, Bussarde u. Adlerartige

a) Bussardgruppe: **Buteoníni**, Echte Bussarde

Kopf u. Schnabelform gegenüber Adlern [*29b*], gegenüber Falken u. Wespenbussard [*30b*]

1. L 51–56. T unbefiedert. Sw unten 10–12 schmale Binden.
Mäusebussard, **Búteo búteo** (L.)
Färbung u. Zeichnung sehr verschieden, von grau od. braun bis fast reinweiß. Flbld: Relat. plump; Fl wirken kurz. Stimme miauend „hiäh", ♂ 520–1050, ♀ 700–1350
WDtschl.: **rheni** O.Kl., MttlDtschld.: **glaucopis** Merrem. Östl. Formen:
a) Z, I. kleiner u. rötl. . . . . Falkenbussard, **B. b. zimmermánnæ** (Ehmke)
b) I. Kleiner, fahlbraun . . . . Steppenbussard, **B. b. vulpínus** (Glog.)

— L 51–61. T befiedert. Helle Unters. mit auffälligen schwarzen Abzeichen: Handfleck, Bauchbinde, Schwanzbinde am Ende.
Rauhfußbussard, **B. lagópus** (Brünn.)
Z W, G ♂ 850–1030, ♀ 930–1250

b) Adlergruppe: **Aquilíni**, Adler

Echte Adler sämtlich mit vollbefiederten Fängen.

1. L 46–53. Gegenüber nächstem: ad keine Sw-Binde u. Bauchbinde. Fl-Basis dunkel, Bug hell, Sw immer hell. I . . . . Zwergadler, **Hieraeëtus pennátus** (Gm.)

— L 66–74. Nur Fl-Vorderkante hell, Körperunterseite weiß, Sw mit breiter Sw-Binde; iuv: ohne diese, Unterseite rötlichbraun. I . . Habichtsadler, **H. fasciátus** (Vieil.)

— L 61–66. Ad: einfarbig erdbraun; iuv: fleckig. Nasenloch rundlich.
Kleiner Schreiadler, **Áquila pomarína** Brehm
In O-dtschld B, in W-dtschld auf dem Zuge, G um 1500

— L 66–74. Tiefbraun. Sonst wie vor. Ad mit weißen Bürzelflecken. I, G um 2500
Großer Schreiadler, Schelladler, **A. clánga** Pall.

— L 66–79. Einfarbig dklbraun. Nasenloch länglich, T kurz u. stämmig. Seltener I
Raub- od. Steppenadler, **A. rapax orientális** Cab.

— L 79–84. Tief schwarzbraun, heller Scheitel u. helle bis weiße Schultern u. Armflügelränder. Seltener I . . . . Kaiseradler, **A. helíaca** Sav.

— L 76–84. Braun. Im Alter Scheitel, Nacken goldgelb;
Steinadler, **A. chrysáëtos** (L.)
juv: Schwanzwurzel u. Handschwingen weiß. Gebirgsvogel. Selten im Flachland. In den Alpen noch B, G ♂ 2800–4500, ♀ 4000–6600

6. Unterfam. **Vulturínæ**, Altweltgeier

Im Gebiet als seltene I im Gebirge [*29d*].

1. T befiedert, L 102–114, großer Keilschwanz. Flbld adlerartig. Schwarzer Kinnbart
Bartgeier, **Gypáëtus barbátus** (L.)

— T unbefiedert, Kopf relat. klein, nackt wirkend. Flbld: breite, mächtige geradegereckte Fl *2*

2. L 112, Sw rechteckig abgeschnitten, Gefieder sandfarbig, weiße Halskrause. Neuerdings mehrfach in d. Alpen . . . . Gänsegeier, **Gyps fulvus** (Habl.)

— L 116, Sw schwach keilförmig, Gefieder u. Halskrause schwarzbraun. Seltener I Mönchsgeier, **Aegýpius mónachus** (L.)

7. Unterfam. Circínæ, Weihen

1. Braun *2*

— Grau *5*

2. L 48–56. Dunkel schokoladenbraun, einfarbig: iuv. Heller Scheitel, G 735: ♀ ad. blaugraues Flfeld u. gleichfarbiger Sw, G 515: ♂ ad. Lebensraum: Rohrdickichte . . Rohrweihe, **Circus æruginósus** (L.)

— Kleiner: L 41–51. Hellbraun, Unters. längsgefleckt, Bürzel weiß. Lebensraum: Feuchte Wiesen, Moor ♀♀ der 3 anderen Weihen *3*

3. Handschwingen-Innenfahnen bis zur 5. eingekerbt. Handdecken reichen bis Innenfahnen-Einkerbung der 1. Handschwinge [*36a*], L 43–51, G um 550 (s. auch 6a) . . . . Kornweihe, **C. cyáneus** (L.)

— Handschwingen-Innenfahnen bis zur 4. eingekerbt *4*

4. Handdecken reichen fast bis Innenfahnen-Einkerbung der 1. Handschwinge. Seltener I aus SOeuropa [*36b*], K 43–48, (s. auch 6b) Steppenweihe, **C. macroúrus** (Gm.)

— Handdecken enden bereits weit vor d. Innenfahnen-Einkerbung der 1. Handschw. [*36c*], L 41–47, G um 330 (s. auch 5a) Wiesenweihe, **C. pygárgus** (L.)

5. Dunkelgrau, schwarze Flügelbinde. Unters. rostfarbene Längsstreifen (siehe auch 4b) G um 285 Wiesenweihe ♂

— Hellgrau ohne Flügelbinde *6*

6. Schleier, Hals, Brust grau (siehe auch 3a) G um 370 . . . . Kornweihe ♂

— Schleier, Hals, Brust weiß (siehe auch 4a) Steppenweihe ♂

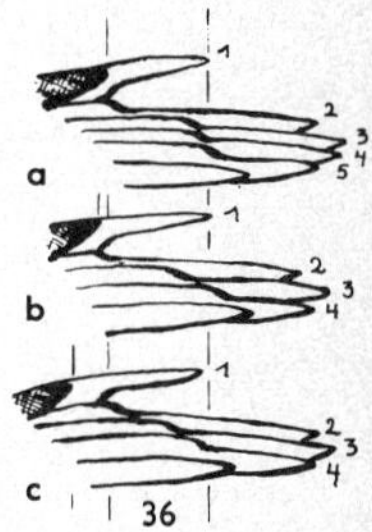

36
Schwingenverhältnis der 3 kleinen Weihen a Kornweihe, b Steppenweihe. c Wiesenweihe,

37
Linker Fischadlerfang, W = Wendezehe.

8. Unterfam. Spilornínæ, Schlangenadler

1 Art. L 63–69. G um 2000. Große eulenartige gelbe Augen. Schlanke bläulichweiße Fänge mit 6eckigen Schildern. Vielleicht noch in der Schorfheide B, sonst in Dtschld seltener Gast . . . . Schlangenadler, **Circáëtus gállicus** (Gm.)

2. Fam. Pandiónidæ, Fischadler

1 Art. Fänge bläulich, Außenzehe Wendezehe [*37*]. An Teichen u. Seen stoßtauchend mit Fängen voraus G 1500–1900. Nackenfedern aufgebogen Fischadler, **Pandíon haliaeëtus** (L.)

3. Fam. Falcónidæ, Echte Falken

1. Kleiner: L 30–34. Sw verhältnism. lang u. schmal. Fänge (Zehen) kurz („Fangfuß", [*32a*]). Beutefang auf der Erde Unterfam. **Cherchneínæ**, „Unedle", Greif- od. Fangfalken *2*

— Zum Teil größer: L 27–58. Sw verhältnism. kurz, konisch (Basis breit, Ende schmaler). Fänge, vor allem 3. Zehe, sehr lang, Außenzehe viel länger als Innenzehe: zum Schlagen fliegender Beute [*32c*, *d*]
Unterfam. **Falconínæ**, „Edle" Schlagfalken *3*

2. L 34. Obers. rotbraun, Unters. rahmfarben, gefleckt. ♂ ad: blaugrauer Kopf u. Schwanz, Krallen schwarz, G ♂ um 190, ♀ um 240
Turmfalke, **Falco tinnúnculus** L.

— L 30. Wie vor., aber lebhaftere Farben. Fleckung nur ganz gering. Krallen weiß. I
Rötelfalke, **F. naumánni** Fleischer

— L 30. ♂ schieferschwarz, Hosen u. Unterschwanzdecken rostgelb. ♀ Scheitel u. Unterseite rostgelb, Oberseite grau, gebändert. Fänge rot, Krallen braungelb. I, G um 150 . . . . Abend- od. Rotfußfalke, **F. vespertínus** L.

3. L 27–33. ♂ Obers. blaugrau. Sw grau mit Endbinde, G ♂ 175; ♀ 195. ♀ Obers. rotbraun, Sw braun mit Binden. W Z.
Merlin, **F. columbarius** L.

— L 30–36. Fl unter 28. Obers. schiefergrau, mit schwarzem Backenstreif u. Ohrzacke [*38*]. Unters. hell längsgestreift. Hosen u. Unterschwdecken rostrot. Flügelspitzen bis z. Schwanzspitze. Waldrand u. off. Gelände, G ♂ 230, ♀ um 255 . . . . Baumfalke, **F. subbûteo** L.

— L 38–48. Obers. vorn schwärzl., hinten schieferblau. Breiter Bartstreif, scharf abgegrenzt vom hellen Kinn. Weniger als die Hälfte des Laufs befiedert. Außenzehe deutlich länger als Innenzehe [*32c*]. Ad: helle Unters. mit Querflecken; iuv: auf lichtbräunl. Grund Längsflecken. Waldrand, Felsen. G ♂ um 610, ♀ um 935
Wanderfalke, **F. peregrínus** Tunst.

Wanderfalken in viele Formen differenziert; eine größere u. viel hellere: Zuwanderer im Winter aus NO-Europa oder sogar W-Sibirien. Ferner als Irrgast bzw. sehr selten: Würgfalke, **F. cherrug** Gray, aus SO-Europa (rötlichbrauner Rücken, weiß u. braun gestreifter Scheitel, sehr schmaler Backenstreif); Gerfalke oder Jagdfalke, **F. rusticolus** L. aus Nordeuropa (helle Gesamtfärbung, ohne Backenstreif, größer).

38
Baumfalke.

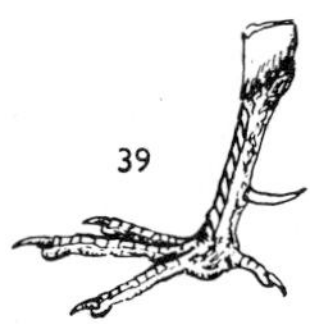
39
Fuß eines männl. Huhnes.

40
Auerhahn.

8. Ord.: **Gallifórmes (Galli)**, Hühner

Plumpe Bodenvögel mit kräftigen Laufbeinen zum Scharren im Erdreich. Hinterzehe entspringt höher als die Vorderzehen [*39*]. Darüber (bei einigen) Sporen. Kopf verhältnismäßig klein, kräftiger (Hack-)Schnabel mit scharfen Oberkieferrändern, Spitze abwärts gebogen. Schäfte der Handschwingen leicht gebogen. Flügel stumpf, Flug schwerfällig, polternd. Nestflüchter, die sehr bald flugtüchtig werden. Dunenkleid: Auf gelblichem Untergrund dunkle, meist braune Längszeichnung auf Kopf u. Rücken.

1. Läufe befiedert. Keine Sporen. Scharlachrote obere Augenlidwülste („Rosen") . . . . 1. Fam. Rauhfußhühner, **Tetraónidæ** S. 475

— Läufe unbefiedert. Mindestens ♂♂ meist, ♀♀ zuweilen mit Sporen
2. Fam. Fasanenartige (Echte Hühner), **Phasiánidæ** S. 475

1. Fam. **Tetraónidæ**, Rauhfußhühner

1. Zehen unbefiedert . . . . Waldhühner *2*
— Auch Zehen befiedert . . . . Schneehühner *3*
2. Sehr groß: ♂ L 86, G bis 5000. Kopf mit Kinnbart [*40*], schwarzgrün mit stumpfem Metallglanz. Weißer Fleck an d. Flspannhaut („Epaulette"). Runder Fächerschwanz. „Rosen" klein.
Auerhuhn, **Tétrao urogállus** L.
♀ L 60. G bis 3000. Braun, dunkel gebändert, rotbrauner Halsfleck. Vornehmlich im Nadelwald
— Mittelgroß: ♂ L 53, G 1250. Körper glänzend blauschwarz, weiße „Epaulette". Steuerfedern beiderseits nach außen gebogen: Lyra-Großschwanz; weiße UntSwdecken. Sehr kräftige „Rosen".
Birkhuhn, **Lyrúrus tetrix** L.
♀ L 41. G 750. Braun gebändert, Sw schwach gegabelt. Torfmoore, Heiden
Artbastarde: T. urogállus ♂ × L. tetrix ♀: selten,
L. tetrix ♂ × T. urogállus ♀: häufiger, Brustschild violett, Rackelhuhn, „**T. médius** (Meyer)".
— Klein: L 36. Kleine Kopfhaube, Kinn u. Kehle schwarz, scharf weiß gegen übriges braunes u. graues Gefieder abgesetzt. Sw abgerundet, mit schwarzer Endbinde . . . . Haselhuhn, **Tetrastes bonasia** (L.)
Stimme: Leise „tsi tsissi, tsui...". Laub- u. Mischwald
3. L 38. G 508–706. Dunkel rotbraun u. dunkle Flügel. S plump. Im Eifelgebiet eingeführt. Moor u. Heide. Winterkleid ganz weiß
Schottisches Moorschneehuhn, **Lagópus lagópus scóticus** (Lath.)
— L 36. G 400–480. S schwächer. Im Sommer ♂ graubraun, ♀ rotbraun mit weißen Flügeln. Im Winter schneeweiß bis auf schwarzen Augenstreif u. Steuerfedern. Alpen über 1700 m
Alpenschneehuhn, **L. mútus** (Mont.)

2. Fam. **Phasiánidæ**, Echte Hühner

1. Sehr kurzer Sw. Rundl. Gestalt Unterfam. Feldhühner, **Perdicínæ** *2*
— Mit ± langem Sw . . Unterfam. Fasanenartige Hühner, **Phasianínæ**

41

Jagdfasan.

42

Rebhuhn.

Nur 1 Art im Gebiet: L ♂ 76–89. G 1250– Kopf blaugrün, meist ± breiter weißer Halsring. Kp: braun metallisch glänzend, Bürzel grau. Sw braun mit schwarzen Bändern [*41*]. ♀ L 55–64, G um 1000. Hell sandbräunlich, dunkel gebändert. Aus verschiedenen eingeführten geogr. Formen stark verkreutzes Jagdwild
Fasan, **Phasiánus cólchicus** (L.)
2. L 30. G 330–400. Brauner Kopf, KpObers. bräunlichgrau, Brust grau. ♂ mit dunkelbraunem Brustschild Rebhuhn, **Pérdix pérdix** (L.)
Stimme: „tschirr-rep." Auf Feldbreiten in Familienverband („Gesperr"). [*42*].
— L 18. G 125. Ähnl. vor., kleiner. Sandbraun, dunkel gestreift. Kopf mit hellem Mittel- u. Überaugenstreif Wachtel, **Cotúrnix cotúrnix** (L.)
Auf Feldern, meist unsichtbar. Stimme: „pickberwick", 2–3mal hintereinander. Z.

Ferner als Haus- od. Jagdgeflügel eingeführt:

Haushuhn, Gallus gallus gallus L. Stammform: das indische Bankivahuhn, **Gallus gallus bankíva** Temm. Durch die Domestikation sind etwa 125 Rassen entstanden.

Hauspfau, Pavo cristátus L. aberr. **doméstica.**
♂ Flügeldecken blaß braungelb mit schwarzgrünen Bändern. ♂ graubraun, Halsfedern metallgrün, grau gesäumt. ♂ mit aufrichtbarem, 18fedrigem Schwanz mit Augenflecken. Heimat S- u. SO-Asien.

Schwarzflügelpfau, P. cr. aberr. **nigripénnis** Sclat.
Als Mutante aufgetretene Hausform. ♂ Flügeldecken schwarz, ♀ weiß, oben graubraun, Handschwingen rostfarben, äußere Sw-Federn schwarzbraun.

Hausperlhuhn, Númida mitráta aberr. **doméstica.**
Grau m. runden, weißen Flecken. Niedriger, horniger, dreieckiger Kopfhelm u. schmale Lappen an d. Schnabelwinkeln. Stammform **N. mitráta galeáta** Pall., Westafrikan. Helmperlhuhn. Über Amerika eingeführt.

Hausputer, Meleágris gallopávo L. aberr. **doméstica.**
Stammform: Mexikanischer Puter, **M. g. gallopávo** L.

Bronzeputer, M. g. sylvéstris Vieil.
Bürzel u. Schwanzfedern mit rotbraunen Enden. Aus Ost-Nordamerika eingeführtes Jagdwild.

9. Ord. **Columbifórmes,** Tauben

Schnabel an der Wurzel weichhäutig, Nasenloch überdeckend, kappenartige Spitzenregion fester [*43*]: Tauben „picken". Balzende ♂♂ blasen Kropfregion auf. Gute Flieger mit gleichmäßig rasch förderndem Flügelschlag; beim Abflug oft klatschendes Zusammenschlagen der Flügeloberseiten. – Nesthocker. Junge werden anfangs mit „Kropfmilch" ernährt.

43 Ringeltaube.

1. Größere graue Tauben (Gattg. **Colúmba**) . . . *2*

— Kleine Tauben der Gattg. **Streptopélia:**

	Turteltaube **St. túrtur L.** Waldvogel	Lachtaube **St. roseogrísea** Sundev. aberr. **doméstica** Heimat Sudan.	Türkentaube, **St. decaócto** (Friv.) Parkvogel. Heimat SO-Europa, seit 1938 ins Gebiet einwandernd
Größe:	L 28, G 140–160	L 28	L 30, G 170–210
Flügel:	länger, spitzer	kürzer, stumpfer	kürzer, stumpfer
Schwanz: Länge:	kürzer, 11–12	kürzer, 11–12	länger, 14–15
Form:	gestuft, v. unten	gerade abgeschn.	gerade abgeschn.
Farbe:	weiß gesäumt schmal, weißes Ende	weiß gesäumt Ende weiß, breit	Basis u. Mitte schwarz gesäumt Ende weiß, breit
Kp.Oberseite:	braun, dunkel geschuppt	hell milchkaffeebraun	hell graubraun
Kp.Unterseite:	weiß	weiß	grau
Nacken:	schwarzweiße Seitenflecken	schwarzes Band	schwarzes Band
Laute:	**túrr... turtúrr**	ähnlich Turteltaube begleitet von hellem „Lachen": hi..hihihi	dumpf: **gu. gúh-gu**

2. L 40. Weißer seitl. Halsfleck [*43*]. Weiße Flügelbinde. Sw unten: heller Mittelstreif; scharf abgesetzte schwarze Schwanzbinde. Nest locker gebaut, freistehend. Wald- u. Parkvogel Ringeltaube, **C. palúmbus** L.

— L 33. Einfarbiger als vor., keine weißen Abzeichen, auch kein helles SW-Mittelband. Waldvögel. Höhlenbrüter Hohltaube, **C. œnas** L.

— L 33. Haustaube, **C. lívia** aberr. **doméstica** L. Sehr variabel; verwildert an Gebäuden (Felsenersatz).
Stammform Felsentaube, **C. lívia** L. Wie Hohltaube mit 2 deutl. dunklen Flügelbinden, weißem Bürzel. Heimat vor allem Felsenküsten d. Mittelmeerländer.

10. Ord. **Gruifórmes**, Kranichvögel

Kraniche, Rallen u. Trappen gehören auf Grund innerer baulicher Eigentümlichkeiten trotz äußerer Verschiedenheiten systematisch zusammen. Nestflüchter.

1. Sehr groß (hierher nur 1 Art, der größte deutsche Vogel). Gestalt storchähnlich. Langhalsig, langbeinig Fam. Kraniche, **Grúidæ** S. 477

— Groß: hühner- bis putergroß. Gestalt huhnähnlich. Hochbeinig, ohne Hinterzehe. In der Kultursteppe Fam. Trappen, **Otídidæ** S. 478

— Höchstens so groß wie ein Huhn. Hinterzehe vorhanden. Fam. Rallen, **Rállidæ** S. 477

Bewohner von Sumpf u. Wasser. Die meisten gute Schwimmer. Nicken beim Schwimmen mit dem Kopfe

1. Fam. **Grúidæ**, Kraniche

Durch langen, im Flug gestreckt getragenen Hals u. Beine den Störchen ähnelnd [*24*]. Aber S rallenartig stumpf u. kürzer [*44*].

— L 115. G 6000. H 40. S 16. T 26. Letzte Armschwingen sichelförmig verlängert. Roter Scheitel, schwarzer Hals u. Kopf mit breitem, weißem Gesichtsstreif. Sehr kleine Hinterzehe Kranich, **Grús grús** (L.)

Lange, z. T. im Brustbein eingelagerte Luftröhre verstärkt Stimme: laut trompetend „krikrruh" ... In schwer zugänglichen Brüchen. Zugformation Keil od. schräge Linie. Z.

44
Kranich.

45
Schwarzstorch.

46
Bläßhuhn.

2. Fam. **Rállidæ**, Rallen.

Mittelgroße bis kleine hühnerähnliche Sumpfvögel. Kp seitl. zusammengedrückt (Vegetationsschlüpfer). Lange Vorderzehen, Hinterzehe kurz, aber kräftig. Kleine Formen, sehr scheu u. schwer im Pflanzengewirr zu beobachten.

1. Zehen ungelappt *2*

— Zehen gelappt [*8*]. L 38. Ganz schwarz, nur S u. Stirnschild weiß [*46*], Beine blaugrün . . . . Bläßhuhn, **Fúlica átra** L.

Stimme bellend „kröw-kröw" od. hart „pitzepitze" bzw. „pix pix". Beim Schwimmen nickend. Taucht mit Sprung u. kommt wie ein Kork wieder hoch; vor Abflug Anlauf. Nestkleid: schwarz mit rotem Kopf u. wenigen goldgelben Dunen. Gemeinstes Teichgeflügel.

2. Ohne rote Stirnplatte *3*

— S gelb mit breiter roter Basis u. Stirnplatte. L 33. Schwarz mit weißem Flankenstreif u. Unterschwanzdecken. Füße grün. Grünfüßiges Teichhuhn, **Gallínula chlóropus** (L.)

Stimme: „kürrrit". Nestkleid ganz schwarz. Sehr verbreitet, aber verborgen.

3. Schnabel kürzer als Kopf, bräunlich od. hellgelbgrünlich, evtl. mit rotem Fleck an der Wurzel *4*

— Schnabel länger als Kopf, rot. L 28. G 110. Rückenflügel dunkelbraun, schwarz gestreift, Brust grau, Flanken kontrastreich schwarzweiß gebändert. Unterschwdecken weiß Wasserralle, **Rállus aquáticus** L.

Stimme: „tik..tik..tik..djürr" mehrfach hintereinander; bzw. „gib..gib..psüb", wie Ferkelquiecken u. merkwürdiges tiefes Brummen. St. u. Z. An stark verwachsenen Gewässern [*47*].

4. Mittelzehe kürzer als Lauf. L 27. Kurzer spitzer S u. Füße gelblich. Unters. hell bräunlichgelb, Obers. rostbraun mit dunklen Längsstreifen. Flanken u. Unterschwanzdecken rostrot gebändert

Wachtelkönig, **Crex crex** (L.)

Stimme: endlos „schrröp-schrröp" od. „rerrp-rerrp", Auf Wiesen. Z.

— Mittelzehe so lang wie Lauf od. länger. Fittich unter 125 mm

Sumpfhuhn, **Porzána** mit folg. 3 Arten:

	Tüpfel-Sumpfhuhn, **P. porzána** (L.)	Kleines Sumpfhuhn, **P. párva** (Scop.)	Zwerg-Sumpfhuhn **P. pusílla** (Pall.)
Größe:	L 23	L 19	L 17,5
Schnabel:	gelblich, Basis rot	gelblich, Basis rot	grün, kein Rot
Oberseite:	dunkel olivbraun m. weißen Streifen u. Flecken	rotbraun, wenig weiße Flecken	rotbraun, kräftig eng weiß gestreift
Unterseite:	grau mit weißen Tüpfeln	♂ schiefergrau ♀ braungelb	schiefergrau
Flanken:	stark gebändert	nicht gebändert	kontrastreich schwarzweiß gebändert
Unt. sw. decken:	braungelb, ungebändert	dunkel gebändert	hell gebändert
Beine:	grünlich	grünlich	gelbbräunlich
Stimme:	wie Gertenhiebe: „huitt, huitt"	„huätt, huätt" schneller u. leiser werdend u. schließl. ersterbend ‚brummender Endlaut	schnelles „huitt-huitt-huitt-brrrüo" wet..pirr..irrr.. an- u. abschwellend

3. Fam. **Otídidæ**, Trappen

Dicke Beine ohne Hinterzehen. Auf großen Feldbreiten, sehr scheue Vögel.

1. L 102. ♂ G 10000–16000 (schwerster deutscher Land-Vogel!), ♀ G 6500. Dicklicher grauer Hals. ♂ mit borstigem Backenbart [*48*]. Obers. helles Braunrot, schwarz gebändert. Unters. weiß.

Großtrappe, **Otis tárda** L.

Im Winter gern auf Ölsaaten, in Trupps. Seltener B in der norddeutschen Ebene. St., im Winter auch streichend

— Viel kleiner, L 43. Mit kontrastreicher schwarz-weißer Halszeichnung. Obers. mehr meliert. Seltener I . . . . Zwergtrappe, **Tetrax tetrax** L.

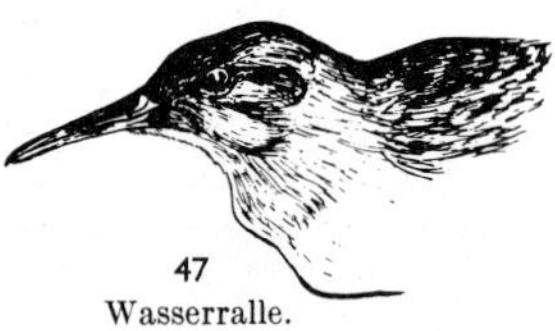

47 Wasserralle.

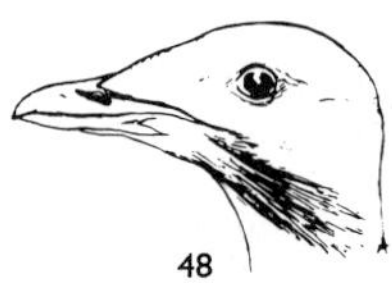

48 Großtrappe.

11. Ord. **Charadriifórmes (Laro-Limícolæ)**

Watvögel und Möwenartige Vögel

In dieser Ordnung faßt man sehr verschiedenartige Vogelfamilien zusammen, die ± verbindende Merkmale u. Eigenschaften aufweisen. So lassen sich die Triele unmittelbar an die vorhergehende Ordnung (Gruifórmes) anschließen.

1. ± lange Läufe (Renn- od. Stelzbeine).

1. Unterord. Wat- od. Schnepfenähnl. Vögel, **Limícolæ** S. 479

Lebensraum meist offenes Gelände, sandiger od. steiniger Boden (Strand, Ödland, Sumpf). Nestflüchter

— Nie hochbeinig, Schwimmhäute. Langflügelig (gute Flieger).
2. Unterord. Möwenartige Vögel, **Lari** S. 485
Stets an freiem Wasser, besonders Meeresküsten. Platzhocker[1]

— Beine kurz, weit zurückgesetzt, Schwimmhäute.
3. Unterord. Alken, **Alcæ** S. 487
Kurze, schmale Flügel, gute Taucher, stets am Meer. Platzhocker

1. Unterord. **Limícolæ**, Wat- od. Schnepfenähnl. Vögel

1. Dämmerungsvögel mit großen eulenartigen gelben Augen [*49*]. Dicke gelbe Füße ohne Hinterzehen. Lebensraum: Ödland
Fam. Triele od. Dickfüße, **Burhínidæ**
Nur 1 Art im Gebiet: L 40. S so lang wie Kopf, gelb mit schwarzem Ende. Gefieder grausandfarben, dunkel längsgestreift. Helle Flbinde, im Flug wird eine 2. sichtbar. Ruf (meist abends): „kirrüh, kirrüh,..." St Z Triel, **Burhínus œdicnémus** (L.)

— Drosselgroß. Gabelschwanz, S abwärts gebogen Fam. Brachschwalben, **Glareólidæ**
Gelegentl. 1 Art als Irrgast im Gebiet: L 23. Graubraun, wippender Flug
Brachschwalbe, **Glaréola pratíncola** (L.)

— Mittelgroße bis kleine Vögel. Wat- od. Stelzbeine.
Überfam. Schnepfenartige Vögel, **Charadroídea** *2*
Meist langschnäbelig (Stechschnabel mit Tastspitze = „Schnepfenschnabel")

2. Gerader roter, seitl. zusammengedrückter Schnabel. Dickl. rote, nicht sehr lange Beine ohne Hinterzehe . . . . . 1. Fam. **Hæmatopódidæ**
Nur 1 Art im Gebiet: L 34. Kopf schwarz, ebenso Hals u. Rücken. Unters. weiß. Sehr ruffreudig: „toolüt...quiwiieh..." Küste, häufig [*50*]
Austernfischer, **Hæmátopus ostrálegus** (L.)

49 Triel.

50 Austernfischer.

51 Kiebitzregenpfeifer.

52 Steinwälzer.

— Entweder rote, lange Beine u. gerader, dünner S od. dunkle, lange Beine u. aufgebogener S . . . . . . Fam. **Recurviróstridæ** S. 484

— Zehen gelappt. Kleine Vögel (L 18–20). Zierlicher S, langer Hals.
Fam. **Phalaropódidæ** S. 485
Liegen schwimmend sehr hoch auf dem Wasser

— Ohne diese Merkmale. L 14–58. Sehr vielgestaltig
Fam. Regenpfeiferähnliche, **Charadríidæ** S. 479

2. Fam. **Charadríidæ**, Regenpfeiferähnliche

1. S hart, spitz, kurz, gedrungen, nie länger als Kopf *2*

— S weich, gestreckt, mit ± deutl. Tastspitze[2] *4*

2. Vorderteil des S verdickt, nicht zusammengedrückt. Nasenlöcher in tiefer Rinne [*51*] 1. Unterfam. **Charadriínæ** *3*

---

[1] Platzhocker sind Bodenbrüter-Pulli mit Nestflüchter-Äußerem, deren selbständige Nahrungssuche u. -aufnahme (vermutl. degenerativ) infolge der besonderen ökologischen Bedingungen des Brutbiotops (u. Neststandorts) ± eingeengt sind, u. die daher auf einem ± begrenzten Platz (= stark begrenztem Elternfamilien-Revier – Brutkolonie – „Kindergarten") hocken. Verbunden ist damit ein Zurückbleiben (Retardieren) der Entwicklung der Bewegungsorgane insbes. der Flügel, so daß Flugfähigkeit erst nach Erreichen des endgültigen Körpergewichts wie bei Nesthockern erlangt wird.

[2] Schwach verdickt ist die Schnabelspitze der Schnepfen mit zahlreichen z. T. schon mit bloßen Auge erkennbaren Grübchen versehen, in denen die sog. Grandyschen und Herbstschen Tastkörperchen liegen, die, wie auch bei anderen Vögeln an Schnabel und Zunge (z. B. Anseriformes, Plataleinae, Phœnicopteridæ und Pici), zum Aufsuchen und Ertasten der Nahrung dienen.

— Schnabel spitz, leicht aufgebogen u. etwas seitl. abgeplattet [*52*] **Arenariíni** S. 481

3. Spitze Nackenfederhaube, Fl-Enden breit u. rund [besonders ♂♂ [*53*] **Vanellíni** S. 480

— Ohne Haube, Flügel spitz . . . . **Charadriíni** S. 480

4. Größer: L 38–68. S kräftig, entweder schwach aufwärts od. deutl. abwärts gebogen. Hals u. Läufe lang 3. Unterfam. **Limosiínæ** S. 484

— Mittelgroß: L 19–34. Plump. Kurzläufig, Unterschenkel ganz befiedert. Kräftiger, gerader S mit gutausgebildeter Tastspitze 4. Unterfam. **Scolopacínæ** S. 484
Auge groß, weit zurückliegend [*54*]

— Klein u. zierlich: L 13,5–30. S nicht sehr kräftig 2. Unterfam. **Tringínæ** *6*

5. L 38–41. S gerade oder leicht aufwärts gebogen [*55*] **Limosiíni** S. 484

— L 41–58. S abwärts gebogen [*56*] . . . . **Numeniíni** S. 484

6. Kleiner: L 13,5–25,5. Relat. kurzläufig: laufen mehr trippelnd **Calidríni** (= **Eroliíni**) S. 481

— Größer: L 16,5–30,5. Relat. langläufig: mehr stelzender Gang **Totaníni** S. 483

53 Kiebitz.

54 Waldschnepfe.

55 Uferschnepfe.

1. Unterfam. **Charadriínæ**, Regenpfeiferartige

a) **Vanellíni**, Kiebitze

Nur 1 Art im Gebiet:

Kiebitz, **Vanéllus cristátus** (L.)

L 30,5. Obers. grünschwarz, Kehle u. Bauch weiß, schwarzes Brustband. Stimme: „kuiij kui.wit..kuuii.witt". Sumpfwiesen. Z [*53*]

b) **Charadriíni**, Echte Regenpfeifer

1. Kleine Formen: L 16–19 [*57*]. Mit ± breitem, schwarzem Augenstreif. Kehle u. Stirn weiß, darüber schwarzes Stirnband *2*

— Größere Formen: L über 20–28. Kein scharf begrenzter schwarzer Augenstreif *3*

2. L 19. Schwarzes Brustband, Smitte u. -basis sowie Beine orange. Obers. olivbraun.

Sand- od. Halsbandregenpfeifer, **Charádrius hiatícula** (L.)

Flbld: Fl weißer Längsstreif, Sw rings weiß gesäumt [*57a*]. Küste. Z

— Kleiner: L 15,8. S zierlich, nur am Grund unten gelb. Über schwarzem Stirnband weißer Überaugenstreif [*57b*]. Beine hell.

Flußregenpfeifer, **Ch. dúbius** Scop.

Flbld: Obers. ohne jedes Weiß. Auf Flußkiesbänken

— L 16. Das Weiß unter dem schwarzen Stirnband breit, nach hinten reichend. Kein schwarzes Brustband, nur schmale seitl. Bandreste [*57c*]. Beine schwarz. Flbld: weiße Swseiten. Küste

Seeregenpfeifer, **Ch. alexandrínus** (L.)

3. Brust grau, Bauch rostbraun. L 21,5. Oberkopf schwarz, weißer Überaugenstreif. . . . Mornellregenpfeifer, **Eudromias morinellus** (L.)
Seltener Z, auch in Höhen der O-Alpen. Stimme: hüit.tjüit....tjüüit
— L 28. Schwarzer (Skld) od. weißer Bauch (Wkld) *4*
4. Obers. grau [*51*]. W Z Kiebitzregenpfeifer, **Pluvialis squatarola** (L.)
— Obers. schwarz. Dicht goldgelb gefleckt.
Goldregenpfeifer, **Pl. apricaria** (L.)
Stimme laut flötend „fluih". Seltener B. Hochmoore in NW-Dtschld. Z

c) **Arenariini**, Steinwälzer

Nur 1 Art im Gebiet:

Steinwälzer, **Arenária intérpres** (L.)
L 23. Sehr bunt. Skld: Schwarzes Gesichtsmuster [*52*], Rücken rotbraun. Wkld: Brust u. Obers. schwarzbraun. Flbld: Auffallend weiße Bänder auf Fl, Rücken u. Sw. Stimme: „tücke-tücke-tücke". W an Nordsee

2. Unterfam. **Tringínæ**, Wasserläufer

a) **Calidríni (Eroliíni)**, Strand- od. Uferläufer

1. S gerade, verhältnism. kurz (etwa Kopflänge) *2*
— S länger als Kopf, $\pm$ abwärts gebogen *4*
2. Sehr klein: L 13,5–14 . . . . *3*
— Größer: L 20–25. Gedrungene, oft plumpe Gestalt *5*
3. L 13,5. Beine dunkel. Skld: Obers. lebhaft rostbraun.
Zwergstrandläufer, **Cálidris minúta** (Leisl.)
Wkld: Obers. grau m. hellem V-förm. Streifen, Brust weiß [*58, 1*]. D
— L 14. Beine hell. Skld: Obers. stumpf rotbraun.
Temminck-Strandläufer, **C. temmínckii** (Leisl.)
Wkld: Grau ohne Streifen, Brust grau. D
4. L 18. S etwas abwärts gebogen. Skld: Rücken rotbraun, schwarzer Brustfleck. Einfacher Augenstreif Alpenstrandläufer, **C. alpína** (L.)
(doppelt s. Totaníni 1b). Wkld: Rücken dunkelgrau, Brust grau, Bauch weiß [*58, 2*] D
— L 19. S stärker abwärts gebogen [*58, 3*]. Skld: Kopf, Hals, Unters. rotbraun, nur Bürzel weiß (siehe 5c!)
Sichelstrandläufer, **C. ferrugínea**, Pont.
Wkld: Oberkopf, Rücken dunkel, Bürzel weiß. D

57 a Halsbandregenpfeifer, b Flußregenpfeifer, c Seeregenpfeifer.

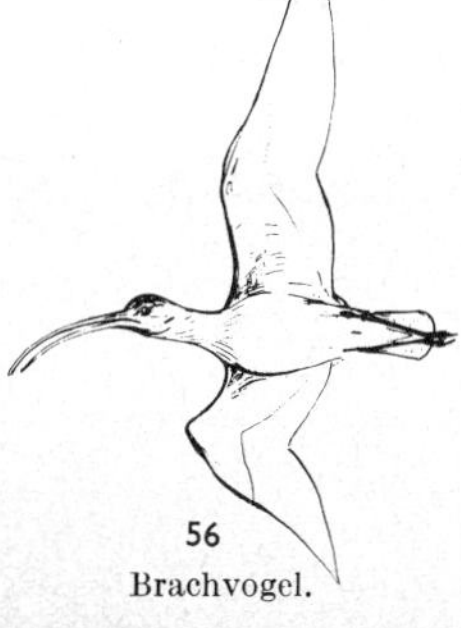
56
Brachvogel.

58
1 Zwergstrandläufer, 2. Alpenstrandläufer, 3 Sichelstrandläufer.

	Alpen- od. Brauner Strandläufer [58.2] **Calidris alpina**	Sichel- od. Bogenschnäbliger Strandläufer [58.1] **Cal. ferruginea**	Zwerg- od. Kleiner Strandläufer [58.1] **Cal. minuta**	Temminck- od. Grauer Strandläufer **Cal. temminckii**
Größe:	etwa wie Star		etwa wie Rotkehlchen	
Gestalt: Figur:	untersetzt, gedrungen, plump, buckelig	stattlich, schlank, zierlich anmutig	gedrungen, wie zierlicher Alpenstrandläufer	gedrungen, kleiner als Zwergstrandläufer
Körperhaltung stehend:	horizontal, Hals eingezogen		Brust gesenkt, Hals stark eingezogen	
Schnabel:	kopflang, am Ende leicht gebogen	schlank, im ganzen abwärts gebogen	gerade, kurz	gerade, kurz
Beine:	kürzer (schwarz)	länger (olivgrau)	kurz (schwarz)	kurz (olivgrün)
Färbung u. Zeichnung: Kopf:	dunkle gestrichelte Kopfplatte, heller Überaugenstreif	dunkle Kopfplatte rostbraun, auffallend heller Überaugenstreif u. Schnabelgrund	Oberkopf mehr grau, Überaugenstreif nicht auffallend	Oberkopf mehr grau, Überaugenstreif nicht auffallend
Rücken:	Skld. schwarzbraun, rotbraune Federsäume; Wkld. grau	Skld. lebhaft rostbraun od. zimtbraun; Wkld. grau	Skld. bräunlich Wkld. grau	Skld. graubräunlich, Schulter V-förmig hell abgesetzt; Wkld. mausgrau
Bürzel:	dunkel	weiß	dunkel	dunkel
Schwanz:	Mitte dunkel außen heller	sehr dunkel Außensaum hell	Mitte dunkel außen grau	Mitte dunkel außen weiß
Unterseite:	Brust fein gestreift, Skld. schwarzer, großer Bauchschild. Wkld. weiß	Skld. dunkel rostfarben, Flanken gebändert. Wkld. weiß, Brust zart getönt	weiß	weiß
Verhalten: Auftreten:	ruhig („bequem"), hastig schreitend; friedlich, lüftet vor Auffliegen die Flügel. In großen Massen, einheitliches Flugschwenken	beweglicher als Alpenstrandläufer; streitlustig. Weniger zahlreich; oft zusammen mit Alpenstrandläufer	sehr beweglich, eilig trippelndes abschnittsweises Laufen; gesellig; im Flugverband dicht gedrängt	ähnlich wie Zwergstrandläufer; weniger gesellig. Häufig im Binnenland
Stimme:	kurz u. hoch: tirr..trüü schwirrendes nasales Trillern	weich: dürrit oder djrrip	weich klirrend: dirr.dirrit.it.it (auf- u. absteigend) od. leise: pit.pité.pit.bit	kurz u. hart: tirr..tirr oder dsiürr (auch zwitschernd)

5. L 20. Heller, sehr lebhafter Strandrenner. Skld: Kopf, Hals, Obers. rotbraun, Brust weiß . . . . Sanderling, **C. alba** (Pall.)
Wkld: Fast weißer Kopf, hellgrauer Rücken, dunkle Flügel mit auffallend heller Längsbinde

— L 21. Besonders plump. Kurze Beine, diese u. Sbasis gelb. Wkld: Kopf, Brust, Obers. tief braungrau.
Meeresstrandläufer, **C. maritima** (Brünn.)
Skld: Federn der Obers. braun gerändert. W D

— L 25,5. Beine grünl., S schwarz. Skld: Schön rostrot (5a: kleiner u. gebog. S!). Obers. gefleckt, Unters. einfarbig.
Knutt od. Isländ. Strandläufer, **C. canútus** (L.)
Wkld: Oben schiefergrau, schuppig, unten weiß. An d. Küsten Z.

b) **Totaníni (Tringíni)**, Sumpfläuferartige

1. S gerade od. leicht aufgebogen. Langbeinig. L 20–30,5 . . . . . *2*

— S ganz gering abwärts gebogen.
Sumpfläufer, **Limícola falcinéllus** (Pont.)
Schnepfenähnliche Gestalt. Braune Obers., doppelter Augenstreif (s. Calidríni 4a!). Sehr klein: L 16,5. D

2. Größer: L 28–30,5 . . . . *3*

— Kleiner: L 20–23 . . . . *6*

3. S länger: 50–64 mm. *4*

— S kürzer: 38,5–45,5 mm *5*

4. L 30,5. Skld: Rußschwarz m. weißen Flecken u. dunkelroten Beinen.
Dunkler Wasserläufer, **Tringa erýthropus** (Pall.)
Wkld: Aschgrau ohne leuchtend weiße Flbinde (vgl. 5b!). Beine hellrot. D

— L 30,5. Beine u. Swwurzel grün, Bürzel u. Unterrücken weiß Grünschenkel, **T. nebularia** (L.)
Fl dunkel, ohne jede helle Zeichnung. D [*59*]

59

Grünschenkel.

5. L 28. Sbasis bis -mitte u. Beine orangerot. Bürzel u. Unterrücken weiß. Flügel dunkel mit leuchtend weißem Hintersaum.
Rotschenkel, **T. tótanus** (L.)
Stimme: „djüü . djü . djü". Strandwiesen

— ♂ L 29, ♀ ca. 20. ♂ Skld: Färbg. sehr variabel mit großer spreizbarer Halskrause u. Ohrbüscheln. Gesicht voller roter Warzen
Kampfläufer, **Philómachus púgnax** (L.)
Wkld u. ♀: Obers. bräunl. geschuppt. H lichtbraun. Flbld: Beiderseits Swurzel weiße ovale Flecken. Vor allem an d. Küste

6. S gerade *7*

— S aufgebogen. L 23. Obers. hellbräunlichgrau, Unters. weiß, Beine lebhaft gelb. I
Terek-Wasserläufer, **Tringa cinérea** (Güld).

7. L 23. Obers. sehr dunkel, weit großgefleckt: Skld stärker, Wkld schwächer, Beine grünl. . . . . Waldwasserläufer, **T. ochropus** L.
Bürzel (Flugbild!) leuchtend weiß, dgl. Sw mit wenigen schwarzen Bändern. An Waldgewässern

— L 20. Obers. dklbraun, dicht kleingefleckt. Bürzel weiß, Sw (Bänderung) dunkler als vor., Beine grüngelbl.
Bruchwasserläufer, **T. glaréola** L.
In offenem Gelände

— L 20. Obers. olivgrünbraun. Unvollständiges, vorn offenes, schmutzig braunes Brustband. Unters. weiß, Unterschwanzdecke gebändert.
Flußuferläufer, **T. hypoleucos** (L.)
Fluß- u. Bachufer. Sehr lebhaft u. ruffreudig: durchdringend „hidididi..hididi..."

3. Unterfam. **Limosiinæ**, Ufer- u. Brachschnepfen

a) **Limosiini**, Uferschnepfen

1. Groß: L 41. Beine lang, S gerade. Sw weiß, Ende schwarz Uferschnepfe, **Limósa limósa** (L.)
Flbld: Weiße Flügelbinde. Skld: Kopf, Hals, Brust rotbraun, Bauch weiß, Flanken gebändert [*55*]. Wkld: grau. Z W

— Kleiner: L 38. Beine kürzer, S deutl. aufgebogen, Sw gebändert. Skld: Kopf, H, ganze Unters. rotbraun. . . Pfuhlschnepfe, **L. lappónica** (L.)
Wkld: graubraun. Z W

b) **Numeniini**, Brachschnepfen

1. L 53–58. Gelbbraun, dicht längsgestreift, sehr langer S [*56*]. Großer Brachvogel, **Numénius arquáta** (L.)
Vieltöniger Einzelruf „tlaüih" u. „queirich-queirich". In Mooren

— L 41. Wie vor., aber Scheitel schön hellgelbl. gestreift. Auf dem Zuge, bes. an d. Küsten . . . . Regenbrachvogel, **N. phǽopus** (L.)

— Der ebenso große (L 41) Dünnschnabelbrachvogel, **N. tenuiróstris** Vieil. hat ungestreiften Kopf. I.

4. Unterfam. **Scolopacínæ**, Echte Schnepfen

1. L 34. Dick, plump. Rotbraun gebänderter Scheitel u. eng gebänderte Unters. . . . . Waldschnepfe, **Scólopax rustícola** L.
Dämmerungsvogel. Eulenartiger Flug. Laub- u. Mischwald [*54*].

— L 27–29. Heller Scheitelmittelstreif, Füße grünl., S sehr lang . . *2*

— L 19. Scheitel dunkelgestreift, Füße grünl. *3*

2. Größer: L 29. Äußere Steuerfeder weiß, 16 Steuerfedern. Auffliegen: stumm, geradeaus. Seltener B u. D Große Bekassine, Doppelschnepfe, . **Gallinago media** (L.)

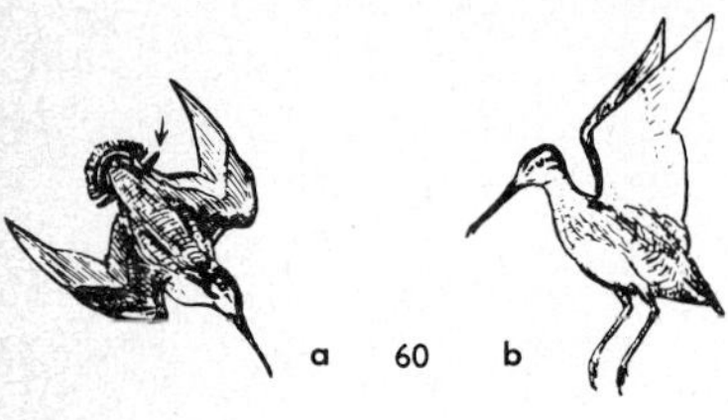

Gemeine Bekassine: a Balzflug, „meckernd"; b einfallend.

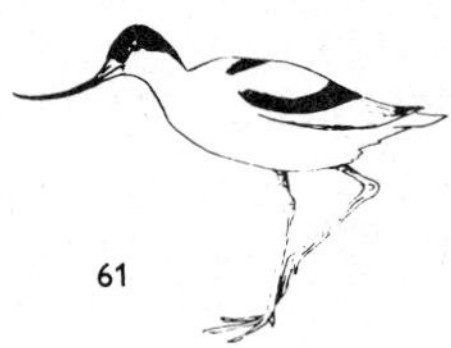

Säbelschnäbler.

— Kleiner: L 27. Sw bräunl., 14 Steuerf.
Auffliegen: rätschend, zickzack [*60*]. Äußere Steuerfedern [*60a* Pfeil] erzeugen beim Balzflug das Meckern = „dududu...". Stimme: „tücke . tücke . tücke". Sumpfwiesen, Moor
Gem. Bekassine, Sumpfschnepfe, **G. gallinágo** L.

3. L 19. Dunkelbraun, dunkler Scheitelmittelstreif. Sw mehr keilförmig, einfarbig dunkel. Helle Rückenstreifen. Flug fledermausartig. Selt. D Zwergschnepfe, Kleine (Stumme) Bekassine, **Lymnocrýptes mínimus** (Brünn.)

3. Fam. **Recurviróstridæ**, Säbelschnäbler

1. L 38. Weiß; Fl ganz schwarz, sehr lange rötl. Stelzbeine: im Flug bis 18 cm frei nach hinten ragend. S gerade. Seltener I . . Stelzenläufer, **Himántopus himántopus** (L.)

— L 43. S aufgebogen, weiß, Oberkopf u. Nacken schwarz, auf d. Rücken 2 breite schwarze Streifen [*61*].
Säbelschnäbler, **Recurviróstra avosétta** L.
Seltener B an N- u. O-see

4. Fam. **Phalaropódidæ**, Wassertreter

1. L 20. S verhältnism. dick, vor der Mitte abgeflacht. Skld: Unters. rostrot, Gesicht weiß. Wkld: Unters. weiß, Rücken grau, ungestreift. Seltener I u. Z, vor allem Küstengebiete Plattschnäbl. Wassertreter, Thorshühnchen . . . **Phalåropus fulicårius** (L.)
— L 18. S dünner. Skld: Hals rostrot, Kehle weiß. Wkld: Unters. weiß. Rücken dunkel gestreift. Vorkommen wie vor. [*62*]
Dünnschnäbl. W., Odinshühnchen, **Ph. lobátus** (L.)

2. Unterord. **Lari**, Möwenartige Vögel

Möwen u. Seeschwalben sind an den langen, spitzen Flügeln [*64*, *66*], besonders ihrem langen Armteil u. wenig hastigem, gleichmäßigem Ruderschlag im Flug zu erkennen. Dunenjunge: Typus des Platzhockers! (s. Anm. auf S. 495)

1. S kräftig. seitl. zusammengedrückt. Oberschnabel hornig, 4teilig; Vorderteil starker, spitzer Haken. Unterschn. winklig nach unten vorspringend [*63*] . . . 2. Fam. Raubmöwen, **Stercorariidæ** S. 487
Mittelste Swfedern ± verlängert, Gefieder ± dunkel bis bräunlich
— Oberschnabel hornig, ungeteilt, sonst wie [*63a*]. Mittelste Swfedern nicht verlängert[1] . . . . 1. Fam. Möwen, **Láridæ** *2*
Gefieder weiß od. grau, Obers. auch schwarz
2. S kräftig, vorn hakig. Sw ungegabelt
1. Unterfam. Echte Möwen, **Larínæ** S. 485
— S schlank u. spitz. Sw gegabelt
2. Unterfam. Seeschwalben, **Sterninæ** S. 486

1. Fam. **Láridæ**, Möwen
1. Unterfam. **Larínæ**, Echte Möwen

Stimme der versch. Möwenarten sehr ähnlich: tief gackernd od. kichernd bzw. miauend.

1. Obers. u. Flügel schwarzbraun od. schwarz *4*
— Obers. hellgrau, Handschwingen weiß *5*
— Nur Flügelenden schwarz, mit od. ohne Weiß oder nur weiß . . . *2*
2. Kopf weiß, Flügel u. Rücken grau *3*
— Kopf schwarz *7*
3. Flügelenden schwarz mit weißer Spitze *6*
— Flügelenden schwarz ohne weiße Spitze. Beine schwarz. L 40. Hinterzehe kurz stummelförmig. . . Dreizehenmöwe, **Rissa tridáctyla** (L.)
Stimme: „gägägä-kiij" u. „ök ök". Iuv: dunkles Band schräg über d. Flügel. Schwarzes Band im Nacken u. Schwanzsaum. W an der Küste
4. Sehr groß: L 74. Beine fleischfarben. Stimme: tief u. rauh „gouk.. gag". . . . . Mantelmöwe, **Larus marínus** (L.)
Meist paarweise, iuv.: bräunl. schuppig, kräftig dunkel längsgefleckt, Swende schwarz, Swbasis weiß
— Kleiner: L 53. Beine gelb bis orange. . . Heringsmöwe, **L. fuscus** L.
Stimme: „ag-ag...kijah...kijah". Iuv: wie vor., nur kleiner, aber Swende heller, Swbasis trübe
5. Sehr groß: L 66–81. S sehr groß. Beine fleischfarbig. Iuv: bräunlich, Seltener W
Eismöwe, **L. hyperboréus** Gunn.
— Kleiner: L 56–66. S schwach. Beine wie vor. Iuv: hell braungrau. Seltener W
Polarmöve, **L. glaucoídes** Meyer[2]
6. Groß: L 56. Beine gelb. S gelb mit rotem Fleck vorn unten.
Silbermöwe[3], **L. argentátus** Pont.

---

[1] Ausnahme die seltene Rosenmöwe, **Rhodostéthia**, NO-Asien. Sehr seltener I.

[2] Die sehr seltene polare noch kleinere (L 45) Elfenbeinmöwe Pagóphila ebúrnea (Phipps) hat ganz reinweißes Gefieder und schwarze Beine.

[3] Herings- u. Silbermöwe gehören vermutlich in den gleichen Formenkreis, da ihre Formen von Europa über Asien-Nordamerika wieder nach Europa eine vikariierende Kette bilden.

Stimme: Ähnlich Heringsmöwe, auch „kjauh-kjauh“...kja.ag.ag“ [*64*]. Iuv: 1. Jugendkleid einfarbig braun, 2. Winter: heller, dunkle Schwingen u. Swende, Swbasis weiß. Vor allem N-see

— Kleiner: L 45. Beine u. S grüngelb . . . . Sturmmöwe, **L. canus** L.

Stimme: „guija..yajak“., höher als vor. Iuv: wie vor., aber scharf begrenzte schwarze Swbinde. N- u. O-see

7. Größer: L 38. S u. Beine leuchtend rot. Flügelenden weiß mit schwarzem Hinterrand . . . . Lachmöwe, **L. ridibúndus** L.

Stimme: „krrr..gegegek..kriäh“. Iuv: Kopf weiß, Nacken, Wangen u. Brustseite dunkel gezeichnet. Sw-endbinde sehr schmal. Im Wkdl Hals u. Kopf weiß. Auch im Binnenland

— Kleinste: L 28. Fl-unters. dunkel. Hinterrand weiß, kein Schwarz am Fl-ende. . . . . Zwergmöwe, **L. minútus** Pall.

Stimme: „keck.keck.kiëih“. Iuv: Wie Dreizehenmöwe, ohne Nackenband. Einzeln B an der Küste. Selten

62
Odinshühnchen schwimmend, daneben: Fuß.

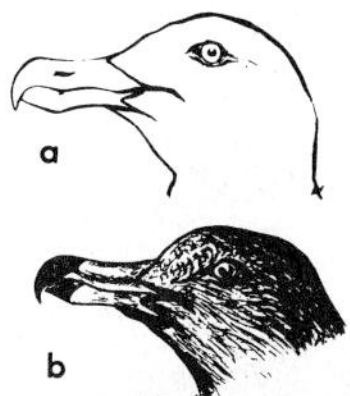

a
b
63
a Silbermöwe, b Große Raubmöwe.

64
Silbermöwe, Flugbild.

2. Unterfam. **Sterninæ**, Seeschwalben

Seeschwalben haben Gabelschwanz u. wippenden Flug. Rütteln u. stoßtauchen gern. Skld fast durchweg mit schwarzem Oberkopf; Wkld mit wenigen Ausnahmen ± weit nach hinten reichende, nicht scharf abgegrenzte weiße Stirn u. stets schwarzer bzw. dunkler S. Stimme: klirrende Einzelrufe.

1. Ganzer Kopf schwarz. Swgabel wenig tief. *2*

Lebensraum Binnengewässer

— Nur Oberkopf schwarz (Skld). *3*

2. Körper schwarz. Fl-obers. grau, Fl-unters. hell. L 24.
Trauerseeschwalbe, **Chlidónias nigra** L.

Stimme: Wenig ruffreudig „klink“. Wkld: Helle Stirn u. Nacken, Schultern dunkel. Tiefland, vor allem an verlandenden Seen u. Mooren

— Körper schwarz, Flvorderrand oben u. Sw weiß, Flunters. schwarz. Wkld wie vor., ohne dunkle Schulter. Selten . . Weißflügelseeschwalbe, **Ch. leucóptera** (Temm.)

3. S rot *4*

— S gelb (Sommerkld), Spitze schwarz, scharf abgesetztes weißes Stirnband. L 20. Wkld nur Sgrund gelb; weiß bis zum Scheitel, unscharf abgesetzt. Stimme: „kerret . wih-ik“. Selten an N- u. Oseeküste, auch an Binnengew.
Zwergseeschwalbe, **Sterna álbifrons** Pall.

4. Sehr groß: L 53. Wkld: Vdkopf nur schwach aufgehellt. Stimme tief: „kräik“. Meeresküsten (Sylt, Zingst)
Riesen- od. Raubseeschwalbe, **Hydroprógne cáspia** (Pall.)

— S schwarz *8*

— Bedeutend kleiner: L 35–38 . . . . *5*

5. S vorn schwarz *6*

— Ganzer S rot *7*

6. L 35,5. Nur Schnabelspitze scharf abgesetzt schwarz. Flügelspitzen überragen beim Sitzen Sw nicht.
Flußseeschwalbe, **Stérna hirúndo** L.

Ruffreudig „kirri-kirri...krriää“, klirrend. Binnengewässer u. Flachküsten des Meeres [*65a*].

— S bis weit über die Mitte schwarz. L 38. Sw tiefgegabelt, überragt im Sitzen die Fl-spitzen weit. Meeresküste, Heimat Weuropa. B höchstens auf Amrum
Rosen- od. Paradiesseeschwalbe, **St. dougálli** Mont.

7. Klein: L 25. Bauch u. Hals grau, Wangen weiß. Swgabel wenig tief. Wkld: Stirnscheitel weiß, nur Nacken schwarz. Selten
Weißbartseeschwalbe, **Chlidónias hýbrida** (Pall.)

— Größer: L 38. Unters. weiß. Tiefe Swgabel. Sw im Sitzen wenig länger als Fl. Kurzbeinig . . . Küstenseeschwalbe, **Sterna paradisea** Pont.
Meeresküste. Stimme wie Flußseeschwalbe u. „kerrr...kjärr“ [*65b*]

8. Größer: L 40. S mit gelber Spitze! Zottige Hinterkopfhaube. Meeresküste, selten
Brandseeschwalbe, **St. sandvicénsis** Lath.

— Kleiner: L 38. S stärker, ohne gelbe Spitze, Swgabel weniger tief. Wkld: Reinweißer Oberkopf, nur schwarzer Ohrfleck. Stimme: Laut lachend, „hähähäg“. Meeresküste u. Ismaning (Oberbayern) . . . . . . Lachseeschwalbe, **Gelochélidon nilótica** (Gm.)

2. Fam. **Stercoraríidæ**, Raubmöwen

Auftreten vereinzelt u. nicht häufig. Jagen in der Regel anderen Seevögeln die Beute ab. Hochnordische Meeresvögel. Auf dem Zuge u. im Winter an unseren Küsten u. als seltene I im Binnenland.

1. Groß: L 58 (wie Silbermöwe). Plump, dunkel (braun). Flbld: heller Fleck auf d. Handschwingen, Sw keilförmig. Nicht zahlreicher, aber regelmäßiger W
Große Raubmöwe, **Stercorárius skua** (Brünn.)

— Mittl. Steuerf. überragen ± weit Swende. *2*

2. Mittl. Steuerf. spitz *3*

— Mittl. Steuerf. stumpf u. längsverdreht *4*

3. L 53; zieht man davon die 20 cm langen mittl. Steuerf. ab, so ergibt sich dem Aussehen nach Größe der Lachmöwe. Stimme: „i..i..ah“. Sehr seltener W auf unseren Meeren . . . . Kleine R., **St. longicaúdus** Vieil.

— Etwas kleiner: L 46, abzgl. mittl. Steuerf. wie Lachmöwe. Stimme „kiaua“. Regelmäßiger und häufiger W . . . . Schmarotzer-R., **St. parasíticus** (L.)

4. L 51, abzgl. mittl. Steuerf. L 41 (wie Sturmmöwe). Stimme: „ii..jäh...“ Häufigste Raubmöwe. W an unsern Küsten, I weit im Binnenland [*66*]
Mittlere R., **St. pomarínus** (Temm.)

3. Unterord. **Alcæ**, Alken

Hochseevögel. Flügeltaucher. Hinterzehen fehlen od. ganz klein. Haltung auf dem Wasser: S kormoranartig: angehoben (Lund nicht!); Sw schwimmentenartig: nach oben; an Land: taucherartig: Körper ± aufgerichtet; Flug: schwirrend, bei Landung Beine seitl. abspreizend.

1. Klein: L 23–25. S sehr kurz. Wkld: Kehle, Hals, Brust weiß. Skld: Kopf, Hals, Brust schwarz. Stimme: „quie...quie.“ W in Nordsee, selten Ostsee. (In Skandinavien Alkenkönig genannt) . . . . Krabbentaucher, **Plautus alle** (L.)

— Größer: L 30–42 . . . . *2*

2. Schnabel spitz, schlank *3*

— Schnabel hoch, plump, seitl. zusammengedrückt *5*

3. Kleiner: L 34. Wkld: weißlich, Flspiegel leuchtend weiß, Flspitzen schwarz. Skld: ganz schwarz, leuchtend weißer Flspiegel. Stimme fiepend. W, selt. in N-, häufiger in Ostsee . . . . Gryllteiste **Cepphus grylle** (L.)

— Größer: L 42 . . . . Lummen **(Uria)** *4*

a

b

65

a Flußseeschwalbe,
b Küstenseeschwalbe

66

Mittlere Raubmöwe, Flugbild.

67

Vorbeistreichender Kuckuck.

4. Schnabel dünn. Wkld.: Wange hinter d. Auge weiß m. schwarzem Strich; Kehle, Hals weiß. Skld: Kehle u. Hals ganz schwarz. Stimme: „örrr..rrra" B auf Helgoland, sonst W auf unseren Meeren [*67a*]
Trottel- od. Dünnschnabellumme, **Uria aálge** (Pont.)
Mutante: Weißer Augenring u. Ohrstrich: . . Ringel-Lumme, aberr. **rhíngvia** Meyer

— Schnabel dick. Wkld: Wange hinter d. Auge schwarz; Kehle u. Hals weiß. Skld: Kehle u. Hals schwarz, Schnabelwinkel hell. Hochnordisch, südl. sehr selt. W
Dickschnabellumme, **U. lómvia** (L.)

5. Größer: L 40. Schnabel kräftig: Oberschn. mit hohem First u. weißem Streif bis zum Auge; Unterschn. vorn winklig nach unten vorspringend, weißer Streif nach unten rückwärts. Wkld: Kehle, Wange, Hals, Brust weiß. Skld: Kopf, Kehle, Hals schwarz, weißer Zügelstreif. Stimme: „querr..arrr", „hauw" od. „prauw". B auf Helgoland, sonst W auf unsern Meeren [*67b*] . . . . . . Tordalk, **Alca torda** L.

— Viel kleiner: L 30. Hoher, bunter (rot, blau, gelb) dreieckiger Schnabel. Skld: Wange weiß. Wkld: Wange trübgrau. Iuv: S wesentlich niedriger. Seltener I auf den Meeren [*67c*] . . . . Lund, Papageitaucher, **Fratércula árctica** (L.)

67a

67b

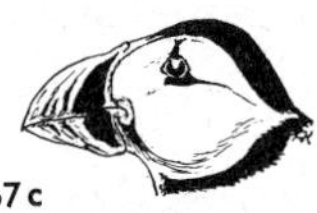
67c

12. Ord. **Cuculifórmes**, Kuckucksähnliche Vögel

Fam. **Cucúlidæ**, Kuckucke

Von der großen vielgestaltigen Ordnung nur eine Art im Gebiet. Schnabel sanft gebogen. Nasenloch rundlich, mit röhrenart. Ansatz. Flügel spitz, Schwanz lang, Lauf kurz, oben befiedert. 2. Zehe mit Wurzelglied der 3. verwachsen; 4. Zehe wie die 1. nach rückwärts gerichtet [*68*]. Brutschmarotzer bei Singvögeln. Eier nach Färbung u. Größe dem Wirtsvogel angepaßt. Nesthocker.

♂ ad: L 37. Kopf, Hals, Brust u. Rücken blaugrau. Bauch sperberartig gebändert. ♀ grau od. rotbraun gebändert. Iuv: Der ganze Vogel gebändert, mit weißem Nackenfleck . . . . . Kuckuck, **Cucúlus canórus** L.
Flbld dem des Sperbers od. Turmfalken ähnl. (Schwanzlänge! [*67*]). Kleinvögel pflegen auf ihn zu hassen. ♀ kichert „kichichich..."

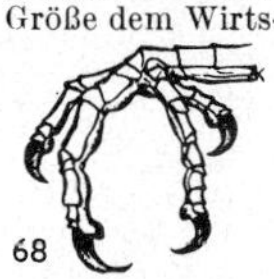
68
Fuß vom Kuckuck.

13. Ord. **Strigifórmes (Striges)**, Eulen

Die Raubvogelnatur der Eulen ist eine rein zufällige Parallelerscheinung zu den Greifvögeln (Tagraubvögeln). Sie stehen in mancher Beziehung den Coraciifórmes nahe (Gadow, Fürbringer), zeigen aber gegenüber diesen so viele Besonderheiten, daß sie u. die beiden folg. Vogelgruppen (Nachtschwalben u. Segler) als selbständige Ordnungen zu führen sind. Eulen sind demnach an nächtliche Jagdweise angepaßte Vögel mit räuberischer Lebensweise: hochentwickeltes Gehör, weiches, Fluggeräusche dämpfendes Gefieder; Augäpfel: a) teleskopartig gestreckt mit großem Skleralapparat[1] (Irisblende aus gegeneinander verschiebbaren Knochenplättchen), b) unbeweglich in der Augenhöhle starr nach vorn gerichtet (Vergrößerung des Gesichtsfeldes daher nur durch Kopf- u. Halsbewegungen). – Um das Auge Gesichtsfedern strahlig als „Schleier" angeordnet (s. Anm. auf S. 471). Grundglieder der Mittel- u. Außenzehe stark verkürzt, diese weit abspreizbar (Wendezehe). Deutsche Eulen alle bis zu den Zehen befiedert. Eulen nehmen überrascht, ähnlich wie Rohrdommeln, eine Art Pfahlstellung ein: bei starrer Aufrichtung des Körpers enges Anlegen der Flügel u. des Gefieders (besonders Tyto u. Otus). – Nesthocker.

1. Schleier vollständig, dreieckig herzförmig. Zehen nicht befiedert, sondern borstig. Ohne Ohrbüschel. Fam. Schleiereulen, **Tytónidæ** S. 489

[1] Einen Skleralapparat besitzen ± ausgeprägt alle Vögel, auch schon die jurassischen Archæoptéryges!

— Schleier vollständig od. unvollständig, von anderer Form. Zehen meist befiedert. Manche mit Ohrbüscheln. Fam. Kauzeulen, **Strígidæ** S. 489

1. Fam. **Tytónidæ**, Schleiereulen

Langbeinig, Zehen borstig. Unterer Teil d. Laufes nur mit haarförm. Federn bedeckt, die basal flaumig sind. Krallen d. Mittelzehe gekämmt. Augenhöhlen klein, ihre Trennwand lufthaltig aufgetrieben.

Nur 1 Art: L 34. Obers. grau mit feinen schwarz-weißen, gereihten Fleckchen („Perleule"). Schleier weiß, lang herzförm. [*69b*]. Unters. rostfarbig bis weiß, ± gefleckt. . . . . Schleiereule, **Tyto alba** Scop.

Stimme: heiser kreischend „chrüüüh..", im Sitzen schnarchend od. „wie ein Teekessel" summend. 4 Var. nach verschiedener Färbung der Unterseite.

2. Fam. **Strígidæ**, Kauzeulen

1. Mit ± großen Federohren . . . . Ohreulen, **Buboninæ** *2*

— Keine Federohren (höchstens obere Schleierrandecke aufgerichtet; siehe 6c [*72a*]) *4*

A. **Buboninæ**, Ohreulen

2. Sehr groß: L 66–71 [*70c*]. Tiefbraun, dkl. längsgestreift u. gebändert; mit weißl. Kehlfleck. . . . . Uhu, **Bubo bubo** (L.)

Ruf: „bbubo" u. dumpf „huhuu.." Felsige Wälder. Der Ausrottung nahe [*69*]

— Mittelgroß: L 36–38 . . . . *3*

— Klein: L 19. Rindenfarbig: graubraun, hell u. dunkel gefleckt u. gemustert. Stimme monoton „kju......kju..." Südeuropäisch. B in Steiermark. Gelegentlich I
Zwergohreule, **Otus scops** (L.)

a b c d
69

a Sperbereule, b Schleiereule,
c Sumpfohreule, d Waldohreule.

a b c
70

a Waldkauz, b Habichtkauz, c Uhu.

3. Gelblichbraun, längsgestreift, Federohren sehr klein [*69c*].
Sumpfohreule, **Asio flámmeus** Pont.

Ruf: „käw..käw" u. „bububu". B und Z W als Z. Oft in Trupps. Flügel schlank, Unters. mit dklem. Fleck. Flug nicht ungeschickt, aber „schlappig", klatscht mit den Flügeln! Freies Gelände

— Braun, längsgefleckt. Federohren groß [*69d*]. Augen feuerrot.
Waldohreule, **A. otus** (L.)

Ruf: „huh.húhh..huh.húhh". In waldigem Gelände.

4. L über 35. Unters. weiß, quergebändert . . .Tageulen, **Nyctínæ** *9*

— Kleiner: L unter 30, hellbäuchig; od. größer: L 38–68, dunkel. In beiden Fällen stets längsgezeichnet . . . . . . Käuze, **Syrnínæ** *5*

Art	Biotop	Aktivitäts-Zeit	Ruf
Schleiereule	auf Dachböden größerer Gebäude: Scheunen, Ställen, Kirchen B	vor und um Mitternacht	im Flug heiser: chrü.ü.üh.üh.. sitzend: schnarchend oder summend
Uhu	felsige Waldgegenden; Bestand gefährdet B	reiner Nachtvogel	bbubo; dumpf: huhuhuu..huhuhuu
Zwergohreule	kleine Baumbestände, auch Nähe von Gebäuden sdl. Z u. I	Nachtvogel	kju..kju..: monoton (ähnlich Unkenruf)
Sumpfohreule	sumpfiges freies Gelände; während Zug auf Ackerfeldern B Z	Abend-Dämmerung und bei Tag (Flug: schaukelnd)	käw..käw.. bububu = im Balzflug (mit Flügelklatschen)
Waldohreule	(Nadel-) Waldränder, Schonungen, Stangenholz B	ruft vor Mitternacht	heulend („klagend"): huhuhúh..hu.huhh (nicht so tief wie Uhu)
Zwerg- oder Sperlingskauz	Nadelwald im Gebirge B	im Dämmern, auch am Tage rege	pfeifend: kiju.. bzw. monoton gimpelartig: djühb..djüb..
Rauhfußkauz	Nadel- u. Mischwald: Altbestände (= Nisthöhlen!) B	rein nächtlich	dudduddudd..zirr (= Schlußtriller, oft wie: wiwiwirr..)
Steinkauz	Park, offene Kulturlandschaft, Kopfweiden B	Abend-Dämmerung, auch am Tage rege (Flug: lang – wellenförmig)	giff..giw.giw..kuuick.. kuuik..kuiwitt.. (= „komm mit") Lockruf: weich..ghuk..
Waldkauz	Wald – Park, große Gärten B	von Dämmerungsbeginn bis nach Mitternacht	tremolierend: trüh..trüh...trüühh..... heulend: huhu..huuuh.. kuhwitt.. oft sehr lärmend
Habichtseule = Uralkauz	Mischwald, selten NE-I	Nachtvogel	rauh – bellend: hau..hau..haueck..
Bartkauz = Lapplandeule	dichte Wälder, selten NE-I	Nachtvogel	brummend: hu.hu.hu schrill: kiwick
Sperbereule	Nadelwald, im offenen Gestrüpp auf „Anstand-Warte" Z	Tagvogel (aggressiv!)	falkenähnlich: gellend: kikikiki..
Schnee-Eule	offenes Gelände (Tundra) seltener ndl. I	Tagvogel	Krau..rau

B. Syrnínæ, Käuze

5. Kleiner: L 19–25 . . . . *6*
– Größer: L über 38 . . . . *7*

6. Kleinste Eule: L 19. Obers. dunkelbraun. Wippt mit dem deutlich weißgebänderten Sw [*71*]. Ruf: Pfeifend „kiju" u. „djühb.djühb.." B in Gebirgen u. in Ostpreußen Zwerg- od. Sperlingskauz, **Glaucídium passerínum** (L.)

— Größer: L 22. Gestalt rund. Der kurze, undeutl. gebänderte Sw fällt kaum auf. Augen schwefelgelb. Obers. dklbraun, Unters. hell mit dklen Längsstreifen . . . . Steinkauz, **Athéne nóctua** (Scop.) [*72* u. *73*]. Knixt im Sitzen. Ruf (auch am Tag): „giff..giw" – „kuuick.kuick.." – „kuiwitt" (= „komm mit")

— L 25. Gestalt ähnl. vor., aber hellbraune Grundfarbe. Im scharf begrenzten weißen Schleier schräggestellte schwarze Längsflecken, in denen die schwefelgelben Augen stehen [*72a*]. Stimme: „dudduddudd" in Triller übergehend u. endend. Nadelwald. Lüneburger Heide u. Gebirge. Selten. . . . . . Rauhfußkauz, **Aególius funéreus** (L.)

7. L 38. Großer, runder Kopf, große „freundliche" dunkle Augen [*70* u. *74*]. Graue od. braune Grundfarbe, dkl längsgestreift u. gebändert. Waldkauz, **Strix alúco** (L.)
Macht am Brutplatz viel Lärm: „kwitt-kuitt....kiuwitt...kuwitt.....huhu huúuh" mit darauf folgendem tremolierendem „trüh trüh truühh.." Wald, Park

— L 61–68 . . . . *8*

8. Kleiner: L 61. Dunkle Augen. Mehr bräunlich, wie ein junger Habicht längsgestreift [*70b*]. Schleier zart radialgestreift. Ruf: Bellend „hau hau". Mischwald, Ostpr. u. Böhmerwald. Selten I . . . . Habichtseule, Uralkauz, S. **uralénsis** Pall.

— Größer: L 68 (fast wie Uhu, aber schlanker), gelbe Augen. Düster grau, dunkel längsgestreift. Schleier zart ringgebändert. Dunkler Bartfleck. Ruf: Brummend, Nordeuropäisch. Selten I in Ostpr. . . . . . Bartkauz, Lapplandeule, S. **nebulósa** Forst.

C. Nyctínæ, Tageulen

9. Kleiner: L 36–40. Obers. dunkel, Schleier weiß, schwarz eingefaßt. Zuckt im Sitzen mit dem langen Sw. Jagt am Tage! Stimme gellend: „kikikikiki..." (falkenähnlich). Nordeuropäisch. Seltener W (bes. im O) [*69a*] Sperbereule, **Súrnia úlula** (L.)

— Sehr groß: L 54–66. Schneeweiß, etwas gebändert, Kopf groß, rund. Heimat: Tundren. Seltener I . . . . Schnee-Eule, **Nýctea scandíaca** (L.)

14. Ord. **Caprimulgifórmes**, Nachtschwalbenähnliche Vögel
Fam. **Caprimúlgidæ**, Nachtschwalben

Nacht- bzw. Dämmerungsvögel mit großen Augen, weichem Gefieder, kleinen Füßen. Mittelzehe (3.) sehr lang mit kammartig gezähnter Kralle. Hornschnabel klein, aber weit spaltende Söffnung.

— L 27. Gefieder dklbraun, in Zeichnung u. Musterung vorzügl. an Rinde u. ähnl. Untergrund angepaßt. Fl u. Sw lang. ♂ im Flug weißer Fleck an Handschwingen u. den äußeren Swfedern [*75*].
Ziegenmelker, Nachtschwalbe, **Caprimúlgus europæus** L.
Flügelklatschen. Stimme: Minutenlang anhaltendes an- u. abschwellendes Schnurren u. weiches „guig". Brachheide u. Moorland zwischen Kieferkusseln

71 Zwerg- od. Sperlingskauz.

72 a b
a Rauhfußkauz, b Steinkauz.

73 Feder von d. Unterbrust des Steinkauzes.

74 Feder von d. Unterbrust des Waldkauzes.

75 Nachtschwalbe, rüttelnd.

15. Ord. **Apodiformes,** Seglerähnliche Vögel

Fam. **Apodidae,** Segler

Schwalbenähnliche Vögel mit großen sichelförmigen Flügeln mit kurzem Oberarm u. großem Handskelet (vgl. [*1*].) Gewandte, pfeilschnelle Flieger.

1. Kleiner: L 16–17. Rußig braunschwarz, Kinn weißlich. Kurzer Gabelschwanz. Gesellig . . . . Mauersegler, **Apus apus** L.

Ruf: Durchdringend „srih. .srih". Vom 1. V. bis 1. VIII. in Großstädten häufig.

— Größer: L 21. Fahlbraun bis grau; Unters. weiß; breites dunkles Brustband. Stimme mehr trillernd. Im Süden des Gebiets (Freiburg seit kurzem, Schweiz, Österr., I in Sdtschld) . . . . Alpensegler, **A. melba** L.

16. Ord. **Coraciifórmes,** Rackenartige Vögel

Verhältnismäßig kurze Beine. Glieder der 2. u. 4. Zehe mit denen der 3. verwachsen, [*80, 1–3*]. Fußsohle platt, keine ausgesprochene Ballenbildung („Sitzfüße"). Gefieder ± bunt. Meist tropisch od. subtropisch, nur einzelne Vertreter im Gebiet. – Nesthocker.

1. Durch blau- u. grünschillernde Farben auffällig *2*

— Nicht solche auffäll. Farben, sondern rötl.-rostgelber Körper, Sw u. Fl schwarz-weiß gebändert. Aufrichtbare Federhaube mit schwarzen Spitzen . . . . Fam. **Upúpidæ,** Hopfe

Nur 1 Art. L 28. S lang, pfriemenförmig, schwach gebogen [*76*]. Stimme: dumpf „húb, bub, bub. ." Viehweiden in Waldnähe. Baumhöhlenbrüter
Wiedehopf, **Upupa épops** L.

2. Etwa dohlengroß. . . . . Fam. Racken, **Corácidæ**

Nur 1 Art. L 30. Kopf, Unters. u. Schulter hellblaugrün, Rücken kastanienbraun: Fl-enden schwarz; mittl. Steuerf. dklblau, seitl. Steuerf. außen grün, verlängerte Spitzen schwarz. S kräftig, schwach gebogen m. übersteh. Haken [*77*]. Stimme: „racke, racke. . ." u. „rräh". Flug schaukelnd. Baumhöhlenbrüter
Blauracke, **Corácias gárrulus** (L.)

— Kleiner *3*

3. Untersetzte Gestalt: relat. großer Kopf, kurzer Sw, seitl. zusammengedrückter, gerader, spitzer S. Sehr kleine Füße [*78*]
Fam. **Alcedínidæ,** Eisvögel

Nur 1 Art. L 16, Obers. metallisch blau u. blaugrün, Wangen u. Unters. kastanienbraun, Kehle u. Halsseiten weiß. S u. Füße rot. Stoßtaucher. Stimme: heller Pfiff „tiht. .tiht. . ." Erdhöhlenbrüter. An Gewässern . . . . Eisvogel, **Alcédo atthis** L.

— Schnabel deutl. gebogen. Sw über 5 cm Fam. Bienenfresser, **Merópidæ**

Nur 1 Art als I aus Seuropa. L 28. Gelbe Kehle, grüne Unters., Obers. braun u. gelb. Mittl. Steuerf. verlängert. Insektenfresser. Flug schwalbenartig. Stimme: „prürr". Erdhöhlenbrüter . . . . Europ. Bienenfresser, **Merops apiáster** L.

76 Wiedehopf.

77 Blauracke.

78 Eisvogel.

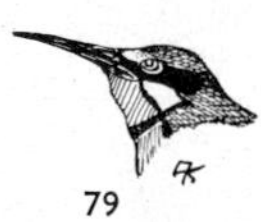
79 Bienenfresser.

17. Ord. **Picifórmes,** Spechtähnliche Vögel

Kurzer Lauf; Kletterfuß: II. u. III. Zehe nach vorn, I. u. IV. Zehe nach hinten gerichtet. III. u. IV. Zehe am kräftigsten u. annähernd gleich lang u. stark [*80a, b*]. – Baumhöhlenbrüter. Nesthocker.

Fam. **Pícidæ,** Spechte

Äußerste Schwanzfedern kürzer als die Unterswdeckfedern. Höhlenbrüter.

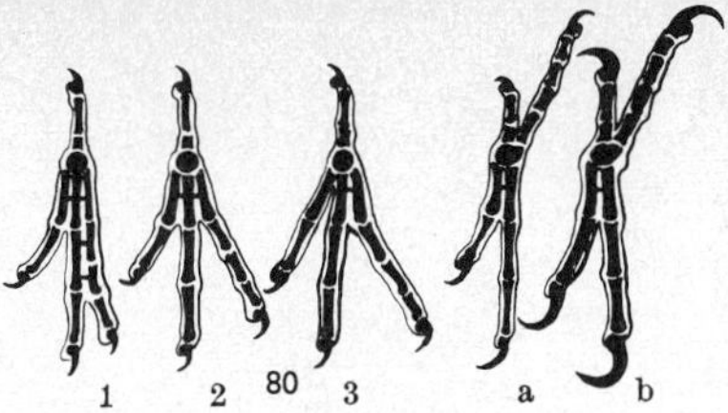

Schema der Syndactylie[1] der Zehen bei: 1 Eisvogel, 2 Blauracke, 3 Wiedehopf und bei den Kletterfüßen a des Wendehalses, b der Spechte.

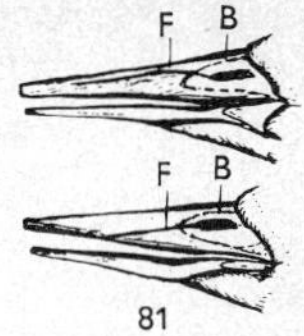

a Grünspecht-Schnabel, b Buntspecht-Schnabel. B = Borsten über dem Nasenloch, F = Nasenkiel.

1. Unterfam. **Jyngínæ**, Wendehälse

1. Schwanzfedern mit weichen Kielen u. rund endend. S spitz, First nicht scharfkantig. Nasenlöcher nicht mit Borsten bedeckt. L 16,5. II. Zehe klein [*80a*]. Gefieder graubraun, Unters. heller, Kehle, Brust u. Flanken gebändert, sonst grau, braun u. rostgelb rindenfarbig gemustert . . . . Wendehals, **Jynx torquílla** L.
Sträubt Scheitel- u. Nackenfedern u. verdreht merkwürdig den gestreckten Hals u. Kopf (Name!). (Schreckverhalten u. Balz?). Fertigt Bruthöhle nicht selbst.

— Enden der Swfedern spitz. Kiele starr. S keilförmig: harter, langer Meißelschnabel mit scharfkantigem First. Nasenlöcher mit Borsten bedeckt *2*
Wellenförmiger Bolzenflug. (s. Anm. auf S. 497). Zimmern Bruthöhle selbst.

2. Unterfam. **Picínæ**, Echte Spechte

2. Nasenkiel (Längsleiste auf dem S vom Nasenloch nach vorn, [*81a*]) parallel u. dicht am Schnabelfirst in Richtung Schnabelspitze. IV. Zehe immer kürzer als die III. Gern auf der Erde
Pícini, Erd- oder Grünspechte *3*

— Nasenkiel schräg abwärts auf den Schnabelrand zulaufend, etwa auf der Grenze zum letzten Drittel seiner Länge [*81b*]. IV. Zehe meist länger als die III. . . . . **Dendrocopíni**, Buntspechte *4*

3. L 32. Ganzer Scheitel bis zum Nacken rot, ausgedehntes Schwarz um d. Augen. Breiter schwarzer Bartstreif (♂ mit rotem Kern, ♀ ohne diesen). Wangen hell. Grüner Rücken, grüngelber Bürzel. Flanken quergestreift. . . . . Grünspecht, **Picus víridis L.**
Stimme: Helles lautes Lachen: „glü.glü.glü..“ In off. Landschaft. Trommelt[2] gern

— L 25. ♂ Stirn bis etwa Mittelkopf rot, Hinterkopf, Wangen u. Nacken grau. ♀ ohne Rot. Schmaler schwarzer Bartstreif. Rücken mehr grauolivgrün, Flanken ungestreift. . . . Grauspecht, **P. cánus** Gm.
Stimme: weniger laut, langsamere absinkende Tonfolge. Mehr Waldvogel.

4. Groß: L 46. Schwarz wie eine Krähe, aber an d. Art des Fluges u. Anbaumens sofort anzusprechen. Nackenhaube: ♂ ganzer Oberkopf rot, ♀ nur im Nacken. . . . Schwarzspecht, **Dryocopus mártius (L.)**
Stimme: melodisch „kliöh“ — „kui.kui.kui“. Nur in großen Waldungen.

— Bedeutend kleiner, L unter 25 . . . . *5*

5. Weiße Wangen (helles, bunt umrahmtes Gesicht), L 22 . . . . *6*

[1] Verwachsung
[2] „Motorisches“ Trommeln der Spechte: Tonerzeugung durch rasche Schlagfolge auf resonanzfähigem Material wie dürren Ästen, an Häusern z. B. auf Blechverkleidung (z. B. Kleinspecht).

— Schwarze Wangen (dunkles Gesicht), schwarz gebänderte Flanken, ganzer Rücken weiß. ♂ gelber Scheitel, ♀ schwarzer Scheitel.
Dreizehenspecht, **Picoídes tridáctylus** (L.)
Die kleine (I.) Hinterzehe fehlt. Gebirgsvogel (Glazialrelikt)

6. L 25. Schulter ganz schwarz. Unterrücken leuchtend weiß. Flanken längsgefleckt. Unterschwanzdecken rot [*82,4*]. Nur in d. östl. Voralpen, Bayr. u. Böhmer Wald. Laubwald . . . . Weißrückenspecht, **Dendrocopus leucotos** (Bechst.)

— L 21–23. Große, weiße Schulterflecken. Unterschwdecken rot . *7*

— Sehr klein: L 16. Rücken weiß gebändert. Unterswdecken nicht rot. Scheitel ♂ rot, ♀ weißgelb . . Klein- od. Zwergspecht, **D. mínor** (L.)
Stimme: helles „kikikiki". Trommelt gern [*82, 1*].

7. L 21. Ganzer Kopf oben rot ohne schwarze Begrenzung zu den weißen Kopfseiten (kein schwarzes Wangenband!). Flanken längsgefleckt [*82, 2*] . . . . Mittelspecht, **D. médius** (L.)
Stimme: tik...tjek...tjek — „ääk...ääk"

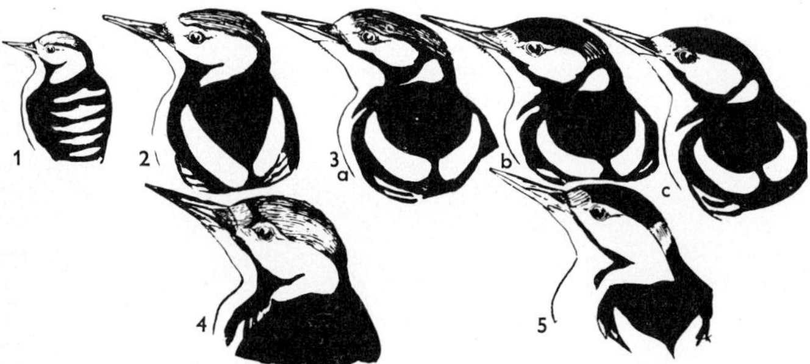

82

1 Kleinspecht; 2 Mittelspecht; 3 Buntspecht; a juv., b ♂ ad., c ♀ ad. 4 Weißrückenspecht; 5 Blutspecht.

— L 23. Unter schwarzem Nackenband beiderseits weiße Nackenflecken [*82*, 3] . . . . Großer Buntspecht, **D. májor** (L.)
Stimme: „picks.....picks". Trommelt gern. a) iuv. Ganzer Oberkopf rot, nach unten schwarz begrenzt; b) ♂ Oberkopf schwarz, roter Nackenfleck; c) ♀ ganzer Oberkopf schwarz, ohne Rot

— L 23. Wie vor., aber ohne schwarzes Wangenband; Bartstreif schmaler, doch viel weiter nach vorn reichend als beim Mittelspecht! [*82*, 5]. Seltener I
Blutspecht, **D. syríacus** (Hempr. u. Ehrenb.)

18. Ord. **Passerifórmes**, Sperlingsvögel

Kleinste bis mittelgroße „Baum"vögel (Minimum: Goldhähnchen L = 9, G = 5–6 – Maximum: Kolkrabe L = 64, G = 1250–1700): Hüpffuß = Hinterzehe gut entwickelt (zum Umklammern von Zweigen), deren Kralle stets am längsten [*132*]. In Europa nur vertreten durch die

(2.) Überfam. **Óscines**, Singvögel

Von größter Bedeutung für das sichere Erkennen der Singvögel ist die Kenntnis ihrer Lautäußerungen: a) Lock- u. Warn-(Schreck-)Laute (abgekürzt in der Folge: Lt) = reine Stimmfühlungs- u. Kontaktlaute; b) Gesang (Gg): wesentl. sexuelles Ausdrucksmittel für Balz u. Revierbehauptung. Nesthocker mit schneller Entwicklung, 1–2 Bruten im Jahr in ± freistehenden Napf- od. Kugelnestern, auch Höhlen- od. Halbhöhlenbrüter. Pull. nur mit wenig Dunen, vor allem bei Höhlenbrütern, deren Sn-Winkel durch Markierwülste verbreitert. Sperr-Rachen innen leuchtend rot, orange od. gelb (= Reizsignal f. d. fütternden Alten).

Familientabelle

1. Hähergröße u. größer. L über 30. Fllänge über 140 mm
Rabenvögel, **Córvidæ** S. 513
— Wesentlich kleiner. L unter 30. Fllänge unter 140 mm *2*
2. Lauf auf der Rückseite gerundet u. beschildert [*83*], Gefieder erdfarbig . . . . Lerchen, **Alaúdidæ** S. 496
— Lauf auf der Rückseite scharf gekielt [*83*] u. nicht beschildert *3*

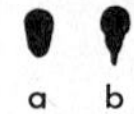

83
Querschnitt durch d. Lauf a einer Lerche, b einer Bachstelze.

3. Schnabel kurz, höchstens so lang, meist aber kürzer als Kopf *17*
— Schnabel länglich u. niedrig *4*
— Schnabel kräftig, seitl. zusammengedrückt (mehr hoch als breit), vorn abgerundet, vor der Spitze kräftiger (falkenähnlicher) Zahn, am Schnabelgrund Borsten . . . . Würger, **Laníidæ** S. 499
4. Schnabel gestreckt, schmal, fein pfriemenförmig, Ende gering abgebogen u. zugespitzt. Sehr verschieden große Vögel: L 9–18 . . *5*
— Gleicher pfriemenförmiger Bau des Schnabels, aber kräftiger u. größer; vor der abgebogenen Spitze u. U. ein ganz kleiner Zahn, Größe der Vögel: L 21–27 . . . . *8*
— Schnabel breit u. flach, am Grunde mit Borsten
Fliegenschnäpper, **Muscicápidæ** S. 500
— Schnabel dünn, leicht gebogen. Vogel-L = 13. Swfederkiele steifborstig. Obers. braun, Unters. weiß. An Baumstämmen
Baumläufer, **Certhíidæ** S. 507
5. Schwanz sehr lang, mindestens so lang wie Körper. Gefieder gelb od. weiß u. schwarz od. grau, Bürzel ungestreift
Unterfam. Echte Stelzen, **Motacillínæ** der Fam. **Motacíllidæ** S. 497
— Schwanz lang, aber nicht länger als der Körper *9*
— Schwanz sehr klein, etwa halb so lang wie der Körper *6*
6. Gefieder dunkel- od. etwas heller braun. Sw meist ± senkrecht gestelzt getragen *7*
— Körperobers. grau, Unters. hellrahmfarbig, S lang, spechtartig zugespitzt. An Bäumen kletternd . . . . . . .Kleiber, **Síttidæ** S. 507
7. Vogel sehr klein: L 9,5. Ganzer Körper braun. Im Gebüsch
Zaunkönige, **Troglodýtidæ** S. 503
— Vogel etwa doppelt so groß: L 18. Kehle u. Brust weiß. Am Wasser
Wasserschmätzer, **Cínclidæ** S. 503
8. Gefieder schwarz od. bräunlich, wenn Unters. hell, diese gefleckt. L 21–27. Sw länger . . . . Unterfam. Drosseln, **Turdínæ** der Fam. Drosselähnl. Vögel, **Túrdidæ** S. 501
— Gefieder grau od. grün u. violett, metallisch glänzend, L 22–23. Schwanz kurz . . . . Stare, **Stúrnidæ** S. 513
— Gefieder grün od. leuchtend gelb u. schwarz. L 24. Kein Schnabelzähnchen . . . . Pirole, **Oriólidæ** S. 513
9. Bürzel längsgestreift, Gefieder lerchenartig
Unterfam. Pieper, **Anthínæ** d. Fam. **Motacíllidæ** S. 498
— Bürzel ungestreift *10*
10. Körper oberseits schwarz, grau, grünl. od. bräunl. L 13,5–18 . . *11*
— Gefieder oberseits grünlich od. mehr olivgrün. L 9–13. Auf Bäumen *12*
11. Schwanzende ± gerade abgeschnitten. L 13–16,5. . . . . . . *15*
— Schwanz abgerundet od. gestuft (Keilschwanz). L 13–19 . . . *13*

12. Obers. von Kopf u. Rücken gleichfarbig. L 10–13 . . . . . . *14*
— Kopf mit goldgelbem Scheitel. L 9 Unterfam. Goldhähnchen, **Regulínæ** d. Fam. Grasmückenähnl. Vögel, **Sylvíidæ** S. 506
13. Unterschwanzdecken reichen fast od. ganz bis ans Ende der mittelsten Schwanzfedern. Gesang schwirrend. L 13 Gruppe Schwirle, **Locustellíni** d. Fam. **Sylvíidæ** S. 504
— Unterschwanzdecken reichen bei weitem nicht bis ans Ende d. mittleren Swfedern. Gesang rhythmisch knarrend u. „sprechend" L 13–19 Gruppe Rohrsänger, **Acrocephalíni** d. Fam. **Sylvíidæ** S. 505
14. Schnabel etwas abgeflacht, innen gelbrot, Gesang rohrsängerartig in Rhythmik u. spottend. Auf Bäumen. L 13 Gruppe Spottvögel, **Hypolaíni** d. Fam. **Sylvíidæ** S. 506
— Sehr zierliche Vögel, Schnabel nicht abgeflacht. L 10–13. Auf Bäumen Gruppe Laubsänger, **Phylloscopíni** d. Fam. **Sylvíidæ** S. 506
15. L 13–15. Im Schwanz od. Bürzel Weiß Unterfam. Schmätzer, **Saxicolínæ** d. Fam. **Túrdidæ** S. 502
— L 13,5–16,5. Kein Weiß im Schwanz *16*
16. L 14–16,5. Brust od. Schwanz ganz od. teilweise ± lebhaft rotbraun Unterfam. Erdsänger, **Erithacínæ** d. Fam. **Túrdidæ** S. 502
— L 13,5–15. Unters. hell. Kein Rotbraun an Brust od. Sw. Meist im Gebüsch . . . . Unterfam. Grasmücken **Sylviinæ** d. Fam. Grasmückenähnl. Vögel, **Sylviidæ** S. 503
— L 15–18. Kehle bleigrau od. gefleckt auf weißlichem Grunde. (Äußere Swfedern etwas länger.) . . . . . . Braunellen, **Prunéllidæ**[1] S. 509
17. Schnabel klein u. schmächtig, dreieckig breit, doch weit spaltend; längste Handschwingen 2mal so lang wie Armschwingen. Schwanz ± tief gegabelt . . . . Schwalben, **Hirundínidæ** S. 499
— Schnabel breit u. kräftig, vor der Spitze mit kleinem Ausschnitt (= schwach gezähnt). Kopfhaube. Rote Hornplättchen an den Armschwingen . . . . Seidenschwänze, **Bombycíllidæ** S. 499
— Schnabel kegelförmig: breite Basis, kurz zugespitzt *18*
18. Kleiner, sehr kurzer Kegelschnabel, am Grund nur 4–5 mm hoch Meisen, **Páridæ** S. 507
— Größerer, wesentlich massigerer Kegelschnabel, am Grund 6–17 mm hoch u. entsprechend breit[2] *19*
19. Mittlere Schwanzfedern kürzer als äußere = ± gegabelter Schwanz Finkenartige Vögel, **Fringíllidæ**[2] S. 510
— Mittlere Schwanzfedern nicht kürzer, Schwanz mehr gerade abgeschnitten, seitl. leicht abgerundet. Schnabel im ganzen mehr gestreckt u. die Firstlinie gebogen
Sperlinge, **Passeridae** S. 509

1. Fam. Alaúdidæ, Lerchen

Gefieder graubraun. Brust längsgestreift. Etwas plumpe (vgl. Pieper) Bodenvögel, die laufen (nicht hüpfen). Hinterzehenkralle gerade u. lang („Lerchensporn"). [*84*]. Gg:

[1] Braunellen u. Sperlinge werden leicht verwechselt! Beide haben braune od. braungraue Obers. mit schwarzen Längsstreifen. Der Sw ist gerade abgeschnitten, der der Braunellen leicht eingekerbt (mittl. Steuerf. kürzer); der S der Sperlinge ist kräftig und kegelförmig (an der Basis 6 mm hoch), der der Braunellen feiner (kegelschnabelähnlich = an der Basis nur 4–4,5 mm hoch) (s. auch Anm. über Nahrung auf S. 509).

[2] Hierher: Echte Finken (Fringillínæ) m. Zeisigen u. Kreuzschnäbeln S. **510**, Kernbeißer (Coccothraustínæ) S. **511**, Gimpel (Pyrrhulínæ) S. **512** u. Ammern (Emberizínæ) S. **512**.

wohltönend, meist lang im Singflug vorgetragen. Geradeausflug: ein weicher, d. h. mehr flatternder, wenig typischer Bolzenflug[1] mit langer Gleitphase. Lebensraum: freie Flächen.

1. L 17–18. Langer Sw mit weißen Außenkanten. S gerade, nicht lang Feldlerche, **Alaúda arvénsis** L.

Singflug: spiralig aufsteigend im Rüttelflug. Lt: „gerb-trid.drieh..“ Gg: Variation über „türili türili...“ Zur Zugzeit in größeren Flügen [*85*]

— L 17. Plumper u. heller als vorige. Sw kürzer mit gelbl. Außensäumen. S ganz leicht gebogen. Spitze, lange, niederlegbare Federhaube . . . . Haubenlerche, **Galerída cristáta** (L.)

Gg: weicher u. melodiöser mit dem Thema des Lt: „düdidriä“ (auch Lt: „hoid hoid“). Singt im Sitzen von niedriger Warte od. im Flug. Ausgeprägter Standvogel auf Ödland u. an Wegen [*86*].

— Kleiner. L 15. Sw noch kürzer. Feiner, gerader S. Heller Überaugenstreifen. Schwarz-weißes Abzeichen am vord. Flügelrand Heidelerche, **Lúllula arbórea** (L.)

Waldblößen, sandige Heiden (Kiefernwälder). Gg: oft mitten in der Nacht, wohltönend „düdel..düdel..lüll.lüll.lüll.lü“; Lt: „didloi“. Z

— L ca. 16,5–17. Gelbe Kehle u. Stirn, darüber schwarzes Stirnband in 2 Federhörnchen auslaufend. Schwarze Wangen u. Kehlfleck. ♀ u. iuv. weniger schwarz, matter. D W. Selten . . . . Ohrenlerche, **Eremóphila alpéstris** (L.)

84 Feldlerchenfuß. 85 Feldlerche. 86 Haubenlerche.

2. Fam. **Motacíllidæ**, Stelzenartige Vögel

Schlanke, meist am Boden sich aufhaltende Vögel, die am Boden ± schnell trippelnd laufen Hinterzehenkralle ± lang.

1. Unterfam. **Motacillínæ**, Echte Stelzen

Auffallend langer, etwa die Hälfte der Gesamtlänge ausmachender Sw, der ständig wie eine Balancierstange auf- u. abwippt. Aufenthalt in Wassernähe.

1. Weißgrau ***2***

— Gelbgrau ***3***

2. L rd. 18. Kopfplatte, Kehle, Vorderbrust schwarz. Stirn, Wange, Unterseite (im Winter auch Kehle) weiß, Rücken grau. Weiße Bachstelze, **Motacílla alba** L.

Lt: „züjit.züjit..lilipp...zissi...“ Gg: Plaudern gemischt üb. d. Thema der Locktöne. Z

— Die englische Form **M. a. yarréllii** Gould hat fast ganz schwarzen Rücken (= „Trauerbachstelze“). D.

[1] Bolzenflug: Für kleinere Vögel bezeichnender 2phasiger, wellenförmiger, primitiver Ruderflug: 1. Phase (kurze Amplitude): (geringer) Höhengewinn durch einige kräftige, kurze Ruderschläge; 2. Phase (längere Amplitude): bolzenförmiges Abwärtsschießen in sanft geneigtem Bogen, zuerst mit angelegten, am Ende mit ausgebreiteten Flügeln, wobei die damit auftretenden Hubkräfte, mit für den durch erneute Ruderschläge zu erzielenden Höhen-(= Energie-)Gewinn zu der wieder einsetzenden Phase 1 überleitet. Klassischen Bolzenflug zeigen Grünspechte u. die meisten Ammern. Je energischer u. rascher die Flügelschläge der 1. Phase geführt werden (u. an den Körper herangezogen werden, also dieser zum Bolzen wird), um so mehr kann man von einem „harten Bflug“ sprechen (= Grünspechte); weniger rasche, lasche u. unvollständig an den Körper herangezogene Flügelschläge sind als „weicher Bflug“ zu bezeichnen (= Haubenlerche).

3. L 18. Sehr langer Sw. Kopf, Wangen grau. Undeutlicher Überaugenstreif. Kehle: ♂ schwarz, ♀ u. Wkld weiß. Brust, Bauch, Untersw-decken schön gelb. ♂ Unterrücken gelbgrün
Gebirgsbachstelze, **M. cinérea** Tunst.
An Gebirgsbächen, im Flachland an Gebäuden. Lt: „ziss . ziss" od. „stip", Gg: wie Bachstelze, aber melodischer. Z

— L 16,5. Sw kürzer als bei den vorigen. Kopf grau, Rücken dunkel olivgrün, deutl. Überaugenstreif Schaf- od. Wiesenstelze, **M. flava** (L.)
Lt: „bsüjib" u. „zier". Gg: unbedeutendes Gezwitscher mit „zier . zier". Z. Auf Wiesen.
Folgende geographische Formen als ± häufige bzw. seltene Durchzügler:
Kopf hellgrau: **M. f. beema** Sykes. Heimat: Westsibirien;
Kopf dunkelgrau: **M. f. thunbérgi** Billbg. Heimat: Nordeuropa;
Kopf grüngelb: **M. f. rayi** (Bonap.). Heimat: Britische Inseln;
Kopf schwarz: **M. f. feldegg** Mich. Heimat: Südbalkan.

2. Unterfam. **Anthínæ**, Pieper

Unscheinbare, lerchenähnl. (aber schlankere) braungraue Bodenvögel. Lange, schwach gebogene Hinterzehenkrallen. Weiße Swkante. Helle scharfe Locktöne („Pieper"). In freiflächigem Ödland. Bodenbrüter.

1. Kleinere Arten, mit gestreifter Ober- u. Unters. *2*
— Größere Arten *3*

2. L 15. Oben olivbraun, unten hellweißlich mit reichlichen feinen Längsstreifen. . . . . Wiesenpieper, **Ánthus praténsis** (L.)
Beine bräunlich m. sehr langer Hinterzehenkralle [*87c*]. Lt: scharf „ist . ist", Gg: im Flug, meist mit Triller endend. In Ödland od. auf freien Kulturflächen. Z in lockeren, großen Verbänden.

— L 15. Oben mehr graubraun, unten gelblichweiß mit wenigen gröberen Längsstreifen . . . Baumpieper („Spitzlerche"), **A. triviális** (L.)
Beine rötl. m. kurzer Hinterzehenkralle [*87b*]. Lt: „psib.sib", Gg: Singflug von Baumwarte aufsteigend trillernd u. pfeifend, im Abschweben jubelnd: „zia . zia . zia" Waldblößen, Buschland. Z

— L 15. Wie vor., aber rostrot getönte Kehle u. Vorderbrust. Oberseite dunkler u. markant gestreift. Lt: „szieh ..." Hochnordisch. I . . . Rotkehlpieper, **A. cervínus** Pall.

3. L 16,5. Fahl erdbraun. Ungestreifte Unters., helle Beine [*87a*]
Brachpieper, **A. campéstris** (L.)
Rennt geduckt. Lt: „dillem", Gg: eintönig „zirluih .. zirluih" (im Flug). Sandiges Öd- u. Brachland. Z

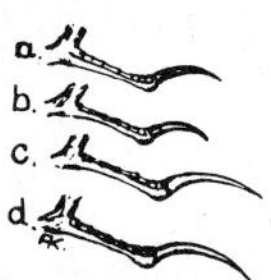

87

Hinterzehe von:
a Brachpieper,
b Baumpieper,
c Wiesenpieper,
d Wasserpieper.

88

Fliegende Mehlschwalbe von hinten.

89

Rauchschwalbenkopf, darunter Schnabel von oben.

— L 16,5. Dunkle Beine. Lt: „djihp . zih-ihp"
Wasserpieper, **A. spinolétta** L.
Gebirgsform: helle Unters. rötl., ungestreift [*78d*]
Gebirgs-Wasserpieper, **A. sp. spinolétta** L.
Flachlandform: dunkle Obers., Unters. dicht gestreift
Strand-Wasserpieper, **A. sp. littorális** Brehm

— L 18. Dunkel, sehr lange Beine, spärlich aber kräftig gestreifte Brust. Stimme rauh: „rrihp". I . . . . Spornpieper, **A. richárdi** Vieil.

3. Fam. **Hirundínidæ**, Schwalben

Flügel lang u. spitz – aber nicht sichelförmig u. schmal wie die Segler (s. S. 504). Ähnlich wie diese ausdauernd gute Flieger in gleitendem Schwirrflug. Kleine Füße. Sn kurz u. breit, weit spaltend [*89*][1]; ± tiefer Gabelschwanz.

90

a b c

Sitzend: a Uferschwalbe, b Mehlschwalbe, c Rauchschwalbe.

91

Seidenschwanz.

1. Füße befiedert. L 13. Ganze Unters. u. Bürzel [*88*] weiß. Oberseits dunkelstahlblau. Im Sitzen schwach gegabelter Sw im Winkel zur Körperachse nach unten zeigend [*90*].

Mehlschwalbe, **Délichon úrbica** (L.)

Stimme: „scrüb ... zier-zier“, Gg: zwitschernd. Nester kolonieweise aus Erde gemauerte Halbkugel mit seitl. Eingang unt. Dachrändern. Z [*90b*].

— Füße unbefiedert *2*

2. L 19. Durch lange Swspieße tief gegabelter Sw. Braune Kehle [*89*], schwarzes Brustband. Unters. rahmweiß. Obers. metallisch blau glänzend. Im Sitzen Sw in Richtung Körperachse [*90c*].

Rauchschwalbe, **Hirúndo rústica** L.

Lt: „witt . ziwitt . widewitt“, Warnruf: „biewit . biewit“, Gg: zwitschernd: „witsche-witsche wiie“. Nest oben offen. Viertelkugel aus Erde u. Halmen in offenen Hallen u. Ställen. Z

— Kleiner. L 12. Erdbraun, weiße Unterseite m. braunem Brustband, mit ganz schwach gegabeltem Sw. Sitzt wie Mehlschwalbe.

Uferschwalbe, **Ripária ripária** (L.)

Kolonieweises Brüten in selbstgegrabenen Erdhöhlen an senkrechten Uferwänden u. Sandgruben. In der Nähe von Gewässern. Lt: „schürrr..zriäh.“, Warnruf: Gg: „brritt“, schwaches Zwitschern. Z [*90*].

— Die größere (L 15) Felsenschwalbe (**Ptyonoprógne rupéstris** Scop.) hat kein Brustband. Auf dem gespreizten, fast gerade abgeschnittenen Sw werden 2 weiße Flecke sichtbar. In felsigem Gelände. I aus Südeuropa.

4. Fam. **Bombycíllidæ**, Seidenschwänze

Im Flug auftretende Wintergäste aus dem hohen Norden. – L 18. Zart rötlichbraungrau. Gelbe Spitzen an Swfedern u. Schwingen. Leuchtend rote Hornplättchen an Sw u. Flügel. Schwarzer Augenstreif u. Kehlfleck. Scheitelhaube, S relativ kurz [*91*]

Seidenschwanz, **Bombycilla garrulus** (L.)

5. Fam. **Laníidæ**, Würger

„Gebüschvögel“ mit fliegenschnäpperähnl. (s. folg. Fam.) Wesen: In aufrechter Sitzhaltung exponiert anwartende Insekten- u. Kleintierjäger. S mit gebogener Oberschnabelspitze u. (falkenähnl.) Zahn. Erregt mit Sw seitl. schlagend. Abfliegend in flachem, weichem Bolzenflug niedrig bis zur nächsten erhöhten Warte streichend. Beute wird z. T. auf Dornen aufgespießt. Swende abgerundet.

---

[1] Schwalben wie auch Segler und Ziegenmelker fangen ihre Insekten-Nahrung aus dem Luftplankton mit dem kurzen, breiten aber tief u. weit spaltenden S hamenartig bzw. wie mit einem Ketscher auf, u. zwar in ± anhaltendem Dauerflug. – Fliegenschnäpper (s. S. 500) (z. T. auch Würger) ergreifen einzelne fliegende Insekten durch schnappendes Erhaschen mit dem langen, flachen, am Grund mit ± reusenartigen Borsten versehenen S von einer Warte aus auffliegend u. auf diese zurückkehrend, während die Mehrzahl der Insekten- u. auch Pflanzensamen fressenden Vögel ihre Nahrung mit langgestrecktem oder Kegelschnabel pinzettenartig ergreifen oder aufpicken.

1. Grauer Rücken *2*
— Buntrückig *3*
— Schwarzrückig *4*
2. Größer: L 24. Stirn grau. Schwarzer Augenstreif. Heller Überaugenstreif. Viel Weiß in stumpfem Flügel (Doppelspiegel). Unters. weiß
Großer Raubwürger, **Lánius excúbitor** L.
Lt. rauh „scheck.scheck", Gg: schirkend. Sitzt auf hoher Warte: Baumspitzen. In geeignetem Gelände, Bruch u. Heide nicht seltener Vogel. St u. Std (rassenreich) [*92*]
— Kleiner: L 20. Schwarze Stirn, kein heller Überaugenstreif. Langer, spitzer schwarzer Flügel mit kleinem weißem Randfleck. Unters. rosa überhaucht . . . . Schwarzstirnwürger, **L. minor** Gm.
Lt: „scharrek"...„kwiell", Gg: zwitschernd, oft spottend[1]. Selten. In offenem Gelände mit Hecken u. Bäumen. Z

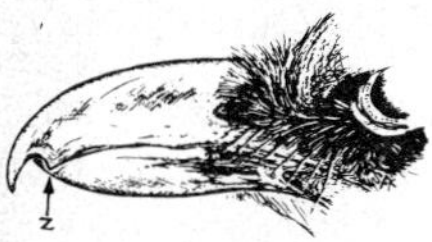

92

S des Raubwürgers mit Z = Zahn.

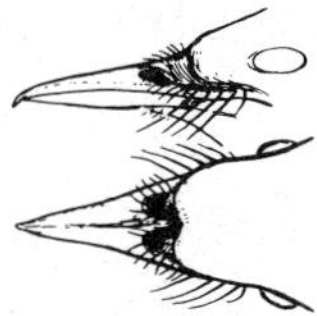

93

S des Grauen Fliegenschnäppers.

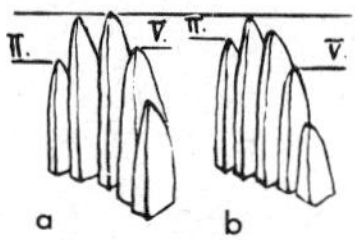

94

Schwingenverhältnisse von a Trauerfliegenschnäpper, b Halsbandfliegenschnäpper.

3. L 17. Rotbrauner Rücken. ♂ Kopf u. Bürzel grau. Unters. zart rosa überhaucht. ♀ auch Kopf u. Bürzel braun. Unters. gebändert
Neuntöter, Rotrückiger Würger, **L. collúrio** L.
iuv. ebenso. Lock- u. Warnton: rauh „kräw" u. „gräck" od. „gäck", Gg: angenehmes Zwitschern. Gut spottend
4. L 17. Längliche weiße Schulterflecken, Bürzel lichtgrau. Scheitel u. Nacken schön rotbraun. Unters. weiß. Rotkopfwürger, **L. senátor** (L.)
Selten. Z. Obstplantagen, Feldgehölze. Lt: „wett..wett" od. „kräcks.kräcks", Gg: wie Raubwürger, spottend

6. Fam. **Muscicápidæ**, Fliegenschnäpper

Länglicher, flacher Schnabel am Grund mit langen Borsten [*93*] (s. Anm. auf S. 499). Kurzbeinig. Aufgereckt sitzend auf exponiertem Punkt (wie Würger) (dürrer Ast, Gebäudeecke) anwartend in bezeichnender Weise („Fliegenschnäpper-Flug") Insekten jagend: Steiler kurzer flatternder Aufflug – im Gleitflug wieder zum Ausgangspunkt zurückkehrend. Im Sitzen mit den Flügeln zuckend u. einmaligem kurzem Swwippen (ohne zu knicksen). Iuv.: hellfleckig.

1. Obers. graubraun *2*
— Obers. schwarz *3*
2. L 14. Obers. u. Flügel einfarbig streifig gemustert, ebenso die Brust
Grauschnäpper, Grauer Fliegenschnäpper, **Muscicapa striata** (Pall.)
Lt: scharf „pst . pst ... tck", Gg: „zieh-sip-sip ... zitti . zih". Gärten, Park, in Gebäudenähe. Nest verdeckt (Halbhöhle). Z
— L 13. Ungefleckt olivgraue Obers. Unters. weiß. Gelblichweiße Flügeldecken. ♀ des Trauer- u. Halsbandfliegenschnäppers (s. d. weiter unten)

---

[1] Unter Spotten versteht man das Nachahmen u. Einweben von fremden Gesangesteilen u. -lauten anderer Vögel sowie von Geräuschen nichttierischer Herkunft (etwa Mähmaschinenrasseln, Fahrzeuglärm usw.) in den arttypischen Gesang. Von bestimmten Vogelarten werden derartige Laute motivmäßig virtuos in absolut arteigener Weise verarbeitet u. abgewandelt.

— Kleiner: L 11,5. Ungefleckte, gelblichbraune Brust. Sw schwarzweiß. ♂ Skld: leuchtend orangefarbene Kehle[1].
Zwergfliegenschnäpper, **Ficédula parva** (Bechst.)
Lt: „dirr . zrr", Gg: „tink tink . aida . aida . aida . wid . wid..." Im O nicht selten, fehlt im W. Buchenwälder. Z

3. L 13. Bis auf weiße Stirn ganze Obers. schwarz. 2. Schwinge kürzer als die 5. [*94a*]. . . . . **Ficédula hypoleúca** (Pall.) (Temm.)
♂ (s. oben) statt schwarz graubraun. Lt: „bitt . bitt . z-teck . zz-teck", Gg: „wu . tiwuti . wuti . wuti". Z Trauerfliegenschnäpper

— L 13. Weiße Stirn, durchgehend weißes Nackenband, weißer Bürzel; 2. Schwinge länger als die 5. [*94b*].
Halsbandfliegenschnäpper, **Ficédula albicóllis** (Temm.)
♀ wie vor. Lt: wie vor., Gg: „tsi . tsi . tsiju . zi..." Z

7. Fam. Túrdidæ, Drosselähnliche Vögel

95

Singdrosselschnabel.

Verhältnismäßig langbeinige, im Gezweig od. auf dem Boden hüpfend od. laufend. Nicht so versteckt wie die folgende Familie (Sylvíidæ). S schlank, 16–20 mm lang, spitz auslaufend. Obsspitze rundlich abgebogen u. schwach vorstehend [*95*]. Sw ± lang im Sitzen über die Flügel lang hinausragend, gerade abgeschnitten. Flug: primitiver langwelliger, mehr geradliniger u. stetiger Hubflug od. Bolzenflug; iuv: ± gefleckt[2].

1. Unterfam. Turdínæ, Drosseln

L 21–27. Wald- u. Parkvögel, die durch ihren lauten melodischen Gesang wie laute Warntöne auffallen; meist exponierte Singplätze.

1. Obers. schwarz ♂, ♀ einfarbig braun *2*
— Obers. 3farbig (grau, braun, schwarz) *3*
— Obers. einfarbig grau od. graubraun *4*

2. L 25,5. ♂ Gefieder ganz schwarz. ♀ Gefieder braun. ♂ ad: tiefgelber S, ♀ u. iuv: S schwärzlich. . . . . Amsel, **Turdus mérula** (L.)
Lt: „tack . tack" od. „ticks . ticks"; iuv: Stimmfühlungston „zwilch". Warnton: laut scheltend „gaigigigigg ... ticks . ticks", Gg: feierlich flötend „brühilit" usw. Std

— L 25,5. Ähnl. wie vorige, aber mit hellem Brustschild, Deckfedern meist hell gesäumt. . . . . Ringdrossel, **T. torquátus** L.
Mittelgebirge, Alpen, z. Zugzeit auch anderwärts. Brütet in Höhen von 1000 m u. darüber

3. L 25,5. Kopf u. Bürzel hellgrau, Rücken braun, Sw fast schwarz. Kehle u. Brust rostgelb, dunkel gefleckt. Unterleib u. Unterflügel (Flugbild!) weiß. . . . Wacholderdrossel, Krammetsvogel, **T. piláris** (L.)
Lt (vor allem im Flug): kaut schackernd „tschak tschak tschak" u. „zuih", Gg: zwitschernd schwatzend. Brütet kolonieweise. – Waldränder, Buschwälder, Feldgehölze

4. L 27 (größte Drossel). Obers. gleichmäßig graubraun. Unters. rahmweiß, dicht groß gefleckt. Unterflügel weiß.
Misteldrossel, **T. viscívorus** (L.)
Lt: „schnärrrr", Gg: ähnl. Amsel, aber härter. Garten, Obstplantagen, Nadel- u. Mischwald

— L 23. Obers. olivbraun. Weiße Unters. m. kleineren Flecken als vorige. Unterflügel hell ockergelblich. Singdrossel, **T. philomélos** Brehm
Lt: „zipp ... dak dak .. tix tix", Gg: „..tratü . tratü .. philipp . philipp..." Park, Wald. Nestnapf innen mit erdigem Kitt ausgeschmiert

— L 21. Singdrosselähnl., aber mehr längsgestreift; heller Überaugenstreif. Flanken u. Untflügel kastanienbraun (weinrot). Häufiger Z aus Nordeuropa
Rotdrossel oder Weindrossel, **T. iliacus** (L.)

---

[1] Das ähnl. gefärbte Rotkehlchen (S. **503**) größer: L 14. Ebenso Braunkehlchen (S. **502**): L 13. Außerdem halten sich beide mehr in Bodennähe auf.

[2] Angehörige dieser Familie fallen ganz besonders bei Anwesenheit von Raubzeug durch aufgeregtes Wesen u. lautes Warnen auf.

2. Unterfam. **Saxicolínæ**, Schmätzer

Langbeinige Wiesen- u. Ödlandsvögel, die gern auf erhöhten Punkten sitzen, mit schnalzenden od. schmatzenden Tönen locken u. warnen, dabei knicksend u. mit dem sich etwas öffnenden Sw wippend, wobei dessen weiße Zeichnung aufleuchtet [*96*].

1. Graurückig, größer *2*

— Dunkelrückig, kleiner *3*

2. L 15. ♀ mehr bräunlich, schwarze Ohrdecken, heller Überaugenstreif. Unters.: Brust gelblich, Bauch weiß

Steinschmätzer, **Oenanthe oenanthe** L.

Lt: schnalzend „giw . giw“ u. „töck . töck“, Gg: Locktöne thematisch mit schnalzenden Lauten verarbeitet u. vermischt. Kurzer Singflug. Sandiges u. steiniges Gelände, Ödländereien, Brutplatz unter Steinen u. in Erdlöchern. Z [*96*]

— Deutsche Form: **Oe. oe. grisea** Brehm: D. die größeren **Oe. oe. oenanthe** L. (Skandinavien) u. **schioleri** Salm (Island) u. d. sehr große **leucorrhoa** Gm. (Grönland).

3. L 13. Braun mit dkl. Längsstreifen auf dem Rücken, Unters. hell ockerfarbig, Wangen dunkel, heller Überaugenstreif, weiße Flügelbinde . . . Braunkehlchen, Wiesenschmätzer, **Saxicola rubetra** (L.)

Auf Wiesen u. Viehweiden. Lt: „djü . teck . teck“. Z

— L 13. Schwarzer Kopf mit leuchtend weißem seitl. Halsfleck. Brust ♂ rostrot, ♀ matt rostgelb. . . . . Schwarzkehlchen, S. **torquata** (L.)

Lt: „sist .. teck . teck“. Dürftig bewachsenes Ödland, lichte Waldblößen. Im Nordosten fehlend. Z

— Der 20 cm große Steinrötel (**Montícola saxátilis** (L.)) mit schönem blauem Kopf, orangeroter Brust u. Sw. Früher im Harz, jetzt vielleicht als seltener I im Südwesten. Gebirgsvogel.

96

Steinschmätzer, abfliegend.

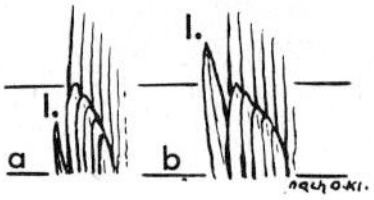

97

1. Schwinge von: a Sprosser, b Nachtigall.

98

Rotkehlchen.

3. Unterfam. **Erithacínæ**, Erdsänger

Größe wie vorige, aber unscheinbarer in Färbung und Auftreten. Meist in Bodennähe und an Gebäuden. Im Sitzen knicksend und mit dem Sw zitternd wippend.

1. Ganzer Sw rostrot. Obers. grauschwarz *2*

— Breiter kastanienbrauner Fleck beiderseits der Swwurzel, Kehle ♂ blau *3*

— Sw u. ganzer Rücken rotbraun *4*

— Sw u. Rücken olivgrün *5*

2. L 14. Kehle u. Brust grau bis rußschwarz, ♂ Rücken mehr grauschwarz Z. Flügel mit weißem Spiegel

Hausrotschwanz, **Phoenicurus ochrúros** (Gm.)

Knickst besonders viel mit zitterndem Wippen des Sw. Warnlaut: „fied .. teck teck“, Gg: Beginn gepreßt „tz . tz . tz . di . di . di . di . di“ von erhöhter Warte (Schornstein, Hausgiebel). Halbhöhlenbrüter an Gebäuden u. Felsen

— L 14. Kehle schwarz. Brust gelblich-rotbraun; weiße Stirn, Kopf u. Rücken grau. . . . . . Gartenrotschwanz, **Ph. phoenicurus** (L.)

Lt: „ffüid . tick . tick . tick“, Gg: Rotkehlchenartig, aber schneller mit seufzendem Triller am Ende, Parks, Gärten

3. L 14. ♂ ad: Kehle rein blau mit weißem Fleck

Blaukehlchen, **Luscinia svecica** (L.)

♀ u. iuv ohne Blau, Sw wird zuweilen senkrecht gestelzt. Lt: „tack . tack“ u. „fied . fied“ („törrk“), Gg: schnurrend. Buschwerk in Wassernähe

Mit rotem Bruststern: skandinavische Unterart **L. s. svecica** (L.), mit weißem Bruststern: Unterart aus Mittel- u. S-Europa **L. s. cyanecula** (Wolf).

4. L 16,5. Unters. weißlichbraun, Großäugig
Nachtigall, **Luscinia megarhynchos** Brehm

Ausgesprochener Gebüsch- u. Dickichtvogel. Lock- u. Warnton: „wihd . wihd-arr" od. „krrähk", Gg.: gallernd „jühd . jühd .. jü . jü . itz". Z. Nest dicht über der Erde

— Der östliche Sprosser **L. luscinia** (L.) sicher unterscheidbar nur durch die viel winzigere 1. Schwingensprosse [*97*] u. bräunl. gewölkte Brust, sowie Gesangeseigentümlichkeiten:

tiefer, lauter, es fehlen ausgesprochene ü-Laute. Von Holstein nördl. u. östl.

5. L 14. Stirn, Kehle u. Brust schön gelbrot, heller Bauch, große Augen
Rotkehlchen, **Eríthacus rubécula** (L.)

Ausgesprochener Dickichtvogel, huscht wie ein Geistchen im Gebüsch. Lt: „schnick . schnick. schnikschnerick", Gg: feierlich fließend und flötend. Z., oft überwinternd. Erdbrüter [*98*].

8. Fam. **Cínclidæ**, Wasserschmätzer

Dickliche Figur [*99*], kurzer Sw, der vielfach gestelzt getragen wird.

L 18. Dunkelbraun mit schneeweißer Kehle u. Brust.
Wasserschmätzer, Bachamsel,
Cinclus cinclus (Bechst.)

Läuft, lebhaft auf langen Beinen knicksend od. mit schnurrendem Flug dahinschießend an rasch fließenden Gewässern. Dort tauchend u. unter Wasser am Boden laufend. Bodenbrüter. Lt: „zerp . zerp" od. scharf „zitt", Gg: zwitschernd u. schmätzendes Geplauder.

99
Wasserschmätzer.

9. Fam. **Troglodýtidæ**, Zaunkönige

Verkleinertes Ebenbild des vorigen [*100*]. Meist stark gestelztes Swchen.

— L 9,5. Ober- u. Unters. braun, dunkel gewellt.
Zaunkönig, **Troglodýtes troglodýtes** L.

Unterholz mäuseartig schlüpfend. Nest kugelförmig mit seitl. Eingang. Warn- u. Lockton: „zerr .. zerr ... täck ..zick . zick", Gg: laut schmetternd, mit schnurrendem Roller u. hohem Endjauchzer.

100
Zaunkönig.

10. Fam. **Sylvíidæ**, Grasmückenähnliche Vögel

Kleine lebhafte insektenfressende Vögel, die im Gebüsch, Gras- u. Schilfdickicht u. hohen Baumkronen schlüpfend u. kletternd ein verstecktes Leben führen, selten über große Flächen fliegen u. unauffällig grünlich od. graubraun gefärbt sind. Sie fallen daher in erster Linie durch ihre Stimmfreudigkeit auf u. sind viel leichter nach Lauten u. Verhalten anzusprechen. Nicht so langbeinig wie die Túrdidæ.

1. Obers. grau, grünl. bis graubraun. Sw gerade abgeschnitten. L 13,5 bis 15 . . . . 1. Unterfam. Grasmückenartige Vögel, **Sylviínæ** S. **503**

— Oberseite bräunlich. Sw abgerundet od. gestuft. L 13–19
2. Unterfam. Gras- od. Schilfschlüpfer, **Cysticolínæ** S. **504**

— Oberseite von Kopf u. Rücken gleichfarbig grünlich olivgrün oder mehr olivgrau, L 10–13
3. Unterfam. Laubvögel, **Phylloscopínæ** S. **506**

— L 9. Kopf m. goldgelbem Scheitel
4. Unterfam. Goldhähnchen, **Regulínæ** S. **506**

1. Unterfam. **Sylviínæ**, Grasmückenartige Vögel

Sylviíni, Echte Grasmücken (= Grau-smiegen).

Gebüschvogel. Obers. grünl. bis graubraun, Sw gerade abgeschnitten. Nest: Verhältnismäßig loser Bau, nicht allzu hoch über dem Boden in Astgabeln ruhend.

1. Obers. grau *2*
— Obers. olivgrün bis grau *3*
— Obers. graubräunlich, mit rostbraunen Flügelsäumen *4*

2. L 15. Helle Unters. mit dunklen Querbinden (gesperbert). Im Alter gelbes Auge[1]. . . . . . Sperbergrasmücke, **Sýlvia nisória** (Bechst.)
Lock- u. Warnton: laut u. tief schnarrend „tschärr", Gg: ein flötendes kurzphasiges Jubeln. An Talhängen und in Auengebüsch, nicht zu häufig. Z

— Wesentlich kleiner. 13,5. Einfarbig braungraue Obers. u. Flügel. Kopfobers. etwas heller. Dunkle Wange. Äußere Swfedern z. T. weiß. Gesicht unter den Augen u. Unters. weiß
Müllerchen, Klappergrasmücke, **S. cúrruca** (L.)
Lt: leise schnalzend „tz . tz". Gg: leise zwitschernd „zi.zi . zi ..", dann eilig klappernd „trülülü..." Z

3. L 14. ♂ schwarze, ♀ braune Kopfkappe [*101*]. Keinerlei Weiß im Sw.
Mönchsgrasmücke, **S. atricapílla** (L.)
Lt: „tack . tack" od. „teck . teck", Gg: zweiteilig: „kleiner Gesang": abwechslungsreich zwitschernd; „großer Gesang": prachtvoll laut jubelnd mit sog. „Überschlag" am Ende. Z. Garten, Park, Waldrand

— L 14. Wie vorige, nur ohne Kappe [*102*]; im ganzen etwas olivgrüner
Gartengrasmücke, **S. borin** (Bodd.)
Lt: „teck . teck", weicher als vorige, zart „uuit" od. tief u. rauh „tscharr", Gg: volles anhaltendes (nicht zweiteiliges) flötendes Jubeln. Gebüsch, an Hängen u. Waldrändern. Z

4. L 14. Unters. zart hellrötl. angehaucht. Äußere Swfedern z. T. weiß.
Dorngrasmücke, **S. commúnis** Lat.
Lt: „wäd.wäd", wie vorige auch schnalzend „tze.tze", Gg: kurzes eiliges Zwitschern, leise beginnend, laut schmetternd schließend („wie ein Kindertrompetchen"), dabei meist aus der Deckung kurz auf einem Zweig erscheinend od. im kurzen Singflug vorgetragen, mit „wät . wät" untermischt. Gebüsch, Brombeergestrüpp

101 Mönchsgrasmücke.

102 Gartengrasmücke.

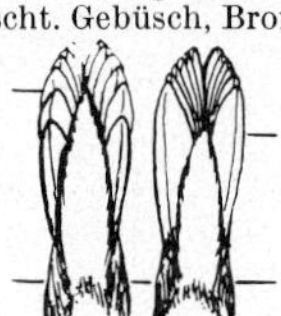

103 Schwanz von unten: a Feldschwirl, b Schilfrohrsänger.

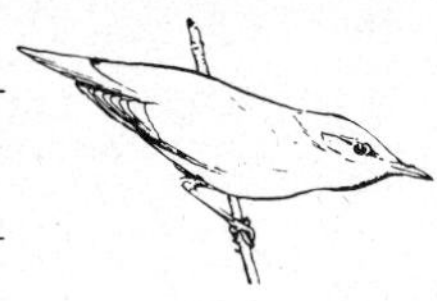

104 Teichrohrsänger.

2. Unterfam. **Cysticolínæ**, Gras- u. Schilfschlüpfer

± gestufter Sw: seitliche Swfedern kürzer als die zur Mitte stehenden. Gefiedergrundfarben oben ± braun od. bräunlich.

1. Unterschwanzdecken fast so lang wie mittelste Schwanzfedern [*103a*]
Locustellíni a) S. 504

— Unterschwanzdecken kürzer als mittelste Schwanzfedern [*103b*]
Acrocephalíni b) S. 505

a) **Locustellíni**, Schwirle

Breitfedriger langer Keilsw. Sehr heimliche Vögel mit insektenähnlichem, schwirrendem Gesang.

1. L 13. Oberseite olivbraun m. dunklen Fleckenreihen. Sw mit feiner Querstreifung. Zarter heller Überaugenstreif
Feldschwirl, **Locustélla nǽvia** (Bodd.)

---

[1] Bei der Sperbergrasmücke ist die Innenfahne der äußeren Swfeder fast weiß, mit der Zaungrasmücke hat sie einen hellen Fleck an der Spitze der 2. Randfeder gemeinsam, der aber bei stark abgenutzten Federn kaum zu bemerken ist.

Lt: „pitt .. tett . tett . tet..“, Gg: langanhaltendes heuschreckenartiges „irrrrrr.“ Versumpfte Wiesen u. Waldlichtungen mit hohem Gras u. spärlichem Buschwerk, auch Getreidefelder

— L 14. Dunkel olivbraun u. Sw brauner werdend. Obers. ungestreift. Brust schwach gestreift Fluß- od. Schlagschwirl, **L. fluviátilis** (Wolf)
Gesang: wetzend, dem ersten Teil des Goldammerlieds sehr ähnlich. Lichtungen, Kahlschläge, Wald u. Park. Mehr östlich.

— L 13. Einfarbige Oberseite, ungestreift, rotbraun.
Rohrschwirl, **L. luscinioides** (Savi.)
Gg: wie Feldschwirl, aber tiefer u. nicht so lang anhaltend. Schilf- u. Rohrdickichte über tiefem Morast

b) **Acrocephalíni**, Rohrsänger

Lebhafte Vögel, angepaßt an das Schlüpfen u. Steigen im senkrechten Halmwald großer Schilf- u. Rohrbestände (Schlüpf-Figur: [*104*], flache Stirn[1], konischer Sw). Kurzer, niedriger Bolzenflug. Nest vielfach an senkrechten Pflanzenstengeln angeschlauft aufgehängt. Bei aller artlicher Variation sehr bezeichnender Gesang: gleichmäßig rhythmische Folgen knarrender „gesprochener“ Silben, wobei zwischen tiefen u. hohen Tonlagen abwechselnd verschiedenartigste Klangmotive, jedoch stets in der gleichen Rhythmik, verarbeitet werden.

1. Obers. gleichmäßig bräunl., ungestreift *2*

— Obers. bräunl. gestreift *3*

2. Größer: L 19. Etwa die Größe einer Rotdrossel, von dieser jedoch durch Färbung u. Rohrsängergestalt unterschieden. Schwacher, heller Augenstreif.
Drosselrohrsänger, **Acrocéphalus arundináceus** (L.)
Stimme: „karre . karre . kied . kied . kied“. In Schilf u. Rohr über Wasser

— Wesentlich kleiner: L 13. Verkleinertes Abbild des vor. [*103a*]: braungetönte Obers. Flügel spitz: Verengung d. Innenfahne der 2. Schwinge reicht weit zurück, mindestens bis zur 8. Schwinge [*105b*].
Teichrohrsänger, **A. scirpáceus** (Herm.)
Lt: „tschätsch“ u. „scharr“, Gg: „tiri tiri tiri .. zäck zäck zäck“. Im Schilf über Wasser [*104*].

— Größe wie vor.: L 13. Obers. etwas fahler. Sicher nur zu unterscheiden am Flügel: Stumpfer, Verengerung der Innenfahne der 2. Schwinge endet weiter vorn zwischen 5. u. 7. [*105b*]. Fuß zierlicher m. kleinerer Spannweite. Sumpf- od. Getreiderohrsänger
A. palustris (Bechst.)
Lt: „tschätsch“ u. „krr“, Gg: nicht so laut wie die beiden vorigen; vorzüglicher Spötter, der nicht nur Stimmen anderer Vögel, sondern auch vielerlei Laute nachahmt u. in rohrsängerartigen Tonreihen melodisch verarbeitet. Über Sumpf, vor allem aber in großen Getreidefeldern; singt viel auch nachts

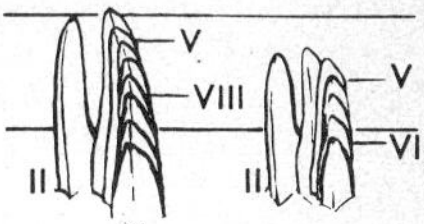

Schwingenverhältnisse von a Teichrohrsänger, b Sumpfrohrsänger.

3. Dunkler. L etwa 13. Nur dunkle Streifen auf dem Oberkopf. Heller Überaugenstreif.
Ufer- od. Schilfrohrsänger,
A. schœnobænus (L.)
Lock- u. Warnton: „räck“, Gg: „woid . woid“-Motiv, in dem sonst dem vorigen sehr ähnl., Gg: auch wie dieser guter Spötter. Röhricht, aber mehr in der Uferzone

— Heller, von 2 dunklen breiten Streifen eingefaßter hellgelbl. Mittelstreif auf dem Oberkopf. Heller Überaugenstreif, feiner, dunkler Zügelstreif [*3*] . . . . . . Seggenrohrsänger, **A. paludícola** (Vieill.)
Warnton: „teck teck“, Gg: „trrr .. dü..ü.ü...di.di...“ Über freien Wasserflächen im Sumpf i. d. Binsen- (Seggen-)zone

[1] Acrocéphalus wörtlich = Spitzkopf.

3. Unterfam. **Phylloscopinæ**, Laubsänger

Kleine bis sehr kleine, zierliche, meist grünl. gefärbte Vögel, die sich in den Kronen hoher Laubbäume aufhalten. Sehr sangesfreudig, daher an der Stimme besser zu unterscheiden als nach der Färbung. Brutplatz jedoch meist dicht od. ganz am Boden in geschlossenen Kugelnestern mit seitlichem Eingang (Ausnahme: Hypoláis!).

1. Größer. L 13–15. Tiefgelber Rachen . . . . . a) **Hippolaini**, S. 506
— Kleiner. L 13–11. Kein gelber Rachen . . b) **Phylloscopíni**, S. 506

a) **Hypolaíni**, Spottvögel

Durch Größe u. Nestbau (in Astquirlen rohrsängerhaft angeschlaufter Bau, außen mit Rindenfetzen usw. bekleidet), fast rohrsängerähnlichem Gesang u. gelbl. bis orangefarbenem Rachen (auch der alten Vögel!) von den übrigen Laubsängern deutl. unterschieden. Im Gebiet nur eine Form:

L 13. Obers. gelbolivfarben, Unters. matt grünschwefelgelb. SInneres orangerot.

Gartenlaubvogel, Gelbspötter, Sprachmeister, **Hippolais icterina** (Vieill.)

Lt: „däck..däck.däck...däckderuid....“, Gg: hastige vielseitig abgewandelte, rhythmische Stakkato-Folgen, Gemisch von grasmücken- u. rohrsängerartigen sowie vielseitig spottend nachgeahmten Motiven, die leiernd, quiekend u. quetschend vorgetragen werden. Garten, Parks

b) **Phylloscopíni**, Laubvögel

1. Obers. ± grünl. *4*
— Obers. mehr düster grünlgrau *2*
— Obers. grauolivfarbendunkel, aber helle Flügelbinden *3*

2. L 11. Helle Beine. Gefieder grünlich. Nur 1.–5. Schwinge außen verengt [*106b*] . . . . Fitislaubvogel, **Phyllóscopus tróchilus** (L.)

Lt: klagend „huid“, Gg: „dididididi.düee.düee.dea.deida.deida...“ (schneller Beginn, langgezogen endend). Wald, Park u. Garten

— L 11. Dunkle Beine. Gefieder mehr olivgrau. 1.–6. Schwinge außen verengt [*106a*] . . . Weidenlaubvogel, Zilpzalp, **P. collýbita** (Vieill.)

Lt: „vyid“, Gg: „zilp.zalp.zilp.zilp......tzrd...“ Garten, Park, mehr Laubwald

3. L 11. Nur eine schmale gelbl. Flügelbinde, matter Überaugenstreif, Füße dunkel. Lt: ähnl. Grauem Fliegenschnäpper: „psi“, Gg: eiliges, zaunkönigähnl. Laubsängerlied. I in Nordostdtschld (Heimat: Mitteleuropa-Asien)

Grüner Laubsänger, **Ph. trochiloides** (Sund.)

— L 10. 2 schmale Flügelbinden, gelbweißer Überaugenstreif, relat. kurzer Sw. Lt: scharf „huit“, Gg: schnelles, eintöniges Zwitschern„fidifidi..“ I aus Ostasien

Gelbbrauenlaubsänger, **Ph. inornátus** (Blyth)

4. L 11,5. Nur Bürzel gelbgrün. Helle weißl. Unters.

Berglaubsänger, **Ph. bonélli** (Vieill.)

Lt: zweisilbig „ho-ihd“, Gg: ähnl. Waldlaubsänger, aber kürzer. Im Bergland Süddeutschlands

— L 13. Ganze Obers. mehr rein grünl., bes. Flügel. Zart lichtgrüngelbe Kehle u. Vorderhals, Bauch weiß

Waldlaubvogel, Waldschwirrvogel, **Ph. sibilátrix** (Bechst.)

Lt: „hüid“ u. „djüü..djü.djü..“, Gg: „sipp.sipp.sipp.sipsip.sirrrrr“ im gleitenden Singflug in halber Höhe von Baum zu Baum. Lichte Laub-(Buchen-)wälder.

4. Unterfam. **Regulínæ**, Goldhähnchen

Sehr kleine (L 9), zierliche olivgrüne Vögelchen mit leuchtend gelbem, schwarz gesäumtem Scheitel (♀♀ mehr hellgelb); mit wispernden Stimmen im Sommer meist im Nadelwald auf dem Zug überall.

1. Grell, schwarz-weiße seitl. Kopfzeichnung m. auffallend weißem Überaugenstreif

Sommer- od. Feuerköpfiges Goldhähnchen, **Régulus ignicapíllus** (Temm.)

Stimme: „sissississississía“ (schärfer als nächste Form mit Schlußakzent!). Selten. Z. Heimat: Westeuropa

— Ohne weißen Überaugenstreif

Winter- od. Gemeines Goldhähnchen, **R. régulus** (L.)

Stimme: leise „sisisi...srih.srih.sri...“ Z W zahlreich überwinternd.

11. Fam.gruppe **Certhíidae**, Baumläufer s. l.

Kleine Vögel mit feinem, bogenförmigem S, die an Bäumen u. Felsen mit dem Körper dicht anliegend ruckartig („rutschend") stets nur aufwärtsklimmen.

1. Kleiner (L 13). Braune Obers. Weiße Unters. Hartschäftiger spechtartig steifer, spitzer Sw [*107*] *2*

— Größer (L 16,5). Sw gerade abgeschnitten, weichschäftig. Obers. grau, Flügel abgerundet schwarz mit großer karminroter Basis u. weißen Fleckenreihen am Ende. An Felsen. Gebirgsvogel. Stimme: „titti.tüi" Mauerläufer, **Tichodróma murária** (L.)
Jetzt in eigene Familie **Tichodromidae** gestellt.

2. Vorderstirn ungefleckt. Hinterzehenkralle kurz u. stark gekrümmt [*108a*]. Zeichnungsmuster streifig.
Haus- od. Gartenbaumläufer, **Cérthia brachydáctyla** Brehm
Lt: „tit.tit.tit", Gg: „ditt.ditt.ditt.ditterrrrohitih" (anfangs verzögert, dann eilig werdend). Mehr in offener Landschaft, Garten u. Park

— Stirn gefleckt. Hinterzehenkralle lang u. flach gekrümmt [*108b*]. Zeichnungsmuster schuppig . . . Waldbaumläufer, **C. familiaris** L.
Lt: zart „srih.srih..", Gg: zwitschernd: „tsirr.ziri.uit.tsirrrrroit" (oft von hoher Warte). Tonfolge mehr zusammenhängend. In Wäldern bzw. großen geschlossenen Baumbeständen

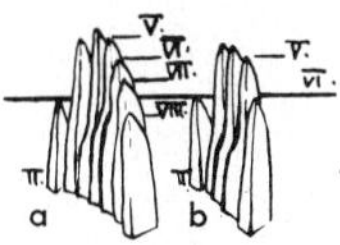

106
Schwingenverhältnis von a Weidenlaubvogel, b Fitislaubvogel.

107
Linke Sw-Hälfte eines Baumläufers.

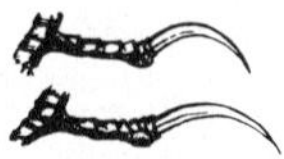

108
Hintenzehenkralle von a Gartenbaumläufer, b Waldbaumläufer.

109
Kleiber.

12. Fam. **Síttidæ**, Kleiber s.l.

Klein (L 14). Sehr kurzschwänzig u. dadurch gedrungen wirkende [*101*] geschäftige Vögel. An Baumstämmen mit kleinen Sprüngen kopfüber u. kopfunter kletternd (ohne sich anzuschmiegen!). S lang, spechtartig. Im Gebiet nur eine Art:

Oberseite blaugrau. Unters. rahmfarbig. Flanken kastanienbraun.
Spechtmeise, Kleiber, **Sitta europǽa** (L.)
Lt: ad „twiht.twith.twiht", iuv hoch, langgezogen „thiii..thiii..."; Gg: „quüh.quüh.quüh....quüh.quüh.quüh". Wälder u. Parks. Std
Unterseite nach Osten zu heller, nach Westen zu rostgelber. Von der Weichsel bis zum Rhein 5 unterscheidbare Formen.

13. Fam.gruppe **Páridae**, Meisen s.l.

Kleine (L 11–14), sehr lebhafte u. geschäftige Vögel mit kurzen, kräftigen, meist zum Hämmern benutzten Schnäbelchen, die kopfüber, kopfunter im Gezweig klettern u. turnen. Ausgesprochene Bolzenflieger. Mit wenigen Ausnahmen Höhlenbrüter. Hohe Vermehrungsquote: Gelege bis 12 Eier, 2 Bruten. Außerhalb der Brutzeit lose Schwarmbildungen der verschiedensten Arten, die mit ständigen Locktönen Stimmfühlung halten.

1. Sw kürzer als Leib *3*

— Sw länger als Leib *2*

2. Kleiner, L (6 + Sw = 8) 14. Weißer Kopf mit ± schwarzen Seiten. Unters. weiß, Rücken schwarz, Schultern rötlbraun. Sw schwarzweiß gestreift. . . . . . Schwanzmeise, **Aegíthalus caudátus** (L.)
Flbld: wie fliegende Kaffeelöffel. Lt: „tserrr.tserrr...sit.sit", Gg: „sisississiu": leise u. zart. Hecken, Gärten, Wälder. Nest: Kugelbau aus feinverflochtenen Flechten, Moos usw. angelehnt in Astgabeln usw. mit seitl. Eingang
Im Westen kleiner u. dunkler, nach Osten zu größer u. heller (Zunahme der Weißköpfigkeit). (Schwanzmeisen jetzt eigene Familie **Aegithalidae**).

— Größer: L (8 + Sw = 8,5) 16,5. Obers. zimtbraun, Unters. rötlichgrau. ♂ grauer Kopf mit breitem, schwarzem Bartstreif.
Bartmeise, **Panúrus biármicus** (L.)

Flug schnurrend. Auf Erdboden nicht hüpfend, sondern trippelnd! Nest: offener Napf dicht über der Erde. Stimme: „ping...ping...tschirrrr". Nur in großen Rohr- u. Schilfbeständen

Eigentlich keine echte Meise, anatomisch u. biologisch zur selbst. Fam. Bartmeisen, **Timaliidae**, gehörend.

3. Kopf mit gleichmäßig schwarzer Kappe *5*

— Kopfkappe schwarz-weiß in spitzer Haube endend *8*

— Kopf mit blauer Kappe *4*

— Kopf ohne dunkle Kappe, nur Stirn, Zügel u. Wangen schwarz *9*

4. L 11–12. Scheitel, Flügel u. Sw hell kobaltblau. Unters. gelb.
Blaumeise, **Parus cærúleus** L.

Lt: „sit.zizidett dett-ett, Gg: „zizizihirrp" [*110*]

5. Mit vollständig schwarz umrandeten, weißen od. schmutzig weißen Wangen *6*

— Wangen nicht schwarz umrandet, Gefieder grau Graumeisen *7*

6. Größer: L 14. Schwarzer Kopf, Ohrgegend u. Wangen weiß. Unters. gelb, mit schwarzem Längsband in der Mitte. Obers. grünlblaugrau.
Kohlmeise, **P. major** L.

Lt: „pink pink". Warnton: „trärretetetet", Gg: läutend „dididäh..dididäh" („sitz ich da..") [*111*]

— Kleiner: L 11. Schwarzer Kopf. Schmutzigweiße Wangen, weißer Nackenfleck [*112*]. Kinn bis Brust schwarz. Obers. olivgrau. Zwei schmale Flügelbinden . . . . Tannenmeise, **P. ater** L.

Nadelwald. Stimme: goldhähnchenartig. Lt: „tsi.sississi", Gg: „sifi.sifi.sifi.sitüditüi"

110
Blaumeise.

111
Kohlmeise.

112
Tannenmeise.

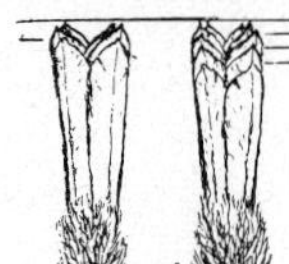

115
Sw von unten:
a Nonnenmeise,
b Weidenmeise.

113
Sumpf- oder Nonnenmeise.

114
Weidenmeise.

7. L 11,5. Grobschnäbelig. Kapppe glänzend schwarz. Kleiner schwarzer Kehllatz [*113*]. Obers. u. Flügel gleichmäßig grau. Ebenso auch der rückwärtige Hals hinter den Wangen. Swfedern alle fast gleich lang (nur schwach gestuft) [*115*] . . . . Nonnen- od. Sumpfmeise
P. palustris L.

Lt: „sisistjä.spizi.dädettdettdettdett", Gg: schnell „jifft.jifft.jifft". Überall, wenn auch nicht so zahlreich wie die gelbbäuchigen Meisenarten.

— L 11,5. Feinschnäbelig [*114*]. Kappe matt (ruß-)schwarz. Großer schwarzer Kehllatz. Obers. grau, aber helle Armschwingensäume, Halsseiten hint. den Wangen hell rahmfarben. Die 3 äußeren Swfedern stufig kürzer als die übrigen [*115*]. Lt. „spizi däh däh". Gg. „tschö schi schi schö" . . . . Weidenmeise, **P. montanus** (Bald.)

Lock- u. Warnton: „spizi dädäh", Gg: „tjih.tjih.tjih" u. „tschötschitschischöh". Selbstgemeißelte Bruthöhle in morschem Holz. In Weidendickicht u. Waldbeständen. Bildet in den Alpen O- u. Wdtschlds Formen sehr verschiedener Größe. Nadelwald. Lt: „zizigürrrr".

8. L 11,5. Das Weiß der schwarz umrandeten Wange noch einmal durch schwarzen Bogen unterteilt. Graubraune Obers.; helle Unters.
Haubenmeise, **P. cristátus** L.

Nadelwald. Lt: „zizigürrrr"

9. L 11. Kopf u. Nacken hellgrau. S ganz spitz. Rücken rotbraun. ♂ ad auch Brustseiten braunrot getönt. Bauch rahm-lachsfarben.
(Fam. **Remizidae**) Beutelmeise, **Remiz pendulínus** (L.)

Lt: „sih..tsitsitsi". In Schilf-, Rohr- u. Weidendickichten. Nest: Aus Wolle u. Flechten gewebtes an Zweigspitze aufgehängtes Kugelnest m. seitl., retortenförmig verlängertem u. abwärtsgerichtetem Eingang. Sehr selten u. verstreut

14. Fam. **Prunéllidæ**, Braunellen

Trotz der geringen Höhe ist der Braunellen-Schnabel als ein schwacher „Kegelschnabel" anzusehen. So fressen, wie alle Kegelschnäbler, Braunellen hartschalige Samen, die sie in einem echten Kropf (einer Ausweitung der Speiseröhre) speichern, u. außerdem besitzen sie einen Muskelmagen zur Bewältigung derartiger Nahrung. Sehr versteckte Lebensweise, bewegt sich geduckt in kleinen Sprüngen am Boden.

1. L 15. Kopfplatte, Ohrdeckel u. Obers. einschließlich Sw gleichmäßig dunkelbraun, Kopf u. Rücken schwarz längsgestreift. Kehle u. Brust bleigrau Heckenbraunelle, Bleikehlchen, **Prunella moduláris** (L.)

Sehr unauffällig in dichtem Gebüsch, hüpft, zuckt mit den Flügeln. Lt: „siht bibbibbib", Gg: eiliges kurzes Klingeln (ähnl. Zaunkönig ohne Schnurren). Z, aber auch überwinternd [*116b*].

— Größer: L 18. Plumper. Kehle weißlich, schwarz gefleckt. Flanken rotbraun, weiße Flügelbinde. Hellbräunl. Endfleck auf den Innenfahnen der Swfedern . . . Alpenbraunelle, **Prunélla colláris** Scop.

Stimme: „terlitt..truüi". Riesengeb., Alpen [*116a*] („Flielerche", „Flüelerche").

15. Fam. **Passeridae**, Sperlinge

(gehört in den Verwandtschaftskreis der **Ploceidae**, Webervögel)

1. L 15. ♂ schwarze Kehle, grauer Scheitel. Grauweißl. Wangen. ± brauner Nacken. Einfache weiße Flügelbinde. ♀ ohne schwarze Kehle, oben schmutzig mattbraun, schwacher Überaugenstreif
Haussperling, **Passer doméstieus** L.

Am Boden weitgreifend hüpfend. Stimme: „tschilp..tschilp..diöb.dürr.tetetetet". Nestbau mit viel losem Nistmaterial in Mauerlöchern od. freistehend unförmige Kugelnester [*117*]

— Kleiner: L 14. Rotbrauner Scheitel u. Nacken. Weiße Ohrdecken m. schwarzem Fleck. Weiße doppelte Flügelbinde.
Feldsperling, **P. montánus** (L.)

♂ ♀ gleichfarbig. Stimme: „lip..teck teck", zeternd „tett.tett.tett". Hüpft. Höhlenbrüter [*118*]

— L 14. Fahl-braungrau, 2 dunkle Scheitelstreifen. Versteckter gelber Kehlfleck. Innenfahnen der Sw-federn mit Ausnahme der mittelsten mit weißem Endfleck. Läuft mit Trippelschritten. Stimme: „wä.il" od. „döi". Sehr selten
Steinsperling, **Petronia petrónia** (L.)

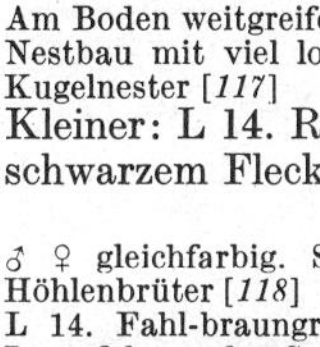

a b

116
a Alpenbraunelle.
b Heckenbraunelle.

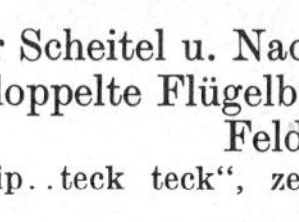

117
Haussperling.

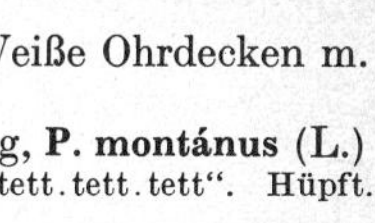

118
Feldsperling.

— L 18. Grauer Kopf, schwarzes Kinn, oben braun mit schneeweißer Flügelmitte. Sw außen weiß. In den Alpen über 1800 m. Ruf: „zuihk“ „güb“ od. „gib-gib“; Höhlenbrüter . . . . . . Schneesperling od. Schneefink, **Montifringílla nivális** L.

16. Fam. **Fringíllidæ**, Finkenartige Vögel

Kleinere (L 11–18) Vögel mit kurzem, starkem, an der Wurzel ± verdicktem (konischem) Kegelschnabel (= Fresser von hartschaligen Pflanzensamen). Äußere Swfedern ± länger od. zumindest deren Innenfahne stark abgeschrägt, so daß der Sw ± gegabelt erscheint [*4*]. Ausgesprochener Bolzenflug.

1. Obers. ± schwächer als Unters. Seine Kanten nach oben ausgeschweift [*119* u. *127–129*] 4. Unterfam. Ammern, **Emberizínæ** S. 512
— Obers. gleichstark od. stärker als Unters. *2*
2. Sehr große bis sehr kleine Schnäbel, aber stets länger als hoch, S-Enden spitz *3*
— S kurz, klobig (extrem so lang wie hoch). Obers. hakig über Unters. greifend [*120*] . . . . . 3. Unterfam. Gimpel, **Pyrrhulínæ** S. 512

119 Goldammer.

121 Kernbeißer.

120 Gimpel.

123 Grünfinkschnabel.

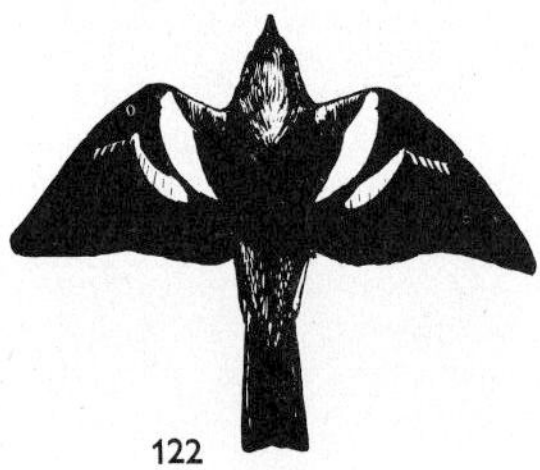

122 Buchfink.

3. Ungemein starker, großer S. Länge: Höhe = 20:17 [*121*] 2. Unterfam. Kernbeißer, **Coccothraustínæ** S. 511
— S nicht so stark. Verhältnis L: H schwankend. Auch bei kürzeren Schnäbeln Enden stets spitz [*123*] 1. Unterfam. Finkenvögel, **Fringillínæ** S. 510
— Die S-Enden überkreuzend [*125*]. . . . . . Kreuzschnabel S. 511

1. Unterfam. **Fringillínæ**, Echte Finken

1. Bürzel grün *2*
— Bürzel weiß *5*
— Bürzel grauweißl. od. graurötl. *6*
2. Größer: L 15 . . . . *3*
— Kleiner: L 12–11,5, Brust grüngelb *4*
3. L 15. ♂: Flügel m. 2 weißen Binden. Kopf u. Nacken zart blaugrau. Brust braunrötl. ♀ mehr einfarbig olivgraugrün. Buchfink, **Fringílla cœlebs** L.

Lt: „pink.pink.huid“, im Flug „jüb.jüb“, vor Regen „truif.truif“; Gg: „tititititi. würzgebier“ [*122*]

— L 15. Außenfahnen der Handschwingen leuchtend gelbgrün, ebenso beiderseits Swbasis (im Flug auffallend!). Ganzer Vogel mattgrün, ♀ mehr grau . . . . Grünling, **Carduélis chlóris** (L.)

Lt: „gick.gick...zwuih..hoid“, Gg: „trüüüü.schüäh...klingkling..tijoi.tijoi. güiäh..“ [*123*].

4. L 12. Brust grüngelb. Scheitel u. Kinn schwarz. Rücken schwach schwarz gestreift. Sw mit seitlichen gelben Flecken am Grund. S spitz (= L: H = 9: 6,5 mm). ♀ ohne Kinnfleck, matter gezeichnet. Längsgestreifte Brust . . . . Erlenzeisig, **C. spinus** (L.)

Lt: „di..dieh.djetjett", Gg: „diddeldiddel.diddel.schäbig".

— L 11,5. G 11. Ganz ähnl. gefärbt, aber gelbe Stirn u. gelbes Kinn. Sehr kleiner S (L 7, H 6) [*124*]. Rücken u. Körperseiten mit kräftigen dunklen Streifen. Sw gleichmäßig grau.

Girlitz, **Serinus serinus** (L.)

Lt: „girlitt", Warnruf: „zuit", Gg: anhaltendes gleichmäß. Ziselieren von Warte, oft auch in fledermausartigem Balzflug

Auf den Kanaren: Stammform des Kanarienvogels, **Serinus canaria** aberr. **domestica** L.

5. L 15. Wie Buchfink, aber Kinn, Brust u. Schulter orangebraun. ♂ Kopf, Rücken u. Sw schwarz. ♀ Kopf u. Schulterfedern breit hell gesäumt, im ganzen matter gefärbt. Lt: „quäck" od. „quäik". Sehr häufiger Z aus dem Norden

Bergfink, **Fringilla montifringilla** L.

— L 12. Bunt: schwarz-weiß-roter Kopf, zartbräunlicher Rücken. Schwarze Flügel m. breitem gelbem Band. Weißer Unterbauch.

Distelfink, Stieglitz, **Carduélis carduélis** (L.)

Lt: „didelitt", Warnton: „ma.i..", Gg: zwitschernd, die Locktöne verarbeitend[1]. Ödland

6. L 13. Leuchtend rote Stirn, schwarzes Kinn; ♂ mit rosa Brust, graubraun gestreift. Lt: „dschädsch.ädsch.ädsch", Warnton: „zuit". B in Ostpreußen, sonst W

Birken- od. Leinzeisig, **C. flammea** (L.)

Nördl. Formen lichter, westl. (englische) dunkler. Die Sgrößen dieser Zuggäste unterschiedl. von klein bis groß.

— L 12. Rote Stirn u. Brust. Grauer Hinterkopf u. Wangen. Rücken dunkelbraun. Weißes Kinn, zartgrau gestreift. Schwingen u. Swfedern m. weißen Kanten. ♀ ohne Rot einfarbig grau, bräunl. streifig gefleckt.

Bluthänfling, **C. cannábina** (L.)

Lt: „däck.däck" od. „geckgeckgeck", ferner „dikedeknüh.djäknäckenyh", Gg: von Warte, Lock- u. Warntöne als Thema, vermischt mit knäckenden Lauten.

— Der ein wenig größere (L 13) Berghänfling, **C. flaviróstris** (L.) ist ganz einfarbig (sehr ähnl. Bluthänfling ♀). Lediglich auf dem Bürzel rötl. Z W. Im Küstengebiet.

7. Schwarze Flügel. ♂ matt rot, ♀ olivgrün

Fichtenkreuzschnabel, **Lóxia curviróstra** L.

Meist in größeren Verbänden im Nadelwald. Lt: „gib.gib.gib", Gg: flötend. Brütet auch im Winter [*125b*]

— Der etwas größere Kiefernkreuzschnabel, **L. pytyopsittacus** Borkh., mit ganz klobigem S; tritt gelegentlich als Z. aus dem Norden auf [*125a*]. – Ebenso der viel kleinere Bindenkreuzschnabel. **L. leucoptera** Gmel. mit 2 weißen Flügelbinden u. sehr schwachem S.

124

Girlitz.

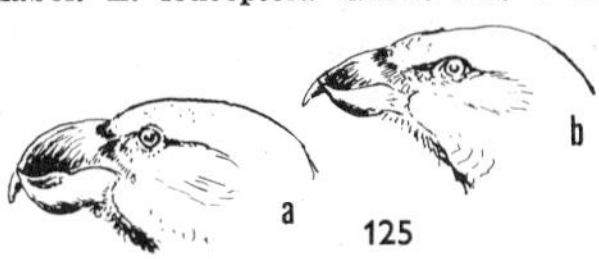

125

a Kiefernkreuzschnabel
b Fichtenkreuzschnabel

126

6. und 7. Schwinge vom Kernbeißer.

2. Unterfam. **Coccothraustínæ**, Kernbeißer

Nur 1 Art:

Gefieder vorwiegend braun, Oberswdecken sehr lang (über $^4/_5$ der mittl. Steuerfedern). Schwingen schwarzblau schimmernd, die 5.–9. am Ende verbreitert u. ausgerandet [*126*].

Kernbeißer, **Coccothraústes coccothraústes** (L.)

Lt: „zicks zicks", Gg: leise klirrendes Schwatzen [*121*]

[1] Bettellaute junger Stieglitze: „Squittéttettett", ähnlich denen junger Meisen.

3. Unterfam. **Pyrrhulínæ**, Gimpel

1. L etwa 15 (im Westen kleiner, im Osten größer). Kopfkappe, Kinn, Flügel u. Sw schwarz, Rücken grau, Bürzel weiß. Schmale weiße Flügelbinde. ♂ Unters. zinnoberrot, ♀ Rücken u. Unters. braun. Dompfaff, Gimpel, **Pýrrhula pýrrhula** (L.)

iuv wie ♀. Lt: klagend „djü.djü", Gg: zwitschernde u. knarrende Laute von Sw-zucken begleitet. Waldiges, buschreiches Gelände [*120*]

— L 15. S kräftiger, hornfarbig. Kopf u. Brustlatz sowie Bürzel lebhaft karminfarbig, sonst braungrau. ♀ ohne rot. Stimme: melodisch weich „witschewiä" u. „schäeüb". Östl. Vogel. Dringt nach W. vor? . . Karmingimpel, **Carpódacus erythrínus** (Pall.)

— Groß: L 20. Plump; Kopf, Hals, Brust u. Bürzel lebhaft rosarot. ♀ graugrün. Dunkle Flügel mit 2 Binden. Der hakige überhängende Oberschnabel besonders auffallend. Seltener W . . . . Hakengimpel, **Pinícola enucleátor** (L.)

4. Unterfam. **Emberizínæ**, Ammern

1. Groß: L 18–19. Gefieder eintönig grau, dunkel längsgestreift u. gefleckt . . . . Grauammer, **Emberíza calándra** L.

Lt: „zick.zick" od. „zicks.zicks", Gg: von Warte „zick.zick.zick zerrilll". An Wegrändern, in Ackerbaugebieten

— Kleiner: L 15–16,5 . . . . *2*

2. Grundfarbe gelbl. *3*

— Schwarzgestreifter Kopf, Brust u. Kehle aschgrau *4*

— Kopf, Kehle u. Vorderbrust schwarz *5*

— Fast das ganze Tier weiß *6*

3. L 16–17. Kopf, Brust u. Bauch gelb. Rotbrauner Bürzel. Goldammer, **E. citrinélla** L.

[*119*]. Lt: „zitz" od. „ziss.zürr", Gg: „zizizizi.ziiieh" (= „wie - wie - wie hab ich dich so liiieb"...) von Warte. Wegränder, offenes Gelände

— L 16. Gelbe Kehle, gelblichgraue Brust, grauer Kopf. Schwach zimtfarbene Unters. . . . . . . Ortolan, Gartenammer, **E. hortulána** L.

Lt: „zihihip", Gg: „dididi.düdüdü (= „ich bin kein – Goldammer"). Vorkommen wie Goldammer.

— L 16,5. Schwarz-gelb gemusterter dunkler Kopf: gelber Überaugenstreif u. gelbe Wangen, getrennt durch schwarzen Zügelstreif. Großer schwarzer Kehllatz, darunter gelbes Band. Darauf folgt graues Brustband. Übrige Unters. fahlgelb. Rücken braun gestreift Zaunammer, **E. cirlus** L.

Südwestdtschld. Ruf: „sissi-sissi-sip" [*127*]

127 Zaunammer.

128 Zippammer.

129 Rohrammer.

4. L 16. Kopf auf grauem Grund. Schwarze, dünne Streifen auf Oberkopf. Zügel u. an den Seiten. Rumpfzeichnung bräunl. wie Ortolan. Zippammer, **E. cia** L.

Stimme: „zihp" od. kurz „zip", Gg: ähnl. wie Heckenbraunelle od. auch an Rohrammer erinnernd. Südwestdtschld. [*128*]

5. L 15. Das Schwarz des Kopfes u. der Brust unterteilt durch weißen Bartstreif, der in das weiße Nackenband u. die weiße Unters. übergeht. Rücken sperlingsartig braun. Seiten längsgefleckt. Rohrammer, **E. schœniclus** (L.)

Lt: „zih", Warnruf: „tschit", Gg: von Warte etwa „zia. tit. tai. zississ. tai. zier. zier. schink. zink..." (Beginn langsam, zum Schluß eilig). Im Röhricht, an Teichen u. Seen [*129*]

6. L 16–17. Kopf u. Rücken zart bräunlich angehaucht. Flügelspitzen u. Swmitte schwarz. Stimme: „diüh" od. klirrend „birrrr". W vor allem an Nsee
Schneeammer, **Plectróphenax nivális** (L.)

17. Fam. Stúrnidæ, Stare

Lebhafte, kräftige, kurzschwänzige Vögel mit langem, spitzem (im Winter dunklem, im Frühjahr hellem) S. Flügel spitz. Flug gleichmäßig, geradlinig, sehr rasch fördernder Ruderflug; auf der Erde schreitend (wandelnd). Höhlenbrüter. Im Herbst oft in riesigen Scharen in der Nähe von Wasser (Schilf) übernachtend. Nur 1 Art im Gebiet:

— L 22–23. Gefieder schwarz, grün u. violett schimmernd. Nach der Herbstmauser am ganzen Körper weißgefleckt („Perlstar").
Star, **Sturnus vulgáris** L.

iuv: vorwiegend graubraun. Lock- u. Warnton: „stoär" u. „spett", Gg: pfeifendes Schnurren u. Schnattern unter Flügelschlagen, oft spottend [*130*]

130

Flugbild: Star.

131

a Kolkrabe; b Rabenkrähe; c Saatkrähe, jung; d Saatkrähe, alt.

18. Fam. Oriólidæ, Pirole

Gelb u. schwarz gefärbte Vögel mit kurzen bleifarbenen Füßen u. rotem S. Nur 1 Art.

L 24. ♂ u. iuv gelblichgrün u. hell gefleckt mit heller Unters.
Pirol, Pfingstvogel, **Oriolus oriolus** (L.)

Lock- u. Warnton: „giwiwibb" u. „räj. räj..." u. „düdelödüo". Gg: leises durch Locktöne variierendes Schwatzen. Meist nur in den Wipfeln hoher Laubbäume. In Parks u. Auwaldungen, Mischwald. Nest in Astgabel aufgehängt. Z

19. Fam. Córvidæ, Rabenvögel

Die größten Sperlingsvögel. S kräftig, ± stark, 3–7 cm lang u. an der Basis über 1 cm hoch. Nasenlöcher mit Borsten verdeckt.

1. Gefieder einfarbig schwarz od. schwarzgrau *2*

— Gefieder nicht einfarbig schwarz *5*

2. S groß, kräftig, mindestens 1 cm hoch, Gefieder schwarz od. schwarz mit grau *3*

— S lang u. dünn, ± gebogen, ganz schwarzes Gefieder, besonders gute Ruderflieger *4*

3. Sehr groß. L 63. Sw keilförmig. Gefieder mit leichtem Metallglanz. Kehl- u. Nackenfedern lanzettförmig zugespitzt.
Kolkrabe, **Corvus corax** L.

Fortbewegung auf der Erde im allgemeinen schreitend. Raubvogelähnlicher Ruderflug. Stimme: tief „orrrr" od. „rrroak", neben anderen vielen krächzenden Lauten [*131a*]

— Mittelgroß. L 47. Verkleinerte Ausgabe des Kolkraben m. deutl. konturierten Scheitel- u. Nackenfedern [*133*] Raubkrähe, **C. coróne** L.
Gefieder nur schwach glänzend. Stimme: „arr..orah.orah", warnend „örräh...örrr"

— Westform: Gefieder einfarbig schwarz
Rabenkrähe, **C. coróne corone** L.

— Ostform: Rumpf grau, sonst schwarz: westl. der Elbe/Saale nur Wintergast . . . . Nebelkrähe, **C. coróne cornix** (L.)

132

Rechter Fuß der Rabenkrähe.

133

Kopf der Raben- (u. Nebel-) krähe, Federform schuppig[1].

134

Kopf der Saatkrähe, Federform zerschlissen[1].

— Unterschenkel stärker befiedert als vor. („Hosen"). Gefieder blauviolett, stark glänzend, zerschlissenes Kopf- u. Nackengefieder [*134*]
Saatkrähe, **C. frugílegus** L.
Im Alter werden Nasenborsten u. Gefieder am Sgrund abgestoßen. Dieser dann hellgrau unbefiedert. Flug schneller u. eleganter als Rabenkrähe (spitze Flügel). Gesellig (Brutkolonie). Stimme: „kroah" u. tief „grraah" bzw. „grag.grag"
Mitteleuropäische Brutvögel haben klobigeren, östliche Wintergäste feineren S. [*138c, d*]

— Kleiner. L ca. 33. Schwarz m. grauem Nacken u. grauen Ohrdeckeln. Unters. düster grau. Augen hellgrau bis weiß.
Dohle, **C. monedula** L.
Sehr beweglich. Fliegt mit raschen Flügelschlägen. Gesellig. Stimme: „kjak..jäk" bzw. „kjack.kjack..." Nest in Gebäuden od. hohlen Bäumen

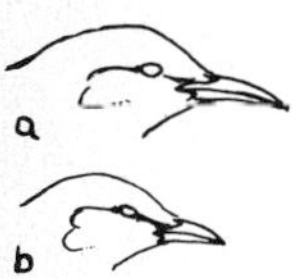

135

a Alpenkrähe,
b Alpendohle.

136

alte Elster auffliegend.

137

Eichelhäher.

4. L 40. Füße u. stark gebogener S rot.
Alpenkrähe, **Pyrrhócorax pyrrhócorax** (L.)
Seltener Hochgebirgsvogel (Alpen) [*135a*]

— L 38. Gelber, nur leicht gebogener S. Füße hellrot.
Alpendohle, **P. graculus** (L.
Stimme hell trillernd: „brrüib". Alpen, auch deutsche, ab 1800 m [*135b*]

5. Sw kürzer, etwa gleichlang wie der Leib *7*

— Sw länger als Leib *6*

6. L (22 + Sw 24) 46). Schultern, Flanken u. Bauch rein weiß. Übriges Gefieder mit grünblauem Metallglanz, vor allem der Sw; iuv.: Schwarz der Schwingenenden ausgedehnter Elster, **Pica Pica** (L.)

[1] Gut zu sehen, wenn man weißes Papier unter die Deckfedern am Hinterkopf schiebt.

Ungeschickt paddelnder Flatterflug. Stimme laut: „schack.schack.schakc.schack“, u. nicht zu lautes, „Schwatzen“. Nest: in hohen Bäumen, lose mit dornigen Zweigen überdacht [*136*]

7. L 34. Bunt. Körper zart rötlichbraun. Weißer Bürzel, schwarzer Sw, weißer Flügelfleck. Blaue, schwarzweiß gebänderte Flügeldecken. Längsgestreifte helle aufstellbare Scheitelfedern (= Holle). Hellblaue Augen. . . . . Eichelhäher, **Gárrulus glandárius** (L.)

Flug: schwerfällig. Stimme: lärmend, Warnruf „rätsch.rätsch“, weiterhin sonst schnarrende, krakelnde, miauende Töne, oft auch spottend. Waldvogel, im Herbst aber oft weit herumstreichend [*137*].

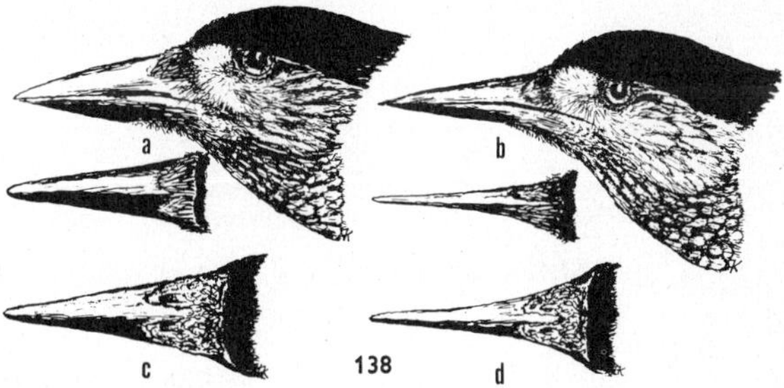

138

Tannenhäher: a dickschnäbelige Form, Europa — b dünnschnäbelige Form, sibirischer Zugvogel
darunter die Schnäbel von oben gleichsinnig: Saatkrähenschnäbel von oben
c dickschnäbelig, Europa. d dünnschnäbelig, sibirischer Zugvogel

— L 32. Einfarbig schwarzbraun mit tropfenförmig weißen Flecken übersät. Unterswdecken weiß. S langgestreckt.
Tannenhäher, **Nucífraga caryocatáctes** (L.)

Stimme: rauh „dror“ od. „gärr“ auch „räk.räk“ bzw. „rätsch“. Flug eichelhäherartig. Nadelwald im Mittel- u. Hochgebirge.

Die mitteleuropäische einheimische Form **N. c. caryocatáctes** (L.) [*138a*]. Die östl., unregelmäßig in größerer Menge im Gebiet einfallende Form lang- u. dünnschnäbelig [*138b*]. **N. c. macrorhýnchos** Brehm.

Literatur

Allgem.: Stresemann, E., Aves, Handb. d. Zoolog. VII. 2, Berlin/Leipzig 1927/34. – Berndt, R., Meise, W., Naturgeschichte der Vögel, Stuttgart seit 1958.
Verhalten und farbige Abbildungen: Heinroth, O. u. Frau, Die Vögel Mitteleuropas, Berlin-Lichterfelde 1924–1928, Bd. I–IV. – Kleinschmidt, O., Singvögel der Heimat, 10. Aufl., Heidelberg 1955. – Kleinschmidt, O., Raubvögel und Eulen der Heimat, Wittenberg 1958. – Peterson, R., Mountfort, G., Hollom, P. A. D., Die Vögel Europas, Hamburg/Berlin 1956. – Schüz, E. u. Mitarbeiter, Grundriß der Vogelzugskunde, 2. Aufl., Berlin/Hamburg 1971. – Voigt, A., Exkursionsbuch zum Studium der Vogelstimmen, 12. gänzlich neu von E. Bezzel bearbeitete Auflage, Heidelberg 1961.
Ei und Nest: Rey, E., Die Eier der Vögel Mitteleuropas, Lobenstein 1912. – Makatsch, W., Der Vogel und sein Ei, Wittenberg 1949. – Noll, H., Bestimmungstabelle für Nester und Eier einheimischer Vögel, Basel 1956.
Faunistik: Brohmer, P., Die Tierwelt Mitteleuropas, Leipzig 1929ff. – Makatsch, W., Verzeichnis der Vögel Deutschlands, Radebeul/Berlin 1955. – Niethammer, G., Handbuch der deutschen Vogelkunde, Bd. I–III, Leipzig 1937–1942. – Tischler, F., Die Vögel Ostpreußens, Bd. I, II, Berlin/Königsberg 1941. – Kuhk, R., Die Vögel Mecklenburgs, Güstrow, 1939. – Dietrich, F., Hamburgs Vogelwelt, Hamburg 1928. – Heyder, R., Die Vögel Sachsens, Leipzig 1952. – Gebhardt, L., Sunkel, W., Die Vögel Hessens, Frankfurt/M. 1954. – Brinkmann, M., Die Vogelwelt NW-Deutschlands, Hildesheim 1933. – Neubaur, F., Beitrag zur Vogelfauna der ehemaligen Rheinprovinz, Bonn 1957.

Im Gebiet der B. R. Deutschland sind alle Vögel besonders geschützt (soweit sie nicht dem Jagdrecht unterliegen), außer Haustaube (verwilderte Form), Rabenkrähe, Eichelhäher, Haussperling, Elster, Star, Amsel.

5. Klasse: **Mammalia**, Säugetiere

Warmblütige Wirbeltiere mit Haarkleid, das nur bei den Walen rückgebildet ist. 2 Gliedmaßenpaare, das hintere bei den Walen verkümmert. Alle einheimischen Arten lebendgebärend, Jungtiere werden mit dem Sekret der Milchdrüsen ernährt. Unterkiefer besteht nur aus dem Zahnbein (Dentale), das mit dem Schuppenbein am Schädel (Squamosum) das Kiefergelenk bildet. Schädel durch zwei Gelenkhöcker mit dem 1. Halswirbel (Atlas) verbunden.

A. Bestimmung nach äußeren Merkmalen S. **516**
B. Bestimmung nach Schädelmerkmalen S. **529**

A. Bestimmung nach äußeren Merkmalen

Abkürzungen: G = Gewicht; KR = Kopf-Rumpf-Länge; Schw = Schwanz; HF = Hinterfuß; O = Ohr; SchH = Schulterhöhe; UA = Unterarm; FSp = Flügelspannweite. Gewichts- und Längenangaben erfolgen, soweit nicht anders vermerkt, in Gramm und Millimetern.

1. Körper von Fischgestalt, Vordergliedmaßen zu Flossen umgestaltet, Hintergliedmaßen fehlen, Schwanz eine horizontal gestellte Flosse. Meeresbewohner, ständig im Wasser
Ordnung: Wale, **Cetacea** S. 529

— Körper nicht fischförmig, Vorder- und Hintergliedmaßen stets voll ausgebildet *2*

2. Mit Flughäuten . . . Ordnung: Fledermäuse, **Chiroptera** S. 518

— Ohne Flughäute *3*

3. Zehen mit Hufen, große Tiere *4*

— Zehen mit Krallen *5*

4. Füße mit je 4 Zehen, die beiden inneren wesentlich größer als die beiden äußeren . . . Ordnung: Paarhufer, **Artiodactyla** S. 528

— Füße mit nur einer huftragenden Zehe
Ordnung: Unpaarhufer, **Perissodactyla** S. 529

5. Eckzähne fehlen, zwischen Schneide- (Nage-) und Backenzähnen eine große Lücke *6*

— Eckzähne vorhanden, keine große Lücke in der Zahnreihe . . . *7*

6. Oben und unten je 2 Schneidezähne (Nagezähne), Ohr kürzer als 40 mm
Ordnung: Nagetiere, **Rodentia** S. 522

— Oben und unten je 2 Nagezähne, hinter den oberen je ein kleiner Stiftzahn. Ohr länger als 60 mm
Ordnung: Hasenartige, **Lagomorpha** S. 522

7. Schnauze rüsselartig verlängert, Eckzähne klein (Ausnahme Maulwurf), erster Schneidezahn stark vergrößert (Ausnahme Maulwurf)
Ordnung: Insektenfresser, **Insectivora** S. 516

— Schnauze nicht rüsselartig verlängert, Eckzähne groß (diese nicht mit Reißzähnen, d.h. den großen Backenzähnen verwechseln), erste Schneidezähne kleiner als die folgenden
Ordnung: Raubtiere, **Carnivora** S. 526

1. Ordnung: **Insectivora**, Insektenfresser

1. Rücken mit zu Stacheln umgebildeten Haaren, KR größer als 200 mm
Familie: Igel, **Erinaceidae** S. 517

— Rücken nicht mit zu Stacheln umgebildeten Haaren, KR kleiner als 200 mm *2*

2. Vorderfüße zu Grabschaufeln umgestaltet, KR größer als 110 mm
Familie: Maulwürfe, **Talpidae** S. 517

— Vorderfüße nicht zu Grabschaufeln umgestaltet, KR kleiner als 110 mm, mäuseähnlich mit langem Schwanz
Familie: Spitzmäuse, **Soricidae** S. 517

1. Fam.: **Erinaceidae,** Igel

2 Arten . . . . Igel, **Erinaceus L.**

Braunbrustigel, Westigel, **E. europaeus** L. (Haare der Unterseite hellgrau bis dunkelbraun); Weißbrustigel, Ostigel, **E. concolor** Martin (Brustfleck oder auch die ganze Unterseite weiß). Folgende Körperdaten gelten für beide: G 600–1200, KR 200–300, Schw 20–45, HF 40–47. Im Grenzgebiet entlang der Linie Unterlauf Oder–Berlin–Sudeten–Fichtelgebirge Mischformen. Waldränder, Hecken, Gärten, oft in der Nähe menschlicher Siedlungen. Winterschläfer.

2. Fam.: **Talpidae,** Maulwürfe

Nur eine Art, ... Europäischer Maulwurf, **Talpa europaea L.**

G 60–130, KR 120–150, Schw 23–30, HF 17–20. Im ganzen Gebiet. Wiese, Feld Waldrand, Laubwald.

3. Familie: **Soricidae,** Spitzmäuse

1. Schw seitlich mit abstehenden langen Wimperhaaren, Zahnspitzen weiß. Weißzahn- oder Wimperspitzmäuse, Gattung **Crocidura** . *6*

— Schw ohne solche Haare, Zahnspitzen rot. *2*

2. Zehen und Fuß seitlich mit einem Saum dichtstehender steifer Haare (Schwimmborsten). Wasserspitzmäuse, Gattung **Neomys** . . . *5*

— Keine solche Schwimmborsten. Spitzmäuse, Gattung **Sorex** . . *3*

3. Unterseite deutlich heller als Oberseite, Schw kürzer als Körper *4*

— Fast einfarbig schwarz-grau, Schw körperlang
Alpenspitzmaus, **Sorex alpinus** Schinz

G 6–10, KR 62–75, Schw 60–75, HF 14–16. Gebirgstier; Alpen, Schwarzwald, Bayerischer Wald, Fichtelgebirge, Riesengebirge, Harz. Schattiger Wald, Bachufer, Felsspalten.

4. KR in der Regel über 65 mm, Fell meist dreifarbig, oben dunkel- bis schwarzbraun, scharf gegen die helleren Seiten abgesetzt, Unterseite grau . . . . Waldspitzmaus, **Sorex araneus L.**

G 6–15, KR 65–85, Schw 30–50, HF 11–15. Im ganzen Gebiet; häufigste Spitzmaus. Bevorzugt feuchte Lebensräume, aber auch im Trockenen.[1]

— KR in der Regel unter 65 mm, Fell nie dreifarbig, Oberseite braun, ohne scharfe Grenze in die graue Unterseite übergehend.
Zwergspitzmaus, **Sorex minutus L.**

G 2,5–6, KR 45–65, Schw 31–46, HF 9–12. Im ganzen Gebiet. Lebensraum wie Waldspitzmaus. Kleinstes deutsches Säugetier.

5. Schw unten mit einem Saum dichtstehender steifer Haare (Borstenkiel) . . . . Wasserspitzmaus, **Neomys fodiens** (Pennant)

G 10–20, KR 72–96, Schw 47–77, HF 16–20. Im ganzen Gebiet; stark an Wasser gebunden. Schwimmt gut.

— Schw ohne Borstenkiel Sumpfspitzmaus, **Neomys anomalus** Cabrera

G 6–16, KR 60–88, Schw 45–67, HF 14–18. Mittelgebirge und Alpen, nördlichste Fundorte Eifel, Harz, Erzgebirge. Seltener als vorige. Weniger stark an Wasser gebunden.

6. Färbung von Ober- und Unterseite nicht scharf getrennt . . . *7*

— Färbung der Oberseite (schiefergrau bis dunkelbraun) scharf von der der Unterseite (gelblichweiß bis weißlichgrau) abgesetzt
Feldspitzmaus, **Crocidura leucodon** (Hermann)

G 7–15, KR 65–90, Schw 30–40, HF 11–14. Im ganzen Gebiet südlich der Linie Oldenburg(O)–Bremen–Salzwedel–Potsdam–Berlin. Vereinzelt auch Schleswig-Holst. (Rendsburg). Felder, Hecken, Gärten, Waldränder, Gebüsch, im Winter oft in Gebäuden.

[1] Aus der Schweiz wurde 1968 als neue Art **Sorex gemellus** Ott beschrieben.

7. Die beiden folgenden Arten sind nach äußeren Merkmalen schwer zu bestimmen. Sichere Trennung nur nach Schädelmerkmalen (S. 532). Als Anhalt kann die Körpergröße dienen:
in der Regel über 7 g Hausspitzmaus, **Crocidura russula** (Herrmann)
G 7–15, KR 65–90, Schw 30–45, HF 11–14. Verbreitung s. Karte [*1*]. Kulturfolger, bevorzugt innerhalb von Ortschaften, im Winter in Gebäuden.

— In der Regel unter 7 g Gartenspitzmaus, **Crocidura suaveolens** (Pallas)
G 3–7, KR 55–80, Schw 27–43, HF 10–12. Verbreitung s. [*1*]. Wie vorige in der Nähe menschlicher Siedlungen, im Winter in Gebäuden.

1

Gestrichelt = westliche Verbreitungsgrenze von Crocidura suaveolens; gepunktet = östliche Verbreitungsgrenze von Crocidura russula

2. Ord.: **Chiroptera**, Fledermäuse

1. Mit häutigem Nasenaufsatz, ohne Tragus (Ohrdeckel) [*2a*]
Familie: Hufeisennasen, **Rhinolophidae** *2*

— Ohne Nasenaufsatz, mit Tragus [*2c*]
Familie: Glattnasen, **Vespertilionidae** *3*

2. UA kürzer als 43 mm
Kleine Hufeisennase, **Rhinolophus hipposideros** (Bechstein)
G 3,5–10, KR 37–45, Schw 24–31, UA 34–42, FSp um 200, Ohr [*2b*]. Nördliche Verbreitungsgrenze ist die Linie Oldenburg (O)–Harz–Osterzgebirge–Elbsandsteingebirge. Häufig bis selten. Strauchregion in Wald und bewachsener Landschaft. Überwintert in Höhlen und Stollen. Flug langsam mit schnellen Flügelschlägen.

— UA über 50 mm
Große Hufeisennase, **Rhinolophus ferrum-equinum** (Schreber)
G 17–28, KR 56–70, Schw 30–43, UA 51–65, FSp um 370, Ohr [*2a*]. Nördliche Verbreitungsgrenze ist die Linie Hamm–Kassel–Harz–Thüringer Wald–Fichtelgebirge. Selten. Strauchregion in Wald und bewachsener Landschaft. Überwintert in Höhlen, Kellern, Stollen. Flug langsam, gaukelnd.

3. Ohren am Grunde miteinander verwachsen *4*

— Ohren nicht miteinander verwachsen *6*

4. O über 30 mm . . . Langohrfledermäuse, Gattung **Plecotus** *5*

— O unter 20 mm Mopsfledermaus, **Barbastella barbastellus** (Schreber)
G 6–9, KR 44–58, Schw 41–54, UA 35–41, FSp um 260, Ohr [*2q*]. Im ganzen Gebiet, in der Ebene nicht häufig. In der Strauchregion und unteren Kronenregion der Bäume, auch in Nähe menschlicher Siedlungen. Überwintert in Felshöhlen, Kellern, Stollen. Flug flatternd, schwerfällig.

5. Daumenlänge über 6 mm, oben hell- bis dunkelbraun, unten bräunlichweiß. . . . . Braunes Langohr, **Plecotus auritus** L.
G 5–10, KR 41–52, Schw 34–51, UA 35–42, FSp um 240, Ohr [*2k*]. Im ganzen Gebiet, häufig. Vorwiegend Baumkronenregion, häufig in menschlichen Siedlungen. Überwintert in Höhlen, Stollen, Kellern. Flug langsam, flatternd.

— Daumenlänge unter 6 mm, oben grau, unten weißlich
Graues Langohr, **Plecotus austriacus** Fischer
G 5–10, KR 50–60, Schw 40–50, UA 36–42. Genaue Verbreitung in Deutschland noch unbekannt. Bisher gefunden in Nordbayern, Sachsen, Magdeburger Börde, Brandenburg. Vorzugsweise Siedlungsbewohner. Überwintert ähnlich wie vorige.

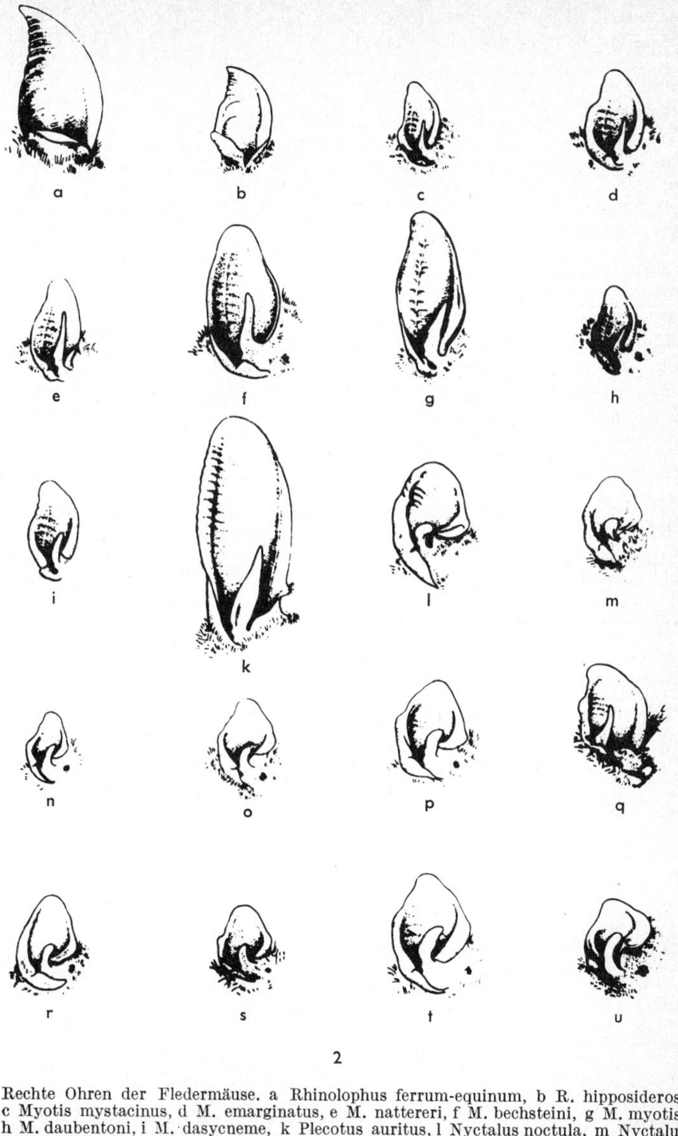

2

Rechte Ohren der Fledermäuse. a Rhinolophus ferrum-equinum, b R. hipposideros, c Myotis mystacinus, d M. emarginatus, e M. nattereri, f M. bechsteini, g M. myotis, h M. daubentoni, i M. dasycneme, k Plecotus auritus, l Nyctalus noctula, m Nyctalus leisleri, n Pipistrellus pipistrellus, o P. nathusii, p P. savii, q Barbastella barbastellus, r Vespertilio discolor, s Eptesicus nilssoni, t E. serotinus, u Miniopterus schreibersi.

6. Ohren meist länger als breit, ragen aus dem Fell heraus; keine deutliche Grenze zwischen Kopf- und Rückenhaaren *7*

— Kleine fast quadratische Ohren, kaum aus dem Fell herausragend; deutliche Grenze zwischen den aufrecht stehenden Kopfhaaren und den anliegenden Rückenhaaren
Langflügelfledermaus, **Miniopterus schreibersi** (Kuhl)
G 8–11, KR 50–65, Schw 50–60, UA 42–48, FSp um 290, Ohr [*2u*]. Nur in der Oberrheinebene nachgewiesen (Breisach, Kaiserstuhl). Selten. Hoch über offenem Gelände. Überwintert in Höhlen und Stollen. Sehr schneller Flug.

7. Hinterfußsporn ohne äußeren Hautlappen (Epiblema). Ohren länger als breit und häutig dünn. Tragus langgestreckt, nach oben allmählich schmäler werdend [*2c*] . . . . Gattung **Myotis** *8*

— Hinterfußsporn mit deutlichem Hautlappen. Ohren breit und ledrig dick. Tragus relativ kurz und breit [*2m*]. *15*

8. UA über 50 mm *9*

— UA unter 50 mm *10*

9. O über 24 mm . . . . Großes Mausohr, **Myotis myotis** (Borkhausen)
G 20–40, KR 60–80, Schw 45–60, UA 55–68, FSp um 380–400, Ohr [*2g*]. Im ganzen Gebiet, stellenweise die häufigste Art. Flughöhe unterhalb 10 m. Vorwiegend menschliche Siedlungen. Überwintert in Höhlen, Stollen, Kellern. Flug langsam, gradlinig.

— O unter 24 mm . . Kleines Mausohr, **Myotis oxygnathus** (Monticelli)
KR 60–83, Schw 46–62, UA 52–61; in Deutschland nicht nachgewiesen. Südtessin, Südtirol, Niederösterreich, Burgenland, Steiermark.

10. O unter 20 mm *11*

— O über 20 mm . . . Bechstein-Fledermaus, **Myotis bechsteini** (Kuhl)
G 7–12, KR 45–55, Schw 34–44, UA 39–45, FSp um 250, Ohr [*2f*]. Im ganzen Gebiet, nicht häufig. Strauchregion in bewaldetem Gelände. Überwintert in Bäumen, Höhlen, Stollen. Flug langsam, etwas schwerfällig.

11. Schwanzflughautrand nicht runzelig, ohne starre Härchen . . . *12*

— Schwanzflughautrand runzelig, mit starren, etwas bauchwärts gekrümmten Härchen besetzt. Fransenfledermaus, **Myotis nattereri** (Kuhl)
G 5–10, KR 40–50, Schw 32–45, UA 35–42, FSp um 250, Ohr [*2e*]. Im ganzen Gebiet, nicht häufig. Strauchregion in Wäldern, an Waldrändern, in Siedlungen. Überwintert in Höhlen, Stollen, Kellern, auch in Baumhöhlen. Flug mäßig schnell.

12. Hinterfußsporn nimmt etwa die Hälfte des Schwanzflughautrandes ein *13*

— Hinterfußsporn nimmt $^2/_3$ oder mehr des Schwanzflughautrandes ein *14*

13. Tragus überragt die Einbuchtung des Ohrhinterrandes; UA unter 37 mm; Schwanzflughauthinterrand ohne Haare
Bartfledermaus, **Myotis mystacinus** (Kuhl)
G 4,5–6, KR 35–50, Schw 30–40, UA 30–37, FSp um 220, Ohr [*2c*]. Im ganzen Gebiet, nicht häufig. Obere Strauchregion in Parklandschaften, oft über Gewässern. Überwintert in Höhlen, Stollen, Kellern. Gewandter Flug.

— Tragus überragt die Einbuchtung des Ohrhinterrandes nicht, Einbuchtung stark ausgeprägt, fast rechtwinklig. UA über 36 mm. Schwanzflughautrand mit weichen geraden Wimperhaaren
Wimperfledermaus, **Myotis emarginatus** (Geoffroy)
G 7–10, KR 42–50, Schw 38–46, UA 36–42, FSp um 230, Ohr [*2d*]. Vereinzelt in West- und Süddeutschland. Bewaldetes Gelände. Überwintert in Höhlen, Stollen, Kellern.

14. UA unter 41 mm; Tragus etwa halb so lang wie Ohr
Wasserfledermaus, **Myotis daubentoni** (Kuhl)
G 7–10, KR 40–51, Schw 30–43, UA 33–41, FSp um 240, Ohr [*2h*]. Im ganzen Gebiet, an Gewässern häufig. Niedrig über Wasseroberfläche. Überwintert in Höhlen, Stollen, Kellern. Schneller Flug.

— UA über 41 mm, Tragus kürzer als halbe Ohrlänge
Teichfledermaus, **Myotis dasycneme** (Boie)
G 15–19, KR 57–61, Schw 45–51, UA 43–47, FSp um 270, Ohr [*2i*]. Im ganzen Gebiet, vorwiegend im Tiefland. In der Nähe von Gewässern, selten. Niedrig über Wasseroberfläche. Überwintert in Höhlen, Stollen, Gebäuden. Flug wie vorige.

15. Tragus verbreitert sich ab der Mitte auf das Doppelte („pilzförmig")
Gattung **Nyctalus** ***16***

— Tragus verbreitert sich nach oben nicht oder nur allmählich . . ***17***

16. UA unter 46 mm. Rückenhaare deutlich zweifarbig: unterer Teil dunkelbraun, oberer Teil hellbraun
Kleiner Abendsegler, **Nyctalus leisleri** (Kuhl)
G 14–20, KR 54–64, Schw 39–44, UA 35–46, FSp um 280, Ohr [*2m*]. Im ganzen Gebiet, nicht häufig. Wälder und Parklandschaften, hoch bis mittelhoch. Überwintert in hohlen Bäumen. Flug gewandt.

— UA über 46 mm. Rückenhaare einfarbig, rötlich-braun
Abendsegler, **Nyctalus noctula** (Schreber)
G 20–40, KR 60–80, Schw 42–59, UA 45–58, FSp um 350, Ohr [*2l*]. Im ganzen Gebiet, stellenweise häufig. Wälder, Parklandschaften. Überwintert in Baumhöhlen, Gebäuden. Flug schnell, gradlinig, hoch.

17. Größte Breite des Tragus geringer als die Höhe seiner Vorderkante ***18***

— Tragus breit und kurz, Höhe seines Vorderrandes fast gleich seiner größten Breite, Hinterrand mit einem großen, darüber einem kleinen Zahn. Rückenhaare mit hellen Spitzen. (Sichere Unterscheidung von den beiden folgenden Arten nur am Gebiß).
Alpenfledermaus, **Pipistrellus savii** (Bonaparte)
KR 43–52, Schw 34–40, UA 31–38, FSp um 220, Ohr [*2p*]. In Deutschland nur 3 Nachweise: Böhmischer Wald, Oberbayern, Fränkische Schweiz. Häufiger in der Schweiz und südlich der Alpen.

18. UA unter 37 mm ***19***

— UA über 37 mm ***20***

19. Daumen kürzer als die Breite des Handgelenks. Diese Art meist kleiner als die folgende, Unterscheidung der beiden Arten jedoch schwierig . . . . . . Zwergfledermaus, **Pipistrellus pipistrellus** (Schreb.)
G 3–8, KR 33–45, Schw 26–36, UA 27–34, FSp um 200, Ohr [*2n*]. Im ganzen Gebiet, häufig. In menschlichen Siedlungen und parkähnlichen Landschaften. Überwintert in Höhlen, Stollen, Dachböden. Flug schnell und hoch.

— Daumen länger als die Breite des Handgelenks. Diese Art ist meist größer als die vorige.
Rauhautfledermaus, **Pipistrellus nathusii** (Keys. & Blas.)
G 6–9, KR 45–51, Schw 33–40, UA 32–36, FSp um 240, Ohr [*2o*]. Im ganzen Gebiet, selten, in NW-Deutschland sporadisch. In menschlichen Siedlungen und parkähnlichen Landschaften. Überwintert in Baumhöhlen, Felsspalten, Gebäuden. Flug schnell und hoch.

20. Hinterer Ohrrand läuft höchstens bis auf die Höhe des Mundspaltes herab und endet nicht direkt am Mundwinkel
Gattung **Eptesicus** ***21***

— Hinterer Ohrrand verläuft in einem Bogen bis unter die Linie des Mundspaltes, steigt wieder an und endet am Mundwinkel; Rückenhaare dunkel, mit weißlichen Spitzen („schimmelig"); helle Unterseite scharf von der Oberseite abgesetzt
Zweifarbige Fledermaus, **Vespertilio discolor** (Kuhl)
G 12–14, KR 48–63, Schw 40–44, UA 40–47, FSp um 270, Ohr [*2r*]. Im ganzen Gebiet selten, fehlt in NW-Deutschland. Gebirge und Ortschaften. Überwintert in Kellern, Stollen, Höhlen. Flug hoch und gewandt.

21. UA länger als 48 mm
Breitflügelfledermaus, **Eptesicus serotinus** (Schreber)

G 17–30, KR 62–80, Schw 45–60, UA 48–57, FSp um 350, Ohr [*2t*]. Im ganzen Gebiet, besonders häufig in der Ebene. Ortschaften und Parklandschaften. Überwintert in Gebäuden und Baumhöhlen. Flug schwerfällig, langsame Flügelschläge.

— UA kürzer als 43 mm
Nordische Fledermaus, **Eptesicus nilssoni** (Keys. & Blas.)

G 8–13, KR 48–54, Schw 38–47, UA 34–42, FSp um 260, Ohr [*2s*]. In Deutschland selten, nachgewiesen nur in den Alpen, im Harz, einmal auf Hiddensee. Waldränder, menschliche Siedlungen. Überwintert in hölzernen Gebäuden, auch in Höhlen. Flug schnell und gewandt.

3. Ord.: **Lagomorpha**, Hasenartige

1. O über 90 mm, erreicht nach vorn umgelegt mindestens die Schnauzenspitze. Ohrspitzen schwarz. HF über 100 mm Gattung **Lepus** *2*

— O unter 80 mm, erreicht nach vorn umgelegt die Schnauzenspitze nicht. Ohrspitzen nicht schwarz. HF unter 100 mm
Wildkaninchen, **Oryctolagus cuniculus** (L.)

G 1200–2200, KR 340–500, Schw 40–75, HF 75–95, O 65–80. Im ganzen Gebiet, selten über 500 m NN. Bevorzugt trockenen Boden. Waldränder, Heide, Sandgruben, Bahndämme, Gärten u. ä. In selbstgegrabenen Wohnröhren. Stammform des Hauskaninchens, **O. cuniculus f. domestica.**

2. Schw zweifarbig, oben schwarz, unten weiß.
Feldhase, **Lepus europaeus** Pallas

G 2500–6500, KR 500–700, Schw 70–120, HF 135–158, O 110–150. Im ganzen Gebiet, in den Alpen bis 1600 m NN. Vorwiegend Kultursteppe, lichter Wald, Dünen.

— Schw einfarbig weiß, Winterhaar weiß (bis auf Ohrspitzen); nur in den Alpen über 1300 m NN Alpenschneehase, **Lepus timidus** L.

G 2000–2500, KR 570–630, Schw 53–65, HF 138–148, O 98–106. In den Alpen von 1300–2400 m NN. Im Winter in tieferen Lagen (bis 600 m NN).

4. Ord.: **Rodentia**, Nagetiere

1. HF mit Schwimmhäuten *2*

— HF ohne Schwimmhäute *3*

2. Schw drehrund, KR unter 700 mm
Familie: Ferkelratten, **Capromyidae** S. 522

— Schw dorsoventral abgeplattet, breit, KR über 700 mm
Familie: Biber, **Castoridae** S. 523

3. Schw mit buschiger Behaarung. *4*

— Schw wenig oder nur kurz behaart *5*

4. KR unter 180 mm . . . . Familie: Schläfer, **Gliridae** S. 523

— KR über 180 mm . . . . . . Familie: Hörnchen, **Sciuridae** S. 523

5. Schw fast körperlang od. länger, O ragen deutlich aus dem Fell *6*

— Schw deutlich kürzer als Körper, O ragen nicht od. nur wenig aus dem Fell 7

6. Schw das 1½fache der Körperlänge, Oberlippe nicht gespalten
Familie: Springmäuse, **Zapodidae** S. 523

— Schw kürzer, Oberlippe gespalten („Hasenscharte")
Familie: Echte Mäuse, **Muridae** S. 524

7. Schw sehr kurz, etwa so lang wie Hinterfuß
Familie: Hamster, **Cricetidae** S. 525

— Schw länger . . . . . Familie: Wühlmäuse, **Arvicolidae** S. 525

1. Familie: **Capromyidae**, Ferkelratten

Nur eine Art . . . Sumpfbiber, Nutria, **Myocastor coypus** (Molina)

G 6000–10000, KR 400–600, Schw 300–450, HF 115–140, O 25–30. Als Pelztier aus Südamerika eingeführt. Aus Farmen entkommene Tiere stellenweise freilebend. An pflanzenreichen Gewässern.

2. Familie: **Castoridae**, Biber

Nur eine Art . . . . Biber, **Castor fiber** L.

G 14000–35000, KR 800–1000, Schw 300–380, HF 160–180, O um 35. In Deutschland nur noch ein geringer Bestand zwischen Magdeburg und Torgau an der Elbe und ihren Nebenflüssen. Im Gebiet an verschiedenen Stellen Wiedereinbürgerungsversuche. Größtes europäisches Nagetier. Auwälder an Gewässern.

3. Familie: **Sciuridae**, Hörnchen

1. KR unter 300 mm *2*

— KR über 500 mm, nur Alpen Murmeltier, **Marmota marmota** (L.)

G 4000–8000, KR 500–570, Schw 130–160, HF 85–95, O 25–30. Nur in den Alpen zwischen 1000 und 3000 m. Offene, sonnige Hochgebirgshänge, Geröllfelder. Winterschläfer. Hoher pfeifender Schrei als Warnlaut.

2. Schw fast körperlang, in der ganzen Länge buschig behaart; O über 20 mm . . . . Eichhörnchen, **Sciurus vulgaris** L.

G 230–400, KR 200–240, Schw 160–200, HF 52–62, O 27–34. Im ganzen Gebiet, häufig. Wälder, Parkanlagen, Gärten. Färbung rotbraun, zuweilen schwarzbraun.

— Schw etwa $\frac{1}{3}$ Körperlänge, nur am Ende buschig; O unter 15 mm Ziesel, **Citellus citellus** (L.)

G 150–280, KR 180–220, Schw 55–75, HF 32–40, O 7–10. In Deutschland heute ausgestorben. Nächstes Vorkommen Polen, CSSR, Österreich. Steppe und Kultursteppe. Winterschläfer.

4. Familie: **Zapodidae**, Springmäuse

Nur eine Art . . . . Waldbirkenmaus, **Sicista betulina** (Pallas)

G 5–11, KR 50–74, Schw 76–108, HF 15–18, O 10–15. Im Gebiet sehr selten. Einzelfunde in Ostpreußen, Schleswig-Holstein, Bayerischer Wald und Österreich. Bevorzugt feuchte bis sumpfige Biotope in Waldgebieten. Winterschläfer. In Österreich im Neusiedlersee-Gebiet eine zweite Art, die Steppenbirkenmaus, **Sicista subtilis** (Pallas). Unterscheidet sich von voriger durch kürzeren Schw und HF.

5. Familie: **Gliridae**, Schläfer

1. Kopfseiten mit schwarzen Augenstreifen bis an oder hinter das Ohr *2*

— Kopfseiten ohne solche Zeichnung, höchstens ein dunkler Augenring *3*

2. O über 20 mm; Schw am Ende buschig behaart, Endhälfte oben schwarz, unten und Endpinsel weiß
Gartenschläfer, **Eliomys quercinus** (L.)

G 60–140, KR 110–150, Schw 90–120, HF 22–31, O 22–26. Fehlt in der Norddeutschen Tiefebene, sonst ungleichmäßig verbreitet. Wälder, Obstgärten, auch in menschlichen Siedlungen. Winterschläfer.

— O unter 16 mm, Schw gleichmäßig buschig behaart, ohne schwarze Färbung . . . . . . Baumschläfer, **Dryomys nitedula** (Pallas)

G 17–35, KR 82–120, Schw 60–110, HF 18–24, O 10–15. Sehr selten; Fichtelgebirge, Bayerischer Wald, Alpen. Laub- und Mischwald mit Unterholz, Obstgärten. Winterschläfer.

3. KR über 100 mm; Schw lang behaart, buschig; Oberseite einfarbig grau . . . . Siebenschläfer, **Glis glis** (L.)

G 70–210, KR 120–190, Schw 110–160, HF 22–32, O 14–23. In der Norddeutschen Tiefebene nur vereinzelte Funde, sonst häufiger. Laubwälder, Parks, Obstgärten. Winterschläfer.

— KR unter 95 mm; Schw dicht, aber kurz behaart; Oberseite einfarbig gelbbraun . . . . Haselmaus, **Muscardinus avellanarius** (L.)

G 15–30, KR 60–88, Schw 55–80, HF 15–18, O 10–14. In der Norddeutschen Tiefebene in Niedersachsen, Schleswig-Holstein, auf Rügen. Sonst verbreitet, im Süden häufiger. Buschreicher Laub-, Misch- und Fichtenwald, Parks, Obstgärten, Feldgehölze. Winterschläfer.

6. Familie: **Muridae**, Echte Mäuse

1. KR über 150 mm, HF über 30 mm . . . . . Gattung **Rattus** *2*

— KR unter 130 mm, HF unter 28 mm *3*

2. Schw kürzer als KR, O erreicht nach vorn gebogen nicht das Auge
Wanderratte, **Rattus norvegicus** (Berkenhout)

G 200–500, KR 180–280, Schw 130–230, HF 36–45, O 18–23. Im ganzen Gebiet. Meist in menschlichen Siedlungen oder nahe bei. Seltener auch ganzjährig freilebend. Die Wanderratte ist die Stammform der Laborratte.

— Schw länger als KR, O erreicht nach vorn gebogen das Auge
Hausratte, **Rattus rattus** (L.)

G 145–250, KR 160–240, Schw 180–250, HF 30–40, O 22–26. Im ganzen Gebiet, inselartig verbreitet. Meist seltener als vorige Art. Im Rückgang begriffen. Nur in Gebäuden, bevorzugt trokkene Räume.

3. Ohne schwarzen Rückenstreifen *4*

— Schwarzer Rückenstreifen vorhanden
Brandmaus, **Apodemus agrarius** (Pallas)

G 15–30, KR 80–125, Schw 65–90, HF 17–21, O 11–14. Vom östl. Westfalen u. östl. Hessen nach Osten verbreitet; fehlt südlich des Mains und in NW-Deutschland (nördlich des Teutoburger Waldes westlich der Weser). Feuchte Wiesen, Röhricht, Waldränder, Hecken, Äcker, Parkanlagen.

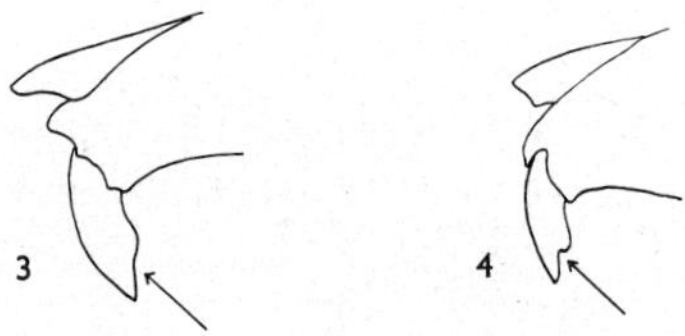

4. Obere Schneidezähne hinten ohne Einkerbung [*3*]; kein Körpergeruch *5*

— Obere Schneidezähne hinten mit kleiner Einkerbung [*4*]; muffiger Körpergeruch (Mäusegeruch) . . . . Hausmaus, **Mus musculus** L.

G 12–30, KR 70–110, Schw 60–105, HF 14–20, O 11–15. Im ganzen Gebiet. Die östliche Hausmaus = Ährenmaus, **M. m. musculus** L., (Oberseite graubraun, deutlich von hellerer Unterseite getrennt) vorwiegend im Freien, im Winter auch in Gebäuden. Die westliche Form, **M. m. domesticus** Rutty (oben grau, unten nur wenig heller, ohne deutliche Trennungslinie) ganzjährig in Gebäuden, im Sommer auch im Freien. Die Hausmaus ist die Stammform der Labormaus.

5. KR über 80 mm, HF über 17 mm, O über 13 mm *6*

— KR unter 80 mm, HF unter 16 mm, O unter 12 mm
Zwergmaus, **Micromys minutus** (Pallas)

G 5–12, KR 50–79, Schw 50–75, HF 12–16, O 7–11. Im ganzen Gebiet. Schilf- und Rohrgürtel, Waldränder, Getreidefelder. Halmkletterer mit Greifschwanz. Kugelnester aus Gras zwischen Halmen.

6. Unterseite weiß bis gelblich-weiß, deutlich gegen Körperseite abgesetzt. Gelbliche Brustzeichnung meist zu einem durchgehenden Querband ausgezogen, zuweilen nur Mittelfleck, selten ganz fehlend. HF in der Regel über 23 mm
Gelbhalsmaus, **Apodemus flavicollis** (Melchior)

G 20–55, KR 90–130, Schw 90–135, HF 23–27, O 15–20. Im ganzen Gebiet, fehlt in NW-Niedersachsen. Waldtier, außerhalb von Wäldern nur im dichten Gebüsch.

— Unterseite grauweiß, weniger scharf gegen die Oberseite abgesetzt. Brustzeichnung oft fehlend, wenn vorhanden, nur aus einem Mittelfleck oder Mittelstrich bestehend, der gelegentlich weit nach hinten reicht. HF in der Regel unter 23 mm
Waldmaus, **Apodemus sylvaticus** (L.)

G 15–30, KR 75–110, Schw 70–110, HF 18–24, O 14–18. Im ganzen Gebiet, häufig. Feldgehölz, Gebüsch, Wald, trockene Wiesen, Dünen. Im NO vorwiegend Ackerbewohner. – In Österreich, Süd- und Westdeutschland sollen Mischpopulationen von A. flavicollis und A. sylvaticus vorkommen. In Gefangenschaft noch keine Kreuzungen gelungen. – In neuerer Zeit in Österreich u. ČSSR dritte Apodemus-Art nachgewiesen: **A. microps** Krat. & Ros. Kleiner als die beiden vorigen.

7. Familie: **Cricetidae,** Hamster

Nur eine Art . . . . Hamster, **Cricetus cricetus** (L.)

G 200–600, KR 215–340, Schw 30–60, HF 30–40, O 23–32. Häufig östl. Niedersachsen, Mecklenburg, Brandenburg, Thüringen, Sachsen; vereinzelt Rheinland, Württemberg, Bayern, nördl. DDR. Steppe u. Kultursteppe der Ebene, nur auf Löß- u. Lehmböden. – Nahe verwandt der als Labortier gehaltene Syrische Goldhamster, **Mesocricetus auratus** Waterhouse (kleiner u. mit heller, nicht schwarzer Unterseite).

8. Familie: **Arvicolidae,** Wühlmäuse

1. Kr unter 200, Schw rund *2*

— KR über 250, Schw seitlich abgeflacht
Bisamratte, **Ondatra zibethicus** (L.)

G 800–1600 (bis 2300), KR 260–400, Schw 190–290, HF 60–80. Hauptverbreitung östlich der Linie Weser–Fulda–westliches Bayern. In Schleswig-Holstein nicht nördlich des Nord-Ostsee-Kanals, nur vereinzelt in Mecklenburg. An pflanzenreichen Gewässern. Heimat Nordamerika, 1905 bei Prag ausgesetzt, seitdem in ständiger Ausbreitung.

2. HF unter 23 mm *3*

— HF über 23 mm . . . . . Schermaus, **Arvicola terrestris** (L.)

G 80–200, KR 120–200, Schw 60–140, HF 23–35, O 11–16. Im ganzen Gebiet. Bewachsene Gewässerufer, aber auch weitab vom Wasser, vor allem in Obstgärten, Gärten, hier schädlich. In der Norddeutschen Tiefebene eine große, dunkelbraun bis braunschwarze Unterart, im Mittelgebirge und in den Alpen eine kleinere und hellere Form.

3. Fell silbergrau, heller als die folgenden Arten, nur Alpen
Schneemaus, **Microtus nivalis** (Martins)

G 35–65, KR 115–143, Schw 50–75, HF 19–22, O 14–18. Alpen oberhalb 1000 m. Alpine Matten mit Felsblöcken und Geröllhalden.

— Fell dunkler *4*

4. Rücken fuchsrot bis braunrot
Rötelmaus, **Clethrionomys glareolus** (Schreber)

G 15–35, KR 80–125, Schw 35–65, HF 15–20, O 11–15. Im ganzen Gebiet, häufig. Hecken, Waldränder, Wälder mit Unterholz, Gebüsch, Feldgehölze. Schattentier.

— Rücken grau, graubraun bis braun. (Sichere Trennung der 4 folgenden Arten nur dem Geübten möglich, Bestimmung nach Schädelmerkmalen leichter, S. 556) *5*

5. Augen nicht besonders klein, O über 9 mm *6*

— Augen auffallend klein, O sehr kurz, nicht über 10 mm
Kleinäugige Wühlmaus, **Pitymys subterraneus** (de Selys-Longchamps)

G 13–23, KR 75–106, Schw 24–32, HF 14–16, O 8–10. Im Gebiet südlich der Linie Görlitz–Leipzig–Wittenberg–Hameln–Münster. Vereinzelt nördlich davon nachgewiesen bei Kolberg, Frankfurt/O, Stade und auf Rügen. Feuchte Wiesen, Waldränder, Gemüsegärten. Aus den Bayer. Alpen wurde 1962 als neue Art **Pitymys bavaricus** König beschrieben.

6. Schw meist unter 45 mm *7*

— Schw meist über 45 mm, nur östlich der Elbe
Nordische Wühlmaus, **Microtus oeconomus** (Pallas)

G 25–60, KR 100–135, Schw 43–62, HF 18–21, O 11–14. In Deutschland nur im Tiefland östlich der Elbe, nicht Schlesw.-Holst. Isolierte Vorkommen in Österreich u. Niederland. Moorwiesen, Sümpfe, Bruchwälder, bewachsene Gewässerränder.

7. O innen dicht und kurz behaart; Färbung oben gelblichbraun bis graubraun. Angstschrei ein helles, hohes Quieken.
Feldmaus, **Microtus arvalis** (Pallas)

G 20–50, KR 80–120, Schw 30–45, HF 15–18, O 9–12. Im ganzen Gebiet. Äcker, Wiesen, Weiden, Ödland, Schonungen.

— O innen schütter und relativ lang behaart; Färbung oben dunkelbraun. Angstschrei mehrsilbiges Zetern
Erdmaus, **Microtus agrestis** (L.)

G 20–55, KR 90–130, Schw 30–46, HF 17–20, O 11–13. Im ganzen Gebiet. Feuchte, schattige Standorte mit dichter Vegetation. Waldränder und Lichtungen, Gebüsch, Hecken, Wiesen, Sümpfe, Moore.

5. Ordnung: **Carnivora**, Raubtiere

1. Körper von spindelförmiger Gestalt; Gliedmaßen zu kurzen, flossenartigen Schwimmwerkzeugen umgebildet. Meeresbewohner, nur an den Küsten, selten in Flußmündungen
Familie: Seehunde, **Phocidae** S. 527

— Körper anders gestaltet; Gliedmaßen nicht zu Flossen umgewandelt. Landbewohner, nur gelegentlich im Wasser *2*

2. An den Hinterpfoten je 4 Zehen *3*

— An den Hinterpfoten je 5 Zehen *4*

3. Kopf langgestreckt, Schnauze spitz; stumpfe, nicht zurückziehbare Krallen . . . . Familie: Hunde, **Canidae** S. 526

— Kopf rund, Schnauze stumpf; scharfe, zurückziehbare Krallen
Familie: Katzen, **Felidae** S. 527

4. Schw mit schwarzer Ringelzeichnung
Familie: Kleinbären, **Procyonidae** S. 526

— Schw ohne Ringelzeichnung . . Familie: Marder, **Mustelidae** S. 526

1. Familie: **Canidae**, Hunde

1. Wangen, Kinn und Brust schwarz gefärbt; Behaarung von Körper und Schwanz langbuschig, lange Haarbüschel hinter den Augen
Marderhund, **Nyctereutes procyonoides** (Gray)

G 4–10 kg, KR 60–80 cm, Schw 15–25 cm. Heimat Ostasien, eingeführt nach dem europäischen Teil der UdSSR, von dort Ausbreitung nach Westen und Norden. Heute im ganzen Gebiet vereinzelt verbreitet. Bevorzugt in feuchten bis sumpfigen Laubwäldern der Niederungen.

— Fell anders gefärbt *2*

2. KR über 90 cm, HF über 25 cm, hochbeinig, schäferhundähnlich
Wolf, **Canis lupus** L.

G 25–60 kg, KR 100–140 cm, Schw 30–50 cm, HF 25–30 cm, O 10–13 cm. Im ganzen Gebiet ausgerottet; Einzeltiere dringen gelegentlich aus dem Osten in unser Gebiet vor. Der Wolf ist der Stammvater des Haushundes, **C. lupus f. familiaris** L.

— KR unter 90 cm, HF unter 20 cm . . Rotfuchs, **Vulpes vulpes** (L.)

G bis 10 kg, KR 60–80 cm, Schw 30–50 cm, HF 14–16 cm, O 8–11 cm. Im ganzen Gebiet. Wald, Feldgehölze, bevorzugt trockenes Gelände.

2. Familie: **Procyonidae**, Kleinbären

Nur eine Art . . . . Waschbär, **Procyon lotor** (L.)

G 5–8 kg, KR 50–70 cm, Schw 20–30 cm, HF 9–13 cm. Heimat Nordamerika. In Deutschland aus Farmen entwichen. Fest eingebürgert in Brandenburg, Hessen, Nordrhein-Westfalen und Niedersachsen. Wald- und Parklandschaften.

3. Familie: **Mustelidae**, Marder

1. KR über 60 cm *2*

— KR unter 60 cm *3*

2. Zwischen Vorder- und Hinterzehen Schwimmhäute, Schw über 30 cm Fischotter, **Lutra lutra** (L.)

G 6–15 kg, KR 60–100 cm, Schw 35–50 cm, HF 11–13,5 cm. Im ganzen Gebiet fast ausgerottet. Vereinzelt in Schleswig-Holstein, Niedersachsen, DDR und Österreich. An stehenden und fließenden Gewässern.

— Keine Schwimmhäute, Schw unter 25 cm Dachs, **Meles meles** (L.)

G 10–20 kg, KR 60–80 cm, Schw 15–20 cm, HF 9–11 cm. Im ganzen Gebiet. Wald.

3. KR über 300 mm, Unterseite nicht weiß *4*

— KR unter 300 mm, Unterseite weiß *6*

4. Schw über 200 mm, HF über 75 mm, Unterseite braun, heller Kehlfleck *5*

— Schw unter 200 mm, HF unter 70 mm, Unterseite dunkel- bis schwarzbraun. . . . . Waldiltis, **Mustela putorius** L.

G 500–2000, KR 320–450, Schw 125–190, HF 50–65. Im ganzen Gebiet. In deckungsreicher Landschaft, bevorzugt bei und in menschlichen Siedlungen. Der Waldiltis ist die Stammform des Frettchens, **M. putorius f. furo** L. Der heller gefärbte östliche Steppeniltis, **M. eversmanni** Lesson, für Österreich nachgewiesen. In Deutschland ausgestorben ist der Nerz, **M. lutreola** L. Neuerdings verbreitet Nachweise entwichener Farmnerze, Nordamerikanischer Mink, **M. vison** Schreber.

5. Kehlfleck meist gelb, nicht oder kaum gegabelt, reicht nicht bis auf die Innenseite der Vorderbeine Baummarder, **Martes martes** (L.)

G 800–1800, KR 400–530, Schw 220–280, HF 80–100. Im ganzen Gebiet. In geschlossenen Waldungen, besonders Misch- und Nadelwald.

— Kehlfleck meist weiß, Hinterrand meist gegabelt, reicht bis auf die Innenseite der Vorderbeine . . Steinmarder, **Martes foina** (Erxl.)

G 1100–2300, KR 400–500, Schw 210–270, HF 80–100. Im ganzen Gebiet. Nicht waldgebunden, oft in oder bei menschlichen Siedlungen.

6. Schwanzspitze schwarz, Schw über 75 mm Hermelin, **Mustela erminea** L.

G 150–350, KR 215–290, Schw 80–110, HF 35–50. Im ganzen Gebiet. Lebensraum sehr verschiedenartig. Im Winter bis auf Schwanzspitze weiß.

— Schwanzspitze nicht schwarz, Schw unter 75 mm Mauswiesel, **Mustela nivalis** L.

G 40–130, KR 110–240, Schw 22–70, HF 20–35. Im ganzen Gebiet. Lebensraum sehr verschiedenartig. Sehr kleine Formen werden zuweilen als Zwergwiesel, **M. minuta** Pomel, vom Mauswiesel artlich unterschieden. Diese Auffassung erscheint nicht gerechtfertigt.

4. Familie: **Felidae**, Katzen

1. Schw etwa so lang wie der Kopf, Ohrspitzen mit Haarpinseln Luchs, **Lynx lynx** (L.)

G 15–30 kg, KR 80–110 cm, Schw 10–25 cm, HF 19–26 cm. In Deutschland ausgerottet, vereinzelt Irrgäste. Wald.

— Schw bedeutend länger als der Kopf, Ohren ohne Haarpinsel Wildkatze, **Felis silvestris** Schreber

G 5–12 kg, KR 50–75 cm, Schw 25–40 cm, HF 12–14,5 cm. In den Mittelgebirgen. Bestände haben in der Nachkriegszeit zugenommen. Geschlossene Waldgebiete. Von der ägyptischen Unterart der Wildkatze, **F. silvestris lybica** Forster, stammt die Hauskatze, **F. silvestris f. catus** L., ab. Verwilderte wildfarbene Hauskatzen schwer von Wildkatzen zu unterscheiden.

5. Familie: **Phocidae**, Seehunde

1. Gesamtlänge gewöhnlich unter 200 cm, Kopf kurz und rundlich **2**

— Gesamtlänge gewöhnlich über 200 cm, Schnauze gestreckt, kegelförmig Kegelrobbe, **Halichoerus grypus** (Fabr.)

♂♂ bis 290 kg, Gesamtlänge bis 300 cm. Selten an der deutschen Nordseeküste, in der Ostsee häufiger.

2. Oberseite mit kleinen dunklen Flecken auf hellem Grund Seehund, **Phoca vitulina** L.
♂♂ bis 115 kg, Gesamtlänge bis 190 cm. An der Nordseeküste verbreitet, seltener in der westlichen Ostsee.
— Oberseite mit hellen, runden oder langgezogenen Ringen auf dunklem Grund . . . . Ringelrobbe, **Phoca hispida** Schreber
♂♂ bis 90 kg, Gesamtlänge bis 185 cm. Selten an deutschen Küsten, in der Nordsee nur als Irrgast.

6. Ordnung: **Artiodactyla**, Paarhufer

1. Im Oberkiefer Schneidezähne, mit keinem anderen Paarhufer im Körperbau zu verwechseln . . . Familie: Schweine, **Suidae** S. 528
— Im Oberkiefer keine Schneidezähne *2*
2. In der Regel in beiden Geschlechtern stets unverzweigte Hörner (Hornscheide über knöchernem Stirnzapfen) Familie: Rinderartige, **Bovidae** S. 528
— Nur die ♂♂ mit meist verzweigtem, knöchernem Geweih, das jährlich abgeworfen wird . . . . Familie: Hirsche, **Cervidae** S. 528

1. Familie: **Suidae**, Schweine

Nur eine Art . . . . Wildschwein, **Sus scrofa** L.
G bis 200 kg, KR bis 180 cm, SchH bis 100 cm. Im ganzen Gebiet, an größere Waldungen gebunden. Wälder mit Dickungen und Sümpfen. Das Wildschwein ist die Stammform des Hausschweines, **S. scrofa f. domestica** L.

2. Familie: **Bovidae**, Rinderartige

1. SchH unter 100 cm, Schw kurz, Oberlippe behaart, geteilt . . . *2*
— SchH über 110 cm, Schw lang, Oberlippe nackt, ungeteilt Hausrind, **Bos primigenius f. taurus** L.
Stammvater des Hausrindes ist der Ur oder Auerochse, **B. primigenius** Bojanus, der seit über 300 Jahren ausgestorben ist. Ein zweites großes Wildrind, das früher im Gebiet heimisch war, ist der Wisent, **Bison bison bonasus** (L.). Heute nur noch in Tiergärten und Parks, in Polen ein kleiner Bestand in freier Wildbahn.
2. Hörner im Querschnitt rund, gerade, am Ende hakenförmig nach hinten gebogen . . . . Gemse, **Rupicapra rupicapra** (L.)
G bis 50 kg, SchH 70–80 cm. In den Alpen, eingeführt im Schwarzwald und Elbsandsteingebirge. Vorzugsweise obere Grenze der Waldregion.
— Hörner anders gestaltet *3*
3. Mit Kinnbart, Hörner der ♂♂ lang, säbelförmig nach hinten gekrümmt, mit starken Querwülsten . . . . . Alpensteinbock, **Capra ibex** L.
G bis 120 kg, SchH 70–100 cm. In den Alpen oberhalb der Waldgrenze. Manche Autoren stellen die Bezoarziege, **C. aegagrus** Erxleben, die Stammform unserer Hausziege, **C. aegagrus f. hircus** L., mit dem Alpensteinbock in eine Art.
— Ohne Kinnbart, Hörner der ♂♂ dick, schneckenförmig gedreht, mit Querringelung . . . . Mufflon, **Ovis ammon** L.
G bis 50 kg, SchH 65–88 cm. In Deutschland in vielen Revieren eingebürgert. Waldgebiete des Mittelgebirges und der Ebene. Stammform des Hausschafes, **O. ammon f. aries** L.

3. Familie: **Cervidae**, Hirsche

1. Nasenkuppe nackt, Muffel nicht überhängend; SchH unter 150 cm *2*
— Nasenkuppe bis auf eine kleine Stelle zwischen den Nasenlöchern behaart, Muffel lang, überhängend; SchH über 150 cm. Im Gebiet nur als Irrgast . . . . Elch, **Alces alces** (L.)
G bis 500 kg, SchH bis 210 cm.

2. Schw immer gut sichtbar, SchH über 80 cm *3*

— Schw kurz, äußerlich nicht sichtbar, SchH unter 80 cm
Reh, **Capreolus capreolus** (L.)

G bis 33 kg, SchH bis 75 cm. Im ganzen Gebiet. Lebensraum vielgestaltig. Wald, Parklandschaft, Äcker, Wiesen, Weiden, Moore u. a.

3. Spiegel (helle Zeichnung zu beiden Seiten des Schwanzes auf den Hinterschenkeln) rein weiß, schwarz umrandet; SchH unter 120 cm; erwachsene Tiere in der Regel im Sommer gefleckt *4*

— Spiegel nicht rein weiß, nicht schwarz eingefaßt; SchH über 120 cm; erwachsene Tiere ungefleckt . . . . Rothirsch, **Cervus elaphus** L.

G bis 200 kg, SchH bis 150 cm. Im ganzen Gebiet in großen Waldungen, bevorzugt Laub- und Mischwald.

4. Schw oben mit schwarzem Mittelstreif, 16–20 cm lang, wird lebhaft bewegt . . . . Damhirsch, **Cervus dama** (L.)

G bis 120 kg, SchH bis 110 cm. Heimat Mittelmeerländer und Kleinasien. In Deutschland seit dem Mittelalter eingeführt, heute in vielen Revieren, besonders in Norddeutschland. Mischwälder und Parklandschaften der Ebene und des Mittelgebirges.

— Schw weiß, kürzer . . . . Sikahirsch, **Cervus nippon** (Temminck)

G bis 70 kg, SchH bis 90 cm. Heimat Ostasien. Seit Ende des vorigen Jahrhunderts in Deutschland eingebürgert. Heute Bestände in Schleswig-Holstein, im Sauerland, im Hegau. Mischwald.

7. Ordnung: **Perissodactyla,** Unpaarhufer

1. Schw von der Wurzel an langhaarig; an den Vorder- und Hinterfüßen haarlose Stellen (Kastanien)
Hauspferd, **Equus przewalskii f. caballus** L.

Stammform des Hauspferdes ist das Wildpferd, **E. przewalskii** Poljakov; freilebend nur noch ein sehr kleiner Bestand in der Mongolei. Sonst nur in Zoologischen Gärten. Alle anderen sog. Wildpferde sind Zuchtformen des Hauspferdes.

— Schw nur am Ende langhaarig; nur an den Vorderfüßen Kastanien
Hausesel, **Equus africanus f. asinus** L.

Stammform des Hausesels ist der afrikanische Wildesel, **E. africanus** (Fitzinger). Kreuzungen: Eselhengst x Pferdestute = Maultier, Pferdehengst x Eselstute = Maulesel.

8. Ordnung: **Cetacea,** Wale

1. Gesamtlänge unter 200 cm; Kopf stumpfendig mit abgerundeter Schnauze . . Schweinswal oder Braunfisch, **Phocoena phocoena** L.

Gesamtlänge 130–180 cm. Küsten der Nord- und Ostsee.

— Gesamtlänge über 250 cm; Kopf mit deutlich abgesetzter Schnauze (Schnabel). . . . Großer Tümmler, **Tursiops truncatus** (Montagu)

Gesamtlänge 280–330 cm, auch größer. Nordseeküste, selten Ostsee.
Außer diesen gelegentlich auch andere Walarten an der Nordseeküste.

B. Bestimmung nach Schädelmerkmalen

Abkürzungen: OK = Oberkiefer; UK = Unterkiefer; CB = Condylobasal-Länge (Abstand zwischen Vorderrand des Zwischenkieferbeines und Hinterrand der Hinterhauptsgelenkhöcker); I = Schneidezahn (Incisiv); C = Eckzahn (Caninus); P = Vorbackenzahn (Praemolar); M = Backenzahn (Molar); BZ = Backenzähne (P + M).
Zahnformel: in der Zahnformel wird über dem Bruchstrich die Zahl der Zähne einer Oberkieferhälfte, unter dem Bruchstrich einer Unterkieferhälfte angegeben. Die Zähne werden in der Reihenfolge I, C, P und M aufgeführt.

$$\text{Beispiel:}\ \frac{3\text{I}\ 1\text{C}\ 4\text{P}\ 3\text{M}}{3\text{I}\ 1\text{C}\ 4\text{P}\ 3\text{M}} = \frac{3143}{3143}.$$

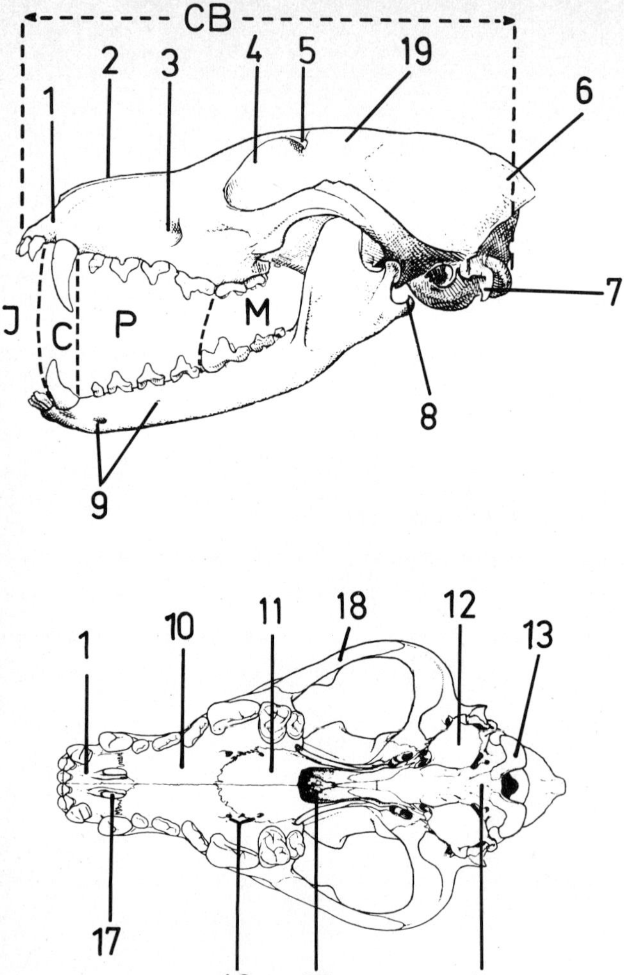

5

Hundeschädel. – I Schneidezähne, C Eckzähne, P Vorbackenzähne, M Backenzähne. 1 Zwischenkieferbein, 2 Nasenbein, 3 Foramen infraorbitale, 4 Augenhöhle, 5 Postorbitalfortsatz, 6 Zwischenscheitelbein, 7 Processus jugularis, 8 Proc. angularis, 9 Foramina mentalia, 10 Oberkieferbein, 11 Gaumenbein, 12 Gehörblase, 13 Hinterhauptsgelenkhöcker, 14 Basioccipitale, 15 Choane, 16 Foramina palatina, 17 Gaumenspalten, 18 Jochbogen, 19 Stirnbein.

1. In jeder Kieferhälfte mindestens 20 gleichförmige Zähne
Ordnung: Wale, **Cetacea** S. 541
— Weniger, verschiedenartig gestaltete Zähne *2*
2. OK ohne Schneidezähne Ordnung: Paarhufer, **Artiodactyla** S. 540
— OK mit Schneidezähnen *3*
3. OK und UK mit je einem Paar zu Nagezähnen umgebildeten Schneidezähnen. Nagezähne von den Backenzähnen durch eine weite Lücke getrennt *4*
— Schneidezähne nicht zu Nagezähnen umgebildet *5*
4. Hinter den oberen Nagezähnen steht ein Paar kleiner Stiftzähne Zahnformel $\frac{2033}{1023} = 28$. Ordnung: Hasenartige, **Lagomorpha** S. 535
— Schädel ohne solche Stiftzähne. Ordnung: Nagetiere, **Rodentia** S. 535
5. Stirnbein und Jochbogen hinter der Augenhöhle durch eine breite Knochenbrücke miteinander verbunden. In jeder Kieferhälfte 6 schmelzfaltige BZ mit breiter Kaufläche
Ordnung: Unpaarhufer, **Perissodactyla** S. 541
— Keine oder nur ganz dünne Knochenbrücke zwischen Stirnbein und Jochbogen *6*

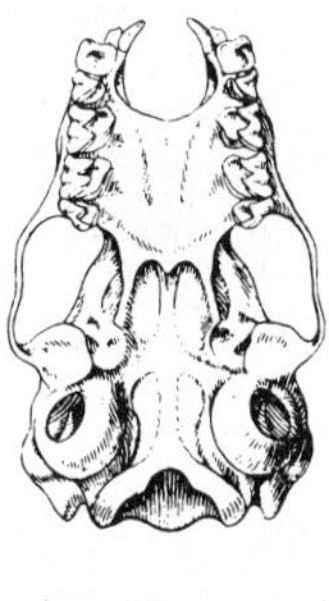
6

7

6. Schädel vorn mit einer breiten, tiefen Einbuchtung zwischen den Schneidezähnen [*6*] oder mit zwei schmalen, tiefen Einschnitten zwischen Schneide- und Eckzähnen [*7*]. CB stets unter 25 mm
Ordnung: Fledermäuse, **Chiroptera** S. 533
— Schädel anders gestaltet. *7*
7. Eckzähne im Querschnitt dreieckig, die des OK nach oben und außen gebogen; Processus jugularis sehr lang; CB über 250 mm
Ordnung: Paarhufer, **Artiodactyla** S. 540
— Eckzähne im Querschnitt $\pm$ rund, Proc. jugularis fehlt oder nur kurz *8*
8. Erster Schneidezahn im OK kleiner als die seitlichen, Eckzähne groß, größer als die benachbarten Zähne
Ordnung: Raubtiere, **Carnivora** S. 538
— Erster Schneidezahn im OK ebenso groß oder größer als die seitlichen, Eckzähne nicht vergrößert (Ausnahme Maulwurf)
Ordnung: Insektenfresser, **Insectivora** S. 532

1. Ordnung: **Insectivora**, Insektenfresser

1. Jochbögen vorhanden, CB über 30 mm, 34 oder mehr Zähne . . *2*
— Jochbögen fehlen, CB unter 25 mm, höchstens 32 Zähne
Familie: Spitzmäuse, **Soricidae** *3*

2. CB über 50 mm, der erste I wesentlich größer als die folgenden, C nicht besonders hervortretend, Zahnformel $\frac{3133}{2123} = 36$
Nur Gattung **Erinaceus**, Familie: Igel, **Erinaceidae**

E. europaeus u. **E. concolor** nach einfachen Schädelmerkmalen nicht unterscheidbar.

— CB unter 40 mm, der erste I nur wenig größer als die folgenden, C stark hervortretend, Zahnformel $\frac{3143}{3143} = 44$
Familie: Maulwürfe, **Talpidae**
Nur eine Art . . . . . Europäischer Maulwurf, **Talpa europaea**

3. Zahnspitzen weiß, Zahnformel $\frac{3113}{1113} = 28$ Gattung **Crocidura** *4*
— Zahnspitzen rot, 30 oder 32 Zähne *6*

4. CB unter 18 mm, Vorkommen s. [*1*]
Gartenspitzmaus, **Crocidura suaveolens**
— CB über 18 mm *5*

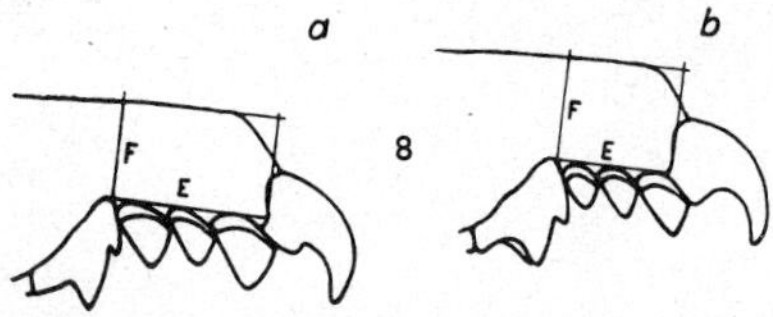

8

5. Im OK Abstand hinterer Alveolenrand I1 bis vorderer Alveolenrand P1 (E) etwa 1½mal so lang wie die Schädelhöhe über C (F) [*8a*]; im OK C meist ebenso hoch oder höher als die erste Spitze am Vorderrand von P1; Proc. angularis des UK s. [*9b*]. Vorkommen s. [*1*]
Hausspitzmaus, **Crocidura russula**

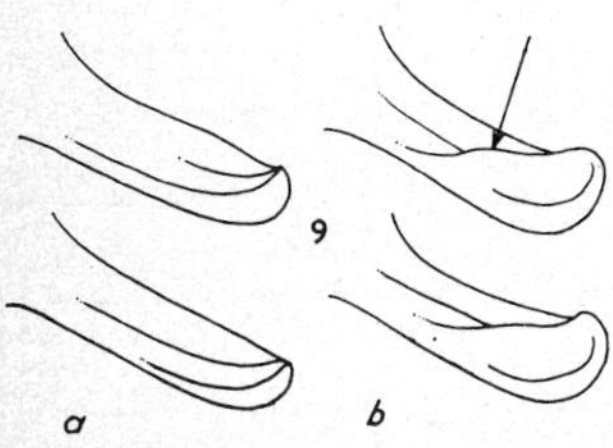

9

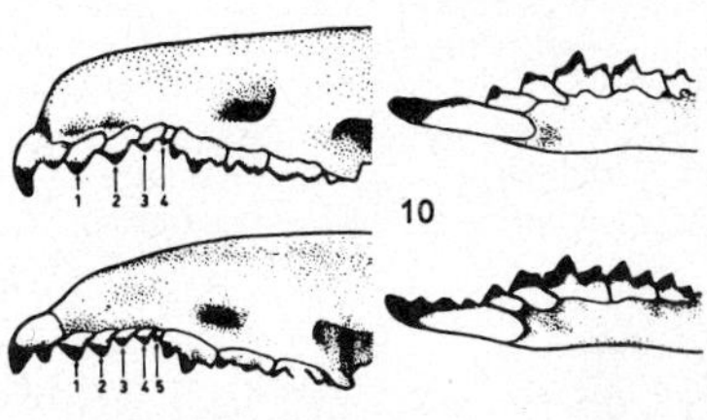

10

— Im OK Abstand hinterer Alveolenrand I1 bis vorderer Alveolenrand P1 (E) etwa gleich oder nur geringfügig länger als Schädelhöhe über C (F) [*8b*]; im OK C meist niedriger als die erste Spitze am Vorderrand von P1; Proc. angularis des UK siehe [*9a*]
Feldspitzmaus, **Crocidura leucodon**

6. Zahnformel $\frac{3123}{1113} = 30$ Im OK jederseits 4 einspitzige Zähne, I1 im UK mit einem flachen Höcker [*10 oben*]. Vorderrand der Nasalia gerade . . . . Gattung **Neomys** *7*

— Zahnformel $\frac{3133}{1113} = 32$ Im OK jederseits 5 einspitzige Zähne, I1 im UK mit mehreren Höckern [*10 unten*]. Vorderrand der Nasalia zu einer kleinen Spitze ausgezogen . . . . Gattung **Sorex** *8*

7. Höhe des UK-Astes über 4,4 mm
Wasserspitzmaus, **Neomys fodiens**

— Höhe des UK-Astes unter 4,4 mm Sumpfspitzmaus, **Neomys anomalus**

8. Zweiter Zahn im UK zweispitzig Alpenspitzmaus, **Sorex alpinus**

— Zweiter Zahn im UK einspitzig *9*

9. CB über 17 mm, im OK dritter einspitziger Zahn kleiner als der zweite [*10 unten*] . . . . Waldspitzmaus, **Sorex araneus**

— CB unter 17 mm, im OK dritter einspitziger Zahn so groß wie der zweite . . . . Zwergspitzmaus, **Sorex minutus**

2. Ordnung: **Chiroptera**, Fledermäuse

1. Nasenbeine blasenförmig aufgetrieben [*11*]; I $\frac{1}{2}$; Zwischenkieferbeine nicht fest mit dem Oberkieferbein verbunden, daher bei präparierten Schädeln oft fehlend Familie: Hufeisennasen, **Rhinolophidae** *2*

— Nasenbeine nicht aufgetrieben; I $\frac{2}{3}$; Zwischenkieferbeine voneinander getrennt, mit Oberkieferbein verwachsen
Familie: Glattnasen, **Vespertilionidae** *3*

2. CB bis 16 mm Kleine Hufeisennase, **Rhinolophus hipposideros**

— CB über 20 mm Große Hufeisennase, **Rhinolophus ferrum-equinum**

3. Im OK jederseits 6 BZ; Zahnformel $\frac{2133}{3133} = 38.$
Gattung **Myotis** *6*

— Weniger Zähne *4*

4. Im OK jederseits 5 BZ *5*

— Im OK jederseits 4 BZ; Zahnformel $\frac{2113}{3123} = 32$ *13*

5. Im UK jederseits 6 BZ; Zahnformel $\frac{2123}{3133} = 36$ *15*

— Im UK jederseits 5 BZ; Zahnformel $\frac{2123}{3123} = 34$ *17*

6. CB über 22 mm . . . . Großes Mausohr, **Myotis myotis**

— CB unter 22 mm *7*

7. CB über 18,6 mm . . . . . Kleines Mausohr, **Myotis oxygnathus**

— CB unter 18 mm *8*

8. Obere M in der Mitte des Vorderrandes mit einem kleinen Höcker *9*

— Obere M in der Mitte des Vorderrandes ohne Höcker *10*

9. CB über 15 mm . . . . Teichfledermaus, **Myotis dasycneme**
— CB unter 15 mm . . . . Wasserfledermaus, **Myotis daubentoni**
10. CB über 16 mm . . . . Bechsteinfledermaus, **Myotis bechsteini**
— CB unter 16 mm ***11***
11. CB unter 14 mm . . . . Bartfledermaus, **Myotis mystacinus**
— CB über 14 mm ***12***
12. Im OK P2 sehr klein, etwa halb so hoch wie P1, von außen kaum sichtbar . . . . Wimperfledermaus, **Myotis emarginatus**
— Im OK P2 fast so hoch wie P1 Fransenfledermaus, **Myotis nattereri**
13. Schneiden der unteren I stehen quer zur Richtung des UK; Schnauzenteil hinter der Nasenöffnung oben nicht konkav
Gattung **Eptesicus** ***14***
— Schneiden der unteren I stehen in der Richtung des UK; Schnauzenteil hinter der Nasenöffnung oben konkav
Zweifarbige Fledermaus, **Vespertilio discolor**

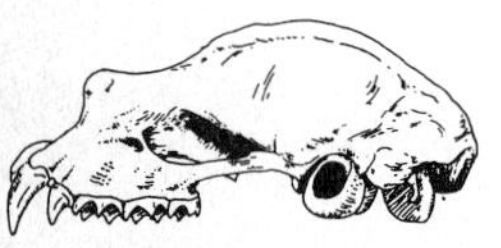

11

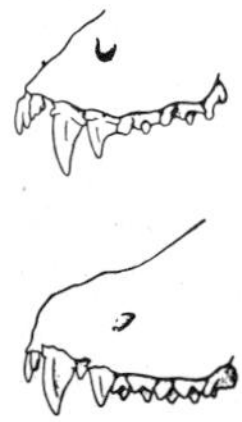

12

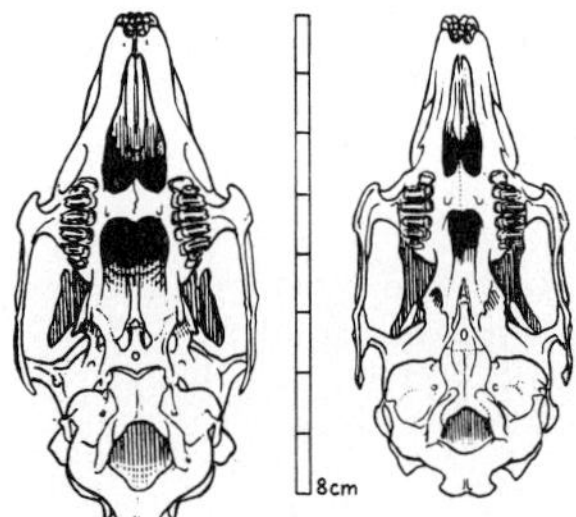

13

14. CB unter 16 mm . . . Nordische Fledermaus, **Eptesicus nilssoni**
— CB über 19 mm . . . . . Breitflügelfledermaus, **Eptesicus serotinus**
15. Schädel in der Stirngegend nur wenig vorgewölbt, Profil flachbogig
Gattung **Plecotus** ***16***
— Stirngegend auffällig vorgewölbt, Profil stark aufgebogen
Langflügelfledermaus, **Miniopterus schreibersi**
16. CB bis 15,7 mm, kleinster Abstand zwischen den Gehörblasen größer als die halbe Choanenbreite . . . Braunes Langohr, **Plecotus auritus**
— CB über 15,7 mm, kleinster Abstand zwischen den Gehörblasen kleiner als die halbe Choanenbreite Graues Langohr, **Plecotus austriacus**
17. CB über 15 mm . . . . Gattung **Nyctalus** ***18***
— CB unter 14 mm ***19***
18. CB über 17 mm . . . . Abendsegler, **Nyctalus noctula**
— CB unter 16 mm . . . . . . Kleiner Abendsegler, **Nyctalus leisleri**
19. Vorderes Schnauzenprofil gewölbt [*12 unten*] Gattung **Pipistrellus** ***20***
— Vorderes Schnauzenprofil flach [*12 oben*]
Mopsfledermaus, **Barbastella barbastellus**
20. Im OK P1 winzig, von außen nicht sichtbar, C und P2 berühren sich an der Basis . . . . Alpenfledermaus, **Pipistrellus savii**
— Im OK P1 von außen sichtbar ***21***
21. CB über 12 mm . . . . Rauhautfledermaus, **Pipistrellus nathusii**
— CB bis 12 mm . . . . . Zwergfledermaus, **Pipistrellus pipistrellus**

3. Ordnung: **Lagomorpha**, Hasenartige

1. Choanenöffnung etwa doppelt so breit wie die Breite der BZ [*13 links*]; Zwischenscheitelbein mit den umgebenden Knochen verwachsen
Gattung **Lepus** *2*
— Choanenöffnung etwa so breit wie die Breite der BZ [*13 rechts*]; Zwischenscheitelbein nicht mit den umgebenden Knochen verwachsen.
(Haus- und) Wildkaninchen, **Oryctolagus cuniculus**
2. CB unter 84 mm, Wurzelkanal der oberen Nagezähne reicht bis zur Naht zwischen Zwischenkiefer- und Oberkieferbein oder darüber hinaus . . . . Alpenschneehase, **Lepus timidus**
— CB über 85 mm, Wurzelkanal erreicht diese Naht nicht
Feldhase, **Lepus europaeus**

4. Ordnung: **Rodentia**, Nagetiere

1. Länge der BZ im OK über 25 mm, CB in der Regel über 100 mm *2*
— Länge der BZ im OK unter 25 mm, CB immer unter 100 mm. . *3*
2. CB unter 125 mm, Foramen infraorbitale sehr groß, Basioccipitale ohne tiefe Grube . . . . Familie: Ferkelratten, **Capromyidae**
Nur eine Art . . . . . . Sumpfbiber, Nutria, **Myocastor coypus**
— CB über 125 mm, F. infraorbitale sehr klein, Basioccipitale mit tiefer Grube . . . . Familie: Biber, **Castoridae**
Nur eine Art . . . . Biber, **Castor fiber**
3. Postorbitalfortsätze gut entwickelt; Zahnformel $\frac{1023}{1013} = 22$; (Pl im OK manchmal fehlend) . . . . Familie: Hörnchen, **Sciuridae** *8*
— Ohne Postorbitalfortsätze; weniger Zähne *4*
4. Zahnformel $\frac{1013}{1013} = 20$ . . . . . . Familie: Schläfer, **Gliridae** *10*
— Weniger Zähne *5*
5. Zahnformel $\frac{1013}{1003} = 18$ . . . . . Familie: Springmäuse, **Zapodidae**
Nur eine Art . . . . Waldbirkenmaus, **Sicista betulina**
— Zahnformel $\frac{1003}{1003} = 16$ *6*
6. BZ mit Schmelzfalten [*26*], Kaufläche plan
Familie: Wühlmäuse, **Arvicolidae** *18*
— BZ mit Schmelzhöckern [*14, 15*] *7*
7. Gaumenspalten reichen nicht bis an die BZ. BZ im OK mit 2 Reihen von Schmelzhöckern (Zahnkrone längs der Mitte vertieft) [*14*]
Familie: Hamster, **Cricetidae**
Nur eine Art . . . . Hamster, **Cricetus cricetus**
Goldhamster (s. S. 525) hat CB-Länge unter 4 cm.
— Gaumenspalten reichen bis an oder zwischen die BZ. BZ im OK mit 3 Reihen von Schmelzhöckern, die mittlere am höchsten [*15*]
Familie: Echte Mäuse, **Muridae** *13*
8. Pl im OK sehr klein, stiftartig; Nagezähne seitlich zusammengedrückt, im Querschnitt etwa doppelt so lang wie breit
Eichhörnchen, **Sciurus vulgaris**

— P1 im OK größer, etwa halb so stark wie P2; Nagezähne im Querschnitt etwa quadratisch *9*

9. CB unter 50 mm, F. infraorbitale fast kreisrund
Ziesel, **Citellus citellus**

— CB über 70 mm, F. infraorbitale schmal, spaltförmig
Murmeltier, **Marmota marmota**

10. P relativ klein, erreicht etwa 1/4 der Länge des M1 [*16*]
Haselmaus, **Muscardinus avellanarius**

— P größer, erreicht etwa 1/2 der Länge des M1 . . . . *11*

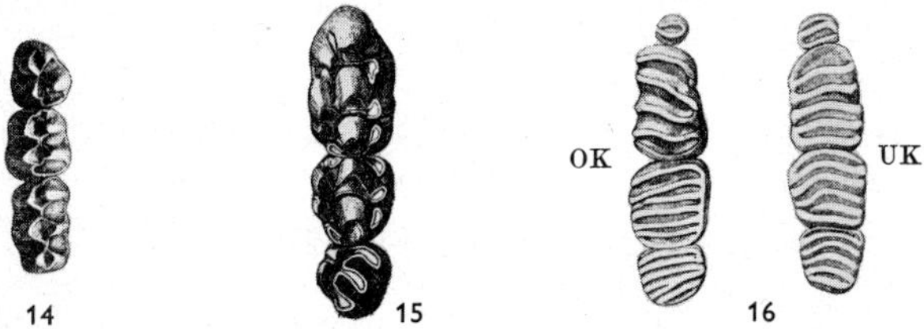

14 15 16

11. CB in der Regel unter 33 mm; BZ im OK unter 6 mm *12*

— CB in der Regel über 34 mm; BZ im OK über 6 mm [*BZ* 17]
Siebenschläfer, **Glis glis**

12. CB über 30 mm; BZ im OK über 4,8 mm [*BZ 18*]
Gartenschläfer, **Eliomys quercinus**

— CB unter 28 mm; BZ im OK unter 4,2 mm [*BZ 19*]
Baumschläfer, **Dryomys nitedula**

13. CB über 35 mm; BZ im OK über 6 mm . . . . Gattung **Rattus** *14*

— CB unter 30 mm; BZ im OK unter 5 mm *15*

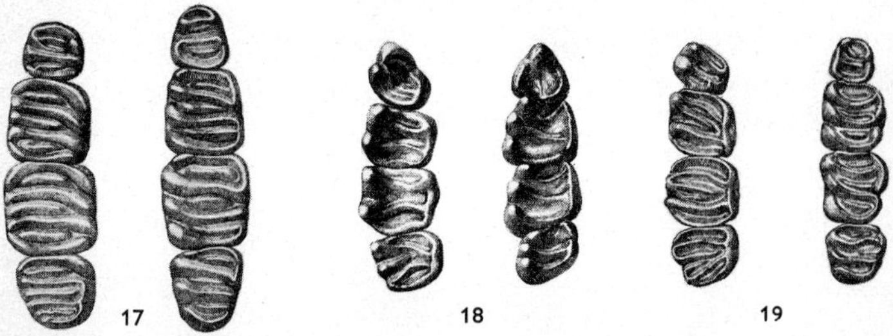

17 18 19

14. Schädelleisten annähernd parallel verlaufend [*21*]
Wanderratte, **Rattus norvegicus**

— Schädelleisten bogenförmig verlaufend [*20*] Hausratte, **Rattus rattus**

15. Obere Nagezähne hinten mit kleiner Einkerbung [*4*]; Scheitelbeine am seitlichen Vorderrand pfeilspitzartig nach vorn vorspringend [*22 rechts*]; Gaumenspalten reichen etwa bis zur Mitte des M1; M1 3-wurzelig [*23 rechts*] . . . . Hausmaus, **Mus musculus**

— Obere Nagezähne ohne solche Einkerbung [*3*]; Scheitelbeine nicht so vorspringend [*22 links*]: Gaumenspalten reichen höchstens bis zum vorderen Rand von M1; M1 4–5-wurzelig [23 *links*] *16*

16. CB kürzer als 19 mm; BZ im OK bis 3 mm
Zwergmaus, **Micromys minutus**

— CB über 20 mm; BZ im OK über 3,5 mm Gattung **Apodemus** ***17***

17. Stirnbein über den Augenhöhlen mit einer schwachen Knochenleiste [*24*]. . . . . Brandmaus, **Apodemus agrarius**

— Schädel ohne solche Leiste
Waldmaus, **Apodemus sylvaticus** u. Gelbhalsmaus, **A. flavicollis**
(Diese beiden Arten sind nach Schädelmerkmalen schwer zu trennen).

18. CB länger als 50 mm; BZ im OK über 12 mm
Bisamratte, **Ondatra zibethicus**

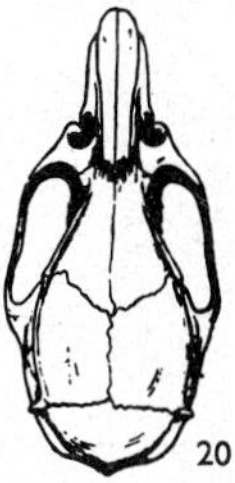
20

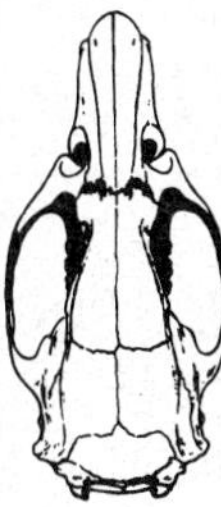
21

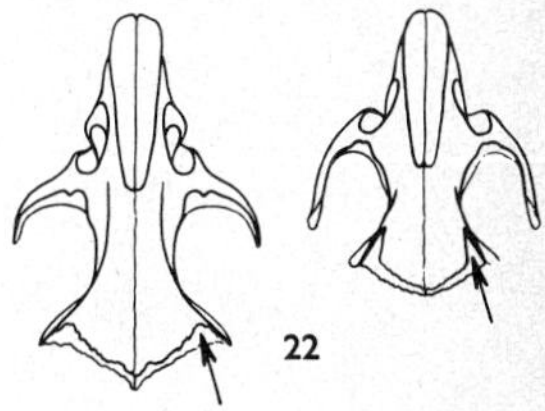
22

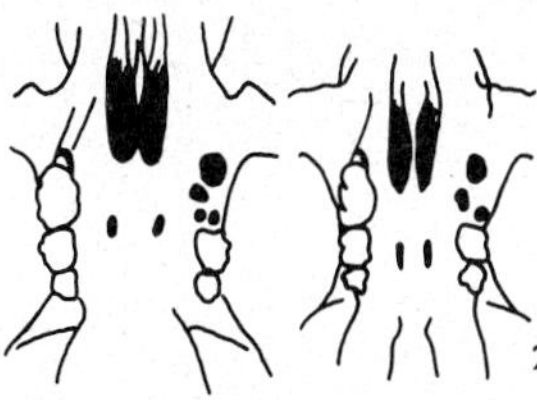
23

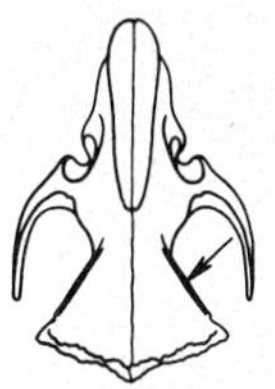
24

25

26

27

— CB unter 45 mm; BZ im OK unter 11 mm ***19***

19. Choane breit, reicht seitlich bis an die Zahnreihen heran, Gaumenbein hinten ohne seitliche Gruben [*25 links*]; Schmelzschlingen der BZ, besonders im UK, ± abgerundet [*26*]; BZ im Alter mit geschlossenen Wurzeln [*27*] . . . . Rötelmaus, **Clethrionomys glareolus**

— Choane schmaler, zwischen ihr und den BZ im Gaumenbein seitliche Gruben [*25 rechts*]; Schmelzschlingen der BZ ± spitzwinkelig [*28*]; BZ auch im Alter mit offener Wurzel ***20***

20. CB länger als 32 mm; BZ im OK in der Regel über 8 mm
Schermaus, **Arvicola terrestris**

— CB kürzer als 32 mm; BZ im OK unter 7,5 mm ***21***

21. M1 im UK an der Außenseite mit nur einem geschlossenen Schmelzdreieck [*28*]; Schädel flach
Kleinäugige Wühlmaus, **Pitymys subterraneus**

— M1 im UK mit mehr als 1 geschlossenen Schmelzdreieck . . . ***22***

22. M1 im UK mit insgesamt 4 geschlossenen Schmelzdreiecken (innen 2, außen 2), [*29*] . . . . Nordische Wühlmaus, **Microtus oeconomus**

— M1 im UK mit insgesamt 5 geschlossenen Dreiecken (innen 3, außen 2) [*30*] ***23***

23. M2 im OK innen mit 3 Schmelzzacken, die 3. sehr klein [31] Schmelzschlingenmuster des M1 im UK [*30*] Erdmaus, **Microtus agrestis**

— M2 im OK innen mit 2 Schmelzzacken [*32*] ***24***

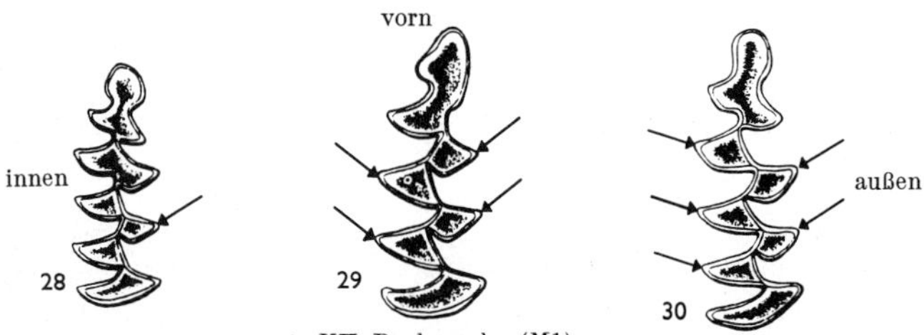

1. UK-Backenzahn (M1)

24. CB unter 27 mm; Schmelzschlingenmuster des M1 im UK [*33*]
Feldmaus, **Microtus arvalis**

— CB über 27,5 mm; Schmelzschlingenmuster des M1 im UK [*34*]
Schneemaus, **Microtus nivalis**

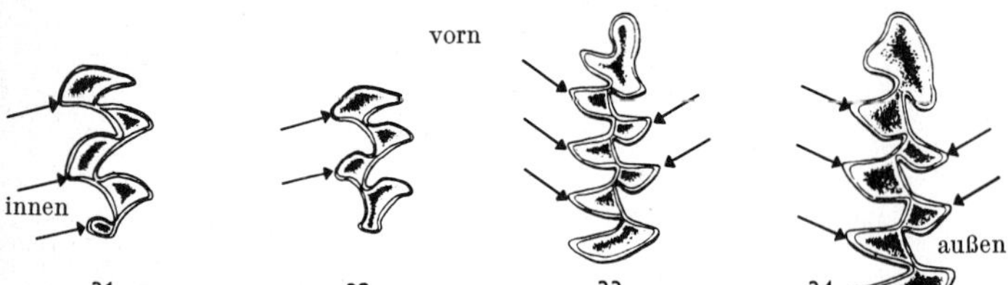

2. OK-Backenzahn (M2) 1. UK-Backenzahn (M1)

5. Ordnung: **Carnivora**, Raubtiere

1. BZ verschieden gestaltet; I $\frac{3}{3}$ ***2***

— BZ alle gleich gestaltet; I $\frac{3}{2}$ . . . Familie: Seehunde, **Phocidae** ***14***

2. Im OK jederseits 6 BZ ***3***

— Im OK jederseits höchstens 5 BZ ***6***

3. Knöcherner Gaumen ragt nach hinten etwa eine Choanenbreite über den letzten BZ hinaus; im UK jederseits 6 BZ; Zahnformel $\frac{3142}{3142}$

Familie: Kleinbären, **Procyonidae**

Nur eine Art . . . . Waschbär, **Procyon lotor**

— Knöcherner Gaumen wesentlich kürzer, ragt nicht oder höchstens um Backenzahnbreite über den letzten BZ hinaus; im UK jederseits 7 BZ; Zahnformel $\frac{3142}{3143}$ . . . . Familie: Hunde, **Canidae** *4*

4. Unterrand des UK unter dem Processus angularis mit einem beinahe rechtwinkligen Einschnitt, hinterer Gaumenrand überragt den letzten BZ etwa um die Länge des M2

Marderhund, **Nyctereutes procyonoides**

— Unterrand des UK ohne solchen Einschnitt; hinterer Gaumenrand überragt den letzten BZ nicht *5*

5. Postorbitalfortsätze auf der Oberseite deutlich eingedellt; Gaumenspalten etwa 4–5mal so lang wie breit; CB unter 180 mm

Rotfuchs, **Vulpes vulpes**

— Postorbitalfortsätze auf der Oberseite nicht eingedellt, Gaumenspalten etwa 2–3mal so lang wie breit; CB über 200 mm (Merkmale gelten bis auf CB auch für den Haushund) . . . . . . Wolf, **Canis lupus**

6. Im UK 4–6 BZ; knöcherner Gaumen ragt mehr als eine Choanenbreite über den letzten BZ hinaus; I 2 im UK tritt an seiner Basis auffallend aus der Zahnreihe zurück [*35*].

Familie: Marder, **Mustelidae** *7*

— Im UK 3 BZ; knöcherner Gaumen ragt nicht so weit nach hinten; I im UK stehen in einer Reihe, I 2 tritt nicht zurück.

Familie: Katzen, **Felidae** *13*

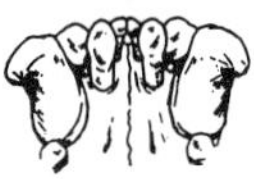

35

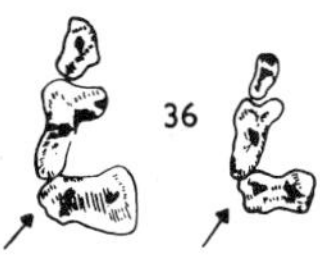

36

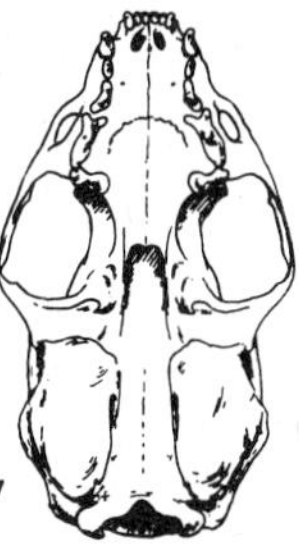

37

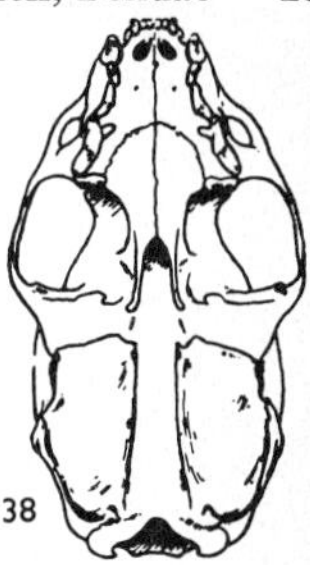

38

7. CB über 95 mm *8*

— CB unter 95 mm *9*

8. Letzter oberer BZ viel größer als der vorhergehende, länger als breit; Zahl der BZ im UK 6; P $\frac{1}{1}$ sehr klein, manchmal fehlend; Zahnformel $\frac{3141}{3142} = 38$ . . . . Dachs, **Meles meles**

— Letzter BZ im OK nicht größer als der vorhergehende, breiter als lang; im UK 5 BZ; P1 im OK steht an der Innenseite des C; Zahnformel $\frac{3141}{3132} = 36$. . . . . Fischotter, **Lutra lutra**

9. CB über 75 mm; 5 BZ im OK; 6 BZ im UK; P $\frac{1}{1}$ manchmal fehlend; Zahnformel $\frac{3141}{3142} = 38$ . . . . Gattung **Martes** *10*

— CB unter 75 mm; BZ im OK 4, BZ im UK 5; P $\frac{1}{1}$ manchmal fehlend; Zahnformel $\frac{3131}{3132} = 34$ . . . . Gattung **Mustela** *11*

10. Außenrand von M1 im OK eingebuchtet [*36 rechts*]; Nasenöffnung rundlich, Foramina mentalia enger zusammen, hinteres unter Mitte von P3 . . . . Steinmarder, **Martes foina**

— Außenrand von M1 im OK nicht eingebuchtet [*36 links*]; Nasenöffnung länglich-oval, F. mentalia weiter auseinander, hinteres unter hinterer Wurzel von P3 . . . . Baummarder, **Martes martes**

11. CB über 55 mm . . . . Iltis, **Mustela putorius**

— CB unter 55 mm *12*

12. CB in der Regel über 42 mm; hinterer Gaumenrand flachbogig bis eckig [*37*] . . . . Hermelin, **Mustela erminea**

— CB in der Regel unter 42 mm; hinterer Gaumenrand $\pm$ spitzbogig [*38*] Mauswiesel, **Mustela nivalis**

13. CB über 120 mm, Zahnformel $\frac{3121}{3121} = 28$ . . . Luchs, **Lynx lynx**

— CB unter 110 mm, Zahnformel $\frac{3131}{3121} = 30$ Katze, **Felis silvestris**

14. BZ mit 3–5 Zacken *15*

— BZ mit kegelförmiger Spitze . . Kegelrobbe, **Halichoerus grypus**

15. Mittlere BZ im OK stehen schräg zur Kieferrichtung; Nasenbeine etwa 3mal so lang wie breit; Innenseite des UK zwischen den mittleren BZ konvex . . . . Seehund, **Phoca vitulina**

— BZ im OK stehen in Richtung des Kiefers; Nasenbeine etwa 4–5mal so lang wie breit; Innenseite des UK zwischen den mittleren BZ konkav Ringelrobbe, **Phoca hispida**

6. Ordnung: **Artiodactyla**, Paarhufer

1. Keine I im OK *2*

— Im OK sind I vorhanden; Zahnformel $\frac{3143}{3143} = 44$

Familie: Schweine, **Suidae** (Haus- und) Wildschwein, **Sus scrofa**

2. Vor den Augenhöhlen zwischen Stirn-, Nasen-, Tränen- und Oberkieferbein eine große, $\pm$ dreieckige Öffnung (Ethmoidallücke) [*39*]; Tränenbein am Augenhöhlenrand mit 2 Tränenlöchern Familie: Hirsche, **Cervidae** *6*

— Keine Ethmoidallücke oder nur eine kleine schlitzförmige; Tränenbein an der Innenseite des Augenhöhlenrandes mit einem Tränenloch; Zahnformel $\frac{0033}{3133} = 32$

Familie: Rinderartige, **Bovidae** *3*

3. CB über 350 mm; Gaumenquernaht liegt vor den Gefäßlöchern (Foramina palatina) des Gaumens. Hausrind, **Bos primigenius f. taurus**

— CB unter 300 mm; Gaumenquernaht berührt die Gefäßlöcher des Gaumens *4*

4. Hörner im Querschnitt rund, gerade, an den Enden hakenförmig nach hinten gebogen; CB unter 210 mm
Gemse, **Rupicapra rupicapra**

— Hörner anders gestaltet oder bei ♀♀ fehlend *5*

5. Vor den Augenhöhlen eine flache, rundliche Tränengrube
(Hausschaf und) Mufflon, **Ovis ammon**

— Ohne Tränengrube (Hausziege und) Alpensteinbock, **Capra ibex**

6. Nasenbeine kurz, reichen nach vorn nicht über die BZ hinaus; I1 nur wenig breiter als die anderen I; CB über 450 mm;
Elch, **Alces alces**

— Nasenbeine länger; I1 schaufelartig erweitert, breiter als die anderen I; CB unter 400 mm *7*

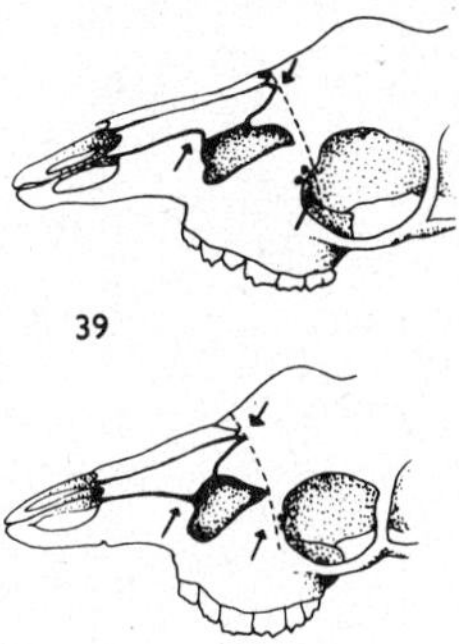
39

7. Tränengrube flach; CB bis 210 mm . . .
Reh, **Capreolus capreolus**

— Tränengrube länglich tief;
CB über 200 mm *8*

8. C im OK fehlen; Nasenbeine reichen nach hinten bis zum Vorderrand der Augenhöhle oder darüber hinaus; Nasenbeine am Vorderrand der Ethmoidallücke mit einem deutlichen Einschnitt, in den das Oberkieferbein hineinragt [*39 oben*] . . .
Damhirsch, **Cervus dama**

— C in der Regel im OK vorhanden; Nasenbeine reichen nach hinten nicht bis an den Vorderrand der Augenhöhle; Nasenbeine ohne solche seitlichen Einschnitt [*39 unten*] *9*

9. CB über 300 mm . . . . Rothirsch, **Cervus elaphus**

— CB unter 300 mm . . . . Sikahirsch, **Cervus nippon**

7. Ordnung: **Perissodactyla,** Unpaarhufer

Die Schädel von Pferd und Esel sind nur durch besondere Maßkombinationen sicher zu unterscheiden.

8. Ordnung: **Cetacea,** Wale

1. Zahnkronen seitlich abgeflacht; CB unter 350 mm
Schweinswal oder Braunfisch, **Phocoena phocoena**

— Zahnkronen kegelförmig; CB über 400 mm
Großer Tümmler, **Tursiops truncatus**

Literatur- und Abbildungsnachweis

a. Die Abbildungen wurden, z. T. verändert, entnommen aus:

Bobrinski, N. A. u. a.: Bestimmungsschlüssel der Säugetiere der USSR. Moskau 1965. [*6, 7*]. – Corbet, G. B.: The Identification of British Mammals. London 1964 [*3, 4*]. – Gaffrey, G.: Die Schädel der mitteleuropäischen Säugetiere. Leipzig 1953. [*11, 20, 21, 26, 28–38*]. – Gaffrey, G.: Merkmale wildlebender Säugetiere Mitteleuropas. Leipzig

1961. [2]. – Husson, A. M.: Zool. Bijdragen, 1962, Nr. 5 [10]. – Miller, G. S.: Catalogue of the Mammals of Western Europe. London 1912. [5b, 14–19]. – Richter, H.: Säugetierkdl. Mitt. 9, 1961. [22, 24] – Richter, H.: Zool. Abh. Ber. Mus. Tierk. Dresden 26, Nr. 7, 1963. [8]. – Richter, H.: Zool. Abh. Ber. Mus. Tierk. Dresden 26, Nr. 10, 1963. [1]. – Richter, H.: Zt. Säugetierkd. 29, 1964. [9]. – Southern, H. N.: The Handbook of British Mammals. London 1964 [5a, 13, 23]. – Zimmermann, K.: Säugetiere. In: Stresemann, Exkursionsfauna von Deutschland. Berlin 1955 [12, 27]. – Abb. 25 und 39 Originale W. Böhme

b. Außerdem wurden benutzt:

Baumann, F.: Die Säugetiere der Schweiz. Bern 1949. – Brink, F. H. van den: Die Säugetiere Mitteleuropas. Hamburg-Berlin 1957. Bühler, P. u. C. König: Die Fledermäuse Mitteleuropas. Veröff. Landesst. Natursch. Landschaftspfl., Baden-Württemberg, Heft 32, 1964. – Mohr, E.: Die freilebenden Nagetiere Deutschlands. Jena 1954. – Natuschke, G.: Heimische Fledermäuse. Neue Brehm-Bücherei. Wittenberg-Lutherstadt 1960. – Zimmermann, K.: Taschenbuch unserer wildlebenden Säugetiere. Hannover 1967. Säugetierkundliche Zeitschriften (Z. f. Säugetierkunde, Hamburg und Säugetierkdl. Mitteilungen, München).

Im Gebiet der B. R. Deutschland sind alle Säugetiere besonders geschützt (soweit sie nicht dem Jagdrecht unterliegen), außer Wanderratte, Hausratte, Hausmaus, Gelbhalsmaus, Waldmaus, Bisam, Schermaus, Rötelmaus, Feldmaus, Erdmaus, Marderhund, Waschbär, Hauskatze (verwilderte Form).

Fährten und Spuren

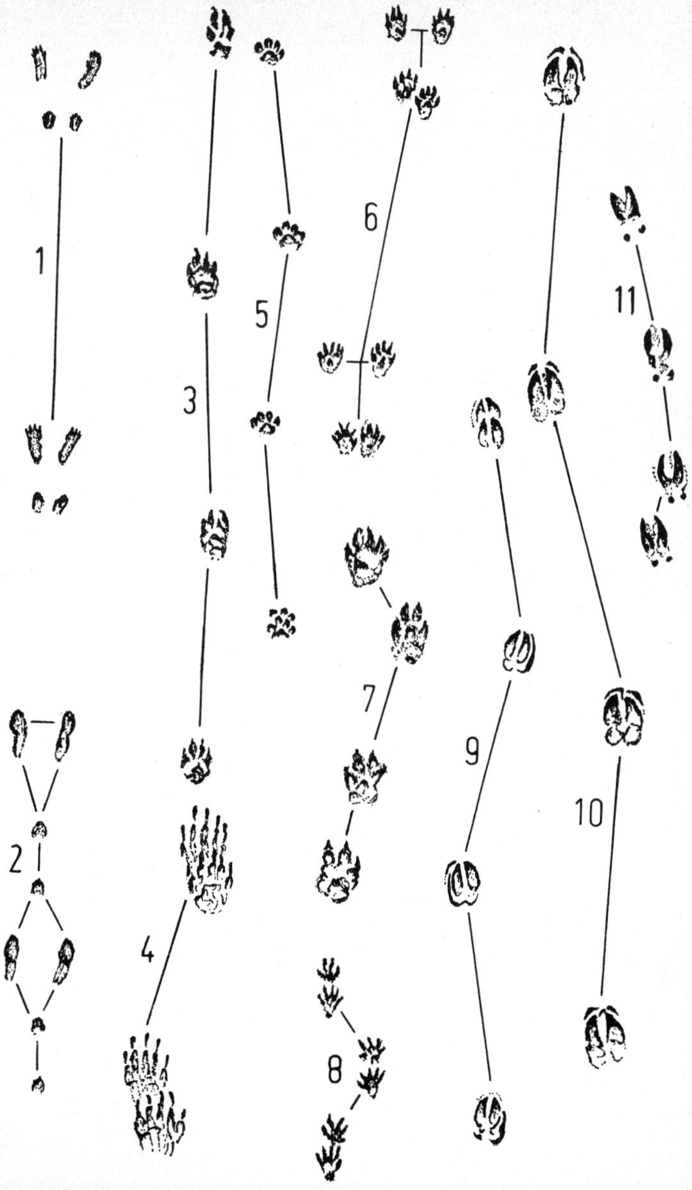

1. Eichhörnchen, 2. Hase, 3. Fuchs, 4. Dachs, 5. Katze, 6. Iltis, 7. Hund, 8. Igel, 9. Reh, 10. Rothirsch, 11. Gemse.